SUMMA CUM LAUDE

숨마쿰라우데®

[수학 기본서]

수학 I

SUMMA CUM LAUDE-MATHEMATICS

COPYRIGHT

숨마쿰라우데® [수학 I]

숨마쿰라우데 수학 시리즈 집필진

권종원 서울대 수학교육과
권오재 한양대 화공생명공학부
노희준 고려대 컴퓨터학과
여지환 서울대 전기컴퓨터학과
이효빈 서울대 수학교육과
조태흠 서울대 수리과학부
홍성민 중앙대 통계학과
김우섭 서울대 대학원 수리과학부
김 신 서울대 화학생물공학부
박종민 서울대 수리과학부
이정준 서울대 통계학과
정양하 서울대 수리과학부
차석빈 서울대 수리과학부
박경석 서울대 의학과
김영준 서울대 의학과
박창희 서울대 의학과
이호민 서울대 수리과학부
정진하 성균관대 수학교육과
하승우 서울대 수리과학부

1판 5쇄 발행일 : 2022년 1월 5일

펴낸이 : 이동준, 정재현
기획 및 편집 : 박영아, 김재열, 남궁경숙, 강성희, 박문서
디자인 : 굿윌디자인

펴낸곳 : (주)이룸이앤비
출판신고번호 : 제2009-000168호
주소 : 서울시 강남구 논현로16길 4-3 이룸빌딩(우 06312)
대표전화 : 02-424-2410
팩스 : 02-424-5006
홈페이지 : www.erumenb.com
ISBN : 978-89-5990-461-7

THINK MORE ABOUT YOUR FUTURE

INTRODUCTION

[이 책을 펴내면서]

새로운 교육과정에 맞추어 [숨마쿰라우데 수학 I]이 출간되었습니다.
이번 개정에서도 한결 같이
어떻게 하면 내용을 효과적으로 전달할 수 있을까?
어떻게 하면 학생들이 보다 쉽게 이해할 수 있을까?
많은 고민들을 하면서 그 노력의 산물들을 이 책에 고스란히 담았습니다.

천편일률적인 내용과 형식적인 기존의 교재들로는 학생들이 더 이상
효과적인 공부를 할 수 없다고 판단하여, [숨마쿰라우데 수학 I]에서는
학생들에게 정말 필요하고, 학생들이 쉽게 이해할 수 있도록
형식적인 설명이 아닌 자세하고 쉬운 개념 설명을 위주로 구성하였습니다.
기본 원리의 이해부터 심화 항목의 이해까지 이 책 한 권으로 모두 마스터할 수 있도록,
어느 것 하나 빼놓지 않은 완벽한 설명을 하기 위해 노력했고
양질의 문제를 수록하기 위해 오랜 시간 고심하였습니다.
그 결과 [숨마쿰라우데 수학 I]에는 다른 책에서 볼 수 없는 상세한 설명과 더불어
꼭 필요한 예제, 양질의 문제들, 선배들의 노하우 등이 다양하게 수록되었습니다.
더 나아가 **Advanced Lecture**와 **MATH *for* ESSAY**에서는 본문과 연결된 더 높은 차원의 내용을 다루어
대학별 고사, 구술 면접 등에도 실질적인 도움이 될 수 있도록 하였습니다.

세계적인 피겨스케이팅 선수 김연아는 1년에 1만 회가 넘는 점프 연습을 하였고,
골프 선수 최경주는 하루에 골프 공을 1000개 이상 치며 연습을 했다고 합니다.
수학 실력도 마찬가지입니다.
누구나 끈질기게 연습하다 보면 분명 정상에 오를 수 있을 것입니다.
피나는 노력 끝에 얻은 결과만큼 달콤한 것은 없습니다.
[숨마쿰라우데 수학 시리즈]와 함께 최고의 결실을 거두기를 진심으로 바랍니다.

– 저자 일동 –

숨마쿰라우데® [수학 I]

처음부터 겁먹지 말자.
막상 가보면 아무것도 아닌 게 세상엔 참으로 많다.
첫걸음을 떼기 전에 앞으로 나갈 수 없고
뛰기 전엔 이길 수 없다.
너무 많이 뒤돌아보는 자는 크게 이루지 못한다.

– 요한 폰 쉴러

THINK MORE ABOUT YOUR FUTURE

STRUCTURE

[이 책의 구성과 특징]

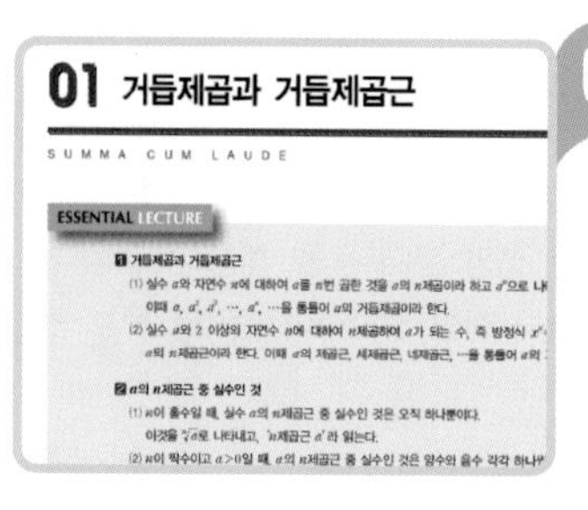

01 거듭제곱과 거듭제곱근

SUMMA CUM LAUDE

ESSENTIAL LECTURE

1 거듭제곱과 거듭제곱근

(1) 실수 a와 자연수 n에 대하여 a를 n번 곱한 것을 a의 n제곱이라 하고 a^n으로 나

이때 $a, a^2, a^3, \cdots, a^n, \cdots$을 통틀어 a의 거듭제곱이라 한다.

(2) 실수 a와 2 이상의 자연수 n에 대하여 n제곱하여 a가 되는 수, 즉 방정식 x^n

a의 n제곱근이라 한다. 이때 a의 제곱근, 세제곱근, 네제곱근, …을 통틀어 a의

2 a의 n제곱근 중 실수인 것

(1) n이 홀수일 때, 실수 a의 n제곱근 중 실수인 것은 오직 하나뿐이다.

이것을 $\sqrt[n]{a}$로 나타내고, 'n제곱근 a'라 읽는다.

(2) n이 짝수이고 $a>0$일 때, a의 n제곱근 중 실수인 것은 양수와 음수 각각 하나씩

01 개념 학습

수학 학습의 기본은 개념에 대한 완벽한 이해입니다. 단원을 개념의 기본이 되는 소단원으로 분류하여, 기본 개념을 확실하게 이해할 수 있도록 설명하였습니다. 〈공식의 정리〉와 함께 〈공식이 만들어진 원리〉, 학습 선배인 〈필자들의 팁〉, 문제 풀이시 〈범하기 쉬운 오류〉 등을 설명하여 확실한 개념 정립이 가능하도록 하였습니다.

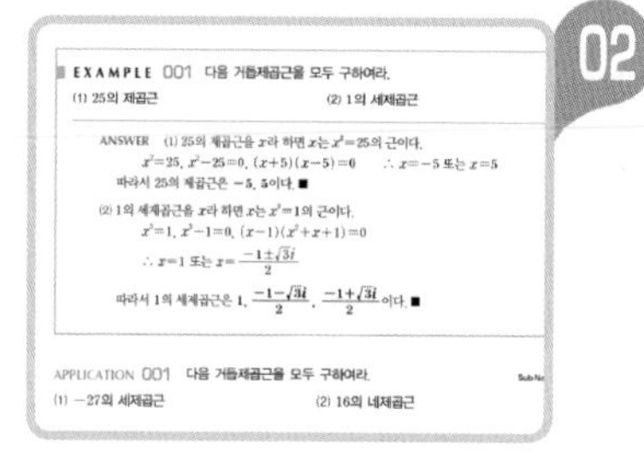

EXAMPLE 001 다음 거듭제곱근을 모두 구하여라.

(1) 25의 제곱근 (2) 1의 세제곱근

ANSWER (1) 25의 제곱근을 x라 하면 x는 $x^2=25$의 근이다.

$x^2=25$, $x^2-25=0$, $(x+5)(x-5)=0$ $\therefore x=-5$ 또는 $x=5$

따라서 25의 제곱근은 -5, 5이다. ■

(2) 1의 세제곱근을 x라 하면 x는 $x^3=1$의 근이다.

$x^3=1$, $x^3-1=0$, $(x-1)(x^2+x+1)=0$

$\therefore x=1$ 또는 $x=\frac{-1\pm\sqrt{3}i}{2}$

따라서 1의 세제곱근은 1, $\frac{-1-\sqrt{3}i}{2}$, $\frac{-1+\sqrt{3}i}{2}$이다. ■

APPLICATION 001 다음 거듭제곱근을 모두 구하여라.

(1) -27의 세제곱근 (2) 16의 네제곱근

02 EXAMPLE & APPLICATION

소단원에서 공부한 개념을 적용할 수 있도록 가장 적절한 〈EXAMPLE〉을 제시하였습니다. 다양한 접근 방법이나 추가 설명을 통해 개념을 확실하게 이해하고 넘어가도록 하였습니다. EXAMPLE에서 익힌 방법을 적용하거나 응용해 봄으로써 개념을 탄탄하게 다질 수 있도록 APPLICATION을 제시하였습니다.

기본예제 002

GUIDE

SOLUTION

발전예제 015

GUIDE

SOLUTION

03 기본예제 & 발전예제

탄탄한 개념이 정리된 상태에서 본격적인 수학 단원별 유형을 익힐 수 있습니다. 대표적인 유형 문제를 〈기본예제〉와 〈발전예제〉로 구분해 풀이 GUIDE와 함께 그 해법을 보여 주고, 같은 유형의 〈유제〉 문제를 제시하여 해당 유형을 완벽하게 연습할 수 있습니다. 또, 〈Summa's advice〉에 보충설명을 제시하여 실수하기 쉬운 사항, 중요한 추가적인 설명을 덧붙여 해당 문항 유형에 철저하게 대비할 수 있도록 하였습니다.

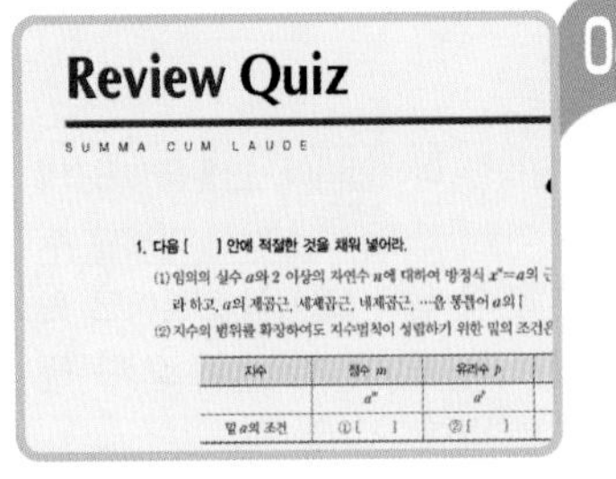

04 중단원별 Review Quiz

소단원으로 나누어 공부했던 중요한 개념들을 중단원별로 모아 괄호 넣기 문제, 참 · 거짓 문제, 간단한 설명 문제 등을 제시하였습니다. 이는 중단원별로 중요한 개념을 다시 한번 정리하여 전체를 보는 안목을 유지할 수 있도록 해 줍니다.

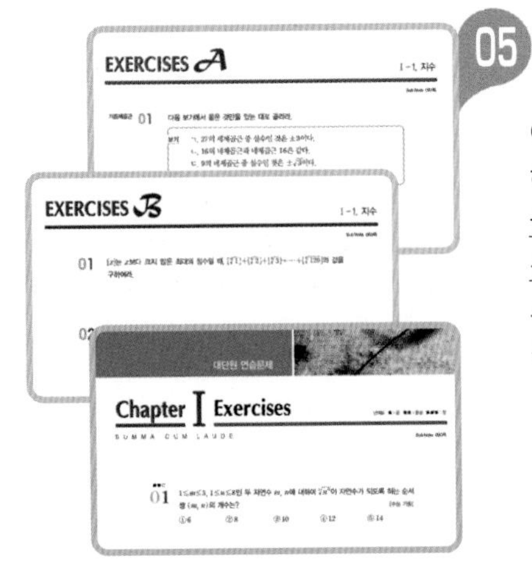

05 중단원별, 대단원별 EXERCISES

이미 학습한 개념과 유형문제들을 중단원과 대단원별로 테스트하도록 하였습니다. 〈난이도별〉로 A, B단계로 문항을 배치하였으며, 내신은 물론 수능 시험 등에서 출제가 가능한 문제들로 구성하여 정확한 자신의 실력을 측정할 수 있습니다. EXERCISES를 통해 부족한 부분을 스스로 체크하여 개념 학습으로 피드백하면 핵심 개념을 보다 완벽히 정리할 수 있습니다.

06 Advanced Lecture(심화, 연계 학습)

본문보다 더욱 심화된 내용과 앞으로 학습할 상위 단계와 연계된 내용을 제시하고 있습니다. 특히, 학생들이 충분히 이해할 수 있는 수준으로 설명하여 깊이 있는 학습으로 수학 실력이 보다 향상될 수 있도록 하였습니다.

[이 책의 구성과 특징]

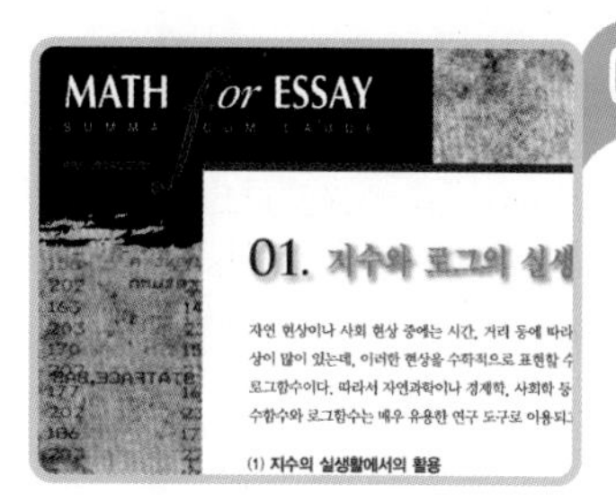

07 MATH for ESSAY

고2 수준에서 연계하여 공부할 수 있는 수리 논술, 구술에 관련된 학습 사항을 제시하였습니다. 앞의 심화, 연계 학습과 더불어 좀 더 수준 있는 수학을 접하고자 하는 학생들을 위해 깊이 있는 수학 원리 학습은 물론 앞으로 입시에서 강조되는 〈수리 논술, 구술〉에도 대비할 수 있도록 하였습니다.

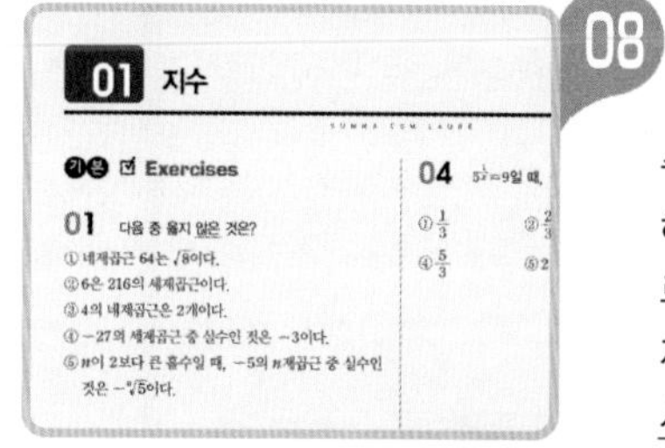

08 내신 · 모의고사 대비 TEST

수학 공부에서 많은 문제를 접하여 적응력을 키우는 것은 원리를 이해하는 것과 함께 중요한 수학 공부법 중 하나입니다. 이를 위해 별도로 단원별 우수 문제를 〈내신 · 모의고사 대비 TEST〉를 통해 추가로 제공하고 있습니다. 단원별로 자신의 실력을 측정하거나, 중간 · 기말 시험 및 각종 모의고사에 대비하여 실전 감각을 기를 수 있습니다.

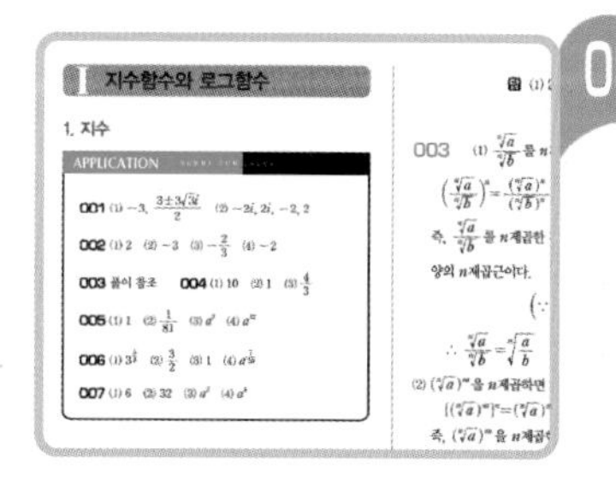

09 SUB NOTE - 정답 및 해설

각 문제에 대한 좋은 해설은 문제풀이 만큼 실력 향상을 위해 필요한 요소입니다. 해당 문제에 대해 가장 적절하고 쉬운 풀이 방법을 제시하였으며, 알아두면 도움이 되는 추가적인 풀이 방법 역시 제시하여 자학자습을 위한 교재로 손색이 없도록 하였습니다.

숨마쿰라우데® [수학 I]

사람을 멈추게 만드는 것은
절망이 아니라 체념이며
사람을 앞으로 나아가게 하는 것은
희망이 아니라 의지이다.

– 미나가와 료우지 〈Arms〉

THINK MORE ABOUT YOUR FUTURE

CONTENTS

[이 책의 차례]

CHAPTER Ⅰ. 지수함수와 로그함수

SUMMA CUM LAUDE-MATHEMATICS

CONTENTS

숨마쿰라우데® [수학 I]

CHAPTER Ⅱ. 삼각함수

THINK MORE ABOUT YOUR FUTURE

CONTENTS

[이 책의 차례]

CHAPTER Ⅲ. 수열

숨마쿰라우데® [수학 I]

똑같이 출발하였는데 세월이 지난 뒤에 보면
어떤 이는 뛰어나고, 어떤 이는 낙오되어 있다.
이 두 사람의 거리는 좀처럼 가까워질 수 없게 되었다.
그것은, 하루하루 주어진 시간을 얼마나 잘 활용했느냐에 달려있다.

– 벤자민 프랭클린

THINK MORE ABOUT YOUR FUTURE

STUDY SYSTEM

[수학 학습 시스템]

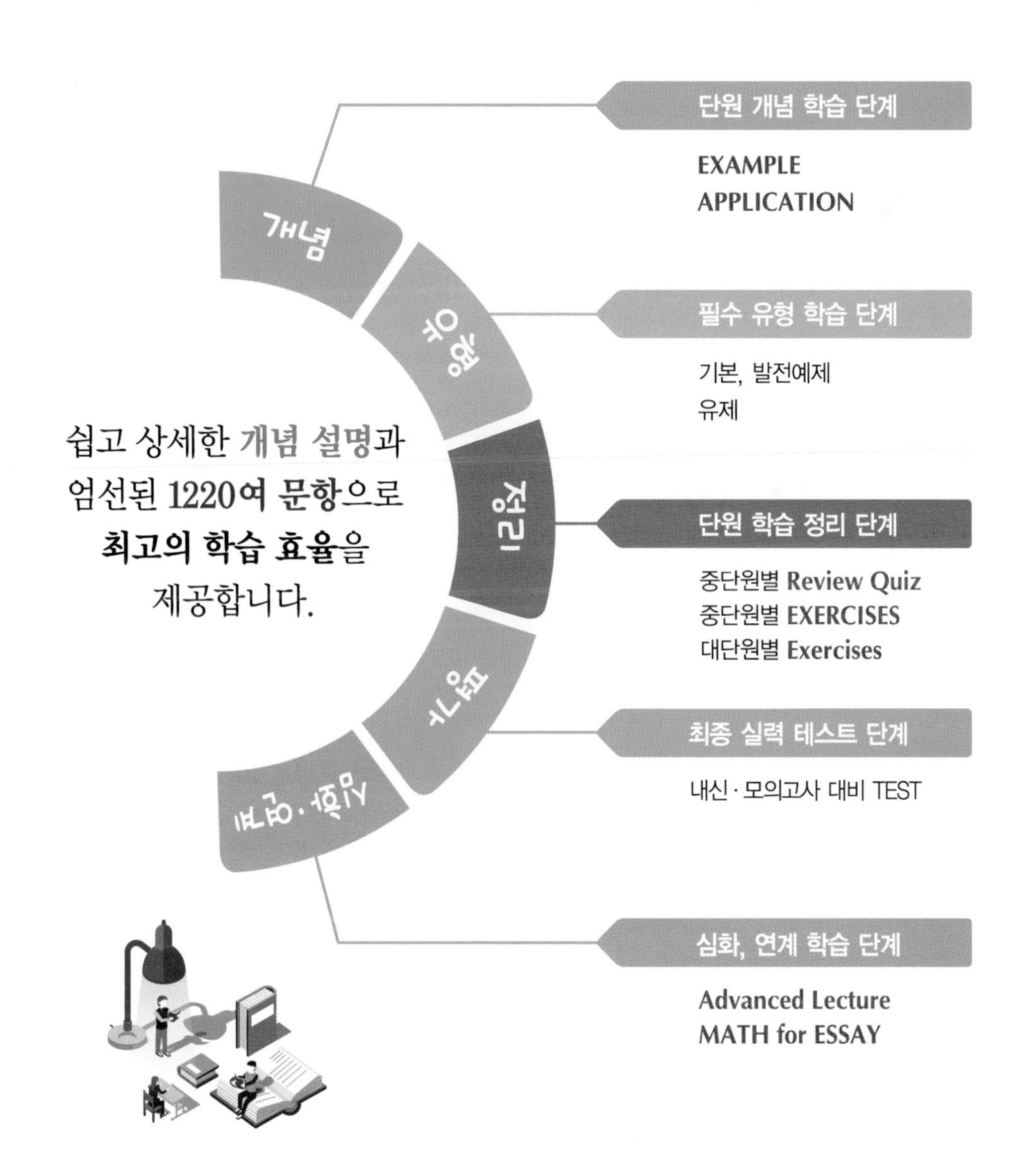

상위 1%가 되기 위한 효율적 학습법

www.erumenb.com

미국의 유명한 수학자이자 철학자인 찰스 샌더스 퍼스는 그의 저서 「The Fixation of Belief」에서 지식의 습득 방법을 4가지로 분류했다.

❶ 고집의 방법(method of tenacity)

자신이 가지고 있는 가치 기준으로 지식을 받아들인다. 문제는 그 내용의 진실됨을 설명할 수 없다는 점과 그 지식을 산출한 근거가 무엇인지 알 수 없다는 점이다.

❷ 권위의 방법(method of authority)

신이나 학자처럼 권위가 있는 자들의 말에 의존하여 지식을 받아들인다. 문제는 누구의 권위가 최고의 권위인지 확인할 수 없고, 그 해석이 맞는지도 확인하기 힘들다.

❸ 선험적 방법(a priori method)

개인이 직접 경험한 것들에 근거하여 믿게 되는 지식이다. 문제는 자신의 지식 수준에 기대어 판단이나 행위를 하는 경향이 있다.

❹ 과학적 방법(scientific method)

관찰, 비판, 논증을 통해 자기 수정적인 지식 체계를 구성하는 방법이다. 합리적 토론이 가능하고, 이성적 대화와 관찰을 통해 가장 진리에 근접한 명제의 집합을 구성한다.

수학적 지식은 위 네 가지 방법 중 어떤 방법으로 학습되어야 할까?

많은 시간을 들여 수학을 공부하고 또 수학에 대해 이것저것 많이 아는 것 같은데 정작 시험에서 실력 발휘를 하지 못하는 친구들을 볼 수 있다. 이는 수학적 지식을 스스로 관찰, 비판, 논증을 통해 습득하고 수정해 나아가지 않고, 어떤 절대적인 사실(공식)이나 타인의 풀이를 단순히 암기함으로써(해설 암기) 비효율적인 공부법을 선택했기 때문이다.
수학은 다른 교과목과 달리 단순한 사실을 아는 것은 수학 실력이 되어주지 못한다. 정리된 개념과 공식을 암기하거나, 어려운 문제의 해설을 읽고 이해하는 순간은 마치 모르던 것을 알게 된 것 같고 이전의 나와 달리 발전된 것 같지만, 이는 맛있고 몸에 좋지 않은 인스턴트 학습법일 뿐이다.

수학 문제가 잘 이해되지 않거나 어떤 방식으로 풀어야 할지 모르겠으면, 문제를 다양한 방법으로 관찰하고 문제 상황에 알맞은 예를 구체적으로 생각해 보거나, 스스로의 사고 과정을 비판해 보기도 하며 탐구해야 할 것이다. 이런 탐구 과정은 당장 달콤한 수학 실력의 발전으로 드러나지는 않지만 오랜 시간에 걸쳐 결국 수학을 완전히 이해하게 하는 핵심 역량이 되어줄 것이다. 물론 문제가 너무 어렵다면 의미 있는 탐구를 할 수 없으므로 적절한 난이도의 문제를 선택해서 고민해야 할 것이다.

알 파치노가 주연으로 나온 마틴 브레스트 감독의 영화 "여인의 향기(Scent of a Woman)"에는 다음과 같은 명대사가 나온다.

I always knew what the right path was... But I never took it,
because It was too damn hard.

(나는 언제나 바른 길을 알고 있었어. 하지만 난 그 길을 가지 않았지.
왜냐하면 너무 어려워서야.)

마치 많은 학생들이 지금껏 수학을 바라본 느낌을 대변하는 문장처럼 들리지 않는가…
많은 학생이 고2 수학 공부를 어떻게 해나가야 할지 많이 고민하고 있으리라 충분히 짐작된다. 또한 고2부터 본격적으로 수학이 좀 더 어렵게 느껴지는 시기라고 할 수 있다.
아직 수능까지 시간이 많이 남았다. 늦었다고 생각하지 말자. 본격적인 시작이므로 그동안 수학 공부에 대해 애써 어려운 과정을 피해 왔다면 지금부터는 맞서 보자. 그게 바른 길로 접어드는 시작점이다. 아울러 수학을 공부하는 어쩌면 당연한 자세 몇 가지를 소개하니 도움이 되길 바란다.

1 메타인지적 지식을 키워라.

'메타인지적 지식'이란 무언가를 배우거나 새로운 일을 할 때 내가 아는 것과 모르는 것을 정확하게 파악하고 행동하는 능력을 말한다. 예를 들어, 특정 단원의 성적이 안 좋을 때 스스로 이유를 찾고 어떻게 문제를 극복할 것인지 계획을 세워 실천하는 능력이다.

당장 문제를 많이 푸는 것은 중요하지 않다. 본인의 공부법을 점검해 보고 자신에 맞는 효율적인 공부법을 찾길 권한다.

2 배우지 않은 친구에게 알려줄 수 있을 만큼 공부해라.

얼마나 공부해야 잘 안다고 할 수 있을까?

똑같은 내용을 두 번, 세 번 본다고 더 잘 알게 되는 것은 아니다. 똑같은 문제를 두 번, 세 번 푼다고 더 잘 알게 되는 것도 아니다. 어떤 수학적 개념이나 문제를 다시 돌아보지 않아도 될 만큼 잘 안다는 것은, 이미 내 안에 충분한 탐구의 경험과 그 경험의 결과가 정리되어 있어서 배우지 않은 친구에게 알려줄 수 있다는 것과 같다. 누군가에게 수학적 개념을 설득력 있게 설명하기 위해서는 개념의 앞뒤 관계나 개념을 둘러싸고 있는 이야기들과 좋은 예제들을 알아야 하고, 문제를 설명하기 위해서는 그 문제에서 묻고자 하는 핵심질문과 질문의 답을 얻기 위한 조건들을 자연스럽게 분석할 수 있어야 한다. 이런 일련의 과정을 할 수 있다면 비로소 충분히 공부했다고 볼 수 있다.

3 공부한 내용을 정리하는 한 방법으로 강의록을 써 보자.

내가 공부한 내용을 누군가에서 설명한다면 어떤 방식으로 구성하고 어떻게 제시할 것인지를 생각하면서 정리하는 것이다. 단순히 공부한 내용을 기록하는 과정은 공부한 내용들 간의 유기적인 관계가 간과되기 쉬운데 다시 설명할 것을 목적으로 필기한다면 이러한 유기적 관계가 내용 정리의 주인공이 된다. 다시 한번 말하지만 수학 공부에서 중요한 것은 단순한 사실의 나열이 아니라 나열된 사실들 간의 관계와 그 사실을 배우는 이유가 되어야 할 것이다.

4 끊임없이 질문하라.

수학을 잘하는 학생들 중에 질문이 없는 학생은 있지만, 수학 질문이 많은 학생들 중에 수학을 못하거나 싫어하는 학생은 없다.

수학은 질문을 통해 공부하는 학문이다.

질문은 잘 알고 있는 사실이나, 아예 모르는 사실들에서 생겨나지 않는다. 내가 아는 것을 바탕으로 생각했을 때 결론을 잘 내릴 수 없는 것들이 질문의 대상이 된다. 질문을 한다는 것은 무언가 알고자 하는 의지가 있다는 것이고 이는 자연스럽게 수학적 개념의 탐구로 연결된다. 결국 내가 가진 궁금증에 집중하는 것이 수학을 공부하는 비법인 것이다.

5 어려운 문제일 것이라는 선입견을 버려라.

대부분의 학생들은 복잡해 보이는 문장제 문제가 등장하면 읽기부터 포기하는 경우가 많다. 복잡해 보이는 문제는 반드시 어려운 문제일 것이라는 선입견을 버리자. 문장만 길 뿐 단순한 원리로 풀어지는 문제도 많기 때문이다. 모의고사, 대학수학능력시험 등에서는 결코 교과과정 이외의 내용이 출제되지 않는다. 따라서 간단한 식으로 표현될 수 있는 내용을 여러 정보와 섞거나 혹은 긴 문장으로 식을 숨기는 형식으로 문제가 출제되는 것이다. 이러한 문제에 익숙하지 않거나 두려움을 느낀다면 가장 먼저 문제에 주어진 정보를 모두 따로 떼어 적어 놓고 시작하는 것이 좋다. 출제자는 정보를 찾지 못할 정도로 문제를 복잡하게 만들지는 않는다. 여러분은 충분히 정보를 뽑을 수 있다. 일단 정보를 빼내고 나면 문제의 길이에 비하여 어이없게 쉬운 문제일 수도 있다. 문제가 길다고 해서 두려움을 가질 필요는 전혀 없다!

학습의 기본은 모방이지만, 모방을 통해 계산능력, 이해능력, 추론능력, 문제해결능력 등을 키우는 데에는 한계가 있다. 학습은 처음에는 개념과 예제 등을 모방하는 것으로 시작하여 결국에는 스스로 탐구하는 능력을 키우는 것을 목표로 해야 할 것이다.
「숨마쿰라우데 수학 기본서」로 책과 대화하는 자세로 공부해 나아간다면 수학을 탐구하는 과정을 통해 꼭 필요한 수학적 능력을 키울 수 있을 것이라 필자는 자신한다.

더운 여름날 교내 체력장이나 오래달리기 등 10분 이상 운동장을 뛴 다음
시원한 물을 마셔 본 적이 있는가?

평소에 습관적으로 마시는 물과 오랜 갈증과 더위 끝에 마시는 물은 아주 다른 것이 된다.
「숨마쿰라우데 수학 기본서」로 제대로 된 공부를 하여 수학 갈증을 해소하는 시원한 물을 마셔 보자!

SUMMA CUM LAUDE~!

SUMMA CUM LAUDE
MATHEMATICS

성공하는 사람들이란
자기가 바라는 환경을 찾아내는 사람들이다.
발견하지 못하면 자기가 만들면 된다.

– 조지 버나드 쇼

CHAPTER I
지수함수와 로그함수

숨마쿰라우데®
[수학 I]

INTRO to Chapter Ⅰ

지수함수와 로그함수

SUMMA CUM LAUDE

본 단원의 구성에 대하여...

일상생활에서 흔히 접할 수 있는 지수와 로그는 어떠한 사회·과학적인 현상을 설명하는 수학적인 도구이다. 아주 크거나 작은 수, 복잡한 수를 지수와 로그를 사용하여 간편하게 표현함으로써 물리적인 여러 현상을 쉽게 설명할 수 있게 되었다.

지수, 곱셈의 반복

지수(exponent)는 긴 곱셈을 간단하게 표기하기 위한 약속이다.

$\overbrace{a\times a\times\cdots\times a}^{n\text{번}}=a^n$과 같이 반복해서 나타나는 곱셈을 지수로 표현하기로 약속했었고, 이것이 바로 자연수인 지수의 정의이다.

지수법칙이 왜 성립하는지 설명할 수 있는가? 우리는 너무 많은 것을 배우다 보니 의외로 기본적인 부분을 잊어버리곤 한다. 틸틸과 미틸 남매는 행운을 가져다주는 파랑새를 찾기 위해 여러 곳을 찾아 헤맸지만, 정작 간절히 찾던 파랑새는 남매의 집 새장에 있었다는 동화 속 이야기처럼, 지수가 자연수일 때의 지수법칙은 바로 지수의 정의에 의해 유도된다.

a, b가 실수이고, m, n이 자연수일 때,

① $a^m a^n = (\underbrace{a\times a\times\cdots\times a}_{m\text{번}})\times(\underbrace{a\times a\times\cdots\times a}_{n\text{번}}) = \underbrace{a\times a\times\cdots\times a}_{(m+n)\text{번}} = a^{m+n}$

② $(a^m)^n = \underbrace{(\underbrace{a\times a\times\cdots\times a}_{m\text{번}})\times(\underbrace{a\times a\times\cdots\times a}_{m\text{번}})\times\cdots\times(\underbrace{a\times a\times\cdots\times a}_{m\text{번}})}_{n\text{번}} = a^{mn}$

③ $(ab)^n = \underbrace{(a\times b)\times(a\times b)\times\cdots\times(a\times b)}_{n\text{번}} = (\underbrace{a\times\cdots\times a}_{n\text{번}})\times(\underbrace{b\times\cdots\times b}_{n\text{번}}) = a^n b^n$

중학교 수학에서는 자연수 범위에서만 약속할 수 있었던 지수법칙을 이번 단원을 배워나감에 따라 점차 정수, 유리수, 실수 범위로 확장시킬 수 있는데 다행히도 지수법칙은 수의 범위가 확장되어도 여전히 성립한다.
따라서 지수법칙에 대해 우리는 다음과 같이 간단히 기억하자!

지수가 정의되지 않는 비정상적인 경우를 제외하면, 지수법칙은 항상 성립한다.

로그, 큰 수를 쉽게 다루기 위한 도구

우리는 흔히 평소에 접하기 힘든 큰 단위의 돈에 관련된 소식을 듣게 될 때 '천문학적인 액수'라 표현하며 놀라곤 한다. **로그**(logarithm)는 바로 이 천문학적인 단위의 수의 셈을 쉽게 하기 위해서 고안된 수학적 도구이다. 1614년 네이피어(1550~1617)가 로그를 발표하기 전까지 천문학자들은 우주를 관측하여 얻은 큰 단위의 수들을 효과적으로 셈하는 방법을 알지 못하여 큰 고통을 겪었다고 한다. 수학자이자 천문학자인 라플라스(1749~1827)는 다음과 같은 말로 로그를 극찬하였다.

"로그의 발명으로 천문학자의 수명은 2배가 되었다."

0이 많이 붙은 아주 작은 수나 큰 수는 그 크기를 가늠하기가 쉽지 않다. 이럴 때 로그를 사용하면 수를 보다 쉽게 다룰 수 있다. 다음과 같은 구체적인 예를 통해 이해해 보자.

'산성이나 염기성이 아닌 중성 수용액의 수소 이온의 농도는 0.0000001(mol/l)이고,
자연 상태에서 일부 이온화된 물의 수소 이온의 농도는 0.00001~0.000001(mol/l)이다.'

이 설명을 읽으면서 주어진 수치에 0이 몇 개나 붙어 있는지 확인하는 것은 무척 번거로운 일이다.
그래서 우리는 일단 지수를 사용하여

중성 수용액의 수소 이온 농도 : $10^{-7}(mol/l)$
자연 상태의 물의 수소 이온 농도 : $10^{-5} \sim 10^{-6}(mol/l)$

으로 표기하는 것을 더 선호한다. 한 걸음 더 나아가 지수를 이용하여

10^{-7} ➡ 7
$10^{-5} \sim 10^{-6}$ ➡ 5∼6

으로 표기해도 수치의 뜻만 안다면 누구나 손쉽게 수용액의 수소 이온 농도를 가늠할 수 있을 것이다. 이 수치가 바로 우리가 과학 시간에 배운 산성과 염기성의 농도를 나타낼 때 사용하는 단위, 즉 수소 이온 농도 지수 pH이다. 이와 유사하게 생각하여 지수만으로 수를 표현하는 것이 로그라고 보아도 무리는 없다.[1]

지수함수와 로그함수

이 단원에서는 지수와 로그를 배운 후 이에 대한 함수, 즉 지수함수와 로그함수를 배운다. 일차함수, 이차함수, 유리함수, 무리함수 등을 공부했을 때와 마찬가지로 지수함수, 로그함수에서도 함수의 정의역과 치역, 함수의 그래프와 그 성질, 역함수 등을 공부하게 된다.
지수함수와 로그함수는 자연 현상이나 사회 현상을 수학적으로 표현할 수 있는 수단으로써 여러 분야에서 다양하게 활용되고 있다. 이 단원 끝에 있는 **MATH FOR ESSAY**에서 이에 대한 예를 소개하였다. 이렇듯 지수함수와 로그함수는 실생활과 밀접하게 적용되는 만큼 수능에서도 기본적인 이해 영역부터 응용 영역까지 다양하게 출제되고 있다. 지수함수와 로그함수는 새로운 형태의 함수이지만, 지수와 로그의 정의를 이해하고 그래프의 모양과 성질에 대하여 공부한다면 어렵지 않게 정복할 수 있을 것이다.

---

❶ 수소 이온 농도 지수를 로그를 이용하여 pH로 바꾸는 것은 136∼137쪽의 MATH for ESSAY에서 소개하겠다.

01 거듭제곱과 거듭제곱근

SUMMA CUM LAUDE

ESSENTIAL LECTURE

1 거듭제곱과 거듭제곱근

(1) 실수 a와 자연수 n에 대하여 a를 n번 곱한 것을 a의 n제곱이라 하고 a^n으로 나타낸다.
이때 a, a^2, a^3, $\cdots$, a^n, $\cdots$을 통틀어 a의 거듭제곱이라 한다.

(2) 실수 a와 2 이상의 자연수 n에 대하여 n제곱하여 a가 되는 수, 즉 방정식 $x^n=a$를 만족시키는 x를 a의 n제곱근이라 한다. 이때 a의 제곱근, 세제곱근, 네제곱근, $\cdots$을 통틀어 a의 거듭제곱근이라 한다.

2 a의 n제곱근 중 실수인 것

(1) n이 홀수일 때, 실수 a의 n제곱근 중 실수인 것은 오직 하나뿐이다.
이것을 $\sqrt[n]{a}$로 나타내고, 'n제곱근 a'라 읽는다.

(2) n이 짝수이고 $a>0$일 때, a의 n제곱근 중 실수인 것은 양수와 음수 각각 하나씩 있다.
이 둘을 각각 $\sqrt[n]{a}$, $-\sqrt[n]{a}$로 나타낸다.

3 거듭제곱근의 성질

$a>0$, $b>0$이고 m, n이 2 이상의 자연수일 때

① $\sqrt[n]{a}\sqrt[n]{b}=\sqrt[n]{ab}$ ② $\dfrac{\sqrt[n]{a}}{\sqrt[n]{b}}=\sqrt[n]{\dfrac{a}{b}}$ ③ $(\sqrt[n]{a})^m=\sqrt[n]{a^m}$

④ $\sqrt[m]{\sqrt[n]{a}}=\sqrt[mn]{a}$ ⑤ $\sqrt[np]{a^{mp}}=\sqrt[n]{a^m}$ (단, p는 자연수)

1 거듭제곱과 거듭제곱근

실수 a와 자연수 n에 대하여 a를 n번 곱한 것을 a의 n제곱이라 하고 a^n으로 나타낸다. 이때 a, a^2, a^3, $\cdots$, a^n, $\cdots$을 통틀어 a의 **거듭제곱**이라 하고, a^n에서 a를 거듭제곱의 **밑**, n을 거듭제곱의 **지수**라 한다. **INTRO**에서 확인한 것처럼 자연수인 지수에 대하여 다음이 성립한다.

지수가 자연수일 때의 지수법칙

a, b가 실수이고 m, n이 자연수일 때

① $a^m a^n=a^{m+n}$ ② $(a^m)^n=a^{mn}$ ③ $(ab)^n=a^n b^n$

④ $\left(\dfrac{a}{b}\right)^n=\dfrac{a^n}{b^n}$ (단, $b\neq0$) ⑤ $a^m\div a^n=\begin{cases} a^{m-n} & (m>n) \\ 1 & (m=n) \\ \dfrac{1}{a^{n-m}} & (m<n)\end{cases}$ (단, $a\neq0$)

한편 실수 a와 2 이상의 자연수 n에 대하여 n제곱하여 a가 되는 수, 즉

방정식 $x^n=a$를 만족시키는 x

$x^n=a$
a의 n제곱근 ← → x의 n제곱

를 a의 n**제곱근**(radical root)이라 한다. 이때 a의 제곱근, 세제곱근, 네제곱근, …을 통틀어 a의 **거듭제곱근**이라 한다.
거듭제곱근이 가지고 있는 가장 근본적인 성질은 바로 방정식의 근이라는 점이다. 이를 꼭 기억하자.

EXAMPLE 001 다음 거듭제곱근을 모두 구하여라.

(1) 25의 제곱근 (2) 1의 세제곱근

ANSWER (1) 25의 제곱근을 x라 하면 x는 $x^2=25$의 근이다.

$x^2=25,\ x^2-25=0,\ (x+5)(x-5)=0 \qquad \therefore x=-5$ 또는 $x=5$

따라서 25의 제곱근은 $\mathbf{-5,\ 5}$이다. ■

(2) 1의 세제곱근을 x라 하면 x는 $x^3=1$의 근이다.

$x^3=1,\ x^3-1=0,\ (x-1)(x^2+x+1)=0$

$\therefore x=1$ 또는 $x=\dfrac{-1\pm\sqrt{3}i}{2}$

따라서 1의 세제곱근은 $\mathbf{1,\ \dfrac{-1-\sqrt{3}i}{2},\ \dfrac{-1+\sqrt{3}i}{2}}$이다. ■

APPLICATION 001 다음 거듭제곱근을 모두 구하여라. Sub Note 002쪽

(1) -27의 세제곱근 (2) 16의 네제곱근

2 a의 n제곱근 중 실수인 것

복소수 범위에서 n차방정식은 n개의 근을 갖는다는 대수학의 기본정리를 따르면

방정식 $x^n=a$는 복소수 범위에서 n개의 근을 갖는다.

a의 n제곱근은 방정식 $x^n=a$의 근과 같으므로 a의 n제곱근도 복소수 범위에서 n개가 있다. 이 n개 중에서 우리는 실수인 것을 주로 다루는데,

n이 홀수인지, 짝수인지 그리고 a가 양수인지, 0인지, 음수인지에 따라

a의 n제곱근 중 실수인 것의 개수는 조금씩 달라진다.

a의 n제곱근 중 실수인 것은 방정식 $x^n=a$의 실근이므로 함수 $y=x^n$의 그래프와 직선 $y=a$의 교점의 x좌표와 같다. 이제 함수 $y=x^n$의 그래프와 직선 $y=a$의 교점의 개수를 이용하여 a의 n제곱근 중 실수인 것의 개수를 알아보자.

(1) $x^n=a$에서 n이 홀수인 경우

n이 홀수이면 실수 x에 대하여 $(-x)^n=-x^n$이므로 함수 $y=x^n$의 그래프는 오른쪽 그림과 같이 원점에 대하여 대칭이고, 위, 아래로 끝없이 뻗어나간다. 즉, a가 양수인지, 0인지, 음수인지에 상관없이 $y=x^n$의 그래프와 직선 $y=a$의 **교점은 항상 1개**이다.

이 교점의 x좌표, 즉 a의 n제곱근 중 실수인 것을 $\sqrt[n]{a}$와 같이 나타내고, **n제곱근 a**❷라 읽는다. 특히 $\sqrt[n]{0}=0$이다.

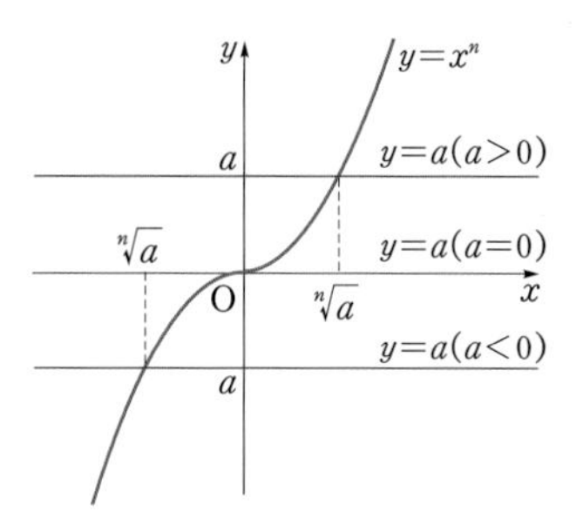

Figure_ n이 홀수일 때 $y=x^n$의 그래프와 직선 $y=a$

(2) $x^n=a$에서 n이 짝수인 경우

n이 짝수이면 실수 x에 대하여 $(-x)^n=x^n$이므로 함수 $y=x^n$의 그래프는 오른쪽 그림과 같이 y축에 대하여 대칭이고, y는 항상 0 이상의 값을 갖는다. 따라서 a가 양수인지, 0인지, 음수인지에 따라 교점의 개수는 달라질 것이다.

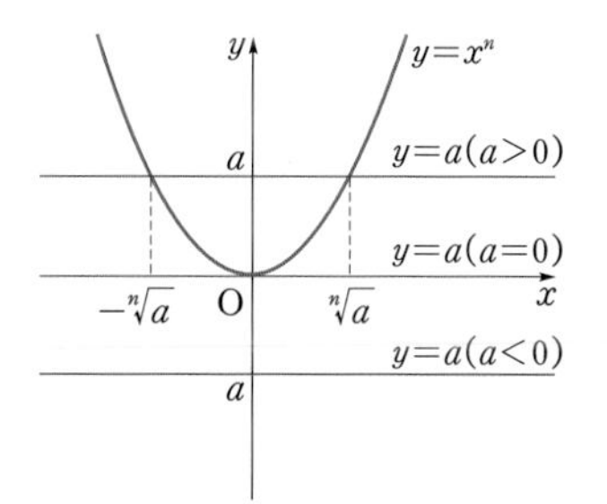

Figure_ n이 짝수일 때 $y=x^n$의 그래프와 직선 $y=a$

(i) $a>0$일 때, $y=x^n$의 그래프와 직선 $y=a$의 교점은 제1사분면과 제2사분면에서 한 개씩 총 2개가 존재한다. 이 교점의 x좌표, 즉 a의 n제곱근 중 실수인 것은 **양수와 음수의** 2개이고, 이를 각각 $\sqrt[n]{a}$, $-\sqrt[n]{a}$와 같이 나타낸다.

특히 $n=2$일 때 $\sqrt[2]{a}$는 2를 생략하여 $\sqrt{a}$로 나타낸다.

(ii) $a=0$일 때, $y=x^n$의 그래프와 직선 $y=a$의 교점은 원점이다.

즉, a의 n제곱근은 0 하나뿐이다. ➡ $\sqrt[n]{0}=0$

(iii) $a<0$일 때, $y=x^n$의 그래프와 직선 $y=a$의 교점은 존재하지 않는다.

즉, a의 n제곱근 중 실수인 것은 없다.

---

❷ 'a의 n제곱근'과 'n제곱근 a'의 의미를 혼동하지 않도록 주의하자!
- a의 n제곱근 ➡ n제곱하여 a가 되는 수, 즉 방정식 $x^n=a$를 만족시키는 x
- n제곱근 a ➡ $\sqrt[n]{a}$

이상을 정리하면 실수 a의 n제곱근 중 실수인 것은 다음과 같다.

n \ a	$a>0$	$a=0$	$a<0$
n이 홀수	$\sqrt[n]{a}$	0	$\sqrt[n]{a}$
n이 짝수	$\sqrt[n]{a}$, $-\sqrt[n]{a}$	0	없다.

EXAMPLE 002 다음 값을 구하여라.

(1) 7의 네제곱근 중 실수

(2) 10의 세제곱근 중 실수

(3) $\sqrt[3]{64}$

(4) $\sqrt[5]{-243}$

ANSWER (1) $\sqrt[4]{7}$, $-\sqrt[4]{7}$ ■

(2) $\sqrt[3]{10}$ ■

(3) $\sqrt[3]{64}=\sqrt[3]{4^3}=4$ ■

(4) $\sqrt[5]{-243}=\sqrt[5]{(-3)^5}=-3$ ■

APPLICATION 002 다음 값을 구하여라. Sub Note 002쪽

(1) $\sqrt[5]{32}$

(2) $-\sqrt[4]{81}$

(3) $\sqrt[3]{-\frac{8}{27}}$

(4) $-\sqrt[6]{(-2)^6}$

3 거듭제곱근의 성질

이번 절에서는 거듭제곱근의 성질을 살펴보자.

거듭제곱근의 성질

$a>0$, $b>0$이고 m, n이 2 이상의 자연수일 때

① $\sqrt[n]{a}\sqrt[n]{b}=\sqrt[n]{ab}$

② $\frac{\sqrt[n]{a}}{\sqrt[n]{b}}=\sqrt[n]{\frac{a}{b}}$

③ $(\sqrt[n]{a})^m=\sqrt[n]{a^m}$

④ $\sqrt[m]{\sqrt[n]{a}}=\sqrt[mn]{a}$

⑤ $\sqrt[np]{a^{mp}}=\sqrt[n]{a^m}$ (단, p는 자연수)

거듭제곱근의 성질은 단순해 보인다. 하지만 단순히 식의 형태로만 기억할 것이 아니라 주어진 식의 좌변과 우변을 말로 풀어 보면서 그 속에 담긴 의미를 음미해 보길 강력히 추천한다. 예컨대 ①을 보면서

'n제곱하여 a가 되는 실수($\sqrt[n]{a}$)와 n제곱하여 b가 되는 실수($\sqrt[n]{b}$)를 곱하면
n제곱하여 ab가 되는 실수($\sqrt[n]{ab}$)가 되는구나.'

하고 말로 풀어서 스스로에게 설명해 보라는 뜻이다.

거듭 강조하지만 $\sqrt[n]{a}$를 볼 때마다, 방정식 $x^n=a$의 실근임을 떠올리자.

n제곱근의 정의에 의하여 $(\sqrt[n]{a})^n=a$, $(\sqrt[n]{b})^n=b$가 성립한다. 두 식을 변끼리 곱하면

$$(\sqrt[n]{a})^n(\sqrt[n]{b})^n=ab$$

지수법칙을 이용하여 좌변을 변형하면

$$(\sqrt[n]{a}\sqrt[n]{b})^n=ab$$

가 된다.

이때 $a>0$, $b>0$에서 $\sqrt[n]{a}\sqrt[n]{b}>0$이므로 $\sqrt[n]{a}\sqrt[n]{b}$는 방정식 $x^n=ab$의 양의 실근, 즉 ab의 양의 n제곱근 $\sqrt[n]{ab}$로 쓸 수 있다.

$$\therefore \sqrt[n]{a}\sqrt[n]{b}=\sqrt[n]{ab}$$

②~⑤의 성질이 성립함도 ①과 유사한 방법으로 확인하면 된다.

Sub Note 002쪽

APPLICATION 003 $a>0$, $b>0$이고 m, n이 2 이상의 자연수일 때, 다음 등식이 성립함을 보여라.

(1) $\dfrac{\sqrt[n]{a}}{\sqrt[n]{b}}=\sqrt[n]{\dfrac{a}{b}}$

(2) $(\sqrt[n]{a})^m=\sqrt[n]{a^m}$

(3) $\sqrt[m]{\sqrt[n]{a}}=\sqrt[mn]{a}$

(4) $\sqrt[np]{a^{mp}}=\sqrt[n]{a^m}$ (단, p는 자연수)

거듭제곱근의 성질을 이용하면 다음과 같이 복잡한 식을 간단히 정리할 수 있다.

EXAMPLE 003 다음 식을 간단히 하여라.

$$\sqrt[3]{9}\sqrt[3]{3}+\sqrt[3]{2\sqrt{2}}-\frac{\sqrt[4]{243}}{\sqrt[4]{3}}$$

ANSWER

$$\begin{aligned}\sqrt[3]{9}\sqrt[3]{3}+\sqrt[3]{2\sqrt{2}}-\frac{\sqrt[4]{243}}{\sqrt[4]{3}}&=\sqrt[3]{9\times3}+\sqrt[3]{\sqrt{8}}-\sqrt[4]{\frac{243}{3}}\\&=\sqrt[3]{27}+\sqrt[3]{\sqrt{8}}-\sqrt[4]{81}\\&=\sqrt[3]{3^3}+\sqrt[3]{(\sqrt{2})^3}-\sqrt[4]{3^4}\\&=3+\sqrt{2}-3=\boldsymbol{\sqrt{2}}\ \blacksquare\end{aligned}$$

APPLICATION 004 다음 식을 간단히 하여라.

Sub Note 002쪽

(1) $(\sqrt[4]{4})^2+\sqrt[5]{32^3}$

(2) $\sqrt[4]{2}\sqrt[4]{8}\times\dfrac{\sqrt[5]{3}}{\sqrt[5]{96}}$

(3) $(\sqrt[3]{2})^6\div\sqrt[3]{\sqrt{27^2}}$

기본예제 *거듭제곱근*

001 다음 중 옳은 것은? (정답 2개)

① 125의 세제곱근은 5뿐이다.

② -8의 세제곱근 중 실수인 것은 없다.

③ -16의 네제곱근 중 실수인 것은 없다.

④ n이 짝수일 때, -9의 n제곱근 중 실수인 것은 2개이다.

⑤ n이 홀수일 때, 7의 n제곱근 중 실수인 것은 1개이다.

GUIDE 2 이상의 자연수 n에 대하여 실수 a의 n제곱근은 n제곱하여 a가 되는 수, 즉 방정식 $x^n=a$를 만족시키는 x임을 이용한다.

SOLUTION

① 125의 세제곱근을 x라 하면 $x^3=125$이므로

$x^3-125=0$, $(x-5)(x^2+5x+25)=0$

$\therefore x=5$ 또는 $x=\dfrac{-5\pm5\sqrt{3}i}{2}$

즉, 125의 세제곱근은 5, $\dfrac{-5\pm5\sqrt{3}i}{2}$의 3개이다.

② -8의 세제곱근을 x라 하면 $x^3=-8$이므로

$x^3+8=0$, $(x+2)(x^2-2x+4)=0$ $\therefore x=-2$ 또는 $x=1\pm\sqrt{3}i$

즉, -8의 세제곱근 중 실수인 것은 -2이다.

③ -16의 네제곱근을 x라 하면 $x^4=-16$이므로

$x^4+16=0$, $(x^2+4i)(x^2-4i)=0$

이를 만족시키는 실수 x는 존재하지 않으므로 -16의 네제곱근 중 실수인 것은 없다.

④ -9의 n제곱근 중 실수인 것은 방정식 $x^n=-9$를 만족시키는 실수 x이다.

이때 n이 짝수이므로 실수 x는 존재하지 않는다.

즉, n이 짝수일 때, -9의 n제곱근 중 실수인 것은 없다.

⑤ 7의 n제곱근 중 실수인 것은 방정식 $x^n=7$을 만족시키는 실수 x이다.

이때 n이 홀수이므로 실수 x는 $\sqrt[n]{7}$의 1개이다.

따라서 옳은 것은 ③, ⑤이다. ■

유제 Sub Note 028쪽

001-1 -216의 세제곱근 중 실수인 것을 a, $\sqrt{81}$의 네제곱근 중 음의 실수인 것을 b라 할 때, ab의 값을 구하여라.

기 본 예 제 *거듭제곱근의 계산과 대소 비교*

002 (1) $a>0$, $b>0$일 때, $\sqrt[3]{ab^2}\times\sqrt[6]{a^4b^5}\div\sqrt{a^2b}$를 간단히 하여라.

(2) 세 수 $\sqrt[3]{4}$, $\sqrt{\sqrt{6}}$, $\sqrt{\sqrt[3]{14}}$의 크기를 비교하여라.

GUIDE (1) 거듭제곱근의 성질을 이용한다.

(2) $A>0$, $B>0$이고 n이 2 이상의 자연수일 때, $A<B$이면 $\sqrt[n]{A}<\sqrt[n]{B}$임을 이용한다.

SOLUTION

(1) $\sqrt[3]{ab^2}\times\sqrt[6]{a^4b^5}\div\sqrt{a^2b}=\dfrac{\sqrt[6]{a^2b^4}\times\sqrt[6]{a^4b^5}}{\sqrt[6]{a^6b^3}}$

$=\sqrt[6]{\dfrac{a^6b^9}{a^6b^3}}=\sqrt[6]{b^6}=\boldsymbol{b}$ ■

(2) $\sqrt[3]{4}$, $\sqrt{\sqrt{6}}=\sqrt[4]{6}$, $\sqrt{\sqrt[3]{14}}=\sqrt[6]{14}$에서

3, 4, 6의 최소공배수가 12이므로

$\sqrt[3]{4}=\sqrt[12]{4^4}=\sqrt[12]{256}$, $\sqrt[4]{6}=\sqrt[12]{6^3}=\sqrt[12]{216}$, $\sqrt[6]{14}=\sqrt[12]{14^2}=\sqrt[12]{196}$

따라서 $\sqrt[12]{196}<\sqrt[12]{216}<\sqrt[12]{256}$이므로

$\boldsymbol{\sqrt{\sqrt[3]{14}}<\sqrt{\sqrt{6}}<\sqrt[3]{4}}$ ■

[다른 풀이] $(\sqrt[3]{4})^{12}=(\sqrt[3]{4^3})^4=4^4=256$, $(\sqrt[4]{6})^{12}=(\sqrt[4]{6^4})^3=6^3=216$,

$(\sqrt[6]{14})^{12}=(\sqrt[6]{14^6})^2=14^2=196$

따라서 $196<216<256$이므로

$\sqrt{\sqrt[3]{14}}<\sqrt{\sqrt{6}}<\sqrt[3]{4}$

유제

002-1 $\sqrt{\sqrt[3]{54}-\sqrt[3]{2}}\times\sqrt[6]{4}$를 간단히 하여라.

Sub Note 028쪽

유제

Sub Note 028쪽

002-2 네 수 $\sqrt{2}$, $\sqrt[3]{3}$, $\sqrt[4]{5}$, $\sqrt[6]{6}$ 중에서 가장 큰 수를 a, 가장 작은 수를 b라 할 때, $a^{12}-b^{12}$의 값을 구하여라.

02 지수의 확장

SUMMA CUM LAUDE

ESSENTIAL LECTURE

1 지수가 정수일 때의 지수법칙

(1) 0 또는 음의 정수인 지수의 정의

$a\neq0$이고 n이 양의 정수일 때

$$a^0=1,\ a^{-n}=\frac{1}{a^n}$$

(2) 지수가 정수일 때의 지수법칙

$a\neq0$, $b\neq0$이고 m, n이 정수일 때

① $a^m a^n=a^{m+n}$

② $a^m\div a^n=a^{m-n}$

③ $(a^m)^n=a^{mn}$

④ $(ab)^n=a^n b^n$

2 지수가 유리수일 때의 지수법칙

(1) 유리수인 지수의 정의

$a>0$이고 m, $n(n\geq2)$이 정수일 때

$$a^{\frac{m}{n}}=\sqrt[n]{a^m},\ a^{\frac{1}{n}}=\sqrt[n]{a}$$

(2) 지수가 유리수일 때의 지수법칙

$a>0$, $b>0$이고 p, q가 유리수일 때

① $a^p a^q=a^{p+q}$

② $a^p\div a^q=a^{p-q}$

③ $(a^p)^q=a^{pq}$

④ $(ab)^p=a^p b^p$

3 지수가 실수일 때의 지수법칙

$a>0$, $b>0$이고 x, y가 실수일 때

① $a^x a^y=a^{x+y}$

② $a^x\div a^y=a^{x-y}$

③ $(a^x)^y=a^{xy}$

④ $(ab)^x=a^x b^x$

우리는 지금까지 a^n에서 지수 n이 자연수인 경우만을 생각해 왔다. 이번 소단원에서는 지수의 범위를 자연수에서 정수, 유리수, 실수까지 확장시킬 것이다. 이러한 과정은 초등학교에서 처음에는 자연수의 곱셈을 배우고 학년이 올라감에 따라 곱셈이 정수, 유리수, 실수, 복소수까지 확장된 것과 유사하다.

1 지수가 정수일 때의 지수법칙

$a\neq0$이고 n이 양의 정수일 때, a^0과 a^{-n}은 다음과 같이 정의한다.

$$a^0=1,\ a^{-n}=\frac{1}{a^n}$$

이렇게 정의한 이유는 지수가 0과 음의 정수일 때도 지수법칙 $a^m a^n=a^{m+n}$이 여전히 성립하도록 하기 위해서이다.

다시 말해 $a^m a^n=a^{m+n}$에서

$n=0$일 때, 식이 성립하려면 $a^m\times a^0=a^m \Longleftrightarrow a^0=1$일 수 밖에 없고,

$m=-n$일 때, 식이 성립하려면 $a^{-n}\times a^n=a^0=1 \Longleftrightarrow a^{-n}=\frac{1}{a^n}$일 수 밖에 없다.

이때 0^0은 정의하지 않는다. 조금 전에 확인한 것처럼 $a^0=1$임을 생각하면 $0^0=1$이라 정의하는 것이 바람직해 보이기도 하고, 임의의 자연수 n에 대하여 $0^n=0$임을 생각하면 $0^0=0$이라 정의해야 바람직해 보이기도 한다. 아직까지 수학자들은 이러한 충돌을 해결할 방법을 찾지 못했다. 그래서 0^0은 정의하지 않는다.

0 또는 음의 정수인 지수

$a\neq0$이고 n이 양의 정수일 때 $a^0=1,\ a^{-n}=\frac{1}{a^n}$

EXAMPLE 004 다음 값을 구하여라.

(1) $(-5)^0$

(2) $(\sqrt{3})^0$

(3) 3^{-2}

(4) $(-2)^{-3}$

ANSWER (1) $(-5)^0=\mathbf{1}$ ■

(2) $(\sqrt{3})^0=\mathbf{1}$ ■

(3) $3^{-2}=\frac{1}{3^2}=\mathbf{\frac{1}{9}}$ ■

(4) $(-2)^{-3}=\frac{1}{(-2)^3}=\mathbf{-\frac{1}{8}}$ ■

모든 정수 n에 대하여 $a^n\ (a\neq0)$을 정의함에 따라 지수가 정수일 때, 다음과 같은 지수법칙이 성립한다.

지수가 정수일 때의 지수법칙

$a\neq0$, $b\neq0$이고 m, n이 정수일 때

① $a^m a^n=a^{m+n}$

② $a^m\div a^n=a^{m-n}$

③ $(a^m)^n=a^{mn}$

④ $(ab)^n=a^n b^n$

APPLICATION 005 다음 식을 간단히 하여라. (단, $a\neq0$) Sub Note 003쪽

(1) $2^2\times2^{-2}$

(2) $3^2\times27^{-2}$

(3) $a^{-4}\div(a^{-2})^3$

(4) $a^3\times(a^{-4})^{-1}\div a^{-5}$

2 지수가 유리수일 때의 지수법칙

$a>0$이고 m, $n(n\geq2)$이 정수일 때, $a^{\frac{m}{n}}$은 다음과 같이 정의한다.

$$a^{\frac{m}{n}}=\sqrt[n]{a^m}$$

이렇게 정의한 이유는 지수가 유리수일 때도 지수법칙 $(a^m)^n=a^{mn}$이 여전히 성립하도록 하기 위해서이다.

다시 말해 $a>0$이고 m, $n(n\geq2)$이 정수일 때, $(a^m)^n=a^{mn}$에서 m 대신 $\frac{m}{n}$을 대입한 경우에도 식이 성립하려면

$$(a^{\frac{m}{n}})^n=a^{\frac{m}{n}\times n}=a^m$$

이어야 한다. 여기서 $a^{\frac{m}{n}}>0$이므로 $a^{\frac{m}{n}}$은 방정식 $x^n=a^m$의 양인 실근, 즉 a^m의 양의 n제곱근 $\sqrt[n]{a^m}$이다. 즉, $a^{\frac{m}{n}}=\sqrt[n]{a^m}$이고, 특히 $a^{\frac{1}{n}}=\sqrt[n]{a}$이다.

이때 $a>0$임을 주의하자. n이 홀수이건, 짝수이건 거듭제곱근이 항상 존재하기 위해서는 이렇게 a의 범위를 제한해야만 한다. 예컨대 실수 범위에서 $\sqrt{-1}$은 존재하지 않으므로 $(-1)^{\frac{1}{2}}$이라 쓰는 것은 의미없는 행위이다.

유리수인 지수

$a>0$이고 m, $n(n\geq2)$[3]이 정수일 때

$$a^{\frac{m}{n}}=\sqrt[n]{a^m},\ a^{\frac{1}{n}}=\sqrt[n]{a}$$

---

[3] $n\geq2$라는 조건을 기억하기 바란다. $5^{-\frac{4}{3}}$을 $\sqrt[3]{5^{-4}}$이 아닌 $\sqrt[-3]{5^4}$으로 잘못 표기하지 않도록 주의하자.

EXAMPLE 005 다음을 $a^{\frac{m}{n}}$ 꼴로 나타내어라.

(단, a는 최소의 자연수이고, m, n은 서로소인 정수)

(1) $\sqrt[4]{5^3}$

(2) $\sqrt[3]{9}$

(3) $\sqrt[5]{16}$

(4) $\sqrt[5]{\frac{1}{81}}$

ANSWER (1) $\sqrt[4]{5^3}=\mathbf{5^{\frac{3}{4}}}$ ■

(2) $\sqrt[3]{9}=\sqrt[3]{3^2}=\mathbf{3^{\frac{2}{3}}}$ ■

(3) $\sqrt[5]{16}=\sqrt[5]{2^4}=\mathbf{2^{\frac{4}{5}}}$ ■

(4) $\sqrt[5]{\frac{1}{81}}=\sqrt[5]{3^{-4}}=\mathbf{3^{-\frac{4}{5}}}$ ■

모든 유리수 p에 대하여 $a^p\,(a>0)$을 정의함에 따라 지수가 유리수일 때, 다음과 같은 지수법칙이 성립한다.

지수가 유리수일 때의 지수법칙

$a>0$, $b>0$이고 p, q가 유리수일 때

① $a^pa^q=a^{p+q}$

② $a^p\div a^q=a^{p-q}$

③ $(a^p)^q=a^{pq}$

④ $(ab)^p=a^pb^p$

APPLICATION 006 다음 식을 간단히 하여라. (단, $a>0$)

Sub Note 003쪽

(1) $3^{\frac{1}{2}}\times3^{\frac{3}{8}}\div3^{\frac{1}{4}}$

(2) $\left\{\left(\frac{8}{27}\right)^{-\frac{2}{5}}\right\}^{\frac{5}{6}}$

(3) $(a^{-\frac{27}{4}})^{-\frac{2}{3}}\div\sqrt{a^9}$

(4) $\sqrt[3]{\sqrt[5]{a}\sqrt{a}}$

3 지수가 실수일 때의 지수법칙

지수의 범위를 실수까지 확장해 보자.

예를 들어 지수가 무리수인 $2^{\sqrt{2}}$을 생각해 보자.

$\sqrt{2}=1.4142\cdots$ 이므로 $\sqrt{2}$에 점점 가까워지는 유리수

$$1,\ 1.4,\ 1.41,\ 1.414,\ 1.4142,\ \cdots$$

를 각각 지수로 갖는 수

$$2^1,\ 2^{1.4},\ 2^{1.41},\ 2^{1.414},\ 2^{1.4142},\ \cdots$$

은 오른쪽 표와 같이 어떤 일정한 수에 가까워짐을 관찰할 수 있다. 이때 이 일정한 수를 $2^{\sqrt{2}}$으로 정의한다.

x	2^x
1	2.000000
1.4	2.639015⋯
1.41	2.657371⋯
1.414	2.664749⋯
1.4142	2.665119⋯
⋮	⋮

이와 같은 방법으로 $a>0$이고 x가 실수일 때, a^x을 정의할 수 있고, 지수가 실수일 때도 다음과 같은 지수법칙이 성립한다.

지수가 실수일 때의 지수법칙

$a>0$, $b>0$이고 x, y가 실수일 때

① $a^x a^y = a^{x+y}$
② $a^x \div a^y = a^{x-y}$
③ $(a^x)^y = a^{xy}$
④ $(ab)^x = a^x b^x$

지수가 무리수인 경우, 예컨대 $2^{\sqrt{2}}$을 엄밀하게 정의하고 지수법칙이 성립함을 증명하는 것은 고등학교 수준을 벗어난다. 고등학교 수학에서는 지수가 실수일 때의 지수법칙을 그냥 받아들이고, 식을 정리하는 데 사용한다.

EXAMPLE 006 다음 식을 간단히 하여라. (단, $a>0$)

(1) $2^{2\sqrt{2}} \times 2^{\sqrt{50}}$
(2) $(3^{\sqrt{3}-1})^{\sqrt{3}+1}$
(3) $(a^{\sqrt{27}})^{-\frac{1}{\sqrt{3}}} \times a^4$
(4) $a^{-\sqrt{3}} \times (a^{\sqrt{3}})^4 \div (a^{\sqrt{3}} \times a^{2\sqrt{3}})$

ANSWER
(1) $2^{2\sqrt{2}} \times 2^{\sqrt{50}} = 2^{2\sqrt{2}+5\sqrt{2}} = \mathbf{2^{7\sqrt{2}}}$ ■
(2) $(3^{\sqrt{3}-1})^{\sqrt{3}+1} = 3^{(\sqrt{3}-1)(\sqrt{3}+1)} = 3^{3-1} = 3^2 = \mathbf{9}$ ■
(3) $(a^{\sqrt{27}})^{-\frac{1}{\sqrt{3}}} \times a^4 = a^{3\sqrt{3}\times\left(-\frac{1}{\sqrt{3}}\right)+4} = a^{-3+4} = \boldsymbol{a}$ ■
(4) $a^{-\sqrt{3}} \times (a^{\sqrt{3}})^4 \div (a^{\sqrt{3}} \times a^{2\sqrt{3}}) = a^{-\sqrt{3}+4\sqrt{3}} \div a^{\sqrt{3}+2\sqrt{3}}$
$= a^{3\sqrt{3}} \div a^{3\sqrt{3}} = \mathbf{1}$ ■

APPLICATION 007 다음 식을 간단히 하여라. (단, $a>0$) Sub Note 003쪽

(1) $(4^{\frac{1}{\sqrt{2}}} \times 3^{\sqrt{2}})^{\frac{1}{\sqrt{2}}}$
(2) $(2^{\sqrt{2}})^{\sqrt{8}-1} \times 2^{\frac{1}{\sqrt{2}-1}}$
(3) $a^{2\sqrt{2}-1} \times \dfrac{1}{a^{-3+2\sqrt{2}}}$
(4) $\{(a^3)^{\sqrt{2}} \times a^{\sqrt{2}}\}^{\frac{1}{\sqrt{2}}}$

기본 예제 **지수법칙과 곱셈 공식**

003 (1) $(a^{\frac{1}{2}}+b^{\frac{1}{2}})(a^{\frac{1}{4}}+b^{\frac{1}{4}})(a^{\frac{1}{4}}-b^{\frac{1}{4}})$을 간단히 하여라. (단, $a>0$, $b>0$)

(2) 양수 a에 대하여 $\sqrt{a}+\dfrac{1}{\sqrt{a}}=\sqrt{6}$일 때, $\dfrac{a^2+a^{-2}}{a+a^{-1}}$의 값을 구하여라.

(3) 양수 a에 대하여 $a^{2x}+a^{-2x}=7$일 때, $a^{3x}+a^{-3x}$의 값을 구하여라.

GUIDE (1) 곱셈 공식 $(A+B)(A-B)=A^2-B^2$임을 이용한다.

(2), (3) 곱셈 공식을 이용하여 주어진 식을 적절히 변형한 후 식의 값을 구한다. 아래 **Summa's Advice**에서 소개한 것과 같이 곱셈 공식의 변형을 이용해도 된다.

SOLUTION

(1) (주어진 식)$=(a^{\frac{1}{2}}+b^{\frac{1}{2}})\{(a^{\frac{1}{4}})^2-(b^{\frac{1}{4}})^2\}=(a^{\frac{1}{2}}+b^{\frac{1}{2}})(a^{\frac{1}{2}}-b^{\frac{1}{2}})$

$=(a^{\frac{1}{2}})^2-(b^{\frac{1}{2}})^2=\boldsymbol{a-b}$ ■

(2) $\sqrt{a}+\dfrac{1}{\sqrt{a}}=\sqrt{6}$에서 $a^{\frac{1}{2}}+a^{-\frac{1}{2}}=\sqrt{6}$

$a^{\frac{1}{2}}+a^{-\frac{1}{2}}=\sqrt{6}$의 양변을 제곱하면 $a+a^{-1}+2=6$ $\therefore a+a^{-1}=4$

$a+a^{-1}=4$의 양변을 제곱하면 $a^2+a^{-2}+2=16$ $\therefore a^2+a^{-2}=14$

$\therefore \dfrac{a^2+a^{-2}}{a+a^{-1}}=\dfrac{14}{4}=\boldsymbol{\dfrac{7}{2}}$ ■

(3) $(a^x+a^{-x})^2=a^{2x}+a^{-2x}+2=7+2=9$이므로 $a^x+a^{-x}=3$ ($\because a^x+a^{-x}>0$)

$a^x+a^{-x}=3$의 양변을 세제곱하면

$a^{3x}+a^{-3x}+3\cdot a^x\cdot a^{-x}(a^x+a^{-x})=27$, $a^{3x}+a^{-3x}+3\cdot1\cdot3=27$

$\therefore a^{3x}+a^{-3x}=\mathbf{18}$ ■

Summa's Advice

$a>0$이고 x가 실수일 때

(1) $a^{2x}+a^{-2x}=(a^x+a^{-x})^2-2=(a^x-a^{-x})^2+2$

(2) $a^{3x}+a^{-3x}=(a^x+a^{-x})^3-3(a^x+a^{-x})$, $a^{3x}-a^{-3x}=(a^x-a^{-x})^3+3(a^x-a^{-x})$

유제
003-1 $(a^{\frac{1}{3}}+b^{-\frac{1}{3}})(a^{\frac{2}{3}}-a^{\frac{1}{3}}b^{-\frac{1}{3}}+b^{-\frac{2}{3}})$을 간단히 하여라. (단, $a>0$, $b>0$) Sub Note 028쪽

유제
003-2 (1) $x=2^{\frac{1}{3}}+2^{-\frac{1}{3}}$일 때, x^3-3x-1의 값을 구하여라. Sub Note 028쪽

(2) $3^x+3^{1-x}=4$일 때, 27^x+27^{1-x}의 값을 구하여라.

기 본 예 제 $\dfrac{a^x-a^{-x}}{a^x+a^{-x}}$ 꼴의 식의 값 구하기

004 (1) 양수 a에 대하여 $\dfrac{a^x-a^{-x}}{a^x+a^{-x}}=\dfrac{1}{5}$일 때, a^{2x}의 값을 구하여라.

(2) 양수 a에 대하여 $a^{2x}=3$일 때, $\dfrac{a^{3x}+a^{-3x}}{a^x+a^{-x}}$의 값을 구하여라.

GUIDE a^{2x}의 값을 구하거나((1)) a^{2x}의 값이 주어졌으므로((2)) 분수식의 분모, 분자에 각각 a^x을 곱하여 a^{2x}을 포함한 꼴로 변형한다.

SOLUTION

(1) $\dfrac{a^x-a^{-x}}{a^x+a^{-x}}=\dfrac{1}{5}$의 좌변의 분모, 분자에 각각 a^x을 곱하면

$$\frac{a^x(a^x-a^{-x})}{a^x(a^x+a^{-x})}=\frac{1}{5},\ \frac{a^{2x}-1}{a^{2x}+1}=\frac{1}{5},\ 5a^{2x}-5=a^{2x}+1$$

$$4a^{2x}=6 \qquad \therefore a^{2x}=\mathbf{\frac{3}{2}}\ ■$$

(2) $\dfrac{a^{3x}+a^{-3x}}{a^x+a^{-x}}$의 분모, 분자에 각각 a^x을 곱하면

$$\frac{a^x(a^{3x}+a^{-3x})}{a^x(a^x+a^{-x})}=\frac{a^{4x}+a^{-2x}}{a^{2x}+1}=\frac{(a^{2x})^2+\frac{1}{a^{2x}}}{a^{2x}+1}$$

$$=\frac{3^2+\frac{1}{3}}{3+1}=\frac{\frac{28}{3}}{4}=\mathbf{\frac{7}{3}}\ ■$$

유제
004-1 $\dfrac{4^x-4^{-x}}{4^x+4^{-x}}=\dfrac{1}{3}$일 때, 16^x+16^{-x}의 값을 구하여라.

Sub Note 028쪽

유제
004-2 $3^{4x}=4$일 때, $\dfrac{3^{6x}+3^{-6x}}{3^{2x}-3^{-2x}}$의 값을 구하여라.

Sub Note 029쪽

기본예제 *밑을 같게 하여 식의 값 구하기*

005 (1) $15^x=5^y=9$일 때, $\frac{1}{x}-\frac{1}{y}$의 값을 구하여라.

(2) $4^x=5^y=10^z=a$이고 $\frac{1}{x}+\frac{1}{y}+\frac{1}{z}=2$일 때, 양수 a의 값을 구하여라. (단, $xyz\neq0$)

GUIDE $a>0,\ b>0,\ x\neq0$일 때, $a^x=b \Longleftrightarrow (a^x)^{\frac{1}{x}}=b^{\frac{1}{x}} \Longleftrightarrow a=b^{\frac{1}{x}}$임을 이용한다.

SOLUTION

(1) $15^x=9=3^2$에서 $\quad 15=3^{\frac{2}{x}}\quad \cdots\cdots ㉠$

$5^y=9=3^2$에서 $\quad 5=3^{\frac{2}{y}}\quad \cdots\cdots ㉡$

㉠÷㉡을 하면 $\quad 15\div5=3^{\frac{2}{x}}\div3^{\frac{2}{y}}$

$3^{\frac{2}{x}-\frac{2}{y}}=3,\ 3^{2\left(\frac{1}{x}-\frac{1}{y}\right)}=3$

따라서 $2\left(\frac{1}{x}-\frac{1}{y}\right)=1$이므로 $\quad \frac{1}{x}-\frac{1}{y}=\mathbf{\frac{1}{2}}$ ■

(2) $4^x=a$에서 $\quad 4=a^{\frac{1}{x}}\quad \cdots\cdots ㉠$

$5^y=a$에서 $\quad 5=a^{\frac{1}{y}}\quad \cdots\cdots ㉡$

$10^z=a$에서 $\quad 10=a^{\frac{1}{z}}\quad \cdots\cdots ㉢$

㉠×㉡×㉢을 하면 $\quad 4\times5\times10=a^{\frac{1}{x}}\times a^{\frac{1}{y}}\times a^{\frac{1}{z}}$

$\therefore a^{\frac{1}{x}+\frac{1}{y}+\frac{1}{z}}=200$

이때 $\frac{1}{x}+\frac{1}{y}+\frac{1}{z}=2$이므로 $\quad a^2=200 \quad \therefore \mathbf{a=10\sqrt{2}}\ (\because a>0)$ ■

Summa's Advice

$a^x=b^y=k\ (a>0,\ b>0,\ xy\neq0)$의 형태로 조건이 주어지고 $\frac{1}{x}+\frac{1}{y}$ 또는 $\frac{1}{x}-\frac{1}{y}$의 값을 구하는 문제는 다음과 같은 원리를 이용하여 해결한다.

$a^x=b^y=k$에서 $a=k^{\frac{1}{x}},\ b=k^{\frac{1}{y}}$이므로

$ab=k^{\frac{1}{x}}\times k^{\frac{1}{y}}=k^{\frac{1}{x}+\frac{1}{y}},\ a\div b=k^{\frac{1}{x}}\div k^{\frac{1}{y}}=k^{\frac{1}{x}-\frac{1}{y}}$

이때 문자가 늘어난 $a^x=b^y=c^z=k\ (a>0,\ b>0,\ c>0,\ xyz\neq0)$의 형태로 조건이 주어진 문제의 경우에도 해결하는 원리는 같음을 기억하자!

유제
005-1 $2^x=3^y=6^z$일 때, $\frac{1}{x}+\frac{1}{y}-\frac{1}{z}$의 값을 구하여라. (단, $xyz\neq0$)

Sub Note 029쪽

기 본 예 제 *지수의 실생활에서의 활용*

006 방사성 동위원소의 반감기가 t년이고 현재의 양이 $A_0(\mathrm{g})$이면 현재로부터 n년 후의 양 $A_n(\mathrm{g})$은

$$A_n = A_0\left(\frac{1}{2}\right)^{\frac{n}{t}}$$

으로 주어진다. 방사성 동위원소 라듐($^{236}\mathrm{Ra}$)의 반감기는 1620년이고 현재의 양이 25g일 때, 1000년 후의 양은 1405년 후의 양의 몇 배인지 구하여라.

GUIDE 먼저 주어진 조건을 이용하여 n년 후의 라듐의 양 A_n을 n에 대한 식으로 나타낸다.

SOLUTION

라듐의 현재의 양이 25g이므로 $A_0=25$이고, 라듐의 반감기가 1620년이므로 $t=1620$이다. 즉,

$$A_n = 25\times\left(\frac{1}{2}\right)^{\frac{n}{1620}}$$

이때 1000년 후의 라듐의 양 A_{1000}은 $25\times\left(\frac{1}{2}\right)^{\frac{1000}{1620}}$이고,

1405년 후의 라듐의 양 A_{1405}는 $25\times\left(\frac{1}{2}\right)^{\frac{1405}{1620}}$이므로

$$\frac{A_{1000}}{A_{1405}} = \frac{25\times\left(\frac{1}{2}\right)^{\frac{1000}{1620}}}{25\times\left(\frac{1}{2}\right)^{\frac{1405}{1620}}} = \left(\frac{1}{2}\right)^{\frac{1000}{1620}-\frac{1405}{1620}}$$

$$=(2^{-1})^{-\frac{405}{1620}} = 2^{\frac{405}{1620}} = 2^{\frac{1}{4}} = \sqrt[4]{2}$$

따라서 1000년 후의 양은 1405년 후의 양의 **$\sqrt[4]{2}$배**이다. ■

유제 Sub Note 029쪽

006-1 소음방지벽 1장을 통과할 때마다 일정한 비율로 소음의 크기가 감소한다고 한다. 즉,

$$N = N_0 r^n$$

(N은 소음의 크기, N_0은 초기 소음의 크기, r는 상수, n은 통과한 소음방지벽의 수)

이다. 소음방지벽 6장과 9장을 통과했을 때의 소음의 크기를 각각 a, b라 할 때, 소음방지벽 8장을 통과했을 때의 소음의 크기를 a, b에 대한 식으로 나타내어라. (단, $a>0$, $b>0$)

1. 다음 [ ] 안에 적절한 것을 채워 넣어라.

(1) 임의의 실수 a와 2 이상의 자연수 n에 대하여 방정식 $x^n=a$의 근을 a의 [ ]이라 하고, a의 제곱근, 세제곱근, 네제곱근, …을 통틀어 a의 [ ]이라 한다.

(2) 지수의 범위를 확장하여도 지수법칙이 성립하기 위한 밑의 조건은 다음과 같다.

지수	정수 m	유리수 p	실수 x
	a^m	a^p	a^x
밑 a의 조건	① [ ]	② [ ]	③ [ ]

2. 다음 문장이 참(true) 또는 거짓(false)인지 결정하고, 그 이유를 설명하거나 적절한 반례를 제시하여라.

(1) a의 n제곱근과 n제곱근 a는 같다.

(2) 실수 a와 2 이상의 자연수 n에 대하여 a의 n제곱근은 존재하지 않을 수도 있다.

(3) 정수 $n\,(n\geq2)$에 대하여 $\sqrt[n]{0}$은 항상 0이다.

(4) $a^m=a^n\ (a\neq0)$이면 $m=n$이다.

3. 다음 물음에 대한 답을 간단히 서술하여라.

(1) 다음 과정 중에서 처음으로 등호가 잘못 사용된 부분을 찾고, 그 이유를 설명하여라.

$$1=\sqrt{1^6}\underset{①}{=}\sqrt{(-1)^6}\underset{②}{=}\sqrt{\{(-1)^3\}^2}\underset{③}{=}\{(-1)^3\}^{2\times\frac{1}{2}}\underset{④}{=}\{(-1)^3\}^1\underset{⑤}{=}(-1)^3=-1$$

(2) $a\neq0$일 때, $a^0=1$이라 정의하는 이유를 설명하여라.

Sub Note 067쪽

거듭제곱근 **01** 다음 보기에서 옳은 것만을 있는 대로 골라라.

보기
ㄱ. 27의 세제곱근 중 실수인 것은 ± 3이다.
ㄴ. 16의 네제곱근과 네제곱근 16은 같다.
ㄷ. 9의 네제곱근 중 실수인 것은 $\pm\sqrt{3}$이다.
ㄹ. -343의 세제곱근 중 실수인 것은 하나뿐이다.

거듭제곱근의 성질 **02** $\sqrt[5]{\sqrt{\sqrt{\sqrt{3}}}}=\sqrt[k]{3}$을 만족시키는 자연수 k의 값을 구하여라.

거듭제곱근의 대소 비교 **03** 세 수 $A=\sqrt{2\sqrt{2}}$, $B=\sqrt[3]{3\sqrt{3}}$, $C=\sqrt[6]{6\sqrt{6}}$의 대소 관계를 바르게 나타낸 것은?

① $A<B<C$ ② $A<C<B$ ③ $B<A<C$
④ $C<A<B$ ⑤ $C<B<A$

지수법칙 **04** $2^x=\frac{12}{5}$, $2^y=\frac{20}{3}$일 때, $x+y$의 값을 구하여라.

지수법칙 **05** 1이 아닌 양수 a에 대하여 $\sqrt[4]{a\sqrt[3]{a\sqrt{a}}}=a^{\frac{n}{m}}$일 때, $m+n$의 값을 구하여라.
(단, m과 n은 서로소인 자연수)

지수법칙을 이용하여 식의 값 구하기

06 $a=3-2\sqrt{2}$, $b=\sqrt{2}+1$일 때, 다음 식의 값을 구하여라.

(1) $(a^{\frac{1}{2}}+a^{-\frac{1}{2}})(a^{\frac{1}{4}}+a^{-\frac{1}{4}})(a^{\frac{1}{4}}-a^{-\frac{1}{4}})$

(2) $\dfrac{(a^{\frac{3}{2}}+b^{-\frac{3}{2}})(a^{\frac{3}{2}}-b^{-\frac{3}{2}})}{a^2+ab^{-1}+b^{-2}}$

지수법칙을 이용하여 식의 값 구하기

07 $A=(1+2^{-1})(1+2^{-2})(1+2^{-4})(1+2^{-8})(1+2^{-16})$에 대하여 $A=2-2^k$일 때, 실수 k의 값을 구하여라.

지수법칙을 이용하여 식의 값 구하기

08 $a^{2x}=7$일 때, $\dfrac{a^{3x}-a^{-x}}{a^{3x}+a^{-x}}$의 값은? (단, $a>0$)

① $\dfrac{18}{25}$ ② $\dfrac{4}{5}$ ③ $\dfrac{22}{25}$ ④ $\dfrac{24}{25}$ ⑤ $\dfrac{26}{25}$

지수법칙을 이용하여 식의 값 구하기

09 서술형

$59^x=27$, $177^y=81$일 때, $\dfrac{3}{x}-\dfrac{4}{y}$의 값을 구하여라.

지수의 실생활에서의 활용

10 어떤 박테리아는 적당한 기온에서 일정한 비율로 증가하는데 처음 박테리아의 수를 E_0, t분 후의 박테리아의 수를 E_t라 하면 $E_t=E_0\cdot a^{\frac{t}{30}}$ $(a>0)$인 관계가 성립한다고 한다. 5분 후의 박테리아의 수가 처음 박테리아의 수의 2배가 되었을 때, 1시간 후의 박테리아의 수는 처음 박테리아의 수의 몇 배가 되는가?

① 2^{10}배 ② 2^{11}배 ③ 2^{12}배 ④ 2^{13}배 ⑤ 2^{14}배

Sub Note 069쪽

01 $[x]$는 x보다 크지 않은 최대의 정수일 때, $[\sqrt[4]{1}]+[\sqrt[4]{2}]+[\sqrt[4]{3}]+\cdots+[\sqrt[4]{120}]$의 값을 구하여라.

02 $2!\times3!\times4!\times5!\times6!\times7!\times8!\times9!\times10!=2^a\times3^b\times5^c\times7^d$을 만족시키는 자연수 a, b, c, d의 합 $a+b+c+d$의 값은?

① 44 ② 55 ③ 66 ④ 77 ⑤ 88

03 다음 보기에서 옳은 것만을 있는 대로 골라라.

보기

ㄱ. -1의 세제곱근은 1개이고, 1의 네제곱근은 2개이다.

ㄴ. $4^{\frac{1}{\sqrt{2}}}=2^{\sqrt{2}}$

ㄷ. $a>1$일 때, $(\sqrt{a})^{a\sqrt{a}}=(a\sqrt{a})^{\sqrt{a}}$인 a의 값은 3뿐이다.

04 $a\neq0$일 때, $\dfrac{a^5+a^4+a^3+a^2+a}{a^{-10}+a^{-9}+a^{-8}+a^{-7}+a^{-6}}$를 간단히 한 것은?

① a^{15} ② a^{13} ③ a^{11}
④ $a^{10}+a^{-10}$ ⑤ $a^{15}-a^7$

05 $\dfrac{3^9}{3^{-1}+3^{-3}}=k\cdot3^n$이고 $1<k<3$일 때, 자연수 n의 값을 구하여라.

06 $\sqrt{x}=a^2-a^{-2}$일 때, $(\sqrt{2x+4+2\sqrt{x^2+4x}})^5$을 a를 사용하여 바르게 나타낸 것은? (단, $a>1$)

① $a^{10}-a^{-10}$ ② a^{10} ③ $a^{10}+a^{-10}$
④ $32a^5$ ⑤ $32a^{10}$

07 $2^{3x}=3^{3y}=a$이고 $x+y-3xy=0$일 때, 실수 a의 값을 구하여라. (단, $xy\neq0$)

08 이차방정식 $x^2-3x+1=0$의 두 실근 α, β에 대하여 $f(n)=\frac{1}{2}(\alpha^n+\beta^n)$ (n은 자연수)이라 정의할 때, 다음 중 $f(14)+f(16)$과 같은 값을 갖는 것은?

① $3f(15)$ ② $6f(15)$ ③ $f(15)+3$
④ $f(15)+6$ ⑤ $3f(15)+6$

09 $\frac{1}{1+2019^{-50}}+\frac{1}{1+2019^{-49}}+\frac{1}{1+2019^{-48}}+\cdots+\frac{1}{1+2019^{49}}+\frac{1}{1+2019^{50}}$의 값을 구하여라.

10 서술형

$a+b+c=-1$, $2^a+2^b+2^c=\frac{13}{4}$, $4^a+4^b+4^c=\frac{81}{16}$일 때, $2^{-a}+2^{-b}+2^{-c}$의 값을 구하여라.

내신 · 모의고사 대비 TEST 372쪽

01 로그의 뜻과 성질

SUMMA CUM LAUDE

ESSENTIAL LECTURE

1 로그의 정의

$a>0$, $a\neq1$일 때, 양수 N에 대하여 $a^x=N$을 만족하는 실수 x는 오직 하나 존재한다. 이 실수 x를 기호로 $\log_a N$과 같이 나타내고, a를 밑으로 하는 N의 로그라 한다. 이때 N을 $\log_a N$의 진수라 한다.

2 로그의 성질

$a>0$, $a\neq1$, $M>0$, $N>0$일 때

① $\log_a 1=0$, $\log_a a=1$

② $\log_a MN=\log_a M+\log_a N$

③ $\log_a \dfrac{M}{N}=\log_a M-\log_a N$

④ $\log_a M^k=k\log_a M$ (단, k는 실수)

3 로그의 밑의 변환

$a>0$, $a\neq1$, $b>0$, $c>0$, $c\neq1$일 때

① $\log_a b=\dfrac{\log_c b}{\log_c a}$

② $\log_a b=\dfrac{1}{\log_b a}$ (단, $b\neq1$)

1 로그의 정의

우리가 앞에서 배운 거듭제곱과 관련된 식에서는 $2^x=8$과 같이 x의 값이 3임을 쉽게 알 수 있는 경우도 있지만 x의 값을 나타내기 어려운 경우가 더 많다.

예를 들어 $2^x=6$을 만족하는 x의 값은 $2^2=4$, $2^3=8$에서 2와 3 사이의 어떤 값이라고 짐작할 수는 있지만, 그 수가 정확히 얼마인지는 알 수 없다. 이러한 경우에 유용하게 사용할 수 있는 도구가 이번에 새롭게 도입하고자 하는 기호 log❶이다.

$a>0$, $a\neq1$일 때, 양수 N에 대하여 $a^x=N$을 만족하는 실수 x는 오직 하나 존재한다. 이 실수 x를 기호로 $\boldsymbol{\log_a N}$과 같이 나타내고, a를 밑으로 하는 N의 **로그**라 한다. 이때 N을 $\log_a N$의 **진수**라 한다.

로그의 정의

$a>0$, $a\neq1$, $N>0$일 때, $\boldsymbol{a^x=N \Leftrightarrow x=\log_a N}$

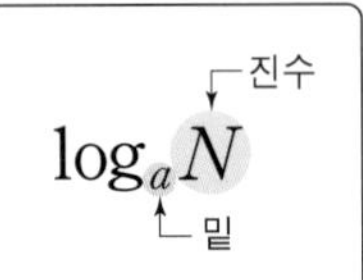

❶ log란 logarithm(대수 ; 對數)의 약자로 '로그'라 읽는다.

앞의 로그의 정의를 이용하면 $2^x=6$을 만족하는 x의 값을 다음과 같이 나타낼 수 있다.

$$2^x=6 \Rightarrow x=\log_2 6$$

예 (1) $3^x=5 \iff x=\log_3 5$ (2) $\left(\frac{1}{2}\right)^x=3 \iff x=\log_{\frac{1}{2}} 3$

(3) $\log_2 x=2 \iff x=2^2=4$ (4) $\log_x 9=2 \iff 9=x^2 \quad \therefore x=3 \ (\because x>0)$

EXAMPLE 007 다음 등식을 만족하는 실수 x의 값을 구하여라.

(1) $\log_4 2x=2$ (2) $\log_{1000} x=\frac{1}{3}$ (3) $\log_2(\log_3 x)=1$

ANSWER (1) $\log_4 2x=2$에서 $2x=4^2$ $\therefore x=\mathbf{8}$ ■

(2) $\log_{1000} x=\frac{1}{3}$에서 $x=1000^{\frac{1}{3}}=(10^3)^{\frac{1}{3}}=\mathbf{10}$ ■

(3) $\log_2(\log_3 x)=1$에서 $\log_3 x=2$ $\therefore x=3^2=\mathbf{9}$ ■

APPLICATION 008 다음 등식을 만족하는 실수 x의 값을 구하여라. Sub Note 003쪽

(1) $\log_2 3x=3$ (2) $\log_x 9=-\frac{2}{3}$ (3) $\log_2(\log_5 x)=-1$

$\log_a N$에서 밑의 범위는 $a>0$, $a\neq1$이고, 진수의 범위는 $N>0$이어야 한다.

밑이나 진수가 이 범위를 벗어난다면 로그는 정의되지 않는다. 왜 그럴까? 이는 로그의 출발점이 지수임을 떠올리면 해결된다. 지수에 어떤 성질이 있었는지 되짚어 보면 로그의 밑과 진수가 이렇게 정의되는 이유를 쉽게 이해할 수 있다.

(i) $a>0$인 이유는 무엇일까?

앞의 중단원에서 지수가 실수일 때 지수법칙이 성립하도록 밑의 범위를 적절히 조정하는 과정에서 밑의 범위를 양수로 제한하였기 때문이다. 로그의 정의($a^x=N \iff x=\log_a N$)에서 확인할 수 있듯이 **지수의 밑은 여전히 로그에서도 밑**이다.

따라서 $a>0$이어야만 한다.

(ii) $a\neq1$인 이유는 무엇일까?

우리는 $a^x=N$에서 a의 값이 고정되어 있을 때, x에 N의 값을 유일하게 대응시키고 싶다. 함수 단원의 표현을 빌리자면 a의 값이 고정되어 있을 때, x와 N은 일대일대응이어야만 한다.

하지만 $a=1$인 경우에는 $1^2=1$, $1^3=1$이므로 기계적으로 로그의 정의를 적용해 보면 다음과 같이 이상한 결과가 나온다.

$$1^2=1 \iff \log_1 1=2$$

$$1^3=1 \iff \log_1 1=3$$

즉, x와 N은 일대일대응이 아니게 된다. 따라서 $a\neq1$이어야만 한다.

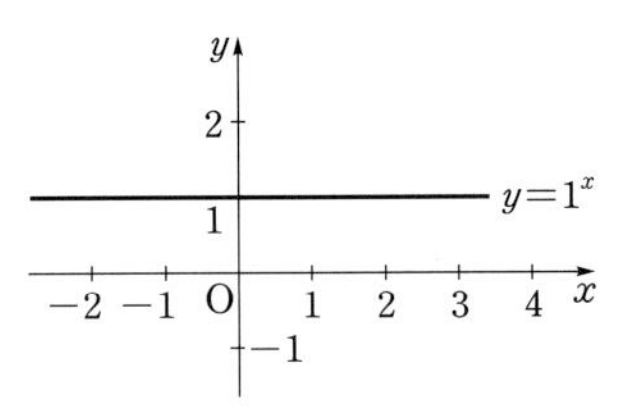

Figure_ 함수 $y=1^x$의 그래프

(iii) $N>0$인 이유는 무엇일까?

예를 들어 2^x과 3^y에 임의의 실수 x, y를 대입해 보면 알 수 있듯이 임의의 실수 x와 양수 a에 대하여 a^x의 값은 항상 양수이다.

즉, $a^x=N \iff x=\log_a N$에서 당연히 N은 양수이어야만 한다.

(i)~(iii)에 의하여 $\log_a N$의 밑과 진수의 조건은 다음과 같다.

$\log_a N$이 정의되기 위한 조건

(1) 밑의 조건 : $a>0$, $a\neq1$ (2) 진수의 조건 : $N>0$

다음 **EXAMPLE**을 통해 로그의 밑과 진수의 조건을 확실히 짚고 넘어가도록 하자.

EXAMPLE 008 다음이 정의되기 위한 실수 x의 값의 범위를 구하여라.

(1) $\log_x(4-x)$ (2) $\log_{x-1}(-x^2+9)$

ANSWER (1) 밑의 조건 : $x>0$, $x\neq1$

진수의 조건 : $4-x>0$에서 $x<4$

따라서 밑과 진수의 조건에 의하여

$0<x<1$ 또는 $1<x<4$ ■

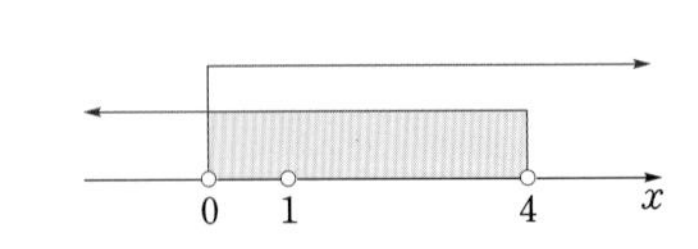

(2) 밑의 조건 : $x-1>0$, $x-1\neq1$에서

$x>1$, $x\neq2$

진수의 조건 : $-x^2+9>0$에서 $x^2-9<0$

$(x+3)(x-3)<0$ $\therefore -3<x<3$

따라서 밑과 진수의 조건에 의하여

$1<x<2$ 또는 $2<x<3$ ■

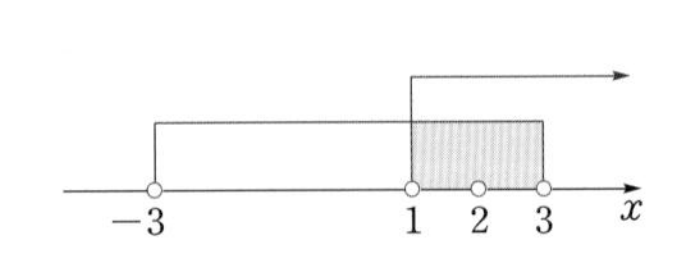

APPLICATION 009 다음이 정의되기 위한 실수 x의 값의 범위를 구하여라. Sub Note 003쪽

(1) $\log_{\sqrt{x-3}}4$ (2) $\log_{x+2}(x-3)^2$

Sub Note 004쪽

APPLICATION 010 $\log_{x-3}(-x^2+8x-12)$가 정의되기 위한 정수 x의 개수를 구하여라.

2 로그의 성질 (수능 고빈도 출제)

앞서 우리는 로그가 무엇이고, 로그가 정의되기 위해서는 어떤 조건이 필요한지 살펴보았다. 지금부터는 로그의 성질을 살펴보고자 한다. 다음 성질은 주어진 로그를 간단히 할 때 자주 사용된다.

로그의 성질(1)

$a>0,\ a\neq1,\ M>0,\ N>0$일 때

① $\log_a 1=0,\ \log_a a=1$

② $\log_a MN=\log_a M+\log_a N$

③ $\log_a \frac{M}{N}=\log_a M-\log_a N$

④ $\log_a M^k=k\log_a M$ (단, k는 실수)

위의 로그의 성질은 지수법칙과 로그의 정의를 이용하여 다음과 같이 유도할 수 있다.

$a>0,\ a\neq1,\ M>0,\ N>0$일 때

① $a^0=1 \Longleftrightarrow \log_a 1=0$

$a^1=a \Longleftrightarrow \log_a a=1$

② $\log_a M=x,\ \log_a N=y$라 하면 로그의 정의에 의하여 $a^x=M,\ a^y=N$이다.

두 식을 곱하면 지수법칙에 의하여

$$MN=a^x a^y=a^{x+y}$$

이 성립한다. 따라서 로그의 정의에 의하여

$$MN=a^{x+y} \Longleftrightarrow \log_a MN=x+y=\log_a M+\log_a N$$

③ $\log_a M=x,\ \log_a N=y$라 하면 로그의 정의에 의하여 $a^x=M,\ a^y=N$이다.

두 식을 나누면 지수법칙에 의하여

$$\frac{M}{N}=\frac{a^x}{a^y}=a^{x-y}$$

이 성립한다. 따라서 로그의 정의에 의하여

$$\frac{M}{N}=a^{x-y} \Longleftrightarrow \log_a \frac{M}{N}=x-y=\log_a M-\log_a N$$

④ $\log_a M=x$라 하면 로그의 정의에 의하여 $a^x=M$이다.

양변을 k제곱(k는 실수)하면 지수법칙에 의하여

$$M^k=(a^x)^k=a^{kx}$$

이 성립한다. 따라서 로그의 정의에 의하여

$$M^k=a^{kx} \Longleftrightarrow \log_a M^k=kx=k\log_a M$$

로그의 성질은 다음과 같이 기억하자.

② $\log_a MN = \log_a M + \log_a N$ ⟶ 진수의 곱은 로그의 합으로

③ $\log_a \frac{M}{N} = \log_a M - \log_a N$ ⟶ 진수의 나눗셈은 로그의 차로

④ $\log_a M^k = k\log_a M$ ⟶ 진수의 k제곱은 로그의 k배로

EXAMPLE 009 다음 식을 간단히 하여라.

(1) $\log_5 1 - \log_4 4$

(2) $\log_6 9 + \log_6 4$

(3) $\log_{10} 500 - \log_{10} 5$

(4) $\log_2 3\sqrt{2} - 2\log_2 \sqrt{6}$

ANSWER (1) $\log_5 1 - \log_4 4 = 0 - 1 = \mathbf{-1}$ ■

(2) $\log_6 9 + \log_6 4 = \log_6 (9 \cdot 4) = \log_6 36 = \log_6 6^2 = \mathbf{2}$ ■

(3) $\log_{10} 500 - \log_{10} 5 = \log_{10} \frac{500}{5} = \log_{10} 100 = \log_{10} 10^2 = \mathbf{2}$ ■

(4) $\log_2 3\sqrt{2} - 2\log_2 \sqrt{6} = \log_2 (3 \cdot 2^{\frac{1}{2}}) - 2\log_2 (2 \cdot 3)^{\frac{1}{2}}$

$= \log_2 3 + \log_2 2^{\frac{1}{2}} - (\log_2 2 + \log_2 3)$

$= \log_2 3 + \frac{1}{2} - (1 + \log_2 3) = \mathbf{-\frac{1}{2}}$ ■

[다른 풀이] $\log_2 3\sqrt{2} - 2\log_2 \sqrt{6} = \log_2 3\sqrt{2} - \log_2 6 = \log_2 \frac{3\sqrt{2}}{6}$

$= \log_2 \frac{1}{\sqrt{2}} = \log_2 2^{-\frac{1}{2}} = -\frac{1}{2}$

APPLICATION 011 다음 식을 간단히 하여라. Sub Note 004쪽

(1) $\log_4 10 + 3\log_4 2 - \log_4 5$

(2) $\log_2 \sqrt{48} - \frac{1}{2}\log_2 6 + \frac{1}{5}\log_2 32$

Sub Note 004쪽

APPLICATION 012 $\log_2 3 = a$, $\log_2 5 = b$일 때, $\log_2 135 + \log_2 \frac{125}{9}$를 a, b에 대한 식으로 나타내어라.

③ 로그의 밑의 변환

로그의 기본적인 성질을 학습하였으니, 이제 로그의 밑을 바꾸는 방법을 살펴보자.

로그의 밑의 변환

$a>0,\ a\neq1,\ b>0,\ c>0,\ c\neq1$일 때

① $\log_a b=\dfrac{\log_c b}{\log_c a}$ ② $\log_a b=\dfrac{1}{\log_b a}$ (단, $b\neq1$)

로그의 밑의 변환은 다음과 같이 유도할 수 있다.

$a>0,\ a\neq1,\ b>0,\ c>0,\ c\neq1$일 때

① $\log_a b=x$라 하면 로그의 정의에 의하여 $a^x=b$이므로

양변에 c를 밑으로 하는 로그를 취하면

$$\log_c a^x=\log_c b \iff x\log_c a=\log_c b$$

$$\iff x=\frac{\log_c b}{\log_c a}$$

$$\therefore \log_a b=\frac{\log_c b}{\log_c a}$$

$$\log_a b=\frac{\log_c b}{\log_c a}$$

$$\log_a b\cdot\log_b c\cdot\log_c a=1$$

② ①에서 $c=b\,(b\neq1)$로 놓으면

$$\log_a b=\frac{\log_b b}{\log_b a}=\frac{1}{\log_b a}$$

$$\log_a b=\frac{1}{\log_b a}$$

$$\log_a b\cdot\log_b a=1$$

EXAMPLE 010 다음 식을 간단히 하여라.

(1) $\log_9 27$ (2) $\log_5 16\cdot\log_2 5$ (3) $\log_2 3\cdot\log_3 5\cdot\log_5 4$

ANSWER (1) $\log_9 27=\dfrac{\log_3 27}{\log_3 9}=\dfrac{\log_3 3^3}{\log_3 3^2}=\dfrac{3\log_3 3}{2\log_3 3}=\mathbf{\dfrac{3}{2}}$ ■

(2) $\log_5 16\cdot\log_2 5=\log_5 2^4\cdot\dfrac{1}{\log_5 2}=4\log_5 2\cdot\dfrac{1}{\log_5 2}=\mathbf{4}$ ■

(3) $\log_2 3\cdot\log_3 5\cdot\log_5 4=\log_2 3\cdot\dfrac{\log_2 5}{\log_2 3}\cdot\dfrac{\log_2 4}{\log_2 5}=\log_2 4=\mathbf{2}$ ■

APPLICATION 013 다음 식을 간단히 하여라. Sub Note 004쪽

(1) $\dfrac{\log_5 49}{\log_5 7}$ (2) $\log_2 9\cdot\log_3 15\cdot\log_{15} 16$ (3) $2^{\log_{10}8\cdot\log_3 10\cdot\log_2 27}$

Sub Note 004쪽

APPLICATION 014 $\log_2 3=a,\ \log_3 7=b$일 때, $\log_6\dfrac{21}{4}$을 $a,\ b$에 대한 식으로 나타내어라.

지금까지 배운 것을 이용하여 로그의 또 다른 성질을 알아보자.

로그의 성질(2)

$a>0,\ a\neq1,\ b>0,\ c>0,\ c\neq1$일 때

① $\log_{a^m}b^n=\frac{n}{m}\log_a b$ (단, m, n은 실수, $m\neq0$)

② $a^{\log_a b}=b$

③ $a^{\log_c b}=b^{\log_c a}$

위의 로그의 성질은 다음과 같이 유도할 수 있다.

$a>0,\ a\neq1,\ b>0,\ c>0,\ c\neq1$일 때

① 실수 $m(m\neq0)$, n에 대하여 로그의 밑의 변환에 의하여

$$\log_{a^m}b^n=\frac{\log_c b^n}{\log_c a^m}=\frac{n\log_c b}{m\log_c a}=\frac{n}{m}\cdot\frac{\log_c b}{\log_c a}=\frac{n}{m}\log_a b$$

② $a^{\log_a b}=x$라 하면 로그의 정의에 의하여

$$\log_a b=\log_a x \iff x=b \qquad \therefore\ a^{\log_a b}=b$$

③ $a^{\log_c b}=x$라 하고 양변에 c를 밑으로 하는 로그를 취하면

(좌변)$=\log_c a^{\log_c b}=\log_c b\cdot\log_c a=\log_c a\cdot\log_c b=\log_c b^{\log_c a}$, (우변)$=\log_c x$

즉, $\log_c b^{\log_c a}=\log_c x$이므로 $\quad x=b^{\log_c a} \qquad \therefore\ a^{\log_c b}=b^{\log_c a}$

APPLICATION 015 다음 식을 간단히 하여라. Sub Note 004쪽

(1) $\log_8 81\cdot\log_9 64$

(2) $5^{\log_{25}2}\cdot\log_{\frac{1}{2}}8$

로그의 성질을 착각하여 실수하는 경우가 많으니 다음에 주의하도록 하자.

착각하지 말자.	기억하자.
$\log_1 1=1,\ \log_1 1=0$ (×)	밑이 1인 로그는 정의되지 않는다.
$\log_a(M+N)=\log_a M+\log_a N$ (×) $\log_a MN=\log_a M\cdot\log_a N$ (×) $\log_a(M-N)=\log_a M-\log_a N$ (×)	진수의 곱은 로그의 합, 진수의 나눗셈은 로그의 차이다. $\log_a MN=\log_a M+\log_a N$ $\log_a\frac{M}{N}=\log_a M-\log_a N$
$(\log_a M)^k=k\log_a M$ (×)	$(\log_a M)^k$과 $\log_a M^k$은 다르다. $\log_a M^k=k\log_a M$
$\frac{\log_a N}{\log_a M}=\log_a\frac{N}{M}$ (×)	분모의 진수를 밑, 분자의 진수를 진수로 하는 로그가 된다. $\frac{\log_a N}{\log_a M}=\log_M N$

기본예제 *로그의 성질*

007

(1) $x=2\log_3 5-3\log_{\frac{1}{3}}4-2\log_3 20$에 대하여 $(\sqrt{3})^x$의 값을 구하여라.

(2) $\log_a 2b=\log_{2a}b=c$일 때, abc의 값을 구하여라. $\left(단,\ a>0,\ a\neq1,\ a\neq\frac{1}{2},\ b>0\right)$

GUIDE (1) 먼저 주어진 식에서 각 로그의 밑을 같게 하여 x를 간단히 한다.
(2) 로그의 밑의 변환을 이용하여 $\log_a 2b=\log_{2a}b$에서 a, b 사이의 관계식을 구한다.

SOLUTION

(1) $x=2\log_3 5-3\log_{\frac{1}{3}}4-2\log_3 20=\log_3 5^2+\log_3 4^3-\log_3(4\cdot5)^2$

$=\log_3\frac{5^2\cdot4^3}{4^2\cdot5^2}=\log_3 4$

$\therefore (\sqrt{3})^x=(\sqrt{3})^{\log_3 4}=3^{\frac{1}{2}\log_3 4}=3^{\log_3 2}=\mathbf{2}$ ■

(2) $\log_a 2b=\log_{2a}b$에서 로그의 밑의 변환에 의하여

$\frac{\log_2 2b}{\log_2 a}=\frac{\log_2 b}{\log_2 2a},\ \frac{1+\log_2 b}{\log_2 a}=\frac{\log_2 b}{1+\log_2 a}$

$(1+\log_2 b)(1+\log_2 a)=\log_2 a\cdot\log_2 b$

$1+\log_2 a+\log_2 b+\log_2 a\cdot\log_2 b=\log_2 a\cdot\log_2 b$

$\log_2 ab=-1 \qquad \therefore ab=\frac{1}{2}$ …… ㉠

㉠에서 $2b=\frac{1}{a}$이므로 $c=\log_a 2b=\log_a\frac{1}{a}=\log_a a^{-1}=-1$

$\therefore abc=\frac{1}{2}\cdot(-1)=-\frac{1}{2}$ ■

Summa's Advice

일반적으로 로그로 주어진 식을 간단히 할 때는 로그의 성질, 로그의 밑의 변환을 이용하여 로그의 밑을 같게 해야 한다는 것을 기억하자. 만약 로그의 밑이 다르다면 더 이상 간단히 하기 어렵기 때문이다.

유제
007-1 1보다 큰 세 실수 a, b, c에 대하여 $\log_a c:\log_b c=2:1$일 때, $\log_a b+\log_b a$의 값을 구하여라.

Sub Note 030쪽

유제
007-2 $x=(\sqrt{5})^{\log_{25}9}$, $y=4^{\log_{16}25}$일 때, x^2+y의 값을 구하여라.

Sub Note 030쪽

기본예제 *로그의 성질의 활용(1)*

008 삼각형의 세 변의 길이 a, b, c가 다음 등식을 만족할 때, 이 삼각형은 어떤 삼각형인지 구하여라. (단, $a\neq1$)

$$\log_{b+c}a+\log_{b-c}a=2\log_{b+c}a\cdot\log_{b-c}a$$

GUIDE 주어진 등식에서 각 로그의 진수가 모두 a이므로 로그의 밑을 a로 통일한다.

SOLUTION

$\log_{b+c}a+\log_{b-c}a=2\log_{b+c}a\cdot\log_{b-c}a$에서 로그의 밑을 a로 통일하면

$$\frac{1}{\log_a(b+c)}+\frac{1}{\log_a(b-c)}=\frac{2}{\log_a(b+c)}\cdot\frac{1}{\log_a(b-c)}$$

$$\frac{\log_a(b-c)+\log_a(b+c)}{\log_a(b+c)\cdot\log_a(b-c)}=\frac{2}{\log_a(b+c)\cdot\log_a(b-c)}$$

양변에 $\log_a(b+c)\cdot\log_a(b-c)$를 곱하면

$$\log_a(b-c)+\log_a(b+c)=2$$

$$\log_a(b-c)(b+c)=2,\ (b-c)(b+c)=a^2$$

$$b^2-c^2=a^2 \qquad \therefore a^2+c^2=b^2$$

따라서 이 삼각형은 **빗변의 길이가 b인 직각삼각형**이다. ■

Sub Note 030쪽

유제

008-1 좌표평면 위의 두 점 $\mathrm{A}(\log_{25}100,\ \log_{25}64)$, $\mathrm{B}\left(\log_5 2,\ \dfrac{1}{\log_8 5}\right)$에 대하여 선분 AB의 길이를 구하여라.

Sub Note 030쪽

유제

008-2 오른쪽 그림과 같이 $\overline{\mathrm{AB}}=5$, $\overline{\mathrm{AC}}=4$인 삼각형 ABC에서 $\angle\mathrm{A}$의 이등분선이 변 BC와 만나는 점을 D라 할 때, $\overline{\mathrm{BD}}=\log_2 x$, $\overline{\mathrm{CD}}=2\log_2 y$이다. 1보다 큰 두 양수 x, y에 대하여 $y=x^k$일 때, 상수 k의 값을 구하여라.

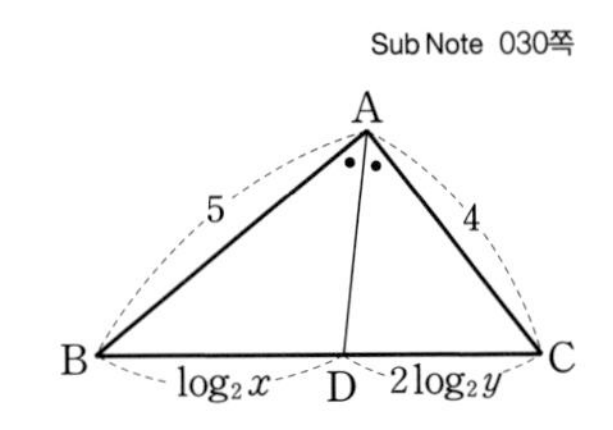

기 본 예 제 *로그의 정수 부분과 소수 부분*

009

(1) $\log_3 14$의 정수 부분을 a, 소수 부분을 b라 할 때, $9(4^a+3^b)$의 값을 구하여라.

(2) $\log_7 21=n+\alpha$ (n은 정수, $0\le\alpha<1$)일 때, $\frac{7^{-\alpha}-7^{-n}}{7^n-7^\alpha}$의 값을 구하여라.

GUIDE (무리수)=(정수 부분)+(소수 부분)이므로 (소수 부분)=(무리수)−(정수 부분)이다.
로그의 값도 (정수 부분)+(소수 부분)으로 생각할 수 있다.

$a>1$이고 양수 M과 정수 n에 대하여 $n\le\log_a M<n+1$일 때
➡ $\log_a M$의 정수 부분은 n, 소수 부분은 $\log_a M-n$이다.

SOLUTION

(1) $\log_3 3^2<\log_3 14<\log_3 3^3$이므로 $2<\log_3 14<3$

즉, $\log_3 14$의 정수 부분이 2이므로

$$a=2,\ b=\log_3 14-2=\log_3 14-\log_3 3^2=\log_3 \frac{14}{9}$$

$$\therefore 9(4^a+3^b)=9(4^2+3^{\log_3 \frac{14}{9}})=9\left(16+\frac{14}{9}\right)=\mathbf{158}\ ■$$

(2) $\log_7 7<\log_7 21<\log_7 7^2$이므로 $1<\log_7 21<2$

즉, $\log_7 21$의 정수 부분이 1이므로

$$n=1,\ \alpha=\log_7 21-1=(\log_7 7+\log_7 3)-1=\log_7 3$$

$$\therefore \frac{7^{-\alpha}-7^{-n}}{7^n-7^\alpha}=\frac{7^{-\log_7 3}-7^{-1}}{7^1-7^{\log_7 3}}=\frac{\frac{1}{3}-\frac{1}{7}}{7-3}=\frac{\frac{4}{21}}{4}=\mathbf{\frac{1}{21}}\ ■$$

유제 **009-1** $\log_{x-5}(-x^2+10x-16)$이 정의되도록 하는 자연수 x에 대하여 $\log_2 x$의 정수 부분을 a, 소수 부분을 b라 할 때, 2^{a-b}의 값을 구하여라.

Sub Note 030쪽

기본 예제 *로그와 이차방정식*

010 (1) 이차방정식 $x^2-4x+2=0$의 두 근이 α, β일 때, $\dfrac{1}{\log_\alpha(\alpha+\beta)}+\dfrac{1}{\log_\beta(\alpha+\beta)}$의 값을 구하여라.

(2) 이차방정식 $x^2-6x+4=0$의 두 근이 $\log_2\alpha$, $\log_2\beta$일 때, $\log_\alpha\beta+\log_\beta\alpha$의 값을 구하여라.

GUIDE 이차방정식의 근과 계수의 관계를 이용하여 두 근의 합과 곱을 구한 후, 이를 적용할 수 있도록 로그의 밑의 변환을 이용하여 주어진 식을 변형한다.

SOLUTION

(1) 이차방정식 $x^2-4x+2=0$의 두 근이 α, β이므로 근과 계수의 관계에 의하여

$\alpha+\beta=4$, $\alpha\beta=2$

$$\therefore \frac{1}{\log_\alpha(\alpha+\beta)}+\frac{1}{\log_\beta(\alpha+\beta)}=\log_{\alpha+\beta}\alpha+\log_{\alpha+\beta}\beta$$

$$=\log_{\alpha+\beta}\alpha\beta=\log_4 2$$

$$=\log_{2^2}2=\mathbf{\frac{1}{2}}\ ■$$

(2) 이차방정식 $x^2-6x+4=0$의 두 근이 $\log_2\alpha$, $\log_2\beta$이므로 근과 계수의 관계에 의하여

$\log_2\alpha+\log_2\beta=6$, $\log_2\alpha\cdot\log_2\beta=4$

$$\therefore \log_\alpha\beta+\log_\beta\alpha=\frac{\log_2\beta}{\log_2\alpha}+\frac{\log_2\alpha}{\log_2\beta}=\frac{(\log_2\alpha)^2+(\log_2\beta)^2}{\log_2\alpha\cdot\log_2\beta}$$

$$=\frac{(\log_2\alpha+\log_2\beta)^2-2\log_2\alpha\cdot\log_2\beta}{\log_2\alpha\cdot\log_2\beta}$$

$$=\frac{6^2-2\cdot4}{4}=\mathbf{7}\ ■$$

유제 Sub Note 030쪽

010-1 이차방정식 $x^2-2x-2=0$의 두 근이 $\log_2\alpha$, $\log_2\beta$일 때, $(\log_\alpha\beta)^2+(\log_\beta\alpha)^2$의 값을 구하여라.

발 전 예 제 *로그의 성질의 활용(2)*

011 $\log_2 x$와 $\log_2 y$ 사이의 관계가 오른쪽 그래프와 같을 때, 다음 중 x와 y 사이의 관계를 그래프로 바르게 나타낸 것은? (단, $n>0$)

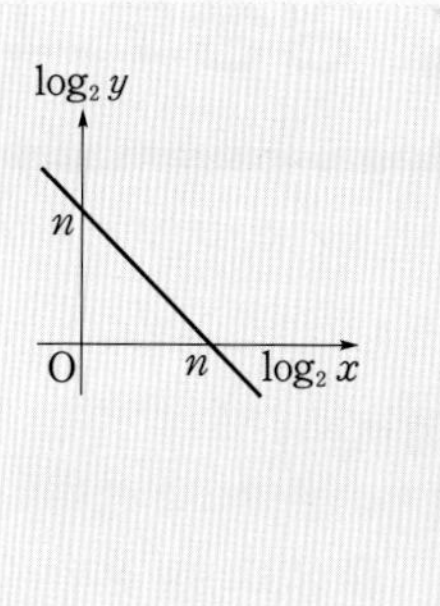

①

② 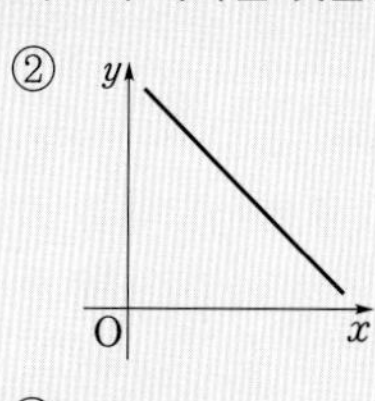

③ 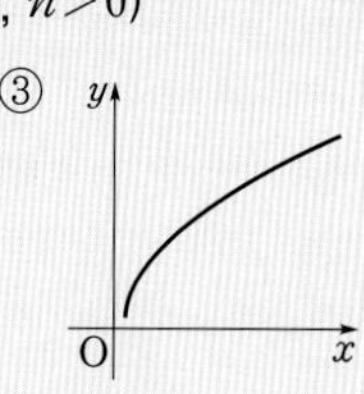

④

⑤ 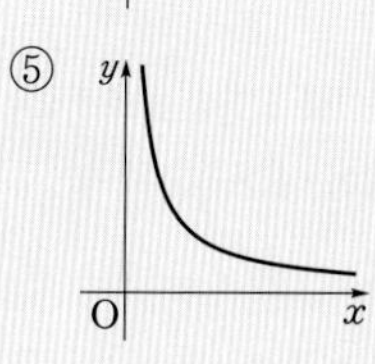

GUIDE 밑이 같은 로그이므로 로그의 성질을 이용하여 x와 y 사이의 관계식을 구한다.

SOLUTION

주어진 그래프에서 $\log_2 x$와 $\log_2 y$ 사이에는

$$\log_2 y = -\log_2 x + n \text{ (단, } n>0)$$

인 관계가 있다.

이 식에서 log가 사라지도록 식을 차근차근 정리해 보자.

$\log_2 y = -\log_2 x + n$에서 $\quad \log_2 y = \log_2 x^{-1} + \log_2 2^n$

$\log_2 y = \log_2 (x^{-1} \cdot 2^n)$, $\log_2 y = \log_2 \dfrac{2^n}{x}$

$\therefore y = \dfrac{2^n}{x}$ (단, $n>0$)

이때 $\log_2 x$와 $\log_2 y$에서 진수의 조건에 의하여 $\quad x>0,\ y>0$

따라서 x와 y 사이의 관계를 그래프로 바르게 나타낸 것은 ⑤이다. ■

유제

011-1 자연수 k에 대하여 $f(k)$가 0 또는 1이고

Sub Note 031쪽

$$\log_7 2 = \frac{f(1)}{2} + \frac{f(2)}{2^2} + \frac{f(3)}{2^3} + \frac{f(4)}{2^4} + \cdots$$

일 때, $f(1)$, $f(2)$, $f(3)$의 값을 차례대로 나열하여라.

02 상용로그

SUMMA CUM LAUDE

ESSENTIAL LECTURE

1 상용로그의 정의

양수 N에 대하여 $\log_{10} N$과 같이 10을 밑으로 하는 로그를 상용로그라 한다.

상용로그 $\log_{10} N$은 보통 밑 10을 생략하여 $\log N$과 같이 나타낸다.

2 상용로그의 정수 부분과 소수 부분

(1) 임의의 양수 N에 대한 상용로그는 다음과 같이 나타낼 수 있다.

$\log N = n + \alpha$ (n은 정수, $0 \le \alpha < 1$)

이때 n을 $\log N$의 정수 부분이라 하고, α를 $\log N$의 소수 부분이라 한다.

(2) 상용로그의 정수 부분의 성질

① 정수 부분이 n자리인 양수의 상용로그의 정수 부분은 $n-1$이다.

② 소수점 아래 n째 자리에서 처음으로 0이 아닌 숫자가 나타나는 양수의 상용로그의 정수 부분은 $-n$이다.

(3) 상용로그의 소수 부분의 성질

숫자의 배열이 같고 소수점의 위치만 다른 양수의 상용로그의 소수 부분은 모두 같다.

1 상용로그의 정의

우리는 일상생활에서 각 자리가 10의 거듭제곱으로 표현되는 십진법을 사용한다. 다시 말해 임의의 양수 N은 항상

$$N = a \times 10^n \ (1 \le a < 10,\ n\text{은 정수})$$

으로 표현할 수 있다.

이때 a는 N의 **숫자의 배열**에 대한 정보, n은 N의 **자릿수**에 대한 정보를 담고 있다.

위의 식의 양변에 10을 밑으로 하는 로그를 취하면

$$\log_{10} N = \log_{10} a + n \ (0 \le \log_{10} a < 1,\ n\text{은 정수})$$

이므로 10^n이 n으로 간단하게 정리된다. 이러한 이유로 큰 수를 계산할 때 밑이 10인 로그를 사용하는 것은 매우 편리하다. $\log_{10} N$과 같이 10을 밑으로 하는 로그를

상용로그(常用로그, common logarithm)

라 하고, 상용로그 $\log_{10} N$은 보통 밑 10을 생략하여 $\mathbf{\log N}$과 같이 나타낸다.

$\log_{10} N \iff \log N$

상용로그는 밑이 10이라는 점 때문에 10의 거듭제곱 꼴의 수에 대한 상용로그의 값을 쉽게 구할 수 있다.

$\log 10=\log 10^1=1$, $\log 100=\log 10^2=2$, $\log 1000=\log 10^3=3$, ⋯

또 $\log 10=1$, $\log 100=2$로부터 10과 100 사이의 수에 대한 상용로그의 값은 1과 2 사이의 값이라는 것을 알 수 있다. 예를 들어 $1<\log 13.3<2$이다.

다음은 10의 거듭제곱 꼴인 수와 밑이 10인 지수, 상용로그의 관계를 그림으로 나타낸 것이다.[2]

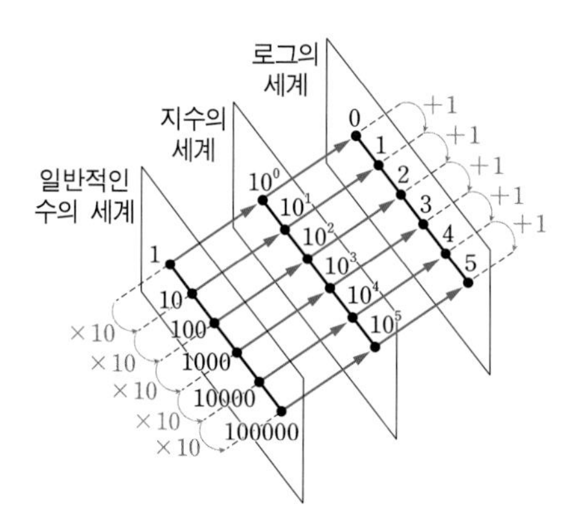

1000, $\frac{1}{100}$과 같은 10의 거듭제곱 꼴의 수에 대한 상용로그의 값은 $\log 10^n=n$(n은 정수)임을 이용하여 쉽게 구할 수 있다. 그러나 10의 거듭제곱 꼴이 아닌 양수에 대한 상용로그의 값은 쉽게 구할 수 없으므로 이 책의 408~409쪽에 수록된 상용로그표를 이용하여 구한다.

상용로그표는 0.01의 간격으로 1.00에서 9.99까지의 수에 대한 상용로그의 값을 반올림하여 소수점 아래 넷째 자리까지 나타낸 것이다.

예를 들어 $\log 1.33$의 값은 오른쪽 상용로그표에서 1.3의 가로줄과 3의 세로줄이 만나는 곳의 수인 0.1239[3]이다.

즉, $\log 1.33=0.1239$[4]이다.

수	0	1	2	3	4
1.0	.0000	.0043	.0086	.0128	.0170
1.1	.0414	.0453	.0492	.0531	.0569
1.2	.0792	.0828	.0864	.0899	.0934
1.3	.1139	.1173	.1206	.1239	.1271
1.4	.1461	.1492	.1523	.1553	.1584
1.5	.1761	.1790	.1818	.1847	.1875

Figure_ 상용로그표

❷ 하타무라 요타로 지음, 조윤동 옮김, 『직관 수학』(서울문화사, 2005년), 83쪽~84쪽

❸ 상용로그표에서 .1239는 0.1239를 뜻한다.

❹ 상용로그표에 있는 상용로그의 값은 어림한 값이지만 편의상 등호를 사용하여 $\log 1.33=0.1239$와 같이 나타낸다.

APPLICATION 016 408～409쪽의 상용로그표를 이용하여 다음 값을 구하여라. Sub Note 004쪽

(1) $\log 4.48$ (2) $\log 5.7$

(3) $\log 7.62$ (4) $\log 2.04$

그렇다면 1.00보다 작거나 9.99보다 큰 양수의 상용로그의 값은 어떻게 구할 수 있을까?
상용로그 역시 로그이므로 로그의 성질을 이용하면 된다.
예를 들어 13.3이나 0.133은 1.33과 10의 거듭제곱의 곱으로 표현할 수 있으므로 이를 이용하여 상용로그의 값을 다음과 같이 구할 수 있다.

$\log 1.33=0.1239$이므로

$$\log 13.3=\log(1.33\times 10)=\log 1.33+\log 10$$
$$=0.1239+1=1.1239$$
$$\log 0.133=\log(1.33\times 10^{-1})=\log 1.33+\log 10^{-1}$$
$$=0.1239-1=-0.8761$$

EXAMPLE 011 408～409쪽의 상용로그표를 이용하여 다음 값을 구하여라.

(1) $\log 52.1$ (2) $\log 0.141$

(3) $\log\sqrt{521}$ (4) $\log 14.1^2$

ANSWER $\log 5.21=0.7168$, $\log 1.41=0.1492$이므로

(1) $\log 52.1=\log(5.21\times 10)=\log 5.21+1$
$=0.7168+1=\mathbf{1.7168}$ ■

(2) $\log 0.141=\log(1.41\times 10^{-1})=\log 1.41-1$
$=0.1492-1=\mathbf{-0.8508}$ ■

(3) $\log\sqrt{521}=\frac{1}{2}\log 521=\frac{1}{2}\log(5.21\times 10^2)=\frac{1}{2}(\log 5.21+2)$
$=\frac{1}{2}(0.7168+2)=\mathbf{1.3584}$ ■

(4) $\log 14.1^2=2\log 14.1=2\log(1.41\times 10)=2(\log 1.41+1)$
$=2(0.1492+1)=\mathbf{2.2984}$ ■

APPLICATION 017 408～409쪽의 상용로그표를 이용하여 다음 값을 구하여라. Sub Note 005쪽

(1) $\log 39600$ (2) $\log 0.00396$

(3) $\log\sqrt[5]{396}$ (4) $\log 39.6^5$

2 상용로그의 정수 부분과 소수 부분

앞에서 $\log N$을 정수 n과 소수 $\log a$ $(0 \le \log a < 1)$의 합으로 나타낼 수 있음을 배웠다. 즉,

$$\log N = n + \log a \ (n\text{은 정수, } 0 \le \log a < 1)$$ [5]

이때 정수 n을 $\log N$의 정수 부분, 소수 $\log a$를 $\log N$의 소수 부분이라 한다.

여기서 0 이상 1 미만인 소수 $\log a$를 α로 놓으면 다음과 같이 정리할 수 있다.

상용로그의 정수 부분과 소수 부분

임의의 양수 N에 대하여 $\log N = n + \alpha$ (n은 정수, $0 \le \alpha < 1$)로 나타낼 수 있다.
이때 정수 n을 $\log N$의 정수 부분이라 하고, α를 $\log N$의 소수 부분이라 한다.

만약 로그의 값이 양수인 경우에는 소수점을 기준으로 앞쪽은 정수 부분, 뒤쪽은 소수 부분이라고 간단히 생각하면 된다.

예를 들어 $\log X = 3.5065$이면 $\log X$의 정수 부분은 3, 소수 부분은 0.5065이다.

하지만 로그의 값이 음수인 경우에는 양수인 경우처럼 간단하지 않다.

예를 들어 $\log Y = -3.5065$이면 **소수 부분은 0 이상 1 미만인 수이어야** 하기 때문에 다음과 같은 방법으로 $\log Y$의 정수 부분과 소수 부분을 구해야만 한다.

$$\log Y = -3.5065 = (-3) + (-0.5065) = (-4) + (1 - 0.5065) = -4 + 0.4935$$ [6]

(-3에 -1, -0.5065에 $+1$; -4: 정수 부분, 0.4935: 소수 부분)

따라서 $\log Y$의 정수 부분은 -4, 소수 부분은 0.4935이다.

EXAMPLE 012 양의 실수 x에 대하여 $f(x) = (\log x$의 소수 부분)으로 정의하자.
$a = 2.5 \times 10^8$, $b = 4 \times 10^{-5}$일 때, $f(a) + f(b)$의 값을 구하여라.

ANSWER $\log a = \log(2.5 \times 10^8) = \log 2.5 + \log 10^8 = 8 + \log 2.5$
그런데 $\log 1 = 0$, $\log 10 = 1$에서 $0 < \log 2.5 < 1$이므로 $f(a) = \log 2.5$
또한 $\log b = \log(4 \times 10^{-5}) = \log 4 + \log 10^{-5} = -5 + \log 4$
마찬가지로 $0 < \log 4 < 1$이므로 $f(b) = \log 4$
$\therefore f(a) + f(b) = \log 2.5 + \log 4 = \log 10 = \mathbf{1}$ ■

5 $\log N = n + \log a \iff N = 10^{n + \log a} \iff N = 10^n \times 10^{\log a} \iff N = 10^n \times a \ (1 \le a < 10)$
6 $\log Y$에서 1을 빼고 1을 더하여 소수 부분을 0 이상 1 미만인 수로 만든다.

Sub Note 005쪽

APPLICATION 018 $\log 2=0.3010$, $\log 6.78=0.8312$일 때, 다음 보기 중 옳은 것만을 있는 대로 골라라.

보기
ㄱ. $\log 6780$의 정수 부분은 3, 소수 부분은 0.8312이다.
ㄴ. $\log 0.0678$의 소수 부분은 0.1688이다.
ㄷ. $\log 13.56$의 소수 부분은 0.1322이다.

Sub Note 005쪽

APPLICATION 019 지구에서 태양까지의 거리를 x km라 하면 $x=150000000$이다. 이때 $\log x$의 정수 부분과 소수 부분을 각각 구하여라.

(단, $\log 2=0.3010$, $\log 3=0.4771$로 계산한다.)

(1) **상용로그의 정수 부분의 성질**

양수 N에 대하여 $\log N=n+\alpha$ (n은 정수, $0\le\alpha<1$)에서 정수 부분 n이 나타내는 의미를 알아보자.

(i) $N\ge 1$일 때,

진수 N의 정수 부분이 n자리의 수이면 N은

$$10^{n-1}\le N<10^{n} \quad \cdots\cdots ㉠$$

이다. 이때 ㉠의 각 변에 상용로그를 취하면

$$\log 10^{n-1}\le \log N<\log 10^{n} \iff n-1\le \log N<n$$

이므로 $\log N$의 정수 부분은 $n-1$이다.

따라서 **진수 N의 정수 부분이 n자리의 수이면 $\log N$의 정수 부분은 $n-1$이다.**[7]

n자리 / 상용로그의 정수 부분

$$\log \underbrace{\bigcirc\bigcirc\bigcirc\cdots\bigcirc}_{n\text{자리}}.\bigcirc\bigcirc\bigcirc\cdots=(n-1).\times\times\times\cdots$$

예) $\log 285=\log(2.85\times 10^{2})=2+\log 2.85$와 같이 정수 부분이 세 자리인 양수의 상용로그의 정수 부분은 2이다.

(ii) $0<N<1$일 때,

진수 N이 소수점 아래 n째 자리에서 처음으로 0이 아닌 숫자가 나타나면 N은

$$10^{-n}\le N<10^{-(n-1)}=10^{-n+1} \quad \cdots\cdots ㉡$$

이다. 이때 ㉡의 각 변에 상용로그를 취하면

[7] $N=a\times 10^{n}$ (n은 정수, $1\le a<10$)이면 $\log N=\log(a\times 10^{n})=n+\log a$
이때 $0\le \log a<1$이므로 $\log N$의 정수 부분은 n이다.

$$\log 10^{-n} \le \log N < \log 10^{-n+1} \iff -n \le \log N < -n+1$$

이므로 $\log N$의 정수 부분은 $-n$이다.

따라서 진수 N이 소수점 아래 n째 자리에서 처음으로 0이 아닌 숫자가 나타나는 수이면 $\log N$의 정수 부분은 $-n$이다.

$$\log 0.\underbrace{000 \cdots 0}_{(n-1)\text{개}}\triangle\triangle\cdots = -n + 0.\times\times\times\cdots$$

상용로그의 정수 부분 / 소수점 아래 n째 자리

예) $\log 0.0045 = \log(4.5 \times 10^{-3}) = -3 + \log 4.5$와 같이 소수점 아래 셋째 자리에서 처음으로 0이 아닌 숫자가 나타나는 양수의 상용로그의 정수 부분은 -3이다.

이상으로 상용로그의 정수 부분의 성질을 정리하면 다음과 같다.

상용로그의 정수 부분의 성질

① 정수 부분이 n자리인 양수의 상용로그의 정수 부분은 $n-1$이다.

② 소수점 아래 n째 자리에서 처음으로 0이 아닌 숫자가 나타나는 양수의 상용로그의 정수 부분은 $-n$이다.

역으로, 어떤 양수 N에 대해 $\log N$의 정수 부분이 $n\,(n \ge 0)$이면 N은 정수 부분이 $(n+1)$자리인 수이고, $\log N$의 정수 부분이 $-n\,(n > 0)$이면 N은 소수점 아래 n째 자리에서 처음으로 0이 아닌 숫자가 나타나는 수이다.

EXAMPLE 013 다음 상용로그의 진수 N의 정수 부분은 몇 자리 수인지 구하여라.

(1) $\log N = 1.301$

(2) $\log N = 2.4771$

ANSWER (1) $\log N = 1.301$의 정수 부분이 1이므로 N의 정수 부분은 **두 자리 수**이다. ■

(2) $\log N = 2.4771$의 정수 부분이 2이므로 N의 정수 부분은 **세 자리 수**이다. ■

Sub Note 005쪽

APPLICATION 020 자연수 N에 대하여 $\log N$의 정수 부분을 $A(N)$이라 할 때,

$$A(1) + A(2) + A(3) + A(4) + \cdots + A(100)$$

의 값을 구하여라.

EXAMPLE 014 다음 상용로그의 진수 N이 소수점 아래 n째 자리에서 처음으로 0이 아닌 숫자가 나타난다고 할 때, n의 값을 구하여라.

(1) $\log N=-0.3010$ (2) $\log N=-1.6021$

ANSWER (1) $\log N=-0.3010=-1+(1-0.3010)=-1+0.6990$

따라서 $\log N$의 정수 부분이 -1이므로 N은 소수점 아래 첫째 자리에서 처음으로 0이 아닌 숫자가 나타난다. $\therefore n=\mathbf{1}$ ■

(2) $\log N=-1.6021=(-1-1)+(1-0.6021)=-2+0.3979$

따라서 $\log N$의 정수 부분이 -2이므로 N은 소수점 아래 둘째 자리에서 처음으로 0이 아닌 숫자가 나타난다. $\therefore n=\mathbf{2}$ ■

Sub Note 005쪽

APPLICATION 021 $\left(\frac{1}{8}\right)^{10}$은 소수점 아래 몇째 자리에서 처음으로 0이 아닌 숫자가 나타나는지 구하여라. (단, $\log 2=0.3010$으로 계산한다.)

(2) 상용로그의 소수 부분의 성질

소수점의 위치는 다르지만 숫자의 배열은 동일한 수들을 생각해 보자.

예를 들어 12.1, 1.21, 0.121, ⋯ 과 같은 수들 중 어느 한 수를 N이라 놓는다면 나머지 수들은 모두 $10^k\times N$(k는 정수) 꼴로 나타낼 수 있다. $10^k\times N$ 꼴인 수에 상용로그를 취하면 모두 $k+\log N$ 꼴이 되므로 상용로그의 값은 다음과 같이 정수 부분은 다르지만 소수 부분은 모두 같음을 알 수 있다.

$$\log 1210=\log(1.21\times10^3)=3+\log 1.21$$
$$\log 121=\log(1.21\times10^2)=2+\log 1.21$$
$$\log 12.1=\log(1.21\times10)=1+\log 1.21$$
$$\log 0.121=\log(1.21\times10^{-1})=-1+\log 1.21$$
$$\log 0.0121=\log(1.21\times10^{-2})=-2+\log 1.21$$

↑ 정수 부분 ↑ 소수 부분

$\log(N\times10^k)=k+\log N$

일반적으로 숫자의 배열이 같은 두 수

$A=a\times10^m,\ B=a\times10^n\ (1\le a<10,\ m,\ n$은 정수$)$

에 대하여 각각의 양변에 상용로그를 취하면

$\log A=\log(a\times10^m)=m+\log a$

$\log B=\log(a\times10^n)=n+\log a$

이므로 두 수 A, B의 상용로그의 소수 부분은 모두 $\log a$로 같다.

이상으로 상용로그의 소수 부분의 성질을 정리하면 다음과 같다.

상용로그의 소수 부분의 성질

숫자의 배열이 같고 소수점의 위치만 다른 양수의 상용로그의 소수 부분은 모두 같다.

EXAMPLE 015 $\log 3.84=0.5843$일 때, 다음 식을 만족시키는 x의 값을 구하여라.

(1) $\log x=4.5843$ (2) $\log x=-0.4157$

ANSWER (1) $\log x=4.5843$에서 정수 부분은 4이므로 x의 정수 부분은 다섯 자리의 수이고, 소수 부분은 0.5843이므로 x는 3.84와 숫자의 배열이 같다.

$\therefore x=3.84\times10^{4}=\mathbf{38400}$ ■

(2) $\log x=-0.4157=-1+0.5843$에서 정수 부분은 -1이므로 x는 소수점 아래 첫째 자리에서 처음으로 0이 아닌 숫자가 나타나고, 소수 부분은 0.5843이므로 x는 3.84와 숫자의 배열이 같다. $\therefore x=3.84\times10^{-1}=\mathbf{0.384}$ ■

Sub Note 006쪽

APPLICATION 022 $\log 52.1=1.7168$일 때, $\log x=-2.2832$를 만족시키는 x의 값을 구하여라.

또한 상용로그의 정수 부분과 소수 부분, 로그의 값의 대소 관계를 이용하면 수의 대략적인 범위를 유추할 수 있다. 다음 **EXAMPLE**을 통해 확인해 보자.

EXAMPLE 016 2^{40}의 최고 자리의 숫자를 구하여라. (단, $\log 2=0.3010$으로 계산한다.)

ANSWER $\log 2^{40}=40\log 2=40\times0.3010=12.04$이므로

$\log 2^{40}$의 정수 부분은 12, 소수 부분은 0.04이다.

이때 $\log 1=0$, $\log 2=0.3010$에서 $\log 1<0.04<\log 2$이므로 $0.04=\log 1.▲$로 놓을 수 있다.

$\therefore \log 2^{40}=12+0.04=\log 10^{12}+\log 1.▲=\log(1.▲\times10^{12})$

따라서 $2^{40}=1.▲\times10^{12}$이므로 2^{40}의 최고 자리의 숫자는 **1**이다. ■

[참고] a^{k} 꼴의 자연수의 최고 자리의 숫자를 구하는 방법

① $\log a^{k}$의 소수 부분 α를 구한다. (단, $0\le\alpha<1$)

② $\log N<\alpha<\log(N+1)$을 만족시키는 한 자리의 자연수 N을 구한다.

③ 이때 a^{k}의 최고 자리의 숫자는 N이다.

Sub Note 006쪽

APPLICATION 023 $\log N$의 소수 부분이 0.5364일 때, N에서 처음으로 나오는 0이 아닌 숫자를 구하여라. (단, $\log 2=0.3010$, $\log 3=0.4771$로 계산한다.)

기본 예제 상용로그의 정수 부분, 소수 부분과 이차방정식

012 $\log A=\frac{5n+1}{n}$ (n은 3 이상의 자연수)이고, $\log A^2$과 $\log\sqrt[4]{A}$의 소수 부분은 같다.

$\log A$의 정수 부분과 소수 부분이 이차방정식 $x^2-ax+b=0$의 두 근일 때, $7(a+b)$의 값을 구하여라. (단, a, b는 상수)

GUIDE $\log A^2$과 $\log\sqrt[4]{A}$의 소수 부분을 각각 n에 대한 식으로 나타낸다.

SOLUTION

$\log A=5+\frac{1}{n}$이므로 $\log A^2=2\log A=2\left(5+\frac{1}{n}\right)=10+\frac{2}{n}$

그런데 n은 3 이상의 자연수이므로 $0<\frac{2}{n}<1$

따라서 $\log A^2$의 소수 부분은 $\frac{2}{n}$이다. …… ㉠

$\log\sqrt[4]{A}=\frac{1}{4}\log A=\frac{1}{4}\left(5+\frac{1}{n}\right)=1+\frac{n+1}{4n}$에서

$0<\frac{n+1}{4n}<1$이므로 $\log\sqrt[4]{A}$의 소수 부분은 $\frac{n+1}{4n}$이다. …… ㉡

이때 $\log A^2$과 $\log\sqrt[4]{A}$의 소수 부분이 같으므로 ㉠, ㉡에서

$\frac{2}{n}=\frac{n+1}{4n}$, $2=\frac{n+1}{4}$ ($\because n\geq 3$), $n+1=8$

$\therefore n=7$

즉, $\log A$의 정수 부분은 5, 소수 부분은 $\frac{1}{7}$이고, 이 두 수가 이차방정식 $x^2-ax+b=0$의 두 근이므로 근과 계수의 관계에 의하여

$a=5+\frac{1}{7}=\frac{36}{7}$, $b=5\cdot\frac{1}{7}=\frac{5}{7}$

$\therefore 7(a+b)=7\left(\frac{36}{7}+\frac{5}{7}\right)=$ **41** ■

Sub Note 031쪽

유제
012-1 $1<z<10$이고 $\log z$의 소수 부분과 $\log\frac{1}{z}$의 소수 부분이 이차방정식 $4x^2+ax+1=0$의 두 근일 때, z의 값을 구하여라. (단, a는 상수)

기 본 예 제 *상용로그를 이용하여 수의 범위 유추하기*

013 $\frac{3^{40}}{7^{20}}$의 정수 부분에서 백의 자리의 숫자를 a, 십의 자리의 숫자를 b, 일의 자리의 숫자를 c라 할 때, 다음 상용로그표를 이용하여 $a+2b+3c$의 값을 구하여라. (단, $\log 7=0.8451$로 계산한다.)

수	0	1	2	3	4	5
1.5	.1761	.1790	.1818	.1847	.1875	.1903
3.0	.4771	.4786	.4800	.4814	.4829	.4843

GUIDE 먼저 $\log\frac{3^{40}}{7^{20}}$의 정수 부분과 소수 부분을 구한 후, 이를 이용하여 a, b, c의 값을 구한다.

SOLUTION

$\log 3=0.4771$, $\log 7=0.8451$이므로 $\frac{3^{40}}{7^{20}}$에 상용로그를 취하면

$$\log\frac{3^{40}}{7^{20}}=\log 3^{40}-\log 7^{20}=40\log 3-20\log 7$$
$$=40\times 0.4771-20\times 0.8451=19.084-16.902$$
$$=2.182=2+0.182$$

이므로 $\log\frac{3^{40}}{7^{20}}$의 정수 부분은 2, 소수 부분은 0.182이다.

이때 $0.1818<0.182<0.1847$에서 $\log 1.52<0.182<\log 1.53$이므로 $0.182=\log 1.52\blacktriangle$로 놓을 수 있다.

$$\therefore \log\frac{3^{40}}{7^{20}}=2+0.182=\log 10^2+\log 1.52\blacktriangle=\log 152.\blacktriangle$$

따라서 $\frac{3^{40}}{7^{20}}=152.\blacktriangle$이므로 $a=1$, $b=5$, $c=2$

$$\therefore a+2b+3c=1+2\cdot 5+3\cdot 2=\mathbf{17}$$ ■

유제

Sub Note 031쪽

013-1 7^{20}은 a자리 정수이고, 최고 자리의 숫자는 b이며, 일의 자리의 숫자는 c이다. 이때 $a+b+c$의 값을 구하여라. (단, $\log 2=0.3010$, $\log 3=0.4771$, $\log 7=0.8451$로 계산한다.)

기 본 예 제 **상용로그의 실생활에서의 활용**

014 어떤 산업에서 노동의 투입량을 x, 자본의 투입량을 y라 할 때, 그 산업의 생산량 z는 다음과 같다.

$$z=2x^{\alpha}y^{1-\alpha}\ (\alpha\text{는 } 0<\alpha<1\text{인 상수})$$

자료에 의하면 2019년도의 노동 및 자본의 투입량은 2006년도보다 각각 4배와 2배이고, 2019년도 산업의 생산량은 2006년도의 2.5배이다. 이때 상수 α의 값을 반올림하여 소수점 아래 둘째 자리까지 구하여라. (단, $\log 2=0.3$으로 계산한다.)

GUIDE 낯선 상황을 복잡한 수식으로 표현하고 있어서 언뜻 보기에는 어렵게 느껴질지도 모른다. 하지만 주어진 문장을 식으로 차근차근 변형하다 보면 그다지 어렵지 않게 답을 구할 수 있다. 문제를 잘 읽고 주어진 식에 조건을 대입하고 정리해 보자.

SOLUTION

2006년도 노동의 투입량을 x_0, 자본의 투입량을 y_0이라 하면 2019년도의 노동의 투입량은 $4x_0$, 자본의 투입량은 $2y_0$이다.

이때 2019년도 산업의 생산량은 2006년도 산업의 생산량의 2.5배이므로

(2019년도 산업의 생산량)$=2.5\times$(2006년도 산업의 생산량)에서

$$2\times(4x_0)^{\alpha}(2y_0)^{1-\alpha}=2.5\times(2x_0{}^{\alpha}y_0{}^{1-\alpha})$$

위의 식의 양변을 $x_0{}^{\alpha}y_0{}^{1-\alpha}$으로 나누면

$$2\times4^{\alpha}\times2^{1-\alpha}=5,\ 2\times2^{2\alpha}\times2^{1-\alpha}=5,\ 2^{\alpha+2}=5,\ \alpha+2=\log_2 5$$

$$\therefore \alpha=\log_2 5-2=\log_2\frac{5}{4}=\frac{\log\frac{5}{4}}{\log 2}=\frac{\log 10-\log 8}{\log 2}$$

$$=\frac{1-3\log 2}{\log 2}=\frac{1-3\times0.3}{0.3}=0.333\cdots$$

따라서 α의 값을 반올림하여 소수점 아래 둘째 자리까지 구하면 **0.33**이다. ■

유제 Sub Note 031쪽

014-1 어느 지역에서 1년 동안 발생하는 규모 M 이상인 지진의 평균 발생횟수 N은 다음 식을 만족시킨다고 한다.

$$\log N=a-0.9M\ (a\text{는 양의 상수})$$

이 지역에서 규모 4 이상인 지진이 1년에 평균 64번 발생할 때, 규모 x 이상인 지진은 1년에 평균 1번 발생한다. 이때 $9x$의 값을 구하여라. (단, $\log 2=0.3$으로 계산한다.)

발전예제 *상용로그의 소수 부분의 조건에 따른 성질*

015 $\log x$의 정수 부분이 1일 때, $\log x$의 소수 부분과 $\log \frac{1}{x^2}$의 소수 부분이 같도록 하는 모든 실수 x의 값의 곱을 구하여라.

GUIDE $\log x$의 소수 부분과 $\log \frac{1}{x^2}$의 소수 부분이 같으려면 $\log x - \log \frac{1}{x^2}$의 값이 정수이어야 하므로 이를 이용하여 실수 x의 값을 구한다.

SOLUTION

$\log x$의 정수 부분이 1이므로 $1 \le \log x < 2$ ...... ㉠

$\log x$의 소수 부분과 $\log \frac{1}{x^2}$의 소수 부분이 같으므로

$$\log x - \log \frac{1}{x^2} = \log x + 2\log x = 3\log x = (\text{정수})$$

㉠에 의하여 $3 \le 3\log x < 6$이므로

$3\log x = 3$ 또는 $3\log x = 4$ 또는 $3\log x = 5$

즉, $\log x = 1$ 또는 $\log x = \frac{4}{3}$ 또는 $\log x = \frac{5}{3}$이므로

$x = 10$ 또는 $x = 10^{\frac{4}{3}}$ 또는 $x = 10^{\frac{5}{3}}$

따라서 모든 실수 x의 값의 곱은 $10 \cdot 10^{\frac{4}{3}} \cdot 10^{\frac{5}{3}} = 10^4 =$ **10000** ■

Summa's Advice

두 상용로그의 소수 부분이 같거나, 소수 부분의 합이 1인 경우에는 다음 성질을 이용하여 문제를 해결하도록 한다.

(1) $\log A$와 $\log B$의 소수 부분이 같다. ⇨ $\log A - \log B = (\text{정수})$

(2) $\log A$와 $\log B$의 소수 부분의 합이 1이다.

⇨ $\log A + \log B = (\text{정수})$ (단, $\log A$와 $\log B$의 소수 부분이 모두 0인 경우는 제외한다.)

유제 Sub Note 032쪽

015-1 $100 < x < 1000$이고, $\log x$의 소수 부분과 $\log \frac{1}{x}$의 소수 부분이 같을 때, x^2의 값을 구하여라.

유제 Sub Note 032쪽

015-2 $10 < x < 1000$이고, $\log x$의 소수 부분과 $\log \sqrt{x}$의 소수 부분의 합이 1이 되도록 하는 모든 실수 x의 값의 곱을 구하여라.

1. 다음 [ ] 안에 적절한 것을 채워 넣어라.

(1) $a>0$, $a\neq1$, $N>0$일 때, $a^x=N$을 만족하는 실수 x를 [ ]으로 표현하고, 이때 a를 [ ], N을 [ ]라 한다.

(2) [ ]을 밑으로 하는 로그를 상용로그라 하고, 상용로그 $\log_{10}N$은 보통 밑을 생략하여 [ ]으로 나타낸다.

(3) 임의의 양수 x는 항상 $x=a\times10^n(1\leq a<10,\ n$은 정수)으로 표현할 수 있다. 이때 a는 x의 [ ]에 대한 정보, n은 x의 [ ]에 대한 정보를 담고 있다.

2. 다음 문장이 참(true) 또는 거짓(false)인지 결정하고, 그 이유를 설명하거나 적절한 반례를 제시하여라.

(1) $1^1=1$이므로 $\log_1 1=1$이다.

(2) $(\log_a M)^2=2\log_a M$이다. (단, $a>0$, $a\neq1$, $M>0$)

(3) $x>0$일 때, $\log x$와 $\log\frac{1}{x}$의 정수 부분은 같다.

3. 다음 식이 성립함을 보여라.

(1) $\log2+\log\frac{3}{2}+\log\frac{4}{3}+\cdots+\log\frac{100}{99}=2$

(2) $\log_2 4+\log_3 9+\log_4 16+\cdots+\log_{10}100=18$

(3) $\log_2 3\times\log_3 4\times\log_4 5\times\cdots\times\log_{1023}1024=10$

Sub Note 073쪽

로그의 정의 **01**

$\log_{x-4}(-x^2+6x-5)$가 정의되도록 하는 실수 x의 값의 범위를 구하여라.

로그의 성질 **02**

다음 식의 값을 구하여라.

$$\log_2\left(1-\frac{1}{2}\right)+\log_2\left(1-\frac{1}{3}\right)+\log_2\left(1-\frac{1}{4}\right)+\cdots+\log_2\left(1-\frac{1}{256}\right)$$

로그의 성질 **03**

$a=\log_3(2+\sqrt{3})$일 때, $9^a+\frac{4}{3^a}$의 값은?

① 12 ② 15 ③ 18 ④ 21 ⑤ 24

로그의 대소 비교 **04**

세 수 $A=3^{\log_3 27-\log_3 9}$, $B=\log_4 5+\log_4 7$, $C=\log_4 2+\log_7 7$의 대소 관계를 바르게 나타낸 것은?

① $A<B<C$ ② $A<C<B$ ③ $B<A<C$
④ $C<A<B$ ⑤ $C<B<A$

로그의 성질의 활용 **05**

$\log_2 175=a$, $\log_2 245=b$라 할 때, $\log_2\sqrt{35}$를 a, b에 대한 식으로 나타내면?

① $\frac{a-3b}{6}$ ② $\frac{a-b}{6}$ ③ $\frac{a+b}{6}$
④ $\frac{2a+b}{6}$ ⑤ $\frac{a+2b}{6}$

로그의 밑의 변환 **06** 서술형

$\log_3(\log_2 x)=2$, $\log_2(\log_2 y)=-3$일 때, $\log_{xy}\frac{x}{y}=\frac{a}{b}$이다. 이때 $b-a$의 값을 구하여라. (단, a, b는 서로소인 자연수)

로그의 밑의 변환 **07**

이차방정식 $x^2-4x+1=0$의 두 근이 $\log_2 a$, $\log_2 b$일 때, $\log_a b+\log_b a$의 값을 구하여라.

로그의 성질 **08**

$x=\log_2\sqrt{162}+2\log_2\frac{2}{\sqrt{3}}-\frac{1}{2}\log_2 32$일 때, 2^x의 값을 구하여라.

로그의 성질 **09**

$9^{2\log_3 5-3\log_{\frac{1}{3}}6-2\log_3 30}$의 값을 구하여라.

상용로그 **10**

$\log 45.2=1.6551$일 때, $\log x=-0.3449$를 만족시키는 x의 값을 구하여라.

상용로그 **11**

$[\log 1]+[\log 2]+[\log 3]+\cdots+[\log 2000]$의 값을 구하여라.

(단, $[x]$는 x보다 크지 않은 최대의 정수이다.)

상용로그의 정수 부분의 성질

12 24^{20}은 몇 자리의 정수인가? (단, $\log 2=0.3010$, $\log 3=0.4771$로 계산한다.)

① 24자리의 정수 ② 26자리의 정수 ③ 28자리의 정수
④ 30자리의 정수 ⑤ 32자리의 정수

상용로그의 소수 부분의 성질

13 $10<x<100$이고, $\log\sqrt{x}$의 소수 부분과 $\log\frac{1}{x}$의 소수 부분이 같을 때, x의 값은?

① $10^{\frac{4}{3}}$ ② 10^2 ③ $10^{\frac{7}{3}}$ ④ $10^{\frac{8}{3}}$ ⑤ 10^3

상용로그의 실생활에서의 활용

14 화재가 발생한 화재실의 온도는 시간에 따라 변한다. 어떤 화재실의 초기 온도를 T_0(℃), 화재가 발생한 지 t분 후의 온도를 T(℃)라 할 때, 다음 식이 성립한다고 한다.

$$T=T_0+k\log(8t+1) \text{ (단, } k\text{는 상수이다.)}$$

초기 온도가 20℃인 이 화재실에서 화재가 발생한 지 $\frac{9}{8}$분 후의 온도는 365℃이었고, 화재가 발생한 지 a분 후의 온도는 710℃이었다. a의 값은? [수능 기출]

① $\frac{99}{8}$ ② $\frac{109}{8}$ ③ $\frac{119}{8}$ ④ $\frac{129}{8}$ ⑤ $\frac{139}{8}$

상용로그의 실생활에서의 활용

15 광원에서 단위시간에 나오는 빛의 양을 '광도(단위는 cd)'라 하고, 그 빛이 관측 지점에서 측정되는 밝기를 '조도(단위는 lx)'라 한다. 광도 I인 등대로부터 xm 떨어진 곳에서 측정되는 조도 L은 다음과 같이 계산된다고 한다.

$$L=\frac{I\times10^{-kx}}{x^2} \text{ (}k\text{는 기상 상태에 따른 상수)}$$

광도 $I=3\times10^5$인 어떤 등대에서 1000m 떨어진 곳에서 측정된 조도가 $L=6\times10^{-4}$일 때, 기상 상태에 따른 상수 k의 값은? (단, $\log 2=0.3$으로 계산한다.)

① 1.7×10^{-2} ② 2.3×10^{-3} ③ 2.7×10^{-3}
④ 2.3×10^{-4} ⑤ 2.7×10^{-4}

Sub Note 075쪽

01 $x^3=(2+\sqrt{3})^{\frac{1}{2}}-(2-\sqrt{3})^{\frac{1}{2}}$일 때, $\log_2 x+\log_2 x^2+\cdots+\log_2 x^8$의 값을 구하여라.

02 2보다 큰 자연수 x, y, z에 대하여 $[\log_2 x]+[\log_2 y]+[\log_2 z]=4$를 만족시키는 순서쌍 (x, y, z)의 개수를 구하여라. (단, $[x]$는 x보다 크지 않은 최대의 정수이다.)

03 1이 아닌 세 양수 A, B, C에 대하여 $\log A=a$, $\log B=b$, $\log C=c$라 할 때, $a+b+c=0$이 성립한다. $A^{\frac{1}{b}+\frac{1}{c}}\times B^{\frac{1}{c}+\frac{1}{a}}\times C^{\frac{1}{a}+\frac{1}{b}}$의 값을 구하여라.

04 1보다 큰 두 수 A, B에 대하여 $\log A$의 정수 부분과 소수 부분은 각각 m, α이고 $\log B$의 정수 부분과 소수 부분은 각각 n, β일 때, 점 P, Q의 좌표를 $\mathrm{P}(m, n)$, $\mathrm{Q}(\alpha, \beta)$라 하자. 점 P는 곡선 $y=\frac{16}{x}\,(x>0)$ 위에 있고 점 Q는 직선 $y=-x+1$ 위에 있을 때, AB의 최댓값과 최솟값의 곱이 10^k이다. 실수 k의 값을 구하여라.

[교육청 기출]

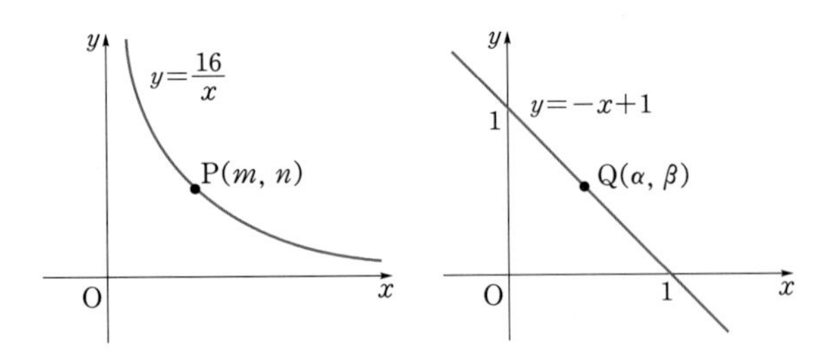

05 $A=(5+1)(5^2+1)(5^4+1)(5^8+1)(5^{16}+1)$일 때, $4A$는 n자리의 자연수이다. n의 값을 구하여라. (단, $\log 2=0.3010$으로 계산한다.)

06

자연수 n에 대하여 $\log n$의 정수 부분을 $f(n)$이라 하고, $f(pn)=f(n)+1$을 만족하는 자연수 p의 최솟값을 $g(n)$이라 하자. 다음 보기에서 옳은 것만을 있는 대로 골라라.

보기
ㄱ. $f(2019)+g(2019)=9$
ㄴ. $g(n)=3$을 만족하는 두 자리 자연수 n은 모두 16개이다.
ㄷ. 임의의 두 자연수 m, n에 대하여 $g(m)-g(n)$의 최댓값은 8이다.

07

서술형

$\log x$의 정수 부분이 4이고, $\log x$의 소수 부분과 $\log \sqrt[3]{x}$의 소수 부분의 합이 $\frac{5}{6}$일 때, $\log x^3$의 소수 부분을 구하여라.

08

양수 a에 대하여 $\log a$의 소수 부분을 $g(a)$라 할 때, 다음 보기에서 옳은 것만을 있는 대로 골라라.

보기
ㄱ. $g(20)=g\left(\frac{1}{2}\right)$
ㄴ. 자연수 n에 대하여 $ng(a)=1$이면 $g(a^n)=0$이다.
ㄷ. 자연수 n에 대하여 $g(a)+g(a^2)+\cdots+g(a^n)=1$이면 $g(a^n)=ng(a)$이다.

09

17^n의 최고 자리의 숫자가 1일 때, $[\log 17^{n+5}]-[\log 17^n]$의 값을 구하여라.
(단, $\log 2=0.3010$이고, $[x]$는 x보다 크지 않은 최대의 정수이다.)

10

어느 회사가 매년 일정한 비율로 매출액을 증가시켜 20년 후의 매출액이 올해 매출액의 3배가 되도록 하려고 한다. 이 회사는 매출액을 매년 몇 %씩 증가시켜야 하는지 구하여라. (단, $\log 1.057=0.024$, $\log 3=0.48$로 계산한다.)

내신 · 모의고사 대비 TEST 374쪽

01 지수함수의 뜻과 그래프

SUMMA CUM LAUDE

ESSENTIAL LECTURE

1 지수함수의 정의

a가 1이 아닌 양수일 때, 임의의 실수 x에 a^x을 대응시키는 함수

$$y=a^x$$

을 a를 밑으로 하는 지수함수라 한다.

2 지수함수의 그래프와 성질

지수함수 $y=a^x\,(a>0,\ a\neq1)$의 그래프는 밑 a의 값의 범위에 따라 다음과 같다.

$a>1$

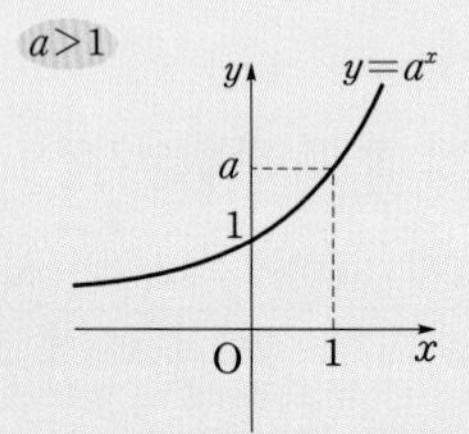

$0<a<1$

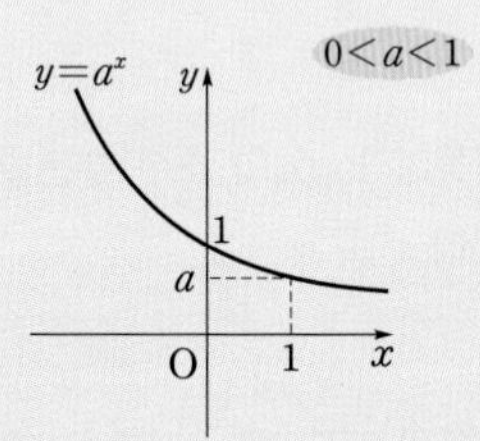

지수함수 $y=a^x\,(a>0,\ a\neq1)$의 성질은 다음과 같다.

(1) 정의역은 실수 전체의 집합, 치역은 양의 실수 전체의 집합이다.

(2) 그래프는 두 점 $(0,\ 1)$, $(1,\ a)$를 지나고, x축을 점근선으로 한다.

(3) $a>1$일 때, x의 값이 증가하면 y의 값도 증가한다.

$0<a<1$일 때, x의 값이 증가하면 y의 값은 감소한다.

(4) 일대일함수이다.

(5) 두 지수함수 $y=a^x$과 $y=\left(\frac{1}{a}\right)^x$의 그래프는 y축에 대하여 대칭이다.

3 지수함수의 그래프의 평행이동

지수함수 $y=a^x\,(a>0,\ a\neq1)$의 그래프를 x축의 방향으로 m만큼, y축의 방향으로 n만큼 평행이동한 그래프의 식은

$$y=a^{x-m}+n$$

4 지수함수의 최대 · 최소

지수함수 $y=a^x\,(a>0,\ a\neq1)$에 대하여

(1) $a>1$인 경우 ➡ x가 최대일 때 y도 최대이고, x가 최소일 때 y도 최소이다.

(2) $0<a<1$인 경우 ➡ x가 최대일 때 y는 최소이고, x가 최소일 때 y는 최대이다.

1 지수함수의 정의

1시간마다 자기 자신을 2개로 분열하여 그 수를 2배로 늘어나도록 하는 세포가 있다고 가정하자. 처음에 세포가 1개 있을 때, 세포의 수는 1시간 후에 2개, 2시간 후에는 2^2개, 3시간 후에는 2^3개, $\cdots$, x시간 후에는 2^x개가 된다. 이때 x시간 후의 세포의 수를 y개라 하면 x에 대하여 2^x의 값은 하나로 정해지므로 $y=2^x$은 x의 함수이다. 이때 함수 $y=2^x$을 2를 밑으로 하는 **지수함수**라 한다. 위의 세포의 예는 x가 자연수인 경우이지만, x를 임의의 실수로 확장시켜 정의역을 실수 전체의 집합으로 보아도 지수함수를 정의하는 데에 아무런 문제가 없다.

지수함수의 정의는 다음과 같다.

> **지수함수의 정의**
> a가 1이 아닌 양수일 때, 임의의 실수 x에 a^x을 대응시키는 함수
> $y=a^x$
> 을 a를 밑으로 하는 지수함수라 한다.

지수함수의 정의에서 a가 1이 아닌 양수, 즉 $\boldsymbol{a\neq1,\ a>0}$**이라는 조건이 붙은 이유**는 간단하다.

(i) $a=1$이면 x의 값에 관계없이 y의 값이 항상 1이 된다. 즉, $y=a^x$이 상수함수가 되므로 밑이 1인 경우는 생각하지 않는다.

(ii) $a\leq0$이면 a^x의 값을 정의할 수 없는 실수 x가 존재한다. 지수의 확장에서 배운 것처럼 실수인 지수를 정의할 때 밑은 양수이어야 하므로 지수함수에서도 $a\leq0$인 경우는 생각하지 않는다.

2 지수함수의 그래프와 성질

지수함수 $y=a^x\,(a>0,\ a\neq1)$의 그래프는 밑 a의 값의 범위에 따라 그 형태를 다음 그림과 같이 두 가지로 나눌 수 있다.

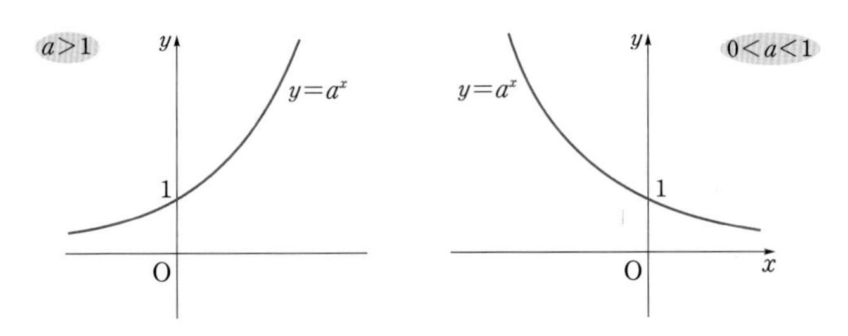

Figure_ 지수함수 $y=a^x\,(a>0,\ a\neq1)$의 그래프

지수함수의 그래프를 통해 지수함수 $y=a^x\,(a>0,\ a\neq1)$의 성질을 알아보자.

(1) 정의역은 실수 전체의 집합이고, 치역은 양의 실수 전체의 집합이다.

(2) $y=a^x$에서 $x=0$일 때 $y=a^0=1$이고 $x=1$일 때 $y=a$이므로

지수함수 $y=a^x$의 그래프는 항상 두 점 $(0,\ 1)$, $(1,\ a)$를 지난다.

(3) 지수함수 $y=a^x$의 그래프의 점근선은 a의 값에 관계없이 x축이 된다.

(4) $a>1$일 때, x의 값이 증가하면 y의 값도 증가한다.

즉, $x_1<x_2$이면 $a^{x_1}<a^{x_2}$ ⬅ 증가함수

$0<a<1$일 때, x의 값이 증가하면 y의 값은 감소한다.

즉, $x_1<x_2$이면 $a^{x_1}>a^{x_2}$ ⬅ 감소함수

(위 두 경우 모두) 일대일함수이다.

(5) $a>1$일 때, $x>0$에서는 a의 값이 커질수록 그래프는 y축에 가까워지고,

$x<0$에서는 a의 값이 커질수록 x축에 가까워진다.

$0<a<1$일 때, $x<0$에서는 a의 값이 작아질수록 그래프는 y축에 가까워지고,

$x>0$에서는 a의 값이 작아질수록 x축에 가까워진다.

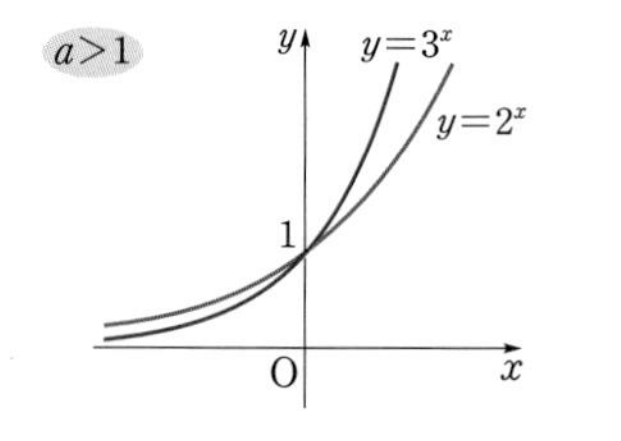

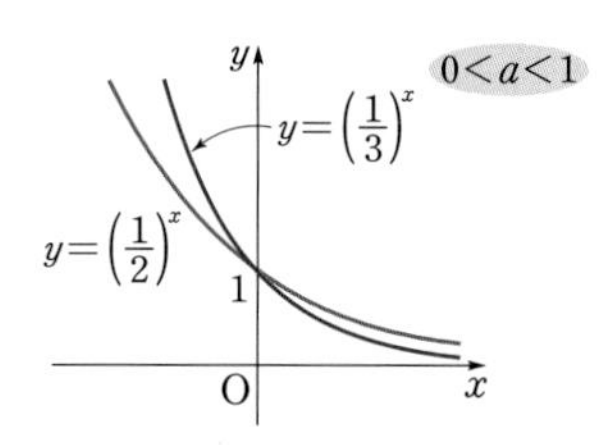

(6) 두 지수함수 $y=a^x$과 $y=a^{-x}$의 그래프는 y축에 대하여 대칭이다. 그런데 지수법칙에 의하여 $a^{-x}=(a^{-1})^x=\left(\dfrac{1}{a}\right)^x$ 이므로 결국 두 지수함수 $y=a^x$과 $y=\left(\dfrac{1}{a}\right)^x$의 그래프는 y축에 대하여 대칭이다.

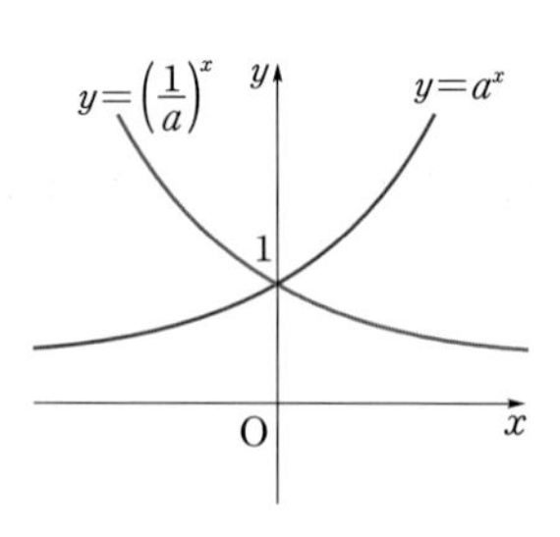

(7) $f(x)=a^x\,(a>0,\ a\neq1)$은 다음 성질을 만족시킨다. (단, x, y는 실수)

① $f(x+y)=f(x)f(y)$ ⬅ $a^{x+y}=a^xa^y$

② $f(x-y)=\dfrac{f(x)}{f(y)}$ ⬅ $a^{x-y}=\dfrac{a^x}{a^y}$

③ $f(-x)=\dfrac{1}{f(x)}$ ⬅ $a^{-x}=\dfrac{1}{a^x}$

Sub Note 006쪽

APPLICATION 024 다음 지수함수의 그래프를 그리고, 점근선의 방정식을 구하여라.

(1) $y=5^x$ (2) $y=\left(\frac{1}{5}\right)^x$

Sub Note 006쪽

APPLICATION 025 지수함수 $f(x)=3^x$에 대하여 보기에서 옳은 것만을 있는 대로 골라라.

보기
ㄱ. 함수 $y=f(x)$의 그래프는 점 $(0, 1)$을 지나고 x축을 점근선으로 갖는다.
ㄴ. $x_1<x_2$이면 $f(x_1)<f(x_2)$이다.
ㄷ. 함수 $y=f(x)$의 그래프는 함수 $y=\left(\frac{1}{3}\right)^x$의 그래프와 y축에 대하여 대칭이다.

3 지수함수의 그래프의 평행이동

지수함수 $y=4\cdot2^x+1$의 그래프는 어떻게 그릴까?

우선 함수의 형태를 바꾸어 보자.

$$y=4\cdot2^x+1=2^2\cdot2^x+1=2^{x+2}+1$$

위의 식을 보면 지수함수 $y=4\cdot2^x+1$의 그래프는 지수함수 $y=2^x$의 그래프를

x축의 방향으로 -2만큼,

y축의 방향으로 1만큼 평행이동❶

한 것이므로 오른쪽 그림과 같다.

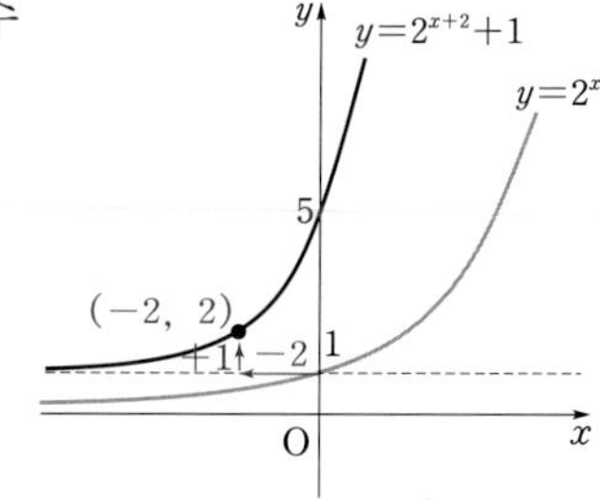

이처럼 지수함수 $y=a^{x-m}+n\ (a>0,\ a\neq1)$의 그래프는 지수함수 $y=a^x$의 그래프를

x축의 방향으로 m만큼, y축의 방향으로 n만큼 평행이동

하여 그릴 수 있다.

이때 지수함수 $y=a^{x-m}+n$의 정의역은 지수함수 $y=a^x$의 정의역과 마찬가지로

실수 전체의 집합, 즉 $\{x|x$는 실수$\}$

이지만 그래프가 y축의 방향으로 n만큼 평행이동하였으므로 치역은

$\{y|y>0$인 실수$\}$에서 $\{y|y>n$인 실수$\}$

로 바뀌게 된다.

❶ $y=f(x)$의 그래프를 x축의 방향으로 m만큼, y축의 방향으로 n만큼 평행이동하면 $y=f(x-m)+n$의 그래프가 된다.

또한 평행이동에 의하여 지수함수 $y=a^{x-m}+n$의 그래프는 a의 값에 관계없이 항상 점 $(m,\ n+1)$을 지나고 점근선은 직선 $y=n$이 된다.

Sub Note 007쪽

APPLICATION 026 다음 지수함수의 그래프를 그리고, 점근선의 방정식을 구하여라.

(1) $y=2^{x+2}+3$　　(2) $y=3^{-x+3}-1$

지수함수의 그래프의 평행이동과 더불어 대칭이동에 대해서도 알아두자. 평행이동과 마찬가지로 대칭이동도 고등 수학(상)에서 배운 도형의 이동❷에 대한 내용을 그대로 적용시키면 된다.

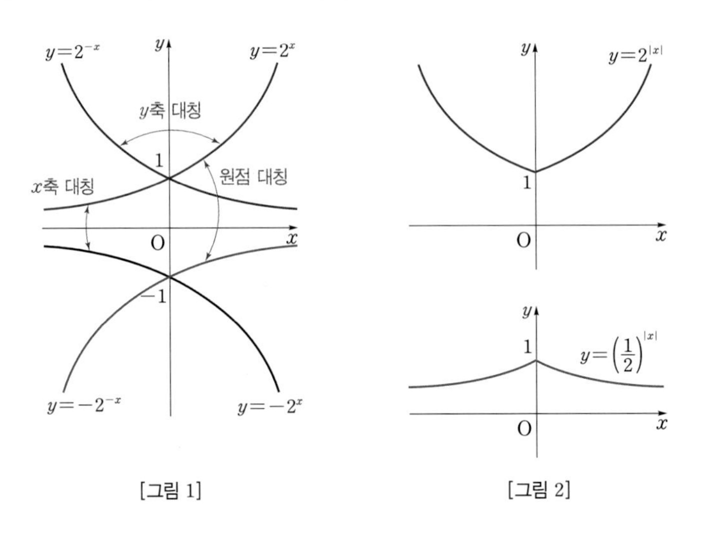

[그림 1]　　[그림 2]

[그림 1]의 그래프를 보면 다음을 알 수 있다.

(i) $y=a^{-x}$의 그래프는 $y=a^x$의 그래프를 y축에 대하여 대칭이동시킨 것이다.

(ii) $y=-a^x$의 그래프는 $y=a^x$의 그래프를 x축에 대하여 대칭이동시킨 것이다.

(iii) $y=-a^{-x}$의 그래프는 $y=a^x$의 그래프를 원점에 대하여 대칭이동시킨 것이다.

[그림 2]의 그래프를 보면 $y=a^{|x|}$의 그래프는 변수 x에 절댓값을 취한 것으로, $x\geq 0$인 범위와 $x<0$인 범위로 나누어 생각해 보면

$x\geq 0$인 부분만 그린 후, $x<0$인 부분은 $x\geq 0$인 부분을 y축에 대하여 대칭이동

시켜 그린다. 즉, y축에 대하여 대칭인 그래프가 나타나게 된다.

이 경우, a의 값에 관계없이 항상 점 $(0,\ 1)$을 지난다.

---

❷ $y=f(x)$의 그래프를 대칭이동한 그래프의 식은 다음과 같다.

① x축 대칭 : $-y=f(x)$　② y축 대칭 : $y=f(-x)$

③ 원점 대칭 : $-y=f(-x)$　④ 직선 $y=x$에 대칭 : $x=f(y)$

EXAMPLE 017 지수함수 $y=3^x$의 그래프를 이용하여 다음 함수의 그래프를 그려라.

(1) $y=-\left(\frac{1}{3}\right)^x$ (2) $y=-3^x+1$

ANSWER (1) $y=-\left(\frac{1}{3}\right)^x=-3^{-x}$의 그래프는 $y=3^x$의 그래프를 원점에 대하여 대칭이동시킨 것이다.

(2) $y=-3^x+1$의 그래프는 $y=3^x$의 그래프를 x축에 대하여 대칭이동시킨 후 y축의 방향으로 1만큼 평행이동시킨 것이다.

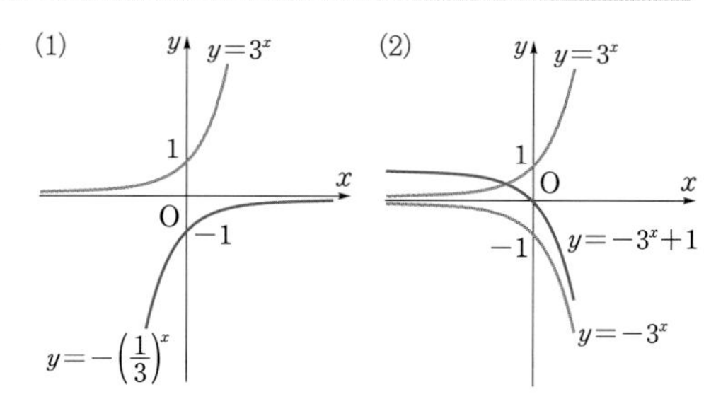

Sub Note 007쪽

APPLICATION 027 지수함수 $f(x)=\left(\frac{1}{4}\right)^x$에 대하여 다음 함수의 그래프를 그려라.

(1) $y=f(-x)$ (2) $y=f(|x|)$

4 지수함수의 최대 · 최소 (수능 고빈도 출제)

지수함수는 증가함수이거나 감소함수이므로 굳이 그래프를 그릴 필요 없이 구간의 양 끝값을 대입하면 최댓값과 최솟값을 쉽게 구할 수 있다.

즉, 지수함수 $y=a^x$에서 $a>1$이면 주어진 함수는 증가함수이므로 x가 최대일 때 y도 최대이고, $0<a<1$이면 주어진 함수는 감소함수이므로 x가 최대일 때 y는 최소이다.

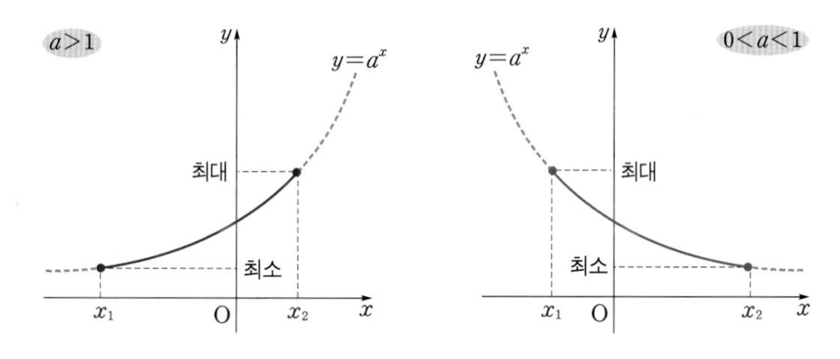

지수에 x가 아닌 복잡한 식 $f(x)$가 오는 경우가 있다. 이때에도 밑 a의 값의 범위에 따라 증가함수인지 감소함수인지 파악한 후, $f(x)$의 값의 범위를 구해 최대 · 최소를 구하면 된다.

이상을 정리하면 다음과 같다.

지수함수 $y=a^{f(x)}$($a>0$, $a\neq1$)의 최대 · 최소

(1) $a>1$일 때, $y=a^{f(x)}$은 증가함수이므로
$f(x)$가 최대일 때 y는 최대가 되고, $f(x)$가 최소일 때 y는 최소가 된다.

(2) $0<a<1$일 때, $y=a^{f(x)}$은 감소함수이므로
$f(x)$가 최대일 때 y는 최소가 되고, $f(x)$가 최소일 때 y는 최대가 된다.

EXAMPLE 018 정의역이 $\{x|2\leq x\leq 3\}$일 때, 함수 $y=2^{2x-4}+4$의 최댓값과 최솟값을 구하여라.

ANSWER $y=2^{2x-4}+4$는 밑이 1보다 크므로 증가함수이다.
따라서 $2\leq x\leq 3$에서
$x=3$일 때 y가 최대이므로 **최댓값**은 $2^{6-4}+4=\mathbf{8}$
$x=2$일 때 y가 최소이므로 **최솟값**은 $2^{4-4}+4=\mathbf{5}$
이다. ■

APPLICATION 028 함수 $y=2^{(x-1)^2+3}$의 최솟값을 구하여라. Sub Note 007쪽

a^x 꼴이 반복되는 함수가 주어지면 공통 부분을 X로 치환하여 간단하게 바꾸고 X의 값의 범위 안에서 최댓값 또는 최솟값을 구하면 된다.[3]

EXAMPLE 019 함수 $y=9^x-3^{x+1}+2$의 최솟값을 구하여라.

ANSWER $y=9^x-3^{x+1}+2=(3^x)^2-3\cdot3^x+2$에서 $3^x=X\ (X>0)$로 치환하면

$$y=X^2-3X+2=\left(X-\frac{3}{2}\right)^2-\frac{1}{4}$$

함수 $y=\left(X-\frac{3}{2}\right)^2-\frac{1}{4}$의 그래프는 오른쪽 그림과 같으므로 최솟값은

$X=\frac{3}{2}$일 때 $\mathbf{-\frac{1}{4}}$이다. ■

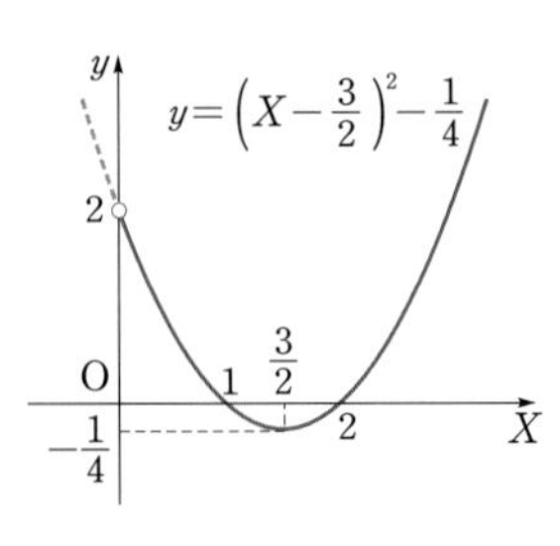

❸ $a>0$일 때, $a^x=X$로 치환할 경우, $X>0$이라는 범위가 생기므로 주의하도록 하자. 치환을 하게 되면 항상 치환한 X에 대하여 범위를 따지는 습관을 들이도록 하자.

Sub Note 007쪽

APPLICATION 029 $0 \le x \le 2$일 때, 함수 $y=2^{x+2}-4^{x}$의 최댓값과 최솟값을 구하여라.

합 또는 곱이 일정한 경우, 고등 수학(하)에서 배운 산술평균과 기하평균의 관계를 이용하여 최댓값 또는 최솟값을 구할 수 있다.

$$a>0,\ b>0\text{일 때, } \frac{a+b}{2} \ge \sqrt{ab} \text{ (단, 등호는 } a=b\text{일 때 성립)}$$

EXAMPLE 020 $a>0$일 때, $a^{2x}+a^{-2x}$의 최솟값을 구하여라.

ANSWER $a^{2x}>0$, $a^{-2x}>0$이므로 산술평균과 기하평균의 관계에 의하여

$a^{2x}+a^{-2x} \ge 2\sqrt{a^{2x} \cdot a^{-2x}}=2$ (단, 등호는 $a^{2x}=a^{-2x}$, 즉 $x=0$일 때 성립)

따라서 $a^{2x}+a^{-2x}$의 최솟값은 **2**이다. ■

Sub Note 007쪽

APPLICATION 030 $x>0$, $y>0$이고 $xy=4$일 때, $3^{x} \cdot 3^{y}$의 최솟값을 구하여라.

수학 공부법에 대한 저자들의 충고 – 지수함수의 그래프를 이용한 대소 비교

$a>b>0$인 두 양수 a, b와 실수 n에 대하여 a^n과 b^n의 대소 관계는 지수함수의 그래프를 이용하면 쉽게 이해할 수 있다.

(1) $a>b>0$, $n>0$일 때 ➡ $a^n>b^n$

(i) $a>b>1$ (ii) $a>1>b$ (iii) $1>a>b$

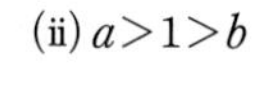

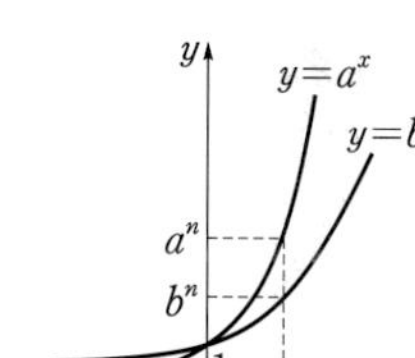

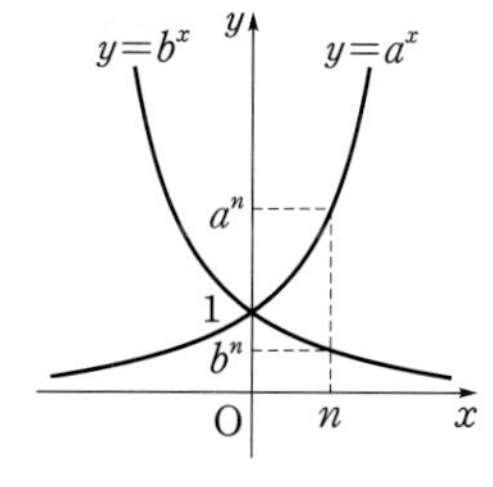

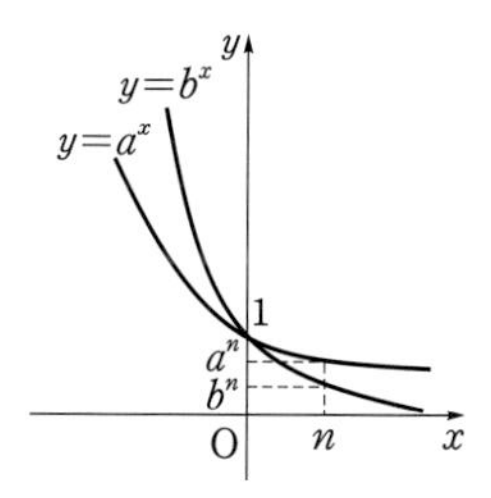

(2) $a>b>0$, $n<0$일 때 ➡ $a^n<b^n$

위의 그래프에서 $n<0$인 경우를 살펴보면 알 수 있다.

기 본 예 제 **지수함수의 이해**

016 두 지수함수 $f(x)=2^x$, $g(x)=3^x$에 대하여 다음 보기에서 옳은 것만을 있는 대로 골라라.

보기
ㄱ. $g(x)-f(x)>0$
ㄴ. $12f(x)g(x)=f(x+2)g(x+1)$
ㄷ. $a<b$이면 $f(-2a)g(a)<f(-2b)g(b)$이다.

GUIDE $f(x)=2^x$, $g(x)=3^x$을 대입하여 보기의 식을 정리해 보자.
지수함수 문제를 풀 때는 밑을 확인하여 증가함수인지 감소함수인지 알아본다.

SOLUTION

ㄱ. 오른쪽 그림과 같이
$x>0$일 때는 $g(x)>f(x)$이므로 $g(x)-f(x)>0$이지만
$x<0$일 때는 $f(x)>g(x)$이므로 $g(x)-f(x)<0$이다.
따라서 옳지 않다. (거짓)

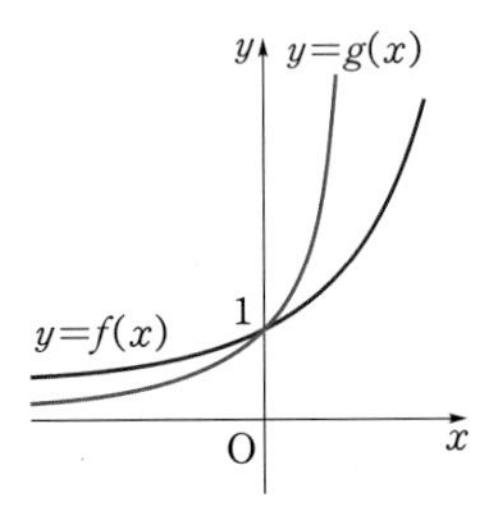

ㄴ. $12f(x)g(x)=f(x+2)g(x+1)$에서

(좌변)$=12\cdot 2^x\cdot 3^x=12\cdot 6^x$

(우변)$=2^{x+2}\cdot 3^{x+1}=4\cdot 2^x\cdot 3\cdot 3^x=12\cdot 2^x\cdot 3^x=12\cdot 6^x$

(좌변)=(우변)이므로 옳다. (참)

ㄷ. $f(-2a)g(a)=2^{-2a}\cdot 3^a=\left(\frac{1}{4}\right)^a\cdot 3^a=\left(\frac{3}{4}\right)^a$

$f(-2b)g(b)=2^{-2b}\cdot 3^b=\left(\frac{1}{4}\right)^b\cdot 3^b=\left(\frac{3}{4}\right)^b$

밑이 1보다 작으므로 $a<b$이면 $\left(\frac{3}{4}\right)^a>\left(\frac{3}{4}\right)^b$이다. ← $y=\left(\frac{3}{4}\right)^x$은 감소함수이다.

즉, $a<b$이면 $f(-2a)g(a)>f(-2b)g(b)$이다. (거짓)

따라서 옳은 것은 ㄴ뿐이다. ■

유제 Sub Note 032쪽

016-1 $0<b<a<1$일 때, 네 수 a^a, a^b, b^a, b^b 중 가장 큰 수와 가장 작은 수를 차례대로 나열하여라.

기본예제 *지수함수의 그래프의 평행이동과 대칭이동*

017

오른쪽 그림과 같이 두 지수함수 $y=3^x$, $y=3^{x+2}$의 그래프와 두 직선 $y=1$, $y=9$로 둘러싸인 부분의 넓이를 구하여라.

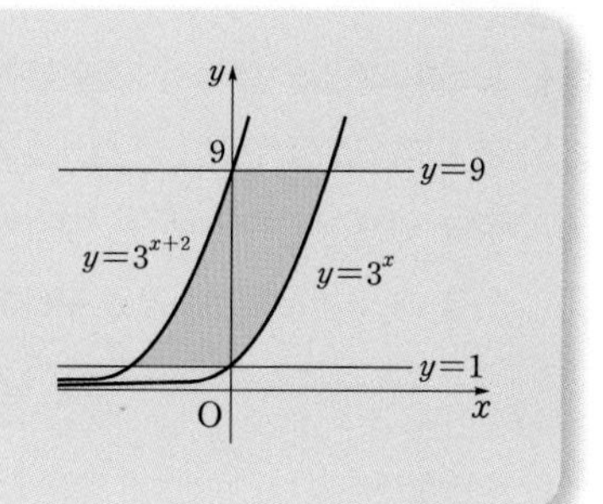

GUIDE 그래프를 평행이동하여도 그 모양은 변하지 않으므로 곡선과 직선으로 둘러싸인 일부 도형을 평행이동하여 간단한 모양으로 변형한다.

SOLUTION

두 지수함수 $y=3^x$, $y=3^{x+2}$의 그래프와 두 직선 $y=1$, $y=9$로 둘러싸인 부분을 [그림 1]과 같이 y축을 기준으로 하여 두 부분으로 나누고, 각각의 넓이를 S_1, S_2라 하자.

지수함수 $y=3^{x+2}$의 그래프는 지수함수 $y=3^x$의 그래프를 x축의 방향으로 -2만큼 평행이동한 것이므로 넓이가 S_1인 도형을 x축의 방향으로 2만큼 평행이동시키면 [그림 2]와 같이 지수함수 $y=3^x$의 그래프와 두 직선 $x=2$, $y=1$로 둘러싸인 도형과 일치한다.

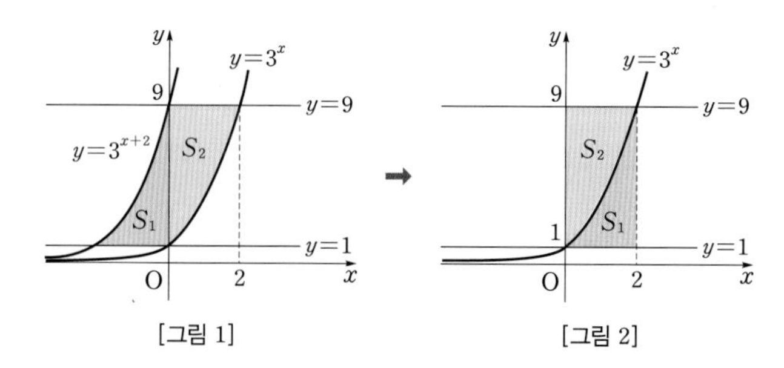

[그림 1] [그림 2]

따라서 구하는 도형의 넓이는 네 직선 $x=0$, $x=2$, $y=1$, $y=9$로 둘러싸인 직사각형의 넓이와 같으므로

$2\times 8=\mathbf{16}$ ■

유제 Sub Note 032쪽

017-1 지수함수 $y=k\cdot 3^x\,(0<k<1)$의 그래프가 두 지수함수 $y=3^{-x}$, $y=-4\cdot 3^x+8$의 그래프와 만나는 점을 각각 P, Q라 하자. 점 P와 점 Q의 x좌표의 비가 $1:2$일 때, $35k$의 값을 구하여라.

기 본 예 제 **지수함수의 그래프 위의 점**

018 오른쪽 그림과 같이 두 지수함수 $y=2^x$, $y=2^{x-1}-1$의 그래프가 있다. 두 점 $\mathrm{A}(a, b)$, $\mathrm{C}(c, d)$는 지수함수 $y=2^x$의 그래프 위에 있고, 점 $\mathrm{B}(c, b)$는 지수함수 $y=2^{x-1}-1$의 그래프 위에 있을 때, $a+b+d$의 값을 구하여라.

(단, 점선은 x축 또는 y축에 평행하다.)

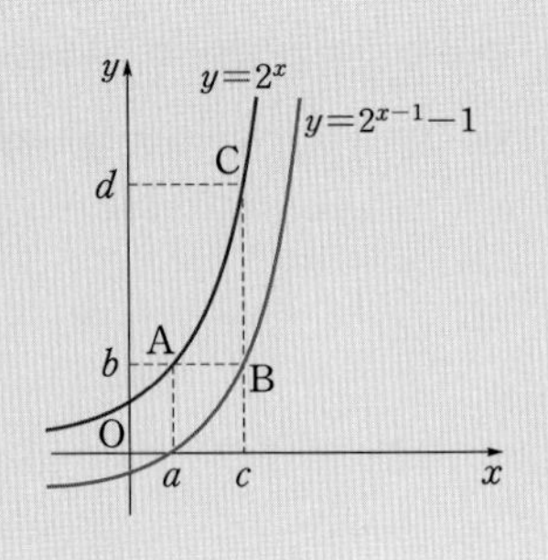

GUIDE 지수함수 $y=a^x\ (a>0, a\neq1)$의 그래프가 점 (m, n)을 지나면 ⇨ $n=a^m$

SOLUTION

지수함수 $y=2^{x-1}-1$의 그래프가 점 $(a, 0)$을 지나므로

$2^{a-1}-1=0 \qquad \therefore a=1$

지수함수 $y=2^x$의 그래프가 점 $\mathrm{A}(a, b)$를 지나므로

$2^a=b \qquad \therefore b=2$

또 지수함수 $y=2^x$의 그래프가 점 $\mathrm{C}(c, d)$를 지나므로

$2^c=d$ …… ㉠

지수함수 $y=2^{x-1}-1$의 그래프가 점 $\mathrm{B}(c, b)$를 지나므로

$2^{c-1}-1=b$에서 $\quad 2^{c-1}-1=2$

$2^{-1}\cdot2^c=3 \qquad \therefore 2^c=6$ …… ㉡

㉠, ㉡에서 $\quad d=2^c=6$

$\therefore a+b+d=1+2+6=\mathbf{9}$ ■

유제 Sub Note 033쪽

018-1 지수함수 $y=3^x$의 그래프 위에 있는 두 점 A, B에 대하여 직선 AB의 기울기는 4이고 $\overline{\mathrm{AB}}=\sqrt{34}$이다. 두 점 A, B의 x좌표를 각각 a, b라 할 때, 3^b-3^a의 값을 구하여라. (단, $a<b$)

기본예제 *지수함수의 최대 · 최소(1)*

019 (1) $-2\le x\le 1$에서 함수 $y=3^{a-x}$의 최댓값이 81일 때, 최솟값을 구하여라. (단, a는 상수)

(2) $\frac{1}{2}\le x\le 3$에서 함수 $y=a^{x^2-2x-3}$의 최댓값이 16일 때, 양수 a의 값을 구하여라. (단, $a\ne 1$)

GUIDE (1) 함수 $y=3^{a-x}$이 증가함수인지 감소함수인지 알아본다.

(2) $f(x)=x^2-2x-3$으로 놓고, $f(x)$의 값의 범위를 구한다.

SOLUTION

(1) $y=3^{a-x}=3^a\cdot\left(\frac{1}{3}\right)^x$에서 밑 $\frac{1}{3}$이 $0<\frac{1}{3}<1$이므로 이 함수는 감소함수이다.

즉, $x=-2$일 때 최댓값 81을 가지므로 $3^{a+2}=81=3^4$ $\therefore a=2$

따라서 함수 $y=3^{2-x}$은 $x=1$일 때 최소이므로 구하는 최솟값은 $3^{2-1}=\mathbf{3}$ ■

(2) $f(x)=x^2-2x-3$으로 놓으면 $f(x)=(x-1)^2-4$

이때 $\frac{1}{2}\le x\le 3$이므로 $-4\le f(x)\le 0$

(i) $a>1$인 경우

함수 $y=a^{x^2-2x-3}=a^{f(x)}$은 증가함수이므로 $f(x)=0$일 때 최댓값을 갖는다.

즉, $a^0=16$이므로 a의 값은 존재하지 않는다.

(ii) $0<a<1$인 경우

함수 $y=a^{x^2-2x-3}=a^{f(x)}$은 감소함수이므로 $f(x)=-4$일 때 최댓값을 갖는다.

즉, $a^{-4}=16=2^4=\left(\frac{1}{2}\right)^{-4}$이므로 $a=\mathbf{\frac{1}{2}}$ ■

Summa's Advice

지수함수 $y=a^{px^2+qx+r}$ ($a>0$, $a\ne 1$이고 p, q, r는 상수)의 최대 · 최소는 다음과 같은 방법으로 구한다.

① $f(x)=px^2+qx+r$로 놓고, 주어진 x의 값의 범위를 이용하여 $f(x)$의 값의 범위를 구한다.

② $a>1$이면 $f(x)$가 최대일 때 y도 최대이고, $f(x)$가 최소일 때 y도 최소이다.
$0<a<1$이면 $f(x)$가 최대일 때 y는 최소이고, $f(x)$가 최소일 때 y는 최대이다.

Sub Note 033쪽

제 **19-1** 함수 $y=a^{-x^2+2x+2}$의 최솟값이 $\frac{1}{27}$일 때, 상수 a의 값을 구하여라. (단, $a>0$, $a\ne 1$)

기본 예제 **지수함수의 최대 · 최소(2)**

020 (1) $-3 \leq x \leq 0$에서 함수 $y=\left(\frac{1}{4}\right)^x-2^{-x+3}+10$의 최댓값과 최솟값을 구하여라.

(2) $x+y=1$일 때, $\frac{1}{2^x \cdot 3^y}+\frac{1}{3^x \cdot 2^y}$의 최솟값을 구하여라.

GUIDE (1) 함수의 식을 간단히 한 후 a^x 꼴을 X로 치환하여 최댓값과 최솟값을 구한다.
(2) 산술평균과 기하평균의 관계를 이용하여 최솟값을 구한다.

SOLUTION

(1) $y=\left(\frac{1}{4}\right)^x-2^{-x+3}+10=\left\{\left(\frac{1}{2}\right)^x\right\}^2-8\cdot\left(\frac{1}{2}\right)^x+10$에서

$\left(\frac{1}{2}\right)^x=X$로 치환하면 $\quad y=X^2-8X+10=(X-4)^2-6$

이때 $-3 \leq x \leq 0$이므로 $\quad 1 \leq X \leq 8$

따라서 $X=8$일 때 **최댓값은 10**이고, $X=4$일 때 **최솟값은 -6**이다. ■

(2) $\frac{1}{2^x \cdot 3^y}>0$, $\frac{1}{3^x \cdot 2^y}>0$이므로 산술평균과 기하평균의 관계에 의하여

$$\frac{1}{2^x \cdot 3^y}+\frac{1}{3^x \cdot 2^y} \geq 2\sqrt{\frac{1}{2^x \cdot 3^y} \cdot \frac{1}{3^x \cdot 2^y}}=2\sqrt{\frac{1}{2^{x+y} \cdot 3^{x+y}}}$$

$$=2\sqrt{\frac{1}{6^{x+y}}}=\frac{\sqrt{6}}{3}\ (\because x+y=1)$$

$\left(\text{단, 등호는 } x=y=\frac{1}{2} \text{ 일 때 성립}\right)$

따라서 $\frac{1}{2^x \cdot 3^y}+\frac{1}{3^x \cdot 2^y}$의 최솟값은 $\boldsymbol{\frac{\sqrt{6}}{3}}$이다. ■

유제

020-1 함수 $y=4^x+4^{-x}-2(2^x+2^{-x})+15$의 최솟값을 구하여라. Sub Note 033쪽

02 지수방정식과 지수부등식

ESSENTIAL LECTURE

1 지수방정식

(1) 밑을 같게 할 수 있는 경우

주어진 방정식을 $a^{f(x)}=a^{g(x)}(a>0,\ a\neq1)$의 꼴로 변형한 후 다음을 이용하여 푼다.

$a^{f(x)}=a^{g(x)} \iff f(x)=g(x)$

(2) 지수를 같게 할 수 있는 경우

주어진 방정식을 $a^{f(x)}=b^{f(x)}(a>0,\ b>0)$의 꼴로 변형한 후 다음을 이용하여 푼다.

$a^{f(x)}=b^{f(x)} \iff a=b$ 또는 $f(x)=0$

(3) a^x의 꼴이 반복되는 경우

$a^x=X$로 치환한 후 X에 대한 방정식을 푼다. 이때 $a^x>0$이므로 $X>0$임에 주의한다.

2 지수부등식

(1) 밑을 같게 할 수 있는 경우

주어진 부등식을 $a^{f(x)}<a^{g(x)}$의 꼴로 변형한 후 다음을 이용하여 푼다.

① $a>1$일 때, $a^{f(x)}<a^{g(x)} \iff f(x)<g(x)$

② $0<a<1$일 때, $a^{f(x)}<a^{g(x)} \iff f(x)>g(x)$

(2) a^x의 꼴이 반복되는 경우

$a^x=X$로 치환한 후 X에 대한 부등식을 푼다. 이때 $a^x>0$이므로 $X>0$임에 주의한다.

1 지수방정식

$2^x=4$, $3^{3x}=9^{x-1}$ 등과 같이 지수에 미지수를 포함하고 있는 방정식을 **지수방정식**(exponential equation)이라 한다. 지수방정식은 밑이나 지수를 같게 하거나 치환을 하는 경우로 나누어 풀 수 있다.

(1) 밑을 같게 할 수 있는 경우

함수 $f : X \longrightarrow Y$가 일대일함수이면 정의역 X의 임의의 두 원소 x_1, x_2에 대하여

$$f(x_1)=f(x_2) \iff x_1=x_2$$

가 성립한다. 지수함수 $y=a^x\ (a>0,\ a\neq1)$도 일대일함수이므로 이 성질을 이용하여 지수방정식의 해를 구할 수 있다.

밑을 같게 할 수 있는 지수방정식은 밑을 같게 한 다음 지수를 비교하자. 즉, 주어진 방정식을 $a^{f(x)}=a^{g(x)}$의 꼴로 변형한 후

$$\boldsymbol{a^{f(x)}=a^{g(x)} \Longleftrightarrow f(x)=g(x)}$$

를 이용한다.

EXAMPLE 021 다음 방정식을 풀어라.

(1) $2^{x-2}=2^{3x+2}$

(2) $x^{x+3}=x^{2x-1}$❹ $(x>0)$

ANSWER (1) $2^{x-2}=2^{3x+2}$에서 밑이 2로 같으므로 지수 부분이 같아야 한다.

$x-2=3x+2,\ 2x=-4 \qquad \therefore \boldsymbol{x=-2}$ ■

(2) 밑 x가 $x>0$이므로 $x=1$일 때와 $x\neq1$일 때로 나누어 생각한다.

(i) $x=1$일 때 : $1^4=1^1$이므로 등식이 성립한다.

(ii) $x\neq1$일 때 : 지수 부분이 같아야 하므로 $\quad x+3=2x-1 \qquad \therefore x=4$

따라서 $\boldsymbol{x=1}$ **또는** $\boldsymbol{x=4}$이다. ■

APPLICATION **031** 다음 방정식을 풀어라. Sub Note 007쪽

(1) $\left(\dfrac{3}{2}\right)^{x+1}=\left(\dfrac{3}{2}\right)^{-x+7}$

(2) $\dfrac{3^{x^2+1}}{3^{x-1}}=81$

(2) 지수를 같게 할 수 있는 경우

지수를 같게 할 수 있는 지수방정식은 지수를 같게 한 다음 밑을 비교하자. 이때 주의할 점은 $3^0=5^0=1$과 같이 밑이 달라도 지수가 0이면 등식이 성립하게 되므로 지수가 0인 경우도 고려해야 한다. 즉, 주어진 방정식을 $a^{f(x)}=b^{f(x)}\,(a>0,\ b>0)$의 꼴로 변형한 후

$$\boldsymbol{a^{f(x)}=b^{f(x)} \Longleftrightarrow a=b \text{ 또는 } f(x)=0}$$

을 이용한다.

EXAMPLE 022 방정식 $(x+5)^{x-1}=3^{x-1}$을 풀어라. (단, $x>-5$)

ANSWER $(x+5)^{x-1}=3^{x-1}$에서 지수가 $x-1$로 같으므로 밑이 같거나 지수가 0이어야 한다.

(i) 밑이 같을 때 : $x+5=3 \qquad \therefore x=-2$ (ii) 지수가 0일 때 : $x-1=0 \qquad \therefore x=1$

따라서 $\boldsymbol{x=-2}$ **또는** $\boldsymbol{x=1}$이다. ■

❹ $1^4=1^1$과 같이 지수가 서로 달라도 밑이 1이면 등식이 성립한다.
즉, 지수방정식 $a^{f(x)}=a^{g(x)}\,(a>0)$의 꼴의 해는 $\quad a=1$ 또는 $f(x)=g(x)$

APPLICATION 032 방정식 $\left(x-\frac{1}{3}\right)^{2-3x}=2^{2-3x}$을 풀어라. $\left(\text{단, } x>\frac{1}{3}\right)$ Sub Note 008쪽

[참고] $a^{f(x)}=b^{g(x)}(a>0, b>0, a\neq1, b\neq1, a\neq b)$과 같이 밑과 지수가 모두 다른 방정식은 양변에 로그를 취하여 $\log a^{f(x)}=\log b^{g(x)} \iff f(x)\log a=g(x)\log b$를 이용하여 푼다.

(3) a^x의 꼴이 반복되는 경우

a^x의 꼴이 반복되는 지수방정식은 $a^x=X$로 치환하여 X에 대한 방정식을 푼 다음, x의 값을 구한다. 이때 $a^x>0$이므로 $X>0$임에 주의한다.

EXAMPLE 023 방정식 $3^{2x}-8\cdot3^x-9=0$을 풀어라.

ANSWER $3^x=X\,(X>0)$로 치환하여 주어진 방정식을 정리하면

$X^2-8X-9=0,\ (X+1)(X-9)=0 \qquad \therefore X=9\,(\because X>0)$ ← 답이 아님에 주의하자.

따라서 $3^x=9=3^2$이므로 $\boldsymbol{x=2}$이다. ■

APPLICATION 033 방정식 $4^x-2^{x+2}-32=0$을 풀어라. Sub Note 008쪽

2 지수부등식

$2^x>4$, $3^{3x}\leq27$ 등과 같이 지수에 미지수를 포함하고 있는 부등식을 **지수부등식**(exponential inequality)이라 한다. 지수부등식을 풀 때는 이미 알고 있는 지수함수 $y=a^x\,(a>0, a\neq1)$의 증가 · 감소의 성질을 이용한다. 이때 지수방정식과 달리 밑의 범위에 따라 지수의 대소 관계가 바뀌므로 주의하자.

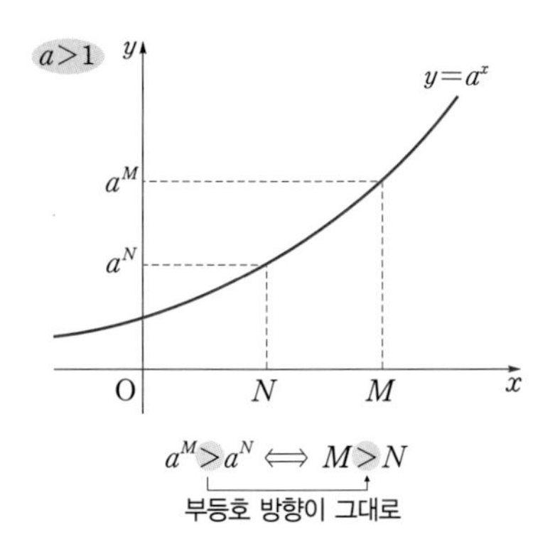

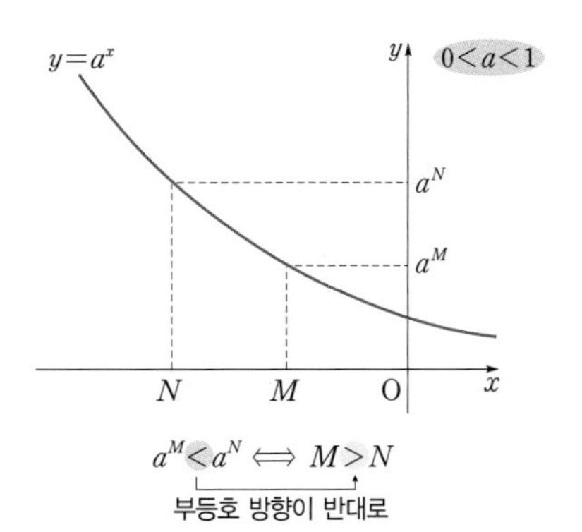

지수부등식은 밑을 같게 하거나 치환을 하는 경우로 나누어 풀 수 있다.

(1) 밑을 같게 할 수 있는 경우

지수부등식은 지수방정식에서 등호만 부등호로 바뀌었을 뿐이므로 지수방정식과 같은 방법으로 풀면 된다. 즉, 밑을 같게 할 수 있는 지수부등식은 $a^{f(x)}<a^{g(x)}$의 꼴로 변형한 후 a의 값의 범위에 따라 $f(x)$와 $g(x)$의 대소를 비교하여 푼다.

EXAMPLE 024 다음 부등식을 풀어라.

(1) $2^{x^2-4}\geq 8^x$ (2) $a^{x(x-1)}\leq a^{18+2x}$ $(0<a<1)$

ANSWER (1) $2^{x^2-4}\geq 8^x$에서 $2^{x^2-4}\geq 2^{3x}$

이때 밑이 1보다 크므로 $x^2-4\geq 3x$

$x^2-3x-4\geq 0$, $(x+1)(x-4)\geq 0$ $\therefore$ $\boldsymbol{x\leq -1}$ **또는** $\boldsymbol{x\geq 4}$ ■

(2) $a^{x(x-1)}\leq a^{18+2x}$에서 밑 a가 $0<a<1$이므로

$x(x-1)\geq 18+2x$, $x^2-3x-18\geq 0$

$(x+3)(x-6)\geq 0$ $\therefore$ $\boldsymbol{x\leq -3}$ **또는** $\boldsymbol{x\geq 6}$ ■

APPLICATION 034 다음 부등식을 풀어라. Sub Note 008쪽

(1) $\left(\frac{1}{3}\right)^{x+1}<9^x$ (2) $x^{5x+2}>x^{2x+8}$ $(x>0)$

(2) a^x의 꼴이 반복되는 경우

a^x의 꼴이 반복되는 지수부등식은 $a^x=X$로 치환하여 X에 대한 부등식을 푼 다음, x의 값의 범위를 구한다. 이때도 지수방정식과 마찬가지로 $a^x>0$이므로 $X>0$임에 주의하고, X의 값의 범위로부터 x의 값의 범위를 구할 때, a^x의 밑 a의 값의 범위에 따라 x에 대한 부등식의 부등호의 방향이 달라지므로 주의하자.

EXAMPLE 025 부등식 $(2^x)^2-3\cdot 2^x-4<0$을 풀어라.

ANSWER $2^x=X$ $(X>0)$로 치환하여 주어진 부등식을 정리하면

$X^2-3X-4<0$, $(X+1)(X-4)<0$

$\therefore$ $0<X<4$ $(\because X>0)$ ⬅ 답이 아님에 주의하자.

따라서 $0<2^x<2^2$에서 밑이 1보다 크므로 $\boldsymbol{x<2}$ ■

APPLICATION 035 부등식 $\left(\frac{1}{9}\right)^x-12\cdot\left(\frac{1}{3}\right)^x+27\geq 0$을 풀어라. Sub Note 008쪽

기본예제 지수방정식

021 (1) $2^x-2^{-x-1}=1$일 때, $4^{x+1}=a+b\sqrt{3}$이다. 이때 a^2+b^2의 값을 구하여라. (단, a, b는 유리수)

(2) 방정식 $a^{2x}-k\cdot a^x+1=0$이 서로 다른 두 실근을 가질 때, 실수 k의 값의 범위를 구하여라. (단, $a>0$)

GUIDE (1) $2^x=X\ (X>0)$로 치환한 후 X에 대한 방정식을 푼다.

(2) $a^x=X\ (X>0)$로 치환한 후 X에 대한 방정식이 서로 다른 두 양의 실근을 가져야 함을 이용한다.

SOLUTION

(1) $2^x-2^{-x-1}=1$에서 $\quad 2^x-\dfrac{1}{2\cdot 2^x}=1$

$2^x=X\ (X>0)$로 치환하면 $\quad X-\dfrac{1}{2X}=1$

$2X^2-2X-1=0 \qquad \therefore X=\dfrac{1+\sqrt{3}}{2}\ (\because X>0)$

따라서 $4^{x+1}=4\cdot(2^x)^2=4\cdot\left(\dfrac{1+\sqrt{3}}{2}\right)^2=4+2\sqrt{3}$이므로

$a=4,\ b=2 \qquad \therefore a^2+b^2=4^2+2^2=\mathbf{20}$ ■

(2) $a^{2x}-k\cdot a^x+1=0$에서 $a^x=X\ (X>0)$로 치환하면 $\quad X^2-kX+1=0$

이때 $a^{2x}-k\cdot a^x+1=0$이 서로 다른 두 실근을 가지려면 $X^2-kX+1=0$이 서로 다른 두 양의 실근을 가져야 한다. ($\because X>0$)

(i) 이차방정식 $X^2-kX+1=0$의 판별식을 D라 하면

$D=k^2-4>0,\ (k+2)(k-2)>0 \qquad \therefore k<-2$ 또는 $k>2$

(ii) (두 근의 합)$>0 \qquad \therefore k>0$

(iii) (두 근의 곱)$=1>0$

(i), (ii), (iii)의 공통 범위는 $\quad \boldsymbol{k>2}$ ■

Summa's Advice

이차방정식의 두 실근이 모두 양수, 모두 음수, 서로 다른 부호이면 각각 다음 조건을 만족해야 함을 고등 수학(상)에서 배웠다. 이번 기회에 다시 한번 짚어보도록 하자.

이차방정식 $ax^2+bx+c=0$ (a, b, c는 실수)의 두 실근을 α, β, 판별식을 D라 할 때,

① 두 실근이 모두 양수이면 $\quad D\ge 0,\ \alpha+\beta>0,\ \alpha\beta>0$

② 두 실근이 모두 음수이면 $\quad D\ge 0,\ \alpha+\beta<0,\ \alpha\beta>0$

③ 두 실근이 서로 다른 부호이면 $\quad \alpha\beta<0$

유제

021-1 $f(x)=2^x+2^{-x}$일 때, 등식 $f(x)=f(x-1)$을 만족시키는 x의 값을 구하여라. Sub Note 033쪽

기 본 예 제 **지수방정식 - 연립방정식**

022 연립방정식 $\begin{cases} 81^{2x}+81^{2y}=36 \\ 81^{x+y}=9\sqrt{3} \end{cases}$ 을 만족시키는 두 실수 x, y에 대하여 $64xy$의 값을 구하여라.

GUIDE $81^x=X$, $81^y=Y$로 치환한 후 X, Y에 대한 연립방정식을 푼다.

SOLUTION

$81^x=X\ (X>0)$, $81^y=Y\ (Y>0)$로 치환하면 주어진 연립방정식은

$\begin{cases} X^2+Y^2=36 & \cdots\cdots ㉠ \\ XY=9\sqrt{3} & \cdots\cdots ㉡ \end{cases}$

㉡에서 $Y=\dfrac{9\sqrt{3}}{X}$ 이므로 이것을 ㉠에 대입하면

$X^2+\dfrac{243}{X^2}=36$, $X^4-36X^2+243=0$, $(X^2-9)(X^2-27)=0$

$X^2=9$ 또는 $X^2=27$ $\quad\therefore X=3$ 또는 $X=3\sqrt{3}\ (\because X>0)$

$\therefore \begin{cases} X=3 \\ Y=3\sqrt{3} \end{cases}$ 또는 $\begin{cases} X=3\sqrt{3} \\ Y=3 \end{cases}$

(i) $X=3$, $Y=3\sqrt{3}$일 때,

$81^x=3$, $81^y=3\sqrt{3}$이므로 $\quad 3^{4x}=3$, $3^{4y}=3^{\frac{3}{2}}$

$4x=1$, $4y=\dfrac{3}{2}$ $\quad\therefore x=\dfrac{1}{4}$, $y=\dfrac{3}{8}$

(ii) $X=3\sqrt{3}$, $Y=3$일 때,

(i)과 같은 방법으로 풀면 $\quad x=\dfrac{3}{8}$, $y=\dfrac{1}{4}$

(i), (ii)에 의하여 $\quad 64xy=64\cdot\dfrac{1}{4}\cdot\dfrac{3}{8}=\mathbf{6}$ ■

유제
022-1 연립방정식 $\begin{cases} 2^{x+2}-3^{y+1}=23 \\ 2^{x+1}+3^{y-2}=\dfrac{49}{3} \end{cases}$ 의 해를 $x=\alpha$, $y=\beta$라 할 때, $\alpha+\beta$의 값을 구하여라.

Sub Note 034쪽

기 본 예 제 **지수부등식**

023 (1) 부등식 $\left(\frac{1}{7}\right)^{3x^2}>7^{ax}$을 만족시키는 정수 x의 개수가 3이 되도록 하는 모든 자연수 a의 값의 합을 구하여라.

(2) 모든 실수 x에 대하여 부등식 $4^x-2^{x+3}+k>0$이 성립하도록 하는 정수 k의 최솟값을 구하여라.

GUIDE (1) 먼저 부등식의 좌변과 우변의 밑을 같게 한 후 밑의 값의 범위에 유의하여 부등식을 푼다.
(2) $2^x=X\ (X>0)$로 치환한 후 X에 대한 부등식을 푼다.

SOLUTION

(1) $\left(\frac{1}{7}\right)^{3x^2}>7^{ax}$에서 $\quad 7^{-3x^2}>7^{ax}$

이때 밑이 1보다 크므로 $\quad -3x^2>ax$

$$3x^2+ax<0,\ 3x\left(x+\frac{a}{3}\right)<0 \qquad \therefore -\frac{a}{3}<x<0\ (\because a\text{는 자연수})$$

주어진 부등식을 만족시키는 정수 x의 개수가 3이므로

$$-4\le -\frac{a}{3}<-3 \qquad \therefore 9<a\le 12$$

따라서 자연수 a는 10, 11, 12이므로 구하는 합은 $\quad 10+11+12=\mathbf{33}$ ■

[참고] $\left(\frac{1}{7}\right)^{3x^2}>7^{ax}$에서 $\left(\frac{1}{7}\right)^{3x^2}>\left(\frac{1}{7}\right)^{-ax}$으로 변형하면 밑 $\frac{1}{7}$이 $0<\frac{1}{7}<1$이므로 $3x^2<-ax$를 풀어도 된다.

(2) $4^x-2^{x+3}+k>0$에서 $\quad (2^x)^2-8\cdot 2^x+k>0$

$2^x=X\ (X>0)$로 치환하면 $\quad X^2-8X+k>0 \quad \therefore (X-4)^2+k-16>0$

위의 부등식이 $X>0$인 모든 실수 X에 대하여 성립하려면

$$k-16>0 \qquad \therefore k>16$$

따라서 구하는 정수 k의 최솟값은 **17**이다. ■

유제
023-1 부등식 $\left(\frac{1}{25}\right)^x-30\cdot\left(\frac{1}{5}\right)^x+125\le 0$을 만족시키는 x의 최댓값을 M, 최솟값을 m이라 할 때, Mm의 값을 구하여라. Sub Note 034쪽

유제
023-2 연립부등식 $\begin{cases} 2^{2x+1}-9\cdot 2^x+4\le 0 \\ 2^{x^2}<2^{2x+3} \end{cases}$을 만족시키는 정수 x의 개수를 구하여라. Sub Note 034쪽

기 본 예 제 *지수방정식과 지수부등식의 실생활에서의 활용*

024 A회사의 현재 홈페이지 회원은 만 명이고 매년 2배씩 늘어날 것으로 예상된다. 또 B회사의 현재 홈페이지 회원은 1000만 명이고 매년 절반씩 줄어들 것으로 예상된다. 두 회사 A, B의 홈페이지 회원이 예상대로 변동된다고 할 때, A회사의 홈페이지 회원이 B회사의 홈페이지 회원보다 30만 명 이상 많아지는 것은 최소 몇 년 후인지 구하여라.

GUIDE 두 회사 A, B의 n년 후의 홈페이지 회원 수를 각각 n에 대한 식으로 나타낸 후 조건에 맞게 지수부등식을 세운다.

SOLUTION

A회사의 홈페이지 회원은 매년 2배씩 늘어나므로 n년 후의 회원 수는

$10^4\times 2^n$

B회사의 홈페이지 회원은 매년 절반씩 줄어들므로 n년 후의 회원 수는

$10^7\times\left(\frac{1}{2}\right)^n$

이때 A회사의 홈페이지 회원이 B회사의 홈페이지 회원보다 30만 명 이상 많아지려면

$10^4\times 2^n-10^7\times\left(\frac{1}{2}\right)^n\geq 3\times 10^5$, $2^n-\frac{1000}{2^n}-30\geq 0$

$2^n=X\ (X>0)$로 치환하면 $X-\frac{1000}{X}-30\geq 0$

$X^2-30X-1000\geq 0$, $(X+20)(X-50)\geq 0$

$\therefore X\geq 50\ (\because X>0)$

즉, $2^n\geq 50$에서 $2^5=32$, $2^6=64$이므로 자연수 n의 최솟값은 6이다.

따라서 A회사의 홈페이지 회원이 B회사의 홈페이지 회원보다 30만 명 이상 많아지는 것은 최소 **6년** 후이다. ■

유제 Sub Note 034쪽

024-1 한 마리의 박테리아 A는 x시간 후에 a^x마리로 증식된다고 한다. 처음에 40마리였던 박테리아 A가 3시간 후에 1080마리가 되었을 때, 40마리였던 박테리아 A가 9720마리가 되는 것은 처음으로부터 몇 시간 후인지 구하여라. (단, $a>0$)

Review Quiz

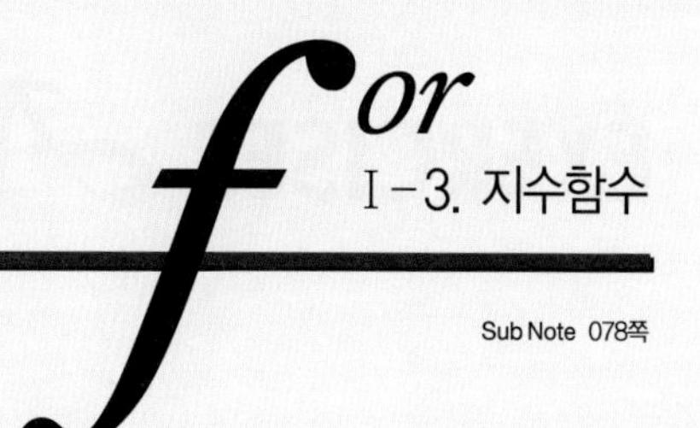

SUMMA CUM LAUDE

Sub Note 078쪽

1. 다음 [　　] 안에 적절한 것을 채워 넣어라.

(1) 지수함수 $y=a^x\,(a>0,\ a\neq1)$은 정의역이 [　　　] 전체의 집합이고, 치역이 [　　　] 전체의 집합인 함수이다.

(2) 지수함수 $y=a^x\,(a>0,\ a\neq1)$의 그래프는 a의 값에 관계없이 항상 두 점 [　　　], $(1,\ a)$를 지난다.

(3) 지수함수 $y=a^x\,(a>0,\ a\neq1)$의 그래프를 x축의 방향으로 m만큼, y축의 방향으로 n만큼 평행이동한 그래프의 식은 [　　　　　]이다.

(4) 정의역이 $\{x\,|\,m\leq x\leq n\}$일 때, 지수함수 $y=a^x\,(a>0,\ a\neq1)$은
$a>1$이면 $x=$[　]일 때 최댓값, $x=$[　]일 때 최솟값을 갖는다.
$0<a<1$이면 $x=$[　]일 때 최댓값, $x=$[　]일 때 최솟값을 갖는다.

2. 다음 문장이 참(true) 또는 거짓(false)인지 결정하고, 그 이유를 설명하거나 적절한 반례를 제시하여라.

(1) 지수함수 $y=16\cdot2^x$의 그래프는 지수함수 $y=2^x$의 그래프를 평행이동한 것이다.

(2) 방정식 $x^{x+1}=x^{2x-2}\,(x>0)$을 만족시키는 해는 $x=1$뿐이다.

(3) 지수함수 $y=a^x\,(a>0,\ a\neq1)$에서 조건 「$a^M>a^N$이면 $M>N$」을 만족하도록 하는 a의 값의 범위는 $a>1$이다.

3. 다음 물음에 대한 답을 간단히 서술하여라.

(1) 지수함수 $y=a^x\,(a>0,\ a\neq1)$에서 밑을 $a\neq1$로 정한 이유를 설명하여라.

(2) 지수방정식 $a^{f(x)}=a^{g(x)}\,(a>0,\ a\neq1)$의 해를 구하는 방법에 대해 간단하게 설명하여라.

EXERCISES A

Sub Note 079쪽

지수함수의 함숫값 **01**

지수함수 $f(x)=a^x\,(a>0,\ a\neq1)$에 대하여 다음 보기 중 옳은 것만을 있는 대로 고른 것은?

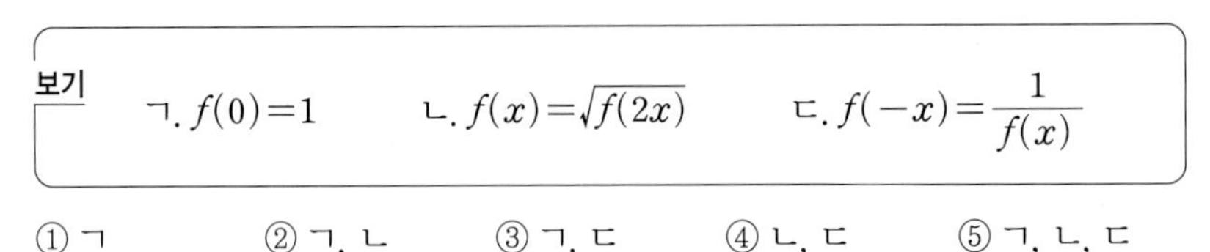

보기

ㄱ. $f(0)=1$　　ㄴ. $f(x)=\sqrt{f(2x)}$　　ㄷ. $f(-x)=\dfrac{1}{f(x)}$

① ㄱ　② ㄱ, ㄴ　③ ㄱ, ㄷ　④ ㄴ, ㄷ　⑤ ㄱ, ㄴ, ㄷ

지수함수의 그래프 **02**

오른쪽 그림은 지수함수 $y=2^x$의 그래프와 직선 $y=15$, y축으로 둘러싸인 부분을 직선 $y=8$로 나눈 것이다. 경계선을 제외한 색칠한 부분 A, B에 속해 있는 점 중에서 x좌표와 y좌표가 모두 정수인 점의 개수를 각각 a, b라 할 때, $b-a$의 값을 구하여라.

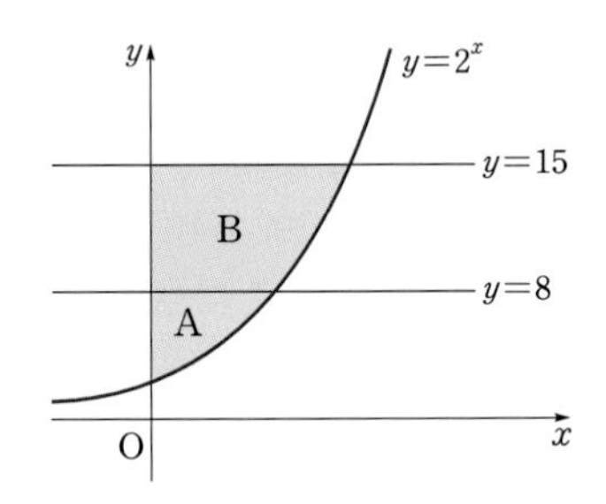

지수함수의 그래프 **03**

지수함수 $y=3^x$의 그래프를 x축의 방향으로 -3만큼, y축의 방향으로 2만큼 평행이동한 후 y축에 대하여 대칭이동한 그래프가 점 $(2,\ k)$를 지날 때, k의 값을 구하여라.

지수함수의 그래프 **04**

두 지수함수 $y=3^x$, $y=3^x+9$의 그래프와 직선 $x=1$ 및 y축으로 둘러싸인 도형의 넓이를 구하여라.

지수함수를 이용한 대소 비교 **05**

세 수 $A=8^{\frac{1}{5}}$, $B=0.25^{-\frac{2}{5}}$, $C=\sqrt[6]{16}$의 대소 관계를 바르게 나타낸 것은?

① $A<B<C$　② $A<C<B$　③ $B<A<C$
④ $B<C<A$　⑤ $C<A<B$

지수함수의 최대 · 최소

06 서술형

정의역이 $\{x | 1 \leq x \leq 3\}$인 함수 $y=4^x-3 \cdot 2^{x+1}+k$의 최댓값이 10일 때, 상수 k의 값을 구하여라.

지수방정식

07

방정식 $x^{x^3-8x^2+16x}-x^{x^2-10x+24}=0$의 모든 근의 합을 구하여라. (단, $x>0$)

지수부등식

08

부등식 $\left(\frac{1}{4}x-1\right)^{10x-45}>\left(\frac{1}{4}x-1\right)^{x^2-6x+15}$을 만족시키는 자연수 x의 값의 합을 구하여라. (단, $x>4$)

지수부등식

09

모든 실수 x에 대하여 부등식 $x^2-2(2^a+1)x-3(2^a-5)>0$이 성립하도록 하는 실수 a의 값의 범위를 구하여라.

지수부등식의 실생활에서의 활용

10

어떤 필름을 유리에 한 장씩 붙일 때마다 처음 빛의 양의 $\frac{7}{8}$이 차단된다고 한다. 이때 처음 빛의 양의 $\frac{1023}{1024}$ 이상을 차단하려면 이 필름을 최소 몇 장 붙여야 하는지 구하여라.

01 $|y-1|=2^{|x|-1}$의 그래프와 직선 $y=k$가 만나지 않도록 하는 실수 k의 값의 범위는 $\alpha<k<\beta$이다. 이때 $100\alpha\beta$의 값을 구하여라.

02 실수 전체의 집합에서 정의된 함수 $y=f(x)$가 다음 두 조건을 만족한다.

> (가) $0\le x<1$일 때, $f(x)=2^{1-x}$이다.
> (나) 모든 실수 x에 대하여 $f(x+1)=f(x)+1$이다.

이때 x에 대한 방정식 $f(x)-ax=0$이 서로 다른 세 실근을 갖도록 하는 실수 a의 최댓값과 최솟값의 곱을 구하여라.

03 다음 중 x에 대한 방정식 $a^x+b^x=c^x$의 실근이 없는 경우는?

(단, a, b, c는 서로 다른 양수)

① $a<b<c$　② $a<c<b$　③ $b<a<c$
④ $c<a<b$　⑤ $c<b<a$

04 오른쪽 그림과 같이 두 지수함수 $y=2^x$, $y=2^{-x}$의 그래프 위의 네 점 A, B, C, D를 꼭짓점으로 하는 직사각형 ABCD가 있다. $\overline{\text{AD}}=\frac{15}{4}$일 때, 직사각형 ABCD의 넓이를 구하여라.

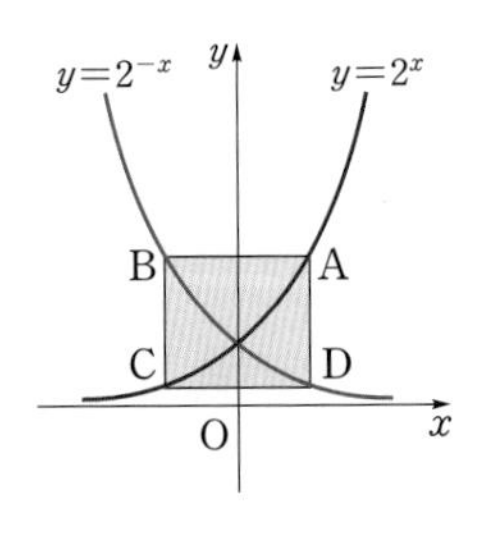

05 $x^n=2^{2^{10}}$에서 x가 유리수가 되게 하는 정수 n의 값의 합을 구하여라. (단, $x>0$)

06 다음을 만족시키는 자연수 n의 값을 구하여라.

$$(\sqrt{\sqrt{2}+1})^n+(\sqrt{\sqrt{2}-1})^n=6$$

07 연립방정식 $\begin{cases} x^{x+y}=y^3 \\ y^{x+y}=x^6y^3 \end{cases}$ 을 만족시키는 자연수 x, y의 순서쌍 (x, y)는 (a, b), (c, d)의 2개이다. 이때 좌표평면에서 두 점 (a, b), (c, d)를 지나는 직선의 기울기를 구하여라.

08 x에 대한 방정식 $9^x+9^{-x}-k(3^x+3^{-x})+11=0$의 실근이 존재하지 않도록 하는 실수 k의 값의 범위를 구하여라.

09 부등식 $(x^2-2x+1)^{x-2}<1$을 풀어라. (단, $x\neq1$)

10 서술형

$-3\leq x\leq3$에서 부등식 $m\cdot3^{-x}\leq3^{-2x+1}\leq n\cdot27^{-x}$이 항상 성립할 때, 상수 m, n에 대하여 $n-m$의 최솟값을 구하여라.

내신 · 모의고사 대비 TEST 376쪽

01 로그함수의 뜻과 그래프

ESSENTIAL LECTURE

1 로그함수의 정의

(1) a가 1이 아닌 양수일 때, 임의의 양의 실수 x에 $\log_a x$를 대응시키는 함수

$$y=\log_a x$$

를 a를 밑으로 하는 로그함수라 한다.

(2) 로그함수 $y=\log_a x\,(a>0,\ a\neq1)$는 지수함수 $y=a^x\,(a>0,\ a\neq1)$의 역함수이다.

2 로그함수의 그래프와 성질

로그함수 $y=\log_a x\,(a>0,\ a\neq1)$의 그래프는 지수함수 $y=a^x\,(a>0,\ a\neq1)$의 그래프와 직선 $y=x$에 대하여 대칭이므로 밑 a의 값의 범위에 따라 다음과 같다.

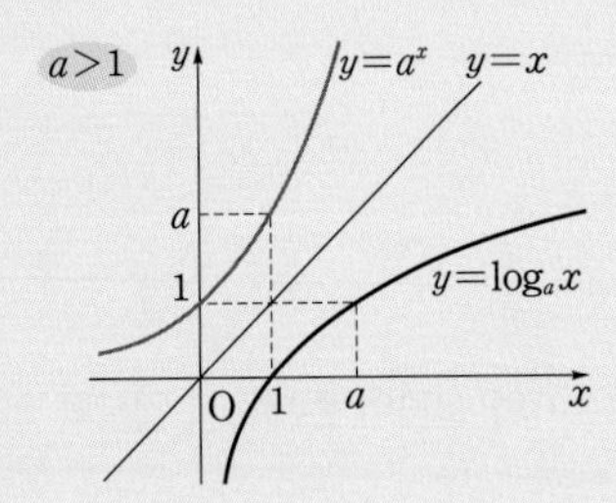

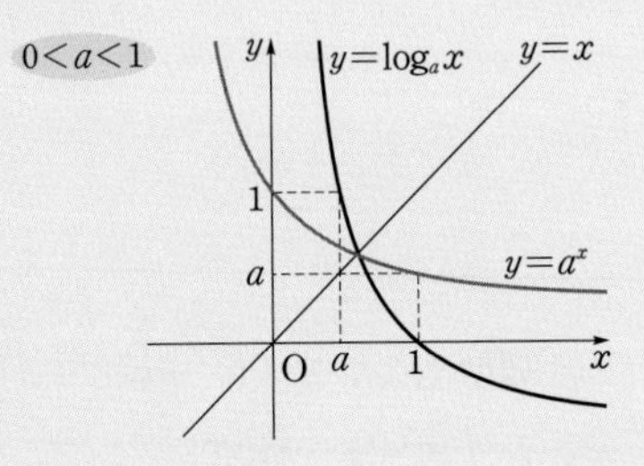

로그함수 $y=\log_a x\,(a>0,\ a\neq1)$의 성질은 다음과 같다.

(1) 정의역은 양의 실수 전체의 집합, 치역은 실수 전체의 집합이다.

(2) 그래프는 두 점 $(1,\ 0)$, $(a,\ 1)$을 지나고, y축을 점근선으로 한다.

(3) $a>1$일 때, x의 값이 증가하면 y의 값도 증가한다.

$0<a<1$일 때, x의 값이 증가하면 y의 값은 감소한다.

(4) 일대일함수이다.

(5) 두 로그함수 $y=\log_a x$와 $y=\log_{\frac{1}{a}} x$의 그래프는 x축에 대하여 대칭이다.

3 로그함수의 그래프의 평행이동

로그함수 $y=\log_a x\,(a>0,\ a\neq1)$의 그래프를 x축의 방향으로 m만큼, y축의 방향으로 n만큼 평행이동한 그래프의 식은 $y=\log_a(x-m)+n$

4 로그함수의 최대 · 최소

로그함수 $y=\log_a x\,(a>0,\ a\neq1)$에 대하여

(1) $a>1$인 경우 ➡ x가 최대일 때 y도 최대이고, x가 최소일 때 y도 최소이다.

(2) $0<a<1$인 경우 ➡ x가 최대일 때 y는 최소이고, x가 최소일 때 y는 최대이다.

❶ 로그함수의 정의

지수함수 $y=2^x$은 실수 전체의 집합에서 양의 실수 전체의 집합으로의 일대일대응이므로 역함수[1]를 가진다. 지수함수 $y=2^x$의 역함수를 직접 구해 보자.

① $y=2^x$을 x에 대하여 풀면 $x=\log_2 y$

② 이 등식에서 x와 y를 서로 바꾸면 $y=\log_2 x$

즉, $y=2^x$의 역함수는 $y=\log_2 x$이다.

여기서 지수함수 $y=2^x$의 정의역이 실수 전체의 집합이고 치역이 양의 실수 전체의 집합이므로 로그함수 $y=\log_2 x$의 정의역은 양의 실수 전체의 집합이고 치역은 실수 전체의 집합임을 알 수 있다.

이와 같이 지수함수의 역함수로 유도된 로그함수의 일반적인 정의는 다음과 같다.

로그함수의 정의

a가 1이 아닌 양수일 때, 임의의 양의 실수 x에 $\log_a x$를 대응시키는 함수

$y=\log_a x$

를 a를 밑으로 하는 로그함수라 한다.

❷ 로그함수의 그래프와 성질

로그함수의 그래프를 통해 로그함수의 성질을 파악해 보자.

역함수 관계인 지수함수 $y=a^x\,(a>0,\ a\neq1)$와 로그함수 $y=\log_a x\,(a>0,\ a\neq1)$는 그 그래프가 직선 $y=x$에 대하여 대칭이므로 지수함수의 그래프를 이용하여 로그함수의 그래프를 그릴 수 있다. 따라서 지수함수의 그래프와 마찬가지로 로그함수 $y=\log_a x$ $(a>0,$ $a\neq1)$의 그래프는 밑 a의 값의 범위에 따라 다음 그림과 같이 두 가지 경우로 나눌 수 있다.

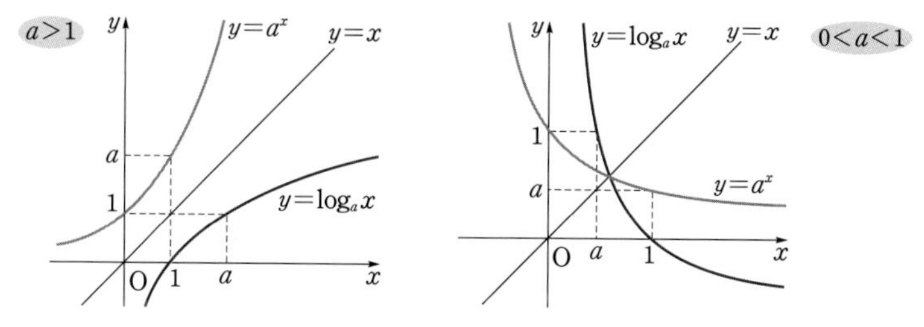

Figure_ 로그함수 $y=\log_a x$의 그래프

❶ 함수 $y=f(x)$의 역함수를 구하는 방법은 다음과 같다.
일대일대응인지 확인한다. ⇨ x에 대하여 푼다. ⇨ x와 y를 서로 바꾼다.

이제 로그함수 $y=\log_a x\,(a>0,\ a\neq 1)$의 성질을 알아보자.

로그함수도 지수함수와 마찬가지로 밑의 값의 범위에 따라 서로 다른 성질이 나타난다.

(1) 정의역은 양의 실수 전체의 집합이고, 치역은 실수 전체의 집합이다.

(2) $y=\log_a x$에서 $x=1$일 때 $y=\log_a 1=0$이고, $x=a$일 때 $y=\log_a a=1$이므로 로그함수 $y=\log_a x$의 그래프는 항상 두 점 $(1,\ 0)$, $(a,\ 1)$을 지난다.

(3) 로그함수 $y=\log_a x$의 그래프의 점근선은 a의 값에 관계없이 y축이 된다.

(4) $a>1$일 때, x의 값이 증가하면 y의 값도 증가한다.

즉, $x_1<x_2$이면 $\log_a x_1<\log_a x_2$ ⬅ 증가함수

$0<a<1$일 때, x의 값이 증가하면 y의 값은 감소한다.

즉, $x_1<x_2$이면 $\log_a x_1>\log_a x_2$ ⬅ 감소함수

(5) 로그함수 $y=\log_a x$의 그래프는

$a>1$이면 a의 값이 커질수록 x축에 가까워지고,

$0<a<1$이면 a의 값이 작아질수록 x축에 가까워진다.

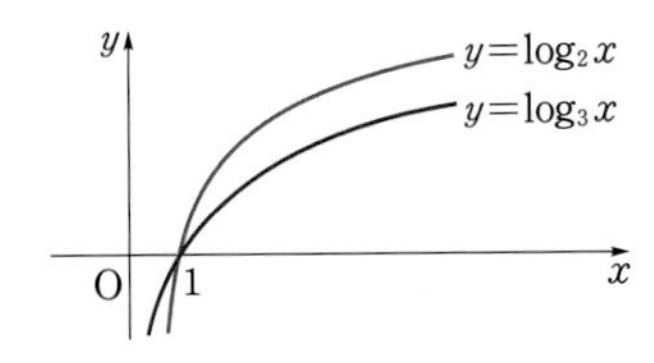

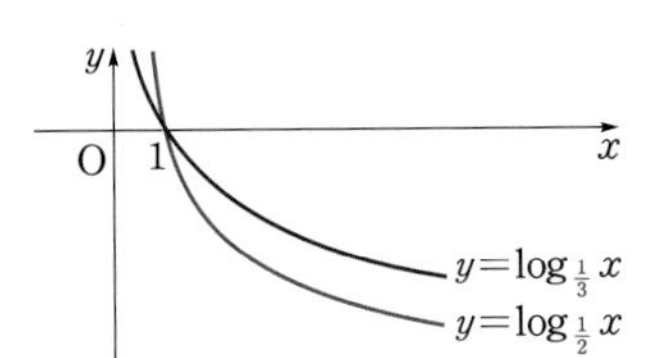

(6) 두 로그함수 $y=\log_a x$와 $-y=\log_a x$의 그래프는 x축에 대하여 대칭이다. 그런데 로그의 성질에 의하여

$$-y=\log_a x \Rightarrow y=\log_{a^{-1}} x=\log_{\frac{1}{a}} x$$

이므로 결국 두 로그함수 $y=\log_a x$와 $y=\log_{\frac{1}{a}} x$의 그래프는 x축에 대하여 대칭이다.

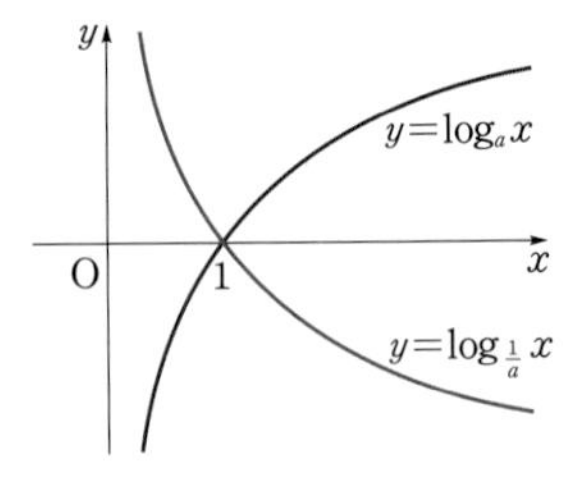

(7) $f(x)=\log_a x\,(a>0,\ a\neq 1)$라 하면 로그의 성질에 의하여 다음이 성립한다.

(단, $x>0,\ y>0$)

① $f(xy)=f(x)+f(y)$ ⬅ $\log_a xy=\log_a x+\log_a y$

② $f\left(\frac{x}{y}\right)=f(x)-f(y)$ ⬅ $\log_a \frac{x}{y}=\log_a x-\log_a y$

③ $f(x^n)=nf(x)$ (단, n은 실수) ⬅ $\log_a x^n=n\log_a x$

Sub Note 009쪽

APPLICATION 036 로그함수 $f(x)=\log_{\frac{1}{2}}x$에 대한 다음 보기의 설명 중에서 옳은 것만을 있는 대로 골라라.

보기

ㄱ. $f(x_1)=f(x_2)$이면 $x_1=x_2$이다.

ㄴ. $x_1>x_2$이면 $f(x_1)<f(x_2)$이다.

ㄷ. 함수 $y=f(x)$의 그래프는 함수 $y=-\log_{\frac{1}{2}}\dfrac{1}{x}$의 그래프와 일치한다.

EXAMPLE 026 오른쪽 그림은 함수 $y=\log_3 x$의 그래프와 직선 $y=x$를 나타낸 것이다. 이때 $\left(\dfrac{1}{3}\right)^{a-b}$의 값을 구하여라. (단, 점선은 x축 또는 y축에 평행하다.)

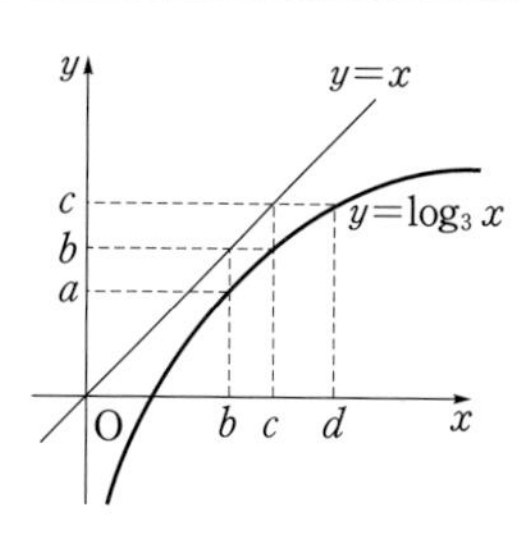

ANSWER 그래프를 보면 $\log_3 b=a$, $\log_3 c=b$이므로

$$a-b=\log_3 b-\log_3 c=\log_3\frac{b}{c}$$

로그의 정의에 의하여 $3^{a-b}=\dfrac{b}{c}$ $\therefore \left(\dfrac{1}{3}\right)^{a-b}=\dfrac{\boldsymbol{c}}{\boldsymbol{b}}$ ■

Sub Note 009쪽

APPLICATION 037 오른쪽 그림과 같이 두 로그함수 $y=\log_{\frac{1}{8}}x$, $y=\log_{\sqrt{2}}x$의 그래프와 두 직선 $x=\dfrac{1}{4}$, $x=2$의 교점을 각각 A, B, C, D라 할 때, 사각형 ABCD의 넓이를 구하여라.

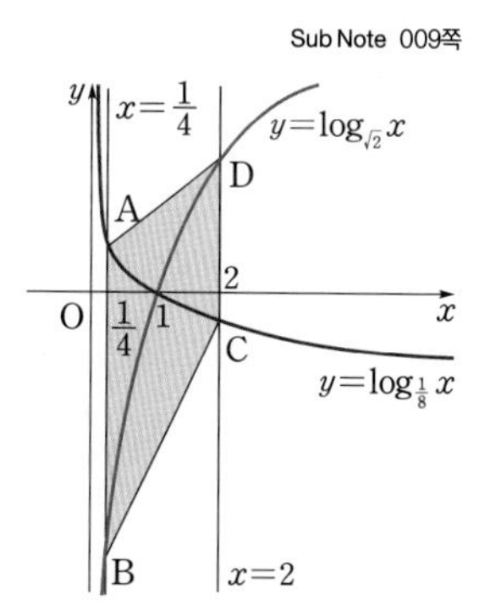

❸ 로그함수의 그래프의 평행이동

로그함수 $y=\log_2 4(x+1)$의 그래프는 어떻게 그릴까?

지수함수의 그래프의 평행이동에서 했듯이 우선 함수의 형태를 바꾸어 보자.

$$y=\log_2 4(x+1)=\log_2 4+\log_2(x+1)=\log_2(x+1)+2$$

앞의 식을 보면 로그함수 $y=\log_2 4(x+1)$의 그래프는 로그함수 $y=\log_2 x$의 그래프를

x축의 방향으로 -1만큼,

y축의 방향으로 2만큼 평행이동

한 것이므로 오른쪽 그림과 같다.

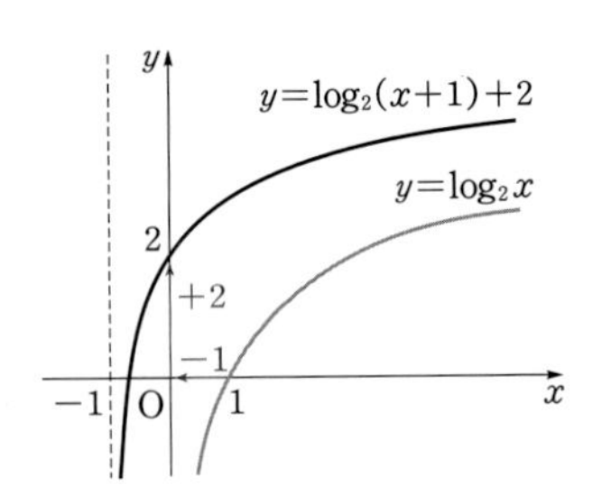

일반적으로 로그함수 $y=\log_a(x-m)+n\,(a>0,\ a\neq 1)$의 그래프는 로그함수 $y=\log_a x$의 그래프를

x축의 방향으로 m만큼, y축의 방향으로 n만큼 평행이동

하여 그릴 수 있다.

이때 로그함수 $y=\log_a(x-m)+n\,(a>0,\ a\neq 1)$의 치역은 로그함수 $y=\log_a x$의 치역과 마찬가지로

실수 전체의 집합, 즉 $\{y|y$는 실수$\}$

이지만 그래프가 x축의 방향으로 m만큼 평행이동하였으므로 정의역은

$\{x|x>0$인 실수$\}$에서 $\{x|x>m$인 실수$\}$

로 바뀌게 된다.

또한 평행이동에 의하여 로그함수 $y=\log_a(x-m)+n$의 그래프는 a의 값에 관계없이 항상 점 $(m+1,\ n)$을 지나고, 점근선은 직선 $x=m$이 된다.

로그함수의 그래프의 평행이동과 더불어 대칭이동에 대해서도 알아두자.

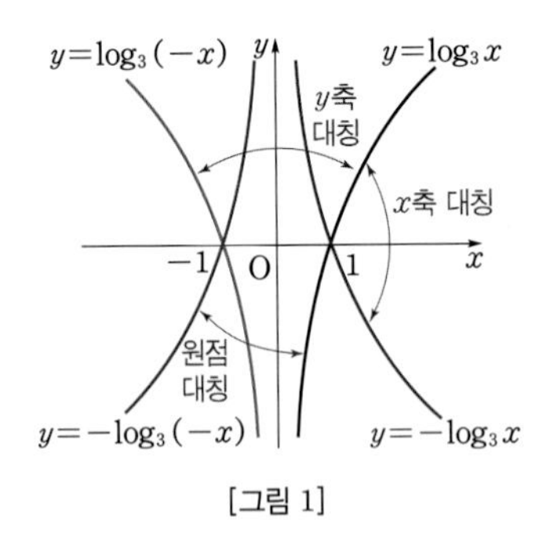

[그림 1]

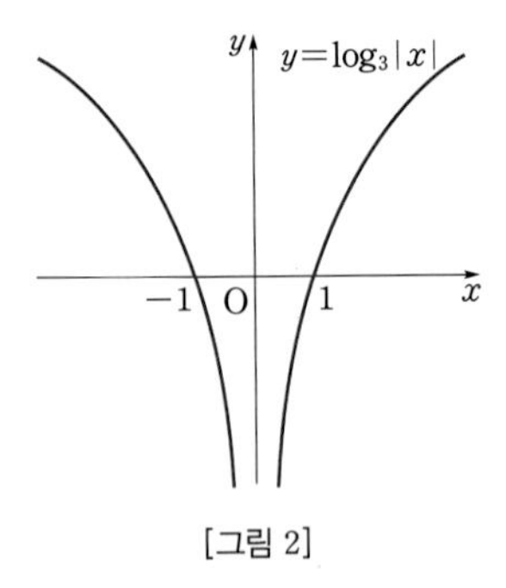

[그림 2]

[그림 1]의 그래프를 보면 다음을 알 수 있다.

(i) $y=\log_a(-x)$의 그래프는 $y=\log_a x$의 그래프를 y축에 대하여 대칭이동시킨 것이다.

(ii) $y=-\log_a x$의 그래프는 $y=\log_a x$의 그래프를 x축에 대하여 대칭이동시킨 것이다.

(iii) $y=-\log_a(-x)$의 그래프는 $y=\log_a x$의 그래프를 원점에 대하여 대칭이동시킨 것이다.

[그림 2]의 그래프를 보면 $y=\log_a|x|$의 그래프는 변수 x에 절댓값을 취한 것으로, $x>0$인 범위와 $x<0$인 범위로 나누어 생각해 보면

$x>0$인 부분만 그린 후, $x<0$인 부분은 $x>0$인 부분을 y축에 대하여 대칭이동

시켜 그린다. 즉, y축에 대하여 대칭인 그래프가 나타나게 된다.
이 경우, a의 값에 관계없이 항상 두 점 $(1,\ 0)$, $(-1,\ 0)$을 지나고, 점근선은 직선 $x=0$으로 유지된다.

EXAMPLE 027 로그함수 $y=\log_2 x$의 그래프를 다음과 같이 이동한 그래프를 그리고, 이동한 그래프가 나타내는 식과 점근선의 방정식을 각각 구하여라.

(1) x축의 방향으로 3만큼, y축의 방향으로 -2만큼 평행이동

(2) 원점에 대하여 대칭이동

ANSWER (1) $y=\log_2 x$의 그래프를
x축의 방향으로 3만큼,
y축의 방향으로 -2만큼 평행이동
한 그래프는 오른쪽 그림과 같고, 그래프가 나타내는 식은 $\boldsymbol{y=\log_2(x-3)-2}$이다.
이때 그래프의 점근선의 방정식은 $\boldsymbol{x=3}$이다. ■

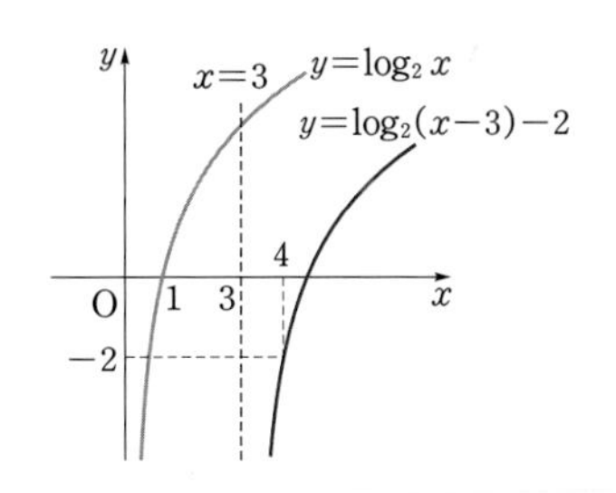

(2) $y=\log_2 x$의 그래프를
원점에 대하여 대칭이동
한 그래프는 오른쪽 그림과 같고, 그래프가 나타내는 식은 $\boldsymbol{y=-\log_2(-x)}$이다.
이때 그래프의 점근선의 방정식은 $\boldsymbol{x=0}$이다. ■

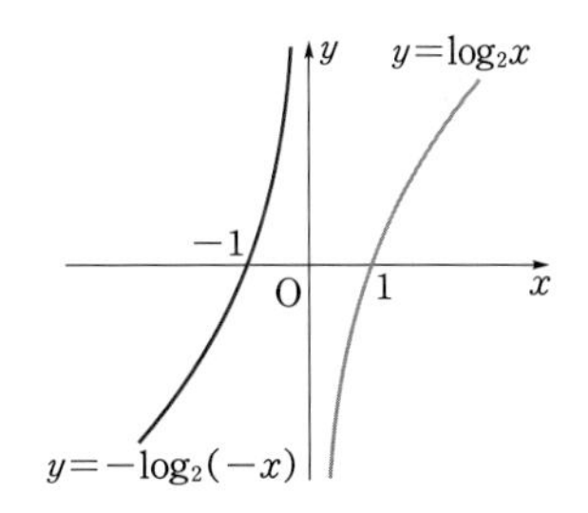

Sub Note 009쪽

APPLICATION 038 로그함수 $y=\log_3(3x+12)$의 그래프는 로그함수 $y=\log_3 x$의 그래프를 x축의 방향으로 m만큼, y축의 방향으로 n만큼 평행이동한 것이다. 이때 $m+n$의 값을 구하여라.

Sub Note 009쪽

APPLICATION 039 로그함수 $y=\log_5 x$의 그래프를 y축에 대하여 대칭이동하면 함수 $y=f(x)$의 그래프와 일치할 때, $f\left(-\frac{1}{5}\right)$의 값을 구하여라.

4 로그함수의 최대 · 최소 (수능 고빈도 출제)

지수함수와 마찬가지로 로그함수도 밑의 값의 범위에 따라 증가함수이거나 감소함수가 된다. 이러한 증가함수, 감소함수의 성질을 이용하여 로그함수 $y=\log_a f(x)$ $(a>0,\ a\neq 1)$의 최댓값과 최솟값을 다음과 같이 구할 수 있다.

로그함수 $y=\log_a f(x)$ $(a>0,\ a\neq 1)$의 최대 · 최소

(1) $a>1$일 때, $y=\log_a f(x)$는 증가함수이므로
$f(x)$가 최대일 때 y는 최대가 되고, $f(x)$가 최소일 때 y는 최소가 된다.

(2) $0<a<1$일 때, $y=\log_a f(x)$는 감소함수이므로
$f(x)$가 최대일 때 y는 최소가 되고, $f(x)$가 최소일 때 y는 최대가 된다.

밑의 값의 범위에 유의하여 다음 문제를 풀어 보자.

EXAMPLE 028 주어진 범위에서 다음 함수의 최댓값과 최솟값을 구하여라.

(1) $y=\log_2(x-2)$ $(4\leq x\leq 10)$

(2) $y=\log_{\frac{1}{4}}(2x+4)$ $(0\leq x\leq 6)$

ANSWER (1) $y=\log_2(x-2)$는 밑이 1보다 크므로 증가함수이다.
따라서 $4\leq x\leq 10$에서
$x=10$일 때 y가 최대이므로 **최댓값은** $\log_2(10-2)=\log_2 2^3=\mathbf{3}$
$x=4$일 때 y가 최소이므로 **최솟값은** $\log_2(4-2)=\log_2 2=\mathbf{1}$
이다. ■

(2) $y=\log_{\frac{1}{4}}(2x+4)$는 밑 $\frac{1}{4}$이 $0<\frac{1}{4}<1$이므로 감소함수이다.
따라서 $0\leq x\leq 6$에서
$x=0$일 때 y가 최대이므로 **최댓값은** $\log_{\frac{1}{4}}4=-\log_4 4=\mathbf{-1}$
$x=6$일 때 y가 최소이므로 **최솟값은** $\log_{\frac{1}{4}}(12+4)=-\log_4 4^2=\mathbf{-2}$
이다. ■

APPLICATION 040 함수 $y=\log_2(x^2+4x+5)$의 최솟값을 구하여라. Sub Note 009쪽

$\log_a x$ 꼴이 반복되는 함수가 주어지면 공통 부분을 X로 치환하여 간단하게 바꾸고 X의 값의 범위 안에서 최댓값 또는 최솟값을 구하면 된다.

EXAMPLE 029 $3\le x\le 81$일 때, 함수 $y=(\log_3 x)^2-\log_3 x^2+3$의 최댓값과 최솟값을 구하여라.

ANSWER $y=(\log_3 x)^2-\log_3 x^2+3$에서

$\log_3 x=X$로 치환하면

$y=X^2-2X+3=(X-1)^2+2$

이때 $3\le x\le 81$이므로 $1\le X\le 4$

$1\le X\le 4$에서 함수 $y=(X-1)^2+2$의 그래프는 오른쪽 그림과 같으므로

$X=4$일 때 **최댓값은 11**이고,

$X=1$일 때 **최솟값은 2**이다. ■

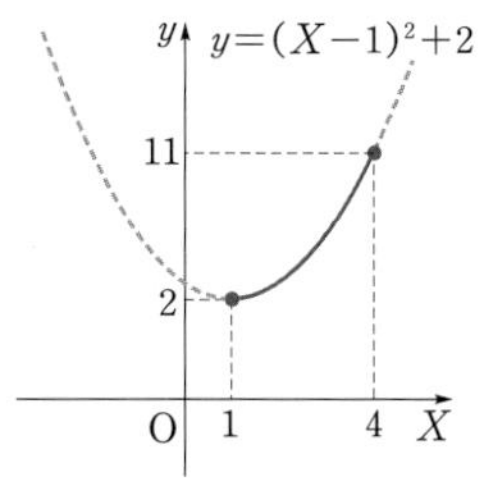

Sub Note 009쪽

APPLICATION 041 함수 $y=\log x^{\log x}-2\log x+2$의 최솟값을 구하여라. (단, $x>0$)

합 또는 곱이 일정한 경우에는 산술평균과 기하평균의 관계를 이용하여 최댓값 또는 최솟값을 구할 수 있다.

$$a>0,\ b>0\text{일 때, } \frac{a+b}{2}\ge\sqrt{ab}\ (\text{단, 등호는 } a=b\text{일 때 성립})$$

EXAMPLE 030 $1\le x<10$일 때, $\log 10x\cdot\log\frac{10}{x}$의 최댓값을 구하여라.

ANSWER $1\le x<10$에서 $\log 10x>0$, $\log\frac{10}{x}>0$이므로

산술평균과 기하평균의 관계에 의하여

$$\log 10x+\log\frac{10}{x}\ge 2\sqrt{\log 10x\cdot\log\frac{10}{x}}\ (\text{단, 등호는 } x=1\text{일 때 성립})$$

$$2\ge 2\sqrt{\log 10x\cdot\log\frac{10}{x}}\qquad\therefore\ \log 10x\cdot\log\frac{10}{x}\le 1$$

따라서 구하는 최댓값은 **1**이다. ■

Sub Note 009쪽

APPLICATION 042 $x>0$, $y>0$이고 $x+y=10$일 때, $\log_5 x+\log_5 y$의 최댓값을 구하여라.

기본예제 *로그함수의 그래프의 평행이동과 대칭이동*

025

다음 보기의 함수의 그래프 중에서 로그함수 $y=\log_3 x$의 그래프를 평행이동 또는 대칭이동하여 겹칠 수 있는 것만을 있는 대로 골라라.

보기

ㄱ. $y=\log_3 9(x+2)$ ㄴ. $y=\log_3 \frac{9}{x}$

ㄷ. $y=3\cdot 4^x+5$ ㄹ. $y=4\cdot 3^x+5$

GUIDE 로그함수 $y=\log_a x$의 그래프를 x축의 방향으로 m만큼, y축의 방향으로 n만큼 평행이동한 그래프의 식은 $y=\log_a (x-m)+n$, x축에 대하여 대칭이동한 그래프의 식은 $y=-\log_a x$, 직선 $y=x$에 대하여 대칭이동한 그래프의 식은 역함수인 $y=a^x$임을 이용한다.

SOLUTION

ㄱ. $y=\log_3 9(x+2)=\log_3 (x+2)+2$의 그래프는 $y=\log_3 x$의 그래프를 x축의 방향으로 -2만큼, y축의 방향으로 2만큼 평행이동하여 얻을 수 있다. (○)

ㄴ. $y=\log_3 \frac{9}{x}=2-\log_3 x$의 그래프는 $y=\log_3 x$의 그래프를 x축에 대하여 대칭이동한 후, y축의 방향으로 2만큼 평행이동하여 얻을 수 있다. (○)

ㄷ. $y=3\cdot 4^x+5$의 역함수는 $y=\log_4 (x-5)-\log_4 3$ …… ㉠

이때 ㉠의 그래프는 $y=\log_3 x$의 그래프를 평행이동이나 대칭이동하여도 겹칠 수 없으므로 주어진 함수의 그래프는 $y=\log_3 x$의 그래프를 평행이동 또는 대칭이동하여 얻을 수 없다. (×)

ㄹ. $y=4\cdot 3^x+5$의 역함수는 $y=\log_3 (x-5)-\log_3 4$ …… ㉡

이때 ㉡의 그래프는 $y=\log_3 x$의 그래프를 x축의 방향으로 5만큼, y축의 방향으로 $-\log_3 4$만큼 평행이동하여 얻을 수 있다. (○)

따라서 겹칠 수 있는 함수의 그래프는 ㄱ, ㄴ, ㄹ이다. ■

유제 Sub Note 035쪽

025-1 로그함수 $y=\log_2 ax$의 그래프를 y축의 방향으로 -4만큼 평행이동한 후, x축에 대하여 대칭이동한 그래프가 로그함수 $y=\log_2 \frac{4}{3x}$의 그래프와 일치할 때, 상수 a의 값을 구하여라.

기본 예제 ***로그함수의 그래프 위의 점***

026 함수 $f(x)=4^x$의 역함수를 $g(x)$라 할 때, 오른쪽 그림은 두 함수 $y=g(x)$, $y=x$의 그래프를 나타낸 것이다. 두 그래프 위의 점 A_1, A_2, A_3, $\cdots$, A_6에 대하여 $\overline{A_1A_2}+\overline{A_3A_4}+\overline{A_5A_6}$의 값을 구하여라. (단, 점선은 x축 또는 y축에 평행하다.)

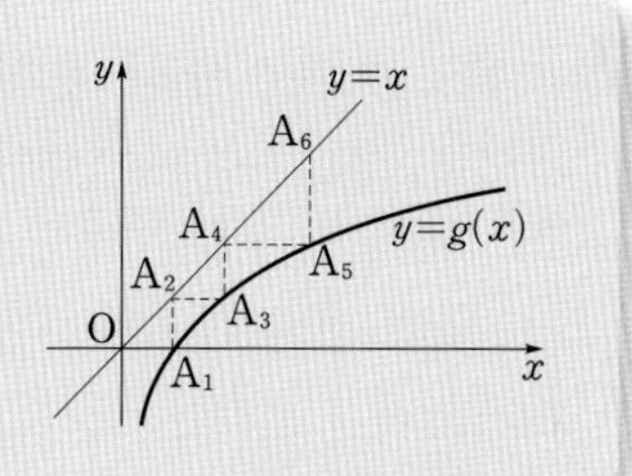

GUIDE 지수함수의 역함수는 로그함수이다. 로그함수 $y=\log_a x$의 그래프가 a의 값에 관계없이 지나는 점을 이용하여 A_1의 좌표를 구한다.

SOLUTION

$y=4^x$에서 $\quad x=\log_4 y$

x와 y를 서로 바꾸면 $\quad y=\log_4 x$

$\therefore g(x)=\log_4 x$

이때 로그함수 $y=\log_4 x$의 그래프는 x축과 점 $(1, 0)$에서 만나므로

$A_1(1, 0)$

$A_2(1, 1)$이므로 점 A_3의 좌표를 $(a, 1)$이라 하면

$\log_4 a=1 \quad \therefore a=4$

$A_3(4, 1)$이므로 $\quad A_4(4, 4)$

점 A_5의 좌표를 $(b, 4)$라 하면

$\log_4 b=4 \quad \therefore b=256$

$A_5(256, 4)$이므로 $\quad A_6(256, 256)$

$\therefore \overline{A_1A_2}+\overline{A_3A_4}+\overline{A_5A_6}=$(점 A_6의 y좌표)$=$**256** ■

유제

026-1 오른쪽 그림과 같이 두 점 A, C는 로그함수 $y=\log_4 x$의 그래프 위의 점이고, 두 점 B, D는 로그함수 $y=\log_2 x$의 그래프 위의 점이다. $\overline{AB}=1$일 때, $\overline{CD}$의 길이를 구하여라. (단, 네 점 A, B, C, D는 제1사분면 위의 점이고, $\overline{AB}$, $\overline{BC}$, $\overline{CD}$는 x축 또는 y축에 평행하다.)

Sub Note 035쪽

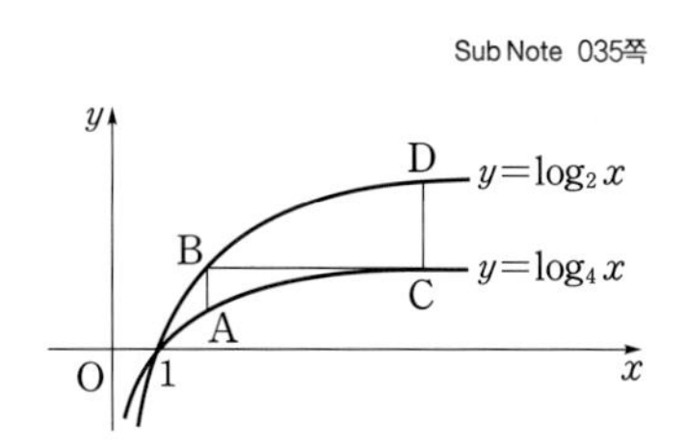

기본예제 *로그함수의 그래프와 성질*

027 두 양수 a, b와 2 이상의 자연수 n에 대하여 다음 보기에서 옳은 것만을 있는 대로 골라라.

보기
ㄱ. $0<\log_n a=\log_{n+1} b$이면 $a<b$이다.
ㄴ. $\log_n a<\log_{n+1}(a+1)$인 양수 a가 존재한다.
ㄷ. $\log_n(a+1)<\log_{n+1} b$이면 $\log_n \frac{a+b}{2}<\log_{n+1} a$이다.

GUIDE 로그함수의 그래프를 그린 후, 주어진 식의 의미를 해석해 본다.

SOLUTION

n이 2 이상의 자연수이므로 두 함수 $y=\log_n x$, $y=\log_{n+1} x$는 증가함수이다.

ㄱ. 오른쪽 그림에서 $0<\log_n a=\log_{n+1} b$이면 $a<b$이다. (참)

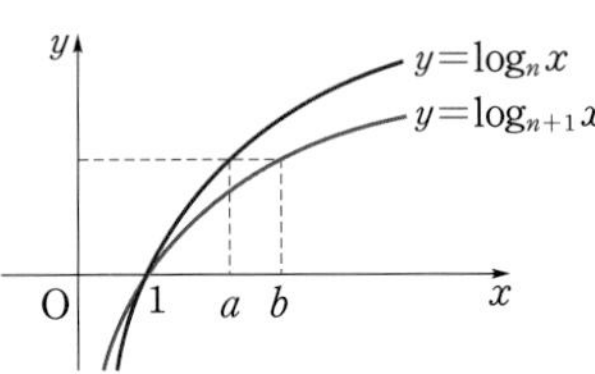

ㄴ. $0<a\le 1$이면 $\log_n a\le 0$이고 $a+1>1$이므로 $\log_{n+1}(a+1)>0$이다.
즉, 오른쪽 그림과 같이 $\log_n a<\log_{n+1}(a+1)$인 양수 a가 존재한다. (참)

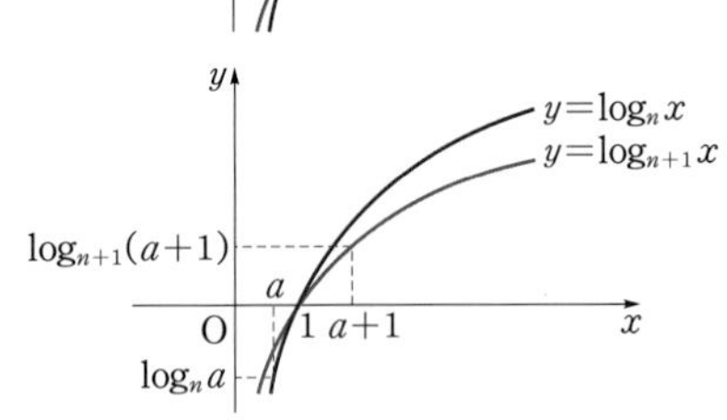

ㄷ. $\log_n(a+1)<\log_{n+1} b$이면 $a+1<b$이므로 $a<b$이고 $a<\frac{a+b}{2}$이다.

이때 $0<a<1$이고 $\frac{a+b}{2}>1$이면 $\log_n \frac{a+b}{2}>\log_{n+1} a$ (거짓)

따라서 옳은 것은 ㄱ, ㄴ이다. ■

유제 **027-1** Sub Note 035쪽

2 이상의 자연수 n에 대하여 $f_n(x)=\log_n x$라 하고, $y=f_n(x)$의 역함수를 $y=g_n(x)$라 할 때, 다음 보기에서 옳은 것만을 있는 대로 골라라.

보기
ㄱ. $f_n(n+1)>f_{n+1}(n)$
ㄴ. $a>0$일 때, $g_n(a)>g_{n+1}(a)$
ㄷ. $a>1$일 때, $f_n(a+1)-f_n(a)>g_n(a+1)-g_n(a)$

기 본 예 제 **로그함수의 최대 · 최소(1)**

028 (1) 함수 $y=\log_{\frac{1}{3}}(x+5)+\log_{\frac{1}{3}}(1-x)$의 최솟값을 구하여라.

(2) $\frac{1}{4}\le x\le 2$에서 함수 $y=x^{\log_2 x+2}$의 최댓값을 M, 최솟값을 m이라 할 때, $M+m$의 값을 구하여라.

GUIDE (1) 먼저 진수의 조건을 이용하여 x의 값의 범위를 구한다.

(2) 주어진 함수의 양변에 밑이 2인 로그를 취한 후 $\log_2 x=X$로 치환한다.

SOLUTION

(1) 진수의 조건에서 $x+5>0,\ 1-x>0$ $\therefore -5<x<1$

$y=\log_{\frac{1}{3}}(x+5)+\log_{\frac{1}{3}}(1-x)=\log_{\frac{1}{3}}(x+5)(1-x)$

$=\log_{\frac{1}{3}}(-x^2-4x+5)$

이므로 $f(x)=-x^2-4x+5$로 놓으면 $f(x)=-(x+2)^2+9$

이때 $f(-2)=9$이므로 $-5<x<1$에서 $f(x)$의 최댓값은 9이다.

함수 $y=\log_{\frac{1}{3}}f(x)$는 밑 $\frac{1}{3}$이 $0<\frac{1}{3}<1$이므로 감소함수이다.

따라서 함수 $y=\log_{\frac{1}{3}}f(x)$는 $f(x)=9$일 때 최소이므로 구하는 최솟값은

$\log_{\frac{1}{3}}9=\log_{3^{-1}}3^2=\mathbf{-2}$ ■

(2) $y=x^{\log_2 x+2}$의 양변에 밑이 2인 로그를 취하면

$\log_2 y=\log_2 x^{\log_2 x+2}=(\log_2 x+2)\log_2 x=(\log_2 x)^2+2\log_2 x$

$\log_2 x=X$로 치환하면 $\log_2 y=X^2+2X=(X+1)^2-1$

이때 $\frac{1}{4}\le x\le 2$이므로 $-2\le X\le 1$

따라서 $\log_2 y$는 $X=1$일 때 최댓값 3, $X=-1$일 때 최솟값 -1을 가지므로

$\log_2 y=3$에서 $y=2^3=8$ $\therefore M=8$

$\log_2 y=-1$에서 $y=2^{-1}=\frac{1}{2}$ $\therefore m=\frac{1}{2}$

$\therefore M+m=8+\frac{1}{2}=\mathbf{\frac{17}{2}}$ ■

Sub Note 035쪽

유제

028-1 $1\le x\le 8$에서 함수 $y=\log_2 4x\cdot\log_2\frac{16}{x}$의 최댓값을 M, 최솟값을 m이라 할 때, Mm의 값을 구하여라.

발전예제 **로그함수의 최대 · 최소(2)**

029 $0 \le x \le 2$에서 함수 $y=\log_3(3x+3)+\dfrac{1}{\log_3(3x+3)}$의 최댓값을 M, 최솟값을 m이라 할 때, $2M+m$의 값을 구하여라.

GUIDE $\log_3(3x+3)=X$로 치환한 후 X의 값에 따라 y의 값이 어떻게 변하는지 생각해 본다.

SOLUTION

$\log_3(3x+3)=X$로 치환하면 $\quad y=\log_3(3x+3)+\dfrac{1}{\log_3(3x+3)}=X+\dfrac{1}{X}$

이때 $0 \le x \le 2$이므로 $\quad 1 \le X \le 2$

$X>0$, $\dfrac{1}{X}>0$이므로 산술평균과 기하평균의 관계에 의하여

$$X+\frac{1}{X} \ge 2\sqrt{X \cdot \frac{1}{X}}=2 \text{ (단, 등호는 } X=1\text{일 때 성립)}$$

따라서 주어진 함수의 최솟값은 2이므로 $\quad m=2$

한편 주어진 함수의 최댓값을 구하기 위해서 $y=X+\dfrac{1}{X}$ $(1 \le X \le 2)$가 증가함수인지 감소함수인지 확인해 보자.

$f(X)=X+\dfrac{1}{X}$이라 할 때, $1 \le \alpha < \beta \le 2$인 임의의 실수 α, β에 대하여 $f(\alpha)$, $f(\beta)$의 대소 관계를 살펴보면

$$f(\alpha)-f(\beta)=\alpha+\frac{1}{\alpha}-\left(\beta+\frac{1}{\beta}\right)=\alpha-\beta+\frac{\beta-\alpha}{\alpha\beta}$$

$$=(\beta-\alpha)\left(\frac{1}{\alpha\beta}-1\right)<0 \ (\because 1 \le \alpha < \beta \le 2)$$

즉, $\alpha<\beta$일 때, $f(\alpha)<f(\beta)$이므로 $1 \le X \le 2$에서 $f(X)$는 증가함수이다.

그러므로 $1 \le X \le 2$의 범위에서 $X+\dfrac{1}{X}$은 $X=2$일 때 최댓값이 $\dfrac{5}{2}$이므로

$$M=\frac{5}{2} \qquad \therefore 2M+m=2\cdot\frac{5}{2}+2=\mathbf{7} \ ■$$

유제

029-1 $x>1$일 때, 함수 $f(x)=\log_2 x^{\log_2 x}+\dfrac{2}{\log_2 x}$의 최솟값을 구하여라.

Sub Note 035쪽

[Hint. 산술평균과 기하평균의 관계에 의하여 a, b, c가 양수이면
$a+b+c \ge 3\sqrt[3]{abc}$ (단, 등호는 $a=b=c$일 때 성립)]

02 로그방정식과 로그부등식

SUMMA CUM LAUDE

ESSENTIAL LECTURE

1 로그방정식

(1) 밑을 같게 할 수 있는 경우

주어진 방정식을 $\log_a f(x)=\log_a g(x)$ $(a>0,\ a\neq1)$의 꼴로 변형한 후 다음을 이용하여 푼다.

$$\log_a f(x)=\log_a g(x) \iff f(x)=g(x)\ (f(x)>0,\ g(x)>0)$$

(2) $\log_a x$의 꼴이 반복되는 경우

$\log_a x=X$로 치환한 후 X에 대한 방정식을 푼다.

(3) 지수에 로그가 있는 경우

양변에 로그를 취하여 로그방정식으로 변형하여 푼다.

2 로그부등식

(1) 밑을 같게 할 수 있는 경우

주어진 부등식을 $\log_a f(x)<\log_a g(x)$의 꼴로 변형한 후 다음을 이용하여 푼다.

① $a>1$일 때, $\log_a f(x)<\log_a g(x) \iff 0<f(x)<g(x)$

② $0<a<1$일 때, $\log_a f(x)<\log_a g(x) \iff f(x)>g(x)>0$

(2) $\log_a x$의 꼴이 반복되는 경우

$\log_a x=X$로 치환한 후 X에 대한 부등식을 푼다.

(3) 지수에 로그가 있는 경우

양변에 로그를 취하여 로그부등식으로 변형하여 푼다.

[주의] 로그방정식과 로그부등식을 풀 때는 구한 미지수의 값이 밑의 조건과 진수의 조건을 만족하는지 반드시 확인해야 한다.

1 로그방정식

$\log_2 x=1$, $\log_x 9=2$ 등과 같이 로그의 진수 또는 밑에 미지수를 포함하고 있는 방정식을 로그방정식(logarithmic equation)이라 한다.

로그방정식을 풀 때는 로그가 의미를 갖기 위해 구한 미지수의 값이 (진수)>0, (밑)>0, (밑)$\neq1$을 만족하는지 반드시 확인해야 한다.

몇 가지 대표적인 유형으로 나누어 로그방정식을 푸는 방법을 알아보자.

(1) **밑을 같게 할 수 있는 경우**

로그함수 $y=\log_a x\,(a>0,\ a\neq1)$가 일대일함수이므로 그 성질을 이용하여 방정식의 해를 구할 수 있다.

밑을 같게 할 수 있는 로그방정식은 밑을 같게 한 다음 진수를 비교하자. 즉, 주어진 방정식을 $\log_a f(x)=\log_a g(x)$ $(f(x)>0,\ g(x)>0)$의 꼴로 변형한 후

$$\log_a f(x)=\log_a g(x) \iff f(x)=g(x)$$

를 이용한다.

EXAMPLE 031 다음 방정식을 풀어라.

(1) $\log_2(x+2)=\log_2 2x$　　(2) $\log_3(x^2-9)-\log_3(x-1)=\log_3 9$

ANSWER (1) 진수의 조건에 의해　$x+2>0,\ 2x>0$　$\therefore x>0$　$\cdots\cdots$ ㉠

$\log_2(x+2)=\log_2 2x$에서 밑이 2로 같으므로

$x+2=2x$　$\therefore$ $\boldsymbol{x=2}$ (㉠을 만족) ■

(2) 진수의 조건에 의해　$x^2-9>0,\ x-1>0$　$\therefore x>3$　$\cdots\cdots$ ㉠

주어진 방정식은　$\log_3(x^2-9)=\log_3(x-1)+\log_3 9$, $\log_3(x^2-9)=\log_3 9(x-1)$

밑이 3으로 같으므로　$x^2-9=9(x-1)$, $x(x-9)=0$　$\therefore$ $\boldsymbol{x=9}$ ($\because$ ㉠) ■

APPLICATION **043** 다음 방정식을 풀어라. Sub Note 010쪽

(1) $\log_2(x-1)=\log_4(3x+7)$　　(2) $\log(x-1)-\log(x+5)=-\log(x+1)$

한편 $\log_a f(x)=b\,(f(x)>0)$의 꼴은 다음을 이용하여 푼다.

$$\log_a f(x)=b \iff f(x)=a^b$$

위의 방법은 사실 앞의 방법과 별 차이가 없다. 양수 b에 대하여 a를 밑으로 하는 로그는 $b=\log_a a^b$이므로 $\log_a f(x)=\log_a a^b$에서 $f(x)=a^b$이 되기 때문이다.

EXAMPLE 032 방정식 $\log_3(x^2+4x+4)-\log_3(x+2)=1$을 풀어라.

ANSWER 진수의 조건에 의해　$x^2+4x+4=(x+2)^2>0,\ x+2>0$

$\therefore x>-2$　$\cdots\cdots$ ㉠

주어진 방정식의 좌변을 정리하면　$\log_3(x+2)^2-\log_3(x+2)=1$, $\log_3(x+2)=1$

따라서 $x+2=3^1$이므로　$\boldsymbol{x=1}$ (㉠을 만족) ■

[참고] 우변의 1을 $\log_3 3$으로 바꾼 후 **EXAMPLE 031**의 해법으로 풀어도 된다.

APPLICATION 044 방정식 $\log(x+1)+\log(x-1)=0$을 풀어라. Sub Note 010쪽

(2) $\log_a x$의 꼴이 반복되는 경우

$\log_a x$의 꼴이 반복되는 로그방정식은 $\log_a x=X$로 치환하여 X에 대한 방정식을 푼 다음 x의 값을 구한다.

EXAMPLE 033 방정식 $\log_3 x=3-\log_x 3^2$을 풀어라.

ANSWER 밑과 진수의 조건에 의해 $x>0,\ x\neq1$ …… ㉠

주어진 방정식은 $\log_3 x=3-2\log_x 3$

$\log_3 x=X$로 치환하면 $\log_x 3=\dfrac{1}{\log_3 x}=\dfrac{1}{X}$이므로

$X=3-\dfrac{2}{X},\ X^2=3X-2,\ X^2-3X+2=0$

$(X-1)(X-2)=0$ $\quad\therefore X=1$ 또는 $X=2$

즉, $\log_3 x=1$ 또는 $\log_3 x=2$이므로 $\boldsymbol{x=3}$ **또는** $\boldsymbol{x=3^2=9}$ (㉠을 만족) ■

[참고] $y=\log_3 x$의 치역이 실수 전체의 집합이므로 $\log_3 x=X$로 치환하였을 때 X의 값의 범위에 신경 쓸 필요가 없다.

Sub Note 010쪽

APPLICATION 045 방정식 $(\log_2 x)^2=\log_2 x^2+8$의 두 근을 α, β라 할 때, $\alpha\beta$의 값을 구하여라.

(3) 지수에 로그가 있는 경우

지수에 로그가 있는 방정식은 양변에 로그를 취하여 로그방정식으로 변형하여 푼다.

EXAMPLE 034 방정식 $x^{\log_2 x}\div x^4\times2^4=1$을 풀어라.

ANSWER 밑과 진수의 조건에 의해 $x>0$ …… ㉠

$x^{\log_2 x}\div x^4\times2^4=1$의 양변에 밑이 2인 로그를 취하면 ⬅ 지수에 있는 로그의 밑과 통일

$\log_2(x^{\log_2 x}\div x^4\times2^4)=\log_2 1$

$\log_2 x^{\log_2 x}-\log_2 x^4+\log_2 2^4=0,\ (\log_2 x)^2-4\log_2 x+4=0$

$\log_2 x=X$로 치환하면 $X^2-4X+4=0$

$(X-2)^2=0$ $\quad\therefore X=2$

즉, $\log_2 x=2$이므로 $\boldsymbol{x=2^2=4}$ (㉠을 만족) ■

Sub Note 010쪽

APPLICATION 046 방정식 $x^{\log_3 x}=9x$의 두 근을 α, β라 할 때, $\alpha\beta$의 값을 구하여라.

2 로그부등식 (수능 고빈도 출제)

$\log_2 x>3$, $\log_x 9<2$ 등과 같이 로그의 진수 또는 밑에 미지수를 포함하고 있는 부등식을 **로그부등식**(logarithmic inequality)이라 한다. 로그부등식을 풀 때는 이미 알고 있는 로그함수 $y=\log_a x\,(a>0,\ a\neq 1)$의 증가 · 감소의 성질을 이용한다. 이때 로그방정식과 달리 밑의 값의 범위에 따라 진수의 대소 관계가 바뀌므로 주의하자.

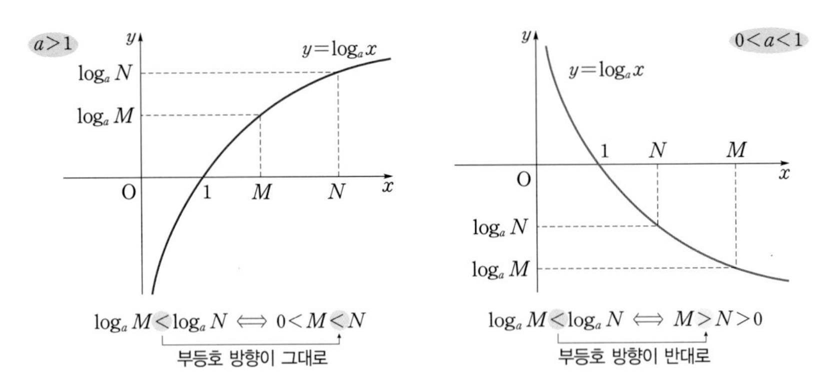

기본적으로 로그부등식도 지수방정식과 지수부등식처럼 로그방정식에서 등호만 부등호로 바뀌었다고 보고 같은 방법으로 풀면 된다. 로그부등식을 풀 때도 로그방정식과 마찬가지로 밑과 진수의 조건에 유의하자.

(1) 밑을 같게 할 수 있는 경우

밑을 같게 할 수 있는 로그부등식은 $\log_a f(x)<\log_a g(x)$의 꼴로 변형한 후 a의 **값의 범위에 따라** $f(x)$와 $g(x)$의 **대소를 비교하여** 푼다. 이때 진수의 조건에 의해 $f(x)>0$, $g(x)>0$임을 우선적으로 확인하자.

EXAMPLE 035 부등식 $\log_3(x^2-2x)>\log_3(2-x)+1$을 풀어라.

ANSWER 진수의 조건에 의해

$x^2-2x>0,\ 2-x>0 \qquad \therefore x<0$ …… ㉠

주어진 부등식은 $\log_3(x^2-2x)>\log_3(2-x)+\log_3 3$

$\log_3(x^2-2x)>\log_3 3(2-x)$

밑이 1보다 크므로 $x^2-2x>3(2-x)$

$x^2+x-6>0,\ (x+3)(x-2)>0 \qquad \therefore x<-3$ 또는 $x>2$ …… ㉡

㉠, ㉡의 공통 범위는 $\boldsymbol{x<-3}$ ■

Sub Note 010쪽

APPLICATION 047 부등식 $\log_{\frac{1}{2}}\{\log_3(\log_4 x)\}>0$을 만족하는 자연수 x의 개수를 구하여라.

(2) $\log_a x$의 꼴이 반복되는 경우

$\log_a x$의 꼴이 반복되는 로그부등식은 $\log_a x = X$로 치환하여 X에 대한 부등식을 푼 다음, x의 값의 범위를 구한다. X의 값의 범위로부터 x의 값의 범위를 구할 때, $\log_a x$의 밑 a의 값의 범위에 따라 x에 대한 부등식의 부등호의 방향이 달라지므로 주의하자.

EXAMPLE 036 부등식 $\log_3 x^{\log_3 x} + \log_3 x^3 + 2 < 0$을 풀어라.

ANSWER 진수의 조건에 의해 $x > 0$ …… ㉠

주어진 부등식은 $(\log_3 x)^2 + 3\log_3 x + 2 < 0$

$\log_3 x = X$로 치환하면 $X^2 + 3X + 2 < 0$

$(X+2)(X+1) < 0$ $\therefore -2 < X < -1$

즉, $-2 < \log_3 x < -1$에서 $\log_3 3^{-2} < \log_3 x < \log_3 3^{-1}$

밑이 1보다 크므로 $3^{-2} < x < 3^{-1}$ $\therefore \frac{1}{9} < x < \frac{1}{3}$ …… ㉡

㉠, ㉡의 공통 범위는 $\mathbf{\frac{1}{9} < x < \frac{1}{3}}$ ■

APPLICATION 048 부등식 $\log_3 27x \cdot \log_3 3x < 3$을 풀어라.

Sub Note 010쪽

(3) 지수에 로그가 있는 경우

지수에 로그가 있는 부등식은 양변에 로그를 취하여 로그부등식으로 변형하여 푼다.

EXAMPLE 037 부등식 $4x^{\log_2 2x} \le x^4$을 풀어라.

ANSWER 밑과 진수의 조건에 의해 $x > 0$ …… ㉠

$4x^{\log_2 2x} \le x^4$의 양변에 밑이 2인 로그를 취하면 ⬅ 지수에 있는 로그의 밑과 통일

$\log_2 4x^{\log_2 2x} \le \log_2 x^4$, $\log_2 4 + \log_2 x^{\log_2 2x} \le 4\log_2 x$

$2 + \log_2 2x \cdot \log_2 x \le 4\log_2 x$, $2 + (\log_2 2 + \log_2 x)\log_2 x \le 4\log_2 x$

$\log_2 x = X$로 치환하면 $2 + (1+X)X \le 4X$

$X^2 - 3X + 2 \le 0$, $(X-1)(X-2) \le 0$ $\therefore 1 \le X \le 2$

즉, $1 \le \log_2 x \le 2$에서 $\log_2 2 \le \log_2 x \le \log_2 2^2$

밑이 1보다 크므로 $2 \le x \le 2^2$ $\therefore 2 \le x \le 4$ …… ㉡

㉠, ㉡의 공통 범위는 $\mathbf{2 \le x \le 4}$ ■

Sub Note 011쪽

APPLICATION 049 부등식 $x^{\log_{\frac{1}{2}} x} > 8x^4$의 해가 $\alpha < x < \beta$일 때, $\alpha + \beta$의 값을 구하여라.

기 본 예 제 **로그방정식**

030 (1) 방정식 $\log 3x \cdot \log 4x = 1$의 두 근을 α, β라 할 때, $\alpha\beta$의 값을 구하여라.

(2) 연립방정식 $\begin{cases} \log_2 x + \log_3 y = 12 \\ \log_3 x \cdot \log_2 y = 32 \end{cases}$ 의 해가 $x=\alpha$, $y=\beta$일 때, $\alpha-\beta$의 값을 구하여라.

(단, $\alpha > \beta$)

GUIDE (1) 주어진 방정식을 변형하여 $\log x$에 대한 방정식으로 만든다.

(2) 로그의 밑의 변환을 이용하여 주어진 연립방정식을 변형한다.

SOLUTION

(1) $\log 3x \cdot \log 4x = 1$에서 $(\log 3 + \log x)(\log 4 + \log x) = 1$

$(\log x)^2 + (\log 3 + \log 4)\log x + \log 3 \cdot \log 4 - 1 = 0$

$\therefore (\log x)^2 + \log 12 \cdot \log x + \log 3 \cdot \log 4 - 1 = 0$

이 방정식의 두 근이 α, β이므로 $\log x = X$로 치환하면

$X^2 + \log 12 \cdot X + \log 3 \cdot \log 4 - 1 = 0$의 두 근은 $\log\alpha$, $\log\beta$이다.

따라서 근과 계수의 관계에 의하여

$\log\alpha + \log\beta = -\log 12$, $\log\alpha\beta = \log 12^{-1} = \log\frac{1}{12}$ $\therefore \alpha\beta = \mathbf{\frac{1}{12}}$ ■

(2) $\log_3 x \cdot \log_2 y = 32$에서

$$\frac{\log x}{\log 3} \cdot \frac{\log y}{\log 2} = \frac{\log x}{\log 2} \cdot \frac{\log y}{\log 3} = \log_2 x \times \log_3 y = 32$$

$\log_2 x = X$, $\log_3 y = Y$로 치환하면 주어진 연립방정식은 $\begin{cases} X+Y=12 \\ XY=32 \end{cases}$

$Y = 12 - X$를 $XY = 32$에 대입하면 $X(12-X) = 32$

$X^2 - 12X + 32 = 0$, $(X-4)(X-8) = 0$

$\therefore X=4, Y=8$ 또는 $X=8, Y=4$

이때 $\alpha > \beta$이면 $X > Y$이므로 $X=8, Y=4$

즉, $\log_2 x = 8$, $\log_3 y = 4$이므로

$x = 2^8 = 256$, $y = 3^4 = 81$

따라서 $\alpha = 256$, $\beta = 81$이므로 $\alpha - \beta = \mathbf{175}$ ■

유제 Sub Note 036쪽

030-1 방정식 $(\log x)^2 - 3a\log x + a + 1 = 0$의 한 근이 다른 한 근의 제곱근일 때, 상수 a의 값을 모두 구하여라.

기 본 예 제 **로그부등식**

031 부등식 $(1-\log_4 a)x^2+2(1-\log_4 a)x+\log_4 a>0$이 모든 실수 x에 대하여 성립하도록 하는 양수 a의 값의 범위를 구하여라.

GUIDE 주어진 부등식이 이차부등식이라는 조건이 없으므로 $1-\log_4 a=0$인 경우도 생각해 주어야 한다.

SOLUTION

부등식 $(1-\log_4 a)x^2+2(1-\log_4 a)x+\log_4 a>0$이 모든 실수 x에 대하여 성립하려면

(i) $1-\log_4 a=0$, 즉 $a=4$일 때,

주어진 부등식은 $1>0$이므로 모든 실수 x에 대하여 성립한다.

(ii) $1-\log_4 a\neq 0$, 즉 $a\neq 4$일 때,

$f(x)=(1-\log_4 a)x^2+2(1-\log_4 a)x+\log_4 a$라 하면

이차함수 $y=f(x)$의 그래프는 오른쪽 그림과 같아야 한다.

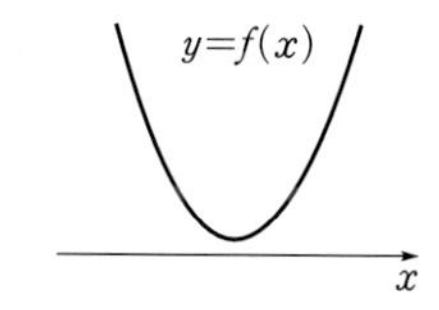

즉, 이차방정식 $f(x)=0$의 판별식을 D라 하면

$1-\log_4 a>0$이고, $D<0$이어야 한다.

$1-\log_4 a>0$에서 $\log_4 a<1$이므로 $\log_4 a<\log_4 4$

$\therefore 0<a<4$ ($\because$ (밑)>1) …… ㉠

$\frac{D}{4}=(1-\log_4 a)^2-(1-\log_4 a)\log_4 a<0$에서 $\log_4 a=X$로 치환하면

$(1-X)^2-(1-X)X<0$, $2X^2-3X+1<0$

$(2X-1)(X-1)<0$ $\therefore \frac{1}{2}<X<1$

즉, $\frac{1}{2}<\log_4 a<1$에서 $\log_4 4^{\frac{1}{2}}<\log_4 a<\log_4 4$

$\therefore 2<a<4$ ($\because$ (밑)>1) …… ㉡

㉠, ㉡의 공통 범위는 $2<a<4$

(i), (ii)에서 $\mathbf{2<a\leq 4}$ ■

유제

031-1 부등식 $(4+\log_{\frac{1}{2}} x)\log_2 x>-5$를 만족시키는 정수 x의 개수를 구하여라. Sub Note 036쪽

유제

Sub Note 036쪽

031-2 x에 대한 이차방정식 $x^2-2x\log_3 a+2-\log_3 a=0$의 근이 모두 양수가 되도록 하는 실수 a의 값의 범위를 구하여라.

기 본 예 제 *로그부등식의 실생활에서의 활용*

032 한 번 통과하면 20%의 불순물이 제거되는 정수 필터가 있다. 불순물의 양이 처음 불순물의 양의 1% 이하가 되려면 정수 필터를 최소 몇 번 통과시켜야 하는지 구하여라.

(단, $\log 2=0.3010$으로 계산한다.)

GUIDE 처음 불순물의 양을 A로 놓고, 정수 필터를 n번 통과시킨 후 남은 불순물의 양을 A, n에 대한 식으로 나타낸 다음 조건에 맞게 부등식을 세운다.

SOLUTION

처음 불순물의 양을 A라 하면 정수 필터를 한 번 통과할 때마다 불순물의 양이 20% 씩 제거되므로 정수 필터를 n번 통과시킨 후 남은 불순물의 양은

$$A(1-0.2)^n=\left(\frac{4}{5}\right)^n A$$

정수 필터를 n번 통과시킨 후 남은 불순물의 양이 처음 불순물의 양의 1% 이하가 되려면

$$\left(\frac{4}{5}\right)^n A\le 0.01A,\ \left(\frac{4}{5}\right)^n\le 0.01$$

양변에 상용로그를 취하면 $\log\left(\frac{4}{5}\right)^n\le\log 0.01$

$$n(\log 8-\log 10)\le\log 10^{-2},\ n(3\log 2-1)\le -2$$

$$n(3\times 0.3010-1)\le -2,\ -0.097n\le -2$$

$$\therefore\ n\ge\frac{2}{0.097}=20.61\cdots$$

따라서 불순물의 양이 처음 불순물의 양의 1% 이하가 되려면 정수 필터를 최소 **21번** 통과시켜야 한다. ■

유제 Sub Note 036쪽

032-1 2019년 말 A도시의 인구는 60만 명, 연간 인구증가율은 8%이고, B도시의 인구는 100만 명, 연간 인구감소율은 4%이다. 매년 말에 인구 조사를 할 때마다 이런 추세가 지속된다고 할 때, A도시의 인구가 B도시의 인구를 추월하는 것은 최소 몇 년 후인지 구하여라.

(단, $\log 2=0.3010$, $\log 3=0.4771$로 계산한다.)

Review Quiz

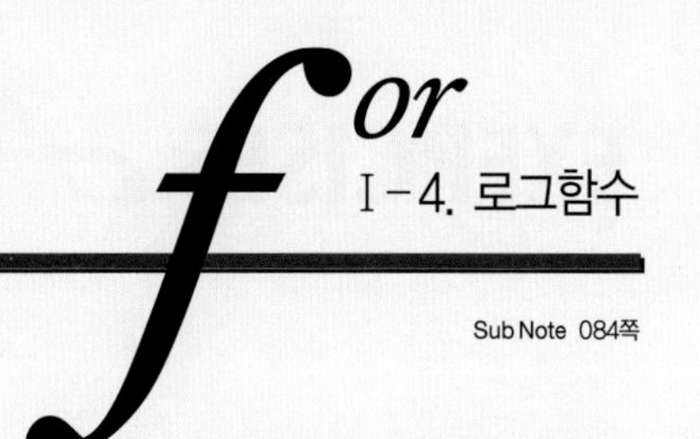

SUMMA CUM LAUDE

Sub Note 084쪽

1. 다음 [ ] 안에 적절한 것을 채워 넣어라.

(1) 로그함수 $y=\log_a x\ (a>0,\ a\neq 1)$의 그래프는 a의 값에 관계없이 항상 두 점 [ ], $(a,\ 1)$을 지난다.

(2) 지수함수 $y=a^x\ (a>0,\ a\neq 1)$과 로그함수 $y=\log_a x\ (a>0,\ a\neq 1)$는 서로 [ ] 관계이다.

(3) 로그함수 $y=\log_a x\ (a>0,\ a\neq 1)$의 그래프를 x축의 방향으로 m만큼, y축의 방향으로 n만큼 평행이동한 그래프의 식은 [ ]이다.

(4) 정의역이 $\{x\,|\,m\leq x\leq n\}$일 때, 로그함수 $y=\log_a x\ (a>0,\ a\neq 1)$는
$a>1$이면 $x=$[ ]일 때 최댓값, $x=$[ ]일 때 최솟값을 갖는다.
$0<a<1$이면 $x=$[ ]일 때 최댓값, $x=$[ ]일 때 최솟값을 갖는다.

2. 다음 문장이 참(true) 또는 거짓(false)인지 결정하고, 그 이유를 설명하거나 적절한 반례를 제시하여라.

(1) 로그함수 $f(x)=\log_{\frac{1}{3}} x$에서 $x_1<x_2$이면 $f(x_1)<f(x_2)$이다.

(2) 로그함수 $f(x)=\log_2 x$에서 $x_1<x_2<x_3$이면 $\dfrac{f(x_2)-f(x_1)}{x_2-x_1}<\dfrac{f(x_3)-f(x_2)}{x_3-x_2}$이다.

(3) 로그함수 $y=\log_2 x$의 그래프는 로그함수 $y=\log_{\frac{1}{2}} x$의 그래프와 x축에 대하여 서로 대칭이다.

3. 다음 물음에 대한 답을 간단히 서술하여라.

(1) 로그를 이용하여 방정식 $x^{x^x}=(x^x)^x$의 해를 구하는 과정을 설명하여라. (단, $x>0$)

(2) 부등식 $\log_a f(x)>\log_a g(x)\ (a>0,\ a\neq 1)$의 해를 구하는 과정을 설명하여라.

Sub Note 085쪽

로그함수의 함숫값 **01** 로그함수 $f(x)=\log_3 x$에 대한 다음 보기의 설명 중 옳은 것만을 있는 대로 골라라.

> **보기**
> ㄱ. $\{f(p)\}^2=2f(p)$ ㄴ. $f\left(\frac{1}{p}\right)=-f(p)$ ㄷ. $3^{f(p)}+3^{f(q)}=3^{f(pq)}$

로그함수의 치역 **02** 정의역이 $\left\{x \middle| \frac{1}{2}<x<1\right\}$인 함수 $y=[\log_x 2]+[\log_2 x]$의 치역을 구하여라.

(단, $[x]$는 x보다 크지 않은 최대의 정수이다.)

로그함수의 그래프 **03** 다음 보기 중 그래프가 같은 함수끼리 짝지어진 것만을 있는 대로 골라라.

> **보기**
> ㄱ. $y=\log x^2+\log x^4$과 $y=\log x^6$
> ㄴ. $y=\log x^{10}-\log x^5$과 $y=5\log x$
> ㄷ. $y=\log x^{10}-\log x^6$과 $y=4\log x$

로그함수의 그래프 **04** 두 지수함수 $y=a^x$, $y=b^x$의 그래프가 오른쪽 그림과 같을 때, 로그함수 $y=\log_{\frac{b}{a}} x-b^a$의 그래프의 개형으로 적당한 것은?

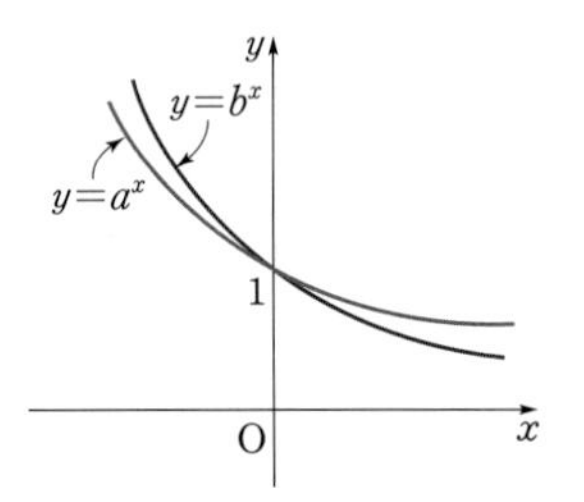

①
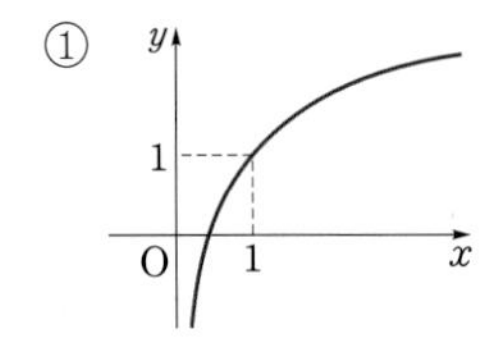

②
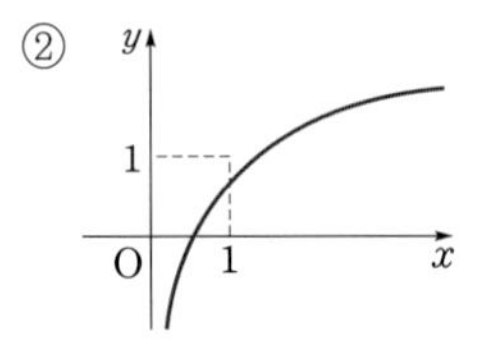

③
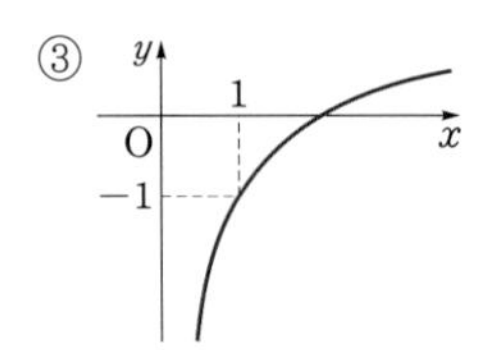

④
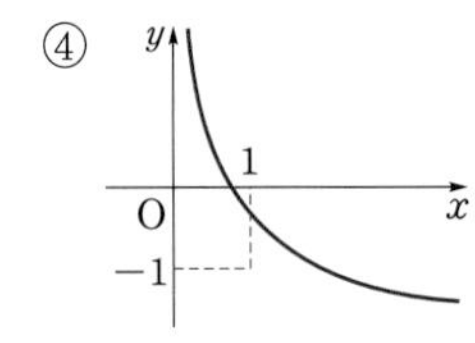

⑤
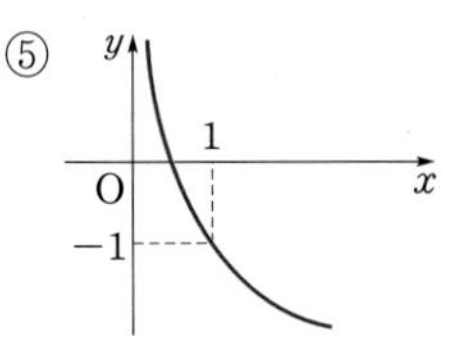

로그함수의 그래프 **05**

지수함수 $y=a^x$의 그래프와 로그함수 $y=\log_a x$의 그래프가 두 점 $\mathrm{P}(x_1, y_1)$, $\mathrm{Q}(x_2, y_2)$에서 만난다. $\overline{\mathrm{PQ}}=2$일 때, $|x_2-x_1|$의 값을 구하여라. (단, $a>1$)

로그함수의 최대 · 최소 **06**

$1\le x\le 27$에서 함수 $y=(\log_{\frac{1}{3}} x)^2+2\log_{\frac{1}{3}} x-5$의 최댓값과 최솟값의 합은?

① -8 ② -4 ③ 0 ④ 4 ⑤ 8

로그방정식 **07**

방정식 $2\log_2|x-2|+2\log_4(x+2)=3$의 두 근을 α, β라 할 때, $\alpha^2+\beta^2$의 값을 구하여라. (단, $\alpha\beta\ne 0$)

로그방정식 **08**

방정식 $x^{\log x}-1000x^5=0$의 두 근을 α, β라 할 때, $\alpha\beta$의 값은?

① 10^4 ② $\sqrt{10^5}$ ③ 10^5 ④ $\sqrt[3]{10^5}$ ⑤ 10^7

로그부등식 **09**

부등식 $0<\log_2(\log_x 9)<1$을 만족시키는 자연수 x의 개수를 구하여라.

로그부등식의 실생활에서의 활용 **10** 서술형

A전자의 올해 순이익은 2조 원이라 한다. 이 회사의 순이익 증가율이 연 12%로 유지된다고 할 때, A전자의 순이익이 5조 원을 넘는 것은 최소 몇 년 후인지 구하여라.

(단, $\log 1.12=0.0492$, $\log 2=0.3010$으로 계산한다.)

Sub Note 087쪽

01 $a>1$일 때, 다음 보기 중 옳은 것만을 있는 대로 골라라.

보기
ㄱ. 함수 $y=a^{x-1}$의 그래프와 함수 $y=\log_a x+1$의 그래프는 직선 $y=x$에 대하여 대칭이다.
ㄴ. 함수 $y=-a^x$의 그래프와 함수 $y=\log_{\frac{1}{a}} x$의 그래프는 만난다.
ㄷ. 함수 $y=ka^x$의 그래프와 함수 $y=\log_a x$의 그래프가 만나도록 하는 양의 실수 k가 존재한다.

02 $0<b<a<1$을 만족시키는 두 실수 a, b에 대하여

$$A=\log_a b,\ B=\log_b (a+1),\ C=\log_{a+1}(b+1)$$

이라 할 때, 다음 중 옳은 것은?

① $A<B<C$ ② $A<C<B$ ③ $B<A<C$
④ $B<C<A$ ⑤ $C<B<A$

03 함수 $y=f(x)$의 그래프가 오른쪽 그림과 같을 때, 방정식 $2\log\{f(x)-3\}-\log f(x)=\log 4$의 서로 다른 실근의 개수는?

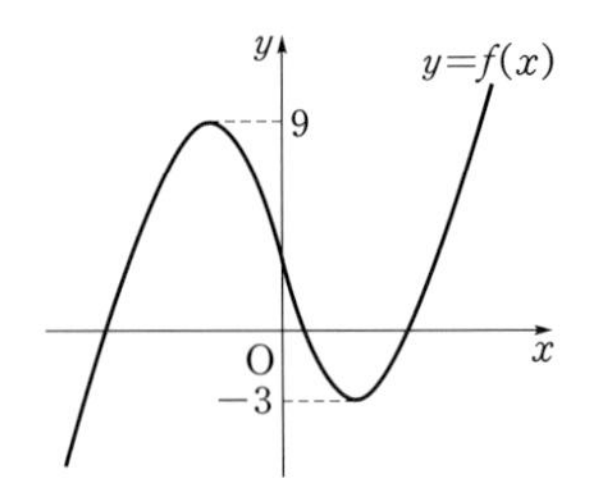

① 1 ② 2 ③ 3
④ 4 ⑤ 5

04 방정식 $\dfrac{1}{\log_{\sqrt{1-\frac{1}{4}}} x}+\dfrac{1}{\log_{\sqrt{1-\frac{1}{9}}} x}+\dfrac{1}{\log_{\sqrt{1-\frac{1}{16}}} x}+\cdots+\dfrac{1}{\log_{\sqrt{1-\frac{1}{64}}} x}=1$의 해가 $x=\dfrac{q}{p}$일 때, $p+q$의 값을 구하여라. (단, p, q는 서로소인 자연수)

05 서술형
방정식 $\log(11-2x)-\log(6-x)=\log(5-y)-\log(4-y)$를 만족시키는 정수 x, y에 대하여 $2x+y$의 값을 구하여라.

06 연립방정식 $\begin{cases} x^4=y^5 \\ x^y=y^x \end{cases}$을 만족시키는 순서쌍 (x, y)의 개수를 구하여라.

(단, $x>0$, $y>0$)

07 두 집합

$A=\{x \mid 3^{x(x-2a)}<3^{a(x-2a)}\}$,

$B=\{x \mid \log_3(x^2-2x+6)<2\}$

에 대하여 $A \cup B=B$가 성립하도록 하는 실수 a의 값의 범위로 옳은 것은?

① $-\frac{1}{2} \le a \le 0$ ② $-1 \le a \le \frac{1}{2}$ ③ $-\frac{1}{2} \le a \le \frac{3}{2}$

④ $\frac{1}{2} \le a \le 1$ ⑤ $1 \le a \le 3$

08 모든 양수 x에 대하여 부등식 $x^{\log x}>(100x)^m$이 성립하도록 하는 실수 m의 값의 범위를 구하여라.

09 부등식 $|\log_2 a-\log_2 10|+\log_2 b \le 1$을 만족시키는 두 자연수 a, b에 대하여 $a+b$의 최댓값을 구하여라.

10 어느 저수지의 저수량을 매일 측정하고 있다. 그 결과 맑은 날은 그 전날의 저수량에 비해 4%가 감소하고, 비오는 날은 그 전날의 저수량에 비해 62%가 증가함을 알 수 있었다. 어느 날의 저수량과 227일 후의 저수량이 일치하였다면, 227일 중 비가 온 날은 모두 며칠인지 구하여라. (단, $\log 2=0.301$, $\log 3=0.477$로 계산한다.)

내신 · 모의고사 대비 TEST 378쪽

Chapter I Exercises

난이도 ■ : 중 ■■ : 중상 ■■■ : 상

SUMMA CUM LAUDE

Sub Note 090쪽

■■□

01 $1 \le m \le 3$, $1 \le n \le 8$인 두 자연수 m, n에 대하여 $\sqrt[3]{n^m}$이 자연수가 되도록 하는 순서쌍 (m, n)의 개수는? [수능 기출]

① 6 ② 8 ③ 10 ④ 12 ⑤ 14

■■□

02 $f(x) = \sqrt[3]{12x}$, $g(x) = \sqrt[4]{\dfrac{x}{12}}$가 모두 자연수가 되도록 하는 최소의 자연수 x의 값을 α라 할 때, $f(\alpha) + g(\alpha)$의 값을 구하여라.

■■□

03 $a^{2x} = 5 + 2\sqrt{6}$일 때, $\dfrac{a^{4x} - a^{-4x}}{a^x + a^{-x}}$의 값을 구하여라. (단, $a > 0$)

■■■

04 자연수 N과 서로 다른 세 소수 a, b, c 및 0이 아닌 네 실수 p, q, r, s에 대하여 $a^p = b^q = c^r = N^s$, $\dfrac{1}{2s} = \dfrac{1}{p} + \dfrac{1}{q} + \dfrac{1}{r}$이 성립할 때, N의 양의 약수의 개수를 구하여라.

■□□

05 집합 $A=\{(a, b)\,|\,\log_2 a=\log_3 b,\ a>0,\ b>0\}$일 때, 다음 보기에서 옳은 것만을 있는 대로 고른 것은?

보기
ㄱ. $(2, 3)\in A$
ㄴ. $(x, y)\in A$이면 $(2x, 3y)\in A$
ㄷ. $(x, y)\in A$이면 $x<y$

① ㄱ ② ㄴ ③ ㄱ, ㄴ ④ ㄱ, ㄷ ⑤ ㄱ, ㄴ, ㄷ

■■□

06 두 실수 a, b가 $3^{a-b}=8$, $2^{a+b}=5$를 만족시킬 때, $3^{a^2-b^2}$의 값을 구하여라.

■■□

07 $N=3^{20}$이라 할 때, N은 m자리 자연수이고 $\frac{1}{N}$은 소수점 아래 n째 자리에서 처음으로 0이 아닌 숫자가 나타난다. 이때 $m+n$의 값은?

(단, $\log 3=0.4771$로 계산한다.)

① 17 ② 18 ③ 19 ④ 20 ⑤ 21

■■□

08 다음 두 조건을 만족시키는 양수 x에 대하여 x^4의 값은?

(가) $10^8<x<10^9$
(나) $\log x$의 소수 부분과 $\log\sqrt[3]{x}$의 소수 부분의 합이 1이다.

① 10^{32} ② 10^{33} ③ 10^{34} ④ 10^{35} ⑤ 10^{36}

■■□
09 $1<x<100$일 때, $\log x^3-\log\sqrt{x}$가 정수가 되도록 하는 모든 x의 값의 곱은?

① 10 ② 100 ③ 1000 ④ 10000 ⑤ 100000

■■■
10 단면의 반지름의 길이가 $R(R<1)$인 원기둥 모양의 어느 급수관에 물이 가득 차 흐르고 있다. 이 급수관의 단면의 중심에서의 물의 속력을 v_c, 급수관의 벽면으로부터 중심 방향으로 $x(0<x\le R)$만큼 떨어진 지점에서의 물의 속력을 v라 하면 다음과 같은 관계식이 성립한다고 한다.

$$\frac{v_c}{v}=1-k\log\frac{x}{R}$$

(단, k는 양의 상수이고, 길이의 단위는 m, 속력의 단위는 m/초이다.)

$R<1$인 이 급수관의 벽면으로부터 중심 방향으로 $R^{\frac{27}{23}}$만큼 떨어진 지점에서의 물의 속력이 중심에서의 물의 속력의 $\frac{1}{2}$일 때, 급수관의 벽면으로부터 중심 방향으로 R^a만큼 떨어진 지점에서의 물의 속력이 중심에서의 물의 속력의 $\frac{1}{3}$이다. a의 값은? [수능 기출]

① $\frac{39}{23}$ ② $\frac{37}{23}$ ③ $\frac{35}{23}$ ④ $\frac{33}{23}$ ⑤ $\frac{31}{23}$

■□□
11 실수 전체의 집합에서 정의된 함수 $f(x)=3^x-3^{-x}$에 대하여 $f(a)=5$일 때, $f(3a)$의 값을 구하여라.

■□□
12

지수함수 $y=a\cdot b^x$의 그래프가 오른쪽 그림과 같을 때, 다음 중 함수 $y=b\cdot a^x$의 그래프의 개형으로 가장 적절한 것은?

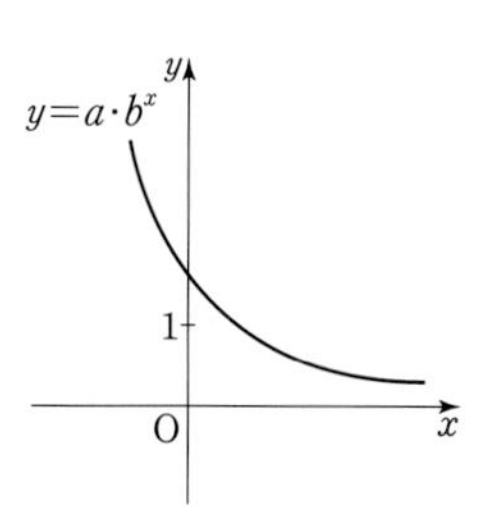

①
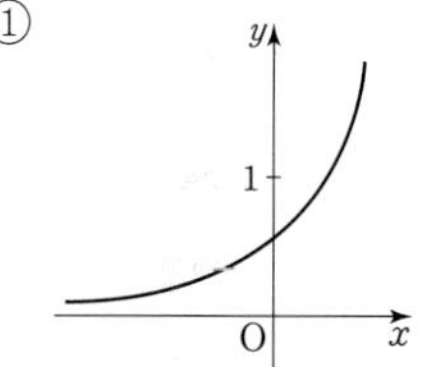

②
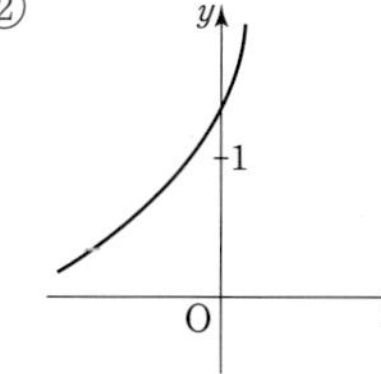

③
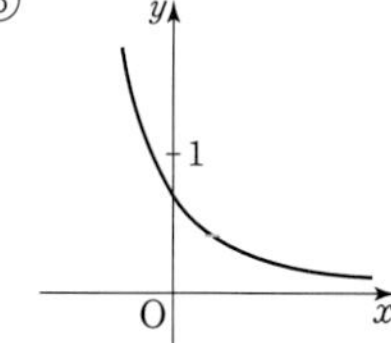

④
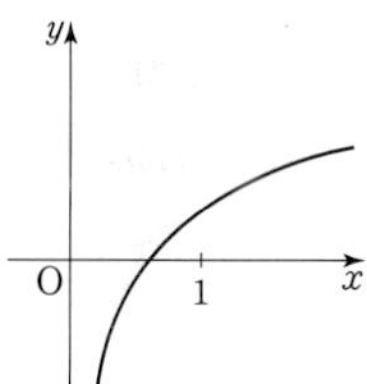

⑤
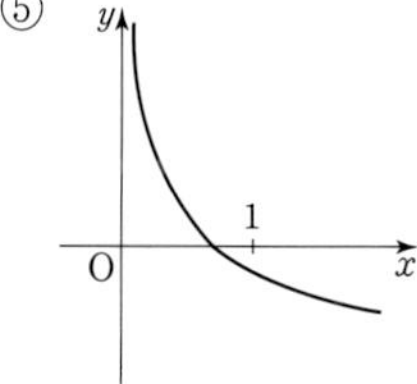

■■■
13

오른쪽 그림은 두 지수함수 $y=2^{x-a}+4b$와 $y=-2^{2b-x}+2a$의 그래프이다. 두 지수함수의 그래프의 교점을 각각 A, B라 하고 선분 AB의 중점의 좌표를 $(p,\ q)$라 하자. $p=\dfrac{1}{2}$일 때, q의 값을 구하여라.

14 방정식 $(3+2\sqrt{2})^{\frac{x}{3}}+(3-2\sqrt{2})^{\frac{x}{3}}=6$의 두 근을 α, β라 할 때, $\alpha^2+\beta^2$의 값을 구하여라.

15 좌표평면에서 세 점 $\mathrm{A}(20,\ 4)$, $\mathrm{B}(20,\ 1)$, $\mathrm{C}(32,\ 1)$을 꼭짓점으로 하는 삼각형과 로그함수 $y=\log_k x$의 그래프가 만나도록 하는 2 이상의 자연수 k의 개수를 구하여라.

16 x, y에 대한 연립방정식 $\begin{cases} 3^x+3^y=t(t+1) \\ 9^x-9^y=t^2(1-t^2) \end{cases}$ 을 만족하는 점 $(x,\ y)$가 나타내는 도형의 길이는? (단, $1\le t\le 9$)

① 4　② $3\sqrt{2}$　③ $2\sqrt{5}$　④ $2\sqrt{6}$　⑤ $3\sqrt{3}$

17 오른쪽 그림과 같은 로그함수 $y=\log(x+1)$의 그래프를 이용하여 다음 세 양수 사이의 대소 관계를 바르게 나타낸 것은? (단, $0<A<B$)

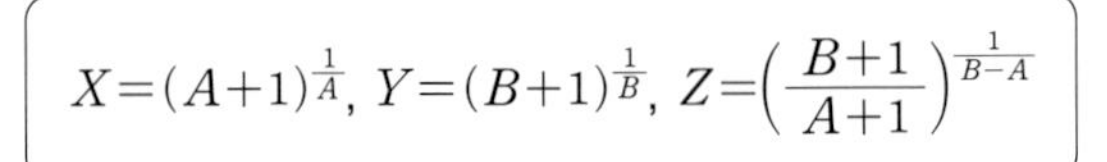

$$X=(A+1)^{\frac{1}{A}},\ Y=(B+1)^{\frac{1}{B}},\ Z=\left(\frac{B+1}{A+1}\right)^{\frac{1}{B-A}}$$

① $X<Y<Z$　② $X<Z<Y$　③ $Y<Z<X$
④ $Z<X<Y$　⑤ $Z<Y<X$

■■□

18 두 로그함수 $f(x)=\log_{\frac{1}{4}}x$와 $g(x)=\log_{3}x$에 대하여 두 집합

$A=\{k\,|\,f(f(f(k)))\le 0,\ k$는 실수$\}$

$B=\{k\,|\,g(g(g(k)))\le 0,\ k$는 실수$\}$

라 할 때, $A\cup B$에 속하는 자연수의 개수를 구하여라.

■■□

19 부등식 $\sqrt{(\log_{2}4x)^{2}+\log_{2}4x^{2}+3}<\log_{2}8\sqrt{x}$의 해가 $\alpha<x<\beta$일 때, $800\alpha\beta$의 값을 구하여라.

■■■

20 $x\ge 1,\ y\ge 1,\ z\ge 1,\ xyz=10,\ x^{\log x}\cdot y^{\log y}\cdot z^{\log z}\ge 10$을 동시에 만족시키는 $x,\ y,\ z$의 순서쌍 $(x,\ y,\ z)$의 개수를 구하여라.

Chapter I Advanced Lecture

SUMMA CUM LAUDE

TOPIC (1) 상용로그의 정수 부분과 소수 부분

가우스함수 $f(x)=[x]$

실수 x에 대하여 x보다 크지 않은 최대의 정수를 대응시키는 함수를 생각할 수 있다. 이 함수를 $f(x)=[x]$로 표시하고, 가우스함수[1]라 부른다.

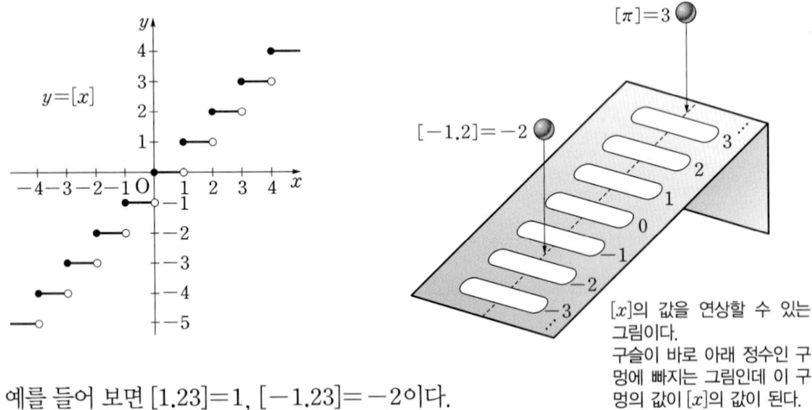

$[x]$의 값을 연상할 수 있는 그림이다.
구슬이 바로 아래 정수인 구멍에 빠지는 그림인데 이 구멍의 값이 $[x]$의 값이 된다.

간단히 예를 들어 보면 $[1.23]=1$, $[-1.23]=-2$이다.

쉽게 설명하자면, 가우스함수 $[x]$는 실수 x를 정수 부분과 소수 부분으로 쪼개고, 소수 부분을 버림하는 함수이다. 이때 한 가지 주의해야 할 점이 있는데, **소수 부분은 항상 0보다 크거나 같고 1보다 작은 수**라는 점이다.

예를 들어 $-1.7=-1+(-0.7)$은 -1.7을 정수 부분과 소수 부분으로 쪼갠 것이 아니다. 소수 부분의 조건을 고려하여 $-1.7=-2+0.3$으로 쪼개야 바르게 쪼갠 것이다.

[1] 이 함수를 가우스함수라 부르는 것은 우리나라를 제외하면 보편적이지 않다. 해외 수학 사이트에서 Gauss function 또는 Gaussian function을 입력하면 결과가 나오지 않거나 전혀 다른 함수가 검색된다. 필자는 이 함수를 버림함수 또는 바닥함수로 부른다.

실수를 정수 부분과 소수 부분으로 쪼개어 생각하는 사고방식은 상용로그에서 유용하게 사용하였다. 임의의 양수 x를

$$x=a\times10^n \ (1\le a<10,\ n\text{은 정수})$$

으로 표현할 때, 양변에 상용로그를 취하면

$$\log x=\log a+n \ (0\le\log a<1,\ n\text{은 정수})$$

이 되어 $\log x$는 정수 부분 n과 소수 부분 $\log a$로 나누어졌다. **정수 부분 n에는 x의 자릿수에 대한 정보가, 소수 부분 $\log a$에는 x의 숫자의 배열에 대한 정보가** 담겨 있음은 당연하다.

$\log x$의 정수 부분과 소수 부분을 가우스함수를 이용하여 다음과 같이 나타낼 수 있다.

정수 부분 $\boldsymbol{n=[\log x]}$

소수 부분 $\boldsymbol{\log a=\log x-[\log x]}$

이러한 표현은 변별력 있는 문제에 등장하기도 하므로 눈에 익혀 두자.

EXAMPLE 01 다음 두 조건을 만족시키는 실수 x를 모두 곱한 값을 M이라 할 때, $\log M$의 값을 구하여라. (단, $[x]$는 x보다 크지 않은 최대의 정수이다.)

> (가) $[\log x]=6$
>
> (나) $\log x^2-[\log x^2]=\log\dfrac{1}{x}-\left[\log\dfrac{1}{x}\right]$

ANSWER 조건 (나)에서 $\log x^2-[\log x^2]$은 $\log x^2$의 소수 부분, $\log\dfrac{1}{x}-\left[\log\dfrac{1}{x}\right]$은 $\log\dfrac{1}{x}$의 소수 부분을 의미한다. 또한 두 상용로그의 값의 소수 부분이 같다는 것은 x^2과 $\dfrac{1}{x}$의 숫자의 배열이 같다는 것을 의미하므로 다음이 성립한다.

$x^2\div\dfrac{1}{x}=10^n$ (단, n은 정수) $\quad\therefore x^3=10^n$ …… ㉠

한편 조건 (가)에 의하여 $\quad 10^6\le x<10^7 \quad \therefore 10^{18}\le x^3<10^{21}$ …… ㉡

㉠, ㉡에 의하여 $\quad x^3=10^{18},\ 10^{19},\ 10^{20} \quad \therefore x=10^{\frac{18}{3}},\ 10^{\frac{19}{3}},\ 10^{\frac{20}{3}}$

따라서 $M=10^{\frac{18}{3}}\cdot10^{\frac{19}{3}}\cdot10^{\frac{20}{3}}=10^{19}$이므로 $\quad \log M=\mathbf{19}$ ■

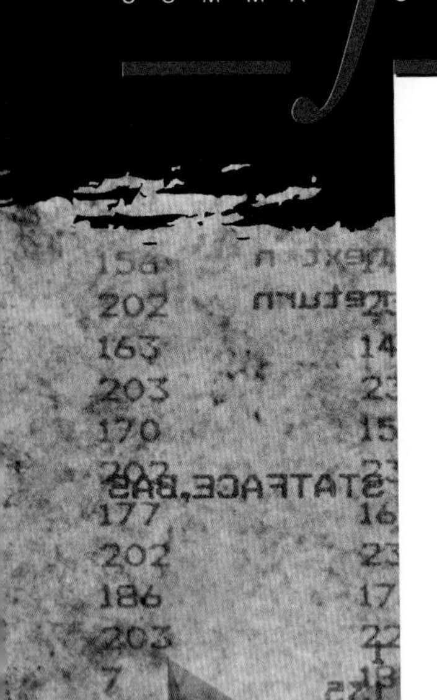

01. 지수와 로그의 실생활에서의 활용

자연 현상이나 사회 현상 중에는 시간, 거리 등에 따라 증가하거나 감소하는 변화 현상이 많이 있는데, 이러한 현상을 수학적으로 표현할 수 있는 수단이 보통 지수함수와 로그함수이다. 따라서 자연과학이나 경제학, 사회학 등 수학의 여러 응용 분야에서 지수함수와 로그함수는 매우 유용한 연구 도구로 이용되고 있다.

(1) 지수의 실생활에서의 활용

'인구론' 으로 알려진 영국의 경제학자 맬서스는 1798년에 "세계 인구는 기하급수적으로 늘어나는데 식량 생산은 산술급수적으로 늘어나기 때문에 이로 인해 전 세계는 식량난에 닥칠 것이다."라고 말하였다.

맬서스가 제시한 지수성장모형(exponential growth model)은 현재 인구를 P_0, 시각 t에서의 인구를 $P(t)$라 하면, 식은

$$\boldsymbol{P(t)=P_0e^{kt}}\ (e,\ k\text{는 상수})$$

이고, 그래프의 개형은 오른쪽 그림과 같다. 이때 e의 값은 약 2.72이다.

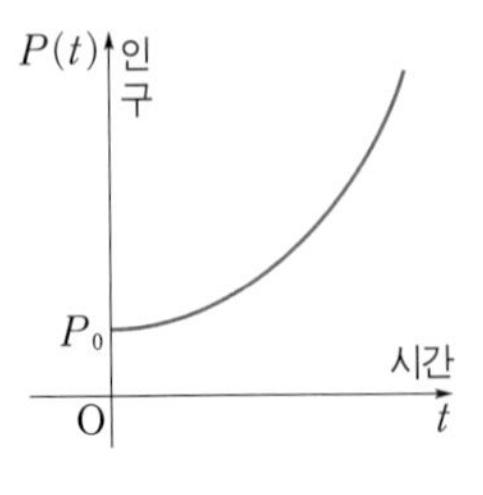

맬서스가 표현한 이 함수는 시간 t를 제외하고 어떤 것도 변수에 영향을 주지 않는 상태에서는 타당하지만 자원이나 기후, 공간 등의 영향을 받는 현실에는 잘 들어맞지 않는다.

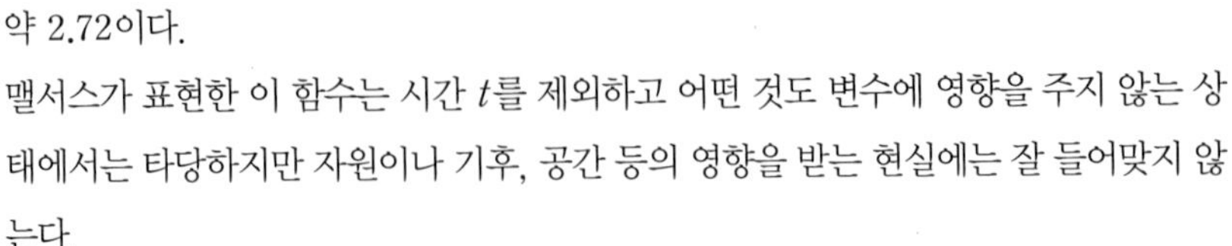

이를 보완하기 위해 경제학자들은 인구 성장의 상한선을 설정한 후 미래의 인구를 추정하였는데, 그중 한 예인 벨기에의 수학자 베르흘스트가 제시한 로지스틱 모형(logistic model)의 경우, 식은

$$\boldsymbol{P(t)=\frac{bP_0}{P_0+ae^{-kt}}}\ (a,\ b,\ e,\ k\text{는 상수})$$

이고, 그래프 개형은 오른쪽 그림과 같다.

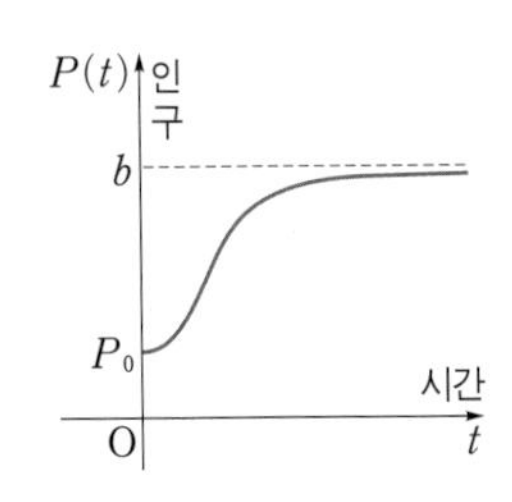

지수함수로 표현되는 또 다른 예로 방사성 원소의 반감기가 있다.

방사성 원소가 붕괴를 시작하여 처음 양의 절반이 되기까지 걸리는 시간을 그 원소의 반감기라 한다. 모든 방사성 원소는 고유의 반감기를 가지고 있는데, 어떤 방사성 원소의 반감기는 수백만 분의 일 초 밖에 안되지만 어떤 방사성 원소의 반감기는 수억 년이 넘는 것도 있다.❶

방사성 원소의 처음 양을 N_0 g, 반감기를 T시간이라 할 때, t시간 후에 남아 있는 방사성 원소의 양을 N g이라 하면 $N=N_0\left(\frac{1}{2}\right)^{\frac{t}{T}}$으로 지수함수로 표현된다.

최근 들어 우리 삶에 위협을 주는 요인인 바이러스도 방사성 원소처럼 개체 수의 변화가 지수함수를 따라간다. 바이러스도 한 마리가 두 마리가 되는 데 걸리는 시간이나, 100마리가 200마리가 되는 데 걸리는 시간이나 똑같다. 그래서 번식 시간이 짧은 신종 바이러스의 경우 개체 수가 기하급수적으로 늘어나므로 대처하는 데 큰 위협이 될 수 있다고 한다.

한편 반감기는 다른 분야에서도 찾아볼 수 있다. 예컨대 약리학에서 약물의 반감기는 어느 순간에 체내에 존재하는 약물의 양이 절반으로 줄어드는 데 필요한 시간으로 정의한다. 다음 **EXAMPLE**은 약물의 반감기를 적용한 문제로 지수방정식을 통해 간단히 답을 구할 수 있다.

❶ 보통 반감기가 길수록 오랫동안 방사선이 방출되므로 보다 위험한 물질로 생각할 수 있는데, 꼭 그런 것만은 아니다. 반감기란 방사선 원소가 절반만 남는 시점이 아니라 한 방사성 원소가 붕괴하는 속도를 나타내기 때문이다. 반감기가 짧으면 방사성 붕괴가 빠른 속도로 일어나 방사선이 집중적으로 나오므로 그만큼 위험하다고 볼 수도 있다.

EXAMPLE *01* 어떤 약품 $x$mg을 사람에게 투여한 후, t시간이 지났을 때 체내에 남아 있는 약품의 양을 $y$mg이라 하면 $y=x\times 2^{-0.1t}$이 성립한다고 한다. 처음 체내에 투여한 약품의 양의 반이 남는 시간을 구하여라.

ANSWER 처음 체내에 투여한 약품의 양을 a mg$(a>0)$이라 하면 t시간 후에 체내에 남아 있는 약품의 양은 $a\times 2^{-0.1t}$이므로 $\frac{1}{2}a=a\times 2^{-0.1t}$에서

$2^{-1}=2^{-0.1t}$, $-0.1t=-1$ $\quad\therefore t=10$

따라서 **10 시간**이 지나면 투여한 약품의 양의 반이 남는다.■

(2) 로그의 실생활에서의 활용

상용로그는 기하급수적으로 급격하게 증가하는 것을 산술급수적으로 완만하게 증가하도록 간단하게 표현하는데 유용한 도구이다.

지진과 리히터 규모

지진이 발생할 때마다 뉴스에서 **리히터 규모**(Richter magnitude)라는 용어로 설명하는 것을 들어보았을 것이다. 1935년 지질학자인 리히터가 창안한 개념으로 '규모'를 나타내는 기호 M은 Magnitude의 첫 글자 M을 딴 것이다. 지진의 규모는 진원지로부터 100 km 떨어진 지점에서 지진계로 측정한 지진파의 최대 진폭에 따라 결정되는데, **지진파의 최대 진폭을 상용로그를 이용하여 작은 숫자로 축소해서 나타낸 것이** 바로 리히터 규모이다.
리히터는 지진파의 최대 진폭이 A인 지진의 규모 M을 상용로그를 이용하여 다음과 같이 정의하였다.

$\boldsymbol{M=\log A}$ (단, A의 단위는 마이크로미터, (1마이크로미터)$=10^{-6}$m)

이 식에 의하면 지진의 최대 진폭이 10배씩 커질 때마다 지진의 규모는 1씩 증가하게 된다. 또한 지진의 규모 M과 지진에 의해 발생하는 지진의 강도 E 사이에는 $\boldsymbol{\log E=11.4+1.5M}$인 관계가 성립한다. 여기서 지진의 규모가 1만큼 증가하면 지진의 강도는 $10^{1.5}$배, 즉 약 31.6배로 증가함을 알 수 있다. 예를 들어 리히터 규모가 9인 지진은 8인 지진보다 약 31.6배 강한 지진이고, 리히터 규모가 9인 지진은 7인 지진보다 약 31.6^2배, 즉 약 1000배 강한 지진이다.

수소 이온 농도 지수 pH

대기 오염에 대한 내용을 접할 때면 의례히 pH라는 수치가 등장하는데 이 수치는 용액 속의 수소 이온 농도를 측정해서 얻는다. 여기서 **수소 이온 농도는 1 L의 용액 속에 있는 수소 이온의 그램이온수를 나타내는 것으로** 기호 [H^+]를 사용한다. 그런데 수소 이온 농도는 그 자체로 쓰기에는 그 값이 너무 작아서 불편하고, 용액에 따라 큰 차이를 보여서 이를 상용로그를 이용하여 0에서 14까지의 적당한 수로 바꾼 것이 수소 이온 농도 지수(pH)이다.

보통 pH가 7보다 낮으면 산성, 7보다 높으면 염기성으로 본다.
수소 이온 농도 $[H^+]$를 pH로 바꾸는 공식은 $\mathbf{pH=-log[H^+]}$이다. 예를 들어 수용액 1L 속에 수소 이온이 1.0×10^{-8} g 있다면 이 용액의 pH는
$pH=-\log(1.0\times10^{-8})=8$이다.

베버-페히너의 법칙

베버(1795~1878)는 우리 몸의 자극을 받고 있는 감각기에 처음에 약한 자극을 주면 자극의 변화가 적어도 그 변화를 쉽게 감지할 수 있으나, 처음에 강한 자극을 주면 자극의 변화를 감지하는 능력이 약해져서 작은 자극은 느낄 수 없으며 더 큰 자극에서만 변화를 느낄 수 있다는 것을 발견하였다. 우리의 실생활에서 베버의 법칙은 많이 찾아볼 수 있다. 시끄러운 공장 안에서는 조용한 곳에서 이야기할 때보다 더 큰소리로 이야기해야 알아들을 수 있으며, 환한 낮에는 가로등의 불빛이 느껴지지 않지만 밤에는 밝게 느껴지는 것 등이 그 예이다. 이러한 사실을 발전시켜 페히너(1801~1887)는 **감각의 세기 S는 그 감각이 일어나게 한 자극의 물리적인 양 I의 상용로그에 비례한다**는 가설을 발표하였다. 이를 식으로 나타내면 $\boldsymbol{S=k\log I}$ (k는 상수)인데 이를 **베버-페히너의 법칙**이라 한다.

소리의 크기의 단위 dB

우리는 흔히 소리의 세기의 단위로 데시벨(dB)을 사용하는데, 이 역시 상용로그의 개념이 사용된다. 표준음의 세기를 I_0이라 하고 어떤 소리의 세기를 I라 할 때, 이 소리의 세기를 상용로그를 사용한 식 $\mathbf{10\log\frac{\mathit{I}}{\mathit{I_0}}}$ **dB**로 나타낸다.

따라서 정상적인 귀로 들을 수 있는 가장 작은 소리의 크기인 0dB을 기준으로 10dB씩 증가하는 경우 소리의 세기는 10배씩 강해진다. 즉, 20dB의 소리는 10dB의 소리보다 2배가 아니라 10배 강한 소리이고, 0dB의 소리보다 10배의 10배인 100배 강한 소리이다.

SUMMA CUM LAUDE
MATHEMATICS

추녀 끝에 걸어놓은 풍경은
바람이 불지 않으면 소리를 내지 않는다.
바람이 불어야만 비로소 그윽한 소리를 낸다.
인생도 무사평온하다면 즐거움이 무엇인지 알지 못한다.
힘든 일이 있기 때문에 비로소 즐거움도 알게 된다.

– 채근담

CHAPTER Ⅱ
삼각함수

숨마쿰라우데®
[수학 Ⅰ]

1. 삼각함수의 뜻
2. 삼각함수의 그래프
3. 삼각함수의 활용

INTRO to Chapter Ⅱ
삼각함수

SUMMA CUM LAUDE

1822년 프랑스의 수학자 푸리에는 파동운동에 숨겨진 수학적 규칙을 발견했는데, 아무리 복잡한 주기적 파동이라 하더라도 진폭과 진동수가 다른 여러 사인곡선을 합성해서 표현할 수 있다는 것이다. 이로부터 CT나 MRI와 같은 의료장비에서부터 전파, 음성 인식에 이르기까지 광범위하게 활용되고 있다.

본 단원의 구성에 대하여...

Ⅱ. 삼각함수	1. 삼각함수의 뜻	01 일반각과 호도법 02 삼각함수의 뜻 ● Review Quiz ● EXERCISES
	2. 삼각함수의 그래프	01 삼각함수의 그래프 02 삼각함수의 성질 03 삼각방정식과 삼각부등식 ● Review Quiz ● EXERCISES
	3. 삼각함수의 활용	01 사인법칙과 코사인법칙 02 삼각형의 넓이 ● Review Quiz ● EXERCISES
	● **대단원 연습문제** ● **대단원 심화, 연계 학습** TOPIC (1) 삼각함수의 그래프의 대칭성 TOPIC (2) 함수의 그래프의 확대와 축소 ● **논술, 구술 자료** 01. 주기함수의 이해	

삼각함수의 탄생과 발전

삼각법(trigonometry)의 어원은 그리스어로부터 유래한다. 삼각법은 삼각형을 뜻하는 'trigonon'과 크기를 뜻하는 'metria'가 합쳐진 것으로

삼각형의 변과 각 사이의 수치 관계를 다루는 수학의 한 분야

이다. 삼각법은 지구의 회전 각도를 측정할 때, 두 별 사이의 각을 측정할 때, 개기일식, 월식, 천체의 여러 가지 운동들의 움직임을 기술할 때와 같이 천문학 연구에서 그 진가가 발휘

된다. 그러니 수많은 천문학자들에 의해 삼각함수가 연구되고 발전되었음은 당연한 일일 것이다. 15세기에 삼각법을 연구한 대표적인 사람으로 천문학자이자 수학자인 **레기오몬타누스**(1436~1476)가 있다. 그는 1464년 출판된 그의 책

〈삼각형에 대하여(De triangulis omnimodis)〉

에 삼각형에 관한 체계적인 해법을 담았다. 이 책에는 평면뿐만 아니라 천체의 삼각법에 관한 내용이 자세하게 다루어져 있고, 오늘날 매우 유용하게 쓰이는 사인법칙과 코사인법칙에 관한 설명도 등장한다. 또한 특이한 것은 이 책의 모든 문제풀이에 오로지 사인과 코사인만을 사용하였다는 점이다.
하지만 이 책이 더욱 주목받는 이유는 삼각법을 처음으로 천문학에서 분리시켜 설명하고 있다는 점이다. 이를 계기로 1700년대에 이르러서는 삼각법이 수학의 한 분야로 자리 잡게 되었다.

한편 삼각법하면 **프톨레마이오스**를 논하지 않을 수 없다. 그는 알렉산드리아에서 활동한 고대 그리스의 천문학자 · 지리학자 · 수학자이며 당시 지구가 우주의 중심(천동설)이라고 주장하였다. 삼각법은 프톨레마이오스에 의해 최고조에 달했으며, 그의 연구들은 저서 〈알마게스트(Almagest)❶〉에 나와 있다. 그는 구면 삼각형의 각과 변 사이의 관계식을 얻었으며, 이는 오늘날 삼각법에 대한 많은 기본 관계식, 항등식과 동치를 이루고 있다.

알마게스트에는 다음과 같은 내용이 실려 있다.

오른쪽 그림과 같은 부채꼴에서

$\overline{BC}=\overline{CD}$, 즉 $\overline{BD}=2\overline{BC}$

이다. 또 $\angle ACB=90°$이므로

삼각형 ABC는 직각삼각형이다.

$$\sin\frac{A}{2}=\frac{(\text{높이})}{(\text{빗변})}=\frac{\overline{BC}}{\overline{AB}}=\frac{1}{2}\cdot\frac{\overline{BD}}{\overline{AB}}=\frac{\overline{BD}}{2l}$$

$$\therefore 2l\sin\frac{A}{2}=\overline{BD} \qquad \cdots\cdots ㉠$$

❶ 〈알마게스트〉는 백과사전적인 책으로 각 권마다 별들과 태양계의 천체들에 대한 천문학적 개념을 자세히 다루어 놓아 뒤를 이은 천문학자들에게 깊은 영향을 주었다. 원래는 〈수학적 모음집(H math matik syntaxis)〉이었으나 아라비아의 천문학자들이 이 책을 〈메지스테(Megist)〉('최고'라는 뜻)라고 계속 부르면서 이 낱말에 정관사 알(al)이 붙은 〈알마게스트(Almagest)〉라는 제목으로 오늘날까지 불리게 되었다.

그런데 반지름의 길이 l은 정해져 있으므로 각 $\frac{A}{2}$에 의해 $\sin\frac{A}{2}$가 결정되고, $\sin\frac{A}{2}$를 알면 $\overline{BD}$가 결정된다.
즉, ㉠의 식은 각 $\frac{A}{2}$를 알면 $\overline{BD}$의 길이도 알 수 있다는 것을 의미한다.

프톨레마이오스의 수학 분야에서 대표적인 또 다른 업적은 0.5도 간격으로 중심각에 대한 현의 길이를 구하여 현재의 사인표[2]에 근접하는 표를 작성하여 현대 삼각법의 기초를 놓았으며, 원에 내접하는 사각형에서 두 쌍의 대변(길이)끼리 곱해서 더하면 대각선(길이)의 곱과 같다는 프톨레마이오스 정리(또는 톨레미의 정리)를 발견한 것이다.
이후로는 아라비아의 수학자 알콰리즈미가 프톨레마이오스의 사인표를 수정함으로써 나중에 각의 삼등분 문제[3]를 푸는 데 많은 도움을 주었다.

삼각함수, 어떻게 공부할 것인가?

삼각함수는 그 역사가 오래되어 현재까지도 천문학, 측량학, 건축학, 대수학, 물리학, 해석학, 의학 등 그 활용 분야가 광범위하다. 삼각함수를 공부하다 보면 다른 단원에 비해 외워야 할 공식이 많아 보여 그로 인해 어렵다고 생각할 친구들도 있겠다. 하지만 다른 단원과 마찬가지로 그 기본 원리에 충실히 접근하면 이해하는 데 어려움이 크지 않을 것이다.

'수학은 기본 원리와 정의에 충실해야 쉬워진다.'

라는 말을 수백, 수천 번도 넘게 들어 보았을 것이다. 공식만 기계적으로 암기하다 보면 실력은 어느 정도 오르겠지만 곧 한계에 부딪히게 되며 자연히 수학과 멀어지게 된다. 진부한 말임에 틀림없으나 수학은 '手學'이라는 말도 있듯이 직접 손으로 그 기본 원리를 써 보고 익숙해져야 실력이 오른다.

---

❷ 각에 관한 연구는 인도에서 시작되었다고 볼 수 있다. 500년경 아리아바타(476~550)는 현의 길이를 나타내는 표를 만들었다. 여기서 jya라는 용어로 sin을 표현하였다. 그 후 유럽 학자들에 의해 번역되는 과정에서 sin의 용어가 사용되었다.
❸ 고대 그리스의 3대 작도 불가능 문제로 기원전 425년에 그리스의 수학자이자 철학자였던 히피아스(B.C. 460~390)가 처음 제시했던 유클리드 기하학의 문제이다. 이 문제는 1837년 프랑스의 수학자 완첼(1814~1848)에 의해 작도가 불가능함이 증명되었다.

01 일반각과 호도법

Ⅱ-1. 삼각함수의 뜻

SUMMA CUM LAUDE

ESSENTIAL LECTURE

❶ 일반각

(1) ∠XOP는 고정되어 있는 반직선 OX의 위치에서 반직선 OP가 점 O를 중심으로 회전하여 만들어진 도형으로 그 회전한 양을 ∠XOP의 크기로 정한다.
이때 반직선 OX를 시초선, 반직선 OP를 동경이라 한다.

(2) 시초선 OX와 동경 OP가 나타내는 한 각의 크기를 α°라 할 때, ∠XOP의 크기는

$360^\circ \times n + \alpha^\circ$ (단, n은 정수)

와 같이 나타내고, 이것을 동경 OP가 나타내는 일반각이라 한다.

P
동경
양의 방향(+)
O
X
시초선
음의 방향(−)

❷ 호도법

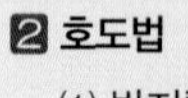

(1) 반지름의 길이가 r인 원에서 길이가 r인 호에 대한 중심각의 크기는 원의 반지름의 길이 r에 관계없이 $\frac{180^\circ}{\pi}$로 항상 일정하다. 이 일정한 각의 크기를 1라디안(radian)이라 하고, 이것을 단위로 하여 각의 크기를 나타내는 방법을 호도법이라 한다.

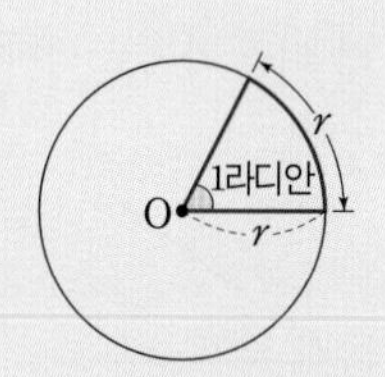

(2) 육십분법(°)과 호도법(라디안)의 관계

$$1\text{라디안} = \frac{180^\circ}{\pi}, \quad 1^\circ = \frac{\pi}{180}\text{라디안}$$

❸ 부채꼴의 호의 길이와 넓이

반지름의 길이가 r, 중심각의 크기가 θ(라디안)인 부채꼴의 호의 길이를 l, 넓이를 S라 하면

(1) $l = r\theta$

(2) $S = \frac{1}{2}r^2\theta = \frac{1}{2}rl$

❶ 일반각

우리가 지금까지 알고 있는 각은 두 반직선의 벌어진 정도를 나타내는 도형으로 그 크기는 보통 0°부터 360°까지이다. 하지만 고등 과정에서는 벌어진 정도가 아닌 회전한 양으로 각을 정의하기 때문에 360°가 넘는 각도 생각할 수 있게 된다. 우선 회전한 양으로 각을 정의하는 데 필요한 **시초선**과 **동경**에 대해 알아보자.

오른쪽 그림과 같이 평면 위의 두 반직선 OX와 OP에 의하여 $\angle XOP$가 정해질 때, $\angle XOP$의 크기는 고정되어 있는 반직선 OX의 위치에서 반직선 OP가 점 O를 중심으로 회전한 양이다. 이때

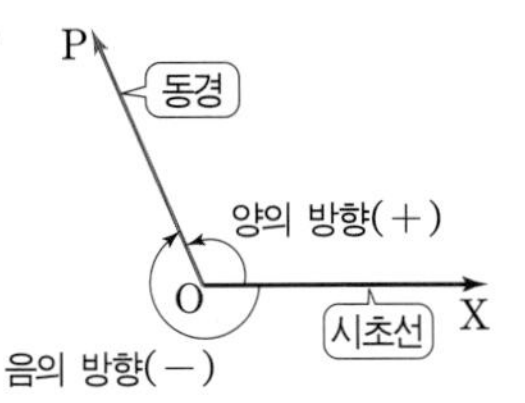

반직선 OX를 $\angle XOP$의 **시초선**,
반직선 OP를 $\angle XOP$의 **동경**

이라 하는데 여기서 시초선이란 말은 처음 시작하는 선을 뜻하고, 동경이란 말은 움직이는 선을 뜻한다. 한편 동경 OP가 시초선 OX를 기준으로 회전할 때,

시곗바늘이 도는 반대 방향을 **양의 방향**,
시곗바늘이 도는 방향을 **음의 방향**

이라 한다. 각의 크기는 양의 방향으로 회전하면 +를, 음의 방향으로 회전하면 −를 붙여 나타낸다. 예를 들어 양의 방향으로 40°만큼 회전한 각의 크기는 $+40^\circ$, 음의 방향으로 320°만큼 회전한 각의 크기는 -320°가 된다. 물론 + 기호는 생략 가능하다.

시초선 OX는 고정되어 있으므로 각의 크기가 주어지면 동경의 위치는 하나로 결정된다. 그러나 동경의 위치가 주어지면 그것이 나타내는 각의 크기는 동경이 회전한 횟수나 방향에 따라 여러 가지로 나타낼 수 있다.

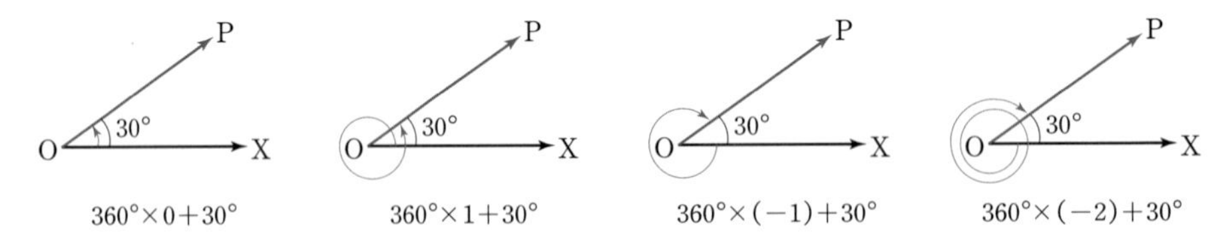

위의 그림을 살펴보면 모두 30°로 보이지만 동경 OP가 한 바퀴를 더 회전한 각일 수도 있고, 음의 방향으로 330°만큼 회전한 각일 수도 있기 때문에 $\angle XOP$의 크기는 $360^\circ \times 0 + 30^\circ$, $360^\circ \times 1 + 30^\circ$, $360^\circ \times (-1) + 30^\circ$, $360^\circ \times (-2) + 30^\circ$가 된다. 이를 일반화하면

$$\angle \mathbf{XOP} = \mathbf{360^\circ \times n + \alpha^\circ} \text{ (단, } n\text{은 정수)}$$

꼴로 나타낼 수 있는데 이것을 동경 OP가 나타내는 **일반각**이라 한다.[4]

일반각

시초선 OX와 동경 OP가 나타내는 한 각의 크기를 α°라 할 때,

$\angle XOP = 360^\circ \times n + \alpha^\circ$ (단, n은 정수)

꼴로 나타낸다.

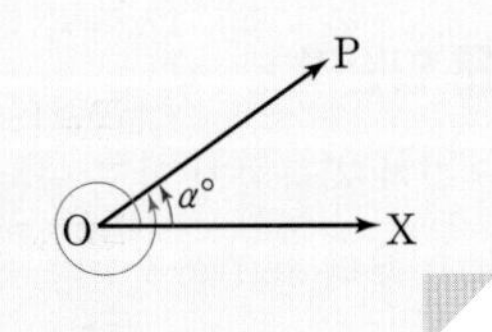

❹ 보통 $0^\circ \le \alpha^\circ < 360^\circ$인 α°를 택하여 일반각을 나타낸다.

Sub Note 011쪽

APPLICATION **050** 다음 그림에서 시초선이 반직선 OX일 때, 동경 OP가 나타내는 일반각을 $360^\circ \times n + \alpha^\circ$ 꼴로 나타내어라. (단, n은 정수이고, $0^\circ \leq \alpha^\circ < 360^\circ$이다.)

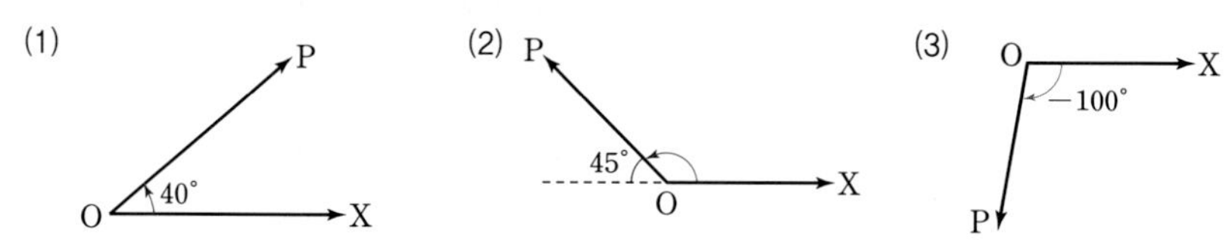

한편 일반각의 꼭짓점을 좌표평면의 원점 O에 놓고 시초선을 x축의 양의 부분으로 정할 때, 동경 OP가 제1사분면, 제2사분면, 제3사분면, 제4사분면에 있으면 동경 OP가 나타내는 각을 각각

제1사분면의 각, 제2사분면의 각,
제3사분면의 각, 제4사분면의 각

이라 한다. 이때 동경 OP가 좌표축 위에 있으면 그 각은 어느 사분면에도 속하지 않는다.

Figure_ 사분면의 각

각 θ를 나타내는 동경 OP가 속하는 사분면에 따라 θ의 범위를 일반각으로 표현하면 다음과 같다. (단, n은 정수)

제1사분면의 각	$360^\circ \times n + 0^\circ < \theta < 360^\circ \times n + 90^\circ$
제2사분면의 각	$360^\circ \times n + 90^\circ < \theta < 360^\circ \times n + 180^\circ$
제3사분면의 각	$360^\circ \times n + 180^\circ < \theta < 360^\circ \times n + 270^\circ$
제4사분면의 각	$360^\circ \times n + 270^\circ < \theta < 360^\circ \times n + 360^\circ$

APPLICATION **051** 다음 각은 제몇 사분면의 각인지 말하여라. Sub Note 012쪽

(1) 1450°　　(2) -920°　　(3) $360^\circ \times n + 275^\circ$ (n은 정수)

2 호도법

각도를 나타내는 방법으로는 육십분법과 호도법이 있다. 육십분법은 우리가 흔히 실생활에서 사용하는 각의 크기를 나타내는 방법으로

원의 둘레를 360등분하여 각 호에 대한 중심각의 크기를 1도($^\circ$), 1도의 $\frac{1}{60}$을 1분($'$), 1분의 $\frac{1}{60}$을 1초($''$)로 정의하여 각의 크기를 나타내는 방법이다.

반면 **호도법**(circular measure)이란 **부채꼴**에서 **반지름**의 길이 r와 **호**의 길이 l이 이루는 비(比)로 **중심각** θ의 크기를 측정하는 방법이다.

$$\theta=\frac{(\text{호의 길이})}{(\text{반지름의 길이})}=\frac{l}{r}$$ [5]

Figure_ 호도법

호도법에서는 단위로 라디안(radian)을 사용한다. 1라디안은 반지름의 길이와 호의 길이가 같은 부채꼴의 중심각의 크기를 말한다. 즉, 오른쪽 그림과 같이 호의 길이와 반지름의 길이가 r로 같으면 비례식에 의해 α°를 구할 수 있다.

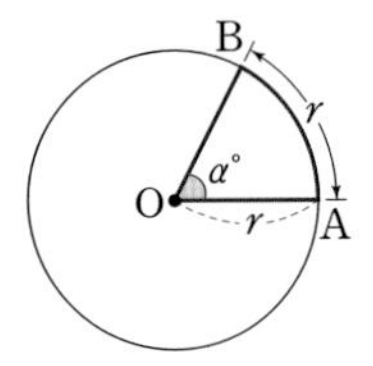

$$r : 2\pi r=\alpha^\circ : 360^\circ \Rightarrow \alpha^\circ=\frac{180^\circ}{\pi}$$

이때 이 호에 대한 중심각의 크기 α°는 반지름의 길이 r에 관계없이 항상 $\frac{180^\circ}{\pi}$로 일정하다. 이 일정한 각의 크기 α°가 바로 **1라디안**[6]이다.

한편 $\theta=\frac{l}{r}$에서 $r=1$이면 $\theta=l$이 되므로

반지름의 길이가 1인 부채꼴에서 중심각의 크기는 호도법으로 호의 길이와 같게 된다. 물론 단위는 길이가 아닌 라디안이다!

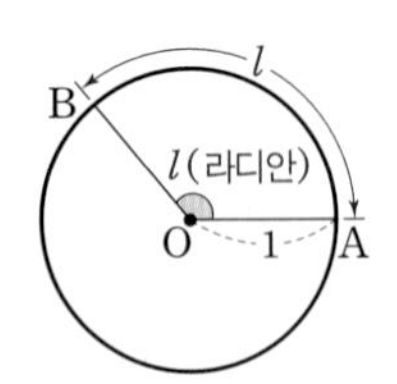

따라서 반지름의 길이가 1인 반원의 호의 길이는 π이므로 반원의 중심각의 크기를 호도법으로 나타내면 π라디안이 된다.

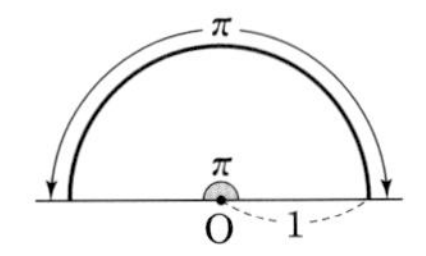

$180^\circ=\pi$라디안

---

[5] 중심각의 크기(θ)를 반지름의 길이(r)와 호의 길이(l)의 비$\left(\theta=\frac{l}{r}\right)$로 나타내면, 분자, 분모가 모두 길이의 단위이기 때문에 나누면 순수한 수만 남게 된다. 즉, 각을 수처럼 사용할 수 있게 된다. 호도법을 통해 각을 수로 취급할 수 있게 되면서 $y=\sin x$와 같은 삼각함수에 대한 미적분이 가능해져 자연과학 분야에서 다양한 계산을 할 수 있게 되었다. (이과 과정의 미적분에서 삼각함수의 미적분에 대해 다룰 것이다.)

[6] 일반적으로 호도법으로 나타내는 각에서 단위 라디안을 생략하는 경우가 많다. π라디안은 π로, 2라디안은 2로 쓴다. 하지만 육십분법에서 180°는 180으로 쓰지 않는다.

이로부터 호도법과 육십분법 사이에는 다음과 같은 관계가 성립함을 알 수 있다.

$$1\text{라디안}=\frac{180^\circ}{\pi}, \quad 1^\circ=\frac{\pi}{180}\text{라디안}$$ [7]

$180^\circ=\pi$(라디안)과 비례식을 이용하면 다음과 같이 육십분법을 호도법으로 나타낼 수 있다.

$$180^\circ : \pi=\alpha^\circ : \theta \Rightarrow \theta(\text{라디안})=\alpha\times\frac{\pi}{180}$$

또한 같은 비례식에서 호도법으로 나타낸 각 θ(라디안)을 육십분법으로 나타낼 수 있다.

$$180^\circ : \pi=\alpha^\circ : \theta \Rightarrow \alpha^\circ=\theta(\text{라디안})\times\frac{180^\circ}{\pi}$$

Sub Note 012쪽

APPLICATION 052 반지름의 길이가 r인 원에서 호의 길이가 각각 $2r$, $3r$인 부채꼴의 중심각을 호도법으로 측정했을 때, 그 크기는 얼마인지 차례로 구하여라.

EXAMPLE 038 다음 표의 빈칸에 알맞은 값을 써넣어라.

육십분법의 각	①	45°	60°	90°	⑤	135°	⑦	⑧
호도법의 각	$\frac{\pi}{6}$	②	③	④	$\frac{2}{3}\pi$	⑥	$\frac{5}{6}\pi$	π

ANSWER 앞에서 구한 두 공식을 적극 활용하도록 하자.

① : $\mathbf{30^\circ}$ ② : $\frac{\pi}{4}$ ③ : $\frac{\pi}{3}$ ④ : $\frac{\pi}{2}$ ⑤ : $\mathbf{120^\circ}$ ⑥ : $\frac{3}{4}\pi$ ⑦ : $\mathbf{150^\circ}$ ⑧ : $\mathbf{180^\circ}$ ■

Sub Note 012쪽

APPLICATION 053 다음에서 육십분법으로 나타낸 각은 호도법으로, 호도법으로 나타낸 각은 육십분법으로 나타내어라.

(1) 330° (2) -225° (3) $\frac{8}{3}\pi$ (4) $-\frac{7}{4}\pi$

[7] 1라디안은 육십분법으로 나타내면 약 $57^\circ17'45''$이다.

한편 앞에서 시초선 OX에 대하여 동경 OP가 나타내는 한 각의 크기를 α°라 할 때, 동경 OP가 나타내는 일반각의 크기는 $360^\circ\times n+\alpha^\circ$ (n은 정수) 꼴로 나타내었다.
따라서 각의 크기를 호도법으로 나타낼 때, 시초선 OX에 대하여 동경 OP가 나타내는 한 각의 크기를 θ라 하면 동경 OP가 나타내는 일반각의 크기는

$$\boldsymbol{2n\pi+\theta}\ (n\text{은 정수})$$

와 같이 나타낸다.
예를 들면 300°의 동경이 나타내는 일반각의 크기를 호도법으로 나타내 보면

$$300^\circ \Rightarrow 300^\circ\times\frac{\pi}{180^\circ}=\frac{5}{3}\pi \Rightarrow 2n\pi+\frac{5}{3}\pi\ (n\text{은 정수})$$

이다.

Sub Note 012쪽

APPLICATION 054 다음 각의 동경이 나타내는 일반각을 $2n\pi+\theta$ 꼴로 나타내어라.
(단, n은 정수이고, $0\le\theta<2\pi$이다.)

(1) $\frac{3}{4}\pi$ (2) $\frac{7}{3}\pi$ (3) $-\frac{5}{6}\pi$

3 부채꼴의 호의 길이와 넓이

호도법을 이용하면 부채꼴의 호의 길이와 넓이를 쉽게 구할 수 있다.
반지름의 길이가 r, 중심각의 크기가 θ(라디안)인 부채꼴의 호의 길이를 l이라 하면 호의 길이는 중심각의 크기에 정비례하므로

$$l : 2\pi r=\theta : 2\pi\text{에서}\qquad \boldsymbol{l=r\theta}$$

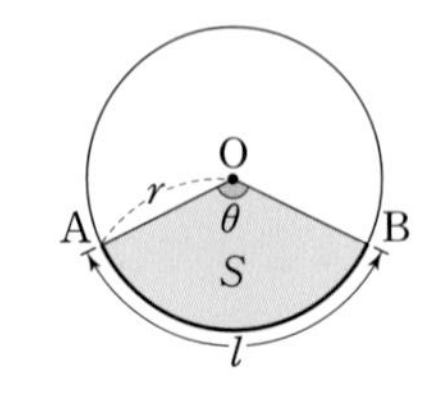

Figure_ 부채꼴의 호의 길이와 넓이

또한 부채꼴의 넓이를 S라 하면 부채꼴의 넓이도 중심각의 크기에 정비례하므로

$$S : \pi r^2=\theta : 2\pi\text{에서}\qquad \boldsymbol{S=\frac{1}{2}r^2\theta}=\frac{1}{2}r\cdot r\theta=\boldsymbol{\frac{1}{2}rl}$$

부채꼴의 호의 길이와 넓이[8]
반지름의 길이가 r, 중심각의 크기가 θ(라디안)인 부채꼴의 호의 길이를 l,
넓이를 S라 하면
(1) $l=r\theta$ (2) $S=\frac{1}{2}r^2\theta=\frac{1}{2}rl$

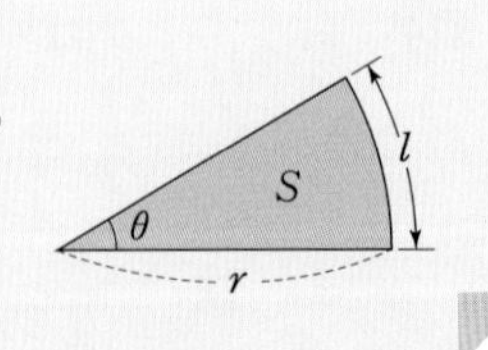

[8] 중학교에서 배운 부채꼴의 호의 길이와 넓이 공식은 $l=2\pi r\times\frac{x}{360}$, $S=\pi r^2\times\frac{x}{360}$였다.
식의 형태만 비교해 보아도 육십분법보다 호도법이 훨씬 간단함을 느낄 수 있을 것이다.

부채꼴의 중심각의 크기 θ는 호도법으로 나타낸 각임을 다시 한 번 강조한다. 고등 과정에서는 중심각의 크기가 육십분법으로 주어지면 대개 호도법으로 고친 다음 계산한다.

EXAMPLE 039 (1) 반지름의 길이가 2이고, 중심각의 크기가 $\frac{\pi}{4}$인 부채꼴의 호의 길이와 넓이를 구하여라.

(2) 둘레의 길이가 18, 넓이가 20인 부채꼴의 반지름의 길이와 호의 길이, 중심각의 크기를 구하여라.

ANSWER 반지름의 길이를 r, 중심각의 크기를 θ, 호의 길이를 l, 넓이를 S라 하자.

(1) $\boldsymbol{l}=r\theta=2\times\frac{\pi}{4}=\boldsymbol{\frac{\pi}{2}}$

$\boldsymbol{S}=\frac{1}{2}r^2\theta=\frac{1}{2}\times2^2\times\frac{\pi}{4}=\boldsymbol{\frac{\pi}{2}}\left(\text{또는 } S=\frac{1}{2}rl=\frac{1}{2}\times2\times\frac{\pi}{2}=\frac{\pi}{2}\right)$ ■

(2) 부채꼴의 둘레의 길이가 18, 넓이가 20이므로

$2r+l=18$ …… ㉠, $\frac{1}{2}rl=20$ …… ㉡

㉠에서 $l=18-2r$를 ㉡에 대입하면 $\frac{1}{2}r(18-2r)=20$

$r^2-9r+20=0$, $(r-4)(r-5)=0$ $\therefore r=4$ 또는 $r=5$

(i) $\boldsymbol{r=4}$일 때, $\boldsymbol{l}=18-2r=18-2\times4=\boldsymbol{10}$, $\boldsymbol{\theta}=\frac{l}{r}=\frac{10}{4}=\boldsymbol{\frac{5}{2}}$

(ii) $\boldsymbol{r=5}$일 때, $\boldsymbol{l}=18-2r=18-2\times5=\boldsymbol{8}$, $\boldsymbol{\theta}=\frac{l}{r}=\boldsymbol{\frac{8}{5}}$ ■

Sub Note 012쪽

APPLICATION 055 (1) 반지름의 길이가 4이고, 호의 길이가 2π인 부채꼴의 중심각의 크기 θ와 넓이 S를 구하여라.

(2) 둘레의 길이가 16, 넓이가 15인 부채꼴의 반지름의 길이 r와 호의 길이 l, 중심각의 크기 θ를 구하여라.

기 본 예 제 *사분면의 각*

033 θ가 제2사분면의 각일 때, $\frac{\theta}{2}$를 나타내는 동경이 존재하는 사분면을 구하여라.

GUIDE 각 θ의 위치가 주어졌으므로 θ의 범위를 일반각으로 나타내어 계산한다.

SOLUTION

θ가 제2사분면의 각이므로

$$360^\circ \times n + 90^\circ < \theta < 360^\circ \times n + 180^\circ$$

$$\therefore\ 180^\circ \times n + 45^\circ < \frac{\theta}{2} < 180^\circ \times n + 90^\circ$$

(i) n이 짝수, 즉 $n=2k$ (k는 정수)일 때,

$$180^\circ \times 2k + 45^\circ < \frac{\theta}{2} < 180^\circ \times 2k + 90^\circ$$

$$\therefore\ 360^\circ \times k + 45^\circ < \frac{\theta}{2} < 360^\circ \times k + 90^\circ$$

(ii) n이 홀수, 즉 $n=2k+1$ (k는 정수)일 때,

$$180^\circ \times (2k+1) + 45^\circ < \frac{\theta}{2} < 180^\circ \times (2k+1) + 90^\circ$$

$$\therefore\ 360^\circ \times k + 225^\circ < \frac{\theta}{2} < 360^\circ \times k + 270^\circ$$

(i), (ii)에 의하여 $\frac{\theta}{2}$를 나타내는 동경이 존재하는 영역은 오른쪽 그림의 색칠한 부분과 같으므로 **제1사분면** 또는 **제3사분면**이다. ■

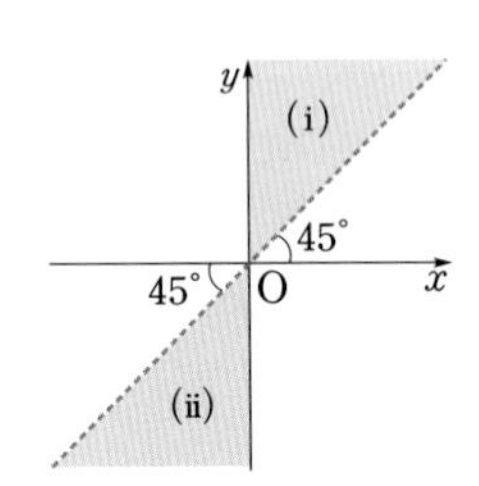

Sub Note 037쪽

유제
033-1 θ가 제1사분면의 각일 때, $\frac{\theta}{3}$를 나타내는 동경이 존재하는 사분면을 구하여라.

기본 예제 *두 동경의 위치 관계*

034

각 θ를 나타내는 동경과 각 6θ를 나타내는 동경이 다음과 같은 위치 관계를 가질 때, 각 θ의 크기를 구하여라. $\left(단, \frac{\pi}{2}<\theta<\pi\right)$

(1) 서로 일치한다.

(2) 일직선 위에 있고 방향이 반대이다.

(3) x축에 대하여 서로 대칭이다.

(4) y축에 대하여 서로 대칭이다.

GUIDE 두 동경의 위치 관계를 그림으로 나타내 보면 두 각의 합이나 차의 관계를 파악할 수 있다.

SOLUTION

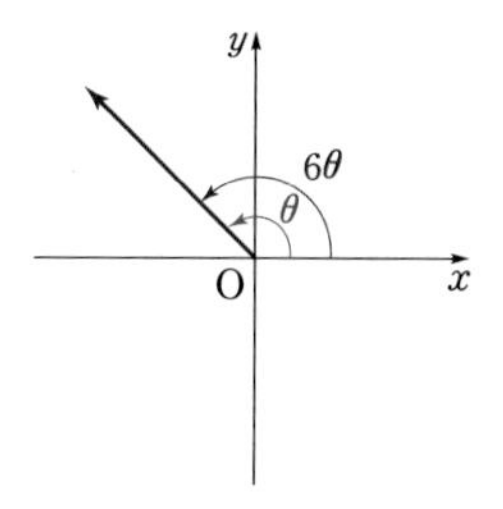

(1) 두 동경이 서로 일치하므로

$6\theta=2n\pi+\theta$ ← $6\theta=\theta$를 일반각을 이용한 식으로 나타낸 것이다.

$6\theta-\theta=2n\pi$

$\therefore \theta=\frac{2}{5}n\pi$ (단, n은 정수)

이때 $\frac{\pi}{2}<\theta<\pi$이므로 $n=2$일 때 $\theta=\frac{4}{5}\pi$ ■

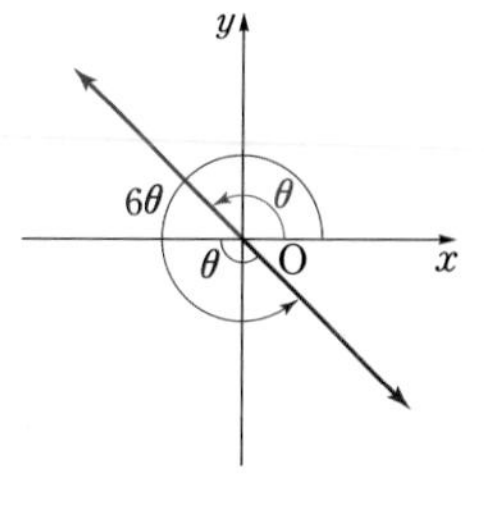

(2) 두 동경이 일직선 위에 있고 방향이 반대이므로

$6\theta=2n\pi+(\pi+\theta)$ ← $6\theta=\pi+\theta$를 일반각을 이용한 식으로 나타낸 것이다.

$6\theta-\theta=2n\pi+\pi$

$\therefore \theta=\frac{2}{5}n\pi+\frac{\pi}{5}$ (단, n은 정수)

이때 $\frac{\pi}{2}<\theta<\pi$이므로 $n=1$일 때 $\theta=\frac{3}{5}\pi$ ■

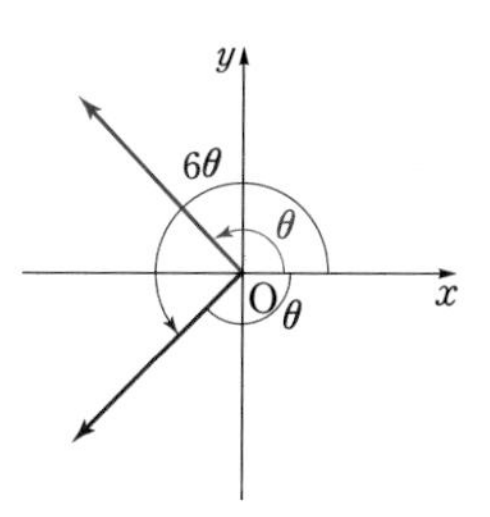

(3) 두 동경이 x축에 대하여 서로 대칭이므로

$6\theta=2n\pi-\theta$ ← $6\theta=-\theta$를 일반각을 이용한 식으로 나타낸 것이다.

$6\theta+\theta=2n\pi$

$\therefore \theta=\frac{2}{7}n\pi$ (단, n은 정수)

이때 $\frac{\pi}{2}<\theta<\pi$이므로 $n=2$ 또는 $n=3$일 때

$\theta=\frac{4}{7}\pi$ 또는 $\theta=\frac{6}{7}\pi$ ■

(4) 두 동경이 y축에 대하여 서로 대칭이면

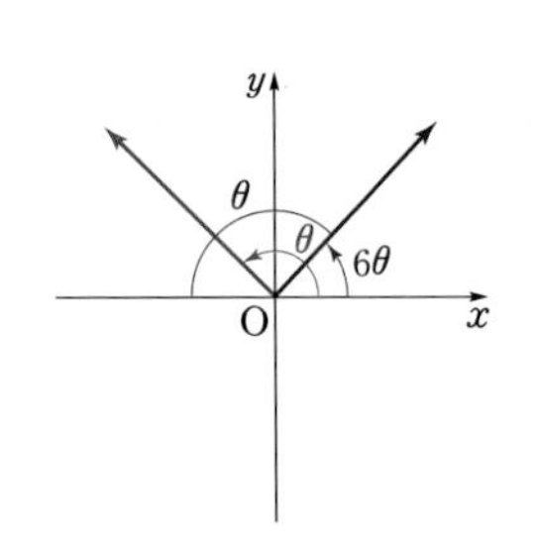

$6\theta=2n\pi+(\pi-\theta)$ ← $6\theta=\pi-\theta$를 일반각을 이용한 식으로 나타낸 것이다.

$6\theta+\theta=2n\pi+\pi$

$\therefore\ \theta=\frac{2}{7}n\pi+\frac{\pi}{7}$ (단, n은 정수)

이때 $\frac{\pi}{2}<\theta<\pi$이므로 $n=2$일 때

$\theta=\frac{5}{7}\pi$ ■

Summa's Advice

두 각 α, β를 나타내는 두 동경의 위치 관계에 대하여 다음 관계식이 성립한다. (단, n은 정수)

두 동경의 위치	① 서로 일치	② 일직선 위에 있고 방향이 반대	③ x축에 대하여 대칭
α, β의 관계식	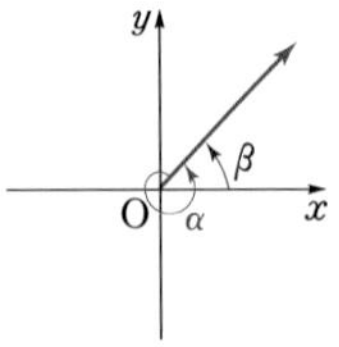 $\alpha-\beta=2n\pi$	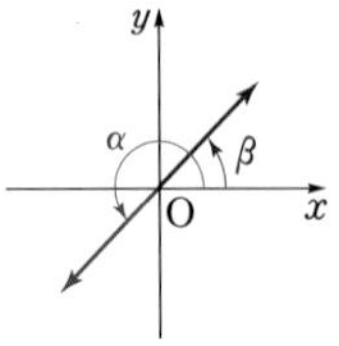 $\alpha-\beta=2n\pi+\pi$	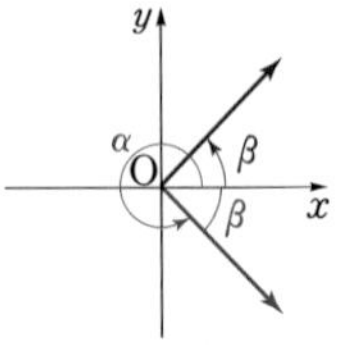 $\alpha+\beta=2n\pi$

두 동경의 위치	④ y축에 대하여 대칭	⑤ 직선 $y=x$에 대하여 대칭	⑥ 직선 $y=-x$에 대하여 대칭
α, β의 관계식	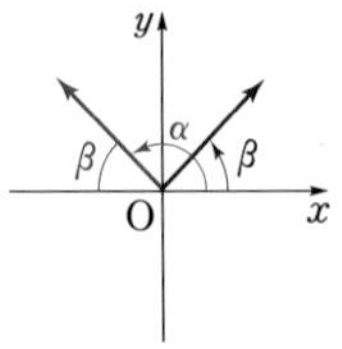 $\alpha+\beta=2n\pi+\pi$	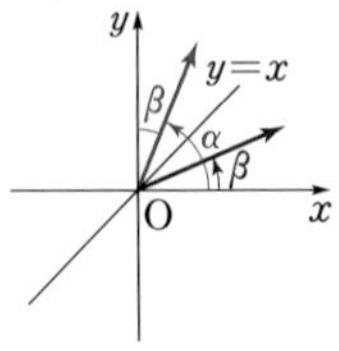 $\alpha+\beta=2n\pi+\frac{\pi}{2}$	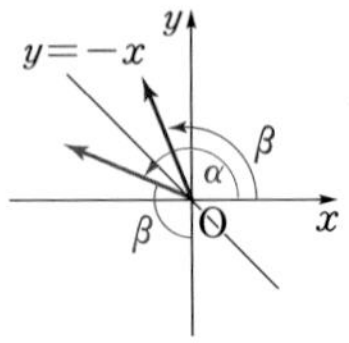 $\alpha+\beta=2n\pi+\frac{3}{2}\pi$

유제

034-1 각 θ를 나타내는 동경과 각 5θ를 나타내는 동경이 다음과 같은 위치 관계를 가질 때, 각 θ의 크기를 구하여라. $\left(\text{단, } 0<\theta<\frac{\pi}{2}\right)$

Sub Note 038쪽

(1) 서로 일치한다.

(2) 일직선 위에 있고 방향이 반대이다.

(3) x축에 대하여 서로 대칭이다.

(4) y축에 대하여 서로 대칭이다.

(5) 직선 $y=x$에 대하여 서로 대칭이다.

(6) 직선 $y=-x$에 대하여 서로 대칭이다.

기 본 예 제 *부채꼴의 호의 길이와 넓이*

035 중심각의 크기가 $\frac{6}{7}$이고 둘레의 길이가 40인 부채꼴의 넓이를 구하여라.

GUIDE 반지름의 길이가 r, 호의 길이가 l인 부채꼴에서

① 부채꼴의 둘레의 길이는 $2r+l$

② 중심각의 크기가 θ, 넓이를 S라 하면 $l=r\theta$, $S=\frac{1}{2}r^2\theta=\frac{1}{2}rl$

SOLUTION

부채꼴의 반지름의 길이를 r라 하면 중심각의 크기가 $\frac{6}{7}$이므로

호의 길이는 $r\times\frac{6}{7}=\frac{6}{7}r$

이때 부채꼴의 둘레의 길이가 40이므로

$$2r+\frac{6}{7}r=40,\ \frac{20}{7}r=40 \qquad \therefore r=14$$

따라서 부채꼴의 넓이는

$$\frac{1}{2}\times14^2\times\frac{6}{7}=\mathbf{84}\ ■$$

유제 Sub Note 039쪽

035-1 오른쪽 그림과 같이 중심각의 크기가 $\frac{\pi}{6}$인 부채꼴 OAB의 점 B에서 선분 OA에 내린 수선의 발을 H라 하자. $\overline{BH}=\sqrt{3}$일 때, 색칠된 부분의 넓이를 구하여라.

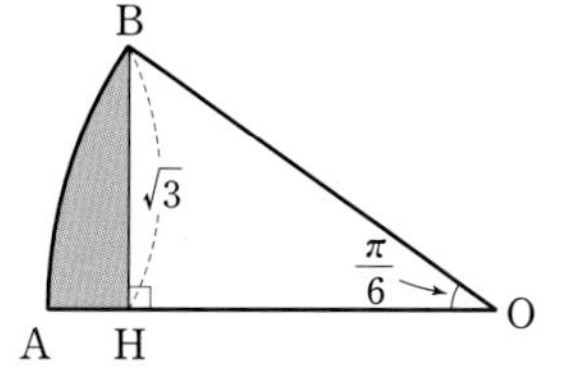

유제 Sub Note 039쪽

035-2 오른쪽 그림과 같이 반지름의 길이가 r인 반원에서 $\widehat{AP}=\overline{AB}$가 되도록 반원의 둘레 위에 점 P를 잡아 두 부채꼴 OAP와 부채꼴 OBP를 만들었다. 이때 $\frac{(\text{부채꼴 OBP의 넓이})}{(\text{부채꼴 OAP의 넓이})}$를 구하여라.

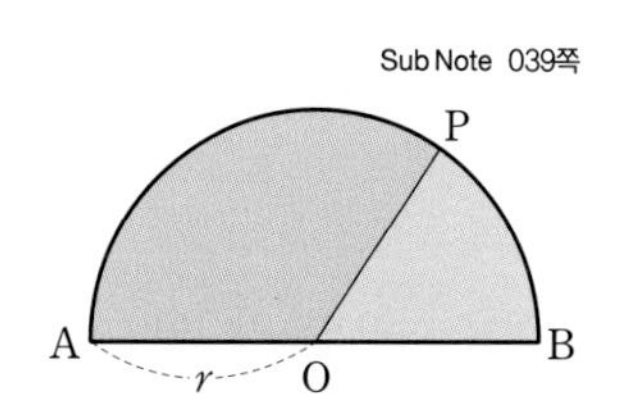

기 본 예 제 **부채꼴의 호의 길이와 넓이의 최대 · 최소**

036 길이가 일정한 철사로 넓이 S가 최대인 부채꼴을 만들 때, 이 부채꼴의 중심각의 크기 θ를 구하여라.

GUIDE 부채꼴의 중심각의 크기는 반지름의 길이(r)와 호의 길이(l)의 비로 결정된다. 주어진 조건으로부터 $\theta=\frac{l}{r}$의 값을 구하면 된다.

SOLUTION

부채꼴의 반지름의 길이를 r, 호의 길이를 l, 둘레의 길이를 c로 놓으면

$c=2r+l$ ...... ㉠

$S=\frac{1}{2}rl$에 $l=c-2r$를 대입하면

$$S=\frac{1}{2}r(c-2r)=-r^2+\frac{1}{2}cr=-\left(r-\frac{c}{4}\right)^2+\frac{c^2}{16}\ \left(0<r<\frac{c}{2}\right)$$

따라서 $r=\frac{c}{4}$일 때 S는 $\frac{c^2}{16}$으로 최대가 된다.

이때 $r=\frac{c}{4}$에서 $c=4r$를 ㉠에 대입하면 $l=2r$

따라서 구하는 중심각의 크기는 $\boldsymbol{\theta=\frac{l}{r}=\frac{2r}{r}=2}$ ■

[다른 풀이] r, l, c는 모두 양수이므로 산술평균과 기하평균의 관계에 의하여

$\frac{c}{2}=\frac{2r+l}{2}\geq\sqrt{2rl}$ (단, 등호는 $2r=l$일 때 성립)

$\frac{c}{2}\geq\sqrt{2rl}$의 양변을 제곱한 후 4로 나누면 $\frac{c^2}{16}\geq\frac{1}{2}rl=S$

따라서 $2r=l$일 때 S는 $\frac{c^2}{16}$으로 최대가 되고, 이때 중심각의 크기는

$\theta=\frac{l}{r}=\frac{2r}{r}=2$

[참고] 둘레의 길이가 일정할 때, 넓이가 최대인 부채꼴은 반지름의 길이와 호의 길이의 비가 1 : 2인 부채꼴, 즉 중심각의 크기가 2인 부채꼴이다.

유제 Sub Note 039쪽

036-1 길이가 16인 철사로 넓이 S가 최대인 부채꼴을 만들 때, 이 부채꼴의 반지름의 길이 r와 중심각의 크기 θ를 구하여라.

02 삼각함수의 뜻

SUMMA CUM LAUDE

ESSENTIAL LECTURE

1 삼각함수의 정의

오른쪽 그림과 같이 $\overline{OP}=r$인 점 $P(x, y)$에 대하여 동경 OP가 x축의 양의 방향과 이루는 각의 크기를 θ라 할 때, θ에 대한 삼각함수는

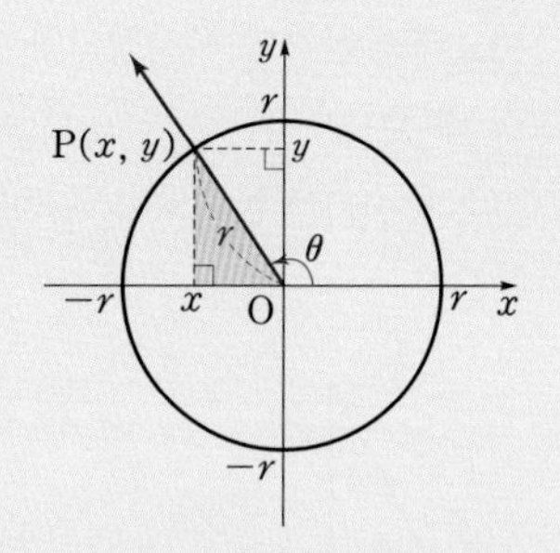

(1) $\sin\theta=\dfrac{y}{r}$ (2) $\cos\theta=\dfrac{x}{r}$

(3) $\tan\theta=\dfrac{y}{x}\ (x\neq0)$

2 삼각함수의 값의 부호

삼각함수의 값의 부호는 각 θ의 동경이 위치한 사분면에 따라 다음과 같이 결정된다.

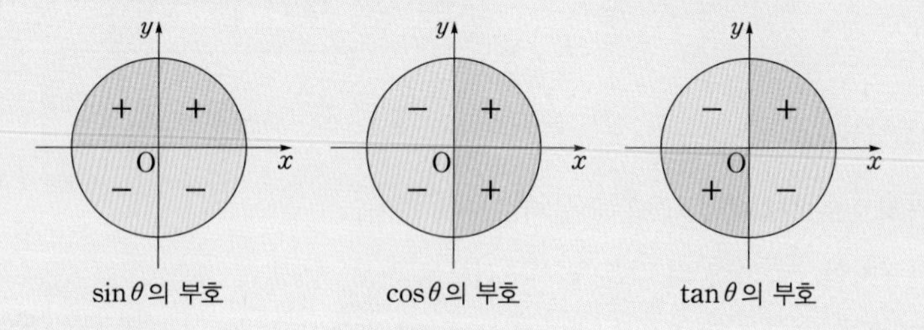

3 삼각함수 사이의 관계

삼각함수 사이에는 다음과 같은 관계가 성립한다.

(1) $\tan\theta=\dfrac{\sin\theta}{\cos\theta}$

(2) $\sin^2\theta+\cos^2\theta=1$

[참고] $(\sin\theta)^2$, $(\cos\theta)^2$, $(\tan\theta)^2$은 각각 $\sin^2\theta$, $\cos^2\theta$, $\tan^2\theta$와 같이 간단히 나타낸다.

1 삼각함수의 정의

다음 그림과 같이 직각삼각형에서 θ의 크기가 일정하면 직각삼각형의 크기에 관계없이 $\sin\theta$, $\cos\theta$, $\tan\theta$의 값이 하나로 정해진다.

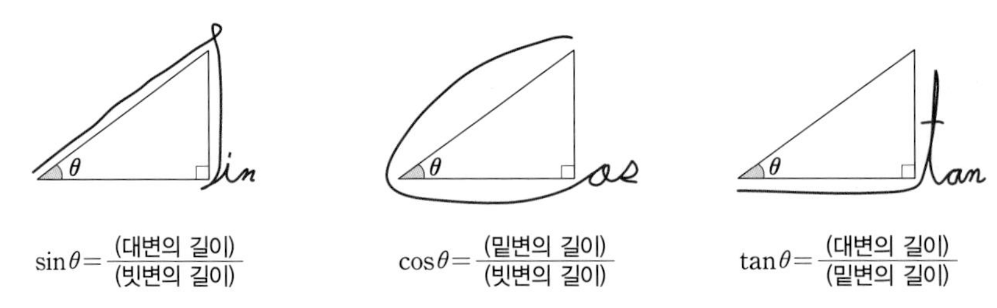

$\sin\theta = \dfrac{(\text{대변의 길이})}{(\text{빗변의 길이})}$ $\cos\theta = \dfrac{(\text{밑변의 길이})}{(\text{빗변의 길이})}$ $\tan\theta = \dfrac{(\text{대변의 길이})}{(\text{밑변의 길이})}$

Figure_ 직각삼각형에서 사인, 코사인, 탄젠트의 정의

각 θ에 대한 삼각비가 일정함을 바탕으로 우리는 각 θ에 대한 함수를 생각할 수 있을 것이다. 이를테면 삼각함수는 정의역이 일반각이며 치역이 일반각에 해당하는 삼각비의 값인 '함수'의 개념으로 접근할 수 있다. 삼각함수에 대한 공부를 하기 앞서 특수한 각에 대한 삼각비의 값을 확인하고 넘어가자. 삼각함수를 공부하는 내내 등장할 각이기 때문이다.

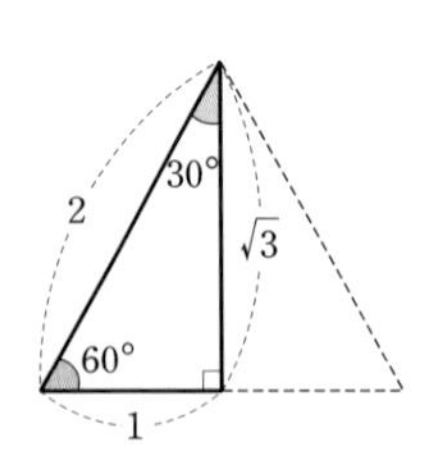

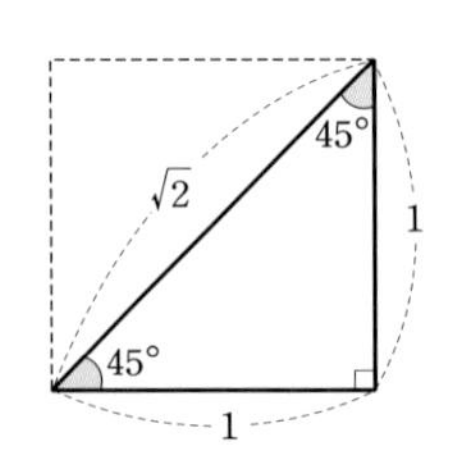

θ	30°	45°	60°
$\sin\theta$	$\frac{1}{2}$	$\frac{\sqrt{2}}{2}$	$\frac{\sqrt{3}}{2}$
$\cos\theta$	$\frac{\sqrt{3}}{2}$	$\frac{\sqrt{2}}{2}$	$\frac{1}{2}$
$\tan\theta$	$\frac{\sqrt{3}}{3}$	1	$\sqrt{3}$

이제 본격적으로 삼각함수에 대해 살펴보도록 하자.

오른쪽 그림처럼 x축의 양의 부분을 시초선으로 하고, 동경 OP가 나타내는 각이 θ인 경우를 생각해 보자. 이때 중심이 O, 반지름의 길이가 각각 r, r'인 두 동심원과 동경 OP가 서로 만나는 점을 각각 $\mathrm{Q}(x, y)$, $\mathrm{Q}'(x', y')$이라 하면

$$\frac{y}{r} = \frac{y'}{r'}, \quad \frac{x}{r} = \frac{x'}{r'}, \quad \frac{y}{x} = \frac{y'}{x'}$$

의 관계가 도출됨을 알 수 있다. 즉, θ의 크기가 정해지면

$$\frac{y}{r}, \quad \frac{x}{r}, \quad \frac{y}{x}\,(x \neq 0)$$

의 값은 r의 값에 관계없이 유일한 값으로 결정된다.

따라서 다음 각각의 대응은 모두 θ에 대한 함수가 된다.

$$\theta \to \frac{y}{r}, \quad \theta \to \frac{x}{r}, \quad \theta \to \frac{y}{x}\,(x \neq 0)$$

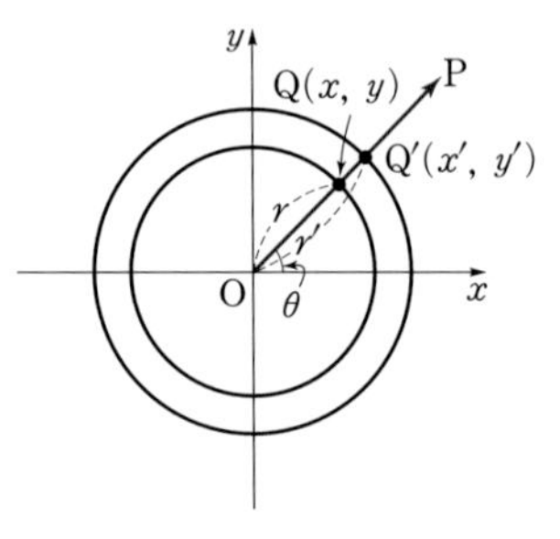

Figure_ 삼각함수의 정의

이 함수를 차례로 **사인함수**, **코사인함수**, **탄젠트함수**라 하고

$$\sin\theta=\frac{y}{r},\quad \cos\theta=\frac{x}{r},\quad \tan\theta=\frac{y}{x}\,(x\neq0)$$

와 같이 나타낸다. 이렇게 정의한 함수를 θ에 대한 **삼각함수**라 한다.

삼각함수의 정의

오른쪽 그림에서 동경 OP가 나타내는 각을 θ라 할 때

(1) $\sin\theta=\frac{y}{r}$ ← θ에서 $\frac{y}{r}$로의 함수이다.

(2) $\cos\theta=\frac{x}{r}$ ← θ에서 $\frac{x}{r}$로의 함수이다.

(3) $\tan\theta=\frac{y}{x}$ $(x\neq0)$ ← θ에서 $\frac{y}{x}$로의 함수이다.

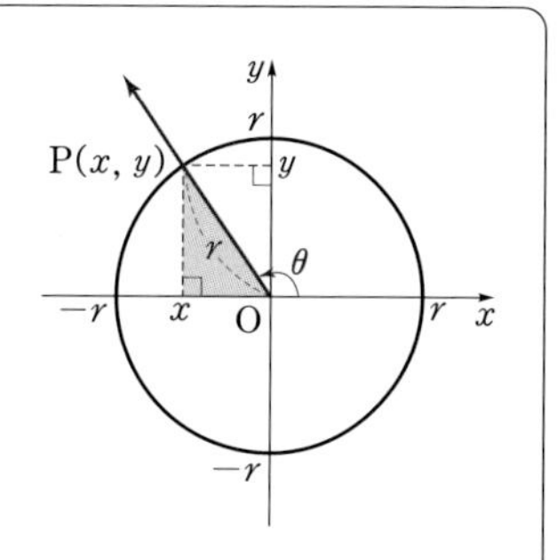

중학교 과정에서 배운 삼각비와 방금 정의한 삼각함수의 차이점에 대해 살펴보자.
삼각비는 직각삼각형에서 정의하였기 때문에 각 θ가 $0°$에서 $90°$까지인 경우에 대해서만 $\sin\theta$, $\cos\theta$, $\tan\theta$의 값을 알 수 있었다. 하지만 삼각함수는 삼각형이 아닌 좌표평면에서의 점의 좌표를 이용하여 $\sin\theta$, $\cos\theta$, $\tan\theta$를 정의하기 때문에 θ가 $90°$보다 큰 각 또는 음의 각인 경우에도 $\sin\theta$, $\cos\theta$, $\tan\theta$를 정의할 수 있고, 그 함숫값이 음수일 수도 있다.
또한 앞 단원에서 배운 호도법에 의하여 각의 크기를 실수로 나타낼 수 있으므로 명백히

정의역과 공역이 실수 집합인 함수

이다. 따라서 삼각함수는 지금까지 배운 유리함수, 무리함수, 지수함수, 로그함수 등과 같이 '잘 정의된 함수' 이다.

EXAMPLE 040 원점 O와 점 $\mathrm{P}(-5,\ 12)$를 지나는 동경 OP가 나타내는 각의 크기를 θ라 할 때, $\sin\theta$, $\cos\theta$, $\tan\theta$의 값을 구하여라.

ANSWER 오른쪽 그림에서 $r=\overline{\mathrm{OP}}=\sqrt{5^2+12^2}=13$이고
$x=-5$, $y=12$이므로

$$\sin\theta=\frac{y}{r}=\frac{12}{13},\ \cos\theta=\frac{x}{r}=-\frac{5}{13},$$

$$\tan\theta=\frac{y}{x}=-\frac{12}{5}\ ■$$

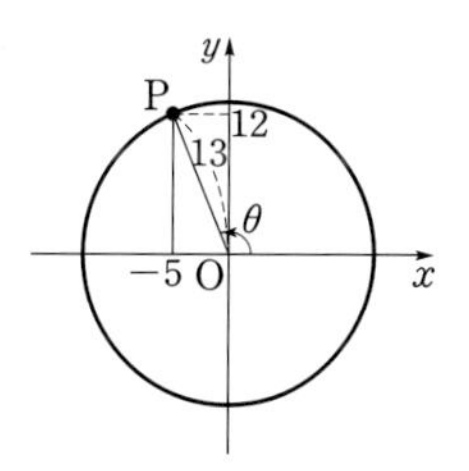

Sub Note 013쪽

APPLICATION 056 원점 O와 점 P$(-3,\ -4)$를 지나는 동경 OP가 나타내는 각을 θ라 할 때, $\sin\theta$, $\cos\theta$, $\tan\theta$의 값을 구하여라.

EXAMPLE 041 $\theta=\frac{4}{3}\pi$일 때, $\sin\theta$, $\cos\theta$, $\tan\theta$의 값을 구하여라.

ANSWER 주어진 각의 동경과 반지름의 길이가 1인 원의 교점의 좌표를 구한다.

오른쪽 그림과 같이 각 $\frac{4}{3}\pi$를 나타내는 동경과 원점 O를 중심으로 하고 반지름의 길이가 1인 원의 교점을 P, 점 P에서 x축에 내린 수선의 발을 H라 하자.

$\overline{OP}=1$, $\angle POH=\frac{\pi}{3}$이므로 $\overline{PH}=\frac{\sqrt{3}}{2}$, $\overline{OH}=\frac{1}{2}$

$\therefore$ P$\left(-\frac{1}{2},\ -\frac{\sqrt{3}}{2}\right)$ ($\because$ 점 P는 제3사분면 위의 점)

따라서 삼각함수의 정의에 의하여

$$\sin\theta=-\frac{\sqrt{3}}{2},\ \cos\theta=-\frac{1}{2},\ \tan\theta=\frac{-\frac{\sqrt{3}}{2}}{-\frac{1}{2}}=\sqrt{3}$$ ■

APPLICATION 057 $\theta=\frac{3}{4}\pi$일 때, $\sin\theta-\cos\theta$의 값을 구하여라. Sub Note 013쪽

2 삼각함수의 값의 부호

삼각함수의 정의상 $\sin\theta$는 y좌표, $\cos\theta$는 x좌표, $\tan\theta$는 $\frac{y}{x}\,(x\neq0)$의 부호에 영향을 받으므로 삼각함수의 값의 부호는 각 θ의 동경이 위치한 사분면에 따라 다음과 같이 결정된다.

	제1사분면	제2사분면	제3사분면	제4사분면
P$(x,\ y)$의 위치	$(+,\ +)$	$(-,\ +)$	$(-,\ -)$	$(+,\ -)$
$\sin\theta$의 부호($=y$의 부호)	$+$	$+$	$-$	$-$
$\cos\theta$의 부호($=x$의 부호)	$+$	$-$	$-$	$+$
$\tan\theta$의 부호$\left(=\frac{y}{x}\text{의 부호}\right)$	$\frac{+}{+}$ ➡ $+$	$\frac{+}{-}$ ➡ $-$	$\frac{-}{-}$ ➡ $+$	$\frac{-}{+}$ ➡ $-$

Figure_ 동경의 위치에 따른 삼각함수의 값의 부호

위의 표를 삼각함수별로 사분면에 따른 값의 부호를 정리하면 다음과 같다.

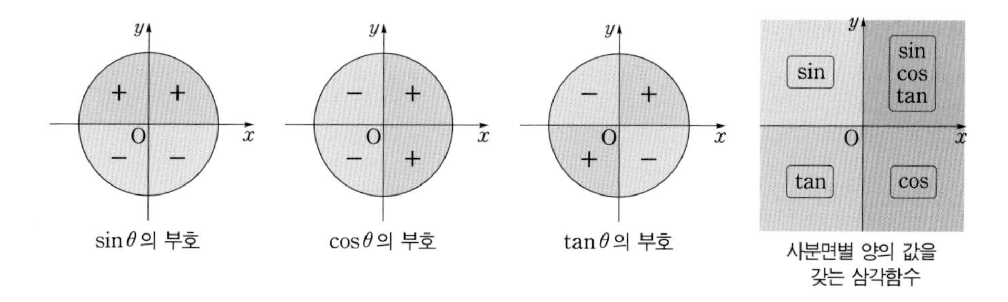

$\sin\theta$의 부호 $\cos\theta$의 부호 $\tan\theta$의 부호 사분면별 양의 값을 갖는 삼각함수

Sub Note 013쪽

APPLICATION **058** 각 θ가 다음과 같을 때, $\sin\theta$, $\cos\theta$, $\tan\theta$의 값의 부호를 말하여라.

(1) 220° (2) 500° (3) $\frac{9}{5}\pi$ (4) $-\frac{15}{8}\pi$

EXAMPLE 042 다음을 만족시키는 각 θ는 제몇 사분면의 각인지 말하여라.

(1) $\sin\theta<0,\ \cos\theta>0$ (2) $\sin\theta\tan\theta<0$

(3) $\sin\theta\tan\theta>0,\ \cos\theta\tan\theta<0$

ANSWER (1) $\sin\theta<0$이므로 각 θ는 제3사분면 또는 제4사분면의 각이다.

$\cos\theta>0$이므로 각 θ는 제1사분면 또는 제4사분면의 각이다.

따라서 각 θ는 **제4사분면의 각**이다. ■

(2) $\sin\theta\tan\theta<0$에서 $\sin\theta>0,\ \tan\theta<0$ 또는 $\sin\theta<0,\ \tan\theta>0$

따라서 각 θ는 **제2사분면 또는 제3사분면의 각**이다. ■

(3) (i) $\sin\theta\tan\theta>0$에서 $\sin\theta>0,\ \tan\theta>0$ 또는 $\sin\theta<0,\ \tan\theta<0$이므로 각 θ는 제1사분면 또는 제4사분면의 각이다.

(ii) $\cos\theta\tan\theta<0$에서 $\cos\theta>0,\ \tan\theta<0$ 또는 $\cos\theta<0,\ \tan\theta>0$이므로 각 θ는 제4사분면 또는 제3사분면의 각이다.

(i), (ii)에서 각 θ는 **제4사분면의 각**이다. ■

[다른 풀이] 삼각함수의 정의를 이용하자.

각 θ를 나타내는 동경과 중심이 O이고 반지름의 길이가 r인 원이 만나는 점을 $\mathrm{P}(x, y)$라 하여 삼각함수의 값을 구하면

$\sin\theta\tan\theta>0$, $\cos\theta\tan\theta<0$에서 $\frac{y}{r}\times\frac{y}{x}=\frac{y^2}{rx}>0,\ \frac{x}{r}\times\frac{y}{x}=\frac{y}{r}<0$

$\therefore x>0,\ y<0\ (\because y^2>0,\ r>0)$

따라서 점 P는 제4사분면 위의 점이므로 각 θ는 제4사분면의 각이다.

Sub Note 013쪽

APPLICATION **059** 다음을 만족시키는 각 θ는 제몇 사분면의 각인지 말하여라.

(1) $\cos\theta<0,\ \tan\theta<0$ (2) $\sin\theta\cos\theta>0$

(3) $\sin\theta\cos\theta<0$, $\cos\theta\tan\theta<0$

3 삼각함수 사이의 관계

삼각함수의 값과 단위원(반지름의 길이가 1인 원)의 관계를 통해 삼각함수 사이의 관계를 알아보자.

오른쪽 그림처럼 단위원과 각 θ를 나타내는 동경이 서로 만나는 점을 $\mathrm{P}(x, y)$라 하면 삼각함수의 정의에 의하여

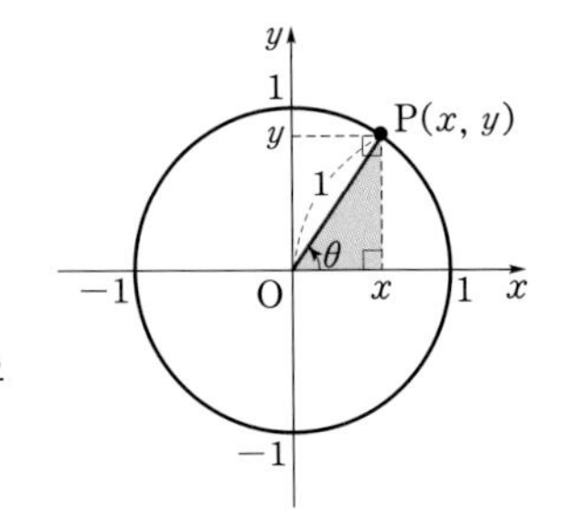

$$\sin\theta=\frac{y}{1}=y,\ \cos\theta=\frac{x}{1}=x,$$

$$\tan\theta=\frac{y}{x}\ (x\neq0)=\frac{\sin\theta}{\cos\theta} \quad \cdots\cdots ㉠$$

← 탄젠트는 사인과 코사인으로 나타낼 수 있다.

이때 점 P와 비교하여 살펴보면

$\cos\theta$의 값은 x좌표, $\sin\theta$의 값은 y좌표와 관련이 있으며

$\tan\theta$의 값은 동경 OP의 기울기를 의미함을 파악할 수 있다.

이로부터 단위원 위의 점 P의 좌표 (x, y)를 $(\cos\theta, \sin\theta)$로 나타낼 수 있다. 다음 문제를 통해 가볍게 적용해 보고 넘어가도록 하자.

EXAMPLE 043 단위원 위의 점의 좌표를 이용하여 다음 삼각함수의 값을 구하여라.

(1) $\sin 0$ (2) $\sin\frac{\pi}{2}$ (3) $\cos(-\pi)$ (4) $\cos\frac{3}{2}\pi$

ANSWER (1) 삼각함수의 정의에 의해 $\sin 0$은 단위원 위의 한 점 $\mathrm{P}_1(1, 0)$의 y좌표를 의미하므로 $\sin 0=\mathbf{0}$ ■

(2) 삼각함수의 정의에 의해 $\sin\frac{\pi}{2}$는 단위원 위의 한 점 $\mathrm{P}_2(0, 1)$의 y좌표를 의미하므로 $\sin\frac{\pi}{2}=\mathbf{1}$ ■

(3) 삼각함수의 정의에 의해 $\cos(-\pi)$는 단위원 위의 한 점 $\mathrm{P}_3(-1, 0)$의 x좌표를 의미하므로 $\cos(-\pi)=\mathbf{-1}$ ■

(4) 삼각함수의 정의에 의해 $\cos\frac{3}{2}\pi$는 단위원 위의 한 점 $\mathrm{P}_4(0, -1)$의 x좌표를 의미하므로

$\cos\frac{3}{2}\pi=\mathbf{0}$ ■

[참고] 삼각함수의 값이 단순히 변의 길이가 아닌 좌표로써의 역할도 할 수 있다는 점을 기억하자.

한편 위의 그림에서 점 $\mathrm{P}(x, y)$는 단위원 위의 점이므로 도형의 방정식은 $x^2+y^2=1$이다. 그런데 $x=\cos\theta$, $y=\sin\theta$이므로 이를 위의 식에 대입하면

$$\sin^2\theta+\cos^2\theta=1$$ [9] …… ㉡

이다. 앞의 ㉠, ㉡의 두 식은 삼각함수 문제에 자주 쓰이므로 유도 과정을 제대로 이해하고, 반드시 외우도록 하자.

EXAMPLE 044 (1) θ가 제4사분면의 각이고 $\cos\theta=\frac{2}{3}$일 때, $\sin\theta$, $\tan\theta$의 값을 구하여라.

(2) $\sin\theta+\cos\theta=\frac{1}{2}$일 때, $\sin\theta\cos\theta$의 값을 구하여라.

ANSWER $\sin^2\theta+\cos^2\theta=1$임을 이용한다.

(1) θ가 제4사분면의 각이므로 $\sin\theta<0$, $\tan\theta<0$ …… ㉠

$\sin^2\theta+\cos^2\theta=1$에서 $\sin^2\theta=1-\cos^2\theta$이므로 $\cos\theta=\frac{2}{3}$를 대입하면

$\sin^2\theta=1-\left(\frac{2}{3}\right)^2=\frac{5}{9}$ $\quad\therefore \boldsymbol{\sin\theta=-\frac{\sqrt{5}}{3}}$ ($\because$ ㉠)

$\therefore \boldsymbol{\tan\theta}=\frac{\sin\theta}{\cos\theta}=\boldsymbol{-\frac{\sqrt{5}}{2}}$ ■

[다른 풀이] 삼각함수의 정의를 이용하여 구해 보자.

θ가 제4사분면의 각이고, $\cos\theta=\frac{2}{3}$이므로

θ를 나타내는 동경이 반지름의 길이가 3인 원과 만나는 점 P의 좌표는 오른쪽 그림과 같이 $P(2, -\sqrt{5})$가 된다.

$\therefore \sin\theta=-\frac{\sqrt{5}}{3}$, $\tan\theta=-\frac{\sqrt{5}}{2}$

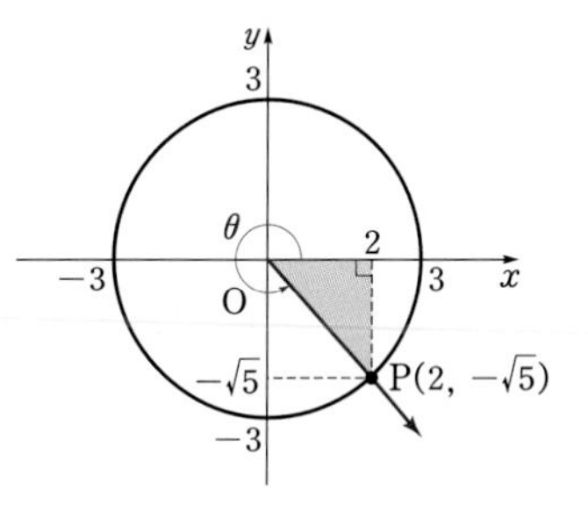

(2) $\sin\theta+\cos\theta=\frac{1}{2}$의 양변을 제곱하면 $\sin^2\theta+2\sin\theta\cos\theta+\cos^2\theta=\frac{1}{4}$

이때 $\sin^2\theta+\cos^2\theta=1$이므로 $1+2\sin\theta\cos\theta=\frac{1}{4}$ $\quad\therefore \sin\theta\cos\theta=\boldsymbol{-\frac{3}{8}}$ ■

Sub Note 014쪽

APPLICATION 060 (1) θ가 제3사분면의 각이고 $\sin\theta=-\frac{3}{5}$일 때, $\cos\theta$, $\tan\theta$의 값을 구하여라.

(2) θ가 제1사분면의 각이고 $\sin\theta-\cos\theta=\frac{\sqrt{3}}{3}$일 때, 다음 식의 값을 구하여라.

① $\sin\theta\cos\theta$ ② $\sin\theta+\cos\theta$

---

[9] $\sin^2\theta+\cos^2\theta=1$은 단위원주상에서 임의의 점과 원점 사이의 거리가 '1'임을 가장 아름답게 표현한 식임을 느껴 보기 바란다.

기본 예제 **삼각함수의 정의를 이용하여 삼각함수의 값 구하기**

037 (1) θ가 제3사분면의 각이고, $\tan\theta=\frac{1}{2}$일 때, $\sin\theta\cos\theta$의 값을 구하여라.

(2) θ가 제2사분면의 각이고, $\sin\theta-2\cos\theta=2$일 때, $\tan\theta$의 값을 구하여라.

GUIDE 동경을 좌표평면 위에 나타낸 후 삼각함수의 값을 구해 본다.

SOLUTION

(1) θ가 제3사분면의 각이고, $\tan\theta=\frac{1}{2}$이므로

각 θ를 나타내는 동경과 그 위의 한 점 P를 오른쪽 그림과 같이 나타낼 수 있다.

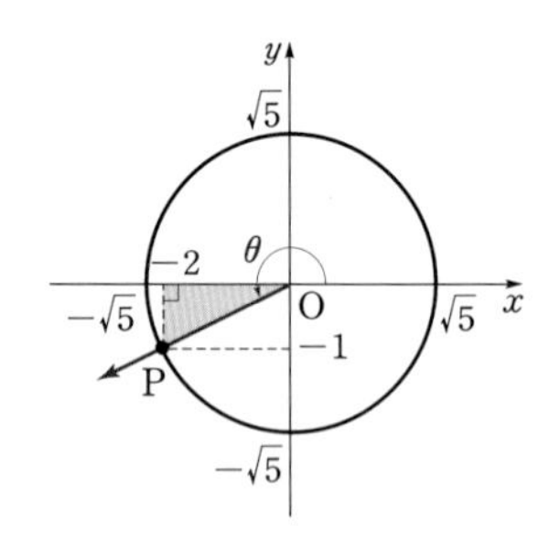

따라서 $\overline{OP}=\sqrt{(-2)^2+(-1)^2}=\sqrt{5}$이므로

$$\sin\theta=-\frac{1}{\sqrt{5}},\ \cos\theta=-\frac{2}{\sqrt{5}}$$

$$\therefore \sin\theta\cos\theta=\mathbf{\frac{2}{5}}\ ■$$

(2) 문제의 조건을 만족시키는 단위원 위의 점을 $P(a, b)$라 하면

삼각함수의 정의에 의해 $\sin\theta=b$, $\cos\theta=a$ (단, $a<0$, $b>0$)

이때 $\sin\theta-2\cos\theta=2$이므로

$b-2a=2 \quad \therefore b=2a+2 \quad \cdots\cdots$ ㉠

또 점 P는 단위원 $x^2+y^2=1$ 위의 점이므로

$a^2+b^2=1 \quad \cdots\cdots$ ㉡

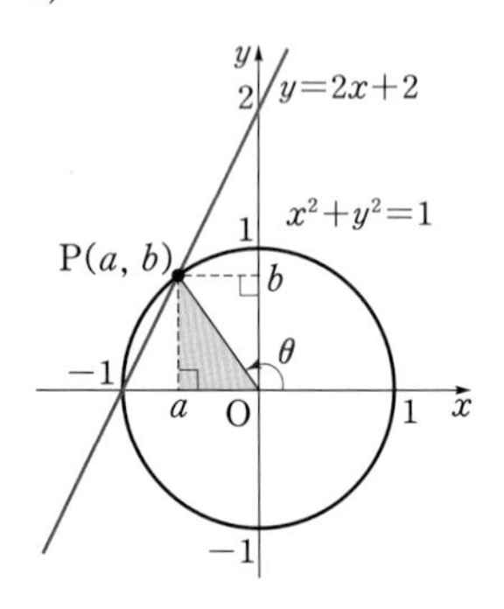

(직선 $y=2x+2$와 단위원 $x^2+y^2=1$의 교점 중에서 제2사분면에 있는 점이 조건을 만족시키는 점 P이다.)

㉠을 ㉡에 대입하여 정리하면

$$5a^2+8a+3=0,\ (a+1)(5a+3)=0$$

$$\therefore a=-1 \text{ 또는 } a=-\frac{3}{5}$$

$a=-1$을 ㉠에 대입하면 $b=0$

$a=-\frac{3}{5}$을 ㉠에 대입하면 $b=\frac{4}{5}$

이때 점 P는 제2사분면 위의 점이므로 점 P의 좌표는 $\left(-\frac{3}{5}, \frac{4}{5}\right)$이다.

$$\therefore \tan\theta=\frac{\frac{4}{5}}{-\frac{3}{5}}=-\frac{4}{3}$$ ■

[참고] 점 $(\cos\theta, \sin\theta)$가 단위원 위의 한 점의 좌표임을 나타내는 식 $\sin^2\theta+\cos^2\theta=1$을 떠올린다면 주어진 식 $\sin\theta-2\cos\theta=2$와 연립하여 $\sin\theta$와 $\cos\theta$의 값을 구할 수 있다. 위의 풀이에서는 공식을 사용하지 않아도 가장 기본적인 삼각함수의 정의만으로 문제를 풀 수 있다는 것을 알려주고자 하였다.

유제
037-1 θ가 제2사분면의 각이고, $\tan\theta=-\frac{12}{5}$일 때, $\sin\theta$, $\cos\theta$의 값을 구하여라. Sub Note 040쪽

유제
037-2 θ가 제4사분면의 각이고, $2\sin\theta-\cos\theta=-2$일 때, $\tan\theta$의 값을 구하여라. Sub Note 040쪽

기본 예제 **삼각함수의 값의 부호**

038

$\sin\theta\cos\theta<0$, $\sin\theta\tan\theta>0$을 만족시키는 각 θ에 대하여 $|\sin\theta|-|\cos\theta|+\sin\theta-\cos\theta$를 간단히 하여라.

GUIDE 조건을 만족시키는 각 θ가 어느 사분면에 있는지 알아본 후 주어진 식의 절댓값 기호 안의 함수의 부호를 고려하여 간단히 한다.

SOLUTION

$\sin\theta\cos\theta<0$에서

$\sin\theta>0$, $\cos\theta<0$ 또는 $\sin\theta<0$, $\cos\theta>0$

이므로 각 θ는 제2사분면 또는 제4사분면의 각이다.

또한 $\sin\theta\tan\theta>0$에서

$\sin\theta>0$, $\tan\theta>0$ 또는 $\sin\theta<0$, $\tan\theta<0$

이므로 각 θ는 제1사분면 또는 제4사분면의 각이다.

따라서 각 θ는 제4사분면의 각이므로

$\sin\theta<0$, $\cos\theta>0$

$$\therefore |\sin\theta|-|\cos\theta|+\sin\theta-\cos\theta=-\sin\theta-\cos\theta+\sin\theta-\cos\theta$$
$$=\mathbf{-2\cos\theta}\ ■$$

유제
038-1 $\dfrac{\pi}{2}<\theta<\pi$일 때, $|\sin\theta|+\cos\theta+\sqrt{\cos^2\theta}-\sin\theta$를 간단히 하여라. Sub Note 040쪽

유제
038-2 $\sqrt{\sin\theta}\sqrt{\cos\theta}=-\sqrt{\sin\theta\cos\theta}$가 성립할 때, $|\cos\theta|+\sqrt{\sin^2\theta}+\sqrt[3]{\cos^3\theta}$를 간단히 하여라. Sub Note 040쪽

(단, $\sin\theta\cos\theta\neq0$)

기 본 예 제 *삼각함수 사이의 관계(1)*

039 (1) $\dfrac{1-2\sin\theta\cos\theta}{\sin^2\theta-\cos^2\theta}=\dfrac{\tan\theta-1}{\tan\theta+1}$임을 증명하여라.

(2) θ가 제4사분면의 각이고 $\dfrac{1-\cos\theta}{1+\cos\theta}=\dfrac{1}{9}$일 때, $10\sin\theta-12\tan\theta$의 값을 구하여라.

GUIDE 삼각함수 사이의 관계를 이용한다.

① $\sin^2\theta+\cos^2\theta=1$ ② $\tan\theta=\dfrac{\sin\theta}{\cos\theta}$

SOLUTION

(1) $\sin^2\theta+\cos^2\theta=1$, $\tan\theta=\dfrac{\sin\theta}{\cos\theta}$이므로

$$\begin{aligned}\frac{1-2\sin\theta\cos\theta}{\sin^2\theta-\cos^2\theta}&=\frac{(\sin^2\theta+\cos^2\theta)-2\sin\theta\cos\theta}{\sin^2\theta-\cos^2\theta}\\&=\frac{(\sin\theta-\cos\theta)^2}{(\sin\theta+\cos\theta)(\sin\theta-\cos\theta)}\\&=\frac{\sin\theta-\cos\theta}{\sin\theta+\cos\theta}=\frac{\frac{\sin\theta}{\cos\theta}-1}{\frac{\sin\theta}{\cos\theta}+1}=\frac{\tan\theta-1}{\tan\theta+1}\ \blacksquare\end{aligned}$$

(2) $\dfrac{1-\cos\theta}{1+\cos\theta}=\dfrac{1}{9}$에서 $9-9\cos\theta=1+\cos\theta$ $\therefore \cos\theta=\dfrac{4}{5}$

$\sin^2\theta+\cos^2\theta=1$이므로 $\sin^2\theta=1-\cos^2\theta=1-\dfrac{16}{25}=\dfrac{9}{25}$

$\therefore \sin\theta=-\dfrac{3}{5}$ ($\because$ θ는 제4사분면의 각)

또한 $\tan\theta=\dfrac{\sin\theta}{\cos\theta}$이므로 $\tan\theta=-\dfrac{3}{4}$

$\therefore 10\sin\theta-12\tan\theta=10\times\left(-\dfrac{3}{5}\right)-12\times\left(-\dfrac{3}{4}\right)=\mathbf{3}\ \blacksquare$

유제

039-1 다음 등식을 증명하여라. Sub Note 040쪽

(1) $(\sin\theta+\cos\theta)^2+(\sin\theta-\cos\theta)^2=2$

(2) $\sin^4\theta-\sin^2\theta=\cos^4\theta-\cos^2\theta$

(3) $\dfrac{\cos\theta}{1-\sin\theta}+\dfrac{\cos\theta}{1+\sin\theta}=\dfrac{2}{\cos\theta}$

(4) $\left(\tan\theta+\dfrac{1}{\cos\theta}\right)^2=\dfrac{1+\sin\theta}{1-\sin\theta}$

유제

039-2 $\sin\theta+\sin^2\theta=1$일 때, $\cos^2\theta+\cos^6\theta+\cos^8\theta$의 값을 구하여라. Sub Note 041쪽

기 본 예 제 **삼각함수 사이의 관계(2)**

040

$\sin\theta+\cos\theta=\frac{1}{3}$일 때, 다음 식의 값을 구하여라. (단, θ는 제4사분면의 각이다.)

(1) $\sin\theta\cos\theta$

(2) $\sin\theta-\cos\theta$

(3) $\tan\theta+\frac{1}{\tan\theta}$

(4) $\sin^3\theta+\cos^3\theta$

GUIDE $\sin\theta\pm\cos\theta=a$($a$는 상수)가 주어졌을 때 양변을 제곱하면 $\sin\theta\cos\theta$의 값을 구할 수 있고, $\sin\theta$, $\cos\theta$를 α, β로 보면 $\alpha+\beta$, $\alpha\beta$가 주어진 것이므로 $\alpha^3+\beta^3$, $\alpha-\beta$와 같은 식의 값을 구할 수 있다.

SOLUTION

(1) $\sin\theta+\cos\theta=\frac{1}{3}$의 양변을 제곱하면

$$\sin^2\theta+2\sin\theta\cos\theta+\cos^2\theta=1+2\sin\theta\cos\theta=\frac{1}{9}$$

$$\therefore \sin\theta\cos\theta=-\mathbf{\frac{4}{9}}$$ ■

(2) $(\sin\theta-\cos\theta)^2=\sin^2\theta-2\sin\theta\cos\theta+\cos^2\theta=1-2\times\left(-\frac{4}{9}\right)=\frac{17}{9}$

이때 θ가 제4사분면의 각이므로 $\sin\theta-\cos\theta<0$ ($\because \sin\theta<0$, $\cos\theta>0$)

$$\therefore \sin\theta-\cos\theta=-\mathbf{\frac{\sqrt{17}}{3}}$$ ■

(3) $\tan\theta+\frac{1}{\tan\theta}=\frac{\sin\theta}{\cos\theta}+\frac{\cos\theta}{\sin\theta}=\frac{\sin^2\theta+\cos^2\theta}{\sin\theta\cos\theta}=\frac{1}{\sin\theta\cos\theta}=-\mathbf{\frac{9}{4}}$ ■

(4) $\sin^3\theta+\cos^3\theta=(\sin\theta+\cos\theta)^3-3\sin\theta\cos\theta(\sin\theta+\cos\theta)$

$$=\left(\frac{1}{3}\right)^3-3\times\left(-\frac{4}{9}\right)\times\frac{1}{3}=\mathbf{\frac{13}{27}}$$ ■

유제
040-1 $\sin\theta-\cos\theta=\frac{1}{2}$일 때, 다음 식의 값을 구하여라. (단, θ는 제3사분면의 각이다.) Sub Note 041쪽

(1) $\sin\theta\cos\theta$

(2) $\sin\theta+\cos\theta$

(3) $\sin^4\theta+\cos^4\theta$

(4) $\tan^2\theta+\frac{1}{\tan^2\theta}$

유제
040-2 이차방정식 $2x^2-x+k=0$의 두 근이 $\sin\theta$, $\cos\theta$일 때, 실수 k의 값을 구하여라. Sub Note 041쪽

Review Quiz for

SUMMA CUM LAUDE

Sub Note 096쪽

1. 다음 [ ] 안에 적절한 것을 채워 넣어라.

(1) 각의 크기가 $\alpha°$인 동경이 나타내는 일반각 θ의 크기는 [ ]이다.

(2) 호도법은 한 원의 반지름의 길이와 [ ]의 길이의 비율로 각을 측정하는 방법으로 반지름의 길이가 r인 원에서 길이가 r인 호의 중심각의 크기를 [ ]이라 한다.

(3) 각 사분면에서의 삼각함수의 부호는 다음 표와 같다.

	제1사분면	제2사분면	제3사분면	제4사분면
$\sin\theta$	$+$	[①]	$-$	[②]
$\cos\theta$	[③]	$-$	$-$	[④]
$\tan\theta$	$+$	$-$	[⑤]	[⑥]

(4) 점 $(\cos\theta,\ \sin\theta)$의 기하적 정의는 단위원 위의 한 점의 [ ]이다.

(5) $\sin^2\theta+[\qquad]=1$, $\tan\theta=\dfrac{[\qquad]}{\cos\theta}$

2. 다음 문장이 참(true) 또는 거짓(false)인지 결정하고, 그 이유를 설명하거나 적절한 반례를 제시하여라.

(1) 각을 측정하여 얻은 π라디안에서의 π와 원주율 π는 다르다.

(2) $\sin\theta$, $\cos\theta$와 마찬가지로 $\tan\theta$도 모든 실수 θ에 대해 정의된다.

(3) $\sin\theta\tan\theta>0$, $\sin\theta\cos\theta<0$을 만족시키는 θ는 제4사분면의 각이다.

3. 다음 물음에 대한 답을 간단히 서술하여라.

(1) 삼각비와 삼각함수의 차이는 무엇인지 설명하여라.

(2) 좌표평면 위의 원점 O가 아닌 임의의 점 $\mathrm{P}(x,\ y)$가 있다. $r=\sqrt{x^2+y^2}$, $\overline{\mathrm{OP}}$와 x축의 양의 방향이 이루는 각을 θ라 놓을 때, 점 P의 좌표를 x와 y가 아닌 r와 θ를 이용하여 표현하고 설명하여라.

Sub Note 097쪽

사분면의 각 **01**

$\alpha°$가 제 n사분면의 각일 때, 함수 f를 $f(\alpha°)=n(n\in\{1, 2, 3, 4\})$과 같이 정의한다. 예를 들어 $30°$는 제 1 사분면의 각이므로 $f(30°)=1$이다.
$f(100°)+f(160°)+f(240°)+f(320°)+f(570°)$의 값을 구하여라.

사분면의 각 **02**

2θ가 제1 사분면의 각일 때, θ를 나타내는 동경이 속한 영역을 좌표평면 위에 옳게 나타낸 것은? (단, 경계선 제외)

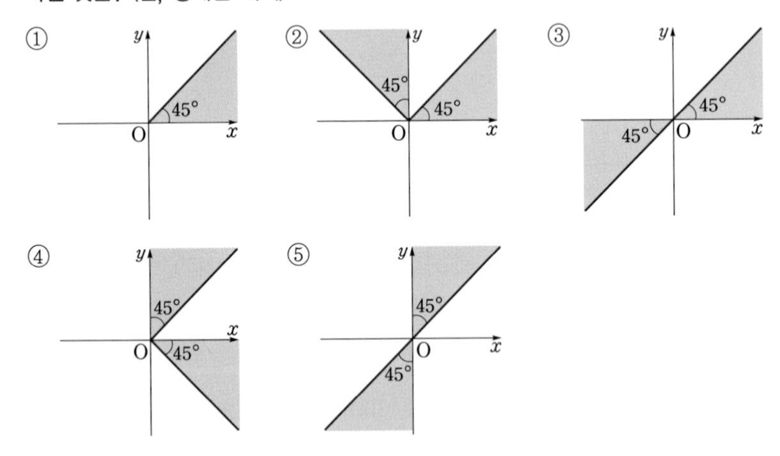

두 동경의 위치 관계 **03**

$0<\theta<2\pi$일 때, 각 $\frac{\theta}{3}$를 나타내는 동경과 각 2θ를 나타내는 동경이 같은 직선 위에 있도록 하는 모든 θ의 크기의 합을 구하여라.

부채꼴의 호의 길이와 넓이 **04**

반지름의 길이가 5cm인 부채꼴의 둘레의 길이를 $a\text{cm}$, 넓이를 $b\text{cm}^2$라 하자. $a=b$일 때, 이 부채꼴의 중심각의 크기를 구하여라.

삼각함수의 정의 **05**

오른쪽 그림과 같이 직선 $y=-2x$가 x축의 양의 방향과 이루는 각의 크기를 θ라 할 때, $\sqrt{5}\cos\theta+\tan\theta$의 값을 구하여라.

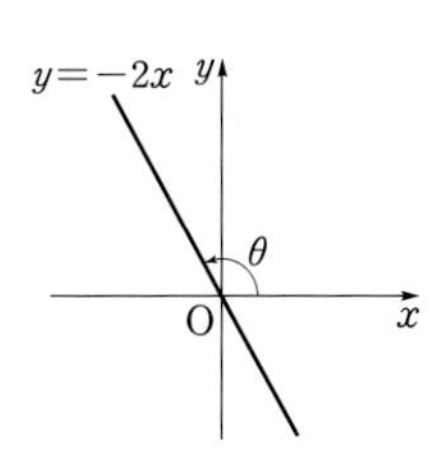

삼각함수의 값의 부호 **06**

$\sqrt{\dfrac{\sin\theta}{\cos\theta}}=-\dfrac{\sqrt{\sin\theta}}{\sqrt{\cos\theta}}$를 만족시키는 각 θ의 범위가 $a\pi<\theta<b\pi$일 때, a^2+b^2의 값을 구하여라. (단, $\sin\theta\cos\theta\neq0$이고 $0<\theta<2\pi$)

삼각함수 사이의 관계 **07**

다음 두 식 (가), (나)를 각각 간단히 하여 차례로 나타낸 것은?

(가) $\dfrac{\tan\theta}{\cos\theta}+\dfrac{1}{\cos^2\theta}$ (나) $\dfrac{\cos\theta}{1-\tan\theta}+\dfrac{\sin^2\theta}{\sin\theta-\cos\theta}$

① $\dfrac{1}{1+\sin\theta}$, $\cos\theta-\sin\theta$ ② $\dfrac{1}{1-\sin\theta}$, $\cos\theta$

③ $\dfrac{1}{1-\sin\theta}$, $\sin\theta+\cos\theta$ ④ $\dfrac{1}{1+\sin\theta}$, $\sin\theta+\cos\theta$

⑤ $\dfrac{1}{1-\sin\theta}$, $\dfrac{1}{\cos\theta}$

삼각함수 사이의 관계 **08** 서술형

$\sin\theta-\cos\theta=\dfrac{1}{3}$일 때, $\dfrac{1}{\sin\theta}-\dfrac{1}{\cos\theta}$의 값을 구하여라.

삼각함수 사이의 관계 **09**

1이 아닌 양수 a에 대하여 $\cos\theta=a^{-2}$일 때,

$\log_a\left(\dfrac{1}{\cos\theta}+\tan\theta\right)+\log_a(1-\sin\theta)$의 값을 구하여라.

삼각함수 사이의 관계 **10**

$\cos\theta+\sin\theta=0$일 때, $\tan\theta$, $\dfrac{1}{\tan\theta}$을 두 근으로 하고 이차항의 계수가 1인 x에 대한 이차방정식을 구하여라. (단, $\sin\theta\neq0$, $\cos\theta\neq0$)

Sub Note 099쪽

01 함수 $f(x)=\begin{cases} 1 & (x>0) \\ -1 & (x<0) \end{cases}$이라 하자. 예를 들어 $\cos\frac{\pi}{3}>0$이므로 $f\left(\cos\frac{\pi}{3}\right)=1$이다. 이때 다음 식을 만족시키는 θ는 제몇 사분면의 각인지 구하여라.

$$f(\sin\theta)+f(\cos\theta)+f(\tan\theta)+f(\sin 2\theta)=0$$

02 오른쪽 그림과 같이 지름의 길이가 18인 선분 AB를 지름으로 하는 반원 위에 호 AC의 길이가 6π인 점 C를 잡았다. 점 C에서 선분 AB에 내린 수선의 발을 H라 할 때, $\overline{\mathrm{CH}}$의 길이를 구하여라.

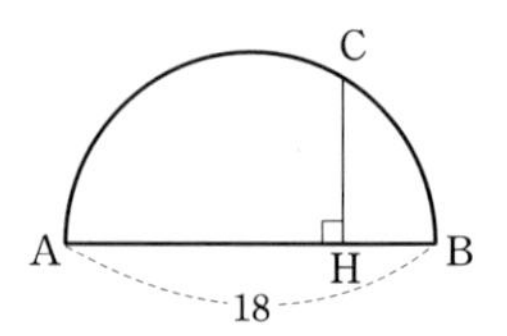

03 두 원 $C_1 : x^2+y^2=1$과 $C_r : x^2+y^2=r^2(r>1)$이 있다. 다음 조건에 따라 원 C_r 위의 점 P_k를 차례로 잡자. (단, $k=1, 2, 3, \cdots$)

(i) $\mathrm{P}_1=\mathrm{P}_1(r, 0)$
(ii) 점 P_{k+1}은 점 P_k에서 C_1에 그은 접선이 C_r와 만나는 점이다.
(iii) 선분 $\mathrm{P}_1\mathrm{P}_2$는 제1 사분면을 지난다.
(iv) 선분 $\mathrm{P}_{k+1}\mathrm{P}_{k+2}$와 선분 $\mathrm{P}_k\mathrm{P}_{k+1}$은 다른 선분이다.

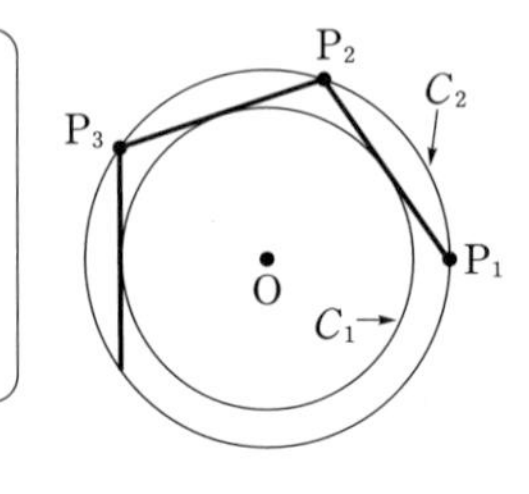

이때 보기에서 옳은 것만을 있는 대로 고른 것은?

보기
ㄱ. $r=\sqrt{2}$이면 $\angle \mathrm{P}_1\mathrm{P}_2\mathrm{P}_3=90°$이다.
ㄴ. $r=\frac{2\sqrt{3}}{3}$이면 P_5의 좌표는 $\mathrm{P}_5\left(-1, -\frac{\sqrt{3}}{3}\right)$이다.
ㄷ. r의 값에 관계없이 $\mathrm{P}_1=\mathrm{P}_n$인 2 이상의 자연수 n이 반드시 존재한다.

① ㄱ ② ㄴ ③ ㄷ ④ ㄱ, ㄷ ⑤ ㄱ, ㄴ, ㄷ

04 오른쪽 그림과 같이 좌표평면 위의 단위원을 10등분하여 각 분점을 차례로

A_1, A_2, $\cdots$, A_{10}

이라 하자. $A_1(1,\ 0)$, $\angle A_1OA_2=\theta$일 때,

$\cos\theta+\cos 2\theta+\cos 3\theta+\cdots+\cos 10\theta$

의 값을 구하여라.

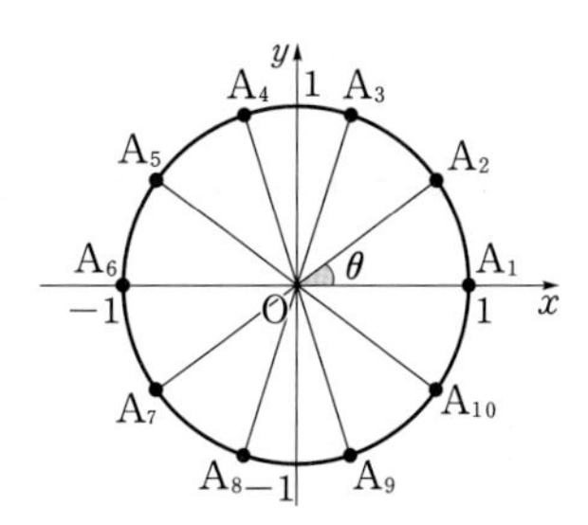

05 θ가 실수일 때, $x=-3+4\sin\theta$, $y=5-4\cos\theta$을 만족시키는 점 $(x,\ y)$가 그리는 도형의 길이를 구하여라.

06 $\left(\sin\theta+\dfrac{1}{\sin\theta}\right)^2+\left(\cos\theta+\dfrac{1}{\cos\theta}\right)^2-\left(\tan\theta+\dfrac{1}{\tan\theta}\right)^2$을 간단히 하여라.

07 $\sin\theta+\cos\theta=1$을 만족시키는 각 θ에 대하여 함수 $f(n)$을 $f(n)=\sin^n\theta+\cos^n\theta$ (n은 자연수)와 같이 정의할 때, $f(1)+f(3)+f(5)+f(7)+f(9)$의 값을 구하여라.

08 서술형

이차방정식 $8x^2-4x-k=0$의 두 근이 $\sin\theta$, $\cos\theta$일 때, $\tan\theta$와 $\dfrac{1}{\tan\theta}$을 두 근으로 하고 상수항이 k인 이차방정식을 구하여라.

09 오른쪽 그림과 같이 시점이 같은 두 반직선이 있다. 한 반직선 위의 두 점 E, F에서 다른 반직선 위에 내린 수선의 발을 각각 G, H라 하자. $\overline{OE}:\overline{GH}=2:1$, $\overline{OG}:\overline{EF}=3:2$, $\angle EOG=\theta$일 때, $\sin\theta$의 값을 구하여라. $\left(\text{단, } 0<\theta<\dfrac{\pi}{2}\right)$

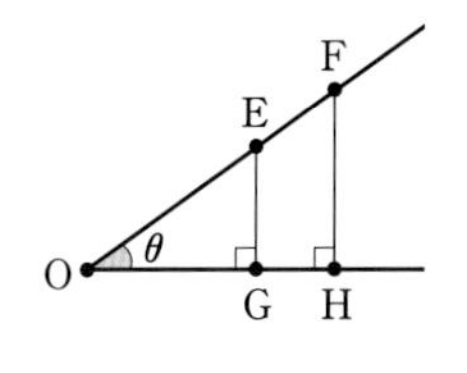

10 θ가 제2사분면의 각이고 $\sin\theta+\cos\theta=\dfrac{\sqrt{2}}{2}$일 때, $2\cos^2\theta$의 값을 구하여라.

내신 · 모의고사 대비 TEST 380쪽

01 삼각함수의 그래프

SUMMA CUM LAUDE

ESSENTIAL LECTURE

1 주기함수

함수 $y=f(x)$의 정의역에 속하는 모든 실수 x에 대하여

$$f(x+p)=f(x)$$

를 만족시키는 0이 아닌 상수 p가 존재할 때 $y=f(x)$를 주기함수라 하고, 이런 상수 p 중에서 최소인 양수를 그 함수의 주기라 한다.

2 삼각함수의 그래프

	$y=\sin x$	$y=\cos x$	$y=\tan x$
(1) 그래프	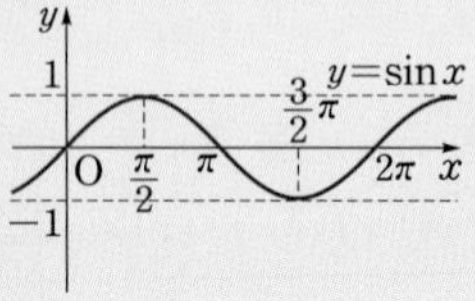	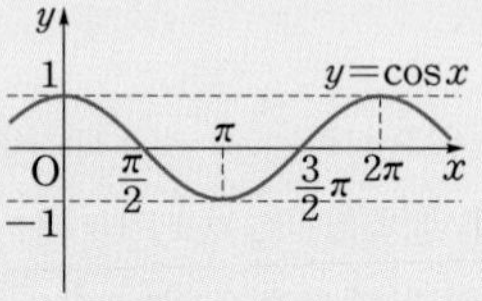	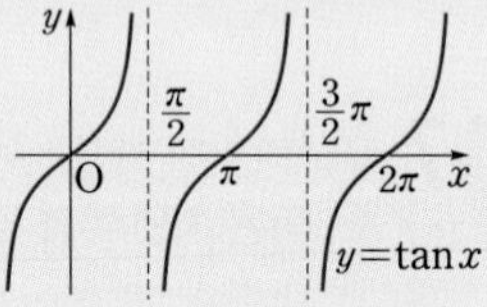
(2) 정의역	실수 전체의 집합	실수 전체의 집합	$n\pi+\frac{\pi}{2}$ (n은 정수)를 제외한 실수 전체의 집합
(3) 치역	① $\{y\mid -1\le y\le 1\}$ ② 최댓값 : 1, 최솟값 : -1	① $\{y\mid -1\le y\le 1\}$ ② 최댓값 : 1, 최솟값 : -1	① 실수 전체의 집합 ② 최댓값, 최솟값은 없다.
(4) 주기	2π	2π	π
(5) 대칭성	원점에 대하여 대칭(홀함수)	y축에 대하여 대칭(짝함수)	원점에 대하여 대칭(홀함수)
(6) 특징	두 함수 $y=\sin x$, $y=\cos x$의 그래프는 평행이동에 의해 서로 겹쳐진다.		직선 $x=n\pi+\frac{\pi}{2}$ (n은 정수)를 점근선으로 갖는다.

1 주기함수

주기함수(periodic function)란 일정 간격을 기준으로 함숫값이 반복되는 함수를 말한다. 비교하자면 순환소수에서 순환마디가 반복되는 것과 유사하다. 그래프 모양을 보면 더욱 쉽게 이해될 것이다.

일반적으로 주기함수를 다음과 같이 정의한다.

주기함수와 주기

함수 $y=f(x)$의 정의역에 속하는 모든 실수 x에 대하여

$$f(x+p)=f(x)$$

를 만족시키는 0이 아닌 상수 p가 존재할 때 $y=f(x)$를 **주기함수**라 하고, 이런 상수 p 중에서 최소인 양수를 그 함수의 **주기**라 한다.

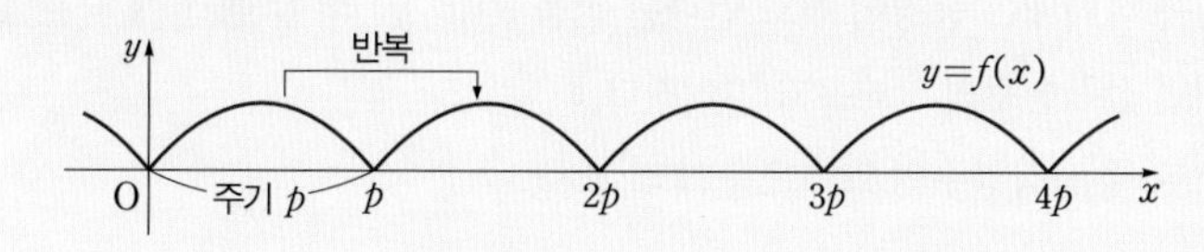

주기함수를 표현하는 식은 다양하다. 예를 들면 주기가 6인 함수의 경우 다음과 같이 여러 가지 형태로 표현될 수 있다. 각 식이 성립함을 그래프를 보고 이해해 보자.

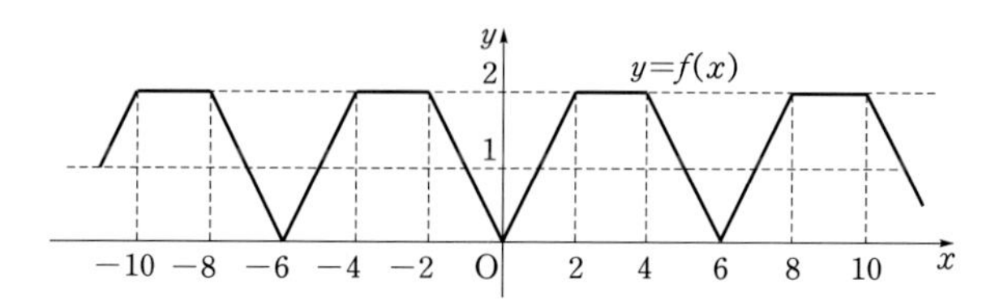

$f(x+6)=f(x)$	$f(x-6)=f(x)$	$f(x-3)=f(x+3)$ ❶	$f(-x+6)=f(-x)$

Sub Note 014쪽

APPLICATION 061 함수 $f(x)$의 주기가 4이고, $f(1)=1$일 때, $f(13)$의 값을 구하여라.

Sub Note 014쪽

APPLICATION 062 모든 실수 x에 대하여 $f(x+1)=f(x-1)$을 만족시키는 함수 $f(x)$에서 $f(0)=1$, $f(1)=3$일 때, $f(1000)+f(1001)$의 값을 구하여라.

'삼각함수'하면 '주기함수'라는 말이 떠오를 정도로 삼각함수에 있어서 주기성은 매우 중요한 성질이니 잘 이해해 두도록 하며 주기함수를 바탕으로 삼각함수의 그래프를 본격적으로 살펴보도록 하자.

---

❶ $x-3=t$로 치환하면 $x=t+3$이므로 이를 식에 대입하면 $f(t)=f(t+6)$이 된다.

2 삼각함수의 그래프

함수 $y=f(x)$의 그래프란 주어진 식을 만족시키는 실수 x, y의 순서쌍 $(x,\ y)$를 좌표로 하는 점들을 좌표평면에 나타낸 것이다. $y=\sin x$, $y=\cos x$, $y=\tan x$의 그래프 역시 순서쌍 $(x,\ y)$를 잘 찾으면 된다.

삼각함수의 그래프를 그리려면 앞서 배운 단위원을 떠올려야 한다.

단위원과 각 θ를 나타내는 동경이 서로 만나는 점을 $\mathrm{P}(x,\ y)$라 할 때, θ에 따른 x, y의 값의 변화를 나타내면 삼각함수의 그래프가 그려진다.
이제 본격적으로 세 삼각함수의 그래프를 그려 보자.

(1) 함수 $y=\sin x$의 그래프

오른쪽 그림과 같이 단위원과 각 θ를 나타내는 동경이 서로 만나는 점을 $\mathrm{P}(x,\ y)$라 하면 반지름의 길이가 1이므로

$$\sin\theta=y$$

가 성립한다. 이로부터

$\sin\theta$의 값은 점 P의 y좌표로 정해진다.

따라서 θ의 변화에 따른 점 P의 y좌표를 좌표평면 위에 나타내면 사인함수의 그래프를 그릴 수 있다. 다음은 각 θ의 크기 변화를 추적하여 사인함수의 그래프를 그린 것이다.

θ를 0에서 π까지 증가시킬 때

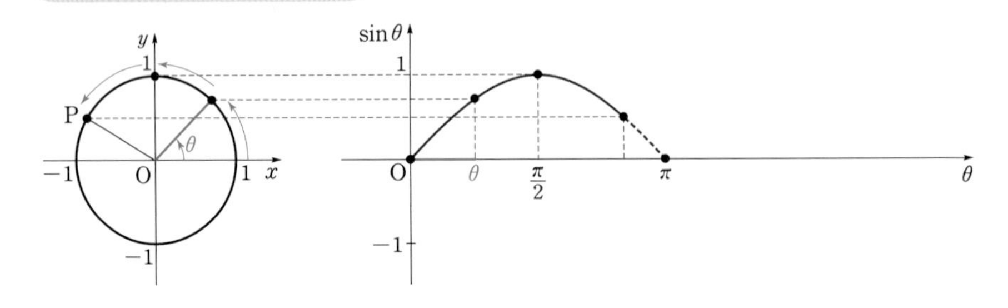

θ를 π에서 2π까지 증가시킬 때

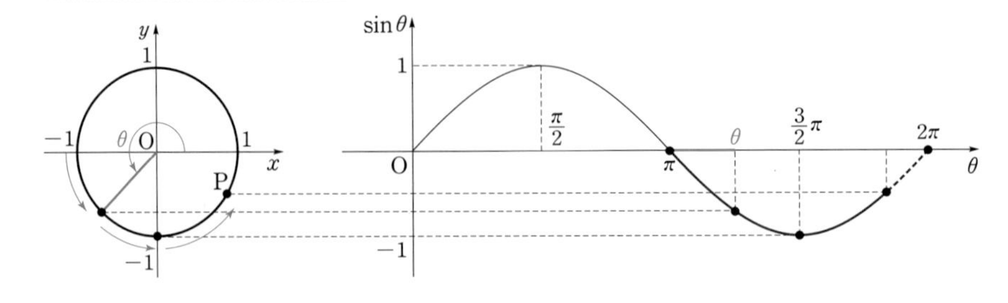

그래프를 그리는 과정을 통해 $0\le\theta\le2\pi$일 때 $y=\sin\theta$의 그래프는 모양으로 나타남을 알 수 있다. 그런데 점 P가 한 바퀴 이상 회전하거나 음의 방향으로 회전할 때에도 $\sin\theta$의 값은 결국 같은 변화를 보여주므로 모든 실수에서 함수 $y=\sin\theta$의 그래프는 $0\le\theta\le2\pi$에서의 그래프가 계속 반복되는 모양이 될 것이다. 즉, 함수 $y=\sin\theta$는 주기가 2π인 주기함수로 그래프는 다음과 같다. 일반적으로 함수의 정의역의 원소는 x로 나타내므로 θ를 x로 바꾸어 $y=\sin x$로 나타내었다.

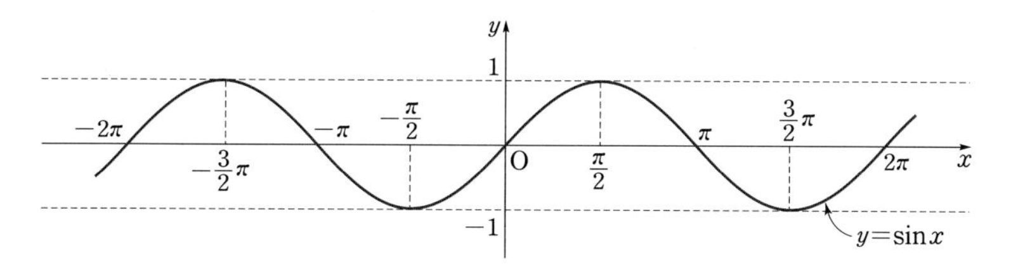

$y=\sin x$의 그래프를 통해 다음과 같이 성질들을 정리해 볼 수 있다.

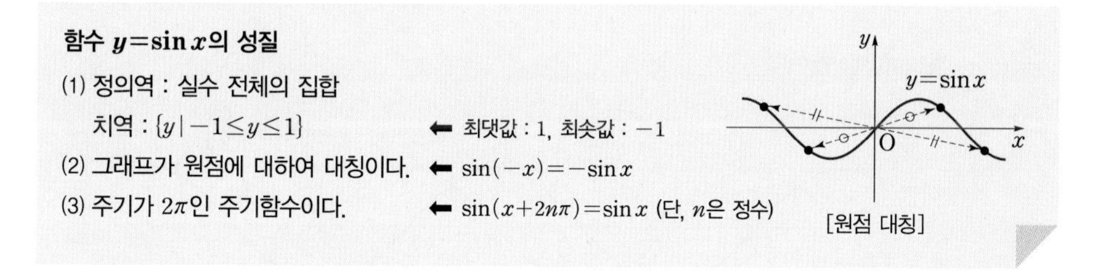

함수 $y=\sin x$의 성질

(1) 정의역 : 실수 전체의 집합
 치역 : $\{y\mid -1\le y\le 1\}$ ⬅ 최댓값 : 1, 최솟값 : -1

(2) 그래프가 원점에 대하여 대칭이다. ⬅ $\sin(-x)=-\sin x$

(3) 주기가 2π인 주기함수이다. ⬅ $\sin(x+2n\pi)=\sin x$ (단, n은 정수)

[원점 대칭]

이제 $y=\sin x$의 그래프를 바탕으로 $y=a\sin x$, $y=\sin bx$, $y=\sin(x+c)$ 꼴의 그래프는 어떤 모양이 되는지 다음 문제를 통해 살펴보도록 하자.

($y=\sin(x+c)$: $y=\sin x$의 그래프를 x축의 방향으로 $-c$만큼 평행이동한 것이다.)

EXAMPLE 045 다음 함수의 그래프를 그리고, 주기, 치역, 최댓값, 최솟값을 구하여라.

(1) $y=\frac{1}{2}\sin x$ (2) $y=\sin 2x$ (3) $y=\sin\left(x+\frac{\pi}{2}\right)$

ANSWER (1) $f(x)=\frac{1}{2}\sin x$라 하면 $f(x)=\frac{1}{2}\sin x=\frac{1}{2}\sin(x+2\pi)=f(x+2\pi)$ (주기가 2π)

$-1\le\sin x\le1$에서 $-\frac{1}{2}\le\frac{1}{2}\sin x\le\frac{1}{2}$

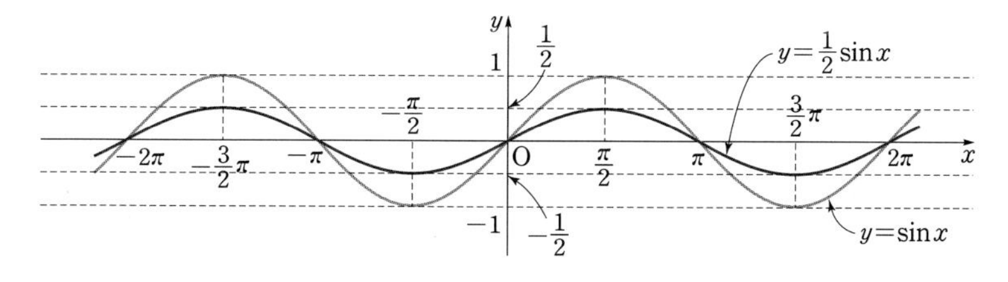

$\therefore$ **(주기) : 2π, (치역) : $\left\{y \middle| -\frac{1}{2} \le y \le \frac{1}{2}\right\}$, (최댓값) : $\frac{1}{2}$, (최솟값) : $-\frac{1}{2}$** ■

[참고] $y=\frac{1}{2}\sin x$의 그래프는 $y=\sin x$의 그래프를 y축의 방향으로 $\frac{1}{2}$배한 것이다.

(2) $f(x)=\sin 2x$라 하면 $\underline{f(x)}=\sin 2x=\sin(2x+2\pi)=\sin 2(x+\pi)=\underbrace{f(x+\pi)}_{\text{주기가 }\pi}$

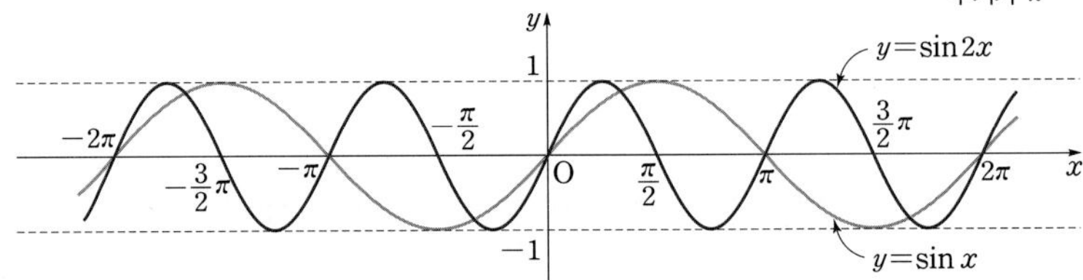

$\therefore$ **(주기) : π, (치역) : $\{y \mid -1 \le y \le 1\}$, (최댓값) : 1, (최솟값) : −1** ■

[참고] $y=\sin 2x$의 그래프는 $y=\sin x$의 그래프를 x축의 방향으로 $\frac{1}{2}$배한 것이다.

(3) 함수 $y=\sin\left(x+\frac{\pi}{2}\right)$의 그래프는 함수 $y=\sin x$의 그래프를 x축의 방향으로 $-\frac{\pi}{2}$만큼 평행이동한 것이다.

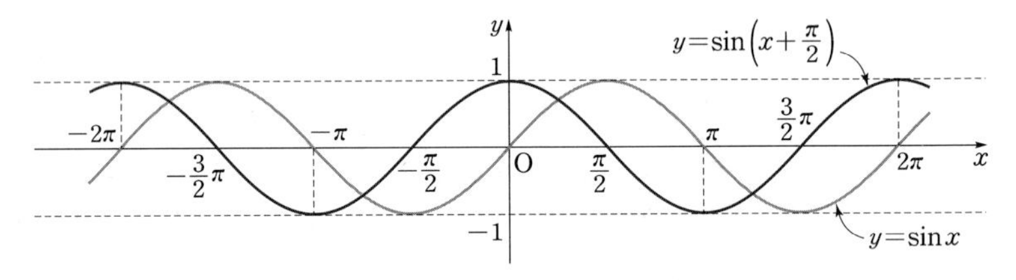

$\therefore$ **(주기) : 2π, (치역) : $\{y \mid -1 \le y \le 1\}$, (최댓값) : 1, (최솟값) : −1** ■

Sub Note 015쪽

APPLICATION 063 다음 함수의 그래프를 그리고, 주기, 치역, 최댓값, 최솟값을 구하여라.

(1) $y=2\sin x$ (2) $y=\sin\frac{x}{2}$ (3) $y=\sin\left(x-\frac{\pi}{6}\right)$

(2) 함수 $y=\cos x$의 그래프

오른쪽 그림과 같이 단위원과 각 θ를 나타내는 동경이 서로 만나는 점을 $\mathrm{P}(x, y)$라 하면 반지름의 길이가 1이므로

$$\cos\theta=x$$

가 성립한다. 이로부터

$\cos\theta$의 값은 점 P의 x좌표로 정해진다.

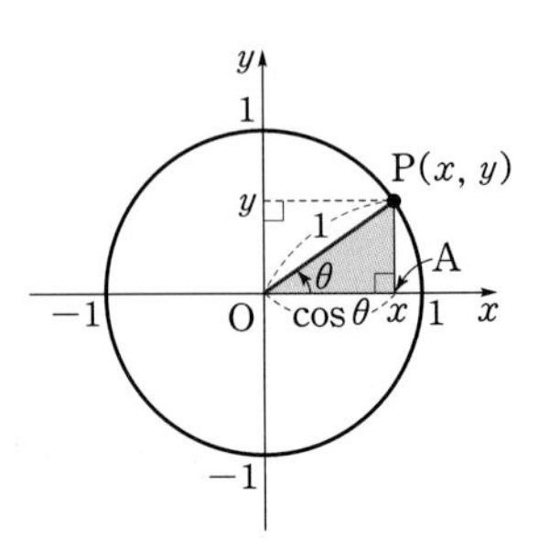

따라서 θ의 변화에 따른 점 P의 x좌표를 좌표평면 위에 나타내면 코사인함수의 그래프를 그릴 수 있다. 이때 점 P의 x좌표를 살펴보아야 하므로 좌표평면을 $90°$ 회전시켜 놓고 x좌표의 변화를 그린다. 다음은 각 θ의 크기 변화를 추적하여 코사인함수의 그래프를 그린 것이다.

θ를 0에서 π까지 증가시킬 때

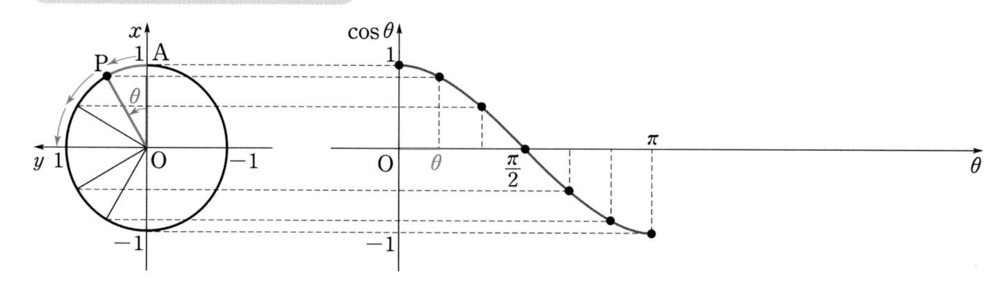

θ를 π에서 2π까지 증가시킬 때

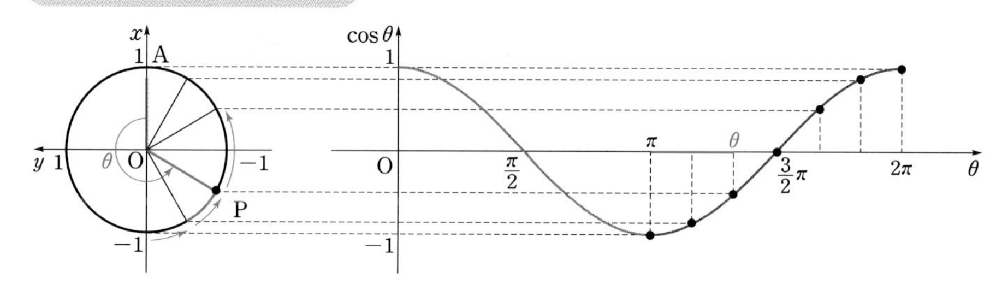

위와 같이 $0 \leq \theta \leq 2\pi$일 때 $y=\cos\theta$의 그래프는 ⌣ 모양으로 나타남을 알 수 있다. 그런데 점 P가 한 바퀴 이상 회전하거나 음의 방향으로 회전할 때에도 $\cos\theta$의 값은 결국 같은 변화를 보여주므로 모든 실수에서 함수 $y=\cos\theta$의 그래프는 $0 \leq \theta \leq 2\pi$에서의 그래프가 계속 반복되는 모양이 될 것이다. 따라서 함수 $y=\cos\theta$, 즉 $y=\cos x$는 주기가 2π인 주기함수로 그래프는 다음과 같다.

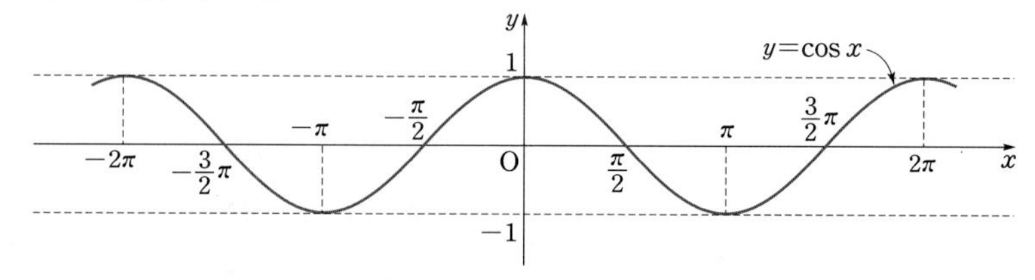

$y=\cos x$의 그래프를 통해 다음과 같이 성질들을 정리해 볼 수 있다.

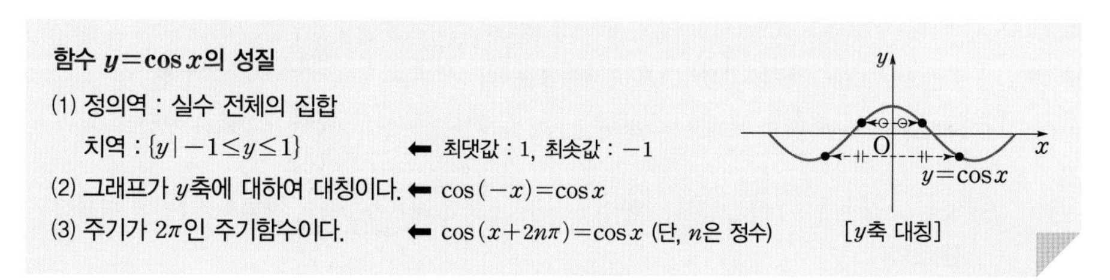

함수 $y=\cos x$의 성질

(1) 정의역 : 실수 전체의 집합

치역 : $\{y \mid -1 \leq y \leq 1\}$ ⬅ 최댓값 : 1, 최솟값 : -1

(2) 그래프가 y축에 대하여 대칭이다. ⬅ $\cos(-x)=\cos x$

(3) 주기가 2π인 주기함수이다. ⬅ $\cos(x+2n\pi)=\cos x$ (단, n은 정수)

흥미롭게도 $y=\cos x$와 $y=\sin x$의 그래프는 그 모양이 똑같다. 그래서 어느 한 그래프를 평행이동시키면 두 그래프가 겹쳐질 수 있다. 예를 들어 $y=\sin x$의 그래프를 x축의 방향으로 $-\frac{\pi}{2}$만큼 평행이동하면 $y=\cos x$의 그래프와 겹쳐진다. **EXAMPLE 045**의 (3)번에서 그린 $y=\sin\left(x+\frac{\pi}{2}\right)$의 그래프가 바로 $y=\cos x$의 그래프였다.

이제 $y=\cos x$의 그래프를 바탕으로 $y=a\cos x$, $y=\cos bx$, $y=\cos x+d$ 꼴의 그래프는 어떤 모양이 되는지 다음 문제를 통해 살펴보도록 하자.

$y=\cos x$의 그래프를 y축의 방향으로 d만큼 평행이동한 것이다.

EXAMPLE 046 다음 함수의 그래프를 그리고, 주기, 치역, 최댓값, 최솟값을 구하여라.

(1) $y=2\cos x$ (2) $y=\cos\frac{x}{2}$ (3) $y=\cos x+1$

ANSWER (1) $f(x)=2\cos x$라 하면 $f(x)=2\cos x=2\cos(x+2\pi)=f(x+2\pi)$

$-1\leq\cos x\leq 1$에서 $-2\leq 2\cos x\leq 2$

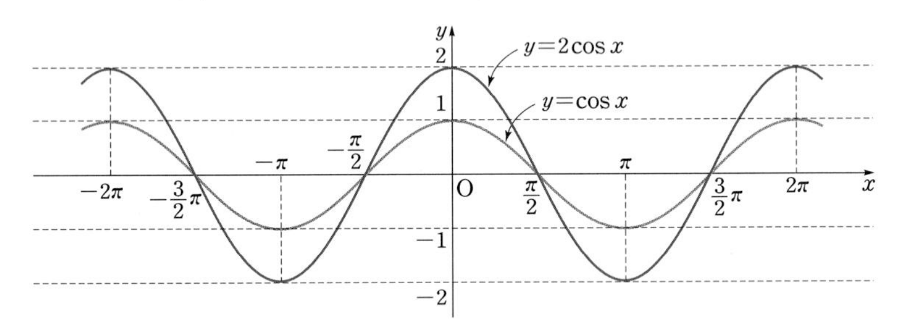

$\therefore$ **(주기) : 2π, (치역) : $\{y\mid -2\leq y\leq 2\}$, (최댓값) : 2, (최솟값) : -2** ■

[참고] $y=2\cos x$의 그래프는 $y=\cos x$의 그래프를 y축의 방향으로 2배한 것이다.

(2) $f(x)=\cos\frac{x}{2}$라 하면 $f(x)=\cos\frac{x}{2}=\cos\left(\frac{x}{2}+2\pi\right)=\cos\frac{1}{2}(x+4\pi)=f(x+4\pi)$

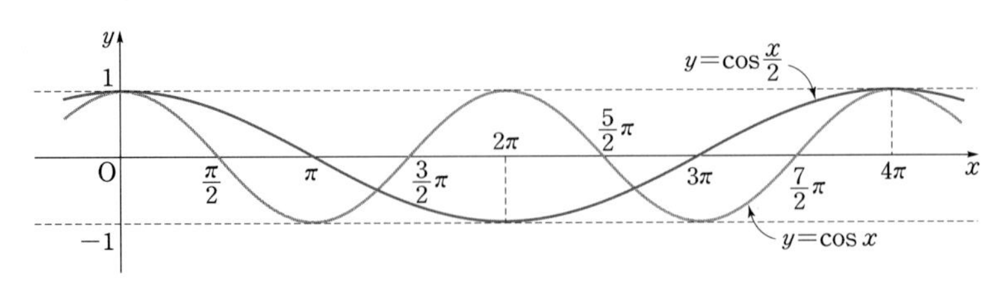

$\therefore$ **(주기) : 4π, (치역) : $\{y\mid -1\leq y\leq 1\}$, (최댓값) : 1, (최솟값) : -1** ■

[참고] $y=\cos\frac{x}{2}$의 그래프는 $y=\cos x$의 그래프를 x축의 방향으로 2배한 것이다.

(3) 함수 $y=\cos x+1$의 그래프는 함수 $y=\cos x$의 그래프를 y축의 방향으로 1만큼 평행이동한 것이다.

즉, $-1\leq\cos x\leq 1$에서 $\quad 0\leq\cos x+1\leq 2$

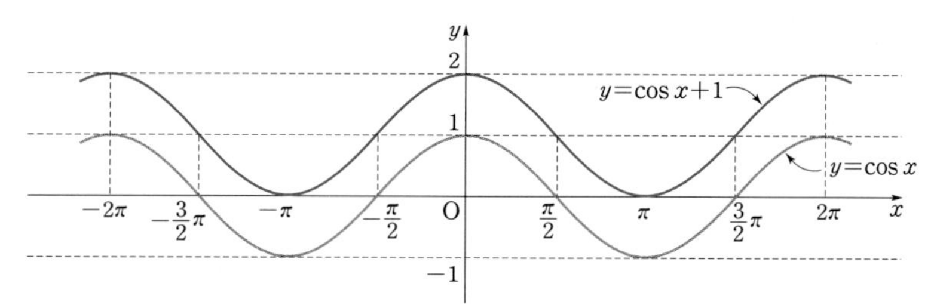

$\therefore$ **(주기) : 2π, (치역) : $\{y\mid 0\leq y\leq 2\}$, (최댓값) : 2, (최솟값) : 0** ■

Sub Note 015쪽

APPLICATION **064** 다음 함수의 그래프를 그리고, 주기, 치역, 최댓값, 최솟값을 구하여라.

(1) $y=\frac{1}{2}\cos x$ (2) $y=\cos 2x$ (3) $y=\cos x-2$

(3) 함수 $y=\tan x$의 그래프

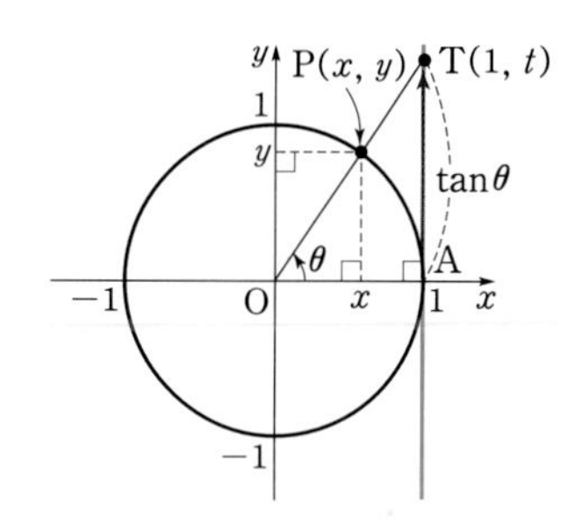

오른쪽 그림과 같이 단위원과 각 θ를 나타내는 동경이 서로 만나는 점을 $\mathrm{P}(x, y)$라 하고, 점 $\mathrm{A}(1, 0)$을 지나는 단위원의 접선과 동경 OP의 연장선이 서로 만나는 점을 $\mathrm{T}(1, t)$라 하면

$$\tan\theta=\frac{t}{1}=t$$

이므로 $\tan\theta$의 값은 점 $\mathrm{T}(1, t)$의 y좌표로 정해진다.
따라서 θ의 값이 변할 때, 그에 대응하는 t의 값이 어떻게 변하는지 살펴보면 $y=\tan\theta$의 그래프를 그릴 수 있다. 그런데 $\theta=\frac{\pi}{2}$일 때에는 t의 값이 존재하지 않으므로 편의상 $-\frac{\pi}{2}<\theta<\frac{\pi}{2}$일 때의 $y=\tan\theta$의 그래프를 그려 보면 다음과 같다.

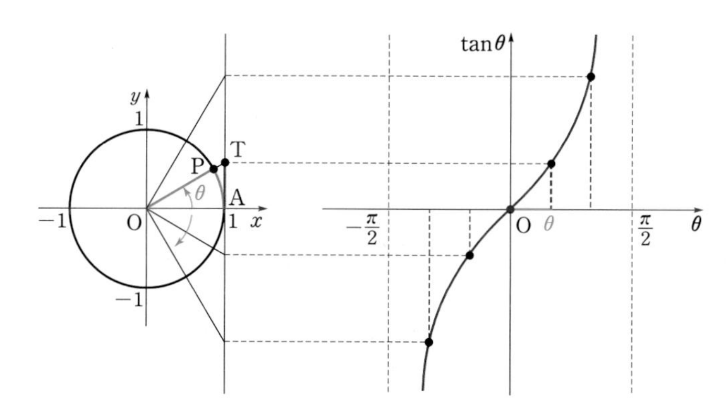

$\theta=-\frac{\pi}{2}$, $\theta=\frac{\pi}{2}$일 때, $\mathrm{P}(x, y)$의 x좌표가 0이므로 $\tan\theta=\frac{y}{x}$의 값은 정의되지 않는다.

또한 θ의 값이 $\frac{\pi}{2}$ 또는 $-\frac{\pi}{2}$에 한없이 가까워지면 y의 값은 한없이 커지거나 한없이 작아진다. 즉,

직선 $\theta=-\frac{\pi}{2}$, $\theta=\frac{\pi}{2}$는 $y=\tan\theta$의 그래프의 점근선이 된다.

$-\frac{\pi}{2}<\theta<\frac{\pi}{2}$에서 $y=\tan\theta$의 그래프는 ⌠ 모양으로 나타나는데 $\frac{\pi}{2}<\theta<\frac{3}{2}\pi$에서도 $\tan\theta$의 값은 결국 같은 변화를 보여주므로 $n\pi+\frac{\pi}{2}$(n은 정수)를 제외한 모든 실수에서 함수 $y=\tan\theta$의 그래프는 $-\frac{\pi}{2}<\theta<\frac{\pi}{2}$에서의 그래프가 계속 반복되는 모양이 될 것이다. 따라서 함수 $y=\tan\theta$, 즉 $y=\tan x$는 주기가 π인 주기함수로 그래프는 다음과 같다.

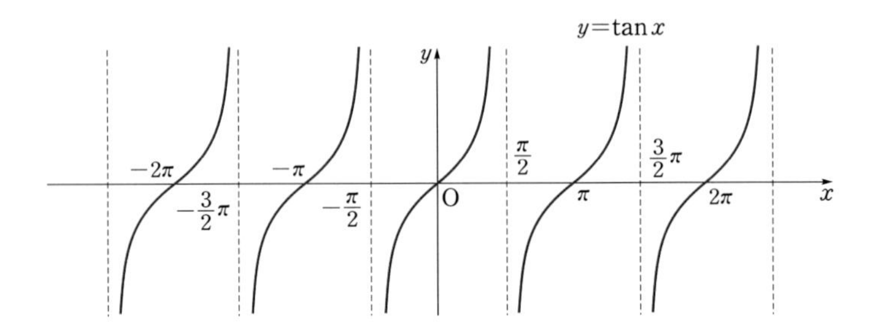

$y=\tan x$의 그래프를 통해 다음과 같이 성질들을 정리해 볼 수 있다.

함수 $y=\tan x$의 성질

(1) 정의역 : $n\pi+\frac{\pi}{2}$(n은 정수)를 제외한 실수 전체의 집합

치역 : 실수 전체의 집합 ⬅ 최댓값, 최솟값이 없다.

(2) 그래프가 원점에 대하여 대칭이다. ⬅ $\tan(-x)=-\tan x$

(3) 주기가 π인 주기함수이다. ⬅ $\tan(x+n\pi)=\tan x$ (단, n은 정수)

(4) 직선 $x=n\pi+\frac{\pi}{2}$(n은 정수)는 $y=\tan x$의 그래프의 점근선이다.

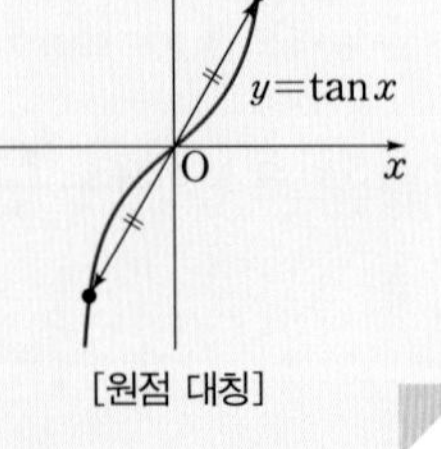

[원점 대칭]

이제 $y=\tan x$의 그래프를 바탕으로 $y=a\tan x$, $y=\tan bx$, $y=\tan(x+c)$, $y=\tan x+d$ 꼴의 그래프는 어떤 모양이 되는지 다음 문제를 통해 살펴보도록 하자.

EXAMPLE 047 다음 함수의 그래프를 그리고, 주기, 정의역, 점근선의 방정식을 구하여라.

(1) $y=\frac{1}{2}\tan x$ (2) $y=\tan\frac{x}{2}$ (3) $y=\tan\left(x-\frac{\pi}{2}\right)$

ANSWER (1) $f(x)=\frac{1}{2}\tan x$라 하면 $f(x)=\frac{1}{2}\tan x=\frac{1}{2}\tan(x+\pi)=f(x+\pi)$

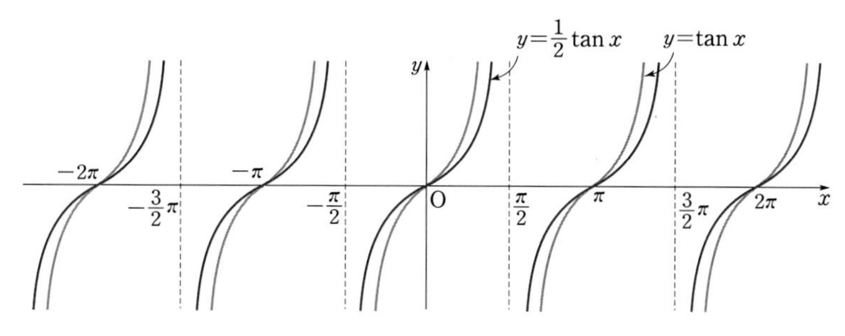

$\therefore$ **(주기) : π,**

(정의역) : $\left\{x \,\middle|\, x\neq n\pi+\frac{\pi}{2}\text{인 실수, } n\text{은 정수}\right\}$,

(점근선의 방정식) : $x=n\pi+\frac{\pi}{2}$ (n은 정수) ■

[참고] $y=\frac{1}{2}\tan x$의 그래프는 $y=\tan x$의 그래프를 y축의 방향으로 $\frac{1}{2}$배한 것이다.

(2) $f(x)=\tan\frac{x}{2}$라 하면

$f(x)=\tan\frac{x}{2}=\tan\left(\frac{x}{2}+\pi\right)=\tan\frac{1}{2}(x+2\pi)=f(x+2\pi)$

점근선의 방정식은 $\frac{x}{2}=n\pi+\frac{\pi}{2}$에서 $x=2n\pi+\pi$ (n은 정수)

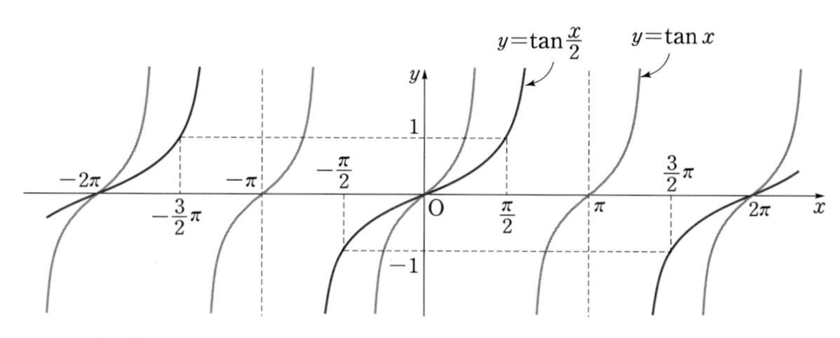

$\therefore$ **(주기) : 2π,**

(정의역) : $\{x\,|\,x\neq 2n\pi+\pi$인 실수, n은 정수$\}$,

(점근선의 방정식) : $x=2n\pi+\pi$ (n은 정수) ■

[참고] $y=\tan\frac{x}{2}$의 그래프는 $y=\tan x$의 그래프를 x축의 방향으로 2배한 것이다.

(3) 함수 $y=\tan\left(x-\frac{\pi}{2}\right)$의 그래프는 함수 $y=\tan x$의 그래프를 x축의 방향으로 $\frac{\pi}{2}$만큼 평행이동한 것이다.

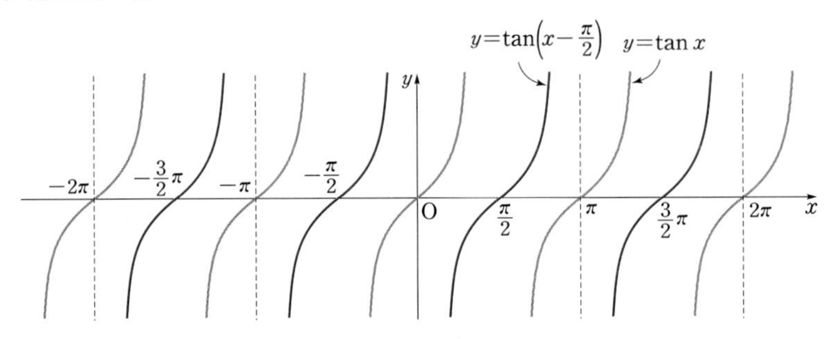

∴ (주기) : π,
(정의역) : $\{x \mid x\neq n\pi$인 실수, n은 정수$\}$,
(점근선의 방정식) : $x=n\pi$ (n은 정수) ■

Sub Note 016쪽

APPLICATION **065** 다음 함수의 그래프를 그리고, 주기, 정의역, 점근선의 방정식을 구하여라.

(1) $y=2\tan x$ (2) $y=\tan 2x$ (3) $y=\tan x+1$

가장 기본적인 형태인 $y=\sin x$, $y=\cos x$, $y=\tan x$의 그래프에 대해 간단히 정리하면 다음 표와 같다.

	$y=\sin x$	$y=\cos x$	$y=\tan x$
(1) 그래프			
(2) 정의역	실수 전체의 집합	실수 전체의 집합	$n\pi+\frac{\pi}{2}$ (n은 정수)를 제외한 실수 전체의 집합
(3) 치역	① $\{y \mid -1\le y\le 1\}$ ② 최댓값 : 1, 최솟값 : -1	① $\{y \mid -1\le y\le 1\}$ ② 최댓값 : 1, 최솟값 : -1	① 실수 전체의 집합 ② 최댓값, 최솟값은 없다.
(4) 주기	2π	2π	π
(5) 대칭성	원점에 대하여 대칭(홀함수)	y축에 대하여 대칭(짝함수)	원점에 대하여 대칭(홀함수)
(6) 특징	두 함수 $y=\sin x$, $y=\cos x$의 그래프는 평행이동에 의해 서로 겹쳐진다.		직선 $x=n\pi+\frac{\pi}{2}$ (n은 정수)를 점근선으로 갖는다.

또한 앞의 여러 문제를 통해 다음과 같은 사실을 정리할 수 있다. 함수의 평행이동[2]과 더불어 기억해 두자.

(1) 함수 $y=a\sin x$, $y=a\cos x$의 치역은 $\{y \mid -|a| \leq y \leq |a|\}$이다.

(2) 함수 $y=\sin bx$, $y=\cos bx$의 주기는 $\frac{2\pi}{|b|}$ 이다.

(3) 함수 $y=\tan bx$인 주기는 $\frac{\pi}{|b|}$ 이다.

(4) 함수 $y=\tan bx$의 점근선의 방정식은 $x=\frac{1}{b}\left(n\pi+\frac{\pi}{2}\right)$이다. (단, n은 정수)

(4) 함수 $y=a\sin(bx+c)+d$의 그래프

함수 $y=a\sin x$, $y=\sin bx$, $y=\sin\left(x+\frac{c}{b}\right)+d$의 그래프는 함수 $y=\sin x$의 그래프를 바탕으로 하고서 다음 세 경우를 적용하여 그린다.

(1) $y=a\sin x$ ➡ $y=\sin x$의 그래프를 y축의 방향으로 $|a|$배 한 그래프가 된다.

(2) $y=\sin bx$ ➡ $y=\sin x$의 그래프를 x축의 방향으로 $\frac{1}{|b|}$배 한 그래프가 된다.

(3) $y=\sin\left(x+\frac{c}{b}\right)+d$ ➡ $y=\sin x$의 그래프를 x축의 방향으로 $-\frac{c}{b}$만큼, y축의 방향으로 d만큼 평행이동한 그래프가 된다.

따라서 정리하면 $y=a\sin(bx+c)+d$, 즉 $y=a\sin b\left(x+\frac{c}{b}\right)+d$의 그래프는 $y=a\sin bx$의 그래프를

x축의 방향으로 $-\frac{c}{b}$만큼, y축의 방향으로 d만큼 평행이동한 것이다.[3]

그래프의 개형의 변화는 오른쪽과 같이 삼각함수의 식만으로 간단히 파악된다.

주기

$y=a\sin(bx+c)+d$

최대 최소

x축의 방향으로 평행이동

y축의 방향으로 평행이동

---

❷ 함수 $y=\sin(x-p)+q$의 그래프는 $y=\sin x$의 그래프를 x축의 방향으로 p만큼, y축의 방향으로 q만큼 평행이동한 것이다. (cos, tan도 마찬가지이다.)

❸ $y=a\cos(bx+c)+d$, $y=a\tan(bx+c)+d$의 그래프도 마찬가지이다.

이상을 표로 정리하면 다음과 같다.

	$y=a\sin bx$ 또는 $y=a\cos bx$	$y=a\sin(bx+c)+d$ 또는 $y=a\cos(bx+c)+d$
그래프 개형	$y=\sin x$ 또는 $y=\cos x$의 그래프를 y축의 방향으로 $\|a\|$배, x축의 방향으로 $\frac{1}{\|b\|}$배	$y=a\sin bx$ 또는 $y=a\cos bx$의 그래프를 x축의 방향으로 $-\frac{c}{b}$만큼, y축의 방향으로 d만큼 평행이동
치역	$\{y\|-\|a\|\le y\le\|a\|\}$	$\{y\|-\|a\|+d\le y\le\|a\|+d\}$
최대, 최소	최댓값 : $\|a\|$, 최솟값 : $-\|a\|$	최댓값 : $\|a\|+d$, 최솟값 : $-\|a\|+d$
주기	$\frac{2\pi}{\|b\|}$	$\frac{2\pi}{\|b\|}$

	$y=a\tan bx$	$y=a\tan(bx+c)+d$
그래프 개형	$y=\tan x$의 그래프를 y축의 방향으로 $\|a\|$배, x축의 방향으로 $\frac{1}{\|b\|}$배	$y=a\tan bx$의 그래프를 x축의 방향으로 $-\frac{c}{b}$만큼, y축의 방향으로 d만큼 평행이동
치역	실수 전체의 집합	실수 전체의 집합
최대, 최소	최댓값, 최솟값 : 없다.	최댓값, 최솟값 : 없다.
주기	$\frac{\pi}{\|b\|}$	$\frac{\pi}{\|b\|}$

함수 $y=a\sin(bx+c)+d$ 꼴의 그래프를 그리는 것은 기본 예제로 남기기로 하고, **EXAMPLE 048**로 위에 정리한 것을 간단히 확인하고 넘어가자.

EXAMPLE 048 다음 함수의 주기, 최댓값, 최솟값을 구하여라.

(1) $y=3\sin\left(x-\frac{\pi}{4}\right)+1$　　(2) $y=-\cos\pi x-2$　　(3) $y=\frac{1}{2}\tan 2x+1$

ANSWER (1) **주기는** $\frac{2\pi}{|1|}=\mathbf{2\pi}$, **최댓값은** $|3|+1=\mathbf{4}$, **최솟값은** $-|3|+1=\mathbf{-2}$이다. ■

(2) **주기는** $\frac{2\pi}{|\pi|}=\mathbf{2}$, **최댓값은** $|-1|-2=\mathbf{-1}$, **최솟값은** $-|-1|-2=\mathbf{-3}$이다. ■

(3) **주기는** $\frac{\pi}{|2|}=\mathbf{\frac{\pi}{2}}$, **최댓값과 최솟값은 없다.** ■

기본 예제 ***삼각함수의 그래프***

041

다음 함수의 그래프를 그리고, 주기, 치역, 최댓값, 최솟값을 구하여라.

(단, $[x]$는 x보다 크지 않은 최대의 정수이다.)

(1) $y=\sin 2\left(x-\frac{\pi}{3}\right)+1$　　　(2) $y=-2\cos\left(2x-\frac{\pi}{2}\right)$

(3) $y=-\tan x-1$　　　(4) $y=[\cos \pi x]$

GUIDE 일반적인 삼각함수의 그래프는 $y=\sin x$, $y=\cos x$, $y=\tan x$의 그래프를 평행이동, 대칭이동, 각 축으로의 확대, 축소 등을 하여 그릴 수 있다.

SOLUTION

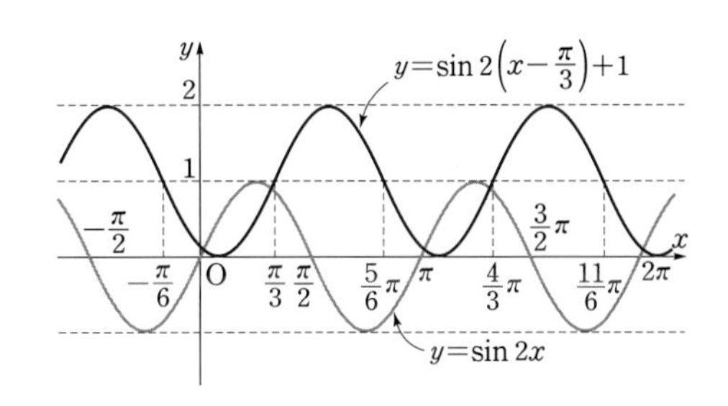

(1) $y=\sin 2\left(x-\frac{\pi}{3}\right)+1$

의 그래프는 오른쪽 그림과 같이 $y=\sin 2x$의 그래프를 x축의 방향으로 $\frac{\pi}{3}$, y축의 방향으로 1만큼 평행이동한 것이다. 이때 $y=\sin 2x$의 그래프는 $y=\sin x$의 그래프를 x축의 방향으로 $\frac{1}{2}$배한 그래프이다.

$\therefore$ **(주기) : π, (치역) : $\{y|0\le y\le 2\}$, (최댓값) : 2, (최솟값) : 0** ■

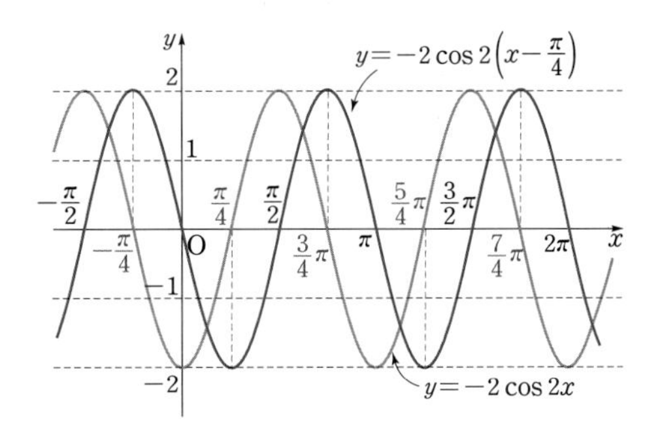

(2) $y=-2\cos\left(2x-\frac{\pi}{2}\right)$

$\Longleftrightarrow y=-2\cos 2\left(x-\frac{\pi}{4}\right)$

의 그래프는 오른쪽 그림과 같이 $y=-2\cos 2x$의 그래프를 x축의 방향으로 $\frac{\pi}{4}$만큼 평행이동한 것이다. 이때 $y=-2\cos 2x$의 그래프는 $y=\cos x$의 그래프를 x축의 방향으로 $\frac{1}{2}$배, y축의 방향으로 2배한 후 x축에 대하여 대칭이동한 그래프이다.

$\therefore$ **(주기) : π, (치역) : $\{y|-2\le y\le 2\}$, (최댓값) : 2, (최솟값) : -2** ■

(3) $y=-\tan x-1$

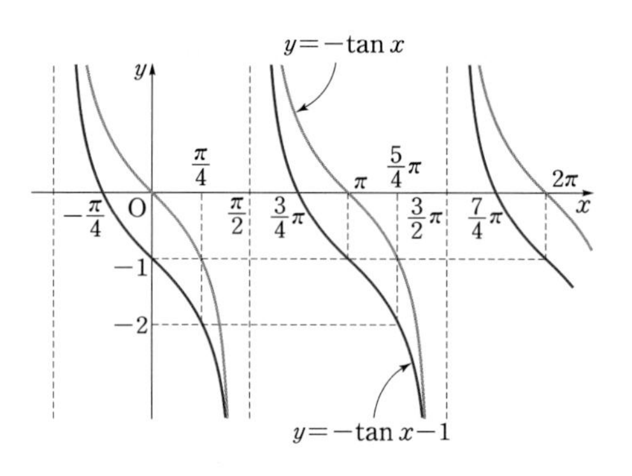

의 그래프는 오른쪽 그림과 같이 $y=\tan x$의 그래프를 x축에 대하여 대칭이동한 $y=-\tan x$의 그래프를 y축의 방향으로 -1만큼 평행이동한 것이다.

$\therefore$ **(주기) : π,**

(치역) : $\{y|y$는 실수$\}$,

(최댓값) : 없다, (최솟값) : 없다 ■

(4) $y=\cos\pi x$의 그래프는 $y=\cos x$의 그래프를 x축의 방향으로 $\frac{1}{\pi}$배한 것이고, 이때

$-1\leq\cos\pi x\leq 1$에서

$-1\leq\cos\pi x<0$이면 $\quad y=[\cos\pi x]=-1$

$0\leq\cos\pi x<1$이면 $\quad y=[\cos\pi x]=0$

$\cos\pi x=1$이면 $\quad y=[\cos\pi x]=1$

이므로 $y=[\cos\pi x]$의 그래프는 오른쪽 그림과 같다.

$\therefore$ **(주기) : 2, (치역) : $\{-1,\ 0,\ 1\}$, (최댓값) : 1, (최솟값) : -1** ■

유제

041-1 다음 함수의 그래프를 그리고, 주기, 치역, 최댓값, 최솟값을 구하여라.

Sub Note 042쪽

(단, $[x]$는 x보다 크지 않은 최대의 정수이다.)

(1) $y=-\sin 2\left(x-\frac{\pi}{4}\right)$

(2) $y=\cos\left(2x-\frac{\pi}{3}\right)+1$

(3) $y=2\tan x+1$

(4) $y=[\sin\pi x]$

기 본 예 제 *삼각함수의 미정계수 구하기*

042 (1) 함수 $y=a\sin bx+c$의 최댓값은 5, 최솟값은 1, 주기는 π라 할 때, 상수 a, b, c의 값을 구하여라. (단, $a>0$, $b>0$)

(2) 함수 $f(x)=a\cos bx+c$의 최댓값은 4이고, $f\left(\frac{\pi}{2}\right)=2$, 주기는 3π라 할 때, 상수 a, b, c의 값을 구하여라. (단, $a>0$, $b>0$)

GUIDE 주어진 삼각함수의 특징(주기, 최댓값, 최솟값, 치역 등)을 이용하여 함수에 포함되어 있는 미지수의 값을 구할 수 있다.

SOLUTION

(1) $a>0$이고 최댓값이 5, 최솟값이 1이므로

$a+c=5$, $-a+c=1$ $\quad\therefore$ $\boldsymbol{a=2}$, $\boldsymbol{c=3}$

또 $b>0$이고 주기가 π이므로 $\frac{2\pi}{b}=\pi$ $\quad\therefore$ $\boldsymbol{b=2}$ ■

(2) $a>0$이고 최댓값이 4이므로 $a+c=4$ $\quad\cdots\cdots$ ㉠

$b>0$이고 주기가 3π이므로 $\frac{2\pi}{b}=3\pi$ $\quad\therefore$ $\boldsymbol{b=\frac{2}{3}}$

$f\left(\frac{\pi}{2}\right)=2$이므로

$2=a\cos\left(\frac{2}{3}\times\frac{\pi}{2}\right)+c$ $\quad\therefore$ $\frac{1}{2}a+c=2$ $\quad\cdots\cdots$ ㉡

㉠－㉡을 하면 $\frac{1}{2}a=2$ $\quad\therefore$ $\boldsymbol{a=4}$

$a=4$를 ㉠에 대입하면 $\boldsymbol{c=0}$ ■

유제 Sub Note 043쪽

042-1 함수 $y=a\cos bx+c$의 치역이 $\{y\,|\,-3\le y\le 5\}$이고, 주기는 4π라 할 때, 상수 a, b, c의 값을 구하여라. (단, $a<0$, $b<0$)

유제 Sub Note 043쪽

042-2 함수 $y=\sin ax+b\,(a>0)$의 그래프가 다음 그림과 같을 때, 상수 a, b의 값을 구하여라.

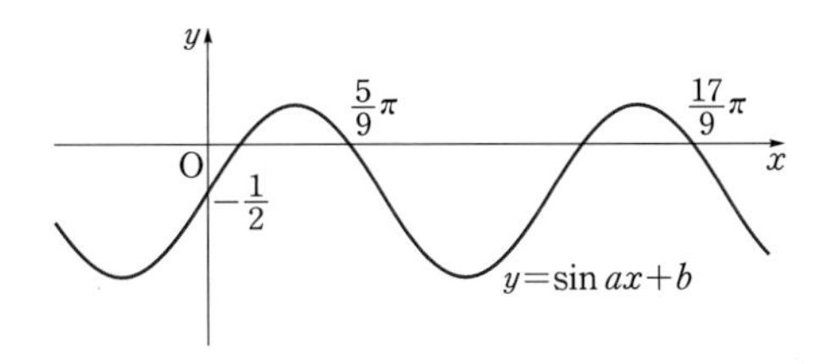

발 전 예 제 **절댓값 기호를 포함한 삼각함수**

043 다음 함수의 그래프를 그리고, 최댓값과 최솟값을 구하여라.

(1) $y=2\sin|x|$ (2) $y=|2\sin x|$

GUIDE (1) $y=f(|x|)$의 그래프 : $y=f(x)$의 그래프에서 $x\ge0$인 부분만 남기고, $x<0$인 부분은 $x\ge0$인 부분을 y축에 대하여 대칭이동한 것이다.

(2) $y=|f(x)|$의 그래프 : $y=f(x)$의 그래프에서 $y\ge0$인 부분은 그대로 두고, $y<0$인 부분은 x축에 대하여 대칭이동한 것이다.

SOLUTION

(1) $y=2\sin|x|$의 그래프는 다음 그림과 같이 $y=2\sin x$의 그래프에서 $x\ge0$인 부분만 남기고, $x<0$인 부분은 $x\ge0$인 부분을 y축에 대하여 대칭이동한 것이다.

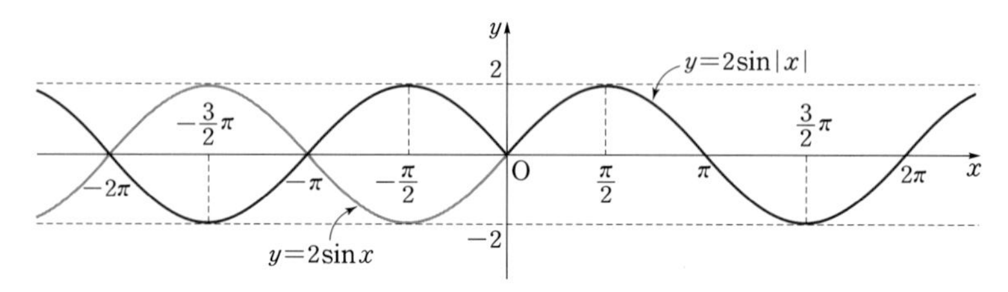

$\therefore$ **(최댓값) : 2, (최솟값) : −2** ■

(2) $y=|2\sin x|$의 그래프는 다음 그림과 같이 $y=2\sin x$의 그래프에서 $y\ge0$인 부분은 그대로 두고, $y<0$인 부분은 x축에 대하여 대칭이동한 것이다.

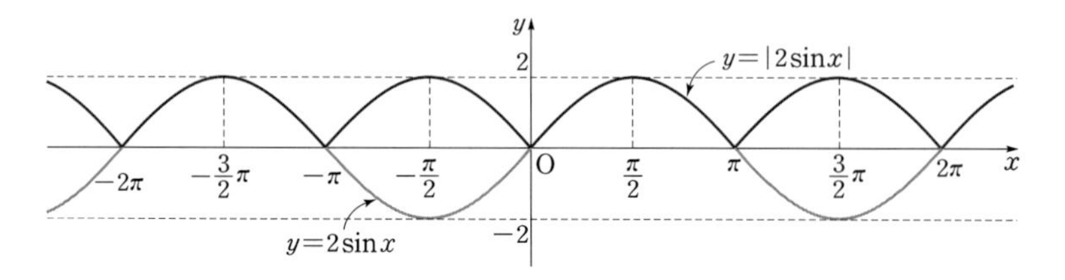

$\therefore$ **(최댓값) : 2, (최솟값) : 0** ■

[참고] 그래프를 통해 알 수 있듯이 $y=2\sin|x|$는 주기함수가 아니고, $y=|2\sin x|$는 주기가 π인 함수이다.

Summa's Advice

절댓값 기호를 포함한 삼각함수의 그래프에 대하여 알아보자.

(1) $y=\sin|x|$, $y=\cos|x|$, $y=\tan|x|$의 그래프

	$y=\sin\|x\|$	$y=\cos\|x\|$	$y=\tan\|x\|$
그래프	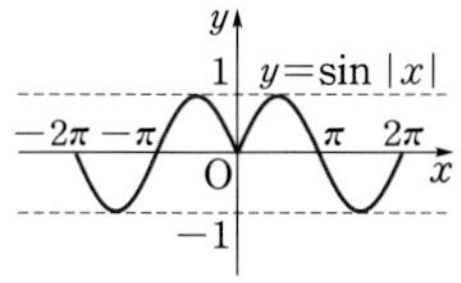 $y=\sin\|x\|$	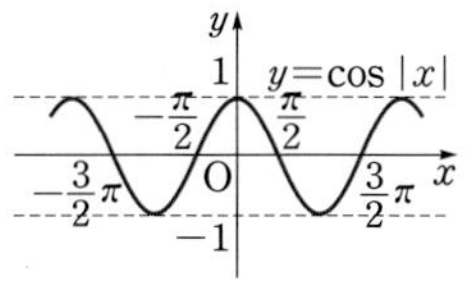 $y=\cos\|x\|$	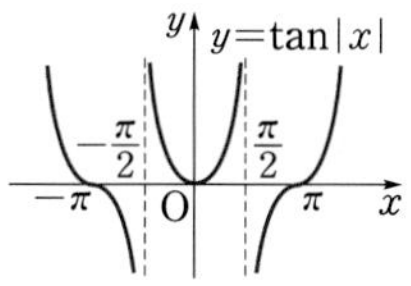 $y=\tan\|x\|$
주기	없다.	2π	없다.
최대, 최소	최댓값 : 1, 최솟값 : -1	최댓값 : 1, 최솟값 : -1	없다.

(2) $y=|\sin x|$, $y=|\cos x|$, $y=|\tan x|$의 그래프

	$y=\|\sin x\|$	$y=\|\cos x\|$	$y=\|\tan x\|$
그래프	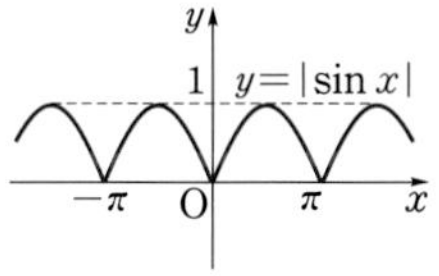 $y=\|\sin x\|$	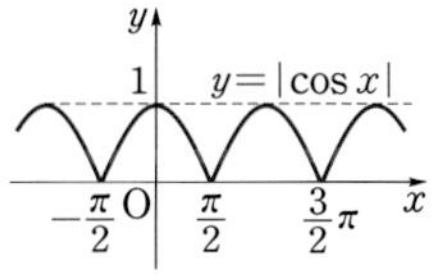 $y=\|\cos x\|$	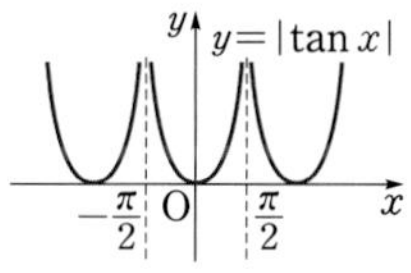 $y=\|\tan x\|$
주기	π	π	π
최대, 최소	최댓값 : 1, 최솟값 : 0	최댓값 : 1, 최솟값 : 0	최댓값 : 없다., 최솟값 : 0

유제
043-1 다음 함수의 최댓값과 최솟값을 구하여라.

Sub Note 043쪽

(1) $y=-3\cos|x|$　　　(2) $y=|\cos 2x|$

유제
043-2 함수 $y=|\sin ax|+b$의 최댓값이 5이고 주기가 $\frac{\pi}{4}$일 때, 상수 a, b에 대하여 $a+b$의 값을 구하여라. (단, $a>0$)

Sub Note 043쪽

02 삼각함수의 성질

SUMMA CUM LAUDE

ESSENTIAL LECTURE

1 $2n\pi+\theta$(n은 정수)의 삼각함수

(1) $\sin(2n\pi+\theta)=\sin\theta$ (2) $\cos(2n\pi+\theta)=\cos\theta$ (3) $\tan(2n\pi+\theta)=\tan\theta$

2 $-\theta$의 삼각함수

(1) $\sin(-\theta)=-\sin\theta$ (2) $\cos(-\theta)=\cos\theta$ (3) $\tan(-\theta)=-\tan\theta$

3 $\pi\pm\theta$의 삼각함수

(1) $\sin(\pi+\theta)=-\sin\theta$ (2) $\cos(\pi+\theta)=-\cos\theta$ (3) $\tan(\pi+\theta)=\tan\theta$

(4) $\sin(\pi-\theta)=\sin\theta$ (5) $\cos(\pi-\theta)=-\cos\theta$ (6) $\tan(\pi-\theta)=-\tan\theta$

4 $\frac{\pi}{2}\pm\theta$의 삼각함수

(1) $\sin\left(\frac{\pi}{2}+\theta\right)=\cos\theta$ (2) $\cos\left(\frac{\pi}{2}+\theta\right)=-\sin\theta$ (3) $\tan\left(\frac{\pi}{2}+\theta\right)=-\frac{1}{\tan\theta}$

(4) $\sin\left(\frac{\pi}{2}-\theta\right)=\cos\theta$ (5) $\cos\left(\frac{\pi}{2}-\theta\right)=\sin\theta$ (6) $\tan\left(\frac{\pi}{2}-\theta\right)=\frac{1}{\tan\theta}$

이번 소단원에서는 4가지 형태의 각의 삼각함수를 간단한 형태로 정리하는 방법을 소개한다. 삼각함수가 주기함수임을 인지하고서 단위원이나 그래프를 떠올리면 쉽게 정리할 수 있을 것이다.

1 $2n\pi+\theta$(n은 정수)의 삼각함수

$y=\sin x$와 $y=\cos x$의 주기는 2π이고, $y=\tan x$의 주기는 π이므로 정수 n에 대하여 각 θ와 각 $2n\pi+\theta$의 삼각함수의 값이 같음은 명백하다.

$2n\pi+\theta$(n은 정수)의 삼각함수

$\sin(2n\pi+\theta)=\sin\theta$

$\cos(2n\pi+\theta)=\cos\theta$

$\tan(2n\pi+\theta)=\tan\theta$

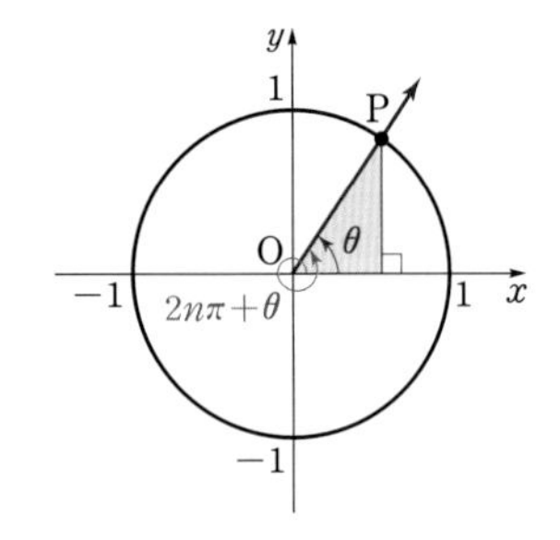

Figure_ $2n\pi+\theta$의 삼각함수

EXAMPLE 049 다음 삼각함수의 값을 구하여라.

(1) $\sin\frac{13}{2}\pi$ (2) $\cos\frac{33}{4}\pi$ (3) $\tan\left(-\frac{11}{6}\pi\right)$

ANSWER (1) $\sin\frac{13}{2}\pi=\sin\left(2\pi\times3+\frac{\pi}{2}\right)=\sin\frac{\pi}{2}=\mathbf{1}$ ■

(2) $\cos\frac{33}{4}\pi=\cos\left(2\pi\times4+\frac{\pi}{4}\right)=\cos\frac{\pi}{4}=\frac{\sqrt{2}}{2}$ ■

(3) $\tan\left(-\frac{11}{6}\pi\right)=\tan\left\{2\pi\times(-1)+\frac{\pi}{6}\right\}=\tan\frac{\pi}{6}=\frac{\sqrt{3}}{3}$ ■

APPLICATION 066 다음 삼각함수의 값을 구하여라. Sub Note 017쪽

(1) $\sin\frac{19}{3}\pi$ (2) $\cos\left(-\frac{15}{2}\pi\right)$ (3) $\tan\frac{25}{4}\pi$

2 $-\theta$의 삼각함수

삼각함수의 그래프의 대칭성을 떠올리면 간단하다.

$y=\sin x$와 $y=\tan x$의 그래프는 원점에 대하여 대칭이므로

$$\sin(-x)=-\sin x$$

$$\tan(-x)=-\tan x$$

$y=\cos x$의 그래프는 y축에 대하여 대칭이므로

$$\cos(-x)=\cos x$$

$-\theta$의 삼각함수

$\sin(-\theta)=-\sin\theta$

$\cos(-\theta)=\cos\theta$

$\tan(-\theta)=-\tan\theta$

이를 단위원에서 살펴보자.

오른쪽 그림과 같이 단위원과 각 θ, 각 $-\theta$를 나타내는 동경이 서로 만나는 점을 각각 $\mathrm{P}(x, y)$, $\mathrm{P}'(x', y')$이라 하면 점 P와 점 P′은 x축에 대하여 대칭이므로 두 점의

x좌표는 같고, y좌표는 부호가 서로 반대이다.

즉, $y'=-y$에서 $\sin(-\theta)=-\sin\theta$

$x'=x$에서 $\cos(-\theta)=\cos\theta$

한편 $\tan\theta=\frac{\sin\theta}{\cos\theta}$이므로

$$\tan(-\theta)=\frac{\sin(-\theta)}{\cos(-\theta)}=\frac{-\sin\theta}{\cos\theta}=-\tan\theta$$

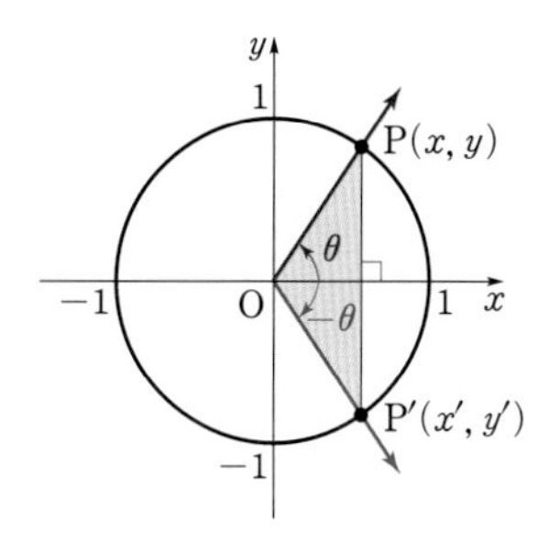

Figure_ $-\theta$의 삼각함수

EXAMPLE 050 다음 삼각함수의 값을 구하여라.

(1) $\sin\left(-\frac{\pi}{2}\right)$ (2) $\cos\left(-\frac{\pi}{4}\right)$ (3) $\tan\left(-\frac{\pi}{6}\right)$

ANSWER (1) $\sin\left(-\frac{\pi}{2}\right)=-\sin\frac{\pi}{2}=\mathbf{-1}$ ■

(2) $\cos\left(-\frac{\pi}{4}\right)=\cos\frac{\pi}{4}=\mathbf{\frac{\sqrt{2}}{2}}$ ■

(3) $\tan\left(-\frac{\pi}{6}\right)=-\tan\frac{\pi}{6}=\mathbf{-\frac{\sqrt{3}}{3}}$ ■

APPLICATION 067 다음 삼각함수의 값을 구하여라. Sub Note 017쪽

(1) $\sin\left(-\frac{\pi}{6}\right)$ (2) $\cos\left(-\frac{\pi}{3}\right)$ (3) $\tan\left(-\frac{\pi}{4}\right)$

3 $\pi\pm\theta$의 삼각함수

각 그래프에서 $x=\pi$를 기준으로 θ와 $\pi-\theta$, $\pi+\theta$에 대한 삼각함수의 값을 비교해 보면 다음이 성립함을 알 수 있다.

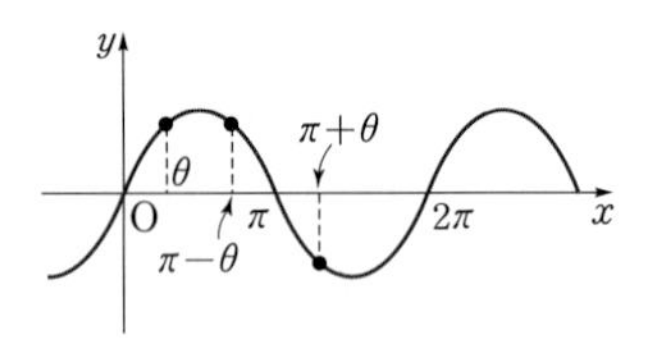

$\sin(\pi+\theta)=-\sin\theta$
$\sin(\pi-\theta)=\sin\theta$

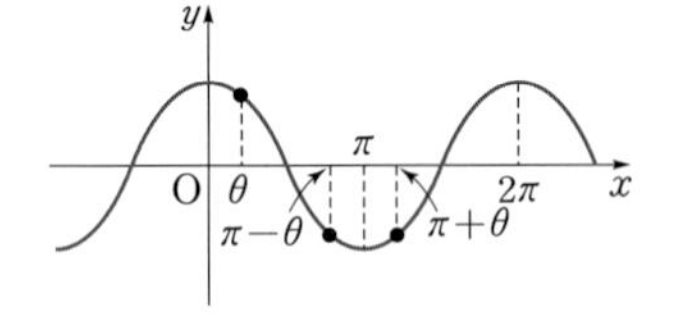

$\cos(\pi+\theta)=-\cos\theta$
$\cos(\pi-\theta)=-\cos\theta$

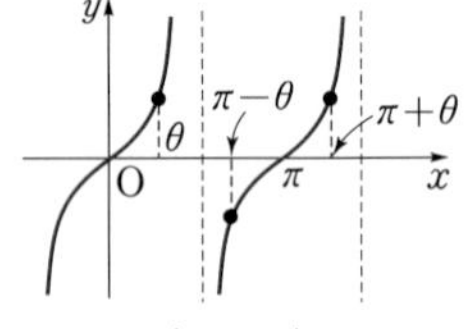

$\tan(\pi+\theta)=\tan\theta$ ← 주기 π
$\tan(\pi-\theta)=-\tan\theta$

이와 같은 성질을 단위원을 통해서도 살펴볼 수 있다.

오른쪽 그림과 같이 단위원과 각 θ, 각 $\pi+\theta$를 나타내는 동경이 서로 만나는 점을 각각 $\mathrm{P}(x, y)$, $\mathrm{P}'(x', y')$이라 하면 점 P와 점 P′은 원점에 대하여 대칭이므로

x좌표, y좌표의 부호가 모두 서로 반대이다.

즉, $y'=-y$에서 $\sin(\pi+\theta)=-\sin\theta$

$x'=-x$에서 $\cos(\pi+\theta)=-\cos\theta$

이고, $\tan(\pi+\theta)=\frac{\sin(\pi+\theta)}{\cos(\pi+\theta)}=\frac{-\sin\theta}{-\cos\theta}=\tan\theta$

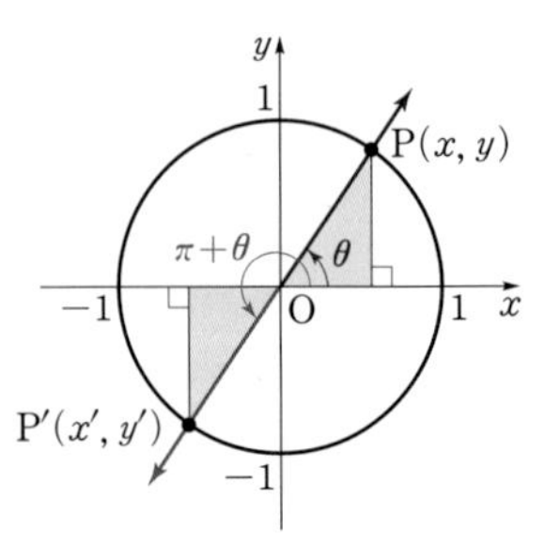

Figure _ $\pi+\theta$의 삼각함수

한편 각 $\pi-\theta$에 대한 삼각함수의 값은 오른쪽 단위원을 통해 확인할 수도 있고,[4] 다음과 같이 앞에서 구한 세 식에 θ 대신 $-\theta$를 대입하여 유도할 수도 있다.

$$\sin(\pi-\theta)=-\sin(-\theta)=\sin\theta$$
$$\cos(\pi-\theta)=-\cos(-\theta)=-\cos\theta$$
$$\tan(\pi-\theta)=\tan(-\theta)=-\tan\theta$$

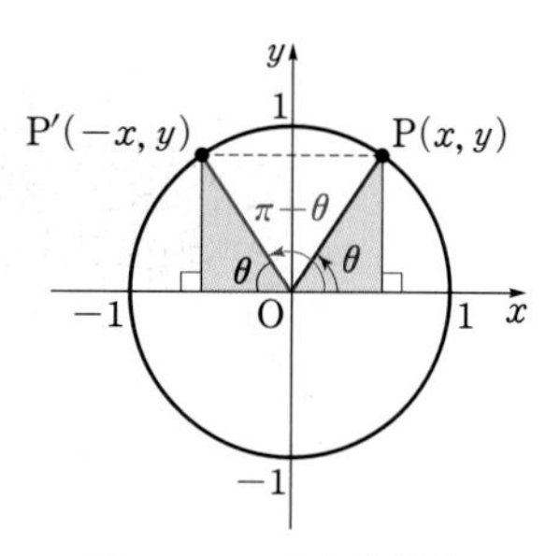

Figure _ $\pi-\theta$의 삼각함수

$\pi\pm\theta$의 삼각함수

$\sin(\pi+\theta)=-\sin\theta$	$\cos(\pi+\theta)=-\cos\theta$	$\tan(\pi+\theta)=\tan\theta$
$\sin(\pi-\theta)=\sin\theta$	$\cos(\pi-\theta)=-\cos\theta$	$\tan(\pi-\theta)=-\tan\theta$

EXAMPLE 051 다음 삼각함수의 값을 구하여라.

(1) $\sin\frac{5}{4}\pi$　　(2) $\cos\frac{4}{3}\pi$　　(3) $\tan\frac{5}{6}\pi$

ANSWER (1) $\sin\frac{5}{4}\pi=\sin\left(\pi+\frac{\pi}{4}\right)=-\sin\frac{\pi}{4}=-\frac{\sqrt{2}}{2}$ ■

(2) $\cos\frac{4}{3}\pi=\cos\left(\pi+\frac{\pi}{3}\right)=-\cos\frac{\pi}{3}=-\frac{1}{2}$ ■

(3) $\tan\frac{5}{6}\pi=\tan\left(\pi-\frac{\pi}{6}\right)=-\tan\frac{\pi}{6}=-\frac{\sqrt{3}}{3}$ ■

APPLICATION 068 다음 삼각함수의 값을 구하여라. Sub Note 017쪽

(1) $\sin\frac{2}{3}\pi$　　(2) $\cos\frac{5}{6}\pi$　　(3) $\tan\frac{5}{4}\pi$

4 $\frac{\pi}{2}\pm\theta$의 삼각함수

앞서 그래프를 그려 보며 확인하였듯이 $y=\sin x$의 그래프를 x축의 방향으로 $-\frac{\pi}{2}$만큼 평행이동하면 $y=\cos x$의 그래프와 일치한다. 따라서 그래프를 통해 다음이 성립함을 알 수 있다.

---

[4] 191쪽의 $-\theta$의 삼각함수와 비슷한 원리로 x좌표는 부호가 서로 반대이고, y좌표는 같음을 이용하면 된다.

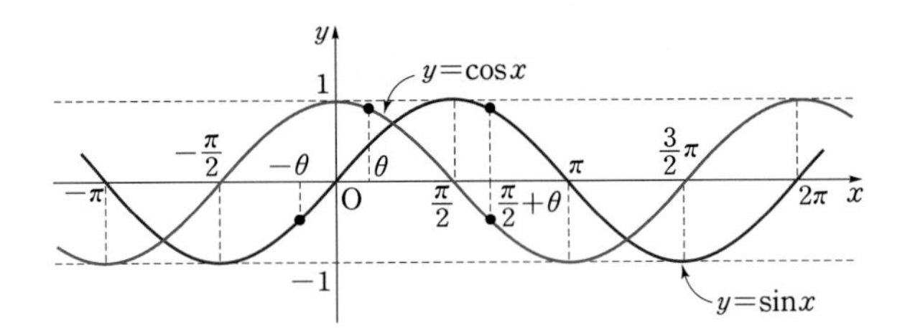

$$\sin\left(\frac{\pi}{2}+\theta\right)=\cos\theta,\ \cos\left(\frac{\pi}{2}+\theta\right)=\sin(-\theta)=-\sin\theta,$$

$$\tan\left(\frac{\pi}{2}+\theta\right)=\frac{\sin\left(\frac{\pi}{2}+\theta\right)}{\cos\left(\frac{\pi}{2}+\theta\right)}=\frac{\cos\theta}{-\sin\theta}=-\frac{1}{\tan\theta}$$

또한 단위원을 이용하여 위의 성질을 확인할 수도 있다.

단위원과 각 θ, 각 $\frac{\pi}{2}+\theta$를 나타내는 동경이 서로 만나는 점을 각각 $\mathrm{P}(x, y)$, $\mathrm{P}'(x', y')$이라 하고 점 P에서 x축에 내린 수선의 발을 H, 점 P′에서 y축에 내린 수선의 발을 H′이라 하자. 그러면 $\triangle\mathrm{OPH}\equiv\triangle\mathrm{OP'H'}$이므로

$$\overline{\mathrm{P'H'}}=\overline{\mathrm{PH}},\ \overline{\mathrm{OH'}}=\overline{\mathrm{OH}}$$

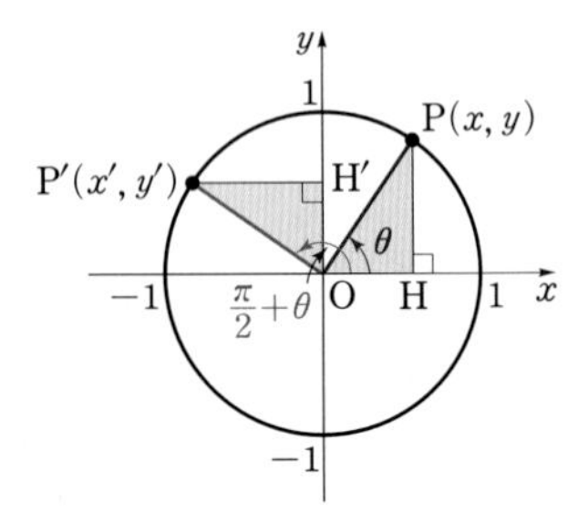

Figure_ $\frac{\pi}{2}+\theta$의 삼각함수

따라서 $y'=x$에서 $\sin\left(\frac{\pi}{2}+\theta\right)=\cos\theta$

$x'=-y$에서 $\cos\left(\frac{\pi}{2}+\theta\right)=-\sin\theta$

이고, $\tan\left(\frac{\pi}{2}+\theta\right)=\frac{y'}{x'}=\frac{x}{-y}=-\frac{1}{\tan\theta}$

한편 위에서 구한 세 식에 θ 대신 $-\theta$를 대입하면 다음을 유도할 수 있다.

$$\sin\left(\frac{\pi}{2}-\theta\right)=\cos(-\theta)=\cos\theta,\ \cos\left(\frac{\pi}{2}-\theta\right)=-\sin(-\theta)=\sin\theta,$$

$$\tan\left(\frac{\pi}{2}-\theta\right)=-\frac{1}{\tan(-\theta)}=\frac{1}{\tan\theta}$$

앞에서와 달리 각이 $\frac{\pi}{2}\pm\theta$로 주어진 경우에는 삼각함수가 달라짐에 유의하자.

$\frac{\pi}{2}\pm\theta$의 삼각함수

$\sin\left(\frac{\pi}{2}+\theta\right)=\cos\theta$ $\cos\left(\frac{\pi}{2}+\theta\right)=-\sin\theta$ $\tan\left(\frac{\pi}{2}+\theta\right)=-\frac{1}{\tan\theta}$

$\sin\left(\frac{\pi}{2}-\theta\right)=\cos\theta$ $\cos\left(\frac{\pi}{2}-\theta\right)=\sin\theta$ $\tan\left(\frac{\pi}{2}-\theta\right)=\frac{1}{\tan\theta}$

EXAMPLE 052 다음 삼각함수의 값을 구하여라.

(1) $\sin\left(\frac{\pi}{2}+\frac{\pi}{6}\right)$ (2) $\cos\left(\frac{\pi}{2}+\frac{\pi}{6}\right)$ (3) $\tan\left(\frac{\pi}{2}+\frac{\pi}{4}\right)$

ANSWER (1) $\sin\left(\frac{\pi}{2}+\frac{\pi}{6}\right)=\cos\frac{\pi}{6}=\mathbf{\frac{\sqrt{3}}{2}}$ ■

(2) $\cos\left(\frac{\pi}{2}+\frac{\pi}{6}\right)=-\sin\frac{\pi}{6}=\mathbf{-\frac{1}{2}}$ ■ (3) $\tan\left(\frac{\pi}{2}+\frac{\pi}{4}\right)=-\frac{1}{\tan\frac{\pi}{4}}=\mathbf{-1}$ ■

APPLICATION **069** 다음 삼각함수의 값을 구하여라. Sub Note 017쪽

(1) $\sin\left(\frac{\pi}{2}-\frac{\pi}{4}\right)$ (2) $\cos\left(\frac{\pi}{2}-\frac{\pi}{4}\right)$ (3) $\tan\left(\frac{\pi}{2}-\frac{\pi}{3}\right)$

지금까지 배운 삼각함수의 성질을 이용하면 일반각에 대한 삼각함수를 0°에서 90°까지의 각에 대한 삼각함수로 나타낼 수 있다.
따라서 일반각에 대한 삼각함수의 값은 이 책의 410쪽에 있는 삼각함수표를 이용하면 쉽게 구할 수 있다.

$$\sin 370° = \sin(360°+10°) = \sin 10° = 0.1736$$

$$\tan 178° = \tan(180°-2°) = -\tan 2° = -0.0349$$

θ	$\sin\theta$	$\cos\theta$	$\tan\theta$
0°	0.0000	1.0000	0.0000
1°	0.0175	0.9998	0.0175
2°	0.0349	0.9994	0.0349
⋮	⋮	⋮	⋮
10°	0.1736	0.9848	0.1763

삼각함수표

수학 공부법에 대한 저자들의 충고 – 삼각함수의 값 구하기

삼각함수의 값을 구할 때에는 위에서 배운 4가지 방법을 혼용하여 각을 변형하는데 최종적으로 결정할 삼각함수와 그 부호는 다음 2가지 경우로 구분하여 판단하면 간단하다.

(1) $n\pi\pm\theta\left(\text{단, } n\text{은 정수, } 0<\theta<\frac{\pi}{2}\right)$로 변형되는 경우

삼각함수는 그대로이고, $n\pi\pm\theta$가 속하는 사분면을 찾아 삼각함수의 부호를 결정한다.

(2) $\frac{n}{2}\pi\pm\theta\left(\text{단, } n\text{은 홀수, } 0<\theta<\frac{\pi}{2}\right)$로 변형되는 경우

삼각함수가 바뀐다. $\frac{n}{2}\pi\pm\theta$가 속하는 사분면에서의 **원래의 삼각함수의 부호**를 그대로 따른다.

예 θ가 제1사분면의 각일 때 $\cos(3\pi-\theta)=-\cos\theta$ (함수 바뀌지 않음, 제2사분면) $\sin\left(\frac{3}{2}\pi+\theta\right)=-\cos\theta$ (함수 바뀜, 제4사분면)

기 본 예 제 *여러 가지 각의 삼각함수(1)*

044 $\dfrac{\cos(\theta-\pi)}{1+\cos\left(\dfrac{\pi}{2}+\theta\right)}+\dfrac{\cos(\pi-\theta)}{1+\cos\left(\theta-\dfrac{\pi}{2}\right)}$ 를 간단히 하여라.

GUIDE '삼각함수의 성질'을 이용하여 각 삼각함수를 간단히 해 본다.

SOLUTION

1단계 : $2n\pi+\theta$의 삼각함수	$2n\pi$가 포함된 각이 없으므로 사용하지 않는다.
2단계 : $-\theta$의 삼각함수	$\cos(\theta-\pi)=\cos(\pi-\theta)$ $\cos\left(\theta-\dfrac{\pi}{2}\right)=\cos\left(\dfrac{\pi}{2}-\theta\right)$
3단계 : $\pi\pm\theta$의 삼각함수	$\cos(\pi-\theta)=-\cos\theta$
4단계 : $\dfrac{\pi}{2}\pm\theta$의 삼각함수	$\cos\left(\dfrac{\pi}{2}+\theta\right)=-\sin\theta$, $\cos\left(\dfrac{\pi}{2}-\theta\right)=\sin\theta$

$$(\text{주어진 식})=\frac{\cos(\pi-\theta)}{1+\cos\left(\dfrac{\pi}{2}+\theta\right)}+\frac{\cos(\pi-\theta)}{1+\cos\left(\dfrac{\pi}{2}-\theta\right)}$$

$$=\frac{-\cos\theta}{1-\sin\theta}+\frac{-\cos\theta}{1+\sin\theta}$$

$$=\frac{-\cos\theta(1+\sin\theta)-\cos\theta(1-\sin\theta)}{(1-\sin\theta)(1+\sin\theta)}$$

$$=\frac{-2\cos\theta}{1-\sin^2\theta}=\frac{-2\cos\theta}{\cos^2\theta}\quad(\because \sin^2\theta+\cos^2\theta=1)$$

$$=-\frac{2}{\cos\theta}$$ ■

유제

044-1 다음 식을 간단히 하여라.

Sub Note 044쪽

(1) $\tan(450°-\theta)+\tan(450°+\theta)$

(2) $\sin\left(\dfrac{\pi}{2}-\theta\right)+\sin\left(\dfrac{\pi}{2}+\theta\right)+\sin(\pi-\theta)+\sin(\pi+\theta)$

(3) $\tan(180°+\theta)\sin(90°+\theta)+\dfrac{\cos(180°-\theta)}{\tan(-\theta)}$

(4) $\dfrac{\sin(\pi+\theta)\tan^2(\pi-\theta)}{\cos\left(\dfrac{3}{2}\pi+\theta\right)}-\dfrac{\sin\left(\dfrac{3}{2}\pi-\theta\right)}{\sin\left(\dfrac{\pi}{2}+\theta\right)\cos^2\theta}$

기본예제 *여러 가지 각의 삼각함수(2)*

045 다음 식을 간단히 하여라.

(1) $\sin 1^\circ + \sin 2^\circ + \cdots + \sin 359^\circ + \sin 360^\circ$ (2) $\cos 1^\circ + \cos 2^\circ + \cdots + \cos 359^\circ + \cos 360^\circ$

GUIDE '삼각함수의 성질'을 이용하여 그 합이 0이 되는 경우를 찾아본다.

SOLUTION

(1) $\sin(\pi+\theta) = -\sin\theta$이므로

$$\sin\theta + \sin(\pi+\theta) = \sin\theta - \sin\theta = 0$$

이 성립한다. 따라서

$$\sin 1^\circ + \sin 181^\circ = 0,\ \sin 2^\circ + \sin 182^\circ = 0,\ \cdots,\ \sin 179^\circ + \sin 359^\circ = 0$$

$$\therefore \sin 1^\circ + \sin 2^\circ + \cdots + \sin 359^\circ + \sin 360^\circ = \sin 180^\circ + \sin 360^\circ$$

$$= 0 + 0 = \mathbf{0}$$ ■

(2) $\cos(\pi+\theta) = -\cos\theta$이므로

$$\cos\theta + \cos(\pi+\theta) = \cos\theta - \cos\theta = 0$$

이 성립한다. 따라서

$$\cos 1^\circ + \cos 181^\circ = 0,\ \cos 2^\circ + \cos 182^\circ = 0,\ \cdots,\ \cos 179^\circ + \cos 359^\circ = 0$$

$$\therefore \cos 1^\circ + \cos 2^\circ + \cdots + \cos 359^\circ + \cos 360^\circ = \cos 180^\circ + \cos 360^\circ$$

$$= (-1) + 1 = \mathbf{0}$$ ■

[다른 풀이] 오른쪽 그림과 같이 원점에 대하여 서로 대칭인 점들의 x좌표끼리의 합, y좌표끼리의 합은 항상 0이므로

(1) $\sin 1^\circ + \sin 2^\circ + \cdots + \sin 359^\circ + \sin 360^\circ = 0$

(2) $\cos 1^\circ + \cos 2^\circ + \cdots + \cos 359^\circ + \cos 360^\circ = 0$

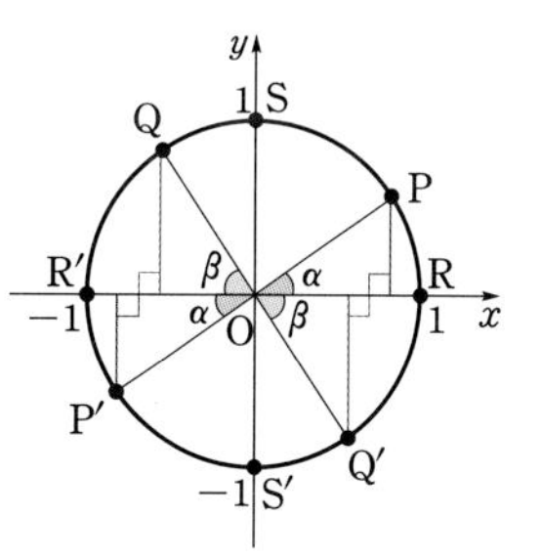

Summa's Advice

'삼각함수의 성질'에 의하여 다음이 성립함을 알 수 있다.

(1) $\sin\theta + \sin(\pi+\theta) = \sin\theta - \sin\theta = 0$ (2) $\cos\theta + \cos(\pi+\theta) = \cos\theta - \cos\theta = 0$

(3) $\sin\theta + \sin(2\pi-\theta) = \sin\theta - \sin\theta = 0$ (4) $\cos\theta + \cos(\pi-\theta) = \cos\theta - \cos\theta = 0$

(5) $\tan\theta + \tan(-\theta) = \tan\theta - \tan\theta = 0$

유제

045-1 $\tan 1^\circ \times \tan 2^\circ \times \cdots \times \tan 89^\circ$를 간단히 하여라.

Sub Note 044쪽

기본예제 **여러 가지 각의 삼각함수(3)**

046

(1) $\cos 50° = a$일 때, $\sin 40°$의 값을 a로 나타내어라.

(2) $\sin 20° = b$일 때, $\sin 110°$의 값을 b로 나타내어라.

(3) $\tan(x+10°) \times \tan(80°-x)$의 값을 구하여라.

(4) $\sin^2(x+35°) + \sin^2(x-55°)$의 값을 구하여라.

GUIDE 두 각 α, β에 대하여 $\alpha+\beta=90°$ 또는 $\alpha-\beta=90°$이면 한 각 α를 다른 각 β에 대한 식으로 표현할 수 있다. 즉, $\alpha=90°-\beta$ 또는 $\alpha=90°+\beta$이므로 '$\frac{\pi}{2}\pm\theta$의 삼각함수'를 이용하면 원하는 정보를 얻을 수 있다. 이때 sin이 cos으로, cos이 sin으로 바뀌는 것에 주의해야 한다.

SOLUTION

(1) $50°+40°=90°$이므로 $\sin 40° = \sin(90°-50°) = \cos 50° = \boldsymbol{a}$ ■

(2) $110°-20°=90°$이므로 $\sin 110° = \sin(90°+20°) = \cos 20°$

이때 $\sin^2 20° + \cos^2 20° = 1$이므로 $\cos^2 20° = 1-\sin^2 20 = 1-b^2$

$\therefore \sin 110° = \cos 20° = \boldsymbol{\sqrt{1-b^2}}$ ($\because \cos 20° > 0$) ■

(3) $A=x+10°$, $B=80°-x$라 하면 $A+B=(x+10°)+(80°-x)=90°$

$\therefore$ (주어진 식)$=\tan A \times \tan B = \tan A \times \tan(90°-A)$

$=\tan A \times \frac{1}{\tan A} = \boldsymbol{1}$ ■

(4) $C=x+35°$, $D=x-55°$라 하면 $C-D=(x+35°)-(x-55°)=90°$

$\therefore$ (주어진 식)$=\sin^2 C + \sin^2 D = \sin^2(90°+D) + \sin^2 D$

$=\cos^2 D + \sin^2 D = \boldsymbol{1}$ ■

유제 **046-1** $\alpha+\beta=\frac{\pi}{2}$이고, $\cos\alpha=b$일 때, $\cos\beta$의 값을 b로 나타내어라. (단, $\alpha>0$, $\beta>0$)

Sub Note 044쪽

유제 **046-2** $\sin 105° - \sin 35° - \cos 125° - \cos 15°$의 값을 구하여라.

Sub Note 044쪽

유제 **046-3** $\frac{1}{\tan^2 70°} - \frac{1}{\cos^2 20°}$의 값을 구하여라.

Sub Note 044쪽

기 본 예 제 **삼각함수를 포함한 식의 최대, 최소(1)**

047 다음 두 함수의 최댓값과 최솟값을 구하여라.

(1) $y=3|2\sin x+1|-1$ (2) $y=\dfrac{-2\cos x+3}{\cos x+2}$

GUIDE $\sin x=t$ 또는 $\cos x=t$로 치환하면 (1)은 절댓값 기호를 포함한 함수, (2)는 t에 대한 유리함수가 된다. 이때 $-1\le t\le 1$이므로 그래프를 활용하여 최댓값, 최솟값을 구할 수 있다.

SOLUTION

(1) $\sin x=t\ (-1\le t\le 1)$로 치환하면 주어진 함수는

$$y=3|2t+1|-1=\begin{cases}6t+2 & \left(t\ge -\dfrac{1}{2}\right)\\ -6t-4 & \left(t<-\dfrac{1}{2}\right)\end{cases}$$

이므로 그 그래프는 오른쪽 그림과 같다.

$\therefore$ **(최댓값) : 8, (최솟값) : −1** ■

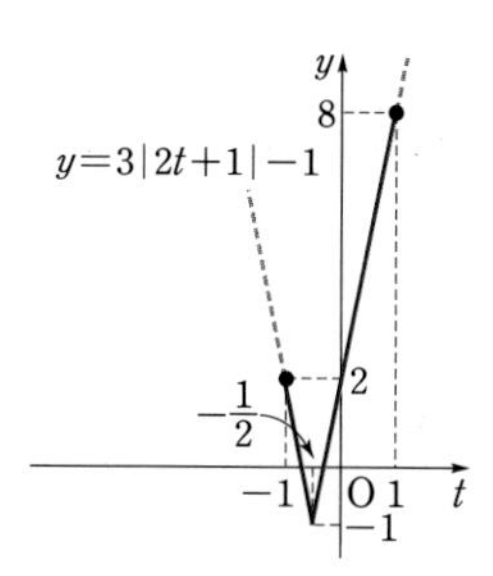

(2) $\cos x=t\,(-1\le t\le 1)$로 치환하면 주어진 함수는

$$y=\frac{-2t+3}{t+2}=\frac{-2(t+2)+7}{t+2}=\frac{7}{t+2}-2$$

이므로 그 그래프는 오른쪽 그림과 같다.

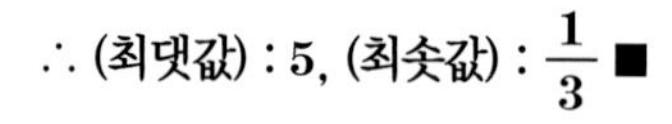

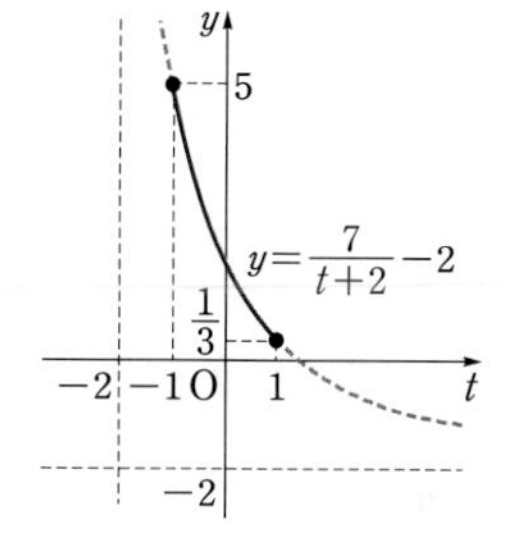

[다른 풀이] (1) $-1\le \sin x\le 1$이므로 $-2\le 2\sin x\le 2,\ -1\le 2\sin x+1\le 3$

$0\le |2\sin x+1|\le 3,\ 0\le 3|2\sin x+1|\le 9$

$\therefore\ -1\le 3|2\sin x+1|-1\le 8$

(2) $y=\dfrac{-2\cos x+3}{\cos x+2}=\dfrac{-2(\cos x+2)+7}{\cos x+2}=\dfrac{7}{\cos x+2}-2$

$-1\le \cos x\le 1$이므로 $1\le \cos x+2\le 3,\ \dfrac{1}{3}\le \dfrac{1}{\cos x+2}\le 1$

$\dfrac{7}{3}\le \dfrac{7}{\cos x+2}\le 7$ $\therefore\ \dfrac{1}{3}\le \dfrac{7}{\cos x+2}-2\le 5$

유제
047-1 다음 두 함수의 최댓값과 최솟값을 구하여라.

Sub Note 045쪽

(1) $y=\left|\cos x+\dfrac{1}{2}\right|-1$ (2) $y=\dfrac{2\sin x-1}{\sin x+2}$

발전예제 **삼각함수를 포함한 식의 최대, 최소(2)**

048 (1) 다음 두 함수의 최댓값과 최솟값을 구하여라.

① $y=\sin^2 x-6\sin x+7$ ② $y=\cos^2\left(\frac{\pi}{2}+x\right)+\sin\left(\frac{\pi}{2}-x\right)$

(2) 함수 $y=\cos^2 x-2a\sin x+1$의 최댓값이 11일 때, a의 값을 구하여라. (단, $a>0$)

GUIDE (1) 삼각함수의 성질과 $\sin^2 x+\cos^2 x=1$임을 이용한다.

(2) $\sin^2 x+\cos^2 x=1$을 이용하여 $\sin x$만 포함되어 있는 함수로 바꾼 후, $\sin x=t\,(-1\le t\le 1)$로 치환하면 주어진 함수는 t에 대한 이차함수가 된다. 이때 미지수 a의 값에 따라 이차함수의 꼭짓점의 위치가 달라지므로 경우를 나누어 생각해 보자.

SOLUTION

(1) ① $\sin x=t\,(-1\le t\le 1)$로 치환하면 주어진 함수는

$$y=t^2-6t+7=(t-3)^2-2$$

이므로 그 그래프는 오른쪽 그림과 같다.

∴ **(최댓값) : 14, (최솟값) : 2** ■

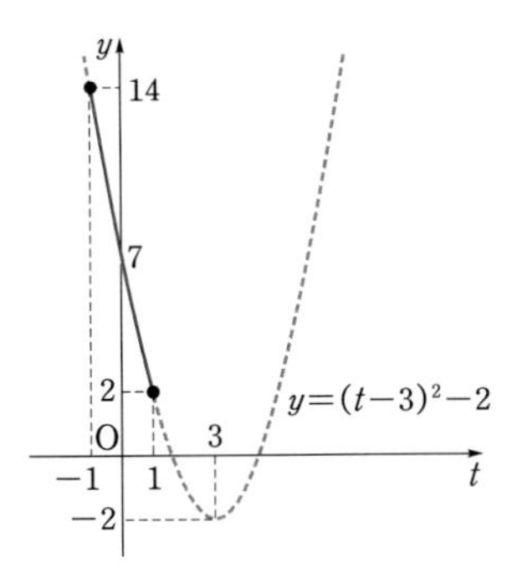

② $\cos\left(\frac{\pi}{2}+x\right)=-\sin x$, $\sin\left(\frac{\pi}{2}-x\right)=\cos x$, $\sin^2 x=1-\cos^2 x$이므로

$$y=\cos^2\left(\frac{\pi}{2}+x\right)+\sin\left(\frac{\pi}{2}-x\right)=\sin^2 x+\cos x$$

$$=1-\cos^2 x+\cos x$$

$\cos x=t\,(-1\le t\le 1)$로 치환하면 주어진 함수는

$$y=-t^2+t+1=-\left(t-\frac{1}{2}\right)^2+\frac{5}{4}$$

이므로 그 그래프는 오른쪽 그림과 같다.

∴ **(최댓값) : $\frac{5}{4}$, (최솟값) : −1** ■

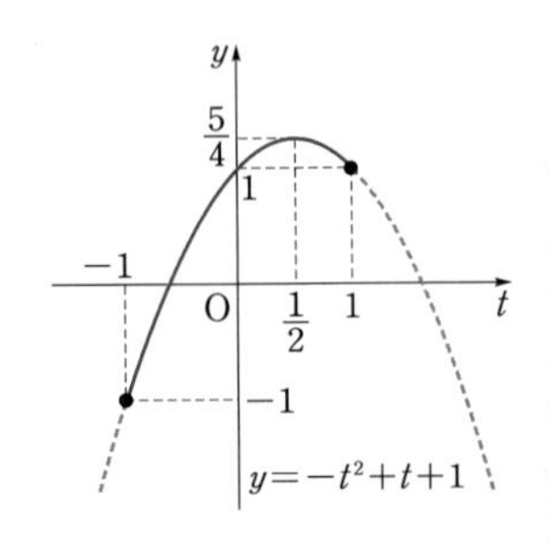

(2) $\sin^2 x+\cos^2 x=1$이므로 $\cos^2 x=1-\sin^2 x$를 주어진 함수의 식에 대입하면

$$y=(1-\sin^2 x)-2a\sin x+1=-\sin^2 x-2a\sin x+2$$

이고, $\sin x=t\,(-1\le t\le 1)$로 치환하면

$$y=-t^2-2at+2=-(t+a)^2+a^2+2\ (a>0)$$

이다. 이때

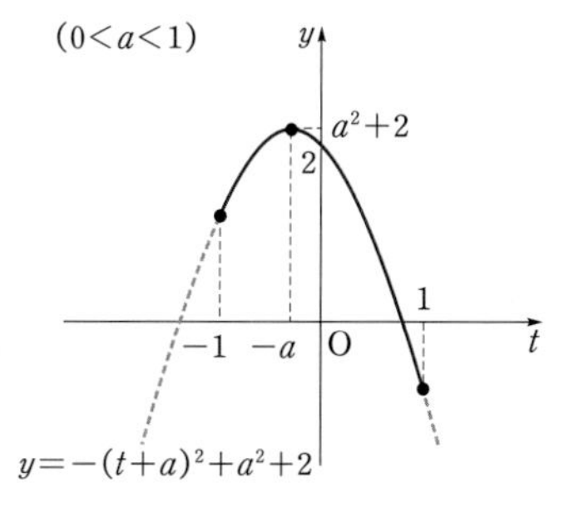

(i) $-1<-a<0$, 즉 $0<a<1$이면

주어진 함수는 $t=-a$에서 최댓값 a^2+2를 갖는다.

조건에서 최댓값은 11이므로

$$a^2+2=11,\ a^2=9 \qquad \therefore a=\pm3$$

그런데 구한 a의 값은 $0<a<1$을 만족시키지 않으므로 적합하지 않다.

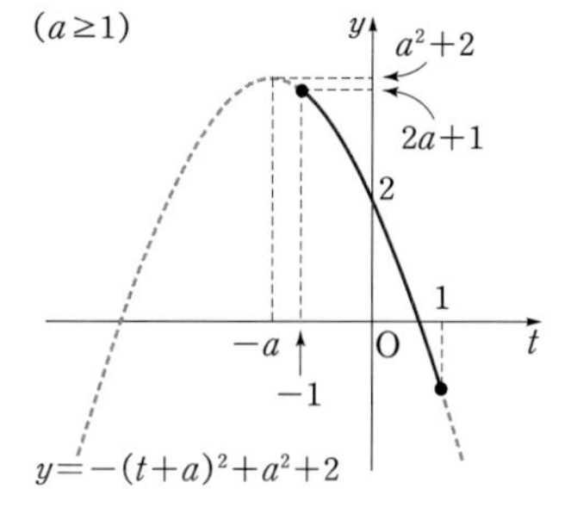

(ii) $-a\leq-1$, 즉 $a\geq1$이면

주어진 함수는 $t=-1$에서 최댓값 $2a+1$을 갖는다.

조건에서 최댓값은 11이므로

$$2a+1=11 \qquad \therefore a=5$$

구한 a의 값은 $a\geq1$을 만족시키므로 적합하다.

(i), (ii)에 의하여 $\quad a=$**5** ■

Summa's Advice

함수에서 어떤 값을 한 문자로 치환했다면 반드시 치환된 변수의 범위를 확인하도록 하자. 또 (2)와 같이 미정계수를 포함하는 이차함수는 미정계수가 이차함수에서 무엇을 결정하는지 정확히 파악해야 하겠다.

유제

048-1 다음 두 함수의 최댓값과 최솟값을 구하여라.

Sub Note 045쪽

(1) $y=\cos^2x+4\cos x-1$

(2) $y=\cos^2(\pi-x)-2\sin(2\pi-x)-2$

Sub Note 046쪽

유제

048-2 함수 $y=\tan^2x+\dfrac{2}{\tan\left(\dfrac{\pi}{2}-x\right)}+3$의 최댓값과 최솟값을 구하여라. $\left(단,\ -\dfrac{\pi}{4}\leq x\leq\dfrac{\pi}{4}\right)$

Sub Note 046쪽

유제

048-3 함수 $y=-\sin^2x-2a\cos x+1$의 최솟값이 -4일 때, a의 값을 구하여라. (단, $a>0$)

03 삼각방정식과 삼각부등식

SUMMA CUM LAUDE

ESSENTIAL LECTURE

1 삼각방정식과 삼각부등식의 풀이

(1) 기본적인 삼각방정식의 풀이

$\sin x=a$ (또는 $\cos x=a$ 또는 $\tan x=a$) 꼴의 삼각방정식

➡ $y=\sin x$ (또는 $y=\cos x$ 또는 $y=\tan x$)의 그래프와 직선 $y=a$의 교점의 x좌표를 구한다.

(2) 기본적인 삼각부등식의 풀이

① $\sin x>a$ (또는 $\cos x>a$ 또는 $\tan x>a$) 꼴의 삼각부등식

➡ $y=\sin x$ (또는 $y=\cos x$ 또는 $y=\tan x$)의 그래프에서 직선 $y=a$보다 위쪽에 있는 부분의 x좌표의 범위를 구한다.

② $\sin x<a$ (또는 $\cos x<a$ 또는 $\tan x<a$) 꼴의 삼각부등식

➡ $y=\sin x$ (또는 $y=\cos x$ 또는 $y=\tan x$)의 그래프에서 직선 $y=a$보다 아래쪽에 있는 부분의 x좌표의 범위를 구한다.

1 삼각방정식과 삼각부등식의 풀이 (수능 고빈도 출제)

$\sin x=\frac{1}{2}$, $\cos x>\frac{\sqrt{3}}{2}$과 같이 각의 크기가 미지수인 삼각함수를 포함하는 방정식과 부등식을 삼각방정식, 삼각부등식이라 한다. 익히 알고 있듯이 방정식과 부등식은 식을 만족시키는 미지수의 값을 찾는 것이다. 삼각방정식, 삼각부등식 역시 식을 만족시키는 미지수의 값을 찾는 것으로

방정식 $f(x)=a$의 실근은 함수 $y=f(x)$의 그래프와 직선 $y=a$의 교점의 x좌표

임을 기초로 하여 앞에서 배운 삼각함수의 그래프와 단위원을 통해서 구할 수 있다.[5]

[5] 다항방정식은 다항함수를 배우지 않아도(그래프를 그리지 않고도) 인수분해, 근의 공식 등을 이용하여 쉽게 풀 수 있다. 하지만 지수, 로그방정식과 삼각방정식은 지수, 로그함수와 삼각함수를 배우지 않고는 그 해법을 찾기 어렵다. 이러한 이유로 함수를 먼저 배운 후 함수의 활용으로 방정식을 배우는 것이다. (부등식도 마찬가지이다.)

ESSENTIAL LECTURE의 방법과 삼각함수의 그래프의 대칭성과 주기성을 이용하여 삼각방정식과 삼각부등식의 해를 구해 보자.

EXAMPLE 053 다음 방정식과 부등식을 풀어라. (단, $0\le x<2\pi$)

(1) $\sin x=\frac{1}{2}$ (2) $\sin x=-\frac{1}{2}$ (3) $\sin x<-\frac{1}{2}$

ANSWER $0\le x<2\pi$의 범위에서 함수 $y=\sin x$의 그래프와 직선 $y=\frac{1}{2}$, $y=-\frac{1}{2}$을 그리면 다음과 같다.

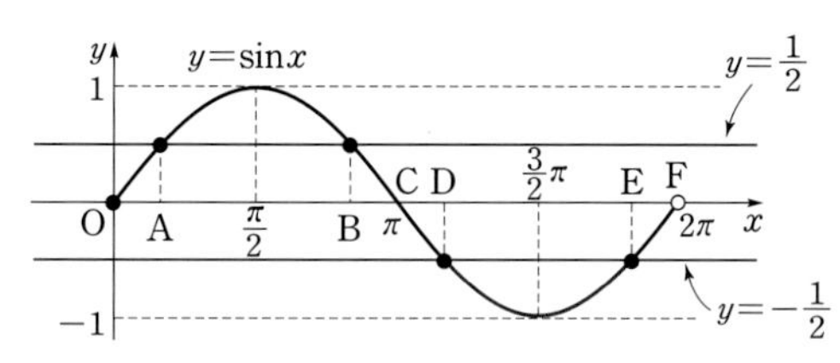

(1) 방정식 $\sin x=\frac{1}{2}$의 해는 점 A와 점 B의 x좌표에 해당한다.

$y=\sin x$의 그래프의 대칭성에 의해 $\overline{\mathrm{OA}}=\overline{\mathrm{BC}}$

이때 점 A의 x좌표가 $\frac{\pi}{6}$이므로 점 B의 x좌표는 $\pi-\frac{\pi}{6}=\frac{5}{6}\pi$

따라서 구하는 해는

$\boldsymbol{x=\frac{\pi}{6}}$ **또는** $\boldsymbol{x=\frac{5}{6}\pi}$ ■

(2) 방정식 $\sin x=-\frac{1}{2}$의 해는 점 D와 점 E의 x좌표에 해당한다.

$y=\sin x$의 그래프의 대칭성에 의해 $\overline{\mathrm{OA}}=\overline{\mathrm{BC}}=\overline{\mathrm{CD}}=\overline{\mathrm{EF}}$

점 D의 x좌표는 $\pi+\frac{\pi}{6}=\frac{7}{6}\pi$

점 E의 x좌표는 $2\pi-\frac{\pi}{6}=\frac{11}{6}\pi$

따라서 구하는 해는

$\boldsymbol{x=\frac{7}{6}\pi}$ **또는** $\boldsymbol{x=\frac{11}{6}\pi}$ ■

(3) 부등식 $\sin x<-\frac{1}{2}$의 해는 함수 $y=\sin x$의 그래프가 직선 $y=-\frac{1}{2}$보다 아랫부분에 있는 x의 값의 범위이다.

따라서 구하는 해는

$\boldsymbol{\frac{7}{6}\pi<x<\frac{11}{6}\pi}$ ■

APPLICATION 070 그래프를 이용하여 다음 방정식과 부등식을 풀어라. (단, $0\leq x<2\pi$)

(1) $\cos x=\frac{1}{2}$　　(2) $\tan x=1$　　(3) $2\sin x=-\sqrt{3}$

(4) $\cos x\leq -\frac{1}{2}$　　(5) $2\sin x\geq 1$　　(6) $3\tan x\leq -\sqrt{3}$

우리가 구해야 할 대부분의 삼각방정식이나 삼각부등식의 해는 위 예제와 같이 삼각함수의 그래프를 그리면 쉽게 구할 수 있다. 하지만 단위원의 관점에서 접근하면 해에 대해 더 본질적으로 접근할 수 있다.

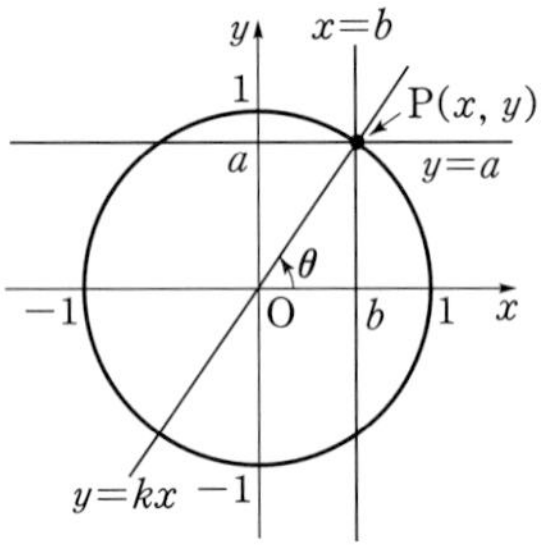

오른쪽 그림처럼 단위원 위의 임의의 점 $\mathrm{P}(x, y)$에 대하여 동경 OP가 나타내는 각을 θ라 하면 삼각함수의 정의에 의하여

$$x=\cos\theta,\ y=\sin\theta$$

가 된다. 그러므로
삼각방정식 $\sin\theta=a\ (-1\leq a\leq 1)$의 해를 구하는 것은

y좌표가 a인 점 P에 대해 동경 OP가 나타내는 각 θ의 크기를 구하는 것

과 같고, 삼각방정식 $\cos\theta=b\ (-1\leq b\leq 1)$의 해를 구하는 것은

x좌표가 b인 점 P에 대해 동경 OP가 나타내는 각 θ의 크기를 구하는 것

과 같으며, 삼각방정식 $\tan\theta=k$의 해를 구하는 것은

원점을 지나고, 기울기가 k인 직선과 단위원의 교점 P에 대해
동경 OP가 나타내는 각 θ의 크기를 구하는 것

과 같다.
삼각방정식 $\sin\theta=a\ (-1\leq a\leq 1)$의 해를 바탕으로 삼각부등식 $\sin\theta\geq a\ (-1\leq a\leq 1)$의 해도 쉽게 구할 수 있다.
삼각방정식과 삼각부등식에서 무엇보다도 중요한 것은 주어진 범위를 파악하는 것이다.
문제의 조건을 만족시키는 정의역 혹은 치역의 범위를 확실히 파악한 후 적절한 해를 구하도록 하자.

EXAMPLE 054 단위원을 이용하여 다음 방정식과 부등식을 풀어라. (단, $0 \le \theta < 2\pi$)

(1) $\cos\theta = \dfrac{\sqrt{3}}{2}$ (2) $\tan\theta = -\sqrt{3}$ (3) $\cos\theta < \dfrac{\sqrt{3}}{2}$

ANSWER (1) 오른쪽 그림과 같이 단위원에서 x좌표가 $\dfrac{\sqrt{3}}{2}$인 점은 P_1, P_2로 2개이다.

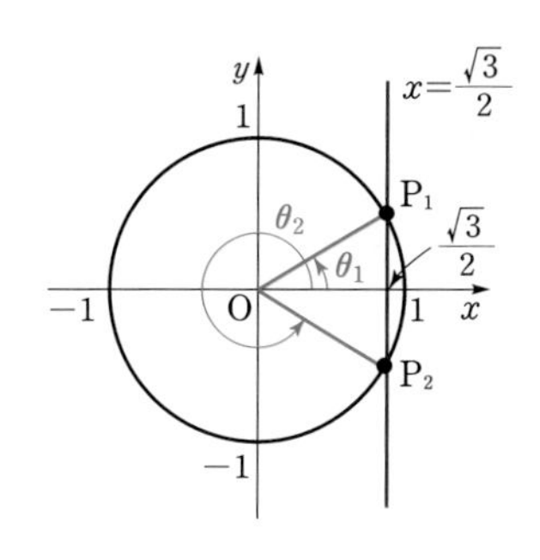

$\cos\theta_1 = \dfrac{\sqrt{3}}{2}$에서 $\theta_1 = \dfrac{\pi}{6}$이고,

$$\theta_2 = 2\pi - \theta_1 = 2\pi - \frac{\pi}{6} = \frac{11}{6}\pi$$

따라서 구하는 해는

$$\boldsymbol{\theta = \frac{\pi}{6}} \textbf{ 또는 } \boldsymbol{\theta = \frac{11}{6}\pi} \ ■$$

(2) 오른쪽 그림과 같이 원점을 지나고 기울기가 $-\sqrt{3}$인 직선과 단위원의 교점은 P_1, P_2로 2개이다.

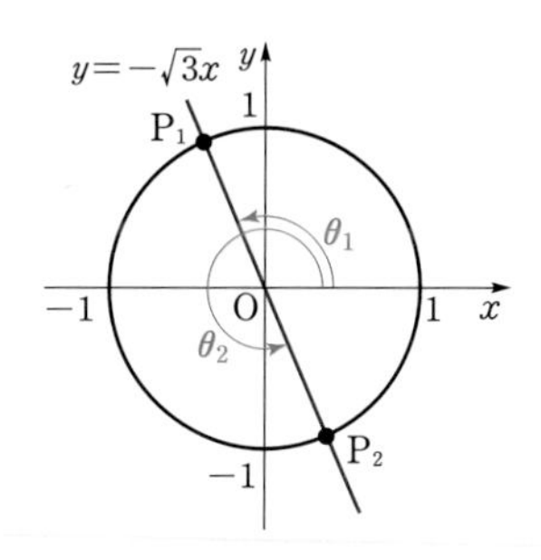

$\tan\theta_1 = -\sqrt{3}$에서 $\theta_1 = \dfrac{2}{3}\pi$이고,

$$\theta_2 = \pi + \theta_1 = \pi + \frac{2}{3}\pi = \frac{5}{3}\pi$$

따라서 구하는 해는

$$\boldsymbol{\theta = \frac{2}{3}\pi} \textbf{ 또는 } \boldsymbol{\theta = \frac{5}{3}\pi} \ ■$$

(3) $\cos\theta < \dfrac{\sqrt{3}}{2}$의 해는 단위원에서 ($x$좌표)$< \dfrac{\sqrt{3}}{2}$인 부분이므로 오른쪽 그림과 같다.

따라서 구하는 해는

$$\boldsymbol{\frac{\pi}{6} < \theta < \frac{11}{6}\pi} \ ■$$

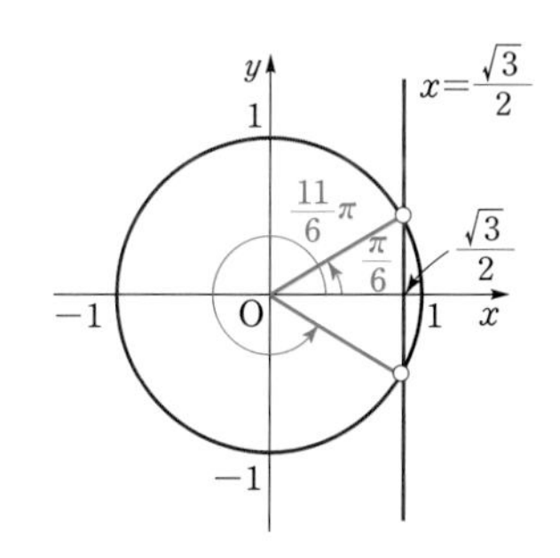

Sub Note 018쪽

APPLICATION 071 단위원을 이용하여 다음 방정식과 부등식을 풀어라. (단, $0 \le \theta < 2\pi$)

(1) $2\sin\theta - \sqrt{3} = 0$ (2) $\sin\theta = \cos\theta$

(3) $2\sin\theta - \sqrt{3} > 0$ (4) $\sin\theta < \cos\theta$

삼각함수 자체가 특수각에서만 그 값을 분명히 알 수 있기 때문에 삼각함수를 이용한 방정식과 부등식의 해는 특수각에 국한될 수밖에 없어 다행히도 우리가 다루는 삼각방정식이나 삼각부등식의 해를 구하는 것은 크게 어렵지 않다. 삼각함수를 포함한 다소 복잡한 형태의 식을 만나면 일단 삼각함수 사이의 관계나 삼각함수의 주기, 대칭성, 치환 등의 개념을 적용하여 간단한 모양으로 변형시킨 후 풀면 된다.

EXAMPLE 055 다음 방정식과 부등식을 풀어라. (단, $0\le x<2\pi$)

(1) $\sin\left(x-\frac{\pi}{4}\right)=\frac{\sqrt{3}}{2}$ (2) $\tan\frac{x}{4}=\frac{\sqrt{3}}{3}$ (3) $\cos\left(2x+\frac{\pi}{3}\right)<\frac{1}{2}$

ANSWER (1) $x-\frac{\pi}{4}=t$로 놓으면 $0\le x<2\pi$이므로

$0\le t+\frac{\pi}{4}<2\pi \qquad \therefore -\frac{\pi}{4}\le t<\frac{7}{4}\pi$

이때 방정식 $\sin t=\frac{\sqrt{3}}{2}$의 해는 오른쪽 그림과 같이 두 함수

$y=\sin t\left(-\frac{\pi}{4}\le t<\frac{7}{4}\pi\right),\ y=\frac{\sqrt{3}}{2}$

의 그래프의 교점의 t좌표이다.

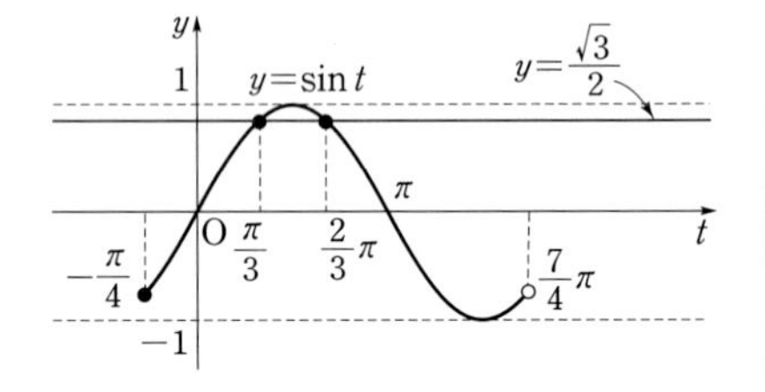

$\therefore t=\frac{\pi}{3}$ 또는 $t=\frac{2}{3}\pi$

즉, $x-\frac{\pi}{4}=\frac{\pi}{3}$ 또는 $x-\frac{\pi}{4}=\frac{2}{3}\pi$이므로

$\boldsymbol{x=\frac{7}{12}\pi}$ **또는** $\boldsymbol{x=\frac{11}{12}\pi}$ ■

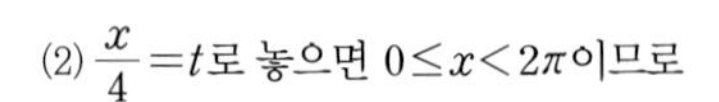

(2) $\frac{x}{4}=t$로 놓으면 $0\le x<2\pi$이므로

$0\le 4t<2\pi \qquad \therefore 0\le t<\frac{\pi}{2}$

이때 방정식 $\tan t=\frac{\sqrt{3}}{3}$의 해는 오른쪽 그림과 같이 두 함수

$y=\tan t\left(0\le t<\frac{\pi}{2}\right),\ y=\frac{\sqrt{3}}{3}$

의 그래프의 교점의 t좌표이다.

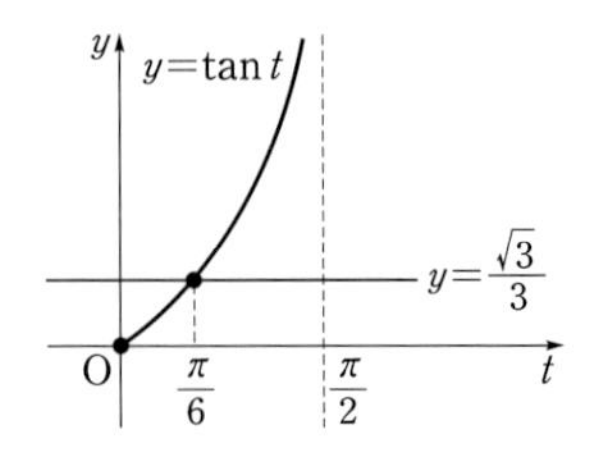

$\therefore t=\frac{\pi}{6}$

즉, $\frac{x}{4}=\frac{\pi}{6}$이므로 $\boldsymbol{x=\frac{2}{3}\pi}$ ■

(3) $2x+\frac{\pi}{3}=t$로 놓으면 $0\le x<2\pi$이므로

$$0\le \frac{1}{2}\left(t-\frac{\pi}{3}\right)<2\pi \qquad \therefore \frac{\pi}{3}\le t<\frac{13}{3}\pi$$

함수 $y=\cos t\left(\frac{\pi}{3}\le t<\frac{13}{3}\pi\right)$의 그래프와 직선 $y=\frac{1}{2}$은 다음 그림과 같다.

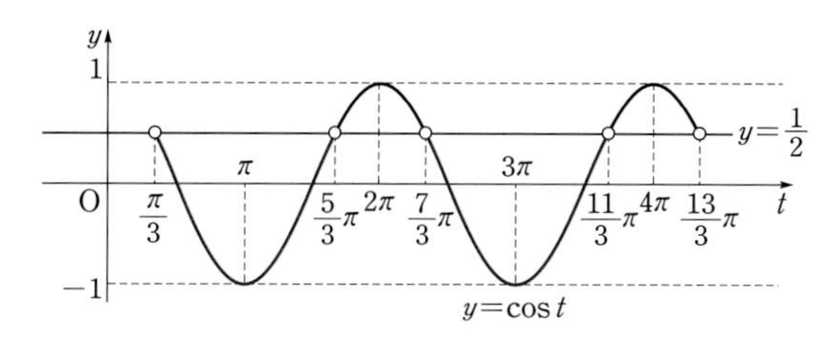

두 그래프의 교점의 t좌표는

$$t=\frac{\pi}{3} \text{ 또는 } t=\frac{5}{3}\pi \text{ 또는 } t=\frac{7}{3}\pi \text{ 또는 } t=\frac{11}{3}\pi$$

부등식 $\cos t<\frac{1}{2}$의 해는 함수 $y=\cos t$의 그래프가 직선 $y=\frac{1}{2}$보다 아래쪽에 있는 t의 값의 범위이므로

$$\frac{\pi}{3}<t<\frac{5}{3}\pi \text{ 또는 } \frac{7}{3}\pi<t<\frac{11}{3}\pi$$

그런데 $t=2x+\frac{\pi}{3}$이므로

$$\frac{\pi}{3}<2x+\frac{\pi}{3}<\frac{5}{3}\pi \text{ 또는 } \frac{7}{3}\pi<2x+\frac{\pi}{3}<\frac{11}{3}\pi$$

따라서 부등식 $\cos\left(2x+\frac{\pi}{3}\right)<\frac{1}{2}$의 해는

$\mathbf{0<x<\frac{2}{3}\pi}$ **또는** $\mathbf{\pi<x<\frac{5}{3}\pi}$ ■

APPLICATION 072 다음 방정식과 부등식을 풀어라. (단, $0\le x<2\pi$) Sub Note 019쪽

(1) $2\sin 2x=\sqrt{3}$

(2) $\cos\left(x-\frac{\pi}{6}\right)=\frac{1}{2}$

(3) $2\cos\frac{x}{2}>-\sqrt{3}$

(4) $\sin\left(x+\frac{\pi}{4}\right)\le -\frac{\sqrt{2}}{2}$

기본예제 삼각방정식

049 (1) 방정식 $2\sin^2 x-\cos x-1=0$을 풀어라. (단, $0\le x<2\pi$)

(2) 방정식 $\sin 2x=\dfrac{x}{\pi}$의 실근의 개수를 구하여라.

GUIDE (1) 한 종류의 삼각함수로 나타낼 수 있는 이차방정식 형태의 삼각방정식은 인수분해하여 '기본적인 삼각방정식' 2개로 나누어 푼다.

SOLUTION

(1) $2\sin^2 x-\cos x-1=0$에서 $\sin^2 x=1-\cos^2 x$이므로

$$2(1-\cos^2 x)-\cos x-1=0,\ 2\cos^2 x+\cos x-1=0$$

$$(2\cos x-1)(\cos x+1)=0 \qquad \therefore \cos x=\frac{1}{2} \text{ 또는 } \cos x=-1$$

(i) $\cos x=\dfrac{1}{2}$일 때

$$x=\frac{\pi}{3} \text{ 또는 } x=\frac{5}{3}\pi$$

(ii) $\cos x=-1$일 때 $\quad x=\pi$

(i), (ii)에서 주어진 방정식의 해는

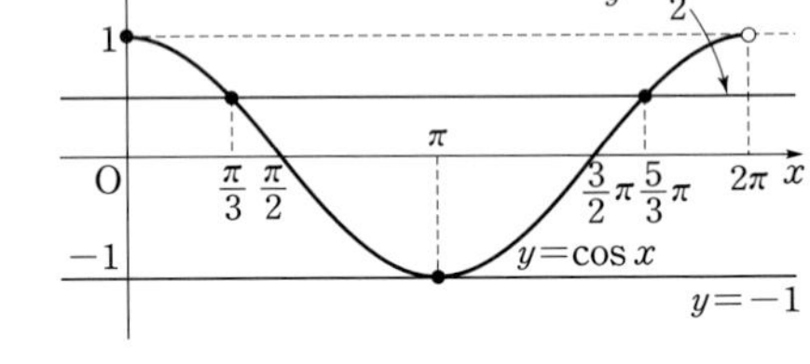

$$\boldsymbol{x=\frac{\pi}{3} \text{ 또는 } x=\pi \text{ 또는 } x=\frac{5}{3}\pi}\ ■$$

(2) 방정식 $\sin 2x=\dfrac{x}{\pi}$의 실근의 개수는 함수 $y=\sin 2x$의 그래프와 직선 $y=\dfrac{x}{\pi}$의 교점의 개수와 같다.

오른쪽 그림에서 두 그래프의 교점의 개수가 3이므로 구하는 방정식의 실근의 개수는 **3**이다. ■

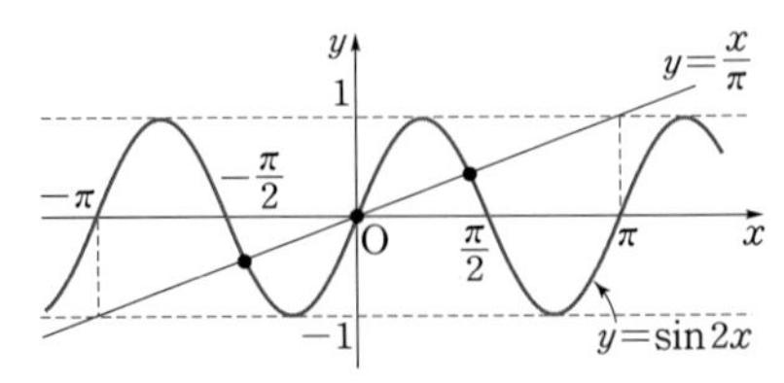

유제
049-1 방정식 $\tan^2 x+(1-\sqrt{3})\tan x-\sqrt{3}=0$을 풀어라. (단, $0\le x<2\pi$) Sub Note 046쪽

유제
049-2 방정식 $\sin^3 x-\cos^3 x+\sin x\cos x-\sin x+\cos x=0$을 풀어라. (단, $0\le x<2\pi$) Sub Note 047쪽

유제
049-3 방정식 $\cos x=\dfrac{1}{8}x$의 실근의 개수를 구하여라. Sub Note 047쪽

기본예제 삼각부등식

050 부등식 $\cos^2 x+\sin x-1>0$을 풀어라. (단, $0\le x<2\pi$)

GUIDE 한 종류의 삼각함수로 나타낼 수 있는 이차부등식 형태의 삼각부등식은 인수분해하여 '기본적인 삼각부등식' 2개로 나누어 푼다.

SOLUTION

$\cos^2 x+\sin x-1>0$에서 $\cos^2 x=1-\sin^2 x$이므로

$(1-\sin^2 x)+\sin x-1>0$, $\sin^2 x-\sin x<0$

$\sin x(\sin x-1)<0 \qquad \therefore 0<\sin x<1$

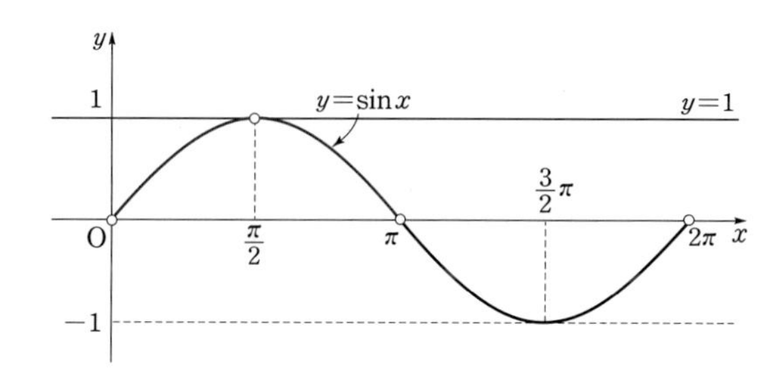

따라서 구하는 해는

$\mathbf{0<x<\frac{\pi}{2}}$ **또는** $\mathbf{\frac{\pi}{2}<x<\pi}$ ■

유제
050-1 $0\le x\le \pi$일 때, 부등식 $7\sin x+2\cos^2 x-5>0$을 풀어라. Sub Note 048쪽

유제
050-2 $0<x<\frac{\pi}{2}$일 때, 부등식 $(\sin x-\cos x)(\sin x-\sqrt{3}\cos x)<0$을 풀어라. Sub Note 048쪽

기 본 예 제 **삼각방정식과 삼각부등식의 활용**

051 모든 실수 x에 대하여 $x^2+2x+2\cos\theta>0\,(0\le\theta<2\pi)$이 성립하기 위한 θ의 값의 범위를 구하여라.

GUIDE 이차부등식 $ax^2+bx+c>0$이 모든 실수 x에 대하여 성립하려면 $a>0$, $b^2-4ac<0$이어야 한다.

SOLUTION

모든 실수 x에 대하여 $x^2+2x+2\cos\theta>0$이기 위해서는 이차방정식 $x^2+2x+2\cos\theta=0$의 판별식을 D라 할 때 $D<0$이어야 하므로

$$\frac{D}{4}=1-2\cos\theta<0,\ \cos\theta>\frac{1}{2}\ (0\le\theta<2\pi)$$

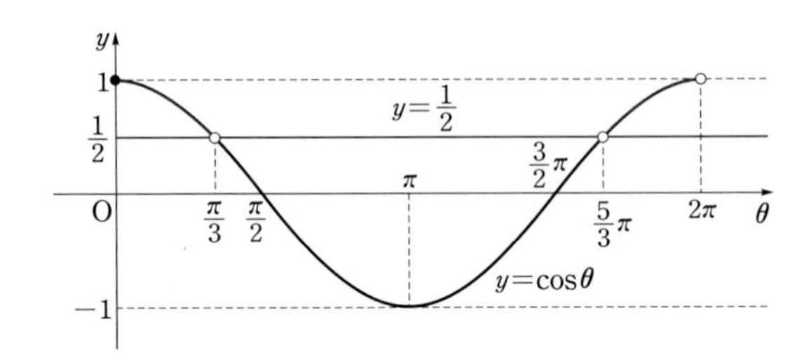

따라서 구하는 θ의 값의 범위는

$$\mathbf{0\le\theta<\frac{\pi}{3}\ \text{또는}\ \frac{5}{3}\pi<\theta<2\pi}$$ ■

유제 Sub Note 048쪽

051-1 모든 실수 x에 대하여 $x^2+x\sin\theta-\cos\theta+1>0$이 성립할 때, θ의 값으로 적절하지 않은 것은?

① $\frac{\pi}{6}$ ② $\frac{3}{4}\pi$ ③ $\frac{5}{3}\pi$ ④ 2π ⑤ $\frac{9}{4}\pi$

유제 Sub Note 048쪽

051-2 x에 대한 방정식 $x^2-4x\cos\theta+6\sin\theta=0\,(0\le\theta<2\pi)$이 서로 다른 두 양의 실근을 갖도록 하는 θ의 값의 범위를 구하여라.

Review Quiz for Ⅱ-2. 삼각함수의 그래프

SUMMA CUM LAUDE

Sub Note 103쪽

1. 다음 [ ] 안에 적절한 것을 채워 넣어라.

(1) 두 함수 $y=\sin x$와 $y=\cos x$의 최댓값은 [ ], 최솟값은 [ ]이고 주기는 [ ]이다.

(2) $y=a\sin bx+c$에서 a, c는 치역, b는 [ ]의 결정요소이다.

(3) 두 함수 $y=\sin x$, $y=\tan x$의 그래프는 [ ]에 대하여 대칭이고, 함수 $y=\cos x$의 그래프는 [ ]에 대하여 대칭이다.

(4) 삼각방정식과 삼각부등식을 풀 때는 단위원을 이용하거나 [ ]를 그려 조건을 만족시키는 부분을 찾는다.

(5) 방정식 $\sin x=a$, $\cos x=b$를 풀 경우에는 각각 단위원 위의 [ ]좌표, [ ]좌표를 이용하여 해결할 수 있다. 한편 $\tan x=c$의 경우 원점을 지나고 기울기가 [ ]인 직선과 단위원의 [ ]을 이용하여 해결할 수 있다. (단, a, b, c는 상수)

2. 다음 문장이 참(true) 또는 거짓(false)인지 결정하고, 그 이유를 설명하거나 적절한 반례를 제시하여라.

(1) $y=\sin x$의 그래프를 x축의 방향으로 2배하면 $y=\sin 2x$의 그래프가 된다.

(2) $0\le x\le 2\pi$에서 $\sin x=a\,(|a|<1)$의 근의 합은 항상 π이다.

(3) $0\le x\le 2\pi$에서 $\cos x=a\,(|a|<1)$의 근의 합은 항상 2π이다.

3. 다음 물음에 대한 답을 간단히 서술하여라.

(1) $y=\sin x$와 $y=\cos x$의 그래프는 평행이동하면 서로 겹쳐지는가?

(2) $y=\tan x$는 $x=n\pi+\frac{\pi}{2}$ (n은 정수)에서 정의되지 않음을 단위원의 관점에서 설명하여라.

(3) $y=a\sin bx$의 그래프는 $y=\sin x$의 그래프를 확대 또는 축소하여 만들 수 있는가? 이때 함수의 최댓값과 최솟값 및 주기는 어떻게 변하겠는가? (단, $a>0$, $b>0$)

EXERCISES A

Sub Note 104쪽

주기함수 **01** 다음 함수 $f(x)$ 중 $f(x)$가 정의되는 모든 실수 x에 대하여 $f(x-a)=f(x+a)$를 만족시키는 가장 작은 양수 a가 1인 것은?

① $f(x)=\sin 2\sqrt{2}\pi x$　② $f(x)=\sin \frac{\sqrt{2}}{2}\pi x$　③ $f(x)=\tan \frac{\sqrt{2}}{2}\pi x$

④ $f(x)=\cos\sqrt{2}\pi x$　⑤ $f(x)=\cos \pi x$

삼각함수의 그래프 **02** 다음 그림은 함수 $y=a\sin bx$의 그래프이다. a, b의 값을 구하여라. (단, $a>0$, $b>0$)

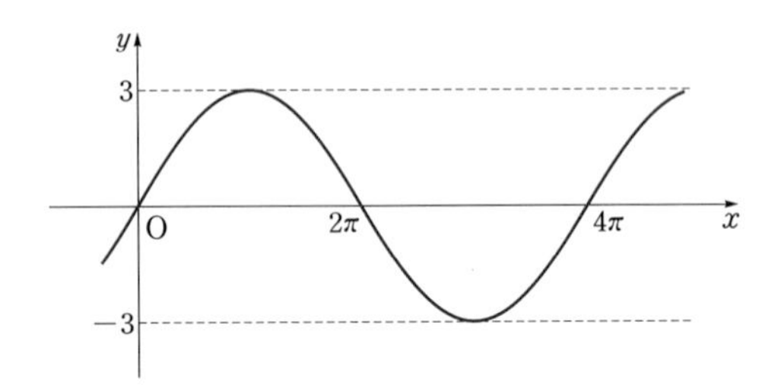

삼각함수의 그래프 **03** 다음 그림은 함수 $y=a\sin(bx-c)+2$의 그래프일 때, 상수 a, b, c에 대하여 abc의 값을 구하여라. $\left(\text{단, } a>0,\ b>0,\ -\frac{\pi}{2}<c<\frac{\pi}{2}\right)$

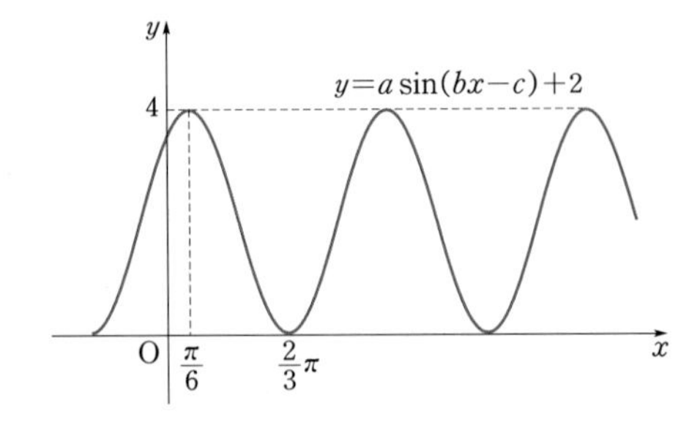

삼각함수의 성질 **04** $\sin 27^\circ=\alpha$라 할 때, $\tan 153^\circ+2\sin 747^\circ$의 값을 α로 바르게 나타낸 것은?

① $\frac{1}{2\alpha+\sqrt{1-\alpha}}$　② $\frac{\sqrt{1-\alpha^2}}{\alpha}$　③ $-\frac{\alpha}{\sqrt{1-\alpha^2}}+2\alpha$

④ $\frac{1}{\alpha^2}$　⑤ $\frac{1}{\sqrt{1-\alpha}}+\alpha$

삼각함수의 최대 · 최소 **05** 함수 $y=-\left|\cos x-\frac{1}{2}\right|+1$의 최댓값과 최솟값을 구하여라.

삼각함수의 최대 · 최소 **06** 함수 $y=\frac{|\sin x|-3}{|\sin x|+1}$의 치역이 $\{y|a\le y\le b\}$일 때, $b-a$의 값을 구하여라.

삼각방정식 **07** 방정식 $\sin 2\pi x=x^2$의 실근의 개수를 구하여라.

삼각부등식 **08** 부등식 $2\sin^2 x+3\cos x<0$의 해가 $a<x<b$일 때, $b-a$의 값은? (단, $0\le x\le 2\pi$)

① $\frac{\pi}{3}$ ② $\frac{2}{3}\pi$ ③ π ④ $\frac{3}{2}\pi$ ⑤ $\frac{5}{3}\pi$

삼각방정식과 삼각부등식의 활용 **09** $0\le\theta<2\pi$에서 x에 대한 이차방정식 $x^2-2x+1-4\sin\theta=0$이 실근을 갖도록 하는 θ의 값의 범위는?

① $\frac{\pi}{3}\le\theta\le\frac{2}{3}\pi$ ② $\frac{\pi}{2}\le\theta\le\frac{3}{2}\pi$ ③ $\frac{\pi}{6}\le\theta\le\frac{5}{6}\pi$
④ $0\le\theta\le\pi$ ⑤ $0\le\theta<2\pi$

삼각방정식과 삼각부등식의 활용 **10** 서술형 모든 실수 x에 대하여 부등식 $2x^2+4x\cos\theta+\cos\theta>0$이 항상 성립할 때, θ의 값의 범위를 구하여라. (단, $0\le\theta<2\pi$)

Sub Note 106쪽

01 함수 $f(x)=\sin x$에 대하여 다음 중 옳은 것은?

① $f(1)<f(2)<f(3)$ ② $f(2)<f(1)<f(3)$ ③ $f(2)<f(3)<f(1)$
④ $f(3)<f(1)<f(2)$ ⑤ $f(3)<f(2)<f(1)$

02 $\theta=\frac{\pi}{20}$일 때, $\sin^2\theta+\sin^2 3\theta+\sin^2 5\theta+\sin^2 7\theta+\sin^2 9\theta$의 값을 구하여라.

03 부등식 $\sin^2 x-4\sin x\geq 3-3a$가 모든 실수 x에 대하여 성립하도록 하는 실수 a의 최솟값을 구하여라.

04 방정식 $\log_2(\tan x-\sin x)+\log_2\sin x+\log_2\cos x-\log_2 3=-3$을 풀어라.
(단, $0\leq x<2\pi$)

05 함수 $y=\frac{2\sin^2 x+1}{\cos\left(\frac{\pi}{2}-x\right)}$은 $x=a$일 때 최솟값 b를 갖는다. 이때 ab의 값을 구하여라.

$\left(단,\ 0<x<\frac{\pi}{2}\right)$

06 함수 $f(x)$가 역함수 $g(x)\,(0\le x\le\pi)$를 가지고 $f\left(2g(x)-\frac{1}{2}\cos x\right)=x$가 성립할 때, $f\left(\frac{1}{4}\right)=a$를 만족시키는 실수 a의 값을 구하여라. (단, $0\le a\le\pi$)

07 서술형

두 함수 $f(x)=\cos\pi x$, $g(x)=\sqrt{\frac{x}{10}}$에 대하여 방정식 $f(x)=g(x)$의 실근의 개수를 구하여라.

08 골프채에 맞은 골프공이 수평면과 이루는 각을 θ, 처음 속도를 v_0 m/s라 하면 날아간 거리는 $f(\theta)=\frac{{v_0}^2\sin 2\theta}{4}$로 주어진다고 한다. 처음 속도 v_0가 일정하다고 가정할 때, 골프공이 가장 멀리 날아가기 위한 θ의 크기를 구하여라. $\left(\text{단, } 0<\theta<\frac{\pi}{2}\right)$

09 이차방정식 $2x^2+3x\cos\theta-2\sin^2\theta+1=0$의 두 근 사이에 1이 있도록 하는 θ의 값의 범위를 구하여라. (단, $0\le\theta<2\pi$)

10 좌표평면에서 두 점 P, Q가 점 $(1,\ 0)$을 동시에 출발하여 원 $x^2+y^2=1$ 위를 시계 반대 방향으로 돌고 있으며, 점 P가 $2t\,(0\le t\le\pi)$만큼 움직일 때 점 Q는 t만큼 움직인다. 점 P에서 y축까지의 거리와 점 Q에서 x축까지의 거리가 같아지는 모든 t의 값의 합을 구하여라. (단, $\cos 2t=\cos^2 t-\sin^2 t$이다.) [평가원 기출]

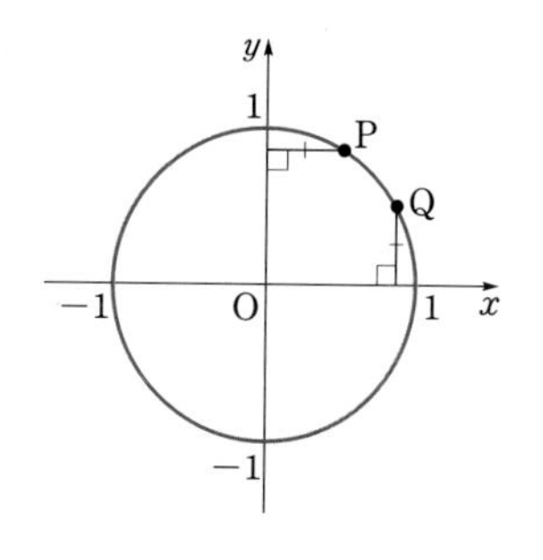

내신 · 모의고사 대비 TEST 382쪽

01 사인법칙과 코사인법칙

SUMMA CUM LAUDE

ESSENTIAL LECTURE

1 사인법칙

(1) 사인법칙

삼각형 ABC의 외접원의 반지름의 길이를 R라 하면 삼각형 ABC의 세 변의 길이와 세 각의 크기 사이에는 다음과 같은 관계가 성립한다. 이를 사인법칙이라 한다.

$$\frac{a}{\sin A}=\frac{b}{\sin B}=\frac{c}{\sin C}=2R$$

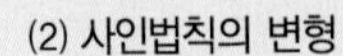

(2) 사인법칙의 변형

① $\sin A=\frac{a}{2R}$, $\sin B=\frac{b}{2R}$, $\sin C=\frac{c}{2R}$

② $a=2R\sin A$, $b=2R\sin B$, $c=2R\sin C$

③ $a : b : c=\sin A : \sin B : \sin C$

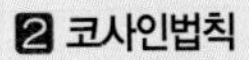

2 코사인법칙

(1) 코사인법칙

삼각형 ABC의 세 변의 길이와 세 각의 크기 사이에는 다음과 같은 관계가 성립한다. 이를 코사인법칙이라 한다.

$$a^2=b^2+c^2-2bc\cos A$$
$$b^2=c^2+a^2-2ca\cos B$$
$$c^2=a^2+b^2-2ab\cos C$$

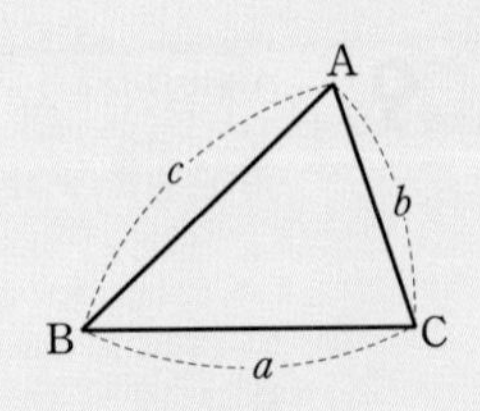

(2) 코사인법칙의 변형

$$\cos A=\frac{b^2+c^2-a^2}{2bc},\ \cos B=\frac{c^2+a^2-b^2}{2ca},\ \cos C=\frac{a^2+b^2-c^2}{2ab}$$

삼각형 ABC에서 ∠A, ∠B, ∠C의 크기를 각각 A, B, C로 나타내고, 이 각들의 대변 BC, CA, AB의 길이를 각각 a, b, c로 나타낸다. 이때 세 각의 크기와 세 변의 길이, 즉 A, B, C, a, b, c를 삼각형의 6요소라 한다.

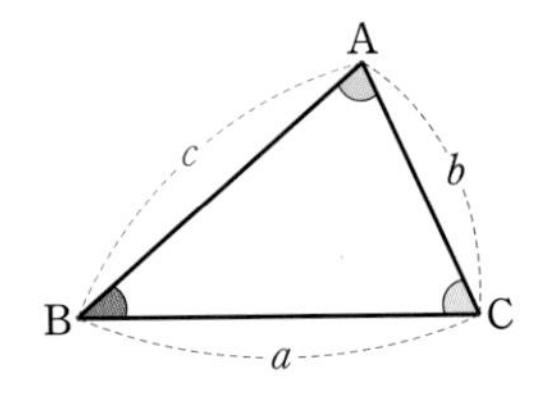

Figure_ 삼각형의 6요소

앞으로 그림 없이 세 각 A, B, C와 세 변 a, b, c를 언급한다면 특별한 말이 없는 한 이와 같은 의미로 생각하는 것에 주의하면서 사인법칙과 코사인법칙에 대하여 본격적으로 알아보도록 하자.

1 사인법칙

사인을 이용하여 삼각형에서 세 변의 길이와 세 각의 크기 사이의 관계를 알아보자.

이번에 배울 사인법칙은 삼각형의 각의 사인 값과 변의 길이 사이의 관계를 보여주는 식이다. 단순히 각의 크기와 변의 길이 사이의 관계를 관찰하기는 어려우나 외접원을 그린 후 원의 성질을 이용하면 삼각형에서 특별한 법칙을 발견할 수 있다.

먼저 삼각형 ABC를 그리고, 각 꼭짓점과 마주 보는 변의 길이 a, b, c로 놓자. 그 다음 삼각형 ABC에 외접하는 원을 그리고 이 외접원의 반지름의 길이를 R라 하자.

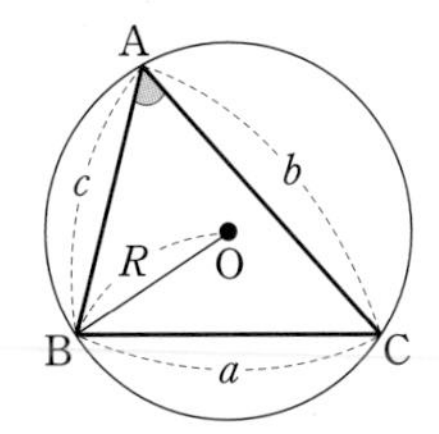

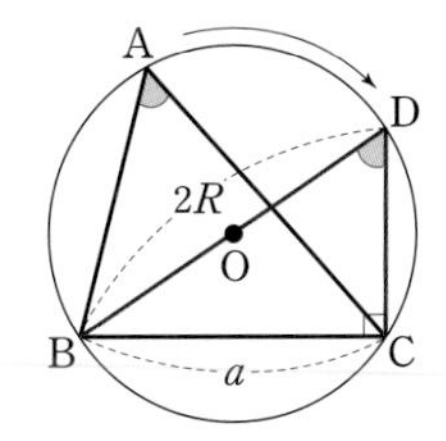

원에 내접하는 삼각형의 경우 위의 오른쪽 그림과 같이 한 점을 적당히 이동시켜도 그 점이 포함된 각의 크기는 변하지 않으므로 (∵ 한 호에 대한 원주각의 크기는 서로 같다.)

$$\angle \mathrm{D} = \angle \mathrm{A} \qquad \cdots\cdots ㉠$$

이고, 삼각형 DBC에서 $\angle \mathrm{C}=90^\circ$이므로(∵ 반원의 원주각은 90°이다.) $\sin D$를 외접원의 반지름의 길이 R와 선분의 길이 a로 표현할 수 있다.

$$\sin D = \frac{a}{2R} \qquad \cdots\cdots ㉡$$

㉠, ㉡에서 같은 크기의 각에 대한 사인 값은 같으므로

$$\sin A = \sin D = \frac{a}{2R}$$

이다. 같은 방식으로

$$\sin B = \frac{b}{2R}, \ \sin C = \frac{c}{2R}$$

이므로 식을 정리하면

$$\frac{a}{\sin A}=\frac{b}{\sin B}=\frac{c}{\sin C}=2R \qquad \cdots\cdots (\bigstar)$$

위 식의 의미는

삼각형의 세 변과 각각의 변에서 마주 보는 각의 사인 값 사이의 비는 일정하고,
그 비의 값은 외접원의 지름의 길이와 같다

이다.

하지만 위와 같은 방법으로 접근할 때 어색한 부분이 있다. 삼각형의 한 각이 예각이 아닌 경우, 즉 직각이거나 둔각인 경우 이 각을 적당히 이동하여 위와 같이 한 변이 원의 중심을 지나가도록 할 수 없기 때문이다.
이와 같은 경우에는 조금 우회하여 다음 방법으로 $\sin A$의 값을 R과 a로 표현할 수 있다.

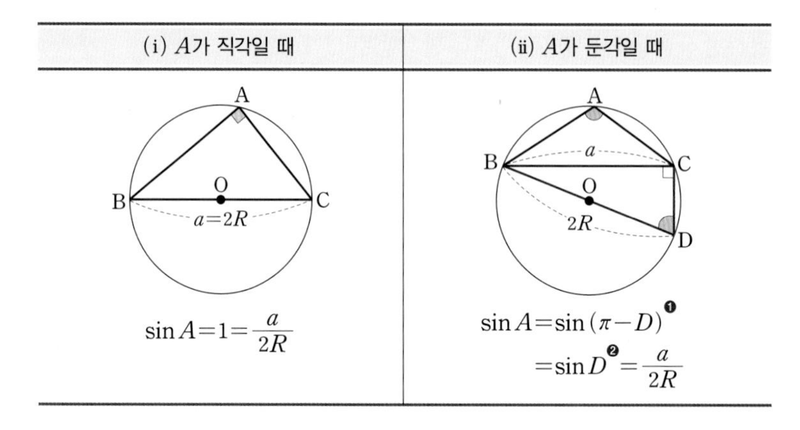

따라서 (★)의 식이 모든 삼각형의 경우에 성립함을 알 수 있다.

이와 같이 삼각형 ABC의 세 변의 길이와 세 각의 크기 사이에는 다음과 같은 사인법칙이 성립한다.

사인법칙

임의의 삼각형 ABC에 대하여 다음 등식이 성립한다.

$$\frac{a}{\sin A}=\frac{b}{\sin B}=\frac{c}{\sin C}=2R$$

(단, R는 외접원 O의 반지름의 길이)

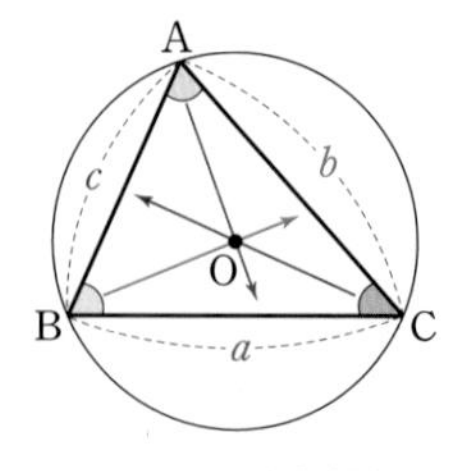

Figure_ 사인법칙

❶ 원에 내접하는 사각형의 마주 보는 대각의 합이 π이므로 $A+D=\pi$, 즉 $A=\pi-D$이다. 이 또한 앞의 증명 과정에의 원주각의 성질과 더불어 중학교 때 배운 것이다. 중학교 과정의 원의 성질에 대해 복습하면 이번 단원을 좀 더 편하게 학습할 수 있을 것이다.

❷ 앞 단원에서 배운 사인함수의 성질에 의해 성립한다.

이번엔 외접원을 사용하지 않고 삼각형의 사인법칙을 유도해 보자.

삼각형 ABC의 꼭짓점 A에서 변 BC 또는 그 연장선에 내린 수선의 발을 H라 하면 다음 그림을 통해 확인할 수 있듯이 C가 예각, 직각, 둔각에 상관없이 항상

$$\overline{\mathrm{AH}}=c\sin B=b\sin C,\ \text{즉}\ \frac{b}{\sin B}=\frac{c}{\sin C}$$

가 성립한다.

(i) C가 예각일 때	(ii) C가 직각일 때	(iii) C가 둔각일 때
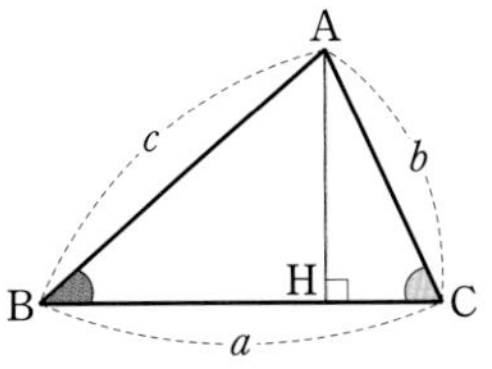 A, B, C, H, a, b, c	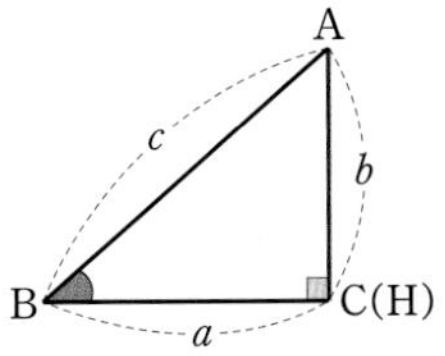 A, B, C(H), a, b, c	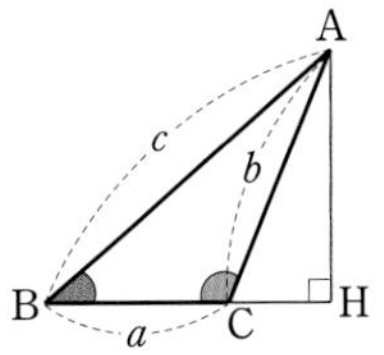 A, B, C, H, a, b, c
$\overline{\mathrm{AH}}=c\sin B$ $=b\sin C$	$\overline{\mathrm{AH}}=c\sin B$ $=b\sin C$	$\overline{\mathrm{AH}}=c\sin B=b\sin(\pi-C)$ $=b\sin C$

같은 방법으로 하면

$$\frac{a}{\sin A}=\frac{c}{\sin C},\ \frac{a}{\sin A}=\frac{b}{\sin B}$$

이므로

$$\frac{a}{\sin A}=\frac{b}{\sin B}=\frac{c}{\sin C}$$

라는 사인법칙의 결론을 얻는다.

한편 사인법칙은 다음과 같이 변형하여 사용할 때가 많다.

사인법칙의 변형

(1) $\sin A=\frac{a}{2R},\ \sin B=\frac{b}{2R},\ \sin C=\frac{c}{2R}$

(2) $a=2R\sin A,\ b=2R\sin B,\ c=2R\sin C$

여기서 $a:b:c=2R\sin A:2R\sin B:2R\sin C=\sin A:\sin B:\sin C$가 성립하므로 삼각형에서 각에 대한 사인 값의 비는 그 대변의 길이의 비와 서로 같음을 알 수 있다.

EXAMPLE 056 삼각형 ABC에 대하여 다음 물음에 답하여라.

(1) $a=2\sqrt{3}$, $b=2$, $A=120^\circ$일 때, B의 크기와 외접원의 반지름의 길이 R를 구하여라. → 두 변의 길이와 끼인각이 아닌 한 각의 크기가 주어짐

(2) $A=75^\circ$, $B=45^\circ$, $b=4$일 때, c의 값과 외접원의 반지름의 길이 R를 구하여라. → 한 변의 길이와 두 각의 크기가 주어짐

ANSWER (1) 사인법칙에 의하여

$$\frac{2\sqrt{3}}{\sin 120^\circ}=\frac{2}{\sin B}=2R\text{이므로}$$

$$\sin B=2\times\frac{\sin 120^\circ}{2\sqrt{3}}=2\times\frac{\frac{\sqrt{3}}{2}}{2\sqrt{3}}$$

$$=2\times\frac{1}{4}=\frac{1}{2}$$

$$\therefore \boldsymbol{B=30^\circ}\ (\because 0^\circ<B<60^\circ)$$

$$\therefore \boldsymbol{R}=\frac{1}{2}\times\frac{2\sqrt{3}}{\sin 120^\circ}=\frac{1}{2}\times 4=\mathbf{2}\ ■$$

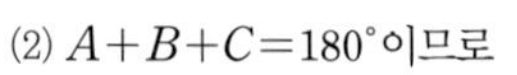

(2) $A+B+C=180^\circ$이므로

$$C=180^\circ-(75^\circ+45^\circ)=60^\circ$$

사인법칙에 의하여

$$\frac{4}{\sin 45^\circ}=\frac{c}{\sin 60^\circ}=2R\text{이므로}$$

$$\boldsymbol{c}=\frac{4}{\sin 45^\circ}\times\sin 60^\circ=\frac{4}{\frac{\sqrt{2}}{2}}\times\frac{\sqrt{3}}{2}$$

$$=4\sqrt{2}\times\frac{\sqrt{3}}{2}=\boldsymbol{2\sqrt{6}}$$

$$\therefore \boldsymbol{R}=\frac{1}{2}\times\frac{4}{\sin 45^\circ}=\frac{1}{2}\times 4\sqrt{2}=\boldsymbol{2\sqrt{2}}\ ■$$

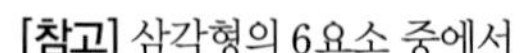

[참고] 삼각형의 6요소 중에서

(1) 두 변의 길이와 끼인각이 아닌 한 각의 크기가 주어진 경우

(2) 한 변의 길이와 두 각의 크기가 주어진 경우

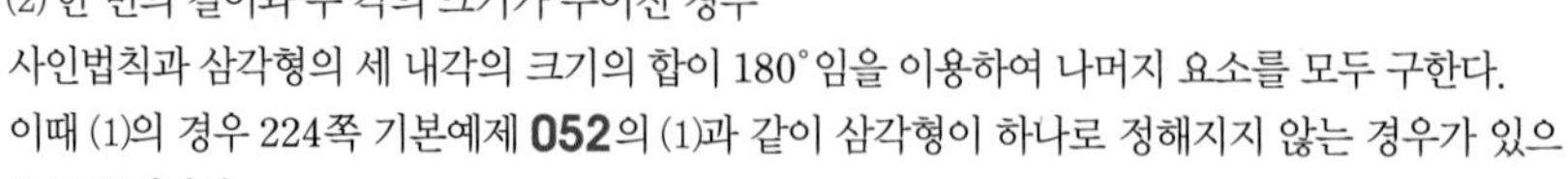

사인법칙과 삼각형의 세 내각의 크기의 합이 180°임을 이용하여 나머지 요소를 모두 구한다.
이때 (1)의 경우 224쪽 기본예제 **052**의 (1)과 같이 삼각형이 하나로 정해지지 않는 경우가 있으므로 주의하자.

APPLICATION 073 삼각형 ABC에 대하여 다음 물음에 답하여라. Sub Note 021쪽

(1) $a=4$, $b=2\sqrt{6}$, $B=120^\circ$일 때, A의 크기와 외접원의 반지름의 길이 R를 구하여라.

(2) $A=45^\circ$, $B=60^\circ$, $a=2\sqrt{2}$일 때, b의 값과 외접원의 반지름의 길이 R를 구하여라.

2 코사인법칙

이번에는 코사인을 이용하여 삼각형에서 세 변의 길이와 한 각의 크기 사이의 관계를 알아보자.

삼각형 ABC의 꼭짓점 A에서 변 BC 또는 그 연장선에 내린 수선의 발을 H라 하면 C의 크기에 따라 다음 세 가지 경우로 나누어 생각할 수 있다.

(i) $C<90^\circ$일 때

$\overline{AH}=b\sin C$, $\overline{CH}=b\cos C$,

$\overline{BH}=\overline{BC}-\overline{CH}=a-b\cos C$

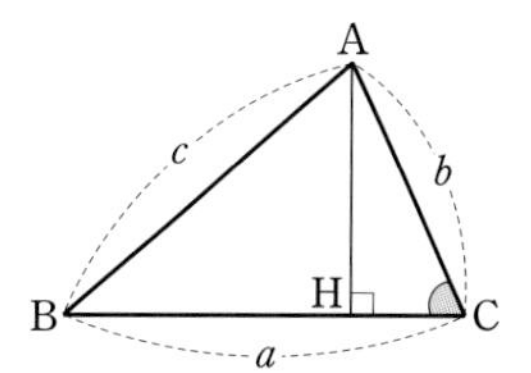

직각삼각형 ABH에서

$$\begin{aligned}c^2&=\overline{AH}^2+\overline{BH}^2=(b\sin C)^2+(a-b\cos C)^2\\&=b^2\sin^2 C+a^2-2ab\cos C+b^2\cos^2 C\\&=a^2+b^2(\sin^2 C+\cos^2 C)-2ab\cos C\\&=a^2+b^2-2ab\cos C\end{aligned}$$

(ii) $C=90^\circ$일 때

$\cos C=\cos 90^\circ=0$이므로

$$\begin{aligned}c^2&=a^2+b^2\\&=a^2+b^2-2ab\cos C\end{aligned}$$

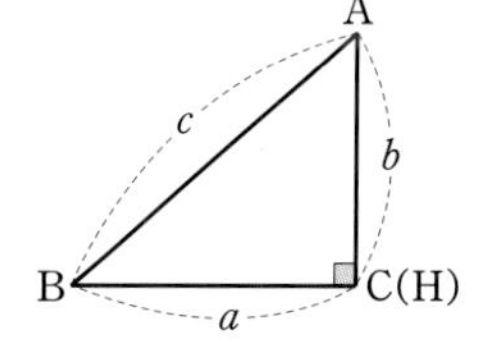

(iii) $C>90^\circ$일 때

$\overline{AH}=b\sin(180^\circ-C)=b\sin C$,

$\overline{CH}=b\cos(180^\circ-C)=-b\cos C$,

$\overline{BH}=\overline{BC}+\overline{CH}=a+(-b\cos C)=a-b\cos C$

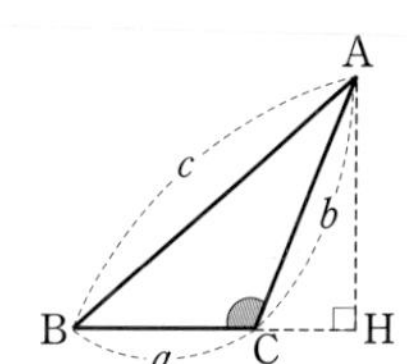

직각삼각형 ABH에서

$$\begin{aligned}c^2&=\overline{AH}^2+\overline{BH}^2=(b\sin C)^2+(a-b\cos C)^2\\&=b^2\sin^2 C+a^2-2ab\cos C+b^2\cos^2 C\\&=a^2+b^2(\sin^2 C+\cos^2 C)-2ab\cos C\\&=a^2+b^2-2ab\cos C\end{aligned}$$

위의 (i), (ii), (iii)에서 C의 크기에 관계없이

$$c^2=a^2+b^2-2ab\cos C$$

가 성립한다.

같은 방법으로

$$a^2=b^2+c^2-2bc\cos A,\ b^2=c^2+a^2-2ca\cos B$$

가 성립함을 알 수 있다.

이와 같이 삼각형 ABC의 세 변의 길이와 한 각의 크기 사이에는 다음과 같은 코사인법칙이 성립한다.

코사인법칙

임의의 삼각형 ABC에 대하여 다음이 성립한다.

$a^2=b^2+c^2-2bc\cos A$

$b^2=c^2+a^2-2ca\cos B$

$c^2=a^2+b^2-2ab\cos C$

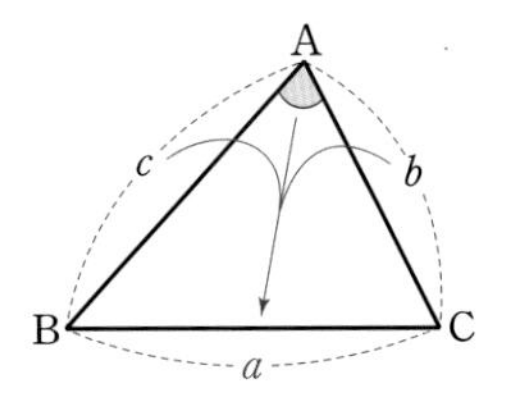

Figure _ 코사인법칙

한편 코사인법칙을 다음과 같이 변형하여 사용하기도 한다.

코사인법칙의 변형

$$\cos A=\frac{b^2+c^2-a^2}{2bc},\ \cos B=\frac{c^2+a^2-b^2}{2ca},\ \cos C=\frac{a^2+b^2-c^2}{2ab}$$

즉, 삼각형 ABC에서 세 변의 길이를 알면 세 내각의 크기를 구할 수 있다.

EXAMPLE 057 삼각형 ABC에 대하여 다음 물음에 답하여라.

(1) $b=6,\ c=5\sqrt{2},\ A=45°$일 때, a의 값을 구하여라. → 두 변의 길이와 끼인각의 크기가 주어짐

(2) $a=3,\ b=7,\ c=8$일 때, B의 크기를 구하여라. → 세 변의 길이가 주어짐

ANSWER (1) 코사인법칙에 의하여 $a^2=b^2+c^2-2bc\cos A$이므로

$a^2=6^2+(5\sqrt{2})^2-2\times6\times5\sqrt{2}\times\cos45°$

$=36+50-60\sqrt{2}\times\frac{\sqrt{2}}{2}=26$

$\therefore\ a=\sqrt{\mathbf{26}}\ (\because\ a>0)$ ■

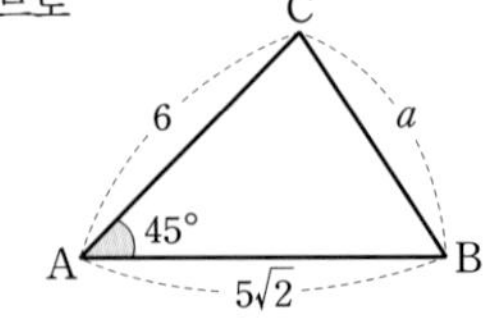

(2) 코사인법칙에 의하여 $\cos B=\frac{c^2+a^2-b^2}{2ca}$이므로

$\cos B=\frac{8^2+3^2-7^2}{2\times8\times3}=\frac{24}{48}=\frac{1}{2}$

$\therefore\ B=\mathbf{60°}\ (\because\ 0°<B<180°)$ ■

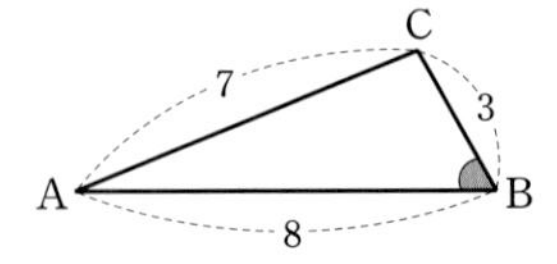

[참고] 삼각형의 6요소 중에서

(1) 두 변의 길이와 끼인각의 크기가 주어진 경우 : 코사인법칙을 이용하여 나머지 한 변의 길이를 구한다.

(2) 세 변의 길이가 주어진 경우 : 코사인법칙을 이용하여 한 각의 크기를 구한다.

나머지 요소는 사인법칙과 코사인법칙, 삼각형의 세 내각의 크기의 합이 180°임을 이용하여 구한다.

APPLICATION 074 삼각형 ABC에 대하여 다음 물음에 답하여라. Sub Note 021쪽

(1) $a=\sqrt{6}$, $c=1+\sqrt{3}$, $B=45°$일 때, b의 값을 구하여라.

(2) $a=3$, $b=5$, $c=7$일 때, 이 삼각형의 내각 중에서 최대각의 크기를 구하여라.

수학 공부법에 대한 저자들의 충고 – 사인법칙과 코사인법칙

많은 학생들이 도형 문제를 어려워하는 이유는, 어떤 아이템을 어디에 적용해야 할지 잘 몰라서이다. 다음 표와 같이 정리하여 기억하도록 하자.

사인법칙	코사인법칙
각과 그 대변에 대한 정리	두 변과 끼인각에 대한 정리
A, B, C, O, a, b, c	A, B, C, a, b, c
한 변의 길이와 그 대각의 사인 값의 비는 외접원의 지름의 길이와 같다. $\dfrac{a}{\sin A}=\dfrac{b}{\sin B}=\dfrac{c}{\sin C}=2R$ 경우에 따라 다음과 같이 변형하여 사용하는 것이 편리하다. $a:b:c=\sin A:\sin B:\sin C$ ➡ 변의 길이를 일정한 값(외접원의 지름)으로 나누면 마주 보는 각의 사인 값을 알 수 있다.	두 변의 길이와 끼인각의 크기를 알면 나머지 변의 길이를 알 수 있다. $a^2=b^2+c^2-2bc\cos A$ 경우에 따라 다음과 같이 변형하여 사용하는 것이 편리하다. $\cos A=\dfrac{b^2+c^2-a^2}{2bc}$ ➡ 세 변의 길이를 알면 한 각의 크기를 알 수 있다.
(1) 두 변의 길이와 끼인각이 아닌 한 각의 크기가 제시되었을 때 (2) 한 변이 길이와 두 각의 크기가 제시되었을 때 (3) 외접원의 반지름의 길이가 제시되었을 때 사용한다.	(1) 두 변의 길이와 끼인각의 크기가 제시되었을 때 (2) 세 변의 길이가 제시되었을 때 사용한다.

기본예제 사인법칙과 코사인법칙

052 다음 삼각형 ABC를 풀어라.

(1) $A=30°$, $a=\sqrt{6}$, $c=3\sqrt{2}$ (2) $A=45°$, $b=\sqrt{2}$, $c=\sqrt{3}+1$

GUIDE ① 삼각형의 6요소 A, B, C, a, b, c 중에서 몇 개의 값이 주어졌을 때, 나머지 요소의 값을 구하는 것을 삼각형을 푼다고 한다. 위의 (1)에서는 나머지 요소인 B, C와 b를 구하는 경우이다.
② 삼각형을 풀 때, 사인법칙과 코사인법칙을 병행하여 사용하도록 한다. 하나하나를 구할 때마다 삼각형에 대한 정보는 많아지므로 좀 더 사용하기 쉬운 법칙을 적용하면 되겠다.

SOLUTION

(1) 사인법칙에 의하여 $\dfrac{a}{\sin A}=\dfrac{c}{\sin C}$ 이므로 $\dfrac{\sqrt{6}}{\sin 30°}=\dfrac{3\sqrt{2}}{\sin C}$

$\therefore \sin C=3\sqrt{2}\times\dfrac{\frac{1}{2}}{\sqrt{6}}=\dfrac{\sqrt{3}}{2}$

$\therefore C=60°$ 또는 $C=120°$ ($\because 0°<C<180°$)

(i) $C=60°$인 경우

$B=180°-(A+C)=180°-(30°+60°)=90°$

사인법칙에 의하여 $\dfrac{a}{\sin A}=\dfrac{b}{\sin B}$ 이므로

$\dfrac{\sqrt{6}}{\sin 30°}=\dfrac{b}{\sin 90°}$ $\therefore b=\dfrac{\sqrt{6}}{\frac{1}{2}}=2\sqrt{6}$

(ii) $C=120°$인 경우

$B=180°-(A+C)=180°-(30°+120°)=30°$

사인법칙에 의하여 $\dfrac{a}{\sin A}=\dfrac{b}{\sin B}$ 이므로

$\dfrac{\sqrt{6}}{\sin 30°}=\dfrac{b}{\sin 30°}$ $\therefore b=\sqrt{6}$

(i), (ii)에서

$\boldsymbol{B=90°, C=60°, b=2\sqrt{6}}$ **또는** $\boldsymbol{B=30°, C=120°, b=\sqrt{6}}$ ■

[참고] (i), (ii)에서 b의 값을 다음과 같이 그림을 이용하여 구할 수도 있다.

(i) △ABC는 오른쪽 그림과 같은 직각삼각형이므로

$b^2=(3\sqrt{2})^2+(\sqrt{6})^2=24$

$\therefore b=\sqrt{24}=2\sqrt{6}$

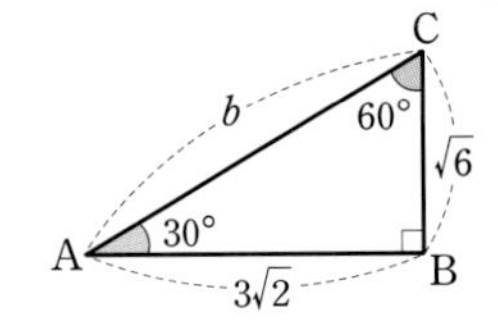

(ⅱ) $\triangle$ABC는 오른쪽 그림과 같은 이등변삼각형이므로

$b=\sqrt{6}$

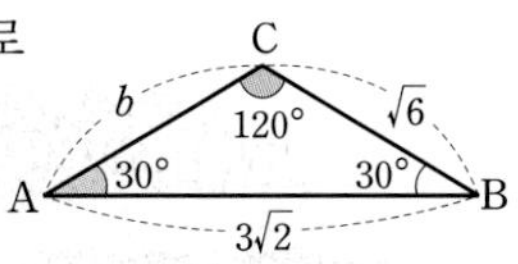

(2) 코사인법칙에 의하여 $a^2=b^2+c^2-2bc\cos A$이므로

$$a^2=(\sqrt{2})^2+(\sqrt{3}+1)^2-2\times\sqrt{2}\times(\sqrt{3}+1)\times\cos 45^\circ$$
$$=2+(4+2\sqrt{3})-2\times\sqrt{2}\times(\sqrt{3}+1)\times\frac{\sqrt{2}}{2}$$
$$=6+2\sqrt{3}-(2\sqrt{3}+2)=4$$

$\therefore$ $\boldsymbol{a=2}$ ($\because$ $a>0$)

한편 사인법칙에 의하여 $\dfrac{a}{\sin A}=\dfrac{b}{\sin B}$이므로

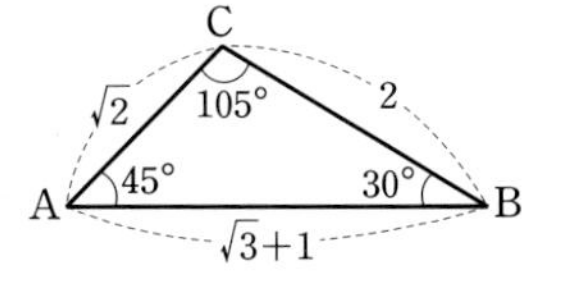

$$\frac{2}{\sin 45^\circ}=\frac{\sqrt{2}}{\sin B},\ \sin B=\sqrt{2}\times\frac{\frac{\sqrt{2}}{2}}{2}=\frac{1}{2}$$

$\therefore$ $\boldsymbol{B=30^\circ}$ ($\because$ $0^\circ<B<135^\circ$) ⋯⋯ ㉠

$\therefore$ $C=180^\circ-(A+B)=180^\circ-(45^\circ+30^\circ)=\boldsymbol{105^\circ}$ ■

[참고] 삼각형 ABC가 예각삼각형인지, 직각삼각형인지, 둔각삼각형인지를 결정하는 것은 가장 긴 변에 대한 대각이다. 이 각이 예각인지, 직각인지, 둔각인지에 따라 삼각형이 셋 중 하나로 분류되는 것이다. ㉠에서 가장 큰 각이 아닌 나머지 두 각은 어느 삼각형이든 모두 예각일 수밖에 없으므로 'B는 예각'을 얻어낼 수도 있다.

Summa's Advice

사인법칙이나 코사인법칙 자체는 처음 배울 때 복잡해 보이지만 익숙해지면 단순한 계산이다. 그럼에도 불구하고 사인법칙이나 코사인법칙이 부담스럽게 느껴진다면 중학교 과정에서 배웠던 삼각형이나 원의 성질이 익숙하지 않아서이다. 이와 같은 학생들은 중학교 과정의 기하 영역 (삼각형의 성질, 삼각비, 원의 성질) 부분에 대하여 다시 한 번 복습하기 바란다.

유제
052-1 다음 삼각형 ABC를 풀어라. Sub Note 049쪽

(1) $A=45^\circ,\ B=75^\circ,\ a=10$ (2) $a=2\sqrt{2},\ b=2+2\sqrt{3},\ c=4$

유제
052-2 삼각형 ABC에서 $A:B:C=3:4:5$이고 $b=3$일 때, 다음 물음에 답하여라. Sub Note 050쪽

(1) a의 값을 구하여라.

(2) $C=\dfrac{5}{12}\pi$임을 이용하여 $\sin\dfrac{5}{12}\pi$의 값을 구하여라.

기본예제 **사인법칙과 코사인법칙의 활용**

053 삼각형 ABC에서 $a:b:c=5:6:9$일 때 $\sin A$, $\sin B$, $\sin C$ 중에서 가장 큰 것을 알아보고, 그때의 값을 구하여라.

GUIDE ① 삼각형의 세 변의 길이의 비가 $a:b:c$이면 사인법칙에 의하여 $\sin A:\sin B:\sin C=a:b:c$이다.
② 삼각형의 세 변의 길이의 비가 주어지면 코사인법칙을 이용하여 각의 크기를 구한다.

SOLUTION

삼각형 ABC의 외접원의 반지름의 길이를 R라 하면
사인법칙에 의하여

$$\sin A:\sin B:\sin C=\frac{a}{2R}:\frac{b}{2R}:\frac{c}{2R}$$
$$=a:b:c=5:6:9$$

따라서 $\sin A$, $\sin B$, $\sin C$ 중에서 **$\sin C$의 값이 가장 크다.**
한편 $a=5k$, $b=6k$, $c=9k$(k는 양수)로 놓으면
코사인법칙에 의하여

$$\cos C=\frac{(5k)^2+(6k)^2-(9k)^2}{2\times5k\times6k}=-\frac{1}{3}$$

$\sin^2 C=1-\cos^2 C$이므로

$$\sin C=\sqrt{1-\cos^2 C}\ (\because 0°<C<180°)$$
$$=\sqrt{1-\left(-\frac{1}{3}\right)^2}=\mathbf{\frac{2\sqrt{2}}{3}}\ ■$$

유제 Sub Note 050쪽
053-1 삼각형 ABC에서 $\sin A:\sin B:\sin C=2:3:4$일 때, $ab:bc:ca$를 구하여라.

유제 Sub Note 050쪽
053-2 삼각형 ABC에서 $\sin(A+B):\sin(B+C):\sin(C+A)=4:5:6$이다. 이 삼각형의 내각 중에서 최소각의 크기를 θ라 할 때, $\cos\theta$의 값을 구하여라.

기 본 예 제 **삼각형의 모양**

054 다음 등식이 성립할 때, 삼각형 ABC는 어떤 삼각형인지 말하여라.

(1) $a\sin A+b\sin B=c\sin C$　　　(2) $a\cos A=b\cos B$

GUIDE 사인법칙과 코사인법칙을 이용하여 식에 포함되어 있는 사인 값과 코사인 값을 변 a, b, c에 대한 식으로 바꾸어 정리해 본다. 한편 삼각형의 변의 길이는 양수이므로 $a>0$, $b>0$, $c>0$임에 주의한다.

SOLUTION

(1) 삼각형 ABC의 외접원의 반지름의 길이를 R라 하면 사인법칙에 의하여

$$\sin A=\frac{a}{2R},\ \sin B=\frac{b}{2R},\ \sin C=\frac{c}{2R}$$

이므로 이것을 $a\sin A+b\sin B=c\sin C$에 대입하면

$$a\times\frac{a}{2R}+b\times\frac{b}{2R}=c\times\frac{c}{2R}\qquad\therefore a^2+b^2=c^2$$

따라서 삼각형 ABC는 **$C=90°$인 직각삼각형**이다. ■

(2) 코사인법칙에 의하여

$$\cos A=\frac{b^2+c^2-a^2}{2bc},\ \cos B=\frac{c^2+a^2-b^2}{2ca}$$

이므로 이것을 $a\cos A=b\cos B$에 대입하면

$$a\times\left(\frac{b^2+c^2-a^2}{2bc}\right)=b\times\left(\frac{c^2+a^2-b^2}{2ca}\right)$$

양변에 $2abc$를 곱하여 정리하면

$$a^2(b^2+c^2-a^2)=b^2(c^2+a^2-b^2),\ a^4-b^4-a^2c^2+b^2c^2=0$$

$$(a^2+b^2)(a^2-b^2)-c^2(a^2-b^2)=0,\ (a^2-b^2)(a^2+b^2-c^2)=0$$

$$(a-b)(a+b)(a^2+b^2-c^2)=0$$

$$\therefore a=b \text{ 또는 } a^2+b^2=c^2\ (\because a>0,\ b>0)$$

따라서 삼각형 ABC는 **$a=b$인 이등변삼각형 또는 $C=90°$인 직각삼각형**이다. ■

유제

054-1 다음 등식이 성립할 때, 삼각형 ABC는 어떤 삼각형인지 말하여라.

Sub Note 051쪽

(1) $a\sin A=b\sin B=c\sin C$　　　(2) $2\sin A\cos B=\sin C$

(3) $\cos^2 A+\cos^2 B=1+\cos^2 C$　　　(4) $a^2\tan B=b^2\tan A$

기 본 예 제 *사인, 코사인의 실생활에서의 활용*

055 오른쪽 그림과 같이 육지의 D지점과 섬의 E지점 사이를 연결하는 다리를 건설하려고 한다. 지점 A, B, C를 정하고 A지점과 B지점 사이의 거리 및 각 지점 사이의 각의 크기를 측정하였더니 그림과 같았다. 이때 D지점과 E지점 사이의 거리를 구하여라. $\left(\text{단, 각 지점 A, B, C, D, E의 해발고도는 모두 같고, } \frac{1}{\cos 72^\circ}=3.24\text{로 계산한다.}\right)$

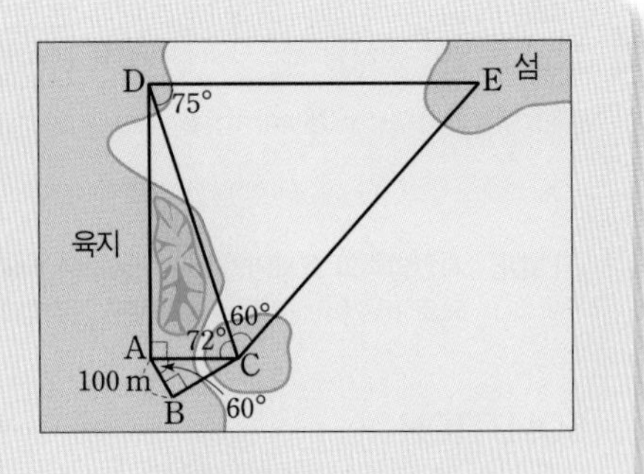

GUIDE 삼각형 ABC를 이용하여 삼각형 ACD의 변의 길이를 구하고, 삼각형 ACD를 이용하여 삼각형 CDE의 변의 길이를 구한다.

SOLUTION

직각삼각형 ABC에서 $\overline{AC}=\frac{100}{\cos 60^\circ}=\frac{100}{\frac{1}{2}}=200(\text{m})$

또 직각삼각형 ACD에서 $\overline{CD}=\overline{AC}\times\frac{1}{\cos 72^\circ}=200\times 3.24=648(\text{m})$

한편 삼각형 CDE에서 세 내각의 크기의 합은 180°이므로

$\angle CED=180^\circ-(60^\circ+75^\circ)=45^\circ$

따라서 사인법칙에 의하여 $\frac{\overline{DE}}{\sin(\angle DCE)}=\frac{\overline{CD}}{\sin(\angle CED)}$이므로

$\frac{\overline{DE}}{\sin 60^\circ}=\frac{648}{\sin 45^\circ}$ $\quad\therefore \overline{DE}=\frac{648}{\frac{\sqrt{2}}{2}}\times\frac{\sqrt{3}}{2}=\mathbf{324\sqrt{6}(m)}$ ■

유제

055-1 A지점에서 공을 치기 시작하여 B지점에 이르게 하는 골프 경기가 있다. 한 방송사에서 이 골프 경기를 중계방송하기 위하여 출발점인 A지점과

$\overline{AC}=240\,\text{m}, \overline{BC}=60\,\text{m}$

인 C지점에 각각 카메라를 설치하였다. 한 선수가 A지점에서 친 공이 D지점에 떨어졌을 때,

$\angle CAD=\angle ACD=30^\circ$

이었다. $\angle BCD=30^\circ$일 때, D지점에서 B지점까지의 직선 거리를 구하여라.

Sub Note 051쪽

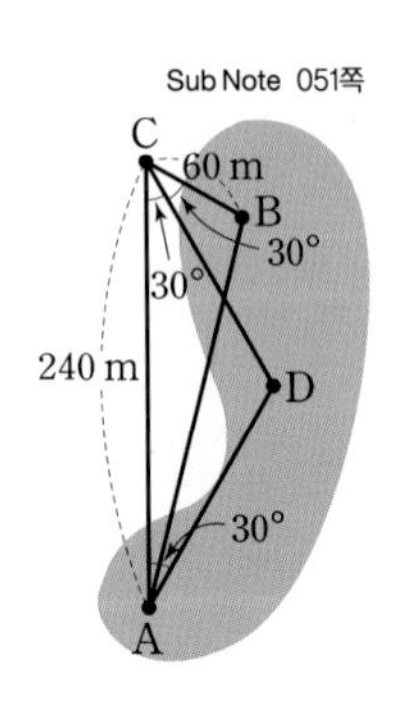

02 삼각형의 넓이

ESSENTIAL LECTURE

1 삼각형의 넓이

삼각형 ABC의 넓이를 S라 하면

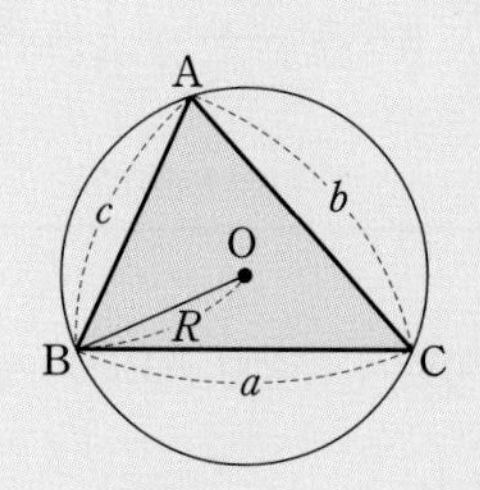

(1) $S=\frac{1}{2}bc\sin A=\frac{1}{2}ca\sin B=\frac{1}{2}ab\sin C$

(2) 삼각형 ABC의 외접원의 반지름의 길이가 R일 때

$$S=\frac{abc}{4R}=2R^2\sin A\sin B\sin C$$

(3) 삼각형 ABC의 내접원의 반지름의 길이가 r일 때

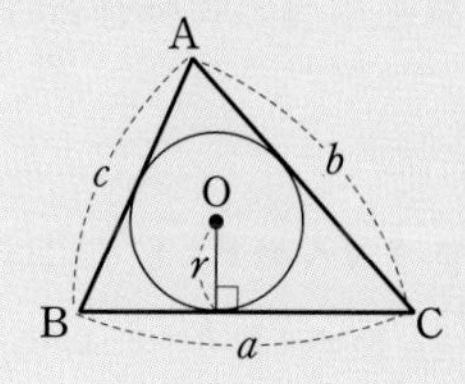

$$S=\frac{1}{2}r(a+b+c)$$

(4) 헤론의 공식

$$S=\sqrt{s(s-a)(s-b)(s-c)}\ \left(\text{단, } s=\frac{a+b+c}{2}\right)$$

2 사각형의 넓이

(1) 사각형의 넓이

두 대각선 AC, BD의 길이와 두 대각선이 이루는 각 θ의 크기가 주어진 사각형 ABCD의 넓이 S는

$$S=\frac{1}{2}\times\overline{AC}\times\overline{BD}\times\sin\theta$$

(2) 평행사변형의 넓이

이웃하는 두 변 AB, BC의 길이와 그 끼인각 θ의 크기가 주어진 평행사변형 ABCD의 넓이 S는

$$S=\overline{AB}\times\overline{BC}\times\sin\theta$$

1 삼각형의 넓이

지금까지 삼각형의 넓이는 $\frac{1}{2}\times$(밑변의 길이)$\times$(높이)로 계산했다.

이번 단원에서는 삼각형의 높이를 사인 값을 이용하여 알아본 후, 삼각형의 넓이를 두 변의 길이와 그 끼인각의 사인 값을 이용해 구해 보자.

삼각형 ABC의 꼭짓점 A에서 변 BC 또는 그 연장선에 내린 수선의 발을 H라 하자. 그러면 다음 그림을 통해 확인할 수 있듯이, C의 크기에 관계없이 높이 h는 항상 $b\sin C$이다.

(i) C가 예각일 때	(ii) C가 직각일 때	(iii) C가 둔각일 때
A, B, C, H, a, b, c, h	A, B, C(H), a, $b=h$, c	A, B, C, H, a, b, c, h
$h=b\sin C$	$h=b=b\sin C$	$h=b\sin(\pi-C)=b\sin C$

따라서 삼각형 ABC의 넓이 S는 $\boldsymbol{S=\frac{1}{2}ah=\frac{1}{2}ab\sin C}$이다.

같은 방법으로 하면 $\boldsymbol{S=\frac{1}{2}bc\sin A=\frac{1}{2}ca\sin B}$임도 알 수 있다.

EXAMPLE 058 다음과 같은 삼각형 ABC의 넓이 S를 구하여라.

(1) $a=4,\ b=5,\ C=45^\circ$ (2) $a=2,\ c=6,\ B=150^\circ$

ANSWER (1) $S=\frac{1}{2}ab\sin C=\frac{1}{2}\times4\times5\times\sin45^\circ$

$=10\times\frac{\sqrt{2}}{2}=\boldsymbol{5\sqrt{2}}$ ■

(2) $S=\frac{1}{2}ac\sin B=\frac{1}{2}\times2\times6\times\sin150^\circ$

$=6\times\frac{1}{2}=\boldsymbol{3}$ ■

Sub Note 021쪽

APPLICATION 075 (1) 삼각형 ABC에서 $b=3\sqrt{5},\ c=4,\ \cos A=\frac{2}{3}$일 때, 삼각형 ABC의 넓이 S를 구하여라.

(2) 삼각형 ABC에서 $a=4,\ B=30^\circ$이고 넓이가 3일 때, c의 값을 구하여라.

삼각형의 넓이를 구하는 다른 식을 살펴보도록 하자.

삼각형 ABC의 넓이를 S라 하면 앞에서 $S=\frac{1}{2}bc\sin A$이고,

삼각형 ABC의 외접원의 반지름의 길이를 R라 하면 사인법칙에

의하여 $\sin A=\frac{a}{2R}$이므로

$$S=\frac{1}{2}bc\sin A=\frac{1}{2}bc\times\frac{a}{2R}=\boldsymbol{\frac{abc}{4R}}$$

가 성립함을 알 수 있다.

또 사인법칙에 의하여 $b=2R\sin B$, $c=2R\sin C$이므로

$$S=\frac{1}{2}bc\sin A=\frac{1}{2}(2R\sin B)(2R\sin C)\sin A=\boldsymbol{2R^2\sin A\sin B\sin C}$$

가 성립한다.

한편 내접원의 반지름의 길이를 아는 경우, 세 변의 길이를 이용하여 삼각형의 넓이를 구할 수 있다. 내접원의 반지름의 길이가 r인 삼각형 ABC에 대하여 넓이를 오른쪽 그림과 같이 작게 나눠진 삼각형 3개의 넓이의 합으로 생각하면 다음 식을 얻을 수 있다.

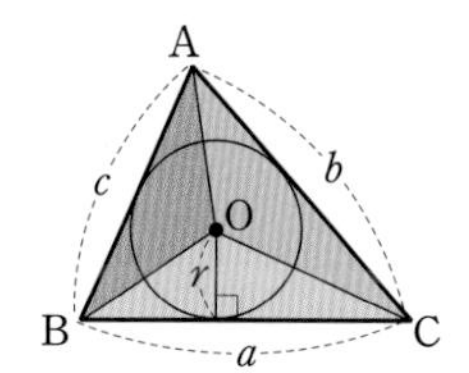

$$S=\frac{1}{2}ar+\frac{1}{2}br+\frac{1}{2}cr=\boldsymbol{\frac{1}{2}r(a+b+c)}$$

즉, 세 각의 크기 또는 세 변의 길이를 아는 경우, 외접원 또는 내접원의 반지름의 길이를 안다면 넓이를 쉽게 구할 수 있다. 또 변의 길이와 넓이를 이용하여 내접원 또는 외접원의 반지름의 길이를 구할 수 있다.

또한 내접원이나 외접원의 반지름의 길이를 모르는 경우에도 세 변의 길이를 알면 코사인법칙을 이용하여 한 각의 코사인 값을 알 수 있으므로 삼각형의 넓이를 구할 수 있다.

APPLICATION 076 다음과 같은 삼각형 ABC의 넓이 S를 구하여라. Sub Note 022쪽

(1) $A=120^\circ$, $B=30^\circ$, $C=30^\circ$, $R=4$ (단, R는 외접원의 반지름의 길이)

(2) $a=6$, $b=10$, $c=14$, $r=\sqrt{3}$ (단, r는 내접원의 반지름의 길이)

EXAMPLE 059 삼각형 ABC에서 $a=5$, $b=7$, $c=8$일 때, 다음을 구하여라.

(1) 삼각형 ABC의 넓이 S

(2) 삼각형 ABC의 외접원과 내접원의 반지름의 길이를 각각 R, r라 할 때, Rr의 값

ANSWER (1) 코사인법칙에 의하여 $\cos C=\dfrac{a^2+b^2-c^2}{2ab}=\dfrac{5^2+7^2-8^2}{2\times5\times7}=\dfrac{10}{70}=\dfrac{1}{7}$

한편 삼각함수 사이의 관계에 의하여 $\sin^2 C=1-\cos^2 C$이므로

$$\sin C=\sqrt{1-\frac{1}{49}}=\sqrt{\frac{48}{49}}=\frac{4\sqrt{3}}{7}\ (\because 0^\circ<C<180^\circ)$$

$$\therefore S=\frac{1}{2}ab\sin C=\frac{1}{2}\times5\times7\times\frac{4\sqrt{3}}{7}=\mathbf{10\sqrt{3}}\ ■$$

[참고] 삼각형의 넓이를 구하려면 삼각형의 요소 중에서 두 변의 길이와 그 끼인각의 크기가 필요하므로 주어진 정보들을 이용하여 필요한 것들을 구해야 한다.

(2) (1)에서 $S=10\sqrt{3}$이고, $S=\dfrac{abc}{4R}$이므로

$$10\sqrt{3}=\frac{5\times7\times8}{4R},\ 4R=\frac{280}{10\sqrt{3}}\qquad\therefore R=\frac{7\sqrt{3}}{3}$$

또 $S=\dfrac{1}{2}r(a+b+c)$이므로 $10\sqrt{3}=\dfrac{1}{2}r(5+7+8)$, $10r=10\sqrt{3}$ $\therefore r=\sqrt{3}$

$$\therefore Rr=\frac{7\sqrt{3}}{3}\times\sqrt{3}=\mathbf{7}\ ■$$

Sub Note 022쪽

APPLICATION **077** 세 변의 길이가 5, 6, 7인 삼각형의 넓이 S와 외접원의 반지름의 길이 R, 내접원의 반지름의 길이 r를 각각 구하여라.

참고로 **EXAMPLE 059**의 (1)과 같이 세 변의 길이가 주어진 삼각형의 넓이는 헤론의 공식을 이용하면 보다 쉽게 구할 수 있다. 헤론의 공식은 코사인법칙을 이용하여 얻어낸 공식이다.

헤론의 공식(Heron's formula)

삼각형 ABC의 세 변의 길이가 a, b, c일 때, $s=\dfrac{a+b+c}{2}$라 하면 삼각형 ABC의 넓이 S는

$$S=\sqrt{s(s-a)(s-b)(s-c)}$$

위의 식은 다음과 같은 방법으로 유도할 수 있다.

삼각형 ABC에서 코사인법칙에 의하여

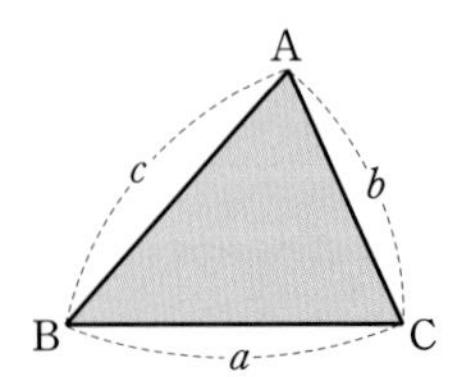

$$\begin{aligned}\sin^2 A&=1-\cos^2 A=(1+\cos A)(1-\cos A)\\&=\left(1+\frac{b^2+c^2-a^2}{2bc}\right)\left(1-\frac{b^2+c^2-a^2}{2bc}\right)\\&=\frac{(b+c)^2-a^2}{2bc}\times\frac{a^2-(b-c)^2}{2bc}\\&=\frac{(b+c+a)(b+c-a)(a+b-c)(a-b+c)}{4b^2c^2}\end{aligned}$$

이때 $s=\frac{1}{2}(a+b+c)$라 하면

$$b+c+a=2s,\ b+c-a=2(s-a),\ a+b-c=2(s-c),\ a-b+c=2(s-b)$$

이므로

$$\sin^2 A=\frac{4s(s-a)(s-b)(s-c)}{b^2c^2}$$

그런데 $0°<A<180°$에서 $\sin A>0$이므로

$$\sin A=\frac{2}{bc}\sqrt{s(s-a)(s-b)(s-c)}$$

따라서 삼각형의 넓이 S는

$$S=\frac{1}{2}bc\sin A=\sqrt{s(s-a)(s-b)(s-c)}$$

Sub Note 022쪽

APPLICATION **078** 세 변의 길이가 5, 6, 7인 삼각형의 넓이 S를 헤론의 공식을 이용하여 구하여라.

2 사각형의 넓이

복잡한 형태의 다각형의 넓이는 다각형을 몇 개의 삼각형으로 쪼갠 후 각각의 삼각형의 넓이를 구하는 것으로 구할 수 있다.

하지만 오른쪽 그림과 같이 두 대각선 AC, BD의 길이와 두 대각선이 이루는 각 θ의 크기가 주어진 사각형 ABCD의 넓이 S는 삼각형의 넓이 구하는 공식을 응용하여

$$S=\frac{1}{2}\times\overline{AC}\times\overline{BD}\times\sin\theta$$

로 구할 수 있다.

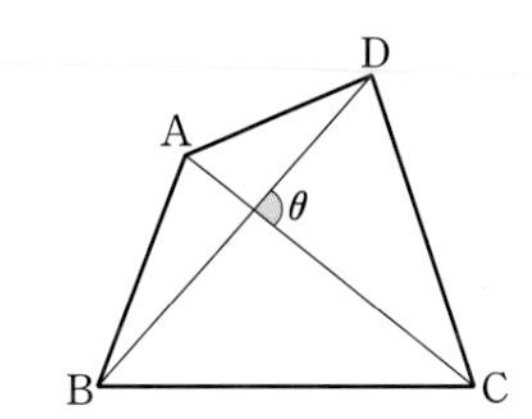

Figure_ 두 대각선과 두 대각선이 이루는 각이 주어진 사각형의 넓이

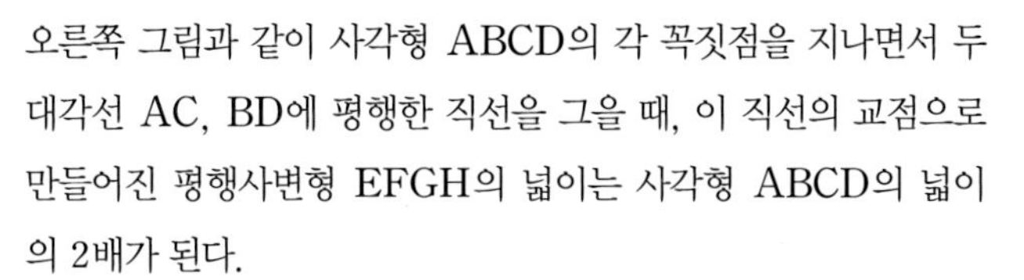
오른쪽 그림과 같이 사각형 ABCD의 각 꼭짓점을 지나면서 두 대각선 AC, BD에 평행한 직선을 그을 때, 이 직선의 교점으로 만들어진 평행사변형 EFGH의 넓이는 사각형 ABCD의 넓이의 2배가 된다.

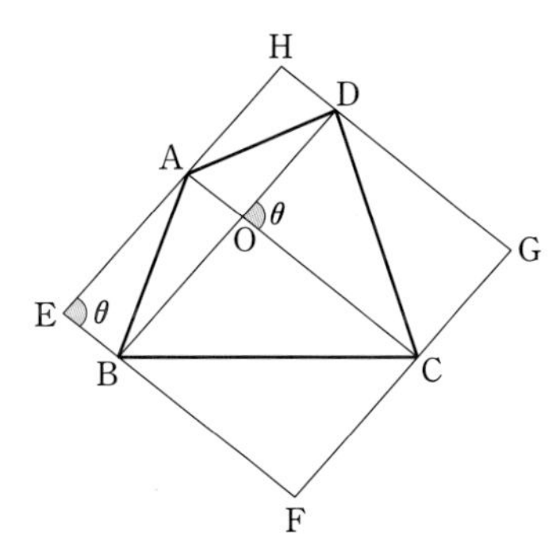

왜냐하면 네 사각형 OAEB, OBFC, OCGD, ODHA는 모두 평행사변형이므로 다음이 성립하기 때문이다.

$$\triangle AEB\equiv\triangle BOA,\ \triangle AHD\equiv\triangle DOA$$
$$\triangle DGC\equiv\triangle COD,\ \triangle BFC\equiv\triangle COB$$

그런데 평행사변형 EFGH의 넓이는 삼각형 HEF의 넓이의 2배이기도 하므로

$\square ABCD = \triangle HEF$

가 성립한다. 이때 삼각형 HEF에서

$\angle HEF = \theta$ ($\because$ $\angle HEF$와 $\angle DOC$는 평행선의 동위각)

$\overline{HE} = \overline{BD}$, $\overline{EF} = \overline{AC}$ ($\because$ $\square HEBD$, $\square AEFC$가 평행사변형)

이므로 사각형 ABCD의 넓이 S는

$$S = \triangle HEF = \frac{1}{2} \times \overline{HE} \times \overline{EF} \times \sin\theta = \mathbf{\frac{1}{2} \times \overline{AC} \times \overline{BD} \times \sin\theta}$$

한편 이웃하는 두 변 AB, BC의 길이와 그 끼인각 θ의 크기가 주어진 평행사변형 ABCD는 오른쪽 그림과 같이 합동인 두 개의 삼각형 ABC, CDA로 나눌 수 있으므로 그 넓이 S는

$$S = 2 \times \left(\frac{1}{2} \times \overline{AB} \times \overline{BC} \times \sin\theta \right) = \mathbf{\overline{AB} \times \overline{BC} \times \sin\theta}$$

로 구할 수 있다.

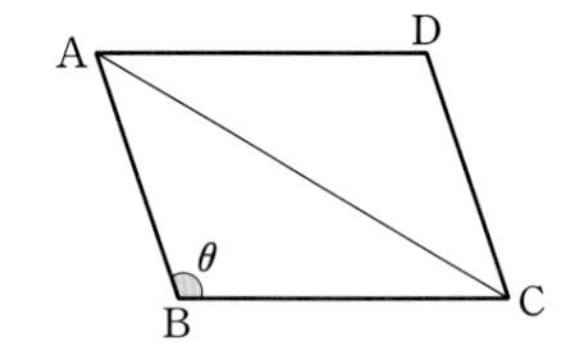

Figure_ 이웃하는 두 변과 그 끼인각이 주어진 평행사변형의 넓이

EXAMPLE 060 (1) 두 대각선의 길이가 8, 7이고 두 대각선이 이루는 각의 크기가 $\frac{\pi}{3}$인 사각형의 넓이 S를 구하여라.

(2) 이웃하는 두 변의 길이가 4, 5이고 그 끼인각의 크기가 135°인 평행사변형의 넓이 S를 구하여라.

ANSWER (1) $S = \frac{1}{2} \times 8 \times 7 \times \sin\frac{\pi}{3} = \frac{1}{2} \times 8 \times 7 \times \frac{\sqrt{3}}{2} = \mathbf{14\sqrt{3}}$ ■

(2) $S = 4 \times 5 \times \sin 135° = 4 \times 5 \times \frac{\sqrt{2}}{2} = \mathbf{10\sqrt{2}}$ ■

Sub Note 022쪽

APPLICATION 079 (1) 두 대각선의 길이가 6, 9이고 두 대각선이 이루는 각의 크기가 90°인 사각형의 넓이 S를 구하여라.

(2) 평행사변형 ABCD에서 $\overline{AB} = 3$, $\overline{BC} = 6$이고 $\square ABCD$의 넓이가 $9\sqrt{3}$일 때, B의 크기를 구하여라. (단, $90° < B < 180°$)

기본 예제 *삼각형의 넓이*

056 (1) 둔각삼각형 ABC에서 $b=6$, $c=2\sqrt{3}$, $C=30^{\circ}$일 때, 삼각형 ABC의 넓이를 구하여라.

(2) 삼각형 ABC에서 $\sin A+\sin B+\sin C=\frac{3}{2}$이고 외접원의 반지름의 길이가 4, 내접원의 반지름의 길이가 2일 때, 삼각형 ABC의 넓이를 구하여라.

GUIDE 여러 가지 삼각형의 넓이 공식을 적용해 본다.

SOLUTION

(1) 사인법칙에 의하여 $\frac{6}{\sin B}=\frac{2\sqrt{3}}{\sin 30^{\circ}}$

$\therefore \sin B=\frac{\sqrt{3}}{2}$ $\therefore B=60^{\circ}$ 또는 $B=120^{\circ}$ ($\because 0^{\circ}<B<180^{\circ}$)

그런데 $B=60^{\circ}$이면 $A=90^{\circ}$이므로 삼각형 ABC는 둔각삼각형이 아니다.

따라서 $B=120^{\circ}$이므로 $A=30^{\circ}$

$\therefore \triangle ABC=\frac{1}{2}bc\sin A=\frac{1}{2}\times 6\times 2\sqrt{3}\times \sin 30^{\circ}=\mathbf{3\sqrt{3}}$ ■

(2) 삼각형 ABC의 외접원의 반지름의 길이 R가 4이므로 사인법칙에 의하여

$$\sin A+\sin B+\sin C=\frac{a}{2R}+\frac{b}{2R}+\frac{c}{2R}=\frac{a+b+c}{8}=\frac{3}{2}$$

$\therefore a+b+c=12$

삼각형 ABC의 내접원의 반지름의 길이를 r라 하면

$\triangle ABC=\frac{1}{2}r(a+b+c)=\frac{1}{2}\times 2\times 12=\mathbf{12}$ ■

Sub Note 052쪽

유제 **056-1** 삼각형 ABC에서 $C=\frac{\pi}{6}$이고 $a+b$의 값이 삼각형 ABC의 넓이와 같을 때, $\frac{1}{a}+\frac{1}{b}$의 값을 구하여라.

Sub Note 052쪽

유제 **056-2** 반지름의 길이가 2인 원에 내접하고 넓이가 3인 삼각형 ABC의 세 변의 길이의 곱을 구하여라.

기본예제 *삼각형의 넓이의 응용*

057 오른쪽 그림과 같은 사각형 ABCD의 넓이를 구하여라.

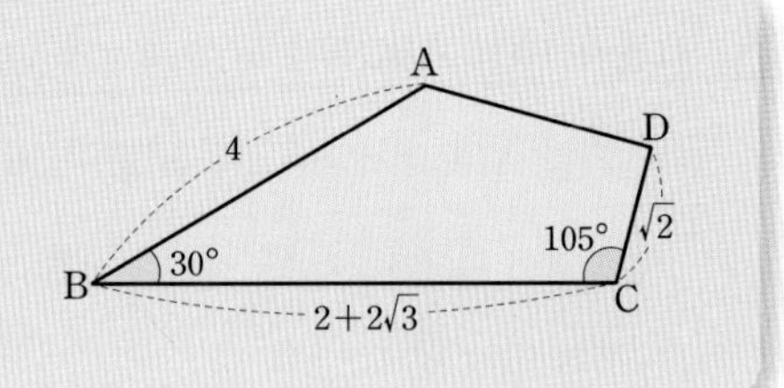

GUIDE 사각형을 적당히 두 개의 삼각형으로 쪼갠 후 각각의 삼각형의 넓이를 구한다. 이때 필요한 정보는 사인법칙, 코사인법칙을 활용하여 구하도록 한다.

SOLUTION

선분 AC를 그어 □ABCD를 △ABC와 △ACD로 나누자.

(i) $\triangle ABC=\frac{1}{2}\times4\times(2+2\sqrt{3})\times\sin30^\circ=2+2\sqrt{3}$

(ii) 삼각형 ACD의 넓이를 구하기 위해서는 $\overline{AC}$의 길이와 ∠ACD의 크기를 알아야 한다. 삼각형 ABC에서 코사인법칙에 의하여

$\overline{AC}^2=4^2+(2+2\sqrt{3})^2-2\times4\times(2+2\sqrt{3})\times\cos30^\circ=8$

$\therefore \overline{AC}=2\sqrt{2}$ ($\because \overline{AC}>0$)

또 삼각형 ABC에서 사인법칙에 의하여 $\frac{2\sqrt{2}}{\sin30^\circ}=\frac{4}{\sin(\angle ACB)}$

$\sin(\angle ACB)=\frac{\sqrt{2}}{2}$ $\quad\therefore \angle ACB=45^\circ$ ($\because 0^\circ<\angle ACB<105^\circ$)

이때 $\angle ACD=105^\circ-45^\circ=60^\circ$이므로

$\triangle ACD=\frac{1}{2}\times\sqrt{2}\times2\sqrt{2}\times\sin60^\circ=\sqrt{3}$

(i), (ii)에 의하여 $\square ABCD=\triangle ABC+\triangle ACD=\mathbf{2+3\sqrt{3}}$ ■

유제

057-1 오른쪽 그림과 같은 사각형 ABCD가 원에 내접할 때, 사각형 ABCD의 넓이를 구하여라.

Sub Note 052쪽

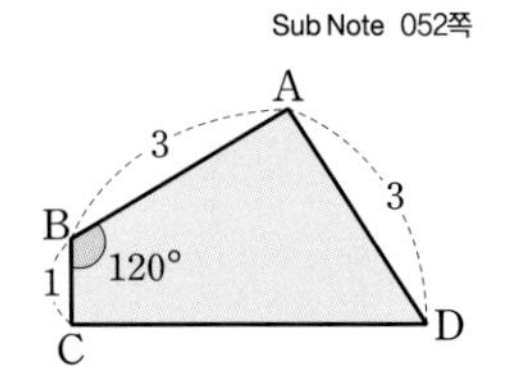

유제

057-2 오른쪽 그림과 같은 사각형 ABCD의 넓이를 구하여라.

Sub Note 052쪽

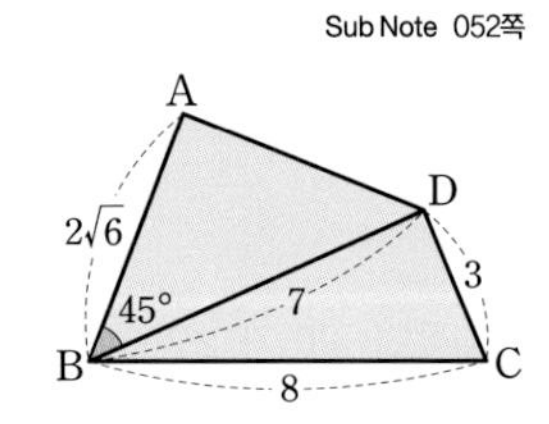

기 본 예 제 *사각형의 넓이*

058

(1) 평행사변형 ABCD에서 $\overline{AB}=4$, $\overline{BC}=5$, $\overline{AC}=\sqrt{21}$일 때, 평행사변형 ABCD의 넓이를 구하여라.

(2) 두 대각선의 길이가 각각 4, 6이고 두 대각선이 이루는 각의 크기가 θ인 사각형 ABCD에서 $\cos\theta=\frac{1}{3}$일 때, 사각형 ABCD의 넓이를 구하여라.

GUIDE (1) 이웃하는 두 변의 길이가 a, b이고 그 끼인각의 크기가 θ인 평행사변형의 넓이는 $ab\sin\theta$

(2) 두 대각선의 길이가 a, b이고 두 대각선이 이루는 각의 크기가 θ인 사각형의 넓이는 $\frac{1}{2}ab\sin\theta$

SOLUTION

(1) 오른쪽 그림의 평행사변형 ABCD에서 대각선 AC의 길이가 $\sqrt{21}$이므로 $\triangle$ABC에서 코사인법칙에 의하여

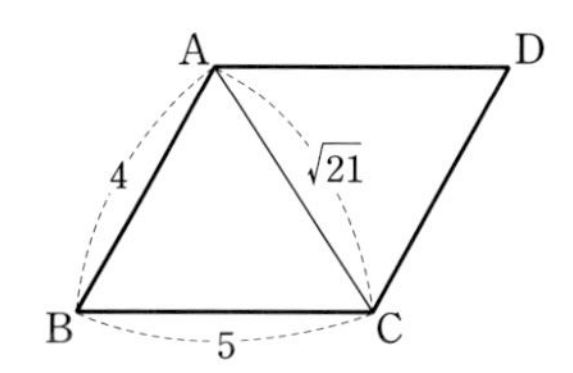

$$\cos B=\frac{4^2+5^2-(\sqrt{21})^2}{2\times4\times5}=\frac{20}{40}=\frac{1}{2}$$

$\therefore B=60^\circ$ ($\because 0^\circ<B<180^\circ$)

$\therefore \square\text{ABCD}=4\times5\times\sin60^\circ=4\times5\times\frac{\sqrt{3}}{2}=\mathbf{10\sqrt{3}}$ ■

(2) $\sin^2\theta=1-\cos^2\theta$이므로

$$\sin\theta=\sqrt{1-\cos^2\theta}\ (\because 0^\circ<\theta<180^\circ)=\sqrt{1-\left(\frac{1}{3}\right)^2}=\frac{2\sqrt{2}}{3}$$

$\therefore \square\text{ABCD}=\frac{1}{2}\times4\times6\times\sin\theta=12\times\frac{2\sqrt{2}}{3}=\mathbf{8\sqrt{2}}$ ■

유제

058-1 오른쪽 그림과 같은 평행사변형 ABCD의 넓이가 $24\sqrt{3}$일 때, 대각선 AC의 길이를 구하여라. (단, $90^\circ<B<180^\circ$)

Sub Note 052쪽

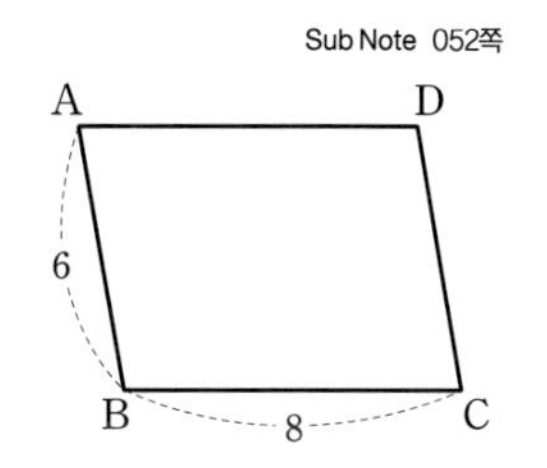

유제

058-2 두 대각선이 이루는 각의 크기가 $\frac{3}{4}\pi$이고 넓이가 $4\sqrt{2}$인 등변사다리꼴의 대각선의 길이를 구하여라.

Sub Note 053쪽

발 전 예 제 **삼각형의 넓이의 활용**

059 오른쪽 그림에서

$\triangle\mathrm{OAB}<$(부채꼴 OAB의 넓이)$<\triangle\mathrm{OAT}$

임을 이용하여 $\sin\theta<\theta<\tan\theta$임을 보여라. $\left(\text{단, } 0<\theta<\frac{\pi}{2}\right)$

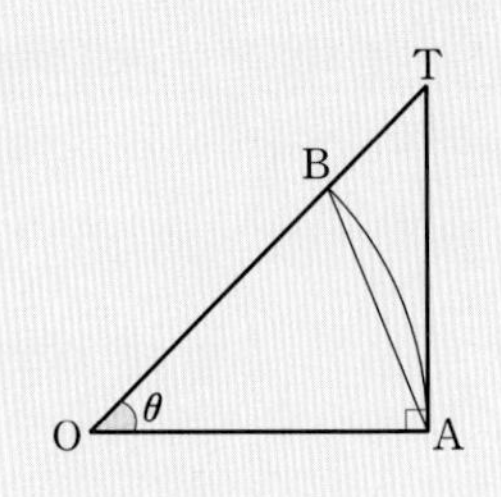

GUIDE 부채꼴의 반지름의 길이를 r로 놓고 $\triangle\mathrm{OAB}$, 부채꼴 OAB, $\triangle\mathrm{OAT}$의 넓이를 구해 본다.

SOLUTION

부채꼴 OAB의 반지름의 길이를 r라 하자.

삼각형 OAB는 $\overline{\mathrm{OA}}=\overline{\mathrm{OB}}=r$인 이등변삼각형이므로, 그 넓이는 $\frac{1}{2}r^2\sin\theta$이다.

또 부채꼴 OAB의 넓이는 $\frac{1}{2}r^2\theta$이다.

또한 $\overline{\mathrm{AT}}=x$라 하면 $x=r\tan\theta$이므로 삼각형 OAT의 넓이는

$\frac{1}{2}\times r\times r\tan\theta=\frac{1}{2}r^2\tan\theta$이다.

이때 $\triangle\mathrm{OAB}<$(부채꼴 OAB의 넓이)$<\triangle\mathrm{OAT}$이므로

$$\frac{1}{2}r^2\sin\theta<\frac{1}{2}r^2\theta<\frac{1}{2}r^2\tan\theta \qquad \therefore \sin\theta<\theta<\tan\theta \ ■$$

Summa's Advice

사실 이 문제는 이과 과정인 '미적분'에서 사용하는 중요 정리인 '$\lim_{\theta\to0}\frac{\sin\theta}{\theta}=1$'을 증명하는 과정의 일부분을 발췌한 것으로 이 증명 자체가 매우 중요하기도 하거니와 그 과정 속에 많은 문제에서 요구하는 문제 해결의 아이디어가 들어 있다.

유제

059-1 오른쪽 그림과 같이 삼각형의 한 변의 길이를 10 % 늘이고, 다른 한 변의 길이를 10 % 줄여서 새로운 삼각형을 만들 때, 삼각형의 넓이 변화로 옳은 것은?

Sub Note 053쪽

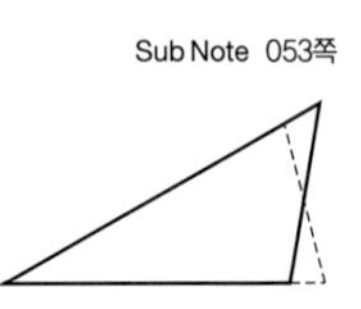

① 1 % 감소한다.
② 1 % 증가한다.
③ 11 % 감소한다.
④ 11 % 증가한다.
⑤ 변화가 없다.

Review Quiz for Ⅱ-3. 삼각함수의 활용

SUMMA CUM LAUDE

Sub Note 109쪽

1. 다음 [   ] 안에 적절한 말을 채워 넣어라.

(1) 사인법칙은 삼각형의 [   ]과 그 마주 보는 각의 [   ]의 비가 일정함을 나타낸 정리이다.

(2) 코사인법칙은 삼각형의 각의 코사인 값을 세 [   ]로 표현할 수 있음을 나타낸 정리이다.

(3) 삼각형의 두 변의 길이가 일정할 때, 그 넓이는 두 변이 이루는 각의 [   ]에 비례한다.

2. 다음 문장이 참(true) 또는 거짓(false)인지 결정하고, 그 이유를 설명하거나 적절한 반례를 제시하여라.

(1) 둔각삼각형의 경우 사인법칙이 성립하지 않는다.

(2) 평행사변형의 이웃한 두 변의 길이가 a, b이고 그 끼인각의 크기가 θ일 때 넓이는 $ab\sin(\pi-\theta)$이다.

(3) 한 각의 크기가 $\frac{\pi}{6}$인 마름모의 넓이는 같은 길이의 변을 가진 정사각형의 넓이의 $\frac{1}{2}$이다.

3. 다음 물음에 대한 답을 간단히 서술하여라.

(1) 삼각형의 한 각의 사인 값과 마주 보는 변의 길이가 같으면 다른 각의 사인 값과 마주 보는 변의 길이도 같음을 설명하여라.

(2) 삼각형 ABC에 대하여 다음이 성립하는 이유를 코사인법칙을 이용하여 설명하여라.

① $A<\frac{\pi}{2}$이면 $a^2<b^2+c^2$이다.

② $A=\frac{\pi}{2}$이면 $a^2=b^2+c^2$이다.

③ $A>\frac{\pi}{2}$이면 $a^2>b^2+c^2$이다.

EXERCISES A

Sub Note 110쪽

사인법칙

01 오른쪽 그림과 같이 사각형 ABCD가 선분 BC를 지름으로 하는 원 O에 내접해 있다. $\overline{BC}=17$, $\overline{CD}=8$일 때, $\sin A$의 값을 구하여라.

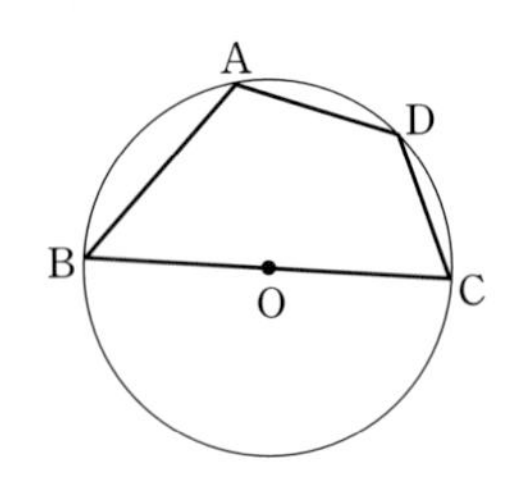

코사인법칙

02 오른쪽 그림과 같이 두 직선 $y=2x$, $y=\frac{1}{2}x$가 이루는 예각의 크기를 θ라 할 때, $\cos\theta$의 값을 구하여라.

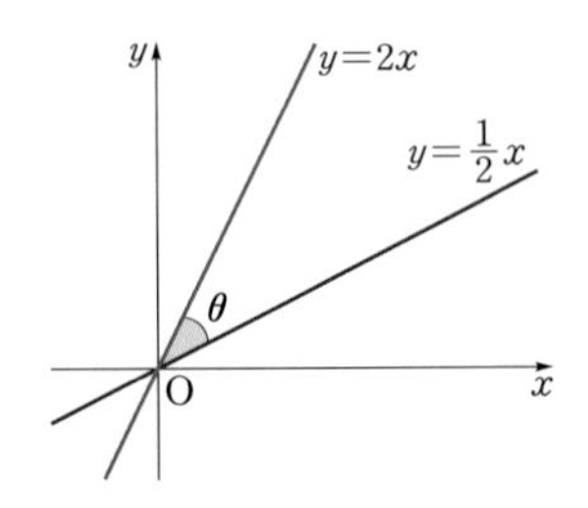

사인법칙과 코사인법칙

03 오른쪽 그림과 같이 반지름의 길이가 3인 원 O에 내접하는 삼각형 ABC에서 $B=45°$, $C=60°$일 때, 변 BC의 길이는?

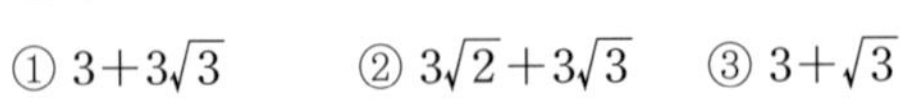

① $3+3\sqrt{3}$ ② $3\sqrt{2}+3\sqrt{3}$ ③ $3+\sqrt{3}$

④ $\frac{\sqrt{2}+\sqrt{6}}{2}$ ⑤ $\frac{3\sqrt{2}+3\sqrt{6}}{2}$

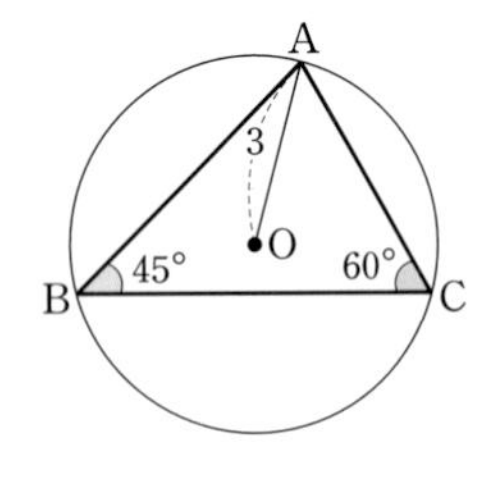

사인법칙과 코사인법칙

04 삼각형 ABC에서 $\sin A : \sin B : \sin C = 2 : 3 : 4$일 때, $\sin\left(\frac{A+B-C}{2}\right)$의 값을 구하여라.

삼각형의 모양

05 x에 대한 이차방정식 $x^2\sin^2 A-2x\sin A\sin C+\sin^2 A+\sin^2 B=0$이 중근을 가질 때, 삼각형 ABC는 어떤 삼각형인가?

① 직각이등변삼각형 ② $b=c$인 이등변삼각형

③ $c=a$인 이등변삼각형 ④ $A=90°$인 직각삼각형

⑤ $C=90°$인 직각삼각형

사인법칙의 활용 **06** 오른쪽 그림과 같이 50 m 떨어진 두 지점 A, B에서 탑의 꼭대기를 바라본 각의 크기가 각각 15°, 45°일 때, 이 탑의 높이는 몇 m인가?
(단, $\sin 15° = 0.25$로 계산한다.)

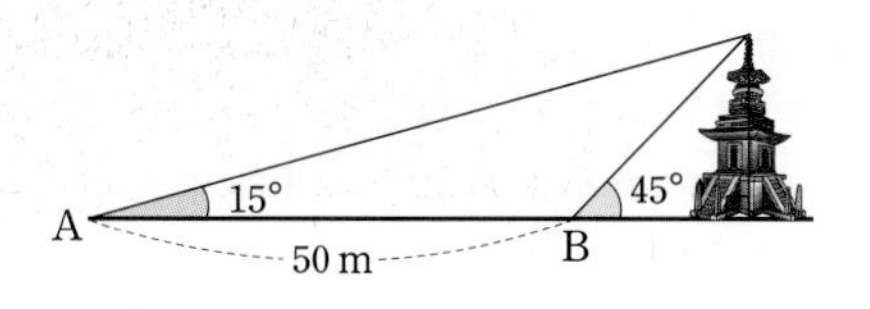

① $\frac{25\sqrt{2}}{2}$ m ② $15\sqrt{2}$ m ③ $25\sqrt{2}$ m ④ $\frac{25\sqrt{3}}{2}$ m ⑤ $15\sqrt{3}$ m

삼각형의 넓이 **07** 오른쪽 그림과 같이 한 변의 길이가 5인 정삼각형 ABC에서 세 변을 3 : 2로 내분하는 점을 각각 P, Q, R라 할 때, 삼각형 PQR의 넓이는?

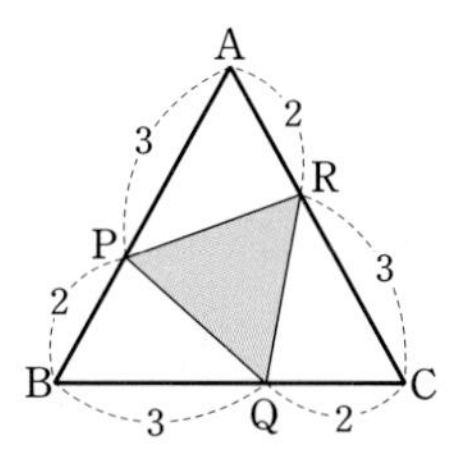

① $2\sqrt{3}$ ② $\frac{7\sqrt{3}}{4}$ ③ $\frac{5\sqrt{3}}{4}$
④ $\sqrt{2}$ ⑤ $\frac{\sqrt{2}}{2}$

삼각형의 넓이 **08** 서술형 삼각형 ABC에서 $b+c=10$, $a=8$, $C=\frac{\pi}{3}$일 때, 삼각형 ABC의 넓이를 구하여라.

삼각형의 넓이 **09** 오른쪽 그림과 같은 직육면체에서

$$\overline{CD}=\sqrt{2},\ \overline{AD}=1,\ \overline{AE}=\sqrt{3}$$

일 때, 삼각형 AFC의 넓이를 구하여라.

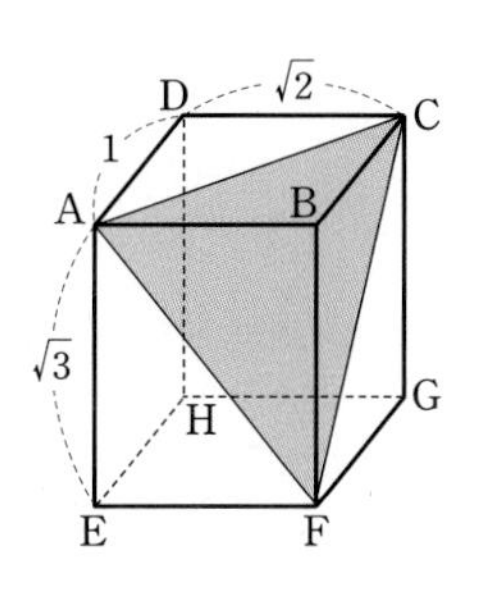

사각형의 넓이 **10** 두 대각선의 길이의 합이 20인 사각형의 넓이의 최댓값은?

① 20 ② 30 ③ 40 ④ 50 ⑤ 60

01 삼각형 ABC에 대하여 다음 보기의 설명 중 옳은 것을 모두 고른 것은?

보기

ㄱ. $\tan(A+B)=\tan C$ ㄴ. $\sin\left(\frac{A+B}{2}\right)=\cos\frac{C}{2}$

ㄷ. $\cos(A+B)>0$이면 △ABC는 둔각삼각형이다.

ㄹ. $\sin^2 A=\sin^2 B+\sin^2 C$가 성립하면 △ABC는 이등변삼각형이다.

① ㄱ ② ㄷ ③ ㄱ, ㄴ
④ ㄴ, ㄷ ⑤ ㄴ, ㄷ, ㄹ

02 삼각형 ABC에서 $a=2\sqrt{3}$이고, $3\sin A\sin(B+C)=1$일 때, 삼각형 ABC의 외접원의 넓이를 구하여라.

03 삼각형 ABC에서 $b^2\cos B\sin C=c^2\sin B\cos C$이 성립할 때, 삼각형 ABC는 어떤 삼각형인지 말하여라.

04 오른쪽 그림에서 반직선 AB는 원 O의 접선이고, $\overline{AC}=4$, $\angle ABC=45°$, $\angle BAC=30°$이다. 원 O 위의 점 P에 대하여 삼각형 PBC의 넓이의 최댓값을 구하여라.

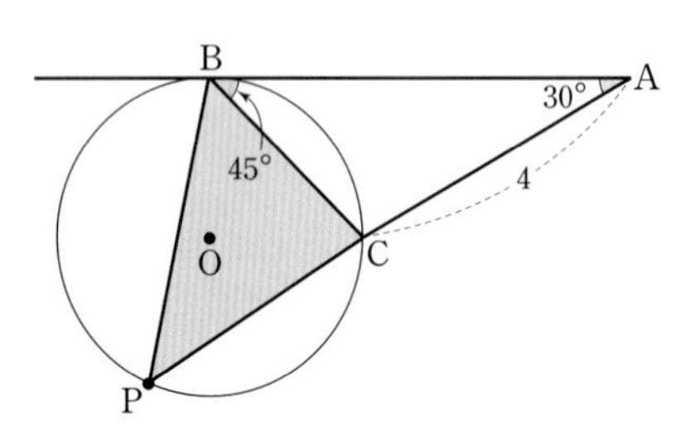

05 오른쪽 그림과 같이 밑면이 정삼각형이고,

$\overline{OA}=\overline{OB}=\overline{OC}=5$,

$\angle AOB=\angle BOC=\angle COA=40°$

인 삼각뿔 OABC가 있다. 이때 점 A를 출발하여 옆면을 따라 $\overline{OB}$, $\overline{OC}$를 지나 $\overline{OA}$의 중점 M에 이르는 최단 거리를 구하여라.

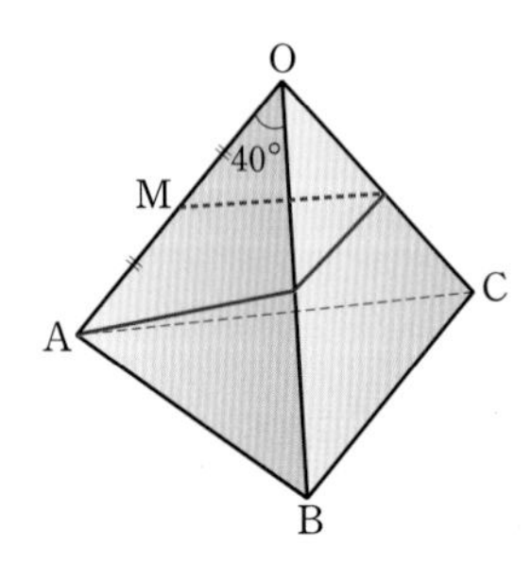

06

서술형

오른쪽 그림과 같이 5km 떨어져 있는 두 관측소 P, Q에서 두 지점 A, B에 있는 비행기를 동시에 관측하였더니

$\angle APQ=30^\circ$, $\angle AQP=90^\circ$, $\angle BPQ=60^\circ$,
$\angle BQP=60^\circ$, $\angle BQA=30^\circ$

이었다. 두 지점 A, B 사이의 거리를 구하여라.

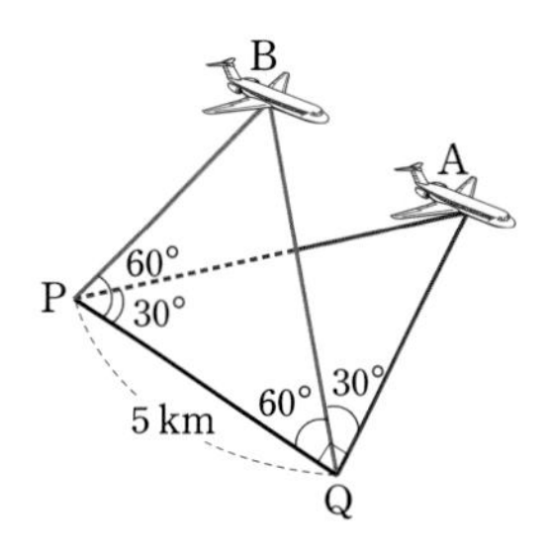

07

삼각형 ABC에서 외접원의 반지름의 길이가 12, 내접원의 반지름의 길이가 5일 때, $\frac{1}{ab}+\frac{1}{bc}+\frac{1}{ca}$의 값을 구하여라.

08

오른쪽 그림과 같은 정사각형 ABCD에서 $\overline{AD}$를 1 : 2로 내분하는 점을 E, $\overline{CD}$를 1 : 2로 내분하는 점을 F, $\angle EBF=\theta$라 할 때, $\sin\theta$의 값을 구하여라.

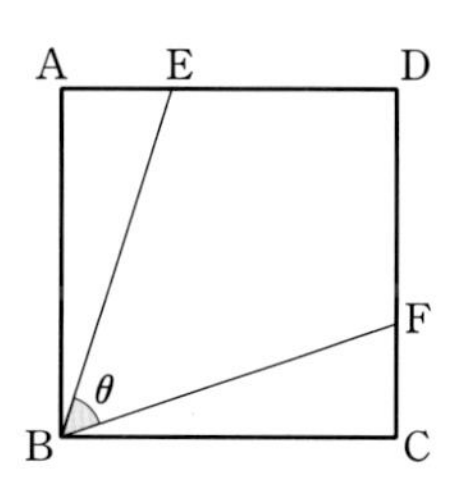

09

오른쪽 그림과 같이 $A=60^\circ$인 삼각형 ABC의 두 변 AB, AC 위에 삼각형 ADE의 넓이가 삼각형 ABC의 넓이의 $\frac{1}{4}$이 되도록 하는 두 점 D, E를 각각 잡을 때, $\overline{DE}$의 길이의 최솟값을 구하여라.

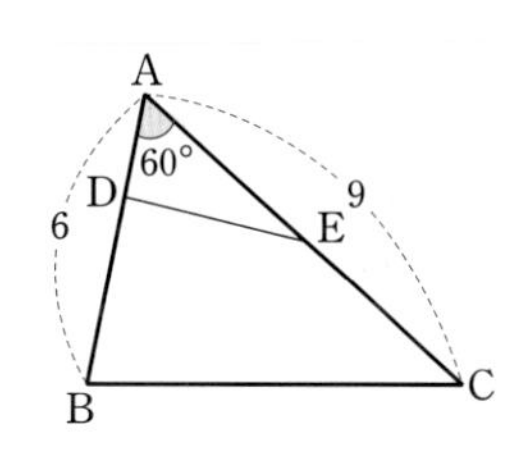

10

오른쪽 그림은 세 변의 길이가 8, 10, 14인 삼각형 ABC에서 변 AB를 한 변으로 하는 정사각형 ADEB를 그린 것이다. 이때 삼각형 ACD의 넓이를 구하여라.

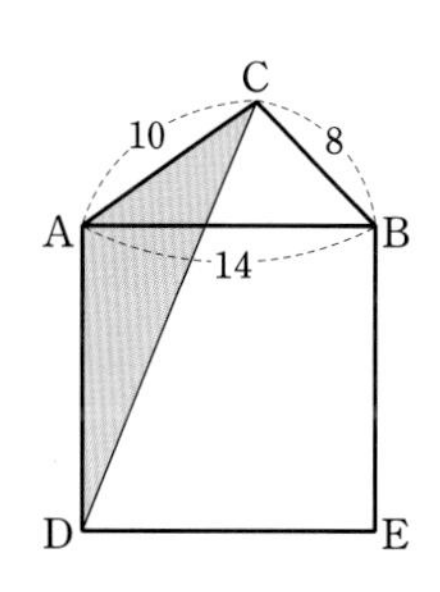

내신 · 모의고사 대비 TEST 384쪽

Chapter Ⅱ Exercises

난이도 ■ : 중 ■■ : 중상 ■■■ : 상

SUMMA CUM LAUDE

Sub Note 116쪽

■■□

01 오른쪽 그림과 같이 반지름의 길이가 각각 4, 7인 중심이 같은 두 원이 있다. 이때 임의의 두 부채꼴 OAB, OCD에 대하여 $\dfrac{\overset{\frown}{\mathrm{CD}}}{\overset{\frown}{\mathrm{PQ}}}+\dfrac{\overset{\frown}{\mathrm{AB}}}{\overset{\frown}{\mathrm{RS}}}$의 최솟값을 구하여라.

(단, O는 원의 중심)

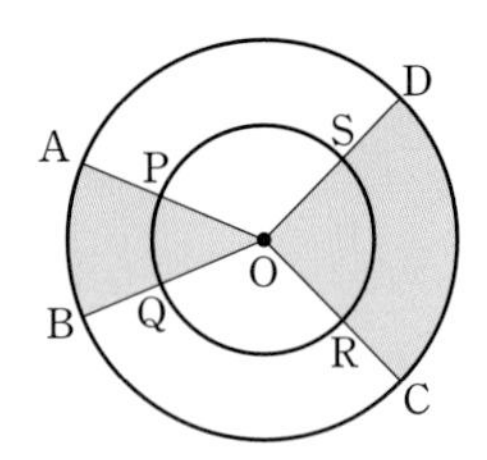

■□□

02 $\sin 160^\circ = a$라 할 때, $\tan 20^\circ$의 값을 a로 나타내면?

① $\dfrac{1}{a}$ ② $\sqrt{1-a^2}$ ③ $\dfrac{\sqrt{1-a^2}}{a}$

④ $\dfrac{1}{\sqrt{1-a^2}}$ ⑤ $\dfrac{a}{\sqrt{1-a^2}}$

■■□

03 $\sin\theta+\cos\theta=\dfrac{\sqrt{2}}{2}$일 때, $\dfrac{\sin^2\theta}{\cos^2\theta}+\dfrac{\cos^2\theta}{\sin^2\theta}$의 값을 구하여라.

04

$\sin\theta+\cos\theta=-\frac{1}{3}$이고, 이차방정식 $4x^2+\alpha x+\beta=0$의 두 근이 $\tan\theta$, $\frac{1}{\tan\theta}$일 때, 상수 α, β에 대하여 $\alpha\beta$의 값은?

① 27 ② 36 ③ 40 ④ 45 ⑤ 54

05

다음은 $f(x)=\sin(ax-b)$의 그래프이다.

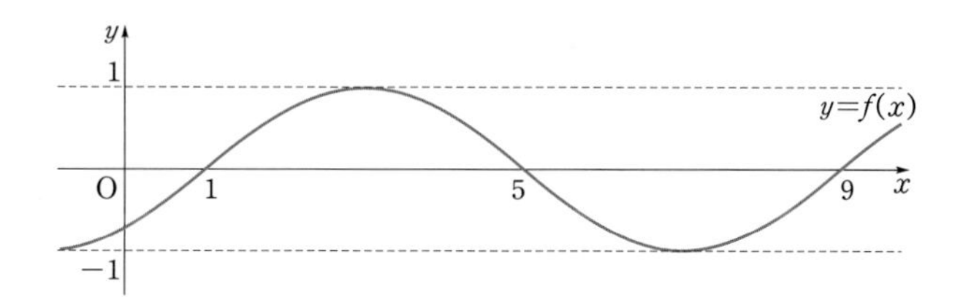

이때 $f(0)$의 값을 구하여라. (단, $a>0$, $0<b<2\pi$)

06

다음 그래프는 어떤 사람이 정상적인 상태에 있을 때 시각에 따라 호흡기에 유입되는 공기의 흡입율(리터/초)을 나타낸 것이다. 숨을 들이쉬기 시작하여 t초일 때 호흡기에 유입되는 공기의 흡입율을 y라 하면, 함수 $y=a\sin bt$(a, b는 양수)로 나타낼 수 있다. 이때 y의 값은 숨을 들이쉴 때는 양수, 내쉴 때는 음수가 된다.

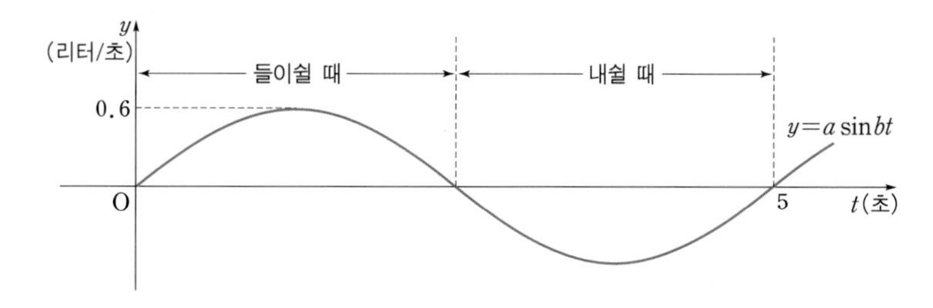

이 함수의 주기가 5(초)이고, 최대 흡입율이 0.6(리터/초)일 때, 숨을 들이쉬기 시작한 시각으로부터 처음으로 흡입율이 -0.3(리터/초)이 되는 데 걸리는 시간은?

① $\frac{35}{12}$초 ② $\frac{37}{12}$초 ③ $\frac{39}{12}$초 ④ $\frac{41}{12}$초 ⑤ $\frac{43}{12}$초

min$(a,\ b)=(a,\ b$ 중 크지 않은 수)로 정의할 때, $f(x)=\min(\sin x,\ \cos x)$의 최댓값은?

① -1　　② 0　　③ $\frac{1}{2}$　　④ $\frac{\sqrt{2}}{2}$　　⑤ $\frac{\sqrt{3}}{2}$

■■□

08 함수 $f(\theta)=\cos\left(\frac{\pi}{6}+\frac{\theta}{2}\right)$의 주기를 p, $g(\theta)=\frac{1}{1+\tan 3\theta}$의 주기를 q라 할 때, $\frac{10p}{q}$의 값을 구하여라.

■■□

09 다음 그림은 실수 전체에서 정의된 함수 $y=f(x)$의 그래프이다.

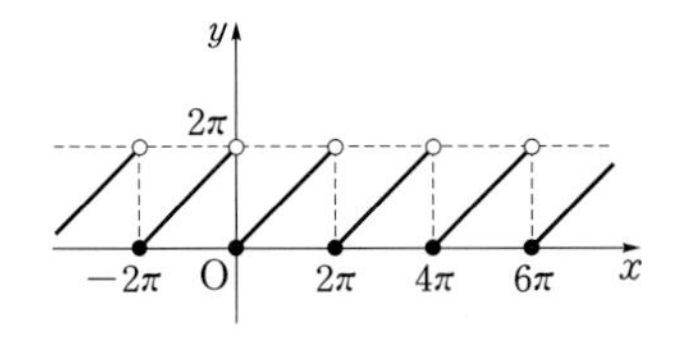

함수 $g(x)=\sin x$일 때, 합성함수 $y=(g\circ f)(x)$의 그래프의 개형은?

①
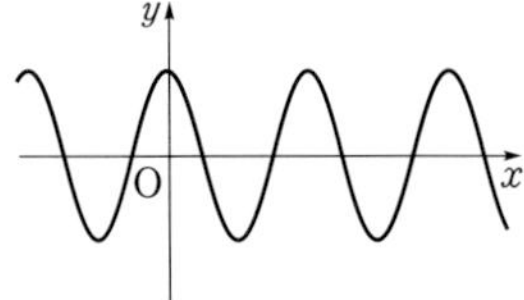

②
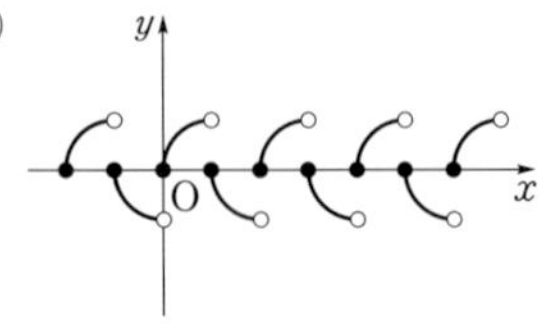

③
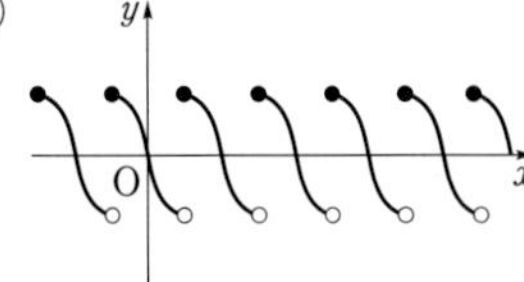

④
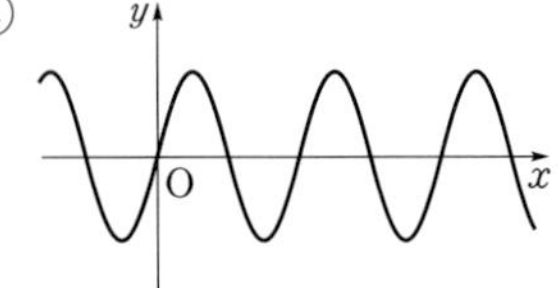

⑤
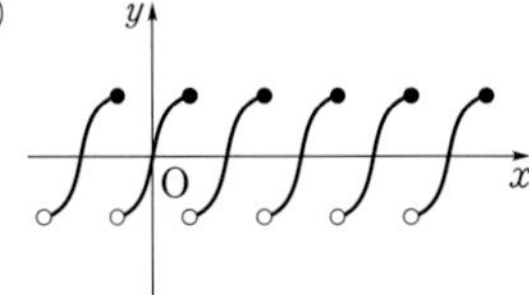

10

하루 중 해수면의 높이가 가장 높아졌을 때를 만조, 가장 낮아졌을 때를 간조라 하며, 만조와 간조 때의 해수면 높이의 차이를 조차라 한다. 2018년 어느 날 태안군 안면도 해안에서 측정한 만조와 간조 시각은 오른쪽 표와 같았다.

	시각
만조	04시 30분 17시 00분
간조	10시 45분 23시 15분

이 측정지점에서 시각 x(시)와 해수면의 높이 y(m) 사이에는 $y=a\cos\{b\pi(x-c)\}+\frac{9}{2}\,(0\le x<24)$인 관계가 성립한다고 한다. 이날 안면도 해안의 조차가 8 m이었을 때, $100abc$의 값을 구하여라.

(단, $a>0$, $b>0$, $0<c<6$)

11

다음은 반지름의 길이가 일정한 원에 외접하는 마름모 중 넓이가 최소인 것은 정사각형임을 증명한 것이다.

증명 원의 중심을 O, 반지름의 길이를 r라 하고, 이 원에 외접하는 마름모 ABCD에 대하여 변 AB와 원의 접점을 P라 하자.

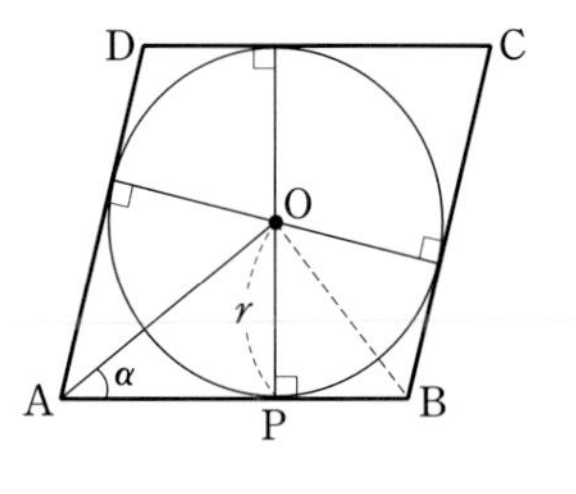

$\angle\mathrm{OAP}=\alpha$라 하면

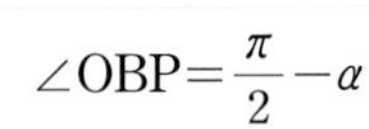

$$\angle\mathrm{OBP}=\frac{\pi}{2}-\alpha$$

이제 마름모의 넓이를 S라 하면

$$S=4\times\triangle\mathrm{OAB}=4\left\{\frac{1}{2}\times r\times\left(r\tan\alpha+\frac{r}{\boxed{\text{(가)}}}\right)\right\}$$

$$=2r^2\left(\tan\alpha+\frac{1}{\boxed{\text{(가)}}}\right)$$

이때 산술평균과 기하평균의 관계에 의하여

$S\ge 4r^2$ (단, 등호는 $\alpha=\boxed{\text{(나)}}$일 때 성립)

따라서 $\alpha=\boxed{\text{(나)}}$일 때 S는 최솟값 $4r^2$을 갖고, 이때의 사각형 ABCD는 정사각형이다.

위의 과정에서 (가), (나)에 알맞은 것을 차례로 적은 것은?

① $\tan\alpha$, $\frac{\pi}{4}$　② $\tan\alpha$, $\frac{\pi}{3}$　③ $\sin\alpha$, $\frac{\pi}{4}$

④ $\sin\alpha$, $\frac{\pi}{3}$　⑤ $\cos\alpha$, $\frac{\pi}{4}$

12 임의의 각 θ에 대하여 보기 중 항상 옳은 것을 모두 고른 것은?

보기

ㄱ. $\sin\left(\frac{\pi}{2}+\theta\right)=\cos(\pi+\theta)$

ㄴ. $\cos\left(\frac{\pi}{2}+\theta\right)=\sin(\pi+\theta)$

ㄷ. $\tan\left(\frac{\pi}{2}+\theta\right)=\frac{1}{\tan\theta}$

① ㄱ ② ㄴ ③ ㄷ ④ ㄱ, ㄴ ⑤ ㄱ, ㄷ

13 $\cos(\pi\cos x)+\sin(\pi\sin y)=2$를 만족시키는 x, y에 대하여 $\sin(x-y)+\cos(x-y)$의 최댓값은? (단, $0\le x\le\pi$, $0\le y\le\pi$)

① $\frac{1+\sqrt{3}}{2}$ ② $\frac{1-\sqrt{3}}{2}$ ③ $\frac{1-2\sqrt{3}}{2}$

④ $\frac{1+2\sqrt{3}}{2}$ ⑤ $\frac{1}{2}$

14 오른쪽 그림과 같이 점 A에서 한 원에 두 접선을 그었을 때, 그 접점을 S, T라 하고, 두 접선과 원 사이에 다른 한 접선이 두 접선과 만나는 점을 B, C라 하자. $\overline{AS}=10$이고 삼각형 ABC의 외접원의 반지름의 길이가 6일 때, 삼각형 ABC에서 $\sin A+\sin B+\sin C$의 값을 구하여라.

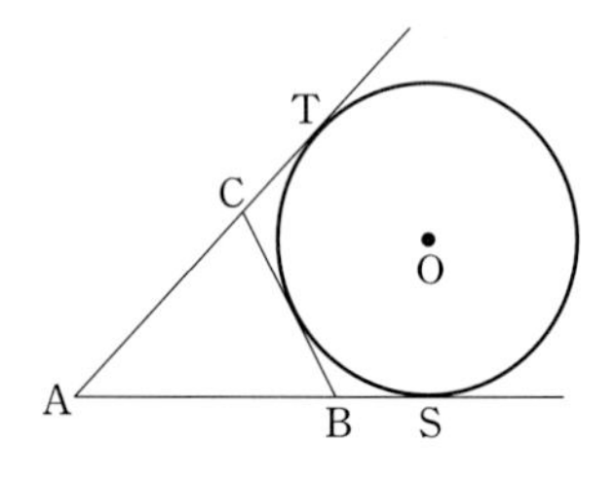

15 오른쪽 그림과 같이 현 AB와 현 CD가 점 E에서 수직으로 만나고 $\overline{AE}=2$, $\overline{BE}=4$, $\overline{CE}=8$일 때, 이 원의 지름의 길이는?

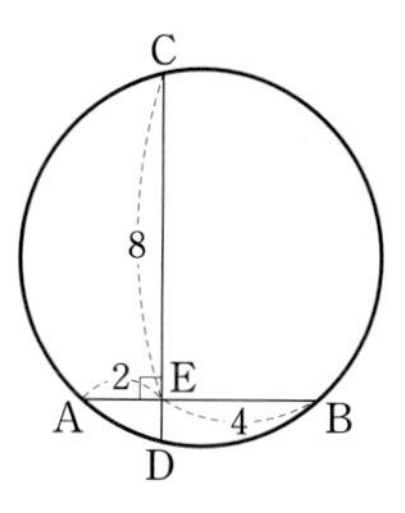

① 9 ② $\sqrt{85}$ ③ $\sqrt{91}$
④ 10 ⑤ $\sqrt{102}$

16 오른쪽 그림과 같은 도형 ABCDE에서

$\angle ACB=\angle ACD=60°$, $\overline{AC}=3$,
$\overline{BC}=\overline{CD}=4$, $\overline{DE}=5$, $\overline{AE}=6$

이다. 도형 ABCDE의 넓이를 구하여라.

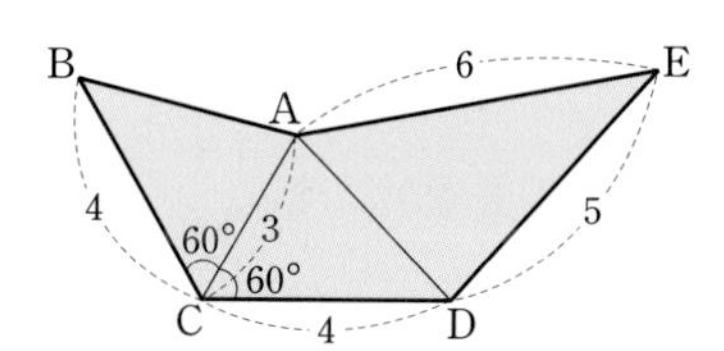

17 밑면인 원의 반지름의 길이가 r이고 높이가 1인 원기둥에 물이 들어 있다. 원기둥을 수평으로 뉘였을 때, 수면과 밑면이 만나서 생긴 현에 대한 중심각을 θ라 하자. 원기둥을 세웠을 때, 수면의 높이 h를 θ로 바르게 나타낸 것은? $\left(\text{단, } 0<\theta<\pi,\ 0<h<\frac{1}{2}\right)$

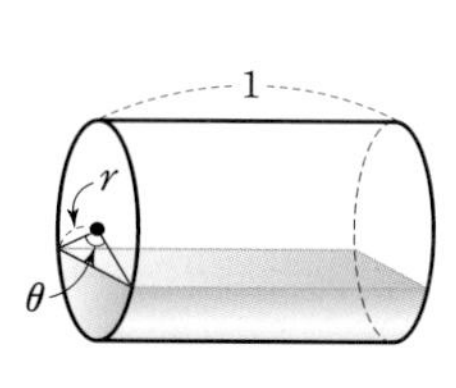

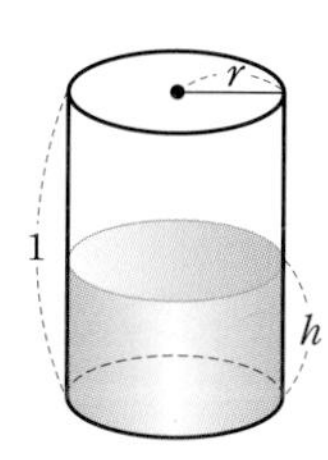

① $h=\frac{1}{2\pi}\theta$ ② $h=\frac{1}{2\pi}\sin\theta$ ③ $h=\theta-\sin\theta$
④ $h=\frac{1}{2\pi}(\theta+\sin\theta)$ ⑤ $h=\frac{1}{2\pi}(\theta-\sin\theta)$

Chapter Ⅱ Advanced Lecture

SUMMA CUM LAUDE

TOPIC (1) 삼각함수의 그래프의 대칭성

삼각함수의 함숫값은 특수각이 아닌 이상 구하기는 쉽지 않다. 예를 들면 $\sin\frac{\pi}{3}$의 값은 $\frac{\sqrt{3}}{2}$임을 쉽게 알지만 $\sin\frac{\pi}{5}$는 그래프를 그려 보아도 답을 구하기는 쉽지 않다. 그렇기 때문에 고등학교 수준의 문제는 특수각을 이용할 수 있도록 매우 제한적으로 나오기 마련이다.

다음 문제를 살펴보자.

다음 그림과 같이 $f(x)=\cos x\,(0\leq x\leq 2\pi)$의 그래프와 직선 $y=k\,(0<k<1)$가 만나는 점들의 x좌표를 차례로 a, b라 할 때, $f(a+b)$의 값을 구하여라.

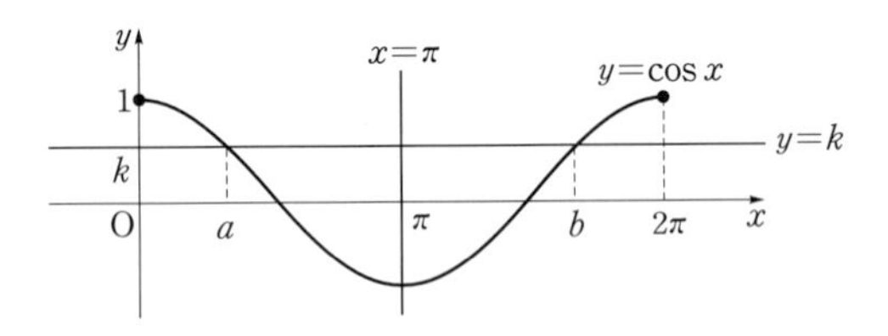

위의 문제에서 $k=\frac{1}{2}$이라면 $\cos x=\frac{1}{2}$에서 $a=\frac{\pi}{3}$, $b=\frac{5}{3}\pi$이므로

$f(a+b)=f(2\pi)=\cos 2\pi=1$이다. 하지만 k의 값이 $\frac{1}{4}$이나 $\frac{4}{5}$와 같이 특수각과 관련이 없는 수라면 a, b의 값은 구하기 어렵다. 이 경우는 다음 풀이처럼 그래프의 대칭성을 이용해야 한다. 대칭성을 이용하면 a, b의 값은 알 수 없지만 $a+b$의 값은 알 수 있으므로 문제를 해결할 수 있다.

[풀이] 함수 $y=\cos x$의 그래프가 직선 $x=\pi$에 대하여 대칭이므로

$\frac{a+b}{2}=\pi$ $\quad\therefore a+b=2\pi$ $\quad\therefore f(a+b)=f(2\pi)=\cos 2\pi=1$

사실 이 문제의 목적은 삼각방정식의 해를 잘 구하는가를 평가하는 것이 아니라, 삼각함수의 그래프의 대칭성에 대해 얼마나 잘 이해하고 있는가를 평가하는 것이다.
이러한 성격의 문제는 보통 그래프의 대칭축이나 대칭점만 잘 찾아내면 미지수의 값의 합이 특수각으로 잘 정리되기 때문에 '쉬운 문제'로 변신한다.

EXAMPLE을 통해 연습해 보자.

EXAMPLE 01 다음 그림과 같이 함수 $f(x)=\sin 2x\ (0\le x\le \pi)$의 그래프와 직선 $y=k$, $y=-k\ (0<k<1)$가 네 점에서 만난다. 이때 $f(a+b+c+d)$의 값을 구하여라.

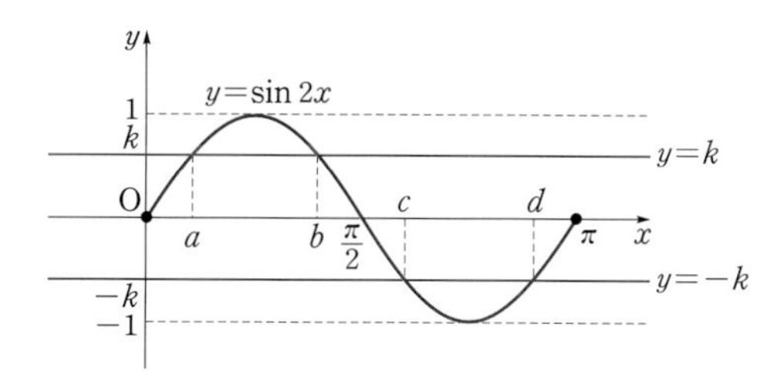

ANSWER $y=\sin 2x$의 그래프가

직선 $x=\frac{\pi}{4}$에 대하여 대칭이므로

$$\frac{a+b}{2}=\frac{\pi}{4} \qquad \therefore a+b=\frac{\pi}{2}$$

또한 $y=\sin 2x$의 그래프가

직선 $x=\frac{3}{4}\pi$에 대하여 대칭이므로

$$\frac{c+d}{2}=\frac{3}{4}\pi \qquad \therefore c+d=\frac{3}{2}\pi$$

따라서 $a+b+c+d=\frac{\pi}{2}+\frac{3}{2}\pi=2\pi$이므로 $f(a+b+c+d)=f(2\pi)=\sin 4\pi=\mathbf{0}$ ■

[다른 풀이] $y=\sin 2x$의 그래프가 점 $\left(\frac{\pi}{2}, 0\right)$에 대하여 대칭이므로

$$\frac{a+d}{2}=\frac{\pi}{2} \qquad \therefore a+d=\pi \qquad \frac{b+c}{2}=\frac{\pi}{2} \qquad \therefore b+c=\pi$$

$$\therefore a+b+c+d=\pi+\pi=2\pi$$

풀이 과정을 통해 주어진 문제가 미지수 각각의 값을 구하는 것이 아니라 그 값들의 합을 구하는 데 주목하고 있음을 다시 한 번 확인할 수 있을 것이다.

Sub Note 121쪽

APPLICATION 01 함수 $f(x)=2\cos x$의 그래프와 직선 $y=k$, $y=-k$가 다음 그림과 같이 만날 때, $f(a+b+c+d+e+f)$의 값을 구하여라. (단, $0<k<2$)

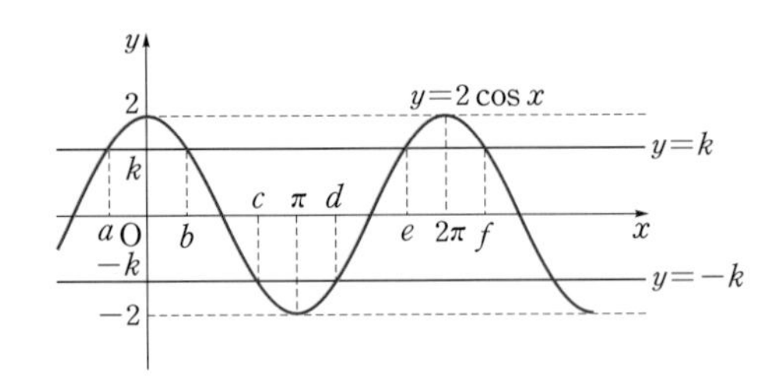

Sub Note 121쪽

APPLICATION 02 $0\le x<2\pi$일 때, 방정식 $2(2\cos^2 x-1)=1+\cos x$의 모든 실근의 합을 구하여라. [교육청 기출]

TOPIC (2) 함수의 그래프의 확대와 축소

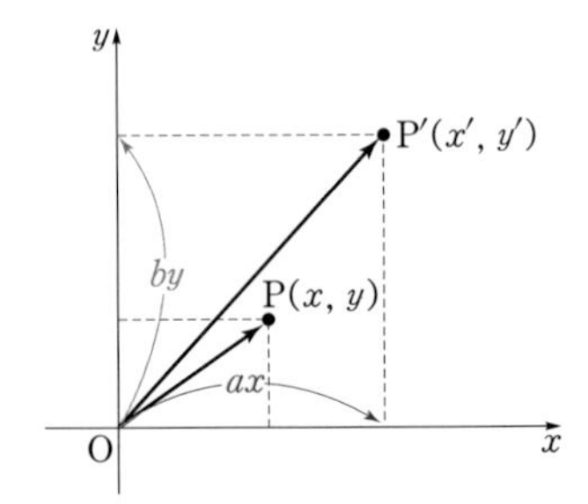

고등 수학(상)의 도형의 방정식에서 배운 '점의 평행이동과 대칭이동', '그래프의 평행이동과 대칭이동'과 비슷한 방법으로 그래프를 확대하거나 축소할 수 있다. 오른쪽 그림과 같이 좌표평면 위의 한 점 $\mathrm{P}(x, y)$를 원점 O를 기준으로 하여

(i) x축의 방향으로 a배 이동시키고,

(ii) y축의 방향으로 b배 이동시킨

점을 $\mathrm{P}'(x', y')$이라 하자. 그러면 점 P와 점 P′의 좌표 사이에는 다음과 같은 관계가 성립한다.

$$x'=ax,\ y'=by \qquad \cdots\cdots ㉠$$

한편 함수 $y=\sin x$의 그래프를

(iii) x축의 방향으로 a배 확대(또는 축소)시키고,

(iv) y축의 방향으로 b배 확대(또는 축소)시킨

그래프의 식을 구하는 것은, 함수 $y=\sin x$의 그래프 위의 임의의 점 P를 (i), (ii)와 같이 이동시켜 얻은 점 P′의 자취의 방정식을 구하는 것과 같으므로 우리는 x'과 y' 사이의 관계식을 찾아내야 한다. 눈썰미가 있는 독자라면 ㉠에서 $x=\frac{x'}{a}$, $y=\frac{y'}{b}$을 어렵지 않게 포착할 수 있을 것이므로 $y=\sin x$에 x 대신 $\frac{x'}{a}$을, y 대신에 $\frac{y'}{b}$을 대입하면 우리가 얻고자 하는 다음과 같은 함수를 얻을 수 있다.

$$\frac{y'}{b}=\sin\frac{x'}{a} \iff y'=b\sin\frac{x'}{a} \qquad \therefore y=b\sin\frac{x}{a}$$

삼각함수 뿐만이 아닌 모든 함수에 대해서도 위와 같은 확대나 축소가 가능하므로 일반적인 표현으로 위의 식을 나타내면 다음과 같다.

> 함수 $y=f(x)$의 그래프를 x축의 방향으로 a배 확대(또는 축소)시키고, y축의 방향으로 b배 확대(또는 축소)시킨 그래프의 식은 $\frac{y}{b}=f\left(\frac{x}{a}\right) \iff y=bf\left(\frac{x}{a}\right)$이다.

예를 들어 함수 $y=\frac{1}{2}\sin 3x$의 그래프는 $y=\sin x$의 그래프를 x축의 방향으로 $\frac{1}{3}$배 축소하고, y축의 방향으로 $\frac{1}{2}$배 축소한 것이므로 다음 그림과 같고, 주기는 $\frac{2}{3}\pi$, 최댓값은 $\frac{1}{2}$, 최솟값은 $-\frac{1}{2}$이다.

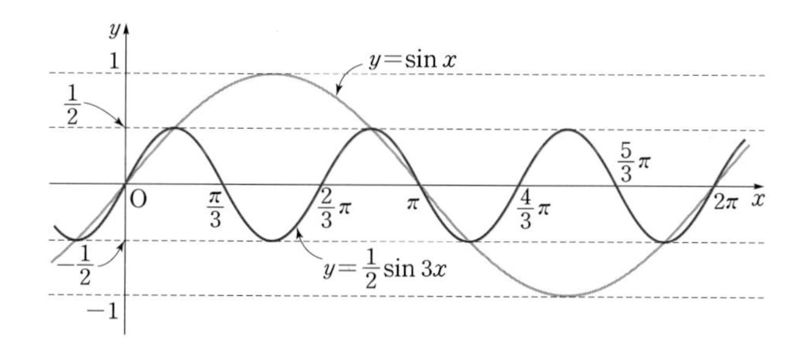

01. 주기함수의 이해

(1) 문제 제기

지금까지 수학 공부를 열심히 한 학생이라면 한 번쯤 주기함수[1]에 대한 다음 설명을 들어보았을 것이다.

> 두 함수 $f(x)$, $g(x)$가 주기함수일 때 $f(x)+g(x)$도 주기함수이고, 그 주기는 $f(x)$의 주기와 $g(x)$의 주기의 최소공배수이다.

예를 들면 두 주기함수 $f(x)$, $g(x)$의 주기가 각각 2, 3이면 $f(x)+g(x)$도 주기함수이고, 그 주기는 2와 3의 최소공배수인 6이 된다는 것이다. 그러면 다음 문제를 한 번 살펴보자.

[문제 1] 주기가 $\dfrac{1}{3}$인 함수와 주기가 $\dfrac{2}{5}$인 함수를 더하면 주기함수가 되는가? 만일 주기함수라면 그 주기는 얼마인가? 또 주기함수가 아니라면 그 이유는 무엇인가?

[문제 2] 주기가 1인 함수와 주기가 $\sqrt{2}$인 함수를 더하면 주기함수가 되는가? 만일 주기함수라면 그 주기는 얼마인가? 또 주기함수가 아니라면 그 이유는 무엇인가?

이 문제는 서울대학교 심층면접 기출문제로, 개념을 단순암기한 학생이라면 도무지 손을 댈 수 없을 것이다. 다시 한 번 말하지만 수학 공부를 할 때 덮어놓고 외워서는 길이 보이지 않는다. 결론이 도출되는 과정과 그 원리를 충분히 이해하기 바란다.

(2) 결론이 도출되는 과정과 그 원리

그러면 왜 주기가 2인 함수와 주기가 3인 함수를 더하면 주기가 6인 함수가 될까? 여러 가지 설명 방법이 있겠지만 이 책에서는 그래프를 이용하여 직관적으로 설명하겠다. 정의역의 임의의 수 α에 대하여 주기가 2인 함수 $f(x)$는 α에서 2씩 증가할 때마다 같은 값을 가지게 된다. 즉, 자연수 m에 대하여

$$\cdots=f(\alpha-2)=f(\alpha)=f(\alpha+2)=f(\alpha+4)=\cdots=f(\alpha+2m)=\cdots$$

이 성립한다. 또 주기가 3인 함수 $g(x)$ 역시 α에서 3씩 증가할 때마다 같은 값을 가지게 된다. 즉, 자연수 n에 대하여

$$\cdots=g(\alpha-3)=g(\alpha)=g(\alpha+3)=g(\alpha+6)=\cdots=g(\alpha+3n)=\cdots$$

이 성립한다. 이를 다음 그림과 같은 형태로 나타낼 수 있다.

❶ 주기함수의 정의를 다시 한 번 확인해 보자. 상수함수가 아닌 함수 f의 정의역에 속하는 모든 x에 대하여

$f(x+p)=f(x)$

가 성립하는 0이 아닌 상수 p가 존재하면 $f(x)$를 주기함수라 하고, 상수 p 중 최소의 양수를 함수 f의 주기라 한다.

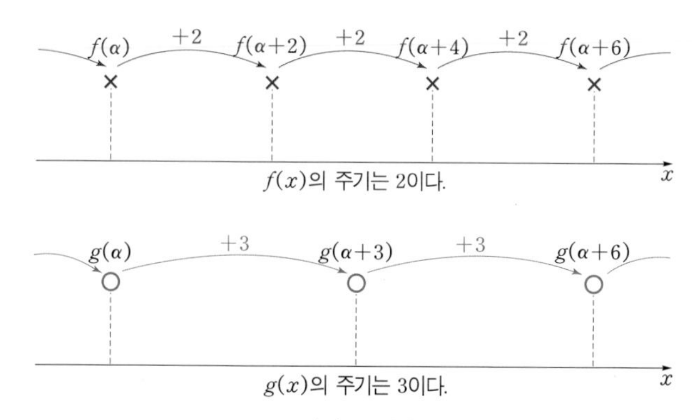

Figure_ $f(x)$와 $g(x)$의 주기

그러면 함수 $y=f(x)+g(x)$는 어떠한 형태로 나타나게 될까? 위에서 얻은 두 식을 나란히 놓고 살펴보면

$$\cdots=f(\alpha)=f(\alpha+2)=f(\alpha+4)=f(\alpha+6)=\cdots$$
$$\cdots=g(\alpha)=g(\alpha+3)=g(\alpha+6)=\cdots$$
$$\therefore\ \cdots=f(\alpha)+g(\alpha)=f(\alpha+6)+g(\alpha+6)=f(\alpha+12)+g(\alpha+12)=\cdots$$

따라서 함수 $y=f(x)+g(x)$는 주기함수이고, 그 주기는 6이 된다. 이를 다음 그림과 같은 형태로 나타낼 수 있다.

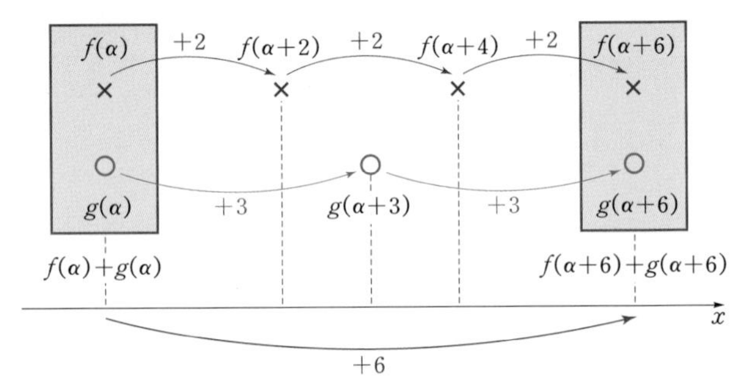

Figure_ $f(x)+g(x)$의 주기

❷ 유리수는 $\frac{b}{a}$ (a, b는 정수, $a\neq0$) 꼴로 나타내어지는 수임을 기억하라.

즉, 주기가 6인 함수가 탄생하게 된 이유는 $f(x)$의 주기 2와 $g(x)$의 주기 3에 대하여 $2m=3n$을 만족시키는 자연수 m, n이 존재했기 때문이라고 할 수 있다.

이상의 내용을 다음과 같이 정리할 수 있다.

주기가 a인 함수 $f(x)$와 주기가 b인 함수 $g(x)$가 있을 때
(1) $am=bn$을 만족시키는 두 자연수 m, n이 존재하면 $f(x)+g(x)$는 주기함수이다.
(2) $am=bn$을 만족시키는 가장 작은 두 자연수 m, n을 각각 m_1, n_1이라 하면 $f(x)+g(x)$의 주기는 $am_1(=bn_1)$이다.

(3) 문제 해결

그러면 앞에서 제시한 서울대학교 심층면접 기출문제에 도전해 보자. 앞의 내용만 확실히 이해했다면 아무것도 아니다.

EXAMPLE 01 (1) 주기가 $\frac{1}{3}$인 함수와 주기가 $\frac{2}{5}$인 함수를 더하면 주기함수가 되는가? 만일 주기함수라면 그 주기는 얼마인가? 또 주기함수가 아니라면 그 이유는 무엇인가?

(2) 주기가 1인 함수와 주기가 $\sqrt{2}$인 함수를 더하면 주기함수가 되는가? 만일 주기함수라면 그 주기는 얼마인가? 또 주기함수가 아니라면 그 이유는 무엇인가?

ANSWER (1) $\frac{1}{3}m = \frac{2}{5}n$, 즉 $\frac{m}{n} = \frac{6}{5}$을 만족시키는 두 자연수 m, n이 존재하면 두 주기함수를 더하여 만든 함수도 주기함수가 된다.

$\frac{6}{5}$은 유리수[2]이므로 $\frac{m}{n} = \frac{6}{5}$을 만족시키는 자연수 m, n은 무수히 많이 존재하고, 그중 가장 작은 자연수를 각각 m_1, n_1이라 하면 $m_1 = 6$, $n_1 = 5$이다.

따라서 주기가 $\frac{1}{3}$인 함수와 주기가 $\frac{2}{5}$인 함수를 더하여 만든 함수는 **주기함수이고, 그 주기는 $2\left(=\frac{1}{3} \times 6 = \frac{2}{5} \times 5\right)$이다.** ■

(2) $1 \times m = \sqrt{2} \times n$, 즉 $\frac{m}{n} = \sqrt{2}$를 만족시키는 두 자연수 m, n이 존재하면 두 주기함수를 더하여 만든 함수도 주기함수가 된다.

그런데 $\frac{m}{n} = \sqrt{2}$의 좌변 $\frac{m}{n}$은 m, n이 자연수이므로 유리수인 반면, 우변 $\sqrt{2}$는 무리수이다. 즉, 좌변과 우변이 같아지도록 하는 자연수 m, n은 존재하지 않는다.
따라서 주기가 1인 함수와 주기가 $\sqrt{2}$인 함수를 더하여 만든 함수는 **주기함수가 아니고, 주기도 없다.** ■

Sub Note 122쪽

APPLICATION 01 (1) 주기가 $\sqrt{8}$인 함수와 주기가 $\sqrt{50}$인 함수를 더하면 주기함수가 되는가? 만일 주기함수라면 그 주기는 얼마인가? 또 주기함수가 아니라면 그 이유는 무엇인가?

(2) 주기가 $\sqrt{15}$인 함수와 주기가 $\sqrt{21}$인 함수를 더하면 주기함수가 되는가? 만일 주기함수라면 그 주기는 얼마인가? 또 주기함수가 아니라면 그 이유는 무엇인가?

행복을 자신의 두 손안에 꽉 잡고 있을 때는
그 행복이 항상 작아 보이지만
그것을 풀어준 후에야 비로소
그 행복이 얼마나 크고 귀중했던지 알 수 있다.

– 막심 고리끼

CHAPTER Ⅲ 수열

숨마쿰라우데®

[수학 I]

INTRO to Chapter Ⅲ
수열

SUMMA CUM LAUDE

해바라기씨, 솔방울, 조개껍데기 등 자연은 규칙으로 가득 차 있다. 이 자연의 규칙을 발견하고 규칙성을 밝혀내려는 노력과 함께 수학은 발전해 왔다. 그래서 흔히 수학을 '패턴의 과학'이라고 말한다. 규칙을 찾는 것은 문제를 해결하는 강력한 전략이다. 이 단원을 통해 다양한 수열들의 규칙을 탐구해 보자.

본 단원의 구성에 대하여...

수열, 수의 나열

새로운 용어를 만났을 때 그 용어를 구성하고 있는 한자를 꼼꼼히 뜯어 보면 개념을 이해하는 데 큰 도움이 되는 경우가 자주 있다. 우리가 이번 단원에서 공부할 수열(數列)은 이런 요령이 잘 적용되는 참 착한 용어이다.

數	수	자연수, 정수, 유리수, 무리수, 실수, 허수 따위를 통틀어 이르는 말
列	열	벌이다, 늘어서다, 줄짓다, 나란히 서다

단도직입적으로 말해 수열이란 수의 나열이다. 다음은 수열의 몇 가지 예이다.

수열 1 : $1,\ 2,\ 3,\ 4,\ 5,\ 6,\ 7,\ 8,\ \cdots$

수열 2 : $1,\ 0,\ 3^2,\ 0,\ 5^2,\ 0,\ 7^2,\ \cdots$

수열 3 : $13,\ 17,\ \pi,\ \pi+1,\ \sqrt{\pi},\ \pi^2,\ \cdots$

어떤 독자들은 **수열 3**이 수열이라는 것에 불편을 느낄지도 모르겠다. 어떤 규칙으로 수를 나열했는지 파악하기가 쉽지 않기 때문이다. 솔직히 말하자면 지금 이 글을 쓰고 있는 필자도 **수열 3**의 규칙이 무엇인지는 잘 모른다. 그냥 내키는 대로 마구잡이로 나열했을 뿐이니까. 그럼에도 불구하고 **수열 3**은 의심할 나위 없이 수열이다. 수가 나열되어 있다면 그 규칙이 있건 없건 무조건 수열이다.

물론 앞으로 우리가 다룰 수열은 누구나 공감할 수 있는 명쾌한 규칙을 가진 수열일 것이다. 누구나 공감할 수 있는 규칙을 가졌다는 말은 곧 수식(mathematical expressions)으로 표현됨을 의미한다.

가장 기본적인 규칙, 덧셈과 곱셈

다음에 나열된 수들을 보면서 빈칸에 올 수가 무엇인지 예상할 수 있겠는가?

문제 1 : 2－5－8－11－14－17－20－(　　)

문제 2 : 5－7－11－13－17－19－23－(　　)

간단하다. **문제 1**에서는 앞의 수에 3씩 더하면 그 다음 수를 얻을 수 있고, **문제 2**에서는 처음 수에 2를 더하여 두 번째 수를 얻고, 두 번째 수에 4를 더하여 세 번째 수를 얻는다. 그리고 다시 2를 더하여 네 번째 수를 얻는다. 즉, 2와 4를 번갈아가며 더하는 규칙이다.

조금 과장하여 말하자면 우리가 수학에서 배운 연산은 덧셈과 곱셈뿐이다. 위에 제시된 수열의 규칙 또한 덧셈이었다. 만약 도저히 덧셈만으로는 주어진 수열의 규칙을 찾을 수 없다면 그때는 곱셈을 의심해 본다. 그러면 반드시 규칙이 보인다. 왜냐하면 우리가 배운 연산은 이 두 가지밖에 없으니까. 지금 당장은 이런 사고방식이 어이없게 느껴질지도 모르겠지만, 이번 단원을 쭉 공부하다 보면 이러한 생각이 조금씩 받아들여지게 될 것이다. 그래서 이번 단원을 다 공부하고 나면 당연히 수열을 보면 일단 인접한 두 항을 빼거나 나누어 보게 될 것이다!

수열 단원에서 가장 먼저 등장하는 수열은 등차수열과 등비수열이다.

등차수열(等差數列)은 덧셈에 대응하는 가장 기본적인 수열,

등비수열(等比數列)은 곱셈에 대응하는 가장 기본적인 수열

이다. 이번에도 용어를 구성하고 있는 한자(漢字)들을 한 글자씩 꼼꼼히 살펴보면, 등차수열과 등비수열의 정체를 한결 더 또렷하게 파악할 수 있다.

等	등	무리, 부류, 같다, 가지런하다.
差	차	$b-a$, 어떤 수나 식에서 다른 수나 식을 덜어 내고 남은 것.

等	등	무리, 부류, 같다, 가지런하다.
比	비	$\frac{b}{a}$, 비율(比率), 비례(比例)

쉽게 말해 등차수열은 이웃하는 두 수의 차(差)가 항상 일정한 수열이고, 등비수열은 이웃하는 두 수의 비(比)가 항상 일정한 수열이다.

등차수열과 등비수열에 대해 자세히 공부하는 것은 조금만 뒤로 미루자. 하지만 다음과 같은 한 가지 중요한 아이디어는 지금 이 순간부터 머릿속에 꼭 기억하도록 하자.

수열의 규칙을 찾는 방법 ➡ 이웃하는 두 수를 빼거나($-$) 나누자($\div$)!

정말 단순하고 쉽지 않은가?

규칙을 표현하는 두 가지 방식, 일반항과 귀납적 정의

수를 나열했고, 규칙을 발견했다면 그 다음엔 무엇을 해야 할까? 내가 발견한 규칙을 어느 누구나 쉽게 이해하고 동의할 수 있도록 수식으로 표현할 수 있어야 한다.

수열의 규칙을 표현하는 방법은 크게 두 가지가 있는데, 그중 첫 번째 방법은 **일반항**을 이용하여 표현하는 방법이다. 일반항이란 수열의 n번째 수를 n에 대한 식으로 표현한 것이다. 예를 들어 수열 $1, 3, 5, 7, \cdots$이 주어졌을 때 '이 수열의 n번째 수는 $2n-1$이다.' 라고 말하면 이 수열의 일반항을 잘 구한 것이다.

하지만 주어진 수열의 일반항을 구하기 쉽지 않은 경우도 자주 있다. 예컨대 다음 수열에서 13 다음에 올 수는 무엇일까?

$$1,\ 1,\ 2,\ 3,\ 5,\ 8,\ 13,\ \cdots$$

조금만 관찰해 보면, 주어진 수열의 n번째 수와 $(n+1)$번째 수를 더하면 $(n+2)$번째 수를 얻을 수 있다는 규칙을 찾을 수 있다. 즉, 13 다음에 올 수는 $21(=8+13)$이다. 규칙만 보면 간단해 보이지만 이 수열의 경우 n번째 수를 n에 대한 식으로 표현하는 것은 쉽지 않아 다음과 같이 관계식으로 표현하곤 한다.

(첫 번째 수)$=1$, (두 번째 수)$=1$
{$(n+2)$번째 수}$=$(n번째 수)$+${$(n+1)$번째 수}

이처럼 이웃하는 항들 사이의 관계를 이용하여 수열의 규칙을 묘사하는 방법을 **수열의 귀납적 정의**라 하고, 관계식을 점화식이라 부른다.

이 정도면 우리가 수열 단원에서 접하게 될 것들을 대략적이지만 빠짐없이 모두 살펴본 것 같다. 이제 우리는 본격적으로 수를 나열하고, 덧셈 또는 곱셈을 이용하여 규칙을 발견할 것이며, 발견한 규칙을 일반항 또는 점화식을 이용하여 수식으로 표현할 것이다.

지금까지 언급한 흐름을 반드시 기억하고, 공부를 하면서도 내가 어디쯤 와 있는지 항상 확인하는 습관을 들이자. 수식의 정글 속에서 길을 잃었을 때, 유용한 지도와 나침반이 되어줄 테니까. 건투를 빈다!

01 수열의 뜻

SUMMA CUM LAUDE

ESSENTIAL LECTURE

1 수열

(1) 차례로 나열된 수의 열을 수열이라 하고, 수열을 이루고 있는 각각의 수를 그 수열의 항이라 한다.

(2) 일반적으로 수열을 나타낼 때에는 a_1, a_2, a_3, $\cdots$, a_n, $\cdots$으로 나타내고, 제n항 a_n을 이 수열의 일반항이라 한다. 또한 수열을 일반항 a_n을 이용하여 간단히 $\{a_n\}$으로 나타낸다.

1 수열

고등 수학(하)에서 함수를 설명할 때 함수를 표현하는 수식과 함수를 동일시하지 말 것을 여러 차례 강조하였다. 하나의 원인에 정확히 하나의 결과가 대응한다면 그 어떠한 두 집합 사이의 대응이건 함수가 될 수 있다. 예컨대 다음 대응은 수식으로 표현하기가 매우 곤란하지만 분명히 함수이다.

대한민국 국민과 주민등록번호 사이의 대응
∋ 홍길동 ∋ 020000－3214567

지금 이 장면에서 왜 이렇게 당연한 말을 강조할까 싶겠지만, 필자가 만났던 수많은 학생들이 함수를 표현하는 식과 함수 그 자체를 동일시하는 틀린 개념을 가지고 있었고, 이 틀린 개념이 결국 학생들의 발목을 잡는 것을 수차례 목격했기에 강조 또 강조하는 것이다.

수열(數列, sequence) 또한 마찬가지로 첫 단추부터 잘 끼우도록 하자. 물론 앞으로 우리는 수열의 규칙이 식으로 잘 표현되는 경우를 주로 다루겠지만, 설령 주어진 수의 나열에서 이렇다 할 규칙이 보이지 않는다 하더라도

차례로 나열된 수의 열

이 주어진다면 수열이라 하고, 수열을 이루고 있는 각 수를 **항**(項, term)이라 한다. 수열을 나타낼 때에는 항의 번호를 사용하여 다음과 같이 나타낸다.

$$a_1,\ a_2,\ a_3,\ \cdots,\ a_n,\ \cdots$$

이때 n번째 수 a_n을 n째항 또는 제n항이라 한다. 예를 들어 a_1은 첫째항 또는 제1항이다.

수열의 제n항 a_n이 n에 관한 식으로 주어지면 n에 1, 2, 3, …을 차례로 대입하여 수열의 각 항을 구할 수 있다. 이때 수열의 각 항을 대표하여 a_n을 수열의 **일반항**이라 부른다. 또한 일반항이 a_n인 수열을 기호로 간단히 $\{a_n\}$과 같이 나타낸다.

EXAMPLE 061 일반항 a_n이 다음과 같은 수열의 첫째항부터 제5항까지 나열하여라.

(1) $a_n=n^2+3n+3$ (2) $a_n=n^n$

ANSWER 각 수열의 일반항의 n에 차례로 1, 2, 3, 4, 5를 대입한다.

(1) $a_n=n^2+3n+3$에서 $a_1=1^2+3\cdot1+3=7$, $a_2=2^2+3\cdot2+3=13$, $a_3=3^2+3\cdot3+3=21$, $a_4=4^2+3\cdot4+3=31$, $a_5=5^2+3\cdot5+3=43$이므로 제5항까지 나열하면 **7, 13, 21, 31, 43**이다. ■

(2) $a_n=n^n$에서 $a_1=1^1=1$, $a_2=2^2=4$, $a_3=3^3=27$, $a_4=4^4=256$, $a_5=5^5=3125$이므로 제5항까지 나열하면 **1, 4, 27, 256, 3125**이다. ■

APPLICATION 080 다음 수열의 첫째항부터 제5항까지 나열하여라. Sub Note 023쪽

(1) $\{(-1)^n\cdot n\}$ (2) $\{3n-n^2\}$

사실 수학 전공자들은 지금까지의 정의보다 다음과 같이 수열을 정의하는 것을 선호한다. 우리는 이미 함수에 대해서 잘 알고 있기 때문에 함수와 연관지어 수열을 정의하면 여러 가지 면에서 생각을 절약하고 효과적으로 사고할 수 있다. 이것은 무시할 수 없는 큰 장점이다. 그래서 필자 또한 이 정의를 더 선호하고 자주 사용한다.

수열의 정의

(1) 수열은 자연수 전체의 집합 N에서 실수 전체의 집합 R로의 함수 $f: N \longrightarrow R$이다.
즉, 함수 $f: N \longrightarrow R$에서 함숫값을 차례로 나열한
$f(1), f(2), f(3), \cdots, f(n), \cdots$
을 수열이라 하고, 함수적 표현 $f(n)$을 a_n으로 나타낸다.

(2) 정의역이 모든 자연수의 집합의 부분집합 $\{1, 2, 3, \cdots, n\}$, 공역이 모든 실수의 집합인 함수를 유한수열이라 한다.

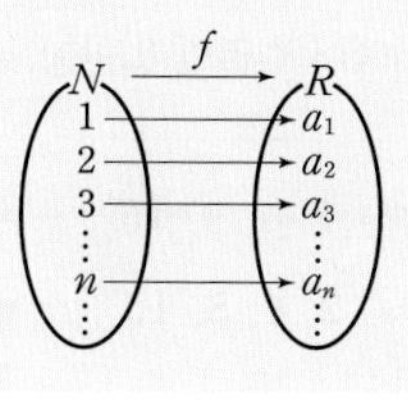

위의 수열의 정의 (2)를 쉽게 말하면 항이 유한개인 수열을 유한수열이라 한다. 반대로 항이 무한히 계속되는 수열을 무한수열이라 한다.

함수에서 '특별한 언급이 없는 한' 정의역을 실수 전체의 집합으로 보는 것과 같은 맥락으로 수열에서도 '특별한 언급이 없는 한' 수열을 무한수열로 생각한다. 다시 말해 유한수열이라는 언급이 없는 한, 수열이라 하면 무한수열을 가리킨다.

기 본 예 제 **수열의 일반항**

060 다음 수열의 일반항 a_n을 구하여라.

(1) $\frac{1}{2}, \frac{2}{3}, \frac{3}{4}, \frac{4}{5}, \cdots$ (2) $9, 99, 999, 9999, \cdots$ (3) $3, 5, 7, 9, \cdots$

GUIDE 각 항의 규칙을 찾아 제n항을 n에 대한 식으로 나타낸다.

SOLUTION

(1) $a_1, a_2, a_3, a_4, \cdots$의 규칙을 찾아보면

$$a_1=\frac{1}{2}=\frac{1}{1+1},\ a_2=\frac{2}{3}=\frac{2}{2+1},$$

$$a_3=\frac{3}{4}=\frac{3}{3+1},\ a_4=\frac{4}{5}=\frac{4}{4+1},\ \cdots$$

따라서 일반항 a_n은 $\boldsymbol{a_n=\frac{n}{n+1}}$ ■

(2) $a_1, a_2, a_3, a_4, \cdots$의 규칙을 찾아보면

$$a_1=9=10-1,\ a_2=99=100-1=10^2-1,$$

$$a_3=999=1000-1=10^3-1,\ a_4=9999=10000-1=10^4-1,\ \cdots$$

따라서 일반항 a_n은 $\boldsymbol{a_n=10^n-1}$ ■

(3) $a_1, a_2, a_3, a_4, \cdots$의 규칙을 찾아보면

$$a_1=3=2\cdot1+1,\ a_2=5=2\cdot2+1,\ a_3=7=2\cdot3+1,\ a_4=9=2\cdot4+1,\ \cdots$$

따라서 일반항 a_n은 $\boldsymbol{a_n=2n+1}$ ■

유제

060-1 다음 보기에서 수열의 일반항 a_n이 바르게 된 것만을 있는 대로 골라라. Sub Note 053쪽

보기

ㄱ. $1, 4, 9, 16, \cdots$ ➡ $a_n=n^2$

ㄴ. $2, 4, 8, 16, \cdots$ ➡ $a_n=2n$

ㄷ. $5, 55, 555, 5555, \cdots$ ➡ $a_n=\frac{5}{9}(10^n-1)$

ㄹ. $-1, \frac{1}{2}, -\frac{1}{3}, \frac{1}{4}, \cdots$ ➡ $a_n=-\frac{1}{n}$

유제

060-2 수열 $\{a_n\}$의 일반항이 $a_n=(3^n$의 일의 자리 숫자)일 때, a_{2019}의 값을 구하여라. Sub Note 054쪽

02 등차수열

SUMMA CUM LAUDE

ESSENTIAL LECTURE

1 등차수열

(1) 첫째항부터 차례로 일정한 수를 더하여 얻어진 수열을 등차수열이라 하고, 그 일정한 수를 공차라 한다. 등차수열 $\{a_n\}$의 공차를 d라 할 때 다음이 성립한다.

$a_{n+1}=a_n+d \ (n=1, 2, 3, \cdots)$

(2) 첫째항이 a, 공차가 d인 등차수열의 일반항 a_n은

$a_n=a+(n-1)d$

이때 $a_n=dn+(a-d)$이므로 공차가 0이 아닌 등차수열의 일반항은 n에 대한 일차식이다.

2 등차중항

세 수 a, b, c가 이 순서대로 등차수열을 이룰 때, b를 a와 c의 등차중항이라 한다.

➡ $b=\dfrac{a+c}{2}$

3 등차수열의 합

(1) 첫째항이 a, 공차가 d인 등차수열의 제n항이 l일 때, 첫째항부터 제n항까지의 합 S_n은

$$S_n=\frac{n(a+l)}{2}=\frac{n\{2a+(n-1)d\}}{2}$$

(2) (1)에서 등차수열의 합 S_n을 변수 n에 대하여 내림차순으로 정리하면 $S_n=\dfrac{d}{2}n^2+\left(\dfrac{2a-d}{2}\right)n$이므로 상수항이 없는 n에 대한 이차식이다.

4 수열의 합과 일반항 사이의 관계

임의의 수열 $\{a_n\}$에 대하여 첫째항부터 제n항까지의 합 $a_1+a_2+\cdots+a_n$을 S_n이라 하면

$a_1=S_1$, $a_n=S_n-S_{n-1}(n\geq 2)$

1 등차수열(等差數列)

우리가 이 단원에서 만나는 수열의 규칙들은 덧셈 아니면 곱셈으로 분류할 수 있는데,

등차수열은 덧셈을 규칙으로 가지는 수열 중 가장 기본적인 수열

이다. 등차수열의 정확한 정의는 다음과 같다.

등차수열의 정의

첫째항 a부터 차례로 일정한 수 d를 더하여 얻어진 수열을 등차수열(等差數列, arithmetic sequence)이라 하고, 더하는 일정한 수 d를 공차(公差, common difference)라 한다.

등차수열은 한마디로 이웃하는 두 항끼리의 차(差)가 같은 수열이다.

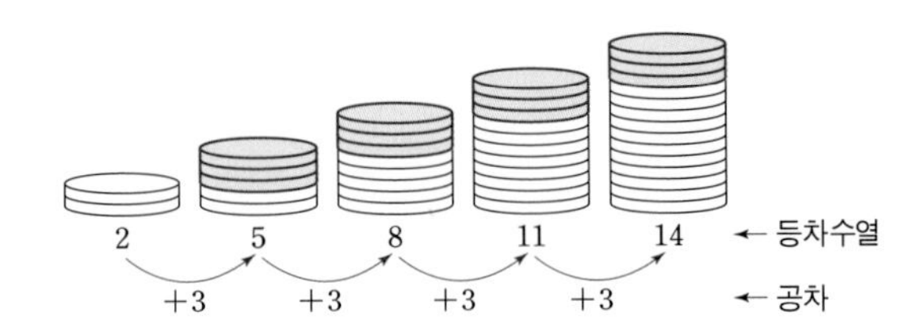

등차수열의 정의에서 공차 d는 difference(차, $b-a$)의 첫 글자이다. 잘 알고 있겠지만 역산(逆算) 관계인 덧셈과 뺄셈은 동전의 양면과도 같다. 수학에서 두 수를 한 번 빼 보는 이유는

혹시 덧셈을 규칙으로 가지고 있지 않을까?

확인해 보기 위해서이다. 등차수열의 뜻에서 두 항 사이의 차(差)가 일정하다는 부분을 수식으로 표현해 보면

$$a_{n+1}-a_n=d \text{ 또는 } a_{n+1}=a_n+d \ (n=1, 2, 3, \cdots) \quad \cdots\cdots ㉠$$

이고, 이 성질을 이용하면 등차수열의 일반항을 유도할 수 있다.

[방법 1] 이웃하는 두 항 사이의 관계 ㉠을 이용하여 일반항 구하기

$$\left.\begin{aligned} a_2-a_1&=d \\ a_3-a_2&=d \\ a_4-a_3&=d \\ &\vdots \\ +)\ a_n-a_{n-1}&=d \end{aligned}\right\}(n-1)\text{개}$$

$$a_n-a_1=(n-1)d$$

따라서 $a_n=a_1+(n-1)d$, 즉 일반항 a_n은 $\boldsymbol{a_n=a+(n-1)d}$이다. (단, $a_1=a$)

[방법 2] 첫째항 a부터 시작하여 차례로 공차 d를 더한 정의를 이용하여 일반항 구하기

$$a_1=a \quad \Rightarrow \quad a_1=a+(1-1)d$$
$$a_2=a_1+d=a+d \quad \Rightarrow \quad a_2=a+(2-1)d$$
$$a_3=a_2+d=(a+d)+d=a+2d \quad \Rightarrow \quad a_3=a+(3-1)d$$
$$a_4=a_3+d=(a+2d)+d=a+3d \quad \Rightarrow \quad a_4=a+(4-1)d$$
$$\vdots$$

따라서 일반항 a_n은 $\boldsymbol{a_n=a+(n-1)d}$이다.

등차수열의 일반항

첫째항이 a, 공차가 d인 등차수열 $\{a_n\}$의 일반항은 $a_n=a+(n-1)d$

EXAMPLE 062 다음 등차수열의 일반항 a_n을 구하여라.

(1) 첫째항이 5, 공차가 -2 (2) 4, 7, 10, 13, 16, $\cdots$

ANSWER (1) $\boldsymbol{a_n}=5+(n-1)\cdot(-2)=\boldsymbol{-2n+7}$ ■

(2) 첫째항이 4, 공차가 3인 등차수열의 일반항 a_n은

$\boldsymbol{a_n}=4+(n-1)\cdot 3=\boldsymbol{3n+1}$ ■

Sub Note 023쪽

APPLICATION 081 첫째항이 -20, 공차가 6인 등차수열 $\{a_n\}$에서 a_8의 값을 구하여라.

등차수열의 일반항을 약간 다른 관점에서 이해해 보자.

식 $a_n=a+(n-1)d$에서 a와 d는 문자로 표현되어 있긴 하지만 변하는 값이 아니라 일정하게 고정된 값, 다시 말해 상수이다. 그렇다면 $a_n=a+(n-1)d$에서 유일한 변수는 n뿐이고, 변수와 상수가 섞여 있을 때 우리는 변수에 대하여 내림차순으로 정리하는 것이 익숙하다. 즉, 등차수열의 일반항을 n에 대하여 내림차순으로 정리하면 다음과 같이 n에 대한 일차식을 얻는다.

$$a_n=dn+(a-d)\ (d\neq 0)$$

앞서 수열은 정의역이 자연수로 제한된 특수한 함수라 정의하였다. 그렇다면 n에 대한 일차식으로 표현되는 등차수열은 일차함수의 특수한 경우로 간주할 수 있다. 다시 말해 일차함수의 그래프에서 정의역이 자연수인 경우만 찾아서 점을 톡톡 찍어 주면 등차수열의 그래프가 된다.

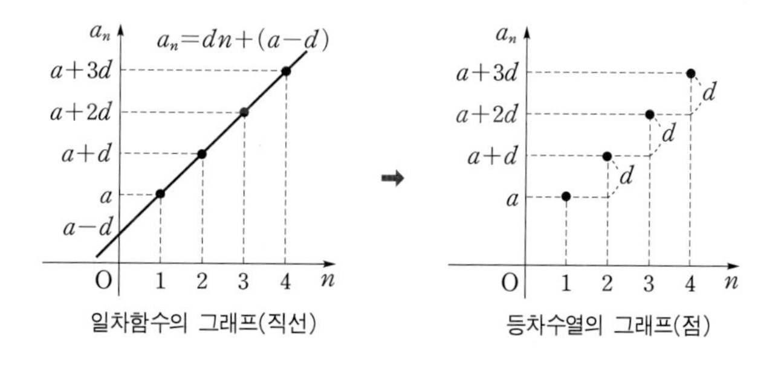

일차함수의 그래프(직선) ➡ 등차수열의 그래프(점)

우리는 고등 수학(상)의 직선의 방정식 단원에서 배운 직선의 방정식 공식을 이용하여 두 점을 지나는 일차함수의 그래프의 식을 구할 수 있다.

두 점 (x_1, y_1), (x_2, y_2)를 지나는 일차함수의 그래프의 식(직선의 방정식) :

$$y=\frac{y_2-y_1}{x_2-x_1}(x-x_1)+y_1 \text{ (단, } x_1 \neq x_2)$$

등차수열은 일차함수의 특수한 경우이므로 위 식은 등차수열에서도 그대로 적용된다. 다시 말해 a_i, a_j의 값이 주어질 때, 등차수열의 일반항 a_n을 다음과 같이 구할 수 있다.

제i항이 a_i, 제j항이 a_j인 등차수열의 일반항 :

$$a_n=\frac{a_j-a_i}{j-i}(n-i)+a_i$$

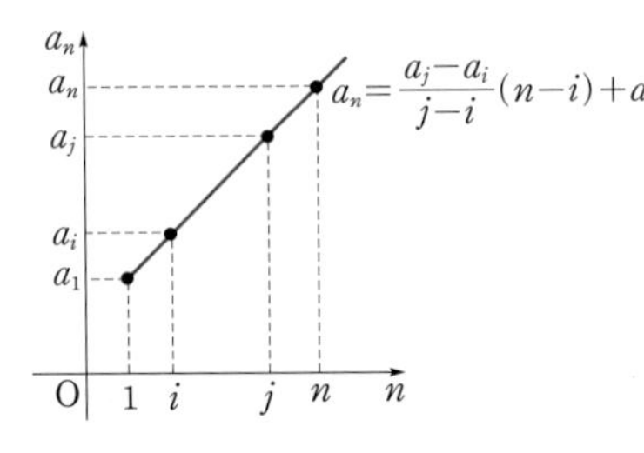

직선의 방정식은
일반항 a_n을
나타내는 식!

EXAMPLE 063을 통해 실전에서는 어떻게 사용되는지 알아보자.

EXAMPLE 063 제3항이 12, 제10항이 -9인 등차수열의 일반항 a_n을 구하여라.

ANSWER **[풀이 1]** 첫째항을 a, 공차를 d라 하면 $a_n=a+(n-1)d$이므로

$a_3=a+(3-1)d=12$에서 $a+2d=12$ …… ㉠

$a_{10}=a+(10-1)d=-9$에서 $a+9d=-9$ …… ㉡

㉠, ㉡을 연립하여 풀면 $a=18$, $d=-3$

따라서 구하는 등차수열의 일반항은

$$\boldsymbol{a_n}=18+(n-1)\cdot(-3)=\boldsymbol{-3n+21} \blacksquare$$

[풀이 2] $a_3=12$, $a_{10}=-9$를 좌표평면 위의 점으로 생각하면 $(3, 12)$, $(10, -9)$이다. 두 점을 이은 직선의 방정식이 등차수열의 일반항 a_n이므로

$$\boldsymbol{a_n}=\frac{-9-12}{10-3}(n-3)+12=\boldsymbol{-3n+21} \blacksquare$$

독자들은 두 가지 풀이 중 무엇에 더 끌리는가? 첫 번째 풀이가 많은 수학책에서 다루는 보편적인 풀이이긴 하지만, 두 개의 식을 세우고 연립방정식을 풀어야 한다. 어려운 것은 아니지만 번거롭고 계산 중 실수하기도 그만큼 쉽다. 반면 두 번째 풀이의 경우, 방정식을 풀 필요

없이 그냥 한방에 식이 바로 나오고, 그 식을 내림차순으로 정리하기만 하면 된다. 그래서 필자는 두 번째 풀이를 월등히 선호한다.

또한 다음 사실도 함께 기억하기 바란다.

> 일차함수에서 일차항의 계수는 그 그래프의 기울기이고, 등차수열에서 일차항의 계수는 공차이다.
> 다시 말하자면 **등차수열의 공차는 직선의 기울기**이다.

$$a_n = (\text{공차})n + (\text{상수})$$

Sub Note 023쪽

APPLICATION 082 첫째항이 12이고 제6항이 -8인 등차수열 $\{a_n\}$의 공차를 구하여라.

2 등차중항

수학자들은 대칭성을 이용하여 복잡한 계산을 간단하게 해치우는 것을 무척 좋아한다. 소단원 2와 3은 이러한 사고방식이 빛을 발하는 좋은 예이다. 우선 등차수열이 가지고 있는 대칭성부터 살펴보자.

첫째항이 4이고, 공차가 5인 등차수열의 7개의 항 4, 9, 14, 19, 24, 29, 34를 보면 한가운데 위치한 항 19는 무척 특별하다. 19를 중심으로 하여 등차수열의 나머지 항들을 다음과 같이 둘씩 묶어 주면 평균이 모두 19로 같고, 전체 항의 평균도 19가 된다.

4 9 14 19 24 29 34

- 14, 24: 평균 19
- 9, 29: 평균 19
- 4, 34: 평균 19

이를 일반화하면 항이 홀수개인 등차수열에서 한가운데 위치한 항(중앙값)은 그 항을 기준으로 대칭이 되는 두 항의 평균이 되고, 나아가 전체 항의 평균이 된다.

위의 내용을 숲과 나무 중 나무의 관점에서 보면 세 수 a, b, c가 이 순서대로 등차수열을 이루면 b는 a와 c의 평균으로

$$b = \frac{a+c}{2} \text{ ❶}$$

를 만족시킨다. 이때 b를 a와 c의 **등차중항**이라 한다.

---

❶ a, b, c가 이 순서대로 등차수열을 이루면 공차가 같으므로 $b-a=c-b$ $\quad \therefore b=\frac{a+c}{2}$

EXAMPLE 064 세 수 1, x, 15가 이 순서대로 등차수열을 이룰 때, 실수 x의 값을 구하여라.

ANSWER 세 수 1, x, 15가 이 순서대로 등차수열을 이루므로 x는 1과 15의 등차중항이다.

$\therefore x=\frac{1+15}{2}=8$ ■

등차중항의 정의를 이용하여 다음과 같이 등차수열의 관계식을 유도할 수 있다.

등차수열의 관계식

수열 $\{a_n\}$이 등차수열이면 연속하는 세 항 a_n, a_{n+1}, a_{n+2} 사이에 다음이 성립한다.

$$2a_{n+1}=a_n+a_{n+2} \text{ 또는 } a_{n+1}=\frac{a_n+a_{n+2}}{2} \quad (\text{단}, n=1, 2, 3, \cdots)$$

Sub Note 023쪽

APPLICATION 083 등차수열 $\{a_n\}$에서 $a_2+a_4=8$, $a_6+a_8=104$일 때, 공차를 구하여라.

3 등차수열의 합

앞에서 확인한 등차수열의 대칭성을 숲의 관점으로 넓게 보면 등차수열의 합을 구할 때 아주 유용하다.

첫째항이 a, 공차가 d인 등차수열의 첫째항부터 제n항까지의 합을 S_n[❷]이라 하자. 등차수열에서의 대칭성에 의해 등차수열의 모든 항의 평균은(항의 개수가 홀수, 짝수에 상관없이) 양 끝항의 평균인 $\frac{a+a_n}{2}$의 값과 같다.

$$a \quad a_2 \quad a_3 \quad \cdots \quad a_{n-2} \quad a_{n-1} \quad a_n$$

결국 평균 $\frac{a+a_n}{2}$의 값을 항의 개수만큼 더하면, 즉 $\frac{a+a_n}{2}$의 값에 항의 개수 n을 곱하면 수열의 합 S_n이 된다.

$$S_n=\frac{a+a_n}{2}\times n$$ ⬅ (평균)×(항의 개수) → 첫째항과 제n항을 알고 있을 때

❷ 수열 $\{a_n\}$에서 첫째항부터 제n항까지의 합을 기호로 S_n과 같이 나타낸다.

이때 $a_n=a+(n-1)d$이므로 다음과 같이 공차를 사용한 식으로 표현할 수 있다.

$$S_n=\frac{a+\{a+(n-1)d\}}{2}\times n=\frac{\boldsymbol{n\{2a+(n-1)d\}}}{\mathbf{2}}$$

→ 첫째항과 공차를 알고 있을 때

다음과 같이 같은 두 식을 순서를 거꾸로 놓고 더하는 방법으로 합을 구할 수도 있다. 평균을 이용하여 구한 방법과 일맥상통한다.

$$\begin{array}{rl} & S_n= a \quad + (a+d) \quad +\cdots+ a+(n-1)d \\ +\big) & S_n= a+(n-1)d + a+(n-2)d +\cdots+ a \\ \hline & 2S_n=\underbrace{\{2a+(n-1)d\}+\{2a+(n-1)d\}+\cdots+\{2a+(n-1)d\}}_{n\text{개}} \\ & \quad =\{2a+(n-1)d\}\times n \end{array}$$

$$\therefore S_n=\frac{2a+(n-1)d}{2}\times n=\frac{a+a_n}{2}\times n$$

등차수열의 합

등차수열의 첫째항부터 제n항까지의 합 S_n은 다음과 같다.

(1) 첫째항이 a, 제n항이 l일 때, $S_n=\frac{n(a+l)}{2}$

(2) 첫째항이 a, 공차가 d일 때, $S_n=\frac{n\{2a+(n-1)d\}}{2}$

EXAMPLE 065 다음 등차수열의 첫째항부터 제20항까지의 합을 구하여라.

(1) 첫째항이 3, 제20항이 22인 등차수열 (2) 첫째항이 12, 공차가 -2인 등차수열

ANSWER 등차수열의 첫째항부터 제20항까지의 합을 S_{20}이라 하면

(1) $S_{20}=\frac{20(3+22)}{2}=\mathbf{250}$ ■

(2) $S_{20}=\frac{20\{2\cdot12+(20-1)\cdot(-2)\}}{2}=\mathbf{-140}$ ■

EXAMPLE 066 첫째항부터 제5항까지의 합이 55, 첫째항부터 제10항까지의 합이 185인 등차수열의 첫째항부터 제16항까지의 합을 구하여라.

ANSWER 첫째항을 a, 공차를 d, 첫째항부터 제n항까지의 합을 S_n이라 하면

$$S_5=\frac{5\{2a+(5-1)d\}}{2}=55 \quad \therefore a+2d=11 \quad \cdots\cdots ㉠$$

$$S_{10}=\frac{10\{2a+(10-1)d\}}{2}=185 \quad \therefore 2a+9d=37 \quad \cdots\cdots ㉡$$

㉠, ㉡을 연립하여 풀면 $a=5, d=3$

$$\therefore S_{16}=\frac{16\{2\cdot5+(16-1)\cdot3\}}{2}=\mathbf{440}$$ ■

[다른 풀이] 등차수열의 일반항을 a_n이라 하면

$a_1+\cdots+a_5=55$이므로 $5a_3=55$ $\therefore a_3=11$

$a_6+\cdots+a_{10}=185-55=130$이므로 $5a_8=130$ $\therefore a_8=26$

$$\therefore a_n=\frac{26-11}{8-3}(n-3)+11=3n+2$$

따라서 $a_1=3\cdot1+2=5$, $a_{16}=3\cdot16+2=50$이므로

$$a_1+\cdots+a_{16}=\frac{16(5+50)}{2}=440$$

Sub Note 023쪽

APPLICATION 084 제3항이 4, 제10항이 25인 등차수열의 첫째항부터 제15항까지의 합을 구하여라.

한편 $S_n=\frac{n\{2a+(n-1)d\}}{2}$를 n에 대한 내림차순으로 정리하면 다음과 같이 상수항이 없는 n에 대한 이차식을 얻는다.

$$S_n=\frac{d}{2}n^2+\left(\frac{2a-d}{2}\right)n \ (d\neq0)$$ ❸

상수항이 없는 n에 대한 이차식이 주어지면 등차수열의 합을 떠올리자.❹ 위 결과에서 공차가 이차항의 계수의 2배임을 이용하면 일반항 a_n을 쉽게 구할 수 있다.

예를 들어 $S_n=2n^2+n$이면

$a_1=S_1$❺$=2\cdot1^2+1=3$이고, $d=2\cdot2=4$이므로 $a_n=4n-1$

---

❸ $d=0$이면, 공차가 0인 등차수열이므로 첫째항 a부터 제n항까지의 합 S_n은 $S_n=\underbrace{a+a+\cdots+a}_{n\text{개}}=na$

❹ 수열 $\{a_n\}$의 첫째항부터 제n항까지의 합 S_n이 $S_n=an^2+bn+c$ (a, b, c는 상수)일 때,

(i) $c=0$이면 수열 $\{a_n\}$은 첫째항부터 등차수열이다.

(ii) $c\neq0$이면 수열 $\{a_n\}$은 제2항부터 등차수열이다.

❺ $a_1=S_1$임은 다음 소단원에서 접하는 내용이지만 독자들은 쉽게 알 수 있으리라 생각된다.

4 수열의 합과 일반항 사이의 관계 (수능 고빈도 출제)

임의의 수열 $\{a_n\}$[6]에 대하여 첫째항부터 제n항까지의 합을 S_n이라 하면 그 정의에 의해 다음이 성립한다.

$$\begin{aligned} S_1 &= a_1 \\ S_2 &= a_1+a_2 &&= S_1+a_2 \\ S_3 &= a_1+a_2+a_3 &&= S_2+a_3 \\ &\vdots && \vdots \\ S_n &= a_1+a_2+a_3+\cdots+a_n &&= S_{n-1}+a_n \end{aligned}$$

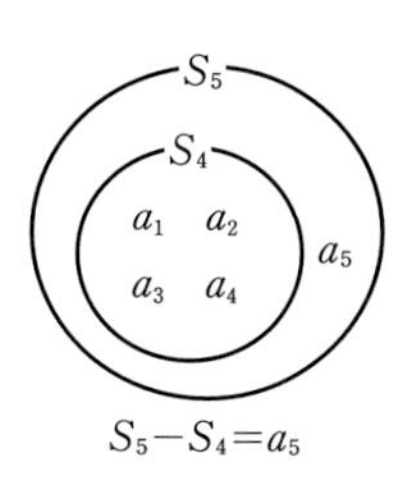

따라서 수열 $\{a_n\}$의 일반항 a_n과 그 합 S_n 사이에는 다음 관계가 성립한다.

수열의 합과 일반항 사이의 관계

수열 $\{a_n\}$의 첫째항부터 제n항까지의 합을 S_n이라 하면

$a_1=S_1,\ a_n=S_n-S_{n-1}\ (n\geq2)$

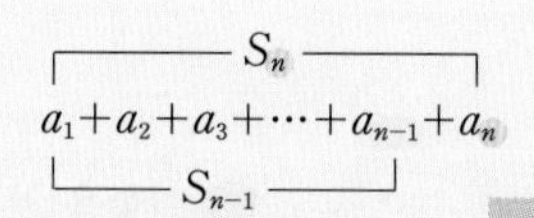

독자들은 위 정리를 보면서

수열의 합 S_n을 알면 항상! 반드시! 일반항 a_n을 구할 수 있다

는 사실을 반드시 기억해야 한다.

EXAMPLE 067 첫째항부터 제n항까지의 합 S_n이 $S_n=n^2+n$인 수열 $\{a_n\}$에 대하여 다음을 구하여라.

(1) a_1 (2) a_5

(3) $a_{10}+a_{11}+\cdots+a_{19}$ (4) a_n

ANSWER (1) $a_1=S_1=1^2+1=\mathbf{2}$ ■

(2) $a_5=S_5-S_4=(5^2+5)-(4^2+4)=\mathbf{10}$ ■

(3) $a_{10}+a_{11}+\cdots+a_{19}=S_{19}-S_9$

$=(19^2+19)-(9^2+9)=380-90=\mathbf{290}$ ■

(4) $n\geq2$일 때

$a_n=S_n-S_{n-1}=(n^2+n)-\{(n-1)^2+(n-1)\}=2n$ …… ㉠

---

[6] 수열의 합과 일반항 사이의 관계는 등차수열뿐만 아니라 일반적인 수열에도 적용된다. 지금 배우고 있는 단원이 등차수열이므로 문제의 소재가 등차수열일 뿐.

$n=1$일 때

$a_1=S_1=2$ …… ㉡

㉡의 값은 ㉠에 $n=1$을 대입한 것과 같으므로 수열 $\{a_n\}$은 첫째항부터 $2n$의 규칙을 따른다.

$\therefore$ $\boldsymbol{a_n=2n}$ ■ ← n에 대한 일차식이므로 등차수열임을 알 수 있다. 첫째항은 2, 공차도 2이다.

[참고] a_n을 구할 때 $n\geq2$인 경우와 $n=1$인 경우로 구분하는 이유는 수열의 합 S_n을 이용하여 구한 식 $a_n=S_n-S_{n-1}$을 통해 알 수 있는 값은 a_2부터이기 때문이다. 만약 $a_n=S_n-S_{n-1}$에 $n=1$을 대입하면 $a_1=S_1-S_0$이 되는데 S_0은 존재하지 않는다. 따라서 $a_n=S_n-S_{n-1}$은 $n=1$일 때 성립하지 않으므로 $n=1$일 때의 값은 $a_1=S_1$로 따로 구분한다.

Sub Note 023쪽

APPLICATION 085 수열 $\{a_n\}$의 첫째항부터 제n항까지의 합 S_n이 다음과 같을 때, 일반항 a_n을 구하여라.

(1) $S_n=3n^2+2n$

(2) $S_n=2n^2-3n+2$

한편 수열 $\{a_n\}$의 일반항을 알 때 그 수열의 합 S_n을 구하는 것은 생각보다 녹록한 일이 아니다. 우리가 수열의 합 S_n을 구할 수 있는 경우는 등차수열을 비롯하여 앞으로 배울 등비수열, 자연수의 거듭제곱, 소거형으로 주어진 경우뿐이다.[7]

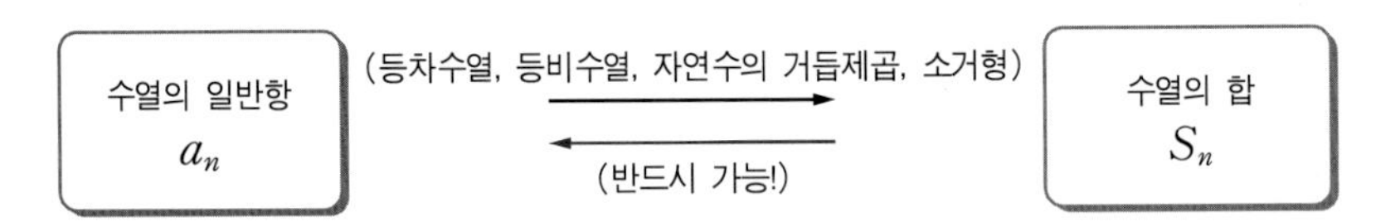

수학 공부법에 대한 저자들의 충고 – 역수가 등차수열이 되는 수열(조화수열)

이제까지 배운 등차수열을 활용하여 다른 규칙성을 지닌 수열을 찾을 수 있다.

예를 들어 수열 $\frac{1}{2}$, $\frac{1}{6}$, $\frac{1}{10}$, $\frac{1}{14}$, …은 등차수열이 아니지만 수열의 각 항에 역수를 취한 수열 2, 6, 10, 14, …를 보면 등차수열을 이룬다. 이와 같은 수열을 **조화수열**[8]이라 한다.

이와 관련된 문제가 출제되는 경우가 있으므로 간단히 알아보고 넘어가자.

---

❼ 이과 과정에서 지수함수, 로그함수, 삼각함수의 미분과 적분을 공부할 때도 이와 비슷한 장면이 나온다. 어떤 함수를 미분하는 것은 비교적 수월하지만, 적분하는 것은 미분하는 것보다 몇 배는 더 어렵다. 물론 우리는 쉽게 적분이 되는 경우를 주로 공부하겠지만.

❽ 왜 하필 '조화'수열일까? 이는 현악기에서 현의 길이가 조화수열을 이룰 때 화음(음의 조화)을 이루었기 때문이라고 한다.

1. 조화수열(調和數列, harmonic sequence)

수열 $\{a_n\}$에 대하여 각 항의 역수들이 등차수열을 이루는 수열 (단, 0은 조화수열의 항이 될 수 없다.)

2. 조화수열의 일반항

(1) 수열의 각 항의 역수들이 첫째항이 a, 공차가 d인 등차수열을 이룰 때, 조화수열의 일반항 a_n은 등차수열의 일반항 a_n의 역수

$$\frac{1}{a_n}=a+(n-1)d \iff a_n=\frac{1}{a+(n-1)d}$$

과 같다.

(2) 수열 $\{a_n\}$: $a_1, a_2, a_3, \cdots, a_n, a_{n+1}, \cdots$의 각 항에 역수를 취하여 얻은 수열이 첫째항이 a, 공차가 d인 등차수열을 이룬다면, 다음과 같은 관계식이 성립한다.

$$\frac{1}{a_1}=a,\ \boldsymbol{\frac{1}{a_{n+1}}-\frac{1}{a_n}=d}\ (\text{단, } n=1, 2, 3, \cdots)$$

3. 조화중항

세 수 a, b, c가 이 순서대로 조화수열을 이루기 위한 필요충분조건은

$$\frac{1}{b}-\frac{1}{a}=\frac{1}{c}-\frac{1}{b} \iff \frac{2}{b}=\frac{1}{a}+\frac{1}{c} \iff b=\frac{2ac}{a+c}$$

이다. 이때 b를 a, c의 조화중항이라 한다.

EXAMPLE 068 (1) 조화수열 $3, \frac{6}{5}, \frac{3}{4}, \frac{6}{11}, \cdots$의 일반항 a_n을 구하여라.

(2) 4와 6의 조화중항을 구하여라.

ANSWER (1) 조화수열 $\{a_n\}$의 각 항의 역수들이 이루는 수열은 $\frac{1}{3}, \frac{5}{6}, \frac{4}{3}, \frac{11}{6}, \cdots$이다.

이 등차수열 $\left\{\frac{1}{a_n}\right\}$의 첫째항은 $\frac{1}{3}$, 공차는 $\frac{1}{2}$이므로

$$\frac{1}{a_n}=\frac{1}{3}+(n-1)\cdot\frac{1}{2}=-\frac{1}{6}+\frac{1}{2}n=\frac{3n-1}{6}$$

$$\therefore \boldsymbol{a_n=\frac{6}{3n-1}}\ ■$$

(2) 조화중항을 b라 하면 4, b, 6이 이 순서로 조화수열을 이루므로 $\frac{1}{4}, \frac{1}{b}, \frac{1}{6}$은 이 순서로 등차수열을 이룬다. 즉,

$$\frac{2}{b}=\frac{1}{4}+\frac{1}{6},\ \frac{2}{b}=\frac{5}{12},\ 5b=24$$

$$\therefore b=\boldsymbol{\frac{24}{5}}\ ■$$

기본 예제 **등차수열**

061 (1) 등차수열 $\{a_n\}$에서 제2항과 제10항의 절댓값이 같고 부호가 다르며 제7항이 -5이다. 이때 a_{50}의 값을 구하여라.

(2) 등차수열 $\{a_n\}$에서 $a_3=-20$, $a_5=-14$일 때, 처음으로 양수가 되는 항은 제몇 항인지 구하여라.

GUIDE (1) $a_{10}=-a_2$이므로 $a_2+a_{10}=0$을 이용한다.

(2) 등차수열 $\{a_n\}$의 첫째항이 a, 공차가 d일 때, 처음으로 양수가 되는 항
➡ $a+(n-1)d>0$을 만족시키는 자연수 n의 최솟값

SOLUTION

(1) 등차수열 $\{a_n\}$의 첫째항을 a, 공차를 d라 하면 $a_2+a_{10}=0$이므로

$a_2+a_{10}=(a+d)+(a+9d)=2a+10d=0$ $\therefore a+5d=0$ …… ㉠

또한 $a_7=-5$이므로 $a+6d=-5$ …… ㉡

㉠, ㉡을 연립하여 풀면 $a=25$, $d=-5$

$\therefore a_{50}=25+49\cdot(-5)=\mathbf{-220}$ ■

(2) 등차수열 $\{a_n\}$의 첫째항을 a, 공차를 d라 하면

$a_3=-20$이므로 $a+2d=-20$ …… ㉠

또한 $a_5=-14$이므로 $a+4d=-14$ …… ㉡

㉠, ㉡을 연립하여 풀면 $a=-26$, $d=3$

따라서 등차수열 $\{a_n\}$의 일반항은 $a_n=-26+(n-1)\cdot 3=3n-29$

이때 제n항에서 양수가 된다고 하면

$a_n=3n-29>0$ $\therefore n>9.6\cdots$

따라서 처음으로 양수가 되는 항은 **제10항**이다. ■

유제 Sub Note 054쪽

061-1 등차수열 $\{a_n\}$에서 $a_4=14$, $a_5=3a_2$일 때, $a_k=82$를 만족시키는 k의 값을 구하여라.

유제 Sub Note 054쪽

061-2 등차수열 $\{a_n\}$에서 $a_2=50$, $a_5=38$일 때, 처음으로 음수가 되는 항은 제몇 항인지 구하여라.

유제 Sub Note 054쪽

061-3 두 수 -12와 20 사이에 n개의 수를 넣어 만든 수열 -12, a_1, a_2, a_3, $\cdots$, a_n, 20이 이 순서로 등차수열을 이룬다. 공차가 2일 때, n의 값을 구하여라.

기본 예제 062 등차중항 / 등차수열을 이루는 세 개 이상의 수

(1) 세 수 $2a-3$, a^2+3a, $3a+4$가 이 순서로 등차수열을 이룰 때, 양수 a의 값을 구하여라.

(2) 등차수열을 이루는 네 수의 합이 28, 제곱의 합이 276이다. 네 수 중 가장 작은 수를 구하여라.

GUIDE (1) 세 수 a, b, c가 이 순서로 등차수열을 이루면 b는 a와 c의 등차중항이다. ➡ $b=\frac{a+c}{2}$

(2) 평균을 중심으로 상황을 수식화하자.

SOLUTION

(1) a^2+3a는 $2a-3$, $3a+4$의 등차중항이므로

$$a^2+3a=\frac{(2a-3)+(3a+4)}{2},\ 2a^2+a-1=0$$

$$(a+1)(2a-1)=0 \qquad \therefore a=\mathbf{\frac{1}{2}}\ (\because a>0)\ ■$$

(2) 등차수열을 이루는 네 수의 평균을 a라 하면 네 수를 각각

$$a-3d,\ a-d,\ a+d,\ a+3d$$

로 표현할 수 있다. 그러면 네 수의 합은 28이므로

$$(a-3d)+(a-d)+(a+d)+(a+3d)=28 \qquad \therefore a=7$$

또 네 수의 제곱의 합이 276이므로

$$(a-3d)^2+(a-d)^2+(a+d)^2+(a+3d)^2=4a^2+20d^2=276$$

$a=7$을 대입하면 $\quad 20d^2=80 \qquad \therefore d=\pm2$

따라서 네 수 중 가장 작은 수는 **1**이다. ■

Summa's Advice

(2)에서 첫째항을 a라 하여 네 수를 a, $a+d$, $a+2d$, $a+3d$로 놓아도 같은 결과를 얻을 수 있다. 다만 계산이 매우 복잡해진다. 등차수열을 이루는 세 개 이상의 수는 대칭성이 잘 드러나도록 다음과 같이 표기하는 경우가 많다.

① 세 수가 등차수열인 경우 : $a-d$, a, $a+d$

② 네 수가 등차수열인 경우 : $a-3d$, $a-d$, $a+d$, $a+3d$ – 공차가 $2d$임에 주의하자.

유제 **062-1** 세 수 $\log3$, $\log(a-6)$, $\log(a+12)$가 이 순서로 등차수열을 이룰 때, 실수 a의 값을 구하여라.

Sub Note 054쪽

유제 **062-2** 등차수열을 이루는 세 수의 합이 15, 곱이 45일 때, 이 세 수의 제곱의 합을 구하여라.

Sub Note 054쪽

기본 예제 *등차수열의 응용*

063 삼차방정식 $x^3+6x^2+kx-4=0$의 세 실근이 등차수열을 이룰 때, 실수 k의 값을 구하여라.

GUIDE 삼차방정식의 세 실근이 등차수열을 이룰 때
➡ 세 실근을 $a-d$, a, $a+d$라 하고 근과 계수의 관계를 이용한다.

SOLUTION

등차수열을 이루는 세 실근을 $a-d$, a, $a+d$라 하면
삼차방정식의 근과 계수의 관계에 의하여 세 근의 합은

$(a-d)+a+(a+d)=-6$

$3a=-6 \qquad \therefore a=-2$

따라서 주어진 방정식의 한 근이 -2이므로 방정식에 $x=-2$를 대입하면

$(-2)^3+6\times(-2)^2+k\times(-2)-4=0$

$2k=12 \qquad \therefore k=\mathbf{6}$ ■

유제 Sub Note 054쪽

063-1 네 내각의 크기가 등차수열을 이루는 사각형에서 가장 작은 각의 크기가 72°일 때, 이 사각형의 내각 중에서 두 번째로 큰 각의 크기를 구하여라.

유제 Sub Note 055쪽

063-2 세 변의 길이가 자연수이고 등차수열을 이루는 직각삼각형의 한 변의 길이가 될 수 있는 것은?

① 22 ② 58 ③ 81 ④ 91 ⑤ 98

기 본 예 제 *등차수열의 대칭적인 합의 성질*

064

수직선 위의 두 점 A(1)과 B(89)를 잇는 선분 AB를 11등분 하는 점의 좌표를 차례로 x_1, x_2, x_3, $\cdots$, x_{10}이라 할 때, $x_1+x_2+x_3+\cdots+x_{10}$을 구하여라.

GUIDE x, y, z, w가 이 순서로 등차수열을 이룬다고 하면 $x+w=y+z$
따라서 어떤 등차수열의 합을 구할 때 두 항씩 짝을 지어 그 합이나 평균을 이용하여 구할 수 있다.

SOLUTION

수직선 위의 선분 AB를 11등분 하는 각 점의 좌표 x_1, x_2, $\cdots$, x_{10}을 나타내면 오른쪽 그림과 같다.

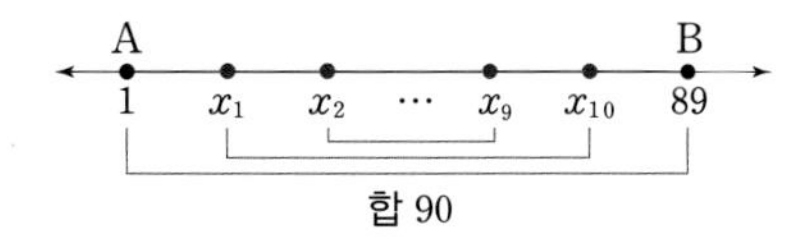

1, x_1, x_2, $\cdots$, x_{10}, 89가 등차수열을 이루므로 대칭성에 의해

$$x_1+x_{10}=90,\ x_2+x_9=90,\ x_3+x_8=90,\ x_4+x_7=90,\ x_5+x_6=90$$

따라서 모두 5쌍이 짝을 이루고, 그 각각의 합이 90으로 같으므로

$$x_1+x_2+x_3+\cdots+x_{10}=90\times5=\mathbf{450}$$ ■

[다른 풀이 1] 1, x_1, x_2, $\cdots$, x_{10}, 89가 등차수열을 이루고 전체 항의 평균이 $\frac{1+89}{2}=45$이므로 x_1, x_2, $\cdots$, x_{10}의 전체 항의 평균도 45이다.

$$\therefore\ x_1+x_2+\cdots+x_{10}=45\times10=450$$

[다른 풀이 2] 등차수열 1, x_1, x_2, $\cdots$, x_{10}, 89의 합을 구하고, 양 끝의 수를 빼어도 된다. 항의 개수가 12이고, 첫째항이 1, 제12항이 89이므로

$$1+x_1+x_2+x_3+\cdots+x_{10}+89=\frac{12(1+89)}{2}=540$$

$$\therefore\ x_1+x_2+x_3+\cdots+x_{10}=540-(1+89)=450$$

유제

064-1

Sub Note 055쪽

두 수 5와 71 사이에 7개의 수를 넣은 수열 5, x_1, x_2, $\cdots$, x_7, 71이 이 순서대로 등차수열을 이룬다고 한다. 이 등차수열의 합을 구하여라.

유제

064-2

Sub Note 055쪽

수직선 위의 어떤 선분을 30등분 하는 점의 좌표 x_1, x_2, $\cdots$, x_{29}에 대하여 $x_{15}=6$일 때, $x_1+x_2+\cdots+x_{29}$를 구하여라.

기 본 예 제 *등차수열의 합의 최대 · 최소*

065 첫째항이 -22, 공차가 4인 등차수열 $\{a_n\}$에서 첫째항부터 제n항까지의 합을 S_n이라 할 때, S_n의 최솟값을 구하여라.

GUIDE 등차수열의 합 S_n은 이차식이므로 완전제곱식으로 바꾸어 최대 또는 최소인 경우를 생각해 보자.

SOLUTION

첫째항이 -22, 공차가 4이므로 S_n을 구하면

$$S_n=\frac{n\{2\cdot(-22)+(n-1)\cdot4\}}{2}$$

$$=2n^2-24n=2(n-6)^2-72$$

따라서 S_n의 최솟값은 $n=6$일 때 $\mathbf{-72}$이다. ■

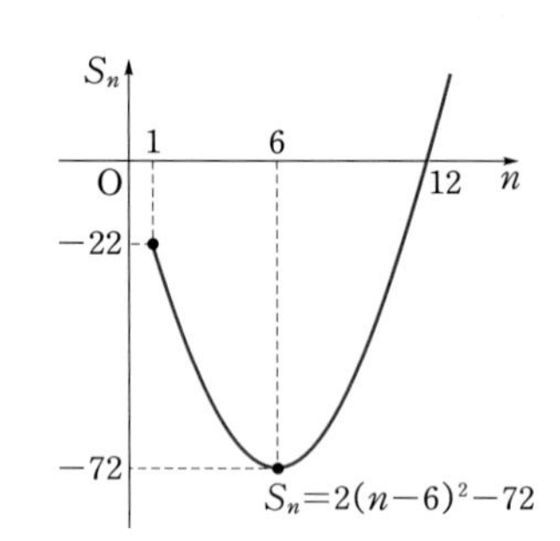

[다른 풀이] 첫째항이 -22이고 공차가 4이므로 일반항 a_n은

$$a_n=-22+(n-1)\cdot4=4n-26$$

등차수열 $\{a_n\}$의 첫째항부터 제n항까지의 합이 최소가 되려면 a_n의 값이 양수가 되기 바로 전 항까지 더하면 된다.

$4n-26>0$에서 $\quad n>\frac{26}{4}=6.5$

즉, 제7항부터 양수이므로 S_6이 S_n의 최솟값이다.

$$\therefore S_6=\frac{6\{2\cdot(-22)+(6-1)\cdot4\}}{2}=-72$$

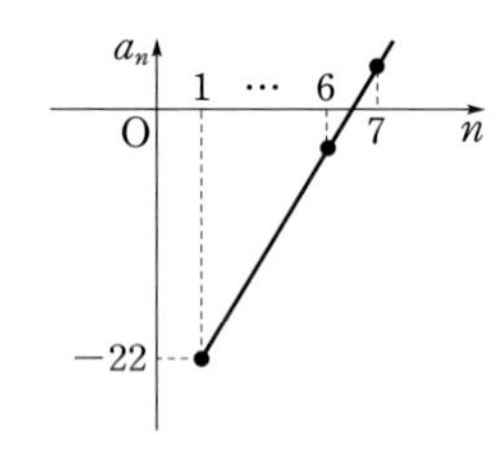

유제 Sub Note 055쪽

065-1 첫째항이 70, 제5항이 46인 등차수열에서 첫째항부터 제n항까지의 합을 S_n이라 할 때, S_n의 최댓값을 구하여라.

유제 Sub Note 055쪽

065-2 첫째항이 24인 등차수열에서 첫째항부터 제5항까지의 합과 첫째항부터 제8항까지의 합이 같다고 한다. 이때 첫째항부터 제몇 항까지의 합이 처음으로 음수가 되는지 구하여라.

기 본 예 제 *나머지가 같은 자연수의 합*

066 10 이상 100 이하의 자연수 중에서 4로 나누었을 때의 나머지가 3인 수의 합을 구하여라.

GUIDE 조건을 만족시키는 자연수를 작은 수부터 순서대로 나열하면 등차수열임을 이용한다.

SOLUTION

10 이상 100 이하의 자연수 중에서 4로 나누었을 때의 나머지가 3인 수를 작은 것부터 순서대로 나열하면

$11, 15, 19, \cdots, 99$

이므로 첫째항이 11, 공차가 4인 등차수열이다.

이 수열의 일반항을 a_n이라 하면

$a_n=11+(n-1)\cdot 4=4n+7$

이때 $4n+7=99$에서 $n=23$이므로 99는 제23항이다.

따라서 구하는 합은

$\frac{23(11+99)}{2}=\mathbf{1265}$ ■

유제
066-1 100 이상 500 이하의 자연수 중에서 9의 배수의 합을 구하여라. Sub Note 055쪽

유제
066-2 100 이하의 자연수 중에서 6 또는 8로 나누어떨어지는 수의 합을 구하여라. Sub Note 056쪽

기본예제 **등차수열의 합과 일반항 사이의 관계**

067 (1) 수열 $\{a_n\}$의 첫째항부터 제n항까지의 합 S_n이 $S_n=n^2-3n+3$일 때, a_1+a_5의 값을 구하여라.

(2) 첫째항부터 제n항까지의 합 S_n이 $S_n=3n^2+an$인 수열 $\{a_n\}$의 일반항이 $a_n=bn+1$일 때, 상수 a, b의 합 $a+b$의 값을 구하여라.

GUIDE (1) $a_1=S_1$, $a_5=S_5-S_4$임을 이용한다.

(2) $a_n=S_n-S_{n-1}\ (n\ge2)$을 이용하여 구한 a_n에서 a_1과 주어진 S_n에서 구한 S_1이 같은지 확인한다.

SOLUTION

(1) $S_n=n^2-3n+3$에서

$a_1=S_1=1^2-3\cdot1+3=1$

$a_5=S_5-S_4=5^2-3\cdot5+3-(4^2-3\cdot4+3)=6$ $\quad\therefore a_1+a_5=\mathbf{7}$ ■

[다른 풀이] (i) $n\ge2$일 때

$a_n=S_n-S_{n-1}=n^2-3n+3-\{(n-1)^2-3(n-1)+3\}$

$=2n-4$ $\quad\cdots\cdots$ ㉠

(ii) $n=1$일 때 $\quad a_1=S_1=1$

이때 $a_1=1$은 ㉠에 $n=1$을 대입한 것과 다르므로 수열 $\{a_n\}$의 일반항은

$a_1=1$, $a_n=2n-4\ (n\ge2)$ $\quad\therefore a_1+a_5=7$

(2) $S_n=3n^2+an$에서

(i) $n\ge2$일 때

$a_n=S_n-S_{n-1}=3n^2+an-\{3(n-1)^2+a(n-1)\}$

$=6n+a-3$ $\quad\cdots\cdots$ ㉠

(ii) $n=1$일 때 $\quad a_1=S_1=3+a$

이때 $a_1=3+a$는 ㉠에 $n=1$을 대입한 것과 같으므로 수열 $\{a_n\}$의 일반항은

$a_n=6n+a-3$

$6n+a-3$과 $bn+1$이 같아야 하므로 $\quad a=4$, $b=6$ $\quad\therefore a+b=\mathbf{10}$ ■

유제 Sub Note 056쪽

067-1 수열 $\{a_n\}$의 첫째항부터 제n항까지의 합 S_n이 $S_n=n^2+an+b$이고 $a_1=4$, $a_7=20$일 때, 상수 a, b에 대하여 ab의 값을 구하여라.

유제 Sub Note 056쪽

067-2 첫째항부터 제n항까지의 합 S_n이 $S_n=n^2-5n$인 수열 $\{a_n\}$에서 $a_5+a_7+a_9+\cdots+a_{2k+3}=112$를 만족시키는 자연수 k의 값을 구하여라.

발전예제 *등차수열의 합과 평균*

068 오른쪽과 같이 나열된 55개의 수를 모두 더한 값을 구하여라. [수능 기출]

1
2 4
3 6 9
4 8 12 16
5 10 15 20 25
6 12 18 24 30 36
7 14 21 28 35 42 49
8 16 24 32 40 48 56 64
9 18 27 36 45 54 63 72 81
10 20 30 40 50 60 70 80 90 100

GUIDE 등차수열의 합을 구할 때, 모든 항들의 평균을 알 수 있다면 간단히 해결된다. 행마다 평균을 이용하여 합을 구해 보자.

SOLUTION

주어진 수들을 행별로 묶어서 생각하자. 각 행들은 등차수열을 이룬다. 또한 등차수열의 합은 (평균)×(항의 개수)이므로 평균을 쉽게 포착할 수 있도록 오른쪽 그림과 같이 중간에 선을 그어 놓자.

1
2 4
3 6 9
4 8 12 16
5 10 15 20 25
6 12 18 24 30 36
7 14 21 28 35 42 49
8 16 24 32 40 48 56 64
9 18 27 36 45 54 63 72 81
10 20 30 40 50 60 70 80 90 100
평균

홀수 행의 평균은 가운데 항의 값이고, 짝수 행의 평균은 가운데 두 항의 평균과 같다. 즉,

2행 : $\frac{2+4}{2}=3$, 4행 : $\frac{8+12}{2}=10$, 6행 : $\frac{18+24}{2}=21$

8행 : $\frac{32+40}{2}=36$, 10행 : $\frac{50+60}{2}=55$

n행의 항의 개수는 n이므로 각 행마다 합을 구하여 모두 더하면 구하는 값은

$1\times1+3\times2+6\times3+10\times4+15\times5+21\times6+28\times7+36\times8$

$+45\times9+55\times10=\mathbf{1705}$ ■

유제

068-1 오른쪽 그림과 같이 1부터 100까지의 자연수가 배열되어 있는 숫자판 위에 9개의 수(1, 2, 3, 11, 12, 13, 21, 22, 23)를 포함하도록 색칠된 정사각형이 올려져 있다. 이 색칠된 정사각형을 오른쪽으로 m칸, 아래쪽으로 n칸 이동하였을 때, 이동된 정사각형 내부의 자연수의 합을 $S(m, n)$이라 하자. 예를 들면, $S(2, 1)$은 9개의 수(13, 14, 15, 23, 24, 25, 33, 34, 35)의 합이다. 이때 $S(m, n)=513$을 만족시키는 m, n에 대하여 $m+n$의 값을 구하여라. (단, m, n은 7 이하의 자연수)

Sub Note 056쪽

1	2	3	4	5	6	⋯	10
11	12	13	14	15	16	⋯	20
21	22	23	24	25	26	⋯	30
31	32	33	34	35	36	⋯	40
41	42	43	44	45	46	⋯	50
⋮	⋮	⋮	⋮	⋮	⋮	⋱	⋮
91	92	93	94	95	96	⋯	100

03 등비수열

SUMMA CUM LAUDE

ESSENTIAL LECTURE

1 등비수열

(1) 첫째항부터 차례로 일정한 수를 곱하여 얻어진 수열을 등비수열이라 하고, 그 일정한 수를 공비라 한다. 등비수열 $\{a_n\}$의 공비를 r라 할 때 다음이 성립한다.

$a_{n+1}=ra_n \ (n=1, 2, 3, \cdots)$

(2) 첫째항이 a, 공비가 $r \ (r\neq0)$인 등비수열의 일반항 a_n은

$a_n=ar^{n-1}$

2 등비중항

0이 아닌 세 수 a, b, c가 이 순서대로 등비수열을 이룰 때, b를 a와 c의 등비중항이라 한다.

➡ $b^2=ac$

3 등비수열의 합

첫째항이 a, 공비가 $r \ (r\neq0)$인 등비수열의 첫째항부터 제n항까지의 합 S_n은 다음과 같다.

(1) $r\neq1$일 때, $S_n=\dfrac{a(1-r^n)}{1-r}=\dfrac{a(r^n-1)}{r-1}$

(2) $r=1$일 때, $S_n=na$

4 원금과 이자의 합(원리합계)

(1) 시간이 흐르면 물가(物價)는 상승한다. 즉, 시간이 흐를수록 돈의 실질가치는 떨어진다. 이자란 물가상승률을 보정해 주고, 내가 가진 돈의 가치를 일정하게 지켜 주는 경제학적 도구이다. 물가상승률을 무시할 수 없을 만큼 시간이 흘렀다면 이자를 붙인다.

(2) 매년 초에 a원씩 연이율 r, 1년마다 복리로 n년간 적립할 때, n년째 말의 원금과 이자의 합 S는 다음과 같다.

$S=\dfrac{a(1+r)\{(1+r)^n-1\}}{r}$ (원)

1 등비수열(等比數列)

등비수열은 곱셈을 규칙으로 가지는 수열 중 가장 기본적인 수열이다. 등비수열의 정확한 정의는 다음과 같다.

등비수열의 정의

첫째항 a부터 차례로 일정한 수 r를 곱하여 얻어진 수열을 등비수열(等比數列, geometric sequence)이라 하고, 곱하는 일정한 수 r를 공비(公比, common ratio)라 한다.

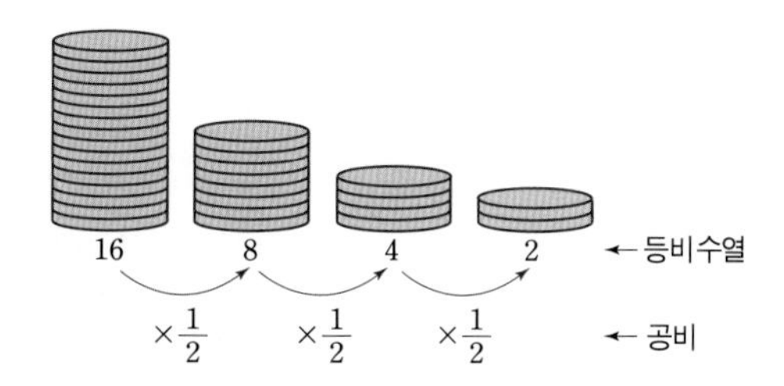

앞서 다룬 등차수열의 정의에서 '더하기'를 '곱하기'로 바꾸면 등비수열의 정의가 된다. 그래서 등차수열에서 했던 이야기를 거의 그대로 반복할 수 있다. 확인해 보자.

등비수열의 정의에서 공비 r는 ratio$\left(\text{비}, \dfrac{b}{a}\right)$의 첫 글자이다. 잘 알고 있겠지만 역산(逆算) 관계인 곱셈과 나눗셈은 동전의 양면과도 같다. 수학에서 두 수를 한 번 나누어 보는 이유는

혹시 곱셈을 규칙으로 가지고 있지 않을까?

확인해 보기 위해서이다. 등비수열의 뜻에서 두 항 사이의 비(比)가 일정하다는 부분을 수식으로 표현해 보면

$$\frac{a_{n+1}}{a_n}=r \text{ 또는 } a_{n+1}=ra_n \ (n=1, 2, 3, \cdots)$$

이다. 등비수열의 일반항은 첫째항 a부터 시작하여 차례로 공비 r를 곱해 나가면 간단히 유도된다.

$$a_1=a \quad \Rightarrow \quad a_1=ar^{1-1}$$
$$a_2=a_1\times r=ar \quad \Rightarrow \quad a_2=ar^{2-1}$$
$$a_3=a_2\times r=(ar)\times r=ar^2 \quad \Rightarrow \quad a_3=ar^{3-1}$$
$$a_4=a_3\times r=(ar^2)\times r=ar^3 \quad \Rightarrow \quad a_4=ar^{4-1}$$
$$\vdots$$

등비수열
공비 r를 계속 곱한다.
$$a_m r^n=a_{m+n}$$
$$a_1 r^{n-1}=a_n$$

따라서 일반항 a_n은 $\boldsymbol{a_n=ar^{n-1}}$이다.

등비수열의 일반항

첫째항이 a, 공비가 r $(r\neq0)$인 등비수열 $\{a_n\}$의 일반항은 $\quad a_n=ar^{n-1}$

EXAMPLE 069 다음 등비수열의 일반항 a_n을 구하여라.

(1) 첫째항이 3, 공비가 -2 (2) $-\sqrt{3}$, 3, $-3\sqrt{3}$, 9, $\cdots$

ANSWER (1) $\boldsymbol{a_n=3\cdot(-2)^{n-1}}$ ■

(2) 첫째항이 $-\sqrt{3}$, 제2항이 3이므로

$$(\text{공비})=\frac{a_2}{a_1}=\frac{3}{-\sqrt{3}}=-\sqrt{3}$$

따라서 첫째항이 $-\sqrt{3}$, 공비가 $-\sqrt{3}$인 등비수열의 일반항 a_n은

$$a_n=(-\sqrt{3})\cdot(-\sqrt{3})^{n-1}=\boldsymbol{(-\sqrt{3})^n}$$ ■

Sub Note 024쪽

APPLICATION 086 첫째항이 32, 공비가 $\frac{1}{2}$인 등비수열 $\{a_n\}$에서 a_9의 값을 구하여라.

Sub Note 024쪽

APPLICATION 087 각 항이 실수이고, 제4항이 24, 제7항이 192인 등비수열의 일반항 a_n을 구하여라.

이제부터 우리는 별다른 언급이 없어도 등비수열의 첫째항과 공비는 0이 아니라 가정할 것이다. 첫째항이나 공비가 0인 경우, 수열이

첫째항이 0인 등비수열 : 0, 0, 0, 0, $\cdots$

공비가 0인 등비수열 : a, 0, 0, 0, $\cdots$

이 되어서 큰 의미가 없는 지나치게 단순한 수열이 되어 버리기 때문이다.

2 등비중항

조금 전에 확인한 것처럼 등차수열의 정의에서 덧셈을 곱셈으로 변형하면 등비수열의 정의가 된다. 그렇다면

등차수열의 합 : $a+(a+d)+(a+d+d)+\cdots+\{a+(n-1)d\}$

등비수열의 곱 : $a\times(a\times r)\times(a\times r\times r)\times\cdots\times(a\times r^{n-1})$

사이에도 유사한 성질을 찾아볼 수 있을 것이다.[9] 쉬운 예부터 살펴보자.

[9] I 단원에서 공부했던 로그는 덧셈과 곱셈 사이의 이러한 대응 관계를 더욱 선명하게 보여주는 수학적 도구이다. 로그의 성질을 다시 한 번 상기한 후 이번 소단원을 읽어 볼 것을 권한다.

첫째항이 3이고, 공비가 2인 등비수열의 7개의 항 3, 6, 12, 24, 48, 96, 192를 보면 한가운데 위치한 항 24는 무척 특별하다. 24를 중심으로 하여 등비수열의 나머지 항들을 다음과 같이 둘씩 묶어 주면 곱이 24^2으로 모두 같다.

3 6 12 24 48 96 192

$$3\times192=6\times96=12\times48=24^2$$

이를 일반화하면 항이 홀수개인 등비수열에서 한가운데 위치한 항은 무척 중요하다. 곱셈의 관점에서 볼 때 나머지 항들을 대표하는 값, 다시 말해 기하평균이기 때문이다.
따라서 이를 적용하면 0이 아닌 세 수 a, b, c가 이 순서대로 등비수열을 이루면 $b^2=ac$[10]가 성립하고, 이때 b를 a와 c의 **등비중항**[11]이라 한다.

수학 공부법에 대한 저자들의 충고 – 산술평균과 기하평균

우리는 고등 수학(하)의 '절대부등식' 단원에서 산술평균과 기하평균을 배웠다. 등차중항, 등비중항과 연관지어 이 둘을 복습해 보자.
두 양수 a, b에 대하여 산술평균과 기하평균은 다음을 나타낸다.

$$\text{산술평균(arithmetic mean)}: \frac{a+b}{2},\ \text{기하평균(geometric mean)}: \sqrt{ab}$$

라 한다. 원어 arithmetic은 여기에선 **산술**로 번역되었지만 수열에서는 주로 **등차**로 번역된다.
마찬가지로 원어 geometric은 **기하**로 번역되었지만, 수열에서는 주로 **등비**로 번역된다.
산술과 등차, 기하와 등비가 근본적으로 같은 개념임은 다음을 통해 확인할 수 있다.

a, $\frac{a+b}{2}$, b는 이 순서대로 등차수열을 이루고

a, $\sqrt{ab}$, b는 이 순서대로 등비수열을 이룬다.

---

[10] 0이 아닌 세 수 a, b, c가 이 순서대로 등비수열을 이루면 공비가 같으므로 $\frac{b}{a}=\frac{c}{b}$ $\therefore b^2=ac$

[11] 등비중항의 성질을 이용하여 모든 항이 양수인 등비수열의 곱을 간단히 구할 수 있다.
등차수열의 합에서처럼, 등비수열의 곱에서도 대칭성이 아주 유용하게 사용된다.
첫째항이 a, 공비가 r인 등비수열의 첫째항부터 제n항까지의 곱 P_n에 대하여
다음과 같이 두 식을 짝지어 곱하면 P_n^2, 즉 P_n을 얻을 수 있다.

$$\begin{array}{rl} & P_n = a \times ar \times \cdots \times ar^{n-1} \\ \times) & P_n = ar^{n-1} \times ar^{n-2} \times \cdots \times a \\ \hline & P_n^2 = a^2r^{n-1} \times a^2r^{n-1} \times \cdots \times a^2r^{n-1} = (a^2r^{n-1})^n = (a\cdot ar^{n-1})^n = (a\cdot a_n)^n \end{array}$$

$$\therefore P_n=(aa_n)^{\frac{n}{2}}$$

EXAMPLE 070 세 수 3, x, 27이 이 순서대로 등비수열을 이룰 때, 실수 x의 값을 구하여라.

ANSWER 세 수 3, x, 27이 이 순서대로 등비수열을 이루므로 x는 3과 27의 등비중항이다.

$x^2=3\cdot27=81$ $\quad\therefore$ **$x=-9$ 또는 $x=9$** ■

[참고] 이런 유형의 문제를 풀 때는 공비가 음수인 경우를 놓치기 쉽다. $x=-9$인 경우를 빼고 $x=9$로만 답하는 일이 없도록 주의하자.

Sub Note 024쪽

APPLICATION 088 모든 항이 양수인 등비수열 $\{a_n\}$에 대하여 $a_2a_4=16$, $a_3a_5=64$일 때, a_7의 값을 구하여라.

3 등비수열의 합 (수능 고빈도 출제)

앞서 말했듯이 수학자들은 **대칭성**을 이용하여 복잡한 계산을 간단하게 해치우는 것을 무척 좋아한다. 등차수열의 합을 구할 때, 평균에 주목하여 둘씩 짝을 지어 계산을 간단하게 한 것도 대칭성이 사용된 대표적인 사례이다. 등비수열의 합 또한 대칭성을 이용하여 구할 수 있는데, 이때 사용하는 대칭성은 앞서 다룬 등차수열의 경우와는 성격이 조금 다르다.

대칭이란 용어가 묘사하는 여러 가지 흥미로운 상황 중에는 아래에 소개하는 그림처럼 내 속에 축소된 내 자신이 또 들어 있는 경우, 다시 말해 **재귀적**(再歸的, recursive)인 상황도 포함된다.

등비수열의 합은 바로 이 재귀성(같은 모양이 반복됨)을 이용하여 구한다.

첫째항이 a, 공비가 r $(r\neq0)$인 등비수열의 첫째항부터 제n항까지의 합을 S_n이라 하면

$$S_n=a+ar+ar^2+\cdots+ar^{n-1} \qquad \cdots\cdots ㉠$$

㉠의 양변에 공비 r를 곱하면 다음 식을 얻는다.

$$rS_n=ar+ar^2+\cdots+ar^{n-1}+ar^n \qquad \cdots\cdots ㉡$$

㉠과 ㉡을 보면서 무엇을 느끼는가? 필자는 'r배를 확대하였더니 같은 모양이 반복되고 있다.'는 느낌을 받는다. 그래서 ㉠에서 ㉡을 빼 보고 싶어진다. 한 번 빼 보자.

$$\begin{array}{rrr} S_n= & a+ & ar+ar^2+\cdots+ar^{n-1} & \\ -\big) \quad rS_n= & & ar+ar^2+\cdots+ar^{n-1} & +ar^n \\ \hline (1-r)S_n= & a & & -ar^n \end{array}$$

다시 말해 위 식을 정리하면 중간에 놓여 있던 항들이 깨끗이 소거되면서

$$(1-r)S_n=a-ar^n$$

을 얻는다. 특히 $r\neq1$이라면 이 식의 양변을 각각 $1-r(\neq0)$로 나누어서 다음 결과를 얻는다.

$$\boldsymbol{S_n=\frac{a(1-r^n)}{1-r}=\frac{a(r^n-1)}{r-1}}$$

- $r<1$이면 $S_n=\frac{a(1-r^n)}{1-r}$을 이용
- $r>1$이면 $S_n=\frac{a(r^n-1)}{r-1}$을 이용

이때 한 가지 주의해야 할 점은 수학에선 그 어떤 경우에도 0으로 나눌 수 없다는 점이다. 다시 말해 위 식에서 분모가 0이 되는 $r=1$인 경우는 따로 생각해야만 한다. 이 경우는 어떻게 그 합을 구할 수 있을까? 너무나도 간단하다. 공비가 1인 등비수열이므로

$$\underbrace{a,\quad a,\quad \cdots,\quad a}_{n\text{개}}$$

즉, 상수 a가 n번 나열된 것이므로 합 S_n은 $\boldsymbol{S_n=na}$

등비수열의 합

첫째항이 a, 공비가 r $(r\neq0)$인 등비수열의 첫째항부터 제n항까지의 합 S_n은 다음과 같다.

(1) $r\neq1$일 때, $S_n=\frac{a(1-r^n)}{1-r}=\frac{a(r^n-1)}{r-1}$

(2) $r=1$일 때, $S_n=na$

EXAMPLE 071 다음 등비수열의 첫째항부터 제5항까지의 합을 구하여라.

(1) 첫째항이 -5, 공비가 2인 등비수열 (2) 첫째항이 6, 공비가 $\frac{1}{2}$인 등비수열

ANSWER 등비수열의 첫째항부터 제5항까지의 합을 S_5라 하면

(1) $S_5=\frac{-5(2^5-1)}{2-1}=-5\cdot31=\mathbf{-155}$ ■ (2) $S_5=\frac{6\left\{1-\left(\frac{1}{2}\right)^5\right\}}{1-\frac{1}{2}}=12\cdot\frac{31}{32}=\mathbf{\frac{93}{8}}$ ■

Sub Note 024쪽

APPLICATION 089 등비수열 1, -2, 4, -8, …의 첫째항부터 제10항까지의 합을 구하여라.

EXAMPLE 072 각 항이 실수이고, 첫째항이 3, 제4항이 -81인 등비수열 $\{a_n\}$의 첫째항부터 제n항까지의 합 S_n을 구하여라.

ANSWER 공비를 r라 하면 $a_4=3\cdot r^3=-81$이므로

$r^3=-27$ $\quad\therefore r=-3$ ($\because r$는 실수)

따라서 첫째항이 3이고 공비가 -3인 등비수열의 첫째항부터 제n항까지의 합 S_n은

$$S_n=\frac{3\{1-(-3)^n\}}{1-(-3)}=\frac{3-3\cdot(-3)^n}{4}=\mathbf{\frac{3+(-3)^{n+1}}{4}}\ ■$$

등비수열 $\{a_n\}$에 대하여 그 첫째항부터 제n항까지의 합 S_n이 주어질 때, 일반항 a_n을 찾는 문제 역시 앞에서 배운 수열의 합과 일반항 사이의 관계

$$a_1=S_1,\ a_n=S_n-S_{n-1}\ (n\geq 2)$$

임을 이용하면 된다. 이때 $a_1=S_1$이 $a_n=S_n-S_{n-1}$에서 구한 식에 $n=1$을 대입하여 얻은 값과 일치해야 첫째항부터 등비수열을 이룬다.

EXAMPLE 073 첫째항부터 제n항까지의 합 S_n이 $S_n=2^{n+1}-2$인 수열 $\{a_n\}$에 대하여 다음을 구하여라.

(1) a_1 (2) a_4

(3) $a_6+a_7+a_8+a_9+a_{10}$ (4) a_n

ANSWER (1) $a_1=S_1=2^2-2=\mathbf{2}$ ■

(2) $a_4=S_4-S_3=(2^5-2)-(2^4-2)=\mathbf{16}$ ■

(3) $a_6+a_7+a_8+a_9+a_{10}=S_{10}-S_5=(2^{11}-2)-(2^6-2)=\mathbf{1984}$ ■

(4) $n\geq 2$일 때

$a_n=S_n-S_{n-1}=(2^{n+1}-2)-(2^{n-1+1}-2)=2^{n+1}-2^n=2^n$ …… ㉠

$n=1$일 때

$a_1=S_1=2$ …… ㉡

㉡의 값은 ㉠에 $n=1$을 대입한 것과 같으므로 수열 $\{a_n\}$은 첫째항부터 2^n의 규칙을 따른다.

$\therefore\ \mathbf{a_n=2^n}$ ■ ← $a_n=2\cdot 2^{n-1}$ 꼴이므로 등비수열임을 알 수 있다. 첫째항은 2, 공비도 2이다.

Sub Note 024쪽

APPLICATION 090 수열 $\{a_n\}$의 첫째항부터 제n항까지의 합 S_n이 $S_n=5\cdot 4^n-3$일 때, 일반항 a_n을 구하여라.

4 원금과 이자의 합(원리합계)

등비수열의 합 공식이 응용되는 대표적인 예를 하나 다루어 보자.

은행에 돈을 맡기면 은행은 예금주에게 일정 비율의 이자를 붙여서 되돌려 준다. 이때 **원금**(元金)과 **이자**(利子)의 합을 간단히 줄여 **원리**(元利)**합계**라 한다.

그런데 은행은 왜 이자를 줄까? 속담 중 '시간이 돈'이란 말이 있다. 경제학적으로 볼 때 이 속담은 문자 그대로 옳다. 20년 전의 1000원은 지금의 1000원보다 더 큰 가치를 담고 있다. 예를 들어 20년 전엔 1000원으로 라면 5개를 사고 거스름돈까지 챙길 수 있었지만, 요즘은 1000원으로 라면 2개를 사지 못한다. 한마디로 말해 시점(時點)이 달라지면 돈의 가치도 달라진다. 이자란 바로 물가상승률을 보정해 주는 경제학적인 장치인 셈이다. 이자를 통해 돈의 가치를 유지시킨다는 의미를 되새기며 다음 문제를 풀어 보자.

EXAMPLE 074 100만 원을 연이율 3%의 1년마다의 복리[12]로 10년 동안 예금할 때의 원리합계를 구하여라. (단, $1.03^{10}=1.34$로 계산한다.) – 예금인 경우의 원리합계

ANSWER 연이율 3%의 복리란 1년이 지날 때마다 바로 전 원리합계의 $1+0.03=1.03$(배)를 준다는 뜻이다. 1년 후, 2년 후, …, 10년 후의 원리합계를 구하면 다음과 같다.

	원리합계(만 원)
1년 후	100×1.03
2년 후	$(100\times1.03)\times1.03=100\times1.03^2$
3년 후	$(100\times1.03^2)\times1.03=100\times1.03^3$
⋮	⋮
10년 후	$(100\times1.03^9)\times1.03=100\times1.03^{10}$

따라서 10년 후의 원리합계는 $100\times1.03^{10}=100\times1.34=$ **134(만 원)** ■

EXAMPLE 075 월이율 0.3%, 1개월마다의 복리로 매월 1일에 10만 원씩 12번 적립할 때, 1년 후의 원리합계를 구하여라. (단, $1.003^{12}=1.036$으로 계산한다.) – 적립금인 경우의 원리합계

ANSWER 다음과 같이 타임라인을 그리고, 돈이 적립되는 시점과 최종정산하는 시점을 정확히 표시해 보자.

[12] 이자를 주는 방법에는 단리법과 복리법이 있다. 단리법은 최초 원금에 대한 이자만 더해 주는 것(등차수열)이고 복리법은 원금에 이자를 포함한 금액을 다시 원금으로 보고 이자를 계산하는 것(등비수열)이다. 현대 사회의 그 어떤 은행에서도 단리법을 사용하지는 않는다. 금리의 규칙은 등차수열이 아니라 등비수열이다.

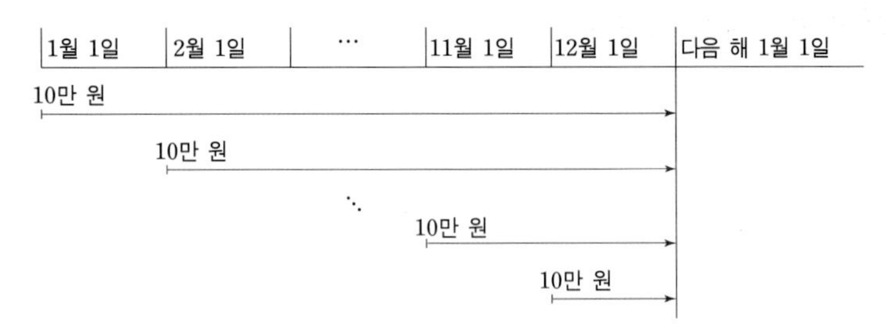

위 그림을 보고 생각해 보자. 1월 1일에 적립한 10만 원은 다음 해 1월 1일까지 12개월이 지나고 나면 10×1.003^{12}(만 원)으로 불어나 있을 것이다.

같은 방식으로 2월 1일에 적립한 돈의 다음 해 1월 1일에는 10×1.003^{11}(만 원)이고, 이런 방식으로 12월 1일까지 생각해 보면 다음과 같다.

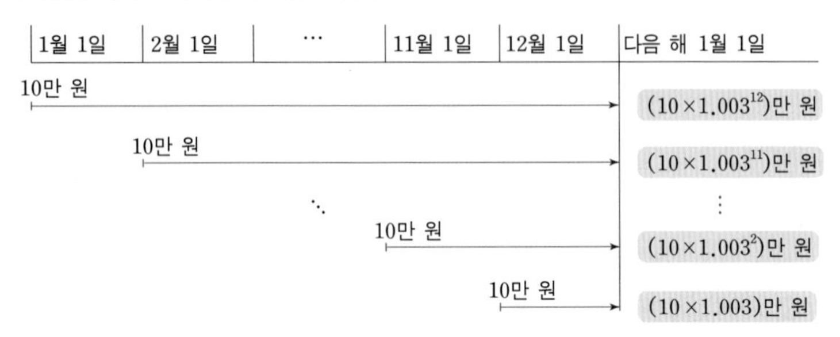

따라서 원리합계를 S라 하면

$$S=10\times1.003^{12}+10\times1.003^{11}+\cdots+10\times1.003^{2}+10\times1.003 \text{ (만 원)}$$

즉, S는 첫째항이 10×1.003, 공비가 1.003인 등비수열의 첫째항부터 제12항까지의 합이므로

$$S=10\times1.003\times\frac{1.003^{12}-1}{1.003-1}=10\times1.003\times\frac{0.036}{0.003}=\mathbf{120.36}\textbf{(만 원)}\ ■$$

Sub Note 024쪽

APPLICATION 091 어느 달 초 가격이 20만 원인 프린터를 12개월 할부로 구입하고 그달 말부터 매달 일정한 금액으로 12회 동안 나누어서 갚는다면 매달 갚아야 하는 금액을 구하여라.

(단, 월이율 1.5%, 1개월마다의 복리로 하고, $1.015^{12}=1.2$로 계산한다.)

원리합계를 계산할 때, 마지막으로 넣는 돈에 이자가 붙는지 안 붙는지 혼란스러워하는 학생들이 많다. 상식적으로 생각해 보자.

적립을 할 때는(**EXAMPLE 075**) 마지막 돈을 입금하고 한 달 후 이자가 붙으면 최종정산을 한다. 이자가 붙지 않는다면 돈을 굳이 예금할 필요가 없다. 반면 할부금을 갚을 때는 (**APPLICATION 091**) 마지막 돈을 지불하는 순간 채무관계는 끝난다. 이자가 붙을 이유가 없다.

이렇듯 원리합계 문제는 상식적으로 생각하면 충분히 문제를 분석할 수 있다. 따라서 **EXAMPLE 075**처럼 그림을 이용하여 해결하도록 하자. 굳이 복잡하게 공식화할 필요는 없다.

기 본 예 제 **등비수열**

069

(1) 등비수열 $\{a_n\}$에서 $a_2+a_5=90$, $a_3+a_6=180$일 때, a_6의 값을 구하여라.

(2) 첫째항이 2이고 공비가 3인 등비수열 $\{a_n\}$에서 처음으로 1000보다 큰 항은 제몇 항인지 구하여라.

GUIDE (1) 주어진 조건을 이용하여 첫째항과 공비를 구한다.

(2) 일반항을 구한 후 조건에 맞게 부등식을 세운다.

SOLUTION

(1) 첫째항을 a, 공비를 r라 하면

$a_2+a_5=ar+ar^4=90$ $\quad\therefore ar(1+r^3)=90$ …… ㉠

$a_3+a_6=ar^2+ar^5=180$ $\quad\therefore ar^2(1+r^3)=180$ …… ㉡

㉡÷㉠을 하면 $\dfrac{ar^2(1+r^3)}{ar(1+r^3)}=\dfrac{180}{90}$ $\quad\therefore r=2$

이를 ㉠에 대입하면 $18a=90$ $\quad\therefore a=5$

따라서 일반항은 $a_n=5\cdot 2^{n-1}$이므로

$a_6=5\cdot 2^5=$ **160** ■

(2) 첫째항이 2, 공비가 3인 등비수열의 일반항은 $a_n=2\cdot 3^{n-1}$이고

$a_n>1000$에서 $2\cdot 3^{n-1}>1000$, $3^{n-1}>500$

이때 $3^5=243$, $3^6=729$이므로 $n-1\geq 6$ $\quad\therefore n\geq 7$

따라서 등비수열 $\{a_n\}$에서 처음으로 1000보다 큰 항은 **제7항**이다. ■

유제

069-1 모든 항이 양수인 등비수열 $\{a_n\}$에서 $a_1a_5=9$, $a_3a_7=81$일 때, 243은 제몇 항인지 구하여라.

Sub Note 056쪽

유제

069-2 공비가 양수이고 제2항이 6, 제4항이 24인 등비수열에서 처음으로 $3\cdot 10^5$보다 커지는 항은 제몇 항인지 구하여라. (단, $\log 2=0.3$으로 계산한다.)

Sub Note 057쪽

기본예제 *등비중항*

070 오른쪽 그림과 같이 두 직선 l_1, l_2를 공통외접선으로 하고 서로 외접하는 5개의 원이 있다. 가장 큰 원의 반지름의 길이가 R, 가장 작은 원의 반지름의 길이가 r이다. 한가운데에 있는 원의 반지름의 길이를 r_m이라 할 때, r_m을 r, R에 관한 식으로 나타내어라.

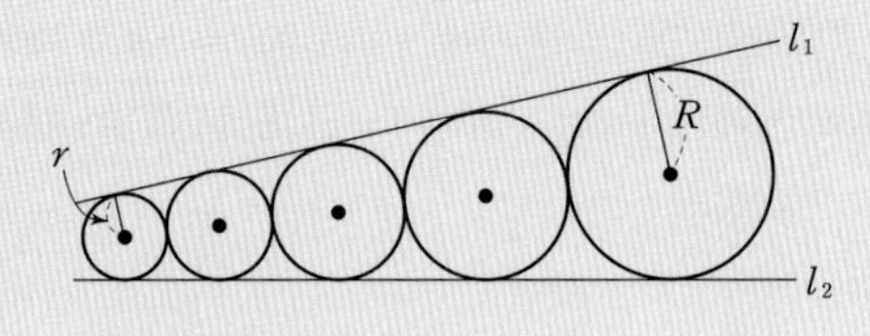

GUIDE 이웃한 세 개의 원에서 반지름의 길이 사이의 관계를 찾아 확장해 보자.

SOLUTION

먼저 이웃한 세 개의 원을 살펴보자.

세 개의 원의 반지름의 길이를 각각 r_1, r_2, r_3이라 하고, 점 A에서 선분 DF와 평행한 선분을 그을 때, $\overline{BE}$, $\overline{CF}$와 만나는 점을 각각 G, H라 하면 $\triangle AGB \backsim \triangle AHC$

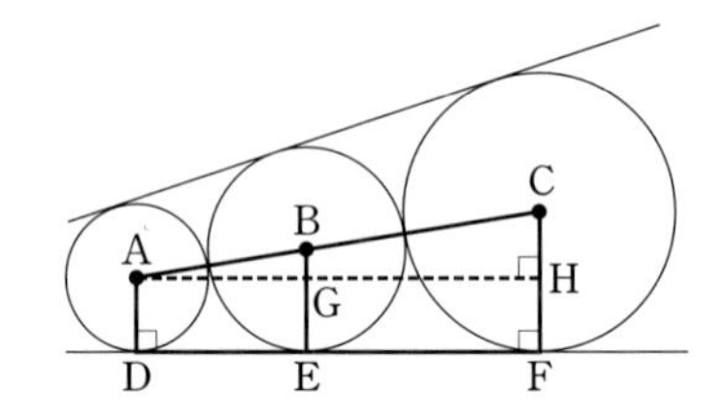

$\therefore \overline{AB} : \overline{BG} = \overline{AC} : \overline{CH}$

이때 $\overline{AB}=r_1+r_2$, $\overline{BG}=r_2-r_1$, $\overline{AC}=r_1+2r_2+r_3$, $\overline{CH}=r_3-r_1$이므로

$\overline{AB} : \overline{BG} = \overline{AC} : \overline{CH}$에서

$(r_1+r_2) : (r_2-r_1) = (r_1+2r_2+r_3) : (r_3-r_1)$

$(r_1+r_2)(r_3-r_1) = (r_2-r_1)(r_1+2r_2+r_3)$

$r_1r_3 - r_1^2 + r_2r_3 - r_1r_2 = r_1r_2 + 2r_2^2 + r_2r_3 - r_1^2 - 2r_1r_2 - r_1r_3$

$2r_1r_3 = 2r_2^2 \qquad \therefore r_2^2 = r_1r_3$

즉, 이웃한 세 개의 원의 반지름의 길이 r_1, r_2, r_3은 등비수열을 이룬다.

이에 따라 서로 외접하는 5개의 원의 반지름의 길이도 가장 작은 것부터 차례로 등비수열을 이룬다. 즉, r_m은 r와 R의 등비중항이다. $\qquad \therefore \boldsymbol{r_m = \sqrt{rR}}$ ■

유제 Sub Note 057쪽

070-1 네 수 12, a, b, 36에 대하여 a, b, 36이 이 순서대로 등차수열을 이루고, 12, a, b가 이 순서대로 등비수열을 이룰 때, $a+b$의 값을 구하여라. (단, $a>0$)

유제 Sub Note 057쪽

070-2 다항식 $f(x)=x^2+ax+4$를 일차식 $x-1$, x, $x+1$로 나누었을 때의 나머지가 이 순서대로 등비수열을 이룰 때, 양수 a의 값을 구하여라.

기 본 예 제　*등비수열의 응용*

071 (1) 등비수열을 이루는 세 실수의 합이 -7이고 세 실수의 곱이 27일 때, 가장 작은 수를 구하여라.

(2) 삼차방정식 $x^3+4x^2-8x+k=0$의 서로 다른 세 실근이 등비수열을 이룰 때, 상수 k의 값을 구하여라.

GUIDE 등비수열을 이루는 세 수를 a, ar, ar^2으로 놓고 a, r의 값을 구한다.

SOLUTION

(1) 등비수열을 이루는 세 실수를 a, ar, ar^2으로 놓으면

세 실수의 합이 -7이므로 $a+ar+ar^2=a(1+r+r^2)=-7$ ...... ㉠

또 세 실수의 곱이 27이므로 $a\cdot ar\cdot ar^2=(ar)^3=27$

$\therefore ar=3$ ($\because ar$는 실수) ...... ㉡

㉡에서 $a=\frac{3}{r}$이므로 ㉠에 대입하면

$\frac{3}{r}(1+r+r^2)=-7$, $3(1+r+r^2)=-7r$, $3r^2+10r+3=0$

$(r+3)(3r+1)=0$ $\therefore r=-3$ 또는 $r=-\frac{1}{3}$

$r=-3$일 때 $a=-1$, $r=-\frac{1}{3}$일 때 $a=-9$이므로 세 실수는 -1, 3, -9이다.

따라서 가장 작은 수는 $\mathbf{-9}$이다. ■

(2) 삼차방정식 $x^3+4x^2-8x+k=0$의 세 실근을 a, ar, ar^2으로 놓으면 삼차방정식의 근과 계수의 관계에 의하여

$a+ar+ar^2=a(1+r+r^2)=-4$ ...... ㉠

$a\cdot ar+ar\cdot ar^2+ar^2\cdot a=a^2r(1+r+r^2)=-8$ ...... ㉡

$a\cdot ar\cdot ar^2=(ar)^3=-k$ $\therefore k=-(ar)^3$ ...... ㉢

㉡$\div$㉠을 하면 $ar=2$

$ar=2$를 ㉢에 대입하면 $k=-2^3=\mathbf{-8}$ ■

유제 　　Sub Note 057쪽

071-1 등비수열을 이루는 세 실수의 합이 $\frac{7}{2}$이고 세 실수의 곱이 1일 때, 공비 r의 값을 구하여라. (단, r는 정수이다.)

기본예제 *등비수열의 활용*

072 오른쪽 그림과 같이 한 변의 길이가 12인 정사각형 모양의 종이가 있다. 첫 번째 시행에서 정사각형을 9등분하여 한가운데의 정사각형을 잘라 내고, 두 번째 시행에서는 첫 번째 시행의 결과로 남은 8개의 정사각형을 각각 다시 9등분하여 한가운데의 정사각형을 각각 잘라 낸다. 이와 같은 시행을 계속할 때, 20번째 시행 후 남아 있는 종이의 넓이는 $\frac{2^b}{3^a}$이다. 자연수 a, b에 대하여 $a+b$의 값을 구하여라.

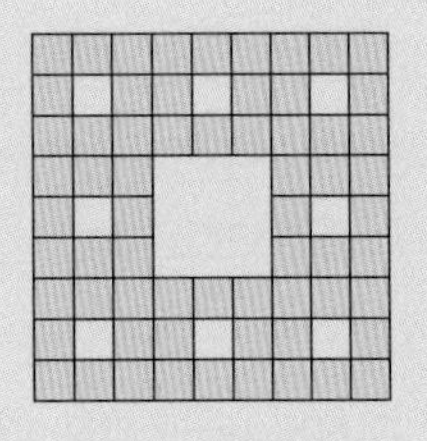

GUIDE 일정한 비율로 변하는 도형의 길이, 넓이, 부피 ➡ 처음 몇 개의 항을 나열하여 규칙을 파악한다.

SOLUTION

한 변의 길이가 12인 정사각형의 넓이는 $12^2=144$

첫 번째 시행 후 남아 있는 종이의 넓이는 $144\cdot\frac{8}{9}$

두 번째 시행 후 남아 있는 종이의 넓이는 $144\cdot\frac{8}{9}\cdot\frac{8}{9}=144\cdot\left(\frac{8}{9}\right)^2$

세 번째 시행 후 남아 있는 종이의 넓이는 $144\cdot\left(\frac{8}{9}\right)^2\cdot\frac{8}{9}=144\cdot\left(\frac{8}{9}\right)^3$

⋮

n번째 시행 후 남아 있는 종이의 넓이는 $144\cdot\left(\frac{8}{9}\right)^n$

즉, 20번째 시행 후 남아 있는 종이의 넓이는

$$144\cdot\left(\frac{8}{9}\right)^{20}=2^4\cdot3^2\cdot\frac{2^{60}}{3^{40}}=\frac{2^{64}}{3^{38}}$$

따라서 $a=38$, $b=64$이므로 $a+b=$**102** ■

유제 Sub Note 058쪽

072-1 어떤 세균을 1회 배양하면 그 수가 2배로 증가한다고 한다. 이 세균 3마리를 배양할 때, 이 세균이 768마리가 되려면 몇 회 배양해야 하는지 구하여라.

기 본 예 제 *등비수열의 합*

073 첫째항부터 제10항까지의 합이 10, 첫째항부터 제20항까지의 합이 40인 등비수열에서 첫째항부터 제30항까지의 합을 구하여라.

GUIDE 등비수열의 합 공식을 유도하는 과정에서 재귀성(내 속에 내가 있음)을 강조하였다. 이 성질을 이용하면 식을 간단하게 세울 수 있다.

SOLUTION

주어진 등비수열의 공비를 r라 하고, 일반항을 a_n이라 하면

$a_1+a_2+\cdots+a_{10}=10$, $a_1+a_2+\cdots+a_{20}=40$이므로

$$a_{11}+a_{12}+\cdots+a_{20}=r^{10}(a_1+a_2+\cdots+a_{10})=r^{10}\cdot 10=40-10=30$$

$$\therefore r^{10}=3$$

$$\therefore a_{21}+a_{22}+\cdots+a_{30}=r^{10}(a_{11}+a_{12}+\cdots+a_{20})=3\cdot 30=90$$

따라서 첫째항부터 제30항까지의 합은 $40+90=$ **130** ■

[다른 풀이] 주어진 등비수열의 첫째항을 a, 공비를 r, 첫째항부터 제n항까지의 합을 S_n이라 하자.

$S_{10}=10$에서 $\dfrac{a(1-r^{10})}{1-r}=10$ …… ㉠

$S_{20}=40$에서 $\dfrac{a(1-r^{20})}{1-r}=\dfrac{a(1-r^{10})(1+r^{10})}{1-r}=40$ …… ㉡

㉠을 ㉡에 대입하면

$$10(1+r^{10})=40,\ 1+r^{10}=4 \qquad \therefore r^{10}=3$$

$$\therefore S_{30}=\frac{a(1-r^{30})}{1-r}=\frac{a(1-r^{10})(1+r^{10}+r^{20})}{1-r}$$

$$=\frac{a(1-r^{10})}{1-r}\cdot(1+r^{10}+r^{20})=10(1+3+3^2)=10\cdot 13=130$$

유제

Sub Note 058쪽

073-1 첫째항이 4, 공비가 2인 등비수열에서 첫째항부터 제n항까지의 합이 처음으로 1000보다 커질 때, n의 값을 구하여라.

유제

Sub Note 058쪽

073-2 등비수열 $\{a_n\}$의 첫째항부터 제n항까지의 합을 S_n이라 할 때, $S_n=54$, $S_{2n}=72$이다. 이때 S_{3n}의 값을 구하여라.

기 본 예 제 **등비수열의 합과 일반항 사이의 관계**

074 첫째항부터 제n항까지의 합 S_n이 $S_n=5\cdot2^{n+1}+k$인 수열 $\{a_n\}$이 첫째항부터 등비수열을 이룰 때, 상수 k의 값을 구하여라.

GUIDE 수열 $\{a_n\}$의 첫째항부터 제n항까지의 합을 S_n이라 하면
$a_1=S_1,\ a_n=S_n-S_{n-1}\ (n\ge2)$

SOLUTION

$S_n=5\cdot2^{n+1}+k$에서

(i) $n\ge2$일 때

$$a_n=S_n-S_{n-1}=5\cdot2^{n+1}+k-(5\cdot2^n+k)$$
$$=5\cdot2^n(2-1)=5\cdot2^n \quad \cdots\cdots ㉠$$

(ii) $n=1$일 때

$$a_1=S_1=5\cdot2^2+k=20+k \quad \cdots\cdots ㉡$$

이때 첫째항부터 등비수열을 이루려면 ㉠에 $n=1$을 대입한 값이 ㉡과 같아야 하므로

$5\cdot2=20+k \qquad \therefore k=\mathbf{-10}$ ■

유제

074-1 첫째항부터 제n항까지의 합 S_n이 $S_n=3\cdot4^n+k$인 수열 $\{a_n\}$이 첫째항부터 등비수열을 이룰 때, 상수 k의 값을 구하여라.

Sub Note 058쪽

유제

074-2 수열 $\{a_n\}$의 첫째항부터 제n항까지의 합 S_n에 대하여 $\log_5(S_n+3)=n+1$을 만족시킬 때, a_1+a_4의 값을 구하여라.

Sub Note 058쪽

발전예제 *원리합계*

075 정부가 국가 차원의 위기 관리 비용을 마련하기 위해 예산의 일부를 2019년부터 매년 1월 1일 적립한다고 하자. 적립할 금액은 경제성장률을 감안하여 매년 전년도보다 6 %씩 증액한다. 2019년 1월 1일부터 10조 원을 적립하기 시작한다면, 2028년 12월 31일까지 적립된 금액의 원리합계는 몇 조 원인지 구하여라. (단, 연이율 6 %, 1년마다의 복리로 계산하고, 1.06^{10}은 1.8로 계산한다.)

GUIDE 앞서 강조한 것처럼 일단 타임라인을 그리고, 돈이 적립되는 시점을 정확히 표시한다.

SOLUTION

1년이 지날 때마다 적립할 금액이 1.06배씩 늘어나고 2019년 1월 1일부터 2028년 12월 31일까지는 10년의 시간차가 있다. 이 점에 주목하여 2028년 12월 31일을 기준으로 돈의 가치를 정산해 보면 다음 그림과 같다. (단위 : 조 원)

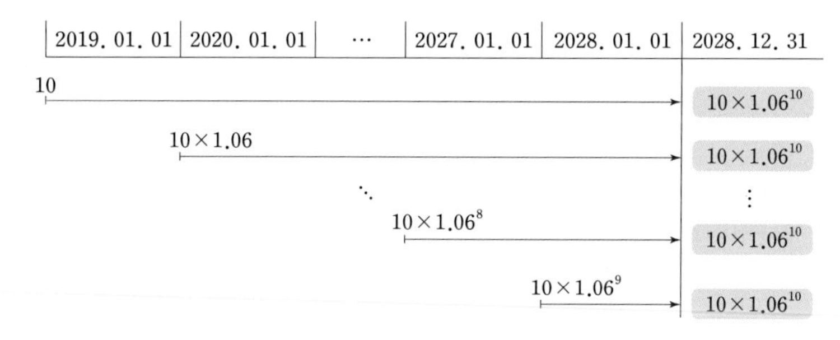

위 그림으로부터 10년간 적립된 금액의 원리합계 S는

$$S=10\times10\times1.06^{10}=100\times1.8=\mathbf{180}\textbf{(조 원)}$$ ■

Summa's Advice

이 문제의 서술 중 경제성장률을 감안하여 매년 적립할 금액을 6 %씩 증액한다는 표현이 있다. 이것이 바로 이자의 본질(물가상승률을 보정하여 돈의 가치를 일정하게 유지시켜주는 장치)이다. 각 적립액의 원리합계를 비교해 보면 결국 매년 같은 가치의 돈을 적립하고 있음을 확인할 수 있다.

유제

075-1 다음은 어느 회사의 연봉에 관한 규정이다. Sub Note 059쪽

> (가) 입사 첫해 연봉은 a원이고, 입사 19년째 해까지의 연봉은 해마다 직전 연봉에서 8 %씩 인상된다.
>
> (나) 입사 20년째 해부터의 연봉은 입사 19년째 해 연봉의 $\frac{2}{3}$로 고정된다.

이 회사에 입사한 사람이 28년 동안 근무하여 받는 연봉의 총합을 a에 대한 식으로 나타내어라.

(단, $1.08^{18}=4$로 계산한다.)

Review Quiz for

Ⅲ-1. 등차수열과 등비수열

Sub Note 122쪽

1. 다음 [ ] 안에 적절한 것을 채워 넣어라.

(1) 수열은 정의역이 [ ] 전체의 집합인 함수이다.

(2) 등차수열 $\{a_n\}$의 일반항은 n에 대한 [ ] 꼴로 표현된다.
이때 등차수열의 공차는 [ ]의 그래프의 기울기와 같다.

(3) 등차수열의 합을 간단히 표현하면 (평균)×( )이다.

(4) 0이 아닌 세 수 a, b, c가 이 순서대로 등비수열을 이룰 때 b를 a와 c의 [ ]이라 한다. 이때 $b^2=$[ ]이다.

2. 다음 문장이 참(true) 또는 거짓(false)인지 결정하고, 그 이유를 설명하거나 적절한 반례를 제시하여라.

(1) 이렇다 할 규칙 없이 무작위로 수가 나열되어있다면 수열이라 볼 수 없다.

(2) 어떤 수열 $\{a_n\}$의 첫째항부터 제n항까지의 합이 $S_n=n^2+n+1$이면 수열 $\{a_n\}$은 첫째항부터 등차수열이다.

(3) 일반항이 $a_n=2$로 주어진 수열 $\{a_n\}$은 등비수열이다.

(4) 두 양수 a, b에 대하여 a, x, b는 이 순서대로 등차수열, a, y, b는 이 순서대로 등비수열을 이루면 $x \geq y$이다.

3. 다음 물음에 대한 답을 간단히 서술하여라.

(1) 수열 $\{a_n\}$의 첫째항부터 제n항까지의 합 S_n을 안다면, 이로부터 반드시 수열 $\{a_n\}$의 일반항 a_n을 구할 수 있다. 이때 $n \geq 2$인 경우와 $n=1$인 경우로 구분하는 이유를 설명하여라.

(2) 서로 다른 네 개의 미지수가 등차수열을 이룬다고 가정하자. 대칭성이 쉽게 드러나도록 네 개의 미지수를 표기하는 방법에 대해 설명하여라.

Sub Note 123쪽

등차수열 **01**

수열 $\{a_n\}$은 첫째항이 0, 공차가 3인 등차수열이고, 수열 $\{b_n\}$은 첫째항이 500, 공차가 -7인 등차수열이다. 이때 $a_k=b_k$를 만족시키는 자연수 k의 값은?

① 50 ② 51 ③ 52 ④ 53 ⑤ 54

등차수열 **02**

세 실수 a, b, c가 이 순서대로 등차수열을 이루고 다음 조건을 만족시킬 때, abc의 값을 구하여라.

(가) $\dfrac{2^a\times2^c}{2^b}=32$ (나) $a+c+ac=26$

등차수열의 합 **03** 서술형

등차수열 $\{a_n\}$의 첫째항부터 제n항까지의 합을 S_n이라 할 때, $S_8=24$, $S_{14}=-420$이다. 이때 S_{10}의 값을 구하여라.

등차수열의 합 **04**

일반항이 $a_n=25-n\log_5 2$인 수열 $\{a_n\}$의 첫째항부터 제n항까지의 합이 최대일 때의 n의 값을 구하여라. (단, $\log 2=0.3$으로 계산한다.)

등비수열 **05**

두 수열 $\{a_n\}$, $\{b_n\}$이 공비가 각각 2, 3인 등비수열일 때, 다음 보기의 수열 중 등비수열인 것을 모두 고른 것은?

보기

ㄱ. $\left\{\dfrac{2}{3}a_n\right\}$ ㄴ. $\{a_n-b_n\}$ ㄷ. $\{2b_n-b_{n+1}\}$

① ㄱ ② ㄷ ③ ㄱ, ㄴ
④ ㄱ, ㄷ ⑤ ㄱ, ㄴ, ㄷ

등비수열 **06**

모든 항이 양수인 등비수열 $\{a_n\}$에 대하여 $a_2=5$, $a_{10}=80$일 때, $\frac{a_5}{a_1}$의 값은?

① $\sqrt{2}$ ② 2 ③ $2\sqrt{2}$ ④ 4 ⑤ $4\sqrt{2}$

등비수열 **07**

오른쪽 그림과 같이 점 O가 중심이고 선분 AB가 지름인 반원이 있다. 호 AB 위의 점 C에 대하여 선분 AC, OC, BC의 길이가 이 순서대로 등비수열을 이룰 때, $\left(\frac{\overline{OC}}{\overline{AC}}\right)^2$의 값은?

(단, $\overline{AC}<\overline{OC}<\overline{BC}$)

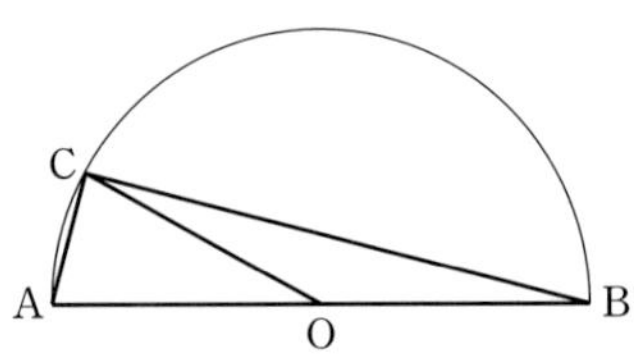

① $1+\sqrt{2}$ ② $1+\sqrt{3}$ ③ $2+\sqrt{2}$
④ $2+\sqrt{3}$ ⑤ $3+\sqrt{2}$

등비수열의 합 **08**

다항식 $f(x)=x^7+x^6+\cdots+x+1$을 $x-1$로 나눈 몫을 $Q(x)$라 할 때, $Q(2)$의 값을 구하여라.

원리합계 **09**

연이율 8%, 1년마다의 복리로 2019년 초부터 매년 초에 2만 원씩 적립할 때, 2030년 말의 원리합계를 구하여라. (단, $1.08^{12}=2.5$로 계산한다.)

수열의 합과 일반항 사이의 관계 **10**

수열 $\{a_n\}$의 첫째항부터 제n항까지의 합 S_n이 다음과 같이 주어졌을 때, 첫째항부터 등차수열 또는 등비수열을 이루는 것을 보기에서 있는 대로 고른 것은?

보기

ㄱ. $S_n=n^2-3n+2$
ㄴ. $S_n=2n^2+n$
ㄷ. $S_n=2\cdot3^n-1$
ㄹ. $S_n=\frac{3}{4}(5^n-1)$

① ㄱ, ㄷ ② ㄱ, ㄹ ③ ㄴ, ㄷ
④ ㄴ, ㄹ ⑤ ㄷ, ㄹ

Sub Note 126쪽

01 오른쪽 표의 빈칸에 알맞은 수를 써넣어, 각 행의 네 수가 등차수열을 이루고, 동시에 각 열의 네 수도 등차수열을 이루도록 할 때, $x+y$의 값을 구하여라.

1			
		10	
			21
	12	x	y

02 서술형

삼차방정식 $x^3+(3-a)x^2+(b^2-10)x+2a-4=0$의 서로 다른 세 실근이 공차가 3인 등차수열을 이룰 때, 자연수 a와 b의 곱 ab를 구하여라.

03 수학 교과서의 본문에 있는 문제를 모두 풀기 위해 다음과 같은 두 가지 계획을 세웠다. 수학 교과서의 본문에 있는 문제의 총수를 구하여라.

> (가) 첫 번째 계획 : 첫날에 8문제, 다음 날은 그 전날보다 x문제씩 더 풀면 22일째에는 나머지 13문제만 풀면 된다.
> (나) 두 번째 계획 : 첫날에 12문제, 다음 날은 그 전날보다 x문제씩 더 풀면 21일째에는 나머지 1문제만 풀면 된다.

04 5 이상 15 이하의 수 중 5를 분모로 하는 기약분수의 총합을 구하여라.

05 자연수 1, 2, 3, $\cdots$, 100 중에서 10과 서로소인 자연수를 모두 더한 값은?

① 1900 ② 2000 ③ 2100 ④ 2200 ⑤ 2300

06

오른쪽 그림과 같이 밑변의 길이, 높이가 각각 5, 3인 직각삼각형 ABC의 내부에 선분 BC를 $(n+1)$등분하는 점을 지나고 선분 BC에 수직인 n개의 선분을 그을 때, 이 n개의 선분의 길이의 총합은?

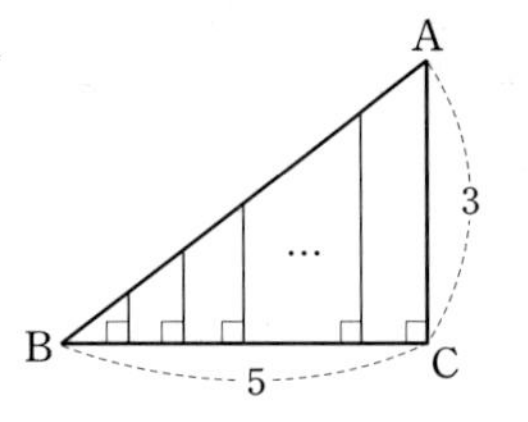

① n ② $\frac{3}{2}n$ ③ $\sqrt{3}n$

④ $2n$ ⑤ $\sqrt{5}n$

07

등차수열 $\{x_n\}$과 등비수열 $\{y_n\}$에 대하여 두 수열의 첫째항, 제2항, 제4항이 서로 같고 $y_3=8$, $x_3 \neq y_3$일 때, x_3을 구하여라.

08

50장의 카드에 각각 1부터 50까지의 자연수가 적혀 있다. 이 중 3개를 뽑아 작은 수부터 차례로 나열한다고 할 때, 이 3개의 수가 공비가 자연수인 등비수열을 이루는 경우의 수를 구하여라.

09

$a_1a_2a_3a_4 \neq 0$이고 $(a_1^2+a_2^2+a_3^2)(a_2^2+a_3^2+a_4^2)=(a_1a_2+a_2a_3+a_3a_4)^2$을 만족시키는 a_1, a_2, a_3, a_4가 이 순서대로 등비수열을 이룸을 증명하여라.

10

각 항이 0이 아닌 등비수열 $\{a_n\}$의 첫째항부터 제n항까지의 합을 S_n, 첫째항부터 제n항까지의 곱을 P_n, 그리고 첫째항부터 제n항까지 각 항의 역수의 합을 T_n이라 하자. 수열 $\{a_n\}$의 공비가 1이 아닐 때, $P_n^2=\left(\frac{S_n}{T_n}\right)^n$이 성립함을 증명하여라.

내신 · 모의고사 대비 TEST → 386쪽

01 합의 기호 $\sum$

SUMMA CUM LAUDE

ESSENTIAL LECTURE

1 합의 기호 $\sum$

수열 $\{a_n\}$의 첫째항부터 제n항까지의 합 $a_1+a_2+a_3+\cdots+a_n$을 합의 기호 $\sum$를 사용하여 다음과 같이 나타낸다.

$$a_1+a_2+a_3+\cdots+a_n=\sum_{k=1}^{n} a_k$$

2 $\sum$의 성질

두 수열 $\{a_n\}$, $\{b_n\}$과 상수 c에 대하여 다음이 성립한다.

(1) $\sum_{k=1}^{n}(a_k \pm b_k)=\sum_{k=1}^{n} a_k \pm \sum_{k=1}^{n} b_k$ (복부호 동순)

(2) $\sum_{k=1}^{n} ca_k=c\sum_{k=1}^{n} a_k$, $\sum_{k=1}^{n} c=cn$

1 합의 기호 $\sum$

고대 그리스의 위대한 수학자 디오판토스의 묘비에는

> '이 묘에 묻힌 사람은 생애의 6분의 1은 소년이었고, 그 후 12분의 1이 지나 수염이 났으며 또 다시 7분의 1이 지나서 결혼을 하였다. 결혼한 지 5년 뒤에 아들이 태어났으나 아들은 아버지의 반밖에 살지 못했다. 그는 아들이 죽은 후 4년 후에 세상을 떠났다.'

라는 수수께끼와 같은 글이 새겨져 있다. 글을 통해 디오판토스가 몇 살까지 살았는지 구하는 것은 당시 사람들에게는 결코 만만치 않은 문제였으리라 짐작된다. 하지만 현대 수학의 힘을 빌어 적절한 미지수를 도입하면 중학교 1학년도 풀 수 있는 간단한 문제가 되어버린다. 즉, 디오판토스의 나이를 x로 놓으면 묘비의 글은

$$\frac{1}{6}x+\frac{1}{12}x+\frac{1}{7}x+5+\frac{1}{2}x+4=x$$

라는 간단한 일차방정식으로 표현된다. 이처럼 적절한 표기법을 사용하여 주어진 상황을 잘 요약하면 우리는 효과적이고 간결하게 사고할 수 있다. 다시 말해 사고방식을 훈련하는 수학에서 '어떻게 표기할 것인가?' 라는 문제는 독자들이 생각하는 것 이상으로 중요한 문제이다.

이제부터 우리는 수열 $\{a_n\}$의 첫째항부터 제n항까지의 합 $a_1+a_2+a_3+\cdots+a_n$을 간단히

$$\boldsymbol{a_1+a_2+a_3+\cdots+a_n=\sum_{k=1}^{n} a_k}$$ ❶

로 나타낸다. 수학자들이 이러한 표기법을 사용하는 이유는 명확하다. 편리하기 때문이다. $\sum$는 그리스 문자 '시그마'로 영어 알파벳의 S에 대응한다. 합(Summation)의 첫 글자를 딴 것으로 앞서 우리가 수열의 합을 S_n이라 표기했던 것과 일맥상통한다.❷

또한 위 표기법의 우변 a_k에서 등장하는 문자 k는 수열의 일반항을 표현하기 위해 임시로 도입한 문자(dummy variables)이다. 우변을 직접 풀어 쓴 좌변에선 k가 전혀 나타나지 않으므로 우변에서 수열의 일반항을 나타날 때 상황에 따라 적절한 문자 i나 m을 사용하여

$$\sum_{i=1}^{n} a_i,\ \sum_{m=1}^{n} a_m$$

등으로 나타내도 무방하다. 이상의 내용을 종합하면 합의 기호 $\sum$ 속에 담긴 이미지를 다음과 같이 정리할 수 있다.

$$\sum_{k=1}^{n} a_k$$

3. 여기까지 (끝항 번호)

4. 빠짐없이 더하라.

1. 일반항이 이렇게 주어진 수열(n 대신 k를 대입한 식)을

2. 첫째항부터 (시작항 번호)

EXAMPLE 076 다음을 기호 $\sum$를 사용하지 않은 합의 꼴로 나타내어라.

(1) $\sum_{k=1}^{5} 2^k$ (2) $\sum_{i=3}^{7} i(i+1)$

ANSWER (1) $\sum_{k=1}^{5} 2^k=\mathbf{2^1+2^2+2^3+2^4+2^5}$ ■

(2) $\sum_{i=3}^{7} i(i+1)=\mathbf{3\cdot4+4\cdot5+5\cdot6+6\cdot7+7\cdot8}$ ■

[참고] 기호 $\sum$ 위에 쓴 수가 항의 개수가 아님에 주의하자.

$\sum_{k=m}^{n} a_k$에서 더하는 항의 개수는 $n-(m-1)$이다.

❶ $m\le n$일 때 수열 $\{a_n\}$의 제m항부터 제n항까지의 합은 $\sum_{k=m}^{n} a_k$로 나타낸다.

❷ 수학 Ⅱ에서 배우는 적분 단원에서 S를 길게 늘여 쓴 $\int$라는 기호를 만나게 될 것이다. 이 기호 역시 근본적인 의미는 "어디서부터 어디까지 더하라."이다.

APPLICATION 092 다음 식을 기호 $\sum$를 사용하여 나타내어라. Sub Note 025쪽

(1) $2\cdot3\cdot4+4\cdot5\cdot6+6\cdot7\cdot8+\cdots+16\cdot17\cdot18+18\cdot19\cdot20$

(2) $-2+4-8+\cdots-512+1024$

2 $\sum$의 성질

복소수 범위에서 덧셈은 교환법칙과 결합법칙이 성립하는 연산이다. 교환법칙과 결합법칙이 성립한다는 것은 덧셈으로 유한개의 수가 연결되어 있을 때 어떤 순서로 연산하건 최종적인 결과는 같음을 의미한다. $\sum$는 수의 합이므로 교환법칙과 결합법칙은 $\sum$ 계산에서도 그대로 적용된다. 즉, 두 수열 $\{a_n\}$, $\{b_n\}$에 대하여 다음이 성립한다.

$$(1)\ \sum_{k=1}^{n}(a_k+b_k)=\begin{matrix}(a_1+b_1)\\+\\(a_2+b_2)\\+\\\vdots\\+\\(a_n+b_n)\end{matrix}=\begin{pmatrix}a_1\\+\\a_2\\+\\\vdots\\+\\a_n\end{pmatrix}+\begin{pmatrix}b_1\\+\\b_2\\+\\\vdots\\+\\b_n\end{pmatrix}=\sum_{k=1}^{n}a_k+\sum_{k=1}^{n}b_k$$

위 과정에서 b_k 대신 $-b_k$를 대입하여도 똑같은 논리를 적용할 수 있으므로 다음 식 또한 당연히 성립한다.

$$\sum_{k=1}^{n}(a_k-b_k)=\sum_{k=1}^{n}a_k-\sum_{k=1}^{n}b_k$$

또한 우리는 복소수 범위에서 덧셈과 곱셈의 분배법칙 $x(y+z)=xy+xz$가 성립한다는 사실을 알고 있다. 이를 바탕으로 $\sum$에서 수열 $\{a_n\}$과 상수 c에 대하여 다음이 성립한다.

$$(2)\ \sum_{k=1}^{n}ca_k=ca_1+ca_2+\cdots+ca_n=c(a_1+a_2+\cdots+a_n)=c\sum_{k=1}^{n}a_k$$

특히 위 식에서 $a_n=1$인 경우를 생각하면 $\sum_{k=1}^{n}c=\sum_{k=1}^{n}(c\times1)=c\sum_{k=1}^{n}1=cn$이 된다.

$\sum$의 성질

두 수열 $\{a_n\}$, $\{b_n\}$과 상수 c에 대하여 다음이 성립한다.

(1) $\sum_{k=1}^{n}(a_k\pm b_k)=\sum_{k=1}^{n}a_k\pm\sum_{k=1}^{n}b_k$ (복부호 동순)

(2) $\sum_{k=1}^{n}ca_k=c\sum_{k=1}^{n}a_k$, $\sum_{k=1}^{n}c=cn$

EXAMPLE 077 $\sum_{k=1}^{20} a_k=1$, $\sum_{k=1}^{20} b_k=2$일 때, 다음을 구하여라.

(1) $\sum_{k=1}^{20} (4a_k+1)$

(2) $\sum_{k=1}^{20} (12a_k-b_k)$

ANSWER 덧셈에서의 교환법칙과 결합법칙, 덧셈과 곱셈의 분배법칙 등이 $\sum$에서도 그대로 적용된다.

(1) $\sum_{k=1}^{20} (4a_k+1)=\sum_{k=1}^{20} 4a_k+\sum_{k=1}^{20} 1=4\sum_{k=1}^{20} a_k+1\cdot 20=4\cdot 1+20=\mathbf{24}$ ■

(2) $\sum_{k=1}^{20} (12a_k-b_k)=\sum_{k=1}^{20} 12a_k-\sum_{k=1}^{20} b_k=12\sum_{k=1}^{20} a_k-\sum_{k=1}^{20} b_k=12\cdot 1-2=\mathbf{10}$ ■

Sub Note 025쪽

APPLICATION **093** $\sum_{k=1}^{n} a_k=4n$, $\sum_{k=1}^{n} b_k=8n$일 때, $\sum_{k=1}^{n} (4a_k-3b_k+5)$를 n에 대한 식으로 나타내어라.

마지막으로 처음 $\sum$의 성질을 배울 때, 많은 학생들이 자주 오해하는 등식이 하나 있어서 간단히 확인하겠다. 다음 식에서 좌변과 우변은 일반적으로 같지 않다.

$$\sum_{k=1}^{n} a_k b_k \neq \left(\sum_{k=1}^{n} a_k\right)\left(\sum_{k=1}^{n} b_k\right)$$

$\sum$의 성질은 곱셈, 나눗셈에 대해서는 성립하지 않는다.

예컨대 $a_n=b_n=1$인 경우를 생각해 보면

$$\text{좌변} : \sum_{k=1}^{n} a_k b_k=\sum_{k=1}^{n} 1=n$$

$$\text{우변} : \left(\sum_{k=1}^{n} a_k\right)\left(\sum_{k=1}^{n} b_k\right)=n^2$$

임을 쉽게 확인할 수 있다. 주의하자!

기 본 예 제 *합의 기호 $\sum$ 의 뜻과 성질*

076

(1) $\sum_{k=1}^{n}(a_{2k-1}+a_{2k})=n(n+2)$일 때, $\sum_{k=1}^{20}a_k$의 값을 구하여라.

(2) $\sum_{k=1}^{10}(a_k+b_k)^2=50$, $\sum_{k=1}^{10}(a_k-b_k)^2=14$일 때, $\sum_{k=1}^{10}a_kb_k$의 값을 구하여라.

GUIDE (1) 주어진 식의 좌변을 $\sum$를 사용하지 않고 나타내 본다.

(2) $\sum$의 기본 성질을 이용하여 계산한다.

① $\sum_{k=1}^{n}(a_k\pm b_k)=\sum_{k=1}^{n}a_k\pm\sum_{k=1}^{n}b_k$ (복부호 동순)

② $\sum_{k=1}^{n}ca_k=c\sum_{k=1}^{n}a_k$, $\sum_{k=1}^{n}c=cn$ (단, c는 상수)

SOLUTION

(1) $\sum_{k=1}^{n}(a_{2k-1}+a_{2k})=n(n+2)$에서

$$(a_1+a_2)+(a_3+a_4)+\cdots+(a_{2n-1}+a_{2n})=n(n+2)$$

따라서 $\sum_{k=1}^{2n}a_k=n(n+2)$이므로 양변에 $n=10$을 대입하면

$$\sum_{k=1}^{20}a_k=10\cdot12=\mathbf{120}\ ■$$

(2) $\sum_{k=1}^{10}(a_k+b_k)^2=\sum_{k=1}^{10}(a_k^2+2a_kb_k+b_k^2)$

$$=\sum_{k=1}^{10}a_k^2+2\sum_{k=1}^{10}a_kb_k+\sum_{k=1}^{10}b_k^2=50 \quad \cdots\cdots ㉠$$

$\sum_{k=1}^{10}(a_k-b_k)^2=\sum_{k=1}^{10}(a_k^2-2a_kb_k+b_k)^2$

$$=\sum_{k=1}^{10}a_k^2-2\sum_{k=1}^{10}a_kb_k+\sum_{k=1}^{10}b_k^2=14 \quad \cdots\cdots ㉡$$

㉠−㉡을 하면 $4\sum_{k=1}^{10}a_kb_k=36$ $\therefore \sum_{k=1}^{10}a_kb_k=\mathbf{9}$ ■

유제

076-❶ $a_1=5$, $\sum_{k=1}^{10}(a_{2k}+a_{2k+1})=100$일 때, $\sum_{k=1}^{21}a_k$의 값을 구하여라.

Sub Note 059쪽

유제

076-❷ $\sum_{k=1}^{20}a_k=4$, $\sum_{k=1}^{20}a_k^2=10$일 때, $\sum_{k=1}^{20}(3a_k+2)^2$의 값을 구하여라.

Sub Note 059쪽

기본예제 Σ를 이용하여 수열의 합 구하기

077

수열 9, 99, 999, 9999, …의 첫째항부터 제10항까지의 합은?

① $\frac{1}{9}(10^{10}-91)$ ② $\frac{1}{9}(10^{10}-100)$ ③ $\frac{1}{9}(10^{11}-91)$

④ $\frac{1}{9}(10^{11}-100)$ ⑤ $\frac{1}{9}(10^{12}-109)$

GUIDE 먼저 수열 9, 99, 999, 9999, … 의 규칙을 찾아 일반항을 구하여 Σ의 식으로 나타낸다.

SOLUTION

수열 9, 99, 999, 9999, … 의 규칙을 찾아보면

$9=10^1-1,\ 99=100-1=10^2-1,\ 999=1000-1=10^3-1,$

$9999=10000-1=10^4-1,\ \cdots$

이므로 주어진 수열의 제k항을 a_k라 하면

$a_k=10^k-1$

이때 수열 $\{a_k\}$의 첫째항부터 제10항까지의 합을 S_{10}이라 하고, S_{10}을 Σ의 식으로 나타내면

$$S_{10}=\sum_{k=1}^{10}a_k=\sum_{k=1}^{10}(10^k-1)=\sum_{k=1}^{10}10^k-\sum_{k=1}^{10}1=\sum_{k=1}^{10}10^k-10$$

$\sum_{k=1}^{10}10^k$은 첫째항이 10, 공비가 10인 등비수열의 첫째항부터 제10항까지의 합을 의미하므로

$$S_{10}=\frac{10(10^{10}-1)}{10-1}-10=\frac{1}{9}(10^{11}-10)-10$$

$$=\mathbf{\frac{1}{9}(10^{11}-100)}\ ■$$

유제 Sub Note 059쪽

077-1 수열 1, 1+2, 1+2+4, 1+2+4+8, …의 첫째항부터 제8항까지의 합을 구하여라.

발전예제 $\sum$의 성질을 이용하여 식의 값 구하기

078 $\sum_{k=1}^{75}(2k-3)^2-\sum_{k=1}^{78}9+12\sum_{k=1}^{75}k-\sum_{k=2}^{76}(2k-2)^2$의 값을 구하여라.

GUIDE $\sum$의 기본 성질을 이용하여 계산한다.

SOLUTION

주어진 식을 간단히 만들기 위해 각 항을 $\sum_{k=1}^{75}$로 통일시켜 보자.

$$\sum_{k=1}^{78}9=\underbrace{9+9+\cdots+9}_{75\text{개}}+9+9+9=\sum_{k=1}^{75}9+27$$

$$\sum_{k=2}^{76}(2k-2)^2=2^2+4^2+6^2+\cdots+150^2=\sum_{k=1}^{75}(2k)^2$$

따라서 $\sum$의 기본 성질을 이용하여 식을 간단히 하면

$$\sum_{k=1}^{75}(2k-3)^2-\sum_{k=1}^{78}9+12\sum_{k=1}^{75}k-\sum_{k=2}^{76}(2k-2)^2$$

$$=\sum_{k=1}^{75}(4k^2-12k+9)-\left(\sum_{k=1}^{75}9+27\right)+\sum_{k=1}^{75}12k-\sum_{k=1}^{75}(2k)^2$$

$$=\sum_{k=1}^{75}(4k^2-12k+9-9+12k-4k^2)-27$$

$$=\sum_{k=1}^{75}0-27=\mathbf{-27}\ ■$$

Summa's Advice

위 문제에서 $\sum$의 기본 성질을 이용하지 않고 뒤에서 배울 '자연수의 거듭제곱의 합'을 이용하여 결과를 도출할 수는 있지만 시간이 상당히 많이 걸리므로 비효율적이다. 시험에서 단순히 복잡한 계산만을 요구하는 문제는 거의 출제되지 않는다고 생각해도 좋다. 만약 문제에서 주어진 식이 지나치게 복잡한 형태를 띠고 있다면 이는 적절한 방법을 통해 효율적으로 계산할 수 있는 식으로 변형이 가능하다는 것을 의미하므로 막무가내로 계산하지 말고 식을 스캔하여 계획을 세운 후 연필을 움직이자.

유제

078-1 $\sum_{k=5}^{14}3(k-4)^2-\sum_{k=1}^{10}(3k+k^3)-\sum_{k=9}^{20}22+\sum_{k=1}^{10}(k-1)^3$의 값을 구하여라.

Sub Note 060쪽

02 여러 가지 수열의 합

SUMMA CUM LAUDE

ESSENTIAL LECTURE

1 자연수의 거듭제곱의 합

(1) $1+2+3+\cdots+n=\sum_{k=1}^{n}k=\frac{n(n+1)}{2}$

(2) $1^2+2^2+3^2+\cdots+n^2=\sum_{k=1}^{n}k^2=\frac{n(n+1)(2n+1)}{6}$

(3) $1^3+2^3+3^3+\cdots+n^3=\sum_{k=1}^{n}k^3=\left\{\frac{n(n+1)}{2}\right\}^2$

2 여러 가지 수열의 합(소거형)

(1) $\sum_{k=1}^{n}\frac{1}{k(k+1)}=\sum_{k=1}^{n}\left(\frac{1}{k}-\frac{1}{k+1}\right)$

(2) $\sum_{k=1}^{n}\frac{1}{\sqrt{k}+\sqrt{k+1}}=\sum_{k=1}^{n}(\sqrt{k+1}-\sqrt{k})$

1 자연수의 거듭제곱의 합 (수능 고빈도 출제)

앞서 수열 첫 단원에서 수열 $\{a_n\}$의 일반항 a_n과 첫째항부터 제n항까지의 합 S_n의 관계를 설명하면서, 합 S_n이 주어졌을 때는 수열의 일반항 $a_n=S_n-S_{n-1}$을 반드시 구할 수 있지만, 반대로 수열의 일반항 a_n이 주어졌을 때 합 S_n을 구하는 것은 결코 쉬운 일이 아님을 언급하였다.

예를 들어 그 어떤 수학자도 다음 수열의 합이 무엇인지 아직 알지 못한다.

$$1+\frac{1}{2^5}+\frac{1}{3^5}+\frac{1}{4^5}+\cdots+\frac{1}{n^5}+\cdots$$

한 번 더 강조하지만 고등학교 수학에서 첫째항부터 제n항까지의 수열의 합을 n에 관한 식으로 나타낼 수 있는 경우는 등차수열, 등비수열, 자연수의 거듭제곱과 소거형뿐이다. 이번 단원에서는 **자연수의 거듭제곱과 소거형**에 대해 알아보겠다. 자연수의 거듭제곱의 합은 $\sum$의 계산에서 꼭 필요한 식이니 집중해서 학습하도록 하자.

다음은 반드시 기억해두어야 할 자연수의 거듭제곱의 합에 관한 세 공식이다.

자연수의 거듭제곱의 합

(1) $1+2+3+\cdots+n=\sum_{k=1}^{n} k=\frac{n(n+1)}{2}$

(2) $1^2+2^2+3^2+\cdots+n^2=\sum_{k=1}^{n} k^2=\frac{n(n+1)(2n+1)}{6}$

(3) $1^3+2^3+3^3+\cdots+n^3=\sum_{k=1}^{n} k^3=\left\{\frac{n(n+1)}{2}\right\}^2$

위 공식 중 (2), (3)을 증명하는 널리 알려진 방법으로 항등식

$$(k+1)^3-k^3=3k^2+3k+1,\ (k+1)^4-k^4=4k^3+6k^2+4k+1$$

을 사용하는 것이 있지만 잠시 뒤로 미룬다. 처음 수열을 공부하는 학생들에게는 아무래도 딱딱하고 잘 와 닿지 않을 것 같아서 「Proofs Without Words」라는 멋진 책[3]에서 다루고 있는 시각적인 증명을 먼저 소개하겠다.

(1) $1+2+\cdots+n=\sum_{k=1}^{n} k$는 첫째항이 1이고, 공차가 1인 등차수열에서 첫째항부터 제n항까지의 합이다. 앞서 강조한 것처럼 등차수열의 합은 (평균)×(항의 개수)이므로 $\frac{n+1}{2}\times n=\frac{n(n+1)}{2}$이다.

자연수의 합과 자연수의 합을 다음과 같이 빈틈없이 맞추면 직사각형이 된다. 이로부터 $2\sum_{k=1}^{n} k=n(n+1)$임을 이해할 수 있다.

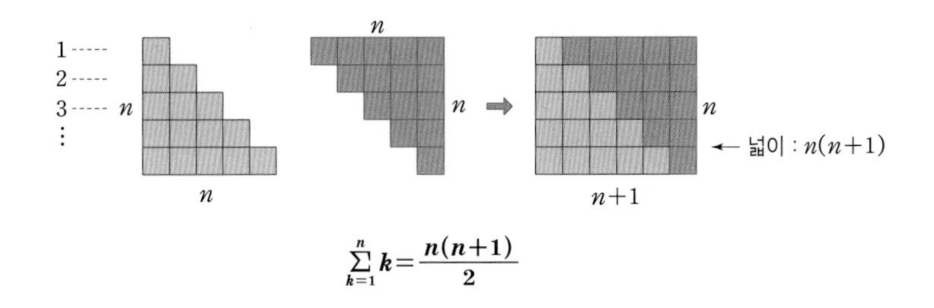

$$\sum_{k=1}^{n} k=\frac{n(n+1)}{2}$$

[3] 이 책은 국내에서도 "말이 필요 없는 증명"(로저 넬슨 지음, 조영주 옮김, W미디어)이라는 제목으로 번역 출간되었다. 수학에 흥미를 가지고 있는 학생이라면 이 책에도 한 번 관심을 가져 보길. 독자들이 아직 배우지 않은 내용도 간간히 있겠지만, 이해할 수 있는 내용 위주로 발췌해서 보더라도 수학적인 사고 방식을 키우는 데 큰 도움이 될 것이다.

(2) $\sum_{k=1}^{n} k^2$의 일반항 k^2을 다음 그림에서 각 층별 정육면체의 개수로 이해하자.

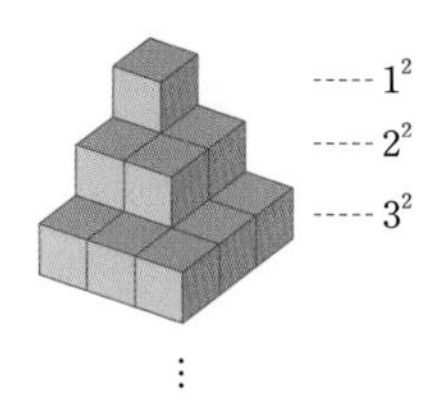

그러면 $\sum_{k=1}^{n} k^2$은 층층이 쌓인 탑과 같고, 다음 그림처럼 탑 모양 3개를 정교하게 재배열하면 직육면체가 된다.

이로부터 $3\sum_{k=1}^{n} k^2 = n(n+1)\left(n+\frac{1}{2}\right)$임을 이해할 수 있다.

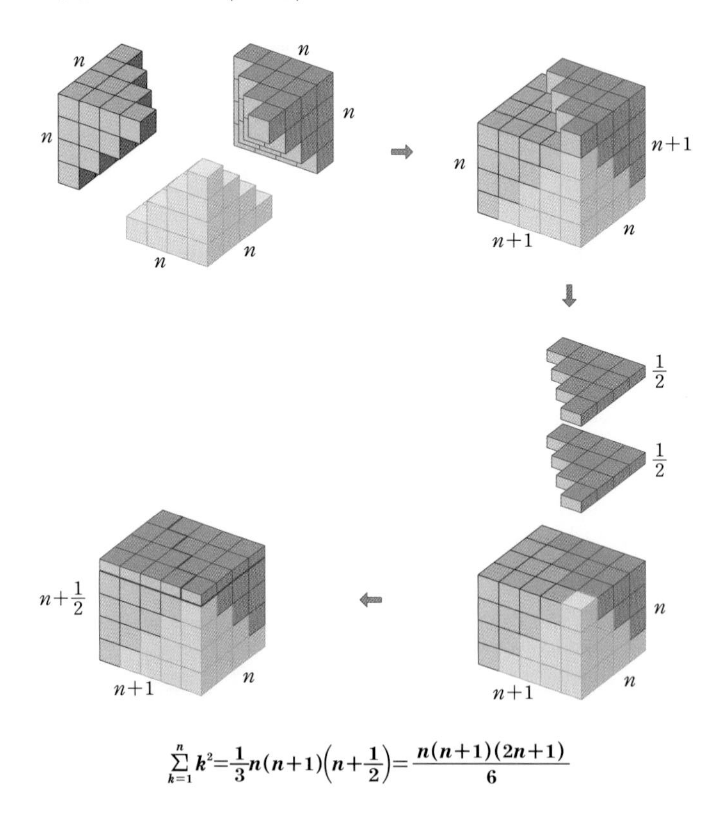

$$\sum_{k=1}^{n} \boldsymbol{k^2} = \frac{1}{3}\boldsymbol{n(n+1)}\left(\boldsymbol{n}+\frac{1}{2}\right) = \frac{\boldsymbol{n(n+1)(2n+1)}}{6}$$

(3) $\sum_{k=1}^{n} k^3$의 일반항 k^3을 한 모서리의 길이가 k인 정육면체로 이해하자. 다음 그림처럼 블록을 재배열하면 $\sum_{k=1}^{n} k^3 = \left\{\sum_{k=1}^{n} k\right\}^2 = \left\{\frac{n(n+1)}{2}\right\}^2$임을 이해할 수 있다.

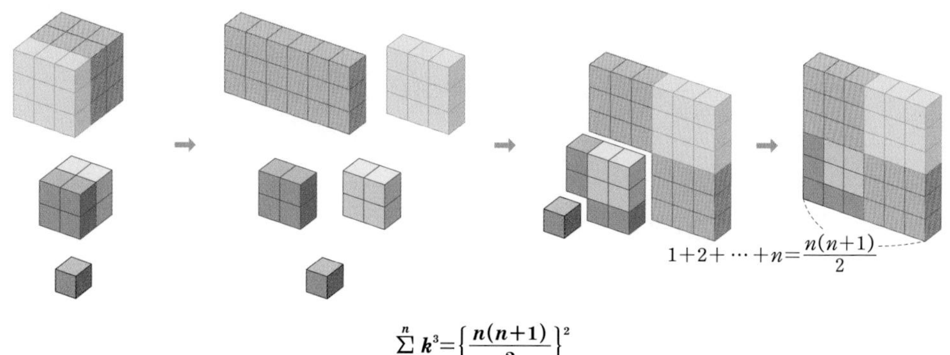

$$\sum_{k=1}^{n} k^3=\left\{\frac{n(n+1)}{2}\right\}^2$$

다음은 자연수의 거듭제곱의 합의 공식 (2), (3)을 항등식을 이용하여 증명한 것이다.

(2) 항등식 $(k+1)^3-k^3=3k^2+3k+1$에 $k=1, 2, 3, \cdots, n$을 차례로 대입한 후 변끼리 더하면

$$\begin{array}{rl} & 2^3-1^3=3\cdot1^2+3\cdot1+1 \\ & 3^3-2^3=3\cdot2^2+3\cdot2+1 \\ & 4^3-3^3=3\cdot3^2+3\cdot3+1 \\ & \quad\vdots \\ +) & (n+1)^3-n^3=3\cdot n^2+3\cdot n+1 \\ \hline & (n+1)^3-1^3=3\sum_{k=1}^{n}k^2+3\sum_{k=1}^{n}k+\sum_{k=1}^{n}1 \end{array}$$

이때 $\sum_{k=1}^{n}k=\dfrac{n(n+1)}{2}$, $\sum_{k=1}^{n}1=n$이므로

$$n^3+3n^2+3n=3\sum_{k=1}^{n}k^2+3\cdot\frac{n(n+1)}{2}+n$$

$$3\sum_{k=1}^{n}k^2=n^3+3n^2+3n-3\cdot\frac{n(n+1)}{2}-n=n^3+\frac{3}{2}n^2+\frac{1}{2}n$$

$$\therefore \sum_{k=1}^{n}k^2=\frac{1}{3}n^3+\frac{1}{2}n^2+\frac{1}{6}n=\frac{2n^3+3n^2+n}{6}=\frac{n(n+1)(2n+1)}{6}$$

(3) (2)와 같은 방법으로 항등식 $(k+1)^4-k^4=4k^3+6k^2+4k+1$에 $k=1, 2, 3, \cdots, n$을 차례로 대입한 후 변끼리 더하여 정리하면 $\sum_{k=1}^{n}k^3=\left\{\dfrac{n(n+1)}{2}\right\}^2$임을 알 수 있다. (325쪽의 **Review Quiz**로 남겨두었다.)

EXAMPLE 078 다음 식의 값을 구하여라.

(1) $1^2+2^2+3^2+\cdots+10^2$　　(2) $1^3+2^3+3^3+\cdots+8^3$

(3) $\sum_{k=1}^{7}(6k-2)$　　(4) $\sum_{k=1}^{5}(k^2-2k^3)$

ANSWER (1) $1^2+2^2+3^2+\cdots+10^2=\sum_{k=1}^{10}k^2=\frac{10(10+1)(2\cdot10+1)}{6}=\mathbf{385}$ ■

(2) $1^3+2^3+3^3+\cdots+8^3=\sum_{k=1}^{8}k^3=\left\{\frac{8(8+1)}{2}\right\}^2=\mathbf{1296}$ ■

(3) $\sum_{k=1}^{7}(6k-2)=6\sum_{k=1}^{7}k-\sum_{k=1}^{7}2=6\cdot\frac{7(7+1)}{2}-2\cdot7$
$=168-14=\mathbf{154}$ ■

(4) $\sum_{k=1}^{5}(k^2-2k^3)=\sum_{k=1}^{5}k^2-2\sum_{k=1}^{5}k^3=\frac{5(5+1)(2\cdot5+1)}{6}-2\left\{\frac{5(5+1)}{2}\right\}^2$
$=55-450=\mathbf{-395}$ ■

APPLICATION **094** 다음 식의 값을 구하여라. Sub Note 025쪽

(1) $1+2+3+\cdots+15$　　(2) $6^2+7^2+8^2+\cdots+15^2$

(3) $\sum_{k=1}^{10}(k+2)(k+1)$　　(4) $\sum_{k=1}^{7}(k^3+1)$

2 여러 가지 수열의 합(소거형)

마지막으로 **소거형**에 대해 공부하겠다. 고등 수학(하)의 유리함수와 무리함수에서 공부했던 부분분수로의 분해, 분모의 유리화

$$\frac{1}{AB}=\frac{1}{B-A}\left(\frac{1}{A}-\frac{1}{B}\right),\ \frac{1}{\sqrt{A}+\sqrt{B}}=\frac{\sqrt{A}-\sqrt{B}}{A-B}\ (\text{단, } A\neq B)$$

를 기억하고 있는가? 이 식을 이용하면 때때로 마치 긴 망원경을 접어 짧게 만드는 것처럼 수열의 합을 간단하게 정리할 수 있다.[4]

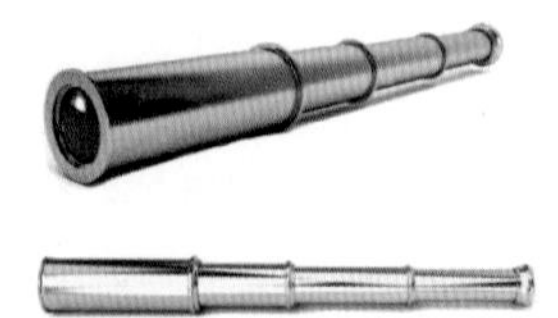

다음은 부분분수로의 분해 또는 분모의 유리화를 이용하여 수열의 합을 구한 것이다.

[4] 이 때문에 이런 유형의 수열의 합(=급수)을 가리켜 망원경급수(Telescoping Series)라 부르기도 한다.

$$\frac{1}{1\cdot2}+\frac{1}{2\cdot3}+\cdots+\frac{1}{n(n+1)}=\left(1-\frac{1}{2}\right)+\left(\frac{1}{2}-\frac{1}{3}\right)+\cdots+\left(\frac{1}{n}-\frac{1}{n+1}\right)$$

$$=1-\frac{1}{n+1}=\frac{n}{n+1}$$ ← 짧아졌다!

$$\frac{1}{\sqrt{1}+\sqrt{2}}+\frac{1}{\sqrt{2}+\sqrt{3}}+\cdots+\frac{1}{\sqrt{n}+\sqrt{n+1}}$$

$$=(\sqrt{2}-\sqrt{1})+(\sqrt{3}-\sqrt{2})+\cdots+(\sqrt{n+1}-\sqrt{n})=\sqrt{n+1}-1$$ ← 짧아졌다!

다음 문제들은 위의 좌변과 비슷한 식을 $\sum$로 표현했을 뿐이다.

EXAMPLE 079 다음 식의 값을 구하여라.

(1) $\displaystyle\sum_{k=1}^{20}\frac{1}{(2k-1)(2k+1)}$ (2) $\displaystyle\sum_{k=1}^{10}\frac{1}{\sqrt{k+2}+\sqrt{k}}$

ANSWER $\frac{1}{AB}$ 꼴 또는 $\frac{1}{\sqrt{A}+\sqrt{B}}$ 꼴일 때에는 부분분수로의 분해나 분모의 유리화를 통해 식을 변형하여 덧셈식으로 나타내 본다.

(1) 부분분수로의 분해를 이용하여 식을 변형하면

$$\sum_{k=1}^{20}\frac{1}{(2k-1)(2k+1)}=\sum_{k=1}^{20}\frac{1}{(2k+1)-(2k-1)}\left(\frac{1}{2k-1}-\frac{1}{2k+1}\right)$$

$$=\frac{1}{2}\sum_{k=1}^{20}\left(\frac{1}{2k-1}-\frac{1}{2k+1}\right)$$

$$=\frac{1}{2}\left(\frac{1}{1}-\frac{1}{3}+\frac{1}{3}-\frac{1}{5}+\frac{1}{5}-\frac{1}{7}+\cdots+\frac{1}{37}-\frac{1}{39}+\frac{1}{39}-\frac{1}{41}\right)$$

$$=\frac{1}{2}\left(1-\frac{1}{41}\right)=\frac{1}{2}\cdot\frac{40}{41}=\mathbf{\frac{20}{41}}$$ ■

(2) 분모의 유리화를 이용하여 식을 변형하면

$$\sum_{k=1}^{10}\frac{1}{\sqrt{k+2}+\sqrt{k}}=\sum_{k=1}^{10}\frac{\sqrt{k+2}-\sqrt{k}}{(\sqrt{k+2}+\sqrt{k})(\sqrt{k+2}-\sqrt{k})}$$

$$=\frac{1}{2}\sum_{k=1}^{10}(\sqrt{k+2}-\sqrt{k})$$

$$=\frac{1}{2}(\sqrt{3}-\sqrt{1}+\sqrt{4}-\sqrt{2}+\sqrt{5}-\sqrt{3}+\cdots+\sqrt{11}-\sqrt{9}+\sqrt{12}-\sqrt{10})$$

$$=\mathbf{\frac{1}{2}(-1-\sqrt{2}+\sqrt{11}+2\sqrt{3})}$$ ■

APPLICATION 095 다음 식의 값을 구하여라. Sub Note 026쪽

(1) $\displaystyle\sum_{k=1}^{6}\frac{2}{k(k+2)}$ (2) $\displaystyle\sum_{k=1}^{8}\frac{1}{\sqrt{k+1}+\sqrt{k+2}}$

기본 예제 $\sum$로 표현된 여러 가지 수열의 합

079 다음 식을 간단히 하여라.

(1) $\sum_{k=1}^{n} k(k-1)$ (2) $\sum_{k=n+1}^{2n} k^2$ (3) $\sum_{l=1}^{n} \left\{ \sum_{k=1}^{10} (k+2l) \right\}$ (4) $\sum_{k=1}^{n} \left(\sum_{j=1}^{5} jk^2 \right)$

GUIDE (1), (2) $\sum$의 성질과 자연수의 거듭제곱의 합의 공식을 이용한다.

(3), (4) 상수인 것과 상수가 아닌 것을 구분하여 괄호 안부터 차례로 계산한다.

SOLUTION

(1) $\sum_{k=1}^{n} k(k-1) = \sum_{k=1}^{n} (k^2-k) = \sum_{k=1}^{n} k^2 - \sum_{k=1}^{n} k$

$= \frac{n(n+1)(2n+1)}{6} - \frac{n(n+1)}{2}$

$= n(n+1)\left(\frac{2n+1}{6} - \frac{1}{2} \right)$

$= \boldsymbol{\frac{n(n+1)(n-1)}{3}}$ ■

(2) $\sum_{k=n+1}^{2n} k^2$은 $k=1$부터 $k=2n$까지의 합에서 $k=1$부터 $k=n$까지의 합을 뺀 것이므로

$\sum_{k=n+1}^{2n} k^2 = \sum_{k=1}^{2n} k^2 - \sum_{k=1}^{n} k^2 = \frac{2n(2n+1)(4n+1)}{6} - \frac{n(n+1)(2n+1)}{6}$

$= \frac{n(2n+1)}{6}\{2(4n+1)-(n+1)\}$

$= \boldsymbol{\frac{n(2n+1)(7n+1)}{6}}$ ■

(3) { } 안에 있는 $\sum_{k=1}^{10} (k+2l)$에서 미지수 l은 $\sum$ 아래의 k와 관계가 없으므로 상수로 취급하여 다음과 같이 계산한다.

$\sum_{k=1}^{10} (k+2l) = \sum_{k=1}^{10} k + \sum_{k=1}^{10} 2l = \frac{10 \cdot 11}{2} + 2l \cdot 10 = 55 + 20l$

$\therefore \sum_{l=1}^{n} \left\{ \sum_{k=1}^{10} (k+2l) \right\} = \sum_{l=1}^{n} (55+20l) = \sum_{l=1}^{n} 55 + 20\sum_{l=1}^{n} l$

$= 55n + 20 \cdot \frac{n(n+1)}{2}$

$= 10n^2 + 65n = \boldsymbol{5n(2n+13)}$ ■

(4) ( ) 안에 있는 $\sum_{j=1}^{5} jk^2$에서 미지수 k는 $\sum$ 아래의 j와 관계가 없으므로 상수로 취급하여 다음과 같이 계산한다.

$$\sum_{j=1}^{5} jk^2 = k^2 \sum_{j=1}^{5} j = k^2 \cdot \frac{5 \cdot 6}{2} = 15k^2$$

$$\therefore \sum_{k=1}^{n} \left(\sum_{j=1}^{5} jk^2 \right) = 15 \sum_{k=1}^{n} k^2 = 15 \cdot \frac{n(n+1)(2n+1)}{6}$$

$$= \mathbf{\frac{5n(n+1)(2n+1)}{2}}$$ ■

유제
079-1 다음 수열의 첫째항부터 제n항까지의 합을 구하여라. Sub Note 060쪽

(1) $2^2,\ 5^2,\ 8^2,\ 11^2,\ \cdots$

(2) $2 \cdot 3 \cdot 4,\ 3 \cdot 5 \cdot 8,\ 4 \cdot 7 \cdot 12,\ \cdots$

유제
079-2 다음 식의 값을 구하여라. Sub Note 060쪽

(1) $\sum_{l=1}^{10} \left\{ \sum_{k=1}^{10} (k+l) \right\}$

(2) $\sum_{j=1}^{10} \left(\sum_{i=1}^{5} j^2 2^{i-1} \right)$

(3) $\sum_{i=1}^{19} \left\{ \sum_{j=1}^{5} (-1)^{i-1}(2j-1) \right\}$

기본 예제 여러 가지 수열의 합(소거형)

080 다음 수열의 첫째항부터 제n항까지의 합을 구하여라.

(1) $\frac{3}{1\cdot4}$, $\frac{3}{4\cdot7}$, $\frac{3}{7\cdot10}$, $\frac{3}{10\cdot13}$, $\cdots$

(2) $\frac{1}{\sqrt{2}+\sqrt{4}}$, $\frac{1}{\sqrt{4}+\sqrt{6}}$, $\frac{1}{\sqrt{6}+\sqrt{8}}$, $\frac{1}{\sqrt{8}+\sqrt{10}}$, $\cdots$

GUIDE 주어진 수열의 일반항을 구한 다음 (1) 부분분수로의 분해 또는 (2) 분모를 유리화한 후 $k=1, 2, 3, \cdots, n$을 대입한다.

SOLUTION

(1) 주어진 수열의 일반항을 a_n이라 하면

$$a_n=\frac{3}{(3n-2)(3n+1)}=\frac{1}{3n-2}-\frac{1}{3n+1}$$

따라서 수열 $\{a_n\}$의 첫째항부터 제n항까지의 합은

$$\sum_{k=1}^{n}a_k=\sum_{k=1}^{n}\left(\frac{1}{3k-2}-\frac{1}{3k+1}\right)$$
$$=\left(\frac{1}{1}-\frac{1}{4}\right)+\left(\frac{1}{4}-\frac{1}{7}\right)+\cdots+\left(\frac{1}{3n-2}-\frac{1}{3n+1}\right)$$
$$=1-\frac{1}{3n+1}=\boldsymbol{\frac{3n}{3n+1}}\ \blacksquare$$

(2) 주어진 수열의 일반항을 a_n이라 하면

$$a_n=\frac{1}{\sqrt{2n}+\sqrt{2n+2}}=\frac{\sqrt{2n+2}-\sqrt{2n}}{2}$$

따라서 수열 $\{a_n\}$의 첫째항부터 제n항까지의 합은

$$\sum_{k=1}^{n}a_k=\sum_{k=1}^{n}\frac{\sqrt{2k+2}-\sqrt{2k}}{2}$$
$$=\frac{1}{2}\left\{(\sqrt{4}-\sqrt{2})+(\sqrt{6}-\sqrt{4})+\cdots+(\sqrt{2n+2}-\sqrt{2n})\right\}=\boldsymbol{\frac{\sqrt{2n+2}-\sqrt{2}}{2}}\ \blacksquare$$

유제
080-1 다음 수열의 첫째항부터 제n항까지의 합을 구하여라. Sub Note 061쪽

(1) $\frac{1}{2^2-1}$, $\frac{1}{4^2-1}$, $\frac{1}{6^2-1}$, $\frac{1}{8^2-1}$, $\cdots$

(2) $\frac{1}{1\cdot2}$, $\frac{2}{1\cdot2+2\cdot3}$, $\frac{3}{1\cdot2+2\cdot3+3\cdot4}$, $\frac{4}{1\cdot2+2\cdot3+3\cdot4+4\cdot5}$, $\cdots$

(3) $\frac{1}{\sqrt{2}+2}$, $\frac{1}{2\sqrt{3}+3\sqrt{2}}$, $\frac{1}{3\sqrt{4}+4\sqrt{3}}$, $\frac{1}{4\sqrt{3}+5\sqrt{4}}$, $\cdots$

기본 예제 *조건이 주어진 수열의 합*

081 모든 자연수 n에 대하여 $a_n \neq 0$인 수열 $\{a_n\}$이 공차가 2인 등차수열일 때,

$\frac{1}{a_1a_2}+\frac{1}{a_2a_3}+\frac{1}{a_3a_4}+\cdots+\frac{1}{a_9a_{10}}$을 a_1과 a_{10}을 사용하여 간단히 나타내어라.

GUIDE 부분분수로의 분해를 이용하여 단순한 형태로 식을 변형해 보자.

SOLUTION

부분분수로의 분해를 이용하면

$$\frac{1}{a_na_{n+1}}=\frac{1}{a_{n+1}-a_n}\left(\frac{1}{a_n}-\frac{1}{a_{n+1}}\right)$$

이때 수열 $\{a_n\}$이 등차수열이고 그 공차가 2이므로

$$a_{n+1}-a_n=2$$

$$\therefore \frac{1}{a_na_{n+1}}=\frac{1}{2}\left(\frac{1}{a_n}-\frac{1}{a_{n+1}}\right)$$

$$\therefore \frac{1}{a_1a_2}+\frac{1}{a_2a_3}+\frac{1}{a_3a_4}+\cdots+\frac{1}{a_9a_{10}}$$

$$=\sum_{k=1}^{9}\frac{1}{2}\left(\frac{1}{a_k}-\frac{1}{a_{k+1}}\right)$$

$$=\frac{1}{2}\left(\frac{1}{a_1}-\frac{1}{a_2}+\frac{1}{a_2}-\frac{1}{a_3}+\cdots+\frac{1}{a_9}-\frac{1}{a_{10}}\right)$$

$$=\mathbf{\frac{1}{2}\left(\frac{1}{a_1}-\frac{1}{a_{10}}\right)} \blacksquare$$

Sub Note 061쪽

유제

081-1 각 항이 0이 아닌 수열 $\{a_n\}$에서 $\frac{1}{a_1}=1$, $\frac{1}{a_{11}}=10$이고 $\frac{1}{a_1}$, $\frac{1}{a_2}$, $\frac{1}{a_3}$, $\cdots$, $\frac{1}{a_{11}}$이 이 순서대로 등차수열을 이룰 때, $a_1a_2+a_2a_3+a_3a_4+\cdots+a_{10}a_{11}$의 값을 구하여라.

발전예제 ***∑로 표현된 수열의 합과 일반항 사이의 관계***

082

수열 $\{a_n\}$에 대하여

$$\sum_{k=1}^{n} ka_k=180n(n=1,\ 2,\ 3,\ \cdots)$$

일 때, $\sum_{k=1}^{89} \frac{a_k}{k+1}$의 값을 구하여라.

GUIDE 수열 $\{a_n\}$에 대하여 $\sum_{k=1}^{n} a_k$가 주어질 때 이는 앞에서 배운 수열의 합 S_n의 다른 표현임을 바로 알아야 한다. 이때 $a_1=S_1$, $a_n=S_n-S_{n-1}$임을 이용한다.

SOLUTION

$$a_1+2a_2+3a_3+\cdots+na_n=180n \qquad \cdots\cdots ㉠$$

$$a_1+2a_2+3a_3+\cdots+(n-1)a_{n-1}=180(n-1) \qquad \cdots\cdots ㉡$$

㉠−㉡을 하면

$$na_n=180n-180(n-1)=180(n\geq 2) \qquad \cdots\cdots ㉢$$

㉠에 $n=1$을 대입하면 $a_1=180$이고, 이것은 ㉢에 $n=1$을 대입한 것과 같으므로

수열 $\{a_n\}$의 일반항은 $a_n=\frac{180}{n}$

$$\therefore \sum_{k=1}^{89} \frac{a_k}{k+1}=\sum_{k=1}^{89} \frac{180}{k(k+1)}=180\sum_{k=1}^{89}\left(\frac{1}{k}-\frac{1}{k+1}\right)$$

$$=180\left\{\left(1-\frac{1}{2}\right)+\left(\frac{1}{2}-\frac{1}{3}\right)+\cdots+\left(\frac{1}{89}-\frac{1}{90}\right)\right\}$$

$$=180\left(1-\frac{1}{90}\right)=\mathbf{178}\ \blacksquare$$

유제

082-1 수열 $\{a_n\}$에 대하여 $\sum_{k=1}^{n} a_k=n^2+3n$일 때, 다음 식의 값을 구하여라.

Sub Note 062쪽

(1) $\sum_{k=1}^{10} a_{2k}$

(2) $\sum_{k=1}^{8} \frac{1}{a_k a_{k+1}}$

유제

Sub Note 062쪽

082-2 수열 $\{a_n\}$의 각 항에 대하여 오른쪽 그림과 같은 삼각형을 만든다. 즉, n번째 항 a_n에 대하여 제1행에는 a_1을 n개, 제2행에는 a_2를 $(n-1)$개, 제3행에는 a_3을 $(n-2)$개, $\cdots$, 제n행에는 a_n을 1개 나열한다. 나열한 모든 수들의 합이 $\frac{n(n+1)(2n+1)}{2}$일 때, a_{41}의 값을 구하여라.

[제 1 행] $a_1 \quad a_1 \quad a_1 \quad \cdots \quad a_1$

[제 2 행] $a_2 \quad a_2 \quad \cdots \quad a_2$

[제 3 행] $a_3 \quad \cdots \quad a_3$

$\vdots \qquad \vdots$

[제 n 행] a_n

Review Quiz

SUMMA CUM LAUDE

Sub Note 129쪽

1. 다음 [ ] 안에 적절한 것을 채워 넣어라.

(1) 고등학교 수학에서 수열의 첫째항부터 제n항까지의 합 S_n을 n에 관한 식으로 나타낼 수 있는 경우는 등차수열, 등비수열, [ ], [ ]뿐이다.

(2) 1부터 n까지의 자연수의 제곱의 합은 [ ]이고,
1부터 n까지의 자연수의 세제곱의 합은 [ ]이다.

(3) $\sum_{k=1}^{n} \frac{1}{k(k+1)}$을 구할 때에는 [ ]를 이용한다. 이를 이용하면 마치 긴 망원경을 접어 짧게 만드는 것처럼 수열의 합을 간단하게 정리할 수 있다.

➡ $\sum_{k=1}^{n} \frac{1}{k(k+1)}=1-$[ ]

2. 다음이 참(true) 또는 거짓(false)인지 결정하고, 그 이유를 설명하거나 적절한 반례를 제시하여라.

(1) $\sum_{k=1}^{n} ka_k=k\sum_{k=1}^{n} a_k$이다.

(2) $\sum_{k=1}^{n} a_kb_k=\sum_{k=1}^{n} a_k\sum_{k=1}^{n} b_k$이다.

(3) $\sum_{k=1}^{8} \frac{1}{k(k+2)}=\frac{29}{45}$ 이다.

3. 다음 물음에 대한 답을 간단히 서술하여라.

(1) $\sum_{k=1}^{n} a_k=\sum_{i=1}^{n} a_i=\sum_{j=1}^{n} a_j$가 성립함을 설명하여라.

(2) $\sum_{k=1}^{n} k^3=\left\{\frac{n(n+1)}{2}\right\}^2$임을 항등식 $(k+1)^4-k^4=4k^3+6k^2+4k+1$을 이용하여 증명하여라.

Sub Note 130쪽

합의 기호 Σ **01**

함수 $f(x)$에 대하여 $f(30)=200$, $f(1)=40$일 때, $\sum_{k=1}^{29} f(k+1)-\sum_{k=2}^{30} f(k-1)$의 값을 구하여라.

합의 기호 Σ **02**

등식 $\sum_{k=1}^{20} \frac{6^k+2^k}{3^k}=a\cdot 2^{20}+b\left(\frac{2}{3}\right)^{20}$을 만족시키는 상수 a, b에 대하여 $a-b$의 값을 구하여라.

합의 기호 Σ **03**

$\sum_{k=1}^{10} {a_k}^2=30$, $\sum_{k=1}^{10} a_k=10$일 때, $\sum_{k=1}^{10} (2a_k-x)^2=90$을 만족시키는 모든 실수 x의 값의 합을 구하여라.

자연수의 거듭제곱의 합 **04**

첫째항이 -1이고 공차가 3인 등차수열 $\{a_n\}$에 대하여 $\sum_{k=5}^{20} a_k$의 값을 구하여라.

자연수의 거듭제곱의 합 **05** 서술형

수열 1, $1+3$, $1+3+5$, $1+3+5+7$, $\cdots$의 첫째항부터 제12항까지의 합을 구하여라.

자연수의 거듭제곱의 합

06 $\left(1+\frac{1}{n}\right)^2+\left(1+\frac{2}{n}\right)^2+\left(1+\frac{3}{n}\right)^2+\cdots+\left(1+\frac{n}{n}\right)^2$을 간단히 하여라.

자연수의 거듭제곱의 합

07 임의의 두 실수 a, b에 대하여 연산 $a \circledcirc b$를 다음과 같이 정의하자.

$$a \circledcirc b=\begin{cases} a & (a>b) \\ b^2 & (a \le b) \end{cases}$$

이때 $\sum_{k=1}^{10} k(k \circledcirc 4)$의 값을 구하여라.

분수 꼴인 수열의 합

08 $3^{\frac{1}{1+\sqrt{2}}} \times 3^{\frac{1}{\sqrt{2}+\sqrt{3}}} \times 3^{\frac{1}{\sqrt{3}+\sqrt{4}}} \times \cdots \times 3^{\frac{1}{\sqrt{48}+\sqrt{49}}}$의 값을 구하여라.

분수 꼴인 수열의 합

09 자연수 n에 대하여 이차방정식 $x^2-4x+(2n-1)(2n+1)=0$의 두 근을 α_n, β_n이라 할 때, $\sum_{n=1}^{10}\left(\frac{1}{\alpha_n}+\frac{1}{\beta_n}\right)$의 값을 구하여라.

수열의 합과 일반항 사이의 관계

10 수열 $\{a_n\}$에 대하여 $\sum_{k=1}^{n} a_k=2^n-1$일 때, $\sum_{k=1}^{5} a_{2k+1}$의 값을 구하여라.

Sub Note 132쪽

01 다음과 같이 규칙적으로 나열된 수가 있다. 제1행부터 제20행까지의 모든 수의 합은?

$$\begin{array}{c} 1 \\ 1\quad 2\quad 1 \\ 1\quad 2\quad 3\quad 2\quad 1 \\ 1\quad 2\quad 3\quad 4\quad 3\quad 2\quad 1 \\ \vdots \\ 1\quad 2\quad 3\quad \cdots\quad 19\quad 20\quad 19\quad \cdots\quad 3\quad 2\quad 1 \end{array} \qquad \begin{array}{c} [제1행] \\ [제2행] \\ [제3행] \\ [제4행] \\ \vdots \\ [제20행] \end{array}$$

① 2850 ② 2860 ③ 2870 ④ 2880 ⑤ 2890

02 자연수 n에 대하여 점 $\mathrm{A}(0,\ n)$을 지나고 y축에 수직인 직선이 함수 $y=\log_3(x-3)$의 그래프와 만나는 점을 B, 점 B에서 x축에 내린 수선의 발을 C라 하자. 또한 함수 $y=\log_3(x-3)$의 그래프가 x축과 만나는 점을 D라 하자. 선분 CD의 길이를 a_n이라 할 때, $\sum_{n=1}^{5} a_n$의 값을 구하여라.

03 방정식 $x^3-1=0$의 한 허근을 ω라 하자. 모든 자연수 n에 대하여 ω^n의 실수 부분을 a_n이라 정의할 때, $\sum_{k=1}^{40} a_k a_{k+1} a_{k+2}$의 값을 구하여라.

04 자연수 n에 대하여 3^n을 5로 나누었을 때의 나머지를 a_n이라 할 때, $\sum_{k=1}^{50} a_k$의 값을 구하여라.

05 $\sum_{n=1}^{100}(-1)^n\tan\frac{n}{3}\pi$의 값을 구하여라.

06 서술형

수열 $\{a_n\}$이 $a_1=3$, $a_n=8n-4\ (n\geq 2)$를 만족시킨다. 수열 $\{a_n\}$의 첫째항부터 제n항까지의 합을 S_n이라 할 때, $\sum_{n=1}^{10}\frac{1}{S_n}$의 값을 구하여라.

07 임의의 자연수 n에 대하여 a_n은 양수이고, $a_1^2+a_2^2+\cdots+a_n^2=2n^2-n$을 만족시키는 수열 $\{a_n\}$에 대하여 $\sum_{k=1}^{20}\frac{1}{a_k+a_{k+1}}$의 값을 구하여라.

08 등차수열 $\{a_n\}$이 $\sum_{k=1}^{n}a_{2k-1}=3n^2+n$을 만족시킬 때, a_8의 값은?

① 16 ② 19 ③ 22 ④ 25 ⑤ 28

09 모든 항이 양수인 수열 $\{a_n\}$에 대하여

$$\sum_{k=1}^{n}k\log a_k=n^2-n$$

이 성립한다. $\log a_m$의 소수 부분이 0.9일 때, m의 값을 구하여라.

10 첫째항이 2이고, 각 항이 양수인 수열 $\{a_n\}$의 첫째항부터 제n항까지의 합을 S_n이라 하자. $\sum_{k=1}^{10}\frac{a_{k+1}}{S_kS_{k+1}}=\frac{1}{3}$일 때, S_{11}의 값은? [평가원 기출]

① 6 ② 7 ③ 8 ④ 9 ⑤ 10

내신 · 모의고사 대비 TEST 388쪽

01 수학적 귀납법

SUMMA CUM LAUDE

ESSENTIAL LECTURE

1 수열의 귀납적 정의

(1) 첫째항 또는 처음 몇 개의 항과 이웃하는 항들 사이의 관계식으로 수열을 정의하는 것을 수열의 귀납적 정의라 한다.

(2) 수열을 귀납적으로 정의하였을 때 이웃한 항 사이의 관계식을 점화식이라 한다.

2 수학적 귀납법

자연수 n에 대한 명제 $p(n)$이 모든 자연수 n에 대하여 성립함을 증명하려면 다음 두 가지를 보이면 충분하다.

(i) $n=1$일 때 명제 $p(n)$이 성립한다.

(ii) $n=k$일 때 명제 $p(n)$이 성립한다고 가정하면 $n=k+1$일 때도 명제 $p(n)$이 성립한다.

이와 같은 증명 방법을 수학적 귀납법이라 한다.

1 수열의 귀납적 정의

수열의 규칙을 표현하는 방법에는 크게 두 가지가 있다. 하나는 지금까지 봐 왔던 **일반항**으로 표현하는 방법이고, 다른 하나는 **수열의 귀납적 정의**, 다른 말로 **점화식**을 이용하는 방법이다.

수열의 귀납적 정의(inductive definition)란

(1) 첫째항 또는 처음 몇 개의 항

(2) 이웃하는 항들 a_n, a_{n+1}, $\cdots$ 사이의 관계식[1]

으로 수열 $\{a_n\}$을 정의하는 방식이다. 예를 들어 수열 $\{a_n\}$이

$$\begin{cases} a_1=1 \\ a_{n+1}=a_n+2 \ (n=1,\ 2,\ 3,\ \cdots) \end{cases} \quad \cdots\cdots ㉠$$

로 정의되었을 때, ㉠의 첫 번째 식에서 a_1이 정해지고, 두 번째 식의 n에 1, 2, 3, $\cdots$을 차례로 대입하면 제2항, 제3항, 제4항, $\cdots$이 되어 제2항 이후의 값이 정해져서 수열 $\{a_n\}$의 모든

[1] 이 관계식을 점화식(recursion formula)이라 한다.

항을 구할 수 있다.

$$\begin{aligned} & a_1=1 \\ n=1\text{일 때,}\quad & a_2=a_1+2=1+2=3 \\ n=2\text{일 때,}\quad & a_3=a_2+2=3+2=5 \\ n=3\text{일 때,}\quad & a_4=a_3+2=5+2=7 \\ \vdots\quad & \end{aligned}$$

따라서 ㉠으로 표현된 수열 $\{a_n\}$은 첫째항이 1, 공차가 2인 등차수열임을 알 수 있다.

EXAMPLE 080 수열 $\{a_n\}$이 귀납적으로 $a_1=3$, $a_{n+1}=a_n+2n$ $(n=1, 2, 3, \cdots)$과 같이 정의될 때, a_4를 구하여라.

ANSWER $a_{n+1}=a_n+2n$의 n에 1, 2, 3을 차례로 대입하면
$a_2=a_1+2\cdot1=3+2=5$, $a_3=a_2+2\cdot2=5+4=9$
$\therefore a_4=a_3+2\cdot3=9+6=\mathbf{15}$ ■

Sub Note 026쪽

APPLICATION 096 수열 $\{a_n\}$이 귀납적으로 $a_1=2$, $a_{n+1}=a_n^2-1$ $(n=1, 2, 3, \cdots)$과 같이 정의될 때, a_5를 구하여라.

다음 관계식을 생각해 보자.

$$a_{n+1}-a_n=d \text{ 또는 } 2a_{n+1}=a_n+a_{n+2}$$

일반항 a_n이 주어지지 않았지만 학생들은 위 식을 보고 수열 $\{a_n\}$이 등차수열임을 금방 알아차릴 것이다.
같은 방식으로 수열 $\{b_n\}$의 이웃하는 항들 사이의 관계가

$$\frac{b_{n+1}}{b_n}=r \text{ 또는 } {b_{n+1}}^2=b_nb_{n+2}$$

로 주어졌다면 이 수열은 등비수열이다.

일반적으로 첫째항이 a, 공차가 d인 등차수열의 귀납적 정의는

$$\boldsymbol{a_1=a,\ a_{n+1}=a_n+d\ (n=1,\ 2,\ 3,\ \cdots)}$$

이다. 또 첫째항이 a, 공비가 r $(r\neq0)$인 등비수열의 귀납적 정의는

$$\boldsymbol{a_1=a,\ a_{n+1}=ra_n\ (n=1,\ 2,\ 3,\ \cdots)}$$

이다.

EXAMPLE 081 다음 등차수열을 귀납적으로 정의하여라.

(1) 2, 5, 8, 11, 14, ⋯ (2) 8, 4, 0, -4, -8, ⋯

ANSWER 공차를 구한 후 $a_1=a$, $a_{n+1}=a_n+d$ $(n=1, 2, 3, \cdots)$ 꼴로 나타낸다.

(1) 주어진 등차수열의 첫째항이 2, 공차가 3이므로

$\boldsymbol{a_1=2,\ a_{n+1}=a_n+3\ (n=1,\ 2,\ 3,\ \cdots)}$ ■

(2) 주어진 등차수열의 첫째항이 8, 공차가 -4이므로

$\boldsymbol{a_1=8,\ a_{n+1}=a_n-4\ (n=1,\ 2,\ 3,\ \cdots)}$ ■

APPLICATION 097 다음 등비수열을 귀납적으로 정의하여라. Sub Note 026쪽

(1) 1, 2, 4, 8, 16, ⋯ (2) 9, -3, 1, $-\frac{1}{3}$, $\frac{1}{9}$, ⋯

점화식을 보면서 주어진 수열의 일반항이 과연 무엇인지 궁금해 하는 학생들도 있을 것이다. 수열의 귀납적 정의를 처음 배우는 단계에서 점화식을 풀어 일반항까지 구하는 방법을 공부하기에는 무리가 있다. 문제에 주어진 상황을 점화식으로 바꾸어 표현하는 연습을 우선 많이 해 두고 익숙해지면 **advaced Lecture**에서 소개하는 방법을 공부하기 바란다.

EXAMPLE 082 어느 강의 상류와 중류에 각각 위치한 1호 댐과 2호 댐이 있다. 강 상류의 1호 댐으로부터 2호 댐으로 매일 오전에 100만 톤의 물이 유입되고, 정오에 2호 댐의 저수량을 측정한다. 2호 댐은 오후에 측정된 저수량의 2 %를 농업용수와 생활용수 등을 위하여 강 하류로 방류한다고 한다. 작년 12월 31일 정오에 측정한 2호 댐의 저수량이 1000만 톤일 때 올해의 n일째 정오에 측정한 2호 댐의 저수량을 a_n만 톤이라 하자. a_1의 값을 구하고, a_n과 a_{n+1} 사이의 관계식을 구하여라.

ANSWER 2호 댐에서는 매일 정오부터 다음 날 정오까지 다음의 순서로 동일한 시행이 반복되고 있다.

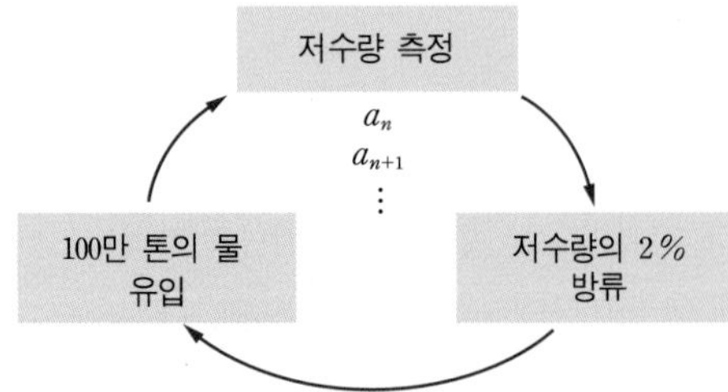

따라서 $\boldsymbol{a_1}=1000\cdot\frac{98}{100}+100=\mathbf{1080}$이고, a_n과 a_{n+1} 사이의 관계식은

$\boldsymbol{a_{n+1}=\frac{98}{100}a_n+100\ (n=1,\ 2,\ 3,\ \cdots)}$ ■

Sub Note 026쪽

APPLICATION 098 진서는 여름 방학 기간을 이용하여 전국 일주를 하기로 하였다. 첫날은 60 km를 이동하고 다음 날부터는 매일 전날 이동한 거리의 $\frac{1}{2}$에 6 km를 더 이동한다. n번째 날 이동한 거리를 $a_n$km라 할 때, 다음 물음에 답하여라.

(1) a_1의 값과 a_n과 a_{n+1} 사이의 관계식을 구하여라.

(2) a_5의 값을 구하여라.

2 수학적 귀납법

우리는 고등 수학(하)의 명제 단원에서 대우를 이용한 증명법, 귀류법 등 몇 가지 증명 방법을 공부하였다. 이번 단원에서는 또 다른 증명 방법인 **수학적 귀납법**에 대해 알아볼 것이다.

수학적 귀납법(mathematical induction)

자연수 n에 대한 명제 $p(n)$이 모든 자연수 n에 대하여 성립함을 증명하려면 다음 두 가지를 보이면 충분하다.

(i) $n=1$일 때 명제 $p(n)$이 성립한다.

(ii) $n=k$일 때 명제 $p(n)$이 성립한다고 가정하면
$n=k+1$일 때도 명제 $p(n)$이 성립한다.

수학적 귀납법이란 쉽게 말해 도미노를 정교하게 세팅해 놓은 후 순서대로 와르르 넘어트리는 과정이다. 잘 세팅되어 있는 도미노라면, 첫 번째 도미노가 넘어지면 두 번째 도미노가 넘어진다. 두 번째 도미노가 넘어지면 세 번째 도미노도 넘어진다. ⋯ 이러한 연쇄 과정을 통해 우리는 손쉽게 모든 도미노를 넘어트릴 수 있다.

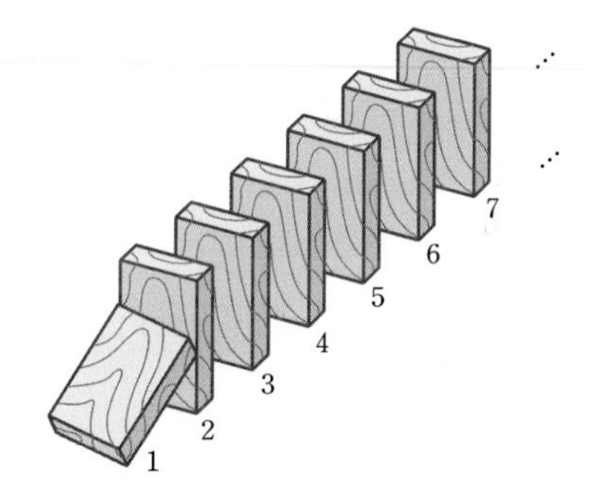

Figure_ 수학적 귀납법-도미노의 연쇄 과정

수학적 귀납법을 본격적으로 배우기에 앞서 다음을 생각해 보자.

모든 자연수 n에 대하여 등식

$$1+3+5+7+\cdots+(2n-1)=n^2 \quad \cdots\cdots ㉠$$

이 성립함을 다음과 같은 방법으로 증명하는 것이 정당할까?

$n=1, 2, 3, 4, \cdots$일 때

$$1=1^2$$
$$1+3=2^2$$
$$1+3+5=3^2$$
$$1+3+5+7=4^2$$
$$\vdots$$

이므로 모든 자연수 n에 대하여 ㉠이 성립한다.

이와 같은 방법은 n이 1, 2, 3, 4인 경우에 대해서만 ㉠이 성립함을 보인 것이므로 '모든 자연수 n에 대하여 ㉠이 성립한다' 고 할 수는 없다.

물론 그렇다고 해서 무수히 많은 자연수를 모두 대입할 수도 없을 것이다.

이때 필요한 것이 수학적 귀납법이다. 수학적 귀납법에서

(ii) $n=k$일 때 등식이 성립한다고 가정하면 $n=k+1$일 때도 등식이 성립한다.

라는 것을 증명하면 무수히 많은 자연수를 대입하는 과정을 대신할 수 있다.

다음은 수학적 귀납법을 이용하여 ㉠을 증명하는 과정이다.

(i) $n=1$일 때

(좌변)$=1$, (우변)$=1^2=1$

이므로 ㉠이 성립한다.

(ii) $n=k$일 때 ㉠이 성립한다고 가정하면

$$1+3+5+7+\cdots+(2k-1)=k^2$$

$n=k+1$일 때 ㉠이 성립함을 보이기 위해 위의 식의 양변에 $2(k+1)-1$,

즉 $2k+1$을 더하면

$$1+3+5+7+\cdots+(2k-1)+(2k+1)=k^2+(2k+1)$$
$$=k^2+2k+1=(k+1)^2$$

따라서 $n=k+1$일 때도 ㉠이 성립한다.

(i), (ii)에 의하여 모든 자연수 n에 대하여 주어진 등식에 성립한다.

앞의 과정에서 (i), (ii)가 성립하므로

(i)에 의하여

$n=1$일 때 ㉠이 성립한다.

(ii)에 의하여

$n=1$일 때 ㉠이 성립하므로 $n=2$일 때도 ㉠이 성립한다.

$n=2$일 때 ㉠이 성립하므로 $n=3$일 때도 ㉠이 성립한다.

$n=3$일 때 ㉠이 성립하므로 $n=4$일 때도 ㉠이 성립한다.

$\vdots$

따라서 (i), (ii)가 성립하면 모든 자연수 n에 대하여 ㉠이 성립함을 알 수 있다.

EXAMPLE 083 모든 자연수 n에 대하여 다음 등식이 성립함을 수학적 귀납법으로 증명하여라.

$$1\cdot2+2\cdot3+\cdots+n(n+1)=\frac{n(n+1)(n+2)}{3}$$

ANSWER 수학적 귀납법의 (i), (ii)의 과정을 차례로 보여야 한다.

(i) $n=1$일 때

$$(\text{좌변})=1\cdot2=2,\ (\text{우변})=\frac{1\cdot2\cdot3}{3}=2$$

이므로 주어진 등식이 성립한다.

(ii) $n=k$일 때 주어진 등식이 성립한다고 가정하면

$$1\cdot2+2\cdot3+\cdots+k(k+1)=\frac{k(k+1)(k+2)}{3} \qquad \cdots\cdots ㉠$$

가 성립한다. 이때 ㉠의 양변에 $(k+1)(k+2)$를 더하면

$$1\cdot2+2\cdot3+\cdots+k(k+1)+(k+1)(k+2)=\frac{k(k+1)(k+2)}{3}+(k+1)(k+2)$$

그런데 $(\text{우변})=\dfrac{k(k+1)(k+2)+3(k+1)(k+2)}{3}=\dfrac{(k+3)(k+1)(k+2)}{3}$이므로

$$1\cdot2+2\cdot3+\cdots+(k+1)(k+2)=\frac{(k+1)\{(k+1)+1\}\{(k+1)+2\}}{3}$$

따라서 $n=k+1$일 때도 주어진 등식이 성립한다.

(i), (ii)에 의하여 모든 자연수 n에 대하여 주어진 등식이 성립한다. ■

이쯤 되면 "이미 누군가 해놓은 증명을 보고 이해할 수는 있겠는데, 직접 수학적 귀납법을 사용하여 증명한다고 생각하면 막막해요."라고 말하는 학생이 무척 많을 것이다. 모든 수학 문제를 풀이할 때 적용되는 원칙이겠지만, 특히 수학적 귀납법을 이용하여 증명할 때는

주어진 것과 구하는 것을 번갈아 비교해 보면서

이 둘 사이의 틈을 좁혀나가려고 노력해야 한다. 방금 전에 다룬 **EXAMPLE 083**의 경우도 마찬가지이다. 이 풀이를 만들어나가기 위해서는

주어진 것 : $1\cdot2+2\cdot3+\cdots+n(n+1)=\dfrac{n(n+1)(n+2)}{3}$

⬇

구하는 것 : $1\cdot2+2\cdot3+\cdots+(n+1)(n+2)=\dfrac{(n+1)(n+2)(n+3)}{3}$

두 개를 동시에 염두에 두고, 하나를 변형하여 다른 하나의 꼴로 만들려고 시도해야 한다.

Sub Note 027쪽

APPLICATION 099 모든 자연수 n에 대하여 다음 등식이 성립함을 수학적 귀납법으로 증명하여라.

$$1+2+3+\cdots+n=\frac{n(n+1)}{2}$$

수학 공부법에 대한 저자들의 충고 – 귀납법과 수학적 귀납법

귀납법과 수학적 귀납법은 서로 깊은 연관이 있어 보이지만 사실 둘 사이엔 아무 관계가 없다.
귀납법이란 개별적인 사례를 바탕으로 보다 일반화된 결론을 이끌어내는 과학적 탐구방법을 가리킨다. 예를 들어 지금까지 발견한 백조가 모두 하얀색 깃털을 가지고 있다는 관찰을 바탕으로 모든 백조는 깃털은 하얀색이라고 결론내린다면 이것은 귀납법이다. 때때로 귀납법은 잘못된 결론을 이끌어내기도 한다. 위의 예의 귀납법에 따르면 블랙스완(검은 백조)이 존재할 수도 있다는 가능성을 완전히 배제시키기 때문이다.
반면 연역법은 일반적 사실이나 원리를 전제로 하여 개별적인 특수한 사실이나 원리를 결론으로 이끌어내는 추리 방법을 이른다. 경험에 의하지 않고 논리상 필연적인 결론을 이끌어내는 것으로, 삼단논법이 그 대표적인 형식이다.
모든 자연수 n에 대하여 어떤 명제가 성립함을 증명해 나가는 수학적 귀납법은 일부분에 대해서만 확인하고 전체집합의 성질을 추론하는 귀납법의 한 종류가 아니라 참인 가정으로부터 참인 결론을 이끌어내는 연역법의 한 종류이다.

기본예제 *등차수열, 등비수열의 귀납적 정의*

083 다음과 같이 정의된 수열 $\{a_n\}$에 대하여 a_8의 값을 구하여라. (단, $n=1, 2, 3, \cdots$)

(1) $a_1=5,\ a_{n+1}=a_n-3$

(2) $a_1=4,\ a_{n+1}=\frac{1}{2}a_n$

GUIDE (1) $a_1=a,\ a_{n+1}=a_n+d$ (d는 상수) ➡ 첫째항이 a, 공차가 d인 등차수열

(2) $a_1=a,\ a_{n+1}=ra_n$ (r는 상수) ➡ 첫째항이 a, 공비가 r인 등비수열

SOLUTION

(1) 주어진 수열은 첫째항이 5, 공차가 -3인 등차수열이므로

$$a_n=5+(n-1)\cdot(-3)=-3n+8$$

$$\therefore a_8=-3\cdot 8+8=\mathbf{-16}\ ■$$

(2) 주어진 수열은 첫째항이 4, 공비가 $\frac{1}{2}$인 등비수열이므로

$$a_n=4\cdot\left(\frac{1}{2}\right)^{n-1}$$

$$\therefore a_8=4\cdot\left(\frac{1}{2}\right)^{8-1}=\mathbf{\frac{1}{32}}\ ■$$

유제 Sub Note 063쪽

083-1 다음과 같이 정의된 수열 $\{a_n\}$에 대하여 a_{12}의 값을 구하여라. (단, $n=1, 2, 3, \cdots$)

(1) $a_1=-2,\ a_2=6,\ 2a_{n+1}=a_n+a_{n+2}$

(2) $a_1=\frac{3}{8},\ a_2=\frac{3}{4},\ {a_{n+1}}^2=a_na_{n+2}$

유제 Sub Note 063쪽

083-2 $a_1=1,\ a_2=5,\ a_{n+2}-a_{n+1}=a_{n+1}-a_n\ (n=1, 2, 3, \cdots)$으로 정의된 수열 $\{a_n\}$에 대하여 $\sum_{k=1}^{10}a_k$의 값을 구하여라.

기본예제 a_n과 S_n이 포함된 관계식

084 수열 $\{a_n\}$의 첫째항부터 제n항까지의 합을 S_n이라 할 때,

$a_1=1$, $2S_n=3a_n-1$ $(n=1, 2, 3, \cdots)$

이 성립한다. 이때 a_4의 값을 구하여라.

GUIDE $S_{n+1}-S_n=a_{n+1}$을 이용하여 a_n과 a_{n+1} 사이의 관계식을 구한다.

SOLUTION

$2S_n=3a_n-1$ (㉠)의 n에 $n+1$을 대입하면 $2S_{n+1}=3a_{n+1}-1$ …… ㉡

㉡－㉠을 하면

$$\begin{array}{rl} & 2S_{n+1}=3a_{n+1}-1 \\ -) & 2S_n\ =3a_n\ -1 \\ \hline & 2(S_{n+1}-S_n)=3a_{n+1}-3a_n \end{array}$$

이때 $S_{n+1}-S_n=a_{n+1}$이므로 $2a_{n+1}=3a_{n+1}-3a_n$ $\therefore a_{n+1}=3a_n$

따라서 수열 $\{a_n\}$은 첫째항이 1이고 공비가 3인 등비수열이므로

$a_n=1\cdot 3^{n-1}=3^{n-1}$ $\therefore a_4=3^3=\mathbf{27}$ ■

[다른 풀이] $n=2$일 때, $2S_2=3a_2-1$, $2a_1+2a_2=3a_2-1$ $(\because S_2=a_1+a_2)$

$\therefore a_2=2a_1+1=2\cdot 1+1=3$

$n=3$일 때, $2S_3=3a_3-1$, $2a_1+2a_2+2a_3=3a_3-1$ $(\because S_3=a_1+a_2+a_3)$

$\therefore a_3=2a_1+2a_2+1=2\cdot 1+2\cdot 3+1=9$

$n=4$일 때,

$2S_4=3a_4-1$, $2a_1+2a_2+2a_3+2a_4=3a_4-1$ $(\because S_4=a_1+a_2+a_3+a_4)$

$\therefore a_4=2a_1+2a_2+2a_3+1=2\cdot 1+2\cdot 3+2\cdot 9+1=27$

유제

084-1 Sub Note 063쪽

수열 $\{a_n\}$의 첫째항부터 제n항까지의 합을 S_n이라 할 때,

$a_1=1$, $S_n=4a_n-n-2$ $(n=1, 2, 3, \cdots)$

가 성립한다. 이때 a_4의 값을 구하여라.

유제

084-2 Sub Note 063쪽

수열 $\{a_n\}$의 첫째항부터 제n항까지의 합을 S_n이라 할 때,

$a_1=3$, $S_{n+1}=2S_n$ $(n=1, 2, 3, \cdots)$

이 성립한다. 이때 a_5의 값을 구하여라.

기본예제 $a_{n+1}=a_n+f(n)$ 꼴로 정의된 수열

085 $a_1=1$, $a_{n+1}=a_n+n$ $(n=1, 2, 3, \cdots)$으로 정의된 수열 $\{a_n\}$에 대하여 a_{10}의 값을 구하여라.

GUIDE $a_{n+1}=a_n+n$의 n에 1, 2, 3, ⋯, 9를 차례로 대입하여 변끼리 더한다.

SOLUTION

$a_{n+1}=a_n+n$의 n에 1, 2, 3, ⋯, 9를 차례로 대입하여 변끼리 더하면

$$\begin{array}{rl} & \not{a_2}=a_1+1 \\ & \not{a_3}=\not{a_2}+2 \\ & \not{a_4}=\not{a_3}+3 \\ & \vdots \\ +) & a_{10}=\not{a_9}+9 \\ \hline & a_{10}=a_1+1+2+3+\cdots+9 \end{array}$$

$$=1+\sum_{k=1}^{9}k=1+\frac{9(9+1)}{2}$$

$$=1+45=\mathbf{46}$$ ■

[참고] $a_{n+1}=a_n+n$에서 n은 일정한 값이 아니므로 수열 $\{a_n\}$은 등차수열이 아니다.

유제 Sub Note 064쪽

085-1 $a_1=3$, $a_{n+1}-a_n=3n+3$ $(n=1, 2, 3, \cdots)$으로 정의된 수열 $\{a_n\}$에 대하여 a_7의 값을 구하여라.

유제 Sub Note 064쪽

085-2 $a_1=5$, $a_{n+1}=a_n+2^n$ $(n=1, 2, 3, \cdots)$으로 정의된 수열 $\{a_n\}$에 대하여 a_{10}의 값을 구하여라.

기 본 예 제 $a_{n+1}=a_nf(n)$ 꼴로 정의된 수열

086 $a_1=7$, $a_{n+1}=\frac{n+1}{n}a_n$ $(n=1, 2, 3, \cdots)$으로 정의된 수열 $\{a_n\}$에 대하여 a_{20}의 값을 구하여라.

GUIDE $a_{n+1}=\frac{n+1}{n}a_n$의 n에 1, 2, 3, ⋯, 19를 차례로 대입하여 변끼리 곱한다.

SOLUTION

$a_{n+1}=\frac{n+1}{n}a_n$의 n에 1, 2, 3, ⋯, 19를 차례로 대입하여 변끼리 곱하면

$$a_2=\frac{2}{1}a_1$$
$$a_3=\frac{3}{2}a_2$$
$$a_4=\frac{4}{3}a_3$$
$$\vdots$$
$$\times)\ a_{20}=\frac{20}{19}a_{19}$$

$$a_{20}=a_1\cdot\frac{2}{1}\cdot\frac{3}{2}\cdot\frac{4}{3}\cdot\cdots\cdot\frac{19}{18}\cdot\frac{20}{19}$$
$$=7\cdot20=\mathbf{140}$$ ■

[참고] $a_{n+1}=\frac{n+1}{n}a_n$에서 $\frac{n+1}{n}$은 일정한 값이 아니므로 수열 $\{a_n\}$은 등비수열이 아니다.

Sub Note 064쪽

유제
086-1 $a_1=2$, $a_{n+1}=\frac{2n-1}{2n+1}a_n$ $(n=1, 2, 3, \cdots)$으로 정의된 수열 $\{a_n\}$에 대하여 a_{10}의 값을 구하여라.

Sub Note 064쪽

유제
086-2 $a_1=3$, $a_{n+1}=2^na_n$ $(n=1, 2, 3, \cdots)$으로 정의된 수열 $\{a_n\}$에 대하여 a_5의 값을 구하여라.

기본 예제 087 수열의 귀납적 정의의 활용

수직선 위에 점 P_n $(n=1, 2, 3, \cdots)$을 다음 규칙에 따라 정한다.

> (가) 점 P_1의 좌표는 $\mathrm{P}_1(0)$이다.
> (나) $\overline{\mathrm{P}_1\mathrm{P}_2}=1$이다.
> (다) $\overline{\mathrm{P}_{n+1}\mathrm{P}_{n+2}} : \overline{\mathrm{P}_n\mathrm{P}_{n+1}}=n : (n+2)$이다.

$\overline{\mathrm{P}_{50}\mathrm{P}_{51}}$의 길이를 구하여라.

GUIDE $\overline{\mathrm{P}_{n+1}\mathrm{P}_{n+2}}$와 $\overline{\mathrm{P}_n\mathrm{P}_{n+1}}$ 사이의 관계를 통해 $\overline{\mathrm{P}_2\mathrm{P}_3}$, $\overline{\mathrm{P}_3\mathrm{P}_4}$, $\cdots$의 길이를 유추해 본다.

SOLUTION

$\overline{\mathrm{P}_n\mathrm{P}_{n+1}}=a_n$이라 하면 $a_1=1$이고, 규칙 (다)에서 $a_{n+1}=\dfrac{n}{n+2}a_n$이다.

이 식의 n에 1, 2, 3, $\cdots$, 49를 차례로 대입하면

$$a_2=\frac{1}{3}a_1,\ a_3=\frac{2}{4}a_2,\ a_4=\frac{3}{5}a_3,\ \cdots,\ a_{49}=\frac{48}{50}a_{48},\ a_{50}=\frac{49}{51}a_{49}$$

위의 식을 각 변끼리 모두 곱하여 정리하면

$$a_{50}=a_1\cdot\frac{1}{3}\cdot\frac{2}{4}\cdot\frac{3}{5}\cdot\cdots\cdot\frac{48}{50}\cdot\frac{49}{51}$$

$$=1\cdot\frac{1\cdot2}{50\cdot51}=\mathbf{\frac{1}{1275}}$$ ■

유제 087-1

Sub Note 064쪽

자연수 n에 대하여 점 A_n이 x축 위의 점일 때, 점 A_{n+1}을 다음 규칙에 따라 정한다.

> (가) 점 A_1의 좌표는 $(2, 0)$이다.
> (나) (1) 점 A_n을 지나고 y축에 평행한 직선이 함수 $y=\dfrac{1}{x}\,(x>0)$의 그래프와 만나는 점을 P_n이라 한다.
> (2) 점 P_n을 직선 $y=x$에 대하여 대칭이동한 점을 Q_n이라 한다.
> (3) 점 Q_n을 지나고 y축에 평행한 직선이 x축과 만나는 점을 R_n이라 한다.
> (4) 점 R_n을 x축의 방향으로 1만큼 평행이동한 점을 A_{n+1}이라 한다.

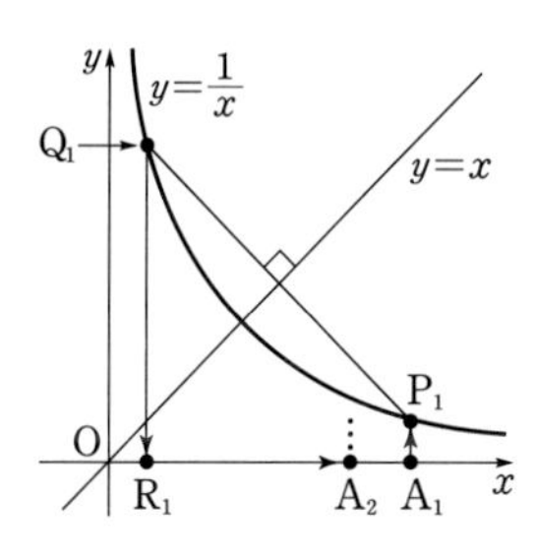

점 A_n의 x좌표를 a_n이라 할 때, a_5의 값을 구하여라.

기본예제 수학적 귀납법을 이용한 등식의 증명

088 모든 자연수 n에 대하여 등식

$$1^2+2^2+3^2+\cdots+n^2=\frac{n(n+1)(2n+1)}{6}$$

이 성립함을 수학적 귀납법으로 증명하여라.

GUIDE 자연수 n에 대하여 명제 $p(n)$이 성립함을 증명할 때에는 수학적 귀납법을 이용한다.
(i) $n=1$일 때 명제 $p(n)$이 성립함을 보인다.
(ii) $n=k$일 때 명제 $p(n)$이 성립한다고 가정하여 $n=k+1$일 때도 명제 $p(n)$이 성립합을 보인다.

SOLUTION

(i) $n=1$일 때

$$(\text{좌변})=1^2=1,\ (\text{우변})=\frac{1\cdot2\cdot3}{6}=1$$

따라서 주어진 등식이 성립한다.

(ii) $n=k$일 때 주어진 등식이 성립한다고 가정하면

$$1^2+2^2+3^2+\cdots+k^2=\frac{k(k+1)(2k+1)}{6}$$

위의 식의 양변에 $(k+1)^2$을 더하면

$$1^2+2^2+3^2+\cdots+k^2+(k+1)^2$$
$$=\frac{k(k+1)(2k+1)}{6}+(k+1)^2=\frac{(k+1)\{k(2k+1)+6(k+1)\}}{6}$$
$$=\frac{(k+1)(2k^2+7k+6)}{6}=\frac{(k+1)(k+2)(2k+3)}{6}$$
$$=\frac{(k+1)\{(k+1)+1\}\{2(k+1)+1\}}{6}$$

따라서 $n=k+1$일 때도 주어진 등식이 성립한다.

(i), (ii)에 의하여 모든 자연수 n에 대하여 주어진 등식이 성립한다.

유제 Sub Note 065쪽

088-1 모든 자연수 n에 대하여 등식 $1+2+2^2+\cdots+2^{n-1}=2^n-1$이 성립함을 수학적 귀납법으로 증명하여라.

유제

088-2 모든 자연수 n에 대하여 다음 등식이 성립함을 수학적 귀납법으로 증명하여라. Sub Note 065쪽

$$\frac{1}{1\cdot2}+\frac{1}{2\cdot3}+\frac{1}{3\cdot4}+\cdots+\frac{1}{n(n+1)}=\frac{n}{n+1}$$

기 본 예 제 *수학적 귀납법을 이용한 부등식의 증명*

089 $n\geq4$인 모든 자연수 n에 대하여 부등식 $n!>2^n$이 성립함을 수학적 귀납법으로 증명하여라.

GUIDE 주어진 명제의 조건이 '$n\geq4$인 모든 자연수 n에 대하여'이므로 $n=4$인 경우가 성립함을 먼저 보여야 한다.

SOLUTION

(i) $n=4$일 때 (좌변)$=4!=24$, (우변)$=2^4=16$

따라서 (좌변)$=24>16=$(우변)이므로 주어진 부등식이 성립한다.

(ii) $n=k\ (k\geq4)$일 때 주어진 부등식이 성립한다고 가정하면 $k!>2^k$

위의 식의 양변에 $(k+1)$을 곱하면

$$(k+1)!>2^k(k+1)>2^k\cdot2\ (\because\ k\geq4)=2^{k+1}$$

따라서 $n=k+1$일 때도 주어진 부등식이 성립한다.

(i), (ii)에 의하여 $n\geq4$인 모든 자연수 n에 대하여 주어진 부등식이 성립한다. ■

Summa's Advice

자연수 n에 대한 명제 $p(n)$이 m ($m\geq2$인 자연수) 이상인 모든 자연수에 대하여 성립함을 증명하려면 다음 두 가지를 보이면 된다.

(i) $n=m$일 때 명제 $p(n)$이 성립한다.

(ii) $n=k\ (k\geq m)$일 때 명제 $p(n)$이 성립한다고 가정하면 $n=k+1$일 때도 명제 $p(n)$이 성립한다.

유제

089-1 다음은 $n\geq3$인 모든 자연수 n에 대하여 부등식 $2^n>2n+1$이 성립함을 수학적 귀납법으로 증명하는 과정이다. (가), (나)에 알맞은 것을 써넣어라.

Sub Note 065쪽

증명 (i) $n=3$일 때 (좌변)$=2^3=8$, (우변)$=2\cdot3+1=7$

따라서 $8>7$이므로 주어진 부등식이 성립한다.

(ii) $n=k\ (k\geq3)$일 때 주어진 부등식이 성립한다고 가정하면 $2^k>2k+1$

위 식의 양변에 [(가)]를 곱하면

$2^{k+1}>4k+$[(가)]$=2(k+1)+$[(나)]$>2(k+1)+1$

따라서 $n=k+1$일 때도 주어진 부등식이 성립한다.

(i), (ii)에 의하여 $n\geq3$인 모든 자연수 n에 대하여 주어진 부등식이 성립한다.

유제

089-2 $h>0$일 때, $n\geq2$인 모든 자연수 n에 대하여 부등식 $(1+h)^n>1+nh$가 성립함을 수학적 귀납법으로 증명하여라.

Sub Note 065쪽

발전예제 **수열의 귀납적 정의의 활용**

090 어떤 사람이 계단을 오를 때, 한 걸음에 한 계단 또는 두 계단씩 오를 수 있다. 10개의 계단을 오르는 방법의 수를 구하여라.

GUIDE 10개의 계단을 오르는 방법의 수는 직접 구하기 어려우므로 점화식을 이용한다.

SOLUTION

n개의 계단을 오르는 방법의 수를 a_n이라 하자.

1개의 계단을 오르는 방법은 1가지, 2개의 계단을 오르는 방법은 2가지이므로

$a_1=1,\ a_2=2$

$(n+2)$번째 계단까지 오르는 방법은

(i) $(n+1)$번째 계단까지 오른 후, 한 계단을 오르는 방법

(ii) n번째 계단까지 오른 후, 두 계단을 한 번에 오르는 방법

이 있다.

따라서 $(n+2)$번째 계단까지 오르는 방법의 수는 (i), (ii)의 방법의 수를 더한 것과 같으므로 $a_{n+2}=a_{n+1}+a_n$

따라서 계단을 오르는 방법의 수를 점화식으로 나타내면

$a_1=1,\ a_2=2,\ a_{n+2}=a_{n+1}+a_n\ (n=1,\ 2,\ 3,\ \cdots)$ …… ㉠

즉, 앞의 두 항의 합이 다음 항이 되는 규칙이다. a_1부터 a_{10}까지 차례로 나열하면

1, 2, 3, 5, 8, 13, 21, 34, 55, 89

따라서 10개의 계단을 오르는 방법의 수는 **89**이다. ■

[참고] 이전의 두 항의 합이 다음 항이 되는 수열을 피보나치수열이라 한다.

유제 Sub Note 066쪽

090-1 각 자리 숫자가 0 또는 1이고, 0은 연속하여 나타나지 않는 n자리 자연수의 개수를 a_n이라 하자. 예를 들어 조건을 만족시키는 한 자리 자연수는 1, 두 자리 자연수는 10, 11이므로 $a_1=1$, $a_2=2$이다. 이때 a_8의 값을 구하여라.

Review Quiz

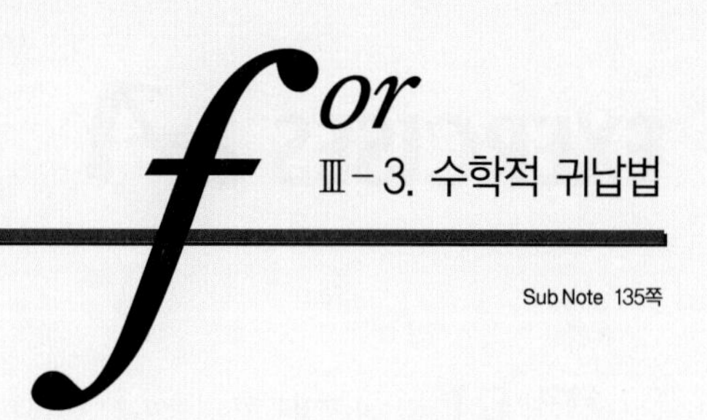

SUMMA CUM LAUDE

Sub Note 135쪽

1. 다음 [   ] 안에 적절한 말을 채워 넣어라.

(1) 수열의 규칙을 표현하는 방법은 크게 두 가지가 있다. 그중 첫 번째 방법은 수열의 일반항을 이용하여 표현하는 방법이고, 두 번째 방법은 인접한 두 항 사이의 관계를 이용하여 규칙을 표현하는 수열의 [   ], 다른 말로 점화식을 이용하는 것이다.

(2) 수열의 인접한 두 항 사이의 관계가 $a_{n+1}-a_n=d$로 주어졌다면 이 수열은 [   ] 이다.

2. 다음 명제가 참(true) 또는 거짓(false)인지 결정하고, 그 이유를 설명하거나 적절한 반례를 제시하여라.

(1) 귀납적으로 정의된 수열 $\{a_n\}$에 대하여 $a_1=2$, $a_{n+1}-3a_n=0$이면 이 수열은 첫째항이 2, 공비가 3인 등비수열이다.

(2) 자연수 n에 대한 명제 $p(n)$이 있다. $n=1$, $n=2$일 때 명제 $p(n)$이 성립함을 증명하였고, $n=k$일 때 명제 $p(n)$이 성립함을 가정하였을 때 $n=k+2$일 때도 명제 $p(n)$이 성립함 또한 증명하였다면 명제 $p(n)$은 임의의 자연수 n에 대하여 성립한다.

3. 다음 물음에 대한 답을 간단히 서술하여라.

(1) 등차수열, 등비수열을 귀납적으로 정의해 보아라.

(2) 수학적 귀납법에 대해 간단히 설명하여라.

Sub Note 136쪽

수열의 귀납적 정의 **01** $a_1=94$, $a_{n+1}-a_n=-2$ $(n=1,\ 2,\ 3,\ \cdots)$로 정의된 수열 $\{a_n\}$에서 $a_k<0$을 만족시키는 자연수 k의 최솟값을 구하여라.

수열의 귀납적 정의 **02** 모든 항이 양수인 수열 $\{a_n\}$은 $\dfrac{a_{n+2}}{a_{n+1}}=\dfrac{a_{n+1}}{a_n}$ $(n=1,\ 2,\ 3,\ \cdots)$을 만족시키고, $a_1=2$, $a_4=54$이다. 이때 $\dfrac{a_{12}}{a_7}$의 값을 구하여라.

수열의 귀납적 정의 **03** 수열 $\{a_n\}$의 첫째항부터 제n항까지의 합을 S_n이라 할 때, $a_{n+1}=2S_n$ $(n=1,\ 2,\ 3,\ \cdots)$이 성립한다. $a_4=108$일 때, a_1의 값을 구하여라.

수열의 귀납적 정의 **04** $a_1=2$, $a_{n+1}=a_n+\dfrac{1}{\sqrt{n+1}+\sqrt{n}}$ $(n=1,\ 2,\ 3,\ \cdots)$로 정의되는 수열 $\{a_n\}$에 대하여 a_{64}의 값을 구하여라.

수열의 귀납적 정의 **05** $a_1=27$, $a_{n+1}=3^n a_n$ $(n=1,\ 2,\ 3,\ \cdots)$으로 정의되는 수열 $\{a_n\}$에 대하여 $\log_3 a_{30}$의 값을 구하여라.

수열의 귀납적 정의 **06**

$a_1=-1$, $a_{n+1}=\dfrac{1}{1-a_n}$ $(n=1, 2, 3, \cdots)$로 정의되는 수열 $\{a_n\}$에 대하여 a_{2019}의 값을 구하여라.

수열의 귀납적 정의 **07** 서술형

어느 실험실의 용기에 박테리아가 3개체 존재한다. 이 박테리아가 1시간마다 전 시간의 5배보다 4개체 부족한 수로 증식한다고 할 때, 박테리아가 처음으로 1000개체를 넘는 것은 증식한 지 몇 시간 후인지 구하여라.

수학적 귀납법 **08**

자연수 n에 대하여 명제 $p(n)$이 다음 조건을 만족시킨다.

> (가) 명제 $p(1)$이 참이다.
> (나) 자연수 k에 대하여 $p(k)$가 참이면 $p(2k)$, $p(3k)$도 참이다.

이때 다음 중 반드시 참인 명제는?

① $p(28)$ ② $p(36)$ ③ $p(40)$ ④ $p(45)$ ⑤ $p(52)$

수학적 귀납적 **09**

모든 자연수 n에 대하여 등식

$$1^3+2^3+3^3+\cdots+n^3=\left\{\frac{n(n+1)}{2}\right\}^2$$

이 성립함을 수학적 귀납법으로 증명하여라.

수학적 귀납적 **10**

$n\geq2$인 모든 자연수 n에 대하여 부등식

$$1+\frac{1}{2}+\frac{1}{3}+\cdots+\frac{1}{n}>\frac{2n}{n+1}$$

이 성립함을 수학적 귀납법으로 증명하여라.

01 $a_1=16$, $a_{n+1}=\sqrt{a_n}$ $(n=1, 2, 3, \cdots)$으로 정의된 수열 $\{a_n\}$에 대하여 $\log_2 a_8$의 값을 구하여라.

02 $a_1=-3$, $a_{n+1}-a_n=k\cdot 2^{n-1}$ $(n=1, 2, 3, \cdots)$으로 정의되는 수열 $\{a_n\}$에 대하여 $a_5=42$가 되도록 하는 상수 k의 값을 구하여라.

03 두 수열 $\{a_n\}$, $\{b_n\}$이 모든 자연수 n에 대하여

$$a_1=1,\ a_2=3,\ a_{n+1}=\frac{a_n+a_{n+2}}{2},\ \sum_{k=1}^{n} a_k b_k=(4n^2-1)2^n+1$$

을 만족시킬 때, b_5의 값을 구하여라.

04 $a_1=1$인 수열 $\{a_n\}$에 대하여

$$(n+2)a_n=3(a_1+a_2+a_3+\cdots+a_n)\ (n=1, 2, 3, \cdots)$$

이 성립할 때, a_{100}의 값을 구하여라.

05 다음 그림과 같이 가로, 세로의 길이가 각각 1, 2인 직사각형과 한 변의 길이가 2인 정사각형을 이용하여 가로의 길이가 n, 세로의 길이가 2인 직사각형을 만들려고 한다. 이 직사각형을 만드는 가짓수를 a_n이라 할 때, $a_1=1$, $a_2=3$이다. a_{n+2}를 a_{n+1}과 a_n으로 바르게 나타낸 것은? (단, $n=1, 2, 3, \cdots$)

① $a_{n+2}=a_{n+1}+a_n$ ② $a_{n+2}=2a_{n+1}+a_n$ ③ $a_{n+2}=a_{n+1}+2a_n$

④ $a_{n+2}=2a_{n+1}+3a_n$ ⑤ $a_{n+2}=\frac{1}{2}a_{n+1}+\frac{3}{2}a_n$

06

어느 공원에는 오른쪽 그림과 같이 A지점에서 출발하여 A지점으로 돌아오는 제1산책로, A지점에서 출발하여 B지점으로 이어지는 제2산책로, B지점에서 출발하여 A지점으로 이어지는 제3산책로가 있고, 각 산책로의 거리는 1km이다.

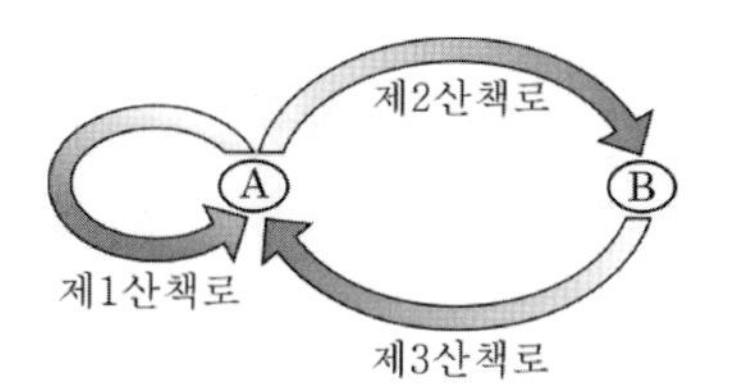

이 산책로들을 따라 다음과 같은 규칙으로 산책한 총 거리가 $n$km일 때, A지점에서 출발하여 A지점에 도착하는 방법의 수를 a_n, A지점에서 출발하여 B지점에 도착하는 방법의 수를 b_n이라 하자. a_7+b_7의 값은? (단, n은 자연수이다.) [교육청 기출]

(가) 각 산책로에서는 화살표 방향으로만 진행해야 한다.
(나) 같은 산책로를 반복할 수 있다.
(다) 지나지 않는 산책로가 있을 수 있다.

① 21 ② 29 ③ 34 ④ 42 ⑤ 55

07

평면 위에 어느 두 직선도 평행하지 않고 어느 세 직선도 한 점에서 만나지 않도록 n개의 직선을 그을 때, 이 직선들에 의해 분할된 평면의 개수를 a_n $(n=1, 2, 3, \cdots)$이라 하자. 예를 들어 오른쪽 그림에서 $a_3=7$이다. 이때 a_{15}의 값을 구하여라.

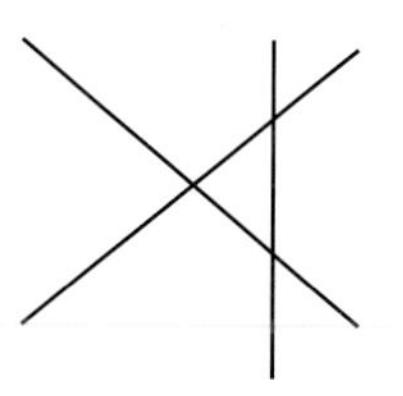

08

임의의 실수 α, β와 자연수 n에 대하여 $a_n=\alpha^n+\beta^n$이라 하면 $a_{n+2}-(\alpha+\beta)a_{n+1}+\alpha\beta a_n=0$이 성립한다는 사실을 이용하여 $\left(\frac{1+\sqrt{5}}{2}\right)^5+\left(\frac{1-\sqrt{5}}{2}\right)^5$의 값을 구하여라.

09

모든 자연수 n에 대하여 $3^{2n}-1$이 8의 배수임을 수학적 귀납법으로 증명하여라.

10

임의의 실수 a_1, a_2, $\cdots$, a_n에 대하여 다음의 부등식

$$(a_1+a_2+\cdots+a_n)^2\le n(a_1^2+a_2^2+\cdots+a_n^2)\ (n=1, 2, 3, \cdots)$$

이 성립함을 수학적 귀납법으로 증명하여라.

내신 · 모의고사 대비 TEST 390쪽

Chapter III Exercises

난이도 ■ : 중 ■■ : 중상 ■■■ : 상

SUMMA CUM LAUDE

Sub Note 141쪽

■■□

01 서로 다른 세 양수 a, b, c에 대하여 이차방정식 $ax^2+2bx+c=0$의 근에 대한 다음 보기의 설명 중 옳은 것만을 있는 대로 고른 것은?

보기
ㄱ. a^2, b^2, c^2이 이 순서대로 등차수열을 이루면 서로 다른 두 실근을 갖는다.
ㄴ. $\frac{1}{a}$, $\frac{1}{b}$, $\frac{1}{c}$이 이 순서대로 등비수열을 이루면 중근을 갖는다.
ㄷ. $\frac{1}{a}$, $\frac{1}{b}$, $\frac{1}{c}$이 이 순서대로 등차수열을 이루면 허근을 갖는다.

① ㄴ ② ㄱ, ㄴ ③ ㄱ, ㄷ
④ ㄴ, ㄷ ⑤ ㄱ, ㄴ, ㄷ

■■□

02 첫째항이 $a(a\neq0)$, 공비가 $r(r\neq0,\ r\neq\pm1)$인 등비수열 $\{a_n\}$과 $b_n=\frac{1}{a_n}(n=1,\ 2,\ 3,\ \cdots)$인 수열 $\{b_n\}$에 대하여 첫째항부터 제n항까지의 합을 각각 A_n, B_n이라 할 때, $\frac{A_n}{B_n}$을 간단히 하면?

① ar^{n-1} ② ar^n ③ a^2r^{n-1} ④ a^2r^n ⑤ a^2r^{n+1}

■■□

03 수열 $\{a_n\}$에 대하여 첫째항부터 제n항까지의 합을 S_n이라 하자. 수열 $\{S_{2n-1}\}$은 공차가 -3인 등차수열이고, 수열 $\{S_{2n}\}$은 공차가 2인 등차수열이다. $a_2=1$일 때, a_8의 값을 구하여라. [수능 기출]

04

등차수열 $\{a_n\}$의 공차와 각 항이 0이 아닌 실수이고 $a_{n+2}x^2+2a_{n+1}x+a_n=0$의 한 근을 $b_n(n=1,\ 2,\ 3,\ \cdots)$이라 할 때, 등차수열 $\left\{\dfrac{b_n}{b_n+1}\right\}$의 공차를 구하여라.

(단, $b_n \neq -1$)

05

숨마는 2019년 초에 연이율 10 %, 1년마다 복리로 매년 초에 적립하는 방식으로 저축을 시작했다. 2019년 초에 100만 원을 적립하고, 매년 초 적립할 금액은 전년도보다 21 %씩 증액한다고 할 때, 2028년 말까지 적립한 금액의 원리합계를 구하여라.

(단, $1.1^{10}=2.6$, $1.21^{10}=6.76$으로 계산한다.)

06

두 자연수 m, n에 대하여 $m+n=15$, $m^2+n^2=137$일 때, $\sum_{k=1}^{n}\left\{\sum_{i=1}^{m}(i+k+1)\right\}$의 값은?

① 365 ② 392 ③ 400 ④ 418 ⑤ 462

07

부등식 $\dfrac{1}{2}+\dfrac{1}{2+4}+\dfrac{1}{2+4+6}+\cdots+\dfrac{1}{2+4+6+\cdots+2n}>0.9$를 만족시키는 자연수 n의 최솟값은?

① 7 ② 8 ③ 9 ④ 10 ⑤ 11

■□□

08

오른쪽 그림과 같이 세 변의 길이가 각각 2, 3, 4인 삼각형 ABC의 점 A가 원점, 변 AB가 수직선 위에 있다. 삼각형 ABC를 미끄러지지 않게 오른쪽 방향으로 굴릴 때, 꼭짓점들이 수직선과 만나는 점의 좌표를 차례로 a_1, a_2, $\cdots$라 하면 $a_1=0$, $a_2=4$, $a_3=7$, $\cdots$이다. 이때 $a_n=4000$을 만족시키는 n의 값을 구하여라.

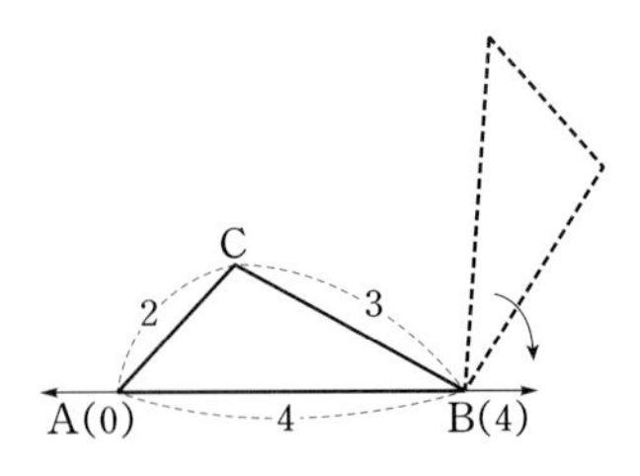

■■□

09

오른쪽 그림과 같이 한 변의 길이가 1인 정삼각형 ABC의 꼭짓점 A(1, 0)을 출발하여 매초 1만큼씩 △ABC의 둘레 위를 시계 반대 방향으로 움직이는 점 P가 있다. 출발한 지 n초 후의 도달한 점 P의 좌표가 (x, y)이면

$$a_n=x+y\ (n=1,\ 2,\ 3,\ \cdots)$$

로 정의되는 a_n에 대하여 $\sum_{n=1}^{21} a_n=14$일 때, $\sum_{n=1}^{1202} a_n$의 값을 구하여라.

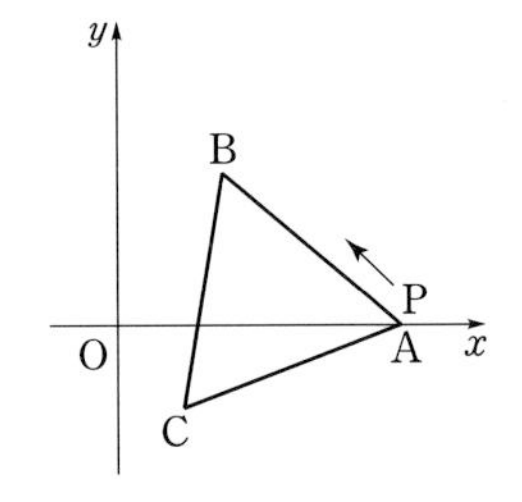

■■■

10

2 이상의 자연수 n에 대하여 집합

$$\{3^{2k-1} \mid k\text{는 자연수},\ 1\le k\le n\}$$

의 서로 다른 두 원소를 곱하여 나올 수 있는 모든 값만을 원소로 하는 집합을 S라 하고, S의 원소의 개수를 $f(n)$이라 하자.

예를 들어 $f(4)=5$이다. 이때 $\sum_{n=2}^{11} f(n)$의 값을 구하여라. [평가원 기출]

11

오른쪽 그림과 같이 나무에 55개의 전구가 맨 위 첫 번째 줄에는 1개, 두 번째 줄에는 2개, 세 번째 줄에는 3개, …, 열 번째 줄에는 10개가 설치되어 있다. 전원을 넣으면 이 전구들은 다음 규칙에 따라 작동한다.

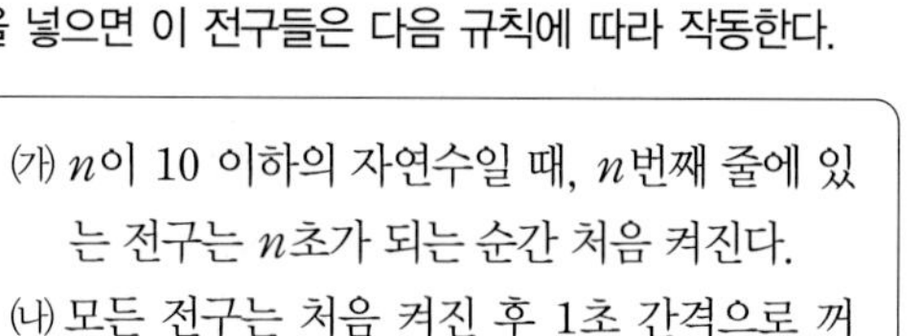
(가) n이 10 이하의 자연수일 때, n번째 줄에 있는 전구는 n초가 되는 순간 처음 켜진다.
(나) 모든 전구는 처음 켜진 후 1초 간격으로 꺼짐과 켜짐을 반복한다.

전원을 넣고 n초가 되는 순간 켜지는 모든 전구의 개수를 a_n이라 하자.
예를 들어 $a_1=1$, $a_2=2$, $a_4=6$, $a_{11}=25$이다. $\sum_{n=1}^{14} a_n$의 값은?

① 215 ② 220 ③ 225 ④ 230 ⑤ 235

12

다음 그림과 같이 세 변의 길이가 300, 400, 500인 직각삼각형 ABC가 있다. 첫 번째 시행에서 [그림 1]과 같이 중점을 이어서 만든 직각삼각형을 칠한다. 두 번째 시행에서는 [그림 2]와 같이 각 꼭짓점 A, B, C를 한 꼭짓점으로 하는 3개의 직각삼각형의 각 변의 중점을 이어서 만든 직각삼각형을 칠한다.

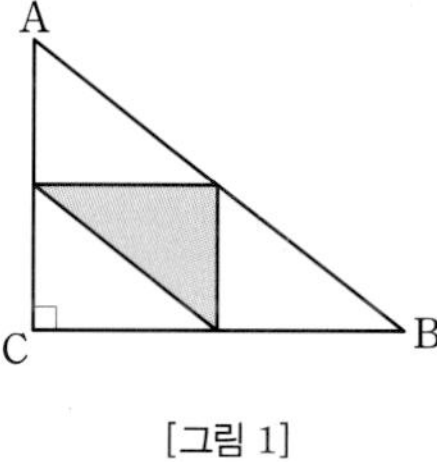

[그림 1]

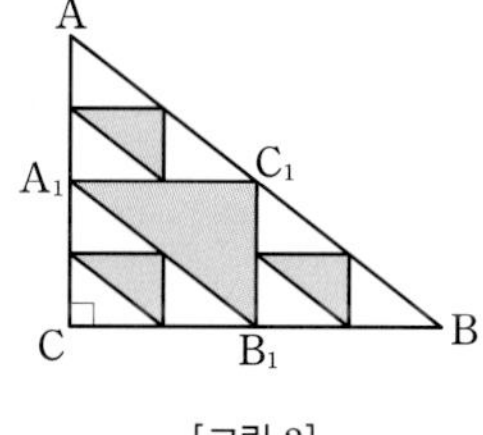

[그림 2]

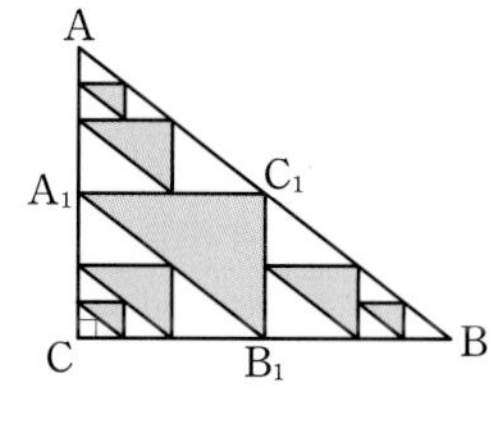

[그림 3]

이와 같은 방법으로 5회 시행했을 때, 색칠된 부분의 넓이의 합을 구하여라.

$\left(\text{단, } \left(\frac{1}{4}\right)^4=0.004\text{로 계산한다.}\right)$

13

자연수 전체의 집합을 정의역으로 하고 $f(n)=f(n+12)$를 만족시키는 함수 $y=f(n)$의 그래프가 다음 그림과 같다.

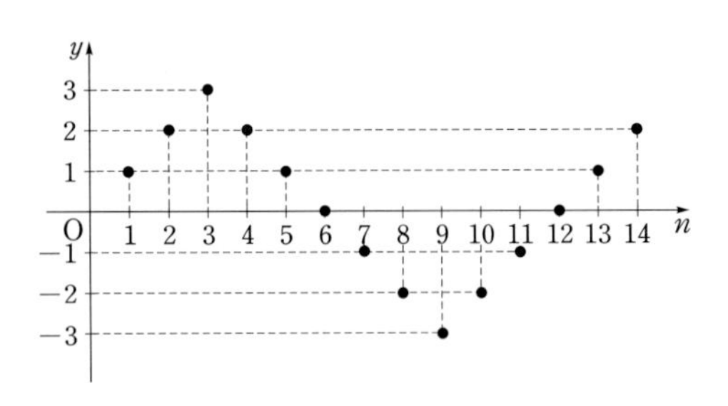

수열 $\{a_n\}$이 $a_1=-1$, $a_{n+1}=a_n+f(n)$을 만족시킬 때, 수열 $\{a_n\}$에 대한 설명으로 옳은 것만을 보기에서 있는 대로 고른 것은?

보기

ㄱ. a_1, a_2, a_3, a_4, a_5 중에서 가장 큰 것은 a_5이다.

ㄴ. 두 자연수 m, n에 대하여 $m \neq n$이면 $a_m \neq a_n$이다.

ㄷ. $S_n=\sum_{k=1}^{n} a_k$일 때, 임의의 자연수 n에 대하여 $S_n < S_{n+1}$이다.

ㄹ. $a_n=a_{n+12}$ $(n=1, 2, 3, \cdots)$

① ㄱ　② ㄱ, ㄹ　③ ㄴ, ㄷ　④ ㄴ, ㄹ　⑤ ㄷ, ㄹ

14

다음은 제품 P_n을 만드는 방법과 소요 시간에 대한 설명이다.

(가) 제품 P_1을 한 개 만드는 데 걸리는 시간은 1이다.

(나) 제품 P_1을 차례대로 두 개 만든 다음에 이를 연결하면 제품 P_2가 한 개 만들어진다.

(다) 제품 P_n을 차례대로 두 개 만든 다음에 이를 연결하면 제품 P_{2n}이 한 개 만들어진다. 이때 제품 P_n을 두 개 연결하는 데 걸리는 시간은 $2n$이다.

이때 제품 P_{32}를 한 개 만드는 데 걸리는 시간을 구하여라.

(단, $n=2^k$, $k=0, 1, 2, 3, \cdots$이고 단위는 시간이다.)

■■□

15 다음은 $n \geq 2$인 모든 자연수 n에 대하여 $x^n=1$의 근을 1, x_1, x_2, $\cdots$, x_{n-1}이라 할 때

$$(1-x_1)(1-x_2)(1-x_3)\cdots(1-x_{n-1})=n$$

이 성립함을 수학적 귀납법으로 증명한 것이다.

증명 (i) $n=2$일 때

$x^2=1$의 근 1, -1에 대하여 $x_1=-1$이므로

(좌변)$=1-(-1)=2$, (우변)$=2$

따라서 주어진 등식이 성립한다.

(ii) $n=k$ $(k \geq 2)$일 때 $x^k=1$의 근을 1, a_1, a_2, $\cdots$, a_{k-1}이라 하고

$$(1-a_1)(1-a_2)\cdots(1-a_{k-1})=k$$

가 성립한다고 가정하면

$$x^{k+1}-1=\boxed{\quad (가) \quad}+x-1$$
$$=x\{(x-1)(x-a_1)(x-a_2)\cdots(x-a_{k-1})\}+(x-1)$$
$$=(x-1)\{x(x-a_1)(x-a_2)\cdots(x-a_{k-1})+1\}$$

이때 $x^{k+1}=1$의 근을 1, b_1, b_2, $\cdots$, b_{k-1}, b_k라 하면

$$x^{k+1}-1=\boxed{\qquad\qquad (나) \qquad\qquad}$$

이므로

$$(x-b_1)(x-b_2)\cdots(x-b_k)$$
$$=x(x-a_1)(x-a_2)\cdots(x-a_{k-1})+1$$

이다. 이때 $x=1$을 대입하면

$$(1-b_1)(1-b_2)\cdots(1-b_k)$$
$$=1\cdot(1-a_1)(1-a_2)\cdots(1-a_{k-1})+1$$
$$=\boxed{\quad (다) \quad}$$

따라서 $n=k+1$일 때도 주어진 등식이 성립한다.

(i), (ii)에 의해 $n \geq 2$인 모든 자연수 n에 대하여 주어진 등식이 성립한다.

위의 증명에서 (가), (나), (다)에 알맞은 것을 순서대로 적은 것은?

① $x(x^k-1)$, $(x-1)(x-b_1)(x-b_2)\cdots(x-b_k)$, $k+1$

② $x(x^k+1)$, $(x-b_1)(x-b_2)\cdots(x-b_k)-1$, $k+1$

③ $x(x^k-1)$, $(x-1)(x-b_1)(x-b_2)\cdots(x-b_{k-1})$, k

④ $x(x^k+1)$, $(x-b_1)(x-b_2)\cdots(x-b_k)$, $k+1$

⑤ $x(x^k-1)$, $(x-1)(x-b_1)(x-b_2)\cdots(x-b_k)$, k

Chapter  Advanced Lecture

SUMMA CUM LAUDE

TOPIC (1) 4가지 점화식과 그 전형적인 해법

수열의 규칙을 표현하는 방법에는 두 가지, 일반항과 점화식(=수열의 귀납적 정의)이 있다. 두 방법에는 각기 장단점이 존재하는데, 임의의 항의 값을 구해야 할 때는 일반항이 더 다루기 좋다. 예를 들어 점화식 $a_1=2$, $a_{n+1}=a_n+2$를 이용하여 a_{100}의 값을 구하기 위해서는 불필요한 a_2, a_3, $\cdots$, a_{99}의 값까지도 빠짐없이 구해야 한다. 반면 수열의 일반항 $a_n=2n$을 알고 있다면 낭비 없이 단숨에 $a_{100}=200$이라 답할 수 있다.

지금부터 우리는 수열의 규칙이 점화식으로 표현되어 있을 때, 그 일반항을 구하는 몇 가지 전형적인 방법에 대해서 공부하겠다.[1] 우리는 다음과 같은 대표성을 띄는 4가지 유형의 점화식의 해법을 다룰 것이다.

[유형 1] $a_{n+1}=a_n+f(n)$
[유형 2] $a_{n+1}=a_n\times f(n)$
[유형 3] $a_{n+1}=pa_n+q$ (단, $p\neq1$, $q\neq0$)
[유형 4] $pa_{n+2}+qa_{n+1}+ra_n=0$ (단, $p+q+r=0$, $p\neq0$)

[유형 1] $a_{n+1}=a_n+f(n)$

등차수열 $a_{n+1}=a_n+d$를 보다 일반화시킨 수열이다. 등차수열에서는 일정한 수를 더하여 다음 항을 얻었지만, 이번에는 더하는 수가 어떤 규칙(등차수열, 등비수열, 소거형 등)을 따른다. 이 수열의 일반항을 구하는 방법은 비교적 쉬운 편이다.

❶ 교육부에서 발간한 현행교육과정(2015 개정교육과정)고시에서는 '수열과 관련된 여러 가지 문제를 귀납적으로 표현할 수 있게 하고, 귀납적으로 정의된 수열의 일반항을 구하는 문제는 다루지 않는다.' 라고 명시되어 있다. 하지만 실제 현장의 내신시험에서 1등급과 2등급을 가르기 위해 출제되는 몇 문제들을 생각해 보면 마냥 순진하게 이 지침을 따를 수만은 없다.

n번째 항에 이전 단계에서 얻은 제$(n-1)$항을 차근차근 대입하거나 n에 1, 2, 3, $\cdots$, $n-1$을 차례로 대입한 식을 변끼리 더하여 정리하면 일반항 a_n이 유도된다.

$a_2 = a_1 + f(1)$

↘ 대입

$a_3 = \underline{a_2} + f(2) = \underline{a_1 + f(1)} + f(2)$

↘ 대입

$a_4 = \underline{a_3} + f(3) = \underline{a_1 + f(1) + f(2)} + f(3)$

$\vdots$

$$\boldsymbol{a_n = a_1 + f(1) + f(2) + \cdots + f(n-1)}$$
$$\boldsymbol{= a_1 + \sum_{k=1}^{n-1} f(k)}$$

$$\begin{aligned}
\cancel{a_2} &= a_1 + f(1) \\
\cancel{a_3} &= \cancel{a_2} + f(2) \\
\cancel{a_4} &= \cancel{a_3} + f(3) \\
&\vdots \\
+)\ a_n &= \cancel{a_{n-1}} + f(n-1) \\
\hline
a_n &= a_1 + \sum_{k=1}^{n-1} f(k)
\end{aligned}$$

인접한 두 항의 차 $f(n) = a_{n+1} - a_n$의 값이 비록 일정한 수는 아니지만 어떤 규칙을 따르는 경우는 자주 등장한다. 그래서 수학자들은 아예 이 수열에 다음과 같이 이름도 붙였다.

수열 $\{a_n\}$이 주어졌을 때, $b_n = a_{n+1} - a_n$이 성립하면 수열 $\{b_n\}$을 수열 $\{a_n\}$의 **계차수열(階差數列)**[2]이라 한다.

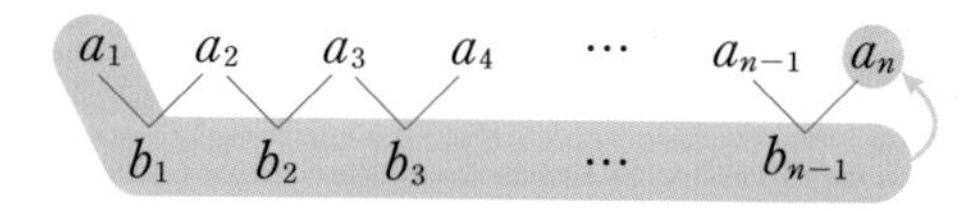

수열 $\{a_n\}$의 계차수열을 $\{b_n\}$이라 할 때, 수열 $\{a_n\}$의 일반항은 다음과 같다.

$$a_n = a_1 + (b_1 + b_2 + b_3 + \cdots + b_{n-1})$$
$$= a_1 + \sum_{k=1}^{n-1} b_k$$ [3] ← 수열 $\{b_n\}$의 항의 개수가 $(n-1)$임에 주의하자.

이때 계차수열 $\{b_n\}$의 규칙은 문제에 따라 그때그때 다르다. $\{b_n\}$은 등차수열이나 등비수열일 수도 있고, 자연수의 거듭제곱일 수도 있다.

❷ 계차수열의 계(階)는 층계, 계단, 사다리 등의 뜻을 담고 있다.
❸ 이 식은 $n \geq 2$일 때 성립한다.

EXAMPLE 01 다음 수열 $\{a_n\}$에 대하여 물음에 답하여라.

$$1,\ 1,\ 3,\ 7,\ 13,\ \cdots$$

(1) 수열 $\{a_n\}$의 계차수열 $\{b_n\}$의 일반항을 구하여라.

(2) 수열 $\{a_n\}$의 일반항을 구하여라.

ANSWER (1) 주어진 수열의 이웃하는 두 항의 차를 구하면

$\{a_n\}$: 1, 1, 3, 7, 13, $\cdots$

$\{b_n\}$: 0, 2, 4, 6, $\cdots$

따라서 계차수열 $\{b_n\}$의 일반항은

$$\boldsymbol{b_n}=0+(n-1)\cdot 2=\boldsymbol{2n-2}\ ■$$

(2) 계차수열 $\{b_n\}$의 일반항이 $b_n=2n-2$이므로 수열 $\{a_n\}$의 일반항 a_n은

$$\boldsymbol{a_n}=a_1+\sum_{k=1}^{n-1} b_k=1+\sum_{k=1}^{n-1}(2k-2)$$

$$=1+2\cdot\frac{(n-1)\cdot n}{2}-2(n-1)$$

$$=\boldsymbol{n^2-3n+3}\ ■$$

Sub Note 147쪽

APPLICATION 01 다음 수열 $\{a_n\}$에 대하여 물음에 답하여라.

$$2,\ 3,\ 6,\ 15,\ 42,\ 123,\ \cdots$$

(1) 수열 $\{a_n\}$의 계차수열 $\{b_n\}$의 일반항을 구하여라.

(2) 수열 $\{a_n\}$의 일반항을 구하여라.

Sub Note 147쪽

APPLICATION 02 수열 $\{a_n\}$이 다음과 같이 정의될 때, 일반항 a_n을 구하여라.

$$a_1=1,\ a_{n+1}=a_n+\frac{1}{n(n+1)}\quad (n=1,\ 2,\ 3,\ \cdots)$$

[유형 2] $a_{n+1}=a_n\times f(n)$

등비수열 $a_{n+1}=a_n\times r$를 보다 일반화시킨 수열이다. 등비수열에서는 일정한 수를 곱하여 다음 항을 얻었지만, 이번에는 곱하는 수가 어떤 규칙(등비수열, 소거형 등)을 따른다.

[유형 1]에서 덧셈이 곱셈으로 바뀌었을 뿐이므로 같은 방식을 이용하여 n번째 항에 이전 단계에서 얻은 제 $(n-1)$항을 차근차근 대입하거나 n에 1, 2, 3, $\cdots$, $n-1$을 차례로 대입한 식을 변끼리 곱하여 정리하면 일반항 a_n이 유도된다.

$a_2=a_1\times f(1)$

대입

$a_3=\underline{a_2}\times f(2)=\underline{a_1\times f(1)}\times f(2)$

대입

$a_4=\underline{a_3}\times f(3)=\underline{a_1\times f(1)\times f(2)}\times f(3)$

$\vdots$

$\boldsymbol{a_n=a_1\times f(1)\times f(2)\times\cdots\times f(n-1)}$ ❹

$$\begin{array}{rl} & \cancel{a_2}=a_1\times f(1) \\ & \cancel{a_3}=\cancel{a_2}\times f(2) \\ & \cancel{a_4}=\cancel{a_3}\times f(3) \\ & \quad\vdots \\ \times\,) & a_n=\cancel{a_{n-1}}\times f(n-1) \\ \hline & a_n=a_1\times f(1)\times f(2)\times\cdots\times f(n-1) \end{array}$$

EXAMPLE *02* 수열 $\{a_n\}$이 다음과 같이 정의될 때, 일반항 a_n을 구하여라.

$$a_1=1,\ a_{n+1}=\left\{\frac{n(n+2)}{(n+1)^2}\right\}a_n\ (n=1,\ 2,\ 3,\ \cdots)$$

ANSWER $a_{n+1}=\left(\frac{n}{n+1}\cdot\frac{n+2}{n+1}\right)a_n$에서 $f(n)=\frac{n}{n+1}\cdot\frac{n+2}{n+1}$라 하면

$a_n=a_1\times f(1)\times f(2)\times\cdots\times f(n-1)$이므로

$$\boldsymbol{a_n}=1\cdot\left(\frac{1}{2}\cdot\frac{3}{2}\right)\cdot\left(\frac{2}{3}\cdot\frac{4}{3}\right)\cdot\cdots\cdot\left(\frac{n-1}{n}\cdot\frac{n+1}{n}\right)$$

$$=\left(\frac{1}{\cancel{2}}\cdot\frac{\cancel{2}}{\cancel{3}}\cdot\frac{\cancel{3}}{\cancel{4}}\cdot\cdots\cdot\frac{\cancel{n-1}}{n}\right)\left(\frac{\cancel{3}}{2}\cdot\frac{\cancel{4}}{\cancel{3}}\cdot\frac{\cancel{5}}{\cancel{4}}\cdot\cdots\cdot\frac{n+1}{\cancel{n}}\right)$$

$$=\frac{1}{n}\cdot\frac{n+1}{2}=\boldsymbol{\frac{n+1}{2n}}\ ■$$

Sub Note 147쪽

APPLICATION *03* 수열 $\{a_n\}$이 다음과 같이 정의될 때, 일반항 a_n을 구하여라.

$$a_1=1,\ a_{n+1}=4^n a_n\ (n=1,\ 2,\ 3,\ \cdots)$$

---

❹ 연속한 덧셈을 간단히 줄여서 Σ로 나타낸 것처럼, 연속한 곱셈 또한 간단히 줄여서 Π로 나타낸다. Π는 P에 대응하는 그리스 문자로 '파이'라고 읽으며, 이때 P는 product(곱)의 앞글자이다. 즉, 위 식을 Π를 사용하여 간단히 나타내면 다음과 같다.

$$a_n=a_1\times\prod_{k=1}^{n-1}f(k)$$

[유형 3] $a_{n+1}=pa_n+q$ (단, $p\neq1$, $q\neq0$)

만약 위 점화식에서 $p=1$이라면 수열 $\{a_n\}$은 등차수열이고, $q=0$이라면 수열 $\{a_n\}$은 등비수열이다. 이런 관점에서 생각해 보면 이 수열의 규칙은 등비수열과 등차수열의 성격이 섞여 있으리라 추측할 수 있다. 실제로 이 수열은 각 항에서 일정한 수를 빼 주면 공비가 p인 등비수열이 된다. 이를 식으로 표현해 보면

$$a_{n+1}=pa_n+q \iff a_{n+1}-\alpha=p(a_n-\alpha)\ \left(\text{단, } \alpha=\frac{q}{1-p}\right)^{❺}$$

인데, $\{a_n-\alpha\}$를 통째로 하나의 수열로 보면

첫째항이 $a_1-\alpha$, 공비가 p인 등비수열이다.

따라서 등비수열의 정의에 의해

$$a_n-\alpha=(a_1-\alpha)p^{n-1}$$

이므로 $a_{n+1}=pa_n+q$로 귀납적으로 정의되는 수열의 일반항 a_n은

$$\boldsymbol{a_n=\alpha+(a_1-\alpha)p^{n-1}}\ \left(\text{단, } \alpha=\frac{q}{1-p}\right)$$

EXAMPLE 03 수열 $\{a_n\}$이 다음과 같이 정의될 때, 일반항 a_n을 구하여라.

$$a_1=1,\ a_{n+1}=3a_n+2\ (n=1,\ 2,\ 3,\ \cdots)$$

ANSWER $a_{n+1}=3a_n+2$에 대하여 $a_{n+1}-\alpha=3(a_n-\alpha)$라 하면

$a_{n+1}=3a_n-2\alpha$

주어진 점화식과 위의 식을 비교하면 $-2\alpha=2$ $\therefore \alpha=-1$

$\therefore a_{n+1}+1=3(a_n+1)$

따라서 수열 $\{a_n+1\}$은 첫째항이 $a_1+1=2$, 공비가 3인 등비수열이므로

$a_n+1=2\cdot3^{n-1}$ $\therefore \boldsymbol{a_n=2\cdot3^{n-1}-1}$ ■

Sub Note 147쪽

APPLICATION 04 수열 $\{a_n\}$이 다음과 같이 정의될 때, 일반항 a_n을 구하여라.

$$a_1=1,\ a_{n+1}=3a_n+4\ (n=1,\ 2,\ 3,\ \cdots)$$

❺ 일정하게 뺀 수 α를 찾는 방법은 간단하다. $a_{n+1}-\alpha=p(a_n-\alpha)$와 $a_{n+1}=pa_n+q$를 같다고 놓고 식을 정리하면 $\alpha=\frac{q}{1-p}$라는 공식이 나온 것이다. 이번 대단원의 MATH for ESSAY에서는 α에 담긴 의미를 조금 더 깊이 있게 다루고 있으니, 관심이 생긴다면 읽어보길!

[유형 4] $pa_{n+2}+qa_{n+1}+ra_n=0$ (단, $p+q+r=0$, $p\neq0$)

우리는 $p+q+r=0$인 경우만을 다룬다.[6] 즉, $q=-(p+r)$이므로 주어진 점화식을 다음과 같이 변형할 수 있다.

$$pa_{n+2}+qa_{n+1}+ra_n=0 \Longleftrightarrow pa_{n+2}-(p+r)a_{n+1}+ra_n=0$$
$$\Longleftrightarrow p(a_{n+2}-a_{n+1})=r(a_{n+1}-a_n)$$
$$\Longleftrightarrow \underbrace{(a_{n+2}-a_{n+1})}_{\text{계차}}=\frac{r}{p}\underbrace{(a_{n+1}-a_n)}_{\text{계차}}$$

이 식을 보면 계차수열이 등비수열임을 알 수 있다. 다시 말해 수열 $\{a_n\}$의 계차수열 $\{b_n\}$은 첫째항이 a_2-a_1이고, 공비가 $\frac{r}{p}$인 등비수열이므로

$$\boldsymbol{b_n=(a_2-a_1)\cdot\left(\frac{r}{p}\right)^{n-1}}$$

따라서 수열 $\{a_n\}$의 일반항은

$$\boldsymbol{a_n=a_1+\sum_{k=1}^{n-1}b_k}=a_1+(a_2-a_1)\cdot\frac{1-\left(\frac{r}{p}\right)^{n-1}}{1-\frac{r}{p}}$$

EXAMPLE 04 수열 $\{a_n\}$이 다음과 같이 정의될 때, 일반항 a_n을 구하여라.

$$a_1=0,\ a_2=1,\ 3a_{n+2}=4a_{n+1}-a_n\ (n=1,\ 2,\ 3,\ \cdots)$$

ANSWER $3(a_{n+2}-a_{n+1})=a_{n+1}-a_n \Longleftrightarrow a_{n+2}-a_{n+1}=\frac{1}{3}(a_{n+1}-a_n)$이므로

$a_{n+1}-a_n=b_n$으로 놓으면 수열 $\{a_n\}$의 계차수열 $\{b_n\}$은 첫째항이 $a_2-a_1=1$이고, 공비가 $\frac{1}{3}$인 등비수열이다. 즉, $b_n=1\cdot\left(\frac{1}{3}\right)^{n-1}=\left(\frac{1}{3}\right)^{n-1}$

$$\therefore \boldsymbol{a_n}=a_1+\sum_{k=1}^{n-1}b_k=\sum_{k=1}^{n-1}\left(\frac{1}{3}\right)^{k-1}=\frac{1-\left(\frac{1}{3}\right)^{n-1}}{1-\frac{1}{3}}=\boldsymbol{\frac{3}{2}-\frac{1}{2}\cdot\left(\frac{1}{3}\right)^{n-2}}\ \blacksquare$$

[6] $p+q+r\neq0$인 경우는 그 일반항을 구하기가 쉽지 않다. 이런 수열의 대표적인 예로는 앞의 두 항의 합이 그 다음 항이 되는 수열(=피보나치 수열) $a_{n+2}=a_{n+1}+a_n$이 있는데, $a_1=a_2=1$일 때 이 수열의 일반항은 다음과 같다.

$$a_n=\frac{1}{\sqrt{5}}\left\{\left(\frac{1+\sqrt{5}}{2}\right)^n-\left(\frac{1-\sqrt{5}}{2}\right)^n\right\}$$

Sub Note 147쪽

APPLICATION *05* 수열 $\{a_n\}$이 다음과 같이 정의될 때, 일반항 a_n을 구하여라.

$$a_1=1,\ a_2=2,\ a_{n+2}-4a_{n+1}+3a_n=0\ (n=1,\ 2,\ 3,\ \cdots)$$

지금까지 배운 점화식의 전형적인 해법들을 정리해 보면 다음과 같다.

점화식	특징	일반항
$a_{n+1}=a_n+f(n)$	(등차수열의 일반화) $a_{n+1}-a_n$이 규칙적	$a_n=a_1+\sum_{k=1}^{n-1}f(k)$
$a_{n+1}=a_n\times f(n)$	(등비수열의 일반화) $\frac{a_{n+1}}{a_n}$이 규칙적	$a_n=a_1\times f(1)\times f(2)\times\cdots\times f(n-1)$
$a_{n+1}=pa_n+q$ (단, $p\neq1$, $q\neq0$)	$\{a_n-\alpha\}$는 등비수열	$a_n=\alpha+(a_1-\alpha)p^{n-1}\left(\text{단, }\alpha=\frac{q}{1-p}\right)$
$pa_{n+2}+qa_{n+1}+ra_n=0$ (단, $p+q+r=0$, $p\neq0$)	$\{a_{n+1}-a_n\}$은 등비수열	$a_n=a_1+(a_2-a_1)\cdot\frac{1-\left(\frac{r}{p}\right)^{n-1}}{1-\frac{r}{p}}$

위 표를 보면서 아무것도 묻지도 따지지도 않고 결과(점화식의 일반항)만 외우면 된다고 생각하지 않기를 간절히 바란다. 이런 방식으로 무작정 외우기만 하면 수학공부를 하면 할수록 수학이 따분하고 어려워진다. 단순히 결과를 외우는 것보다 각 점화식 속에 담겨 있는 특징을 이해하는 것이 중요하고 이를 바탕으로 일반항을 유도해 보려고 시도하자. 처음에는 한없이 막막하게 느껴지겠지만 반복하다 보면 가랑비에 옷 젖듯이 자신도 모르는 사이에 일반항이 저절로 익혀져 있을 것이다. 이렇게 공부를 하면 수학이 점점 재미있어진다.

TOPIC (2) 군수열

큰 문제를 작은 문제로 쪼개어서 각개격파(各個擊破)하는 사고방식은 병법뿐만 아니라 수학에서도 대단히 유용한 전략이자 전술이다. 문제를 해결할 때, 전체에 적용되는 일관된 규칙을 찾기 어려울 때는 몇 개의 부분으로 쪼개어 각각 규칙을 찾아야 하는 것은 아닌지 한 번쯤 의심해 봐야 한다.

Archimedes Principle ... density of a solid object as well as the density

수열에서도 처음 주어진 수열 전체에 적용되는 규칙을 찾기 어렵다면 주어진 수열을 몇 개의 작은 수열로 쪼개어서 각각 규칙을 찾는다. 보통 첫째항부터의 규칙은 찾을 수 없지만 몇 개의 항들을 묶어 보면 새로운 규칙을 찾을 수 있는 수열을 **군수열**[7] 이라 하고, 각 묶음을 군이라 한다.

EXAMPLE 05 다음의 수열에서 $\frac{5}{7}$는 제몇 항인지 구하여라.

$$\frac{1}{1},\ \frac{2}{1},\ \frac{1}{2},\ \frac{3}{1},\ \frac{2}{2},\ \frac{1}{3},\ \frac{4}{1},\ \frac{3}{2},\ \frac{2}{3},\ \frac{1}{4},\ \cdots$$

ANSWER 분모와 분자의 합이 같은 수끼리 묶으면

$$\underbrace{\left(\frac{1}{1}\right)}_{\text{제1군}},\ \underbrace{\left(\frac{2}{1},\ \frac{1}{2}\right)}_{\text{제2군}},\ \underbrace{\left(\frac{3}{1},\ \frac{2}{2},\ \frac{1}{3}\right)}_{\text{제3군}},\ \underbrace{\left(\frac{4}{1},\ \frac{3}{2},\ \frac{2}{3},\ \frac{1}{4}\right)}_{\text{제4군}},\ \cdots$$

이때 제n군 $\left(\frac{n}{1},\ \frac{n-1}{2},\ \cdots,\ \frac{1}{n}\right)$의 분모와 분자의 합은 모두 $n+1$이다.

$\frac{5}{7}$는 분모와 분자의 합이 $7+5=12$이므로 제11군이고, 분모가 7이므로 제11군의 7번째 항이 된다. 한편 제1군부터 제10군까지의 항수는

$$1+2+3+\cdots+10=\frac{10\cdot 11}{2}=55$$

따라서 $\frac{5}{7}$는 $55+7=62$(째)항, 즉 **제62항**이다. ■

Sub Note 148쪽

APPLICATION 06 다음 수열에서 $\frac{21}{22}$은 제몇 항인지 구하여라.

$$\frac{1}{2},\ \frac{1}{3},\ \frac{2}{3},\ \frac{1}{4},\ \frac{2}{4},\ \frac{3}{4},\ \frac{1}{5},\ \frac{2}{5},\ \frac{3}{5},\ \frac{4}{5},\ \cdots$$

Sub Note 148쪽

APPLICATION 07 다음과 같이 37이 처음 나올 때까지 규칙적으로 홀수들을 나열한 수열이 있다. 이 수열의 모든 항의 합을 구하여라.

$$1,\ 1,\ 3,\ 1,\ 3,\ 5,\ 1,\ 3,\ 5,\ 7,\ 1,\ 3,\ 5,\ 7,\ 9,\ \cdots,\ 33,\ 35,\ 37$$

[7] 엄밀하게 말하자면 군(群, group)이란 용어는 대학과정인 추상대수학(abstract algebra)에서 등장하는 기본용어로 단순히 수의 묶음을 가리키는 이 상황에 사용되기엔 적절하지 못하다. 필자의 짧은 생각에는 '수열의 분할' 이라 부르는 것이 이 상황을 가리키는 더 적절한 용어인 듯하다.

TOPIC (3) 멱급수의 부분합

이과 과정인 미적분에서 배우는 '급수'에 대해 잠시 소개하자면 수열 $\{a_n\}$의 각 항을 차례로 덧셈 기호 $+$로 연결한 식 $a_1+a_2+a_3+\cdots+a_n+\cdots$을 **급수**라 한다. 이때 a_n을 이 급수의 제n항이라 하고, 급수 $a_1+a_2+a_3+\cdots+a_n+\cdots$에서 첫째항부터 제$n$항까지의 합 S_n, 즉

$$S_n=a_1+a_2+a_3+\cdots+a_n=\sum_{k=1}^{n}a_k$$

를 이 급수의 제n항까지의 **부분합**이라 한다. 즉, 우리가 앞에서 구한 수열의 합이 곧 급수의 부분합이었다.

일반적으로 등비수열 $x, x^2, \cdots, x^n, \cdots$과 임의의 수열 $\{a_n\}$을 항끼리 곱하여 얻은 새로운 수열 $\{a_nx^n\}$에 대하여 그 합을 **멱급수**(power series)[8]라 한다.

$$a_1x+a_2x^2+a_3x^3+a_4x^4+\cdots+a_nx^n+\cdots$$

임의의 멱급수에서 부분합을 구하는 것은 수학자들도 어려워하는 문제이다. 하지만 수열 $\{a_n\}$이 등차수열인 경우는 비교적 수월하게 우리가 배운 지식만을 사용하여 멱급수의 부분합을 구할 수 있다.

등차수열

$$a\,x+(a+d)\,x^2+(a+2d)\,x^3+(a+3d)\,x^4+\cdots+\{a+(n-1)d\}\,x^n$$ [9]

등비수열

멱급수의 부분합을 구하기 앞서 첫째항이 a, 공비가 r인 등비수열의 합을 어떻게 구했는지 되짚어 보자.

$$\begin{array}{rrl} & S_n= & a+ar+ar^2+\cdots+ar^{n-1} \\ -) & rS_n= & \quad\;\; ar+ar^2+\cdots+ar^{n-1}+ar^n \\ \hline & (1-r)S_n= & a \qquad\qquad\qquad\qquad\quad -ar^n \end{array}$$

$$\therefore S_n=\frac{a(1-r^n)}{1-r}$$

(등차수열)×(등비수열) 꼴의 멱급수의 부분합을 구할 때에도 같은 아이디어가 그대로 사용된다.

---

[8] 한자 멱(冪)이 거듭제곱을 뜻하므로 거듭제곱급수라고도 한다.

[9] $x=1$일 때, 주어진 멱급수는 등차수열이다.

구하고자 하는 멱급수의 부분합을 T_n이라 할 때, 공비 x를 곱한 xT_n 안에는 T_n 안의 식이 그대로 반복된다. 즉, T_n-xT_n을 계산해 보면

$$
\begin{array}{rl}
T_n= & ax+(a+d)x^2+(a+2d)x^3+\cdots+\{a+(n-1)d\}x^n \\
-)\quad xT_n= & \qquad ax^2+(a+d)x^3+\cdots+\{a+(n-2)d\}x^n+\{a+(n-1)d\}x^{n+1} \\
\hline
(1-x)T_n= & ax+dx^2+dx^3+\cdots+dx^n-\{a+(n-1)d\}x^{n+1} \\
= & ax+dx\{x+x^2+x^3+\cdots+x^{n-1}\}-\{a+(n-1)d\}x^{n+1} \\
= & ax+dx^2\left(\dfrac{1-x^{n-1}}{1-x}\right)-\{a+(n-1)d\}x^{n+1}
\end{array}
$$

따라서 위 식의 양변을 $1-x$로 나누면 T_n의 값을 구할 수 있다. 모양이 매우 복잡해서 겁을 먹는 학생도 분명히 있을 것이다. 안심하라. 실제 문제에서는 문자 x, a, d 대신 구체적인 숫자가 나오기 때문에 계산이 생각보다 간단히 정리된다. 등비수열의 합을 구했던 것처럼

공비를 곱하고 같은 모양이 반복되도록 한 다음 빼 준다는 아이디어만 기억하자!

EXAMPLE 06 $\sum_{k=1}^{10} k2^{k-1}$을 계산하여라.

ANSWER $S=\sum_{k=1}^{10} k2^{k-1}$이라 하면

$$
\begin{array}{rl}
S= & 1\cdot1+2\cdot2+3\cdot2^2+4\cdot2^3+\cdots+10\cdot2^9 \\
-)\ 2S= & \qquad 1\cdot2+2\cdot2^2+3\cdot2^3+\cdots+9\cdot2^9+10\cdot2^{10} \\
\hline
-S= & 1+2+2^2+2^3+\cdots+2^9-10\cdot2^{10}
\end{array}
$$

$$
\begin{aligned}
\therefore S &= 10\cdot2^{10}-(1+2+2^2+\cdots+2^9) \\
&= 10\cdot2^{10}-\frac{2^{10}-1}{2-1} \\
&= 10\cdot2^{10}-2^{10}+1=\mathbf{9\cdot2^{10}+1}\ \blacksquare
\end{aligned}
$$

APPLICATION 08 $\sum_{k=1}^{5} 2^k(k+4)$를 계산하여라.

Sub Note 148쪽

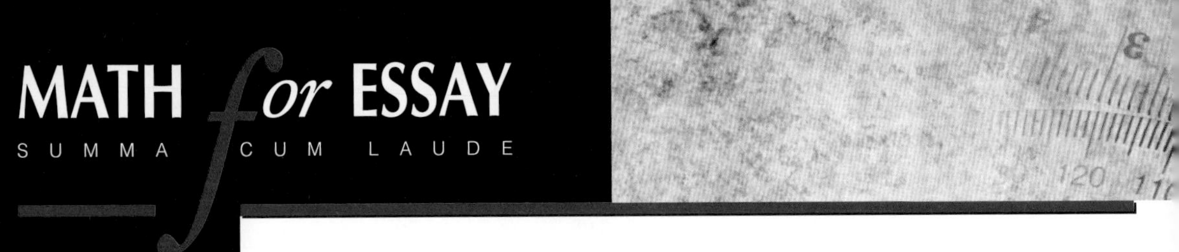

01. 균형과 점화식

균형(equilibrium)이란, 양팔 저울 위에 무게가 같은 두 물체를 올려놓은 것처럼, 상반되는 두 힘의 크기가 같아서 외관상으로 고정되어 있는 상태를 말한다. 이 개념은 수학뿐만 아니라 물리, 경제 등 여러 학문에서 두루 중요하게 사용된다.[1]

예를 들어 초콜릿의 가격이 높아지면, 기업은 생산량을 늘리지만 소비자들은 소비량을 줄일 것이다. 반대로 초콜릿의 가격이 너무 낮아지면, 기업은 생산량을 줄이고 소비자들은 소비량을 다시 늘릴 것이다. 이렇게 가격에 대하여 반대 방향으로 작용하는 두 힘, 수요와 공급이 균형을 이룰 때 초콜릿 시장의 균형가격과 균형소비량이 결정된다.

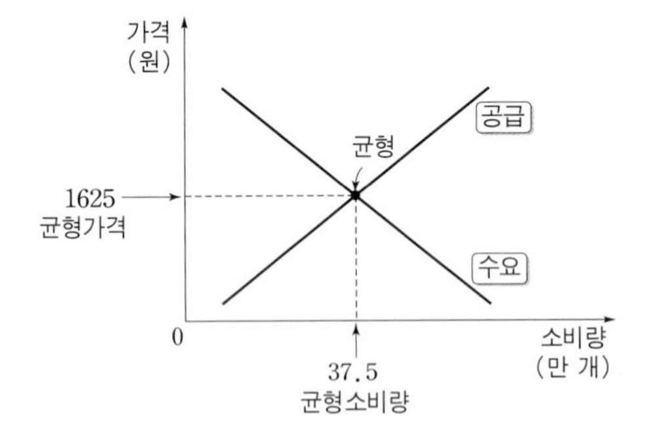

우리가 이번 단원에서 열심히 공부한 수열과 점화식은 주어진 상황을 분석하고 균형을 찾기 위한 도구로 자주 사용된다. 예를 들어 다음과 같은 상황을 생각해 보자.

> 복용 후 하루가 지나면 몸 안에 50 %만 남는 약이 있다. 이 약이 효과가 있기 위해선 체내에 50 mg 이상 남아 있어야 하고, 부작용을 막기 위해선 300 mg 이상 잔존해선 안 된다. 어떤 환자가 하루에 한 번 60 mg씩 이 약을 복용한다고 할 때, 이 환자는 약의 효과를 볼 수 있을까? 또한 부작용은 없을까? (단, 첫 번째 약을 먹기 직전 체내잔존량은 30 mg이다.)

약을 먹기 직전에 체내잔존량을 측정한다고 생각하자. 주어진 상황을 도식화하면 다음과 같다.

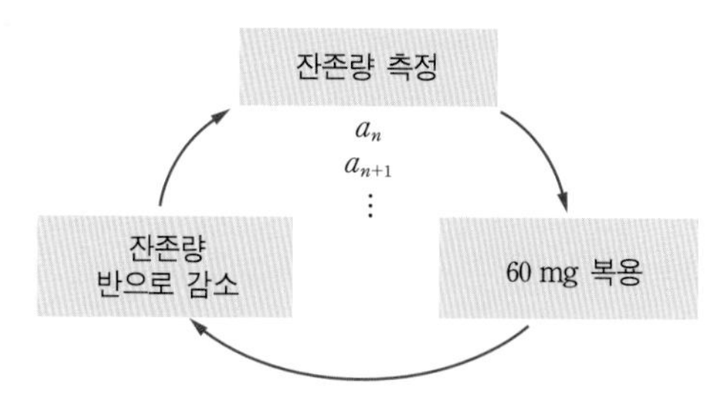

즉, n번째 약을 복용하기 직전, 약의 체내잔존량을 a_n mg이라 하면, 다음이 성립한다.

$$a_1=30,\ a_{n+1}=\frac{1}{2}(a_n+60)=\frac{1}{2}a_n+30\ \ (n=1,\ 2,\ 3,\ \cdots)$$

이런 시행을 끝없이 반복할 때 수열의 항 a_1, a_2, a_3, $\cdots$, a_n, $\cdots$은 어떤 값이 될까? 이과 과정인 '수열의 극한'을 배우면 계산을 통해 확인할 수 있겠지만, 다음 소개하는 기하적 방법[2]을 이용하면 문과 학생들도 구할 수 있다.

① x축에 a_n을 표시하고, $y=\frac{1}{2}x+30$의 그래프를 이용하여 a_{n+1}의 값을 찾는다.
② y축에 위치한 a_{n+1}을 $y=x$의 그래프를 이용하여 x축으로 옮긴다.
③ ①로 돌아간다.

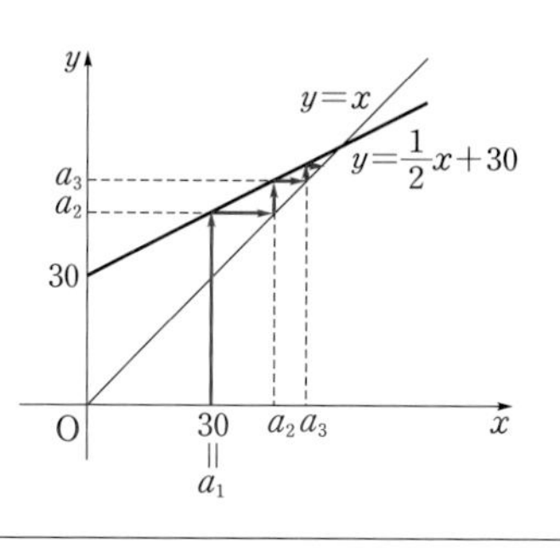

위 그림과 같이 몇 번만 반복하여 a_1, a_2, a_3의 값을 구해 보면 이후의 값들이

<u>두 직선의 교점의 x좌표</u>

❶ 사실 균형이란 단어 자체는 경제학자들이 자주 사용하는 단어이다. 수학자들은 같은 개념을 가리킬 때, 고정된 점(fixed point)이나 변하지 않는 양(invariant)이라는 단어를 더 많이 사용한다.

❷ 이와 같이 a_1, a_2, a_3, $\cdots$의 움직임에 관한 정보를 화살표로 그린 것을 거미줄 다이어그램(Cobweb Diagram)이라 한다.

인 60에 점점 가까워짐을 확인할 수 있다. 오랜 기간 꾸준히 약을 복용했다면 n번째 약을 복용하기 직전 약의 체내잔존량 a_n은 60 mg에 가까워지고, 복용 직후 체내잔존량 a_n+60은 $60+60=120$ (mg)에 가까워진다. 체내잔존량이 50 mg 이상 300 mg 미만에 해당하므로 60 mg은 적절한 복용량이라 볼 수 있다. 효과를 보면서도 부작용은 발생하지 않는다.

앞서 **Advanced Lecture**에서 점화식 $a_{n+1}=pa_n+q$의 일반항을 구하는 과정에서 등장하는 식

$$a_{n+1}-\alpha=p(a_n-\alpha)\left(\text{단, } \alpha=\frac{q}{1-p}\right)$$

를 보면서 많은 학생들이 α를 단순히 계산 과정의 일부로만 볼 뿐 α의 의미를 생각하지 못했을 것이다. 계산 과정에서 등장한 α는 아주 중요한 값, 바로 균형이었다.[3] 만약 이 시행에서 $a_1=\alpha$, 즉, $a_1=60$이었다면 a_2, a_3, $\cdots$은 **계속해서 같은 값 α를 가지며, 이 값에서 아주 조금도 변하지 않는다.** 이는 곧 변하지 않는다는 균형이 가진 근본적인 이미지를 보여준다.

❸ $a_{n+1}=\frac{1}{2}a_n+30$

$\Longleftrightarrow$ $a_{n+1}-60=\frac{1}{2}(a_n-60)$

에서 $\alpha=60$ (균형)

조금 전과 비슷한 경우지만 균형이 존재하지 않는 경우 또한 존재한다.

어느 강의 상류에 댐이 설치되어 있다. 현재 댐의 저수량은 50만 톤이고, 댐의 최대 저수량은 100만 톤이다. 홍수로 인해 매 시간마다 댐의 저수량이 1시간 전보다 1 %씩 늘어나고 있으며, 이 댐의 최대 방류량은 시간당 1000톤이다. 댐 주변 거주민들의 안전을 위해 현재 정부는 매 시간 1000톤의 물을 방류한 직후 저수량을 측정하고 있다.

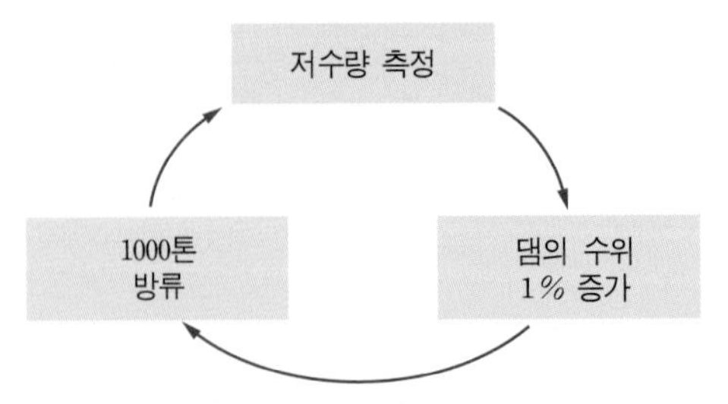

홍수가 계속될 때, 매 시간 댐의 수위가 어떻게 변화하고, 균형 수위는 어떻게 될 것인지 생각해 보자. (단, 분석의 편의를 위해 1000톤의 방류는 한순간에 이루어진다고 가정한다.)

주어진 상황을 식으로 표현해 보자.

n시간이 지난 후 저수량을 a_n만 톤이라 하면

$$a_1=50.4,\ a_{n+1}=\frac{101}{100}a_n-0.1\ \ (n=1,\ 2,\ 3,\ \cdots)$$

이다. 즉, $a_{n+1}=pa_n+q$에서 $p>1$인 경우이다.

조금 전에 했던 것처럼 그림을 이용하여 a_n의 추이를 살펴보면 a_n은 끝없이 위로 올라간다.

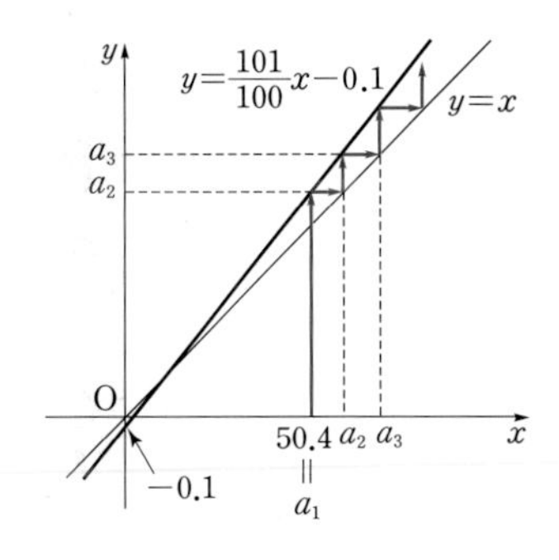

즉, 주어진 상황처럼 홍수가 계속된다면 저수량의 균형은 존재하지 않으며, 방치할 경우 댐은 붕괴할 것이다.

과학자이며 수학자인 갈릴레오는

자연은 수학이라는 언어로 쓰여 있다

고 했다. 자연을 연구하려면 먼저 왜 그렇게 되는지 생각해야 하고 대답을 얻기 위해 논리적이고 합리적인 사고의 힘을 기르는 것이 가장 바람직하다. 바로 이 생각하는 힘을 기르기 위해서 우리는 수학을 배우는 것이다.

SUMMA CUM LAUDE
MATHEMATICS

내신 · 모의고사 대비 TEST

숨마쿰라우데®

[수학 I]

Ⅰ. 지수함수와 로그함수

Ⅱ. 삼각함수

Ⅲ. 수열

정답은 ➞ 본책의 해설지에서
해설은 ➞ 당사 홈페이지에서
확인하실 수 있습니다.
www.erumenb.com

01 지수

Sub Note 149쪽

기본 Exercises

01 다음 중 옳지 않은 것은?

① 네제곱근 64는 $\sqrt{8}$이다.
② 6은 216의 세제곱근이다.
③ 4의 네제곱근은 2개이다.
④ -27의 세제곱근 중 실수인 것은 -3이다.
⑤ n이 2보다 큰 홀수일 때, -5의 n제곱근 중 실수인 것은 $-\sqrt[n]{5}$이다.

02 1이 아닌 양수 a에 대하여 $\sqrt[k]{a\sqrt{a}}=\sqrt{\sqrt{\sqrt{a}}}$일 때, 정수 k의 값을 구하여라. (단, $k\geq 2$)

03 다음 중 가장 큰 수는?

① $\sqrt{\sqrt[3]{30}}$ ② $\sqrt{6\sqrt[3]{5}}$ ③ $\sqrt{5\sqrt[3]{6}}$
④ $\sqrt[3]{5\sqrt{6}}$ ⑤ $\sqrt[3]{6\sqrt{5}}$

04 $5^{\frac{1}{x}}=9$일 때, $\dfrac{3^x-3^{-x}}{3^x+3^{-x}}$의 값은?

① $\dfrac{1}{3}$ ② $\dfrac{2}{3}$ ③ $\dfrac{4}{3}$
④ $\dfrac{5}{3}$ ⑤ 2

05 $\sqrt{x}+\dfrac{1}{\sqrt{x}}=3$일 때, $\dfrac{x^2+x^{-2}+7}{x+x^{-1}+2}$의 값은?

① 4 ② 5 ③ 6
④ 7 ⑤ 8

06 $2^x=5^y=100$인 실수 x, y에 대하여 $\dfrac{1}{x}+\dfrac{1}{y}$의 값은?

① $\dfrac{1}{5}$ ② $\dfrac{1}{4}$ ③ $\dfrac{1}{3}$
④ $\dfrac{1}{2}$ ⑤ 1

발전 ☑ Exercises

07 2 이상인 두 자연수 a, b에 대하여 $N(a, b)$를 $N(a, b)=\sqrt[a]{b}$로 정의할 때, 옳은 것만을 |보기|에서 있는 대로 고른 것은?

보기
ㄱ. $N(30, 8)=N(10, 2)$
ㄴ. $N(a, 5)\cdot N(b, 5)=N(ab, 5)$
ㄷ. $N(a, b)=k$이면 $b^2=2k^a$이다.

① ㄱ ② ㄴ ③ ㄱ, ㄷ
④ ㄴ, ㄷ ⑤ ㄱ, ㄴ, ㄷ

08 $\sqrt[4]{x}=8$, $\sqrt[6]{y}=25$일 때, $\sqrt[7]{400x^2y}$의 모든 양의 약수의 합을 구하여라. (단, $x>0$, $y>0$)

09 x^2을 $x-\sqrt[3]{3}$으로 나누었을 때의 나머지를 R_1,
x^2을 $x-\sqrt[4]{R_1^{\ 3}}$으로 나누었을 때의 나머지를 R_2,
x^2을 $x-\sqrt[5]{R_2^{\ 4}}$으로 나누었을 때의 나머지를 R_3,
x^2을 $x-\sqrt[6]{R_3^{\ 5}}$으로 나누었을 때의 나머지를 R_4라 할 때,
$\dfrac{R_1R_4}{R_2R_3}=\sqrt[15]{3^k}$을 만족시키는 자연수 k의 값은?

① 10 ② 11 ③ 12
④ 13 ⑤ 14

10 자연수 n에 대하여 $A_n=5^{\frac{1}{n}}$일 때,
$$(A_2)^{\frac{1}{3}}\times(A_3)^{\frac{1}{4}}\times(A_4)^{\frac{1}{5}}\times\cdots\times(A_{50})^{\frac{1}{51}}=(A_{51})^{\frac{q}{p}}$$
을 만족시키는 p, q에 대하여 $p+q$의 값을 구하여라.
(단, p, q는 서로소인 자연수)

11 $a+b+c=-2$, $2^a+2^b+2^c=\dfrac{25}{8}$,
$2^{-a}+2^{-b}+2^{-c}=\dfrac{19}{2}$를 모두 만족시키는 세 실수 a, b, c에 대하여 $4^a+4^b+4^c$의 값을 구하여라.

12 $f(x)=\dfrac{a^x-a^{-x}}{a^x+a^{-x}}$에 대하여
$f(p)=\dfrac{1}{5}$, $f(q)=\dfrac{1}{6}$일 때, $f(p+q)$의 값을 구하여라.
(단, $a>0$)

02 로그

Sub Note 149쪽

기본 ☑ Exercises

01 모든 실수 x에 대하여 $\log_2(-kx^2-2kx+4)$의 값이 존재하기 위한 정수 k의 개수는?

① 2 ② 3 ③ 4 ④ 5 ⑤ 6

02 $\log_2 3=a$, $\log_3 5=b$라 할 때, $\log_{60}75$를 a, b로 나타내면?

① $\frac{2ab+a}{1+a+ab}$ ② $\frac{2ab+a}{2+a-ab}$ ③ $\frac{2ab+a}{2+a+ab}$ ④ $\frac{3ab+a}{2+a+ab}$ ⑤ $\frac{2ab+a}{3+a+ab}$

03 $x=2\log_9 3-\log_3\sqrt{3}$,
$y=2\log_3\frac{2\sqrt{2}}{3}+\log_3\sqrt{162}-\frac{1}{2}\log_3 32$일 때,
3^{x+y}의 값은?

① $\frac{1}{3}$ ② 1 ③ $\sqrt{3}$ ④ $2\sqrt{2}$ ⑤ $2\sqrt{3}$

04 $7^{\log_2 25\cdot\log_5\sqrt{3}\cdot(\log_3 16-\log_3 2)}$의 값을 구하여라.

05 $\log 1.63=0.2122$일 때, 다음을 만족시키는 A, B의 값을 구하여라.

$$\log A=3.2122$$
$$\log B=-0.7878$$

06 $\left(\frac{3}{4}\right)^{20}$은 소수점 아래 몇째 자리에서 처음으로 0이 아닌 숫자가 나타나는지 구하여라.

(단, $\log 2=0.3010$, $\log 3=0.4771$로 계산한다.)

발전 Exercises

07 $x>0$, $y>0$, $z>0$에 대하여

$\log_6 xy=6$, $\log_6 yz=9$, $\log_6 xz=7$

일 때, $\log_{\sqrt{6}} xyz$의 값을 구하여라.

08 다음 값을 구하여라.

$$\log_5\left(1+\frac{1}{2}\right)+\log_5\left(1+\frac{1}{3}\right)+\log_5\left(1+\frac{1}{4}\right)+\cdots+\log_5\left(1+\frac{1}{49}\right)$$

09 $2^x=3^y=6^z$일 때, $\frac{xy-yz-xz}{xyz}$의 값을 구하여라. (단, $xyz\neq 0$)

10 자연수 n에 대하여 $f(n)=[\log n]$이라 할 때, $f(1)+f(2)+f(3)+\cdots+f(2020)$의 값은?

(단, $[x]$는 x보다 크지 않은 최대의 정수이다.)

① 2020 ② 3600 ③ 4587
④ 4953 ⑤ 5348

11 $\log_3 6$의 소수 부분을 α, $\log_3 10$의 소수 부분을 β라 할 때, $3^{\alpha+\beta}$의 값을 구하여라.

12 자연수 A에 대하여 A^{50}이 66자리의 수일 때, A^{20}은 k자리의 수이다. 이때 k의 값을 구하여라.

03 지수함수

Sub Note 149쪽

기본 Exercises

01 지수함수 $f(x)=a^x$에 대한 |보기|의 설명 중 옳은 것만을 있는 대로 고른 것은? (단, $a>0$, $a\neq1$)

보기

ㄱ. 임의의 실수 x_1, x_2에 대하여 $x_1\neq x_2$이면 $f(x_1)\neq f(x_2)$이다.
ㄴ. $x_1>x_2$이면 $f(x_1)>f(x_2)$이다.
ㄷ. 지수함수 $y=f(x)$의 그래프의 점근선은 직선 $y=0$이다.
ㄹ. 지수함수 $y=f(x)$의 그래프는 a의 값이 클수록 y축에 가까워진다.

① ㄱ, ㄴ ② ㄱ, ㄷ ③ ㄱ, ㄹ
④ ㄱ, ㄷ, ㄹ ⑤ ㄱ, ㄴ, ㄷ, ㄹ

02 지수함수 $y=\left(\frac{1}{3}\right)^x$의 그래프를 x축의 방향으로 2만큼 평행이동한 후, y축에 대하여 대칭이동한 그래프가 점 $(2, a)$를 지날 때, a의 값을 구하여라.

03 오른쪽 그림은 지수함수 $y=5^{x+1}$의 그래프이다. 다음 중 $b+c-a$의 값과 같은 것은?

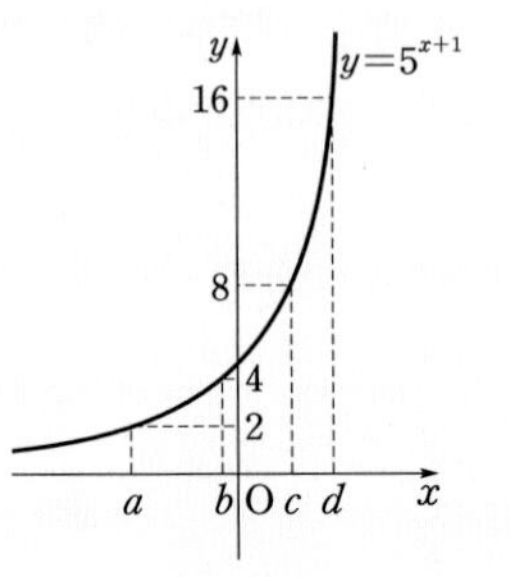

① 1 ② $a+1$
③ $b+2$ ④ $c+3$
⑤ d

04 $0<a<1$일 때, 함수 $y=a^{-x^2+2x+3}$의 최솟값이 $\frac{1}{16}$이다. 이때 a의 값은?

① $\frac{1}{8}$ ② $\frac{1}{6}$ ③ $\frac{1}{4}$
④ $\frac{1}{2}$ ⑤ $\frac{3}{4}$

05 $x>0$일 때, 부등식 $x^{x-1}\geq x^{-x+5}$의 해는?

① $0<x<1$ ② $x=1$ ③ $x\geq3$
④ $1<x<3$ ⑤ $0<x\leq1$ 또는 $x\geq3$

06 A마리의 세균은 이상적인 조건 아래에서 t시간 동안 $A\cdot3^{kt}$ ($k>0$인 상수)마리로 분열한다고 한다. 세균 수가 한 시간 동안 처음 세균 수의 2배로 늘어났다면, 3시간 후에는 처음 세균 수의 몇 배로 늘어나겠는가?

① 8배 ② 9배 ③ 18배
④ 27배 ⑤ 32배

발전 ☑ Exercises

07 $-1 \le x \le 1$에서 함수 $y=\left(\frac{1}{3}\right)^{x-|x|}$의 최댓값과 최솟값의 합을 구하여라.

08 두 방정식 $x^{x+y}=y^k$, $y^{x+y}=x^k$을 동시에 만족시키는 x, y에 대하여 $\sqrt{xy}$의 값은?

(단, $x>0$, $x\neq1$, $y>0$, $y\neq1$, $xy\neq1$, $k>0$)

① $\frac{1}{2}$ ② 1 ③ k

④ $\frac{1}{2}k$ ⑤ $\frac{1}{4}k^2$

09 방정식 $(3^x-9)^3+(9^x-3)^3=(9^x+3^x-12)^3$을 만족시키는 실수 x의 값의 합이 $\frac{q}{p}$이다. 이때 $p+3q$의 값을 구하여라. (단, p, q는 서로소인 자연수)

10 방정식 $(9^x+9^{-x})-(3^x+3^{-x})-10=0$의 두 실근을 α, β라 할 때, $3^\alpha+3^\beta$의 값을 구하여라.

11 부등식 $9^x-a\cdot3^x-b<0$의 해가 $-2<x<0$일 때, 부등식 $\left(\frac{1}{9}\right)^x-3a\cdot\left(\frac{1}{3}\right)^x-9b<0$을 풀어라.

(단, a, b는 상수)

12 어떤 호수 수면에서의 빛의 세기가 I_0일 때, 수심이 dm인 곳에서의 빛의 세기 I_d는 다음과 같이 나타내어진다고 한다.

$$I_d=I_0 2^{-0.25d}$$

이 호수에는 빛의 세기가 수면에서의 빛의 세기의 25%인 곳에서 사는 수중식물 A와 빛의 세기가 수면에서의 빛의 세기의 12.5%인 곳에서 사는 수중식물 B가 서식하고 있다. 이때 수중식물 A와 B가 서식하는 수심의 차를 xm라 할 때, x의 값을 구하여라.

04 로그함수

기본 ☑ Exercises

01 $\log x$와 $\log y$ 사이의 관계가 오른쪽 그림과 같을 때, 다음 중 x와 y 사이의 관계를 그래프로 옳게 나타낸 것은?

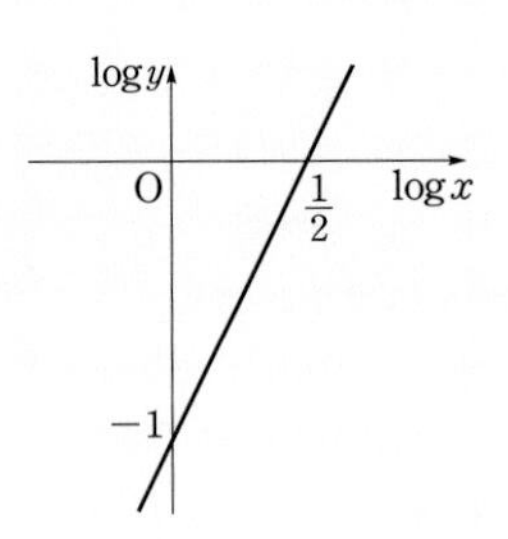

①

②
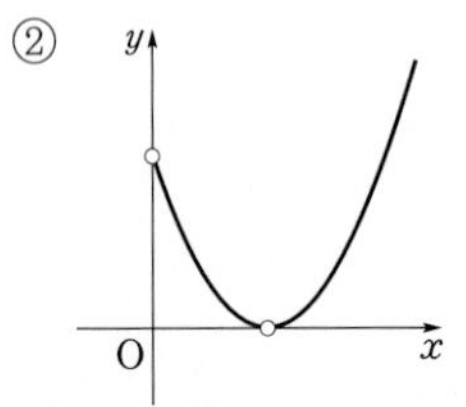

③

④
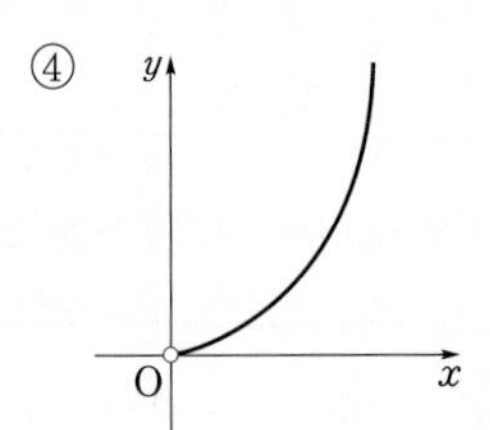

⑤
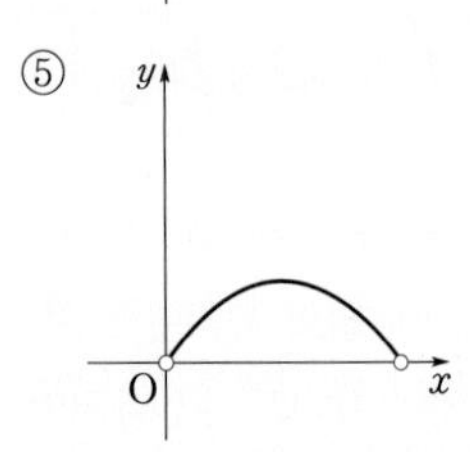

02 정의역이 $\{x\,|\,1\le x\le 16\}$인 함수 $y=(\log_2 x)^2-\log_2 x^2+k$의 최솟값이 4일 때, 최댓값을 구하여라.

03 연립방정식 $\begin{cases}\log_x 3-\log_y 25=-2\\ \log_x 27+\log_y 5=-\dfrac{5}{2}\end{cases}$ 의 해가 $x=\alpha$, $y=\beta$일 때, $3\alpha\beta$의 값은?

① 20　② 25　③ 30　④ 35　⑤ 40

04 두 함수 $y=f(x)$, $y=g(x)$의 그래프가 오른쪽 그림과 같을 때, 부등식 $\log_{\frac{1}{2}} f(x)<\log_{\frac{1}{2}} g(x)$를 만족시키는 x의 값의 범위를 구하여라.

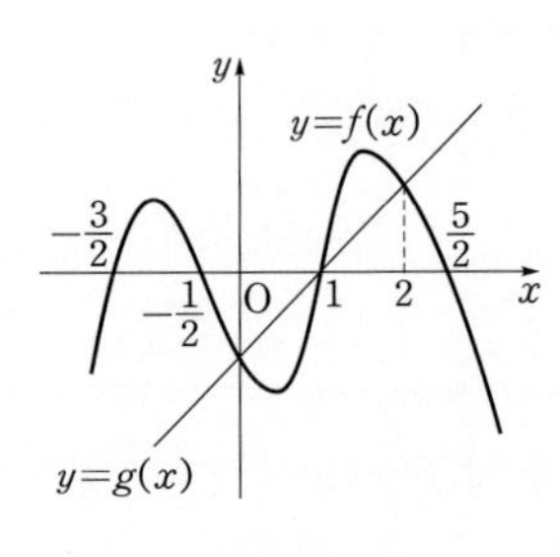

05 어느 회사원의 연봉이 매년 5%씩 증가한다고 할 때, 이 회사원의 연봉이 현재의 2배 이상이 되는 것은 최소 몇 년 후인지 구하여라.

(단, $\log 1.05=0.02$, $\log 2=0.3$으로 계산한다.)

발전 ☑ Exercises

06 정의역이 $\{x|2\le x\le 9\}$인 함수 $y=x^{-2+\log_3 x}$의 최댓값과 최솟값을 각각 M, m이라 할 때, $M+3m$의 값은?

① 2 ② 3 ③ 4
④ 5 ⑤ 6

07 양수 a, b, c가 $a^2+b^2+c^2=\frac{1}{4}$을 만족할 때, $\log_{\frac{1}{2}}a+\log_{\frac{1}{2}}b+\log_{\frac{1}{2}}c$의 최솟값은?

① $\frac{3\log 3}{2\log 2}$ ② $\frac{3}{2}+\log_2 3$ ③ 3
④ $3+\frac{3\log 3}{2\log 2}$ ⑤ $3+\frac{\log 3}{\log 2}$

08 다음 두 조건을 만족하는 양수 a, b가 존재하기 위한 실수 t의 최댓값을 M, 최솟값을 m이라 할 때, $M-m$의 값을 구하여라.

(가) $ab=10^4$
(나) $\log a\cdot\log b=t^2-3t$

09 로그방정식 $(\log x)^2-10\log x+5=0$의 두 근을 a, $b\,(a<b)$라 하고, 지수방정식 $\left(\frac{1}{9}\right)^x-10\cdot\left(\frac{1}{3}\right)^x+5=0$의 두 근을 c, $d\,(c<d)$라 할 때, 다음 중 옳은 것은?

① $a=c$ ② $cd=c+d$
③ $\left(\frac{1}{3}\right)^a+\left(\frac{1}{3}\right)^b=10$ ④ $\log b=\left(\frac{1}{3}\right)^c$
⑤ $\left(\frac{1}{3}\right)^a=\log c$

10 두 집합

$A=\{x|\log_{\frac{1}{3}}(\log_3(\log_2 x))\ge 0\}$,

$B=\left\{x\middle|\left(\frac{1}{3}\right)^x\ge\left(\frac{1}{9}\right)^3\right\}$

에 대하여 집합 $A\cap B$의 원소 중 정수의 개수를 구하여라.

11 $a>1$일 때, 부등식

$x^2+\left(\log_a\frac{3}{5}\right)x-\log_a 3\cdot\log_a 5\le 0$을 만족시키는 x에 대하여 a^x+a^{-x}의 최댓값 M과 최솟값 m의 합 $M+m$의 값은?

① $\frac{35}{6}$ ② $\frac{27}{4}$ ③ $\frac{25}{4}$
④ $\frac{36}{5}$ ⑤ $\frac{49}{6}$

05 삼각함수의 뜻

Sub Note 149쪽

기본 ☑ Exercises

01 좌표평면에서 시초선이 x축의 양의 방향일 때, 시초선 위에 점 P가 존재한다고 한다. 동경 OP를 음의 방향으로 180° 회전한 다음 양의 방향으로 150° 회전했을 때, 동경은 제몇 사분면에 존재하는지 구하여라.

(단, O는 원점)

02 다음 중 45°와 동경의 위치가 다른 것은?

① 405° ② -1035° ③ -315°
④ -685° ⑤ 765°

03 둘레의 길이가 12인 부채꼴의 최대 넓이가 S일 때, 그때의 반지름의 길이 r, 중심각의 크기 θ에 대하여 $S+\theta+r$의 값을 구하여라. (단, θ의 단위는 라디안)

04 $\dfrac{1-\tan\theta}{1+\tan\theta}=2+\sqrt{3}$일 때, $\sin\theta-\cos\theta$의 값을 구하여라. $\left(단,\ \dfrac{\pi}{2}<\theta<\pi\right)$

05 $450^\circ<\theta<520^\circ$일 때, 다음을 간단히 나타낸 것으로 옳은 것은?

$$\sqrt{\sin^2\theta}+\sqrt{(\cos\theta-\sin\theta)^2}-\sqrt{(\tan\theta+\cos\theta)^2}$$

① $\sin\theta+\cos\theta$ ② $\sin\theta+2\cos\theta$
③ $2\cos\theta+\tan\theta$ ④ $2\sin\theta+\tan\theta$
⑤ $2\tan\theta+1$

06 $\dfrac{1-\cos^4\theta}{\sin^2\theta}+\sin^2\theta$의 값은?

① 0 ② 1 ③ 2
④ 3 ⑤ 4

발전 ☑ Exercises

07 각 θ의 동경과 각 4θ의 동경이 서로 반대 방향으로 일직선이 될 때, $\tan(\theta-15^\circ)$의 값을 구하여라.

(단, $0^\circ<\theta<180^\circ$)

08 다음 그림에서 반직선 OA 위의 점 A_1, A_2, A_3과 반직선 OB 위의 점 B_1, B_2는 $\overline{OA_1}=\overline{A_1B_1}=\overline{B_1A_2}=\overline{A_2B_2}=\overline{B_2A_3}$을 만족시킨다.

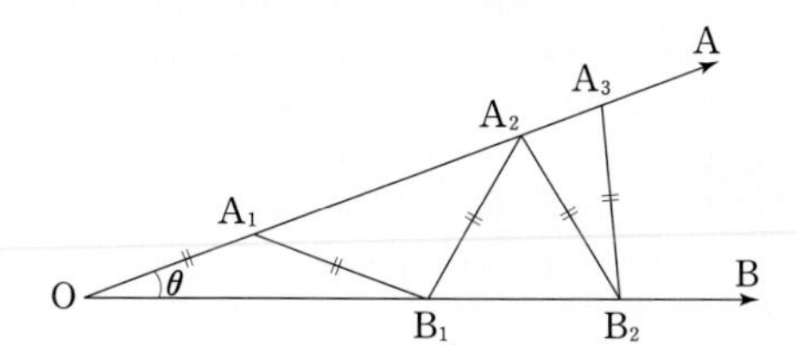

위와 같은 방법으로 네 개의 이등변삼각형 $\triangle OA_1B_1$, $\triangle A_1B_1A_2$, $\triangle B_1A_2B_2$, $\triangle A_2B_2A_3$은 만들 수 있지만 다섯 번째 이등변삼각형은 만들 수 없도록 하는 $\angle AOB$의 크기를 θ라 할 때, θ의 값의 범위는?

① $\frac{\pi}{4}\le\theta<\frac{\pi}{2}$　② $\frac{\pi}{7}\le\theta<\frac{\pi}{5}$
③ $\frac{\pi}{10}\le\theta<\frac{\pi}{8}$　④ $\frac{\pi}{14}\le\theta<\frac{\pi}{12}$
⑤ $\frac{\pi}{17}\le\theta<\frac{\pi}{15}$

09 좌표평면 위의 점 $P(\cos\theta, \sin\theta)$에 대하여 $\sqrt{\sin\theta}\sqrt{\cos\theta}=-\sqrt{\sin\theta\cos\theta}$를 만족시킬 때, 점 $P'\left(\cos\frac{\theta}{3}, \sin\frac{\theta}{3}\right)$에 대하여 동경 OP′이 정의될 수 있는 사분면을 모두 구하여라. (단, $\sin\theta\neq0$, $\cos\theta\neq0$)

10 넓이가 S인 부채꼴의 중심각의 크기가 θ, 반지름의 길이가 r일 때, 이 부채꼴의 둘레의 길이의 최솟값은?

① $4S$　② $2rS$　③ $2S^2$
④ $\sqrt{2S}$　⑤ $4\sqrt{S}$

11 $3^{\sin^2x}-3^{\cos^2x}=a$일 때, $3^{-\sin^2x}+3^{-\cos^2x}$을 a에 대한 식으로 나타낸 것은?

① $\frac{\sqrt{a^2-4}}{3}$　② $\frac{\sqrt{a^2+6}}{3}$　③ $\frac{\sqrt{a^2+9}}{3}$
④ $\frac{\sqrt{a^2+12}}{3}$　⑤ $\sqrt{a^2+12}$

12 이차방정식 $\sqrt{2}x^2-\sqrt{3}x+k=0$의 두 근이 $\sin\theta$, $\cos\theta$일 때, $\frac{1}{\sin\theta}$, $\frac{1}{\cos\theta}$을 두 근으로 하고 x^2의 계수가 1인 x에 대한 이차방정식을 구하여라.

(단, k는 상수)

06 삼각함수의 그래프

Sub Note 149쪽

기본 Exercises

01 다음 함수 $f(x)$ 중 $f(x)$가 정의되는 모든 실수 x에 대하여 $f(x)=f(x+\sqrt{3})$을 만족시키는 것은?

① $f(x)=\sin\dfrac{\sqrt{3}}{3}\pi x$ ② $f(x)=\tan\dfrac{\sqrt{3}}{3}\pi x$

③ $f(x)=\cos\dfrac{\sqrt{3}}{2}\pi x$ ④ $f(x)=\cos\dfrac{\sqrt{3}}{3}\pi x$

⑤ $f(x)=\cos\sqrt{3}\pi x$

02 다음은 함수 $y=\sin x$의 그래프에 대한 설명이다. (가)~(다)에 알맞은 것을 써넣어라.

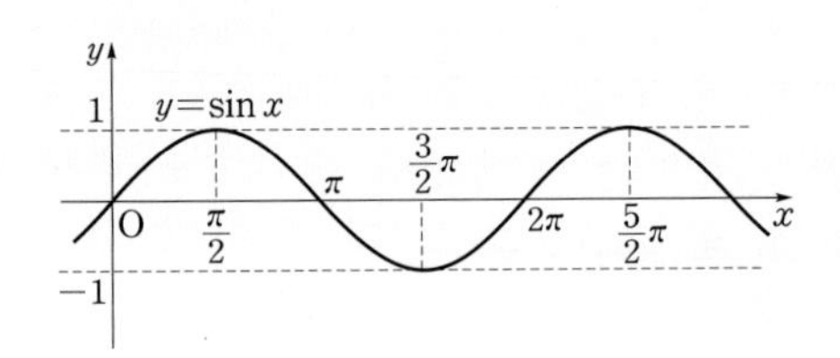

> 함수 $y=\sin x$는 정의역이 실수 전체의 집합이고 치역이 집합 [(가)]이며, 주기가 [(나)]인 주기함수이다. 또한 이 함수의 그래프는 [(다)]에 대하여 대칭인 특징을 가지고 있다.

03 다음 함수의 최댓값, 최솟값, 주기를 차례로 구하여라.

(1) $y=4\sin(-2x)$ (2) $y=-\cos\dfrac{x}{4}$

04 $\dfrac{\sin 150^\circ}{\sin 210^\circ-\sin 45^\circ}+\dfrac{\cos 150^\circ}{\cos 135^\circ+\cos 210^\circ}$의 값을 구하여라.

05 $\dfrac{\sin\left(\frac{\pi}{2}+\theta\right)\tan\left(-\frac{\pi}{4}\right)}{\tan\theta}+\dfrac{\cos\left(\frac{\pi}{2}-\theta\right)}{\tan(\pi+\theta)\sin\theta}$

를 간단히 나타낸 것으로 옳은 것은? $\left(\text{단, } 0<\theta<\dfrac{\pi}{2}\right)$

① $\dfrac{\sin\theta}{\cos\theta}$ ② $\dfrac{1-\cos\theta}{\sin\theta}$

③ $\dfrac{1-\cos\theta}{\tan\theta}$ ④ $\dfrac{1-\sin\theta}{\sin\theta}$

⑤ $\dfrac{\cos\theta}{\sin\theta}$

06 삼각부등식 $2\sin^2 x+3\cos x<0$의 해가 $a<x<b$일 때, $b-a$의 값은? (단, $0\le x\le 2\pi$)

① $\dfrac{\pi}{3}$ ② $\dfrac{2}{3}\pi$ ③ π

④ $\dfrac{4}{3}\pi$ ⑤ $\dfrac{5}{3}\pi$

발전 ☑ Exercises

07 다음 그림은 $y=a\sin(bx-c)+2$의 그래프이다. $a+b+c$의 값을 구하여라.

$\left(\text{단, } a>0,\ b>0,\ -\dfrac{\pi}{2}<c<\dfrac{\pi}{2}\right)$

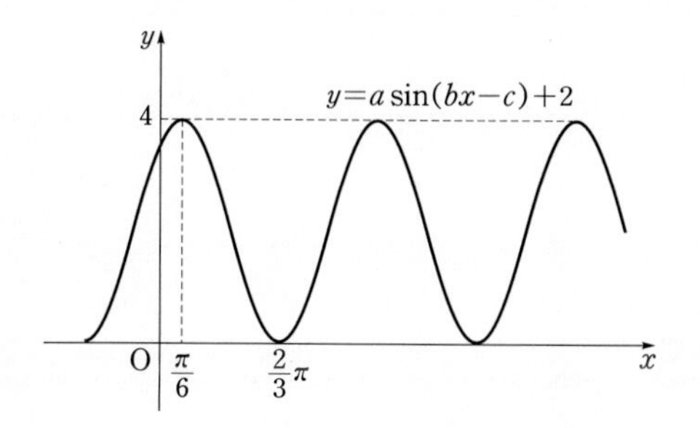

08 다음 그림은 $f(x)=a\cos bx$의 그래프이다. x축에 평행한 직선 l과 만나는 점의 x좌표가 1, 5일 때, 색칠된 직사각형의 넓이가 6이 되도록 하는 a의 값을 구하여라.

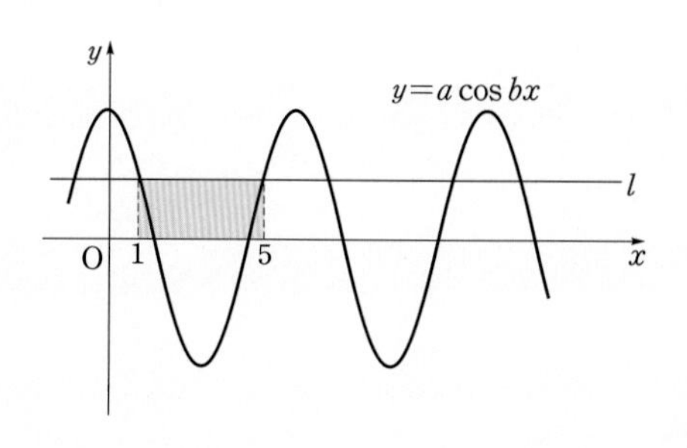

09 함수 $f(x)=\cos\left(x+\dfrac{\pi}{2}\right)+\sin^2\left(x+\dfrac{3}{2}\pi\right)$의 최댓값을 구하여라.

10 다음 함수 중 모든 실수 x에 대하여 $f(-x)=-f(x)$가 성립하지 않는 것은?

① $f(x)=\sin 2x$ ② $f(x)=|\sin x|$
③ $f(x)=\tan x$ ④ $f(x)=-\tan 2x$
⑤ $f(x)=\sin x+\tan x$

11 함수 $y=\dfrac{\cos^2 x}{\sin^2 x+2}$의 최댓값과 최솟값의 합은?

① 0 ② $\dfrac{1}{2}$ ③ 1
④ $\dfrac{3}{2}$ ⑤ 2

12 이차함수 $y=x^2\sin\theta+x\cos\theta+\dfrac{3}{8}$의 그래프가 x축에 접하도록 하는 θ의 값을 모두 구하여라.

(단, $0\le\theta<2\pi$)

07 삼각함수의 활용

Sub Note 149쪽

기본 ☑ Exercises

01 삼각형 ABC에서 $a=2\sqrt{3}$이고 $4\cos(B+C)\cos A=-1$일 때, 삼각형 ABC의 외접원의 반지름의 길이를 구하여라. $\left(\text{단, } 0<A<\dfrac{\pi}{2}\right)$

02 삼각형 ABC에 대하여 $\cos A\tan A : \cos B\tan B : \cos C\tan C$를 a, b, c로 나타내어라.

03 다음 그림과 같이 세 변의 길이가 5, 6, 7인 삼각형 ABC에서 $\sin A$의 값은?

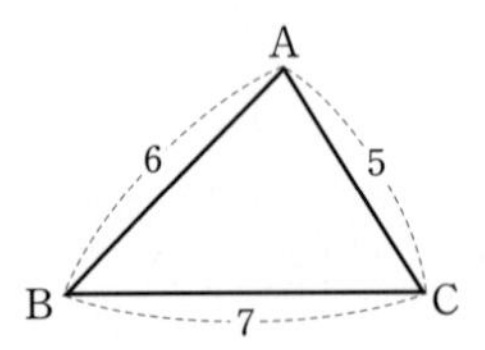

① $\dfrac{\sqrt{6}}{5}$ ② $\dfrac{2\sqrt{6}}{5}$ ③ $\dfrac{3\sqrt{6}}{5}$
④ $\dfrac{4\sqrt{6}}{5}$ ⑤ $\dfrac{6\sqrt{6}}{5}$

04 다음 그림과 같이 $\overline{AB}=6$, $\overline{AC}=8$, $A=120°$인 삼각형 ABC에서 ∠A의 이등분선이 변 BC와 만나는 점을 D라 할 때, $\overline{BD}$의 길이를 구하여라.

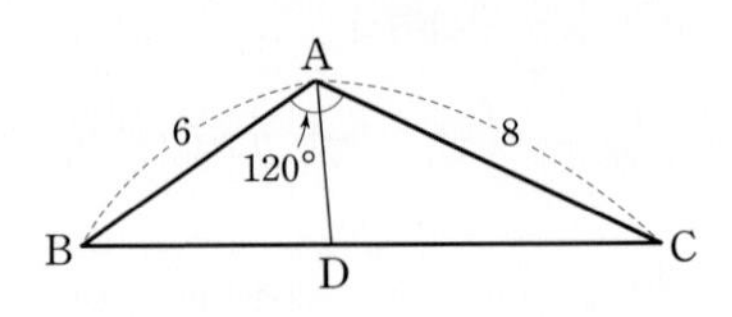

05 다음 그림의 두 삼각형 ABC와 DBE의 넓이가 같다고 할 때, 선분 BD의 길이는?

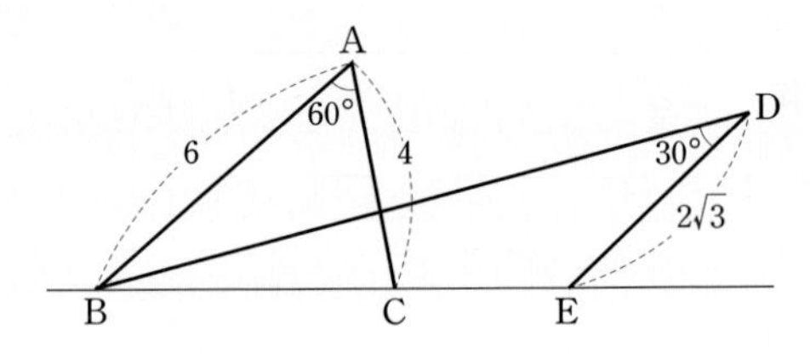

① 6 ② 8 ③ 10
④ 12 ⑤ 14

06 삼각형 ABC의 넓이가 18이고, 세 변의 길이의 곱이 72일 때, 이 삼각형의 외접원의 넓이를 구하여라.

발전 ☑ Exercises

07 비례식 $a : b = \sin B : \sin A$를 만족시키는 삼각형 ABC는 어떤 삼각형인가?

① $A=90°$인 직각삼각형 ② $B=90°$인 직각삼각형
③ 정삼각형 ④ $a=b$인 이등변삼각형
⑤ $a=c$인 이등변삼각형

08 다음 그림과 같이 두 직선 $y=x+1$, $y=2x-3$과 y축이 만나는 점을 각각 A, B, 두 직선이 만나는 점을 C라 할 때, 삼각형 ABC의 외접원의 반지름의 길이를 구하여라.

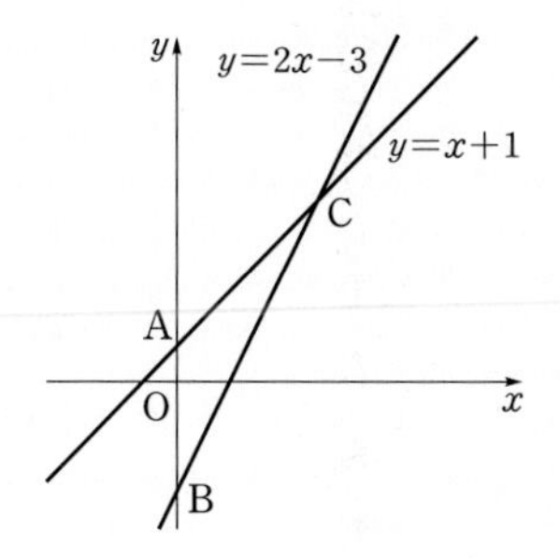

09 다음 그림의 정사면체 ABCD에서 점 P는 $\overline{AC}$를 1 : 2로 내분하는 점이고, 점 Q는 $\overline{AD}$를 2 : 1로 내분하는 점이다. 삼각형 BPQ의 넓이를 구하여라.

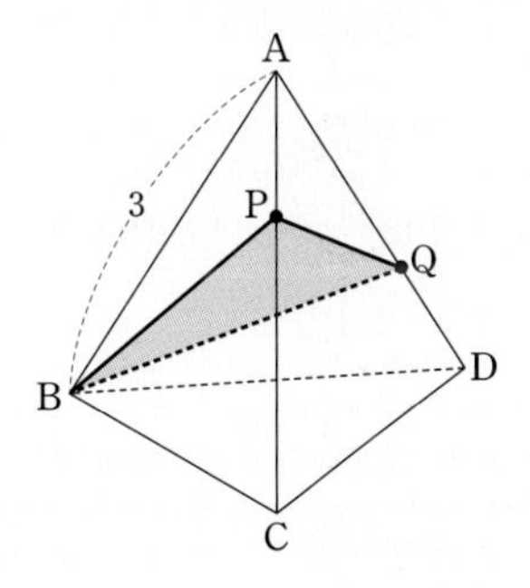

10 다음 그림과 같이 $\overline{AB}=6$, $\overline{AC}=4$, $\angle BAC=30°$인 삼각형 ABC에서 삼각형 AMN의 넓이가 삼각형 ABC의 넓이의 $\frac{1}{4}$이 되도록 하는 $\overline{AB}$, $\overline{AC}$ 위의 점 M, N에 대하여 $\overline{AM}=x$, $\overline{AN}=y$라 할 때, x^2+y^2의 최솟값을 구하여라.

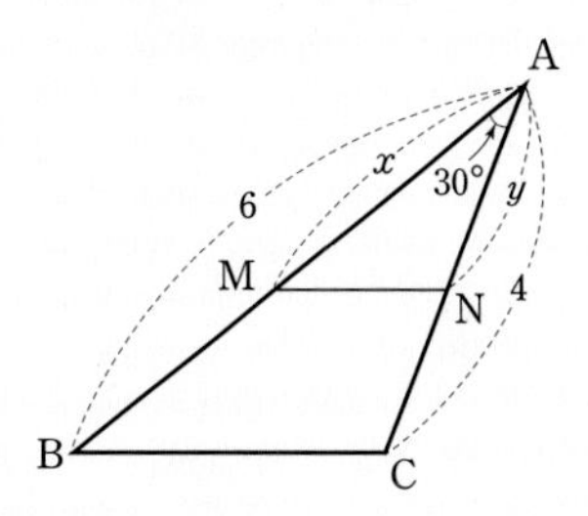

11 다음 그림과 같은 사각형 ABCD에서 $\overline{AB}=9$, $\overline{BC}=5$, $\overline{CD}=3$, $\overline{DA}=4$, $C=120°$일 때, 삼각형 ABD의 넓이를 구하여라.

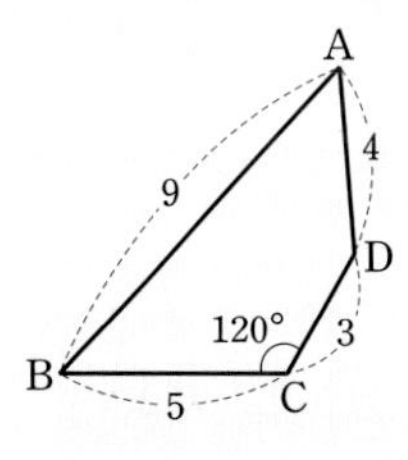

12 두 대각선이 이루는 예각의 크기가 45°이고, 두 대각선의 길이의 합이 4인 사각형 ABCD의 넓이의 최댓값을 구하여라.

08 등차수열과 등비수열

Sub Note 149쪽

기본 Exercises

01 등차수열 $\{a_n\}$에서 $a_2+a_{10}=38$, $a_6+a_{15}=65$일 때, a_{27}의 값은?

① 74 ② 76 ③ 78
④ 80 ⑤ 82

02 제2항과 제9항은 절댓값이 같고 부호가 반대이며, 제4항이 -2인 등차수열 $\{a_n\}$의 첫째항을 a, 공차를 d라 할 때, ad의 값은?

① -38 ② -28 ③ -18
④ -8 ⑤ 2

03 각 항이 실수이고 제2항이 6, 제5항이 48인 등비수열 $\{a_n\}$에 대하여 a_7의 값은?

① 172 ② 182 ③ 192
④ 202 ⑤ 212

04 두 수 2와 162 사이에 세 양수 a, b, c를 넣어 2, a, b, c, 162가 이 순서로 등비수열을 이루도록 할 때, $a+b+c$의 값을 구하여라.

05 $a_2=4$, $a_6=28$인 등차수열 $\{a_n\}$의 첫째항부터 제20항까지의 합은?

① 980 ② 1020 ③ 1060
④ 1100 ⑤ 1140

06 등비수열 $\{a_n\}$에 대하여 첫째항부터 제5항까지의 합이 5, 첫째항부터 제10항까지의 합이 20일 때, 첫째항부터 제20항까지의 합을 구하여라.

07 수열 $\{a_n\}$의 첫째항부터 제n항까지의 합 S_n이 $S_n=2n^2-n-1$일 때, $a_1+a_5+a_8$의 값을 구하여라.

발전 ☑ Exercises

08 제7항이 -32, 제10항이 -23인 등차수열 $\{a_n\}$에 대하여 처음으로 20보다 커지는 항은 제몇 항인가?

① 제25항 ② 제26항 ③ 제27항
④ 제28항 ⑤ 제29항

09 $\sin\theta$, $\frac{\sqrt{6}}{3}$, $\cos\theta$가 이 순서대로 등비수열을 이룰 때, $2\tan\theta+\frac{2}{\tan\theta}$의 값을 구하여라.

10 삼차방정식 $x^3-3x^2-6x-k=0$의 세 실근이 등비수열을 이룰 때, 상수 k의 값을 구하여라.

11 서로 다른 두 점 $\mathrm{A}(2, 1)$, $\mathrm{B}(a, b)$를 연결한 선분 AB를 $3:1$로 내분하는 점 P와 외분하는 점 Q에 대하여 세 점 P, B, Q의 x좌표가 이 순서대로 등차수열을, y좌표가 이 순서대로 등비수열을 이룬다. 이때 $a+b$의 값을 구하여라.

12 200과 300 사이의 정수 중에서 3의 배수의 합을 구하여라.

13 등비수열 $\{a_n\}$의 첫째항부터 제n항까지의 합 S_n에 대하여 $S_n=30$, $S_{2n}=40$이다. 이때 S_{3n}의 값은?

① $\frac{124}{3}$ ② 42 ③ $\frac{128}{3}$
④ $\frac{130}{3}$ ⑤ 44

14 등비수열 2, 1, $\frac{1}{2}$, $\frac{1}{4}$, $\frac{1}{8}$, $\cdots$에서 첫째항부터 제몇 항까지의 합이 처음으로 3.99보다 커지는지 구하여라. (단, $\log 2=0.301$로 계산한다.)

09 여러 가지 수열의 합

SUMMA CUM LAUDE

Sub Note 150쪽

기본 Exercises

01 $\sum_{k=1}^{10} a_k=12$, $\sum_{k=1}^{10} a_k^2=20$일 때, $\sum_{k=1}^{10} (a_k+3)^2$의 값은?

① 142 ② 152 ③ 162
④ 172 ⑤ 182

02 두 등차수열 $\{a_n\}$, $\{b_n\}$에 대하여 $a_1+b_1=6$, $a_{10}+b_{10}=24$일 때, $\sum_{k=1}^{10} a_k+\sum_{k=1}^{10} b_k$의 값은?

① 60 ② 90 ③ 120
④ 150 ⑤ 180

03 $\sum_{k=1}^{n} (a_{2k-1}+a_{2k})=n^2+3n$일 때, $\sum_{k=1}^{10} a_k$의 값은?

① 25 ② 30 ③ 35
④ 40 ⑤ 45

04 $\sum_{k=1}^{10} (2k^2-3k-5)$의 값은?

① 545 ② 555 ③ 565
④ 575 ⑤ 585

05 $\sum_{k=1}^{n-1} k(k+1)(k+2)$의 값은?

① $\frac{n(n+1)}{2}$

② $\frac{n(n-1)(2n+1)}{3}$

③ $\frac{n(n+1)(n+2)}{3}$

④ $\frac{n(n+1)(n+2)(n+3)}{4}$

⑤ $\frac{n(n-1)(n+1)(n+2)}{4}$

06 $\frac{1}{1\cdot 3}+\frac{1}{3\cdot 5}+\cdots+\frac{1}{(2n-1)(2n+1)}$의 값은?

① $\frac{n}{2n-1}$ ② $\frac{2n}{2n-1}$

③ $\frac{n}{2n+1}$ ④ $\frac{2n}{2n+1}$

⑤ $\frac{3n}{2n+1}$

발전 ☑ Exercises

07 $\sum_{k=1}^{80}\log_3\left(1+\frac{1}{k}\right)$의 값을 구하여라.

08 수열 $\{a_n\}$에 대하여 $\sum_{k=1}^{n}a_k=n^2-n$일 때,
$\sum_{k=1}^{11}a_{2k}+\sum_{k=8}^{15}a_{3k}$의 값을 구하여라.

09 200의 모든 양의 약수를 $a_1,\ a_2,\ a_3,\ \cdots,\ a_{12}$라 할 때, $\sum_{k=1}^{12}\log_2 a_k$의 값은?

(단, $\log 2=0.3$으로 계산한다.)

① 42 ② 44 ③ 46
④ 48 ⑤ 50

10 다음과 같이 나열된 수를 제1행부터 제n행까지 차례대로 더해 나간다.

제1행 : 1^2
제2행 : $2^2\quad 2^2$
제3행 : $3^2\quad 3^2\quad 3^2$
⋮ ⋮
제n행 : $\underbrace{n^2\quad n^2\quad \cdots\quad n^2}_{n\text{개}}$
⋮ ⋮

이때 더해진 수의 총합이 처음으로 10000을 넘는 것은 제1행부터 제몇 행까지 더했을 때인가?

① 제12행 ② 제13행 ③ 제14행
④ 제15행 ⑤ 제16행

11 등차수열 $\{a_n\}$이 $a_2=3,\ \sum_{k=1}^{10}(-1)^k a_k=50$을 만족시킬 때, a_{100}의 값을 구하여라.

12 $\sum_{k=1}^{20}\frac{k}{(k+1)!}$의 값은?

① $1-\frac{1}{19!}$ ② $1-\frac{1}{20!}$ ③ $1-\frac{1}{21!}$
④ $2-\frac{1}{20!}$ ⑤ $2-\frac{1}{21!}$

10 수학적 귀납법

Sub Note 150쪽

기본 Exercises

01 수열 $\{a_n\}$이

$$a_1=1,\ a_2=1,\ a_{n+2}=a_{n+1}+a_n\ (n=1,\ 2,\ 3,\ \cdots)$$

으로 정의될 때, a_9의 값을 구하여라.

02 수열 $\{a_n\}$이

$$a_1=4,\ a_{n+1}=a_n+2\ (n=1,\ 2,\ 3,\ \cdots)$$

로 정의될 때, a_{16}의 값은?

① 30 ② 31 ③ 32 ④ 33 ⑤ 34

03 수열 $\{a_n\}$이

$$a_1=-3,\ a_2=2,$$
$$a_{n+2}-a_{n+1}=a_{n+1}-a_n\ (n=1,\ 2,\ 3,\ \cdots)$$

으로 정의될 때, $\sum_{k=1}^{14} a_k$의 값을 구하여라.

04 수열 $\{a_n\}$이

$$a_1=3,\ a_{n+1}=2a_n\ (n=1,\ 2,\ 3,\ \cdots)$$

으로 정의될 때, a_5의 값을 구하여라.

05 수열 $\{a_n\}$이

$$a_1=6,\ a_{n+1}=a_n+n\ (n=1,\ 2,\ 3,\ \cdots)$$

으로 정의될 때, a_{13}의 값은?

① 80 ② 81 ③ 82 ④ 83 ⑤ 84

06 수열 $\{a_n\}$이

$$a_1=-1,\ a_{n+1}=a_n+\frac{1}{n(n+1)}\ (n=1,\ 2,\ 3,\ \cdots)$$

으로 정의될 때, a_{10}의 값을 구하여라.

07 다음은 모든 자연수 n에 대하여 다음 등식이 성립함을 수학적 귀납법을 이용하여 증명한 것이다. 증명 과정에서 (가), (나), (다)에 알맞은 것은?

$$2+4+6+8+\cdots+2n=n(n+1) \quad \cdots\cdots ㉠$$

증명

(i) $n=1$일 때,

(좌변)$=2$, (우변)$=1\times(1+1)=2$

이므로 ㉠이 성립한다.

(ii) $n=$ (가) 일 때, ㉠이 성립한다고 가정하면

$2+4+6+8+\cdots+2k=k(k+1)$

이 식의 양변에 (나) 을 더하면

$2+4+6+8+\cdots+2k+$ (나)

$=k(k+1)+$ (나)

$=$ (다)

따라서 $n=k+1$일 때도 ㉠이 성립한다.

(i), (ii)에 의하여 ㉠은 모든 자연수 n에 대하여 성립한다.

	(가)	(나)	(다)
①	k	$2(k+1)$	$k(k+1)$
②	k	$2k+1$	$k(k+1)$
③	k	$2(k+1)$	$(k+1)(k+2)$
④	$k+1$	$2(k+1)$	$(k+1)(k+2)$
⑤	k	$2k+1$	$(k+1)(k+2)$

08 다음은 $n\geq2$인 모든 자연수 n에 대하여 다음 부등식이 성립함을 수학적 귀납법을 이용하여 증명한 것이다. 증명 과정에서 (가), (나), (다)에 알맞은 것은?

$$\frac{1}{2}+\frac{1}{3}+\cdots+\frac{1}{n}\geq\frac{n-1}{n+1} \quad \cdots\cdots ㉠$$

증명

(i) $n=$ (가) 일 때,

(좌변)$\geq$(우변)이므로 ㉠이 성립한다.

(ii) $n=k\,(k\geq2)$일 때, ㉠이 성립한다고 가정하면

$$\frac{1}{2}+\frac{1}{3}+\cdots+\frac{1}{k}\geq\frac{k-1}{k+1}$$

양변에 (나) 를 더하면

$\frac{1}{2}+\frac{1}{3}+\cdots+\frac{1}{k}+$ (나)

$\geq\frac{k-1}{k+1}+$ (나) $>$ (다)

따라서 $n=k+1$일 때도 ㉠이 성립한다.

(i), (ii)에 의하여 ㉠은 $n\geq2$인 모든 자연수 n에 대하여 성립한다.

	(가)	(나)	(다)
①	1	$\frac{1}{k}$	$\frac{2k+1}{k+1}$
②	1	$\frac{1}{k+1}$	$\frac{k}{k+2}$
③	2	$\frac{1}{k}$	$\frac{k+1}{k+2}$
④	2	$\frac{1}{k+1}$	$\frac{k}{k+2}$
⑤	2	$\frac{1}{k+1}$	$\frac{k}{k+1}$

발전 Exercises

09 수열 $\{a_n\}$이 다음과 같이 정의되어 있다.

$$a_{n+1}=\begin{cases} \frac{a_n}{10} & (a_n\text{이 10의 배수일 때}) \\ a_n+1 & (a_n\text{이 10의 배수가 아닐 때}) \end{cases}$$
$$(n=1,\ 2,\ 3,\ \cdots)$$

$a_1=2019$일 때, $a_n=1$을 만족시키는 최소의 자연수 n의 값을 구하여라.

10 다음과 같이 정의된 수열 $\{a_n\}$에서 2^{1024}은 제몇 항인지 구하여라.

$$a_1=2,\ a_{n+1}={a_n}^2\ (n=1,\ 2,\ 3,\ \cdots)$$

11 다음과 같이 정의된 수열 $\{a_n\}$에서 제99항은?

$$a_1=\frac{1}{3},\ a_{n+1}=\frac{a_n}{2a_n+1}\ (n=1,\ 2,\ 3,\ \cdots)$$

① $\frac{1}{198}$　② $\frac{1}{199}$　③ $\frac{1}{200}$
④ $\frac{1}{201}$　⑤ $\frac{1}{202}$

12 수열 $\{a_n\}$은 $a_1=1$이고, 모든 자연수 n에 대하여 $a_{n+1}=\frac{3}{n}(a_1+a_2+\cdots+a_n)$을 만족시킨다. 이때 a_{10}의 값은?

① 35　② 45　③ 55
④ 65　⑤ 75

13

수열 $\{a_n\}$은 $a_1=2$이고,

$$n^2 a_{n+1}=(n^2-1)a_n+n(n+1)2^n \ (n\ge1)$$

을 만족시킨다. 다음은 일반항 a_n을 구하는 과정이다.

> 주어진 식에 의하여
>
> $$a_{n+1}=\frac{(n+1)(n-1)}{n^2}a_n+\frac{n+1}{n}2^n$$
>
> 이다. $b_n=\frac{n-1}{n}a_n$이라 하면
>
> $b_{n+1}=b_n+$ (가) $(n\ge1)$
>
> 이고, $b_1=0$이므로 $b_{n+1}=b_n+2^n$의 양변에 n 대신 1, 2, 3, ⋯, $n-1$을 차례로 대입하여 변끼리 더하면
>
> $\cancel{b_2}=b_1+2$
>
> $\cancel{b_3}=\cancel{b_2}+2^2$
>
> $\cancel{b_4}=\cancel{b_3}+2^3$
>
> ⋮
>
> $+)\ b_n=\cancel{b_{n-1}}+2^{n-1}$
>
> $b_n=b_1+$ (나)
>
> $=$ (나) $(n\ge2)$
>
> 따라서 $b_n=$ (나) $(n\ge1)$이므로
>
> $$a_n=\begin{cases}2 & (n=1)\\ \frac{n}{n-1}\times(\text{(나)}) & (n\ge2)\end{cases}$$
>
> 이다.

위의 (가), (나)에 알맞은 식을 각각 $f(n)$, $g(n)$이라 할 때, $f(6)+g(9)$의 값은?

① 572 ② 574 ③ 576
④ 578 ⑤ 580

14

다음은 수학적 귀납법을 이용하여 주어진 명제가 성립함을 증명한 것이다. 증명 과정에서 (가)~(라)에 알맞은 식을 써라.

> a, b가 양수이면 $n\ge2$인 모든 자연수 n에 대하여
>
> $(a+b)^n>a^n+b^n$ ⋯⋯ ㉠
>
> 이다.

증명

(i) $n=$ (가) 일 때,

$(a+b)^2=a^2+b^2+2ab>a^2+b^2$

이므로 ㉠이 성립한다.

(ii) $n=k\,(k\ge$ (가) $)$일 때, ㉠이 성립한다고 가정하면

$(a+b)^k>a^k+b^k$

양변에 ((나))를 곱하면

$(a+b)^{k+1}>(a^k+b^k)($ (나) $)$

$=a^{k+1}+b^{k+1}+$ (다)

$>$ (라)

따라서 $n=k+1$일 때도 ㉠이 성립한다.

(i), (ii)에 의하여 ㉠은 $n\ge2$인 모든 자연수 n에 대하여 성립한다.

01 2^{14}의 7제곱근 중에서 실수인 것을 a라 하고, a의 네제곱근 중에서 실수인 것을 각각 b, $c(b<c)$라 할 때, 다음 중 b의 세제곱근 중에서 실수인 것은?

① $\sqrt[3]{\sqrt{2}}$ ② $\sqrt[3]{-\sqrt{2}}$ ③ $-\sqrt[3]{-\sqrt{2}}$
④ $\sqrt{\sqrt[3]{-2}}$ ⑤ $-\sqrt{\sqrt[3]{-2}}$

02 $\sqrt{\frac{n}{2}}$, $\sqrt[3]{\frac{n}{3}}$, $\sqrt[5]{\frac{n}{5}}$이 모두 자연수가 되도록 하는 자연수 n의 최솟값을 $2^a3^b5^c$으로 나타낼 때, $a+b+c$의 값을 구하여라. (단, a, b, c는 자연수)

03 다음 그림과 같이 연산장치 A에 두 양수 a, b를 입력하면 $a\times b$가 출력되고, a를 연산장치 B에 입력하면 a^a이 출력된다.

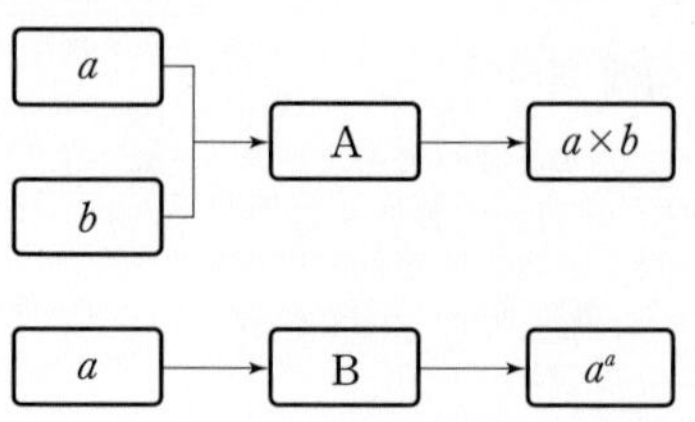

다음 그림과 같이 연결된 두 연산장치에 실수 x와 $\frac{1}{2}$을 입력하였더니 $\sqrt{2}$가 출력되었다. 이때 x의 값은?

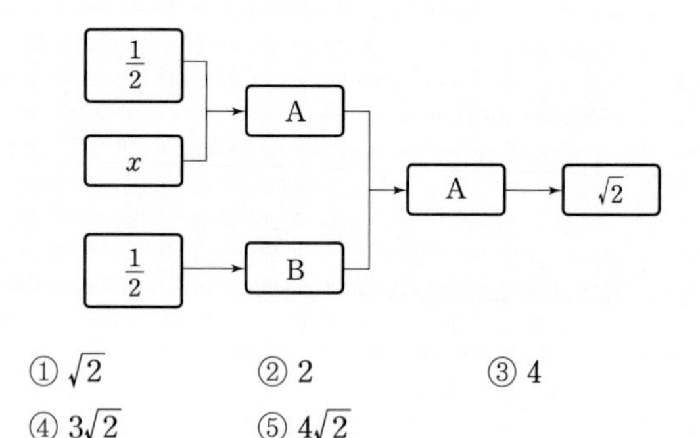

① $\sqrt{2}$ ② 2 ③ 4
④ $3\sqrt{2}$ ⑤ $4\sqrt{2}$

04 $\frac{1}{3^{-30}+1}+\frac{1}{3^{-29}+1}+\frac{1}{3^{-28}+1}+\cdots+\frac{1}{3^{-1}+1}+\frac{1}{3^{0}+1}+\frac{1}{3+1}+\cdots+\frac{1}{3^{29}+1}+\frac{1}{3^{30}+1}$ 을 계산하면?

① $\frac{57}{2}$　② 29　③ $\frac{59}{2}$
④ 30　⑤ $\frac{61}{2}$

05 $80^{x}=2$, $\left(\frac{1}{10}\right)^{y}=4$, $a^{z}=8$을 만족시키는 세 실수 x, y, z에 대하여 $\frac{1}{x}+\frac{2}{y}-\frac{1}{z}=1$이 성립할 때, 양수 a의 값은?

① 32　② 64　③ 96
④ 128　⑤ 160

06 다음 |보기|에서 옳은 것만을 있는 대로 고른 것은?

보기
ㄱ. $\sqrt{\sqrt{\sqrt[3]{3}}}=\sqrt[3]{\sqrt[6]{27}}$
ㄴ. $100^{\log_{10}(\log_{100}5)}=1$
ㄷ. $(\sqrt{2})^{3}\log\sqrt{2}=\sqrt{2}\log(\sqrt{2})^{2}$

① ㄱ　② ㄴ　③ ㄷ
④ ㄱ, ㄴ　⑤ ㄱ, ㄷ

07 $(\sqrt{12})^{\sqrt{3}}$의 정수 부분은?
(단, $\log 2=0.3$, $\log 3=0.48$, $\sqrt{3}=1.7$로 계산한다.)

① 5　② 6　③ 7
④ 8　⑤ 9

08 자연수 n에 대하여 $n=a_n^{\log_2 3}$을 만족시키는 양수 a_n 중 자연수인 것의 개수는? (단, $n\le 2019$)

① 5 ② 6 ③ 7
④ 8 ⑤ 9

09 세 수 $\log x$, $\log x^2$, $\log x^3$의 소수 부분의 합이 2이고, 정수 부분의 비가 $1:3:5$일 때, $\log x^6$의 값은?

① 11 ② 12 ③ 13
④ 14 ⑤ 15

10 다음 그림은 함수 $f(x)=[a^x+b]\,(a\ne1)$의 그래프이다. 이때 k의 값의 최댓값은? (단, $[x]$는 x보다 크지 않은 최대의 정수이고, a, b는 자연수이다.)

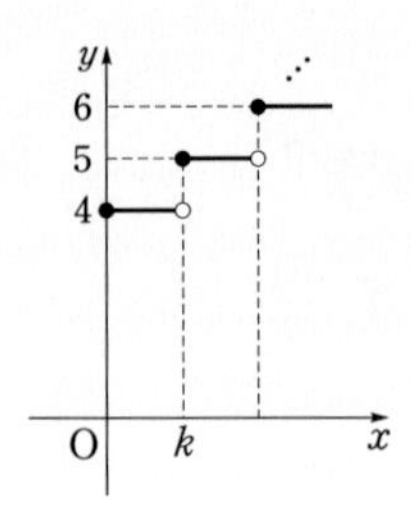

① 1 ② 2 ③ 3
④ 4 ⑤ 5

11 지수함수 $y=3^x$의 그래프 위의 한 점 A의 y좌표가 $\frac{1}{3}$이다. 이 그래프 위의 한 점 B에 대하여 선분 AB를 $1:2$로 내분하는 점 C가 y축 위에 있을 때, 점 B의 y좌표는?

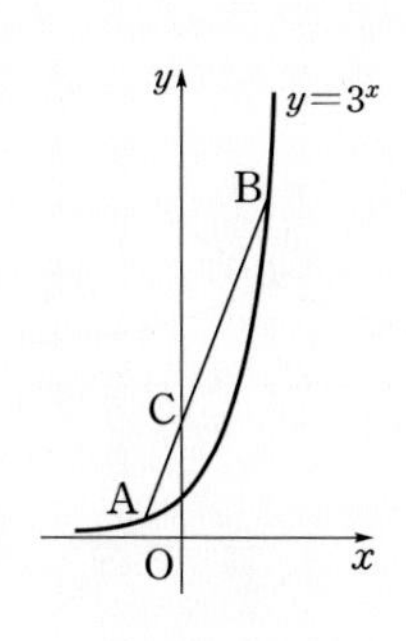

① 3 ② $3\sqrt[3]{3}$ ③ $3\sqrt{3}$
④ $3\sqrt[3]{9}$ ⑤ 9

12 방정식 $\left(\frac{3}{2}\right)^{x+1}=\left(\frac{9}{4}\right)^{-x+4}$의 근을 α, 방정식 $\sqrt{2^{3x}}=\frac{8}{\sqrt[3]{4}}$의 근을 β라 할 때, $27\alpha\beta$의 값을 구하여라.

13 다음 연립방정식을 만족시키는 실수 x, y에 대하여 $8xy$의 값을 구하여라.

$$2^x-2^y=2^2,\quad 2^{x+y}=2^5$$

14 연립방정식 $\begin{cases} x+y=2^a \\ xy=4^b \end{cases}$ 을 만족시키는 실수 x, y가 존재하도록 실수 a, b의 값을 정할 때, $a-b$의 최솟값을 구하여라.

15 부등식 $\left(\frac{1}{5}\right)^{1-2x} \le 5^{x+4}$을 만족시키는 모든 자연수 x의 값의 합은?

① 11　② 12　③ 13
④ 14　⑤ 15

16 함수 $f(x)=\frac{a^{|x|}}{10}$ $(a>0,\ a\neq1)$의 그래프가 아래 그림과 같다고 할 때, 다음 중 함수 $y=\log f(x)$의 그래프의 개형으로 알맞은 것은?

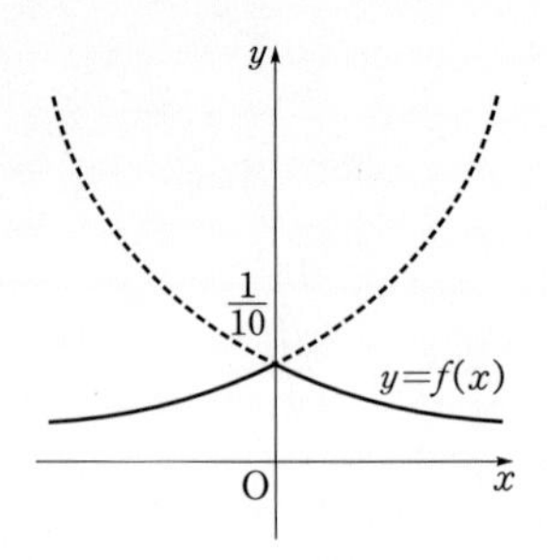

① 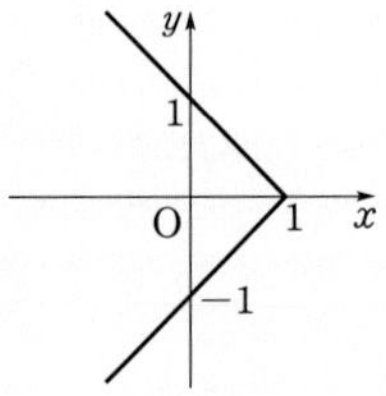　②

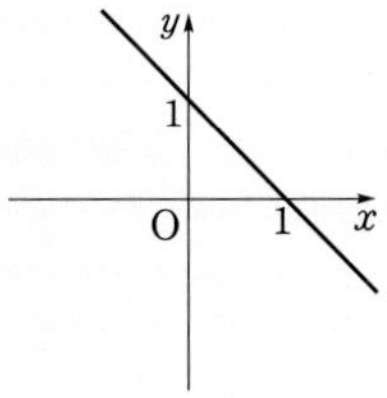

③
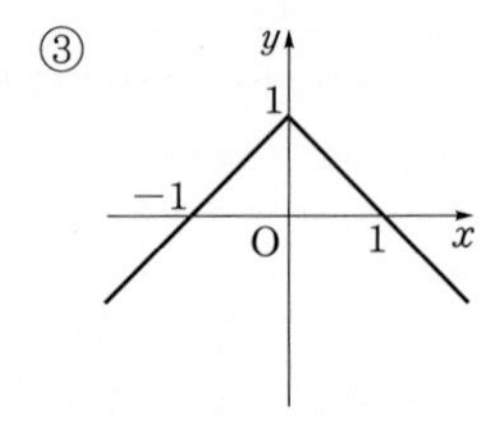

④
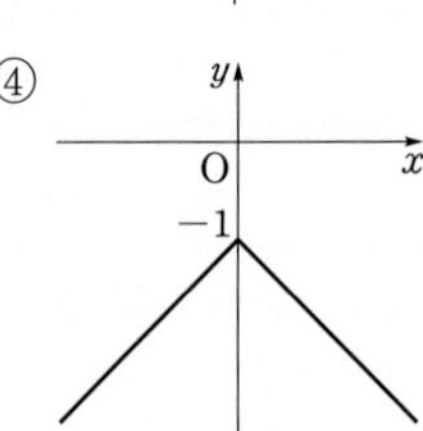

⑤
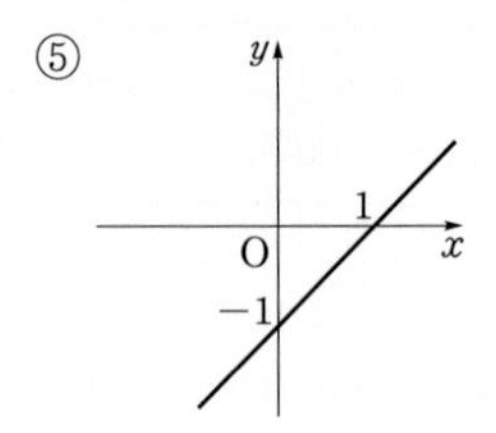

17 두 양의 실수 a, b는 $a>b$, $ab=10000$을 만족시킨다. 함수 $y=\log\frac{x}{a}\cdot\log\frac{x}{b}$의 최솟값이 $-\frac{1}{4}$일 때, a^2+b^2의 값은?

① 101000 ② 100121 ③ 121000
④ 100000 ⑤ 144121

18 부등식 $2\log_2|x-1|\le 1-\log_2\frac{1}{2}$을 만족시키는 모든 정수 x의 개수는?

① 2 ② 4 ③ 6
④ 8 ⑤ 10

19 특정 환경의 어느 웹사이트에서 한 메뉴 안에 선택할 수 있는 항목이 n개 있는 경우, 항목을 1개 선택하는 데 걸리는 시간 T(초)가 다음 식을 만족시킨다.

$$T=2+\frac{1}{3}\log_2(n+1)$$

메뉴가 여러 개인 경우, 모든 메뉴에서 항목을 1개씩 선택하는 데 걸리는 전체 시간은 각 메뉴에서 항목을 1개씩 선택하는 데 걸리는 시간을 모두 더하여 구한다. 예를 들어, 메뉴가 3개이고 각 메뉴 안에 항목이 4개씩 있는 경우, 모든 메뉴에서 항목을 1개씩 선택하는 데 걸리는 전체 시간은 $3\left(2+\frac{1}{3}\log_2 5\right)$초이다. 메뉴가 10개이고 각 메뉴 안에 항목이 n개씩 있을 때, 모든 메뉴에서 항목을 1개씩 선택하는 데 걸리는 전체 시간이 30초 이하가 되도록 하는 n의 최댓값은?

① 7 ② 8 ③ 9
④ 10 ⑤ 11

01 그림과 같이 $\triangle$ABC와 $\triangle$CDE는 한 변의 길이가 a인 정삼각형이고, $\angle \mathrm{ACE}=\frac{2}{3}\pi$이다. 반지름의 길이가 $\sqrt{3}$인 원 P가 $\triangle$ABC와 $\triangle$CDE의 둘레를 외접하면서 시계 방향으로 한 바퀴 돌아 처음 출발한 자리로 왔을 때, 원 P의 중심이 움직인 거리가 $23+\frac{8\sqrt{3}}{3}\pi$이다. a의 값은?

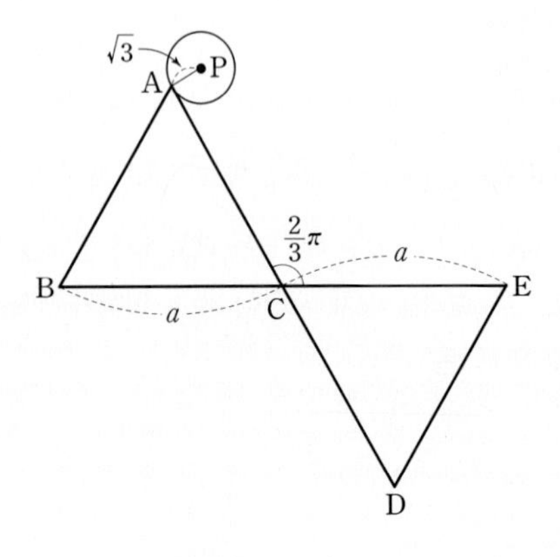

① 4 ② $\frac{9}{2}$ ③ 5

④ $\frac{11}{2}$ ⑤ 6

02 그림과 같이 길이가 12인 선분 AB를 지름으로 하는 반원이 있다. 반원 위에서 호 BC의 길이가 4π인 점 C를 잡고 점 C에서 선분 AB에 내린 수선의 발을 H라 하자. $\overline{\mathrm{CH}}^2$의 값을 구하시오.

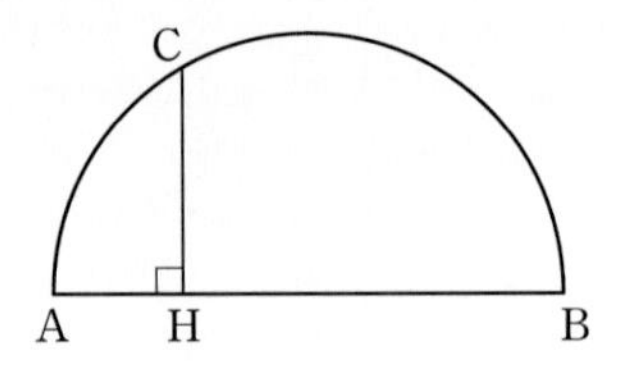

03 어떤 건물의 난방기에는 자동 온도 조절 장치가 있어서 실내 온도가 2시간 주기로 변한다. 이 난방기의 온도를 B(°C)로 설정하였을 때, 가동한 지 t분 후의 실내 온도는 T(°C)가 되어 다음 식이 성립한다고 한다.

$$T=B-\frac{k}{6}\cos\frac{\pi}{60}t \text{ (단, } B,\ k\text{는 양의 상수이다.)}$$

이 난방기를 가동한 지 20분 후의 실내 온도가 18°C이었고, 40분 후의 실내 온도가 20°C이었다. k의 값은?

① 11 ② 12 ③ 13

④ 14 ⑤ 15

04 이차방정식 $x^2-2\sqrt{3}x+2=0$의 두 근을 α, $\beta(\alpha>\beta)$라 할 때, $\tan\theta=\frac{\alpha-\beta}{\alpha+\beta}$를 만족하는 θ의 값은? $\left(단,\ -\frac{\pi}{2}<\theta<\frac{\pi}{2}\right)$

① $\frac{\pi}{6}$ ② $\frac{\pi}{4}$ ③ $\frac{\pi}{3}$
④ $-\frac{\pi}{4}$ ⑤ $-\frac{\pi}{3}$

05 $\sin\theta+\cos\theta=\frac{1}{3}$일 때, $\frac{1}{\cos\theta}\left(\tan\theta+\frac{1}{\tan^2\theta}\right)$의 값은?

① $\frac{45}{16}$ ② $\frac{43}{16}$ ③ $\frac{41}{16}$
④ $\frac{39}{16}$ ⑤ $\frac{37}{16}$

06 그림과 같이 함수 $y=\sin 2x\,(0\le x\le\pi)$의 그래프가 직선 $y=\frac{3}{5}$과 두 점 A, B에서 만나고, 직선 $y=-\frac{3}{5}$과 두 점 C, D에서 만난다. 네 점 A, B, C, D의 x좌표를 각각 α, β, γ, δ라 할 때, $\alpha+2\beta+2\gamma+\delta$의 값은?

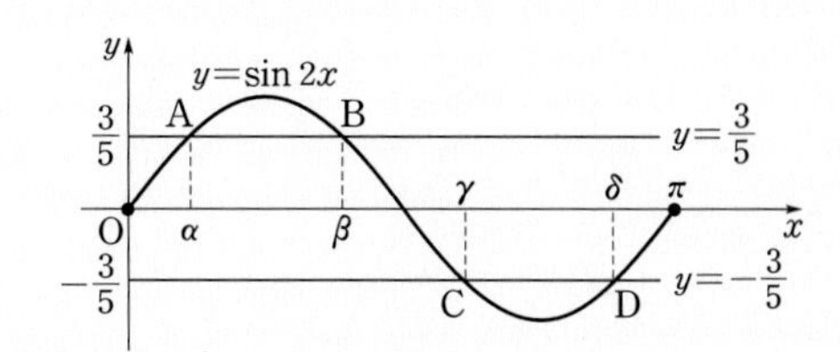

① $\frac{9}{4}\pi$ ② $\frac{5}{2}\pi$ ③ 3π
④ $\frac{7}{2}\pi$ ⑤ 4π

07 삼각함수 $f(x)=2\cos\left(3x-\frac{\pi}{3}\right)+1$에 대하여 |보기|에서 옳은 것만을 있는 대로 고른 것은?

보기
ㄱ. $-1\le f(x)\le 3$이다.
ㄴ. 임의의 실수 x에 대하여 $f\left(x+\frac{\pi}{3}\right)=f(x)$이다.
ㄷ. $y=f(x)$ 그래프는 직선 $x=\frac{\pi}{9}$에 대하여 대칭이다.

① ㄱ ② ㄴ ③ ㄱ, ㄴ
④ ㄱ, ㄷ ⑤ ㄱ, ㄴ, ㄷ

08 두 함수 $y=4\sin 3x$, $y=3\cos 2x$의 그래프가 x축과 만나는 점을 각각 $\mathrm{A}(a, 0)$, $\mathrm{B}(b, 0)$ $\left(0<a<\frac{\pi}{2}<b<\pi\right)$라 하자.
$y=4\sin 3x$의 그래프 위의 임의의 점 P에 대하여 $\triangle\mathrm{ABP}$의 넓이의 최댓값은?

① $\frac{\pi}{3}$　② $\frac{\pi}{2}$　③ $\frac{2}{3}\pi$
④ $\frac{5}{6}\pi$　⑤ π

09 $\pi<\alpha<2\pi$, $\pi<\beta<2\pi$인 서로 다른 두 각 α, β에 대하여, $\sin\alpha=\cos\beta$를 만족할 때, |보기|에서 항상 옳은 것을 모두 고른 것은?

보기
ㄱ. $\sin(\alpha+\beta)=1$
ㄴ. $\cos^2\alpha+\cos^2\beta=1$
ㄷ. $\tan\alpha+\tan\beta=1$

① ㄱ　② ㄴ　③ ㄷ
④ ㄱ, ㄴ　⑤ ㄴ, ㄷ

10 $0<x<2\pi$일 때, 방정식 $\cos^2 x-\sin x=1$의 모든 실근의 합은 $\frac{q}{p}\pi$이다. $p+q$의 값을 구하시오.
(단, p와 q는 서로소인 자연수이다.)

11 부등식 $\cos^2\theta-3\cos\theta-a+9\geq 0$이 모든 θ에 대하여 항상 성립하는 실수 a의 값의 범위는?

① $-1\leq a\leq 9$　② $a\geq 0$　③ $a\geq 5$
④ $a\leq 7$　⑤ $a\leq 9$

12

a, b는 양수이고 $\alpha+\beta+\gamma=\pi$이다. $a^2+b^2=3ab\cos\gamma$일 때, $9\sin^2(\pi+\alpha+\beta)+9\cos\gamma$의 최댓값을 구하시오.

13

함수 $f(x)$가 다음 세 조건을 만족시킨다.

(가) 모든 실수 x에 대하여 $f(x+\pi)=f(x)$이다.
(나) $0\le x\le\frac{\pi}{2}$일 때, $f(x)=\sin 4x$
(다) $\frac{\pi}{2}<x\le\pi$일 때, $f(x)=-\sin 4x$

이때 함수 $f(x)$의 그래프와 직선 $y=\frac{x}{\pi}$가 만나는 점의 개수는?

① 4 ② 5 ③ 6
④ 7 ⑤ 8

14

그림과 같은 직육면체에서 $\overline{AB}=2$, $\overline{BC}=1$, $\overline{BE}=1$이다. 삼각형 AEC의 넓이는?

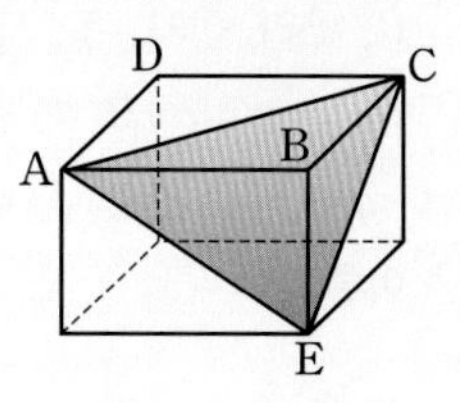

① 1 ② $\sqrt{2}$ ③ $\frac{3}{2}$
④ $\frac{3\sqrt{2}}{2}$ ⑤ 2

15

삼각형 ABC에서

$6\sin A=2\sqrt{3}\sin B=3\sin C$

가 성립할 때, $\angle A$의 크기는?

① $120°$ ② $90°$ ③ $60°$
④ $45°$ ⑤ $30°$

01 그림과 같이 함수 $y=\log_3 x$의 그래프 위의 서로 다른 네 점 A, B, C, D에서 y축에 내린 수선의 발을 각각 P, Q, R, S라 하자. 두 사각형 ABQP, CDSR의 넓이를 각각 α, β라 하고, 네 점 P, Q, R, S의 y좌표를 각각 p, q, r, s라 하자. p, q, r, s가 이 순서대로 등차수열을 이루고, $\beta=3\alpha$일 때, $s-p$의 값은?

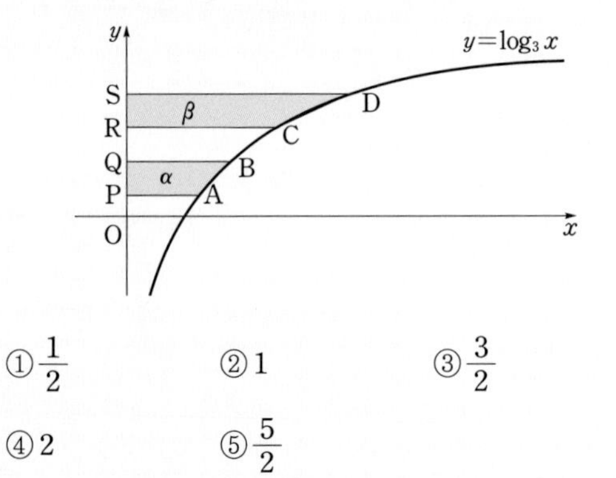

① $\frac{1}{2}$ ② 1 ③ $\frac{3}{2}$
④ 2 ⑤ $\frac{5}{2}$

02 첫째항이 a이고 공차가 -4인 등차수열 $\{a_n\}$의 첫째항부터 제n항까지의 합을 S_n이라 하자. 모든 자연수 n에 대하여 $S_n<200$일 때, 자연수 a의 최댓값을 구하시오.

03 두 자연수 a와 b에 대하여 세 수 a^n, $2^4\times3^6$, b^n이 이 순서대로 등비수열을 이룰 때, ab의 최솟값을 구하시오. (단, n은 자연수이다.)

04 등차수열 $\{a_n\}$과 공비가 1보다 작은 등비수열 $\{b_n\}$이

$$a_1+a_8=8,\ b_2b_7=12,\ a_4=b_4,\ a_5=b_5$$

를 모두 만족시킬 때, a_1의 값을 구하시오.

05 지호는 여행 비용을 마련하기 위하여 다음 조건으로 저축을 시작하였다.

(가) 2009년 1월부터 2010년 12월까지 매달 초에 입금한다.
(나) 첫째 달은 10만 원을, 두 번째 달부터는 바로 전 달보다 0.8 % 증가한 금액을 입금한다.
(다) 매번 입금한 금액에 대하여 입금한 날로부터 24개월까지는 월이율 1.1 %의 복리로 매달 계산하고, 그 이후에는 월이율 0.8 %의 복리로 매달 계산한다.

이와 같은 조건으로 저축하였을 때, 2012년 12월 말의 원리합계는?

(단, $1.008^{24}=1.2$, $1.011^{24}=1.3$으로 계산한다.)

① 368만 4천 원 ② 370만 4천 원
③ 372만 4천 원 ④ 374만 4천 원
⑤ 376만 4천 원

06 수열 $\{a_n\}$에 대하여

$$\sum_{k=1}^{10}(a_k+1)^2=28,\ \sum_{k=1}^{10}a_k(a_k+1)=16$$

일 때, $\sum_{k=1}^{10}(a_k)^2$의 값을 구하시오.

07 수열 $\{a_n\}$은 15와 서로소인 자연수를 작은 수부터 차례대로 모두 나열하여 만든 것이다. 예를 들면 $a_2=2$, $a_4=7$이다. $\sum_{n=1}^{16}a_n$의 값은?

① 240 ② 280 ③ 320
④ 360 ⑤ 400

08 x에 대한 방정식

$$\cos x=\frac{1}{(2n-1)\pi}x \quad (n=1,\ 2,\ 3,\ \cdots)$$

의 양의 실근의 개수를 a_n이라 할 때,

$\sum_{n=1}^{24}\frac{500}{(a_n+1)(a_n+3)}$의 값을 구하시오.

09 수열 $\{a_n\}$이 자연수 n에 대하여

$$\sum_{k=1}^{n}\frac{a_k}{k+1}=n^2+n$$

을 만족시킬 때, $\sum_{n=1}^{10}\frac{1}{a_n}$의 값은?

① $\frac{5}{11}$ ② $\frac{1}{2}$ ③ $\frac{6}{11}$
④ $\frac{13}{22}$ ⑤ $\frac{7}{11}$

10 수열 $\{a_n\}$이 모든 자연수 n에 대하여

$$\sum_{k=1}^{n}a_k=\log\frac{(n+1)(n+2)}{2}$$

를 만족시킨다. $\sum_{k=1}^{20}a_{2k}=p$라 할 때, 10^p의 값을 구하시오.

11 1부터 연속한 자연수를 아래와 같이 제n행에는 n개의 자연수가 오도록 나열하였다.

제1행	1
제2행	2 3
제3행	4 5 6
제4행	7 8 9 10
제5행	11 12 13 14 15
제6행	16 17 18 19 20 21
⋮	⋮

제19행에 나열된 모든 자연수의 평균을 구하시오.

12 두 수열 $\{a_n\}$, $\{b_n\}$은 $a_1=a_2=1$, $b_1=k$이고, 모든 자연수 n에 대하여

$$a_{n+2}=(a_{n+1})^2-(a_n)^2,\ b_{n+1}=a_n-b_n+n$$

을 만족시킨다. $b_{20}=14$일 때, k의 값은?

① -3 ② -1 ③ 1
④ 3 ⑤ 5

13 수열 $\{a_n\}$은 $a_1=2$이고,

$$a_{n+1}=a_n+(-1)^n\frac{2n+1}{n(n+1)}\ (n\geq1)$$

을 만족시킨다. $a_{20}=\frac{q}{p}$일 때, $p+q$의 값을 구하시오.

(단, p와 q는 서로소인 자연수이다.)

14 중복을 허용하여 a, b, c로 만든 n자리 문자열 중에서 다음 조건을 만족시키는 문자열의 개수를 a_n이라 하자.

> (가) 첫 문자와 끝 문자는 모두 a이다.
> (나) b와 c 바로 뒤에는 a만 올 수 있다.

수열 $\{a_n\}$은 $a_1=1$, $a_2=1$이고,

$$a_{n+2}=a_{n+1}+pa_n\ (n\geq1)$$

을 만족시킨다. $a_7=q$일 때, $p+q$의 값을 구하시오.

15

첫째항이 1인 수열 $\{a_n\}$에 대하여 $S_n=\sum_{k=1}^{n} a_k$라 할 때,

$$\frac{S_{n+1}}{n+1}=\sum_{k=1}^{n} S_k \ (n\geq 1) \qquad \cdots\cdots (*)$$

이 성립한다. 다음은 일반항 a_n을 구하는 과정이다.

> 주어진 식 $(*)$에 의하여
>
> $$\frac{S_n}{n}=\sum_{k=1}^{n-1} S_k \ (n\geq 2) \qquad \cdots\cdots ㉠$$
>
> 이다. $(*)$에서 ㉠을 변끼리 빼서 정리하면
>
> $$\frac{S_{n+1}}{S_n}=\frac{\boxed{(가)}}{n} \ (n\geq 2)$$
>
> 이다. ㉠으로부터 $S_2=2$이고,
>
> $$S_n=\frac{S_n}{S_{n-1}}\times\frac{S_{n-1}}{S_{n-2}}\times \cdots \times\frac{S_3}{S_2}\times S_2 \ (n\geq 3)$$
>
> 이므로
>
> $$S_n=n!\times\boxed{(나)} \ (n\geq 3)$$
>
> 이다.
>
> 그러므로 a_n은
>
> $$a_n=\begin{cases} 1 & (n=1,\,2) \\ \dfrac{n^2-n+1}{2}\times(n-1)! & (n\geq 3)\end{cases}$$
>
> 이다.

위의 (가), (나)에 알맞은 식을 각각 $f(n)$, $g(n)$이라 할 때, $f(4)\times g(20)$의 값은?

① 225 ② 250 ③ 275 ④ 300 ⑤ 325

16

수열 $\{a_n\}$은 $a_1=3$이고

$$na_{n+1}-2na_n+\frac{n+2}{n+1}=0 \ (n\geq 1)$$

을 만족시킨다. 다음은 일반항 a_n이

$$a_n=2^n+\frac{1}{n} \qquad \cdots\cdots (*)$$

임을 수학적 귀납법을 이용하여 증명한 것이다.

증명

(i) $n=1$일 때, (좌변)$=a_1=3$,

(우변)$=2^1+\frac{1}{1}=3$이므로 $(*)$이 성립한다.

(ii) $n=k$일 때 $(*)$이 성립한다고 가정하면

$a_k=2^k+\frac{1}{k}$이므로

$$\begin{aligned} ka_{k+1}&=2ka_k-\frac{k+2}{k+1} \\ &=\boxed{(가)}-\frac{k+2}{k+1} \\ &=k2^{k+1}+\boxed{(나)} \end{aligned}$$

이다. 따라서 $a_{k+1}=2^{k+1}+\frac{1}{k+1}$이므로

$n=k+1$일 때도 $(*)$이 성립한다.

(i), (ii)에 의하여 모든 자연수 n에 대하여

$$a_n=2^n+\frac{1}{n}$$

이다.

위의 (가), (나)에 알맞은 식을 각각 $f(k)$, $g(k)$라 할 때, $f(3)\times g(4)$의 값은?

① 32 ② 34 ③ 36 ④ 38 ⑤ 40

상용로그표(1)

수	0	1	2	3	4	5	6	7	8	9
1.0	.0000	.0043	.0086	.0128	.0170	.0212	.0253	.0294	.0334	.0374
1.1	.0414	.0453	.0492	.0531	.0569	.0607	.0645	.0682	.0719	.0755
1.2	.0792	.0828	.0864	.0899	.0934	.0969	.1004	.1038	.1072	.1106
1.3	.1139	.1173	.1206	.1239	.1271	.1303	.1335	.1367	.1399	.1430
1.4	.1461	.1492	.1523	.1553	.1584	.1614	.1644	.1673	.1703	.1732
1.5	.1761	.1790	.1818	.1847	.1875	.1903	.1931	.1959	.1987	.2014
1.6	.2041	.2068	.2095	.2122	.2148	.2175	.2201	.2227	.2253	.2279
1.7	.2304	.2330	.2355	.2380	.2405	.2430	.2455	.2480	.2504	.2529
1.8	.2553	.2577	.2601	.2625	.2648	.2672	.2695	.2718	.2742	.2765
1.9	.2788	.2810	.2833	.2856	.2878	.2900	.2923	.2945	.2967	.2989
2.0	.3010	.3032	.3054	.3075	.3096	.3118	.3139	.3160	.3181	.3201
2.1	.3222	.3243	.3263	.3284	.3304	.3324	.3345	.3365	.3385	.3404
2.2	.3424	.3444	.3464	.3483	.3502	.3522	.3541	.3560	.3579	.3598
2.3	.3617	.3636	.3655	.3674	.3692	.3711	.3729	.3747	.3766	.3784
2.4	.3802	.3820	.3838	.3856	.3874	.3892	.3909	.3927	.3945	.3962
2.5	.3979	.3997	.4014	.4031	.4048	.4065	.4082	.4099	.4116	.4133
2.6	.4150	.4166	.4183	.4200	.4216	.4232	.4249	.4265	.4281	.4298
2.7	.4314	.4330	.4346	.4362	.4378	.4393	.4409	.4425	.4440	.4456
2.8	.4472	.4487	.4502	.4518	.4533	.4548	.4564	.4579	.4594	.4609
2.9	.4624	.4639	.4654	.4669	.4683	.4698	.4713	.4728	.4742	.4757
3.0	.4771	.4786	.4800	.4814	.4829	.4843	.4857	.4871	.4886	.4900
3.1	.4914	.4928	.4942	.4955	.4969	.4983	.4997	.5011	.5024	.5038
3.2	.5051	.5065	.5079	.5092	.5105	.5119	.5132	.5145	.5159	.5172
3.3	.5185	.5198	.5211	.5224	.5237	.5250	.5263	.5276	.5289	.5302
3.4	.5315	.5328	.5340	.5353	.5366	.5378	.5391	.5403	.5416	.5428
3.5	.5441	.5453	.5465	.5478	.5490	.5502	.5514	.5527	.5539	.5551
3.6	.5563	.5575	.5587	.5599	.5611	.5623	.5635	.5647	.5658	.5670
3.7	.5682	.5694	.5705	.5717	.5729	.5740	.5752	.5763	.5775	.5786
3.8	.5798	.5809	.5821	.5832	.5843	.5855	.5866	.5877	.5888	.5899
3.9	.5911	.5922	.5933	.5944	.5955	.5966	.5977	.5988	.5999	.6010
4.0	.6021	.6031	.6042	.6053	.6064	.6075	.6085	.6096	.6107	.6117
4.1	.6128	.6138	.6149	.6160	.6170	.6180	.6191	.6201	.6212	.6222
4.2	.6232	.6243	.6253	.6263	.6274	.6284	.6294	.6304	.6314	.6325
4.3	.6335	.6345	.6355	.6365	.6375	.6385	.6395	.6405	.6415	.6425
4.4	.6435	.6444	.6454	.6464	.6474	.6484	.6493	.6503	.6513	.6522
4.5	.6532	.6542	.6551	.6561	.6571	.6580	.6590	.6599	.6609	.6618
4.6	.6628	.6637	.6646	.6656	.6665	.6675	.6684	.6693	.6702	.6712
4.7	.6721	.6730	.6739	.6749	.6758	.6767	.6776	.6785	.6794	.6803
4.8	.6812	.6821	.6830	.6839	.6848	.6857	.6866	.6875	.6884	.6893
4.9	.6902	.6911	.6920	.6928	.6937	.6946	.6955	.6964	.6972	.6981
5.0	.6990	.6998	.7007	.7016	.7024	.7033	.7042	.7050	.7059	.7067
5.1	.7076	.7084	.7093	.7101	.7110	.7118	.7126	.7135	.7143	.7152
5.2	.7160	.7168	.7177	.7185	.7193	.7202	.7210	.7218	.7226	.7235
5.3	.7243	.7251	.7259	.7267	.7275	.7284	.7292	.7300	.7308	.7316
5.4	.7324	.7332	.7340	.7348	.7356	.7364	.7372	.7380	.7388	.7396

상용로그표(2)

수	0	1	2	3	4	5	6	7	8	9
5.5	.7404	.7412	.7419	.7427	.7435	.7443	.7451	.7459	.7466	.7474
5.6	.7482	.7490	.7497	.7505	.7513	.7520	.7528	.7536	.7543	.7551
5.7	.7559	.7566	.7574	.7582	.7589	.7597	.7604	.7612	.7619	.7627
5.8	.7634	.7642	.7649	.7657	.7664	.7672	.7679	.7686	.7694	.7701
5.9	.7709	.7716	.7723	.7731	.7738	.7745	.7752	.7760	.7767	.7774
6.0	.7782	.7789	.7796	.7803	.7810	.7818	.7825	.7832	.7839	.7846
6.1	.7853	.7860	.7868	.7875	.7882	.7889	.7896	.7903	.7910	.7917
6.2	.7924	.7931	.7938	.7945	.7952	.7959	.7966	.7973	.7980	.7987
6.3	.7993	.8000	.8007	.8014	.8021	.8028	.8035	.8041	.8048	.8055
6.4	.8062	.8069	.8075	.8082	.8089	.8096	.8102	.8109	.8116	.8122
6.5	.8129	.8136	.8142	.8149	.8156	.8162	.8169	.8176	.8182	.8189
6.6	.8195	.8202	.8209	.8215	.8222	.8228	.8235	.8241	.8248	.8254
6.7	.8261	.8267	.8274	.8280	.8287	.8293	.8299	.8306	.8312	.8319
6.8	.8325	.8331	.8338	.8344	.8351	.8357	.8363	.8370	.8376	.8382
6.9	.8388	.8395	.8401	.8407	.8414	.8420	.8426	.8432	.8439	.8445
7.0	.8451	.8457	.8463	.8470	.8476	.8482	.8488	.8494	.8500	.8506
7.1	.8513	.8519	.8525	.8531	.8537	.8543	.8549	.8555	.8561	.8567
7.2	.8573	.8579	.8585	.8591	.8597	.8603	.8609	.8615	.8621	.8627
7.3	.8633	.8639	.8645	.8651	.8657	.8663	.8669	.8675	.8681	.8686
7.4	.8692	.8698	.8704	.8710	.8716	.8722	.8727	.8733	.8739	.8745
7.5	.8751	.8756	.8762	.8768	.8774	.8779	.8785	.8791	.8797	.8802
7.6	.8808	.8814	.8820	.8825	.8831	.8837	.8842	.8848	.8854	.8859
7.7	.8865	.8871	.8876	.8882	.8887	.8893	.8899	.8904	.8910	.8915
7.8	.8921	.8927	.8932	.8938	.8943	.8949	.8954	.8960	.8965	.8971
7.9	.8976	.8982	.8987	.8993	.8998	.9004	.9009	.9015	.9020	.9025
8.0	.9031	.9036	.9042	.9047	.9053	.9058	.9063	.9069	.9074	.9079
8.1	.9085	.9090	.9096	.9101	.9106	.9112	.9117	.9122	.9128	.9133
8.2	.9138	.9143	.9149	.9154	.9159	.9165	.9170	.9175	.9180	.9186
8.3	.9191	.9196	.9201	.9206	.9212	.9217	.9222	.9227	.9232	.9238
8.4	.9243	.9248	.9253	.9258	.9263	.9269	.9274	.9279	.9284	.9289
8.5	.9294	.9299	.9304	.9309	.9315	.9320	.9325	.9330	.9335	.9340
8.6	.9345	.9350	.9355	.9360	.9365	.9370	.9375	.9380	.9385	.9390
8.7	.9395	.9400	.9405	.9410	.9415	.9420	.9425	.9430	.9435	.9440
8.8	.9445	.9450	.9455	.9460	.9465	.9469	.9474	.9479	.9484	.9489
8.9	.9494	.9499	.9504	.9509	.9513	.9518	.9523	.9528	.9533	.9538
9.0	.9542	.9547	.9552	.9557	.9562	.9566	.9571	.9576	.9581	.9586
9.1	.9590	.9595	.9600	.9605	.9609	.9614	.9619	.9624	.9628	.9633
9.2	.9638	.9643	.9647	.9652	.9657	.9661	.9666	.9671	.9675	.9680
9.3	.9685	.9689	.9694	.9699	.9703	.9708	.9713	.9717	.9722	.9727
9.4	.9731	.9736	.9741	.9745	.9750	.9754	.9759	.9763	.9768	.9773
9.5	.9777	.9782	.9786	.9791	.9795	.9800	.9805	.9809	.9814	.9818
9.6	.9823	.9827	.9832	.9836	.9841	.9845	.9850	.9854	.9859	.9863
9.7	.9868	.9872	.9877	.9881	.9886	.9890	.9894	.9899	.9903	.9908
9.8	.9912	.9917	.9921	.9926	.9930	.9934	.9939	.9943	.9948	.9952
9.9	.9956	.9961	.9965	.9969	.9974	.9978	.9983	.9987	.9991	.9996

삼각함수표

각	sin	cos	tan
0°	0.0000	1.0000	0.0000
1°	0.0175	0.9998	0.0175
2°	0.0349	0.9994	0.0349
3°	0.0523	0.9986	0.0524
4°	0.0698	0.9976	0.0699
5°	0.0872	0.9962	0.0875
6°	0.1045	0.9945	0.1051
7°	0.1219	0.9925	0.1228
8°	0.1392	0.9903	0.1405
9°	0.1564	0.9877	0.1584
10°	0.1736	0.9848	0.1763
11°	0.1908	0.9816	0.1944
12°	0.2079	0.9781	0.2126
13°	0.2250	0.9744	0.2309
14°	0.2419	0.9703	0.2493
15°	0.2588	0.9659	0.2679
16°	0.2756	0.9613	0.2867
17°	0.2924	0.9563	0.3057
18°	0.3090	0.9511	0.3249
19°	0.3256	0.9455	0.3443
20°	0.3420	0.9397	0.3640
21°	0.3584	0.9336	0.3839
22°	0.3746	0.9272	0.4040
23°	0.3907	0.9205	0.4245
24°	0.4067	0.9135	0.4452
25°	0.4226	0.9063	0.4663
26°	0.4384	0.8988	0.4877
27°	0.4540	0.8910	0.5095
28°	0.4695	0.8829	0.5317
29°	0.4848	0.8746	0.5543
30°	0.5000	0.8660	0.5774
31°	0.5150	0.8572	0.6009
32°	0.5299	0.8480	0.6249
33°	0.5446	0.8387	0.6494
34°	0.5592	0.8290	0.6745
35°	0.5736	0.8192	0.7002
36°	0.5878	0.8090	0.7265
37°	0.6018	0.7986	0.7536
38°	0.6157	0.7880	0.7813
39°	0.6293	0.7771	0.8098
40°	0.6428	0.7660	0.8391
41°	0.6561	0.7547	0.8693
42°	0.6691	0.7431	0.9004
43°	0.6820	0.7314	0.9325
44°	0.6947	0.7193	0.9657
45°	0.7071	0.7071	1.0000

각	sin	cos	tan
45°	0.7071	0.7071	1.0000
46°	0.7193	0.6947	1.0355
47°	0.7314	0.6820	1.0724
48°	0.7431	0.6691	1.1106
49°	0.7547	0.6561	1.1504
50°	0.7660	0.6428	1.1918
51°	0.7771	0.6293	1.2349
52°	0.7880	0.6157	1.2799
53°	0.7986	0.6018	1.3270
54°	0.8090	0.5878	1.3764
55°	0.8192	0.5736	1.4281
56°	0.8290	0.5592	1.4826
57°	0.8387	0.5446	1.5399
58°	0.8480	0.5299	1.6003
59°	0.8572	0.5150	1.6643
60°	0.8660	0.5000	1.7321
61°	0.8746	0.4848	1.8040
62°	0.8829	0.4695	1.8807
63°	0.8910	0.4540	1.9626
64°	0.8988	0.4384	2.0503
65°	0.9063	0.4226	2.1445
66°	0.9135	0.4067	2.2460
67°	0.9205	0.3907	2.3559
68°	0.9272	0.3746	2.4751
69°	0.9336	0.3584	2.6051
70°	0.9397	0.3420	2.7475
71°	0.9455	0.3256	2.9042
72°	0.9511	0.3090	3.0777
73°	0.9563	0.2924	3.2709
74°	0.9613	0.2756	3.4874
75°	0.9659	0.2588	3.7321
76°	0.9703	0.2419	4.0108
77°	0.9744	0.2250	4.3315
78°	0.9781	0.2079	4.7046
79°	0.9816	0.1908	5.1446
80°	0.9848	0.1736	5.6713
81°	0.9877	0.1564	6.3138
82°	0.9903	0.1392	7.1154
83°	0.9925	0.1219	8.1443
84°	0.9945	0.1045	9.5144
85°	0.9962	0.0872	11.4301
86°	0.9976	0.0698	14.3007
87°	0.9986	0.0523	19.0811
88°	0.9994	0.0349	28.6363
89°	0.9998	0.0175	57.2900
90°	1.0000	0.0000	

M/E/M/O

T·H·I·N·K·M·O·R·E·A·B·O·U·T·Y·O·U·R·F·U·T·U·R·E

M/E/M/O

T·H·I·N·K·M·O·R·E·A·B·O·U·T·Y·O·U·R·F·U·T·U·R·E

M/E/M/O

T·H·I·N·K·M·O·R·E·A·B·O·U·T·Y·O·U·R·F·U·T·U·R·E

SUMMA CUM LAUDE

튼튼한 개념! 흔들리지 않는 실력!

숨마쿰라우데®

[수학 기본서]

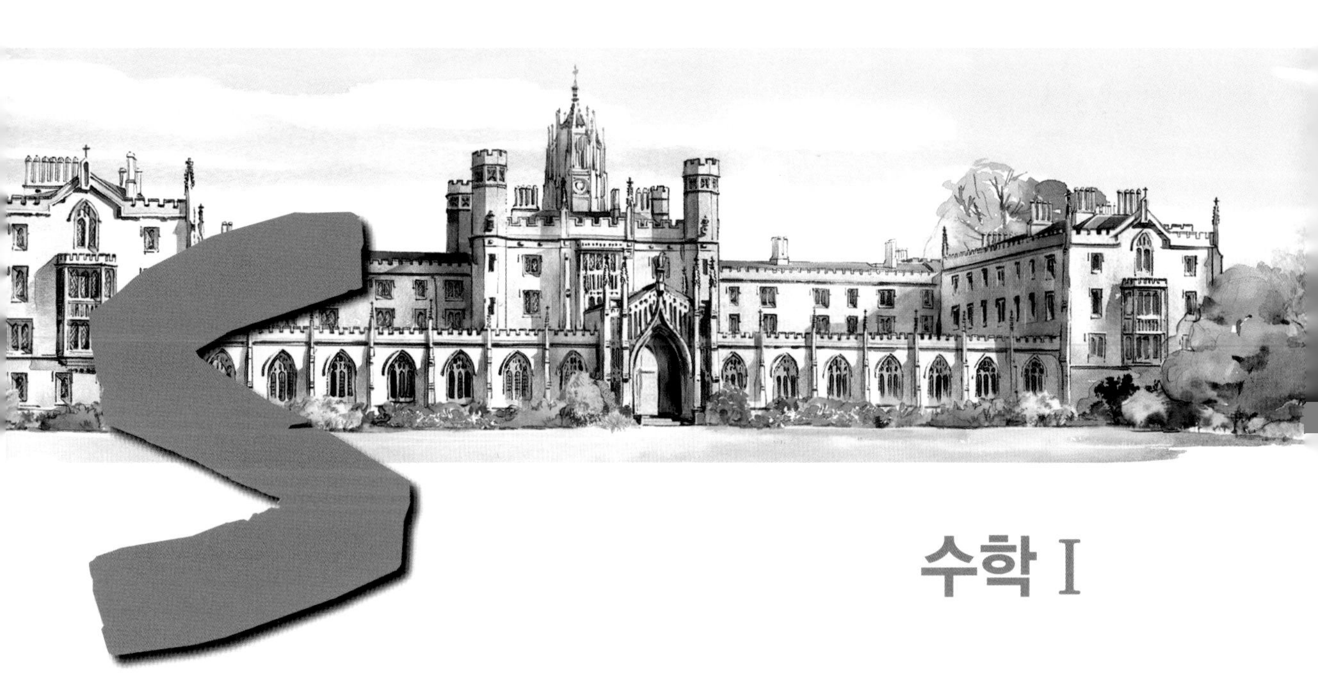

수학 I

秘 서브노트 SUB NOTE

SUMMA CUM LAUDE

숨마쿰라우데®

[수학 기본서]

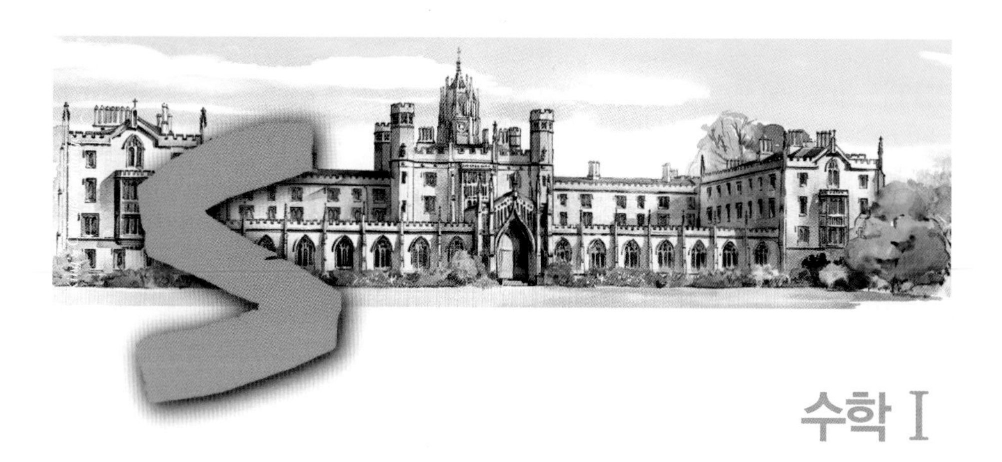

수학 I

秘 서브노트 SUB NOTE

I 지수함수와 로그함수

1. 지수

APPLICATION SUMMA CUM LAUDE

001 (1) -3, $\dfrac{3\pm3\sqrt{3}i}{2}$ (2) $-2i$, $2i$, -2, 2

002 (1) 2 (2) -3 (3) $-\dfrac{2}{3}$ (4) -2

003 풀이 참조 **004** (1) 10 (2) 1 (3) $\dfrac{4}{3}$

005 (1) 1 (2) $\dfrac{1}{81}$ (3) a^2 (4) a^{12}

006 (1) $3^{\frac{5}{8}}$ (2) $\dfrac{3}{2}$ (3) 1 (4) $a^{\frac{7}{30}}$

007 (1) 6 (2) 32 (3) a^2 (4) a^4

001 (1) -27의 세제곱근을 x라 하면

$x^3=-27$, $x^3+27=0$

$(x+3)(x^2-3x+9)=0$

$\therefore x=-3$ 또는 $x=\dfrac{3\pm3\sqrt{3}i}{2}$

따라서 -27의 세제곱근은 $\boldsymbol{-3}$, $\boldsymbol{\dfrac{3\pm3\sqrt{3}i}{2}}$이다.

(2) 16의 네제곱근을 x라 하면

$x^4=16$, $x^4-16=0$

$(x^2+4)(x^2-4)=0$

$(x^2+4)(x+2)(x-2)=0$

$\therefore x=\pm2i$ 또는 $x=\pm2$

따라서 16의 네제곱근은 $\boldsymbol{-2i}$, $\boldsymbol{2i}$, $\boldsymbol{-2}$, $\boldsymbol{2}$이다.

답 (1) -3, $\dfrac{3\pm3\sqrt{3}i}{2}$ (2) $-2i$, $2i$, -2, 2

002 (1) $\sqrt[5]{32}=\sqrt[5]{2^5}=\mathbf{2}$

(2) $-\sqrt[4]{81}=-\sqrt[4]{3^4}=\mathbf{-3}$

(3) $\sqrt[3]{-\dfrac{8}{27}}=\sqrt[3]{\left(-\dfrac{2}{3}\right)^3}=\boldsymbol{-\dfrac{2}{3}}$

(4) $-\sqrt[6]{(-2)^6}=-\sqrt[6]{2^6}=\mathbf{-2}$

답 (1) 2 (2) -3 (3) $-\dfrac{2}{3}$ (4) -2

003 (1) $\dfrac{\sqrt[n]{a}}{\sqrt[n]{b}}$를 n제곱하면 지수법칙에 의하여

$\left(\dfrac{\sqrt[n]{a}}{\sqrt[n]{b}}\right)^n=\dfrac{(\sqrt[n]{a})^n}{(\sqrt[n]{b})^n}=\dfrac{a}{b}$

즉, $\dfrac{\sqrt[n]{a}}{\sqrt[n]{b}}$를 n제곱한 것이 $\dfrac{a}{b}$이므로 $\dfrac{\sqrt[n]{a}}{\sqrt[n]{b}}$는 $\dfrac{a}{b}$의 양의 n제곱근이다.

$\left(\because a>0,\ b>0\text{이므로 } \dfrac{\sqrt[n]{a}}{\sqrt[n]{b}}>0\right)$

$\therefore \dfrac{\sqrt[n]{a}}{\sqrt[n]{b}}=\sqrt[n]{\dfrac{a}{b}}$

(2) $(\sqrt[n]{a})^m$을 n제곱하면 지수법칙에 의하여

$\{(\sqrt[n]{a})^m\}^n=(\sqrt[n]{a})^{mn}=\{(\sqrt[n]{a})^n\}^m=a^m$

즉, $(\sqrt[n]{a})^m$을 n제곱한 것이 a^m이므로 $(\sqrt[n]{a})^m$은 a^m의 양의 n제곱근이다. ($\because a>0$이므로 $(\sqrt[n]{a})^m>0$)

$\therefore (\sqrt[n]{a})^m=\sqrt[n]{a^m}$

(3) $\sqrt[m]{\sqrt[n]{a}}$를 mn제곱하면 지수법칙에 의하여

$(\sqrt[m]{\sqrt[n]{a}})^{mn}=\{(\sqrt[m]{\sqrt[n]{a}})^m\}^n=(\sqrt[n]{a})^n=a$

즉, $\sqrt[m]{\sqrt[n]{a}}$를 mn제곱한 것이 a이므로 $\sqrt[m]{\sqrt[n]{a}}$는 a의 양의 mn제곱근이다. ($\because a>0$이므로 $\sqrt[m]{\sqrt[n]{a}}>0$)

$\therefore \sqrt[m]{\sqrt[n]{a}}=\sqrt[mn]{a}$

(4) 자연수 p에 대하여 $\sqrt[np]{a^{mp}}$을 n제곱하면

$(\sqrt[np]{a^{mp}})^n=(\sqrt[n]{\sqrt[p]{a^{mp}}})^n$ ($\because$ (3))

$=\sqrt[p]{a^{mp}}=(\sqrt[p]{a^m})^p$ ($\because$ (2))

$=a^m$

즉, $\sqrt[np]{a^{mp}}$을 n제곱한 것이 a^m이므로 $\sqrt[np]{a^{mp}}$은 a^m의 양의 n제곱근이다. ($\because a>0$이므로 $\sqrt[np]{a^{mp}}>0$)

$\therefore \sqrt[np]{a^{mp}}=\sqrt[n]{a^m}$

답 풀이 참조

004 (1) $(\sqrt[4]{4})^2+\sqrt[5]{32^3}=\sqrt[4]{4^2}+\sqrt[5]{(2^5)^3}$

$=\sqrt[4]{2^4}+(\sqrt[5]{2^5})^3=2+2^3=\mathbf{10}$

(2) $\sqrt[4]{2}\sqrt[4]{8}\times\dfrac{\sqrt[5]{3}}{\sqrt[5]{96}}=\sqrt[4]{16}\times\sqrt[5]{\dfrac{1}{32}}=\sqrt[4]{2^4}\times\sqrt[5]{\left(\dfrac{1}{2}\right)^5}$

$=2\times\dfrac{1}{2}=\mathbf{1}$

(3) $(\sqrt[3]{2})^6 \div \sqrt[3]{\sqrt{27^2}} = \{(\sqrt[3]{2})^3\}^2 \div \sqrt[6]{(3^3)^2} = 2^2 \div \sqrt[6]{3^6}$

$= 4 \div 3 = \mathbf{\frac{4}{3}}$

답 (1) 10 (2) 1 (3) $\frac{4}{3}$

005 (1) $2^2 \times 2^{-2} = 2^{2+(-2)} = 2^0 = \mathbf{1}$

(2) $3^2 \times 27^{-2} = 3^2 \times (3^3)^{-2} = 3^2 \times 3^{-6}$

$= 3^{2+(-6)} = 3^{-4} = \mathbf{\frac{1}{81}}$

(3) $a^{-4} \div (a^{-2})^3 = a^{-4} \div a^{-6} = a^{-4-(-6)} = \boldsymbol{a^2}$

(4) $a^3 \times (a^{-4})^{-1} \div a^{-5} = a^3 \times a^4 \div a^{-5} = a^{3+4-(-5)} = \boldsymbol{a^{12}}$

답 (1) 1 (2) $\frac{1}{81}$ (3) a^2 (4) a^{12}

006 (1) $3^{\frac{1}{2}} \times 3^{\frac{3}{8}} \div 3^{\frac{1}{4}} = 3^{\frac{1}{2}+\frac{3}{8}-\frac{1}{4}} = \mathbf{3^{\frac{5}{8}}}$

(2) $\left\{\left(\frac{8}{27}\right)^{-\frac{2}{5}}\right\}^{\frac{5}{6}} = \left(\frac{8}{27}\right)^{-\frac{2}{5}\times\frac{5}{6}} = \left(\frac{8}{27}\right)^{-\frac{1}{3}}$

$= \left\{\left(\frac{2}{3}\right)^3\right\}^{-\frac{1}{3}} = \left(\frac{2}{3}\right)^{-1} = \mathbf{\frac{3}{2}}$

(3) $(a^{-\frac{27}{4}})^{-\frac{2}{3}} \div \sqrt{a^9} = a^{-\frac{27}{4}\times\left(-\frac{2}{3}\right)} \div a^{\frac{9}{2}}$

$= a^{\frac{9}{2}} \div a^{\frac{9}{2}} = \mathbf{1}$

(4) $\sqrt[3]{\sqrt[5]{a}\sqrt{a}} = \sqrt[15]{a} \times \sqrt[6]{a} = a^{\frac{1}{15}} \times a^{\frac{1}{6}} = a^{\frac{1}{15}+\frac{1}{6}} = \boldsymbol{a^{\frac{7}{30}}}$

답 (1) $3^{\frac{5}{8}}$ (2) $\frac{3}{2}$ (3) 1 (4) $a^{\frac{7}{30}}$

007 (1) $(4^{\frac{1}{\sqrt{2}}} \times 3^{\sqrt{2}})^{\frac{1}{\sqrt{2}}} = 4^{\frac{1}{\sqrt{2}}\times\frac{1}{\sqrt{2}}} \times 3^{\sqrt{2}\times\frac{1}{\sqrt{2}}}$

$= 4^{\frac{1}{2}} \times 3 = 2 \times 3 = \mathbf{6}$

(2) $(2^{\sqrt{2}})^{\sqrt{8}-1} \times 2^{\frac{1}{\sqrt{2}-1}} = 2^{4-\sqrt{2}} \times 2^{\sqrt{2}+1}$

$= 2^{4-\sqrt{2}+\sqrt{2}+1} = 2^5 = \mathbf{32}$

(3) $a^{2\sqrt{2}-1} \times \frac{1}{a^{-3+2\sqrt{2}}} = a^{2\sqrt{2}-1} \times a^{3-2\sqrt{2}}$

$= a^{2\sqrt{2}-1+3-2\sqrt{2}} = \boldsymbol{a^2}$

(4) $\{(a^3)^{\sqrt{2}} \times a^{\sqrt{2}}\}^{\frac{1}{\sqrt{2}}} = (a^{3\sqrt{2}+\sqrt{2}})^{\frac{1}{\sqrt{2}}} = (a^{4\sqrt{2}})^{\frac{1}{\sqrt{2}}} = \boldsymbol{a^4}$

답 (1) 6 (2) 32 (3) a^2 (4) a^4

2. 로그

APPLICATION SUMMA CUM LAUDE

008 (1) $\frac{8}{3}$ (2) $\frac{1}{27}$ (3) $\sqrt{5}$

009 (1) $9<x<16$ 또는 $x>16$

(2) $-2<x<-1$ 또는 $-1<x<3$ 또는 $x>3$

010 1 **011** (1) 2 (2) $\frac{5}{2}$ **012** $a+4b$

013 (1) 2 (2) 8 (3) 512 **014** $\frac{a+ab-2}{1+a}$

015 (1) 4 (2) $-3\sqrt{2}$

016 (1) 0.6513 (2) 0.7559 (3) 0.8820 (4) 0.3096

017 (1) 4.5977 (2) −2.4023 (3) 0.51954 (4) 7.9885

018 ㄱ, ㄷ **019** 정수 부분 : 8, 소수 부분 : 0.1761

020 92 **021** 소수점 아래 10째 자리

022 0.00521 **023** 3

008 (1) $\log_2 3x = 3$에서 $3x = 2^3$

$\therefore x = \mathbf{\frac{8}{3}}$

(2) $\log_x 9 = -\frac{2}{3}$에서 $9 = x^{-\frac{2}{3}}$

$\therefore x = 9^{-\frac{3}{2}} = (3^2)^{-\frac{3}{2}} = 3^{-3} = \mathbf{\frac{1}{27}}$

(3) $\log_2(\log_5 x) = -1$에서 $\log_5 x = 2^{-1}$

$\therefore x = 5^{\frac{1}{2}} = \mathbf{\sqrt{5}}$

답 (1) $\frac{8}{3}$ (2) $\frac{1}{27}$ (3) $\sqrt{5}$

009 (1) 밑의 조건에 의하여

$\sqrt{x}-3>0,\ \sqrt{x}-3\neq 1$에서 $\sqrt{x}>3,\ \sqrt{x}\neq 4$

$x>9,\ x\neq 16$ $\therefore$ **$9<x<16$ 또는 $x>16$**

(2) 밑의 조건에 의하여

$x+2>0,\ x+2\neq 1$에서 $x>-2,\ x\neq -1$

$\therefore -2<x<-1$ 또는 $x>-1$ …… ㉠

진수의 조건에 의하여

$(x-3)^2>0$ $\therefore x\neq 3$ …… ㉡

따라서 ㉠, ㉡의 공통 범위를 구하면

$-2<x<-1$ 또는 $-1<x<3$ 또는 $x>3$

답 (1) $9<x<16$ 또는 $x>16$

(2) $-2<x<-1$ 또는 $-1<x<3$ 또는 $x>3$

010

밑의 조건에 의하여

$x-3>0$, $x-3\neq1$에서 $x>3$, $x\neq4$

$\therefore 3<x<4$, $x>4$ …… ㉠

진수의 조건에 의하여

$-x^2+8x-12>0$에서 $x^2-8x+12<0$

$(x-2)(x-6)<0$ $\therefore 2<x<6$ …… ㉡

㉠, ㉡의 공통 범위를 구하면

$3<x<4$ 또는 $4<x<6$

따라서 조건을 만족하는 정수 x는 5이므로 그 개수는 **1**이다.

답 1

011

(1) $\log_4 10+3\log_4 2-\log_4 5$

$=\log_4 10+\log_4 2^3-\log_4 5$

$=\log_4 \frac{10\cdot8}{5}=\log_4 16$

$=\log_4 4^2=\mathbf{2}$

(2) $\log_2\sqrt{48}-\frac{1}{2}\log_2 6+\frac{1}{5}\log_2 32$

$=\log_2\sqrt{48}-\log_2\sqrt{6}+\log_2\sqrt[5]{32}$

$=\log_2\frac{\sqrt{48}}{\sqrt{6}}+\log_2\sqrt[5]{2^5}$

$=\log_2\sqrt{8}+1=\log_2 2^{\frac{3}{2}}+1$

$=\frac{3}{2}+1=\mathbf{\frac{5}{2}}$

답 (1) 2 (2) $\frac{5}{2}$

012

주어진 식을 $\log_2 3$, $\log_2 5$에 대한 식으로 변형하면

$\log_2 135+\log_2\frac{125}{9}=\log_2(3^3\cdot5)+\log_2(5^3\cdot3^{-2})$

$=\log_2(3\cdot5^4)=\log_2 3+4\log_2 5$

$=\boldsymbol{a+4b}$

답 $a+4b$

013

(1) $\frac{\log_5 49}{\log_5 7}=\log_7 49=\log_7 7^2=\mathbf{2}$

(2) $\log_2 9\cdot\log_3 15\cdot\log_{15}16$

$=\log_2 9\cdot\frac{\log_2 15}{\log_2 3}\cdot\frac{\log_2 16}{\log_2 15}$

$=2\log_2 3\cdot\frac{\log_2 15}{\log_2 3}\cdot\frac{4\log_2 2}{\log_2 15}$

$=2\cdot4=\mathbf{8}$

(3) 지수 부분을 먼저 간단히 하면

$\log_{10}8\cdot\log_3 10\cdot\log_2 27$

$=\frac{\log_2 8}{\log_2 10}\cdot\frac{\log_2 10}{\log_2 3}\cdot\frac{\log_2 27}{\log_2 2}$

$=\frac{3}{\log_2 10}\cdot\frac{\log_2 10}{\log_2 3}\cdot3\log_2 3=3\cdot3=9$

$\therefore$ (주어진 식)$=2^9=\mathbf{512}$

답 (1) 2 (2) 8 (3) 512

014

$\log_2 7=\log_2 3\cdot\log_3 7=ab$이므로

$\log_6\frac{21}{4}=\frac{\log_2\frac{21}{4}}{\log_2 6}=\frac{\log_2 21-\log_2 4}{\log_2 2+\log_2 3}$

$=\frac{\log_2 3+\log_2 7-2}{1+\log_2 3}$

$=\boldsymbol{\frac{a+ab-2}{1+a}}$

답 $\frac{a+ab-2}{1+a}$

015

(1) $\log_8 81\cdot\log_9 64=\log_{2^3}3^4\cdot\log_{3^2}2^6$

$=\frac{4}{3}\log_2 3\cdot3\log_3 2$

$=4\log_2 3\cdot\frac{1}{\log_2 3}=\mathbf{4}$

(2) $5^{\log_{25}2}=2^{\log_{25}5}=2^{\log_{5^2}5}=2^{\frac{1}{2}}=\sqrt{2}$

$\log_{\frac{1}{2}}8=\log_{2^{-1}}2^3=-3$

$\therefore 5^{\log_{25}2}\cdot\log_{\frac{1}{2}}8=\boldsymbol{-3\sqrt{2}}$

답 (1) 4 (2) $-3\sqrt{2}$

016

상용로그표를 이용하여 각각의 값을 찾아보자.

(1) 4.4의 가로줄과 8의 세로줄이 만나는 곳의 수는

0.6513이다.

(2) 5.7의 가로줄과 0의 세로줄이 만나는 곳의 수는 **0.7559**이다.

(3) 7.6의 가로줄과 2의 세로줄이 만나는 곳의 수는 **0.8820**이다.

(4) 2.0의 가로줄과 4의 세로줄이 만나는 곳의 수는 **0.3096**이다.

답 (1) 0.6513 (2) 0.7559 (3) 0.8820 (4) 0.3096

017

$\log 3.96=0.5977$이므로

(1) $\log 39600=\log(3.96\times 10^4)=\log 3.96+4$

$=0.5977+4=\mathbf{4.5977}$

(2) $\log 0.00396=\log(3.96\times 10^{-3})=\log 3.96-3$

$=0.5977-3=\mathbf{-2.4023}$

(3) $\log\sqrt[5]{396}=\frac{1}{5}\log 396=\frac{1}{5}\log(3.96\times 10^2)$

$=\frac{1}{5}(\log 3.96+2)=\frac{1}{5}(0.5977+2)$

$=\mathbf{0.51954}$

(4) $\log 39.6^5=5\log 39.6=5\log(3.96\times 10)$

$=5(\log 3.96+1)=5(0.5977+1)$

$=\mathbf{7.9885}$

답 (1) 4.5977 (2) -2.4023 (3) 0.51954 (4) 7.9885

018

ㄱ. $\log 6780=\log(6.78\times 10^3)$

$=\log 6.78+\log 10^3$

$=3+0.8312$

이므로 $\log 6780$의 정수 부분은 3, 소수 부분은 0.8312이다. (참)

ㄴ. $\log 0.0678=\log(6.78\times 10^{-2})$

$=\log 6.78+\log 10^{-2}$

$=-2+0.8312$

이므로 $\log 0.0678$의 소수 부분은 0.8312이다. (거짓)

ㄷ. $\log 13.56=\log(6.78\times 2)=\log 6.78+\log 2$

$=0.8312+0.3010=1+0.1322$

이므로 $\log 13.56$의 소수 부분은 0.1322이다. (참)

따라서 옳은 것은 **ㄱ, ㄷ**이다.

답 ㄱ, ㄷ

019

$x=1.5\times 10^8$이므로

$\log x=\log(1.5\times 10^8)=\log\left(\frac{3}{2}\times 10^8\right)$

$=\log 3-\log 2+\log 10^8$

$=0.4771-0.3010+8$

$=8+0.1761$

따라서 $\log x$의 **정수 부분**은 **8**, **소수 부분**은 **0.1761**이다.

답 정수 부분 : 8, 소수 부분 : 0.1761

020

자연수 N이 n자리의 수일 때, $\log N$의 정수 부분은 $n-1$이므로

$A(1)=A(2)=\cdots=A(9)=1-1=0$

$A(10)=A(11)=\cdots=A(99)=2-1=1$

$A(100)=3-1=2$

$\therefore A(1)+A(2)+A(3)+A(4)+\cdots+A(100)$

$=1\times 90+2=\mathbf{92}$

답 92

021

$\log\left(\frac{1}{8}\right)^{10}=\log(2^{-3})^{10}=-30\log 2$

$=-30\times 0.3010=-9.03$

$=-10+0.97$

따라서 $\log\left(\frac{1}{8}\right)^{10}$의 정수 부분이 -10이므로 $\left(\frac{1}{8}\right)^{10}$은 **소수점 아래 10째 자리**에서 처음으로 0이 아닌 숫자가 나타난다.

답 소수점 아래 10째 자리

022 $\log 52.1=\log(5.21\times 10)$

$=1+\log 5.21=1.7168$

이므로 $\log 5.21=0.7168$

$\log x=-2.2832=-3+0.7168$에서 정수 부분은 -3이므로 x는 소수점 아래 셋째 자리에서 처음으로 0이 아닌 숫자가 나타나고, 소수 부분은 0.7168이므로 x는 5.21과 숫자의 배열이 같다.

$\therefore x=5.21\times 10^{-3}=\mathbf{0.00521}$ 답 0.00521

023 $\log 3=0.4771$, $\log 4=2\log 2=0.6020$이고, $\log N$의 소수 부분이 0.5364이므로

$\log 3<(\log N\text{의 소수 부분})<\log 4$

따라서 N에서 처음으로 나오는 0이 아닌 숫자는 **3**이다.

답 3

3. 지수함수

APPLICATION SUMMA CUM LAUDE

024 풀이 참조 **025** ㄱ, ㄴ, ㄷ

026 풀이 참조 **027** 풀이 참조 **028** 8

029 최댓값 : 4, 최솟값 : 0 **030** 81

031 (1) $x=3$ (2) $x=-1$ 또는 $x=2$

032 $x=\frac{2}{3}$ 또는 $x=\frac{7}{3}$ **033** $x=3$

034 (1) $x>-\frac{1}{3}$ (2) $0<x<1$ 또는 $x>2$

035 $x\leq -2$ 또는 $x\geq -1$

024 (1)

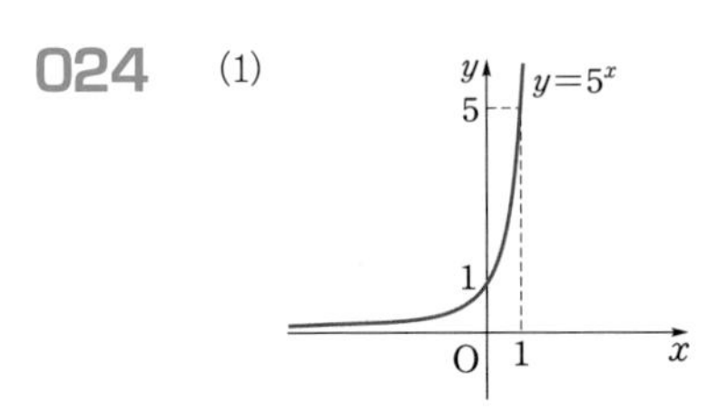

이때 점근선의 방정식은 $\boldsymbol{y=0}$이다.

(2)

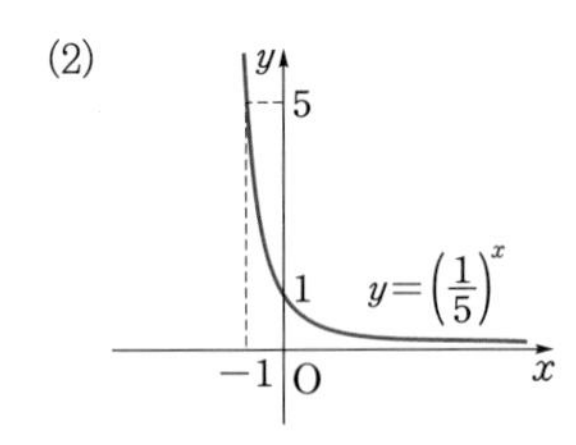

이때 점근선의 방정식은 $\boldsymbol{y=0}$이다. 답 풀이 참조

025 ㄱ. 함수 $y=3^x$의 그래프는 점 $(0, 1)$을 지나고 x축을 점근선으로 갖는다. (참)

ㄴ. 지수함수 $f(x)=3^x$에서 밑이 1보다 크므로 증가함수이다.

따라서 $x_1<x_2$이면 $f(x_1)<f(x_2)$이다. (참)

ㄷ. $y=\left(\frac{1}{3}\right)^x=3^{-x}$이므로 두 함수 $y=3^x$과 $y=\left(\frac{1}{3}\right)^x$의 그래프는 y축에 대하여 대칭이다. (참)

따라서 옳은 것은 ㄱ, ㄴ, ㄷ이다. 답 ㄱ, ㄴ, ㄷ

026 (1)

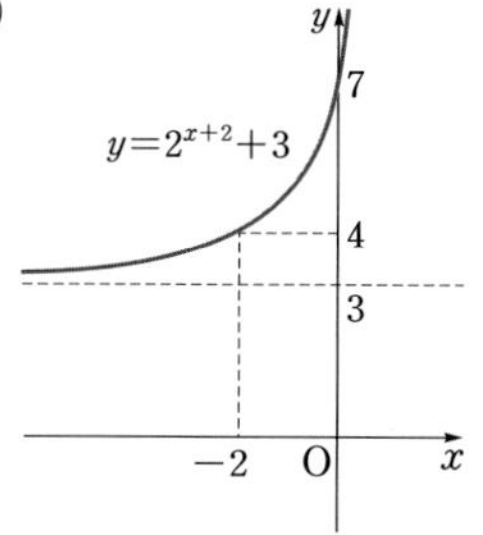

이때 점근선의 방정식은 $\boldsymbol{y=3}$이다.

(2)

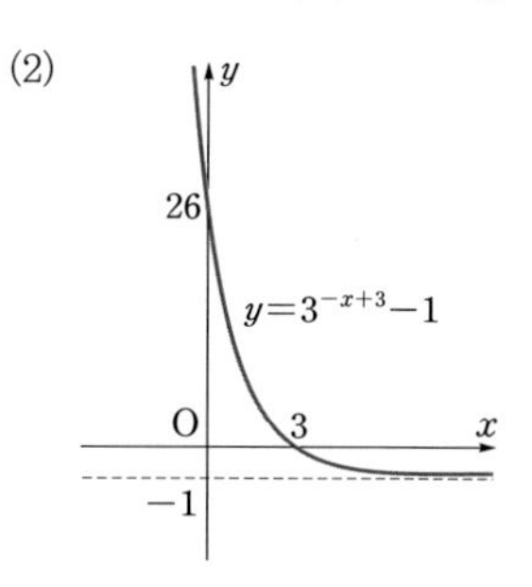

이때 점근선의 방정식은 $\boldsymbol{y=-1}$이다. 답 풀이 참조

027 (1) $y=f(-x)=\left(\dfrac{1}{4}\right)^{-x}=4^x$

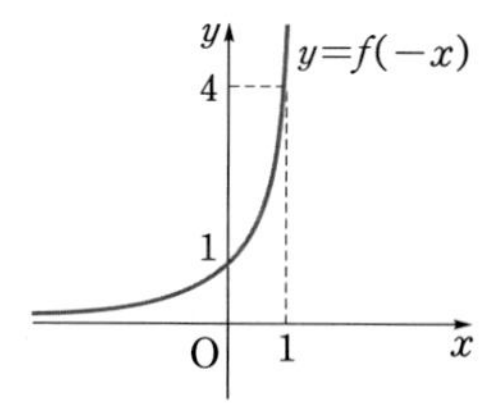

(2)

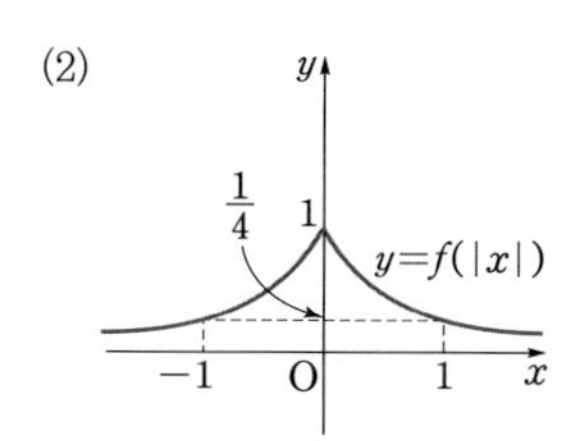

답 풀이 참조

028 함수 $y=2^{(x-1)^2+3}$에서 밑이 1보다 크므로 지수가 최소이면 y도 최소이다.

이때 지수는 $x=1$일 때 최솟값 3을 갖는다.

따라서 구하는 최솟값은 $2^3=\mathbf{8}$이다. 답 8

029 $y=2^{x+2}-4^x=4\cdot2^x-(2^x)^2$에서

$2^x=X$로 치환하면

$$y=4X-X^2=-(X-2)^2+4$$

이때 $0\le x\le2$이므로 $1\le X\le4$

$1\le X\le4$에서 함수 $y=-(X-2)^2+4$의 그래프는 다음 그림과 같다.

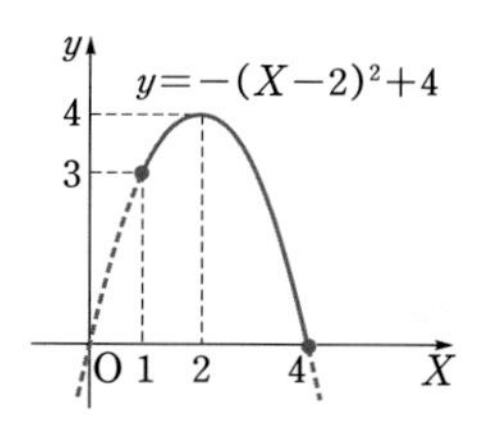

따라서 $X=2$일 때 **최댓값**은 **4**이고, $X=4$일 때 **최솟값**은 **0**이다. 답 최댓값 : 4, 최솟값 : 0

030 $3^x\cdot3^y=3^{x+y}$

이때 $x>0$, $y>0$이므로 산술평균과 기하평균의 관계에 의하여

$$x+y\ge2\sqrt{xy}=2\sqrt{4}=4$$

(단, 등호는 $x=y=2$일 때 성립)

$$\therefore\ 3^{x+y}\ge3^4=81$$

따라서 $3^x\cdot3^y$의 최솟값은 **81**이다. 답 81

031 (1) $\left(\dfrac{3}{2}\right)^{x+1}=\left(\dfrac{3}{2}\right)^{-x+7}$에서 밑이 $\dfrac{3}{2}$으로 같으므로 지수 부분이 같아야 한다.

$$x+1=-x+7,\ 2x=6 \qquad \therefore\ \boldsymbol{x=3}$$

(2) $\dfrac{3^{x^2+1}}{3^{x-1}}=81$에서 밑이 같도록 변형하면

$$3^{x^2+1-(x-1)}=3^{x^2-x+2}=3^4$$

밑이 3으로 같으므로 지수 부분이 같아야 한다.

$x^2-x+2=4$, $x^2-x-2=0$

$(x+1)(x-2)=0$ $\quad\therefore$ $\boldsymbol{x=-1}$ **또는** $\boldsymbol{x=2}$

답 (1) $x=3$ (2) $x=-1$ 또는 $x=2$

032 $\left(x-\frac{1}{3}\right)^{2-3x}=2^{2-3x}$에서 양변의 지수가 $2-3x$로 같으므로 밑이 같거나 지수가 0이어야 한다.

(i) 밑이 같을 때 : $x-\frac{1}{3}=2$ $\quad\therefore x=\frac{7}{3}$

(ii) 지수가 0일 때 : $2-3x=0$ $\quad\therefore x=\frac{2}{3}$

따라서 $\boldsymbol{x=\frac{2}{3}}$ **또는** $\boldsymbol{x=\frac{7}{3}}$이다.

답 $x=\frac{2}{3}$ 또는 $x=\frac{7}{3}$

033 $4^x-2^{x+2}-32=0$에서

$(2^x)^2-4\cdot2^x-32=0$

$2^x=X\,(X>0)$로 치환하면

$X^2-4X-32=0$, $(X+4)(X-8)=0$

$\therefore X=8\ (\because X>0)$

따라서 $2^x=8=2^3$이므로 $\boldsymbol{x=3}$이다. 답 $x=3$

034 (1) $\left(\frac{1}{3}\right)^{x+1}<9^x$에서 $\quad 3^{-(x+1)}<3^{2x}$

이때 밑이 1보다 크므로

$-(x+1)<2x$, $-3x<1$ $\quad\therefore \boldsymbol{x>-\frac{1}{3}}$

(2) 밑에 미지수를 포함하고 있으므로 범위를 나누어서 해를 구해 보자.

(i) $x=1$일 때,

$1^7>1^{10}$이므로 성립하지 않는다.

(ii) $0<x<1$일 때,

$5x+2<2x+8$이므로 $\quad 3x<6$

$\therefore x<2$

그런데 $0<x<1$이므로 구하는 x의 값의 범위는 $0<x<1$이다.

(iii) $x>1$일 때,

$5x+2>2x+8$이므로 $\quad 3x>6$

$\therefore x>2$

그런데 $x>1$이므로 구하는 x의 값의 범위는 $x>2$이다.

(i)~(iii)에 의하여 구하는 해는

$\boldsymbol{0<x<1}$ **또는** $\boldsymbol{x>2}$

답 (1) $x>-\frac{1}{3}$ (2) $0<x<1$ 또는 $x>2$

035 $\left(\frac{1}{9}\right)^x-12\cdot\left(\frac{1}{3}\right)^x+27\ge0$에서

$\left\{\left(\frac{1}{3}\right)^x\right\}^2-12\cdot\left(\frac{1}{3}\right)^x+27\ge0$

$\left(\frac{1}{3}\right)^x=X\,(X>0)$로 치환하면

$X^2-12X+27\ge0$, $(X-3)(X-9)\ge0$

$\therefore 0<X\le3$ 또는 $X\ge9\ (\because X>0)$

따라서 $0<\left(\frac{1}{3}\right)^x\le3$ 또는 $\left(\frac{1}{3}\right)^x\ge9$이므로

$0<\left(\frac{1}{3}\right)^x\le\left(\frac{1}{3}\right)^{-1}$ 또는 $\left(\frac{1}{3}\right)^x\ge\left(\frac{1}{3}\right)^{-2}$

이때 밑 $\frac{1}{3}$이 $0<\frac{1}{3}<1$이므로

$\boldsymbol{x\le-2}$ **또는** $\boldsymbol{x\ge-1}$

답 $x\le-2$ 또는 $x\ge-1$

4. 로그함수

APPLICATION SUMMA CUM LAUDE

036 ㄱ, ㄴ, ㄷ **037** $\frac{49}{8}$ **038** -3
039 -1 **040** 0 **041** 1 **042** 2
043 (1) $x=6$ (2) $x=3$ **044** $x=\sqrt{2}$ **045** 4
046 3 **047** 59 **048** $\frac{1}{81}<x<1$
049 $\frac{5}{8}$

036 ㄱ. $f(x)=\log_{\frac{1}{2}}x$는 일대일함수이므로 $f(x_1)=f(x_2)$이면 $x_1=x_2$이다. (참)

ㄴ. 밑 $\frac{1}{2}$이 $0<\frac{1}{2}<1$이므로 $f(x)=\log_{\frac{1}{2}}x$는 감소함수이다.
즉, $x_1>x_2$이면 $f(x_1)<f(x_2)$이다. (참)

ㄷ. $y=-\log_{\frac{1}{2}}\frac{1}{x}=-\log_{\frac{1}{2}}x^{-1}=\log_{\frac{1}{2}}x$이므로 주어진 로그함수의 그래프와 일치한다. (참)

따라서 옳은 것은 ㄱ, ㄴ, ㄷ이다. 답 ㄱ, ㄴ, ㄷ

037 네 점 A, B, C, D의 y좌표를 각각 a, b, c, d라 하면

$a=\log_{\frac{1}{8}}\frac{1}{4}=\log_{2^{-3}}2^{-2}=\frac{2}{3}$

$b=\log_{\sqrt{2}}\frac{1}{4}=\log_{2^{\frac{1}{2}}}2^{-2}=-4$

$c=\log_{\frac{1}{8}}2=\log_{2^{-3}}2=-\frac{1}{3}$

$d=\log_{\sqrt{2}}2=\log_{2^{\frac{1}{2}}}2=2$

이때 $\overline{\mathrm{AB}}=a-b=\frac{14}{3}$, $\overline{\mathrm{CD}}=d-c=\frac{7}{3}$이고 사다리꼴 ABCD의 높이는 $2-\frac{1}{4}=\frac{7}{4}$이므로

사각형 ABCD의 넓이는

$\frac{1}{2}\cdot\left(\frac{14}{3}+\frac{7}{3}\right)\cdot\frac{7}{4}=\mathbf{\frac{49}{8}}$ 답 $\frac{49}{8}$

038 $y=\log_3(3x+12)=\log_3 3(x+4)$
$=\log_3(x+4)+1$

이므로 로그함수 $y=\log_3(3x+12)$의 그래프는 로그함수 $y=\log_3 x$의 그래프를 x축의 방향으로 -4만큼, y축의 방향으로 1만큼 평행이동한 것이다.

따라서 $m=-4$, $n=1$이므로 $m+n=\mathbf{-3}$

답 -3

039 로그함수 $y=\log_5 x$의 그래프를 y축에 대하여 대칭이동한 그래프의 식은 $y=\log_5(-x)$이므로

$f(x)=\log_5(-x)$

$\therefore f\left(-\frac{1}{5}\right)=\log_5\frac{1}{5}=\mathbf{-1}$ 답 -1

040 $y=\log_2(x^2+4x+5)$는 밑이 1보다 크므로 증가함수이다.

즉, x^2+4x+5가 최소일 때 y는 최소가 된다.

이때 $x^2+4x+5=(x+2)^2+1$이므로 함수 $y=\log_2(x^2+4x+5)$는 $x=-2$일 때 최소이고, 최솟값은 $\log_2 1=\mathbf{0}$이다. 답 0

041 $y=\log x^{\log x}-2\log x+2$
$=(\log x)^2-2\log x+2$

$\log x=X$로 치환하면

$y=X^2-2X+2=(X-1)^2+1$

따라서 $X=1$일 때 최솟값은 **1**이다. 답 1

042 $\log_5 x+\log_5 y=\log_5 xy$ ...... ㉠

$x>0$, $y>0$이므로 산술평균과 기하평균의 관계에 의하여

$x+y\ge 2\sqrt{xy}$에서 $10\ge 2\sqrt{xy}$이므로 $5\ge\sqrt{xy}$

$\therefore 25\ge xy$ (단, 등호는 $x=y=5$일 때 성립) ...... ㉡

㉠, ㉡에서 $\log_5 xy\le\log_5 25=2$이므로

$\log_5 x+\log_5 y$의 최댓값은 **2**이다. 답 2

043 (1) 진수의 조건에 의해

$x-1>0,\ 3x+7>0 \qquad \therefore x>1 \qquad \cdots\cdots$ ㉠

$\log_2(x-1)=\log_4(x^2-2x+1)$이므로

주어진 방정식은

$\log_4(x^2-2x+1)=\log_4(3x+7)$

$x^2-2x+1=3x+7,\ x^2-5x-6=0$

$(x+1)(x-6)=0 \qquad \therefore \boldsymbol{x=6}$ ($\because$ ㉠)

(2) 진수의 조건에 의해

$x-1>0,\ x+5>0,\ x+1>0$

$\therefore x>1 \qquad \cdots\cdots$ ㉠

주어진 방정식은

$\log(x-1)+\log(x+1)=\log(x+5)$

$\log(x-1)(x+1)=\log(x+5)$

$(x-1)(x+1)=x+5,\ x^2-x-6=0$

$(x+2)(x-3)=0 \qquad \therefore \boldsymbol{x=3}$ ($\because$ ㉠)

답 (1) $x=6$ (2) $x=3$

044 진수의 조건에 의해

$x+1>0,\ x-1>0 \qquad \therefore x>1 \qquad \cdots\cdots$ ㉠

주어진 방정식은

$\log(x+1)(x-1)=0,\ (x+1)(x-1)=1$

$x^2=2 \qquad \therefore \boldsymbol{x=\sqrt{2}}$ ($\because$ ㉠)

답 $x=\sqrt{2}$

045 진수의 조건에 의해 $x>0 \qquad \cdots\cdots$ ㉠

주어진 방정식은

$(\log_2 x)^2-2\log_2 x-8=0$

$\log_2 x=X$로 치환하면

$X^2-2X-8=0,\ (X+2)(X-4)=0$

$\therefore X=-2$ 또는 $X=4$

즉, $\log_2 x=-2$ 또는 $\log_2 x=4$이므로

$x=2^{-2}=\frac{1}{4}$ 또는 $x=2^4=16$ (㉠을 만족)

$\therefore \alpha\beta=\frac{1}{4}\cdot 16=\mathbf{4}$

답 4

046 밑과 진수의 조건에 의해 $x>0 \qquad \cdots\cdots$ ㉠

$x^{\log_3 x}=9x$의 양변에 밑이 3인 로그를 취하면

$\log_3 x^{\log_3 x}=\log_3 9x$

$(\log_3 x)^2=2+\log_3 x$

$\log_3 x=X$로 치환하면

$X^2=2+X,\ X^2-X-2=0$

$(X+1)(X-2)=0 \qquad \therefore X=-1$ 또는 $X=2$

즉, $\log_3 x=-1$ 또는 $\log_3 x=2$이므로

$x=3^{-1}=\frac{1}{3}$ 또는 $x=3^2=9$ (㉠을 만족)

$\therefore \alpha\beta=\frac{1}{3}\cdot 9=\mathbf{3}$

답 3

047 $\log_{\frac{1}{2}}\{\log_3(\log_4 x)\}>0$에서 진수의 조건에 의해 $\log_3(\log_4 x)>0 \qquad \cdots\cdots$ ㉠

$\log_{\frac{1}{2}}\{\log_3(\log_4 x)\}>\log_{\frac{1}{2}}1$에서 밑 $\frac{1}{2}$이 $0<\frac{1}{2}<1$이므로 $\log_3(\log_4 x)<1 \qquad \cdots\cdots$ ㉡

㉠, ㉡에서 $0<\log_3(\log_4 x)<1$

$\log_3 1<\log_3(\log_4 x)<\log_3 3$에서 밑이 1보다 크므로

$1<\log_4 x<3,\ \log_4 4<\log_4 x<\log_4 64$

밑이 1보다 크므로 $4<x<64$

따라서 자연수 x는 5, 6, $\cdots$, 63이므로 그 개수는 **59**이다.

답 59

048 진수의 조건에 의해 $x>0 \qquad \cdots\cdots$ ㉠

주어진 부등식은

$(\log_3 27+\log_3 x)(\log_3 3+\log_3 x)<3$

$(3+\log_3 x)(1+\log_3 x)<3$

$\log_3 x=X$로 치환하면

$(3+X)(1+X)<3,\ X^2+4X<0$

$X(X+4)<0 \qquad \therefore -4<X<0$

즉, $-4<\log_3 x<0$에서 $\log_3 3^{-4}<\log_3 x<\log_3 1$

밑이 1보다 크므로 $3^{-4}<x<1$

$\therefore \frac{1}{81}<x<1$ …… ㉡

㉠, ㉡의 공통 범위는

$\mathbf{\frac{1}{81}<x<1}$ 답 $\frac{1}{81}<x<1$

049 밑과 진수의 조건에 의해 $x>0$ …… ㉠

$x^{\log_{\frac{1}{2}}x}>8x^4$의 양변에 밑이 $\frac{1}{2}$인 로그를 취하면

$\log_{\frac{1}{2}}x^{\log_{\frac{1}{2}}x}<\log_{\frac{1}{2}}8x^4$, $(\log_{\frac{1}{2}}x)^2<\log_{\frac{1}{2}}8+\log_{\frac{1}{2}}x^4$

$(\log_{\frac{1}{2}}x)^2<-3+4\log_{\frac{1}{2}}x$

$\log_{\frac{1}{2}}x=X$로 치환하면

$X^2<-3+4X$, $X^2-4X+3<0$

$(X-1)(X-3)<0$ $\therefore 1<X<3$

즉, $1<\log_{\frac{1}{2}}x<3$에서

$\log_{\frac{1}{2}}\frac{1}{2}<\log_{\frac{1}{2}}x<\log_{\frac{1}{2}}\left(\frac{1}{2}\right)^3$

밑 $\frac{1}{2}$이 $0<\frac{1}{2}<1$이므로 $\left(\frac{1}{2}\right)^3<x<\frac{1}{2}$

$\therefore \frac{1}{8}<x<\frac{1}{2}$ …… ㉡

㉠, ㉡의 공통 범위는 $\frac{1}{8}<x<\frac{1}{2}$

따라서 $\alpha=\frac{1}{8}$, $\beta=\frac{1}{2}$이므로

$\alpha+\beta=\mathbf{\frac{5}{8}}$ 답 $\frac{5}{8}$

Ⅱ 삼각함수

1. 삼각함수의 뜻

APPLICATION SUMMA CUM LAUDE

050 (1) $360°\times n+40°$ (2) $360°\times n+135°$
(3) $360°\times n+260°$

051 (1) 제1사분면 (2) 제2사분면 (3) 제4사분면

052 2, 3

053 (1) $\frac{11}{6}\pi$ (2) $-\frac{5}{4}\pi$ (3) $480°$ (4) $-315°$

054 (1) $2n\pi+\frac{3}{4}\pi$ (2) $2n\pi+\frac{\pi}{3}$ (3) $2n\pi+\frac{7}{6}\pi$

055 (1) $\theta=\frac{\pi}{2}$, $S=4\pi$
(2) $r=3$, $l=10$, $\theta=\frac{10}{3}$ 또는 $r=5$, $l=6$, $\theta=\frac{6}{5}$

056 $\sin\theta=-\frac{4}{5}$, $\cos\theta=-\frac{3}{5}$, $\tan\theta=\frac{4}{3}$

057 $\sqrt{2}$

058 (1) $\sin\theta<0$, $\cos\theta<0$, $\tan\theta>0$
(2) $\sin\theta>0$, $\cos\theta<0$, $\tan\theta<0$
(3) $\sin\theta<0$, $\cos\theta>0$, $\tan\theta<0$
(4) $\sin\theta>0$, $\cos\theta>0$, $\tan\theta>0$

059 (1) 제2사분면의 각
(2) 제1사분면 또는 제3사분면의 각 (3) 제4사분면의 각

060 (1) $\cos\theta=-\frac{4}{5}$, $\tan\theta=\frac{3}{4}$
(2) ① $\frac{1}{3}$ ② $\frac{\sqrt{15}}{3}$

050 (1) $\angle XOP=40°$이므로

$\mathbf{360°\times n+40°}$

(2) $\angle XOP=180°-45°=135°$이므로

$\mathbf{360°\times n+135°}$

(3) $\angle XOP=360°-100°=260°$이므로

$\mathbf{360°\times n+260°}$

답 (1) $360°\times n+40°$ (2) $360°\times n+135°$
(3) $360°\times n+260°$

051 (1) $1450° = 360° \times 4 + 10°$이므로 **제1사분면**의 각이다.

(2) $-920° = 360° \times (-3) + 160°$이므로 **제2사분면**의 각이다.

(3) $360° \times n + 275°$는 **제4사분면**의 각이다.

답 (1) 제1사분면 (2) 제2사분면 (3) 제4사분면

052

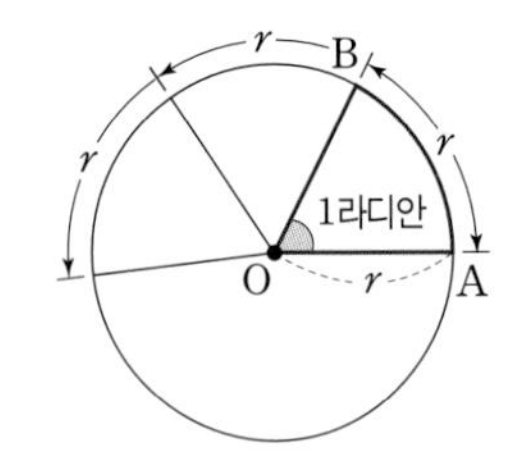

라디안의 정의에 의해 호의 길이가 $2r$, $3r$인 부채꼴의 중심각의 크기는

$$\frac{2r}{r} = \mathbf{2},\ \frac{3r}{r} = \mathbf{3}$$

이다. 답 2, 3

053 (1) $330° = 330 \times 1° = 330 \times \frac{\pi}{180} = \boldsymbol{\frac{11}{6}\pi}$

(2) $-225° = -225 \times 1° = -225 \times \frac{\pi}{180} = \boldsymbol{-\frac{5}{4}\pi}$

(3) $\frac{8}{3}\pi = \frac{8}{3}\pi \times 1(\text{라디안}) = \frac{8}{3}\pi \times \frac{180°}{\pi} = \mathbf{480°}$

(4) $-\frac{7}{4}\pi = -\frac{7}{4}\pi \times 1(\text{라디안}) = -\frac{7}{4}\pi \times \frac{180°}{\pi}$

$= \mathbf{-315°}$

답 (1) $\frac{11}{6}\pi$ (2) $-\frac{5}{4}\pi$ (3) $480°$ (4) $-315°$

054 (1) $0 \le \frac{3}{4}\pi < 2\pi$이므로 $\boldsymbol{2n\pi + \frac{3}{4}\pi}$

(2) $\frac{7}{3}\pi = 2\pi + \frac{\pi}{3}$이므로 $\boldsymbol{2n\pi + \frac{\pi}{3}}$

(3) $-\frac{5}{6}\pi = -2\pi + \frac{7}{6}\pi$이므로 $\boldsymbol{2n\pi + \frac{7}{6}\pi}$

답 (1) $2n\pi + \frac{3}{4}\pi$ (2) $2n\pi + \frac{\pi}{3}$ (3) $2n\pi + \frac{7}{6}\pi$

055 (1) 부채꼴의 반지름의 길이를 r, 호의 길이를 l이라 하자.

$l = r\theta$이므로 $\theta = \frac{l}{r} = \frac{2\pi}{4} = \boldsymbol{\frac{\pi}{2}}$

$$S = \frac{1}{2}r^2\theta = \frac{1}{2} \times 4^2 \times \frac{\pi}{2} = \mathbf{4\pi}$$

$$\left(\text{또는 } S = \frac{1}{2}rl = \frac{1}{2} \times 4 \times 2\pi = 4\pi\right)$$

(2) 부채꼴의 둘레의 길이가 16, 넓이가 15이므로

$2r + l = 16$ …… ㉠, $\frac{1}{2}rl = 15$ …… ㉡

㉠에서 $l = 16 - 2r$를 ㉡에 대입하여 풀면

$\frac{1}{2}r(16 - 2r) = 15$, $r^2 - 8r + 15 = 0$

$(r-3)(r-5) = 0$ $\therefore r = 3$ 또는 $r = 5$

(i) $r = 3$일 때,

$l = 16 - 2r = 16 - 2 \times 3 = 10$,

$\theta = \frac{l}{r} = \frac{10}{3}$

(ii) $r = 5$일 때,

$l = 16 - 2r = 16 - 2 \times 5 = 6$,

$\theta = \frac{l}{r} = \frac{6}{5}$

$$\therefore \begin{cases} \boldsymbol{r = 3,\ l = 10,\ \theta = \frac{10}{3}} \\ \boldsymbol{r = 5,\ l = 6,\ \theta = \frac{6}{5}} \end{cases}$$

답 (1) $\theta = \frac{\pi}{2}$, $S = 4\pi$

(2) $r = 3$, $l = 10$, $\theta = \frac{10}{3}$

또는 $r = 5$, $l = 6$, $\theta = \frac{6}{5}$

056 $r=\overline{\mathrm{OP}}=\sqrt{3^2+4^2}=5$이고

$x=-3$, $y=-4$이므로

$\sin\theta=\dfrac{y}{r}=-\dfrac{4}{5}$

$\cos\theta=\dfrac{x}{r}=-\dfrac{3}{5}$

$\tan\theta=\dfrac{y}{x}=\dfrac{4}{3}$

답 $\sin\theta=-\dfrac{4}{5}$, $\cos\theta=-\dfrac{3}{5}$, $\tan\theta=\dfrac{4}{3}$

057 오른쪽 그림과 같이 각 $\dfrac{3}{4}\pi$를 나타내는 동경과 원점 O를 중심으로 하고 반지름의 길이가 1인 원의 교점을 P, 점 P에서 x축에 내린 수선의 발을 H라 하자.

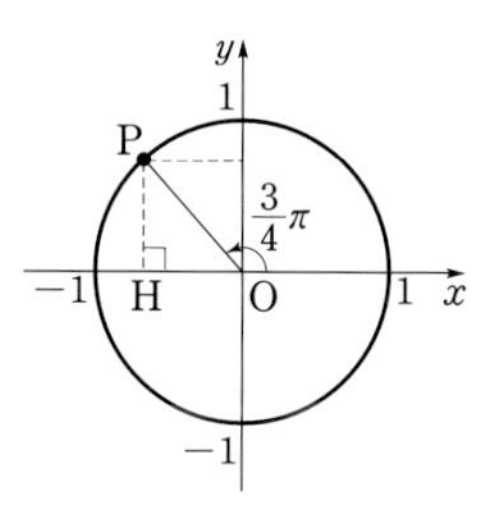

$\overline{\mathrm{OP}}=1$, $\angle\mathrm{POH}=\dfrac{\pi}{4}$이므로

$\overline{\mathrm{PH}}=\dfrac{\sqrt{2}}{2}$, $\overline{\mathrm{OH}}=\dfrac{\sqrt{2}}{2}$

$\therefore \mathrm{P}\left(-\dfrac{\sqrt{2}}{2}, \dfrac{\sqrt{2}}{2}\right)$ ($\because$ 점 P는 제2사분면 위의 점)

따라서 삼각함수의 정의에 의하여

$\sin\theta=\dfrac{\sqrt{2}}{2}$, $\cos\theta=-\dfrac{\sqrt{2}}{2}$

이므로 $\sin\theta-\cos\theta=\sqrt{2}$

답 $\sqrt{2}$

058 (1) 220°는 제3사분면의 각이므로

$\sin\theta<0$, $\cos\theta<0$, $\tan\theta>0$

(2) 500°는 제2사분면의 각이므로

$\sin\theta>0$, $\cos\theta<0$, $\tan\theta<0$

(3) $\dfrac{9}{5}\pi$는 제4사분면의 각이므로

$\sin\theta<0$, $\cos\theta>0$, $\tan\theta<0$

(4) $-\dfrac{15}{8}\pi$는 제1사분면의 각이므로

$\sin\theta>0$, $\cos\theta>0$, $\tan\theta>0$

답 (1) $\sin\theta<0$, $\cos\theta<0$, $\tan\theta>0$
(2) $\sin\theta>0$, $\cos\theta<0$, $\tan\theta<0$
(3) $\sin\theta<0$, $\cos\theta>0$, $\tan\theta<0$
(4) $\sin\theta>0$, $\cos\theta>0$, $\tan\theta>0$

059 (1) $\cos\theta<0$이므로 각 θ는 제2사분면 또는 제3사분면의 각이다. $\tan\theta<0$이므로 각 θ는 제2사분면 또는 제4사분면의 각이다.

따라서 각 θ는 **제2사분면의 각**이다.

(2) $\sin\theta\cos\theta>0$에서

$\sin\theta>0$, $\cos\theta>0$ 또는 $\sin\theta<0$, $\cos\theta<0$

이므로 각 θ는 **제1사분면 또는 제3사분면의 각**이다.

(3) (i) $\sin\theta\cos\theta<0$에서

$\sin\theta>0$, $\cos\theta<0$ 또는 $\sin\theta<0$, $\cos\theta>0$

이므로 각 θ는 제2사분면 또는 제4사분면의 각이다.

(ii) $\cos\theta\tan\theta<0$에서

$\cos\theta>0$, $\tan\theta<0$ 또는 $\cos\theta<0$, $\tan\theta>0$

이므로 각 θ는 제4사분면 또는 제3사분면의 각이다.

(i), (ii)에서 각 θ는 **제4사분면의 각**이다

다른 풀이 각 θ를 나타내는 동경과 중심이 O이고 반지름의 길이가 r인 원이 만나는 점을 $\mathrm{P}(x, y)$라 하여 삼각함수의 값을 구하면

$\sin\theta\cos\theta<0$, $\cos\theta\tan\theta<0$에서

$\dfrac{y}{r}\times\dfrac{x}{r}<0$, $\dfrac{x}{r}\times\dfrac{y}{x}<0$

$\dfrac{xy}{r^2}<0$, $\dfrac{y}{r}<0$

$xy<0$, $y<0$ ($\because r^2>0$, $r>0$)

$\therefore x>0$, $y<0$

따라서 점 P는 제4사분면 위의 점이므로 각 θ는 제4사분면의 각이다.

답 (1) 제2사분면의 각

(2) 제1사분면 또는 제3사분면의 각

(3) 제4사분면의 각

060 (1) θ가 제3사분면의 각이므로

$\cos\theta<0$, $\tan\theta>0$ ...... ㉠

$\sin^2\theta+\cos^2\theta=1$에서 $\cos^2\theta=1-\sin^2\theta$이므로

$\sin\theta=-\frac{3}{5}$을 대입하면

$\cos^2\theta=1-\left(-\frac{3}{5}\right)^2=\frac{16}{25}$

$\therefore \cos\theta=-\frac{4}{5}$ ($\because$ ㉠)

$\therefore \tan\theta=\frac{\sin\theta}{\cos\theta}=\frac{3}{4}$

(2) ① $\sin\theta-\cos\theta=\frac{\sqrt{3}}{3}$의 양변을 제곱하면

$\sin^2\theta-2\sin\theta\cos\theta+\cos^2\theta=\frac{1}{3}$

이때 $\sin^2\theta+\cos^2\theta=1$이므로

$1-2\sin\theta\cos\theta=\frac{1}{3}$

$\therefore \sin\theta\cos\theta=\frac{1}{3}$

② $(\sin\theta+\cos\theta)^2=\sin^2\theta+2\sin\theta\cos\theta+\cos^2\theta$ 이므로

$(\sin\theta+\cos\theta)^2=1+2\times\frac{1}{3}=\frac{5}{3}$ ...... ㉠

이때 θ가 제1사분면의 각이므로 $\sin\theta>0$, $\cos\theta>0$에서

$\sin\theta+\cos\theta>0$

따라서 ㉠에서 $\sin\theta+\cos\theta=\frac{\sqrt{15}}{3}$

답 (1) $\cos\theta=-\frac{4}{5}$, $\tan\theta=\frac{3}{4}$

(2) ① $\frac{1}{3}$ ② $\frac{\sqrt{15}}{3}$

2. 삼각함수의 그래프

APPLICATION SUMMA CUM LAUDE

061 1 **062** 4 **063** 풀이 참조

064 풀이 참조

065 풀이 참조 **066** (1) $\frac{\sqrt{3}}{2}$ (2) 0 (3) 1

067 (1) $-\frac{1}{2}$ (2) $\frac{1}{2}$ (3) -1

068 (1) $\frac{\sqrt{3}}{2}$ (2) $-\frac{\sqrt{3}}{2}$ (3) 1

069 (1) $\frac{\sqrt{2}}{2}$ (2) $\frac{\sqrt{2}}{2}$ (3) $\frac{\sqrt{3}}{3}$

070 (1) $x=\frac{\pi}{3}$ 또는 $x=\frac{5}{3}\pi$

(2) $x=\frac{\pi}{4}$ 또는 $x=\frac{5}{4}\pi$ (3) $x=\frac{4}{3}\pi$ 또는 $x=\frac{5}{3}\pi$

(4) $\frac{2}{3}\pi\le x\le\frac{4}{3}\pi$ (5) $\frac{\pi}{6}\le x\le\frac{5}{6}\pi$

(6) $\frac{\pi}{2}<x\le\frac{5}{6}\pi$ 또는 $\frac{3}{2}\pi<x\le\frac{11}{6}\pi$

071 (1) $\theta=\frac{\pi}{3}$ 또는 $\theta=\frac{2}{3}\pi$

(2) $\theta=\frac{\pi}{4}$ 또는 $\theta=\frac{5}{4}\pi$ (3) $\frac{\pi}{3}<\theta<\frac{2}{3}\pi$

(4) $0\le\theta<\frac{\pi}{4}$ 또는 $\frac{5}{4}\pi<\theta<2\pi$

072 (1) $x=\frac{\pi}{6}$ 또는 $x=\frac{\pi}{3}$ 또는 $x=\frac{7}{6}\pi$ 또는 $x=\frac{4}{3}\pi$ (2) $x=\frac{\pi}{2}$ 또는 $x=\frac{11}{6}\pi$

(3) $0\le x<\frac{5}{3}\pi$ (4) $\pi\le x\le\frac{3}{2}\pi$

061 주기가 4이므로

$f(1)=f(5)=f(9)=f(13)=1$

$\therefore f(13)=1$

답 1

062 $f(x+1)=f(x-1)$에서

$x+1=t$로 놓으면 $x=t-1$

$\therefore f(t)=f(t-2)$

즉, $f(x)$는 주기가 2인 함수이다.

$f(0)=f(2)=\cdots=f(1000)=1$

$f(1)=f(3)=\cdots=f(1001)=3$

이므로 $f(1000)+f(1001)=1+3=\mathbf{4}$ 답 4

063 (1) $f(x)=2\sin x$라 하면

$f(x)=2\sin x=2\sin(x+2\pi)=f(x+2\pi)$

$-1\le\sin x\le1$에서

$-2\le2\sin x\le2$

따라서 $y=2\sin x$의 그래프는 $y=\sin x$의 그래프를 y축의 방향으로 2배한 것이다.

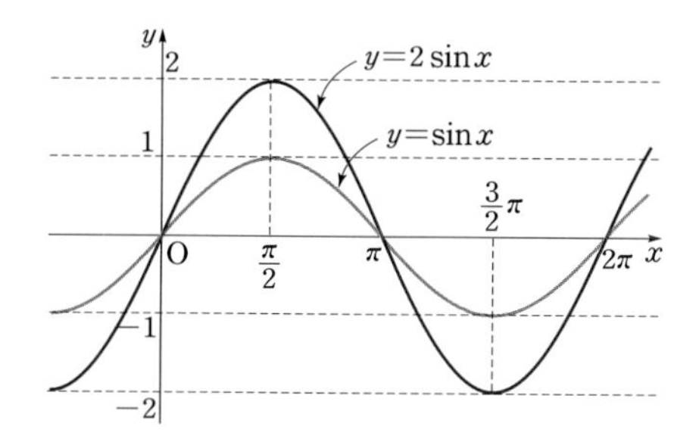

$\therefore$ **(주기) : 2π, (치역) : $\{y\,|\,-2\le y\le2\}$**

(최댓값) : 2, (최솟값) : −2

(2) $f(x)=\sin\dfrac{x}{2}$라 하면

$f(x)=\sin\dfrac{x}{2}=\sin\left(\dfrac{x}{2}+2\pi\right)=\sin\dfrac{1}{2}(x+4\pi)$

$=f(x+4\pi)$

따라서 $y=\sin\dfrac{x}{2}$의 그래프는 $y=\sin x$의 그래프를 x축의 방향으로 2배한 것이다.

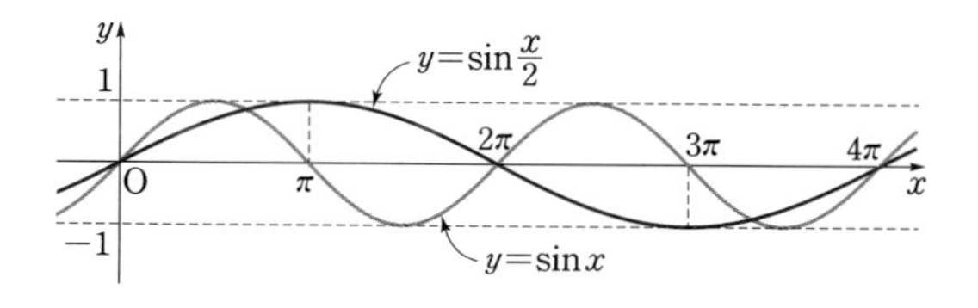

$\therefore$ **(주기) : 4π, (치역) : $\{y\,|\,-1\le y\le1\}$**

(최댓값) : 1, (최솟값) : −1

(3) $y=\sin\left(x-\dfrac{\pi}{6}\right)$의 그래프는 $y=\sin x$의 그래프를 x축의 방향으로 $\dfrac{\pi}{6}$만큼 평행이동한 것이다.

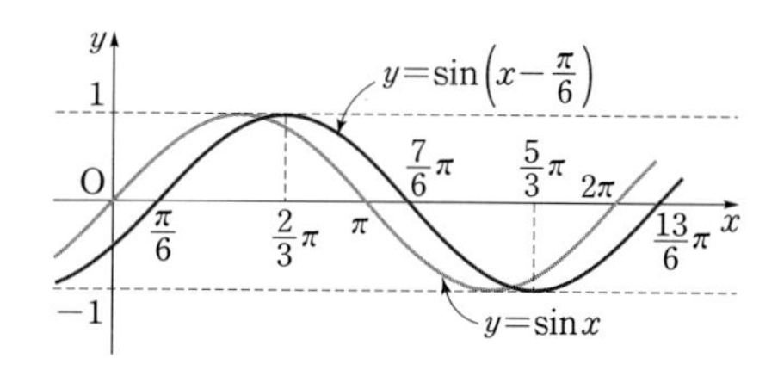

$\therefore$ **(주기) : 2π, (치역) : $\{y\,|\,-1\le y\le1\}$**

(최댓값) : 1, (최솟값) : −1

답 풀이 참조

064 (1) $f(x)=\dfrac{1}{2}\cos x$라 하면

$f(x)=\dfrac{1}{2}\cos x=\dfrac{1}{2}\cos(x+2\pi)=f(x+2\pi)$

$-1\le\cos x\le1$에서

$-\dfrac{1}{2}\le\dfrac{1}{2}\cos x\le\dfrac{1}{2}$

따라서 $y=\dfrac{1}{2}\cos x$의 그래프는 $y=\cos x$의 그래프를 y축의 방향으로 $\dfrac{1}{2}$배한 것이다.

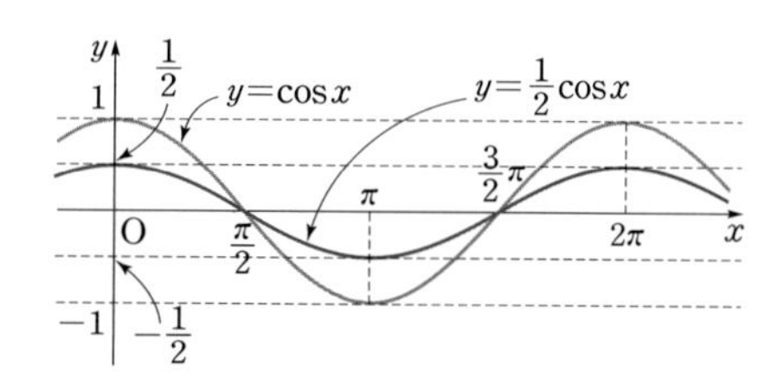

$\therefore$ **(주기) : 2π, (치역) : $\left\{y\,\middle|\,-\dfrac{1}{2}\le y\le\dfrac{1}{2}\right\}$**

(최댓값) : $\dfrac{1}{2}$, (최솟값) : $-\dfrac{1}{2}$

(2) $f(x)=\cos2x$라 하면

$f(x)=\cos2x=\cos(2x+2\pi)=\cos2(x+\pi)$

$=f(x+\pi)$

따라서 $y=\cos 2x$의 그래프는 $y=\cos x$의 그래프를 x축의 방향으로 $\frac{1}{2}$배한 것이다.

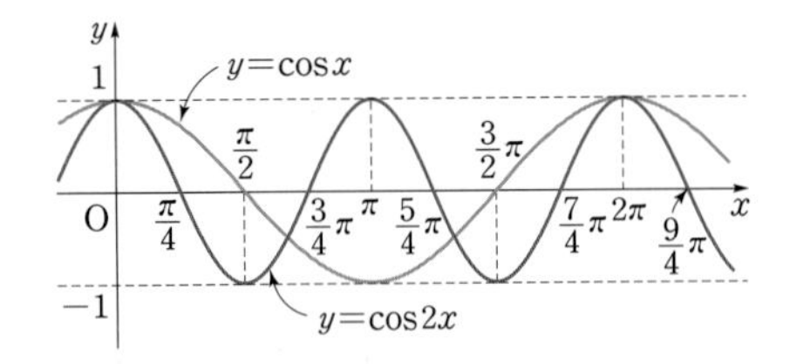

$\therefore$ **(주기) : π, (치역) : $\{y|-1\le y\le 1\}$**

(최댓값) : 1, (최솟값) : −1

(3) $y=\cos x-2$의 그래프는 $y=\cos x$의 그래프를 y축의 방향으로 -2만큼 평행이동한 것이다.

즉, $-1\le\cos x\le 1$에서 $-3\le\cos x-2\le -1$

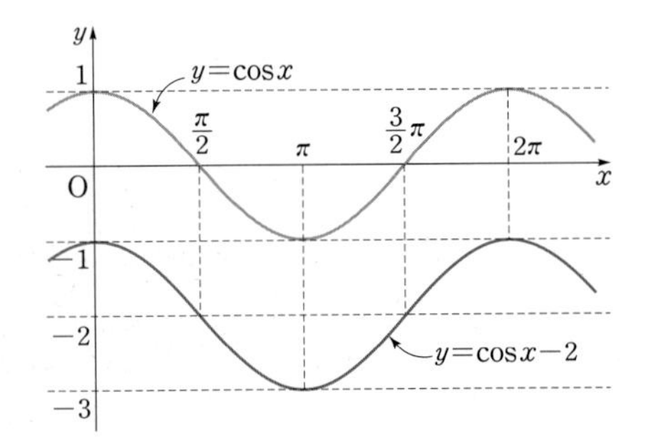

$\therefore$ **(주기) : 2π, (치역) : $\{y|-3\le y\le -1\}$**

(최댓값) : −1, (최솟값) : −3

답 풀이 참조

065 (1) $f(x)=2\tan x$라 하면

$f(x)=2\tan x=2\tan(x+\pi)=f(x+\pi)$

따라서 $y=2\tan x$의 그래프는 $y=\tan x$의 그래프를 y축의 방향으로 2배한 것이다.

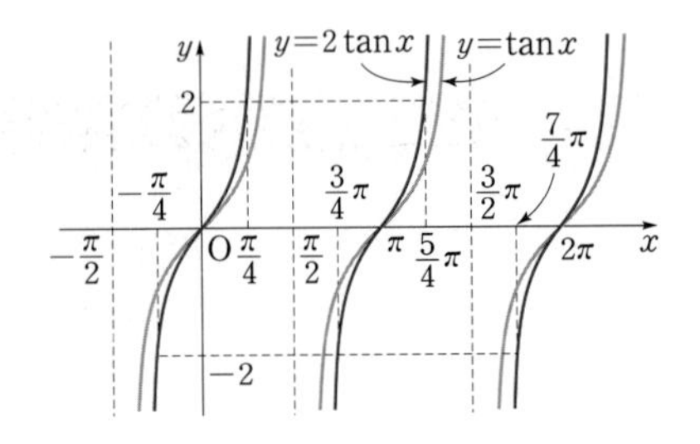

$\therefore$ **(주기) : π,**

(정의역) : $\left\{x\,\middle|\,x\ne n\pi+\frac{\pi}{2}\text{인 실수, }n\text{은 정수}\right\}$,

(점근선의 방정식) : $x=n\pi+\frac{\pi}{2}$ (n은 정수)

(2) $f(x)=\tan 2x$라 하면

$f(x)=\tan 2x=\tan(2x+\pi)=\tan 2\left(x+\frac{\pi}{2}\right)$

$=f\left(x+\frac{\pi}{2}\right)$

점근선의 방정식은 $2x=n\pi+\frac{\pi}{2}$에서

$x=\frac{n}{2}\pi+\frac{\pi}{4}$ (n은 정수)

따라서 $y=\tan 2x$의 그래프는 $y=\tan x$의 그래프를 x축의 방향으로 $\frac{1}{2}$배한 것이다.

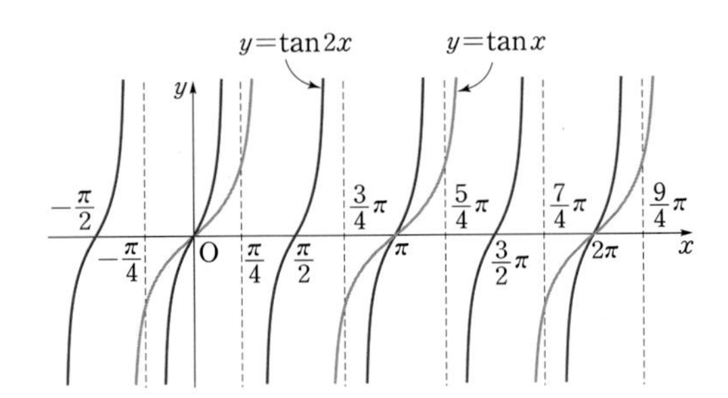

$\therefore$ **(주기) : $\frac{\pi}{2}$,**

(정의역) : $\left\{x\,\middle|\,x\ne \frac{n}{2}\pi+\frac{\pi}{4}\text{인 실수, }n\text{은 정수}\right\}$,

(점근선의 방정식) : $x=\frac{n}{2}\pi+\frac{\pi}{4}$ (n은 정수)

(3) $y=\tan x+1$의 그래프는 $y=\tan x$의 그래프를 y축의 방향으로 1만큼 평행이동한 것이다.

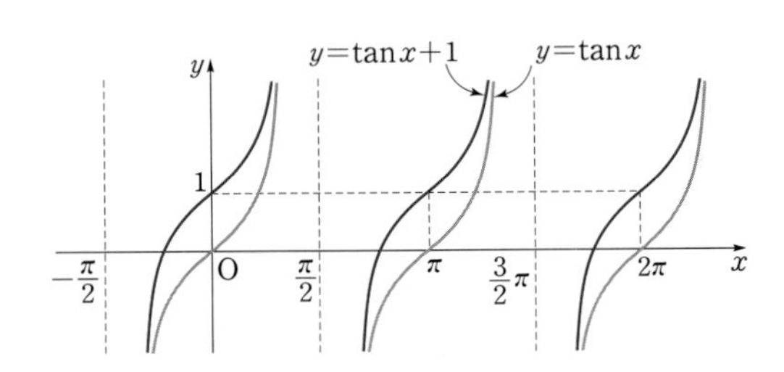

$\therefore$ (주기) : π,

(정의역) : $\left\{x \,\middle|\, x \neq n\pi + \frac{\pi}{2}\text{인 실수, } n\text{은 정수}\right\}$,

(점근선의 방정식) : $x = n\pi + \frac{\pi}{2}$ (n은 정수)

답 풀이 참조

066 (1) $\sin\frac{19}{3}\pi = \sin\left(2\pi\times3+\frac{\pi}{3}\right)$

$= \sin\frac{\pi}{3} = \frac{\sqrt{3}}{2}$

(2) $\cos\left(-\frac{15}{2}\pi\right) = \cos\left\{2\pi\times(-4)+\frac{\pi}{2}\right\}$

$= \cos\frac{\pi}{2} = 0$

(3) $\tan\frac{25}{4}\pi = \tan\left(2\pi\times3+\frac{\pi}{4}\right) = \tan\frac{\pi}{4} = 1$

답 (1) $\frac{\sqrt{3}}{2}$ (2) 0 (3) 1

067 (1) $\sin\left(-\frac{\pi}{6}\right) = -\sin\frac{\pi}{6} = -\frac{1}{2}$

(2) $\cos\left(-\frac{\pi}{3}\right) = \cos\frac{\pi}{3} = \frac{1}{2}$

(3) $\tan\left(-\frac{\pi}{4}\right) = -\tan\frac{\pi}{4} = -1$

답 (1) $-\frac{1}{2}$ (2) $\frac{1}{2}$ (3) -1

068 (1) $\sin\frac{2}{3}\pi = \sin\left(\pi-\frac{\pi}{3}\right) = \sin\frac{\pi}{3} = \frac{\sqrt{3}}{2}$

(2) $\cos\frac{5}{6}\pi = \cos\left(\pi-\frac{\pi}{6}\right) = -\cos\frac{\pi}{6} = -\frac{\sqrt{3}}{2}$

(3) $\tan\frac{5}{4}\pi = \tan\left(\pi+\frac{\pi}{4}\right) = \tan\frac{\pi}{4} = 1$

답 (1) $\frac{\sqrt{3}}{2}$ (2) $-\frac{\sqrt{3}}{2}$ (3) 1

069 (1) $\sin\left(\frac{\pi}{2}-\frac{\pi}{4}\right) = \cos\frac{\pi}{4} = \frac{\sqrt{2}}{2}$

(2) $\cos\left(\frac{\pi}{2}-\frac{\pi}{4}\right) = \sin\frac{\pi}{4} = \frac{\sqrt{2}}{2}$

(3) $\tan\left(\frac{\pi}{2}-\frac{\pi}{3}\right) = \frac{1}{\tan\frac{\pi}{3}} = \frac{\sqrt{3}}{3}$

답 (1) $\frac{\sqrt{2}}{2}$ (2) $\frac{\sqrt{2}}{2}$ (3) $\frac{\sqrt{3}}{3}$

070 (1) 방정식 $\cos x = \frac{1}{2}$의 해는 다음 그림과 같이 두 함수

$y = \cos x\ (0 \le x < 2\pi)$, $y = \frac{1}{2}$

의 그래프의 교점의 x좌표이다.

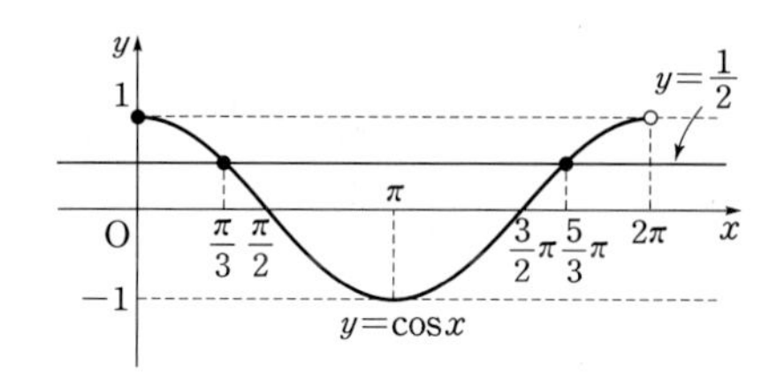

따라서 구하는 해는 $x = \frac{\pi}{3}$ 또는 $x = \frac{5}{3}\pi$

(2) 방정식 $\tan x = 1$의 해는 다음 그림과 같이 두 함수

$y = \tan x\ (0 \le x < 2\pi)$, $y = 1$

의 그래프의 교점의 x좌표이다.

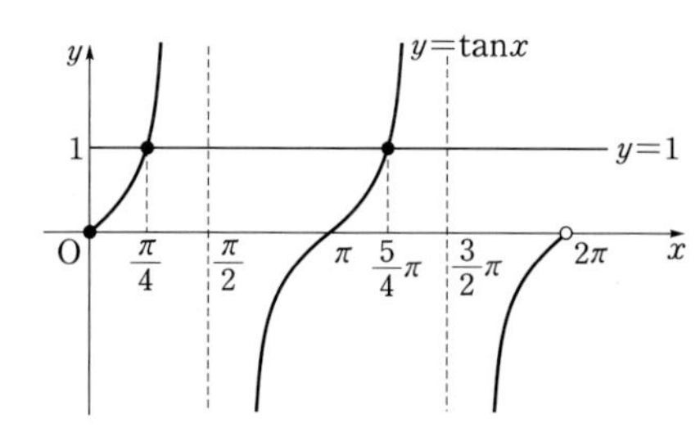

따라서 구하는 해는 $x = \frac{\pi}{4}$ 또는 $x = \frac{5}{4}\pi$

(3) 방정식 $2\sin x = -\sqrt{3}$, 즉 $\sin x = -\frac{\sqrt{3}}{2}$의 해는 다음 그림과 같이 두 함수

$y = \sin x\ (0 \le x < 2\pi)$, $y = -\frac{\sqrt{3}}{2}$

의 그래프의 교점의 x좌표이다.

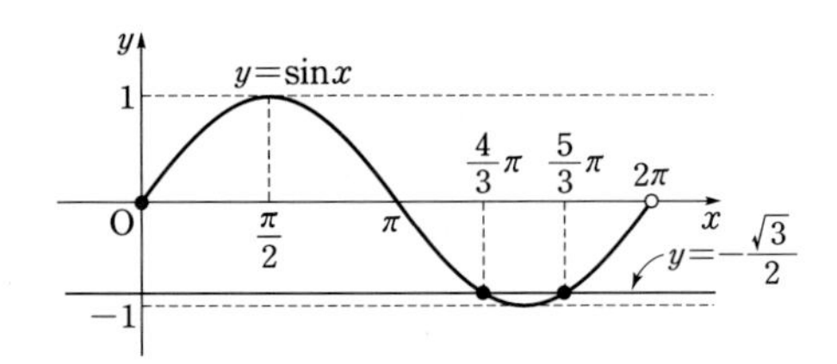

따라서 구하는 해는 $\boldsymbol{x=\frac{4}{3}\pi}$ **또는** $\boldsymbol{x=\frac{5}{3}\pi}$

(4) 부등식 $\cos x \le -\frac{1}{2}$의 해는 다음 그림과 같이 함수 $y=\cos x\ (0\le x<2\pi)$의 그래프가 직선 $y=-\frac{1}{2}$과 만나거나 아랫부분에 있는 x의 값의 범위이다.

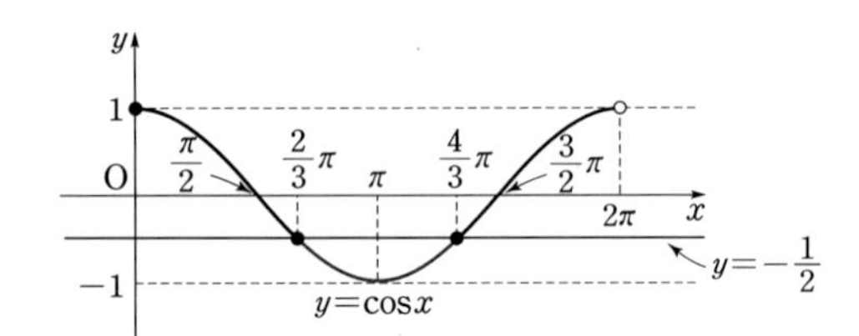

따라서 구하는 해는 $\boldsymbol{\frac{2}{3}\pi\le x\le\frac{4}{3}\pi}$

(5) 부등식 $2\sin x\ge1$, 즉 $\sin x\ge\frac{1}{2}$의 해는 다음 그림과 같이 함수 $y=\sin x\ (0\le x<2\pi)$의 그래프가 직선 $y=\frac{1}{2}$과 만나거나 윗부분에 있는 x의 값의 범위이다.

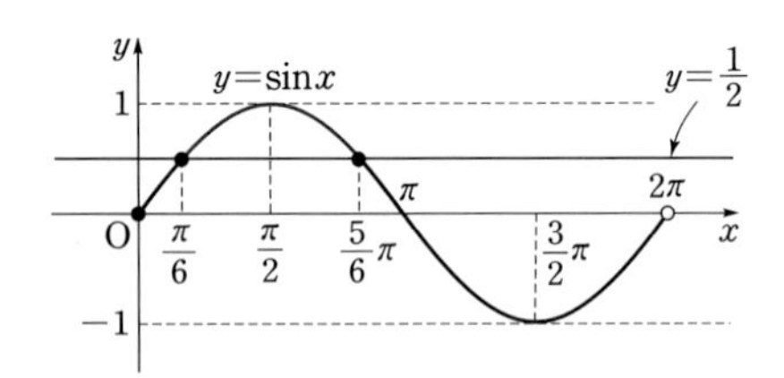

따라서 구하는 해는 $\boldsymbol{\frac{\pi}{6}\le x\le\frac{5}{6}\pi}$

(6) 부등식 $3\tan x\le-\sqrt{3}$, 즉 $\tan x\le-\frac{\sqrt{3}}{3}$의 해는 다음 그림과 같이 함수 $y=\tan x\ (0\le x<2\pi)$의 그래프가 직선 $y=-\frac{\sqrt{3}}{3}$과 만나거나 아랫부분에 있는 x의 값의 범위이다.

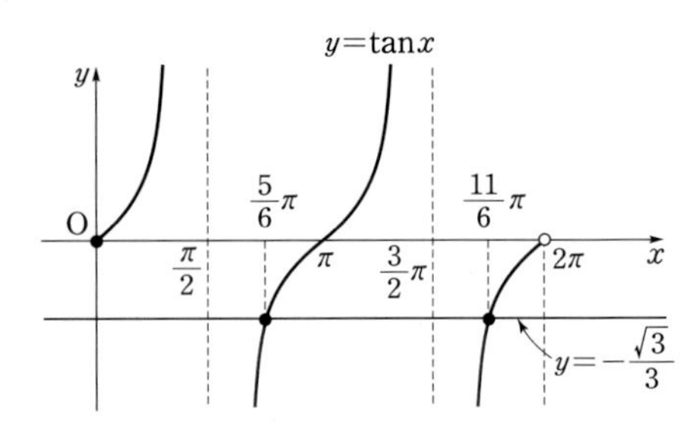

따라서 구하는 해는

$\boldsymbol{\frac{\pi}{2}<x\le\frac{5}{6}\pi}$ **또는** $\boldsymbol{\frac{3}{2}\pi<x\le\frac{11}{6}\pi}$

답 (1) $x=\frac{\pi}{3}$ 또는 $x=\frac{5}{3}\pi$

(2) $x=\frac{\pi}{4}$ 또는 $x=\frac{5}{4}\pi$

(3) $x=\frac{4}{3}\pi$ 또는 $x=\frac{5}{3}\pi$

(4) $\frac{2}{3}\pi\le x\le\frac{4}{3}\pi$

(5) $\frac{\pi}{6}\le x\le\frac{5}{6}\pi$

(6) $\frac{\pi}{2}<x\le\frac{5}{6}\pi$ 또는 $\frac{3}{2}\pi<x\le\frac{11}{6}\pi$

071 (1) $2\sin\theta-\sqrt{3}=0$에서 $\sin\theta=\frac{\sqrt{3}}{2}$

다음 그림에서 y좌표가 $\frac{\sqrt{3}}{2}$인 점은 P_1, P_2로 2개이다.

$\sin\theta_1=\frac{\sqrt{3}}{2}$에서 $\theta_1=\frac{\pi}{3}$이고,

$\theta_2=\pi-\frac{\pi}{3}=\frac{2}{3}\pi$

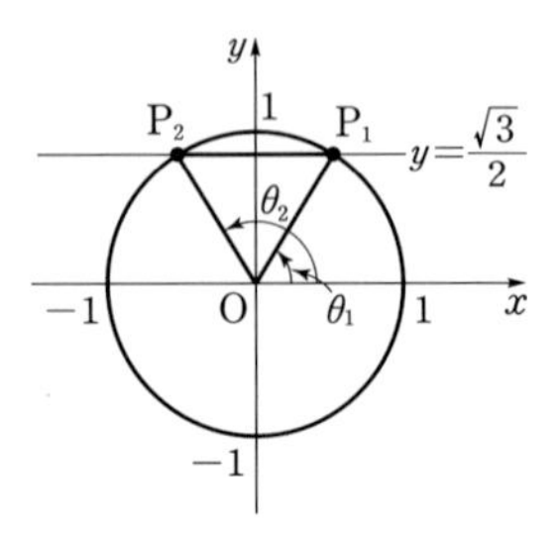

따라서 구하는 해는 $\boldsymbol{\theta=\frac{\pi}{3}}$ **또는** $\boldsymbol{\theta=\frac{2}{3}\pi}$

(2) $\sin\theta=\cos\theta$인 경우는 단위원 위의 점 중에서 x좌표와 y좌표가 같은 점이므로 다음 그림에서

$\theta_1=\frac{\pi}{4}$ 또는 $\theta_2=\pi+\frac{\pi}{4}=\frac{5}{4}\pi$

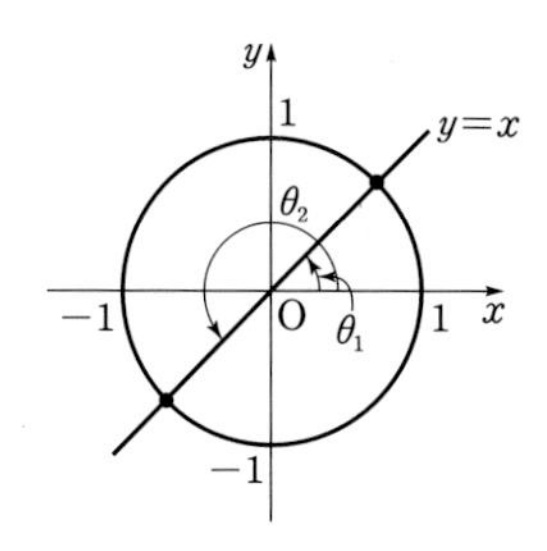

따라서 구하는 해는 $\boldsymbol{\theta=\frac{\pi}{4}}$ **또는** $\boldsymbol{\theta=\frac{5}{4}\pi}$

[참고] $\frac{\sin\theta}{\cos\theta}=\tan\theta$이므로 $\tan\theta=1$로 놓고 기울기를 이용하여 방정식을 풀어도 된다.

(3) $2\sin\theta-\sqrt{3}>0$에서 $\sin\theta>\frac{\sqrt{3}}{2}$

$\sin\theta>\frac{\sqrt{3}}{2}$의 해는 단위원에서 ($y$좌표)$>\frac{\sqrt{3}}{2}$인 부분이므로 다음 그림과 같다.

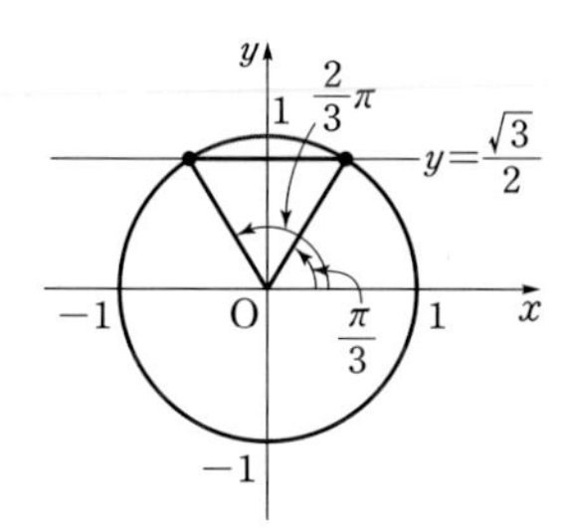

따라서 구하는 해는 $\boldsymbol{\frac{\pi}{3}<\theta<\frac{2}{3}\pi}$

(4) $\sin\theta<\cos\theta$인 경우는 단위원 위의 점 중에서 (y좌표)$<$(x좌표)인 부분이다.

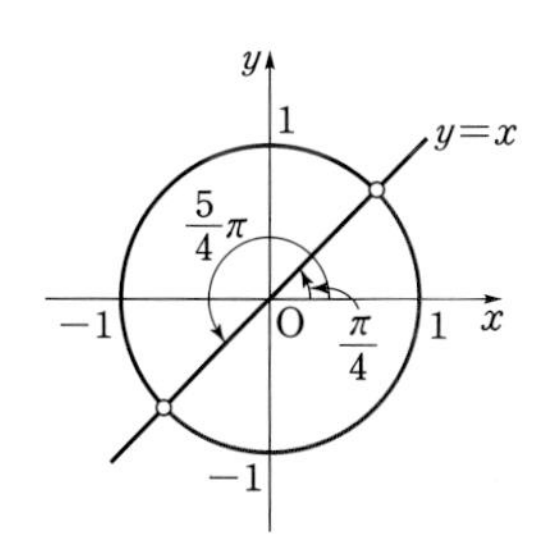

따라서 구하는 해는

$\boldsymbol{0\le\theta<\frac{\pi}{4}}$ **또는** $\boldsymbol{\frac{5}{4}\pi<\theta<2\pi}$

답 (1) $\theta=\frac{\pi}{3}$ 또는 $\theta=\frac{2}{3}\pi$

(2) $\theta=\frac{\pi}{4}$ 또는 $\theta=\frac{5}{4}\pi$

(3) $\frac{\pi}{3}<\theta<\frac{2}{3}\pi$

(4) $0\le\theta<\frac{\pi}{4}$ 또는 $\frac{5}{4}\pi<\theta<2\pi$

072 (1) $2\sin 2x=\sqrt{3} \iff \sin 2x=\frac{\sqrt{3}}{2}$

에서 $2x=t$로 놓으면

$0\le x<2\pi$이므로 $0\le\frac{t}{2}<2\pi \iff 0\le t<4\pi$

이때 삼각방정식 $\sin t=\frac{\sqrt{3}}{2}$의 해는 다음 그림과 같이 두 함수 $y=\sin t\ (0\le t<4\pi)$, $y=\frac{\sqrt{3}}{2}$의 그래프의 교점의 t좌표이다.

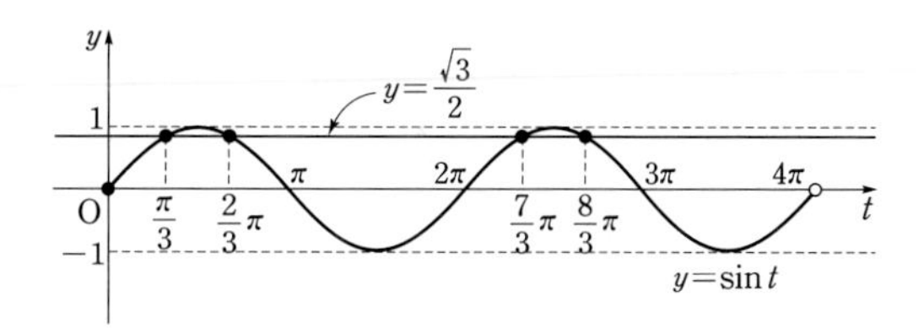

$\therefore t=\frac{\pi}{3}$ 또는 $t=\frac{2}{3}\pi$ 또는 $t=\frac{7}{3}\pi$ 또는 $t=\frac{8}{3}\pi$

$\therefore$ $\boldsymbol{x=\frac{\pi}{6}}$ **또는** $\boldsymbol{x=\frac{\pi}{3}}$ **또는** $\boldsymbol{x=\frac{7}{6}\pi}$ **또는** $\boldsymbol{x=\frac{4}{3}\pi}$

(2) $x-\frac{\pi}{6}=t$로 놓으면

$0\le x<2\pi$이므로

$0\le t+\frac{\pi}{6}<2\pi \iff -\frac{\pi}{6}\le t<\frac{11}{6}\pi$

이때 삼각방정식 $\cos t=\frac{1}{2}$의 해는 다음 그림과 같이 두 함수

$y=\cos t\left(-\frac{\pi}{6}\le t<\frac{11}{6}\pi\right)$, $y=\frac{1}{2}$

의 그래프의 교점의 t좌표이다.

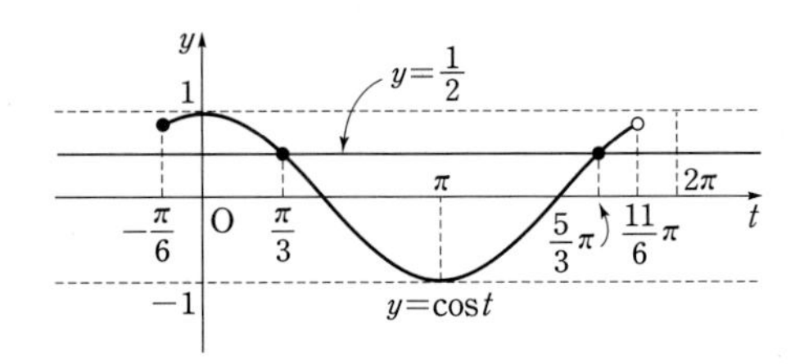

$\therefore t=\frac{\pi}{3}$ 또는 $t=\frac{5}{3}\pi$

$\therefore$ **$x=\frac{\pi}{2}$ 또는 $x=\frac{11}{6}\pi$**

(3) $2\cos\frac{x}{2}>-\sqrt{3} \iff \cos\frac{x}{2}>-\frac{\sqrt{3}}{2}$

에서 $\frac{x}{2}=t$로 놓으면

$0\le x<2\pi$이므로 $\quad 0\le 2t<2\pi \iff 0\le t<\pi$

함수 $y=\cos t\,(0\le t<\pi)$의 그래프와 직선

$y=-\frac{\sqrt{3}}{2}$은 다음 그림과 같다.

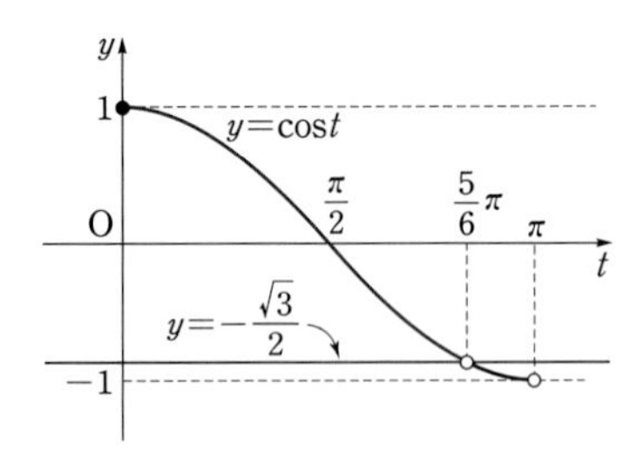

두 그래프의 교점의 t좌표는 $\quad t=\frac{5}{6}\pi$

부등식 $\cos t>-\frac{\sqrt{3}}{2}$의 해는 함수

$y=\cos t\,(0\le t<\pi)$의 그래프가 직선 $y=-\frac{\sqrt{3}}{2}$보

다 위쪽에 있는 t의 값의 범위이므로 $\quad 0\le t<\frac{5}{6}\pi$

그런데 $t=\frac{x}{2}$이므로 $\quad 0\le\frac{x}{2}<\frac{5}{6}\pi$

따라서 부등식 $2\cos\frac{x}{2}>-\sqrt{3}$의 해는

$0\le x<\frac{5}{3}\pi$

(4) $x+\frac{\pi}{4}=t$로 놓으면

$0\le x<2\pi$이므로

$0\le t-\frac{\pi}{4}<2\pi \iff \frac{\pi}{4}\le t<\frac{9}{4}\pi$

함수 $y=\sin t\left(\frac{\pi}{4}\le t<\frac{9}{4}\pi\right)$의 그래프와 직선

$y=-\frac{\sqrt{2}}{2}$는 다음 그림과 같다.

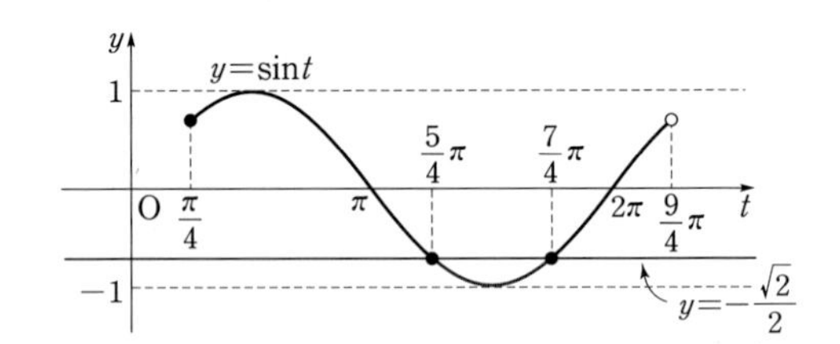

두 그래프의 교점의 t좌표는

$t=\frac{5}{4}\pi$ 또는 $t=\frac{7}{4}\pi$

부등식 $\sin t\le-\frac{\sqrt{2}}{2}$의 해는 함수

$y=\sin t\left(\frac{\pi}{4}\le t<\frac{9}{4}\pi\right)$의 그래프가 직선

$y=-\frac{\sqrt{2}}{2}$와 만나거나 아래쪽에 있는 t의 값의 범위

이므로 $\quad \frac{5}{4}\pi\le t\le\frac{7}{4}\pi$

그런데 $t=x+\frac{\pi}{4}$이므로 $\quad \frac{5}{4}\pi\le x+\frac{\pi}{4}\le\frac{7}{4}\pi$

따라서 부등식 $\sin\left(x+\frac{\pi}{4}\right)\le-\frac{\sqrt{2}}{2}$의 해는

$\pi\le x\le\frac{3}{2}\pi$

답 (1) $x=\frac{\pi}{6}$ 또는 $x=\frac{\pi}{3}$ 또는 $x=\frac{7}{6}\pi$ 또는 $x=\frac{4}{3}\pi$

(2) $x=\frac{\pi}{2}$ 또는 $x=\frac{11}{6}\pi$

(3) $0\le x<\frac{5}{3}\pi$

(4) $\pi\le x\le\frac{3}{2}\pi$

3. 삼각함수의 활용

APPLICATION SUMMA CUM LAUDE

073 (1) $A=45°$, $R=2\sqrt{2}$ (2) $b=2\sqrt{3}$, $R=2$
074 (1) 2 (2) $120°$ **075** (1) 10 (2) 3
076 (1) $4\sqrt{3}$ (2) $15\sqrt{3}$
077 $S=6\sqrt{6}$, $R=\frac{35\sqrt{6}}{24}$, $r=\frac{2\sqrt{6}}{3}$
078 $6\sqrt{6}$ **079** (1) 27 (2) $120°$

073

(1) 사인법칙에 의하여

$\frac{4}{\sin A}=\frac{2\sqrt{6}}{\sin 120°}=2R$이므로

$$\sin A=4\times\frac{\sin 120°}{2\sqrt{6}}=4\times\frac{\frac{\sqrt{3}}{2}}{2\sqrt{6}}$$

$$=4\times\frac{1}{4\sqrt{2}}=\frac{\sqrt{2}}{2}$$

$\therefore$ $\boldsymbol{A=45°}$ $(0°<A<60°)$

$\therefore$ $\boldsymbol{R}=\frac{1}{2}\times\frac{2\sqrt{6}}{\sin 120°}=\frac{1}{2}\times 4\sqrt{2}=\boldsymbol{2\sqrt{2}}$

(2) 사인법칙에 의하여

$\frac{2\sqrt{2}}{\sin 45°}=\frac{b}{\sin 60°}=2R$이므로

$$\boldsymbol{b}=\sin 60°\times\frac{2\sqrt{2}}{\sin 45°}=\frac{\sqrt{3}}{2}\times\frac{2\sqrt{2}}{\frac{\sqrt{2}}{2}}$$

$$=\frac{\sqrt{3}}{2}\times 4=\boldsymbol{2\sqrt{3}}$$

$\therefore$ $\boldsymbol{R}=\frac{1}{2}\times\frac{2\sqrt{2}}{\sin 45°}=\frac{1}{2}\times 4=\boldsymbol{2}$

답 (1) $A=45°$, $R=2\sqrt{2}$ (2) $b=2\sqrt{3}$, $R=2$

074

(1)

코사인법칙에 의하여 $b^2=c^2+a^2-2ca\cos B$이므로

$$b^2=(1+\sqrt{3})^2+(\sqrt{6})^2-2\times(1+\sqrt{3})\times\sqrt{6}\times\cos 45°$$

$$=(4+2\sqrt{3})+6-2\times(1+\sqrt{3})\times\sqrt{6}\times\frac{\sqrt{2}}{2}$$

$$=10+2\sqrt{3}-(2\sqrt{3}+6)$$

$$=4$$

$\therefore$ $b=\boldsymbol{2}$ $(\because b>0)$

(2)

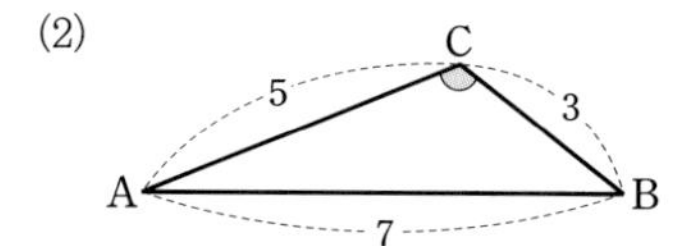

최대변에 대한 대각이 최대각이므로 ∠C가 최대각이다.

따라서 코사인법칙에 의하여

$\cos C=\frac{a^2+b^2-c^2}{2ab}$이므로

$$\cos C=\frac{3^2+5^2-7^2}{2\times 3\times 5}=\frac{-15}{30}=-\frac{1}{2}$$

$\therefore$ $C=\boldsymbol{120°}$ $(\because 0°<C<180°)$

답 (1) 2 (2) $120°$

075

(1) 삼각함수 사이의 관계에 의하여

$$\sin A=\sqrt{1-\cos^2 A}\ (\because 0°<A<180°)$$

$$=\sqrt{1-\left(\frac{2}{3}\right)^2}=\frac{\sqrt{5}}{3}$$

$\therefore$ $S=\frac{1}{2}bc\sin A=\frac{1}{2}\times 3\sqrt{5}\times 4\times\frac{\sqrt{5}}{3}$

$=\boldsymbol{10}$

(2) 삼각형 ABC의 넓이를 S라 하면 $S=3$이므로

$S=\frac{1}{2}ca\sin B$에서

$3=\frac{1}{2}\times c\times 4\times\sin 30°$, $3=2c\times\frac{1}{2}$

$\therefore$ $c=\boldsymbol{3}$

답 (1) 10 (2) 3

076 (1) $S=2R^2\sin A\sin B\sin C$

$=2\times4^2\times\sin120^\circ\sin30^\circ\sin30^\circ$

$=32\times\frac{\sqrt{3}}{2}\times\frac{1}{2}\times\frac{1}{2}=\mathbf{4\sqrt{3}}$

(2) $S=\frac{1}{2}r(a+b+c)=\frac{1}{2}\times\sqrt{3}\times(6+10+14)$

$=\mathbf{15\sqrt{3}}$

답 (1) $4\sqrt{3}$ (2) $15\sqrt{3}$

077 길이가 7인 변의 대각의 크기를 C라 하면 코사인법칙에 의하여

$\cos C=\frac{5^2+6^2-7^2}{2\times5\times6}=\frac{12}{60}=\frac{1}{5}$

한편 삼각함수 사이의 관계에 의하여

$\sin^2 C=1-\cos^2 C$이므로

$\sin C=\sqrt{1-\frac{1}{25}}$ ($\because$ $0^\circ<C<180^\circ$)

$=\sqrt{\frac{24}{25}}=\frac{2\sqrt{6}}{5}$

$\therefore$ $\boldsymbol{S}=\frac{1}{2}ab\sin C=\frac{1}{2}\times5\times6\times\frac{2\sqrt{6}}{5}=\mathbf{6\sqrt{6}}$

$S=\frac{abc}{4R}$에서

$6\sqrt{6}=\frac{5\times6\times7}{4R}$, $4R=\frac{5\times6\times7}{6\sqrt{6}}$

$\therefore$ $\boldsymbol{R}=\mathbf{\frac{35\sqrt{6}}{24}}$

$S=\frac{1}{2}r(a+b+c)$에서

$6\sqrt{6}=\frac{1}{2}r(5+6+7)$, $6\sqrt{6}=9r$

$\therefore$ $\boldsymbol{r}=\frac{6\sqrt{6}}{9}=\mathbf{\frac{2\sqrt{6}}{3}}$

답 $S=6\sqrt{6}$, $R=\frac{35\sqrt{6}}{24}$, $r=\frac{2\sqrt{6}}{3}$

078 $s=\frac{5+6+7}{2}=9$

라 할 때, 헤론의 공식에 의하여 삼각형의 넓이 S는

$S=\sqrt{9(9-5)(9-6)(9-7)}$

$=\sqrt{216}=\mathbf{6\sqrt{6}}$

답 $6\sqrt{6}$

079 (1) $S=\frac{1}{2}\times6\times9\times\sin90^\circ$

$=\frac{1}{2}\times6\times9\times1=\mathbf{27}$

(2) $\square\mathrm{ABCD}=\overline{\mathrm{AB}}\times\overline{\mathrm{BC}}\times\sin B$이므로

$9\sqrt{3}=3\times6\times\sin B$

$\therefore$ $\sin B=\frac{\sqrt{3}}{2}$

$\therefore$ $B=\mathbf{120^\circ}$ ($\because$ $90^\circ<B<180^\circ$)

답 (1) 27 (2) 120°

III 수열

1. 등차수열과 등비수열

APPLICATION SUMMA CUM LAUDE

080 (1) $-1, 2, -3, 4, -5$ (2) $2, 2, 0, -4, -10$
081 22 **082** -4 **083** 12 **084** 285
085 (1) $a_n=6n-1$ (2) $a_1=1,\ a_n=4n-5\ (n\ge2)$
086 $\frac{1}{8}$ **087** $a_n=3\cdot2^{n-1}$ **088** 64
089 -341 **090** $a_1=17,\ a_n=15\cdot4^{n-1}\ (n\ge2)$
091 18000원

080 주어진 수열의 일반항을 a_n으로 놓고 a_1, a_2, a_3, a_4, a_5의 값을 구하여 나열한다.

(1) $a_n=(-1)^n\cdot n$에서

$a_1=(-1)^1\cdot1=-1,\ a_2=(-1)^2\cdot2=2$

$a_3=(-1)^3\cdot3=-3,\ a_4=(-1)^4\cdot4=4$

$a_5=(-1)^5\cdot5=-5$

이므로 제5항까지 나열하면 $\mathbf{-1,\ 2,\ -3,\ 4,\ -5}$이다.

(2) $a_n=3n-n^2$에서

$a_1=3\cdot1-1^2=2,\ a_2=3\cdot2-2^2=2,$

$a_3=3\cdot3-3^2=0,\ a_4=3\cdot4-4^2=-4,$

$a_5=3\cdot5-5^2=-10$

이므로 제5항까지 나열하면 $\mathbf{2,\ 2,\ 0,\ -4,\ -10}$이다.

답 (1) $-1, 2, -3, 4, -5$ (2) $2, 2, 0, -4, -10$

081 첫째항이 -20, 공차가 6이므로

$a_n=-20+(n-1)\cdot6=6n-26$

$\therefore a_8=6\cdot8-26=\mathbf{22}$ 답 22

082 $a_1=12$, $a_6=-8$을 좌표평면 위의 점으로 생각하면 $(1, 12)$, $(6, -8)$이다. 이때 이 두 점을 지나는 직선의 기울기와 구하는 등차수열의 공차가 같으므로 공차를 d라 하면 $d=\dfrac{-8-12}{6-1}=\mathbf{-4}$

다른 풀이 공차를 d라 하면 첫째항이 12이므로

$a_6=12+5d=-8,\ 5d=-20$

$\therefore d=-4$ 답 -4

083 $a_2+a_4=8$이므로

$a_3=\dfrac{a_2+a_4}{2}=\dfrac{8}{2}=4$

$a_6+a_8=104$이므로

$a_7=\dfrac{a_6+a_8}{2}=\dfrac{104}{2}=52$

즉, $a_3=4$, $a_7=52$이므로 두 점 $(3, 4)$와 $(7, 52)$를 지나는 직선의 기울기가 구하는 등차수열의 공차이다.

공차를 d라 하면 $d=\dfrac{52-4}{7-3}=\mathbf{12}$

다른 풀이 첫째항을 a, 공차를 d라 하면

$a_3=\dfrac{a_2+a_4}{2}=4$이므로

$a+2d=4$ …… ㉠

또한 $a_7=\dfrac{a_6+a_8}{2}=52$이므로

$a+6d=52$ …… ㉡

㉡$-$㉠을 하면

$4d=48$ $\therefore d=12$ 답 12

084 등차수열의 첫째항을 a, 공차를 d라 하고, 일반항을 a_n이라 하면

$a_3=4$에서 $a+2d=4$ …… ㉠

$a_{10}=25$에서 $a+9d=25$ …… ㉡

㉠, ㉡을 연립하여 풀면 $a=-2,\ d=3$

따라서 등차수열 $\{a_n\}$의 첫째항부터 제15항까지의 합은

$\dfrac{15\{2\cdot(-2)+(15-1)\cdot3\}}{2}=\mathbf{285}$ 답 285

085 (1) $S_n=3n^2+2n$에서

(i) $n\ge2$일 때

$a_n=S_n-S_{n-1}$
$=(3n^2+2n)-\{3(n-1)^2+2(n-1)\}$
$=6n-1$ ······ ㉠

(ii) $n=1$일 때

$a_1=S_1=3\cdot1^2+2\cdot1=5$ ······ ㉡

이때 ㉡은 ㉠에 $n=1$을 대입한 값과 같으므로 구하는 일반항 a_n은

$\boldsymbol{a_n=6n-1}$

(2) $S_n=2n^2-3n+2$에서

(i) $n\geq2$일 때

$a_n=S_n-S_{n-1}$
$=(2n^2-3n+2)-\{2(n-1)^2-3(n-1)+2\}$
$=4n-5$ ······ ㉠

(ii) $n=1$일 때

$a_1=S_1=2\cdot1^2-3\cdot1+2=1$ ······ ㉡

이때 ㉡은 ㉠에 $n=1$을 대입한 값과 같지 않다. 즉, 수열 $\{a_n\}$은 제2항부터 일정한 규칙을 갖는다. 따라서 구하는 일반항 a_n은

$\boldsymbol{a_1=1,\ a_n=4n-5\ (n\geq2)}$

[참고] 주어진 수열은 제2항부터 등차수열이다.

답 (1) $a_n=6n-1$
(2) $a_1=1$, $a_n=4n-5$ $(n\geq2)$

086 첫째항이 32, 공비가 $\frac{1}{2}$이므로

$a_n=32\cdot\left(\frac{1}{2}\right)^{n-1}=2^{5-(n-1)}=2^{6-n}$

$\therefore a_9=2^{6-9}=\boldsymbol{\frac{1}{8}}$ 답 $\frac{1}{8}$

087 첫째항을 a, 공비를 r라 하면

$a_4=ar^3=24$ ······ ㉠

$a_7=ar^6=192$ ······ ㉡

㉡÷㉠을 하면 $r^3=8$

$\therefore r=2$ ($\because r$는 실수)

$r=2$를 ㉠에 대입하면 $a=3$

따라서 구하는 등비수열의 일반항은 $\boldsymbol{a_n=3\cdot2^{n-1}}$이다.

답 $a_n=3\cdot2^{n-1}$

088 등비수열 $\{a_n\}$은 모든 항이 양수이고

$16=a_2a_4=a_3^{\ 2}$이므로 $a_3=4$

$64=a_3a_5=a_4^{\ 2}$이므로 $a_4=8$

따라서 주어진 등비수열의 공비는 $\frac{a_4}{a_3}=2$이므로

$a_7=a_4\cdot2^3=\boldsymbol{64}$ 답 64

089 주어진 수열의 첫째항은 1이고 공비는 -2이므로 첫째항부터 제10 항까지의 합은

$\frac{1\{1-(-2)^{10}\}}{1-(-2)}=\frac{1-2^{10}}{3}=\boldsymbol{-341}$ 답 -341

090 $S_n=5\cdot4^n-3$에서

(i) $n\geq2$일 때

$a_n=S_n-S_{n-1}=(5\cdot4^n-3)-(5\cdot4^{n-1}-3)$
$=20\cdot4^{n-1}-5\cdot4^{n-1}=15\cdot4^{n-1}$ ······ ㉠

(ii) $n=1$일 때

$a_1=S_1=5\cdot4-3=17$ ······ ㉡

이때 ㉡은 ㉠에 $n=1$을 대입한 값과 같지 않다. 즉, 수열 $\{a_n\}$은 제2항부터 일정한 규칙을 갖는다.

따라서 구하는 일반항 a_n은

$\boldsymbol{a_1=17,\ a_n=15\cdot4^{n-1}\ (n\geq2)}$

답 $a_1=17$, $a_n=15\cdot4^{n-1}$ $(n\geq2)$

091 구입한 달의 말부터 매달 a원씩 갚는다고 하면 20만 원의 12개월 후의 원리합계(㉠)와 매달 말 a원씩 12개월 동안 적립할 때의 원리합계(㉡)가 같다.

이때 주의할 점은 한 달 후부터 돈을 갚기 시작하므로 1회의 돈부터 이자가 붙고 마지막 회의 돈에는 이자가 붙지 않는다.

20만 원의 12개월 동안의 원리합계는

$20\times1.015^{12}=20\times1.2=24$(만 원) …… ㉠

매달 말 a원씩 12개월 동안 적립할 때의 원리합계는 다음과 같다.

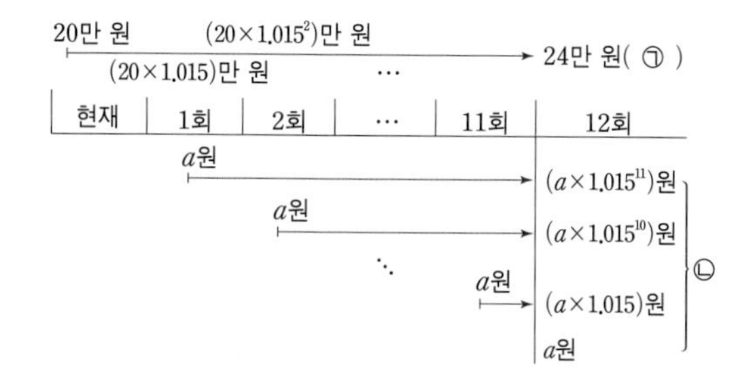

$a\times1.015^{11}+a\times1.015^{10}+\cdots+a\times1.015+a$

$=\dfrac{a(1.015^{12}-1)}{1.015-1}=\dfrac{a(1.2-1)}{0.015}$

$=\dfrac{40}{3}a$(원) …… ㉡

㉠=㉡이므로

$240000=\dfrac{40}{3}a \qquad \therefore a=\mathbf{18000}$**(원)**

답 18000원

2. 여러 가지 수열의 합

APPLICATION SUMMA CUM LAUDE

092 풀이 참조 **093** $-3n$

094 (1) 120 (2) 1185 (3) 570 (4) 791

095 (1) $\dfrac{69}{56}$ (2) $\sqrt{10}-\sqrt{2}$

092 아래의 답 이외에도 여러 가지 답이 나올 수 있다.

(1) $\displaystyle\sum_{k=1}^{9}2k(2k+1)(2k+2)$

(2) $\displaystyle\sum_{k=1}^{10}(-2)^k$

답 풀이 참조

093 $\displaystyle\sum_{k=1}^{n}a_k=4n,\ \sum_{k=1}^{n}b_k=8n$이므로

$\displaystyle\sum_{k=1}^{n}(4a_k-3b_k+5)=4\sum_{k=1}^{n}a_k-3\sum_{k=1}^{n}b_k+\sum_{k=1}^{n}5$

$=4\cdot4n-3\cdot8n+5n$

$=16n-24n+5n=\mathbf{-3n}$

답 $-3n$

094 (1) $\displaystyle 1+2+3+\cdots+15=\sum_{k=1}^{15}k$

$=\dfrac{15(15+1)}{2}=\mathbf{120}$

(2) $6^2+7^2+8^2+\cdots+15^2$

$=\displaystyle\sum_{k=6}^{15}k^2$

$=\displaystyle\sum_{k=1}^{15}k^2-\sum_{k=1}^{5}k^2$

$=\dfrac{15(15+1)(2\cdot15+1)}{6}-\dfrac{5(5+1)(2\cdot5+1)}{6}$

$=1240-55=\mathbf{1185}$

(3) $\sum_{k=1}^{10}(k+2)(k+1)$

$=\sum_{k=1}^{10}(k^2+3k+2)=\sum_{k=1}^{10}k^2+3\sum_{k=1}^{10}k+\sum_{k=1}^{10}2$

$=\frac{10(10+1)(2\cdot10+1)}{6}+3\cdot\frac{10(10+1)}{2}+2\cdot10$

$=385+165+20=\mathbf{570}$

(4) $\sum_{k=1}^{7}(k^3+1)$

$=\sum_{k=1}^{7}k^3+\sum_{k=1}^{7}1=\left\{\frac{7(7+1)}{2}\right\}^2+1\cdot7$

$=784+7=\mathbf{791}$

답 (1) 120 (2) 1185 (3) 570 (4) 791

095 (1) $\sum_{k=1}^{6}\frac{2}{k(k+2)}$

$=\sum_{k=1}^{6}2\cdot\frac{1}{2}\left(\frac{1}{k}-\frac{1}{k+2}\right)$

$=\frac{1}{1}-\frac{1}{3}+\frac{1}{2}-\frac{1}{4}+\frac{1}{3}-\frac{1}{5}+\frac{1}{4}-\frac{1}{6}$

$+\frac{1}{5}-\frac{1}{7}+\frac{1}{6}-\frac{1}{8}$

$=1+\frac{1}{2}-\frac{1}{7}-\frac{1}{8}=\mathbf{\frac{69}{56}}$

(2) $\sum_{k=1}^{8}\frac{1}{\sqrt{k+1}+\sqrt{k+2}}=\sum_{k=1}^{8}(\sqrt{k+2}-\sqrt{k+1})$

$=\sqrt{3}-\sqrt{2}+\sqrt{4}-\sqrt{3}$

$+\sqrt{5}-\sqrt{4}+\cdots+\sqrt{10}-\sqrt{9}$

$=\mathbf{\sqrt{10}-\sqrt{2}}$

답 (1) $\frac{69}{56}$ (2) $\sqrt{10}-\sqrt{2}$

3. 수학적 귀납법

APPLICATION SUMMA CUM LAUDE

096 3968

097 (1) $a_1=1,\ a_{n+1}=2a_n\ (n=1, 2, 3, \cdots)$

(2) $a_1=9,\ a_{n+1}=-\frac{1}{3}a_n\ (n=1, 2, 3, \cdots)$

098 (1) $a_1=60,\ a_{n+1}=\frac{1}{2}a_n+6\ (n=1, 2, 3, \cdots)$

(2) 15

099 풀이 참조

096 $a_{n+1}=a_n^2-1$의 n에 1, 2, 3, 4를 차례로 대입하면

$a_2=a_1^2-1=2^2-1=3$

$a_3=a_2^2-1=3^2-1=8$

$a_4=a_3^2-1=8^2-1=63$

$\therefore a_5=a_4^2-1=63^2-1=\mathbf{3968}$

답 3968

097 (1) 주어진 등비수열의 첫째항이 1, 공비가 2이므로

$\mathbf{a_1=1,\ a_{n+1}=2a_n\ (n=1,\ 2,\ 3,\ \cdots)}$

(2) 주어진 등비수열의 첫째항이 9, 공비가 $-\frac{1}{3}$이므로

$\mathbf{a_1=9,\ a_{n+1}=-\frac{1}{3}a_n\ (n=1,\ 2,\ 3,\ \cdots)}$

답 (1) $a_1=1,\ a_{n+1}=2a_n\ (n=1, 2, 3, \cdots)$

(2) $a_1=9,\ a_{n+1}=-\frac{1}{3}a_n\ (n=1, 2, 3, \cdots)$

098 (1) 첫날은 60 km를 이동하였으므로

$\mathbf{a_1=60}$

a_{n+1}은 a_n만큼 이동하고 난 다음 날 이동하는 거리이므로

$\mathbf{a_{n+1}=\frac{1}{2}a_n+6\ (n=1,\ 2,\ 3,\ \cdots)}$ …… ㉠

(2) ㉠에 $n=1, 2, 3, 4$를 차례로 대입하면

$$a_2=\frac{1}{2}a_1+6=\frac{1}{2}\cdot 60+6=36$$

$$a_3=\frac{1}{2}a_2+6=\frac{1}{2}\cdot 36+6=24$$

$$a_4=\frac{1}{2}a_3+6=\frac{1}{2}\cdot 24+6=18$$

$$\therefore a_5=\frac{1}{2}a_4+6=\frac{1}{2}\cdot 18+6=\mathbf{15}$$

답 (1) $a_1=60$, $a_{n+1}=\frac{1}{2}a_n+6$ $(n=1, 2, 3, \cdots)$

(2) 15

099

(ⅰ) $n=1$일 때

(좌변)$=1$, (우변)$=\frac{1\cdot 2}{2}=1$

이므로 주어진 등식이 성립한다.

(ⅱ) $n=k$일 때 주어진 등식이 성립한다고 가정하면

$$1+2+\cdots+k=\frac{k(k+1)}{2} \qquad \cdots\cdots ㉠$$

이 성립한다. 이제 ㉠의 양변에 $(k+1)$을 더하면

$$1+2+\cdots+k+(k+1)=\frac{k(k+1)}{2}+(k+1)$$

이고, 위 식의 우변을 정리하면

$$1+2+\cdots+k+(k+1)=\frac{(k+1)(k+2)}{2}$$

$$=\frac{(k+1)\{(k+1)+1\}}{2}$$

이므로 $n=k+1$일 때도 주어진 등식이 성립한다.

(ⅰ), (ⅱ)에 의하여 모든 자연수 n에 대하여 주어진 등식이 성립한다.

답 풀이 참조

I 지수함수와 로그함수

1. 지수

유제 SUMMA CUM LAUDE

001-1 $6\sqrt{3}$　**002-1** 2　**002-2** 89

003-1 $a+\frac{1}{b}$　**003-2** (1) $\frac{3}{2}$　(2) 28

004-1 $\frac{5}{2}$　**004-2** $\frac{65}{12}$

005-1 0　**006-1** $\sqrt[3]{ab^2}$

001-1 -216의 세제곱근을 x라 하면 $x^3=-216$이므로

$x^3+216=0,\ (x+6)(x^2-6x+36)=0$

$\therefore x=-6$ 또는 $x=3\pm3\sqrt{3}i$

이때 실수인 것은 -6이므로　$a=-6$

$\sqrt{81}$의 네제곱근을 x라 하면 $x^4=\sqrt{81}$이므로

$x^4-9=0,\ (x^2+3)(x^2-3)=0$

$\therefore x=\pm\sqrt{3}i$ 또는 $x=\pm\sqrt{3}$

이때 음의 실수인 것은 $-\sqrt{3}$이므로　$b=-\sqrt{3}$

$\therefore ab=-6\times(-\sqrt{3})=\mathbf{6\sqrt{3}}$　답 $6\sqrt{3}$

002-1 $\sqrt{\sqrt[3]{54}-\sqrt[3]{2}}\times\sqrt[6]{4}$

$=\sqrt{\sqrt[3]{2\times3^3}-\sqrt[3]{2}}\times\sqrt[6]{4}$

$=\sqrt{3\sqrt[3]{2}-\sqrt[3]{2}}\times\sqrt[6]{4}=\sqrt{2\sqrt[3]{2}}\times\sqrt[6]{4}$

$=\sqrt{\sqrt[3]{2^3\times2}}\times\sqrt[6]{2^2}=\sqrt[6]{2^4}\times\sqrt[6]{2^2}$

$=\sqrt[6]{2^4\times2^2}=\sqrt[6]{2^6}=\mathbf{2}$　답 2

002-2 2, 3, 4, 6의 최소공배수가 12이므로

$\sqrt{2}=\sqrt[12]{2^6}=\sqrt[12]{64}$

$\sqrt[3]{3}=\sqrt[12]{3^4}=\sqrt[12]{81}$

$\sqrt[4]{5}=\sqrt[12]{5^3}=\sqrt[12]{125}$

$\sqrt[6]{6}=\sqrt[12]{6^2}=\sqrt[12]{36}$

즉, $\sqrt[12]{36}<\sqrt[12]{64}<\sqrt[12]{81}<\sqrt[12]{125}$이므로

$\sqrt[6]{6}<\sqrt{2}<\sqrt[3]{3}<\sqrt[4]{5}$

따라서 $a=\sqrt[4]{5},\ b=\sqrt[6]{6}$이므로

$a^{12}-b^{12}=(\sqrt[4]{5})^{12}-(\sqrt[6]{6})^{12}=5^3-6^2$

$=125-36=\mathbf{89}$　답 89

003-1 곱셈 공식 $(A+B)(A^2-AB+B^2)$을 이용하면

$(a^{\frac{1}{3}}+b^{-\frac{1}{3}})(a^{\frac{2}{3}}-a^{\frac{1}{3}}b^{-\frac{1}{3}}+b^{-\frac{2}{3}})$

$=(a^{\frac{1}{3}})^3+(b^{-\frac{1}{3}})^3$

$=a+b^{-1}=\boldsymbol{a+\frac{1}{b}}$　답 $a+\frac{1}{b}$

003-2 (1) $x=2^{\frac{1}{3}}+2^{-\frac{1}{3}}$의 양변을 세제곱하면

$x^3=2+2^{-1}+3\cdot2^{\frac{1}{3}}\cdot2^{-\frac{1}{3}}(2^{\frac{1}{3}}+2^{-\frac{1}{3}})$

$x^3=2+\frac{1}{2}+3x$　$\therefore x^3-3x=\frac{5}{2}$

$\therefore x^3-3x-1=\frac{5}{2}-1=\mathbf{\frac{3}{2}}$

(2) $3^x+3^{1-x}=4$의 양변을 세제곱하면

$(3^x)^3+(3^{1-x})^3+3\cdot3^x\cdot3^{1-x}(3^x+3^{1-x})=64$

$27^x+27^{1-x}+3\cdot3\cdot4=64$

$\therefore 27^x+27^{1-x}=\mathbf{28}$

답 (1) $\frac{3}{2}$　(2) 28

004-1 $\frac{4^x-4^{-x}}{4^x+4^{-x}}=\frac{1}{3}$의 좌변의 분모, 분자에 각각 4^x을 곱하면

$\frac{4^x(4^x-4^{-x})}{4^x(4^x+4^{-x})}=\frac{1}{3},\ \frac{4^{2x}-1}{4^{2x}+1}=\frac{1}{3}$

$3\cdot4^{2x}-3=4^{2x}+1,\ 2\cdot16^x=4$

$\therefore 16^x=2$

$\therefore 16^x+16^{-x}=16^x+\frac{1}{16^x}=2+\frac{1}{2}=\mathbf{\frac{5}{2}}$　답 $\frac{5}{2}$

004-② $\dfrac{3^{6x}+3^{-6x}}{3^{2x}-3^{-2x}}$의 분모, 분자에 각각 3^{2x}을 곱하면

$$\frac{3^{2x}(3^{6x}+3^{-6x})}{3^{2x}(3^{2x}-3^{-2x})}=\frac{3^{8x}+3^{-4x}}{3^{4x}-1}=\frac{(3^{4x})^2+\frac{1}{3^{4x}}}{3^{4x}-1}$$

$$=\frac{4^2+\frac{1}{4}}{4-1}=\frac{\frac{65}{4}}{3}=\mathbf{\frac{65}{12}}$$

답 $\frac{65}{12}$

005-① $2^x=3^y=6^z=k\ (k>0)$로 놓으면

$xyz\neq0$이므로 $k\neq1$

$2^x=k$에서 $2=k^{\frac{1}{x}}$ …… ㉠

$3^y=k$에서 $3=k^{\frac{1}{y}}$ …… ㉡

$6^z=k$에서 $6=k^{\frac{1}{z}}$ …… ㉢

㉠×㉡÷㉢을 하면 $2\times3\div6=k^{\frac{1}{x}}\times k^{\frac{1}{y}}\div k^{\frac{1}{z}}$

$\therefore k^{\frac{1}{x}+\frac{1}{y}-\frac{1}{z}}=1$

그런데 $k\neq1$이므로 $\frac{1}{x}+\frac{1}{y}-\frac{1}{z}=\mathbf{0}$

답 0

006-① 소음방지벽 6장을 통과했을 때의 소음의 크기가 a이므로

$a=N_0r^6$ …… ㉠

소음방지벽 9장을 통과했을 때의 소음의 크기가 b이므로

$b=N_0r^9$ …… ㉡

㉡÷㉠을 하면

$\frac{b}{a}=r^3$ $\therefore r=\sqrt[3]{\frac{b}{a}}$ ($\because r$는 실수) …… ㉢

㉢을 ㉠에 대입하면

$$a=N_0\left(\sqrt[3]{\frac{b}{a}}\right)^6=N_0\left(\frac{b}{a}\right)^2=\frac{b^2}{a^2}N_0$$

$\therefore N_0=\frac{a^3}{b^2}$

따라서 소음방지벽 8장을 통과했을 때의 소음의 크기 N은

$$N=\frac{a^3}{b^2}\left(\sqrt[3]{\frac{b}{a}}\right)^8=\frac{a^3}{b^2}\left(\frac{b}{a}\right)^{\frac{8}{3}}$$

$$=a^{3-\frac{8}{3}}b^{-2+\frac{8}{3}}=a^{\frac{1}{3}}b^{\frac{2}{3}}$$

$$=\sqrt[3]{\boldsymbol{ab^2}}$$

답 $\sqrt[3]{ab^2}$

유제

2. 로그

유제 SUMMA CUM LAUDE

007-1 $\frac{5}{2}$ **007-2** 8 **008-1** 1 **008-2** $\frac{2}{5}$

009-1 $\frac{16}{7}$ **010-1** 14 **011-1** 0, 1, 0

012-1 $\sqrt{10}$ **013-1** 25 **014-1** 54

015-1 100000 **015-2** 10000

007-1 $\log_a c : \log_b c = 2 : 1$에서 로그의 밑의 변환에 의하여

$$\log_a c : \frac{\log_a c}{\log_a b} = 2 : 1,\ 1 : \frac{1}{\log_a b} = 2 : 1$$

$$1 : \log_b a = 2 : 1,\ 2\log_b a = 1$$

$$\therefore \log_b a = \frac{1}{2}$$

$$\therefore \log_a b + \log_b a = \frac{1}{\log_b a} + \log_b a$$

$$= 2 + \frac{1}{2} = \mathbf{\frac{5}{2}}$$

답 $\frac{5}{2}$

007-2 x, y를 간단히 하면

$$x = (\sqrt{5})^{\log_{25} 9} = 5^{\frac{1}{2}\log_{5^2} 3^2} = 5^{\log_5 \sqrt{3}} = \sqrt{3}$$

$$y = 4^{\log_{16} 25} = 2^{2\log_{2^4} 5^2} = 2^{\log_2 5} = 5$$

$$\therefore x^2 + y = (\sqrt{3})^2 + 5 = \mathbf{8}$$

답 8

008-1 점 A의 x좌표, y좌표에서

$$\log_{25} 100 = \log_{5^2} 10^2 = \log_5 10$$

$$\log_{25} 64 = \log_{5^2} 8^2 = \log_5 8$$

점 B의 y좌표에서 $\frac{1}{\log_8 5} = \log_5 8$

$$\therefore \mathrm{A}(\log_5 10, \log_5 8), \mathrm{B}(\log_5 2, \log_5 8)$$

두 점 A, B의 y좌표가 같으므로 선분 AB의 길이는 두 점의 x좌표의 차와 같다.

$$\therefore \overline{\mathrm{AB}} = |\log_5 10 - \log_5 2| = \left|\log_5 \frac{10}{2}\right| = |\log_5 5|$$

$$= |1| = \mathbf{1}$$

답 1

008-2 삼각형의 내각의 이등분선의 성질에 의하여 $\overline{\mathrm{AB}} : \overline{\mathrm{AC}} = \overline{\mathrm{BD}} : \overline{\mathrm{CD}}$이므로

$$5 : 4 = \log_2 x : 2\log_2 y$$

$$10\log_2 y = 4\log_2 x,\ \log_2 y = \frac{2}{5}\log_2 x$$

$$\log_2 y = \log_2 x^{\frac{2}{5}} \qquad \therefore y = x^{\frac{2}{5}}$$

$$\therefore k = \mathbf{\frac{2}{5}}$$

답 $\frac{2}{5}$

009-1 밑의 조건에 의하여

$x - 5 > 0$, $x - 5 \neq 1$에서 $x > 5$, $x \neq 6$

$\therefore 5 < x < 6$ 또는 $x > 6$ ······ ㉠

진수의 조건에 의하여

$-x^2 + 10x - 16 > 0$, $x^2 - 10x + 16 < 0$

$(x-2)(x-8) < 0$ $\therefore 2 < x < 8$ ······ ㉡

㉠, ㉡의 공통 범위를 구하면

$5 < x < 6$ 또는 $6 < x < 8$

이때 x는 자연수이므로 $x = 7$

$\log_2 2^2 < \log_2 7 < \log_2 2^3$이므로 $2 < \log_2 7 < 3$

즉, $\log_2 7$의 정수 부분이 2이므로

$a = 2$, $b = \log_2 7 - 2$

따라서 $a - b = 2 - (\log_2 7 - 2) = 4 - \log_2 7 = \log_2 \frac{16}{7}$

이므로

$$2^{a-b} = 2^{\log_2 \frac{16}{7}} = \mathbf{\frac{16}{7}}$$

답 $\frac{16}{7}$

010-1 이차방정식 $x^2 - 2x - 2 = 0$의 두 근이 $\log_2 \alpha$, $\log_2 \beta$이므로 근과 계수의 관계에 의하여

$\log_2 \alpha + \log_2 \beta = 2$, $\log_2 \alpha \cdot \log_2 \beta = -2$

$\therefore (\log_\alpha \beta)^2 + (\log_\beta \alpha)^2$

$= (\log_\alpha \beta + \log_\beta \alpha)^2 - 2\log_\alpha \beta \cdot \log_\beta \alpha$

$= \left(\dfrac{\log_2 \beta}{\log_2 \alpha} + \dfrac{\log_2 \alpha}{\log_2 \beta}\right)^2 - 2 \cdot \dfrac{\log_2 \beta}{\log_2 \alpha} \cdot \dfrac{\log_2 \alpha}{\log_2 \beta}$

$= \left\{\dfrac{(\log_2 \alpha)^2 + (\log_2 \beta)^2}{\log_2 \alpha \cdot \log_2 \beta}\right\}^2 - 2$

$= \left\{\dfrac{(\log_2 \alpha + \log_2 \beta)^2 - 2\log_2 \alpha \cdot \log_2 \beta}{\log_2 \alpha \cdot \log_2 \beta}\right\}^2 - 2$

$= \left\{\dfrac{2^2 - 2 \cdot (-2)}{-2}\right\}^2 - 2 = (-4)^2 - 2 = \mathbf{14}$

답 14

011-1 $\log_7 2 = \dfrac{f(1)}{2} + \dfrac{f(2)}{2^2} + \dfrac{f(3)}{2^3} + \dfrac{f(4)}{2^4}$ $+ \cdots$의 양변에 2^3을 곱하면

(좌변)$= 8\log_7 2 = \log_7 2^8 = \log_7 256$

(우변)$= 4f(1) + 2f(2) + f(3) + \dfrac{f(4)}{2} + \cdots$ …… ㉠

이때 $\log_7 7^2 < \log_7 256 < \log_7 7^3$이므로

$2 < \log_7 256 < 3$

즉, (좌변)$= 2 + 0.\cdots$ …… ㉡

㉠, ㉡의 정수 부분이 같아야 하므로

$2 = 4f(1) + 2f(2) + f(3)$

이때 $f(k)$는 0 또는 1이므로 $f(1) = \mathbf{0}$, $f(2) = \mathbf{1}$, $f(3) = \mathbf{0}$이다.

답 0, 1, 0

012-1 $\log z$의 소수 부분을 $\alpha\,(0 \le \alpha < 1)$라 하자. $1 < z < 10$의 각 변에 상용로그를 취하면 $0 < \log z < 1$이므로 $\log z$의 정수 부분은 0, 소수 부분 α는 $\log z$이다.

또 $\log \dfrac{1}{z} = -\log z = -\alpha = -1 + (1 - \alpha)$이므로

$\log \dfrac{1}{z}$의 정수 부분은 -1, 소수 부분은 $1 - \alpha$이다.

즉, α와 $1 - \alpha$는 이차방정식 $4x^2 + ax + 1 = 0$의 두 근이므로 근과 계수의 관계에 의하여

$\alpha(1 - \alpha) = \dfrac{1}{4}$, $\alpha^2 - \alpha + \dfrac{1}{4} = 0$, $\left(\alpha - \dfrac{1}{2}\right)^2 = 0$

$\therefore \alpha = \dfrac{1}{2}$

따라서 $\log z = \dfrac{1}{2}$이므로 $z = \mathbf{\sqrt{10}}$

답 $\sqrt{10}$

013-1 $\log 7^{20} = 20\log 7 = 20 \times 0.8451$
$= 16.902 = 16 + 0.902$

이때 $\log 7^{20}$의 정수 부분이 16이므로 7^{20}은 17자리 정수이다.

$\therefore a = 17$

또 $\log 7 = 0.8451$, $\log 8 = 3\log 2 = 0.9030$에서 $\log 7 < 0.902 < \log 8$이므로

$0.902 = \log 7.\blacktriangle$

으로 놓을 수 있다.

$\therefore \log 7^{20} = 16 + 0.902 = \log 10^{16} + \log 7.\blacktriangle$
$= \log (7.\blacktriangle \times 10^{16})$

따라서 $7^{20} = 7.\blacktriangle \times 10^{16}$이므로 7^{20}의 최고 자리의 숫자 b는 7이다.

한편 7^n의 일의 자리의 숫자는 7, 9, 3, 1, 7, 9, 3, 1, …로 4개의 숫자 7, 9, 3, 1이 반복되므로 7^{20}의 일의 자리의 숫자는 1이다.

$\therefore a + b + c = 17 + 7 + 1 = \mathbf{25}$

답 25

014-1 $\log N = a - 0.9M$에 $M = 4$, $N = 64$를 대입하면

$\log 64 = a - 0.9 \times 4$, $6\log 2 = a - 3.6$

$\therefore a = 6 \times 0.3 + 3.6 = 5.4$

즉, $\log N = 5.4 - 0.9M$이므로 이 식에 $M = x$, $N = 1$을 대입하면

$\log 1 = 5.4 - 0.9x$, $0.9x = 5.4$

$\therefore 9x = \mathbf{54}$

답 54

015-1 $100<x<1000$이므로

$2<\log x<3$ ...... ㉠

$\log x$의 소수 부분과 $\log\frac{1}{x}$의 소수 부분이 같으므로

$\log x-\log\frac{1}{x}=\log x+\log x=2\log x=$(정수)

㉠에 의하여 $4<2\log x<6$이므로

$2\log x=5$ $\therefore \log x=\frac{5}{2}$

따라서 $x=10^{\frac{5}{2}}$이므로 $x^2=10^5=\mathbf{100000}$

답 100000

015-2 $10<x<1000$에서

$1<\log x<3$ ...... ㉠

$\log x$의 소수 부분과 $\log\sqrt{x}$의 소수 부분의 합이 1이므로

$\log x+\log\sqrt{x}=\log x+\frac{1}{2}\log x=\frac{3}{2}\log x=$(정수)

㉠에 의하여 $\frac{3}{2}<\frac{3}{2}\log x<\frac{9}{2}$이므로

$\frac{3}{2}\log x=2$ 또는 $\frac{3}{2}\log x=3$ 또는 $\frac{3}{2}\log x=4$

즉, $\log x=\frac{4}{3}$ 또는 $\log x=2$ 또는 $\log x=\frac{8}{3}$이므로

$x=10^{\frac{4}{3}}$ 또는 $x=10^2$ 또는 $x=10^{\frac{8}{3}}$

그런데 $x=10^2$이면 $\log x=2$, $\log\sqrt{x}=1$이 되어 $\log x$의 소수 부분과 $\log\sqrt{x}$의 소수 부분의 합이 0이 된다.

$\therefore x=10^{\frac{4}{3}}$ 또는 $x=10^{\frac{8}{3}}$

따라서 모든 실수 x의 값의 곱은

$10^{\frac{4}{3}}\cdot 10^{\frac{8}{3}}=10^4=\mathbf{10000}$

답 10000

3. 지수함수

유제 SUMMA CUM LAUDE

016-1 a^b, b^a **017-1** 20 **018-1** $4\sqrt{2}$

019-1 $\frac{1}{3}$ **020-1** 13 **021-1** $\frac{1}{2}$

022-1 4 **023-1** 2 **023-2** 3

024-1 5시간

016-1 $0<b<a<1$이므로 두 지수함수 $y=a^x$, $y=b^x$의 그래프는 다음 그림과 같다.

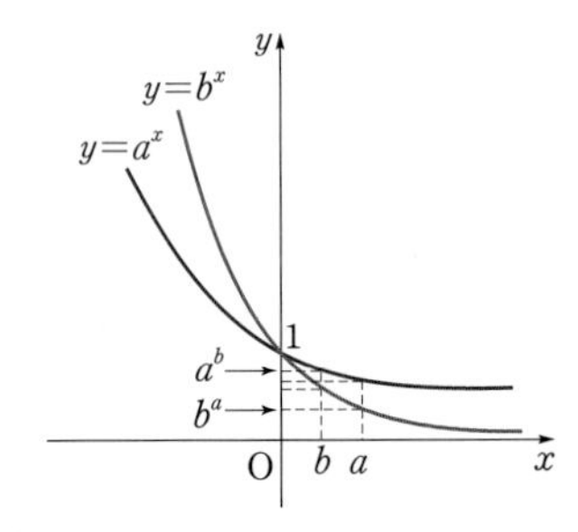

따라서 a^a, a^b, b^a, b^b 중 가장 큰 수는 $\boldsymbol{a^b}$이고 가장 작은 수는 $\boldsymbol{b^a}$이다.

답 a^b, b^a

017-1 지수함수 $y=-4\cdot 3^x+8$의 그래프는 지수함수 $y=4\cdot 3^x$의 그래프를 x축에 대하여 대칭이동한 후 y축의 방향으로 8만큼 평행이동한 것이므로 세 지수함수의 그래프는 다음 그림과 같다.

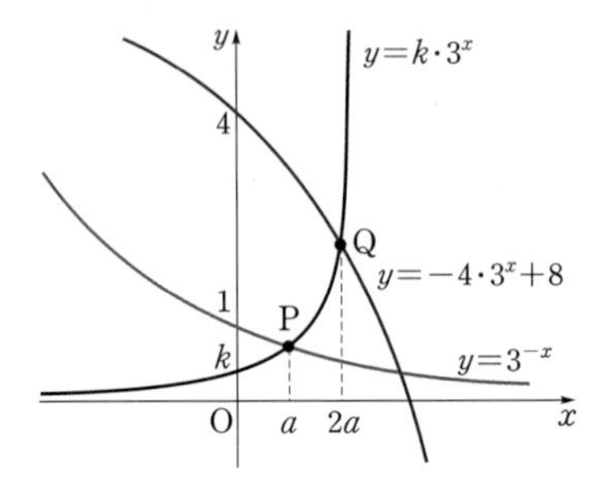

두 지수함수 $y=k\cdot 3^x$, $y=3^{-x}$의 그래프의 교점의 x좌표를 a라 하면 두 지수함수 $y=k\cdot 3^x$, $y=-4\cdot 3^x+8$의 그래프의 교점의 x좌표는 $2a$가 된다. 즉,

$$\begin{cases} k\cdot 3^a=3^{-a} & \cdots\cdots ㉠ \\ k\cdot 3^{2a}=-4\cdot 3^{2a}+8 & \cdots\cdots ㉡ \end{cases}$$

㉠에서 $k\cdot 3^{2a}=1$

$\therefore 3^{2a}=\frac{1}{k}$ ······ ㉢

㉢을 ㉡에 대입하면

$k\cdot\frac{1}{k}=-4\cdot\frac{1}{k}+8$, $\frac{-4}{k}=-7$

$\therefore k=\frac{4}{7}$

$\therefore 35k=35\cdot\frac{4}{7}=\mathbf{20}$

답 20

018-1 지수함수 $y=3^x$의 그래프가 두 점 A, B를 지나므로

$A(a, 3^a)$, $B(b, 3^b)$

직선 AB의 기울기가 4이므로

$\frac{3^b-3^a}{b-a}=4 \quad \therefore b-a=\frac{1}{4}(3^b-3^a)$ ······ ㉠

또 $\overline{AB}=\sqrt{34}$이므로

$(b-a)^2+(3^b-3^a)^2=(\sqrt{34})^2$

위의 식에 ㉠을 대입하면

$\frac{1}{16}(3^b-3^a)^2+(3^b-3^a)^2=34$

$(3^b-3^a)^2=32 \quad \therefore 3^b-3^a=\mathbf{4\sqrt{2}}$ ($\because 3^a<3^b$)

답 $4\sqrt{2}$

019-1 $f(x)=-x^2+2x+2$로 놓으면

$f(x)=-(x-1)^2+3$이므로 $f(x)$는 $x=1$일 때 최댓값 3을 갖는다.

$\therefore f(x)\le 3$

(i) $a>1$인 경우

함수 $y=a^{-x^2+2x+2}=a^{f(x)}$은 증가함수이므로 $f(x)=3$일 때 최댓값을 갖는다. 즉, 최솟값이 $\frac{1}{27}$이라는 조건에 맞지 않는다.

(ii) $0<a<1$인 경우

함수 $y=a^{-x^2+2x+2}=a^{f(x)}$은 감소함수이므로 $f(x)=3$일 때 최솟값을 갖는다.

$a^3=\frac{1}{27}=\left(\frac{1}{3}\right)^3 \quad \therefore a=\mathbf{\frac{1}{3}}$

답 $\frac{1}{3}$

020-1 $2^x+2^{-x}=X$로 치환하면 $2^x>0$, $2^{-x}>0$이므로 산술평균과 기하평균의 관계에 의하여

$X=2^x+2^{-x}\ge 2\sqrt{2^x\cdot 2^{-x}}=2$

(단, 등호는 $2^x=2^{-x}$, 즉 $x=0$일 때 성립)

또한 $X^2=4^x+4^{-x}+2$이므로 주어진 함수는

$y=4^x+4^{-x}-2(2^x+2^{-x})+15$

$=X^2-2-2X+15$

$=X^2-2X+13$

$=(X-1)^2+12$ $(X\ge 2)$

따라서 $X=2$일 때 최솟값은 **13**이다.

답 13

021-1 $f(x)=2^x+2^{-x}$이므로

$f(x-1)=2^{x-1}+2^{-(x-1)}=\frac{1}{2}\cdot 2^x+2\cdot 2^{-x}$

이때 $f(x)=f(x-1)$에서

$2^x+2^{-x}=\frac{1}{2}\cdot 2^x+2\cdot 2^{-x}$

$\frac{1}{2}\cdot 2^x=2^{-x}$, $2^{x-1}=2^{-x}$

$x-1=-x \quad \therefore x=\mathbf{\frac{1}{2}}$

답 $\frac{1}{2}$

022-1 $\begin{cases} 2^{x+2}-3^{y+1}=23 \\ 2^{x+1}+3^{y-2}=\dfrac{49}{3} \end{cases}$ 에서

$$\begin{cases} 4\cdot 2^x-3\cdot 3^y=23 \\ 2\cdot 2^x+\dfrac{1}{9}\cdot 3^y=\dfrac{49}{3} \end{cases}$$

$2^x=X\,(X>0)$, $3^y=Y\,(Y>0)$로 치환하면

$$\begin{cases} 4X-3Y=23 & \cdots\cdots \text{㉠} \\ 2X+\dfrac{1}{9}Y=\dfrac{49}{3} & \cdots\cdots \text{㉡} \end{cases}$$

㉠, ㉡을 연립하여 풀면 $X=8$, $Y=3$

즉, $2^x=8=2^3$에서 $x=3$

$3^y=3$에서 $y=1$

따라서 $\alpha=3$, $\beta=1$이므로

$\alpha+\beta=\mathbf{4}$

답 4

023-1 $\left(\dfrac{1}{25}\right)^x-30\cdot\left(\dfrac{1}{5}\right)^x+125\le 0$에서

$$\left\{\left(\frac{1}{5}\right)^x\right\}^2-30\cdot\left(\frac{1}{5}\right)^x+125\le 0$$

$\left(\dfrac{1}{5}\right)^x=X\,(X>0)$로 치환하면

$X^2-30X+125\le 0$, $(X-5)(X-25)\le 0$

$\therefore 5\le X\le 25$

즉, $5\le\left(\dfrac{1}{5}\right)^x\le 25$에서 $5\le 5^{-x}\le 5^2$이므로

$1\le -x\le 2$ $\quad\therefore -2\le x\le -1$

따라서 $M=-1$, $m=-2$이므로

$Mm=\mathbf{2}$

답 2

023-2 $2^{2x+1}-9\cdot 2^x+4\le 0$에서

$2\cdot(2^x)^2-9\cdot 2^x+4\le 0$

$2^x=X\,(X>0)$로 치환하면

$2X^2-9X+4\le 0$, $(2X-1)(X-4)\le 0$

$\therefore \dfrac{1}{2}\le X\le 4$

즉, $\dfrac{1}{2}\le 2^x\le 4$에서 $2^{-1}\le 2^x\le 2^2$이므로

$-1\le x\le 2$ $\quad\cdots\cdots$ ㉠

$2^{x^2}<2^{2x+3}$에서 $x^2<2x+3$

$x^2-2x-3<0$, $(x+1)(x-3)<0$

$\therefore -1<x<3$ $\quad\cdots\cdots$ ㉡

㉠, ㉡의 공통 범위는 $-1<x\le 2$

따라서 정수 x는 0, 1, 2이므로 그 개수는 **3**이다. 답 3

024-1 40마리였던 박테리아 A가 3시간 후에 1080마리가 되므로

$40\cdot a^3=1080$, $a^3=27$

$\therefore a=3\ (\because a>0)$

즉, 한 마리의 박테리아 A는 x시간 후에 3^x마리로 증식되므로

$40\cdot 3^x=9720$, $3^x=243=3^5$

$\therefore x=5$

따라서 40마리였던 박테리아 A가 9720마리가 되는 것은 **5시간** 후이다. 답 5시간

4. 로그함수

유제 SUMMA CUM LAUDE

025-1 12	026-1 2	027-1 ㄱ
028-1 45	029-1 3	030-1 $-\frac{1}{2}$ 또는 1
031-1 31	031-2 $3\le a<9$	032-1 5년

025-1 로그함수 $y=\log_2 ax$의 그래프를 y축의 방향으로 -4만큼 평행이동한 그래프의 식은

$y=\log_2 ax-4$에서 $\quad y=\log_2 ax-\log_2 16$

$\therefore y=\log_2 \frac{ax}{16}$

로그함수 $y=\log_2 \frac{ax}{16}$의 그래프를 x축에 대하여 대칭이동한 그래프의 식은

$-y=\log_2 \frac{ax}{16}$에서 $\quad y=-\log_2 \frac{ax}{16}$

$\therefore y=\log_2 \frac{16}{ax}$

따라서 $\frac{16}{a}=\frac{4}{3}$이므로 $\quad a=\mathbf{12}$ 답 12

026-1 점 A의 x좌표를 a라 하면 두 점 A, B의 y좌표는 각각 $\log_4 a$, $\log_2 a$이다.

$\overline{AB}=1$이므로 $\quad \log_2 a-\log_4 a=1$

$\log_2 a-\frac{1}{2}\log_2 a=1$, $\frac{1}{2}\log_2 a=1$

$\log_2 a=2 \quad \therefore a=4$

점 B의 y좌표가 $\log_2 4=2$이므로 점 C의 좌표를 $(b, 2)$라 하면

$\log_4 b=2 \quad \therefore b=16$

점 D의 y좌표는 $\quad \log_2 16=4$

$\therefore \overline{CD}=4-2=\mathbf{2}$ 답 2

027-1 2 이상의 자연수 n에 대하여

$f_n(x)=\log_n x$의 역함수는 $g_n(x)=n^x$이다.

ㄱ. $f_n(n+1)=\log_n(n+1)>\log_n n=1$,

$f_{n+1}(n)=\log_{n+1} n<\log_{n+1}(n+1)=1$

$\therefore f_n(n+1)>f_{n+1}(n)$ (참)

ㄴ. $g_n(a)=n^a$, $g_{n+1}(a)=(n+1)^a$에서 $a>0$이므로

$n^a<(n+1)^a$

$\therefore g_n(a)<g_{n+1}(a)$ (거짓)

ㄷ.

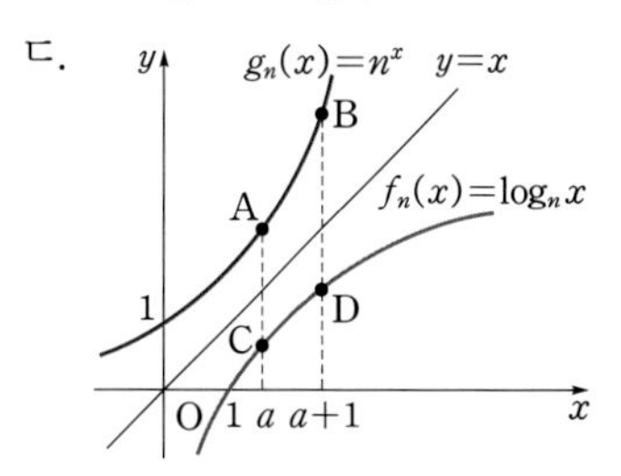

위의 그림에서 $a>1$일 때, $f_n(a+1)-f_n(a)$는 두 점 C, D를 지나는 직선의 기울기이고,

$g_n(a+1)-g_n(a)$는 두 점 A, B를 지나는 직선의 기울기이므로

$f_n(a+1)-f_n(a)<g_n(a+1)-g_n(a)$ (거짓)

따라서 옳은 것은 ㄱ뿐이다. 답 ㄱ

028-1 $y=\log_2 4x\cdot\log_2 \frac{16}{x}$

$=(2+\log_2 x)(4-\log_2 x)$

$=-(\log_2 x)^2+2\log_2 x+8$

$\log_2 x=X$로 치환하면

$y=-X^2+2X+8=-(X-1)^2+9$

이때 $1\le x\le 8$이므로 $\quad 0\le X\le 3$

따라서 $X=1$일 때 최댓값 9, $X=3$일 때 최솟값 5를 가지므로 $\quad M=9$, $m=5$

$\therefore Mm=\mathbf{45}$ 답 45

029-1 $f(x)=\log_2 x^{\log_2 x}+\frac{2}{\log_2 x}$

$=(\log_2 x)^2+\frac{1}{\log_2 x}+\frac{1}{\log_2 x}$

이때 $x>1$에서 $(\log_2 x)^2>0$, $\frac{1}{\log_2 x}>0$이므로 산술평균과 기하평균의 관계에 의하여

$$f(x)=(\log_2 x)^2+\frac{1}{\log_2 x}+\frac{1}{\log_2 x}$$
$$\geq 3\sqrt[3]{(\log_2 x)^2\cdot\frac{1}{\log_2 x}\cdot\frac{1}{\log_2 x}}$$
$$=3$$

$\left(\text{단, 등호는 } (\log_2 x)^2=\frac{1}{\log_2 x}\text{, 즉 } x=2\text{일 때 성립}\right)$

따라서 함수 $f(x)$의 최솟값은 **3**이다. 답 3

030-1 진수의 조건에서 $x>0$이므로 주어진 방정식의 두 근은 모두 양수이다.

두 근을 α, β $(\alpha>0, \beta>0)$라 하면 한 근이 다른 한 근의 제곱근이므로

$\sqrt{\alpha}=\beta$, 즉 $\alpha=\beta^2$이라 하자.

$\log x=X$로 치환하면 주어진 방정식은

$X^2-3aX+a+1=0$

이 방정식의 두 근을 X_1, X_2라 하면

$X_1=\log\alpha$, $X_2=\log\beta$이고

$X_1=\log\alpha=\log\beta^2=2\log\beta=2X_2$이다.

한편 근과 계수의 관계에 의하여

$X_1+X_2=3X_2=3a$ $\quad\therefore X_2=a$

$X_1X_2=2X_2^2=a+1$에서 $X_2=a$이므로

$2a^2-a-1=0$, $(2a+1)(a-1)=0$

$\therefore$ **$a=-\frac{1}{2}$ 또는 $a=1$** 답 $-\frac{1}{2}$ 또는 1

031-1 진수의 조건에 의해 $x>0$ ······ ㉠

$\log_{\frac{1}{2}}x=\log_{2^{-1}}x=-\log_2 x$이므로 주어진 부등식은

$(4-\log_2 x)\log_2 x>-5$

$\log_2 x=X$로 치환하면

$(4-X)X>-5$, $X^2-4X-5<0$

$(X+1)(X-5)<0$ $\quad\therefore -1<X<5$

즉, $-1<\log_2 x<5$에서 $\quad\log_2 2^{-1}<\log_2 x<\log_2 2^5$

밑이 1보다 크므로 $\quad\frac{1}{2}<x<32$ ······ ㉡

㉠, ㉡의 공통 범위는 $\quad\frac{1}{2}<x<32$

따라서 정수 x는 1, 2, ⋯, 31이므로 그 개수는 **31**이다.

답 31

031-2 진수의 조건에서 $a>0$ ······ ㉠

주어진 이차방정식의 두 근을 α, β, 판별식을 D라 할 때, α, β가 모두 양수이려면 $D\geq0$, $\alpha+\beta>0$, $\alpha\beta>0$이어야 한다.

(i) $\frac{D}{4}=(-\log_3 a)^2-(2-\log_3 a)\geq0$에서

$\log_3 a=X$로 치환하면

$X^2-(2-X)\geq0$, $X^2+X-2\geq0$

$(X+2)(X-1)\geq0$ $\quad\therefore X\leq-2$ 또는 $X\geq1$

즉, $\log_3 a\leq-2$ 또는 $\log_3 a\geq1$에서

$\log_3 a\leq\log_3 3^{-2}$ 또는 $\log_3 a\geq\log_3 3$

밑이 1보다 크므로 $\quad a\leq\frac{1}{9}$ 또는 $a\geq3$ ······ ㉡

(ii) $\alpha+\beta=2\log_3 a>0$에서 $\quad\log_3 a>0$

$\log_3 a>\log_3 1$

밑이 1보다 크므로 $\quad a>1$ ······ ㉢

(iii) $\alpha\beta=2-\log_3 a>0$에서 $\quad\log_3 a<2$

$\log_3 a<\log_3 3^2$

밑이 1보다 크므로 $\quad a<9$ ······ ㉣

㉠~㉣의 공통 범위는 $\quad$**$3\leq a<9$** 답 $3\leq a<9$

032-1 A도시의 인구는 매년 8%씩 증가하므로 n년 후의 인구 수는 $\quad 6\times10^5\times1.08^n$

B도시의 인구는 매년 4%씩 감소하므로 n년 후의 인구 수는 $\quad 10^6\times0.96^n$

이때 A도시의 인구가 B도시의 인구를 추월하려면

$6\times10^5\times1.08^n>10^6\times0.96^n$, $3\times1.08^n>5\times0.96^n$

양변에 상용로그를 취하면

$$n\log 3+n\log 1.08>\log 5+n\log 0.96$$

$$n\log 1.08-n\log 0.96>\log 5-\log 3$$

$$n\log\frac{1.08}{0.96}>\log\frac{10}{2}-\log 3$$

$$n\log\frac{9}{8}>1-\log 2-\log 3$$

$$(2\log 3-3\log 2)n>1-\log 2-\log 3$$

$$(2\times 0.4771-3\times 0.3010)n>1-0.3010-0.4771$$

$$0.0512n>0.2219 \qquad \therefore n>\frac{0.2219}{0.0512}=4.33\cdots$$

따라서 A도시의 인구가 B도시의 인구를 추월하는 것은 최소 **5년** 후이다. 답 5년

Ⅱ 삼각함수

1. 삼각함수의 뜻

유제 SUMMA CUM LAUDE

033-1 제1사분면 또는 제2사분면 또는 제3사분면

034-1 (1) 없다 (2) $\frac{\pi}{4}$ (3) $\frac{\pi}{3}$ (4) $\frac{\pi}{6}$ (5) $\frac{\pi}{12}$ 또는 $\frac{5}{12}\pi$ (6) $\frac{\pi}{4}$ **035-1** $\pi-\frac{3\sqrt{3}}{2}$

035-2 $\frac{\pi-2}{2}$ **036-1** $r=4$, $\theta=2$

037-1 $\sin\theta=\frac{12}{13}$, $\cos\theta=-\frac{5}{13}$

037-2 $-\frac{3}{4}$ **038-1** 0 **038-2** $-\sin\theta$

039-1 풀이 참조 **039-2** 1

040-1 (1) $\frac{3}{8}$ (2) $-\frac{\sqrt{7}}{2}$ (3) $\frac{23}{32}$ (4) $\frac{46}{9}$

040-2 $-\frac{3}{4}$

033-1 θ가 제1사분면의 각이므로

$$360^\circ\times n<\theta<360^\circ\times n+90^\circ$$

$$\therefore 120^\circ\times n<\frac{\theta}{3}<120^\circ\times n+30^\circ$$

(i) $n=3k$ (k는 정수)일 때,

$$120^\circ\times 3k<\frac{\theta}{3}<120^\circ\times 3k+30^\circ$$

$$\therefore 360^\circ\times k<\frac{\theta}{3}<360^\circ\times k+30^\circ$$

(ii) $n=3k+1$ (k는 정수)일 때,

$$120^\circ\times(3k+1)<\frac{\theta}{3}<120^\circ\times(3k+1)+30^\circ$$

$$\therefore 360^\circ\times k+120^\circ<\frac{\theta}{3}<360^\circ\times k+150^\circ$$

(iii) $n=3k+2$ (k는 정수)일 때,

$$120^\circ\times(3k+2)<\frac{\theta}{3}<120^\circ\times(3k+2)+30^\circ$$

유제

$\therefore\ 360^\circ\times k+240^\circ<\dfrac{\theta}{3}<360^\circ\times k+270^\circ$

(ⅰ)~(ⅲ)에 의하여 좌표평면 위에 $\dfrac{\theta}{3}$를 나타내는 동경이 존재하는 영역을 나타내면 다음과 같다.

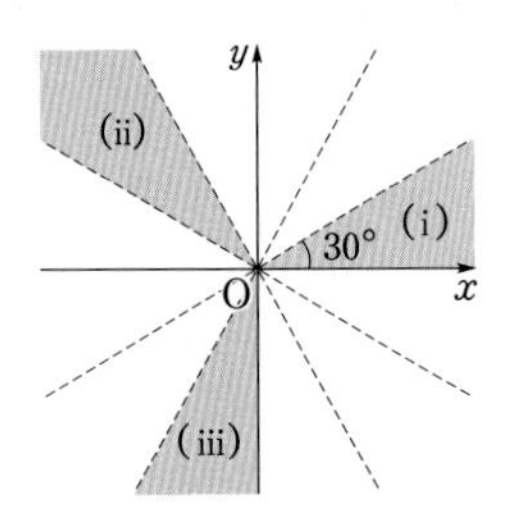

따라서 **제1사분면 또는 제2사분면 또는 제3사분면**이다.

답 제1사분면 또는 제2사분면 또는 제3사분면

034-1 (1) 두 동경이 서로 일치하므로

$5\theta-\theta=2n\pi\qquad\therefore\ \theta=\dfrac{n\pi}{2}$ (단, n은 정수)

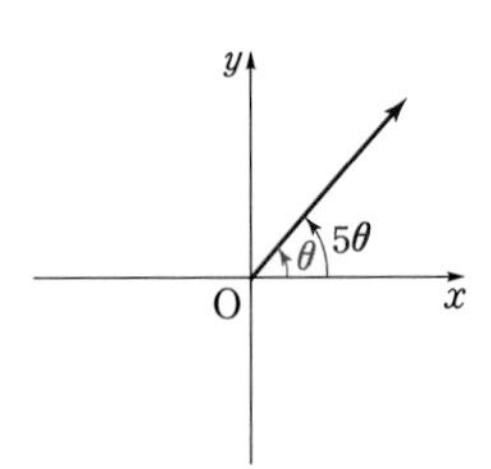

이때 $0<\theta<\dfrac{\pi}{2}$이므로 이를 만족시키는 정수 n은 없다. 따라서 조건을 만족시키는 θ는 **없다**.

(2) 두 동경이 일직선 위에 있고 방향이 반대이므로

$5\theta-\theta=2n\pi+\pi$

$\therefore\ \theta=\dfrac{n\pi}{2}+\dfrac{\pi}{4}$ (단, n은 정수)

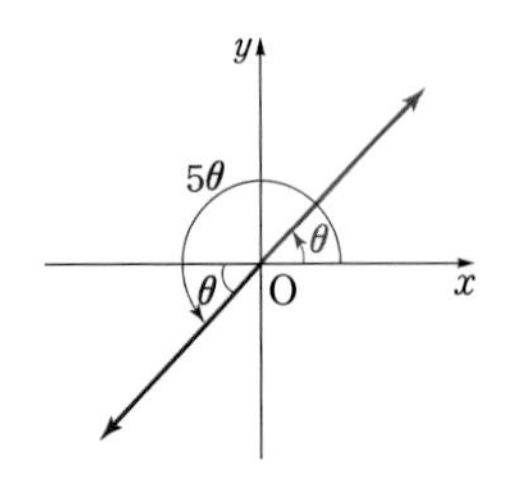

이때 $0<\theta<\dfrac{\pi}{2}$이므로 $n=0$일 때 $\quad\theta=\boldsymbol{\dfrac{\pi}{4}}$

(3) 두 동경이 x축에 대하여 서로 대칭이므로

$5\theta+\theta=2n\pi$

$\therefore\ \theta=\dfrac{n\pi}{3}$ (단, n은 정수)

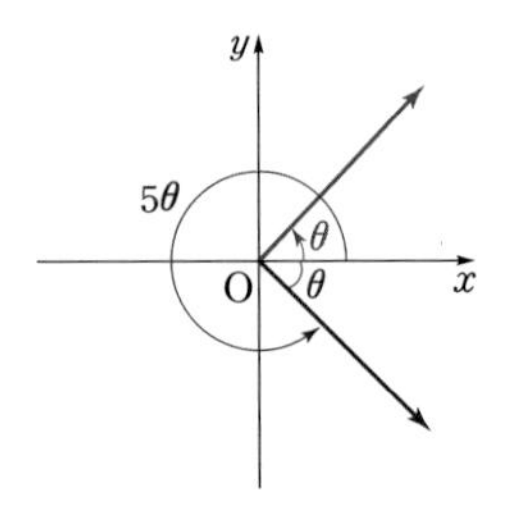

이때 $0<\theta<\dfrac{\pi}{2}$이므로 $n=1$일 때 $\quad\theta=\boldsymbol{\dfrac{\pi}{3}}$

(4) 두 동경이 y축에 대하여 서로 대칭이므로

$5\theta+\theta=2n\pi+\pi$

$\therefore\ \theta=\dfrac{n\pi}{3}+\dfrac{\pi}{6}$ (단, n은 정수)

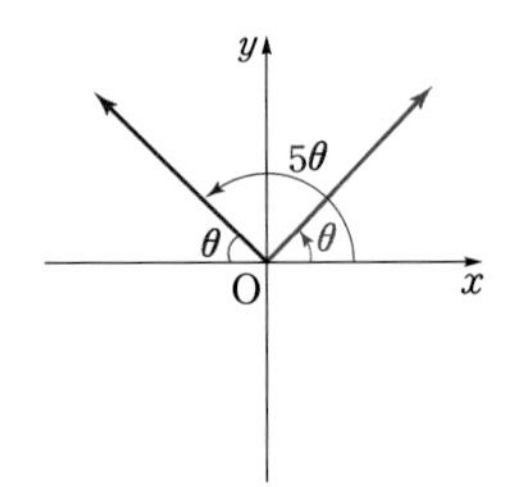

이때 $0<\theta<\dfrac{\pi}{2}$이므로 $n=0$일 때 $\quad\theta=\boldsymbol{\dfrac{\pi}{6}}$

(5) 두 동경이 직선 $y=x$에 대하여 서로 대칭이므로

$5\theta+\theta=2n\pi+\dfrac{\pi}{2}$

$\therefore\ \theta=\dfrac{n\pi}{3}+\dfrac{\pi}{12}$ (단, n은 정수)

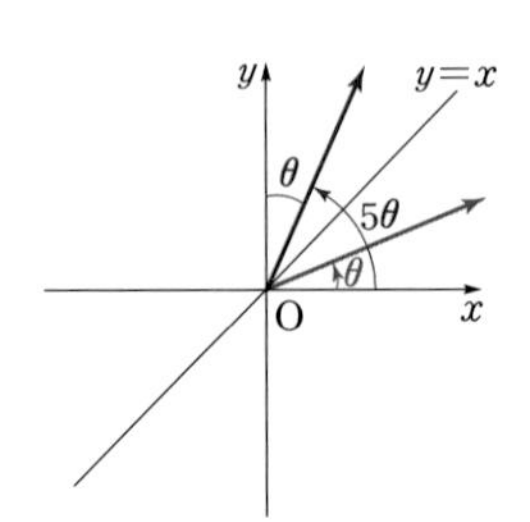

이때 $0<\theta<\frac{\pi}{2}$이므로 $n=0$ 또는 $n=1$일 때

$\theta=\frac{\pi}{12}$ 또는 $\theta=\frac{5}{12}\pi$

(6) 두 동경이 직선 $y=-x$에 대하여 서로 대칭이므로

$5\theta+\theta=2n\pi+\frac{3}{2}\pi$

$\therefore \theta=\frac{n\pi}{3}+\frac{\pi}{4}$ (단, n은 정수)

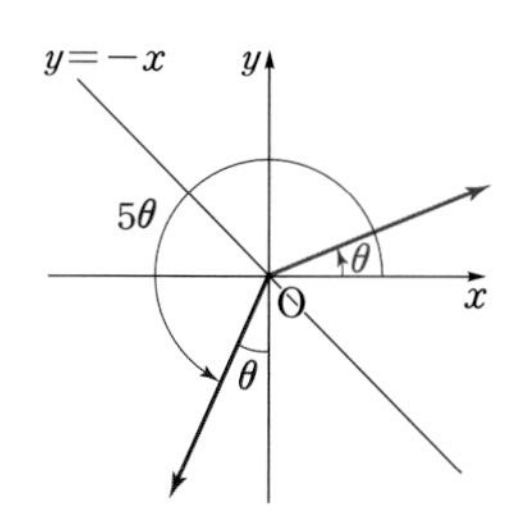

이때 $0<\theta<\frac{\pi}{2}$이므로 $n=0$일 때 $\theta=\frac{\pi}{4}$

답 (1) 없다 (2) $\frac{\pi}{4}$ (3) $\frac{\pi}{3}$ (4) $\frac{\pi}{6}$

(5) $\frac{\pi}{12}$ 또는 $\frac{5}{12}\pi$ (6) $\frac{\pi}{4}$

035-1

색칠된 부분의 넓이는

(부채꼴 OAB의 넓이)$-\triangle$BHO이다.

삼각형 BHO에서 $\angle BOH=\frac{\pi}{6}$이므로 직각삼각형의 특수각의 비에 의하여

$\overline{BH}:\overline{HO}:\overline{BO}=1:\sqrt{3}:2$

$\therefore \overline{HO}=\sqrt{3}\,\overline{BH}=3$, $\overline{BO}=2\overline{BH}=2\sqrt{3}$

따라서

(부채꼴 OAB의 넓이)$=\frac{1}{2}\times(2\sqrt{3})^2\times\frac{\pi}{6}=\pi$,

$\triangle BHO=\frac{1}{2}\times3\times\sqrt{3}=\frac{3\sqrt{3}}{2}$

이므로 색칠된 부분의 넓이는

(부채꼴 OAB의 넓이)$-\triangle BHO=\pi-\frac{3\sqrt{3}}{2}$

답 $\pi-\frac{3\sqrt{3}}{2}$

035-2

$\angle AOP=\theta$로 놓으면 $\widehat{AP}=r\theta$

이때 $\widehat{AP}=\overline{AB}$이므로 $r\theta=2r$

$\therefore \theta=2$

즉, $\angle AOP=2$이므로

$\angle BOP=\pi-\angle AOP=\pi-2$

$\therefore \frac{(\text{부채꼴 OBP의 넓이})}{(\text{부채꼴 OAP의 넓이})}$

$=\frac{\frac{1}{2}r^2\times(\pi-2)}{\frac{1}{2}r^2\times2}=\frac{\pi-2}{2}$

답 $\frac{\pi-2}{2}$

036-1

호의 길이를 l로 놓을 때, 길이가 16인 철사로 부채꼴을 만드는 것이므로 넓이를 S라 하면

$l=16-2r$ ······ ㉠

이므로

$S=\frac{1}{2}rl=\frac{1}{2}r(16-2r)$

$=-r^2+8r$

$=-(r-4)^2+16$ $(0<r<8)$

따라서 S는 $r=4$일 때 16으로 최대가 된다.

또한 $r=4$를 ㉠에 대입하면 $l=8$이므로

$\theta=\frac{l}{r}=\frac{8}{4}=2$

다른 풀이 $2r+l=16$, $S=\frac{1}{2}rl$

이때 r, l은 모두 양수이므로 산술평균과 기하평균의 관계에 의하여

$8=\frac{16}{2}=\frac{2r+l}{2}\geq\sqrt{2rl}$ ······ ㉡

(단, 등호는 $2r=l$일 때 성립)

이 성립하고, ㉡의 양변을 제곱하고 4로 나누면

$16\geq\frac{1}{2}rl=S$

따라서 $2r=l$, 즉 $r=4$, $l=8$일 때 부채꼴의 넓이는 16으로 최대가 되고, 이때 중심각 θ의 크기는

$\theta=\frac{l}{r}=\frac{8}{4}=2$

답 $r=4$, $\theta=2$

037-1 θ가 제2사분면의 각이고,

$\tan\theta=-\frac{12}{5}$이므로

각 θ를 나타내는 동경과 그 위의 한 점 P를 오른쪽 그림과 같이 나타낼 수 있다.

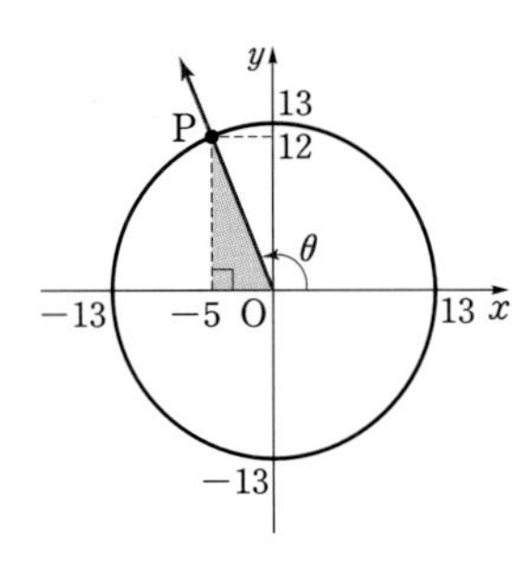

따라서 $\overline{\mathrm{OP}}=\sqrt{(-5)^2+12^2}=13$이므로

$\mathbf{\sin\theta=\frac{12}{13},\ \cos\theta=-\frac{5}{13}}$

답 $\sin\theta=\frac{12}{13},\ \cos\theta=-\frac{5}{13}$

037-2 문제의 조건을 만족시키는 단위원 위의 점을 $\mathrm{P}(a,\ b)$라 하면 삼각함수의 정의에 의해

$\sin\theta=b,\ \cos\theta=a$ (단, $a>0,\ b<0$)

이때 $2\sin\theta-\cos\theta=-2$라는 조건에서

$2b-a=-2$

$\therefore\ b=\frac{1}{2}a-1$ ...... ㉠

또 점 P는 단위원 $x^2+y^2=1$ 위의 점이므로

$a^2+b^2=1$ ...... ㉡

(직선 $y=\frac{1}{2}x-1$과 단위원 $x^2+y^2=1$의 교점 중 제4사분면에 있는 점이 조건을 만족시키는 점 P이다.)

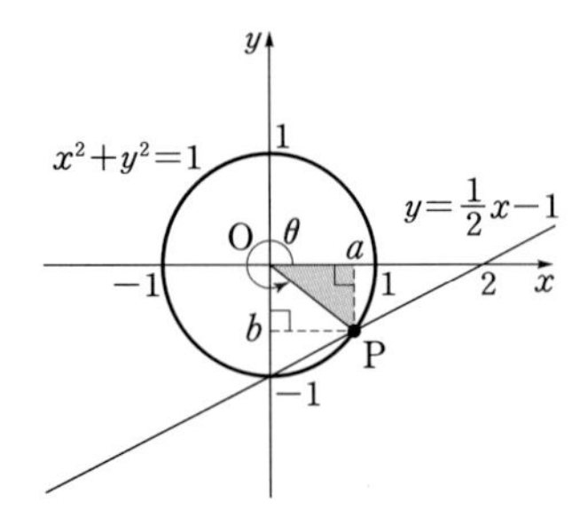

㉠을 ㉡에 대입하면

$a^2+\left(\frac{1}{2}a-1\right)^2=1,\ 5a^2-4a=0,\ a(5a-4)=0$

$\therefore\ a=\frac{4}{5}\ (\because\ a>0)$ ...... ㉢

㉢을 ㉠에 대입하면 $b=-\frac{3}{5}$

따라서 점 P의 좌표는 $\left(\frac{4}{5},\ -\frac{3}{5}\right)$이므로

$\tan\theta=\frac{-\frac{3}{5}}{\frac{4}{5}}=\mathbf{-\frac{3}{4}}$

답 $-\frac{3}{4}$

038-1 θ가 제2사분면의 각이므로

$\sin\theta>0,\ \cos\theta<0$

$\therefore\ |\sin\theta|+\cos\theta+\sqrt{\cos^2\theta}-\sin\theta$

$=|\sin\theta|+\cos\theta+|\cos\theta|-\sin\theta$

$=\sin\theta+\cos\theta-\cos\theta-\sin\theta$

$=\mathbf{0}$

답 0

038-2 $\sqrt{\sin\theta}\sqrt{\cos\theta}=-\sqrt{\sin\theta\cos\theta}$에서

$\sin\theta\cos\theta\neq0$이므로

$\sin\theta<0,\ \cos\theta<0$

$\therefore\ |\cos\theta|+\sqrt{\sin^2\theta}+\sqrt[3]{\cos^3\theta}$

$=|\cos\theta|+|\sin\theta|+\cos\theta$

$=-\cos\theta-\sin\theta+\cos\theta$

$=\mathbf{-\sin\theta}$

답 $-\sin\theta$

039-1 (1) $(\sin\theta+\cos\theta)^2+(\sin\theta-\cos\theta)^2$

$=\sin^2\theta+2\sin\theta\cos\theta+\cos^2\theta$

$\quad+\sin^2\theta-2\sin\theta\cos\theta+\cos^2\theta$

$=2(\sin^2\theta+\cos^2\theta)$

$=2\ (\because\ \sin^2\theta+\cos^2\theta=1)$

(2) $\sin^4\theta-\sin^2\theta=\sin^2\theta\ (\sin^2\theta-1)$ ...... ㉠

$\sin^2\theta=1-\cos^2\theta$를 ㉠에 대입하면

㉠$=(1-\cos^2\theta)(-\cos^2\theta)$

$=\cos^4\theta-\cos^2\theta$

(3) $\frac{\cos\theta}{1-\sin\theta}+\frac{\cos\theta}{1+\sin\theta}=\frac{2\cos\theta}{1-\sin^2\theta}$

$=\frac{2\cos\theta}{\cos^2\theta}$

$=\frac{2}{\cos\theta}$

(4) $\left(\tan\theta+\frac{1}{\cos\theta}\right)^2=\left(\frac{\sin\theta}{\cos\theta}+\frac{1}{\cos\theta}\right)^2$

$=\frac{(\sin\theta+1)^2}{\cos^2\theta}$

$=\frac{(1+\sin\theta)^2}{1-\sin^2\theta}$

$=\frac{(1+\sin\theta)^2}{(1+\sin\theta)(1-\sin\theta)}$

$=\frac{1+\sin\theta}{1-\sin\theta}$

답 풀이 참조

039-2 $\sin\theta+\sin^2\theta=1$에서 $\sin\theta=1-\sin^2\theta$이므로

$\sin\theta=\cos^2\theta$

$\therefore \cos^2\theta+\cos^6\theta+\cos^8\theta$

$=\sin\theta+\sin^3\theta+\sin^4\theta$

$=\sin\theta+\sin^2\theta(\sin\theta+\sin^2\theta)$

$=\sin\theta+\sin^2\theta=\mathbf{1}$ 답 1

040-1 (1) $\sin\theta-\cos\theta=\frac{1}{2}$의 양변을 제곱하면

$\sin^2\theta-2\sin\theta\cos\theta+\cos^2\theta=\frac{1}{4}$

$\sin^2\theta+\cos^2\theta=1$이므로

$1-2\sin\theta\cos\theta=\frac{1}{4}$

$\therefore \sin\theta\cos\theta=\mathbf{\frac{3}{8}}$

(2) $(\sin\theta+\cos\theta)^2=\sin^2\theta+2\sin\theta\cos\theta+\cos^2\theta$

$=1+2\times\frac{3}{8}=\frac{7}{4}$

이때 θ가 제3사분면의 각이므로

$\sin\theta+\cos\theta<0$ ($\because \sin\theta<0$, $\cos\theta<0$)

$\therefore \sin\theta+\cos\theta=\mathbf{-\frac{\sqrt{7}}{2}}$

(3) $\sin^4\theta+\cos^4\theta=(\sin^2\theta+\cos^2\theta)^2-2\sin^2\theta\cos^2\theta$

$=1^2-2\times\left(\frac{3}{8}\right)^2=\mathbf{\frac{23}{32}}$

(4) $\tan^2\theta+\frac{1}{\tan^2\theta}=\frac{\sin^2\theta}{\cos^2\theta}+\frac{\cos^2\theta}{\sin^2\theta}$

$=\frac{\sin^4\theta+\cos^4\theta}{\sin^2\theta\cos^2\theta}$

$=\frac{23}{32}\div\left(\frac{3}{8}\right)^2=\mathbf{\frac{46}{9}}$

답 (1) $\frac{3}{8}$ (2) $-\frac{\sqrt{7}}{2}$ (3) $\frac{23}{32}$ (4) $\frac{46}{9}$

040-2 이차방정식 $2x^2-x+k=0$의 두 근이 $\sin\theta$, $\cos\theta$이므로 근과 계수의 관계에 의하여

$\sin\theta+\cos\theta=\frac{1}{2}$ …… ㉠

$\sin\theta\cos\theta=\frac{k}{2}$ …… ㉡

㉠의 양변을 제곱하면

$\sin^2\theta+2\sin\theta\cos\theta+\cos^2\theta=\frac{1}{4}$

$\sin^2\theta+\cos^2\theta=1$이므로

$1+2\sin\theta\cos\theta=\frac{1}{4}$ $\therefore \sin\theta\cos\theta=-\frac{3}{8}$

㉡에서 $\frac{k}{2}=-\frac{3}{8}$이므로 $k=\mathbf{-\frac{3}{4}}$ 답 $-\frac{3}{4}$

유제

2. 삼각함수의 그래프

유제 SUMMA CUM LAUDE

041-1 풀이 참조 **042-1** $a=-4$, $b=-\frac{1}{2}$, $c=1$

042-2 $a=\frac{3}{2}$, $b=-\frac{1}{2}$

043-1 (1) 최댓값 : 3, 최솟값 : -3

(2) 최댓값 : 1, 최솟값 : 0

043-2 8

044-1 (1) 0 (2) $2\cos\theta$ (3) $\frac{1}{\sin\theta}$ (4) 1

045-1 1

046-1 $\sqrt{1-b^2}$ **046-2** 0 **046-3** -1

047-1 (1) 최댓값 : $\frac{1}{2}$, 최솟값 : -1

(2) 최댓값 : $\frac{1}{3}$, 최솟값 : -3

048-1 (1) 최댓값 : 4, 최솟값 : -4

(2) 최댓값 : 0, 최솟값 : -4

048-2 최댓값 : 6, 최솟값 : 2 **048-3** $\frac{5}{2}$

049-1 $x=\frac{\pi}{3}$ 또는 $x=\frac{3}{4}\pi$ 또는 $x=\frac{4}{3}\pi$ 또는 $x=\frac{7}{4}\pi$

049-2 $x=0$ 또는 $x=\frac{\pi}{2}$ 또는 $x=\pi$ 또는 $x=\frac{3}{2}\pi$

049-3 5

050-1 $\frac{\pi}{6}<x<\frac{5}{6}\pi$ **050-2** $\frac{\pi}{4}<x<\frac{\pi}{3}$

051-1 ④ **051-2** $0<\theta<\frac{\pi}{6}$

041-1 (1) $y=-\sin 2\left(x-\frac{\pi}{4}\right)$의 그래프는 다음 그림과 같이 $y=\sin x$의 그래프를 x축의 방향으로 $\frac{1}{2}$배하고, x축에 대하여 대칭이동시킨 $y=-\sin 2x$의 그래프를 x축의 방향으로 $\frac{\pi}{4}$만큼 평행이동한 것이다.

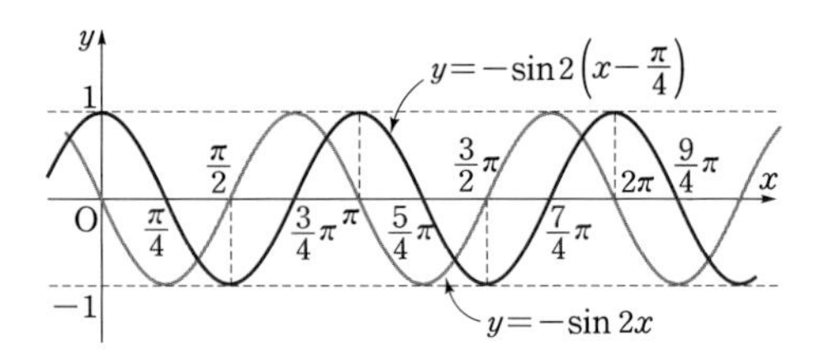

∴ (주기) : π, (치역) : $\{y \mid -1\le y\le 1\}$
(최댓값) : 1, (최솟값) : -1

(2) $y=\cos\left(2x-\frac{\pi}{3}\right)+1$의 그래프는 다음 그림과 같이 $y=\cos x$의 그래프를 x축의 방향으로 $\frac{1}{2}$배한 $y=\cos 2x$의 그래프를 x축의 방향으로 $\frac{\pi}{6}$만큼, y축의 방향으로 1만큼 평행이동한 것이다.

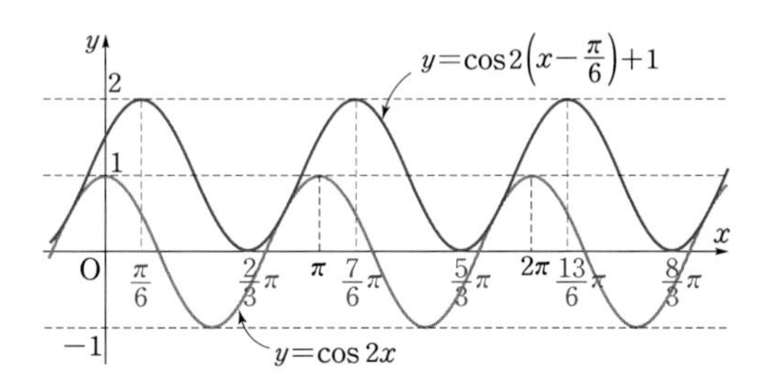

∴ (주기) : π, (치역) : $\{y \mid 0\le y\le 2\}$
(최댓값) : 2, (최솟값) : 0

(3) $y=2\tan x+1$의 그래프는 다음 그림과 같이 $y=\tan x$의 그래프를 y축의 방향으로 2배한 $y=2\tan x$의 그래프를 y축의 방향으로 1만큼 평행이동한 것이다.

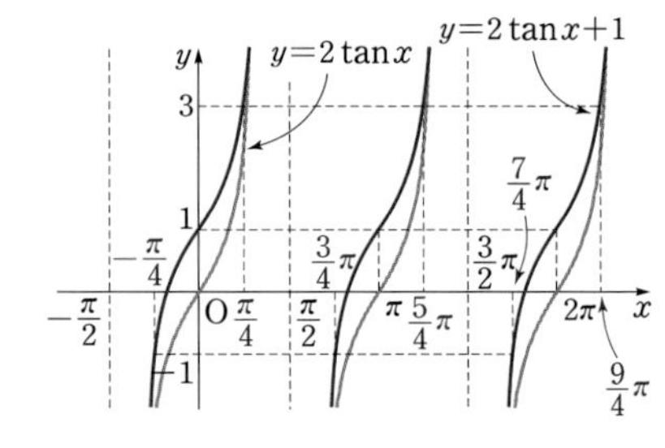

∴ (주기) : π, (치역) : $\{y \mid y$는 실수$\}$
(최댓값) : 없다, (최솟값) : 없다

(4) $y=\sin\pi x$의 그래프는 $y=\sin x$의 그래프를 x축의 방향으로 $\frac{1}{\pi}$배한 것이고, 이때 $-1\le\sin\pi x\le 1$에서

$-1\le\sin\pi x<0$이면 $y=[\sin\pi x]=-1$

$0\le\sin\pi x<1$이면 $y=[\sin\pi x]=0$

$\sin\pi x=1$이면 $y=[\sin\pi x]=1$

이므로 $y=[\sin\pi x]$의 그래프는 다음 그림과 같다.

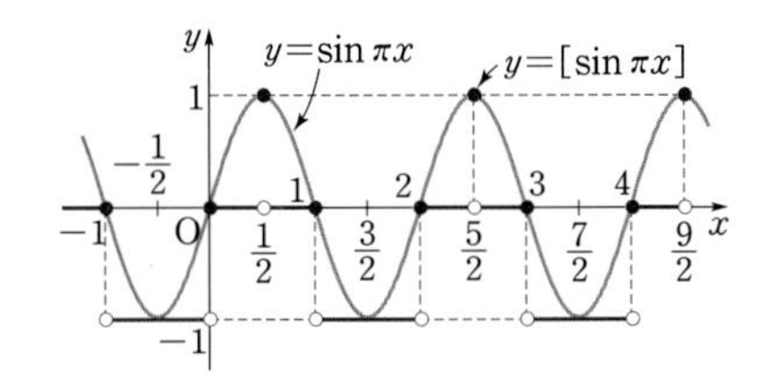

$\therefore$ **(주기) : 2, (치역) : {−1, 0, 1}**

(최댓값) : 1, (최솟값) : −1

답 풀이 참조

042-1

$a<0$이고 최댓값이 5, 최솟값이 -3이므로

$-a+c=5,\ a+c=-3$

$\therefore\ \boldsymbol{a=-4,\ c=1}$

또 $b<0$이고 주기가 4π이므로 $\frac{2\pi}{-b}=4\pi$

$\therefore\ \boldsymbol{b=-\frac{1}{2}}$

답 $a=-4,\ b=-\frac{1}{2},\ c=1$

042-2

$a>0$이고 주기가

$\frac{17}{9}\pi-\frac{5}{9}\pi=\frac{12}{9}\pi=\frac{4}{3}\pi$이므로

$\frac{2\pi}{a}=\frac{4}{3}\pi \quad \therefore\ \boldsymbol{a=\frac{3}{2}}$

또 주어진 그래프가 점 $\left(0,\ -\frac{1}{2}\right)$을 지나므로

$0+b=-\frac{1}{2} \quad \therefore\ \boldsymbol{b=-\frac{1}{2}}$

답 $a=\frac{3}{2},\ b=-\frac{1}{2}$

043-1

(1) $y=-3\cos|x|$의 그래프는 $y=-3\cos x$의 그래프에서 $x\ge 0$인 부분만 남기고, $x<0$인 부분은 $x\ge 0$인 부분을 y축에 대하여 대칭이동한 것이므로 다음 그림과 같다.

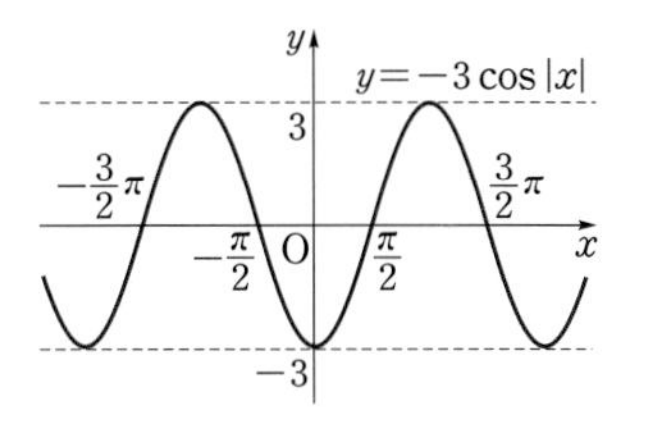

$\therefore$ **(최댓값) : 3, (최솟값) : −3**

[참고] $y=-3\cos x$는 y축에 대하여 대칭(짝함수)이므로 $y=-3\cos|x|$의 그래프는 $y=-3\cos x$의 그래프와 일치한다.

(2) $y=|\cos 2x|$의 그래프는 $y=\cos 2x$의 그래프에서 $y\ge 0$인 부분은 그대로 두고, $y<0$인 부분은 x축에 대하여 대칭이동한 것이므로 다음 그림과 같다.

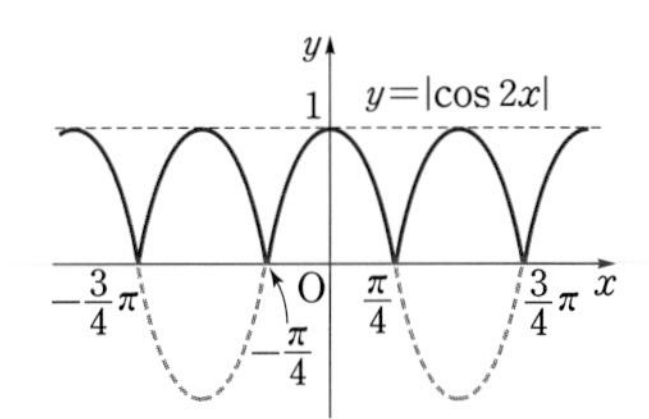

$\therefore$ **(최댓값) : 1, (최솟값) : 0**

답 (1) 최댓값 : 3, 최솟값 : −3
(2) 최댓값 : 1, 최솟값 : 0

043-2

$y=|\sin ax|+b$의 그래프는 $y=\sin ax$의 그래프에서 $y\ge 0$인 부분은 그대로 두고, $y<0$인 부분은 x축에 대하여 대칭이동한 후 y축의 방향으로 b만큼 평행이동한 것이다.

이때 $y=|\sin ax|+b$의 최댓값이 5이고

$0\le|\sin ax|\le 1$이므로

$1+b=5 \quad \therefore\ b=4$

또한 주기가 $\frac{\pi}{4}$이고 $a>0$이므로

$\frac{\pi}{a}=\frac{\pi}{4}$ $\quad\therefore a=4$

$\therefore a+b=\mathbf{8}$

답 8

044-1 (1) $\tan(450°-\theta)+\tan(450°+\theta)$

$=\tan(90°-\theta)+\tan(90°+\theta)$

$=\frac{1}{\tan\theta}-\frac{1}{\tan\theta}$

$=\mathbf{0}$

(2) $\sin\left(\frac{\pi}{2}-\theta\right)+\sin\left(\frac{\pi}{2}+\theta\right)+\sin(\pi-\theta)+\sin(\pi+\theta)$

$=\cos\theta+\cos\theta+\sin\theta-\sin\theta$

$=\mathbf{2\cos\theta}$

(3) $\tan(180°+\theta)\sin(90°+\theta)+\frac{\cos(180°-\theta)}{\tan(-\theta)}$

$=\tan\theta\cos\theta+\frac{\cos\theta}{\tan\theta}$

$=\frac{\sin\theta\cos\theta}{\cos\theta}+\frac{\cos\theta\cos\theta}{\sin\theta}$

$=\sin\theta+\frac{\cos^2\theta}{\sin\theta}$

$=\frac{\sin^2\theta+\cos^2\theta}{\sin\theta}=\mathbf{\frac{1}{\sin\theta}}$

(4) $\frac{\sin(\pi+\theta)\tan^2(\pi-\theta)}{\cos\left(\frac{3}{2}\pi+\theta\right)}-\frac{\sin\left(\frac{3}{2}\pi-\theta\right)}{\sin\left(\frac{\pi}{2}+\theta\right)\cos^2\theta}$

$=\frac{-\sin\theta\tan^2\theta}{\sin\theta}-\frac{-\cos\theta}{\cos\theta\cos^2\theta}$

$=-\tan^2\theta+\frac{1}{\cos^2\theta}$

$=-\frac{\sin^2\theta}{\cos^2\theta}+\frac{1}{\cos^2\theta}$

$=\frac{-\sin^2\theta+1}{\cos^2\theta}=\frac{\cos^2\theta}{\cos^2\theta}=\mathbf{1}$

답 (1) 0 (2) $2\cos\theta$ (3) $\frac{1}{\sin\theta}$ (4) 1

045-1 $\tan\left(\frac{\pi}{2}-\theta\right)=\frac{1}{\tan\theta}$이므로

$\tan\theta\times\tan\left(\frac{\pi}{2}-\theta\right)=\tan\theta\times\frac{1}{\tan\theta}=1$

이 성립한다. 따라서

$\tan1°\times\tan89°=1$

$\tan2°\times\tan88°=1$

$\vdots$

$\tan44°\times\tan46°=1$

$\therefore \tan1°\times\tan2°\times\cdots\times\tan89°=\tan45°=\mathbf{1}$

답 1

046-1 $\alpha+\beta=\frac{\pi}{2}$이므로

$\cos\beta=\cos\left(\frac{\pi}{2}-\alpha\right)=\sin\alpha$

이때 $\sin^2\alpha+\cos^2\alpha=1$이므로

$\cos^2\beta+b^2=1$, $\cos^2\beta=1-b^2$

$\therefore \cos\beta=\mathbf{\sqrt{1-b^2}}\left(\because 0<\beta<\frac{\pi}{2}\right)$

답 $\sqrt{1-b^2}$

046-2 $105°=90°+15°$이므로

$\sin105°=\sin(90°+15°)=\cos15°$

$125°=90°+35°$이므로

$\cos125°=\cos(90°+35°)=-\sin35°$

$\therefore$ (주어진 식)

$=\cos15°-\sin35°-(-\sin35°)-\cos15°=\mathbf{0}$

답 0

046-3 $70°=90°-20°$이므로

$\tan70°=\tan(90°-20°)=\frac{1}{\tan20°}$

$\therefore$ (주어진 식)$=\tan^2 20° - \dfrac{1}{\cos^2 20°}$

$$=\frac{\sin^2 20°}{\cos^2 20°}-\frac{1}{\cos^2 20°}$$

$$=\frac{-(1-\sin^2 20°)}{\cos^2 20°}=\frac{-\cos^2 20°}{\cos^2 20°}$$

$$=\mathbf{-1}$$

답 -1

047-1 (1) $\cos x=t\,(-1\le t\le 1)$로 치환하면 주어진 함수는

$$y=\left|t+\frac{1}{2}\right|-1$$

$$=\begin{cases} t-\dfrac{1}{2} & \left(t\ge -\dfrac{1}{2}\right) \\ -t-\dfrac{3}{2} & \left(t< -\dfrac{1}{2}\right)\end{cases}$$

이므로 그 그래프는 다음 그림과 같다.

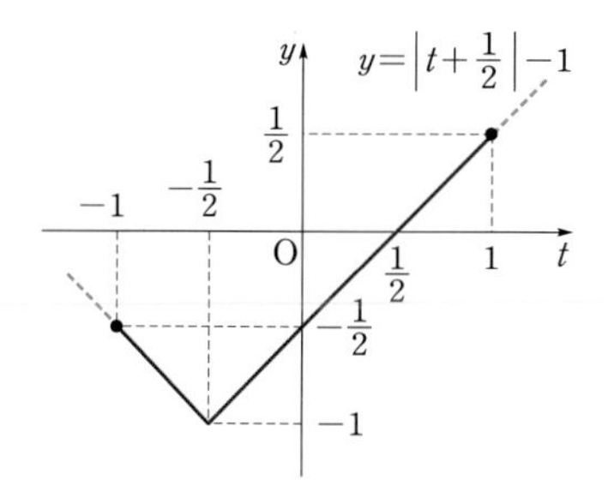

$\therefore$ **(최댓값) : $\frac{1}{2}$, (최솟값) : -1**

(2) $\sin x=t\ (-1\le t\le 1)$로 치환하면 주어진 함수는

$$y=\frac{2t-1}{t+2}=\frac{2(t+2)-5}{t+2}=\frac{-5}{t+2}+2$$

이므로 그 그래프는 다음 그림과 같다.

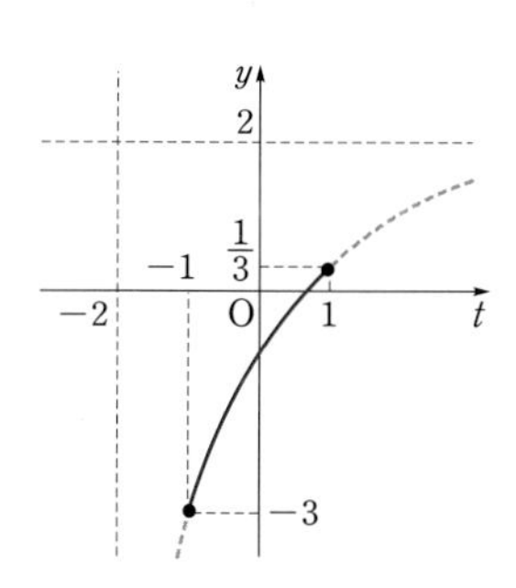

$\therefore$ **(최댓값) : $\frac{1}{3}$, (최솟값) : -3**

다른 풀이 (1) $-1\le\cos x\le 1$이므로

$$-\frac{1}{2}\le\cos x+\frac{1}{2}\le\frac{3}{2},\ 0\le\left|\cos x+\frac{1}{2}\right|\le\frac{3}{2}$$

$$\therefore -1\le\left|\cos x+\frac{1}{2}\right|-1\le\frac{1}{2}$$

(2) $y=\dfrac{2\sin x-1}{\sin x+2}=\dfrac{2(\sin x+2)-5}{\sin x+2}$

$$=\frac{-5}{\sin x+2}+2$$

$-1\le\sin x\le 1$이므로

$$1\le\sin x+2\le 3,\ \frac{1}{3}\le\frac{1}{\sin x+2}\le 1$$

$$-5\le\frac{-5}{\sin x+2}\le-\frac{5}{3}$$

$$\therefore -3\le\frac{-5}{\sin x+2}+2\le\frac{1}{3}$$

답 (1) 최댓값 : $\frac{1}{2}$, 최솟값 : -1

(2) 최댓값 : $\frac{1}{3}$, 최솟값 : -3

048-1 (1) $\cos x=t\ (-1\le t\le 1)$로 치환하면 주어진 함수는

$$y=t^2+4t-1=(t+2)^2-5$$

이므로 그 그래프는 다음 그림과 같다.

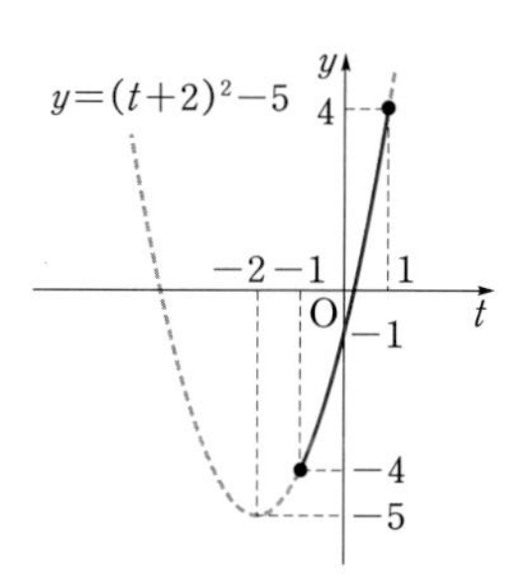

$\therefore$ **(최댓값) : 4, (최솟값) : -4**

(2) $\cos(\pi-x)=-\cos x$,

$\sin(2\pi-x)=-\sin x$, $\cos^2 x=1-\sin^2 x$이므로

$y=\cos^2(\pi-x)-2\sin(2\pi-x)-2$

$=(-\cos x)^2+2\sin x-2=\cos^2 x+2\sin x-2$

$=1-\sin^2 x+2\sin x-2$

$=-\sin^2 x+2\sin x-1$

$\sin x=t\ (-1\le t\le 1)$로 치환하면 주어진 함수는

$y=-t^2+2t-1=-(t-1)^2$

이므로 그 그래프는 다음 그림과 같다.

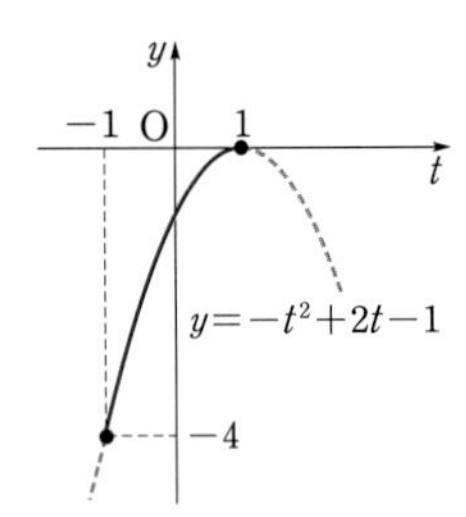

$\therefore$ **(최댓값) : 0, (최솟값) : −4**

답 (1) 최댓값 : 4, 최솟값 : −4

(2) 최댓값 : 0, 최솟값 : −4

048-2

$\tan\left(\frac{\pi}{2}-x\right)=\frac{1}{\tan x}$ 이므로

$y=\tan^2 x+\frac{2}{\tan\left(\frac{\pi}{2}-x\right)}+3$

$=\tan^2 x+2\tan x+3$

$\tan x=t$로 놓으면 $-\frac{\pi}{4}\le x\le\frac{\pi}{4}$에서

$-1\le t\le 1$이고 주어진 함수는

$y=t^2+2t+3=(t+1)^2+2$

이므로 그 그래프는 오른쪽 그림과 같다.

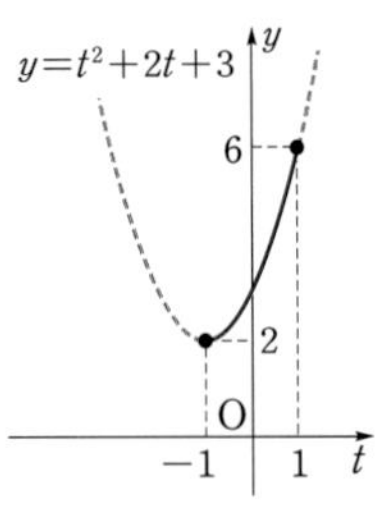

$\therefore$ **(최댓값) : 6, (최솟값) : 2**

답 최댓값 : 6, 최솟값 : 2

048-3

$\sin^2 x+\cos^2 x=1$이므로

$\sin^2 x=1-\cos^2 x$를 주어진 함수의 식에 대입하면

$y=-(1-\cos^2 x)-2a\cos x+1$

$=\cos^2 x-2a\cos x$

이고, $\cos x=t\ (-1\le t\le 1)$로 치환하면

$y=t^2-2at=(t-a)^2-a^2\ (a>0)$

이다. 이때

(i) $0<a<1$이면 주어진 함수는 $t=a$에서 최솟값 $-a^2$을 갖는다. 조건에서 최솟값은 -4이므로

$-a^2=-4\qquad\therefore a=\pm 2$

그런데 구한 a의 값은 $0<a<1$을 만족시키지 않으므로 적합하지 않다.

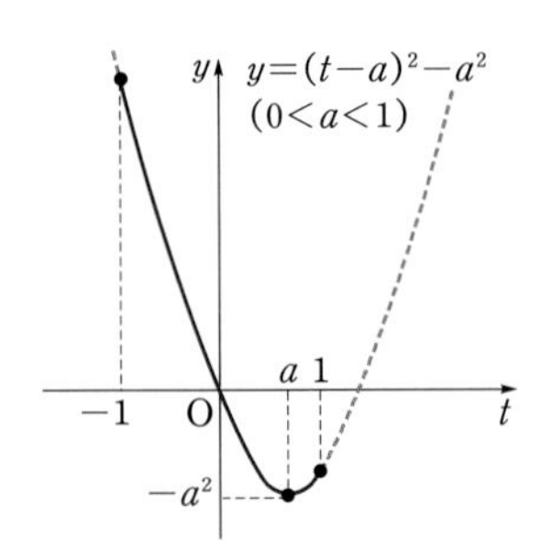

(ii) $a\ge 1$이면 주어진 함수는 $t=1$에서 최솟값 $1-2a$를 갖는다. 조건에서 최솟값은 -4이므로

$1-2a=-4\qquad\therefore a=\frac{5}{2}$

구한 a의 값은 $a>1$을 만족시키므로 적합하다.

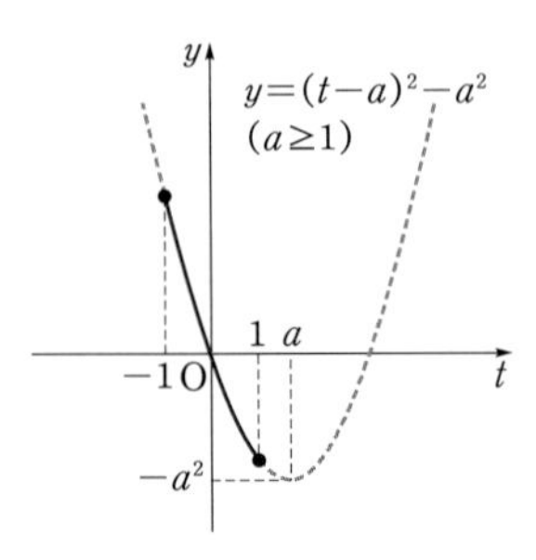

(i), (ii)에 의하여

$a=\mathbf{\frac{5}{2}}$

답 $\frac{5}{2}$

049-1

$\tan^2 x+(1-\sqrt{3})\tan x-\sqrt{3}=0$의 좌변을 인수분해하여 풀면

$(\tan x+1)(\tan x-\sqrt{3})=0$

$\therefore \tan x=-1$ 또는 $\tan x=\sqrt{3}$

(i) $\tan x=-1$에서 $x=\frac{3}{4}\pi$ 또는 $x=\frac{7}{4}\pi$

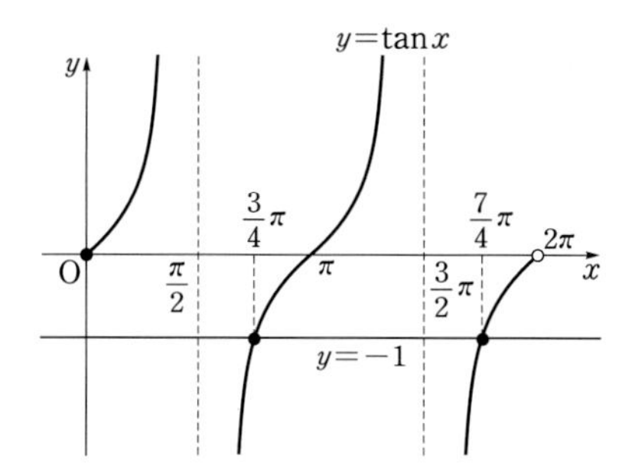

(ii) $\tan x=\sqrt{3}$에서 $x=\frac{\pi}{3}$ 또는 $x=\frac{4}{3}\pi$

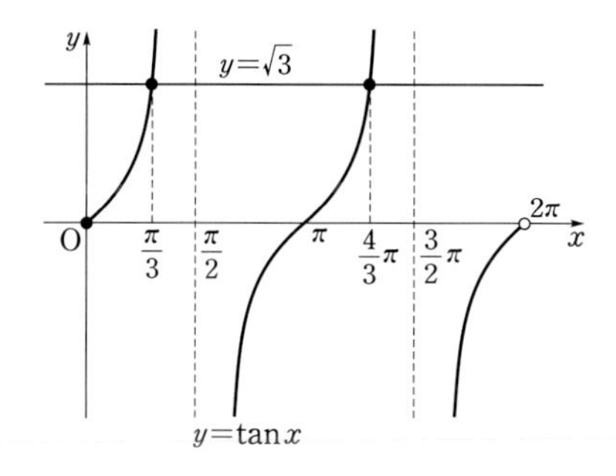

따라서 구하는 해는

$$\boldsymbol{x=\frac{\pi}{3}\ \text{또는}\ x=\frac{3}{4}\pi\ \text{또는}\ x=\frac{4}{3}\pi\ \text{또는}\ x=\frac{7}{4}\pi}$$

답 $x=\frac{\pi}{3}$ 또는 $x=\frac{3}{4}\pi$ 또는 $x=\frac{4}{3}\pi$ 또는 $x=\frac{7}{4}\pi$

049-2 $\sin^3 x-\cos^3 x$

$=(\sin x-\cos x)(\sin^2 x+\sin x\cos x+\cos^2 x)$

$=(\sin x-\cos x)(1+\sin x\cos x)$

$=\sin x+\sin^2 x\cos x-\cos x-\sin x\cos^2 x$

이므로

$\sin^3 x-\cos^3 x+\sin x\cos x-\sin x+\cos x$

$=\sin x+\sin^2 x\cos x-\cos x-\sin x\cos^2 x+\sin x\cos x-\sin x+\cos x$

$=\sin x\cos x(\sin x-\cos x+1)=0$ …… ㉠

한편 $\sin x-\cos x+1=0$에서 $\cos x-\sin x=1$의 양변을 제곱하면

$\cos^2 x-2\sin x\cos x+\sin^2 x=1$

$1-2\sin x\cos x=1$ $\therefore \sin x\cos x=0$

따라서 ㉠은 $\sin x\cos x=0$이므로

$\sin x=0$ 또는 $\cos x=0$

(i) $\sin x=0$일 때 $x=0$ 또는 $x=\pi$

(ii) $\cos x=0$일 때 $x=\frac{\pi}{2}$ 또는 $x=\frac{3}{2}\pi$

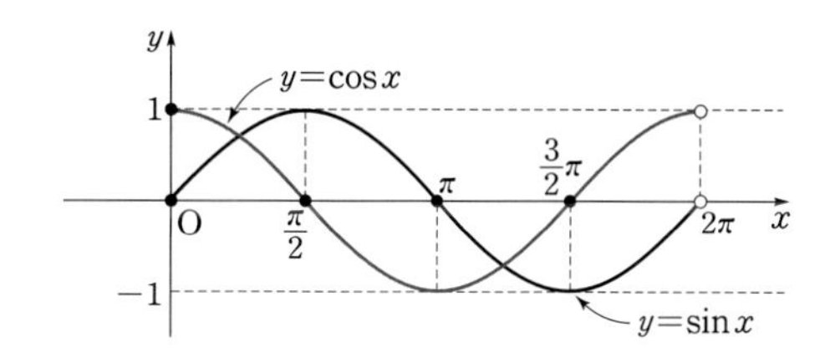

따라서 구하는 해는

$$\boldsymbol{x=0\ \text{또는}\ x=\frac{\pi}{2}\ \text{또는}\ x=\pi\ \text{또는}\ x=\frac{3}{2}\pi}$$

답 $x=0$ 또는 $x=\frac{\pi}{2}$ 또는 $x=\pi$ 또는 $x=\frac{3}{2}\pi$

049-3 방정식 $\cos x=\frac{1}{8}x$의 실근의 개수는 함수 $y=\cos x$의 그래프와 직선 $y=\frac{1}{8}x$의 교점의 개수와 같다.

이때 $y=\frac{1}{8}x$에서 $y=1$이면 $x=8$, $y=-1$이면 $x=-8$이고, $2\pi<8<3\pi$이므로 두 함수의 그래프는 다음 그림과 같다.

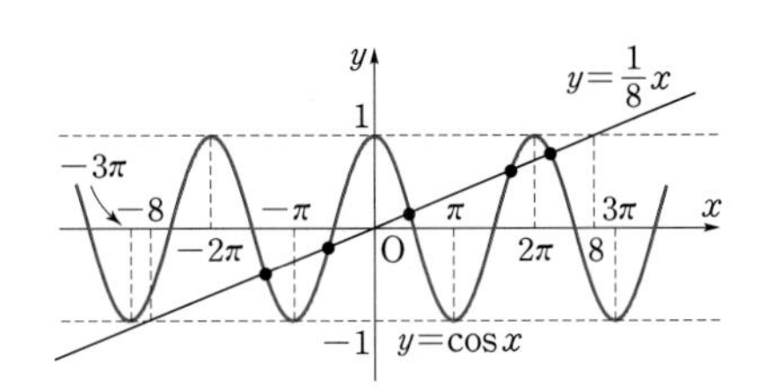

따라서 두 그래프의 교점의 개수가 **5**이므로 구하는 방정식의 실근의 개수는 5이다. 답 5

따라서 오른쪽 그림에서 구하는 해는

$$\boldsymbol{\frac{\pi}{4}<x<\frac{\pi}{3}}$$

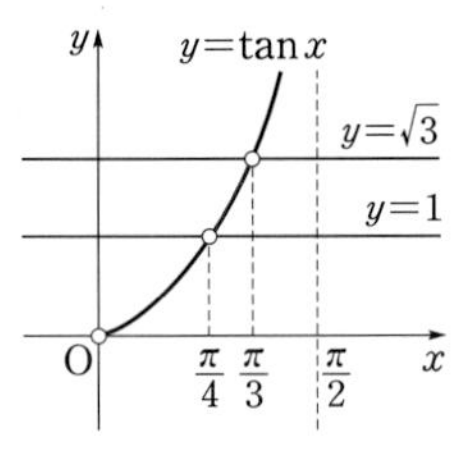

답 $\frac{\pi}{4}<x<\frac{\pi}{3}$

050-1 $7\sin x+2\cos^2 x-5>0$에서

$\cos^2 x=1-\sin^2 x$이므로

$7\sin x+2(1-\sin^2 x)-5>0$

$2\sin^2 x-7\sin x+3<0$

$(2\sin x-1)(\sin x-3)<0$

이때 $\sin x-3<0$이므로

$2\sin x-1>0 \qquad \therefore \sin x>\frac{1}{2}$

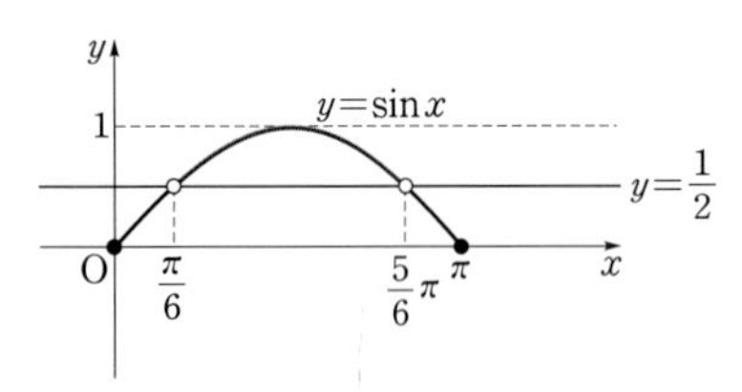

따라서 구하는 해는

$\boldsymbol{\frac{\pi}{6}<x<\frac{5}{6}\pi}$ 답 $\frac{\pi}{6}<x<\frac{5}{6}\pi$

050-2 $0<x<\frac{\pi}{2}$에서 $\cos^2 x>0$이므로 주어진 부등식의 양변을 $\cos^2 x$으로 나누면

$\left(\frac{\sin x}{\cos x}-1\right)\left(\frac{\sin x}{\cos x}-\sqrt{3}\right)<0$

$(\tan x-1)(\tan x-\sqrt{3})<0$

$\therefore 1<\tan x<\sqrt{3}$

051-1 모든 실수 x에 대하여 부등식이 성립하므로 이차방정식 $x^2+x\sin\theta-\cos\theta+1=0$의 판별식을 D라 할 때 $D<0$이어야 한다. 즉,

$D=\sin^2\theta+4\cos\theta-4$

$=(1-\cos^2\theta)+4\cos\theta-4$

$=-\cos^2\theta+4\cos\theta-3<0$

$\cos^2\theta-4\cos\theta+3>0$

$(\cos\theta-1)(\cos\theta-3)>0$

이때 $\cos\theta-3<0$이므로

$\cos\theta-1<0 \qquad \therefore \cos\theta<1$

즉, $\theta=2n\pi$ (n은 정수)이면 $\cos\theta=1$이므로 주어진 부등식을 만족시키지 않는다.

따라서 옳지 않은 것은 ④ $\boldsymbol{2\pi}$이다. 답 ④

051-2 방정식

$x^2-4x\cos\theta+6\sin\theta=0$ $(0\le x<2\pi)$이 서로 다른 두 양의 실근을 가지려면

(i) 두 근의 합과 두 근의 곱이 모두 양수이므로

$4\cos\theta>0$, $6\sin\theta>0$에서

$\cos\theta>0$, $\sin\theta>0$

$\therefore 0<\theta<\frac{\pi}{2}$

(ii) 주어진 방정식의 판별식을 D라 하면 $D>0$이어야 하므로

$\frac{D}{4}=4\cos^2\theta-6\sin\theta>0$

$4(1-\sin^2\theta)-6\sin\theta>0$

$-4\sin^2\theta-6\sin\theta+4>0$

$2\sin^2\theta+3\sin\theta-2<0$

$(2\sin\theta-1)(\sin\theta+2)<0$

이때 $\sin\theta+2>0$이므로

$2\sin\theta-1<0 \qquad \therefore \sin\theta<\frac{1}{2}$

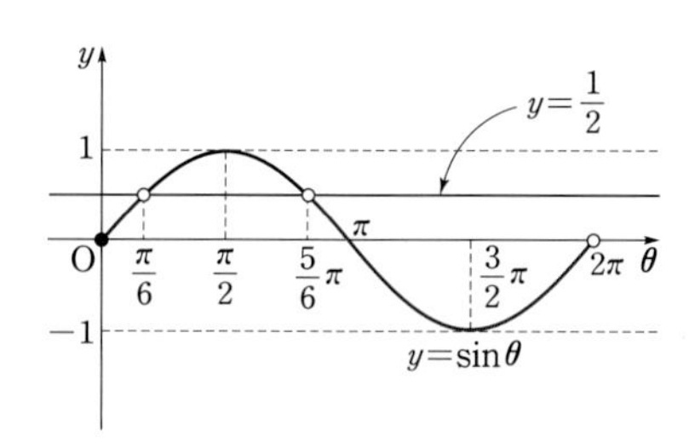

$\therefore 0\le\theta<\frac{\pi}{6},\ \frac{5}{6}\pi<\theta<2\pi$

따라서 (i), (ii)를 모두 만족시키는 θ의 값의 범위는

$\mathbf{0<\theta<\frac{\pi}{6}}$ 답 $0<\theta<\frac{\pi}{6}$

3. 삼각함수의 활용

유제 SUMMA CUM LAUDE

052-1 (1) $C=60°$, $b=5+5\sqrt{3}$, $c=5\sqrt{6}$
(2) $A=30°$, $B=105°$, $C=45°$

052-2 (1) $\sqrt{6}$ (2) $\frac{\sqrt{2}+\sqrt{6}}{4}$

053-1 3 : 6 : 4 **053-2** $\frac{3}{4}$

054-1 풀이 참조 **055-1** $20\sqrt{21}$m

056-1 $\frac{1}{4}$ **056-2** 24

057-1 $\frac{15\sqrt{3}}{4}$ **057-2** $13\sqrt{3}$

058-1 $2\sqrt{37}$ **058-2** 4 **059-1** ①

052-1 (1) $A+B+C=180°$이므로

$\mathbf{C}=180°-(A+B)=180°-(45°+75°)=\mathbf{60°}$

사인법칙에 의하여 $\frac{a}{\sin A}=\frac{c}{\sin C}$이므로

$\frac{10}{\sin 45°}=\frac{c}{\sin 60°}$

$\therefore \mathbf{c}=\sin 60°\times\frac{10}{\sin 45°}$

$=\frac{\sqrt{3}}{2}\times\frac{10}{\frac{\sqrt{2}}{2}}=\mathbf{5\sqrt{6}}$

한편 $B=75°$는 특수각이 아니므로 사인법칙을 이용하여 b의 값을 구하기는 쉽지 않다.

이런 경우에는 코사인법칙을 이용해 보자.

코사인법칙에 의하여 $c^2=a^2+b^2-2ab\cos C$이므로

$(5\sqrt{6})^2=10^2+b^2-2\times10\times b\times\cos 60°$

$150=100+b^2-2\times10\times b\times\frac{1}{2}$

$b^2-10b-50=0$

$\therefore \mathbf{b=5+5\sqrt{3}}$ ($\because b>0$)

(2) 코사인법칙에 의하여 $\cos A=\frac{b^2+c^2-a^2}{2bc}$이므로

유제

$$\cos A=\frac{(2+2\sqrt{3})^2+4^2-(2\sqrt{2})^2}{2\times(2+2\sqrt{3})\times4}$$

$$=\frac{(16+8\sqrt{3})+16-8}{16(1+\sqrt{3})}=\frac{8\sqrt{3}(1+\sqrt{3})}{16(1+\sqrt{3})}$$

$$=\frac{\sqrt{3}}{2}$$

$\therefore$ $\boldsymbol{A=30^\circ}$ ($\because$ $0^\circ<A<180^\circ$)

사인법칙에 의하여 $\frac{a}{\sin A}=\frac{c}{\sin C}$ 이므로

$$\frac{2\sqrt{2}}{\sin 30^\circ}=\frac{4}{\sin C},\ \sin C=4\times\frac{\frac{1}{2}}{2\sqrt{2}}=\frac{\sqrt{2}}{2}$$

$\therefore$ $C=45^\circ$ 또는 $C=135^\circ$

그런데 $a<c<b$이므로 $\triangle$ABC는 B가 가장 큰 각인 삼각형이다. 즉, C는 예각이다.

$\therefore$ $\boldsymbol{C=45^\circ}$

$\therefore$ $\boldsymbol{B}=180^\circ-(A+C)$

$=180^\circ-(30^\circ+45^\circ)=\boldsymbol{105^\circ}$

답 (1) $C=60^\circ$, $b=5+5\sqrt{3}$, $c=5\sqrt{6}$

(2) $A=30^\circ$, $B=105^\circ$, $C=45^\circ$

052-2 (1) $A=3k$, $B=4k$, $C=5k$ (k는 양수)라 하자. 삼각형의 세 내각의 크기의 합은 π이므로

$12k=\pi$ $\quad\therefore$ $A=\frac{\pi}{4}$, $B=\frac{\pi}{3}$, $C=\frac{5}{12}\pi$

사인법칙에 의하여 $\frac{a}{\sin A}=\frac{b}{\sin B}$ 이므로

$$\frac{a}{\sin\frac{\pi}{4}}=\frac{3}{\sin\frac{\pi}{3}}$$

$$\therefore\ a=\frac{\sqrt{2}}{2}\times\frac{3}{\frac{\sqrt{3}}{2}}=\boldsymbol{\sqrt{6}}\ \blacksquare$$

(2) 코사인법칙에 의하여 $b^2=c^2+a^2-2ca\cos B$이므로

$$3^2=c^2+(\sqrt{6})^2-2\times c\times\sqrt{6}\times\cos\frac{\pi}{3}$$

$$9=c^2+6-2\times c\times\sqrt{6}\times\frac{1}{2}$$

$c^2-\sqrt{6}c-3=0$ $\quad\therefore$ $c=\frac{\sqrt{6}+3\sqrt{2}}{2}$ ($\because$ $c>0$)

사인법칙에 의하여 $\frac{b}{\sin B}=\frac{c}{\sin C}$ 이므로

$$\frac{3}{\sin\frac{\pi}{3}}=\frac{\frac{\sqrt{6}+3\sqrt{2}}{2}}{\sin\frac{5}{12}\pi}$$

$$\therefore\ \sin\frac{5}{12}\pi=\frac{1}{2\sqrt{3}}\times\frac{\sqrt{6}+3\sqrt{2}}{2}=\boldsymbol{\frac{\sqrt{2}+\sqrt{6}}{4}}$$

답 (1) $\sqrt{6}$ (2) $\frac{\sqrt{2}+\sqrt{6}}{4}$

053-1 삼각형 ABC의 외접원의 반지름의 길이를 R라 하면 사인법칙에 의하여

$a:b:c=2R\sin A:2R\sin B:2R\sin C$

$=\sin A:\sin B:\sin C$

$=2:3:4$

이므로 $a=2k$, $b=3k$, $c=4k$ ($k>0$)라 하면

$ab:bc:ca=(2k\times3k):(3k\times4k):(4k\times2k)$

$=6k^2:12k^2:8k^2$

$=\boldsymbol{3:6:4}$

답 $3:6:4$

053-2 삼각형의 내각의 크기의 합은 π이므로

$\sin(A+B)=\sin(\pi-C)=\sin C$

$\sin(B+C)=\sin(\pi-A)=\sin A$

$\sin(C+A)=\sin(\pi-B)=\sin B$

따라서 삼각형 ABC의 외접원의 반지름의 길이를 R라 하면 사인법칙에 의하여

$\sin(A+B):\sin(B+C):\sin(C+A)$

$=\sin C:\sin A:\sin B=\frac{c}{2R}:\frac{a}{2R}:\frac{b}{2R}$

$=c:a:b=4:5:6$

이때 $a=5k$, $b=6k$, $c=4k$(k는 양수)로 놓으면 길이가 가장 짧은 변의 대각이 최소각이므로 $\angle$C가 최소각이다. 따라서 코사인법칙에 의하여

$$\cos\theta=\cos C=\frac{(5k)^2+(6k)^2-(4k)^2}{2\times5k\times6k}=\boldsymbol{\frac{3}{4}}$$

[참고] 삼각형 ABC에서 $a<b<c$이면 $A<B<C$이고 (역도 성립), $a<b<c$이면 $\sin A<\sin B<\sin C$(역도 성립)이다.

그런데 a, b, c와 $\sin A$, $\sin B$, $\sin C$ 사이에는 비례 관계가 성립하지만 a, b, c와 A, B, C 사이에는 대소 관계만 성립할 뿐 비례 관계는 성립하지 않음에 주의하자.

답 $\frac{3}{4}$

054-1 (1) 삼각형 ABC의 외접원의 반지름의 길이를 R라 하면 사인법칙에 의하여

$$\sin A=\frac{a}{2R},\ \sin B=\frac{b}{2R},\ \sin C=\frac{c}{2R}$$

이것을 $a\sin A=b\sin B=c\sin C$에 대입하면

$$a\times\frac{a}{2R}=b\times\frac{b}{2R}=c\times\frac{c}{2R}$$

$$a^2=b^2=c^2$$

$$\therefore a=b=c\ (\because a>0,\ b>0,\ c>0)$$

따라서 삼각형 ABC는 **정삼각형**이다.

(2) 삼각형 ABC의 외접원의 반지름의 길이를 R라 하면 사인법칙과 코사인법칙에 의하여

$$\sin A=\frac{a}{2R},\ \sin C=\frac{c}{2R},\ \cos B=\frac{c^2+a^2-b^2}{2ca}$$

이것을 $2\sin A\cos B=\sin C$에 대입하면

$$2\times\frac{a}{2R}\times\frac{c^2+a^2-b^2}{2ca}=\frac{c}{2R}$$

$$c^2+a^2-b^2=c^2$$

$$a^2=b^2\qquad\therefore a=b\ (\because a>0,\ b>0)$$

따라서 삼각형 ABC는 **$a=b$인 이등변삼각형**이다.

(3) $\cos^2A+\cos^2B=1+\cos^2C$에서 삼각함수 사이의 관계에 의하여

$$(1-\sin^2A)+(1-\sin^2B)=1+(1-\sin^2C)$$

$$\therefore \sin^2A+\sin^2B=\sin^2C$$

삼각형 ABC의 외접원의 반지름의 길이를 R라 하면 사인법칙에 의하여

$$\sin A=\frac{a}{2R},\ \sin B=\frac{b}{2R},\ \sin C=\frac{c}{2R}$$

이것을 $\sin^2A+\sin^2B=\sin^2C$에 대입하면

$$\left(\frac{a}{2R}\right)^2+\left(\frac{b}{2R}\right)^2=\left(\frac{c}{2R}\right)^2$$

$$\therefore a^2+b^2=c^2$$

따라서 삼각형 ABC는 **$C=90°$인 직각삼각형**이다.

(4) $a^2\tan B=b^2\tan A$에서 삼각함수 사이의 관계에 의하여

$$a^2\times\frac{\sin B}{\cos B}=b^2\times\frac{\sin A}{\cos A}$$

$$a^2\cos A\sin B=b^2\sin A\cos B\qquad\cdots\cdots ㉠$$

이때 삼각형 ABC의 외접원의 반지름의 길이를 R라 하면 사인법칙과 코사인법칙에 의하여

$$\sin A=\frac{a}{2R},\ \sin B=\frac{b}{2R},$$

$$\cos A=\frac{b^2+c^2-a^2}{2bc},\ \cos B=\frac{c^2+a^2-b^2}{2ca}$$

이것을 ㉠에 대입하여 정리하면

$$a^2\times\frac{b^2+c^2-a^2}{2bc}\times\frac{b}{2R}$$

$$=b^2\times\frac{a}{2R}\times\frac{c^2+a^2-b^2}{2ca}$$

$$a^2(b^2+c^2-a^2)=b^2(c^2+a^2-b^2)$$

$$a^4-b^4-c^2(a^2-b^2)=0$$

$$(a^2-b^2)(a^2+b^2)-c^2(a^2-b^2)=0$$

$$(a^2-b^2)(a^2+b^2-c^2)=0$$

$$\therefore a=b \text{ 또는 } a^2+b^2=c^2\ (\because a>0,\ b>0)$$

따라서 삼각형 ABC는 **$a=b$인 이등변삼각형 또는 $C=90°$인 직각삼각형**이다.

답 풀이 참조

055-1 $\angle CAD=\angle ACD=30°$이므로 삼각형 DCA는 $\overline{AD}=\overline{CD}$인 이등변삼각형이고, 다음 그림과 같이 점 D에서 선분 AC에 내린 수선의 발을 H라 하면

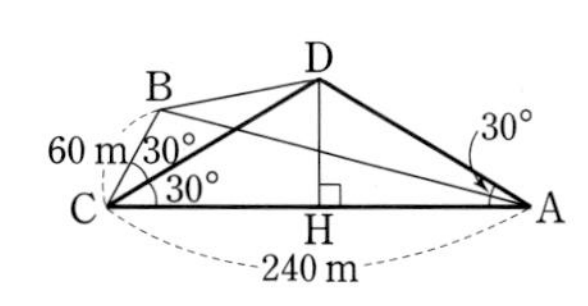

$\overline{CH}=120\,\text{m}$,

$$\overline{CD}=\frac{\overline{CH}}{\cos 30^\circ}=\frac{120}{\frac{\sqrt{3}}{2}}=80\sqrt{3}\,(\text{m})$$

따라서 삼각형 CBD에서 코사인법칙에 의하여

$$\overline{BD}^2=\overline{CD}^2+\overline{BC}^2-2\times\overline{CD}\times\overline{BC}\times\cos(\angle BCD)$$
$$=(80\sqrt{3})^2+60^2-2\times80\sqrt{3}\times60\times\cos 30^\circ$$
$$=19200+3600-14400=8400$$

$\therefore$ $\overline{BD}=\mathbf{20\sqrt{21}\,m}$ ($\because$ $\overline{BD}>0$) 　　답 $20\sqrt{21}\,\text{m}$

056-1

삼각형 ABC의 넓이는

$$\frac{1}{2}ab\sin C=\frac{1}{2}ab\sin\frac{\pi}{6}=\frac{ab}{4}$$

이므로 　 $a+b=\frac{ab}{4}$

양변을 ab로 나누면

$$\frac{1}{b}+\frac{1}{a}=\frac{1}{4} \qquad \therefore \frac{1}{a}+\frac{1}{b}=\mathbf{\frac{1}{4}}$$

답 $\frac{1}{4}$

056-2

삼각형 ABC의 외접원의 반지름의 길이 R가 2이고, 삼각형 ABC의 넓이 S가 3이므로

$S=\frac{abc}{4R}$에서 　 $3=\frac{abc}{4\times2}$

$\therefore$ $abc=\mathbf{24}$ 　　답 24

057-1

선분 AC를 그으면 사각형 ABCD는 삼각형 ABC와 삼각형 ACD로 나눌 수 있다.

(i) $\triangle ABC=\frac{1}{2}\times3\times1\times\sin120^\circ=\frac{3\sqrt{3}}{4}$

(ii) 원에 내접하는 사각형은 대각의 크기의 합이 180°이므로

$$\angle ADC=180^\circ-\angle ABC=60^\circ$$

삼각형 ABC에서 코사인법칙에 의하여

$$\overline{AC}^2=3^2+1^2-2\times3\times1\times\cos120^\circ=13$$

$\therefore$ $\overline{AC}=\sqrt{13}$ ($\because$ $\overline{AC}>0$)

또 $\overline{CD}=x$라 하면 삼각형 ACD에서 코사인법칙에 의하여

$$(\sqrt{13})^2=3^2+x^2-2\times3\times x\times\cos60^\circ$$
$$x^2-3x-4=0,\ (x+1)(x-4)=0$$

$\therefore$ $x=4$ ($\because$ $x>0$)

$\therefore$ $\triangle ACD=\frac{1}{2}\times3\times4\times\sin60^\circ=3\sqrt{3}$

(i), (ii)에 의하여

$$\square ABCD=\triangle ABC+\triangle ACD=\mathbf{\frac{15\sqrt{3}}{4}}$$

답 $\frac{15\sqrt{3}}{4}$

057-2

삼각형 DBC에서 코사인법칙에 의하여

$$\cos C=\frac{3^2+8^2-7^2}{2\times3\times8}=\frac{1}{2}$$

$\sin^2C=1-\cos^2C$이므로

$$\sin C=\sqrt{1-\cos^2C}\ (\because 0^\circ<C<180^\circ)$$
$$=\sqrt{1-\left(\frac{1}{2}\right)^2}=\frac{\sqrt{3}}{2}$$

$$\therefore \square ABCD=\triangle ABD+\triangle DBC$$
$$=\frac{1}{2}\times2\sqrt{6}\times7\times\sin45^\circ+\frac{1}{2}\times3\times8\times\sin C$$
$$=7\sqrt{3}+6\sqrt{3}=\mathbf{13\sqrt{3}}$$

다른 풀이 헤론의 공식에 의하여

$\triangle DBC=\sqrt{9\times1\times2\times6}=6\sqrt{3}$ 　　답 $13\sqrt{3}$

058-1

평행사변형 ABCD의 넓이가 $24\sqrt{3}$이므로

$$24\sqrt{3}=6\times8\times\sin B$$

$\therefore$ $\sin B=\frac{24\sqrt{3}}{48}=\frac{\sqrt{3}}{2}$

$\therefore$ $B=120^\circ$ ($\because$ $90^\circ<B<180^\circ$)

따라서 대각선 AC의 길이는 $\triangle ABC$에서 코사인법칙에 의하여

$\overline{AC}^2=6^2+8^2-2\times6\times8\times\cos120°$

$=36+64-96\times\left(-\frac{1}{2}\right)=148$

$\therefore \overline{AC}=\mathbf{2\sqrt{37}}$ 답 $2\sqrt{37}$

058-2 등변사다리꼴의 두 대각선의 길이는 같으므로 대각선의 길이를 a라 하면

$\frac{1}{2}\times a\times a\times\sin\frac{3}{4}\pi=4\sqrt{2}$

$\frac{1}{2}a^2\times\frac{\sqrt{2}}{2}=4\sqrt{2}$

$\therefore a^2=16$

$\therefore a=\mathbf{4}$ ($\because a>0$) 답 4

059-1 두 변의 길이와 그 끼인 각의 크기를 각각 a, b, θ라 하면 새로운 삼각형의 두 변의 길이는 각각 $1.1a$, $0.9b$이다.

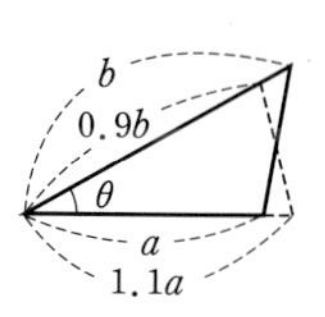

처음 삼각형의 넓이를 S, 새로운 삼각형의 넓이를 S'이라 하면

$S=\frac{1}{2}ab\sin\theta$,

$S'=\frac{1}{2}\times1.1a\times0.9b\times\sin\theta$

$=0.99\times\left(\frac{1}{2}ab\sin\theta\right)=0.99S$

따라서 삼각형의 넓이는 **1 % 감소한다.** 답 ①

III 수열

1. 등차수열과 등비수열

유제 SUMMA CUM LAUDE

060-1 ㄱ, ㄷ **060-2** 7
061-1 21 **061-2** 제15항 **061-3** 15
062-1 15 **062-2** 107
063-1 96° **063-2** ③
064-1 342 **064-2** 174
065-1 444 **065-2** 제14항
066-1 13266 **066-2** 1200
067-1 −28 **067-2** 7 **068-1** 9
069-1 제11항 **069-2** 제18항
070-1 45 **070-2** 3
071-1 2 **072-1** 8회
073-1 8 **073-2** 78
074-1 −3 **074-2** 2522 **075-1** $\frac{131}{2}a$원

060-1 ㄱ. $a_1=1^2$, $a_2=2^2$, $a_3=3^2$, $a_4=4^2$, $\cdots$

$\therefore a_n=n^2$

ㄴ. $a_1=2^1$, $a_2=2^2$, $a_3=2^3$, $a_4=2^4$, $\cdots$

$\therefore a_n=2^n$

ㄷ. $a_1=\frac{5}{9}\cdot(10-1)$, $a_2=\frac{5}{9}\cdot(10^2-1)$,

$a_3=\frac{5}{9}\cdot(10^3-1)$, $a_4=\frac{5}{9}\cdot(10^4-1)$, $\cdots$

$\therefore a_n=\frac{5}{9}(10^n-1)$

ㄹ. $a_1=(-1)^1\cdot\frac{1}{1}$, $a_2=(-1)^2\cdot\frac{1}{2}$,

$a_3=(-1)^3\cdot\frac{1}{3}$, $a_4=(-1)^4\cdot\frac{1}{4}$, $\cdots$

$\therefore a_n=(-1)^n\cdot\frac{1}{n}$

따라서 수열의 일반항 a_n이 바르게 된 것은 **ㄱ, ㄷ**이다.

답 ㄱ, ㄷ

060-2 3^1의 일의 자리 숫자는 3이므로 $a_1=3$

$3^2=9$의 일의 자리 숫자는 9이므로 $a_2=9$

$3^3=27$의 일의 자리 숫자는 7이므로 $a_3=7$

$3^4=81$의 일의 자리 숫자는 1이므로 $a_4=1$

$3^5=243$의 일의 자리 숫자는 3이므로 $a_5=3$

⋮

수열 $\{a_n\}$은 3, 9, 7, 1이 차례로 반복된다.

이때 $2019=4\cdot504+3$이므로

$a_{2019}=a_3=\mathbf{7}$

답 7

061-1 등차수열 $\{a_n\}$의 첫째항을 a, 공차를 d라 하면

$a_4=14$이므로 $a+3d=14$ ...... ㉠

또한 $a_5=3a_2$이므로 $a+4d=3(a+d)$

$\therefore 2a=d$ ...... ㉡

㉠, ㉡을 연립하여 풀면 $a=2$, $d=4$

이때 $a_k=82$이므로

$a_k=2+(k-1)\cdot4=4k-2=82$

$\therefore k=\mathbf{21}$

답 21

061-2 등차수열 $\{a_n\}$의 첫째항을 a, 공차를 d라 하면

$a_2=50$이므로 $a+d=50$ ...... ㉠

또한 $a_5=38$이므로 $a+4d=38$ ...... ㉡

㉠, ㉡을 연립하여 풀면 $a=54$, $d=-4$

따라서 등차수열 $\{a_n\}$의 일반항은

$a_n=54+(n-1)\cdot(-4)=-4n+58$

이때 제n항에서 음수가 된다고 하면

$a_n=-4n+58<0$ $\therefore n>14.5$

따라서 처음으로 음수가 되는 항은 **제15항**이다.

답 제15항

061-3 첫째항이 -12, 공차가 2인 등차수열의 제$(n+2)$항이 20이므로

$-12+(n+2-1)\cdot2=20$

$2n-10=20$ $\therefore n=\mathbf{15}$

답 15

062-1 $\log(a-6)$은 $\log3$, $\log(a+12)$의 등차중항이므로

$\log(a-6)=\dfrac{\log3+\log(a+12)}{2}$

$2\log(a-6)=\log3+\log(a+12)$

$\log(a-6)^2=\log3(a+12)$

$(a-6)^2=3(a+12)$, $a^2-15a=0$

$a(a-15)=0$

$\therefore a=\mathbf{15}$ ($\because$ 진수의 조건에 의하여 $a>6$)

답 15

062-2 등차수열을 이루는 세 수를 각각 $a-d$, a, $a+d$라 하면 세 수의 합이 15이므로

$(a-d)+a+(a+d)=15$, $3a=15$

$\therefore a=5$

또 세 수의 곱이 45이므로

$(5-d)\cdot5\cdot(5+d)=45$, $(5-d)(5+d)=9$

$d^2=16$ $\therefore d=\pm4$

따라서 세 수는 1, 5, 9이므로 세 수의 제곱의 합은

$1^2+5^2+9^2=\mathbf{107}$

답 107

063-1 사각형의 네 내각의 크기가 등차수열을 이루므로 네 내각의 크기를 $a-3d$, $a-d$, $a+d$, $a+3d$라 하자.

이때 네 내각의 크기의 합은 360°이므로

$(a-3d)+(a-d)+(a+d)+(a+3d)=360^\circ$

$4a=360^\circ$ $\therefore a=90^\circ$

가장 작은 각의 크기가 72°이므로

$90^\circ-3d=72^\circ$ $\therefore d=6^\circ$

따라서 두 번째로 큰 각의 크기는

$90^\circ+6^\circ=\mathbf{96^\circ}$

답 96°

063-2 자연수이고 등차수열을 이루는 직각삼각형의 세 변의 길이를 $a-d$, a, $a+d$라 하면 피타고라스 정리에 의하여

$(a+d)^2=a^2+(a-d)^2$

$4ad=a^2$ $\quad \therefore 4d=a$ ($\because a$는 자연수)

따라서 조건을 만족시키는 직각삼각형의 세 변의 길이는 $3d$, $4d$, $5d$이므로 변의 길이는 3의 배수이거나 4의 배수이거나 5의 배수이다.

따라서 보기 중 직각삼각형의 한 변의 길이가 될 수 있는 것은 ③ **81**이다. 답 ③

064-1 주어진 등차수열의 항의 개수는 9이고, 첫째항이 5, 제9항이 71이므로 구하는 등차수열의 합은

$\frac{9(5+71)}{2}=\mathbf{342}$ 답 342

064-2 $x_1, x_2, \cdots, x_{29}$는 등차수열을 이룬다.

이 등차수열의 항의 개수는 29이고, 전체 항의 평균이 $x_{15}=6$이므로

$x_1+x_2+\cdots+x_{29}=29\times6=\mathbf{174}$

다른 풀이 $x_{15}=x$라 두고 공차를 d라 하면 점의 좌표 $x_1, x_2, \cdots, x_{29}$는

$x-14d, \cdots, x-d, x, x+d, \cdots, x+14d$

로 놓을 수 있다.

따라서 29개의 항의 합은 $29x=29\times6=174$이다.

답 174

065-1 주어진 등차수열의 공차를 d라 하고 일반항을 a_n이라 하면 첫째항이 70, 제5항이 46이므로

$70+4d=46$ $\quad \therefore d=-6$

$\therefore a_n=70+(n-1)\cdot(-6)=-6n+76$

$-6n+76<0$에서 $\quad n>\frac{38}{3}=12.6\cdots$

따라서 등차수열 $\{a_n\}$은 제13항부터 음수이므로 S_{12}가 S_n의 최댓값이다.

$\therefore S_{12}=\frac{12\{2\cdot70+(12-1)\cdot(-6)\}}{2}=\mathbf{444}$

다른 풀이 첫째항이 70, 공차가 -6이므로

$S_n=\frac{n\{2\cdot70+(n-1)\cdot(-6)\}}{2}$

$=-3n^2+73n=-3\left(n-\frac{73}{6}\right)^2+▲$

따라서 S_n의 최댓값은 $n=12$일 때 444이다. 답 444

065-2 첫째항을 a, 공차를 d, 첫째항부터 제n항까지의 합을 S_n이라 하면

$S_5=a+(a+d)+\cdots+(a+4d)=5a+10d$,

$S_8=a+(a+d)+\cdots+(a+7d)=8a+28d$

이때 $a=24$이고 $S_5=S_8$이므로

$5\cdot24+10d=8\cdot24+28d$

$18d=-72$ $\quad \therefore d=-4$

$\therefore S_n=\frac{n\{2\cdot24+(n-1)\cdot(-4)\}}{2}=n(26-2n)$

$n(26-2n)<0$에서 $\quad n(n-13)>0$

$\therefore n>13(\because n>0)$

따라서 $n=14$일 때, 즉 첫째항부터 **제14항**까지의 합이 처음으로 음수가 된다. 답 제14항

066-1 100 이상 500 이하의 자연수 중에서 9로 나누어떨어지는 수를 작은 것부터 순서대로 나열하면

108, 117, 126, $\cdots$, 495

이므로 첫째항이 108, 공차가 9인 등차수열이다. 이 수열의 일반항을 a_n이라 하면

$a_n=108+(n-1)\cdot9=9n+99$

이때 $9n+99=495$에서 $n=44$이므로 495는 제44항이다.

따라서 구하는 합은 $\frac{44(108+495)}{2}=\mathbf{13266}$

답 13266

066-2

100 이하의 자연수 중에서

6의 배수는 6, 12, 18, ⋯, 96의 16개,

8의 배수는 8, 16, 24, ⋯, 96의 12개,

6과 8의 최소공배수인 24의 배수는 24, 48, 72, 96이다.

이때 100 이하의 자연수 중에서 6의 배수, 8의 배수, 24의 배수의 합을 각각 a, b, c라 하면

$a=\frac{16(6+96)}{2}=816$, $b=\frac{12(8+96)}{2}=624$,

$c=24+48+72+96=240$

따라서 100 이하의 자연수 중에서 6 또는 8로 나누어떨어지는 수의 합은

$a+b-c=816+624-240=\mathbf{1200}$

답 1200

067-1

$S_n=n^2+an+b$에서

$a_7=20$이므로

$a_7=S_7-S_6$

$=7^2+a\cdot7+b-(6^2+a\cdot6+b)$

$=a+13=20$

$\therefore a=7$

또한 $a_1=4$이므로

$a_1=S_1=1+7\cdot1+b=4$ $\quad\therefore b=-4$

$\therefore ab=\mathbf{-28}$

[참고] 수열 $\{a_n\}$이 등차수열이라는 조건이 없으므로 $a_1=4$, $a_7=20$에서 첫째항, 공차를 구하여 S_n을 유도하는 방법으로 문제를 해결하지 않도록 한다.

답 -28

067-2

$S_n=n^2-5n$에서

(i) $n\geq2$일 때

$a_n=S_n-S_{n-1}$

$=n^2-5n-\{(n-1)^2-5(n-1)\}$

$=2n-6$ ⋯⋯ ㉠

(ii) $n=1$일 때

$a_1=S_1=1-5\cdot1=-4$

이때 $a_1=-4$는 ㉠에 $n=1$을 대입한 것과 같으므로 수열 $\{a_n\}$의 일반항은

$a_n=2n-6$

따라서 수열 $\{a_n\}$은 등차수열이므로 수열 a_5, a_7, a_9, ⋯, a_{2k+3}은 항의 개수가 k인 등차수열이다.

$\therefore a_5+a_7+a_9+\cdots+a_{2k+3}$

$=4+8+12+\cdots+4k=\frac{k(4+4k)}{2}=2k^2+2k$

이때 주어진 조건에 의하여

$2k^2+2k=112$, $k^2+k-56=0$

$(k+8)(k-7)=0$ $\quad\therefore k=\mathbf{7}$ ($\because$ k는 자연수)

답 7

068-1

1, 2, 3 / 11, 12, 13 / 21, 22, 23은 각각 등차수열을 이룬다. 합의 관점에서 보면 주어진 수의 배열은

2, 2, 2 / 12, 12, 12 / 22, 22, 22

와 동일하다. 2, 12, 22 또한 등차수열을 이루므로 한 단계 더 나아가 주어진 수의 배열은 한가운데에 놓인 12가 9개 있는 것으로 생각해도 충분하다.

즉, 이동된 정사각형에서 한가운데에 위치하는 수를 M이라 하면 $S(m, n)=M\times9$

따라서 $S(m, n)=513$이려면

$M\times9=513$ $\quad\therefore M=57$

처음 정사각형에서 한가운데의 수가 12였으므로 57이 되기 위해서는 오른쪽으로 5칸, 아래쪽으로 4칸 움직이면 된다.

$\therefore m+n=5+4=\mathbf{9}$

답 9

069-1

등비수열 $\{a_n\}$의 첫째항을 a, 공비를 r라 하면

$a_1a_5=9$에서 $\quad a\cdot ar^4=9$

$\therefore a^2r^4=9$ ⋯⋯ ㉠

$a_3a_7=81$에서 $ar^2\cdot ar^6=81$

$\therefore a^2r^8=81$ ...... ㉡

㉡÷㉠을 하면 $r^4=9$

$\therefore r=\sqrt{3}\ (\because r>0)$

$r=\sqrt{3}$을 ㉠에 대입하면 $a^2\cdot(\sqrt{3})^4=9$

$a^2=1 \quad \therefore a=1\ (\because a>0)$

$\therefore a_n=1\cdot(\sqrt{3})^{n-1}=3^{\frac{n-1}{2}}$

243을 제k항이라 하면

$3^{\frac{k-1}{2}}=243,\ 3^{\frac{k-1}{2}}=3^5$

$\frac{k-1}{2}=5 \quad \therefore k=11$

따라서 243은 **제11항**이다. 답 제11항

069-2 등비수열의 일반항을 a_n, 첫째항을 a, 공비를 r라 하면

$a_2=6$에서 $ar=6$ ...... ㉠

$a_4=24$에서 $ar^3=24$ ...... ㉡

㉡÷㉠을 하면 $r^2=4 \quad \therefore r=2\ (\because r>0)$

$r=2$를 ㉠에 대입하면 $a\cdot2=6 \quad \therefore a=3$

따라서 $a_n=3\cdot2^{n-1}$이므로 $3\cdot2^{n-1}>3\cdot10^5$에서

$2^{n-1}>10^5$

양변에 상용로그를 취하면

$\log 2^{n-1}>\log 10^5,\ (n-1)\log 2>5$

$n-1>\frac{5}{\log 2}=\frac{5}{0.3}=16.6\cdots$

$\therefore n>17.6\cdots$

이때 n은 자연수이므로 n의 최솟값은 18이다.

따라서 처음으로 $3\cdot10^5$보다 커지는 항은 **제18항**이다.

답 제18항

070-1 세 수 a, b, 36이 이 순서대로 등차수열을 이루므로

$b=\frac{a+36}{2}$ ...... ㉠

세 수 12, a, b가 이 순서대로 등비수열을 이루므로

$a^2=12b$ ...... ㉡

㉠, ㉡을 연립하여 풀면

$a^2=6a+216,\ a^2-6a-216=0$

$(a+12)(a-18)=0 \quad \therefore a=18\ (a>0)$

$a=18$을 ㉠에 대입하면

$b=\frac{18+36}{2}=27$

$\therefore a+b=18+27=\mathbf{45}$ 답 45

070-2 다항식 $f(x)=x^2+ax+4$를 일차식 $x-1$, x, $x+1$로 각각 나누었을 때의 나머지는 나머지 정리에 의하여

$f(1)=a+5,\ f(0)=4,\ f(-1)=-a+5$

$a+5$, 4, $-a+5$가 이 순서대로 등비수열을 이루므로

$4^2=(a+5)(-a+5),\ 16=25-a^2$

$a^2=9 \quad \therefore a=\mathbf{3}\ (\because a>0)$ 답 3

071-1 등비수열을 이루는 세 실수를 a, ar, ar^2으로 놓으면 세 실수의 합이 $\frac{7}{2}$이므로

$a+ar+ar^2=a(1+r+r^2)=\frac{7}{2}$ ...... ㉠

또 세 실수의 곱이 1이므로

$a\cdot ar\cdot ar^2=(ar)^3=1$

$\therefore ar=1\ (\because ar$는 실수$)$ ...... ㉡

㉡에서 $a=\frac{1}{r}$이므로 ㉠에 대입하면

$\frac{1}{r}(1+r+r^2)=\frac{7}{2},\ 2(1+r+r^2)=7r$

$2r^2-5r+2=0,\ (2r-1)(r-2)=0$

$\therefore r=\mathbf{2}\ (\because r$는 정수$)$ 답 2

유제

072-1 1회 배양 후의 세균 수는 $3\cdot 2$

2회 배양 후의 세균 수는 $3\cdot 2\cdot 2=3\cdot 2^2$

3회 배양 후의 세균 수는 $3\cdot 2^2\cdot 2=3\cdot 2^3$

⋮

n회 배양 후의 세균 수는 $3\cdot 2^n$

이때 k회 배양 후의 세균이 768마리가 된다고 하면

$3\cdot 2^k=768,\ 2^k=256=2^8$

$\therefore k=8$

따라서 **8회** 배양해야 한다. 답 8회

073-1 주어진 등비수열의 첫째항부터 제n항까지의 합을 S_n이라 하면

$S_n=\dfrac{4(2^n-1)}{2-1}=4(2^n-1)$

합이 처음으로 1000보다 커지는 항은 $S_n>1000$을 만족시키는 최초의 항이므로 $4(2^n-1)>1000$에서

$2^n-1>250 \quad \therefore 2^n>251$

이때 $2^7=128,\ 2^8=256$이므로

$n\ge 8$

따라서 처음으로 1000보다 커질 때의 n의 값은 **8**이다.

답 8

073-2 등비수열 $\{a_n\}$의 첫째항을 a, 공비를 r라 하면

$S_n=\dfrac{a(r^n-1)}{r-1}=54$ ⋯⋯ ㉠

$S_{2n}=\dfrac{a(r^{2n}-1)}{r-1}=\dfrac{a(r^n-1)(r^n+1)}{r-1}=72$ ⋯⋯ ㉡

㉠을 ㉡에 대입하면

$54(r^n+1)=72$

$r^n+1=\dfrac{4}{3} \quad \therefore r^n=\dfrac{1}{3}$

$\therefore S_{3n}=\dfrac{a(r^{3n}-1)}{r-1}$

$=\dfrac{a(r^n-1)(r^{2n}+r^n+1)}{r-1}$

$=\dfrac{a(r^n-1)}{r-1}\cdot(r^{2n}+r^n+1)$

$=54\left\{\left(\dfrac{1}{3}\right)^2+\dfrac{1}{3}+1\right\}=\mathbf{78}$ 답 78

074-1 $S_n=3\cdot 4^n+k$에서

(i) $n\ge 2$일 때

$a_n=S_n-S_{n-1}$

$=3\cdot 4^n+k-(3\cdot 4^{n-1}+k)$

$=3\cdot 4^{n-1}(4-1)=9\cdot 4^{n-1}$ ⋯⋯ ㉠

(ii) $n=1$일 때

$a_1=S_1=3\cdot 4+k=12+k$ ⋯⋯ ㉡

이때 첫째항부터 등비수열을 이루려면 ㉠에 $n=1$을 대입한 값이 ㉡과 같아야 하므로

$9\cdot 1=12+k \quad \therefore k=\mathbf{-3}$ 답 -3

074-2 $\log_5(S_n+3)=n+1$에서 $S_n+3=5^{n+1}$이므로

$S_n=5^{n+1}-3$에서

$a_1=S_1=5^2-3=22$

$a_4=S_4-S_3=5^5-3-(5^4-3)=2500$

$\therefore a_1+a_4=22+2500=\mathbf{2522}$

다른 풀이 $S_n=5^{n+1}-3$에서

(i) $n\ge 2$일 때

$a_n=S_n-S_{n-1}$

$=5^{n+1}-3-(5^n-3)=5^n(5-1)$

$=4\cdot 5^n$ ⋯⋯ ㉠

(ii) $n=1$일 때　$a_1=S_1=5^2-3=22$

이때 $a_1=22$는 ㉠에 $n=1$을 대입한 것과 다르므로 수열 $\{a_n\}$의 일반항은

$a_1=22,\ a_n=4\cdot5^n\ (n\geq2)$

$\therefore a_1+a_4=22+4\cdot5^4=2522$　　답 2522

075-1

$$\left.\begin{array}{l}\text{첫해} : a \\ 2\text{년째} : a\times1.08 \\ 3\text{년째} : a\times1.08^2 \\ \vdots \\ 19\text{년째} : a\times1.08^{18}\end{array}\right\}\text{증가}$$

$$\left.\begin{array}{l}20\text{년째} : a\times1.08^{18}\times\frac{2}{3} \\ 21\text{년째} : a\times1.08^{18}\times\frac{2}{3} \\ \vdots \\ 28\text{년째} : a\times1.08^{18}\times\frac{2}{3}\end{array}\right\}\text{변동없다.}$$

19년째 해까지의 연봉은 공비가 1.08인 등비수열로 증가하다가, 20년째 해부터는 공비가 1인 등비수열이 됨을 주의하자. 연봉의 총합은 두 부분으로 나누어 계산한다.

(첫해부터 19년째 해까지 연봉의 합)

$=\frac{a(1.08^{19}-1)}{1.08-1}=\frac{a(4\times1.08-1)}{0.08}$

$=\frac{3.32}{0.08}a=\frac{83}{2}a$(원)

(20년째 해부터 28년째 해까지의 연봉의 합)

$=\left(\frac{2}{3}a\times1.08^{18}\right)\times9=24a$(원)

따라서 28년 동안 근무하여 받는 연봉의 총합은

$\frac{83}{2}a+24a=\boldsymbol{\frac{131}{2}a}$**(원)**　　답 $\frac{131}{2}a$원

2. 여러 가지 수열의 합

유제 SUMMA CUM LAUDE

076-1 105　**076-2** 218

077-1 502　**078-1** -274

079-1 (1) $\frac{n(6n^2+3n-1)}{2}$　(2) $2n(n+1)^2(n+2)$

079-2 (1) 1100　(2) 11935　(3) 25

080-1 (1) $\frac{n}{2n+1}$　(2) $\frac{3n}{2(n+2)}$　(3) $1-\frac{\sqrt{n+1}}{n+1}$

081-1 1

082-1 (1) 240　(2) $\frac{1}{10}$　**082-2** 243

076-1 $\sum_{k=1}^{10}(a_{2k}+a_{2k+1})$

$=(a_2+a_3)+(a_4+a_5)+\cdots+(a_{20}+a_{21})$

$=\sum_{k=2}^{21}a_k=\sum_{k=1}^{21}a_k-a_1$

$=\sum_{k=1}^{21}a_k-5=100$

$\therefore \sum_{k=1}^{21}a_k=100+5=\mathbf{105}$　　답 105

076-2 $\sum_{k=1}^{20}(3a_k+2)^2$

$=\sum_{k=1}^{20}(9{a_k}^2+12a_k+4)$

$=9\sum_{k=1}^{20}{a_k}^2+12\sum_{k=1}^{20}a_k+\sum_{k=1}^{20}4$

$=9\cdot10+12\cdot4+4\cdot20$

$=\mathbf{218}$　　답 218

077-1 주어진 수열의 제k항을 a_k라 하면

$a_k=1+2+2^2+\cdots+2^{k-1}=\frac{1(2^k-1)}{2-1}=2^k-1$

유제

따라서 첫째항부터 제8항까지의 합은

$$\sum_{k=1}^{8} a_k=\sum_{k=1}^{8}(2^k-1)=\sum_{k=1}^{8}2^k-\sum_{k=1}^{8}1$$

$$=\frac{2(2^8-1)}{2-1}-8=\mathbf{502}$$

답 502

078-1 $\sum_{k=5}^{14}3(k-4)^2-\sum_{k=1}^{10}(3k+k^3)-\sum_{k=9}^{20}22+\sum_{k=1}^{10}(k-1)^3$

$$=\sum_{k=1}^{10}3k^2-\sum_{k=1}^{10}(3k+k^3)-\left(\sum_{k=1}^{10}22+44\right)+\sum_{k=1}^{10}(k-1)^3$$

$$=\sum_{k=1}^{10}\{3k^2-3k-k^3-22+(k-1)^3\}-44$$

$$=-\sum_{k=1}^{10}23-44$$

$$=-23\cdot 10-44=\mathbf{-274}$$

답 -274

079-1 (1) 주어진 수열의 일반항을 a_n이라 하면

$a_n=(3n-1)^2$

따라서 수열 $\{a_n\}$의 첫째항부터 제n항까지의 합은

$$\sum_{k=1}^{n} a_k=\sum_{k=1}^{n}(3k-1)^2=\sum_{k=1}^{n}(9k^2-6k+1)$$

$$=9\sum_{k=1}^{n}k^2-6\sum_{k=1}^{n}k+\sum_{k=1}^{n}1$$

$$=9\cdot\frac{n(n+1)(2n+1)}{6}-6\cdot\frac{n(n+1)}{2}+n$$

$$=\frac{n}{2}\{3(n+1)(2n+1)-6(n+1)+2\}$$

$$=\mathbf{\frac{n(6n^2+3n-1)}{2}}$$

(2) 주어진 수열의 일반항을 a_n이라 하면

$a_n=(n+1)(2n+1)4n$

따라서 수열 $\{a_n\}$의 첫째항부터 제n항까지의 합은

$$\sum_{k=1}^{n} a_k=\sum_{k=1}^{n}(k+1)(2k+1)4k$$

$$=\sum_{k=1}^{n}(8k^3+12k^2+4k)$$

$$=8\sum_{k=1}^{n}k^3+12\sum_{k=1}^{n}k^2+4\sum_{k=1}^{n}k$$

$$=8\left\{\frac{n(n+1)}{2}\right\}^2+12\cdot\frac{n(n+1)(2n+1)}{6}+4\cdot\frac{n(n+1)}{2}$$

$$=2n^2(n+1)^2+2n(n+1)(2n+1)+2n(n+1)$$

$$=2n(n+1)\{n(n+1)+(2n+1)+1\}$$

$$=2n(n+1)(n^2+3n+2)$$

$$=\mathbf{2n(n+1)^2(n+2)}$$

답 (1) $\frac{n(6n^2+3n-1)}{2}$ (2) $2n(n+1)^2(n+2)$

079-2 (1) $\sum_{l=1}^{10}\left\{\sum_{k=1}^{10}(k+l)\right\}$

$$=\sum_{l=1}^{10}\left(\sum_{k=1}^{10}k+\sum_{k=1}^{10}l\right)=\sum_{l=1}^{10}\left(\frac{10\cdot 11}{2}+10l\right)$$

$$=\sum_{l=1}^{10}55+10\sum_{l=1}^{10}l=55\cdot 10+10\cdot\frac{10\cdot 11}{2}$$

$$=550+550=\mathbf{1100}$$

(2) $\sum_{j=1}^{10}\left(\sum_{i=1}^{5}j^2 2^{i-1}\right)=\sum_{j=1}^{10}\left(j^2\sum_{i=1}^{5}2^{i-1}\right)$

$$=\sum_{j=1}^{10}j^2\cdot\frac{2^5-1}{2-1}$$

$$=31\cdot\frac{10\cdot 11\cdot 21}{6}=\mathbf{11935}$$

(3) $\sum_{i=1}^{19}\left\{\sum_{j=1}^{5}(-1)^{i-1}(2j-1)\right\}$

$$=\sum_{i=1}^{19}\left\{(-1)^{i-1}\sum_{j=1}^{5}(2j-1)\right\}$$

$$=\sum_{i=1}^{19}(-1)^{i-1}\cdot\left(2\cdot\frac{5\cdot 6}{2}-5\right)$$

$$=25\{(-1)^0+(-1)^1+(-1)^2+\cdots+(-1)^{18}\}$$

$$=25(1-1+1-\cdots+1)=\mathbf{25}$$

답 (1) 1100 (2) 11935 (3) 25

080-1 (1) 주어진 수열의 일반항을 a_n이라 하면

$$a_n=\frac{1}{(2n)^2-1}=\frac{1}{(2n-1)(2n+1)}$$
$$=\frac{1}{2}\left(\frac{1}{2n-1}-\frac{1}{2n+1}\right)$$

따라서 수열 $\{a_n\}$의 첫째항부터 제n항까지의 합은

$$\sum_{k=1}^{n}a_k=\frac{1}{2}\sum_{k=1}^{n}\left(\frac{1}{2k-1}-\frac{1}{2k+1}\right)$$
$$=\frac{1}{2}\left\{\left(\frac{1}{1}-\frac{1}{3}\right)+\left(\frac{1}{3}-\frac{1}{5}\right)+\cdots+\left(\frac{1}{2n-1}-\frac{1}{2n+1}\right)\right\}$$
$$=\frac{1}{2}\left(1-\frac{1}{2n+1}\right)$$
$$=\boldsymbol{\frac{n}{2n+1}}$$

(2) $1\cdot2+2\cdot3+\cdots+n(n+1)$

$$=\sum_{k=1}^{n}k(k+1)=\frac{n(n+1)(2n+1)}{6}+\frac{n(n+1)}{2}$$
$$=\frac{n(n+1)(n+2)}{3}$$

이므로 주어진 수열의 일반항을 a_n이라 하면

$$a_n=\frac{n}{\frac{n(n+1)(n+2)}{3}}$$
$$=\frac{3}{(n+1)(n+2)}$$
$$=3\left(\frac{1}{n+1}-\frac{1}{n+2}\right)$$

따라서 수열 $\{a_n\}$의 첫째항부터 제n항까지의 합은

$$\sum_{k=1}^{n}a_k=3\sum_{k=1}^{n}\left(\frac{1}{k+1}-\frac{1}{k+2}\right)$$
$$=3\left\{\left(\frac{1}{2}-\frac{1}{3}\right)+\left(\frac{1}{3}-\frac{1}{4}\right)+\cdots+\left(\frac{1}{n+1}-\frac{1}{n+2}\right)\right\}$$
$$=3\left(\frac{1}{2}-\frac{1}{n+2}\right)$$
$$=\boldsymbol{\frac{3n}{2(n+2)}}$$

(3) 주어진 수열의 일반항을 a_n이라 하면

$$a_n=\frac{1}{n\sqrt{n+1}+(n+1)\sqrt{n}}$$
$$=\frac{1}{(\sqrt{n})^2\sqrt{n+1}+(\sqrt{n+1})^2\sqrt{n}}$$
$$=\frac{1}{\sqrt{n}\sqrt{n+1}(\sqrt{n}+\sqrt{n+1})}$$
$$=\frac{\sqrt{n+1}-\sqrt{n}}{\sqrt{n}\sqrt{n+1}(\sqrt{n+1}+\sqrt{n})(\sqrt{n+1}-\sqrt{n})}$$
$$=\frac{\sqrt{n+1}-\sqrt{n}}{\sqrt{n}\sqrt{n+1}}$$
$$=\frac{1}{\sqrt{n}}-\frac{1}{\sqrt{n+1}}$$

따라서 수열 $\{a_n\}$의 첫째항부터 제n항까지의 합은

$$\sum_{k=1}^{n}a_k=\sum_{k=1}^{n}\left(\frac{1}{\sqrt{k}}-\frac{1}{\sqrt{k+1}}\right)$$
$$=\left(1-\frac{1}{\sqrt{2}}\right)+\left(\frac{1}{\sqrt{2}}-\frac{1}{\sqrt{3}}\right)+\left(\frac{1}{\sqrt{3}}-\frac{1}{\sqrt{4}}\right)+\cdots+\left(\frac{1}{\sqrt{n}}-\frac{1}{\sqrt{n+1}}\right)$$
$$=1-\frac{1}{\sqrt{n+1}}$$
$$=\boldsymbol{1-\frac{\sqrt{n+1}}{n+1}}$$

답 (1) $\frac{n}{2n+1}$ (2) $\frac{3n}{2(n+2)}$ (3) $1-\frac{\sqrt{n+1}}{n+1}$

081-1 $\frac{1}{a_1}$, $\frac{1}{a_2}$, $\frac{1}{a_3}$, $\cdots$, $\frac{1}{a_{11}}$이 순서대로 등차수열을 이루므로 공차를 d라 하면 일반항 $\frac{1}{a_n}$은

$$\frac{1}{a_n}=\frac{1}{a_1}+(n-1)d$$

이때 $\frac{1}{a_{11}}=\frac{1}{a_1}+10d=1+10d=10$이므로

$$d=\frac{9}{10}$$

따라서 $\frac{1}{a_n}=1+(n-1)\cdot\frac{9}{10}=\frac{9n+1}{10}$이므로

$$a_n=\frac{10}{9n+1}$$

유제

$\therefore a_1a_2+a_2a_3+a_3a_4+\cdots+a_{10}a_{11}$

$=\sum_{k=1}^{10} a_k a_{k+1}=\sum_{k=1}^{10} \frac{10}{9k+1}\cdot\frac{10}{9k+10}$

$=\frac{100}{9}\sum_{k=1}^{10}\left(\frac{1}{9k+1}-\frac{1}{9k+10}\right)$

$=\frac{100}{9}\left(\frac{1}{10}-\frac{1}{19}+\frac{1}{19}-\frac{1}{28}+\cdots\right.$

$\left.+\frac{1}{91}-\frac{1}{100}\right)$

$=\frac{100}{9}\left(\frac{1}{10}-\frac{1}{100}\right)=\mathbf{1}$ 답 1

082-1 수열 $\{a_n\}$의 첫째항부터 제n항까지의 합을 S_n이라 하면 $S_n=\sum_{k=1}^{n} a_k=n^2+3n$

(i) $n\geq2$일 때

$a_n=S_n-S_{n-1}=n^2+3n-\{(n-1)^2+3(n-1)\}$

$=2n+2$ ……㉠

(ii) $n=1$일 때

$a_1=S_1=1^2+3\cdot1=4$

이때 $a_1=4$는 ㉠에 $n=1$을 대입한 것과 같으므로 일반항 a_n은 $a_n=2n+2$

(1) $\sum_{k=1}^{10} a_{2k}=\sum_{k=1}^{10}(2\cdot2k+2)=\sum_{k=1}^{10}(4k+2)$

$=4\sum_{k=1}^{10}k+\sum_{k=1}^{10}2$

$=4\cdot\frac{10\cdot11}{2}+2\cdot10=220+20=\mathbf{240}$

(2) $\sum_{k=1}^{8}\frac{1}{a_ka_{k+1}}=\sum_{k=1}^{8}\frac{1}{(2k+2)(2k+4)}$

$=\frac{1}{4}\sum_{k=1}^{8}\left(\frac{1}{k+1}-\frac{1}{k+2}\right)$

$=\frac{1}{4}\left\{\left(\frac{1}{2}-\frac{1}{3}\right)+\left(\frac{1}{3}-\frac{1}{4}\right)\right.$

$\left.+\cdots+\left(\frac{1}{9}-\frac{1}{10}\right)\right\}$

$=\frac{1}{4}\left(\frac{1}{2}-\frac{1}{10}\right)=\mathbf{\frac{1}{10}}$

답 (1) 240 (2) $\frac{1}{10}$

082-2

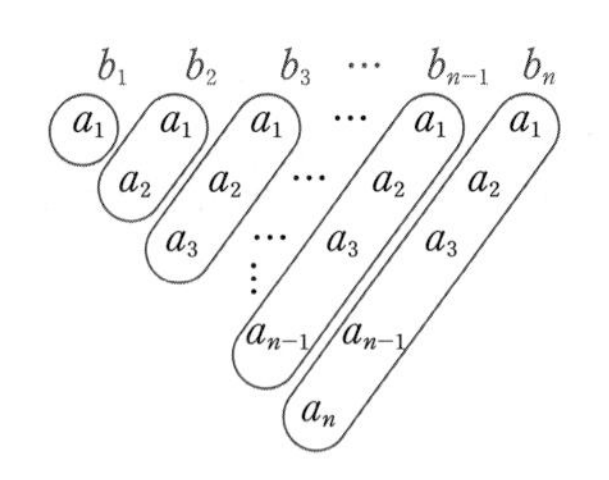

위와 같이 대각선 방향으로 묶었을 때 각 묶음의 합은

$a_1,\ \sum_{k=1}^{2}a_k,\ \sum_{k=1}^{3}a_k,\ \cdots,\ \sum_{k=1}^{n}a_k$

이다. $b_n=\sum_{k=1}^{n}a_k$라 하면 문제의 조건에 의하여

$\sum_{k=1}^{n}b_k=\frac{n(n+1)(2n+1)}{2}$이므로 수열의 합과 일반항 사이의 관계를 이용하여 일반항 b_n을 구하면

(i) $n\geq2$일 때

$b_n=\frac{n(n+1)(2n+1)}{2}-\frac{(n-1)n(2n-1)}{2}$

$=\frac{n}{2}\{(n+1)(2n+1)-(n-1)(2n-1)\}$

$=3n^2$ ……㉠

(ii) $n=1$일 때 $b_1=\frac{1\cdot2\cdot3}{2}=3$ ……㉡

이때 ㉡은 ㉠에 $n=1$을 대입한 것과 같으므로 일반항 b_n은 $b_n=3n^2$

$\therefore \sum_{k=1}^{n}a_k=3n^2$

따라서 수열의 합과 일반항 사이의 관계를 이용하여 $n\geq2$일 때의 일반항 a_n을 구하면

$a_n=3n^2-3(n-1)^2=6n-3\ (n\geq2)$

$\therefore a_n=6n-3$

$\therefore a_{41}=\mathbf{243}$ 답 243

3. 수학적 귀납법

유제 SUMMA CUM LAUDE

083-1 (1) 86 (2) 768　**083-2** 190

084-1 $\frac{101}{27}$　**084-2** 24

085-1 84　**085-2** 1027

086-1 $\frac{2}{19}$　**086-2** 3072　**087-1** $\frac{13}{8}$

088-1 풀이 참조　**088-2** 풀이 참조

089-1 (가) : 2, (나) : $2k$　**089-2** 풀이 참조

090-1 34

083-1 (1) $2a_{n+1}=a_n+a_{n+2}$에서 주어진 수열은 등차수열이고

$a_1=-2,\ a_2-a_1=6-(-2)=8$

이므로 첫째항이 -2, 공차가 8이다.

따라서 $a_n=-2+(n-1)\cdot 8=8n-10$이므로

$a_{12}=8\cdot 12-10=\mathbf{86}$

(2) ${a_{n+1}}^2=a_na_{n+2}$에서 주어진 수열은 등비수열이고

$a_1=\frac{3}{8},\ \frac{a_2}{a_1}=2$

이므로 첫째항이 $\frac{3}{8}$, 공비가 2이다.

따라서 $a_n=\frac{3}{8}\cdot 2^{n-1}$이므로

$a_{12}=\frac{3}{8}\cdot 2^{11}=\mathbf{768}$　답 (1) 86 (2) 768

083-2 $a_{n+2}-a_{n+1}=a_{n+1}-a_n$에서 주어진 수열은 등차수열이고

$a_1=1,\ a_2-a_1=5-1=4$

이므로 첫째항이 1, 공차가 4이다.

따라서 $a_n=1+(n-1)\cdot 4=4n-3$이므로

$\sum_{k=1}^{10}a_k=\sum_{k=1}^{10}(4k-3)=4\cdot\frac{10\cdot 11}{2}-3\cdot 10$

$=220-30=\mathbf{190}$　답 190

084-1 $S_n=4a_n-n-2$(㉠)의 n에 $n+1$을 대입하면　$S_{n+1}=4a_{n+1}-(n+1)-2$　…… ㉡

㉡－㉠을 하면

$S_{n+1}-S_n=4a_{n+1}-n-3-(4a_n-n-2)$

$a_{n+1}=4a_{n+1}-4a_n-1$

$3a_{n+1}=4a_n+1$

$\therefore a_{n+1}=\frac{4}{3}a_n+\frac{1}{3}$　…… ㉢

㉢의 n에 1, 2, 3을 차례로 대입하면

$a_2=\frac{4}{3}a_1+\frac{1}{3}=\frac{4}{3}\cdot 1+\frac{1}{3}=\frac{5}{3}$

$a_3=\frac{4}{3}a_2+\frac{1}{3}=\frac{4}{3}\cdot\frac{5}{3}+\frac{1}{3}=\frac{23}{9}$

$\therefore a_4=\frac{4}{3}a_3+\frac{1}{3}=\frac{4}{3}\cdot\frac{23}{9}+\frac{1}{3}=\mathbf{\frac{101}{27}}$

다른 풀이 $n=2$일 때

$S_2=4a_2-2-2,\ a_1+a_2=4a_2-4$

$3a_2=1+4$　$\therefore a_2=\frac{5}{3}$

$n=3$일 때

$S_3=4a_3-3-2,\ a_1+a_2+a_3=4a_3-5$

$3a_3=1+\frac{5}{3}+5$　$\therefore a_3=\frac{23}{9}$

$n=4$일 때

$S_4=4a_4-4-2,\ a_1+a_2+a_3+a_4=4a_4-6$

$3a_4=1+\frac{5}{3}+\frac{23}{9}+6$　$\therefore a_4=\frac{101}{27}$　답 $\frac{101}{27}$

084-2 $S_{n+1}=2S_n$에서 수열 $\{S_n\}$은 첫째항이 $S_1=a_1=3$, 공비가 2인 등비수열이므로

$S_n=3\cdot 2^{n-1}$

$\therefore a_5=S_5-S_4=3\cdot 2^4-3\cdot 2^3=\mathbf{24}$

다른 풀이 $n=1$일 때

$S_2=2S_1,\ a_1+a_2=2\cdot a_1$

$\therefore a_2=a_1=3$

유제

$n=2$일 때

$S_3=2S_2$, $a_1+a_2+a_3=2(a_1+a_2)$

$\therefore a_3=a_1+a_2=6$

$n=3$일 때

$S_4=2S_3$, $a_1+a_2+a_3+a_4=2(a_1+a_2+a_3)$

$\therefore a_4=a_1+a_2+a_3=12$

$n=4$일 때

$S_5=2S_4$

$a_1+a_2+a_3+a_4+a_5=2(a_1+a_2+a_3+a_4)$

$\therefore a_5=a_1+a_2+a_3+a_4=24$ 답 24

085-1 $a_{n+1}-a_n=3n+3$에서

$a_{n+1}=a_n+3n+3$

이 식의 n에 1, 2, 3, ⋯, 6을 차례로 대입하여 변끼리 더하면

$$\begin{aligned} a_2&=a_1+6\\ a_3&=a_2+9\\ a_4&=a_3+12\\ &\vdots\\ +)\ a_7&=a_6+21\\ \hline a_7&=a_1+6+9+12+\cdots+21\\ &=3+6+9+\cdots+21\\ &=\sum_{k=1}^{7}3k=3\cdot\frac{7\cdot 8}{2}=\mathbf{84} \end{aligned}$$

답 84

085-2 $a_{n+1}=a_n+2^n$의 n에 1, 2, 3, ⋯, 9를 차례로 대입하여 변끼리 더하면

$$\begin{aligned} a_2&=a_1+2\\ a_3&=a_2+2^2\\ a_4&=a_3+2^3\\ &\vdots\\ +)\ a_{10}&=a_9+2^9\\ \hline a_{10}&=a_1+2+2^2+2^3+\cdots+2^9\\ &=5+\sum_{k=1}^{9}2^k\\ &=5+\frac{2(2^9-1)}{2-1}=\mathbf{1027} \end{aligned}$$

답 1027

086-1 $a_{n+1}=\frac{2n-1}{2n+1}a_n$의 n에 1, 2, 3, ⋯, 9를 차례로 대입하여 변끼리 곱하면

$$\begin{aligned} a_2&=\frac{1}{3}a_1\\ a_3&=\frac{3}{5}a_2\\ a_4&=\frac{5}{7}a_3\\ &\vdots\\ \times)\ a_{10}&=\frac{17}{19}a_9\\ \hline a_{10}&=a_1\cdot\frac{1}{3}\cdot\frac{3}{5}\cdot\frac{5}{7}\cdot\cdots\cdot\frac{15}{17}\cdot\frac{17}{19}\\ &=2\cdot\frac{1}{19}=\mathbf{\frac{2}{19}} \end{aligned}$$

답 $\frac{2}{19}$

086-2 $a_{n+1}=2^na_n$의 n에 1, 2, 3, 4를 차례로 대입하여 변끼리 곱하면

$$\begin{aligned} a_2&=2a_1\\ a_3&=2^2a_2\\ a_4&=2^3a_3\\ \times)\ a_5&=2^4a_4\\ \hline a_5&=a_1\cdot 2\cdot 2^2\cdot 2^3\cdot 2^4\\ &=3\cdot 2^{1+2+3+4}=3\cdot 2^{10}=\mathbf{3072} \end{aligned}$$

답 3072

087-1 $\mathrm{A}_n(a_n, 0)$이라 하면

$\mathrm{P}_n\left(a_n, \frac{1}{a_n}\right)$, $\mathrm{Q}_n\left(\frac{1}{a_n}, a_n\right)$, $\mathrm{R}_n\left(\frac{1}{a_n}, 0\right)$,

$\mathrm{A}_{n+1}\left(\frac{1}{a_n}+1, 0\right)$

따라서 $a_{n+1}=\frac{1}{a_n}+1$이고 $a_1=2$이므로

$$a_2=\frac{1}{a_1}+1=\frac{1}{2}+1=\frac{3}{2}$$

$$a_3=\frac{1}{a_2}+1=\frac{2}{3}+1=\frac{5}{3}$$

$$a_4=\frac{1}{a_3}+1=\frac{3}{5}+1=\frac{8}{5}$$

$$\therefore a_5=\frac{1}{a_4}+1=\frac{5}{8}+1=\mathbf{\frac{13}{8}}$$

답 $\frac{13}{8}$

088-1 (i) $n=1$일 때

(좌변)$=1$, (우변)$=2^1-1=1$

따라서 주어진 등식이 성립한다.

(ii) $n=k$일 때 주어진 등식이 성립한다고 가정하면

$$1+2+2^2+\cdots+2^{k-1}=2^k-1$$

위의 식의 양변에 2^k을 더하면

$$1+2+2^2+\cdots+2^{k-1}+2^k=2^k-1+2^k$$
$$=2\cdot 2^k-1=2^{k+1}-1$$

따라서 $n=k+1$일 때도 주어진 등식이 성립한다.

(i), (ii)에 의하여 모든 자연수 n에 대하여 주어진 등식이 성립한다.

답 풀이 참조

088-2 (i) $n=1$일 때

(좌변)$=\frac{1}{1\cdot 2}=\frac{1}{2}$, (우변)$=\frac{1}{1+1}=\frac{1}{2}$

따라서 주어진 등식이 성립한다.

(ii) $n=k$일 때 주어진 등식이 성립한다고 가정하면

$$\frac{1}{1\cdot 2}+\frac{1}{2\cdot 3}+\frac{1}{3\cdot 4}+\cdots+\frac{1}{k(k+1)}=\frac{k}{k+1}$$

위의 식의 양변에 $\frac{1}{(k+1)(k+2)}$을 더하면

$$\frac{1}{1\cdot 2}+\frac{1}{2\cdot 3}+\cdots+\frac{1}{k(k+1)}+\frac{1}{(k+1)(k+2)}$$
$$=\frac{k}{k+1}+\frac{1}{(k+1)(k+2)}$$
$$=\frac{k(k+2)+1}{(k+1)(k+2)}=\frac{k^2+2k+1}{(k+1)(k+2)}$$
$$=\frac{(k+1)^2}{(k+1)(k+2)}=\frac{k+1}{k+2}$$
$$=\frac{k+1}{(k+1)+1}$$

따라서 $n=k+1$일 때도 주어진 등식이 성립한다.

(i), (ii)에 의하여 모든 자연수 n에 대하여 주어진 등식이 성립한다.

답 풀이 참조

089-1 (i) $n=3$일 때

(좌변)$=2^3=8$, (우변)$=2\cdot 3+1=7$

따라서 $8>7$이므로 주어진 부등식이 성립한다.

(ii) $n=k$ $(k\geq 3)$일 때 주어진 부등식이 성립한다고 가정하면

$$2^k>2k+1$$

위 식의 양변에 $\boxed{2}$를 곱하면

$$2^{k+1}>4k+\boxed{2}$$
$$=2(k+1)+\boxed{2k}>2(k+1)+1$$

따라서 $n=k+1$일 때도 주어진 부등식이 성립한다.

(i), (ii)에 의하여 $n\geq 3$인 모든 자연수 n에 대하여 주어진 부등식이 성립한다.

$\therefore$ (가) : **2**, (나) : $\mathbf{2k}$

답 (가) : 2, (나) : $2k$

089-2 (i) $n=2$일 때

(좌변)$=(1+h)^2=1+2h+h^2$,

(우변)$=1+2h$

에서 $1+2h+h^2>1+2h$이므로 주어진 부등식은 성립한다. ($\because h^2>0$)

(ii) $n=k\ (k\geq 2)$일 때 주어진 부등식이 성립한다고 가정하면

$$(1+h)^k>1+kh$$

위의 식의 양변에 $(1+h)$를 곱하면

$$\begin{aligned}(1+h)^k(1+h)&>(1+kh)(1+h)\\&=1+(k+1)h+kh^2\\&>1+(k+1)h\ (\because kh^2>0)\end{aligned}$$

따라서 $n=k+1$일 때도 주어진 부등식은 성립한다.

(i), (ii)에 의하여 $n\geq 2$인 모든 자연수 n에 대하여 주어진 부등식이 성립한다. **답** 풀이 참조

090-1 $(n+2)$자리 자연수의 맨 앞자리 숫자는 1이고, $(n+1)$자리의 숫자는 1 또는 0이다.

(i) $(n+1)$자리의 숫자가 1일 때

조건을 만족시키는 $(n+1)$자리 자연수의 개수와 같으므로 a_{n+1}

(ii) $(n+1)$자리의 숫자가 0일 때

n자리 숫자가 1이어야 한다. 즉, 조건을 만족시키는 n자리 자연수의 개수와 같으므로 a_n

(i), (ii)에 의하여

$a_{n+2}=a_{n+1}+a_n\ (n=1, 2, 3, \cdots)$ …… ㉠

$a_1=1,\ a_2=2$이므로 ㉠의 n에 1, 2, 3, …, 6을 차례로 대입하면 수열 $\{a_n\}$은

1, 2, 3, 5, 8, 13, 21, 34

이므로 $a_8=\mathbf{34}$ **답** 34

I 지수함수와 로그함수

1. 지수

Review Quiz SUMMA CUM LAUDE 본문 039쪽

01 (1) n제곱근, 거듭제곱근 (2) ① $a\neq0$ ② $a>0$ ③ $a>0$ **02** (1) 거짓 (2) 거짓 (3) 참 (4) 거짓
03 풀이 참조

01 답 (1) n제곱근, 거듭제곱근
(2) ① $a\neq0$ ② $a>0$ ③ $a>0$

02 (1) a의 n제곱근은 n제곱하여 a가 되는 수, 즉 방정식 $x^n=a$의 근이고, n제곱근 a는 $\sqrt[n]{a}$이므로 a의 n제곱근 중 하나이다. (거짓)
(2) 실수 a와 자연수 n에 대하여 a의 n제곱근은 방정식 $x^n=a$의 복소수 범위에서의 근이므로 반드시 n개 존재한다. (거짓)
(3) $\sqrt[n]{0}$은 방정식 $x^n=0$의 실근으로 $n\geq2$에 대하여 $x=0$이다. (참)
(4) (반례) $a=1$이면 $a^2=a^3=1$이지만 $2\neq3$이다. (거짓)
답 (1) 거짓 (2) 거짓 (3) 참 (4) 거짓

03 (1) ③번 등호가 처음으로 잘못되었다. 유리수인 지수는 밑이 0보다 클 때만 정의된다.
(2) 지수가 정수일 때 지수법칙이 성립하도록 하기 위해서이다.
$a^ma^n=a^{m+n}$에 $m=0$을 대입하면
$a^0a^n=a^n \iff a^n(a^0-1)=0$
이므로 $a^n=0$ 또는 $a^0=1$이어야만 한다. 만약 임의의 정수 n에 대하여 $a^n=0$이 성립한다고 정의하면 우리가 이미 알고 있는 지수의 성질과 충돌하므로 $a^0=1$이어야만 한다. 답 풀이 참조

EXERCISES A SUMMA CUM LAUDE 본문 040~041쪽

01 ㄷ, ㄹ **02** 40 **03** ④ **04** 4 **05** 11
06 (1) $-4\sqrt{2}$ (2) $4-3\sqrt{2}$ **07** -31 **08** ④
09 -1 **10** ③

01 ㄱ. 27의 세제곱근 중 실수인 것은 3뿐이다. (거짓)
ㄴ. 16의 네제곱근은 ±2, $\pm2i$이고, 네제곱근 16은 $\sqrt[4]{16}=2$이다. (거짓)
ㄷ. 9의 네제곱근은 $\pm\sqrt{3}$, $\pm\sqrt{3}i$이므로 이 중 실수인 것은 $\pm\sqrt{3}$이다. (참)
ㄹ. -343의 세제곱근 중 실수인 것은 -7뿐이다. (참)
따라서 옳은 것은 ㄷ, ㄹ이다. 답 ㄷ, ㄹ

02 $\sqrt[5]{\sqrt{\sqrt{\sqrt{3}}}}=\sqrt[10]{\sqrt{\sqrt{3}}}=\sqrt[20]{\sqrt{3}}=\sqrt[40]{3}$
$\therefore k=40$ 답 40

03 $A=\sqrt{2\sqrt{2}}=\sqrt{\sqrt{2^2\cdot2}}=\sqrt{\sqrt{8}}$
$=\sqrt[4]{8}=\sqrt[12]{8^3}=\sqrt[12]{512}$
$B=\sqrt[3]{3\sqrt{3}}=\sqrt[3]{\sqrt{3^2\cdot3}}=\sqrt[3]{\sqrt{27}}=\sqrt[6]{27}=\sqrt[12]{27^2}=\sqrt[12]{729}$
$C=\sqrt[6]{6\sqrt{6}}=\sqrt[6]{\sqrt{6^2\cdot6}}=\sqrt[6]{\sqrt{216}}=\sqrt[12]{216}$
$\therefore C<A<B$ 답 ④

04 $2^{x+y}=2^x\times2^y=\dfrac{12}{5}\times\dfrac{20}{3}$
$=16=2^4$
$\therefore x+y=4$ 답 4

05 $\sqrt[4]{a\sqrt[3]{a\sqrt{a}}}=\sqrt[4]{a}\times\sqrt[4]{\sqrt[3]{a}}\times\sqrt[4]{\sqrt[3]{\sqrt{a}}}$
$=a^{\frac{1}{4}}\times a^{\frac{1}{12}}\times a^{\frac{1}{24}}$
$=a^{\frac{1}{4}+\frac{1}{12}+\frac{1}{24}}=a^{\frac{3}{8}}$

따라서 $m=8$, $n=3$이므로 $\quad m+n=\mathbf{11}$

다른 풀이 $\sqrt[4]{a\sqrt[3]{a\sqrt{a}}}=\sqrt[4]{a\sqrt[3]{\sqrt{a^3}}}=\sqrt[4]{a\sqrt[6]{a^3}}=\sqrt[4]{a\sqrt{a}}$

$=\sqrt[4]{\sqrt{a^3}}=\sqrt[8]{a^3}=a^{\frac{3}{8}}$

따라서 $m=8$, $n=3$이므로 $\quad m+n=11$ 　답 11

06

(1) $(a^{\frac{1}{2}}+a^{-\frac{1}{2}})(a^{\frac{1}{4}}+a^{-\frac{1}{4}})(a^{\frac{1}{4}}-a^{-\frac{1}{4}})$

$=(a^{\frac{1}{2}}+a^{-\frac{1}{2}})(a^{\frac{1}{2}}-a^{-\frac{1}{2}})$

$=a-a^{-1}=3-2\sqrt{2}-\dfrac{1}{3-2\sqrt{2}}$

$=3-2\sqrt{2}-(3+2\sqrt{2})$

$=\mathbf{-4\sqrt{2}}$

(2) $(a^{\frac{3}{2}}+b^{-\frac{3}{2}})(a^{\frac{3}{2}}-b^{-\frac{3}{2}})$

$=a^3-b^{-3}$

$=(a-b^{-1})(a^2+ab^{-1}+b^{-2})$

이므로

(주어진 식)$=\dfrac{(a-b^{-1})(a^2+ab^{-1}+b^{-2})}{a^2+ab^{-1}+b^{-2}}$

$=a-b^{-1}=a-\dfrac{1}{b}$

$=3-2\sqrt{2}-\dfrac{1}{\sqrt{2}+1}$

$=3-2\sqrt{2}-(\sqrt{2}-1)$

$=\mathbf{4-3\sqrt{2}}$

답 (1) $-4\sqrt{2}$ (2) $4-3\sqrt{2}$

07

$2^{-1}=\dfrac{1}{2}$, $2^{-2}=\dfrac{1}{2^2}$, $2^{-4}=\dfrac{1}{2^4}$, $2^{-8}=\dfrac{1}{2^8}$,

$2^{-16}=\dfrac{1}{2^{16}}$이므로

$A=\left(1+\dfrac{1}{2}\right)\left(1+\dfrac{1}{2^2}\right)\left(1+\dfrac{1}{2^4}\right)\left(1+\dfrac{1}{2^8}\right)\left(1+\dfrac{1}{2^{16}}\right)$의

양변에 $\left(1-\dfrac{1}{2}\right)$을 곱하면

$\dfrac{1}{2}A=\left(1-\dfrac{1}{2}\right)\left(1+\dfrac{1}{2}\right)\left(1+\dfrac{1}{2^2}\right)\left(1+\dfrac{1}{2^4}\right)$

$\times\left(1+\dfrac{1}{2^8}\right)\left(1+\dfrac{1}{2^{16}}\right)$

$=\left(1-\dfrac{1}{2^2}\right)\left(1+\dfrac{1}{2^2}\right)\left(1+\dfrac{1}{2^4}\right)\left(1+\dfrac{1}{2^8}\right)\left(1+\dfrac{1}{2^{16}}\right)$

$=\left(1-\dfrac{1}{2^4}\right)\left(1+\dfrac{1}{2^4}\right)\left(1+\dfrac{1}{2^8}\right)\left(1+\dfrac{1}{2^{16}}\right)$

$=\left(1-\dfrac{1}{2^8}\right)\left(1+\dfrac{1}{2^8}\right)\left(1+\dfrac{1}{2^{16}}\right)$

$=\left(1-\dfrac{1}{2^{16}}\right)\left(1+\dfrac{1}{2^{16}}\right)$

$=1-\dfrac{1}{2^{32}}$

즉, $\dfrac{1}{2}A=1-\dfrac{1}{2^{32}}$이므로 $\quad A=2-\dfrac{1}{2^{31}}=2-2^{-31}$

$\therefore k=\mathbf{-31}$ 　답 -31

08

$\dfrac{a^{3x}-a^{-x}}{a^{3x}+a^{-x}}$의 분모, 분자에 각각 a^x을 곱하면

$\dfrac{a^x(a^{3x}-a^{-x})}{a^x(a^{3x}+a^{-x})}=\dfrac{a^{4x}-1}{a^{4x}+1}=\dfrac{(a^{2x})^2-1}{(a^{2x})^2+1}$

$=\dfrac{7^2-1}{7^2+1}=\dfrac{48}{50}=\mathbf{\dfrac{24}{25}}$

다른 풀이 $\dfrac{a^{3x}-a^{-x}}{a^{3x}+a^{-x}}$의 분모, 분자에 각각 a^{-x}을 곱하면

$\dfrac{a^{-x}(a^{3x}-a^{-x})}{a^{-x}(a^{3x}+a^{-x})}=\dfrac{a^{2x}-a^{-2x}}{a^{2x}+a^{-2x}}$

$=\dfrac{7-\frac{1}{7}}{7+\frac{1}{7}}=\dfrac{48}{50}=\dfrac{24}{25}$ 　답 ④

09

$59^x=27=3^3$에서 $\quad 59=3^{\frac{3}{x}}$ ...... ㉠

$177^y=81=3^4$에서 $\quad 177=3^{\frac{4}{y}}$ ...... ㉡

...... ❶

㉠÷㉡을 하면 $59\div177=3^{\frac{3}{x}}\div3^{\frac{4}{y}}$

$3^{\frac{3}{x}-\frac{4}{y}}=3^{-1}$ $\therefore \frac{3}{x}-\frac{4}{y}=\mathbf{-1}$ …… ❷

채점 기준	배점
❶ 59, 177을 각각 3을 밑으로 하고 x, y에 대한 식을 지수로 하는 수로 나타내기	50 %
❷ $\frac{3}{x}-\frac{4}{y}$의 값 구하기	50 %

답 -1

10 $E_5=E_0\cdot a^{\frac{5}{30}}$에서 $E_5=2E_0$이므로

$2E_0=E_0\cdot a^{\frac{1}{6}}$ $\therefore a^{\frac{1}{6}}=2$

따라서 1시간, 즉 60분 후의 박테리아의 수는

$E_{60}=E_0\cdot a^{\frac{60}{30}}=E_0\cdot a^2$

$=E_0(a^{\frac{1}{6}})^{12}=E_0\cdot 2^{12}$

이므로 처음 박테리아의 수의 $\mathbf{2^{12}}$**배**이다. 답 ③

EXERCISES B

SUMMA CUM LAUDE 본문 042~043쪽

01 265	**02** ③	**03** ㄴ, ㄷ	**04** ③	**05** 9
06 ⑤	**07** 6	**08** ①	**09** $\frac{101}{2}$	**10** $\frac{11}{2}$

01 $\sqrt[4]{1}=1$, $\sqrt[4]{16}=2$, $\sqrt[4]{81}=3$, $\sqrt[4]{256}=4$이므로

$[\sqrt[4]{1}]=[\sqrt[4]{2}]=[\sqrt[4]{3}]=\cdots=[\sqrt[4]{15}]=1$

$[\sqrt[4]{16}]=[\sqrt[4]{17}]=[\sqrt[4]{18}]=\cdots=[\sqrt[4]{80}]=2$

$[\sqrt[4]{81}]=[\sqrt[4]{82}]=[\sqrt[4]{83}]=\cdots=[\sqrt[4]{120}]=3$

$\therefore [\sqrt[4]{1}]+[\sqrt[4]{2}]+[\sqrt[4]{3}]+\cdots+[\sqrt[4]{120}]$

$=1\cdot15+2\cdot65+3\cdot40=\mathbf{265}$ 답 265

02 $2!=2\times1$

$3!=3\times2\times1$

$4!=4\times3\times2\times1$

⋮

$10!=10\times9\times8\times\cdots\times2\times1$

이므로 $2!\times3!\times4!\times5!\times6!\times7!\times8!\times9!\times10!$은 2가 9개, 3이 8개, 4가 7개, …, 10이 1개 곱해진 수이다.

따라서 주어진 수를 소인수분해하면

$2!\times3!\times4!\times5!\times6!\times7!\times8!\times9!\times10!$

$=2^9\times3^8\times4^7\times5^6\times6^5\times7^4\times8^3\times9^2\times10^1$

$=2^9\times3^8\times(2^2)^7\times5^6\times(2\times3)^5\times7^4\times(2^3)^3\times(3^2)^2\times(2\times5)$

$=2^{38}\times3^{17}\times5^7\times7^4$

따라서 $a=38$, $b=17$, $c=7$, $d=4$이므로

$a+b+c+d=\mathbf{66}$ 답 ③

03 ㄱ. 0이 아닌 실수의 n제곱근은 복소수 범위에서 n개 존재함에 유의하자. 정확히 표현하면 -1의 세제곱근 중 실수인 것은 1개이고, 1의 네제곱근 중 실수인 것은 2개이다. (거짓)

ㄴ. $4^{\frac{1}{\sqrt{2}}}=4^{\frac{\sqrt{2}}{2}}=2^{2\times\frac{\sqrt{2}}{2}}=2^{\sqrt{2}}$ (참)

ㄷ. $(\sqrt{a})^{a\sqrt{a}}=(a^{\frac{1}{2}})^{a\sqrt{a}}=a^{\frac{a\sqrt{a}}{2}}$

$(a\sqrt{a})^{\sqrt{a}}=(a^{\frac{3}{2}})^{\sqrt{a}}=a^{\frac{3\sqrt{a}}{2}}$

이때 $a>1$이므로 $\frac{a\sqrt{a}}{2}=\frac{3\sqrt{a}}{2}$, $a\sqrt{a}=3\sqrt{a}$

$\sqrt{a}>1$이므로 양변을 $\sqrt{a}$로 나누면

$a=3$ (참)

따라서 옳은 것은 ㄴ, ㄷ이다. **답** ㄴ, ㄷ

04 $\frac{a^5+a^4+a^3+a^2+a}{a^{-10}+a^{-9}+a^{-8}+a^{-7}+a^{-6}}$

$=\frac{a^{11}(a^{-6}+a^{-7}+a^{-8}+a^{-9}+a^{-10})}{a^{-10}+a^{-9}+a^{-8}+a^{-7}+a^{-6}}$

$=\boldsymbol{a^{11}}$ **답** ③

05 주어진 식의 좌변의 분모, 분자에 각각 3^3을 곱하면

$\frac{3^3\cdot 3^9}{3^3(3^{-1}+3^{-3})}=\frac{3^{12}}{3^2+1}=\frac{3^{12}}{10}$이고,

$\frac{3^{12}}{10}=\frac{3^3}{10}\times 3^9=\frac{27}{10}\times 3^9$

이때 $k=\frac{27}{10}$이라 하면 $1<k<3$인 조건을 만족시킨다.

$\therefore n=\mathbf{9}$

다른 풀이 $\frac{3^9}{3^{-1}+3^{-3}}=\frac{3^9}{\frac{1}{3}+\frac{1}{27}}=\frac{3^9}{\frac{10}{27}}$

$=\frac{27}{10}\times 3^9$ **답** 9

06 $\sqrt{x}=a^2-a^{-2}$의 양변을 제곱하면

$x=a^4+a^{-4}-2$ ...... ㉠

㉠에서 $x+2=a^4+a^{-4}$이므로 양변을 제곱하면

$x^2+4x+4=a^8+a^{-8}+2$

$\therefore x^2+4x=a^8+a^{-8}-2$

$=(a^4-a^{-4})^2$ ...... ㉡

$\sqrt{2x+4+2\sqrt{x^2+4x}}$에 ㉠, ㉡을 대입하여 정리하면

$\sqrt{2(a^4+a^{-4}-2)+4+2\sqrt{(a^4-a^{-4})^2}}$

$=\sqrt{2a^4+2a^{-4}+2(a^4-a^{-4})}$ ($\because a^4-a^{-4}>0$)

$=\sqrt{4a^4}=2a^2$

$\therefore$ (주어진 식)$=(2a^2)^5=\boldsymbol{32a^{10}}$ **답** ⑤

07 $xy\neq 0$이므로 $x+y-3xy=0$의 양변을 xy로 나누면

$\frac{1}{y}+\frac{1}{x}-3=0$ $\therefore \frac{1}{x}+\frac{1}{y}=3$

$2^{3x}=8^x=a$에서 $8=a^{\frac{1}{x}}$ ...... ㉠

$3^{3y}=27^y=a$에서 $27=a^{\frac{1}{y}}$ ...... ㉡

㉠×㉡을 하면 $8\times 27=a^{\frac{1}{x}}\times a^{\frac{1}{y}}$

$\therefore a^{\frac{1}{x}+\frac{1}{y}}=216$

이때 $\frac{1}{x}+\frac{1}{y}=3$이므로 $a^3=216$

$\therefore a=\mathbf{6}$ ($\because a$는 실수) **답** 6

08 이차방정식 $x^2-3x+1=0$의 두 실근이 α, β이므로 근과 계수의 관계에 의하여

$\alpha+\beta=3$, $\alpha\beta=1$ ...... ㉠

$\alpha\beta=1$이므로 $f(n)=\frac{1}{2}(\alpha^n+\beta^n)$의 우변에 $\alpha\beta$를 곱해도 식이 성립한다.

$\therefore f(n)=\frac{1}{2}(\alpha^n+\beta^n)\alpha\beta$

$=\frac{1}{2}(\alpha^{n+1}\beta+\alpha\beta^{n+1})$ ...... ㉡

$\therefore f(14)+f(16)$

$=\frac{1}{2}(\alpha^{14}+\beta^{14})+\frac{1}{2}(\alpha^{16}+\beta^{16})$

$=\frac{1}{2}(\alpha^{15}\beta+\alpha\beta^{15})+\frac{1}{2}(\alpha\alpha^{15}+\beta\beta^{15})$ ($\because$ ㉡)

$=\frac{1}{2}\{(\beta+\alpha)\alpha^{15}+(\alpha+\beta)\beta^{15}\}$

$=(\alpha+\beta)\times\frac{1}{2}(\alpha^{15}+\beta^{15})$

$=3\times\frac{1}{2}(\alpha^{15}+\beta^{15})$ ($\because$ ㉠)

$=\mathbf{3f(15)}$

답 ①

09 $x\neq0$일 때 자연수 n에 대하여

$$\frac{1}{1+x^{-n}}+\frac{1}{1+x^{n}}=\frac{1}{1+\frac{1}{x^{n}}}+\frac{1}{1+x^{n}}$$

$$=\frac{x^{n}}{1+x^{n}}+\frac{1}{1+x^{n}}$$

$$=\frac{1+x^{n}}{1+x^{n}}=1$$

이 성립함을 이용하자. 즉,

$$\frac{1}{1+2019^{-50}}+\frac{1}{1+2019^{50}}=1$$

$$\frac{1}{1+2019^{-49}}+\frac{1}{1+2019^{49}}=1$$

$$\vdots$$

$$\frac{1}{1+2019^{-1}}+\frac{1}{1+2019^{1}}=1$$

이때 $\frac{1}{1+2019^{0}}=\frac{1}{2}$이므로

(주어진 식)$=1\times50+\frac{1}{2}=\mathbf{\frac{101}{2}}$

답 $\frac{101}{2}$

10 $2^{a}=x$, $2^{b}=y$, $2^{c}=z$로 놓으면

$x+y+z=2^{a}+2^{b}+2^{c}=\frac{13}{4}$ …… ㉠

$xyz=2^{a}\cdot2^{b}\cdot2^{c}=2^{a+b+c}=2^{-1}=\frac{1}{2}$ …… ㉡

$x^{2}+y^{2}+z^{2}=4^{a}+4^{b}+4^{c}=\frac{81}{16}$ …… ㉢

…… ❶

$(x+y+z)^{2}=x^{2}+y^{2}+z^{2}+2(xy+yz+zx)$이므로

$\frac{169}{16}=\frac{81}{16}+2(xy+yz+zx)$ ($\because$ ㉠, ㉢)

$2(xy+yz+zx)=\frac{11}{2}$

$\therefore xy+yz+zx=\frac{11}{4}$ …… ㉣

…… ❷

$\therefore 2^{-a}+2^{-b}+2^{-c}=\frac{1}{2^{a}}+\frac{1}{2^{b}}+\frac{1}{2^{c}}$

$=\frac{1}{x}+\frac{1}{y}+\frac{1}{z}=\frac{xy+yz+zx}{xyz}$

$=\frac{\frac{11}{4}}{\frac{1}{2}}=\mathbf{\frac{11}{2}}$ ($\because$ ㉡, ㉣) …… ❸

채점 기준	배점
❶ $2^{a}=x$, $2^{b}=y$, $2^{c}=z$로 놓고 $x+y+z$, xyz, $x^{2}+y^{2}+z^{2}$의 값 구하기	40 %
❷ $xy+yz+zx$의 값 구하기	30 %
❸ $2^{-a}+2^{-b}+2^{-c}$의 값 구하기	30 %

답 $\frac{11}{2}$

EXERCISES

2. 로그

Review SUMMA CUM LAUDE 본문 068쪽

01 (1) $\log_a N$, 밑, 진수 (2) 10, $\log N$
(3) 숫자의 배열, 자릿수
02 (1) 거짓 (2) 거짓 (3) 거짓 **03** 풀이 참조

01 답 (1) $\log_a N$, 밑, 진수
(2) 10, $\log N$
(3) 숫자의 배열, 자릿수

02 (1) 로그의 밑은 1이 아닌 양수이다. 밑이 1인 경우 로그는 정의되지 않는다. (거짓)
(2) $\log_a M^2 = 2\log_a M$이다. (거짓)
(3) $x>0$일 때, $\log x$의 정수 부분을 n, 소수 부분을 α라 하면

$\log x = n+\alpha$ (n은 정수, $0 \le \alpha < 1$)

$$\therefore \log\frac{1}{x} = \log x^{-1} = -\log x = -n-\alpha$$
$$= (-n-1)+(1-\alpha)$$

따라서 $\log\frac{1}{x}$의 정수 부분은 $-n-1$, 소수 부분은 $1-\alpha$이다. (거짓) 답 (1) 거짓 (2) 거짓 (3) 거짓

03 로그의 성질을 이용하여 식이 성립함을 보이자.
(1) $\log 2 + \log\frac{3}{2} + \log\frac{4}{3} + \cdots + \log\frac{100}{99}$
$= \log\left(2 \times \frac{3}{2} \times \frac{4}{3} \times \cdots \times \frac{100}{99}\right)$
$= \log 100 = 2$
(2) $\log_2 4 + \log_3 9 + \log_4 16 + \cdots + \log_{10} 100$
$= \log_2 2^2 + \log_3 3^2 + \log_4 4^2 + \cdots + \log_{10} 10^2$
$= 2 \times 9 = 18$
(3) $\log_2 3 \times \log_3 4 \times \log_4 5 \times \cdots \times \log_{1023} 1024$
$= \frac{\log 3}{\log 2} \times \frac{\log 4}{\log 3} \times \frac{\log 5}{\log 4} \times \cdots \times \frac{\log 1024}{\log 1023}$
$= \frac{\log 1024}{\log 2} = \log_2 1024 = \log_2 2^{10} = 10$

답 풀이 참조

EXERCISES A SUMMA CUM LAUDE 본문 069~071쪽

01 $4<x<5$ **02** -8 **03** ② **04** ⑤
05 ③ **06** 2 **07** 14 **08** 3 **09** 36
10 0.452 **11** 4893 **12** ③ **13** ①
14 ① **15** ③

01 밑의 조건에서 $x-4>0$, $x-4\neq1$

$\therefore x>4,\ x\neq5$ …… ㉠

진수의 조건에서 $-x^2+6x-5>0$

$x^2-6x+5<0,\ (x-1)(x-5)<0$

$\therefore 1<x<5$ …… ㉡

㉠, ㉡의 공통 범위를 구하면

$\mathbf{4<x<5}$ 답 $4<x<5$

02 $\log_2\left(1-\frac{1}{2}\right)+\log_2\left(1-\frac{1}{3}\right)+\log_2\left(1-\frac{1}{4}\right)+\cdots+\log_2\left(1-\frac{1}{256}\right)$

$=\log_2\frac{1}{2}+\log_2\frac{2}{3}+\log_2\frac{3}{4}+\cdots+\log_2\frac{255}{256}$

$=\log_2\left(\frac{1}{2}\times\frac{2}{3}\times\frac{3}{4}\times\cdots\times\frac{255}{256}\right)$

$=\log_2\frac{1}{256}$

$=\log_2 2^{-8}=\mathbf{-8}$ 답 -8

03 $a=\log_3(2+\sqrt{3})$이므로

$3^a=2+\sqrt{3}$

$\therefore 9^a+\frac{4}{3^a}=(2+\sqrt{3})^2+\frac{4}{2+\sqrt{3}}$

$=7+4\sqrt{3}+\frac{4(2-\sqrt{3})}{(2+\sqrt{3})(2-\sqrt{3})}$

$=7+4\sqrt{3}+8-4\sqrt{3}=\mathbf{15}$ 답 ②

04 $A=3^{\log_3 27-\log_3 9}=3^{3-2}=3$

$B=\log_4 5+\log_4 7=\log_4 35$

이때 $\log_4 4^2<\log_4 35<\log_4 4^3$이므로 $2<B<3$

$C=\log_4 2+\log_7 7=\log_4 4^{\frac{1}{2}}+\log_7 7=\frac{1}{2}+1=\frac{3}{2}$

$\therefore \mathbf{C<B<A}$ 답 ⑤

05 $\log_2 175=a$에서 $\log_2(5^2\times7)=a$이므로

$2\log_2 5+\log_2 7=a$ …… ㉠

$\log_2 245=b$에서 $\log_2(5\times7^2)=b$이므로

$\log_2 5+2\log_2 7=b$ …… ㉡

㉠, ㉡을 연립하면

$\log_2 5=\frac{2a-b}{3},\ \log_2 7=\frac{2b-a}{3}$

$\therefore \log_2\sqrt{35}=\frac{1}{2}\log_2(5\times7)=\frac{1}{2}(\log_2 5+\log_2 7)$

$=\frac{1}{2}\cdot\frac{a+b}{3}=\mathbf{\frac{a+b}{6}}$

다른 풀이 $a=\log_2(5^2\times7),\ b=\log_2(5\times7^2)$이므로

$a+b=\log_2(5^2\times7)+\log_2(5\times7^2)$

$=\log_2(5^3\times7^3)=\log_2 35^3$

$=3\log_2 35$

따라서 $\log_2 35=\frac{a+b}{3}$이므로

$\log_2\sqrt{35}=\frac{1}{2}\log_2 35=\frac{a+b}{6}$ 답 ③

06 $\log_3(\log_2 x)=2$에서

$\log_2 x=3^2=9$

$\log_2(\log_2 y)=-3$에서

$\log_2 y=2^{-3}=\frac{1}{8}$ …… ❶

$\therefore \log_{xy}\frac{x}{y}=\frac{\log_2\frac{x}{y}}{\log_2 xy}=\frac{\log_2 x-\log_2 y}{\log_2 x+\log_2 y}$

$=\frac{9-\frac{1}{8}}{9+\frac{1}{8}}=\frac{71}{73}$ …… ❷

EXERCISES

따라서 $a=71$, $b=73$이므로

$b-a=\mathbf{2}$ …… ❸

채점 기준	배점
❶ $\log_2 x$, $\log_2 y$의 값 구하기	30 %
❷ $\log_{xy}\frac{x}{y}$의 값 구하기	50 %
❸ $b-a$의 값 구하기	20 %

답 2

07 이차방정식의 근과 계수의 관계에 의하여

$\log_2 a+\log_2 b=4$, $\log_2 a\cdot\log_2 b=1$

$\therefore \log_a b+\log_b a$

$=\dfrac{\log_2 b}{\log_2 a}+\dfrac{\log_2 a}{\log_2 b}=\dfrac{(\log_2 a)^2+(\log_2 b)^2}{\log_2 a\cdot\log_2 b}$

$=\dfrac{(\log_2 a+\log_2 b)^2-2\log_2 a\cdot\log_2 b}{\log_2 a\cdot\log_2 b}$

$=\dfrac{4^2-2\cdot 1}{1}=\mathbf{14}$

답 14

08 $x=\log_2\sqrt{162}+2\log_2\dfrac{2}{\sqrt{3}}-\dfrac{1}{2}\log_2 32$

$=\log_2\sqrt{162}+\log_2\left(\dfrac{2}{\sqrt{3}}\right)^2-\log_2\sqrt{32}$

$=\log_2 9\sqrt{2}+\log_2\dfrac{4}{3}-\log_2 4\sqrt{2}$

$=\log_2\left(9\sqrt{2}\times\dfrac{4}{3}\div 4\sqrt{2}\right)$

$=\log_2 3$

$\therefore 2^x=2^{\log_2 3}=\mathbf{3}$

답 3

09 지수를 간단히 하면

$2\log_3 5-3\log_{\frac{1}{3}}6-2\log_3 30$

$=\log_3 5^2+\log_3 6^3-\log_3 30^2$

$=\log_3\dfrac{5^2\times 6^3}{30^2}=\log_3 6$

$\therefore$ (주어진 식)$=9^{\log_3 6}=6^{\log_3 9}=6^{2\log_3 3}=6^2=\mathbf{36}$

답 36

10 $\log 45.2-\log x=1.6551+0.3449$

$=2=\log 100$

즉, $\log\dfrac{45.2}{x}=\log 100$이므로

$\dfrac{45.2}{x}=100 \qquad \therefore x=\dfrac{45.2}{100}=\mathbf{0.452}$

다른 풀이 $\log x=-0.3449=-1+0.6551$

즉, $\log x$는 $\log 45.2$와 소수 부분이 같으므로 x는 45.2와 숫자의 배열이 같고, $\log x$의 정수 부분이 -1이므로 소수점 아래 첫째 자리에서 처음으로 0이 아닌 숫자가 나타난다.

$\therefore x=0.452$

답 0.452

11 $[\log 1]=[\log 2]=\cdots=[\log 9]=0$

$[\log 10]=[\log 11]=\cdots=[\log 99]=1$

$[\log 100]=[\log 101]=\cdots=[\log 999]=2$

$[\log 1000]=[\log 1001]=\cdots=[\log 2000]=3$

$\therefore$ (주어진 식)$=1\times 90+2\times 900+3\times 1001$

$=90+1800+3003$

$=\mathbf{4893}$

답 4893

12 $\log 24^{20}=20\log(2^3\times 3)=20(3\log 2+\log 3)$

$=20(3\times 0.3010+0.4771)$

$=27.602$

따라서 $\log 24^{20}$의 정수 부분이 27이므로 24^{20}은 **28자리의 정수**이다.

답 ③

13 $10<x<100$이므로

$1<\log x<2$ …… ㉠

$\log\sqrt{x}$의 소수 부분과 $\log\dfrac{1}{x}$의 소수 부분이 같으므로

$\log\sqrt{x}-\log\dfrac{1}{x}=\dfrac{1}{2}\log x+\log x$

$=\dfrac{3}{2}\log x=$(정수)

㉠에 의하여 $\frac{3}{2}<\frac{3}{2}\log x<3$이므로

$\frac{3}{2}\log x=2 \qquad \therefore \log x=\frac{4}{3}$

$\therefore x=\mathbf{10^{\frac{4}{3}}}$

답 ①

14 $T=T_0+k\log(8t+1)$에서

$T_0=20$, $t=\frac{9}{8}$일 때, $T=365$이므로

$365=20+k\log\left(8\times\frac{9}{8}+1\right)$

$k\log 10=345 \qquad \therefore k=345$

또 $T_0=20$, $t=a$일 때, $T=710$이므로

$710=20+345\log(8a+1)$

$345\log(8a+1)=690$, $\log(8a+1)=2$

$8a+1=10^2$, $8a=99 \qquad \therefore a=\mathbf{\frac{99}{8}}$

답 ①

15 $I=3\times10^5$, $L=6\times10^{-4}$, $x=10^3$이므로

$6\times10^{-4}=\frac{3\times10^5\times10^{-1000k}}{10^6}$

$2\times10^{-3}=10^{-1000k}$

양변에 상용로그를 취하면

$\log 2-3=-1000k$

$1000k=3-\log 2=3-0.3=2.7$

$\therefore k=\mathbf{2.7\times10^{-3}}$

답 ③

EXERCISES B SUMMA CUM LAUDE 본문 072~073쪽

01 6	**02** 12	**03** $\frac{1}{1000}$	**04** 27	**05** 23
06 ㄴ, ㄷ	**07** $\frac{1}{8}$	**08** ㄴ	**09** 6	**10** 5.7%

01 $x^3=(2+\sqrt{3})^{\frac{1}{2}}-(2-\sqrt{3})^{\frac{1}{2}}$의 양변을 제곱하면

$x^6=(2+\sqrt{3})+(2-\sqrt{3})-2\{(2+\sqrt{3})(2-\sqrt{3})\}^{\frac{1}{2}}$

$=4-2=2$

이므로 $\quad x=2^{\frac{1}{6}}$ ($\because x>0$) $\quad\cdots\cdots$ ㉠

$\therefore \log_2 x+\log_2 x^2+\cdots+\log_2 x^8$

$=\log_2 x+2\log_2 x+\cdots+8\log_2 x$

$=36\log_2 x=36\log_2 2^{\frac{1}{6}}$ ($\because$ ㉠)

$=36\times\frac{1}{6}=\mathbf{6}$

답 6

02 x, y, z가 2보다 큰 자연수이므로

$[\log_2 x]\geq1$, $[\log_2 y]\geq1$, $[\log_2 z]\geq1$

$[\log_2 x]=2$, $[\log_2 y]=1$, $[\log_2 z]=1$로 놓으면

x는 4, 5, 6, 7

y는 3

z는 3

이므로 조건을 만족시키는 순서쌍 (x, y, z)의 개수는

$4\times1\times1=4$

$[\log_2 x]=1$, $[\log_2 y]=2$, $[\log_2 z]=1$인 경우와

$[\log_2 x]=1$, $[\log_2 y]=1$, $[\log_2 z]=2$인 경우도 같은 방법으로 알아보면 순서쌍 (x, y, z)의 개수는 각각 4이다.

따라서 구하는 순서쌍 (x, y, z)의 개수는

$4+4+4=\mathbf{12}$

답 12

03 $X=A^{\frac{1}{b}+\frac{1}{c}}\times B^{\frac{1}{c}+\frac{1}{a}}\times C^{\frac{1}{a}+\frac{1}{b}}$로 놓으면

$X=A^{\frac{1}{b}}\times A^{\frac{1}{c}}\times B^{\frac{1}{c}}\times B^{\frac{1}{a}}\times C^{\frac{1}{a}}\times C^{\frac{1}{b}}$

양변에 상용로그를 취하면

$$\log X = \frac{1}{b}\log A + \frac{1}{c}\log A + \frac{1}{c}\log B + \frac{1}{a}\log B + \frac{1}{a}\log C + \frac{1}{b}\log C$$

$$= \frac{a}{b} + \frac{a}{c} + \frac{b}{c} + \frac{b}{a} + \frac{c}{a} + \frac{c}{b}$$

$$= \frac{b+c}{a} + \frac{c+a}{b} + \frac{a+b}{c}$$

$$= \frac{-a}{a} + \frac{-b}{b} + \frac{-c}{c} \ (\because a+b+c=0)$$

$$= -3$$

$\therefore A^{\frac{1}{b}+\frac{1}{c}} \times B^{\frac{1}{c}+\frac{1}{a}} \times C^{\frac{1}{a}+\frac{1}{b}} = 10^{-3} = \mathbf{\frac{1}{1000}}$

다른 풀이 $\log A = a$, $\log B = b$, $\log C = c$이므로

$A = 10^a$, $B = 10^b$, $C = 10^c$

$\therefore A^{\frac{1}{b}+\frac{1}{c}} \times B^{\frac{1}{c}+\frac{1}{a}} \times C^{\frac{1}{a}+\frac{1}{b}}$

$= 10^{a\left(\frac{1}{b}+\frac{1}{c}\right)+b\left(\frac{1}{c}+\frac{1}{a}\right)+c\left(\frac{1}{a}+\frac{1}{b}\right)}$

$= 10^{a\left(\frac{1}{a}+\frac{1}{b}+\frac{1}{c}\right)+b\left(\frac{1}{a}+\frac{1}{b}+\frac{1}{c}\right)+c\left(\frac{1}{a}+\frac{1}{b}+\frac{1}{c}\right)-3}$

$= 10^{(a+b+c)\left(\frac{1}{a}+\frac{1}{b}+\frac{1}{c}\right)-3}$

$= 10^{-3} \ (\because a+b+c=0)$

$= \frac{1}{1000}$

답 $\frac{1}{1000}$

04

$\log A = m + \alpha$, $\log B = n + \beta$ (m, n은 양의 정수($\because$ **[참고]**), $0 \le \alpha < 1$, $0 \le \beta < 1$)이고,

점 $\mathrm{P}(m, n)$이 곡선 $y = \frac{16}{x}$ 위에 있으므로

$mn = 16$

또한 점 $\mathrm{Q}(\alpha, \beta)$가 직선 $y = -x + 1$ 위에 있으므로

$\alpha + \beta = 1$

$\therefore \log AB = \log A + \log B = m + \alpha + n + \beta$

$= m + n + 1 \ (\because \alpha + \beta = 1)$

$\therefore AB = 10^{m+n+1}$

양의 정수 m, n에 대하여 $mn = 16$일 때, $m+n$의 최댓값은 $17(m=16,\ n=1$ 또는 $m=1,\ n=16)$이고, 최솟값은 $8(m=4,\ n=4)$이므로 AB의 최댓값은 10^{18}, 최솟값은 10^9이다.

따라서 AB의 최댓값과 최솟값의 곱은 $10^{18} \cdot 10^9 = 10^{27}$이므로

$k = \mathbf{27}$

[참고] 점 P가 곡선 $y = \frac{16}{x}$ 위의 점이므로 $m \neq 0$, $n \neq 0$이다.

따라서 m, n은 양의 정수이다.

답 27

05

$A = (5+1)(5^2+1)(5^4+1)(5^8+1)(5^{16}+1)$

이므로

$4A = (5-1)(5+1)(5^2+1)(5^4+1)(5^8+1)(5^{16}+1)$

$= 5^{32} - 1$

이때

$\log 5^{32} = 32\log 5 = 32(1 - \log 2)$

$= 32(1 - 0.3010) = 22.368$

이므로 5^{32}은 23자리의 자연수이다.

그런데 5^{32}의 일의 자리의 숫자가 5이므로 5^{32}의 자릿수와 $5^{32}-1$의 자릿수는 같다.

따라서 $5^{32}-1$은 23자리의 자연수이다.

$\therefore n = \mathbf{23}$

답 23

06

$f(pn) = f(n) + 1$은 pn의 자릿수가 n의 자릿수보다 1만큼 크다는 것을 의미한다.

즉, $g(n)$은 n에 곱했을 때 자릿수가 바뀌게 하는 최소의 자연수 p를 나타냄을 알 수 있다.

ㄱ. 2019가 네 자리 자연수이므로 $f(2019) = 3$

또 $2019 \times 4 = 8076$, $2019 \times 5 = 10095$이므로

$g(2019) = 5$

$\therefore f(2019) + g(2019) = 8$ (거짓)

ㄴ. 2를 곱하면 여전히 두 자리 자연수이고, 3을 곱하면 세 자리 자연수가 되는 두 자리 자연수는 34부터 49까지 모두 16개이다. (참)

ㄷ. 자연수 n에 대하여 $g(n)$의 최댓값과 최솟값을 구해 보자.

$n\times10$의 자릿수는 n의 자릿수보다 1이 크므로

$g(n)\le10$임은 당연하다.

이때 $g(10)=10$이므로 $g(n)$의 최댓값은 10이다.

한편 $n\times1$의 자릿수는 n의 자릿수와 같으므로

$g(n)>1$임은 당연하다.

이때 $g(9)=2$이므로 $g(n)$의 최솟값은 2이다.

즉, 임의의 두 자연수 m, n에 대하여 $g(m)-g(n)$의 최댓값은 $10-2=8$임을 알 수 있다. (참)

따라서 옳은 것은 ㄴ, ㄷ이다. 답 ㄴ, ㄷ

07

$\log x$의 소수 부분을 α라 하면

$\log x=4+\alpha\ (0<\alpha<1)$

$\therefore \log\sqrt[3]{x}=\frac{1}{3}\log x=\frac{1}{3}(4+\alpha)=1+\frac{1+\alpha}{3}$

이때 $\frac{1}{3}<\frac{1+\alpha}{3}<\frac{2}{3}$이므로 $\log\sqrt[3]{x}$의 소수 부분은

$\frac{1+\alpha}{3}$이다. …… ❶

$\alpha+\frac{1+\alpha}{3}=\frac{5}{6},\ \frac{4}{3}\alpha=\frac{1}{2}$

$\therefore \alpha=\frac{3}{8}$ …… ❷

즉, $\log x=4+\frac{3}{8}$이므로

$\log x^3=3\log x=3\left(4+\frac{3}{8}\right)=13+\frac{1}{8}$

따라서 $\log x^3$의 소수 부분은 $\mathbf{\frac{1}{8}}$이다. …… ❸

채점 기준	배점
❶ $\log x$의 소수 부분을 α로 놓고, $\log\sqrt[3]{x}$의 소수 부분을 α에 대한 식으로 나타내기	40 %
❷ α의 값 구하기	30 %
❸ $\log x^3$의 소수 부분 구하기	30 %

답 $\frac{1}{8}$

08

ㄱ. 20과 $\frac{1}{2}=0.5$는 숫자의 배열이 다르므로

$\log20$과 $\log\frac{1}{2}$의 소수 부분은 다르다.

$\therefore g(20)\ne g\left(\frac{1}{2}\right)$ (거짓)

ㄴ. $ng(a)=1$에서 $g(a)=\frac{1}{n}$이므로

$\log a=N+\frac{1}{n}$ (N은 정수)

$\therefore \log a^n=n\log a=Nn+1$

이때 $Nn+1$은 정수이므로 $\log a^n$의 소수 부분은 0이다.

$\therefore g(a^n)=0$ (참)

ㄷ. (반례) $\log a=0.5$, $n=3$이면

$g(a)+g(a^2)+g(a^3)=0.5+0+0.5=1$이지만

$g(a^3)=0.5$, $3g(a)=1.5$이므로

$g(a^3)\ne3g(a)$ (거짓)

따라서 옳은 것은 ㄴ뿐이다. 답 ㄴ

09

$\log17^n$의 정수 부분과 소수 부분을 각각 m, α (m은 정수, $0\le\alpha<1$)라 하면 17^n의 최고 자리의 숫자가 1이므로 $\log1<\alpha<\log2$

$\therefore 0<\alpha<0.3010$ …… ㉠

또 $\log16<\log17<\log20$이므로

$4\log2<\log17<1+\log2$

$4\times0.3010<\log17<1+0.3010$

$\therefore 1.204<\log17<1.301$

즉, $6.02<5\log17<6.505$ …… ㉡

$\therefore [\log17^{n+5}]-[\log17^n]$

$=[(n+5)\log17]-[n\log17]$

$=[n\log17+5\log17]-[n\log17]$

$=[m+\alpha+5\log17]-[m+\alpha]$

$=m+[\alpha+5\log17]-m$

$=[\alpha+5\log17]$

EXERCISES

㉠, ㉡에 의하여 $6.02 < \alpha + 5\log 17 < 6.806$이므로

$[\alpha + 5\log 17] = \mathbf{6}$ 답 6

10 올해 이 회사의 매출액을 A원, 매출액의 증가율을 $a\%$라 하면

$$A\left(1+\frac{a}{100}\right)^{20}=3A,\ \left(1+\frac{a}{100}\right)^{20}=3$$

양변에 상용로그를 취하면

$$20\log\left(1+\frac{a}{100}\right)=\log 3$$

$$\log\left(1+\frac{a}{100}\right)=\frac{1}{20}\log 3=\frac{1}{20}\times 0.48=0.024$$

이때 $\log 1.057=0.024$이므로

$$1+\frac{a}{100}=1.057 \qquad \therefore a=5.7$$

따라서 매출액을 매년 **5.7%**씩 증가시켜야 한다.

답 5.7%

3. 지수함수

Review Quiz SUMMA CUM LAUDE 본문 095쪽

01 (1) 실수, 양의 실수 (2) $(0,\ 1)$
(3) $y=a^{x-m}+n$ (4) $n,\ m,\ m,\ n$
02 (1) 참 (2) 거짓 (3) 참 **03** 풀이 참조

01 답 (1) 실수, 양의 실수
(2) $(0,\ 1)$
(3) $y=a^{x-m}+n$
(4) $n,\ m,\ m,\ n$

02 (1) $y=16\cdot 2^x=2^4\cdot 2^x=2^{x+4}$이므로 지수함수 $y=16\cdot 2^x$의 그래프는 지수함수 $y=2^x$의 그래프를 x축의 방향으로 -4만큼 평행이동한 것이다. (참)

(2) $x+1=2x-2$, 즉 $x=3$이면 $3^{3+1}=3^{6-2}=3^4$이므로 주어진 방정식은 성립한다. (거짓)

(3) 지수함수 $y=a^x$의 그래프의 개형을 살펴보면 $a>1$인 경우는 증가함수, $0<a<1$인 경우는 감소함수이다.
따라서 $a>1$인 경우에만 조건
「$a^M>a^N$이면 $M>N$」을 만족한다. (참)

답 (1) 참 (2) 거짓 (3) 참

03 (1) $y=a^x$에서 $a=1$이면
$y=a^x=1^x=1$
즉, x의 값에 상관없이 y가 1의 값을 가지므로 이것은 지수함수라기보다는 상수함수라고 보아야 타당할 것이다. 따라서 $a=1$인 경우는 지수함수로써의 의미가 없기 때문에 생각하지 않는다.

(2) 지수함수는 일대일함수이므로 밑이 같은 경우, 지수가 같으면 그 값이 하나로 결정된다.
따라서 $a^{f(x)}=a^{g(x)}$인 경우 $f(x)=g(x)$를 만족하는 x의 값을 구하면 된다.

답 풀이 참조

EXERCISES A SUMMA CUM LAUDE 본문 096~097쪽

01 ⑤　02 10　03 5　04 9　05 ②
06 -6　07 10　08 14　09 $a<1$　10 4장

01 ㄱ. $f(0)=a^0=1$ (참)

ㄴ. $f(x)=a^x$

$\sqrt{f(2x)}=\sqrt{a^{2x}}=\sqrt{(a^x)^2}=a^x$ ($\because a^x>0$)

$\therefore f(x)=\sqrt{f(2x)}$ (참)

ㄷ. $f(-x)=a^{-x}$

$\dfrac{1}{f(x)}=\dfrac{1}{a^x}=a^{-x}$

$\therefore f(-x)=\dfrac{1}{f(x)}$ (참)

따라서 옳은 것은 ㄱ, ㄴ, ㄷ이다. 답 ⑤

02 x의 값에 따라 각 부분에 속한 조건에 맞는 점들의 개수를 알아보자.

(i) $x=1$일 때,

A에 속한 점들의 y좌표는

3, 4, ⋯, 7의 5개

B에 속한 점들의 y좌표는

9, 10, ⋯ , 14의 6개

(ii) $x=2$일 때,

A에 속한 점들의 y좌표는

5, 6, 7의 3개

B에 속한 점들의 y좌표는

9, 10, ⋯, 14의 6개

(iii) $x=3$일 때,

A에 속한 점은 없다.

B에 속한 점들의 y좌표는

9, 10, ⋯, 14의 6개

(iv) x가 4 이상의 자연수일 때,

A와 B에 속한 점은 없다.

따라서 $a=5+3=8$, $b=6+6+6=18$이므로

$b-a=\mathbf{10}$ 답 10

03 지수함수 $y=3^x$의 그래프를 x축의 방향으로 -3만큼, y축의 방향으로 2만큼 평행이동한 그래프의 식은

$y-2=3^{x+3}$ $\quad\therefore y=3^{x+3}+2$ ⋯⋯ ㉠

㉠의 그래프를 y축에 대하여 대칭이동한 그래프의 식은

$y=3^{-x+3}+2$ ⋯⋯ ㉡

㉡의 그래프가 점 $(2, k)$를 지나므로

$k=3^{-2+3}+2=\mathbf{5}$ 답 5

04 다음 그림에서 A 부분의 넓이와 B 부분의 넓이가 같으므로 두 지수함수 $y=3^x$, $y=3^x+9$의 그래프와 직선 $x=1$, y축으로 둘러싸인 도형의 넓이는 가로의 길이가 1, 세로의 길이가 9인 직사각형의 넓이와 같다.

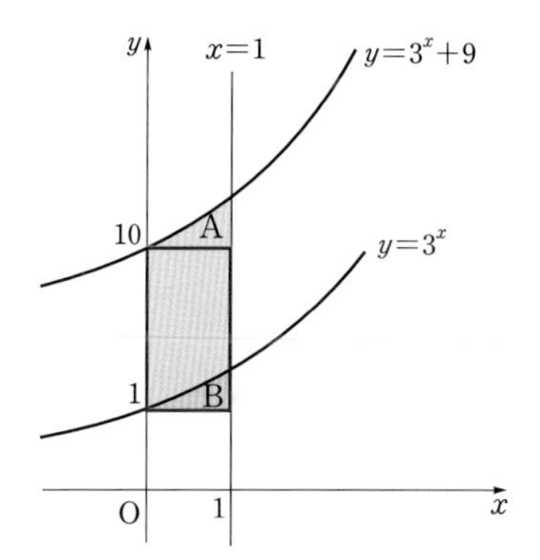

따라서 구하는 넓이는 $1\times9=\mathbf{9}$ 답 9

05 $A=8^{\frac{1}{5}}=(2^3)^{\frac{1}{5}}=2^{\frac{3}{5}}$

$B=0.25^{-\frac{2}{5}}=\left(\dfrac{1}{4}\right)^{-\frac{2}{5}}=(2^{-2})^{-\frac{2}{5}}=2^{\frac{4}{5}}$

$C=\sqrt[6]{16}=\sqrt[6]{2^4}=2^{\frac{2}{3}}$

이때 밑 2가 1보다 크므로

$\dfrac{3}{5}<\dfrac{2}{3}<\dfrac{4}{5}$에서 $\quad 2^{\frac{3}{5}}<2^{\frac{2}{3}}<2^{\frac{4}{5}}$

$\therefore \boldsymbol{A<C<B}$ 답 ②

EXERCISES

06 $y=4^x-3\cdot 2^{x+1}+k=(2^x)^2-6\cdot 2^x+k$에서

$2^x=X$로 치환하면 주어진 함수는

$y=X^2-6X+k=(X-3)^2+k-9$ ...... ❶

이때 $1\le x\le 3$이므로 $2\le X\le 8$ ...... ❷

따라서 주어진 함수는 $X=8$일 때 최댓값 10을 가지므로

$(8-3)^2+k-9=10,\ k+16=10$

$\therefore k=\mathbf{-6}$ ...... ❸

채점 기준	배점
❶ $2^x=X$로 치환한 후 주어진 함수를 X에 대한 함수로 나타내기	40 %
❷ X의 값의 범위 구하기	20 %
❸ 최댓값을 이용하여 k의 값 구하기	40 %

답 -6

07 $x^{x^3-8x^2+16x}-x^{x^2-10x+24}=0$에서

$x^{x^3-8x^2+16x}=x^{x^2-10x+24}$

(i) $x=1$일 때,

(좌변)=(우변)=1이므로 성립한다.

(ii) $x\neq 1$일 때,

$x^3-8x^2+16x=x^2-10x+24$

$x^3-9x^2+26x-24=0$

$(x-2)(x-3)(x-4)=0$

$\therefore x=2$ 또는 $x=3$ 또는 $x=4$

따라서 모든 근의 합은

$1+2+3+4=\mathbf{10}$

답 10

08 (i) $\frac{1}{4}x-1=1$, 즉 $x=8$일 때,

$1>1$이므로 주어진 부등식은 성립하지 않는다.

(ii) $\frac{1}{4}x-1>1$, 즉 $x>8$일 때,

$10x-45>x^2-6x+15,\ x^2-16x+60<0$

$(x-6)(x-10)<0 \qquad \therefore 6<x<10$

그런데 $x>8$이므로 $8<x<10$

따라서 자연수 x는 9이다.

(iii) $0<\frac{1}{4}x-1<1$, 즉 $4<x<8$일 때,

$10x-45<x^2-6x+15,\ x^2-16x+60>0$

$(x-6)(x-10)>0 \qquad \therefore x<6$ 또는 $x>10$

그런데 $4<x<8$이므로 $4<x<6$

따라서 자연수 x는 5이다.

(i)~(iii)에 의하여 구하는 x의 값의 합은

$9+5=\mathbf{14}$

답 14

09 모든 실수 x에 대하여

$x^2-2(2^a+1)x-3(2^a-5)>0$이 성립하려면 이차방정식 $x^2-2(2^a+1)x-3(2^a-5)=0$의 판별식을 D라 할 때, $\frac{D}{4}=(2^a+1)^2+3(2^a-5)<0$이어야 한다.

즉, $(2^a)^2+5\cdot 2^a-14<0$이므로

$2^a=X\ (X>0)$로 치환하면 $X^2+5X-14<0$

$(X+7)(X-2)<0 \qquad \therefore 0<X<2\ (\because X>0)$

따라서 $0<2^a<2$에서 밑이 1보다 크므로

$\boldsymbol{a<1}$

답 $a<1$

10 처음 빛의 양을 1이라 하면 필름을 n장 붙일 때 통과하는 빛의 양은 $\left(\frac{1}{8}\right)^n$이므로

$\left(\frac{1}{8}\right)^n\le 1-\frac{1023}{1024},\ \left(\frac{1}{2}\right)^{3n}\le\left(\frac{1}{2}\right)^{10}$

밑 $\frac{1}{2}$이 $0<\frac{1}{2}<1$이므로

$3n\ge 10 \qquad \therefore n\ge\frac{10}{3}$

이때 n은 자연수이므로 n의 최솟값은 4이다.

따라서 필름을 최소 **4장** 붙여야 한다.

답 4장

EXERCISES ℬ SUMMA CUM LAUDE 본문 098~099쪽

01 75 **02** 1 **03** ② **04** 15 **05** 0
06 4 **07** 3 **08** $k<6$ **09** $x<0$
10 $\frac{728}{9}$

01 $|y-1|=2^{|x|-1}$의 그래프는 $|y|=2^{|x|-1}$의 그래프를 y축의 방향으로 1만큼 평행이동한 것이고,
$|y|=2^{|x|-1}$의 그래프는 $y=2^{x-1}$의 그래프 중 제1사분면의 그래프를 x축, y축, 원점에 대하여 대칭시킨 것이다.
따라서 $|y-1|=2^{|x|-1}$의 그래프를 그리면 다음 그림과 같다.

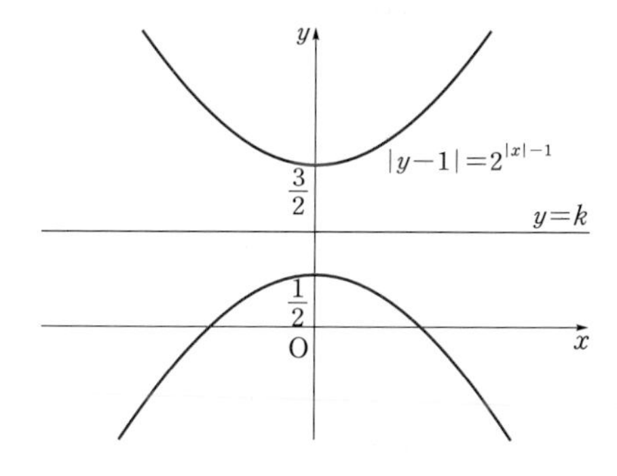

위의 그림에서 $|y-1|=2^{|x|-1}$의 그래프와 직선 $y=k$가 만나지 않도록 하는 k의 값의 범위는 $\frac{1}{2}<k<\frac{3}{2}$이므로 $\alpha=\frac{1}{2}$, $\beta=\frac{3}{2}$

$\therefore 100\alpha\beta=100\cdot\frac{1}{2}\cdot\frac{3}{2}=\mathbf{75}$ 답 75

02 조건 (나)의 $f(x+1)=f(x)+1$에서
$f(x)=f(x+1)-1$
이로부터 $y=f(x)$의 그래프는 x축의 방향으로 -1만큼, y축의 방향으로 -1만큼 평행이동하면 다시 자기 자신이 되는 그래프임을 알 수 있다.

한편 조건 (가)에서 $0\le x<1$일 때,
$f(x)=2^{1-x}=\left(\frac{1}{2}\right)^{x-1}$이므로 $y=f(x)$의 그래프는 다음 그림과 같다.

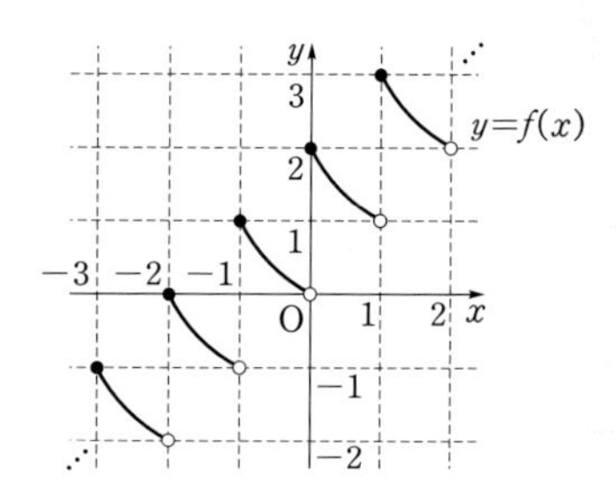

방정식 $f(x)-ax=0$이 서로 다른 세 실근을 가지려면 함수 $y=f(x)$의 그래프와 직선 $y=ax$가 서로 다른 세 점에서 만나야 하므로 두 함수의 그래프는 다음 그림과 같아야 한다.

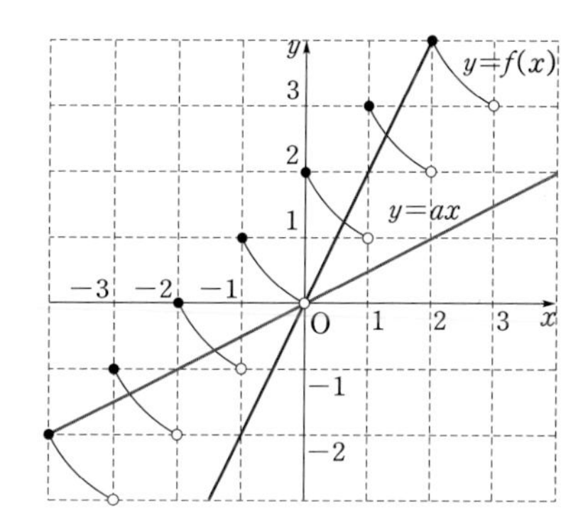

따라서 직선 $y=ax$가 점 $(2,\ 4)$를 지날 때 $a=2$로 최대가 되고, 점 $(-4,\ -2)$를 지날 때 $a=\frac{1}{2}$로 최소가 된다.

$\therefore$ (a의 최댓값과 최솟값의 곱)$=2\cdot\frac{1}{2}=\mathbf{1}$ 답 1

03 c^x은 양수이므로 주어진 방정식 $a^x+b^x=c^x$의 양변을 c^x으로 나누면

$$\left(\frac{a}{c}\right)^x+\left(\frac{b}{c}\right)^x=1$$

위의 식에서 $\frac{a}{c}=p$, $\frac{b}{c}=q$로 치환하면

$\frac{a}{c}>0$, $\frac{b}{c}>0$이므로 주어진 방정식의 실근의 개수는

$p^x+q^x=1(p>0,\ q>0)$의 실근의 개수를 조사하면 알 수 있다.

이때 $a,\ b,\ c$가 서로 다른 양수이므로

$p\neq1,\ q\neq1$

즉, $p^x+q^x=1$에서 $p^x=1-q^x$이므로

$y=p^x(p>0,\ p\neq1)$과 $y=1-q^x(q>0,\ q\neq1)$의 그래프를 그려 그 교점의 개수를 조사하면 된다.

따라서 $p,\ q$가 각각 0과 1 사이, 1 초과일 때의 네 가지 경우로 나누어 그래프를 그려 보면 다음과 같다.

(i) $0<p<1,\ 0<q<1$일 때

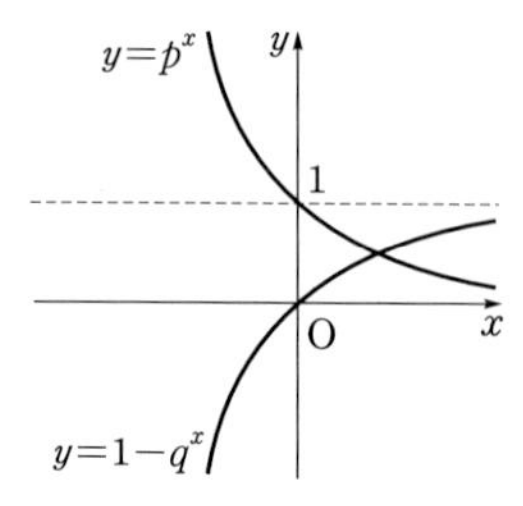

(ii) $0<p<1,\ q>1$일 때

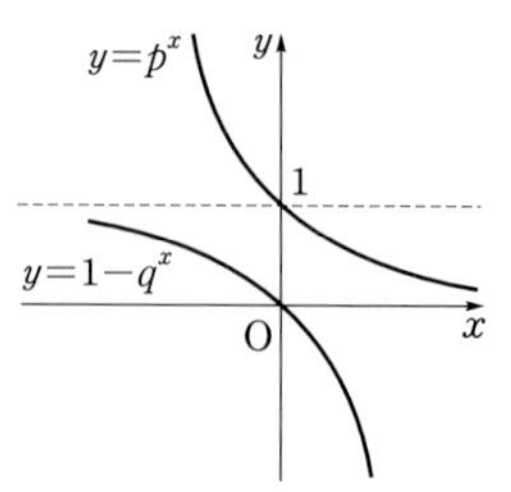

(iii) $p>1,\ 0<q<1$일 때

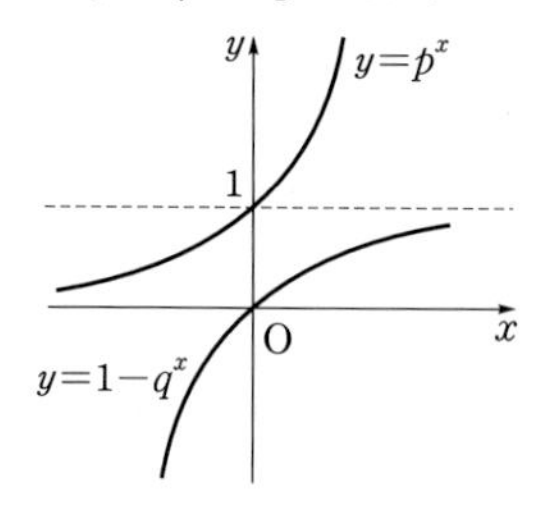

(iv) $p>1,\ q>1$일 때

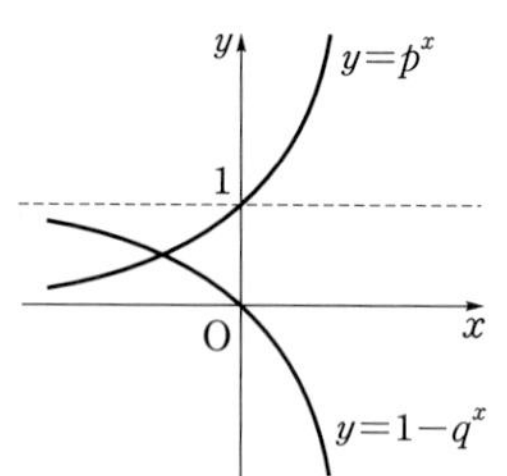

위의 그래프에서 $0<p<1,\ 0<q<1$일 때 하나의 교점을 갖고, $p>1,\ q>1$일 때 하나의 교점을 가지며 나머지 경우에는 교점이 존재하지 않음을 알 수 있다. 즉,

$$0<p<1,\ 0<q<1 \iff 0<\frac{a}{c}<1,\ 0<\frac{b}{c}<1$$
$$\iff 0<a<c,\ 0<b<c$$

$$p>1,\ q>1 \iff \frac{a}{c}>1,\ \frac{b}{c}>1 \iff a>c,\ b>c$$

이므로 주어진 방정식은 $a<c,\ b<c$일 때와 $a>c,\ b>c$일 때 각각 하나의 실근을 갖고, 나머지 경우에는 실근을 갖지 않는다.

따라서 실근이 없는 경우는 ②이다. **답** ②

04

$A(a,\ 2^a),\ D(a,\ 2^{-a})(a>0)$이라 하면

$\overline{AD}=\frac{15}{4}$에서 $\quad 2^a-2^{-a}=\frac{15}{4}$

$2^a=X\ (X>0)$로 치환하면 $\quad X-\frac{1}{X}=\frac{15}{4}$

$4X^2-15X-4=0,\ (4X+1)(X-4)=0$

$\therefore X=4\ (\because X>0)$

즉, $2^a=4=2^2$이므로 $\quad a=2$

따라서 직사각형 ABCD의 넓이는

$4\cdot\frac{15}{4}=\mathbf{15}$ **답** 15

05

$x^n=2^{2^{10}}$의 양변에 $\frac{1}{n}$ 제곱을 하면

$(x^n)^{\frac{1}{n}}=(2^{2^{10}})^{\frac{1}{n}} \qquad \therefore x=2^{\frac{2^{10}}{n}}$

이때 $2^{\frac{2^{10}}{n}}$이 유리수가 되려면 $\frac{2^{10}}{n}$이 정수이어야 한다.

따라서 가능한 n의 값은 $\pm1,\ \pm2,\ \pm2^2,\ \cdots,\ \pm2^{10}$이므로 그 합은 **0**이다. **답** 0

06

$(\sqrt{\sqrt{2}+1})^n(\sqrt{\sqrt{2}-1})^n$
$=(\sqrt{\sqrt{2}+1}\sqrt{\sqrt{2}-1})^n$
$=1^n=1$

이므로 $(\sqrt{\sqrt{2}+1})^n=a$라 하면 n이 자연수이므로 $a>1$

이고, $(\sqrt{\sqrt{2}-1})^n=\frac{1}{(\sqrt{\sqrt{2}+1})^n}=\frac{1}{a}$이다.

따라서 주어진 식을 a에 대한 식으로 나타내면

$a+\frac{1}{a}=6,\ a^2-6a+1=0$

$\therefore a=3+2\sqrt{2}=(\sqrt{2}+1)^2\ (\because a>1)$

즉, $(\sqrt{\sqrt{2}+1})^n=(\sqrt{2}+1)^2$이므로

$(\sqrt{2}+1)^{\frac{n}{2}}=(\sqrt{2}+1)^2$

$\frac{n}{2}=2 \qquad \therefore n=\mathbf{4}$ **답** 4

07 $\begin{cases} x^{x+y}=y^3 & \cdots\cdots ㉠ \\ y^{x+y}=x^6y^3 \end{cases}$

을 변끼리 곱하면 $(xy)^{x+y}=(xy)^6$

$\therefore xy=1$ 또는 $x+y=6$

(i) $xy=1$일 때

x, y가 자연수이므로 $x=y=1$

$\therefore (x, y)=(1, 1)$

(ii) $x+y=6$일 때

㉠에서 $x^6=y^3$이므로

$x^6-y^3=(x^2)^3-y^3$

$=(x^2-y)(x^4+x^2y+y^2)=0$

$\therefore x^2=y$ ($\because x^4+x^2y+y^2>0$)

$x^2=y$에 $y=6-x$를 대입하면

$x^2=6-x$, $x^2+x-6=0$

$(x+3)(x-2)=0$ $\therefore x=2$ ($\because x$는 자연수)

$\therefore (x, y)=(2, 4)$

(i), (ii)에 의하여 자연수 x, y의 순서쌍 (x, y)는

$(1, 1)$, $(2, 4)$

따라서 두 점 $(1, 1)$, $(2, 4)$를 지나는 직선의 기울기는

$\frac{4-1}{2-1}=\mathbf{3}$ 답 3

08 $9^x+9^{-x}-k(3^x+3^{-x})+11=0$에서

$(3^x+3^{-x})^2-2-k(3^x+3^{-x})+11=0$

$(3^x+3^{-x})^2-k(3^x+3^{-x})+9=0$

$3^x+3^{-x}=t$로 치환하면 $3^x>0$, $3^{-x}>0$이므로 산술평균과 기하평균의 관계에 의하여

$t=3^x+3^{-x}\geq 2\sqrt{3^x\cdot 3^{-x}}=2$

(단, 등호는 $3^x=3^{-x}$, 즉 $x=0$일 때 성립)

따라서 주어진 방정식은

$t^2-kt+9=0$ (단, $t\geq 2$) ⋯⋯ ㉠

주어진 방정식의 실근이 존재하지 않으려면 이차방정식 ㉠이 실근을 갖지 않거나 두 근이 모두 2보다 작아야 한다.

(i) ㉠이 실근을 갖지 않는 경우

㉠의 판별식을 D라 하면

$D=k^2-36<0$에서 $(k+6)(k-6)<0$

$\therefore -6<k<6$

(ii) ㉠의 두 근이 모두 2보다 작은 경우

$f(t)=t^2-kt+9$라 하고, ㉠의 판별식이 D이므로

$D=k^2-36\geq 0$에서 $(k+6)(k-6)\geq 0$

$\therefore k\leq -6$ 또는 $k\geq 6$ ⋯⋯ ㉡

또한 $f(2)=13-2k>0$에서 $k<\frac{13}{2}$ ⋯⋯ ㉢

이차함수 $y=f(t)$의 그래프의 대칭축은 직선 $t=\frac{k}{2}$이므로

$\frac{k}{2}<2$ $\therefore k<4$ ⋯⋯ ㉣

㉡, ㉢, ㉣의 공통 범위는 $k\leq -6$

(i), (ii)에 의하여 $\boldsymbol{k<6}$ 답 $k<6$

09 (i) $x^2-2x+1=1$일 때,

$1<1$이므로 주어진 부등식은 성립하지 않는다.

즉, $x^2-2x+1\neq 1$에서 $x(x-2)\neq 0$

$\therefore x\neq 0$, $x\neq 2$

(ii) $0<x^2-2x+1<1$일 때,

$0<(x-1)^2<1$에서

$-1<x-1<0$ 또는 $0<x-1<1$

$\therefore 0<x<1$ 또는 $1<x<2$ ⋯⋯ ㉠

주어진 부등식 $(x^2-2x+1)^{x-2}<(x^2-2x+1)^0$에서 $0<x^2-2x+1<1$이므로

$x-2>0$ $\therefore x>2$

그런데 ㉠에 의하여 x의 값은 존재하지 않는다.

(iii) $x^2-2x+1>1$일 때,

$x^2-2x>0$, $x(x-2)>0$

$\therefore x<0$ 또는 $x>2$ ⋯⋯ ㉡

주어진 부등식 $(x^2-2x+1)^{x-2}<(x^2-2x+1)^0$에서 $x^2-2x+1>1$이므로

$x-2<0$ $\therefore x<2$

그런데 ㉡에 의하여 $x<0$

(i)~(iii)에 의하여 $\boldsymbol{x<0}$ 답 $x<0$

EXERCISES

10 $-3\le x\le 3$에서 $\left(\frac{1}{3}\right)^3\le\left(\frac{1}{3}\right)^x\le\left(\frac{1}{3}\right)^{-3}$

$\therefore \frac{1}{27}\le\left(\frac{1}{3}\right)^x\le 27$ …… ㉠

…… ❶

(i) $m\cdot 3^{-x}\le 3^{-2x+1}$에서 $m\cdot\left(\frac{1}{3}\right)^x\le 3\cdot\left(\frac{1}{3}\right)^{2x}$

양변을 $\left(\frac{1}{3}\right)^x$으로 나누면 $m\le 3\cdot\left(\frac{1}{3}\right)^x$

$\therefore \frac{m}{3}\le\left(\frac{1}{3}\right)^x$

이때 ㉠에서 $\left(\frac{1}{3}\right)^x$의 최솟값이 $\frac{1}{27}$이므로 위의 부등식이 항상 성립하려면

$\frac{m}{3}\le\frac{1}{27}$ $\therefore m\le\frac{1}{9}$ …… ❷

(ii) $3^{-2x+1}\le n\cdot 27^{-x}$에서 $3\cdot\left(\frac{1}{3}\right)^{2x}\le n\cdot\left(\frac{1}{3}\right)^{3x}$

양변을 $\left(\frac{1}{3}\right)^{2x}$으로 나누면 $3\le n\cdot\left(\frac{1}{3}\right)^x$

$n\le 0$이면 위의 부등식이 성립하지 않으므로

$n>0$

양변을 n으로 나누면 $\frac{3}{n}\le\left(\frac{1}{3}\right)^x$

이때 ㉠에서 $\left(\frac{1}{3}\right)^x$의 최솟값이 $\frac{1}{27}$이므로 위의 부등식이 항상 성립하려면

$\frac{3}{n}\le\frac{1}{27}$ $\therefore n\ge 81$ …… ❸

(i), (ii)에 의하여 $n-m$의 최솟값은

$81-\frac{1}{9}=\mathbf{\frac{728}{9}}$ …… ❹

채점 기준	배점
❶ $\left(\frac{1}{3}\right)^x$의 값의 범위 구하기	20 %
❷ m의 값의 범위 구하기	30 %
❸ n의 값의 범위 구하기	30 %
❹ $n-m$의 최솟값 구하기	20 %

답 $\frac{728}{9}$

4. 로그함수

Review Quiz SUMMA CUM LAUDE 본문 121쪽

01 (1) $(1,\ 0)$ (2) 역함수 (3) $y=\log_a(x-m)+n$
(4) $n,\ m,\ m,\ n$

02 (1) 거짓 (2) 거짓 (3) 참 **03** 풀이 참조

01 답 (1) $(1,\ 0)$
(2) 역함수
(3) $y=\log_a(x-m)+n$
(4) $n,\ m,\ m,\ n$

02 (1) $f(x)=\log_{\frac{1}{3}}x$는 밑 $\frac{1}{3}$이 $0<\frac{1}{3}<1$이므로 감소함수이다.

따라서 $x_1<x_2$이면 $f(x_1)>f(x_2)$이다. (거짓)

(2) $\mathrm{A}(x_1,\ f(x_1))$, $\mathrm{B}(x_2,\ f(x_2))$, $\mathrm{C}(x_3,\ f(x_3))$이라 하면 $y=\log_2 x$의 그래프는 다음 그림과 같으므로 $x_1<x_2<x_3$이면 직선 AB의 기울기는 직선 BC의 기울기보다 크다.

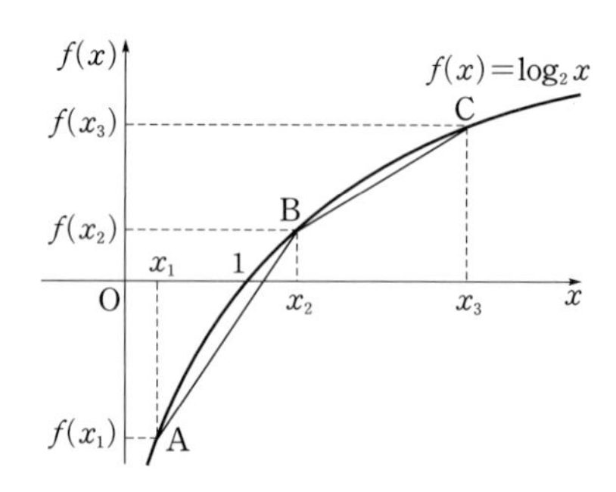

이때 직선 AB의 기울기가 $\frac{f(x_2)-f(x_1)}{x_2-x_1}$,

직선 BC의 기울기가 $\frac{f(x_3)-f(x_2)}{x_3-x_2}$이므로

$\frac{f(x_2)-f(x_1)}{x_2-x_1}>\frac{f(x_3)-f(x_2)}{x_3-x_2}$ (거짓)

(3) 로그함수 $y=\log_{\frac{1}{2}}x$의 그래프를 x축에 대하여 대칭이동한 그래프의 식은 $y=-\log_{\frac{1}{2}}x=\log_2 x$ (참)

답 (1) 거짓 (2) 거짓 (3) 참

03 (1) $(x^x)^x=x^{x^2}$이므로 $x^{x^x}=x^{x^2}$

양변에 상용로그를 취하면

$\log x^{x^x}=\log x^{x^2}$, $x^x\log x=x^2\log x$

$\therefore \log x=0$ 또는 $x^x=x^2$

$\therefore x=1$ 또는 $x=2$

(2) 로그의 진수는 양수이어야 하므로

$f(x)>0$, $g(x)>0$

(i) $0<a<1$일 때,

$y=\log_a x$는 감소함수이므로

$\log_a f(x)>\log_a g(x)$이면 $f(x)<g(x)$

(ii) $a>1$일 때,

$y=\log_a x$는 증가함수이므로

$\log_a f(x)>\log_a g(x)$이면 $f(x)>g(x)$

이상을 정리하면 다음과 같다.

$0<a<1$일 때, 부등식 $0<f(x)<g(x)$를 푼다.

$a>1$일 때, 부등식 $0<g(x)<f(x)$를 푼다.

답 풀이 참조

EXERCISES A SUMMA CUM LAUDE 본문 122~123쪽

01 ㄴ **02** $\{y|y$는 -3 이하의 정수$\}$ **03** ㄱ, ㄴ
04 ④ **05** $\sqrt{2}$ **06** ① **07** 12 **08** ③
09 5 **10** 9년

01 ㄱ. $\{f(p)\}^2=(\log_3 p)^2$,

$2f(p)=2\log_3 p=\log_3 p^2$

이므로 $\{f(p)\}^2\neq 2f(p)$ (거짓)

ㄴ. $f\left(\frac{1}{p}\right)=\log_3\frac{1}{p}=\log_3 p^{-1}=-\log_3 p=-f(p)$ (참)

ㄷ. $3^{f(p)}+3^{f(q)}=3^{\log_3 p}+3^{\log_3 q}=p+q$,

$3^{f(pq)}=3^{\log_3 pq}=pq$

이므로 $3^{f(p)}+3^{f(q)}\neq 3^{f(pq)}$ (거짓)

따라서 옳은 것은 ㄴ뿐이다.

답 ㄴ

02 $\frac{1}{2}<x<1$이므로 $-1<\log_2 x<0$

$\therefore [\log_2 x]=-1$ …… ㉠

$\log_x 2=\frac{1}{\log_2 x}$에서 $-1<\log_2 x<0$이므로

$\log_x 2<-1$

즉, $[\log_x 2]$의 값은 -2 이하의 정수이다. …… ㉡

㉠, ㉡에 의하여 함수 $y=[\log_x 2]+[\log_2 x]$의 치역은

$\{y|y$는 -3 이하의 정수$\}$

답 $\{y|y$는 -3 이하의 정수$\}$

03 두 함수의 그래프가 같으려면 함수의 식 뿐 아니라 정의역도 같아야 한다.

ㄱ. 두 함수의 정의역은 모두 $x\neq 0$인 실수 전체의 집합이고, $\log x^2+\log x^4=\log x^6$이므로 두 함수의 그래프는 같다.

ㄴ. 두 함수의 정의역은 모두 양의 실수 전체의 집합이고, $\log x^{10}-\log x^5=5\log x$이므로 두 함수의 그래프는 같다.

EXERCISES

ㄷ. $y=\log x^{10}-\log x^{6}$의 정의역은 $x\neq0$인 실수 전체의 집합이지만, $y=4\log x$의 정의역은 양의 실수 전체의 집합이므로 두 함수의 그래프는 같지 않다.

따라서 그래프가 같은 함수끼리 짝지어진 것은 ㄱ, ㄴ이다.

[참고] 정의역이 $x\neq0$인 실수 전체의 집합일 때 함수 $y=\log x^{2}$의 그래프는 다음과 같다.

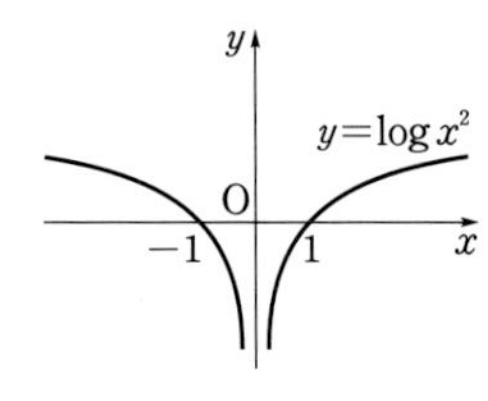

답 ㄱ, ㄴ

04 두 지수함수 $y=a^{x}$과 $y=b^{x}$은 모두 감소함수이므로

$0<a<1,\ 0<b<1$

또한 $x>0$일 때 $a^{x}>b^{x}$이므로 $a>b$

$\therefore\ 0<\frac{b}{a}<1$

$0<a<1$이므로 그래프에서 $0<b^{a}<1$

따라서 로그함수 $y=\log_{\frac{b}{a}}x-b^{a}$의 그래프의 개형은 ④와 같다.

답 ④

05 지수함수 $y=a^{x}$과 로그함수 $y=\log_{a}x$는 역함수 관계이므로 두 함수의 그래프는 직선 $y=x$에 대하여 대칭이다. 또 두 함수가 증가함수이므로 두 함수의 그래프의 교점 P, Q는 모두 직선 $y=x$ 위에 있다.

즉, $\mathrm{P}(x_1,\ x_1)$, $\mathrm{Q}(x_2,\ x_2)$라 하면 $\overline{\mathrm{PQ}}=2$이므로

$\sqrt{(x_2-x_1)^2+(x_2-x_1)^2}=2,\ \sqrt{2(x_2-x_1)^2}=2$

$\sqrt{2}\,|x_2-x_1|=2$ $\therefore\ |x_2-x_1|=\boldsymbol{\sqrt{2}}$

답 $\sqrt{2}$

06 $\log_{\frac{1}{3}}x=X$로 치환하면 주어진 함수는

$y=X^2+2X-5=(X+1)^2-6$

이때 $1\leq x\leq27$에서 $\log_{\frac{1}{3}}27\leq\log_{\frac{1}{3}}x\leq\log_{\frac{1}{3}}1$

$\therefore\ -3\leq X\leq0$

즉, $y=(X+1)^2-6$은 $X=-3$일 때 최댓값 -2, $X=-1$일 때 최솟값 -6을 가진다.

따라서 주어진 함수의 최댓값과 최솟값의 합은

$-2+(-6)=\boldsymbol{-8}$

답 ①

07 진수의 조건에 의해 $x-2\neq0,\ x+2>0$

$\therefore\ -2<x<2$ 또는 $x>2$ ...... ㉠

$2\log_2|x-2|+2\log_4(x+2)=3$에서

$\log_2(x-2)^2+2\log_{2^2}(x+2)=3$

$\log_2(x-2)^2+\log_2(x+2)=3$

$\log_2(x-2)^2(x+2)=\log_2 8$

즉, $(x-2)^2(x+2)=8$에서 $x^3-2x^2-4x=0$

$x(x^2-2x-4)=0$

이때 $\alpha\beta\neq0$이므로 α, β는 이차방정식 $x^2-2x-4=0$의 두 근이다.

또 이차방정식 $x^2-2x-4=0$의 근은 $x=1\pm\sqrt{5}$이므로 ㉠을 만족한다.

따라서 근과 계수의 관계에 의하여

$\alpha+\beta=2,\ \alpha\beta=-4$

$\therefore\ \alpha^2+\beta^2=(\alpha+\beta)^2-2\alpha\beta=2^2-2\cdot(-4)=\mathbf{12}$

답 12

08 밑과 진수의 조건에 의해 $x>0$

$x^{\log x}-1000x^5=0$에서 $x^{\log x}=1000x^5$

양변에 상용로그를 취하면

$\log x^{\log x}=\log1000+\log x^5$

$\therefore\ (\log x)^2=3+5\log x$

$\log x=X$로 치환하면

$X^2-5X-3=0$ ...... ㉠

이때 주어진 방정식의 두 근이 α, β이므로 이차방정식 ㉠의 두 근은 $\log\alpha$, $\log\beta$이다.

따라서 근과 계수의 관계에 의하여

$\log\alpha+\log\beta=5,\ \log\alpha\beta=5$

$\therefore\ \alpha\beta=\mathbf{10^5}$

답 ③

09 밑의 조건에 의해 $x>0,\ x\neq1$ …… ㉠

진수의 조건에 의해 $\log_x 9>0$

즉, $\log_9 x>0$이므로 $x>1$ …… ㉡

$0<\log_2(\log_x 9)<1$에서

$\log_2 1<\log_2(\log_x 9)<\log_2 2$

밑이 1보다 크므로 $1<\log_x 9<2$

각 변의 역수를 취하면

$\frac{1}{2}<\log_9 x<1,\ \log_9 3<\log_9 x<\log_9 9$

밑이 1보다 크므로

$3<x<9$ …… ㉢

㉠~㉢의 공통 범위는 $3<x<9$

따라서 자연수 x는 4, 5, 6, 7, 8이므로 그 개수는 **5**이다.

답 5

10 올해 A전자의 순이익이 2조 원이고, 순이익의 증가율이 연 12%이므로 n년 후의 A전자의 순이익은

2×1.12^n (조 원)

이때 A전자의 순이익이 5조 원을 넘으려면

$2\times1.12^n>5$ …… ❶

양변에 상용로그를 취하면

$\log(2\times1.12^n)>\log 5$

$\log 2+n\log 1.12>\log\frac{10}{2}$

$\log 2+n\log 1.12>1-\log 2$

$2\log 2+n\log 1.12>1,\ 2\times0.3010+0.0492n>1$

$0.0492n>0.398$

$\therefore n>\frac{0.398}{0.0492}=8.08\cdots$ …… ❷

따라서 A전자의 순이익이 5조 원을 넘는 것은 최소 **9년** 후이다. …… ❸

채점 기준	배점
❶ 주어진 조건에 맞게 n에 대한 부등식 세우기	30 %
❷ n의 값의 범위 구하기	50 %
❸ A전자의 순이익이 5조 원을 넘는 것은 최소 몇 년 후인지 구하기	20 %

답 9년

EXERCISES B SUMMA CUM LAUDE 본문 124~125쪽

01 ㄱ, ㄷ **02** ④ **03** ② **04** 7 **05** 10
06 2 **07** ③ **08** $-8<m<0$ **09** 21
10 18일

01 ㄱ. 두 함수 $y=a^{x-1}$, $y=\log_a x+1$은 역함수 관계이므로 두 함수의 그래프는 직선 $y=x$에 대하여 대칭이다. (참)

ㄴ. (반례) $a=3$일 때, 두 함수

$y=-3^x,\ y=\log_{\frac{1}{3}}x=-\log_3 x$

의 그래프는 서로 만나지 않는 두 함수

$y=3^x,\ y=\log_3 x$

의 그래프를 각각 x축에 대하여 대칭이동한 것이므로 두 함수 $y=-3^x$, $y=\log_{\frac{1}{3}}x$의 그래프도 만나지 않는다. (거짓)

ㄷ. 함수 $y=\log_a x$의 그래프는 점 $(a,\ 1)$을 지난다.

이때 $a>1$인 a에 대하여 $k=\frac{1}{a^a}$이라 하면 $k>0$이고 함수 $y=ka^x$의 그래프는 점 $(a,\ 1)$을 지난다.

즉, 두 함수 $y=ka^x$, $y=\log_a x$의 그래프가 만나도록 하는 양의 실수 k가 존재한다. (참)

따라서 옳은 것은 ㄱ, ㄷ이다.

답 ㄱ, ㄷ

02 $b<a<1$에서 $\log_a b>\log_a a>\log_a 1$

$\therefore \log_a b>1$ …… ㉠

$a+1>1$에서 $\log_b(a+1)<\log_b 1$

$\therefore \log_b(a+1)<0$ …… ㉡

$1<b+1<a+1$에서

$\log_{a+1}1<\log_{a+1}(b+1)<\log_{a+1}(a+1)$

$\therefore 0<\log_{a+1}(b+1)<1$ …… ㉢

㉠, ㉡, ㉢에 의하여

$\log_b(a+1)<\log_{a+1}(b+1)<\log_a b$

$\therefore \boldsymbol{B<C<A}$

답 ④

EXERCISES

03 진수의 조건에 의해 $f(x)-3>0$

$\therefore f(x)>3$ …… ㉠

$2\log\{f(x)-3\}-\log f(x)=\log 4$에서

$2\log\{f(x)-3\}=\log f(x)+\log 4$

$\log\{f(x)-3\}^2=\log 4f(x)$

즉, $\{f(x)-3\}^2=4f(x)$이므로

$\{f(x)\}^2-10f(x)+9=0$

$\{f(x)-1\}\{f(x)-9\}=0$

$\therefore f(x)=1$ 또는 $f(x)=9$

그런데 ㉠에 의하여 $f(x)=9$

이때 주어진 그래프에서 함수 $y=f(x)$의 그래프와 직선 $y=9$의 교점의 개수가 2이므로 구하는 서로 다른 실근의 개수는 **2**이다.

답 ②

04 진수의 조건에 의해 $x>0$이고 (분모)$\neq 0$이어야 하므로 $x\neq 1$이다. 한편

$$\frac{1}{\log_{\sqrt{1-\frac{1}{n^2}}} x}=\log_x\sqrt{1-\frac{1}{n^2}}$$
$$=\frac{1}{2}\log_x\frac{n^2-1}{n^2}$$
$$=\frac{1}{2}\log_x\frac{(n-1)(n+1)}{n^2}$$

을 이용하여 주어진 식의 좌변을 정리하면

$$\frac{1}{\log_{\sqrt{1-\frac{1}{4}}} x}+\frac{1}{\log_{\sqrt{1-\frac{1}{9}}} x}+\frac{1}{\log_{\sqrt{1-\frac{1}{16}}} x}+\cdots+\frac{1}{\log_{\sqrt{1-\frac{1}{64}}} x}$$
$$=\frac{1}{2}\left(\log_x\frac{1\cdot 3}{2^2}+\log_x\frac{2\cdot 4}{3^2}+\cdots+\log_x\frac{7\cdot 9}{8^2}\right)$$
$$=\frac{1}{2}\log_x\left(\frac{1}{2}\cdot\frac{3}{2}\cdot\frac{2}{3}\cdot\frac{4}{3}\cdot\frac{3}{4}\cdot\frac{5}{4}\cdot\cdots\cdot\frac{7}{8}\cdot\frac{9}{8}\right)$$
$$=\frac{1}{2}\log_x\left(\frac{1}{2}\cdot\frac{9}{8}\right)=\frac{1}{2}\log_x\frac{9}{16}=\log_x\frac{3}{4}$$

즉, $\log_x\frac{3}{4}=1$이므로 $x=\frac{3}{4}$

따라서 $p=4$, $q=3$이므로

$p+q=\mathbf{7}$

답 7

05 진수의 조건에 의해

$11-2x>0$, $6-x>0$, $5-y>0$, $4-y>0$

$\therefore x<\frac{11}{2}$, $y<4$ …… ㉠ …… ❶

$\log(11-2x)-\log(6-x)=\log(5-y)-\log(4-y)$ 에서

$$\log\frac{11-2x}{6-x}=\log\frac{5-y}{4-y}$$

즉, $\frac{11-2x}{6-x}=\frac{5-y}{4-y}$이므로

$(11-2x)(4-y)=(6-x)(5-y)$

$xy-3x-5y=-14$, $(x-5)(y-3)=1$

이때 x, y가 정수이므로

$x-5=1$, $y-3=1$ 또는 $x-5=-1$, $y-3=-1$

$\therefore x=6$, $y=4$ 또는 $x=4$, $y=2$

그런데 ㉠에 의하여 $x=4$, $y=2$ …… ❷

$\therefore 2x+y=2\cdot 4+2=\mathbf{10}$ …… ❸

채점 기준	배점
❶ 진수의 조건에서 x, y의 범위 구하기	30 %
❷ 정수 x, y의 값 구하기	50 %
❸ $2x+y$의 값 구하기	20 %

답 10

06 $x^4=y^5$의 양변에 상용로그를 취하면

$4\log x=5\log y$ …… ㉠

$x^y=y^x$에 상용로그를 취하면

$y\log x=x\log y$ …… ㉡

㉠에서 $\log y=\frac{4}{5}\log x$ …… ㉢

㉢을 ㉡에 대입하면

$y\log x=x\cdot\frac{4}{5}\log x$, $\left(y-\frac{4}{5}x\right)\log x=0$

$\therefore \log x=0$ 또는 $y=\frac{4}{5}x$

(ⅰ) $\log x=0$이면 $x=1$이고

㉠에서 $\log y=0$이므로 $y=1$

$\therefore x=1, y=1$

(ⅱ) $y=\frac{4}{5}x$이면

$x^4=y^5=\left(\frac{4}{5}x\right)^5=\left(\frac{4}{5}\right)^5x^5$

$\therefore x=\left(\frac{5}{4}\right)^5 (\because x>0)$

$x=\left(\frac{5}{4}\right)^5$을 $y=\frac{4}{5}x$에 대입하면

$y=\left(\frac{5}{4}\right)^4$

$\therefore x=\left(\frac{5}{4}\right)^5, y=\left(\frac{5}{4}\right)^4$

(ⅰ), (ⅱ)에서 구하는 순서쌍 (x, y)의 개수는 **2**이다.

답 2

07 $3^{x(x-2a)}<3^{a(x-2a)}$에서 밑이 1보다 크므로

$x(x-2a)<a(x-2a), (x-a)(x-2a)<0$

$\therefore A=\{x|(x-a)(x-2a)<0\}$

또 $\log_3(x^2-2x+6)<2$에서

$\log_3(x^2-2x+6)<\log_3 9$

이때 $x^2-2x+6=(x-1)^2+5$에서 (진수)>0이고, 밑이 1보다 크므로

$x^2-2x+6<9, x^2-2x-3<0$

$(x+1)(x-3)<0 \quad \therefore B=\{x|-1<x<3\}$

이때 $A\cup B=B \iff A\subset B$가 성립하려면

(ⅰ) $a>0$일 때,

$A=\{x|a<x<2a\}\subset\{x|-1<x<3\}=B$

즉, $a\geq -1$이고 $2a\leq 3$이므로 $-1\leq a\leq \frac{3}{2}$

그런데 $a>0$이므로 $0<a\leq\frac{3}{2}$

(ⅱ) $a=0$일 때, $A=\{x|x^2<0\}=\varnothing\subset B$

$\therefore a=0$

(ⅲ) $a<0$일 때,

$A=\{x|2a<x<a\}\subset\{x|-1<x<3\}=B$

즉, $2a\geq -1$이고 $a\leq 3$이므로 $-\frac{1}{2}\leq a\leq 3$

그런데 $a<0$이므로 $-\frac{1}{2}\leq a<0$

(ⅰ)~(ⅲ)에 의하여 $\mathbf{-\frac{1}{2}\leq a\leq\frac{3}{2}}$

답 ③

08 주어진 부등식의 양변에 상용로그를 취하면

$\log x^{\log x}>\log(100x)^m$

$(\log x)^2>m(\log 100+\log x)>0$

$(\log x)^2-m\log x-2m>0$

$\log x=X$로 치환하면 $X^2-mX-2m>0$

이때 $x>0$이므로 X는 모든 실수이다.

이 이차부등식이 모든 실수 X에 대하여 성립해야 하므로 이차방정식 $X^2-mX-2m=0$의 판별식을 D라 하면

$D=m^2+8m<0, m(m+8)<0$

$\therefore \mathbf{-8<m<0}$

답 $-8<m<0$

09 (ⅰ) $\log_2 a-\log_2 10\geq 0$, 즉 $a\geq 10$일 때,

$|\log_2 a-\log_2 10|+\log_2 b\leq 1$에서

$\log_2 a-\log_2 10+\log_2 b\leq 1, \log_2\frac{ab}{10}\leq 1$

$\frac{ab}{10}\leq 2 \quad \therefore ab\leq 20$

$a=10$이면 $b=1, 2$

$a=11, 12, \cdots, 20$이면 $b=1$

$\therefore 11\leq a+b\leq 21$

(ⅱ) $\log_2 a-\log_2 10<0$, 즉 $a<10$일 때,

$|\log_2 a-\log_2 10|+\log_2 b\leq 1$에서

$-\log_2 a+\log_2 10+\log_2 b\leq 1, \log_2\frac{10b}{a}\leq 1$

$\frac{10b}{a}\leq 2 \quad \therefore a\geq 5b$

EXERCISES

$a=5,\ 6,\ 7,\ 8,\ 9$이면 $\quad b=1$

$\therefore\ 6\le a+b\le 10$

(ⅰ), (ⅱ)에서 $a+b$의 최댓값은 **21**이다. 답 21

10 어느 날의 저수량을 A_0이라 하면 227일 후의 저수량도 A_0이므로 비가 왔던 날을 n일이라 하면

$A_0\times 1.62^n\times 0.96^{227-n}=A_0$

$\therefore\ 1.62^n\times 0.96^{227-n}=1$

양변에 상용로그를 취하면

$\log 1.62^n+\log 0.96^{227-n}=\log 1$

$n\log 1.62+(227-n)\log 0.96=0$

$n(\log 1.62-\log 0.96)=-227\log 0.96$

$n\log\frac{27}{16}=-227\log\frac{96}{100}$

$n(\log 3^3-\log 2^4)=-227\{\log(2^5\cdot 3)-2\}$

$n(3\log 3-4\log 2)=-227(5\log 2+\log 3-2)$

$n(3\times 0.477-4\times 0.301)$

$=-227(5\times 0.301+0.477-2)$

$0.227n=-227\times(-0.018)$

$\therefore\ n=1000\times 0.018=18$

따라서 비가 온 날은 모두 **18일**이다. 답 18일

Chapter Ⅰ Exercises

SUMMA CUM LAUDE 본문 126~131쪽

01 ④	02 156	03 $20\sqrt{2}$	04 27	05 ③
06 125	07 ④	08 ②	09 ④	10 ⑤
11 140	12 ①	13 1	14 18	15 30
16 ③	17 ⑤	18 24	19 50	20 3

01 **[전략]** $\sqrt[3]{n^m}=n^{\frac{m}{3}}$**이 자연수가 되려면** n**이 세제곱수이거나** m**이 3의 배수이어야 함을 이용한다.**

$1\le m\le 3$, $1\le n\le 8$인 두 자연수 m, n에 대하여 $\sqrt[3]{n^m}=n^{\frac{m}{3}}$이 자연수가 되려면 반드시

$n=A^3$ 꼴 또는 $m=3k$ 꼴 (단, A, k는 자연수)

이어야 한다. 그래야만 지수의 분모 3이 없어져 자연수가 된다.

m의 값의 범위가 n의 값의 범위보다 작으므로 m의 값을 기준으로 경우를 나누어 생각하면

(ⅰ) $m=1$: $m=3k$ 꼴이 아니므로 반드시 $n=A^3$ 꼴이어야 한다. 즉, $n=1,\ 8$로 2가지이다.

(ⅱ) $m=2$: $m=3k$ 꼴이 아니므로 반드시 $n=A^3$ 꼴이어야 한다. 즉, $n=1,\ 8$로 2가지이다.

(ⅲ) $m=3$: $m=3k$ 꼴이므로 n은 무엇이든 상관없다. 즉, $n=1,\ 2,\ \cdots,\ 8$로 8가지이다.

(ⅰ)~(ⅲ)에서 구하는 순서쌍 $(m,\ n)$의 개수는

$2+2+8=\mathbf{12}$ 답 ④

02 **[전략]** $\sqrt[3]{m}$**이 자연수가 되려면** m**은 세제곱수이어야 하고,** $\sqrt[4]{n}$**이 자연수가 되려면** n**은 네제곱수이어야 함을 이용한다.**

$f(x)$가 자연수이므로 $12x$는 세제곱수이고,

$g(x)$가 자연수이므로 $\frac{x}{12}$는 네제곱수이다.

$12=2^2\times 3$이므로 $x=2^a\times 3^b$(a, b는 음이 아닌 정수)이라 하면

$12x=2^{a+2}\times 3^{b+1},\ \frac{x}{12}=2^{a-2}\times 3^{b-1}$

따라서 $a+2$와 $b+1$은 3의 배수이고, $a-2$와 $b-1$은 4의 배수이다.

이러한 조건을 만족하는 a, b의 최솟값을 구하면

$a=10$, $b=5$이다. 즉, $\quad \alpha=2^{10}\times 3^5$

$$\therefore f(\alpha)+g(\alpha)=\sqrt[3]{2^{12}\times 3^6}+\sqrt[4]{2^8\times 3^4}$$
$$=\sqrt[3]{(2^4\times 3^2)^3}+\sqrt[4]{(2^2\times 3)^4}$$
$$=144+12=\mathbf{156}$$

답 156

03 [전략] $a^{2x}=5+2\sqrt{6}$임을 이용하여 $a^{2x}+a^{-2x}$, $a^{2x}-a^{-2x}$, a^x+a^{-x}의 값을 구해 본다.

$a^{2x}=5+2\sqrt{6}$이므로

$$a^{-2x}=\frac{1}{a^{2x}}=\frac{1}{5+2\sqrt{6}}$$
$$=\frac{5-2\sqrt{6}}{(5+2\sqrt{6})(5-2\sqrt{6})}=5-2\sqrt{6}$$
$$\therefore a^{2x}+a^{-2x}=(5+2\sqrt{6})+(5-2\sqrt{6})=10$$
$$a^{2x}-a^{-2x}=(5+2\sqrt{6})-(5-2\sqrt{6})=4\sqrt{6}$$

$(a^x+a^{-x})^2=a^{2x}+a^{-2x}+2=10+2=12$이므로

$$a^x+a^{-x}=\sqrt{12}=2\sqrt{3}\ (\because a>0)$$
$$\therefore \frac{a^{4x}-a^{-4x}}{a^x+a^{-x}}=\frac{(a^{2x}+a^{-2x})(a^{2x}-a^{-2x})}{a^x+a^{-x}}$$
$$=\frac{10\cdot 4\sqrt{6}}{2\sqrt{3}}=\mathbf{20\sqrt{2}}$$

답 $20\sqrt{2}$

04 [전략] $a>0$, $x\neq 0$일 때, $a^x=b$이면 $a=b^{\frac{1}{x}}$임을 이용한다.

$a^p=N^s$에서 $\quad a^{\frac{1}{s}}=N^{\frac{1}{p}}$

$b^q=N^s$에서 $\quad b^{\frac{1}{s}}=N^{\frac{1}{q}}$

$c^r=N^s$에서 $\quad c^{\frac{1}{s}}=N^{\frac{1}{r}}$

이므로 세 식을 변끼리 곱하면

$$(abc)^{\frac{1}{s}}=N^{\frac{1}{p}+\frac{1}{q}+\frac{1}{r}}$$

조건에서 $\dfrac{1}{2s}=\dfrac{1}{p}+\dfrac{1}{q}+\dfrac{1}{r}$이므로

$$(abc)^{\frac{1}{s}}=N^{\frac{1}{2s}} \qquad \therefore N=(abc)^2$$

그런데 a, b, c는 서로 다른 소수이므로 N을 소인수분해하면 $\quad N=a^2b^2c^2$

따라서 N의 양의 약수의 개수는

$$(2+1)(2+1)(2+1)=\mathbf{27}$$

답 27

05 [전략] ㄱ, ㄴ, ㄷ이 집합 A를 나타내는 조건제시법에 맞는지 확인한다.

ㄱ. $\log_2 2=\log_3 3=1$이므로

$(2, 3)\in A$ (참)

ㄴ. $(x, y)\in A$이므로 $\quad \log_2 x=\log_3 y$

$\log_2 2x=1+\log_2 x$, $\log_3 3y=1+\log_3 y$

이므로 $\quad \log_2 2x=\log_3 3y$

$\therefore (2x, 3y)\in A$ (참)

ㄷ. (반례) $\log_2\frac{1}{2}=\log_3\frac{1}{3}=-1$이므로 $\left(\frac{1}{2}, \frac{1}{3}\right)\in A$이지만 $\frac{1}{2}>\frac{1}{3}$이다. (거짓)

따라서 옳은 것은 ㄱ, ㄴ이다.

답 ③

06 [전략] $a-b$, $a+b$를 로그를 이용하여 나타낸 후 a^2-b^2의 값을 구한다.

로그의 정의에 의하여

$$3^{a-b}=8 \iff a-b=\log_3 8=3\log_3 2$$
$$2^{a+b}=5 \iff a+b=\log_2 5$$
$$\therefore a^2-b^2=(a-b)(a+b)$$
$$=3\log_3 2\cdot\log_2 5$$
$$=3\cdot\frac{\log 2}{\log 3}\cdot\frac{\log 5}{\log 2}$$
$$=3\log_3 5$$
$$\therefore 3^{a^2-b^2}=3^{3\log_3 5}=3^{\log_3 125}=\mathbf{125}$$

답 125

07 [전략] 양수 A에 대하여 $\log A$의 정수 부분이 $n(n\geq 0)$이면 A는 $(n+1)$자리 수이고, 정수 부분이 $-n(n\geq 1)$이면 A는 소수점 아래 n째 자리에서 처음으로 0이 아닌 숫자가 나타나는 수임을 이용한다.

$$\log N=\log 3^{20}=20\log 3$$
$$=20\times 0.4771=9.542$$

즉, $\log N$의 정수 부분이 9이므로 N은 10자리 자연수이다.

$$\therefore m=10$$
$$\log\frac{1}{N}=-\log N=-9.542=-10+0.458$$

즉, $\log\frac{1}{N}$의 정수 부분이 -10이므로 $\frac{1}{N}$은 소수점 아래 10째 자리에서 처음으로 0이 아닌 숫자가 나타난다.

$\therefore n=10$

$\therefore m+n=10+10=\mathbf{20}$ 답 ④

08 **[전략] $10^8<x<10^9$임을 이용하여 먼저 $\log x$의 범위를 구한 후 조건 (나)를 적용한다.**

$10^8<x<10^9$이므로 $8<\log x<9$ …… ㉠

$\log x+\log\sqrt[3]{x}=\frac{4}{3}\log x$

㉠의 각 변에 $\frac{4}{3}$를 곱하면

$\frac{32}{3}<\frac{4}{3}\log x<12$

이때 $\frac{4}{3}\log x$가 정수이므로 $\frac{4}{3}\log x=11$

$\log x=\frac{33}{4}$, $x=10^{\frac{33}{4}}$

$\therefore x^4=\mathbf{10^{33}}$ 답 ②

09 **[전략] $1<x<100$에서 $\log x$의 범위를 구한 후, 이를 이용하여 $\log x^3-\log\sqrt{x}$의 범위를 구한다.**

$1<x<100$이고 $\log 1=0$, $\log 100=2$이므로

$0<\log x<2$ …… ㉠

$\log x^3-\log\sqrt{x}=3\log x-\frac{1}{2}\log x=\frac{5}{2}\log x$

㉠의 각 변에 $\frac{5}{2}$를 곱하면 $0<\frac{5}{2}\log x<5$

이때 $\frac{5}{2}\log x$가 정수이므로

$\frac{5}{2}\log x=1$ 또는 $\frac{5}{2}\log x=2$ 또는 $\frac{5}{2}\log x=3$ 또는 $\frac{5}{2}\log x=4$

$\therefore \log x=\frac{2}{5}$ 또는 $\log x=\frac{4}{5}$ 또는 $\log x=\frac{6}{5}$ 또는 $\log x=\frac{8}{5}$

$\therefore x=10^{\frac{2}{5}}$ 또는 $x=10^{\frac{4}{5}}$ 또는 $x=10^{\frac{6}{5}}$ 또는 $x=10^{\frac{8}{5}}$

따라서 모든 x의 값의 곱은

$$10^{\frac{2}{5}}\cdot10^{\frac{4}{5}}\cdot10^{\frac{6}{5}}\cdot10^{\frac{8}{5}}=10^{\frac{2}{5}+\frac{4}{5}+\frac{6}{5}+\frac{8}{5}}=10^4=\mathbf{10000}$$ 답 ④

10 **[전략] $x=R^{\frac{27}{23}}$일 때, $v=\frac{1}{2}v_c$임을 이용하여 k를 $\log R$에 대한 식으로 나타낸다.**

급수관의 벽면으로부터 중심 방향으로 $R^{\frac{27}{23}}$만큼 떨어진 지점에서의 물의 속력이 중심에서의 물의 속력 v_c의 $\frac{1}{2}$이므로 $x=R^{\frac{27}{23}}$, $v=\frac{1}{2}v_c$를 $\frac{v_c}{v}=1-k\log\frac{x}{R}$에 대입하면

$\frac{v_c}{\frac{1}{2}v_c}=1-k\log\frac{R^{\frac{27}{23}}}{R}$, $2=1-k\log R^{\frac{4}{23}}$

$k\cdot\frac{4}{23}\log R=-1$ $\therefore k=-\frac{23}{4\log R}$

급수관의 벽면으로부터 중심 방향으로 R^a만큼 떨어진 지점에서의 물의 속력이 중심에서의 물의 속력 v_c의 $\frac{1}{3}$이므로 $x=R^a$, $v=\frac{1}{3}v_c$를 $\frac{v_c}{v}=1+\frac{23}{4\log R}\cdot\log\frac{x}{R}$에 대입하면

$\frac{v_c}{\frac{1}{3}v_c}=1+\frac{23}{4\log R}\cdot\log\frac{R^a}{R}$

$3=1+\frac{23}{4\log R}\cdot(a-1)\log R$

$\frac{23}{4}(a-1)=2$, $a-1=\frac{8}{23}$ $\therefore a=\mathbf{\frac{31}{23}}$ 답 ⑤

11 **[전략] $f(a)=3^a-3^{-a}=5$와 곱셈 공식의 변형을 이용하여 $f(3a)$의 값을 구한다.**

$f(a)=5$이므로 $3^a-3^{-a}=5$

$\therefore f(3a)=3^{3a}-3^{-3a}$

$=(3^a-3^{-a})^3+3\cdot3^a\cdot3^{-a}(3^a-3^{-a})$

$=5^3+3\cdot1\cdot5=\mathbf{140}$ 답 140

12 **[전략] 먼저 주어진 그래프를 보고 a, b의 범위를 알아본다.**

함수 $y=a\cdot b^x$의 그래프에서 $x=0$일 때 $y>1$이므로 $a>1$이고, 함수 $y=a\cdot b^x$이 감소함수이므로 $0<b<1$이다.

즉, 함수 $y=b\cdot a^x$에서 $x=0$일 때 $y=b$이고 $0<b<1$이므로 그래프에서 $0<(y\text{절편})<1$ …… ㉠

또 $a>1$이므로 함수 $y=b\cdot a^x$은 증가함수이다. …… ㉡

따라서 ㉠, ㉡을 만족하는 그래프는 ①이다. 답 ①

13 **[전략] 지수함수 $y=2^{x-a}+4b$, $y=-2^{2b-x}+2a$의 그래프는 각각 지수함수 $y=2^x$, $y=-2^{-x}$의 그래프를 어떻게 평행이동한 것인지 알아본다.**

지수함수 $y=2^{x-a}+4b$의 그래프는 지수함수 $y=2^x$의 그래프를 x축의 방향으로 a만큼, y축의 방향으로 $4b$만큼 평행이동한 것이다.

또 지수함수 $y=-2^{2b-x}+2a=-2^{-(x-2b)}+2a$의 그래프는 지수함수 $y=-2^{-x}$의 그래프를 x축의 방향으로 $2b$만큼, y축의 방향으로 $2a$만큼 평행이동한 것이다.

그런데 두 지수함수 $y=2^x$, $y=-2^{-x}$의 그래프는 원점에 대하여 대칭이므로 두 지수함수 $y=2^{x-a}+4b$, $y=-2^{2b-x}+2a$의 그래프는 점 $\left(\dfrac{a+2b}{2},\ \dfrac{4b+2a}{2}\right)$에 대하여 대칭이다.

따라서 $p=\dfrac{a+2b}{2}=\dfrac{1}{2}$이므로

$$q=\frac{4b+2a}{2}=2\cdot\frac{a+2b}{2}=2\cdot\frac{1}{2}=\mathbf{1}$$

[참고] 원점에 대하여 대칭인 두 곡선 $y=f(x)$, $y=g(x)$를 곡선 $y=f(x)$는 x축의 방향으로 a만큼, y축의 방향으로 b만큼 평행이동하고, 곡선 $y=g(x)$는 x축의 방향으로 c만큼, y축의 방향으로 d만큼 평행이동하면, 평행이동한 두 그래프의 대칭의 중심은 $\left(\dfrac{a+c}{2},\ \dfrac{b+d}{2}\right)$가 된다. 답 1

14 **[전략] $(3+2\sqrt{2})^{\frac{x}{3}}=t$로 치환한 후, 주어진 방정식을 t에 대한 방정식으로 나타낸다.**

$(3+2\sqrt{2})^{\frac{x}{3}}=t$로 치환하면

$(3-2\sqrt{2})^{\frac{x}{3}}=\left(\dfrac{1}{3+2\sqrt{2}}\right)^{\frac{x}{3}}=\dfrac{1}{(3+2\sqrt{2})^{\frac{x}{3}}}=\dfrac{1}{t}$이므로 주어진 방정식은 $t+\dfrac{1}{t}=6$

$t^2-6t+1=0 \qquad \therefore t=3\pm2\sqrt{2}$

$(3+2\sqrt{2})^{\frac{x}{3}}=3+2\sqrt{2}$일 때

$\dfrac{x}{3}=1 \qquad \therefore x=3$

$(3+2\sqrt{2})^{\frac{x}{3}}=3-2\sqrt{2}=\dfrac{1}{3+2\sqrt{2}}=(3+2\sqrt{2})^{-1}$일 때

$\dfrac{x}{3}=-1 \qquad \therefore x=-3$

$\therefore \alpha^2+\beta^2=3^2+(-3)^2=\mathbf{18}$ 답 18

15 **[전략] 함수 $y=\log_k x$의 그래프가 삼각형 ABC와 만나려면 함수 $y=\log_k x$의 그래프가 어떤 모양이 되어야 하는지 그림을 그려서 알아본다.**

세 점 A(20, 4), B(20, 1), C(32, 1)을 꼭짓점으로 하는 삼각형과 함수 $y=\log_k x$의 그래프가 만나도록 하려면 다음 그림과 같이 함수 $y=\log_k x$의 그래프가 변 AC와 만나도록 하면 된다.

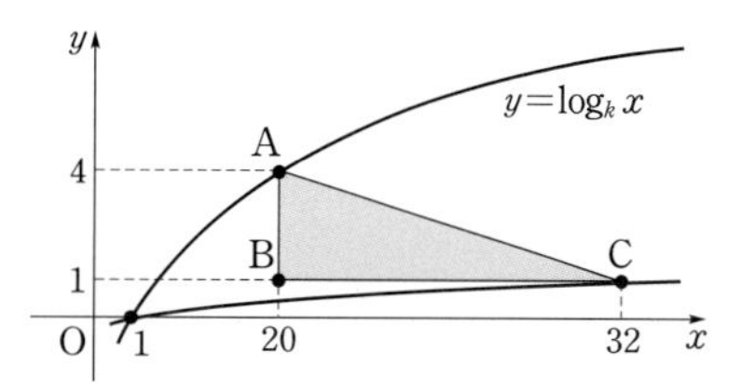

한편 $k>1$일 때 함수 $y=\log_k x$는 증가함수이고, 그래프는 k의 값이 커질수록 x축에 가까워진다.

따라서 함수 $y=\log_k x$의 그래프가

점 C(32, 1)을 지날 때 k의 값이 최대,

점 A(20, 4)를 지날 때 k의 값이 최소

가 된다. 즉,

k의 값이 최대일 때

$1=\log_k 32 \qquad \therefore k=32$

k의 값이 최소일 때

$4=\log_k 20,\ k^4=20$

$\therefore k=\sqrt[4]{20}=2.\cdots$

따라서 $2.\cdots \le k \le 32$에서 자연수 k는 3, 4, ⋯, 32이므로 그 개수는 **30**이다. 답 30

16 **[전략] $3^x=X$, $3^y=Y\,(X>0,\ Y>0)$로 치환한 후, 주어진 연립방정식을 X, Y에 대한 연립방정식으로 나타낸다.**

$3^x=X,\ 3^y=Y\,(X>0,\ Y>0)$로 치환하면 주어진 연립방정식은

$$\begin{cases} X+Y=t(t+1) & \cdots\cdots ㉠ \\ X^2-Y^2=t^2(1-t^2) & \cdots\cdots ㉡ \end{cases}$$

㉡에서

$(X-Y)(X+Y)=t^2(1-t^2)=t^2(1+t)(1-t)$

㉠에 의하여 $\quad (X-Y)t(t+1)=t^2(1+t)(1-t)$

$\therefore X-Y=t(1-t) \qquad \cdots\cdots ㉢$

㉠, ㉢을 연립하여 풀면 $\quad X=t,\ Y=t^2$

즉, $3^x=t,\ 3^y=t^2$이므로

$x=\log_3 t,\ y=2\log_3 t \qquad \therefore y=2x$

이때 $1\le t\le 9$이므로 $0\le x\le 2$이고, $0\le y\le 4$가 된다.

따라서 주어진 범위에서 점 $(x,\ y)$가 나타내는 도형의 길이는 $\quad \sqrt{2^2+4^2}=\mathbf{2\sqrt{5}}$ 답 ③

17 **[전략] 세 양수 a, b, c에 대하여 $a<b<c$이면 $\log a<\log b<\log c$이므로 $\log X$, $\log Y$, $\log Z$의 대소 관계를 알아본다.**

비교하려는 세 양수에 상용로그를 취해도 세 수의 대소 관계는 변하지 않음을 이용하자.

$$\log X=\log(A+1)^{\frac{1}{A}}=\frac{\log(A+1)}{A}$$

$$\log Y=\log(B+1)^{\frac{1}{B}}=\frac{\log(B+1)}{B}$$

$$\log Z=\log\left(\frac{B+1}{A+1}\right)^{\frac{1}{B-A}}$$

$$=\frac{\log(B+1)-\log(A+1)}{B-A}$$

이때 $0<A<B$이므로 $y=\log(x+1)$의 그래프 위에 두 점 $\mathrm{P}(A,\ \log(A+1))$, $\mathrm{Q}(B,\ \log(B+1))$을 나타내면 다음 그림과 같다.

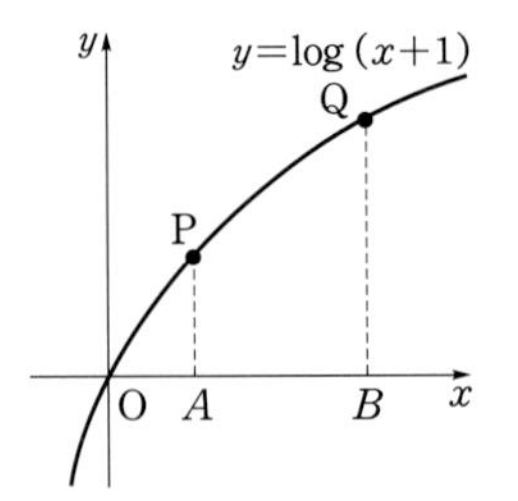

이 그래프를 보면

$\dfrac{\log(A+1)}{A}$은 원점과 점 P를 지나는 직선의 기울기,

$\dfrac{\log(B+1)}{B}$은 원점과 점 Q를 지나는 직선의 기울기,

$\dfrac{\log(B+1)-\log(A+1)}{B-A}$은 두 점 P, Q를 지나는 직선의 기울기임을 알 수 있다.

$$\therefore \frac{\log(A+1)}{A}>\frac{\log(B+1)}{B}$$

$$>\frac{\log(B+1)-\log(A+1)}{B-A}$$

즉,

$$\log(A+1)^{\frac{1}{A}}>\log(B+1)^{\frac{1}{B}}>\log\left(\frac{B+1}{A+1}\right)^{\frac{1}{B-A}}$$

$\Longleftrightarrow \log Z<\log Y<\log X$

$\therefore \boldsymbol{Z<Y<X}$ 답 ⑤

18 **[전략] $f(x)=\log_{\frac{1}{4}}x$는 감소함수이고, $g(x)=\log_3 x$는 증가함수임을 이용하여 두 집합 A, B의 원소를 알아본다.**

$f(x)=\log_{\frac{1}{4}}x$이므로

$$f(f(f(k)))\le 0 \Longleftrightarrow f(f(k))\ge 1$$

$$\Longleftrightarrow 0<f(k)\le \frac{1}{4}$$

($\because$ 진수의 조건에 의해 $f(k)>0$)

$f(k)=\frac{1}{4}$이라 하면 $\log_{\frac{1}{4}}k=\frac{1}{4}$에서

$k=\left(\frac{1}{4}\right)^{\frac{1}{4}}=\left(\frac{1}{2}\right)^{\frac{1}{2}}=\frac{1}{\sqrt{2}}=\frac{\sqrt{2}}{2}$이므로

$$0<f(k)\le\frac{1}{4}\Longleftrightarrow \frac{\sqrt{2}}{2}\le k<1$$

$$\therefore A=\left\{k\,\middle|\,\frac{\sqrt{2}}{2}\le k<1\right\}$$

$g(x)=\log_3 x$이므로

$$g(g(g(k)))\le 0\Longleftrightarrow 0<g(g(k))\le 1$$

($\because$ 진수의 조건에 의해 $g(g(k))>0$)

$$\Longleftrightarrow 1<g(k)\le 3$$

$$\Longleftrightarrow 3<k\le 27$$

$$\therefore B=\{k\,|\,3<k\le 27\}$$

따라서 $A\cup B$에 속하는 자연수는 4, 5, $\cdots$, 27이므로 그 개수는 **24**이다. 답 24

19 **[전략] 주어진 부등식의 양변을 간단히 한 후, $\log_2 x=t$로 치환하여 t에 대한 부등식으로 나타낸다.**

$$\sqrt{(\log_2 4x)^2+\log_2 4x^2+3}$$
$$=\sqrt{(2+\log_2 x)^2+2+2\log_2 x+3}$$
$$=\sqrt{(\log_2 x)^2+6\log_2 x+9}$$
$$=\sqrt{(\log_2 x+3)^2}$$

$$\log_2 8\sqrt{x}=\frac{1}{2}\log_2 x+3$$

$\log_2 x=t$로 치환하면 주어진 부등식은

$$|t+3|<\frac{1}{2}t+3$$

(i) $t\ge -3$일 때,

$$t+3<\frac{1}{2}t+3,\ t<0$$

$$\therefore -3\le t<0$$

(ii) $t<-3$일 때,

$$-t-3<\frac{1}{2}t+3,\ t>-4$$

$$\therefore -4<t<-3$$

(i), (ii)에서 주어진 부등식을 만족하는 t의 값의 범위는

$$-4<t<0$$

즉, $-4<\log_2 x<0$이므로 $\frac{1}{16}<x<1$

따라서 $\alpha=\frac{1}{16}$, $\beta=1$이므로

$800\alpha\beta=800\cdot\frac{1}{16}\cdot 1=\mathbf{50}$ 답 50

20 **[전략] 주어진 식의 양변에 모두 상용로그를 취한 후, 이 식들을 이용하여 $\log x$, $\log y$, $\log z$의 값을 구한다.**

주어진 식의 양변에 모두 상용로그를 취하면

$\log x\ge 0,\ \log y\ge 0,\ \log z\ge 0$ …… ㉠

$\log x+\log y+\log z=1$ …… ㉡

$(\log x)^2+(\log y)^2+(\log z)^2\ge 1$ …… ㉢

㉡의 양변을 제곱하면

$(\log x)^2+(\log y)^2+(\log z)^2$
$+2(\log x\cdot\log y+\log y\cdot\log z+\log z\cdot\log x)=1$ …… ㉣

㉢, ㉣에서

$\log x\cdot\log y+\log y\cdot\log z+\log z\cdot\log x\le 0$ …… ㉤

㉠, ㉤에서

$\log x\cdot\log y=\log y\cdot\log z=\log z\cdot\log x=0$ …… ㉥

㉥에서 $\log x$, $\log y$, $\log z$ 중 적어도 2개는 0임을 알 수 있다.

그런데 ㉡에서 $\log x+\log y+\log z=1$이므로

$(\log x,\ \log y,\ \log z)$
$=(1,\ 0,\ 0),\ (0,\ 1,\ 0),\ (0,\ 0,\ 1)$

$\therefore (x,\ y,\ z)=(10,\ 1,\ 1),\ (1,\ 10,\ 1),\ (1,\ 1,\ 10)$

따라서 구하는 순서쌍 $(x,\ y,\ z)$의 개수는 **3**이다. 답 3

EXERCISES

II 삼각함수

1. 삼각함수의 뜻

Review SUMMA CUM LAUDE 본문 167쪽

01 (1) $360° \times n + \alpha°$(단, n은 정수) (2) 호, 1라디안
(3) ① + ② − ③ + ④ + ⑤ + ⑥ − (4) 좌표
(5) $\cos^2\theta$, $\sin\theta$
02 (1) 거짓 (2) 거짓 (3) 참 **03** 풀이 참조

01 답 (1) $360° \times n + \alpha°$ (단, n은 정수)
(2) 호, 1라디안
(3) ① + ② − ③ + ④ + ⑤ + ⑥ −
(4) 좌표
(5) $\cos^2\theta$, $\sin\theta$

02 (1) π라디안에서 π는 실수이므로 원주율 π와 같다. (거짓)

(2) $\tan\theta$는 $\theta = \frac{\pi}{2}$일 때, 정의되지 않는다. (거짓)

(3) $\sin\theta\tan\theta > 0$에서 $\sin\theta$와 $\tan\theta$는 서로 같은 부호이므로 θ는 제1사분면 또는 제4사분면의 각이다.
또 $\sin\theta\cos\theta < 0$에서 $\sin\theta$와 $\cos\theta$는 서로 다른 부호이므로 θ는 제2사분면 또는 제4사분면의 각이다.
따라서 θ는 제4사분면의 각이다. (참)

답 (1) 거짓 (2) 거짓 (3) 참

03 (1) 삼각비는 직각삼각형 위에서만 정의되므로 각 θ가 $0°$에서 $90°$까지인 경우에 대해서만 sin, cos, tan를 정의하였다. (단, $\tan 90°$는 제외)
반면 삼각함수는 단위원 위에서 정의되므로 $90°$보다 큰 각이나 음의 각에서도 sin, cos, tan를 잘 정의할 수 있고, 그 함숫값이 음수일 수도 있다.

(2) 점 $\mathrm{P}(x, y)$와 각 θ에 대해

$\cos\theta = \frac{x}{r}$, $\sin\theta = \frac{y}{r}$이므로

$x = r\cos\theta$, $y = r\sin\theta$임을 알 수 있다.

$\therefore \mathrm{P}(x, y) = \mathrm{P}(r\cos\theta, r\sin\theta)$

답 풀이 참조

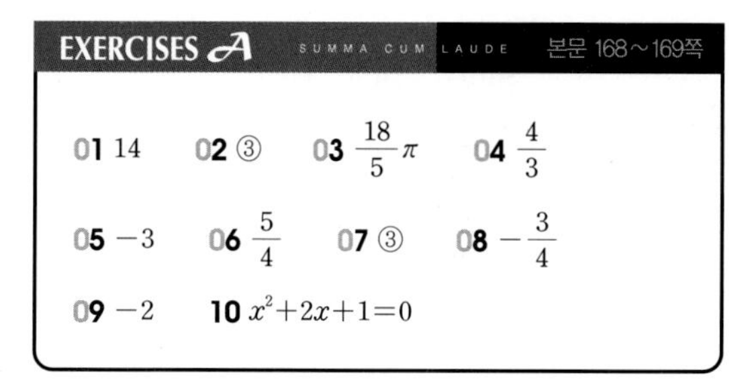
EXERCISES A SUMMA CUM LAUDE 본문 168~169쪽

01 14 **02** ③ **03** $\frac{18}{5}\pi$ **04** $\frac{4}{3}$

05 -3 **06** $\frac{5}{4}$ **07** ③ **08** $-\frac{3}{4}$

09 -2 **10** $x^2+2x+1=0$

01 100°는 제 2 사분면의 각이므로

$f(100^\circ)=2$

160°는 제 2 사분면의 각이므로 $f(160^\circ)=2$

240°는 제 3 사분면의 각이므로 $f(240^\circ)=3$

320°는 제 4 사분면의 각이므로 $f(320^\circ)=4$

570°는 제 3 사분면의 각이므로 $f(570^\circ)=3$

$\therefore f(100^\circ)+f(160^\circ)+f(240^\circ)+f(320^\circ)+f(570^\circ)$

$=2+2+3+4+3=\mathbf{14}$

답 14

02 2θ가 제1 사분면의 각이므로

$360^\circ\times n<2\theta<360^\circ\times n+90^\circ$ (단, n은 정수)

$\therefore 180^\circ\times n<\theta<180^\circ\times n+45^\circ$

(i) $n=2k$(k는 정수)일 때,

$180^\circ\times 2k<\theta<180^\circ\times 2k+45^\circ$

$\therefore 360^\circ\times k<\theta<360^\circ\times k+45^\circ$

(ii) $n=2k+1$(k는 정수)일 때,

$180^\circ\times(2k+1)<\theta<180^\circ\times(2k+1)+45^\circ$

$\therefore 360^\circ\times k+180^\circ<\theta<360^\circ\times k+225^\circ$

따라서 θ를 나타내는 동경이 속하는 영역은 다음 그림의 색칠한 부분과 같다. (단, 경계선은 제외)

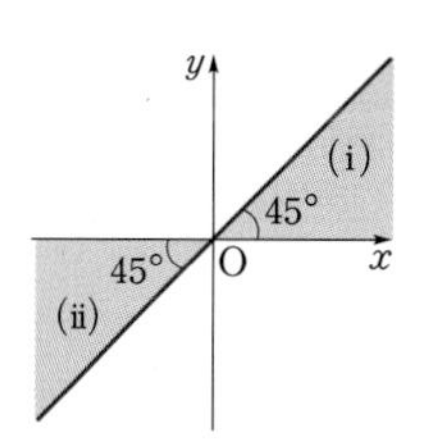

답 ③

03 두 각 $\frac{\theta}{3}$와 2θ를 나타내는 동경을 각각 반직선 OP, OQ라 하자.

(i) 반직선 OP, OQ가 같은 방향일 때,

$2\theta-\frac{\theta}{3}=2n\pi$ (n은 정수)

$\frac{5\theta}{3}=2n\pi$, $\theta=\frac{6}{5}n\pi$

이때 $0<\theta<2\pi$이므로 $n=1$일 때 $\theta=\frac{6}{5}\pi$

(ii) 반직선 OP, OQ가 반대 방향일 때,

$2\theta-\frac{\theta}{3}=2n\pi+\pi$ (n은 정수)

$\frac{5}{3}\theta=2n\pi+\pi$, $\theta=\frac{6}{5}n\pi+\frac{3}{5}\pi$

이때 $0<\theta<2\pi$이므로

$n=0$ 또는 $n=1$일 때

$\theta=\frac{3}{5}\pi$ 또는 $\theta=\frac{9}{5}\pi$

따라서 (i), (ii)로부터 모든 θ의 값의 합은

$\frac{6}{5}\pi+\frac{3}{5}\pi+\frac{9}{5}\pi=\mathbf{\frac{18}{5}\pi}$

답 $\frac{18}{5}\pi$

04 중심각의 크기를 θ라 하면 이 부채꼴의 둘레의 길이 a는

$a=2\times$(반지름의 길이)$+$(호의 길이)

$=2\times 5+5\theta=10+5\theta$

또 이 부채꼴의 넓이 b는

$b=\frac{1}{2}\times 5^2\times\theta=\frac{25}{2}\theta$

이때 $a=b$이므로

$10+5\theta=\frac{25}{2}\theta$, $\frac{15}{2}\theta=10$

$\therefore \theta=\mathbf{\frac{4}{3}}$

답 $\frac{4}{3}$

EXERCISES

05 직선 $y=-2x$ 위의 점 중에서 제2사분면의 점 P의 좌표를 $P(-1, 2)$라 하고, 오른쪽 그림과 같이 원점을 중심으로 하고 점 P를 지나는 원을 그리면 $\overline{OP}=\sqrt{5}$이므로

$$\cos\theta=-\frac{1}{\sqrt{5}},\ \tan\theta=-2$$

$$\therefore \sqrt{5}\cos\theta+\tan\theta=\sqrt{5}\times\left(-\frac{1}{\sqrt{5}}\right)+(-2)=\mathbf{-3}$$

답 -3

06 각 θ에 대하여 두 조건

$$\sin\theta\cos\theta\neq0,\ \sqrt{\frac{\sin\theta}{\cos\theta}}=-\frac{\sqrt{\sin\theta}}{\sqrt{\cos\theta}}$$

가 동시에 성립하므로

$$\sin\theta>0,\ \cos\theta<0$$

따라서 θ는 제2사분면의 각이므로

$$\frac{\pi}{2}<\theta<\pi \qquad \therefore a=\frac{1}{2},\ b=1$$

$$\therefore a^2+b^2=\left(\frac{1}{2}\right)^2+1^2=\mathbf{\frac{5}{4}}$$

답 $\frac{5}{4}$

07 (가): $\dfrac{\tan\theta}{\cos\theta}+\dfrac{1}{\cos^2\theta}$

$$=\frac{\sin\theta}{\cos^2\theta}+\frac{1}{\cos^2\theta}$$

$$=\frac{\sin\theta+1}{\cos^2\theta}=\frac{1+\sin\theta}{1-\sin^2\theta}$$

$$=\frac{1+\sin\theta}{(1+\sin\theta)(1-\sin\theta)}$$

$$=\mathbf{\frac{1}{1-\sin\theta}}$$

(나): $\dfrac{\cos\theta}{1-\tan\theta}+\dfrac{\sin^2\theta}{\sin\theta-\cos\theta}$

$$=\frac{\cos\theta}{1-\frac{\sin\theta}{\cos\theta}}+\frac{\sin^2\theta}{\sin\theta-\cos\theta}$$

$$=\frac{\cos^2\theta}{\cos\theta-\sin\theta}+\frac{\sin^2\theta}{\sin\theta-\cos\theta}$$

$$=\frac{\cos^2\theta}{\cos\theta-\sin\theta}-\frac{\sin^2\theta}{\cos\theta-\sin\theta}$$

$$=\frac{(\cos\theta+\sin\theta)(\cos\theta-\sin\theta)}{\cos\theta-\sin\theta}$$

$$=\mathbf{\sin\theta+\cos\theta}$$

답 ③

08 $\sin\theta-\cos\theta=\frac{1}{3}$의 양변을 제곱하면

$$\sin^2\theta-2\sin\theta\cos\theta+\cos^2\theta=\frac{1}{9}$$

$\sin^2\theta+\cos^2\theta=1$이므로

$$1-2\sin\theta\cos\theta=\frac{1}{9}$$

$$\therefore \sin\theta\cos\theta=\frac{4}{9} \qquad \cdots\cdots ❶$$

$$\therefore \frac{1}{\sin\theta}-\frac{1}{\cos\theta}=\frac{\cos\theta-\sin\theta}{\sin\theta\cos\theta}=\mathbf{-\frac{3}{4}}$$

$\cdots\cdots$ ❷

채점 기준	배점
❶ $\sin\theta\cos\theta$의 값 구하기	50 %
❷ $\frac{1}{\sin\theta}-\frac{1}{\cos\theta}$의 값 구하기	50 %

답 $-\frac{3}{4}$

09 $\log_a\left(\frac{1}{\cos\theta}+\tan\theta\right)+\log_a(1-\sin\theta)$

$$=\log_a\left(\frac{1}{\cos\theta}+\frac{\sin\theta}{\cos\theta}\right)+\log_a(1-\sin\theta)$$

$$=\log_a\frac{1+\sin\theta}{\cos\theta}+\log_a(1-\sin\theta)$$

$$=\log_a\frac{(1+\sin\theta)(1-\sin\theta)}{\cos\theta}$$

$$=\log_a\frac{1-\sin^2\theta}{\cos\theta}=\log_a\frac{\cos^2\theta}{\cos\theta}$$

$$=\log_a\cos\theta=\log_a a^{-2}=\mathbf{-2}$$

답 -2

10 $\tan\theta$, $\frac{1}{\tan\theta}$을 두 근으로 하고 이차항의 계수가 1인 x에 대한 이차방정식은

$$x^2-\left(\tan\theta+\frac{1}{\tan\theta}\right)x+1=0$$

한편 주어진 조건 $\sin\theta+\cos\theta=0$의 양변을 제곱하면

$$\sin^2\theta+2\sin\theta\cos\theta+\cos^2\theta=0$$

$$\therefore \sin\theta\cos\theta=-\frac{1}{2} \qquad \cdots\cdots ㉠$$

즉, ㉠에 의해 두 근의 합은

$$\tan\theta+\frac{1}{\tan\theta}=\frac{\sin\theta}{\cos\theta}+\frac{\cos\theta}{\sin\theta}$$

$$=\frac{1}{\cos\theta\sin\theta}=-2$$

따라서 조건을 만족시키는 이차방정식은

$\boldsymbol{x^2+2x+1=0}$이다.

다른 풀이 $\sin\theta+\cos\theta=0$에서 $\sin\theta=-\cos\theta$이므로

$$\tan\theta=\frac{\sin\theta}{\cos\theta}=\frac{-\cos\theta}{\cos\theta}=-1,$$

$$\frac{1}{\tan\theta}=\frac{1}{-1}=-1$$

즉, 구하는 이차방정식은 -1을 중근으로 갖고 이차항의 계수가 1인 x에 대한 이차방정식이므로

$$(x+1)^2=0 \qquad \therefore x^2+2x+1=0$$

답 $x^2+2x+1=0$

EXERCISES B SUMMA CUM LAUDE 본문 170 ~ 171쪽

01 제3사분면의 각 **02** $\frac{9\sqrt{3}}{2}$

03 ① **04** 0 **05** 8π **06** 5

07 5 **08** $3x^2+8x+3=0$

09 $\frac{1}{2}$ **10** $1-\frac{\sqrt{3}}{2}$

01 $f(x)$는 x가 양수이면 1, x가 음수이면 -1이므로 다음과 같이 경우를 나누어 생각한다.

(i) θ가 제1사분면의 각일 때 2θ는 제1사분면 또는 제2사분면의 각이므로 ($\because$ **[참고]**)

$$\sin\theta>0,\ \cos\theta>0,\ \tan\theta>0,\ \sin2\theta>0$$

$$\therefore f(\sin\theta)+f(\cos\theta)+f(\tan\theta)+f(\sin2\theta)$$
$$=1+1+1+1$$
$$=4$$

(ii) θ가 제2사분면의 각일 때 2θ는 제3사분면 또는 제4사분면의 각이므로

$$\sin\theta>0,\ \cos\theta<0,\ \tan\theta<0,\ \sin2\theta<0$$

$$\therefore f(\sin\theta)+f(\cos\theta)+f(\tan\theta)+f(\sin2\theta)$$
$$=1+(-1)+(-1)+(-1)$$
$$=-2$$

(iii) θ가 제3사분면의 각일 때 2θ는 제1사분면 또는 제2사분면의 각이므로

$$\sin\theta<0,\ \cos\theta<0,\ \tan\theta>0,\ \sin2\theta>0$$

$$\therefore f(\sin\theta)+f(\cos\theta)+f(\tan\theta)+f(\sin2\theta)$$
$$=(-1)+(-1)+1+1$$
$$=0$$

(iv) θ가 제4사분면의 각일 때 2θ는 제3사분면 또는 제4사분면의 각이므로

$$\sin\theta<0,\ \cos\theta>0,\ \tan\theta<0,\ \sin2\theta<0$$

$$\therefore f(\sin\theta)+f(\cos\theta)+f(\tan\theta)+f(\sin2\theta)$$
$$=(-1)+1+(-1)+(-1)$$
$$=-2$$

(i)~(iv)에 의하여 θ는 **제3사분면의 각**이다.

[참고] θ가 제1사분면의 각이므로

$2n\pi < \theta < 2n\pi + \frac{\pi}{2}$ (단, n은 정수)

$\therefore 4n\pi < 2\theta < 4n\pi + \pi$

따라서 2θ는 제1사분면 또는 제2사분면의 각이다. (같은 방법으로 (ii), (iii), (iv)의 경우도 알아볼 수 있다.)

답 제3사분면의 각

02

반원의 중심을 O라 하면 반원의 지름의 길이가 18이므로 $\overline{AO}=9$

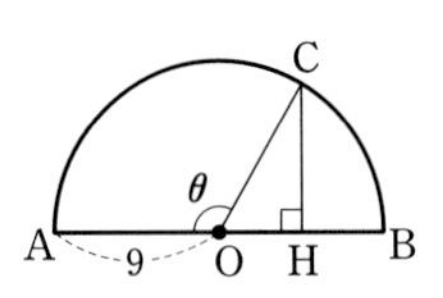

$\angle AOC=\theta$라 하면 호 AC의 길이가 6π이므로

$9\times\theta=6\pi \quad \therefore \theta=\frac{2}{3}\pi$

즉, $\angle COH=\pi-\theta=\frac{\pi}{3}$이므로 직각삼각형 COH에서

$\overline{OC} : \overline{CH}=2 : \sqrt{3}$, $9 : \overline{CH}=2 : \sqrt{3}$

$2\overline{CH}=9\sqrt{3} \quad \therefore \overline{CH}=\mathbf{\frac{9\sqrt{3}}{2}}$

답 $\frac{9\sqrt{3}}{2}$

03

아래 그림에서 $\angle OP_1H=\theta$라 하면

$\angle P_nP_{n+1}P_{n+2}=2\theta$, $\sin\theta=\frac{\overline{OH}}{\overline{OP_1}}=\frac{1}{r}$

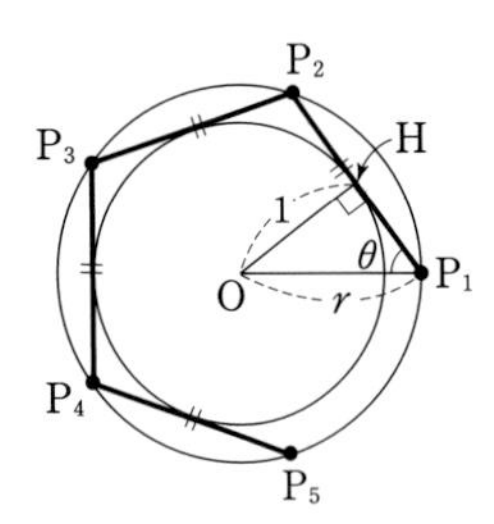

ㄱ. $r=\sqrt{2}$이면 $\sin\theta=\frac{1}{\sqrt{2}}$

따라서 $\theta=45°$이므로

$\angle P_1P_2P_3=2\theta=90°$이다. (참)

ㄴ. $r=\frac{2\sqrt{3}}{3}$이면 $\sin\theta=\frac{\sqrt{3}}{2}$이므로 $\theta=60°$

따라서 P_n은 정육각형의 꼭짓점이 된다.

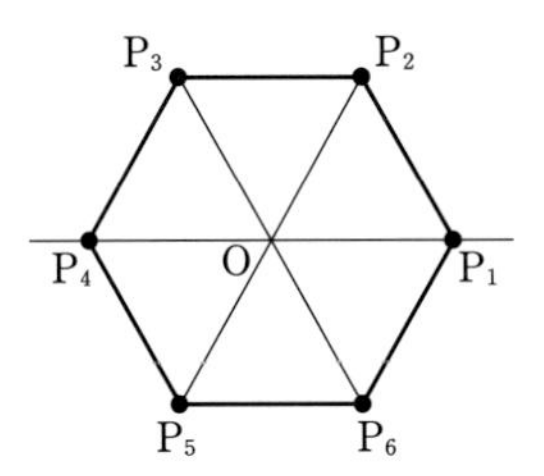

두 점 P_2와 P_5가 원점에 대하여 대칭이고,

$P_2\left(\frac{\sqrt{3}}{3}, 1\right)$이므로 점 P_5의 좌표는 $\left(-\frac{\sqrt{3}}{3}, -1\right)$

이다. (거짓)

ㄷ. (반례) $\angle P_1P_2P_3=60\sqrt{2}°$라 하면

$\angle OP_nP_{n+1}=30\sqrt{2}°$이다. 이때

$30\sqrt{2}°\times l=360°\times m$

을 만족시키는 자연수 l, m의 순서쌍 (l, m)은 존재하지 않는다. (거짓)

따라서 옳은 것은 ㄱ뿐이다.

답 ①

04

점 $A_1, A_2, A_3, \cdots, A_{10}$의 x좌표는 각각

$\cos 10\theta, \cos\theta, \cos 2\theta, \cdots, \cos 9\theta$

이고 다음과 같이 묶은 두 점은 y축에 대하여 서로 대칭이므로 이 점들의 x좌표의 합은 0이다.

$(A_1, A_6), (A_2, A_5), (A_3, A_4), (A_7, A_{10}), (A_8, A_9)$

$\therefore \cos 10\theta+\cos 5\theta=0$

$\cos\theta+\cos 4\theta=0$

$\cos 2\theta+\cos 3\theta=0$

$\cos 6\theta+\cos 9\theta=0$

$\cos 7\theta+\cos 8\theta=0$

$\therefore \cos\theta+\cos 2\theta+\cos 3\theta+\cdots+\cos 10\theta=\mathbf{0}$

답 0

05

주어진 식을 변형하면

$x=-3+4\sin\theta$에서 $\sin\theta=\frac{x+3}{4}$

$y=5-4\cos\theta$에서 $\quad \cos\theta=\frac{y-5}{-4}$

이때 $\sin^2\theta+\cos^2\theta=1$이므로

$$\left(\frac{x+3}{4}\right)^2+\left(\frac{y-5}{-4}\right)^2=1$$

$$\therefore (x+3)^2+(y-5)^2=16$$

즉, 점 (x, y)가 그리는 도형은 점 $(-3, 5)$를 중심으로 하고 반지름의 길이가 4인 원이다.

따라서 점 (x, y)가 그리는 도형의 길이는

$2\times\pi\times4=\mathbf{8\pi}$ 답 8π

06 $\left(\sin\theta+\frac{1}{\sin\theta}\right)^2+\left(\cos\theta+\frac{1}{\cos\theta}\right)^2-\left(\tan\theta+\frac{1}{\tan\theta}\right)^2$

$$=\left(\sin^2\theta+2+\frac{1}{\sin^2\theta}\right)+\left(\cos^2\theta+2+\frac{1}{\cos^2\theta}\right)-\left(\tan^2\theta+2+\frac{1}{\tan^2\theta}\right)$$

$$=(\sin^2\theta+\cos^2\theta)+\left(\frac{1}{\sin^2\theta}-\frac{1}{\tan^2\theta}\right)+\left(\frac{1}{\cos^2\theta}-\tan^2\theta\right)+2$$

$$=1+\left(\frac{1}{\sin^2\theta}-\frac{\cos^2\theta}{\sin^2\theta}\right)+\left(\frac{1}{\cos^2\theta}-\frac{\sin^2\theta}{\cos^2\theta}\right)+2$$

$$=1+\frac{1-\cos^2\theta}{\sin^2\theta}+\frac{1-\sin^2\theta}{\cos^2\theta}+2$$

$$=1+\frac{\sin^2\theta}{\sin^2\theta}+\frac{\cos^2\theta}{\cos^2\theta}+2=\mathbf{5}$$

답 5

07 $\sin\theta+\cos\theta=1$의 양변을 제곱하면

$\sin^2\theta+2\sin\theta\cos\theta+\cos^2\theta=1$

$\sin^2\theta+\cos^2\theta=1$이므로

$\sin\theta\cos\theta=0$

(i) $\sin\theta=0$인 경우 $\quad \cos\theta=\pm1$

(ii) $\cos\theta=0$인 경우 $\quad \sin\theta=\pm1$

그런데 주어진 식에 의하여 $f(1)=\sin\theta+\cos\theta=1$이므로

$\sin\theta=0$, $\cos\theta=1$ 또는 $\sin\theta=1$, $\cos\theta=0$

$\therefore f(3)=1,\ f(5)=1,\ f(7)=1,\ f(9)=1$

$\therefore f(1)+f(3)+f(5)+f(7)+f(9)=\mathbf{5}$

다른 풀이 곱셈 공식의 변형을 이용하자.

$\sin\theta=\alpha$, $\cos\theta=\beta$라 하면

$\alpha+\beta=1,\ \alpha\beta=0,\ \alpha^2+\beta^2=1$

이므로

(i) $f(1)=\alpha+\beta=1$

(ii) $f(3)=\alpha^3+\beta^3=(\alpha+\beta)^3-3\alpha\beta(\alpha+\beta)=1^3-0=1$

(iii) $f(5)=\alpha^5+\beta^5=(\alpha^2+\beta^2)(\alpha^3+\beta^3)-\alpha^2\beta^2(\alpha+\beta)$
$=1\cdot1-0=1$

(iv) $f(7)=\alpha^7+\beta^7=(\alpha^2+\beta^2)(\alpha^5+\beta^5)-\alpha^2\beta^2(\alpha^3+\beta^3)$
$=1\cdot1-0=1$

(v) $f(9)=\alpha^9+\beta^9=(\alpha^2+\beta^2)(\alpha^7+\beta^7)-\alpha^2\beta^2(\alpha^5+\beta^5)$
$=1\cdot1-0=1$

답 5

08 이차방정식의 근과 계수의 관계에 의하여

$\sin\theta+\cos\theta=\frac{1}{2}$, $\sin\theta\cos\theta=-\frac{k}{8}$

$\sin\theta+\cos\theta=\frac{1}{2}$의 양변을 제곱하면

$\sin^2\theta+2\sin\theta\cos\theta+\cos^2\theta=\frac{1}{4}$

$\sin^2\theta+\cos^2\theta=1$이므로 $\quad \sin\theta\cos\theta=-\frac{3}{8}$

$\therefore k=3$ …… ❶

한편

$$\tan\theta+\frac{1}{\tan\theta}=\frac{\sin\theta}{\cos\theta}+\frac{\cos\theta}{\sin\theta}=\frac{1}{\sin\theta\cos\theta}=-\frac{8}{3}$$

$$\tan\theta \times \frac{1}{\tan\theta}=1$$

이므로 $\tan\theta$와 $\frac{1}{\tan\theta}$을 두 근으로 하고 상수항이 3인 이차방정식은

$\mathbf{3x^2+8x+3=0}$ ...... ❷

채점 기준	배점
❶ k의 값 구하기	50 %
❷ 이차방정식 구하기	50 %

답 $3x^2+8x+3=0$

09

$\overline{OE}=x$, $\overline{EF}=y$로 놓으면

$\overline{OG}=x\cos\theta$, $\overline{GH}=y\cos\theta$

따라서 조건의 두 비례식에 의하여

$x : y\cos\theta=2 : 1$

$\therefore x=2y\cos\theta$ ...... ㉠

$x\cos\theta : y=3 : 2$

$\therefore 3y=2x\cos\theta$ ...... ㉡

㉠을 ㉡에 대입하면

$3y=4y\cos^2\theta \qquad \therefore \cos^2\theta=\frac{3}{4}$

$\sin^2\theta=1-\cos^2\theta$이므로

$\sin^2\theta=1-\frac{3}{4}=\frac{1}{4}$

$\therefore \sin\theta=\mathbf{\frac{1}{2}}\left(\because 0<\theta<\frac{\pi}{2}\right)$

다른 풀이 ㉠, ㉡을 $\cos\theta$에 대해 정리하여 연립하면

$\frac{x}{2y}=\frac{3y}{2x}$, $x^2=3y^2$

$x=\sqrt{3}y$ ($\because$ x, y는 양수) ...... ㉢

㉢을 ㉠에 대입하면 $\cos\theta=\frac{\sqrt{3}}{2}$

$\therefore \sin\theta=\sqrt{1-\cos^2\theta}\left(\because 0<\theta<\frac{\pi}{2}\right)$

$=\sqrt{1-\frac{3}{4}}=\frac{1}{2}$

답 $\frac{1}{2}$

10

주어진 식 $\sin\theta+\cos\theta=\frac{\sqrt{2}}{2}$의 양변을 제곱하면

$\sin^2\theta+2\sin\theta\cos\theta+\cos^2\theta=\frac{1}{2}$

$\sin^2\theta+\cos^2\theta=1$이므로

$2\sin\theta\cos\theta=-\frac{1}{2}$

이때

$(\sin\theta-\cos\theta)^2$

$=\sin^2\theta-2\sin\theta\cos\theta+\cos^2\theta$

$=1-2\sin\theta\cos\theta=1-\left(-\frac{1}{2}\right)=\frac{3}{2}$

이고, θ가 제2사분면의 각이므로 $\sin\theta>0$, $\cos\theta<0$에서

$\sin\theta-\cos\theta>0 \qquad \therefore \sin\theta-\cos\theta=\frac{\sqrt{6}}{2}$

한편

$(\sin\theta+\cos\theta)(\sin\theta-\cos\theta)$

$=\sin^2\theta-\cos^2\theta$

$=\sin^2\theta+\cos^2\theta-2\cos^2\theta$

$=1-2\cos^2\theta$

이므로

$2\cos^2\theta=1-(\sin\theta+\cos\theta)(\sin\theta-\cos\theta)$

$=1-\left(\frac{\sqrt{2}}{2}\times\frac{\sqrt{6}}{2}\right)=\mathbf{1-\frac{\sqrt{3}}{2}}$

답 $1-\frac{\sqrt{3}}{2}$

2. 삼각함수의 그래프

Review SUMMA CUM LAUDE 본문 211쪽

01 (1) 1, -1, 2π (2) 주기 (3) 원점, y축 (4) 그래프
(5) y, x, c, 교점

02 (1) 거짓 (2) 거짓 (3) 참

03 풀이 참조

01 답 (1) 1, -1, 2π
(2) 주기
(3) 원점, y축
(4) 그래프
(5) y, x, c, 교점

02 (1) 함수 $y=\sin x$의 그래프를 x축의 방향으로 2배하면 $y=\sin\frac{x}{2}$의 그래프가 된다. (거짓)

(2)

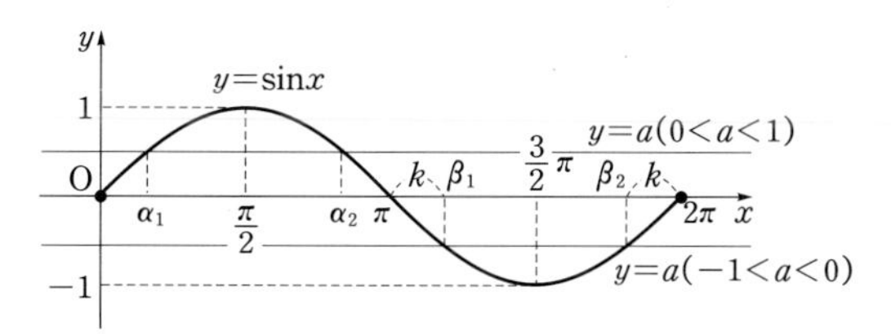

(i) $0<a<1$일 때 $\sin x=a$를 만족시키는 두 근을 α_1, $\alpha_2(\alpha_1<\alpha_2)$라 하면 x축 위의 두 근은 $x=\frac{\pi}{2}$에 대하여 대칭이므로 $\alpha_2=\pi-\alpha_1$이다.

$\therefore\ \alpha_1+\alpha_2=\pi$

(ii) $-1<a<0$일 때 $\sin x=a$를 만족시키는 두 근을 β_1, $\beta_2(\beta_1<\beta_2)$라 하면 x축 위의 두 근은 $x=\frac{3}{2}\pi$에 대하여 대칭이므로

$$\beta_1=\pi+k\left(0<k<\frac{\pi}{2}\right)$$

라 하면 $\beta_2=2\pi-k$이므로 두 근의 합은 $\beta_1+\beta_2=3\pi$가 된다.

(iii) $a=0$일 때 $\sin x=0$을 만족시키는 세 근은 0, π, 2π이므로 그 합은 3π이다. (거짓)

(3)

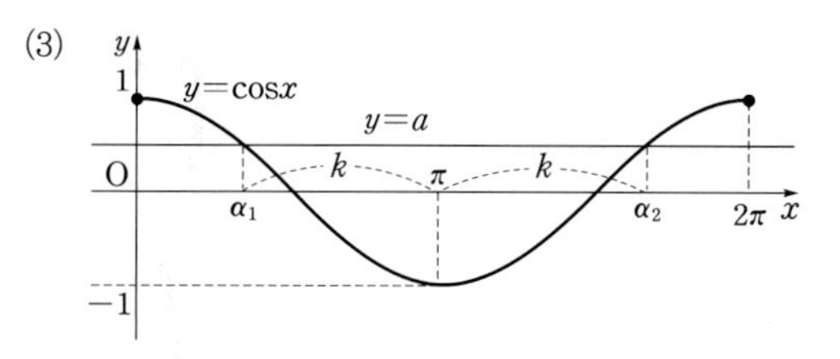

$\cos x=a$를 만족시키는 두 근을 α_1, $\alpha_2(\alpha_1<\alpha_2)$라 하면 $y=\cos x$의 그래프는 $0\le x\le 2\pi$에서 $x=\pi$에 대하여 대칭이므로 $\alpha_1=\pi-k\ (0<k<\pi)$일 때 $\alpha_2=\pi+k$이다.

따라서 $\alpha_1+\alpha_2=2\pi$이다. (참)

답 (1) 거짓 (2) 거짓 (3) 참

03 (1) $y=\sin x$의 그래프를 x축의 방향으로 $-\frac{\pi}{2}$만큼 이동하면 $y=\cos x$의 그래프와 겹쳐지고, $y=\cos x$의 그래프를 x축의 방향으로 $\frac{\pi}{2}$만큼 평행이동하면 $y=\sin x$의 그래프와 겹쳐진다.

(2) $y=\tan x$의 경우 $\tan x$의 값은 단위원 위의 점과 원점을 지나는 직선의 기울기를 의미한다. 그런데 $x=n\pi+\frac{\pi}{2}$일 때에는 직선의 기울기가 정의되지 않는다. 따라서 $y=\tan x$는 $x=n\pi+\frac{\pi}{2}$(n은 정수)에서 정의되지 않는다.

(3) $y=\sin x$의 그래프를 x축의 방향으로 $\frac{1}{b}$배 확대 또는 축소한 후 y축의 방향으로 a배 확대 또는 축소하면 $y=a\sin bx$의 그래프를 만들 수 있다.
그래프의 최댓값과 최솟값은 $\sin x$의 계수의 영향을 받아 a배 만큼 변화하며 주기는 $\frac{2\pi}{b}$인 그래프가 된다.

답 풀이 참조

EXERCISES A SUMMA CUM LAUDE 본문 212~213쪽

01 ⑤ 02 $a=3$, $b=\frac{1}{2}$ 03 $-\frac{2}{3}\pi$ 04 ③

05 최댓값 : 1, 최솟값 : $-\frac{1}{2}$ 06 2 07 4

08 ② 09 ④

10 $\frac{\pi}{3}<\theta<\frac{\pi}{2}$ 또는 $\frac{3}{2}\pi<\theta<\frac{5}{3}\pi$

01 $f(x-a)=f(x+a)$에서 x대신 $x+a$를 대입하면

$f(x)=f(x+2a)$

이고, 이를 만족시키는 가장 작은 양수 a가 1인 함수는 주기가 2인 함수이다.

보기의 각 함수의 주기를 구해 보면

① $\frac{2\pi}{2\sqrt{2}\pi}=\frac{\sqrt{2}}{2}$ ② $\frac{2\pi}{\frac{\sqrt{2}}{2}\pi}=2\sqrt{2}$

③ $\frac{\pi}{\frac{\sqrt{2}}{2}\pi}=\sqrt{2}$ ④ $\frac{2\pi}{\sqrt{2}\pi}=\sqrt{2}$

⑤ $\frac{2\pi}{\pi}=2$

따라서 조건을 만족시키는 함수는 ⑤이다. 답 ⑤

02 그래프에서 주기는 4π이다. 또한 y의 값이 가장 클 때는 3이고 가장 작을 때는 -3이므로 최댓값은 3, 최솟값은 -3이다.

주기가 4π이므로

$\frac{2\pi}{b}=4\pi$ $\therefore$ $\boldsymbol{b=\frac{1}{2}}$

최댓값이 3이므로

$|a|=3$ $\therefore$ $\boldsymbol{a=3}$ $(\because a>0)$

답 $a=3$, $b=\frac{1}{2}$

03 주어진 그래프에서 함수의 최댓값이 4이므로

$|a|+2=4$ $\therefore$ $a=2$ $(\because a>0)$

그래프의 주기는 $\left(\frac{2}{3}\pi-\frac{\pi}{6}\right)\times 2=\pi$이므로

$\frac{2}{|b|}\pi=\pi$ $\therefore$ $b=2$ $(\because b>0)$

한편 함수 $y=2\sin(2x-c)+2$의 그래프는 점 $\left(\frac{2}{3}\pi,\ 0\right)$을 지나므로

$2\sin\left(\frac{4}{3}\pi-c\right)+2=0$, $\sin\left(\frac{4}{3}\pi-c\right)=-1$

$\frac{4}{3}\pi-c=2k\pi+\frac{3}{2}\pi$ (단, k는 정수)

$\therefore$ $c=\frac{-1-12k}{6}\pi$

이때 $-\frac{\pi}{2}<c<\frac{\pi}{2}$이므로 $k=0$, $c=-\frac{\pi}{6}$

$\therefore$ $abc=2\times2\times\left(-\frac{\pi}{6}\right)=\boldsymbol{-\frac{2}{3}\pi}$ 답 $-\frac{2}{3}\pi$

04 $\sin 27^\circ=a$일 때,

$\cos 27^\circ=\sqrt{1-\sin^2 27^\circ}=\sqrt{1-a^2}$

또 $153^\circ=180^\circ-27^\circ$, $747^\circ=360^\circ\times2+27^\circ$이므로

$$\begin{aligned}\tan 153^\circ+2\sin 747^\circ&=\tan(180^\circ-27^\circ)\\&\quad+2\sin(360^\circ\times2+27^\circ)\\&=-\tan 27^\circ+2\sin 27^\circ\\&=-\frac{\sin 27^\circ}{\cos 27^\circ}+2\sin 27^\circ\\&=\boldsymbol{-\frac{a}{\sqrt{1-a^2}}+2a}\end{aligned}$$

답 ③

05 $\cos x=t$ $(-1\le t\le 1)$로 치환하면 주어진 함수는

$$y=-\left|t-\frac{1}{2}\right|+1=\begin{cases} t+\frac{1}{2} & \left(t<\frac{1}{2}\right) \\ -t+\frac{3}{2} & \left(t\ge\frac{1}{2}\right)\end{cases}$$

이므로 그 그래프는 다음 그림과 같다.

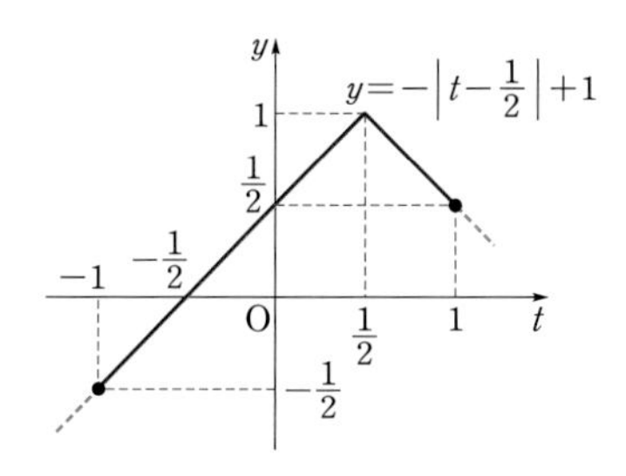

$\therefore$ **(최댓값) : 1, (최솟값) : $-\frac{1}{2}$**

답 최댓값 : 1, 최솟값 : $-\frac{1}{2}$

06 $y=\frac{|\sin x|-3}{|\sin x|+1}$ 에서 $|\sin x|=t$로 치환하면

$0\le|\sin x|\le1$, 즉 $0\le t\le1$이고 주어진 함수는

$$y=\frac{t-3}{t+1}=\frac{(t+1)-4}{t+1}=-\frac{4}{t+1}+1$$

이므로 그래프는 다음 그림과 같다.

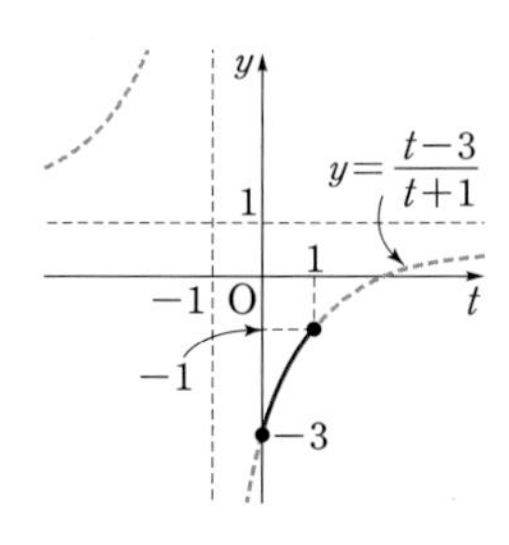

따라서 주어진 함수의 치역은 $\{y|-3\le y\le-1\}$이므로

$a=-3,\ b=-1$

$\therefore b-a=\mathbf{2}$

답 2

07 방정식 $\sin2\pi x=x^2$의 실근의 개수는 두 함수 $y=x^2$, $y=\sin2\pi x$의 그래프의 교점의 개수와 같다.

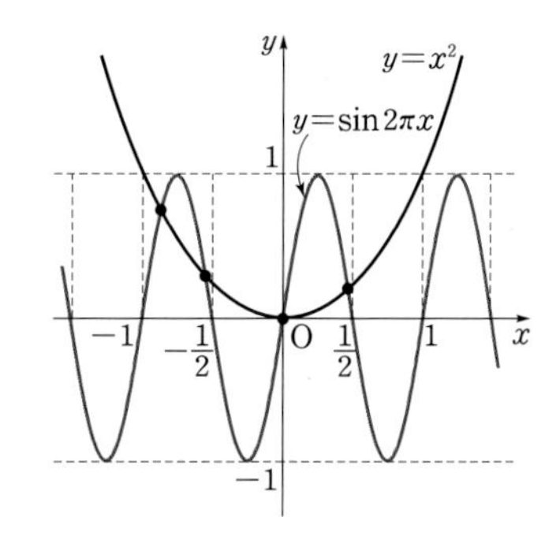

따라서 두 그래프의 교점의 개수가 4이므로 구하는 방정식의 실근의 개수는 **4**이다.

답 4

08 $2\sin^2x+3\cos x$

$=2(1-\cos^2x)+3\cos x$

$=-2\cos^2x+3\cos x+2<0$

에서 $2\cos^2x-3\cos x-2>0$

$(2\cos x+1)(\cos x-2)>0$

이때 $\cos x-2<0$이므로

$2\cos x+1<0 \qquad \therefore \cos x<-\frac{1}{2}$

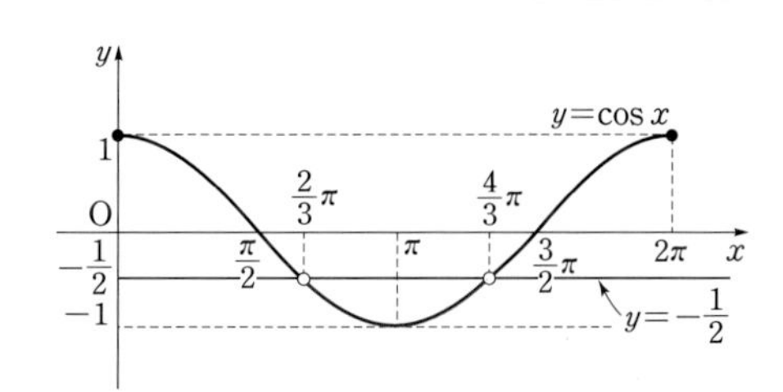

$\therefore \frac{2}{3}\pi<x<\frac{4}{3}\pi$

따라서 $a=\frac{2}{3}\pi$, $b=\frac{4}{3}\pi$이므로

$b-a=\mathbf{\frac{2}{3}}\pi$

답 ②

09 이차방정식 $x^2-2x+1-4\sin\theta=0$의 판별식을 D라 할 때 $D\ge0$이어야 하므로

EXERCISES

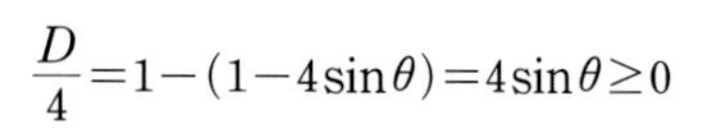

$\dfrac{D}{4}=1-(1-4\sin\theta)=4\sin\theta\geq 0$

$\therefore \sin\theta\geq 0$

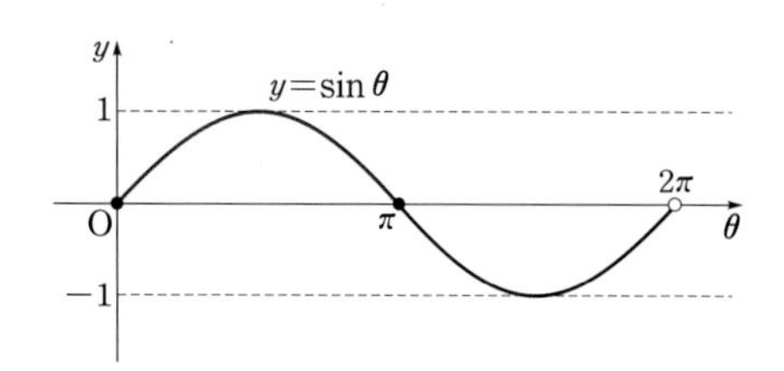

따라서 구하는 θ의 값의 범위는

$0\leq\theta\leq\pi$ 답 ④

10 모든 실수 x에 대하여 부등식이 성립하므로 이차방정식 $2x^2+4x\cos\theta+\cos\theta=0$의 판별식을 D라 할 때 $D<0$이어야 한다. …… ❶

즉, $\dfrac{D}{4}=4\cos^2\theta-2\cos\theta<0$

$2\cos\theta\,(2\cos\theta-1)<0$

$\therefore 0<\cos\theta<\dfrac{1}{2}$ …… ❷

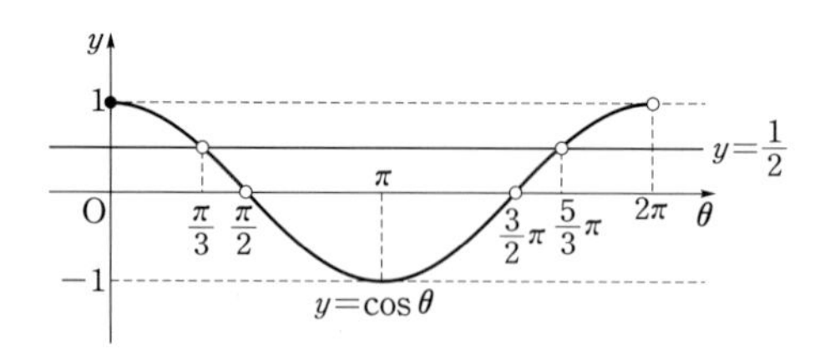

따라서 구하는 θ의 값의 범위는

$\dfrac{\pi}{3}<\theta<\dfrac{\pi}{2}$ 또는 $\dfrac{3}{2}\pi<\theta<\dfrac{5}{3}\pi$ …… ❸

채점 기준	배점
❶ 부등식이 항상 성립할 조건 알기	30 %
❷ $\cos\theta$의 값의 범위 구하기	30 %
❸ θ의 값의 범위 구하기	40 %

답 $\dfrac{\pi}{3}<\theta<\dfrac{\pi}{2}$ 또는 $\dfrac{3}{2}\pi<\theta<\dfrac{5}{3}\pi$

EXERCISES B

SUMMA CUM LAUDE 본문 214~215쪽

01 ④ **02** $\dfrac{5}{2}$ **03** 2 **04** $x=\dfrac{\pi}{3}$

05 $\dfrac{\sqrt{2}}{2}\pi$ **06** $\dfrac{\pi}{3}$ **07** 10 **08** $\dfrac{\pi}{4}$

09 $\dfrac{2}{3}\pi<\theta<\pi$ 또는 $\pi<\theta<\dfrac{4}{3}\pi$ **10** $\dfrac{3}{2}\pi$

01 함수 $f(x)=\sin x$의 그래프는 오른쪽 그림과 같이 직선 $x=\dfrac{\pi}{2}=1.57\cdots$에 대하여 대칭이므로

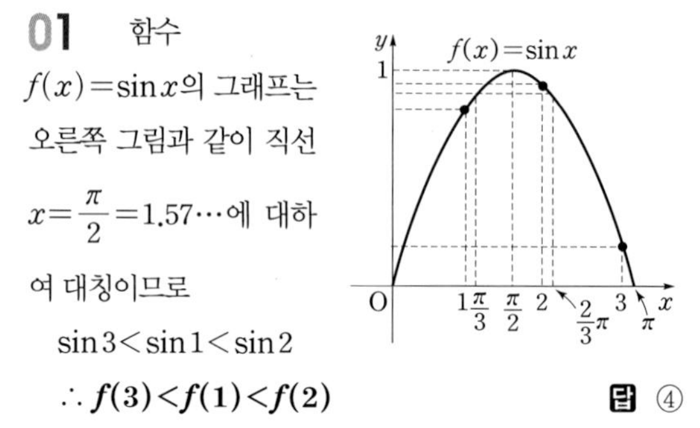

$\sin 3<\sin 1<\sin 2$

$\therefore$ **$f(3)<f(1)<f(2)$** 답 ④

02 $\theta=\dfrac{\pi}{20}$에서 $10\theta=\dfrac{\pi}{2}$이므로

$\sin 9\theta=\sin(10\theta-\theta)=\sin\left(\dfrac{\pi}{2}-\theta\right)=\cos\theta,$

$\sin 7\theta=\sin(10\theta-3\theta)=\sin\left(\dfrac{\pi}{2}-3\theta\right)=\cos 3\theta$

$\therefore \sin^2\theta+\sin^2 3\theta+\sin^2 5\theta+\sin^2 7\theta+\sin^2 9\theta$

$=(\sin^2\theta+\sin^2 9\theta)+(\sin^2 3\theta+\sin^2 7\theta)+\sin^2 5\theta$

$=(\sin^2\theta+\cos^2\theta)+(\sin^2 3\theta+\cos^2 3\theta)+\sin^2\dfrac{\pi}{4}$

$=1+1+\dfrac{1}{2}=\dfrac{\mathbf{5}}{\mathbf{2}}$ 답 $\dfrac{5}{2}$

03 $\sin^2 x-4\sin x\geq 3-3a$에서

$\sin^2 x-4\sin x+3a-3\geq 0$

$\sin x=t$로 놓으면

모든 실수 x에 대하여 $-1\leq t\leq 1$이고,

주어진 부등식은

$t^2-4t+3a-3\geq 0,\ (t-2)^2+3a-7\geq 0$

이때 $f(t)=(t-2)^2+3a-7$이라 하면 $-1\le t\le 1$의 범위에서 $t=1$일 때 $f(t)$는 최솟값을 가지므로 모든 실수 x에 대하여 주어진 부등식이 성립하려면

$f(1)=1-4+3a-3\ge 0$

$\therefore\ a\ge 2$

따라서 a의 최솟값은 **2**이다. 답 2

04

$\log_2(\tan x-\sin x)+\log_2\sin x+\log_2\cos x$
$=\log_2 3-3$

$$\log_2\left\{\left(\frac{\sin x}{\cos x}-\sin x\right)\sin x\cos x\right\}=\log_2 3-\log_2 8$$

$$\log_2(\sin^2 x-\sin^2 x\cos x)=\log_2\frac{3}{8}$$

$$\log_2\{1-\cos^2 x-(1-\cos^2 x)\cos x\}=\log_2\frac{3}{8}$$

$$\log_2(1-\cos x-\cos^2 x+\cos^3 x)=\log_2\frac{3}{8}$$

$$\therefore\ \cos^3 x-\cos^2 x-\cos x+1=\frac{3}{8}$$

$\cos x=t$로 놓으면

$$t^3-t^2-t+1=\frac{3}{8},\ t^3-t^2-t+\frac{5}{8}=0$$

$$\left(t-\frac{1}{2}\right)\left(t^2-\frac{1}{2}t-\frac{5}{4}\right)=0$$

$$\left(t-\frac{1}{2}\right)\left(t-\frac{1+\sqrt{21}}{4}\right)\left(t-\frac{1-\sqrt{21}}{4}\right)=0$$

$$\therefore\ \left(\cos x-\frac{1}{2}\right)\left(\cos x-\frac{1+\sqrt{21}}{4}\right)\left(\cos x-\frac{1-\sqrt{21}}{4}\right)=0$$

한편 로그의 진수 조건에 의하여

$\tan x-\sin x>0,\ \sin x>0,\ \cos x>0$

이므로 $0<x<\frac{\pi}{2}$

(i) $\cos x=\frac{1+\sqrt{21}}{4}$ 또는 $\cos x=\frac{1-\sqrt{21}}{4}$ 일 때

$0<\cos x<1$이지만 $\frac{1+\sqrt{21}}{4}>1,\ \frac{1-\sqrt{21}}{4}<0$이므로 조건을 만족시키는 x는 없다.

(ii) $\cos x=\frac{1}{2}$ 일 때 $x=\frac{\pi}{3}$

(i), (ii)에 의하여 $\boldsymbol{x=\frac{\pi}{3}}$

[참고] $\tan x-\sin x>0$, 즉 $\tan x>\sin x$를 만족시키는 x의 값의 범위는

$0<x<\frac{\pi}{2}$ 또는 $\pi<x<\frac{3}{2}\pi$

답 $x=\frac{\pi}{3}$

05

$$y=\frac{2\sin^2 x+1}{\cos\left(\frac{\pi}{2}-x\right)}=\frac{2\sin^2 x+1}{\sin x}$$
$$=2\sin x+\frac{1}{\sin x}$$

$0<x<\frac{\pi}{2}$에서 $\sin x>0$이므로 산술평균과 기하평균의 관계에 의하여

$$2\sin x+\frac{1}{\sin x}\ge 2\sqrt{2\sin x\times\frac{1}{\sin x}}$$
$$=2\sqrt{2}$$

$\left(\text{단, 등호는 } 2\sin x=\frac{1}{\sin x} \text{ 일 때 성립}\right)$

이므로 주어진 함수의 최솟값은 $2\sqrt{2}$이다.

$\therefore\ b=2\sqrt{2}$

최솟값을 가질 때의 x의 값을 구하면

$2\sin x=\frac{1}{\sin x}$에서

$2\sin^2 x=1 \qquad \therefore\ \sin^2 x=\frac{1}{2}$

이때 $0<x<\frac{\pi}{2}$에서 $\sin x>0$이므로

$\sin x=\frac{\sqrt{2}}{2},\ x=\frac{\pi}{4} \qquad \therefore\ a=\frac{\pi}{4}$

$\therefore\ ab=\frac{\pi}{4}\times 2\sqrt{2}=\boldsymbol{\frac{\sqrt{2}}{2}\pi}$ 답 $\frac{\sqrt{2}}{2}\pi$

06 함수 $f(x)$의 역함수는 $g(x)$이므로

$f\left(2g(x)-\frac{1}{2}\cos x\right)=x$에서

$g(x)=2g(x)-\frac{1}{2}\cos x$

$\therefore g(x)=\frac{1}{2}\cos x$

이때 $f\left(\frac{1}{4}\right)=a$이므로 $g(a)=\frac{1}{2}\cos a=\frac{1}{4}$

$\cos a=\frac{1}{2}$ $\therefore a=\frac{\pi}{3}$ ($\because 0\le a\le \pi$) 답 $\frac{\pi}{3}$

07 방정식 $f(x)=g(x)$의 실근의 개수는 두 함수 $f(x)=\cos\pi x$, $g(x)=\sqrt{\frac{x}{10}}$의 그래프의 교점의 개수와 같다.

이때 $f(x)=\cos\pi x$의 주기는 $\frac{2\pi}{\pi}=2$이고,

$g(x)=\sqrt{\frac{x}{10}}$에서 $g(x)=1$이면 $x=10$이므로 두 함수의 그래프는 다음 그림과 같다. …… ❶

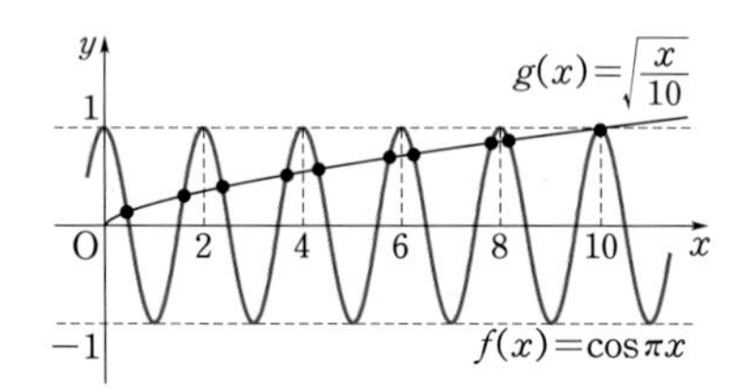

따라서 두 함수 $f(x)=\cos\pi x$, $g(x)=\sqrt{\frac{x}{10}}$의 그래프의 교점은 10개이므로 주어진 방정식의 실근의 개수는 **10**이다. …… ❷

채점 기준	배점
❶ $f(x)=\cos\pi x$, $g(x)=\sqrt{\frac{x}{10}}$의 그래프 그리기	70 %
❷ 방정식의 실근의 개수 구하기	30 %

답 10

08 $f(\theta)=\frac{v_0^2\sin 2\theta}{4}$에서 $\frac{v_0^2}{4}$은 일정하므로

$\sin 2\theta$가 최댓값을 가지면 골프공이 가장 멀리 날아간다.

$0<\theta<\frac{\pi}{2}$에서 $\sin 2\theta$의 최댓값은 1이므로

$\sin 2\theta=1$의 해를 구하면

$2\theta=\frac{\pi}{2}$ $\therefore \theta=\frac{\pi}{4}$

따라서 $\theta=\frac{\pi}{4}$가 되도록 골프공을 치면 가장 멀리 날아간다. 답 $\frac{\pi}{4}$

09 $f(x)=2x^2+3x\cos\theta-2\sin^2\theta+1$이라 할 때 방정식 $f(x)=0$의 두 근 사이에 1이 있으려면 $f(1)<0$이어야 하므로

$y=f(x)$ 1 x

$f(1)=2+3\cos\theta-2\sin^2\theta+1<0$

$2\sin^2\theta-3\cos\theta-3>0$

$2(1-\cos^2\theta)-3\cos\theta-3>0$

$2\cos^2\theta+3\cos\theta+1<0$

$(\cos\theta+1)(2\cos\theta+1)<0$

$\therefore -1<\cos\theta<-\frac{1}{2}$

$0\le\theta<2\pi$에서 함수 $y=\cos\theta$의 그래프와 직선 $y=-1$, $y=-\frac{1}{2}$은 다음 그림과 같다.

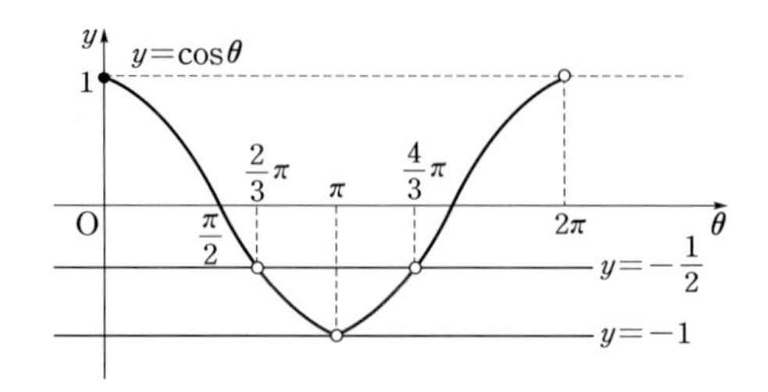

따라서 구하는 θ의 값의 범위는

$\frac{2}{3}\pi<\theta<\pi$ 또는 $\pi<\theta<\frac{4}{3}\pi$

답 $\frac{2}{3}\pi<\theta<\pi$ 또는 $\pi<\theta<\frac{4}{3}\pi$

10 두 점 P, Q가 단위원 위를 각각 $2t$, t만큼 움직이므로 두 점의 좌표는

$P(\cos 2t, \sin 2t)$, $Q(\cos t, \sin t)$

이때 점 P에서 y축까지의 거리와 점 Q에서 x축까지의 거리가 같아야 하므로

$|\cos 2t|=|\sin t|$

(i) $\cos 2t=-\sin t$일 때

$\cos^2 t-\sin^2 t=-\sin t$

$1-\sin^2 t-\sin^2 t=-\sin t$

$2\sin^2 t-\sin t-1=0$, $(2\sin t+1)(\sin t-1)=0$

$\therefore \sin t=1$ ($\because 0\le t\le\pi$)

$\therefore t=\frac{\pi}{2}$

(ii) $\cos 2t=\sin t$일 때

$\cos^2 t-\sin^2 t=\sin t$

$1-\sin^2 t-\sin^2 t=\sin t$

$2\sin^2 t+\sin t-1=0$

$(\sin t+1)(2\sin t-1)=0$

$\therefore \sin t=\frac{1}{2}$ ($\because 0\le t\le\pi$)

$\therefore t=\frac{\pi}{6}$ 또는 $t=\frac{5}{6}\pi$

따라서 구하는 모든 t의 값은 $\frac{\pi}{6}$, $\frac{\pi}{2}$, $\frac{5}{6}\pi$이므로 그 합은

$\frac{\pi}{6}+\frac{\pi}{2}+\frac{5}{6}\pi=\frac{3}{2}\pi$

답 $\frac{3}{2}\pi$

3. 삼각함수의 활용

Review Quiz SUMMA CUM LAUDE 본문 239쪽

01 (1) 변, 사인 값 (2) 변의 길이 (3) 사인 값
02 (1) 거짓 (2) 참 (3) 참 **03** 풀이 참조

01 답 (1) 변, 사인 값
(2) 변의 길이
(3) 사인 값

02 (1) 모든 삼각형에 대하여 사인법칙이 성립한다. (거짓)

(2) 평행사변형의 이웃한 두 변의 길이가 a, b이고 그 끼인각의 크기가 θ일 때 평행사변형의 넓이는 $ab\sin\theta$이다.
이때 사인함수의 성질에 의하여 $\sin(\pi-\theta)=\sin\theta$이므로 평행사변형의 넓이는 $ab\sin(\pi-\theta)$로 구해도 된다. (참)

(3) 마름모는 평행사변형이므로 주어진 마름모의 한 변의 길이를 a, 넓이를 S라 하면

$S=a\times a\times\sin\frac{\pi}{6}=\frac{a^2}{2}$

한 변의 길이가 a인 정사각형의 넓이는 a^2이므로 주어진 문장은 성립한다. (참)

답 (1) 거짓 (2) 참 (3) 참

03 (1) 삼각형 ABC에 대하여 각 A, B, C에 마주 보는 변의 길이를 각각 a, b, c라 하자.
한 각의 사인 값과 마주 보는 변의 길이가 같으므로

$\sin A=a$, 즉 $\frac{a}{\sin A}=1$이다.

사인법칙에 의하여 $\frac{a}{\sin A}=\frac{b}{\sin B}=\frac{c}{\sin C}=1$이므로

$\sin B=b$, $\sin C=c$

따라서 다른 각들에 대한 사인 값과 마주 보는 변의 길이도 같다.

(2) 코사인법칙

$$\cos A=\frac{b^2+c^2-a^2}{2bc}$$

을 이용하자.

① $A<\frac{\pi}{2}$이면 $\cos A>0$이고 $2bc>0$이므로

$b^2+c^2-a^2>0$

$\therefore a^2<b^2+c^2$

② $A=\frac{\pi}{2}$이면 $\cos A=0$이고 $2bc>0$이므로

$b^2+c^2-a^2=0$

$\therefore a^2=b^2+c^2$

③ $A>\frac{\pi}{2}$이면 $\cos A<0$이고 $2bc>0$이므로

$b^2+c^2-a^2<0$

$\therefore a^2>b^2+c^2$ 답 풀이 참조

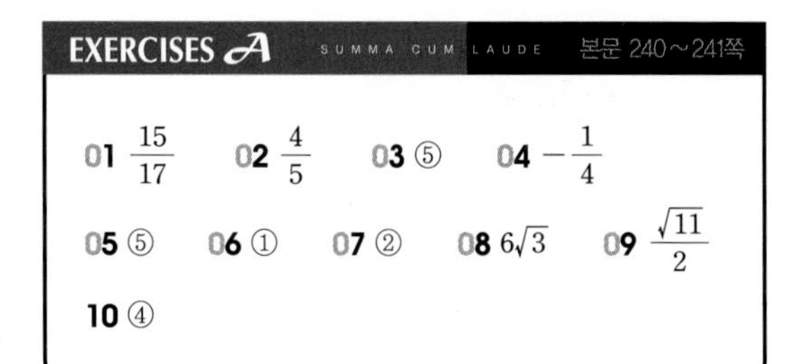

EXERCISES A SUMMA CUM LAUDE 본문 240~241쪽

01 $\frac{15}{17}$ 02 $\frac{4}{5}$ 03 ⑤ 04 $-\frac{1}{4}$

05 ⑤ 06 ① 07 ② 08 $6\sqrt{3}$ 09 $\frac{\sqrt{11}}{2}$

10 ④

01 $\angle BDC=90°$이므로 △DBC에서 피타고라스 정리에 의하여

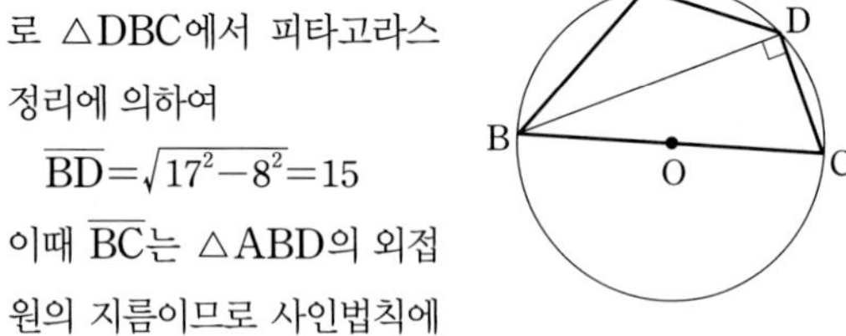

$\overline{BD}=\sqrt{17^2-8^2}=15$

이때 $\overline{BC}$는 △ABD의 외접원의 지름이므로 사인법칙에 의하여

$$\frac{\overline{BD}}{\sin A}=\overline{BC},\ \frac{15}{\sin A}=17$$

$\therefore \sin A=\mathbf{\frac{15}{17}}$

다른 풀이 직각삼각형 BDC에서

$$\sin C=\frac{\overline{BD}}{\overline{BC}}=\frac{15}{17}$$

원에 내접하는 사각형에서 마주 보는 각의 크기의 합은 π이므로

$\sin A=\sin(\pi-C)=\sin C=\frac{15}{17}$ 답 $\frac{15}{17}$

02 오른쪽 그림과 같이 직선 $x=2$와 두 직선 $y=2x$, $y=\frac{1}{2}x$의 교점을 각각 A, B라 하면

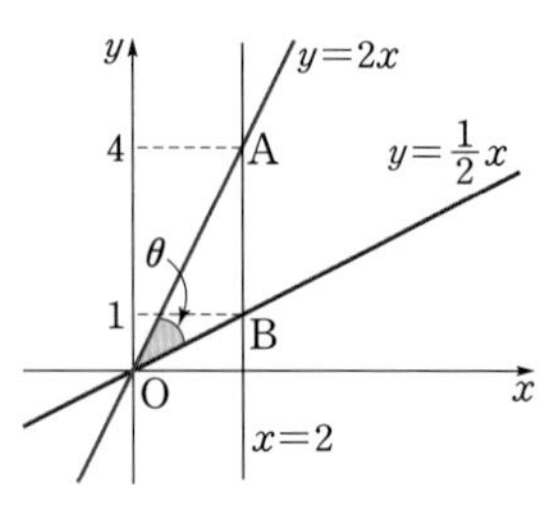

A(2, 4), B(2, 1)

$\therefore \overline{OA}=\sqrt{2^2+4^2}=2\sqrt{5}$,

$\overline{OB}=\sqrt{2^2+1^2}=\sqrt{5}$, $\overline{AB}=3$

따라서 △OBA에서 코사인법칙에 의하여

$$\cos\theta=\frac{(2\sqrt{5})^2+(\sqrt{5})^2-3^2}{2\times2\sqrt{5}\times\sqrt{5}}=\mathbf{\frac{4}{5}}$$ 답 $\frac{4}{5}$

03 삼각형 ABC의 외접원 O의 반지름의 길이가 3이므로 사인법칙에 의하여

$$\frac{\overline{CA}}{\sin B}=\frac{\overline{AB}}{\sin C}=2\times3$$

$\therefore \overline{CA}=6\times\sin45^\circ=3\sqrt{2}$

$\overline{AB}=6\times\sin60^\circ=3\sqrt{3}$

따라서 $\overline{BC}=a$로 놓으면 코사인법칙에 의하여

$(3\sqrt{3})^2=a^2+(3\sqrt{2})^2-2\times a\times3\sqrt{2}\times\cos60^\circ$

$27=a^2+18-3\sqrt{2}a,\ a^2-3\sqrt{2}a-9=0$

$\therefore a=\mathbf{\frac{3\sqrt{2}+3\sqrt{6}}{2}}\ (\because a>0)$ 답 ⑤

04 삼각형 ABC의 외접원의 반지름의 길이를 R라 하면 사인법칙에 의하여

$a:b:c=2R\sin A:2R\sin B:2R\sin C$

$=\sin A:\sin B:\sin C=2:3:4$

이므로 $a=2k,\ b=3k,\ c=4k(k>0)$로 놓을 수 있다.

이때 삼각형 ABC에서 $A+B=180^\circ-C$이므로

$$\sin\left(\frac{A+B-C}{2}\right)=\sin\left(\frac{180^\circ-2C}{2}\right)$$

$$=\sin(90^\circ-C)=\cos C$$

따라서 코사인법칙에 의하여

$$\cos C=\frac{(2k)^2+(3k)^2-(4k)^2}{2\times2k\times3k}=\mathbf{-\frac{1}{4}}$$ 답 $-\frac{1}{4}$

05 주어진 이차방정식이 중근을 가지므로 판별식을 D라 하면

$$\frac{D}{4}=\sin^2A\sin^2C-\sin^2A(\sin^2A+\sin^2B)=0$$

$\sin^2A(\sin^2C-\sin^2A-\sin^2B)=0$

그런데 $\sin A\neq0$이므로

$\sin^2C-\sin^2A-\sin^2B=0$ …… ㉠

한편 △ABC의 외접원의 반지름의 길이를 R라 하면 사인법칙에 의하여

$\sin A=\frac{a}{2R},\ \sin B=\frac{b}{2R},\ \sin C=\frac{c}{2R}$ …… ㉡

㉡을 ㉠에 대입하면

$\frac{c^2}{4R^2}-\frac{a^2}{4R^2}-\frac{b^2}{4R^2}=0,\ c^2-a^2-b^2=0$

$\therefore c^2=a^2+b^2$

따라서 △ABC는 $\mathbf{C=90^\circ}$**인 직각삼각형**이다. 답 ⑤

06

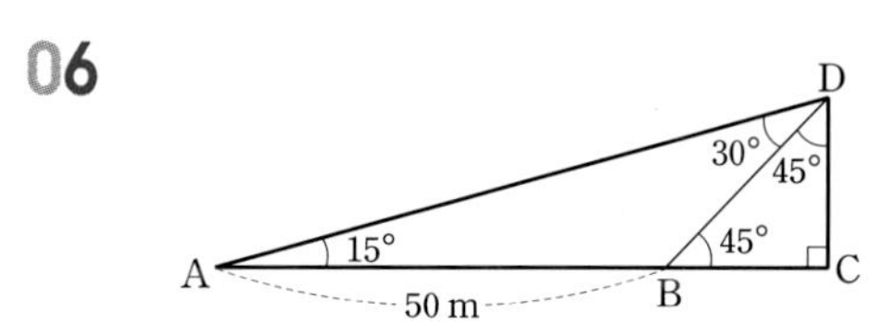

탑의 바닥의 위치를 점 C, 꼭대기를 점 D라 할 때, △DAB에서 사인법칙에 의하여

$$\frac{\overline{BD}}{\sin15^\circ}=\frac{50}{\sin30^\circ}$$

$$\therefore \overline{BD}=\frac{50}{\frac{1}{2}}\times0.25=25$$

또 직각삼각형 DBC에서 $\overline{DB}:\overline{CD}=\sqrt{2}:1$이므로

$$\overline{CD}=\frac{25}{\sqrt{2}}=\frac{25\sqrt{2}}{2}$$

따라서 탑의 높이는 $\mathbf{\frac{25\sqrt{2}}{2}}$ **m**이다. 답 ①

07 $\triangle ABC=\frac{1}{2}\times5\times5\times\sin60^\circ=\frac{25\sqrt{3}}{4}$이고,

세 삼각형 APR, BQP, CRQ의 넓이는

$$\frac{1}{2}\times2\times3\times\sin60^\circ=\frac{3\sqrt{3}}{2}$$

으로 모두 같으므로 △PQR의 넓이는

$\triangle PQR = \triangle ABC - 3\triangle APR$

$= \frac{25\sqrt{3}}{4} - 3 \times \frac{3\sqrt{3}}{2} = \mathbf{\frac{7\sqrt{3}}{4}}$

다른 풀이 삼각형 APR에서 코사인법칙에 의하여

$\overline{PR}^2 = 3^2 + 2^2 - 2 \times 3 \times 2 \times \cos 60°$

$= 13 - 12 \times \frac{1}{2} = 7$

$\therefore \overline{PR} = \sqrt{7}$ ($\because \overline{PR} > 0$)

이때 $\triangle APR \equiv \triangle BQP \equiv \triangle CRQ$이므로 $\triangle PQR$는 정삼각형이다.

$\therefore \triangle PQR = \frac{1}{2} \times \sqrt{7} \times \sqrt{7} \times \sin 60° = \frac{7\sqrt{3}}{4}$

답 ②

08

코사인법칙에 의하여 $c^2 = a^2 + b^2 - 2ab\cos C$이고 $c = 10 - b$이므로

$(10-b)^2 = 8^2 + b^2 - 2 \times 8 \times b \times \cos\frac{\pi}{3}$

$100 - 20b + b^2 = 64 + b^2 - 8b$

$-12b = -36 \quad \therefore b = 3$ ...... ❶

$\therefore \triangle ABC = \frac{1}{2} \times 8 \times 3 \times \sin\frac{\pi}{3} = \mathbf{6\sqrt{3}}$ ...... ❷

채점 기준	배점
❶ b의 값 구하기	50 %
❷ 삼각형 ABC의 넓이 구하기	50 %

답 $6\sqrt{3}$

09

피타고라스 정리에 의하여 $\triangle AFC$의 각 변의 길이는

$\overline{AF} = \sqrt{5}$, $\overline{AC} = \sqrt{3}$,

$\overline{CF} = 2$

또한 코사인법칙에 의하여

$\cos A = \frac{(\sqrt{5})^2 + (\sqrt{3})^2 - 2^2}{2 \times \sqrt{5} \times \sqrt{3}} = \frac{2\sqrt{15}}{15}$

$\sin^2 A = 1 - \cos^2 A$이므로

$\sin A = \sqrt{1 - \cos^2 A}$ ($\because 0° < A < 180°$)

$= \sqrt{1 - \left(\frac{2\sqrt{15}}{15}\right)^2} = \frac{\sqrt{165}}{15}$

$\therefore \triangle AFC = \frac{1}{2} \times \sqrt{5} \times \sqrt{3} \times \sin A$

$= \frac{\sqrt{15}}{2} \times \frac{\sqrt{165}}{15} = \mathbf{\frac{\sqrt{11}}{2}}$

답 $\frac{\sqrt{11}}{2}$

10

두 대각선의 길이를 a, b($a \le b$)라 하면

$a + b = 20$ ...... ㉠

또 두 대각선이 이루는 각의 크기를 θ, 사각형의 넓이를 S라 하면

$S = \frac{1}{2}ab\sin\theta$

$\theta = 90°$일 때 S가 최대이므로

$S = \frac{1}{2}ab\sin\theta \le \frac{1}{2}ab$ ...... ㉡

한편 $a > 0$, $b > 0$이므로 산술평균과 기하평균의 관계에 의하여

$\frac{a+b}{2} \ge \sqrt{ab}$

$\therefore ab \le \left(\frac{a+b}{2}\right)^2$ ...... ㉢

(단, 등호는 $a = b$일 때 성립한다.)

㉠, ㉡, ㉢에 의하여

$S \le \frac{1}{2}ab \le \frac{1}{2} \times \left(\frac{a+b}{2}\right)^2 = \frac{1}{2} \times 10^2 = 50$

따라서 S의 최댓값은 **50**이다.

답 ④

EXERCISES B SUMMA CUM LAUDE 본문 242~243쪽

01 ④ **02** 9π
03 $b=c$인 이등변삼각형 또는 $A=90°$인 직각삼각형
04 $2+2\sqrt{2}$ **05** $\frac{5\sqrt{7}}{2}$ **06** $\frac{5\sqrt{3}}{3}$ km
07 $\frac{1}{120}$ **08** $\frac{4}{5}$ **09** $\frac{3\sqrt{6}}{2}$ **10** 58

01 $A+B+C=\pi$이므로

ㄱ. $\tan(A+B)=\tan(\pi-C)=-\tan C$ (거짓)

ㄴ. $\sin\left(\frac{A+B}{2}\right)=\sin\left(\frac{\pi-C}{2}\right)=\sin\left(\frac{\pi}{2}-\frac{C}{2}\right)$

$=\cos\frac{C}{2}$ (참)

ㄷ. $\cos(A+B)=\cos(\pi-C)=-\cos C$이므로

$-\cos C>0$ $\therefore \cos C<0$

따라서 $\frac{\pi}{2}<C<\pi$이므로 $\triangle$ABC는 둔각삼각형이다. (참)

ㄹ. $\triangle$ABC의 외접원의 반지름의 길이를 R라 하면 사인법칙에 의하여

$\sin A=\frac{a}{2R}$, $\sin B=\frac{b}{2R}$, $\sin C=\frac{c}{2R}$ ⋯⋯ ㉠

주어진 식에 ㉠을 대입하면

$\left(\frac{a}{2R}\right)^2=\left(\frac{b}{2R}\right)^2+\left(\frac{c}{2R}\right)^2$

$\therefore a^2=b^2+c^2$

따라서 $\triangle$ABC는 $A=90°$인 직각삼각형이다. (거짓)

그러므로 옳은 것은 ㄴ, ㄷ이다. 답 ④

02 $\sin(B+C)=\sin(\pi-A)=\sin A$이므로 주어진 식을 정리하면

$3\sin^2 A=1$, $\sin^2 A=\frac{1}{3}$

$\therefore \sin A=\frac{\sqrt{3}}{3}$ ($\because 0°<A<180°$)

삼각형 ABC의 외접원의 반지름의 길이를 R라 하면 사인법칙에 의하여 $\frac{a}{\sin A}=2R$이므로

$2R=\frac{2\sqrt{3}}{\frac{\sqrt{3}}{3}}=6$ $\therefore R=3$

따라서 외접원의 넓이는 $\pi\times3^2=\mathbf{9\pi}$이다. 답 9π

03 $\triangle$ABC의 외접원의 반지름의 길이를 R라 하면 사인법칙에 의하여 $\sin B=\frac{b}{2R}$, $\sin C=\frac{c}{2R}$이므로

$b^2\cos B\cdot\frac{c}{2R}=c^2\cdot\frac{b}{2R}\cos C$

$b\cos B=c\cos C$

코사인법칙에 의하여

$\cos B=\frac{c^2+a^2-b^2}{2ca}$, $\cos C=\frac{a^2+b^2-c^2}{2ab}$이므로

$b\left(\frac{c^2+a^2-b^2}{2ca}\right)=c\left(\frac{a^2+b^2-c^2}{2ab}\right)$

$b^2(c^2+a^2-b^2)=c^2(a^2+b^2-c^2)$

($\because a\neq0,\ b\neq0,\ c\neq0$)

$(b^2-c^2)a^2-(b^2+c^2)(b^2-c^2)=0$

$(b^2-c^2)(a^2-b^2-c^2)=0$

$(b-c)(b+c)(a^2-b^2-c^2)=0$

$\therefore b=c$ 또는 $a^2=b^2+c^2$ ($\because b+c>0$)

따라서 삼각형 ABC는 **$b=c$인 이등변삼각형 또는 $A=90°$인 직각삼각형**이다.

답 $b=c$인 이등변삼각형 또는 $A=90°$인 직각삼각형

04 $\overline{AB}\perp\overline{OB}$이므로

$\angle OBC=90°-45°=45°$

이때 $\overline{OB}=\overline{OC}$이므로 삼각형 OBC는 직각이등변삼각형이다.

EXERCISES

한편 삼각형 ABC에서 사인법칙에 의하여

$$\frac{4}{\sin 45^\circ}=\frac{\overline{BC}}{\sin 30^\circ} \qquad \therefore \overline{BC}=2\sqrt{2}$$

삼각형 PBC의 밑변을 $\overline{BC}$로 생각하였을 때, 높이가 최대가 되는 경우는 $\overline{BC}$의 수직이등분선이 원과 만나는 곳에 점 P가 위치한 경우이다.

$\overline{BC}$의 중점을 M이라 하면 $\overline{OM}=\sqrt{2}$이고 $\overline{OP}=2$이므로 높이의 최댓값은 $2+\sqrt{2}$이다.

따라서 삼각형 PBC의 넓이의 최댓값은

$$\frac{1}{2}\times 2\sqrt{2}\times(2+\sqrt{2})=\mathbf{2+2\sqrt{2}}$$

답 $2+2\sqrt{2}$

05 삼각뿔 OABC의 옆면의 전개도는 다음 그림과 같다.

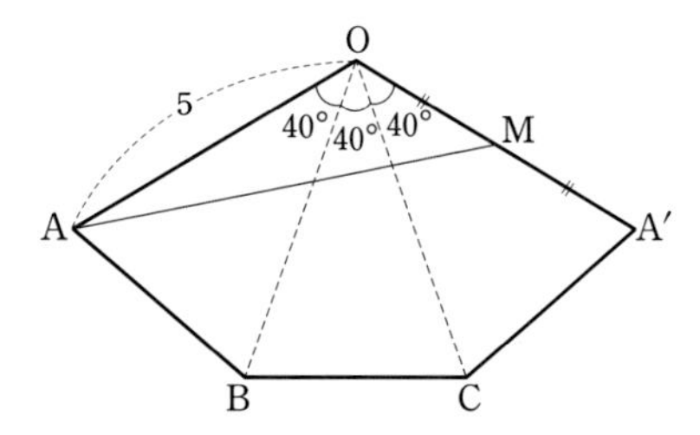

따라서 구하는 최단 거리는 $\overline{AM}$의 길이와 같으므로 △OAM에서 코사인법칙에 의하여

$$\overline{AM}^2=5^2+\left(\frac{5}{2}\right)^2-2\times5\times\frac{5}{2}\times\cos 120^\circ$$

$$=25+\frac{25}{4}+\frac{25}{2}=\frac{175}{4}$$

$$\therefore \overline{AM}=\mathbf{\frac{5\sqrt{7}}{2}}\ (\because \overline{AM}>0)$$

답 $\frac{5\sqrt{7}}{2}$

06 ∠BPQ=∠BQP=60°이므로 △BPQ는 정삼각형이다.

$\therefore \overline{QB}=5\text{km}$ …… ❶

또 직각삼각형 PQA에서

$\overline{PQ}:\overline{QA}=\sqrt{3}:1,\ 5:\overline{QA}=\sqrt{3}:1$

$\therefore \overline{QA}=\frac{5\sqrt{3}}{3}\text{ km}$ …… ❷

이때 △BQA에서 코사인법칙에 의하여

$$\overline{AB}^2=5^2+\left(\frac{5\sqrt{3}}{3}\right)^2-2\times5\times\frac{5\sqrt{3}}{3}\times\cos 30^\circ$$

$$=25+\frac{25}{3}-25=\frac{25}{3}$$

$$\therefore \overline{AB}=\frac{5\sqrt{3}}{3}\text{ km}\ (\because \overline{AB}>0)$$

따라서 두 비행기 사이의 거리는 $\mathbf{\frac{5\sqrt{3}}{3}}$ **km**이다. …… ❸

채점 기준	배점
❶ $\overline{QB}$의 길이 구하기	30 %
❷ $\overline{QA}$의 길이 구하기	30 %
❸ 두 비행기 사이의 거리 구하기	40 %

답 $\frac{5\sqrt{3}}{3}$ km

07 △ABC의 넓이를 S, 외접원의 반지름의 길이를 R, 내접원의 반지름의 길이를 r라 하면

$S=\frac{abc}{4R}=\frac{1}{2}r(a+b+c)$에서

$$abc=2rR(a+b+c)$$
$$=2\times5\times12\times(a+b+c)$$
$$=120(a+b+c)$$

$$\therefore \frac{1}{ab}+\frac{1}{bc}+\frac{1}{ca}=\frac{c+a+b}{abc}$$

$$=\frac{a+b+c}{120(a+b+c)}=\mathbf{\frac{1}{120}}$$

답 $\frac{1}{120}$

08 정사각형 ABCD의 한 변의 길이를 $3a$라 하면 직각삼각형 ABE에서

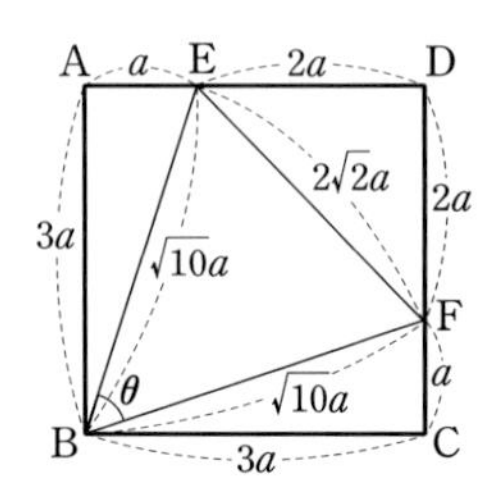

$\overline{BE}=\sqrt{a^2+(3a)^2}=\sqrt{10}a$

직각삼각형 BCF에서

$\overline{BF}=\sqrt{(3a)^2+a^2}=\sqrt{10}a$

직각삼각형 DEF에서

$\overline{EF}=\sqrt{(2a)^2+(2a)^2}=2\sqrt{2}a$

삼각형 BFE에서 코사인법칙에 의하여

$$\cos\theta=\frac{(\sqrt{10}a)^2+(\sqrt{10}a)^2-(2\sqrt{2}a)^2}{2\times\sqrt{10}a\times\sqrt{10}a}$$

$$=\frac{12a^2}{20a^2}=\frac{3}{5}$$

$\sin^2\theta=1-\cos^2\theta$이므로

$\sin\theta=\sqrt{1-\cos^2\theta}$ ($\because$ $0<\theta<90^\circ$)

$$=\sqrt{1-\left(\frac{3}{5}\right)^2}=\mathbf{\frac{4}{5}}$$

다른 풀이 정사각형 ABCD의 한 변의 길이를 $3a$라 하면

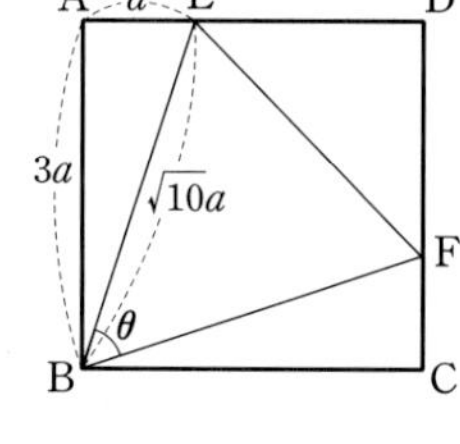

직각삼각형 ABE에서

$\overline{BE}=\sqrt{a^2+(3a)^2}$

$=\sqrt{10}a$

이때 $\overline{BE}=\overline{BF}$이므로

$$\triangle BEF=\frac{1}{2}\times\overline{BE}\times\overline{BF}\times\sin\theta$$

$$=\frac{1}{2}\times\sqrt{10}a\times\sqrt{10}a\times\sin\theta$$

$$=5a^2\sin\theta \quad \cdots\cdots ㉠$$

한편 $\triangle BEF=\square ABCD-2\triangle ABE-\triangle EFD$

$$=9a^2-3a^2-2a^2=4a^2 \quad \cdots\cdots ㉡$$

이므로 ㉠, ㉡에서 $5a^2\sin\theta=4a^2$

$\therefore \sin\theta=\frac{4}{5}$

답 $\frac{4}{5}$

09 $\overline{AD}=x$, $\overline{AE}=y$라 하면

$\triangle ABC=4\times\triangle ADE$이므로

$$\frac{1}{2}\times6\times9\times\sin60^\circ=4\times\frac{1}{2}\times x\times y\times\sin60^\circ$$

$\therefore xy=\frac{27}{2}$

이때 삼각형 ADE에서 코사인법칙에 의하여

$$\overline{DE}^2=x^2+y^2-2xy\cos60^\circ$$

$$=x^2+y^2-xy=x^2+y^2-\frac{27}{2}$$

이때 $x^2>0$, $y^2>0$이므로 산술평균과 기하평균의 관계에 의하여

$$x^2+y^2\ge2xy=2\times\frac{27}{2}=27$$

(단, 등호는 $x=y$일 때 성립한다.)

따라서 $\overline{DE}^2$의 최솟값은 $27-\frac{27}{2}=\frac{27}{2}$이므로

$\overline{DE}$의 최솟값은 $\sqrt{\frac{27}{2}}=\mathbf{\frac{3\sqrt{6}}{2}}$이다.

답 $\frac{3\sqrt{6}}{2}$

10 $\triangle ABC$에서 $\angle CAB=\theta$라 하면 코사인법칙에 의하여

$$\cos\theta=\frac{10^2+14^2-8^2}{2\times10\times14}=\frac{29}{35}$$

이때 $\square ADEB$는 $\overline{AD}=14$인 정사각형이므로

$\angle CAD=90^\circ+\theta$이고

$$\sin(\angle CAD)=\sin(90^\circ+\theta)=\cos\theta=\frac{29}{35}$$

$$\therefore \triangle ACD=\frac{1}{2}\times10\times14\times\sin(\angle CAD)$$

$$=\frac{1}{2}\times10\times14\times\frac{29}{35}=\mathbf{58}$$

답 58

EXERCISES

Chapter Ⅱ Exercises

SUMMA CUM LAUDE 본문 244~249쪽

01 $\frac{7}{2}$ 02 ⑤ 03 14 04 ②

05 $-\frac{\sqrt{2}}{2}$ 06 ① 07 ④ 08 120

09 ④ 10 288 11 ① 12 ② 13 ①

14 $\frac{5}{3}$ 15 ② 16 $9+6\sqrt{3}$ 17 ⑤

01 [전략] $\angle \mathrm{AOB}=\alpha$, $\angle \mathrm{COD}=\beta$로 놓고 주어진 길이를 α와 β로 나타낸다.

$\angle \mathrm{AOB}=\alpha$, $\angle \mathrm{COD}=\beta$라 하면 $\alpha>0$, $\beta>0$이므로 산술평균과 기하평균의 관계에 의하여

$$\frac{\overset{\frown}{\mathrm{CD}}}{\overset{\frown}{\mathrm{PQ}}}+\frac{\overset{\frown}{\mathrm{AB}}}{\overset{\frown}{\mathrm{RS}}}=\frac{7\beta}{4\alpha}+\frac{7\alpha}{4\beta}=\frac{7}{4}\left(\frac{\beta}{\alpha}+\frac{\alpha}{\beta}\right)$$
$$\geq\frac{7}{4}\times2\sqrt{\frac{\beta}{\alpha}\times\frac{\alpha}{\beta}}=\frac{7}{2}$$

(단, 등호는 $\alpha=\beta$일 때 성립한다.)

따라서 구하는 최솟값은 $\frac{7}{2}$이다. 답 $\frac{7}{2}$

02 [전략] θ와 $\pi-\theta$의 삼각함수의 관계를 이용하여 $\tan 20^\circ$의 값을 $\sin 160^\circ$로 표현한다.

$$\sin 160^\circ=\sin(180^\circ-20^\circ)$$
$$=\sin 20^\circ=a$$

이때 $\sin^2 20^\circ+\cos^2 20^\circ=1$에서

$$\cos 20^\circ=\sqrt{1-\sin^2 20^\circ}$$
$$=\sqrt{1-a^2}\ (\because \cos 20^\circ>0)$$
$$\therefore \tan 20^\circ=\frac{\sin 20^\circ}{\cos 20^\circ}=\frac{a}{\sqrt{1-a^2}}$$

답 ⑤

03 [전략] $\sin\theta+\cos\theta=\frac{\sqrt{2}}{2}$의 양변을 제곱하여 $\sin\theta\cos\theta$의 값을 구한 후 주어진 식을 $\sin\theta\cos\theta$로 나타낸다.

$\sin\theta+\cos\theta=\frac{\sqrt{2}}{2}$의 양변을 제곱하면

$$\sin^2\theta+2\sin\theta\cos\theta+\cos^2\theta=\frac{1}{2}$$
$$1+2\sin\theta\cos\theta=\frac{1}{2}$$
$$\therefore \sin\theta\cos\theta=-\frac{1}{4}$$
$$\therefore \frac{\sin^2\theta}{\cos^2\theta}+\frac{\cos^2\theta}{\sin^2\theta}$$
$$=\frac{\sin^4\theta+\cos^4\theta}{\sin^2\theta\cos^2\theta}$$
$$=\frac{(\sin^2\theta+\cos^2\theta)^2-2\sin^2\theta\cos^2\theta}{(\sin\theta\cos\theta)^2}$$
$$=\frac{1-\frac{1}{8}}{\frac{1}{16}}=\mathbf{14}$$

답 14

04 [전략] $\sin\theta+\cos\theta=-\frac{1}{3}$의 양변을 제곱하여 $\sin\theta\cos\theta$의 값을 구한 후 이차방정식의 근과 계수의 관계를 이용한다.

$\sin\theta+\cos\theta=-\frac{1}{3}$의 양변을 제곱하면

$$\sin^2\theta+2\sin\theta\cos\theta+\cos^2\theta=\frac{1}{9}$$
$$1+2\sin\theta\cos\theta=\frac{1}{9}$$
$$\therefore \sin\theta\cos\theta=-\frac{4}{9}$$

이때 주어진 이차방정식의 근과 계수의 관계에 의하여

$$\tan\theta+\frac{1}{\tan\theta}=-\frac{\alpha}{4},\ \tan\theta\times\frac{1}{\tan\theta}=\frac{\beta}{4}$$

이고

$$\tan\theta+\frac{1}{\tan\theta}=\frac{\sin\theta}{\cos\theta}+\frac{\cos\theta}{\sin\theta}$$
$$=\frac{\sin^2\theta+\cos^2\theta}{\sin\theta\cos\theta}$$
$$=\frac{1}{\sin\theta\cos\theta}=-\frac{9}{4},$$

$\tan\theta\times\dfrac{1}{\tan\theta}=1$

이므로 $\quad -\dfrac{\alpha}{4}=-\dfrac{9}{4},\ \dfrac{\beta}{4}=1$

$\therefore \alpha=9,\ \beta=4$

$\therefore \alpha\beta=\mathbf{36}$ 답 ②

05 **[전략] 삼각함수의 주기와 그래프의 평행이동을 이용하여 a, b의 값을 구한다.**

$y=\sin(ax-b)=\sin\left\{a\left(x-\dfrac{b}{a}\right)\right\}$

주어진 그래프에서 함수의 주기가 8이므로

$8=\dfrac{2\pi}{a} \qquad \therefore a=\dfrac{\pi}{4}$

또한 $y=f(x)$의 그래프는 $y=\sin\dfrac{\pi}{4}x$의 그래프를 x축의 방향으로 1만큼 평행이동한 것이므로

$\dfrac{b}{\frac{\pi}{4}}=1 \qquad \therefore b=\dfrac{\pi}{4}$

$\therefore f(x)=\sin\left(\dfrac{\pi}{4}x-\dfrac{\pi}{4}\right)$

$\therefore f(0)=\sin\left(-\dfrac{\pi}{4}\right)=-\dfrac{\sqrt{2}}{2}$ 답 $-\dfrac{\sqrt{2}}{2}$

06 **[전략] 삼각함수의 주기와 최댓값을 이용하여 a, b의 값을 구한다.**

주어진 그래프에서 최대 흡입율이 0.6(리터/초)이므로

$a=0.6$

주기가 5이므로 $\quad \dfrac{2\pi}{b}=5 \qquad \therefore b=\dfrac{2}{5}\pi$

$\therefore y=0.6\sin\dfrac{2}{5}\pi t$

한편 처음으로 흡입율이 -0.3(리터/초)가 되는 데 걸리는 시간은

$-0.3=0.6\sin\dfrac{2}{5}\pi t,\ \sin\dfrac{2}{5}\pi t=-\dfrac{1}{2}$

$\dfrac{2}{5}\pi t=\dfrac{7}{6}\pi$

$\therefore t=\dfrac{35}{12}$(초) 답 ①

07 **[전략] $f(x)$를 범위를 나누어서 식을 나타낸 후 그 그래프를 그려 최댓값을 구한다.**

$0\le x\le 2\pi$에서

$$f(x)=\min(\sin x,\ \cos x)=\begin{cases}\sin x\ \left(0\le x<\dfrac{\pi}{4}\right)\\ \cos x\ \left(\dfrac{\pi}{4}\le x<\dfrac{5}{4}\pi\right)\\ \sin x\ \left(\dfrac{5}{4}\pi\le x\le 2\pi\right)\end{cases}$$

이고, $f(x)$는 주기가 2π인 주기함수이므로 그래프로 나타내면 다음과 같다.

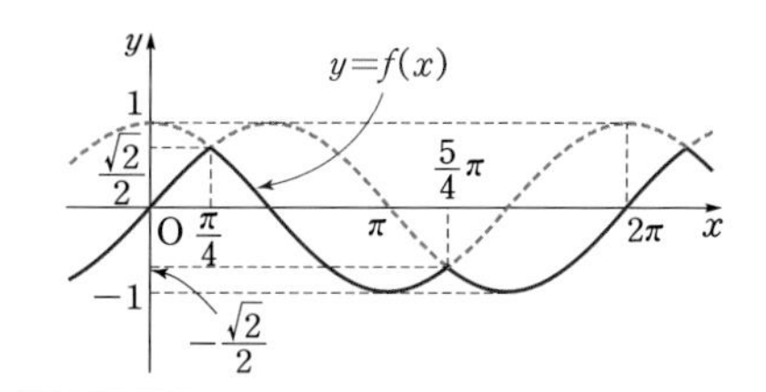

따라서 $x=2n\pi+\dfrac{\pi}{4}$(n은 정수)일 때, $f(x)$는 최댓값 $\dfrac{\sqrt{2}}{2}$를 갖는다. 답 ④

08 **[전략] $g(\theta)$의 주기가 q이므로 임의의 θ에 대해 $g(\theta+q)=g(\theta)$를 만족시키는 가장 작은 양수가 q이다.**

$f(\theta)$의 주기 p는 $\dfrac{2\pi}{\frac{1}{2}}=4\pi$로 쉽게 구할 수 있다.

$g(\theta)$의 주기가 q이므로 임의의 θ에 대해 $g(\theta+q)=g(\theta)$를 만족시키는 가장 작은 양수가 q이다.

즉, 다음이 항상 성립한다.

$\dfrac{1}{1+\tan3(\theta+q)}=\dfrac{1}{1+\tan3\theta}$

$\tan(3\theta+3q)=\tan3\theta$

따라서 함수 $y=\tan 3\theta$의 주기가 $3q$인 셈이므로

$3q=\pi \qquad \therefore q=\frac{\pi}{3}$

$\therefore \frac{10p}{q}=\frac{10\times 4\pi}{\frac{\pi}{3}}=\mathbf{120}$ 답 120

09 **[전략] $f(x)$는 주기가 2π인 주기함수임을 이용한다.**

주어진 그래프에서 $0\le x<2\pi$일 때, $f(x)=x$이므로

$(g\circ f)(x)=g(f(x))=g(x)$
$=\sin x$

한편 $f(x)$는 주기가 2π인 주기함수이므로

$f(x+2\pi)=f(x)$
$\iff (g\circ f)(x+2\pi)=g(f(x+2\pi))=g(f(x))$
$=(g\circ f)(x)$

따라서 $g\circ f$도 주기가 2π인 주기함수이므로 함수 $y=(g\circ f)(x)$의 그래프의 개형은 ④와 같다. 답 ④

10 **[전략] 삼각함수의 주기, 최댓값, 최솟값, 그래프의 평행이동을 이용하여 a, b, c의 값을 구한다.**

$f(x)=a\cos\{b\pi(x-c)\}+\frac{9}{2}$라 하자.

$f(x)$의 최댓값은 $a+\frac{9}{2}$이고, $f(x)$의 최솟값은

$-a+\frac{9}{2}$이므로 조차는

$\left(a+\frac{9}{2}\right)-\left(-a+\frac{9}{2}\right)=2a(\mathrm{m})$이다.

문제에서 주어진 조차가 8 m이므로

$2a=8 \qquad \therefore a=4$

함수 $f(x)$의 주기 $\frac{2\pi}{b\pi}$가 만조와 다음 만조 사이, 또는 간조와 다음 간조 사이의 시간(=12.5시간)이므로

$\frac{2\pi}{b\pi}=12.5 \qquad \therefore b=\frac{4}{25}$

$f(x)$는 코사인함수이고 $x=4.5$일 때 최댓값을 가지므로 함수 $y=f(x)$의 그래프는 다음 그림과 같다.

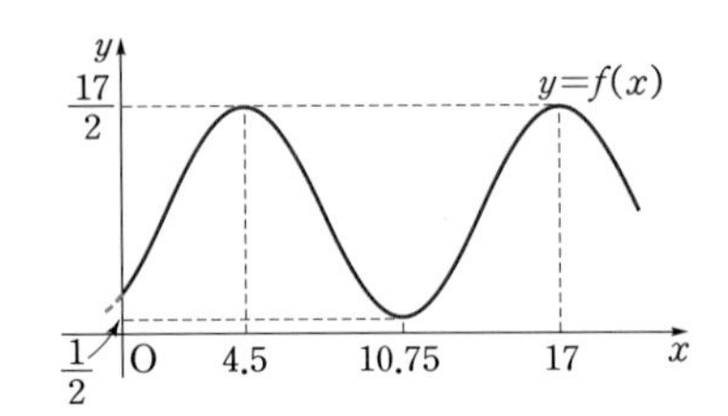

위의 함수의 그래프는 $y=4\cos\frac{4}{25}\pi x$의 그래프를 x축의 방향으로 4.5만큼, y축의 방향으로 $\frac{9}{2}$만큼 평행이동한 것이므로

$f(x)=4\cos\left\{\frac{4}{25}\pi(x-4.5)\right\}+\frac{9}{2}$

$\therefore c=4.5\ (\because 0<c<6)$

$\therefore 100abc=100\times 4\times\frac{4}{25}\times 4.5=\mathbf{288}$ 답 288

11 **[전략] $\overline{\mathrm{AB}}$의 길이를 r와 α에 대한 식으로 표현하며 빈칸을 채운다.**

원의 중심을 O, 반지름의 길이를 r라 하고, 이 원에 외접하는 마름모 ABCD에 대하여 변 AB와 원의 접점을 P라 하자.

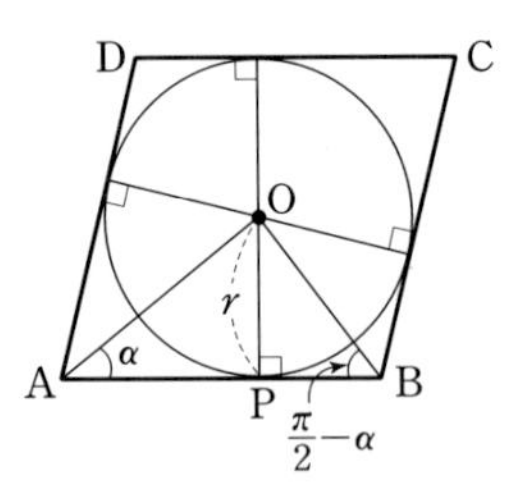

$\angle\mathrm{OAP}=\alpha$라 하면 $\angle\mathrm{DAO}=\angle\mathrm{PAO}$이므로

$\angle\mathrm{DAB}=2\alpha$

또 $\angle\mathrm{DAB}+\angle\mathrm{ABC}=\pi$이므로 $\angle\mathrm{ABC}=\pi-2\alpha$에서

$\angle\mathrm{OBP}=\frac{1}{2}\angle\mathrm{ABC}=\frac{\pi}{2}-\alpha$

이제 마름모의 넓이를 S라 하면

$$S=4\times\triangle\mathrm{OAB}$$
$$=4\left(\frac{1}{2}\times r\times\overline{\mathrm{AB}}\right)$$
$$=4\left\{\frac{1}{2}\times r\times(\overline{\mathrm{AP}}+\overline{\mathrm{PB}})\right\}$$
$$=4\left\{\frac{1}{2}\times r\times\left(\frac{r}{\tan\alpha}+\frac{r}{\tan\left(\frac{\pi}{2}-\alpha\right)}\right)\right\}$$
$$=4\left\{\frac{1}{2}\times r\times\left(r\tan\alpha+\frac{r}{\boxed{\tan\alpha}}\right)\right\}$$
$$=2r^2\left(\tan\alpha+\frac{1}{\tan\alpha}\right)$$

이때 $\tan\alpha>0$, $\frac{1}{\tan\alpha}>0$이므로 산술평균과 기하평균의 관계에 의하여

$$S\ge 2r^2\times2\sqrt{\tan\alpha\times\frac{1}{\tan\alpha}}=4r^2$$

한편 등호는 $\tan\alpha=\frac{1}{\tan\alpha}$일 때 성립한다. 즉,

$$\tan^2\alpha=1,\ \tan\alpha=1\ \left(\because\ 0<\alpha<\frac{\pi}{2}\right)$$
$$\therefore\ \alpha=\boxed{\frac{\pi}{4}}$$

따라서 $\alpha=\frac{\pi}{4}$일 때 S는 최솟값 $4r^2$을 갖고, 이때의 사각형 ABCD는 정사각형이다.

$\therefore$ (가) : $\mathbf{\tan\alpha}$ (나) : $\mathbf{\frac{\pi}{4}}$ **답** ①

12

[전략] 삼각함수의 성질에서 배운 내용을 바탕으로 좌변과 우변을 간단히 하거나 그래프를 그려 생각해 본다.

ㄱ. $\sin\left(\frac{\pi}{2}+\theta\right)=\cos\theta$, $\cos(\pi+\theta)=-\cos\theta$이므로

$\sin\left(\frac{\pi}{2}+\theta\right)\ne\cos(\pi+\theta)$ (거짓)

ㄴ. $\cos\left(\frac{\pi}{2}+\theta\right)=-\sin\theta$, $\sin(\pi+\theta)=-\sin\theta$ 이므로

$\cos\left(\frac{\pi}{2}+\theta\right)=\sin(\pi+\theta)$ (참)

ㄷ. $\tan\left(\frac{\pi}{2}+\theta\right)=-\frac{1}{\tan\theta}$ (거짓)

따라서 옳은 것은 ㄴ뿐이다. **답** ②

13

[전략] $\cos\theta$, $\sin\theta$의 최댓값이 각각 1이므로 두 삼각함수의 합이 2가 되는 경우는 각각이 1이 되는 경우 밖에 없음을 생각하고 x, y의 값을 구한다.

$0\le x\le\pi$, $0\le y\le\pi$에서

$-1\le\cos x\le1$, $0\le\sin y\le1$

$\Longleftrightarrow\ -\pi\le\pi\cos x\le\pi,\ 0\le\pi\sin y\le\pi$ …… ㉠

$\Longleftrightarrow\ -1\le\cos(\pi\cos x)\le1,\ 0\le\sin(\pi\sin y)\le1$

이때 $\cos(\pi\cos x)+\sin(\pi\sin y)=2$를 만족시키므로

$\cos(\pi\cos x)=1,\ \sin(\pi\sin y)=1$

이어야 한다. 즉,

$\pi\cos x=0,\ \pi\sin y=\frac{\pi}{2}$ ($\because$ ㉠)

$\therefore\ \cos x=0,\ \sin y=\frac{1}{2}$

$$\therefore\ \begin{cases}x=\frac{\pi}{2}\\ y=\frac{\pi}{6}\end{cases}\ \text{또는}\ \begin{cases}x=\frac{\pi}{2}\\ y=\frac{5}{6}\pi\end{cases}\ (\because\ 0\le x\le\pi,\ 0\le y\le\pi)$$

(i) $x=\frac{\pi}{2}$, $y=\frac{\pi}{6}$일 때,

$$\sin(x-y)+\cos(x-y)$$
$$=\sin\left(\frac{\pi}{2}-\frac{\pi}{6}\right)+\cos\left(\frac{\pi}{2}-\frac{\pi}{6}\right)$$
$$=\sin\frac{\pi}{3}+\cos\frac{\pi}{3}=\frac{1+\sqrt{3}}{2}$$

(ii) $x=\frac{\pi}{2}$, $y=\frac{5}{6}\pi$일 때,

$$\sin(x-y)+\cos(x-y)$$
$$=\sin\left(\frac{\pi}{2}-\frac{5}{6}\pi\right)+\cos\left(\frac{\pi}{2}-\frac{5}{6}\pi\right)$$
$$=\sin\left(-\frac{\pi}{3}\right)+\cos\left(-\frac{\pi}{3}\right)$$
$$=-\sin\frac{\pi}{3}+\cos\frac{\pi}{3}$$
$$=\frac{1-\sqrt{3}}{2}$$

따라서 구하는 최댓값은 $\mathbf{\frac{1+\sqrt{3}}{2}}$이다. **답** ①

EXERCISES

14 [전략] 원 밖의 한 점에서 원에 그은 두 접선의 길이는 서로 같음을 이용하여 $\triangle ABC$의 둘레의 길이를 구한 후 사인법칙을 이용하여 주어진 값을 구한다.

$\overline{BC}=a$, $\overline{CA}=b$, $\overline{AB}=c$라 하면

$\overline{BC}=\overline{BS}+\overline{CT}$이므로

$a+b+c=\overline{AS}+\overline{AT}=10+10=20$

또 삼각형 ABC의 외접원의 반지름의 길이를 R라 하면 $R=6$이므로 사인법칙에 의하여

$$\sin A+\sin B+\sin C=\frac{a}{2R}+\frac{b}{2R}+\frac{c}{2R}=\frac{1}{2R}(a+b+c)=\frac{20}{2\times 6}=\mathbf{\frac{5}{3}}$$

답 $\frac{5}{3}$

15 [전략] 피타고라스 정리와 사인법칙을 이용하여 $\triangle ABC$의 외접원의 반지름의 길이를 구한다.

직각삼각형 CEA와 CEB에서

$\overline{AC}=\sqrt{8^2+2^2}=2\sqrt{17}$, $\overline{BC}=\sqrt{8^2+4^2}=4\sqrt{5}$

$\triangle CEB$에서

$$\sin(\angle EBC)=\frac{\overline{CE}}{\overline{BC}}=\frac{8}{4\sqrt{5}}=\frac{2}{\sqrt{5}}$$

삼각형 CAB가 원에 내접하므로 원의 반지름의 길이를 R라 하면 사인법칙에 의하여

$$\frac{\overline{AC}}{\sin(\angle ABC)}=\frac{2\sqrt{17}}{\frac{2}{\sqrt{5}}}=2R$$

$\therefore 2R=\sqrt{85}$

따라서 원의 지름의 길이는 $\mathbf{\sqrt{85}}$이다.

답 ②

16 [전략] 코사인법칙을 이용하여 $\triangle ACD$에서 $\overline{AD}$의 길이, $\triangle ADE$에서 $\angle AED$의 코사인 값을 구할 수 있다.

도형 ABCDE를 세 개의 삼각형 ABC, ACD, ADE로 쪼개어 생각하자.

먼저 삼각형 ABC의 넓이는

$$\frac{1}{2}\times 4\times 3\times \sin 60^\circ=\frac{1}{2}\times 4\times 3\times \frac{\sqrt{3}}{2}=3\sqrt{3}$$

또 삼각형 ACD의 넓이는

$$\frac{1}{2}\times 4\times 3\times \sin 60^\circ=3\sqrt{3}$$

삼각형 ACD에서 코사인법칙에 의하여

$$\overline{AD}^2=3^2+4^2-2\times 3\times 4\times \cos 60^\circ=9+16-24\times\frac{1}{2}=13$$

$\therefore \overline{AD}=\sqrt{13}$ ($\because \overline{AD}>0$)

삼각형 ADE에서 코사인법칙에 의하여

$$\cos(\angle AED)=\frac{6^2+5^2-(\sqrt{13})^2}{2\times 6\times 5}=\frac{48}{60}=\frac{4}{5}$$

$$\therefore \sin(\angle AED)=\sqrt{1-\left(\frac{4}{5}\right)^2}=\frac{3}{5}$$

($\because 0^\circ<\angle AED<180^\circ$)

$$\therefore \triangle ADE=\frac{1}{2}\times 6\times 5\times \sin(\angle AED)=\frac{1}{2}\times 6\times 5\times\frac{3}{5}=9$$

따라서 도형 ABCDE의 넓이는 $\mathbf{9+6\sqrt{3}}$이다.

답 $9+6\sqrt{3}$

17 [전략] 원기둥을 뉘였을 때나 세웠을 때 물의 부피는 변하지 않음을 이용한다.

오른쪽 그림에서 원기둥을 수평으로 뉘었을 때 수면과 밑면이 만나서 이루는 활꼴의 넓이 S는

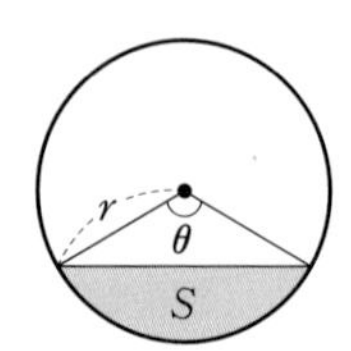

$$S=\frac{1}{2}r^2\theta-\frac{1}{2}r^2\sin\theta$$

따라서 원기둥의 높이가 1이므로 물의 부피는

$$\frac{1}{2}r^2\theta-\frac{1}{2}r^2\sin\theta$$

원기둥을 세웠을 때 물의 높이가 h이므로

$$\frac{1}{2}r^2\theta-\frac{1}{2}r^2\sin\theta=\pi r^2h$$

$$\therefore \mathbf{h=\frac{1}{2\pi}(\theta-\sin\theta)}$$

답 ⑤

Chapter Ⅱ Advanced Lecture

본문 250~253쪽

[APPLICATION] 01 2 02 2π

01 $y=2\cos x$의 그래프가 직선 $x=\pi$에 대하여 대칭이므로

$\frac{a+f}{2}=\pi$, $\frac{b+e}{2}=\pi$, $\frac{c+d}{2}=\pi$

즉, $a+f=2\pi$, $b+e=2\pi$, $c+d=2\pi$이므로

$a+b+c+d+e+f=2\pi+2\pi+2\pi=6\pi$

$\therefore f(a+b+c+d+e+f)$

$=f(6\pi)=2\cos 6\pi=2\cdot 1=\mathbf{2}$

다른 풀이 대칭축을 따로따로 생각해도 된다.

$y=2\cos x$의 그래프가 직선 $x=0$에 대하여 대칭이므로

$\frac{a+b}{2}=0 \qquad \therefore a+b=0$

$y=2\cos x$의 그래프가 직선 $x=\pi$에 대하여 대칭이므로

$\frac{c+d}{2}=\pi \qquad \therefore c+d=2\pi$

$y=2\cos x$의 그래프가 직선 $x=2\pi$에 대하여 대칭이므로

$\frac{e+f}{2}=2\pi \qquad \therefore e+f=4\pi$

따라서 $a+b+c+d+e+f=0+2\pi+4\pi=6\pi$이므로

$f(a+b+c+d+e+f)$

$=f(6\pi)=2\cos 6\pi=2\cdot 1=2$

답 2

02 $2(2\cos^2 x-1)=1+\cos x$에서

$4\cos^2 x-\cos x-3=0$

$(4\cos x+3)(\cos x-1)=0$

$\therefore \cos x=-\frac{3}{4}$ 또는 $\cos x=1$

(ⅰ) $\cos x=-\frac{3}{4}$의 실근은 함수 $y=\cos x\ (0\le x<2\pi)$의 그래프와 직선 $y=-\frac{3}{4}$의 교점의 x좌표이므로 2개이고, 둘은 직선 $x=\pi$에 대하여 서로 대칭이다.

따라서 두 근을 α, β라 하면

$\frac{\alpha+\beta}{2}=\pi \qquad \therefore \alpha+\beta=2\pi$

(ⅱ) $\cos x=1$의 실근은 함수 $y=\cos x\ (0\le x<2\pi)$의 그래프와 직선 $y=1$의 교점의 x좌표이므로 $x=0$이다.

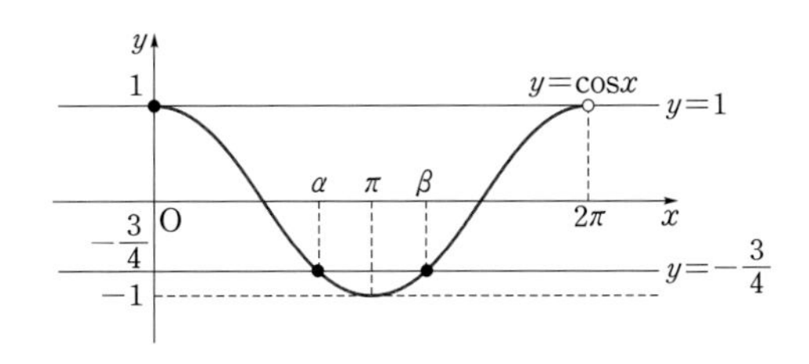

(ⅰ), (ⅱ)에 의하여 주어진 방정식의 모든 실근의 합은

$\alpha+\beta+0=\mathbf{2\pi}$

답 2π

MATH for ESSAY

본문 254~257쪽

[APPLICATION] 01 풀이 참조

01 (1) $\sqrt{8}\times m=\sqrt{50}\times n$에서

$2\sqrt{2}m=5\sqrt{2}n \quad \therefore \frac{m}{n}=\frac{5}{2}$

위의 식을 만족시키는 두 자연수 m, n이 무수히 많이 존재하고, 그중 가장 작은 자연수를 각각 m_1, n_1이라 하면

$m_1=5$, $n_1=2$

따라서 주기가 $\sqrt{8}$인 함수와 주기가 $\sqrt{50}$인 함수를 더하여 만든 함수는 **주기함수이고, 그 주기는 $10\sqrt{2}$** $(=2\sqrt{2}\times5=5\sqrt{2}\times2)$이다.

(2) $\sqrt{15}\times m=\sqrt{21}\times n$에서 $\quad \frac{m}{n}=\sqrt{\frac{7}{5}}$

위의 식을 만족시키는 두 자연수 m, n은 존재하지 않는다.

따라서 주기가 $\sqrt{15}$인 함수와 주기가 $\sqrt{21}$인 함수를 더하여 만든 함수는 **주기함수가 아니고, 주기도 없다.**

답 풀이 참조

III 수열

1. 등차수열과 등비수열

Review Quiz

SUMMA CUM LAUDE

본문 302쪽

01 (1) 자연수 (2) 일차식, 일차함수 (3) 항의 개수 (4) 등비중항, ac

02 (1) 거짓 (2) 거짓 (3) 참 (4) 참 **03** 풀이 참조

01 답 (1) 자연수

(2) 일차식, 일차함수

(3) 항의 개수

(4) 등비중항, ac

02 (1) 수열은 수의 규칙적 나열이 아니라, 수의 나열이다. 규칙을 찾기 어렵더라도 수가 나열되어 있다면 무조건 수열이다. (거짓)

(2) $a_n=\begin{cases}2n & (n\ge2)\\ 3 & (n=1)\end{cases}$이므로 수열 $\{a_n\}$은 첫째항부터 등차수열이 아니다. 단, 첫째항을 제외하면 등차수열이다. (거짓)

(3) 2, 2, 2, …는 공비가 1인 등비수열이다. (참)

(4) $x=\frac{a+b}{2}$, $y=\pm\sqrt{ab}$이다. $y=-\sqrt{ab}$인 경우에는 $x\ge y$가 성립하고, $y=\sqrt{ab}$인 경우에는 산술평균과 기하평균의 관계에 의하여 $x\ge y$가 성립한다. (단, 등호는 $a=b$일 때 성립한다.) (참)

답 (1) 거짓 (2) 거짓 (3) 참 (4) 참

03 (1) $a_1=S_1$

$a_2=S_2-S_1$

$a_3=S_3-S_2$

$\vdots$

$a_n=S_n-S_{n-1}$

에서와 같이 수열의 합 S_n을 이용하여 구한 식

$a_n=S_n-S_{n-1}$ ⋯⋯ ㉠

을 통해 알 수 있는 값은 a_2부터이다. 즉, $n\geq 2$인 경우에 유효하다.

만약 ㉠에 $n=1$을 대입하면

$a_1=S_1-S_0$

이 되는데 S_0의 값이 존재하지 않으므로 이 식을 쓸 수 없다.

(2) 등차수열을 이루는 네 수의 평균은 제2항과 제3항의 평균과 일치한다.

이때 네 수의 평균을 a라 하면 다음 그림에서와 같이 평균을 중심으로 하여 네 수를

$a-3d, a-d, a+d, a+3d$

로 놓을 수 있다. 이때의 공차는 $2d$이다.

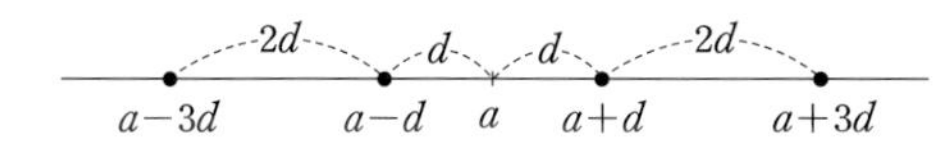

답 풀이 참조

EXERCISES A SUMMA CUM LAUDE 본문 303~304쪽

01 ② 02 80 03 10 04 58 05 ④
06 ④ 07 ④ 08 247 09 405000원
10 ④

01

수열 $\{a_n\}$은 첫째항이 0, 공차가 3인 등차수열이므로

$a_n=0+(n-1)\cdot 3=3n-3$

수열 $\{b_n\}$은 첫째항이 500, 공차가 -7인 등차수열이므로

$b_n=500+(n-1)\cdot(-7)=-7n+507$

이때 $a_k=b_k$를 만족시키려면

$3k-3=-7k+507$

$10k=510$

$\therefore k=\mathbf{51}$

답 ②

02

세 실수 a, b, c가 이 순서대로 등차수열을 이루므로 $b=\dfrac{a+c}{2}$ $\quad\therefore a+c=2b$

조건 (가)에서

$\dfrac{2^a\times 2^c}{2^b}=2^{a+c-b}=2^{2b-b}=2^b=32=2^5$

이므로 $b=5$

조건 (나)에서

$a+c+ac=2b+ac=10+ac=26$

$\therefore ac=16$

$\therefore abc=16\cdot 5=\mathbf{80}$

답 80

03

등차수열 $\{a_n\}$의 첫째항을 a, 공차를 d라 하면 $S_8=24$, $S_{14}=-42$이므로

$S_8=\dfrac{8(2a+7d)}{2}=24$

$\therefore 2a+7d=6$ ⋯⋯ ㉠

EXERCISES

$$S_{14}=\frac{14(2a+13d)}{2}=-42$$

$\therefore\ 2a+13d=-6$ …… ㉡

㉠, ㉡을 연립하여 풀면

$a=10,\ d=-2$ …… ❶

$$\therefore\ S_{10}=\frac{10\{2\cdot10+9\cdot(-2)\}}{2}=\mathbf{10}$$ …… ❷

채점 기준	배점
❶ 등차수열 $\{a_n\}$의 첫째항과 공차 구하기	60 %
❷ S_{10}의 값 구하기	40 %

답 10

04 수열 $\{a_n\}$은 첫째항이 $25-\log_5 2$, 공차가 $-\log_5 2$인 등차수열이다.

따라서 $a_n>0$을 만족시키는 자연수 n의 최댓값을 k라 하면 첫째항부터 제k항까지의 합이 최대이다.

$a_n=25-n\log_5 2>0$에서 $n<\dfrac{25}{\log_5 2}$ …… ㉠

이때 $\log_5 2=\dfrac{\log 2}{\log 5}=\dfrac{\log 2}{1-\log 2}=\dfrac{0.3}{0.7}=\dfrac{3}{7}$이므로

㉠에서

$$n<25\times\frac{7}{3}=58.3\cdots$$

따라서 첫째항부터 제58항까지의 합이 최대이므로

$n=\mathbf{58}$

답 58

05 등비수열 $\{a_n\}$, $\{b_n\}$의 공비가 각각 2, 3이므로 첫째항을 각각 a, b라 하면

$a_n=a\cdot2^{n-1}$, $b_n=b\cdot3^{n-1}$

ㄱ. $\dfrac{2}{3}a_n=\dfrac{2}{3}a\cdot2^{n-1}$이므로 수열 $\left\{\dfrac{2}{3}a_n\right\}$은 첫째항이 $\dfrac{2}{3}a$, 공비가 2인 등비수열이다.

ㄴ. 수열 $\{a_n\}$은 $a,\ 2a,\ 4a,\ \cdots$

수열 $\{b_n\}$은 $b,\ 3b,\ 9b,\ \cdots$

에서 수열 $\{a_n-b_n\}$은 $a-b,\ 2a-3b,\ 4a-9b,\ \cdots$이므로 등비수열이 아니다.

ㄷ. $2b_n-b_{n+1}=2b\cdot3^{n-1}-b\cdot3^n$

$=2b\cdot3^{n-1}-3b\cdot3^{n-1}$

$=-b\cdot3^{n-1}$

이므로 수열 $\{2b_n-b_{n+1}\}$은 첫째항이 $-b$, 공비가 3인 등비수열이다.

따라서 등비수열인 것은 ㄱ, ㄷ이다.

답 ④

06 등비수열 $\{a_n\}$의 공비를 r라 하면

$a_2=a_1r=5,\ a_{10}=a_1r^9=80$이므로

$$\frac{a_{10}}{a_2}=\frac{a_1r^9}{a_1r}=\frac{80}{5}=16$$

$r^8=16$ $\therefore\ r^4=4$ ($\because$ r는 실수)

$$\therefore\ \frac{a_5}{a_1}=\frac{a_1r^4}{a_1}=r^4=\mathbf{4}$$

답 ④

07 $\overline{AC}$, $\overline{OC}$, $\overline{BC}$가 이 순서대로 등비수열을 이루므로 $\overline{AC}=a$, $\overline{OC}=ar$, $\overline{BC}=ar^2$이라 하자.

반원의 원주각은 90°이므로 $\angle ACB=90°$

직각삼각형 ABC에서 피타고라스 정리에 의하여

$\overline{AC}^2+\overline{BC}^2=\overline{AB}^2$이고 $\overline{AB}=2\overline{OC}=2ar$이므로

$a^2+(ar^2)^2=(2ar)^2$, $r^4-4r^2+1=0$

$\therefore\ r^2=2+\sqrt{3}$ ($\because$ $\overline{AC}<\overline{OC}<\overline{BC}$)

$$\therefore\left(\frac{\overline{OC}}{\overline{AC}}\right)^2=\left(\frac{ar}{a}\right)^2=r^2=\mathbf{2+\sqrt{3}}$$

답 ④

08 $f(x)$를 $x-1$로 나누었을 때의 나머지를 R라 하면

$f(x)=x^7+x^6+\cdots+x+1$

$=(x-1)Q(x)+R$ …… ㉠

㉠에 $x=1$을 대입하면 $\quad 8=R$

㉠에 $x=2$를 대입하면

$2^7+2^6+\cdots+2+1=Q(2)+8$

$\frac{1(2^8-1)}{2-1}=Q(2)+8$

$\therefore Q(2)=256-1-8=\mathbf{247}$

답 247

09 매년 초의 입금액에 대한 2030년 말의 원리합계는

2019년 초 : 20000×1.08^{12}

2020년 초 : 20000×1.08^{11}

⋮

2030년 초 : 20000×1.08

따라서 구하는 원리합계는

$\frac{20000\times1.08\times(1.08^{12}-1)}{1.08-1}$

$=\frac{20000\times1.08\times(2.5-1)}{0.08}=\mathbf{405000}$(원)

답 405000원

10 수열의 합($a_n=S_n-S_{n-1}$)을 이용하여 얻은 일반항은 $n\ge2$일 때 성립하고 첫째항은 S_1으로부터 구해질 수 있으므로 수열이 첫째항부터 등차수열 또는 등비수열이 되기 위해서는 일반항이 등차수열 또는 등비수열의 형태이고 $S_1=a_1$인 관계를 만족시켜야 한다.

ㄱ. $a_n=S_n-S_{n-1}$

$=n^2-3n+2-\{(n-1)^2-3(n-1)+2\}$

$=2n-4\ (n\ge2)$

이때 첫째항은 $a_1=S_1=0$으로 $a_n=2n-4$에 $n=1$을 대입한 것과 다르므로 수열 $\{a_n\}$은 제2항부터 등차수열을 이룬다.

ㄴ. $a_n=S_n-S_{n-1}$

$=2n^2+n-\{2(n-1)^2+(n-1)\}$

$=4n-1\ (n\ge2)$

이때 첫째항은 $a_1=S_1=3$으로 $a_n=4n-1$에 $n=1$을 대입한 것과 같으므로 수열 $\{a_n\}$은 첫째항부터 등차수열을 이룬다.

ㄷ. $a_n=S_n-S_{n-1}$

$=2\cdot3^n-1-(2\cdot3^{n-1}-1)$

$=4\cdot3^{n-1}\ (n\ge2)$

이때 첫째항은 $a_1=S_1=5$로 $a_n=4\cdot3^{n-1}$에 $n=1$을 대입한 것과 다르므로 수열 $\{a_n\}$은 제2항부터 등비수열을 이룬다.

ㄹ. $a_n=S_n-S_{n-1}$

$=\frac{3}{4}(5^n-1)-\frac{3}{4}(5^{n-1}-1)$

$=3\cdot5^{n-1}\ (n\ge2)$

이때 첫째항은 $a_1=S_1=3$으로 $a_n=3\cdot5^{n-1}$에 $n=1$을 대입한 것과 같으므로 수열 $\{a_n\}$은 첫째항부터 등비수열을 이룬다.

따라서 첫째항부터 등차수열 또는 등비수열을 이루는 것은 ㄴ, ㄹ이다.

답 ④

EXERCISES B

SUMMA CUM LAUDE 본문 305~306쪽

01 48 **02** 12 **03** 811 **04** 400 **05** ②
06 ② **07** -10 **08** 24 **09** 풀이 참조
10 풀이 참조

01 1행의 공차를 d라 하면 1행을 다음과 같이 채울 수 있다.

1	$1+d$	$1+2d$	$1+3d$
		10	
			21
	12	x	y

이때 3열에서

$x-10=2\{10-(1+2d)\}$

$\therefore x=28-4d$ ...... ㉠

또 4열에서

$21-(1+3d)=2(y-21)$

$\therefore 62-3d=2y$ ...... ㉡

4행에서 $2x=12+y$

$\therefore y=2x-12$ ...... ㉢

㉢을 ㉡에 대입하면

$62-3d=2(2x-12)$

$\therefore 4x+3d=86$ ...... ㉣

㉠을 ㉣에 대입하면

$4(28-4d)+3d=86$ $\therefore d=2$

$d=2$를 ㉠, ㉡에 각각 대입하면

$x=20,\ y=28$

$\therefore x+y=$**48**

답 48

02 세 실근이 공차가 3인 등차수열을 이루므로 이를 $\alpha-3,\ \alpha,\ \alpha+3$이라 하면 ...... ❶

삼차방정식의 근과 계수의 관계에 의하여

$(\alpha-3)+\alpha+(\alpha+3)=3\alpha=a-3$ ...... ㉠

$(\alpha-3)\alpha+\alpha(\alpha+3)+(\alpha-3)(\alpha+3)$

$=3\alpha^2-9=b^2-10$ ...... ㉡

$(\alpha-3)\alpha(\alpha+3)=\alpha^3-9\alpha=4-2a$ ...... ㉢

...... ❷

㉠의 $a=3\alpha+3$을 ㉢에 대입하면

$\alpha^3-9\alpha=4-2(3\alpha+3)$

$\alpha^3-3\alpha+2=0$

$(\alpha-1)^2(\alpha+2)=0$

$\therefore \alpha=1$ 또는 $\alpha=-2$

이를 ㉠, ㉡에 대입하면

$\alpha=1$일 때 $a=6,\ b=\pm2$

$\alpha=-2$일 때 $a=-3,\ b=\pm\sqrt{13}$

그런데 a와 b는 자연수이므로 $a=6,\ b=2$

$\therefore ab=6\cdot2=$**12** ...... ❸

채점 기준	배점
❶ 등차수열의 성질을 이용하여 세 실근 정하기	30 %
❷ 근과 계수의 관계 이용하기	30 %
❸ ab의 값 구하기	40 %

답 12

03 두 계획에 따라 푼 문제 수를 표로 나타내면 다음과 같다.

(단위 : 개)

	1일	2일	…	20일	21일	22일
(가)	8	$8+x$	…	$8+19x$	$8+20x$	13
(나)	12	$12+x$	…	$12+19x$	1	—

이때 첫 번째 계획으로 22일까지 푼 문제의 총수와 두 번째 계획으로 21일까지 푼 문제의 총수는 같으므로 등차수열의 합을 이용하여 식을 세우면

$\dfrac{21\{2\cdot8+(21-1)\cdot x\}}{2}+13$

$=\dfrac{20\{2\cdot12+(20-1)\cdot x\}}{2}+1$

$21(16+20x)+26=20(24+19x)+2$

$336+420x+26=480+380x+2$

$40x=120$ $\therefore x=3$

따라서 수학 교과서의 본문에 있는 문제의 총수는

$$\frac{20\{2\cdot 12+(20-1)\cdot 3\}}{2}+1=\mathbf{811}$$ 답 811

04 기약분수의 총합을 S라 하면

$$S=\frac{25}{5}+\frac{26}{5}+\frac{27}{5}+\cdots+\frac{74}{5}+\frac{75}{5}-(5+6+7+\cdots+14+15)$$

$$=\frac{1}{5}(25+26+27+\cdots+74+75)-(5+6+7+\cdots+14+15)$$

$$=\frac{1}{5}\cdot\frac{51(25+75)}{2}-\frac{11(5+15)}{2}$$

$$=510-110=\mathbf{400}$$ 답 400

05 $10=2\times 5$이므로 1부터 100까지의 자연수 중에서 2 또는 5를 소인수로 가지는 모든 수를 제거하면 10과 서로소인 수만 남는다.

(1부터 100까지의 자연수의 합)

$$=1+2+3+\cdots+100$$

$$=\frac{100(1+100)}{2}=5050$$

(1부터 100까지의 자연수 중에서 2의 배수의 합)

$$=2+4+6+\cdots+100=\frac{50(2+100)}{2}=2550$$

(1부터 100까지의 자연수 중에서 5의 배수의 합)

$$=5+10+15+\cdots+100=\frac{20(5+100)}{2}=1050$$

1에서 100까지의 합에서 2의 배수의 합과 5의 배수의 합을 모두 빼면 2와 5의 공배수, 즉 10의 배수의 합이 한 번씩 더 빼어지는 꼴이 되므로 이를 다시 더해 주어야 한다.

(1부터 100까지의 자연수 중에서 10의 배수의 합)

$$=10+20+30+\cdots+100=\frac{10(10+100)}{2}$$

$$=550$$

따라서 구하려는 1부터 100까지의 자연수 중에서 10과 서로소인 자연수의 합은

$$5050-2550-1050+550=\mathbf{2000}$$ 답 ②

06 n개의 선분을 그으면 밑변은 총 $(n+1)$등분되므로 밑변의 일정한 간격은 $\frac{5}{n+1}$가 된다.

이렇게 얻어진 삼각형들은 직각삼각형으로 서로 닮음이므로 $(n+1)$개의 삼각형 중 왼쪽의 가장 작은 삼각형의 높이를 h라 하면

$$\frac{5}{n+1} : h=5 : 3 \qquad \therefore h=\frac{3}{n+1}$$

이때 주어진 삼각형들의 밑변의 길이는 $\frac{5}{n+1}$씩 커지므로 삼각형의 높이인 n개의 선분의 길이도 비례하여 증가한다. 즉, 밑변 왼쪽의 꼭짓점에서부터 k번째 삼각형의 밑변의 길이는 $\frac{5}{n+1}\times k$이므로 k번째 삼각형의 높이는 $\frac{3}{n+1}\times k$이다.

따라서 n개의 선분의 길이는 첫째항이 $\frac{3}{n+1}$이고 공차가 $\frac{3}{n+1}$, 항의 개수가 n인 등차수열이므로 첫째항부터 제n항까지의 등차수열의 합 S_n은

$$S_n=\frac{n\left\{2\times\frac{3}{n+1}+(n-1)\times\frac{3}{n+1}\right\}}{2}=\mathbf{\frac{3}{2}n}$$

답 ②

07 등차수열 $\{x_n\}$의 첫째항을 a, 공차를 d라 하고 등비수열 $\{y_n\}$의 첫째항을 a, 공비를 r라 하면 주어진 조건에서

$a+d=ar$ ······ ㉠

$a+3d=ar^3$ ······ ㉡

㉠에서 $d=a(r-1)$을 ㉡에 대입하면

$a+3a(r-1)=ar^3$

$a(r^3-3r+2)=a(r-1)^2(r+2)=0$

$\therefore a=0$ 또는 $r=1$ 또는 $r=-2$

이때 등비수열 $\{y_n\}$의 제3항 $y_3\neq0$이므로 $a\neq0$이고, $r=1$이면 수열 $\{y_n\}$은 항상 8이고, 수열 $\{x_n\}$의 첫째항, 제2항, 제4항이 8이 되므로 공차가 0이 되어 제3항도 8이 된다. 그런데 조건에서 $x_3\neq y_3$이므로 $r\neq1$이다.

$\therefore r=-2$

$y_3=ar^2=a\cdot(-2)^2=4a=8$에서 $a=2$

$a=2$, $r=-2$를 ㉠에 대입하면

$2+d=2\cdot(-2)$ $\therefore d=-6$

$\therefore x_3=2+2\cdot(-6)=\mathbf{-10}$

답 -10

08 첫째항을 기준으로 가능한 첫째항을 구하면 첫째항 a는 최소 1부터 최대 12까지 가능하다.

($\because$ 첫째항 $a=13$일 경우, 공비 r가 최솟값 2인 경우에도 제3항이 52가 되므로 주어진 조건에 맞지 않는다.)

(i) $a=1$일 때, 공비 r는 2부터 7까지 놓을 수 있으므로 총 6가지이다.

(ii) $a=2$일 때, 공비 r는 2부터 5까지 놓을 수 있으므로 총 4가지이다.

(iii) $a=3$일 때, 공비 r는 2부터 4까지 놓을 수 있으므로 총 3가지이다.

(iv) $a=4$ 또는 $a=5$일 때, 공비 r는 2와 3을 놓을 수 있으므로 총 2가지이다.

(v) $a=6\sim12$일 때, 공비 r는 2뿐이므로 총 1가지이다.

따라서 구하는 경우의 수는

$6+4+3+2\times2+1\times7=\mathbf{24}$

다른 풀이 공비를 기준으로 가능한 공비를 구하면 공비 r는 최소 2부터 최대 7까지 가능하다.

($\because$ 공비 $r=8$일 경우, 첫째항 a가 최솟값 1인 경우에도 제3항이 64가 되므로 주어진 조건에 맞지 않는다.)

(i) $r=2$일 때, 첫째항은 1부터 12까지 총 12가지이다.

(ii) $r=3$일 때, 첫째항은 1부터 5까지 총 5가지이다.

(iii) $r=4$일 때, 첫째항은 1부터 3까지 총 3가지이다.

(iv) $r=5$일 때, 첫째항은 1부터 2까지 총 2가지이다.

(v) $r=6$ 또는 $r=7$일 때, 첫째항은 1로 총 1가지이다.

따라서 구하는 경우의 수는

$12+5+3+2+1\times2=24$

답 24

09 주어진 식을 전개하면

$$a_1^2a_2^2+a_1^2a_3^2+a_1^2a_4^2+a_2^4+a_2^2a_3^2+a_2^2a_4^2$$
$$+a_3^2a_2^2+a_3^4+a_3^2a_4^2$$
$$=a_1^2a_2^2+a_2^2a_3^2+a_3^2a_4^2$$
$$+2(a_1a_2^2a_3+a_2a_3^2a_4+a_1a_2a_3a_4)$$

우변을 모두 좌변으로 이항하여 정리하면

$$a_1^2a_3^2+a_1^2a_4^2+a_2^4+a_2^2a_4^2+a_3^2a_2^2+a_3^4$$
$$-2(a_1a_2^2a_3+a_2a_3^2a_4+a_1a_2a_3a_4)=0$$

그런데

$$a_1^2a_4^2-2a_1a_2a_3a_4+a_2^2a_3^2=(a_1a_4-a_2a_3)^2$$
$$a_1^2a_3^2-2a_1a_2^2a_3+a_2^4=(a_1a_3-a_2^2)^2$$
$$a_2^2a_4^2-2a_2a_3^2a_4+a_3^4=(a_2a_4-a_3^2)^2$$

이므로

$$(a_1a_4-a_2a_3)^2+(a_1a_3-a_2^2)^2+(a_2a_4-a_3^2)^2=0$$

$\therefore a_1a_4=a_2a_3,\ a_1a_3=a_2^2,\ a_2a_4=a_3^2$

따라서 a_1, a_2, a_3, a_4는 이 순서대로 등비수열을 이룬다.

답 풀이 참조

10 등비수열 $\{a_n\}$의 첫째항을 $a(a\neq0)$, 공비를 r $(r\neq1)$로 두면

$$S_n=\frac{a(r^n-1)}{r-1},$$

$$T_n=\frac{\frac{1}{a}\left(\frac{1}{r^n}-1\right)}{\frac{1}{r}-1}=\frac{r^n-1}{ar^{n-1}(r-1)}=\frac{S_n}{a^2r^{n-1}}$$

이므로

$$\left(\frac{S_n}{T_n}\right)^n=(a^2r^{n-1})^n=a^{2n}r^{n(n-1)} \qquad \cdots\cdots ㉠$$

한편 $P_n=a\times ar\times ar^2\times\cdots\times ar^{n-1}$

$$=a^n r^{1+2+\cdots+(n-1)}=a^n r^{\frac{n(n-1)}{2}}$$

이므로

$$P_n^{\ 2}=a^{2n}r^{n(n-1)} \qquad \cdots\cdots ㉡$$

따라서 ㉠, ㉡에 의하여 $P_n^{\ 2}=\left(\frac{S_n}{T_n}\right)^n$이 성립한다.

답 풀이 참조

2. 여러 가지 수열의 합

Review Quiz SUMMA CUM LAUDE 본문 325쪽

01 (1) 자연수의 거듭제곱, 소거형

(2) $\frac{n(n+1)(2n+1)}{6}$, $\left\{\frac{n(n+1)}{2}\right\}^2$

(3) 부분분수로의 분해, $\frac{1}{n+1}$

02 (1) 거짓 (2) 거짓 (3) 참 **03** 풀이 참조

01 답 (1) 자연수의 거듭제곱, 소거형

(2) $\frac{n(n+1)(2n+1)}{6}$, $\left\{\frac{n(n+1)}{2}\right\}^2$

(3) 부분분수로의 분해, $\frac{1}{n+1}$

02 (1) $\sum_{k=1}^{10} ka_k=a_1+2a_2+\cdots+10a_{10}$

$k\sum_{k=1}^{10} a_k=k(a_1+a_2+\cdots+a_{10})$

첫 번째 식에서 k는 수열의 일반항을 표현하는 문자이므로 함부로 $\sum$의 앞으로 나갈 수 없다.

$\therefore \sum_{k=1}^{n} ka_k\neq k\sum_{k=1}^{n} a_k$ (거짓)

(2) (반례) $a_k=k$, $b_k=k+1$이라 하면

$\sum_{k=1}^{2} a_kb_k=\sum_{k=1}^{2} k(k+1)=1\cdot2+2\cdot3=8$

$\sum_{k=1}^{2} a_k\sum_{k=1}^{2} b_k=(1+2)\cdot(2+3)=15$

$\therefore \sum_{k=1}^{n} a_kb_k\neq\sum_{k=1}^{n} a_k\sum_{k=1}^{n} b_k$ (거짓)

(3) $\sum_{k=1}^{8}\frac{1}{k(k+2)}$

$=\frac{1}{2}\sum_{k=1}^{8}\left(\frac{1}{k}-\frac{1}{k+2}\right)$

$=\frac{1}{2}\left\{\left(\frac{1}{1}-\frac{1}{3}\right)+\left(\frac{1}{2}-\frac{1}{4}\right)+\left(\frac{1}{3}-\frac{1}{5}\right)\right.$

$\left.+\cdots+\left(\frac{1}{7}-\frac{1}{9}\right)+\left(\frac{1}{8}-\frac{1}{10}\right)\right\}$

EXERCISES

$$=\frac{1}{2}\left(1+\frac{1}{2}-\frac{1}{9}-\frac{1}{10}\right)$$

$$=\frac{29}{45} \text{ (참)}$$

답 (1) 거짓 (2) 거짓 (3) 참

03 (1) 문자 k는 수열의 일반항을 표현하기 위해 임시로 도입한 문자이다. 우변을 직접 풀어 쓴 좌변에선 k가 전혀 나타나지 않으므로 우변에서 수열의 일반항을 나타낼 때 상황에 따라 적절한 문자 i이나 j를 사용하여 나타낼 수도 있다. 다시 말해 세 가지 표현은 모두

$a_1+a_2+\cdots+a_n$

을 가리킨다.

(2) 항등식 $(k+1)^4-k^4=4k^3+6k^2+4k+1$의 양변에 $k=1, 2, 3, \cdots, n$을 차례로 대입하여 변끼리 더하면

$$2^4-1^4=4\cdot1^3+6\cdot1^2+4\cdot1+1$$
$$3^4-2^4=4\cdot2^3+6\cdot2^2+4\cdot2+1$$
$$4^4-3^4=4\cdot3^3+6\cdot3^2+4\cdot3+1$$
$$\vdots$$
$$+)\ (n+1)^4-n^4=4\cdot n^3+6\cdot n^2+4\cdot n+1$$

$$(n+1)^4-1^4=4\sum_{k=1}^{n}k^3+6\sum_{k=1}^{n}k^2+4\sum_{k=1}^{n}k+\sum_{k=1}^{n}1$$

이때 $\sum_{k=1}^{n}k^2=\frac{n(n+1)(2n+1)}{6}$,

$\sum_{k=1}^{n}k=\frac{n(n+1)}{2}$, $\sum_{k=1}^{n}1=n$이므로

$$(n+1)^4-1^4=4\sum_{k=1}^{n}k^3+6\cdot\frac{n(n+1)(2n+1)}{6}+4\cdot\frac{n(n+1)}{2}+n$$

$$4\sum_{k=1}^{n}k^3=(n+1)^4-1-n(n+1)(2n+1)-2n(n+1)-n=\{n(n+1)\}^2$$

$$\therefore \sum_{k=1}^{n}k^3=\left\{\frac{n(n+1)}{2}\right\}^2$$

답 풀이 참조

EXERCISES A

SUMMA CUM LAUDE 본문 326~327쪽

01 160 **02** 4 **03** 4 **04** 536 **05** 650
06 $\frac{(2n+1)(7n+1)}{6n}$ **07** 515 **08** 729
09 $\frac{40}{21}$ **10** 1364

01 $\sum_{k=1}^{29}f(k+1)-\sum_{k=2}^{30}f(k-1)$

$=f(2)+f(3)+f(4)+\cdots+f(30)-\{f(1)+f(2)+f(3)+\cdots+f(29)\}$

$=f(30)-f(1)=200-40=\mathbf{160}$

답 160

02 $$\sum_{k=1}^{20}\frac{6^k+2^k}{3^k}=\sum_{k=1}^{20}\left\{\left(\frac{6}{3}\right)^k+\left(\frac{2}{3}\right)^k\right\}$$

$$=\sum_{k=1}^{20}2^k+\sum_{k=1}^{20}\left(\frac{2}{3}\right)^k$$

$$=\frac{2(2^{20}-1)}{2-1}+\frac{\frac{2}{3}\left\{1-\left(\frac{2}{3}\right)^{20}\right\}}{1-\frac{2}{3}}$$

$$=2(2^{20}-1)+2\left\{1-\left(\frac{2}{3}\right)^{20}\right\}$$

$$=2\cdot2^{20}-2\cdot\left(\frac{2}{3}\right)^{20}$$

따라서 $a=2$, $b=-2$이므로

$a-b=\mathbf{4}$

답 4

03 $$\sum_{k=1}^{10}(2a_k-x)^2=\sum_{k=1}^{10}(4a_k^2-4xa_k+x^2)$$

$$=4\sum_{k=1}^{10}a_k^2-4x\sum_{k=1}^{10}a_k+\sum_{k=1}^{10}x^2$$

$$=4\cdot30-4x\cdot10+10x^2=90$$

$10x^2-40x+30=0$, $x^2-4x+3=0$

$(x-1)(x-3)=0$ $\therefore x=1$ 또는 $x=3$

따라서 구하는 모든 실수 x의 값의 합은

$1+3=\mathbf{4}$

답 4

04 수열 $\{a_n\}$의 첫째항이 -1, 공차가 3이므로

$a_n=-1+(n-1)\cdot 3=3n-4$

$$\therefore \sum_{k=5}^{20} a_k=\sum_{k=1}^{20} a_k-\sum_{k=1}^{4} a_k$$
$$=\sum_{k=1}^{20}(3k-4)-\sum_{k=1}^{4}(3k-4)$$
$$=3\cdot\frac{20\cdot 21}{2}-4\cdot 20-\left(3\cdot\frac{4\cdot 5}{2}-4\cdot 4\right)$$
$$=550-14=\mathbf{536}$$

답 536

05 주어진 수열의 일반항을 a_n이라 하면

$a_n=1+3+5+\cdots+(2n-1)$

$$=\sum_{k=1}^{n}(2k-1)=2\cdot\frac{n(n+1)}{2}-n$$
$$=n^2 \quad \cdots\cdots ❶$$

이므로 수열 $\{a_n\}$의 첫째항부터 제12항까지의 합은

$$\sum_{k=1}^{12} a_k=\sum_{k=1}^{12} k^2=\frac{12\cdot 13\cdot 25}{6}=\mathbf{650} \quad \cdots\cdots ❷$$

채점 기준	배점
❶ 일반항 구하기	50 %
❷ 첫째항부터 제12항까지의 합 구하기	50 %

답 650

06 수열 $\left(1+\frac{1}{n}\right)^2, \left(1+\frac{2}{n}\right)^2, \left(1+\frac{3}{n}\right)^2, \cdots,$

$\left(1+\frac{n}{n}\right)^2$의 일반항을 a_k라 하면

$$a_k=\left(1+\frac{k}{n}\right)^2=1+\frac{2k}{n}+\frac{k^2}{n^2}$$

∴ (주어진 식)

$$=\sum_{k=1}^{n} a_k=\sum_{k=1}^{n}\left(1+\frac{2k}{n}+\frac{k^2}{n^2}\right)$$
$$=\sum_{k=1}^{n}1+\frac{2}{n}\sum_{k=1}^{n}k+\frac{1}{n^2}\sum_{k=1}^{n}k^2$$
$$=n+\frac{2}{n}\cdot\frac{n(n+1)}{2}+\frac{1}{n^2}\cdot\frac{n(n+1)(2n+1)}{6}$$
$$=\frac{14n^2+9n+1}{6n}=\mathbf{\frac{(2n+1)(7n+1)}{6n}}$$

답 $\frac{(2n+1)(7n+1)}{6n}$

07 (i) $k\le 4$일 때 $k\circledcirc 4=4^2$이므로

$$\sum_{k=1}^{4} k(k\circledcirc 4)=\sum_{k=1}^{4} k\cdot 4^2=16\sum_{k=1}^{4} k$$
$$=16\cdot\frac{4\cdot 5}{2}=160$$

(ii) $k>4$일 때 $k\circledcirc 4=k$이므로

$$\sum_{k=5}^{10} k(k\circledcirc 4)=\sum_{k=5}^{10} k\cdot k=\sum_{k=5}^{10} k^2=\sum_{k=1}^{10} k^2-\sum_{k=1}^{4} k^2$$
$$=\frac{10\cdot 11\cdot 21}{6}-\frac{4\cdot 5\cdot 9}{6}$$
$$=385-30=355$$

(i), (ii)에 의하여

$$\sum_{k=1}^{10} k(k\circledcirc 4)=160+355=\mathbf{515}$$

답 515

08 $\frac{1}{\sqrt{k}+\sqrt{k+1}}=\sqrt{k+1}-\sqrt{k}$이므로

$$\sum_{k=1}^{48}\frac{1}{\sqrt{k}+\sqrt{k+1}}$$
$$=\sum_{k=1}^{48}(\sqrt{k+1}-\sqrt{k})$$
$$=(\sqrt{2}-\sqrt{1})+(\sqrt{3}-\sqrt{2})+(\sqrt{4}-\sqrt{3})+\cdots+(\sqrt{49}-\sqrt{48})$$
$$=-1+\sqrt{49}=6$$

$$\therefore 3^{\frac{1}{1+\sqrt{2}}}\times 3^{\frac{1}{\sqrt{2}+\sqrt{3}}}\times 3^{\frac{1}{\sqrt{3}+\sqrt{4}}}\times\cdots\times 3^{\frac{1}{\sqrt{48}+\sqrt{49}}}$$
$$=3^{\frac{1}{1+\sqrt{2}}+\frac{1}{\sqrt{2}+\sqrt{3}}+\frac{1}{\sqrt{3}+\sqrt{4}}+\cdots+\frac{1}{\sqrt{48}+\sqrt{49}}}$$
$$=3^{\sum_{k=1}^{48}\frac{1}{\sqrt{k}+\sqrt{k+1}}}=3^6=\mathbf{729}$$

답 729

09 이차방정식의 근과 계수의 관계에 의하여

$\alpha_n+\beta_n=4,\ \alpha_n\beta_n=(2n-1)(2n+1)$

이때 $\frac{1}{\alpha_n}+\frac{1}{\beta_n}=\frac{\alpha_n+\beta_n}{\alpha_n\beta_n}=\frac{4}{(2n-1)(2n+1)}$이므로

$$\sum_{n=1}^{10}\left(\frac{1}{\alpha_n}+\frac{1}{\beta_n}\right)$$
$$=\sum_{n=1}^{10}\frac{4}{(2n-1)(2n+1)}$$
$$=2\sum_{n=1}^{10}\left(\frac{1}{2n-1}-\frac{1}{2n+1}\right)$$
$$=2\left\{\left(1-\frac{1}{3}\right)+\left(\frac{1}{3}-\frac{1}{5}\right)+\cdots+\left(\frac{1}{19}-\frac{1}{21}\right)\right\}$$
$$=2\left(1-\frac{1}{21}\right)=\mathbf{\frac{40}{21}}$$

답 $\frac{40}{21}$

10 $S_n=\sum_{k=1}^{n}a_k=2^n-1$로 놓으면

(i) $n\geq2$일 때

$$a_n=(2^n-1)-(2^{n-1}-1)$$
$$=(2-1)2^{n-1}=2^{n-1} \quad \cdots\cdots ㉠$$

(ii) $n=1$일 때

$$a_1=S_1=2^1-1=1$$

이때 $a_1=1$은 ㉠에 $n=1$을 대입한 것과 같으므로

$$a_n=2^{n-1}$$

$a_n=2^{n-1}$에서 $a_{2k+1}=2^{(2k+1)-1}=4^k$이므로

$$\sum_{k=1}^{5}a_{2k+1}=\sum_{k=1}^{5}4^k=\frac{4(4^5-1)}{4-1}$$
$$=\frac{4\cdot1023}{3}=\mathbf{1364}$$

답 1364

EXERCISES B SUMMA CUM LAUDE 본문 328~329쪽

01 ③	**02** 358	**03** 10	**04** 127	**05** $-\sqrt{3}$
06 $\frac{10}{21}$	**07** 2	**08** ④	**09** 20	**10** ①

01 제n행에 있는 모든 수의 합을 S_n이라 하면

$$S_n=1+2+\cdots+(n-1)+n+(n-1)+\cdots+2+1$$
$$=\sum_{k=1}^{n}k+\sum_{k=1}^{n}(k-1)=2\sum_{k=1}^{n}k-\sum_{k=1}^{n}1$$
$$=2\cdot\frac{n(n+1)}{2}-n=n^2$$
$$\therefore \sum_{k=1}^{20}S_k=\sum_{k=1}^{20}k^2=\frac{20\cdot21\cdot41}{6}=\mathbf{2870}$$

답 ③

02 점 B의 좌표를 (b_n, n)이라 하면 점 B는 함수 $y=\log_3(x-3)$ 위의 점이므로

$$n=\log_3(b_n-3) \qquad \therefore b_n=3^n+3$$

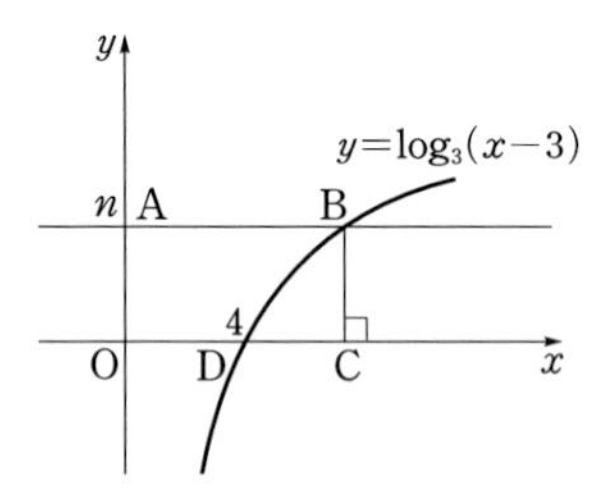

따라서 $C(3^n+3, 0)$이고

$0=\log_3(x-3)$에서 $x=4$, 즉 $D(4, 0)$이므로

$$a_n=|(3^n+3)-4|=|3^n-1|=3^n-1$$

($\because$ n은 자연수)

$$\therefore \sum_{n=1}^{5}a_n=\sum_{n=1}^{5}(3^n-1)=\frac{3(3^5-1)}{3-1}-5$$
$$=363-5=\mathbf{358}$$

답 358

03 $x^3-1=0$의 한 허근을 $\omega=-\frac{1}{2}+\frac{\sqrt{3}}{2}i$라 하면 $\omega^2=-\frac{1}{2}-\frac{\sqrt{3}}{2}i$이므로

ω^n의 실수 부분 a_n은

$$a_1=-\frac{1}{2},\ a_2=-\frac{1}{2},\ a_3=1,\ a_4=a_1=-\frac{1}{2},$$

$$a_5=a_2=-\frac{1}{2},\ a_6=a_3=1,\ \cdots$$

$\omega=-\frac{1}{2}-\frac{\sqrt{3}}{2}i$일 때도 실수 부분은 위와 같다.

따라서 모든 자연수 k에 대하여 $a_ka_{k+1}a_{k+2}$의 값은

$$a_ka_{k+1}a_{k+2}=\left(-\frac{1}{2}\right)\cdot\left(-\frac{1}{2}\right)\cdot1=\frac{1}{4}$$

이므로

$$\sum_{k=1}^{40}a_ka_{k+1}a_{k+2}=\frac{1}{4}\times40=\mathbf{10}$$ 답 10

04 $3^1=3,\ 3^2=9,\ 3^3=27,\ 3^4=81,\ 3^5=243,\ \cdots$이므로

$$a_1=3,\ a_2=4,\ a_3=2,\ a_4=1,\ a_5=3,\ \cdots$$

즉, 자연수 k에 대하여

$$a_{4k-3}=3,\ a_{4k-2}=4,\ a_{4k-1}=2,\ a_{4k}=1$$

이므로

$$\sum_{k=1}^{50}a_k=\sum_{k=1}^{48}a_k+a_{49}+a_{50}$$
$$=(3+4+2+1)\cdot12+3+4=\mathbf{127}$$ 답 127

05 $a_n=(-1)^n\tan\frac{n}{3}\pi$라 하자.

$$a_1=-\tan\frac{\pi}{3}=-\sqrt{3},\ a_2=\tan\frac{2}{3}\pi=-\sqrt{3},$$

$$a_3=-\tan\pi=0,\ a_4=\tan\frac{4}{3}\pi=\sqrt{3},$$

$$a_5=-\tan\frac{5}{3}\pi=\sqrt{3},\ a_6=\tan\pi=0,$$

$$a_7=-\sqrt{3},\ a_8=-\sqrt{3},\ a_9=0,\ \cdots$$이므로

자연수 k에 대하여

$$a_{6k-5}=-\sqrt{3},\ a_{6k-4}=-\sqrt{3},\ a_{6k-3}=0,$$
$$a_{6k-2}=\sqrt{3},\ a_{6k-1}=\sqrt{3},\ a_{6k}=0$$

$$\therefore \sum_{n=1}^{100}(-1)^n\tan\frac{n}{3}\pi$$
$$=\sum_{n=1}^{96}(-1)^n\tan\frac{n}{3}\pi+\sum_{n=97}^{100}(-1)^n\tan\frac{n}{3}\pi$$
$$=0+(-\sqrt{3}-\sqrt{3}+0+\sqrt{3})=\mathbf{-\sqrt{3}}$$ 답 $-\sqrt{3}$

06 $a_1=3,\ a_n=8n-4\ (n\ge2)$이므로

$$S_n=a_1+\sum_{k=2}^{n}a_k$$
$$=3+\sum_{k=1}^{n}(8k-4)-(8\cdot1-4)$$
$$=-1+8\cdot\frac{n(n+1)}{2}-4n$$
$$=4n^2-1$$ …… ❶

$$\therefore \sum_{n=1}^{10}\frac{1}{S_n}=\sum_{n=1}^{10}\frac{1}{4n^2-1}$$
$$=\sum_{n=1}^{10}\frac{1}{(2n-1)(2n+1)}$$
$$=\frac{1}{2}\sum_{n=1}^{10}\left(\frac{1}{2n-1}-\frac{1}{2n+1}\right)$$
$$=\frac{1}{2}\left\{\left(1-\frac{1}{3}\right)+\left(\frac{1}{3}-\frac{1}{5}\right)+\cdots+\left(\frac{1}{19}-\frac{1}{21}\right)\right\}$$
$$=\frac{1}{2}\left(1-\frac{1}{21}\right)=\mathbf{\frac{10}{21}}$$ …… ❷

채점 기준	배점
❶ S_n 구하기	50 %
❷ 답 구하기	50 %

답 $\frac{10}{21}$

07 수열의 합과 일반항 사이의 관계를 이용하여 일반항 a_n^2을 구하면

$n\ge2$일 때

$$a_n^2=\{a_1^2+a_2^2+\cdots+a_n^2\}-\{a_1^2+a_2^2+\cdots+a_{n-1}^2\}$$
$$=(2n^2-n)-\{2(n-1)^2-(n-1)\}$$

$$\therefore a_n^2=4n-3$$ …… ㉠

$n=1$일 때 $a_1^2=2\cdot1^2-1=1$이고 이것은 ㉠에 $n=1$을 대입한 것과 같으므로

$$a_n^2=4n-3$$

EXERCISES

따라서 일반항 a_n은

$a_n=\sqrt{4n-3}$ ($\because$ a_n은 양수)

$$\therefore \sum_{k=1}^{20}\frac{1}{a_k+a_{k+1}}$$
$$=\sum_{k=1}^{20}\frac{1}{\sqrt{4k-3}+\sqrt{4k+1}}$$
$$=\frac{1}{4}\sum_{k=1}^{20}(\sqrt{4k+1}-\sqrt{4k-3})$$
$$=\frac{1}{4}\{(\sqrt{5}-1)+(\sqrt{9}-\sqrt{5})+\cdots+(\sqrt{81}-\sqrt{77})\}$$
$$=\frac{1}{4}(9-1)=\mathbf{2}$$

답 2

08

$S_n=\sum_{k=1}^{n}a_{2k-1}=3n^2+n$이라 하면 수열의 합과 일반항 사이의 관계에 의하여

$n\geq 2$일 때

$$a_{2n-1}=S_n-S_{n-1}$$
$$=3n^2+n-\{3(n-1)^2+(n-1)\}$$
$$=6n-2 \quad \cdots\cdots ㉠$$

$n=1$일 때 $a_1=3\cdot 1^2+1=4$이고 이것은 ㉠에 $n=1$을 대입한 것과 같으므로

$$a_{2n-1}=6n-2$$

즉, 수열 $\{a_{2n-1}\}$은 첫째항이 4이고, 공차가 6인 등차수열이므로 수열 $\{a_n\}$은 첫째항이 4이고, 공차가 3인 등차수열이다.

$$\therefore a_n=4+(n-1)\cdot 3=3n+1$$
$$\therefore a_8=3\cdot 8+1=\mathbf{25}$$

다른 풀이 $\sum_{k=1}^{n}a_{2k-1}=3n^2+n$에서

$n=1$일 때 $a_1=3+1=4$

$n=2$일 때 $\sum_{k=1}^{2}a_{2k-1}=a_1+a_3=3\times 2^2+2=14$

$$\therefore a_3=14-a_1=14-4=10$$

등차수열 $\{a_n\}$의 공차를 d라 하면

$$a_3-a_1=10-4=2d \qquad \therefore d=3$$
$$\therefore a_8=a_1+7d=4+7\times 3=25$$

답 ④

09

$\sum_{k=1}^{n}k\log a_k=n^2-n$에서

$S_n=\sum_{k=1}^{n}k\log a_k$라 하면 $S_n=n^2-n$이므로 수열의 합과 일반항 사이의 관계에 의하여

$n\geq 2$일 때

$$n\log a_n=S_n-S_{n-1}$$
$$=(n^2-n)-\{(n-1)^2-(n-1)\}$$
$$=2n-2 \quad \cdots\cdots ㉠$$

$n=1$일 때 $S_1=\log a_1=0$이고 이것은 ㉠에 $n=1$을 대입한 것과 같으므로

$$n\log a_n=2n-2 \qquad \therefore \log a_n=2-\frac{2}{n}$$

$n=1$, 2일 때 $\log a_n$의 소수 부분은 0이고, $n\geq 3$일 때 $\log a_n$의 소수 부분은 $\log a_n=2-\frac{2}{n}=1+\left(1-\frac{2}{n}\right)$에서 $1-\frac{2}{n}$

따라서 $\log a_m$의 소수 부분이 0.9이면

$$1-\frac{2}{m}=0.9 \qquad \therefore m=\mathbf{20}$$

답 20

10

$a_{k+1}=S_{k+1}-S_k$ $(k\geq 1)$이므로

$$\sum_{k=1}^{10}\frac{a_{k+1}}{S_kS_{k+1}}=\sum_{k=1}^{10}\frac{a_{k+1}}{S_{k+1}-S_k}\left(\frac{1}{S_k}-\frac{1}{S_{k+1}}\right)$$
$$=\sum_{k=1}^{10}\left(\frac{1}{S_k}-\frac{1}{S_{k+1}}\right)$$
$$=\left(\frac{1}{S_1}-\frac{1}{S_2}\right)+\left(\frac{1}{S_2}-\frac{1}{S_3}\right)+\cdots+\left(\frac{1}{S_{10}}-\frac{1}{S_{11}}\right)$$
$$=\frac{1}{S_1}-\frac{1}{S_{11}}=\frac{1}{2}-\frac{1}{S_{11}}$$

($\because$ $S_1=a_1=2$)

따라서 $\frac{1}{2}-\frac{1}{S_{11}}=\frac{1}{3}$에서

$$\frac{1}{S_{11}}=\frac{1}{2}-\frac{1}{3}=\frac{1}{6} \qquad \therefore S_{11}=\mathbf{6}$$

답 ①

3. 수학적 귀납법

Review Quiz SUMMA CUM LAUDE 본문 345쪽

01 (1) 귀납적 정의 (2) 등차수열 **02** (1) 참 (2) 참
03 풀이 참조

01 답 (1) 귀납적 정의 (2) 등차수열

02 (1) $a_{n+1}-3a_n=0$에서 $\frac{a_{n+1}}{a_n}=3$이므로 수열 $\{a_n\}$은 첫째항이 2, 공비가 3인 등비수열이다. (참)

(2) $n=1$일 때 성립하므로 $n=3, 5, 7 \cdots$의 모든 홀수에 대하여 명제 $p(n)$은 성립한다.
같은 방식으로 $n=2$일 때 성립하므로
$n=2, 4, 6 \cdots$의 모든 짝수에 대하여 명제 $p(n)$은 성립한다.
따라서 모든 자연수 n에 대하여 명제 $p(n)$은 성립한다. (참)

답 (1) 참 (2) 참

03 (1) ① 등차수열을 나타내는 귀납적 정의

$a_{n+1}-a_n=d$ (일정)

$\Longleftrightarrow a_{n+2}-a_{n+1}=a_{n+1}-a_n$

$\Longleftrightarrow 2a_{n+1}=a_{n+2}+a_n$

② 등비수열을 나타내는 귀납적 정의

$\frac{a_{n+1}}{a_n}=r$ (일정)

$\Longleftrightarrow \frac{a_{n+2}}{a_{n+1}}=\frac{a_{n+1}}{a_n}$

$\Longleftrightarrow {a_{n+1}}^2=a_na_{n+2}$

(2) 자연수 n에 대한 명제 $p(n)$이 모든 자연수 n에 대하여 성립함을 증명하려면 다음 두 가지를 보이면 된다.

(i) $n=1$일 때 명제 $p(n)$이 성립한다.
(ii) $n=k$일 때 명제 $p(n)$이 성립한다고 가정하면 $n=k+1$일 때도 명제 $p(n)$이 성립한다.

이와 같은 증명 방법을 수학적 귀납법이라 한다.

답 풀이 참조

EXERCISES A SUMMA CUM LAUDE 본문 346~347쪽

01 49 **02** 243 **03** 6 **04** 9 **05** 438
06 2 **07** 4시간 **08** ② **09** 풀이 참조
10 풀이 참조

01 $a_1=94$, $a_{n+1}-a_n=-2$이므로 수열 $\{a_n\}$은 첫째항이 94, 공차가 -2인 등차수열이다.
이때 $a_n=94+(n-1)\cdot(-2)=-2n+96$이므로
$a_k<0$에서
$-2k+96<0 \qquad \therefore k>48$
따라서 자연수 k의 최솟값은 **49**이다. 답 49

02 $\dfrac{a_{n+2}}{a_{n+1}}=\dfrac{a_{n+1}}{a_n}$이므로 수열 $\{a_n\}$은 등비수열이다.
이때 모든 항이 양수이므로 공비를 r라 하면 $r>0$이다.
$a_4=2r^3=54$에서 $\qquad r^3=27 \qquad \therefore r=3\ (\because r>0)$
$\therefore \dfrac{a_{12}}{a_7}=r^5=3^5=\mathbf{243}$ 답 243

03 $a_{n+1}=S_{n+1}-S_n$이므로 $a_{n+1}=2S_n$에서
$S_{n+1}-S_n=2S_n \qquad \therefore S_{n+1}=3S_n$
따라서 수열 $\{S_n\}$은 첫째항이 $S_1=a_1$, 공비가 3인 등비수열이므로
$S_n=a_1\cdot 3^{n-1}$
$\therefore a_{n+1}=2S_n=2a_1\cdot 3^{n-1}$
$a_4=108$이므로 위의 식에 $n=3$을 대입하면
$a_4=2a_1\cdot 3^2=108 \qquad \therefore a_1=\mathbf{6}$
다른 풀이 $a_{n+1}=2S_n$의 n에 $n-1$을 대입하면
$a_n=2S_{n-1}\ (n\geq 2)$이므로 두 식을 변끼리 빼면
$a_{n+1}-a_n=2(S_n-S_{n-1})=2a_n$
$\therefore a_{n+1}=3a_n\ \ (n\geq 2)$
$a_4=108$이므로
$a_3=36,\ a_2=12$
$a_{n+1}=2S_n$에 $n=1$을 대입하면
$a_2=2S_1=2a_1=12$
$\therefore a_1=6$
[참고] 수열 $\{a_n\}$은 제2항부터 등비수열이다. 답 6

04 $\dfrac{1}{\sqrt{n+1}+\sqrt{n}}=\sqrt{n+1}-\sqrt{n}$
이므로 주어진 식은
$a_{n+1}=a_n+(\sqrt{n+1}-\sqrt{n}) \qquad \cdots\cdots ㉠$
이고, ㉠의 n에 1, 2, 3, …, 63을 차례로 대입하여 변끼리 더하면

$$\begin{aligned} a_2&=a_1+(\sqrt{2}-\sqrt{1})\\ a_3&=a_2+(\sqrt{3}-\sqrt{2})\\ a_4&=a_3+(\sqrt{4}-\sqrt{3})\\ &\ \vdots\\ +)\ a_{64}&=a_{63}+(\sqrt{64}-\sqrt{63})\\ \hline a_{64}&=a_1-\sqrt{1}+\sqrt{64}\\ &=2-1+8=\mathbf{9} \end{aligned}$$

답 9

05 $a_{n+1}=3^n a_n$의 n에 1, 2, 3, …, 29를 차례로 대입하여 변끼리 곱하면

$$\begin{aligned} a_2&=3a_1\\ a_3&=3^2a_2\\ a_4&=3^3a_3\\ &\ \vdots\\ \times)\ a_{30}&=3^{29}a_{29}\\ \hline a_{30}&=3\cdot3^2\cdot3^3\cdot\ \cdots\ \cdot3^{29}\cdot a_1\\ &=3^{1+2+\cdots+29}\cdot 27\\ &=3^{\frac{29\cdot30}{2}}\cdot3^3=3^{438} \end{aligned}$$

$\therefore \log_3 a_{30}=\log_3 3^{438}=\mathbf{438}$ 답 438

06 $a_1=-1$이고, $a_{n+1}=\frac{1}{1-a_n}$의 n에 1, 2, 3, ⋯을 차례로 대입하면

$$a_2=\frac{1}{1-a_1}=\frac{1}{1-(-1)}=\frac{1}{2}$$

$$a_3=\frac{1}{1-a_2}=\frac{1}{1-\frac{1}{2}}=2$$

$$a_4=\frac{1}{1-a_3}=\frac{1}{1-2}=-1=a_1$$

⋮

즉, 수열 $\{a_n\}$은 -1, $\frac{1}{2}$, 2가 순서대로 반복되고

$2019=3\cdot673$이므로 $a_{2019}=a_3=\mathbf{2}$

답 2

07 증식한 지 n시간 지난 후 실험실의 용기에 존재하는 박테리아의 개체 수를 a_n이라 하자. 박테리아가 1시간마다 전 시간의 5배보다 4개체 부족한 수로 증식한다고 하였으므로 $a_1=5\cdot3-4=11$ ⋯⋯ ❶

$\therefore a_{n+1}=5a_n-4\ (n=1, 2, 3, \cdots)$ ⋯⋯ ❷

위의 식의 n에 1, 2, 3을 차례로 대입하면

$a_2=5a_1-4=5\cdot11-4=51$

$a_3=5a_2-4=5\cdot51-4=251$

$a_4=5a_3-4=5\cdot251-4=1251$ ⋯⋯ ❸

따라서 이 박테리아가 처음으로 1000개체를 넘는 것은 증식한 지 **4시간** 후이다. ⋯⋯ ❹

채점 기준	배점
❶ n시간 지난 후의 박테리아의 개체 수를 a_n이라 할 때 a_1의 값 구하기	20 %
❷ a_n과 a_{n+1} 사이의 관계식 구하기	30 %
❸ a_4 구하기	30 %
❹ 답 구하기	20 %

답 4시간

08 명제 $p(1)$이 참이므로 (나)에 의하여 $p(2)$, $p(3)$도 참이고, 다시 (나)에 의하여 $p(2^2)$, $p(2\cdot3)$, $p(3^2)$도 참이다.

같은 방법으로 계산하면 음이 아닌 정수 a, b에 대하여 명제 $p(2^a\cdot3^b)$은 모두 참이다.

② $36=2^2\cdot3^2$이므로 $p(36)$은 참이다.

답 ②

09 (i) $n=1$일 때

(좌변)$=1^3=1$, (우변)$=\left(\frac{1\cdot2}{2}\right)^2=1$

따라서 주어진 등식이 성립한다.

(ii) $n=k$일 때 주어진 등식이 성립한다고 가정하면

$$1^3+2^3+3^3+\cdots+k^3=\left\{\frac{k(k+1)}{2}\right\}^2$$

위의 식의 양변에 $(k+1)^3$을 더하면

$$1^3+2^3+3^3+\cdots+k^3+(k+1)^3$$
$$=\left\{\frac{k(k+1)}{2}\right\}^2+(k+1)^3$$
$$=\frac{(k+1)^2}{4}\{k^2+4(k+1)\}$$
$$=\frac{(k+1)^2}{4}\cdot(k+2)^2=\left\{\frac{(k+1)(k+2)}{2}\right\}^2$$

따라서 $n=k+1$일 때도 주어진 등식이 성립한다.

(i), (ii)에 의하여 모든 자연수 n에 대하여 주어진 등식이 성립한다.

답 풀이 참조

10 (i) $n=2$일 때

(좌변)$=1+\frac{1}{2}=\frac{3}{2}$, (우변)$=\frac{2\times2}{2+1}=\frac{4}{3}$

에서 $\frac{3}{2}>\frac{4}{3}$이므로 주어진 부등식은 성립한다.

(ii) $n=k\ (k\ge2)$일 때 주어진 부등식이 성립한다고 가정하면

$$1+\frac{1}{2}+\frac{1}{3}+\cdots+\frac{1}{k}>\frac{2k}{k+1}$$

위의 식의 양변에 $\frac{1}{k+1}$을 더하면

$$1+\frac{1}{2}+\frac{1}{3}+\cdots+\frac{1}{k}+\frac{1}{k+1}$$

$$>\frac{2k}{k+1}+\frac{1}{k+1}=\frac{2k+1}{k+1} \quad \cdots\cdots ㉠$$

이때 $\frac{2k+1}{k+1}$과 $\frac{2(k+1)}{k+2}$의 대소를 알아보면

$$\frac{2k+1}{k+1}-\frac{2(k+1)}{k+2}$$

$$=\frac{(2k+1)(k+2)-(2k+2)(k+1)}{(k+1)(k+2)}$$

$$=\frac{k}{(k+1)(k+2)}>0$$

이므로 $\frac{2k+1}{k+1}>\frac{2(k+1)}{k+2}$ ······ ㉡

㉠, ㉡에 의하여

$$1+\frac{1}{2}+\frac{1}{3}+\cdots+\frac{1}{k+1}>\frac{2(k+1)}{k+2}$$

따라서 $n=k+1$일 때도 주어진 부등식이 성립한다.

(i), (ii)에 의하여 $n\geq 2$인 모든 자연수 n에 대하여 주어진 부등식이 성립한다. **답** 풀이 참조

EXERCISES B

SUMMA CUM LAUDE 본문 348~349쪽

01 $\frac{1}{32}$ **02** 3 **03** 240 **04** 5050 **05** ③ **06** ③ **07** 121 **08** 11 **09** 풀이 참조 **10** 풀이 참조

01 주어진 식의 양변에 밑이 2인 로그를 취하면

$$\log_2 a_{n+1}=\frac{1}{2}\log_2 a_n$$

따라서 수열 $\{\log_2 a_n\}$은 공비가 $\frac{1}{2}$인 등비수열이다.

이때 $\log_2 a_1=\log_2 16=4$에서 수열 $\{\log_2 a_n\}$의 첫째항이 4이므로

$$\log_2 a_n=4\cdot\left(\frac{1}{2}\right)^{n-1}$$

$$\therefore \log_2 a_8=4\cdot\left(\frac{1}{2}\right)^{8-1}=\mathbf{\frac{1}{32}}$$

답 $\frac{1}{32}$

02 $a_{n+1}-a_n=k\cdot 2^{n-1}$에서 $a_{n+1}=a_n+k\cdot 2^{n-1}$이므로 n에 1, 2, 3, 4를 차례로 대입하여 변끼리 더하면

$$a_2=a_1+k$$
$$a_3=a_2+k\cdot 2$$
$$a_4=a_3+k\cdot 2^2$$
$$+)\ a_5=a_4+k\cdot 2^3$$
$$a_5=a_1+k(1+2+4+8)$$
$$=-3+15k$$

이때 $a_5=42$이므로

$42=-3+15k \qquad \therefore k=\mathbf{3}$

답 3

03 $a_{n+1}=\frac{a_n+a_{n+2}}{2}$에서 $2a_{n+1}=a_n+a_{n+2}$이므로 수열 $\{a_n\}$은 등차수열이고, $a_1=1$, $a_2-a_1=2$이므로 첫째항이 1, 공차가 2이다.

$$\therefore a_n=1+(n-1)\cdot 2=2n-1$$

한편 $\sum_{k=1}^{n} a_k b_k = S_n$이라 하면

$$\begin{aligned} a_n b_n &= S_n - S_{n-1} \\ &= \{(4n^2-1)2^n+1\} - [\{4(n-1)^2-1\}2^{n-1}+1] \\ &= 2^{n-1}\{(8n^2-2)-(4n^2-8n+3)\} \\ &= (2n-1)(2n+5)2^{n-1} \ (n \ge 2) \end{aligned}$$

이때 $a_n = 2n-1$이므로

$$b_n = (2n+5)2^{n-1} \ \ (n \ge 2)$$

$\therefore b_5 = 15 \cdot 16 = \mathbf{240}$ 답 240

04 $a_1+a_2+a_3+\cdots+a_n = S_n$으로 놓으면 주어진 식은

$(n+2)a_n = 3S_n$ …… ㉠

㉠의 양변의 n에 $n+1$을 대입하면

$(n+3)a_{n+1} = 3S_{n+1}$ …… ㉡

㉡−㉠을 하면

$$(n+3)a_{n+1} - (n+2)a_n = 3(S_{n+1} - S_n)$$

$$(n+3)a_{n+1} - (n+2)a_n = 3a_{n+1}$$

$$na_{n+1} = (n+2)a_n$$

$$\therefore a_{n+1} = \frac{n+2}{n} a_n$$

위의 식의 n에 1, 2, 3, …, 99를 차례로 대입하여 변끼리 곱하면

$$a_2 = \frac{3}{1} a_1$$

$$a_3 = \frac{4}{2} a_2$$

$$a_4 = \frac{5}{3} a_3$$

$$\vdots$$

$$\times \ \ a_{100} = \frac{101}{99} a_{99}$$

$$a_{100} = \frac{3}{1} \cdot \frac{4}{2} \cdot \frac{5}{3} \cdot \cdots \cdot \frac{100}{98} \cdot \frac{101}{99} \cdot a_1$$

$$= \frac{100 \cdot 101}{1 \cdot 2} \cdot 1 = \mathbf{5050}$$

답 5050

05 가로의 길이가 $n+2$, 세로의 길이가 2인 직사각형을 만드는 방법은 다음과 같이 세 가지가 있다.

(i) 가로의 길이가 n인 직사각형에 한 변의 길이가 2인 정사각형을 붙이는 경우

(ii) 가로의 길이가 n인 직사각형에 가로의 길이가 2, 세로의 길이가 1인 직사각형 2개를 붙이는 경우

(iii) 가로의 길이가 $n+1$인 직사각형에 가로의 길이가 1, 세로의 길이가 2인 직사각형 1개를 붙이는 경우

이때 (i)과 (ii)는 가로의 길이가 n인 직사각형에서 가로의 길이가 $n+2$인 직사각형을 곧바로 만드는 경우이므로 각각 그 경우의 수가 a_n과 같다.

(iii)의 경우에는 가로의 길이가 $n+1$인 직사각형에서 가로의 길이가 $n+2$인 직사각형을 만드는 경우이므로 그 경우의 수는 a_{n+1}과 같다.

$\therefore \boldsymbol{a_{n+2} = a_{n+1} + 2a_n}$ 답 ③

06 A지점에서 출발하여 $(n+1)$km를 산책할 때, A 또는 B지점에 도착하는 방법은 다음과 같이 나누어 생각할 수 있다.

(i) $n$km를 산책하여 A지점에 도착한 후, 제1산책로를 따라 1km 더 산책하여 최종 A지점에 도착한다.

(ii) $n$km를 산책하여 A지점에 도착한 후, 제2산책로를 따라 1km 더 산책하여 최종 B지점에 도착한다.

(iii) $n$km를 산책하여 B지점에 도착한 후, 제3산책로를 따라 1km 더 산책하여 최종 A지점에 도착한다.

따라서 (i), (iii)으로부터

$$a_{n+1} = a_n \times 1 + b_n \times 1 = a_n + b_n$$

이고, (ii)로부터

$$b_{n+1} = a_n \times 1 = a_n$$

이 성립함을 알 수 있다.

주어진 그림에서 $a_1 = 1$, $b_1 = 1$이므로

$$a_2 = 1+1 = 2, \ b_2 = 1$$

$$a_3 = 2+1 = 3, \ b_3 = 2$$

$$a_4 = 3+2 = 5, \ b_4 = 3$$

EXERCISES

$a_5=5+3=8,\ b_5=5$

$a_6=8+5=13,\ b_6=8$

$a_7=13+8=21,\ b_7=13$

$\therefore a_7+b_7=\mathbf{34}$ 답 ③

07 $(n+1)$개의 직선을 그었을 때는 n개의 직선을 그었을 때보다 n개의 교점이 더 생기고, $(n+1)$개의 새롭게 분할된 평면이 만들어진다. 즉,

$a_{n+1}=a_n+n+1$

위의 식의 n에 1, 2, 3, ⋯, 14를 차례로 대입하여 변끼리 더하면

$$\begin{array}{rl} & \cancel{a_2}=a_1+2 \\ & \cancel{a_3}=\cancel{a_2}+3 \\ & \cancel{a_4}=\cancel{a_3}+4 \\ & \vdots \\ +) & a_{15}=\cancel{a_{14}}+15 \\ \hline & a_{15}=a_1+2+3+4+\cdots+15 \end{array}$$

이때 $a_1=2$이므로

$a_{15}=2+(2+3+4+\cdots+15)$

$=2+\dfrac{14(2+15)}{2}$

$=2+119=\mathbf{121}$ 답 121

08 $\alpha=\dfrac{1+\sqrt{5}}{2},\ \beta=\dfrac{1-\sqrt{5}}{2}$로 놓으면

$\alpha+\beta=1,\ \alpha\beta=-1$

이므로 주어진 점화식에서

$a_{n+2}-a_{n+1}-a_n=0$

$\Longleftrightarrow a_{n+2}=a_{n+1}+a_n$ ⋯⋯ ㉠

이 성립한다. 이때

$a_1=1,\ a_2=\left(\dfrac{1+\sqrt{5}}{2}\right)^2+\left(\dfrac{1-\sqrt{5}}{2}\right)^2=3$

이고, ㉠에 의하여

$a_3=a_2+a_1=3+1=4,\ a_4=a_3+a_2=4+3=7$

$\therefore \left(\dfrac{1+\sqrt{5}}{2}\right)^5+\left(\dfrac{1-\sqrt{5}}{2}\right)^5$

$=\alpha^5+\beta^5$

$=a_5=a_4+a_3$

$=7+4=\mathbf{11}$ 답 11

09 (i) $n=1$일 때

$3^{2\cdot1}-1=8$

따라서 $3^{2n}-1$은 8의 배수이다.

(ii) $n=k$일 때 $3^{2k}-1$이 8의 배수라 가정하면

$3^{2k}-1=8m$ (m은 자연수)

이므로 $3^{2k}=8m+1$

위의 식의 양변에 3^2을 곱하면

$3^2\cdot3^{2k}=3^2(8m+1),\ 3^{2k+2}=72m+9$

$3^{2(k+1)}=8\cdot9m+8+1$

$3^{2(k+1)}=8(9m+1)+1$

$\therefore 3^{2(k+1)}-1=8(9m+1)$

따라서 $n=k+1$일 때에도 $3^{2n}-1$은 8의 배수이다.

(i), (ii)에 의하여 모든 자연수 n에 대하여 $3^{2n}-1$은 8의 배수이다. 답 풀이 참조

10 수학적 귀납법을 사용하여 주어진 부등식이 성립함을 보이자.

(i) $n=1$일 때

(좌변)$=(a_1)^2$, (우변)$=1\cdot(a_1^{\ 2})$

이므로 주어진 부등식이 성립한다.

(ii) $n=k\ (k\ge1)$일 때 주어진 부등식이 성립한다고 가정하면

$(a_1+a_2+\cdots+a_k)^2\le k(a_1^{\ 2}+a_2^{\ 2}+\cdots+a_k^{\ 2})$

이제 $n=k+1$일 때

$(a_1+a_2+\cdots+a_{k+1})^2$

$\le(k+1)(a_1^{\ 2}+a_2^{\ 2}+\cdots+a_{k+1}^{\ 2})$ ⋯⋯ ㉠

이 성립함을 보이면 된다.

먼저 부등식의 좌변을 변형하면

$(a_1+a_2+\cdots+a_k+a_{k+1})^2$

$=(a_1+a_2+\cdots+a_k)^2+2a_{k+1}(a_1+a_2+\cdots+a_k)$

$+a_{k+1}^2$

$\le k(a_1^2+a_2^2+\cdots+a_k^2)$

$+2a_{k+1}(a_1+a_2+\cdots+a_k)+a_{k+1}^2$ ...... ㉡

부등식 ㉠의 우변에서 ㉡의 우변을 빼면

$(k+1)(a_1^2+a_2^2+\cdots+a_{k+1}^2)$

$-\{k(a_1^2+a_2^2+\cdots+a_k^2)$

$+2a_{k+1}(a_1+a_2+\cdots+a_k)+a_{k+1}^2\}$

$=a_1^2+a_2^2+\cdots+a_k^2+ka_{k+1}^2$

$-2a_{k+1}(a_1+a_2+\cdots+a_k)$

$=(a_{k+1}-a_1)^2+(a_{k+1}-a_2)^2+\cdots$

$+(a_{k+1}-a_k)^2\ge 0$

$\therefore (k+1)(a_1^2+a_2^2+\cdots+a_{k+1}^2)$

$\ge k(a_1^2+a_2^2+\cdots+a_k^2)$

$+2a_{k+1}(a_1+a_2+\cdots+a_k)+a_{k+1}^2$ ...... ㉢

즉, ㉡, ㉢에 의해

$(a_1+a_2+\cdots+a_{k+1})^2$

$\le (k+1)(a_1^2+a_2^2+\cdots+a_{k+1}^2)$

이므로 $n=k+1$일 때도 주어진 부등식이 성립한다.

따라서 (i), (ii)에 의하여 모든 자연수 n에 대하여 주어진 부등식이 성립한다. **답** 풀이 참조

Chapter Ⅲ Exercises

SUMMA CUM LAUDE 본문 350~355쪽

01 ⑤ 02 ③ 03 16 04 $-\frac{1}{2}$
05 4160만 원 06 ④ 07 ④ 08 1334
09 801 10 100 11 ⑤ 12 29940
13 ② 14 192 15 ①

01 [전략] **등차중항과 등비중항의 성질을 이용하여 $b=$(a, c에 대한 식)으로 나타낸 후, 이차방정식의 판별식에 대입해 본다.**

이차방정식 $ax^2+2bx+c=0$의 판별식을 D라 하면

$\frac{D}{4}=b^2-ac$ ...... ㉠

ㄱ. a^2, b^2, c^2이 이 순서대로 등차수열을 이루므로

$b^2=\frac{a^2+c^2}{2}$

이 식을 ㉠에 대입하면

$\frac{a^2+c^2}{2}-ac=\frac{(a-c)^2}{2}>0$

($\because$ a, c는 서로 다른 양수)

$\therefore D>0$

따라서 주어진 이차방정식은 서로 다른 두 실근을 갖는다.

ㄴ. $\frac{1}{a}$, $\frac{1}{b}$, $\frac{1}{c}$이 이 순서대로 등비수열을 이루므로

$\frac{1}{b^2}=\frac{1}{a}\cdot\frac{1}{c}$ $\therefore b^2=ac$

이 식을 ㉠에 대입하면

$\frac{D}{4}=b^2-ac=ac-ac=0$

따라서 주어진 이차방정식은 중근을 갖는다.

ㄷ. $\frac{1}{a}$, $\frac{1}{b}$, $\frac{1}{c}$이 이 순서대로 등차수열을 이루므로

$\frac{2}{b}=\frac{1}{a}+\frac{1}{c}$, $\frac{2}{b}=\frac{a+c}{ac}$

$\therefore b=\frac{2ac}{a+c}$

이 식을 ㉠에 대입하면

EXERCISES

$$b^2-ac=\frac{4a^2c^2}{(a+c)^2}-ac$$
$$=\frac{ac\{4ac-(a+c)^2\}}{(a+c)^2}$$
$$=-\frac{ac(a-c)^2}{(a+c)^2} \quad \cdots\cdots ㉡$$

이때 a, c는 서로 다른 양수이므로

$ac>0$, $(a-c)^2>0$, $(a+c)^2>0$

따라서 ㉡<0이므로 $D<0$

즉, 주어진 이차방정식은 허근을 갖는다.

따라서 옳은 것은 ㄱ, ㄴ, ㄷ이다.

답 ⑤

02 [전략] A_n, B_n을 각각 a, r를 이용하여 나타낸다.

$$A_n=a+ar+ar^2+\cdots+ar^{n-1}=\frac{a(r^n-1)}{r-1}$$

$$B_n=\frac{1}{a}+\frac{1}{ar}+\frac{1}{ar^2}+\cdots+\frac{1}{a}\left(\frac{1}{r}\right)^{n-1}$$
$$=\frac{\frac{1}{a}\left\{\left(\frac{1}{r}\right)^n-1\right\}}{\frac{1}{r}-1}=\frac{r^n-1}{a(r-1)r^{n-1}}$$

$$\therefore \frac{A_n}{B_n}=\frac{a(r^n-1)}{r-1}\cdot\frac{a(r-1)r^{n-1}}{r^n-1}=\boldsymbol{a^2r^{n-1}}$$

답 ③

03 [전략] 수열 $\{S_{2n-1}\}$은 첫째항이 S_1, 공차가 -3인 등차수열이고, 수열 $\{S_{2n}\}$은 첫째항이 S_2, 공차가 2인 등차수열이다.

수열 $\{a_n\}$의 첫째항부터 제n항까지의 합 S_n에 대하여 수열 $\{S_{2n-1}\}$은 공차가 -3인 등차수열이므로

$$S_{2n-1}=S_1+(n-1)\times(-3)$$
$$=-3n+3+S_1$$

또 수열 $\{S_{2n}\}$은 공차가 2인 등차수열이므로

$$S_{2n}=S_2+(n-1)\times 2=2n-2+S_2$$
$$\therefore a_8=S_8-S_7=(6+S_2)-(-9+S_1)$$
$$=15+S_2-S_1$$

이때 주어진 조건에서 $S_2-S_1=a_2=1$이므로

$a_8=\mathbf{16}$

답 16

04 [전략] 근의 공식과 등차중항의 성질을 이용하여 이차방정식의 근을 구한다.

수열 $\{a_n\}$은 등차수열이므로

$$a_{n+1}=\frac{a_n+a_{n+2}}{2}$$

근의 공식을 이용하여 주어진 이차방정식의 근을 구하면

$$x=\frac{-a_{n+1}\pm\sqrt{a_{n+1}{}^2-a_{n+2}a_n}}{a_{n+2}}$$
$$=\frac{-a_{n+1}\pm\sqrt{\left(\frac{a_n+a_{n+2}}{2}\right)^2-a_{n+2}a_n}}{a_{n+2}}$$
$$=\frac{-a_{n+1}\pm\sqrt{\left(\frac{a_n-a_{n+2}}{2}\right)^2}}{a_{n+2}}$$
$$=\frac{-\left(\frac{a_n+a_{n+2}}{2}\right)\pm\left(\frac{a_n-a_{n+2}}{2}\right)}{a_{n+2}}$$

$\therefore x=-1$ 또는 $x=-\frac{a_n}{a_{n+2}}$

$\therefore b_n=-\frac{a_n}{a_{n+2}}$ $(\because b_n\neq-1)$

등차수열 $\{a_n\}$의 첫째항을 a, 공차를 d라 하면

$$b_n=-\frac{a+(n-1)d}{a+(n+1)d}$$

따라서

$$\frac{b_n}{b_n+1}=-\frac{a+(n-1)d}{2d}=-\frac{a}{2d}-\frac{1}{2}(n-1)$$

이므로 등차수열 $\left\{\frac{b_n}{b_n+1}\right\}$의 공차는 $\boldsymbol{-\frac{1}{2}}$이다.

답 $-\frac{1}{2}$

05 [전략] 2019년 초 적립한 100만 원에 대한 10년 후 원리합계는 100×1.1^{10}(만 원)
2020년 초 적립한 100×1.21(만 원)에 대한 9년 후 원리합계는 $100\times1.21\times1.1^9$(만 원)

매년 초에 적립하는 금액의 원리합계를 그림으로 나타내면(단위 : 만 원)

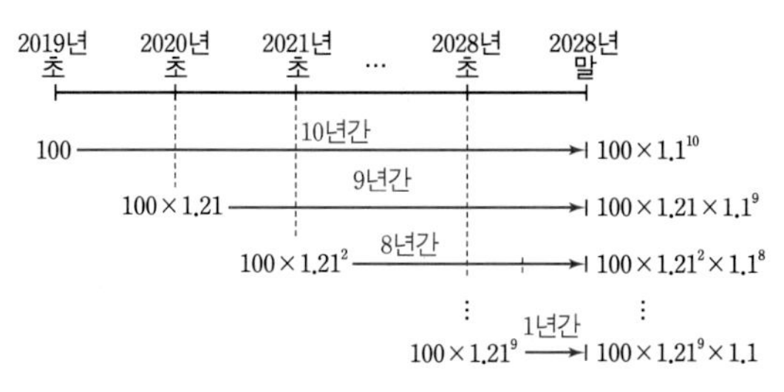

2028년 말의 원리합계를 S라 하면 이것은 첫째항이 $100\times1.21^9\times1.1$, 공비가 $\frac{1.1}{1.21}$인 등비수열의 첫째항부터 제10항까지의 합이므로

$$S=100\times1.21^9\times1.1+100\times1.21^8\times1.1^2+\cdots+100\times1.1^{10}$$

$$=\frac{100\times1.21^9\times1.1\times\left\{1-\left(\frac{1.1}{1.21}\right)^{10}\right\}}{1-\frac{1.1}{1.21}}$$

$$=\frac{100\times1.21^9\times1.1\times\left(1-\frac{1.1^{10}}{1.21^{10}}\right)}{\frac{0.11}{1.21}}$$

$$=1000\times1.21^{10}\times\left(1-\frac{1.1^{10}}{1.21^{10}}\right)$$

$$=1000\times(1.21^{10}-1.1^{10})$$

$$=1000\times(6.76-2.6)=\mathbf{4160}\text{(만 원)}$$

다른 풀이 $1.21=1.1^2$이므로 원리합계 S는 첫째항이 100×1.1^{10}, 공비가 1.1인 등비수열의 첫째항부터 제10항까지의 합이다.

$$S=100\times1.1^{10}+100\times1.1^{11}+\cdots+100\times1.1^{19}$$

$$=\frac{100\times1.1^{10}\times(1.1^{10}-1)}{1.1-1}$$

$$=\frac{260\times(2.6-1)}{0.1}=4160\text{(만 원)}$$

답 4160만 원

06 [전략] 변수를 나타내는 문자에 주의하면서 괄호 안의 ∑부터 차례로 계산한다.

$$2mn=(m+n)^2-(m^2+n^2)$$
$$=225-137=88$$

에서 $mn=44$이고

$$\sum_{i=1}^{m}(i+k+1)=\frac{m(m+1)}{2}+mk+m$$
$$=\frac{m(m+3)}{2}+mk$$

이므로

$$\text{(주어진 식)}=\sum_{k=1}^{n}\left\{\frac{m(m+3)}{2}+mk\right\}$$
$$=n\cdot\frac{m(m+3)}{2}+m\cdot\frac{n(n+1)}{2}$$
$$=\frac{mn(m+n+4)}{2}$$
$$=\frac{44\times(15+4)}{2}=\mathbf{418}$$

답 ④

07 [전략] 수열의 일반항을 구한 후 부분분수로의 변형을 이용하여 수열의 합을 구한다.

수열 $\frac{1}{2}$, $\frac{1}{2+4}$, $\frac{1}{2+4+6}$, $\cdots$의 일반항을 a_n이라 하면

$$a_n=\frac{1}{2+4+\cdots+2n}=\frac{1}{\sum_{k=1}^{n}2k}=\frac{1}{n(n+1)}$$

이므로

$$\frac{1}{2}+\frac{1}{2+4}+\frac{1}{2+4+6}+\cdots+\frac{1}{2+4+6+\cdots+2n}$$
$$=\sum_{k=1}^{n}\frac{1}{k(k+1)}=\sum_{k=1}^{n}\left(\frac{1}{k}-\frac{1}{k+1}\right)$$
$$=\left(\frac{1}{1}-\frac{1}{2}\right)+\left(\frac{1}{2}-\frac{1}{3}\right)+\cdots+\left(\frac{1}{n}-\frac{1}{n+1}\right)$$
$$=1-\frac{1}{n+1}=\frac{n}{n+1}>0.9$$

$$n>0.9(n+1)\ (\because n+1>0)\qquad \therefore n>9$$

따라서 부등식을 만족시키는 자연수 n의 최솟값은 **10**이다.

답 ④

08 [전략] △ABC가 한 바퀴, 두 바퀴, 세 바퀴, … 굴렸을 때 진행하는 거리가 일정하게 증가함을 이용하여 수열의 규칙을 찾아본다.

△ABC가 수직선 위에서 한 바퀴 굴렸을 때 진행하는 거리가 9이고 $a_1=0$이므로

$a_4=9,\ a_7=18,\ a_{10}=27,\ a_{13}=36,\ \cdots$

$\therefore a_{3k-2}=9(k-1)\ (k=1,\ 2,\ 3,\ \cdots)$

이때 $n=1333$이면

$a_{1333}=a_{3\cdot445-2}=9(445-1)=3996$

이므로 $n=1334$일 때

$a_{1334}=3996+4=4000$

$\therefore n=\mathbf{1334}$ 답 1334

09 [전략] $\sum_{n=1}^{21}=14$임을 이용하여 두 점 B, C의 x좌표와 y좌표의 합을 구할 수 있다.

점 B와 C의 좌표를 각각 $(x_B,\ y_B)$, $(x_C,\ y_C)$라 하자.

이때

$a_1=x_B+y_B,\ a_2=x_C+y_C,\ a_3=1+0=1,$

$a_4=x_B+y_B,\ a_5=x_C+y_C,\ a_6=1,\ \cdots$

이므로

$\sum_{n=1}^{21}a_n=\{(x_B+y_B)+(x_C+y_C)+1\}\cdot7=14$

$\therefore (x_B+y_B)+(x_C+y_C)=1$

$1202=3\cdot400+2$이므로

$\sum_{n=1}^{1202}a_n=\{(x_B+y_B)+(x_C+y_C)+1\}\cdot400+a_{1201}+a_{1202}$

$=2\cdot400+1=\mathbf{801}$ 답 801

10 [전략] $n=2,\ 3,\ 4,\ \cdots$에 대하여 조건을 만족시키는 집합 S와 $f(n)$의 값을 구하여 규칙을 찾는다.

$n=2,\ 3,\ 4,\ \cdots,\ k$일 때, $f(n)$의 값을 구해 보자.

$n=2$인 경우, 집합 $\{3,\ 3^3\}$에서

$S=\{3^4\}\quad \therefore f(2)=1$

$n=3$인 경우, 집합 $\{3,\ 3^3,\ 3^5\}$에서

$S=\{3^4,\ 3^6,\ 3^8\}\quad \therefore f(3)=3$

$n=4$인 경우, 집합 $\{3,\ 3^3,\ 3^5,\ 3^7\}$에서

$S=\{3^4,\ 3^6,\ 3^8,\ 3^{10},\ 3^{12}\}\quad \therefore f(4)=5$

⋮

$n=k$인 경우, 집합 $\{3,\ 3^3,\ 3^5,\ \cdots,\ 3^{2k-3},\ 3^{2k-1}\}$에서

$S=\{3^4,\ 3^6,\ 3^8,\ 3^{10},\ \cdots,\ 3^{4(k-1)}\}\quad \therefore f(k)=2k-3$

$\therefore \sum_{n=2}^{11}f(n)=\sum_{n=2}^{11}(2n-3)=\sum_{n=1}^{10}(2n-1)$

$=2\cdot\frac{10\cdot11}{2}-10$

$=110-10=\mathbf{100}$ 답 100

11 [전략] 주어진 규칙대로 $a_1,\ a_2,\ a_3,\ \cdots$의 값을 차례로 구해 본다.

조건을 만족시키는 a_n을 표로 나타내면 다음과 같다.

1초	a_1	1	1+2=3
2초	a_2	2	
3초	a_3	1+3	1+2+3+4=10
4초	a_4	2+4	
5초	a_5	1+3+5	1+2+⋯+6=21
6초	a_6	2+4+6	
7초	a_7	1+3+5+7	1+2+⋯+8=36
8초	a_8	2+4+6+8	
9초	a_9	1+3+5+7+9	1+2+⋯+10=55
10초	a_{10}	2+4+6+8+10	
11초	a_{11}	1+3+5+7+9	1+2+⋯+10=55
12초	a_{12}	2+4+6+8+10	
13초	a_{13}	1+3+5+7+9	1+2+⋯+10=55
14초	a_{14}	2+4+6+8+10	

$\therefore \sum_{n=1}^{14}a_n=(a_1+a_2)+(a_3+a_4)+\cdots+(a_{13}+a_{14})$

$=3+10+21+36+3\cdot55=\mathbf{235}$

[참고] 첫째항부터 제10항까지의 수열 $\{a_n\}$을 귀납적으로 정의하면

$$a_1=1,\ a_2=2,\ a_{n+2}=a_n+n\ (\text{단, } n=1, 2, 3, \cdots, 8)$$

답 ⑤

12 **[전략]** $(n+1)(n=2, 3, 4, \cdots)$**회 시행할 때 새롭게 색칠된 부분의 넓이는** n**회 시행할 때 새롭게 색칠된 부분의 넓이의** $\frac{1}{4}$**이다**

각 변의 중점을 이어서 만든 직각삼각형의 넓이는 원래의 직각삼각형의 넓이의 $\frac{1}{4}$이다.

첫 번째 시행에서는 삼각형 ABC의 넓이의 $\frac{1}{4}$인 삼각형 $A_1B_1C_1$이 하나 만들어지는데 이것의 넓이를 a_1이라 하자. 두 번째 시행에서는 넓이가 $\frac{1}{4}a_1$인 삼각형이 3개 만들어지는데 이것의 넓이를 a_2라 하면

$$a_2=\frac{3}{4}a_1$$

세 번째, 네 번째 시행 역시 마찬가지로 생각해 보면

$$a_3=\frac{1}{4}a_2,\ a_4=\frac{1}{4}a_3=\left(\frac{1}{4}\right)^2a_2,\ \cdots$$

따라서 수열 $\{a_n\}$을 귀납적으로 정의하면

$$a_1=15000,\ a_2=15000\cdot\frac{3}{4},\ a_{n+1}=\frac{1}{4}a_n$$

$$(n=2, 3, 4, \cdots)$$

이 수열은 제2항부터 공비가 $\frac{1}{4}$인 등비수열이므로 5회 시행 후 색칠된 전체의 넓이는 a_1과 제2항부터 제5항까지의 등비수열의 합을 더한 것과 같다.

$$\therefore a_1+a_2+a_3+a_4+a_5$$

$$=15000+\frac{15000\cdot\frac{3}{4}\cdot\left\{1-\left(\frac{1}{4}\right)^4\right\}}{1-\frac{1}{4}}$$

$$=15000+15000\cdot(1-0.004)$$

$$=15000+15000\cdot0.996$$

$$=15000+14940=29940$$

따라서 구하는 넓이의 합은 **29940**이다. 답 29940

13 **[전략]** $a_{n+1}=a_n+f(n)$**의** n**에 1, 2, 3, ⋯,** $k-1$**을 차례로 대입하여 변끼리 더하면** a_k**의 값을 구할 수 있다.**

ㄱ. 각 함숫값 $f(1)=1,\ f(2)=2,\ f(3)=3,\ f(4)=2,\ \cdots$에 대하여

$$a_1=-1$$
$$a_2=a_1+f(1)=-1+1=0$$
$$a_3=a_2+f(2)=0+2=2$$
$$a_4=a_3+f(3)=2+3=5$$
$$a_5=a_4+f(4)=5+2=7$$

이므로 $a_1,\ a_2,\ \cdots,\ a_5$ 중에서 가장 큰 것은 a_5이다.

(참)

ㄴ. (반례) $m=6,\ n=7$이면 $m\neq n$이지만

$$a_6=a_5+f(5)=7+1=8,$$
$$a_7=a_6+f(6)==8+0=8$$

이므로 $a_6=a_7$ (거짓)

ㄷ. (반례) a_{11}과 a_{12}의 값을 구하면

$$a_2=a_1+f(1)$$
$$a_3=a_2+f(2)$$
$$a_4=a_3+f(3)$$
$$\vdots$$
$$+)\ a_{11}=a_{10}+f(10)$$

$$a_{11}=a_1+\{f(1)+f(2)+\cdots+f(10)\}$$
$$=-1+(1+2+3+2+1+0-1-2-3-2)$$
$$=-1+1=0,$$
$$a_{12}=a_{11}+f(11)=0-1=-1$$

이므로 $S_{11}>S_{12}$ (거짓)

ㄹ. $a_{n+12}=a_1+\{f(1)+f(2)+f(3)+\cdots+f(n+11)\}$

$$=\{a_1+f(1)+f(2)+f(3)+\cdots+f(n-1)\}$$
$$+\{f(n)+f(n+1)+\cdots+f(n+11)\}$$
$$=a_n+f(n)+f(n+1)+\cdots+f(n+11)$$

이때 함수 $f(n)$이 $f(n)=f(n+12)$를 만족시키므로

$f(n)+f(n+1)+\cdots+f(n+11)$
$=f(1)+f(2)+\cdots+f(12)$

계산 결과만 같을 뿐 $f(n)=f(1)$, $f(n+1)=f(2)$, $\cdots$인 것은 아니다.

$=1+2+3+2+1+0-1-2-3-2-1+0$
$=0$

$\therefore a_{n+12}=a_n$ (참)

따라서 옳은 것은 ㄱ, ㄹ이다. 답 ②

14 **[전략] 제품 P_n을 한 개 만드는 데 걸리는 시간을 a_n이라 하면 조건에서 $n=2^k$, $k=0, 1, 2, 3, \cdots$이므로 구한 점화식의 n에 1, 2, 4, 8, $\cdots$을 대입해야 함에 주의한다.**

제품 P_n을 한 개 만드는 데 걸리는 시간을 a_n이라 하면 조건 (가)에 의해 $a_1=1$이다.

이때 P_{2n}을 한 개 만드는 데 걸리는 시간 a_{2n}은 P_n을 2개 만드는 데 걸리는 시간 $2a_n$과 연결하는 데 걸리는 시간 $2n$의 합이므로 $a_{2n}=2a_n+2n$이다.

따라서 위의 식의 양변에 n 대신 1, 2, 4, 8, 16을 차례로 대입하면

$a_2=2a_1+2\cdot1=2\cdot1+2=4$
$a_4=2a_2+2\cdot2=2\cdot4+4=12$
$a_8=2a_4+2\cdot4=2\cdot12+8=32$
$a_{16}=2a_8+2\cdot8=2\cdot32+16=80$
$a_{32}=2a_{16}+2\cdot16=2\cdot80+32=192$

이므로 제품 P_{32}를 한 개 만드는 데 걸리는 시간은 **192** 시간이다. 답 192

15 **[전략] 증명 과정을 차근차근 따라가며 빈칸에 알맞은 식을 써넣는다.**

(i) $n=2$일 때

$x^2=1$의 근 1, -1에 대하여 $x_1=-1$이므로

(좌변)$=1-(-1)=2$, (우변)$=2$

따라서 주어진 등식이 성립한다.

(ii) $n=k\ (k\geq2)$일 때

$x^k=1$의 근을 1, a_1, a_2, $\cdots$, a_{k-1}이라 하고

$(1-a_1)(1-a_2)\cdots(1-a_{k-1})=k$ $\cdots\cdots$ ㉠

가 성립한다고 가정하면

$x^{k+1}-1$
$=x^{k+1}-x+x-1$
$=\boxed{x(x^k-1)}+x-1$
$=x\{(x-1)(x-a_1)(x-a_2)\cdots(x-a_{k-1})\}+(x-1)$
$=(x-1)\{x(x-a_1)(x-a_2)\cdots(x-a_{k-1})+1\}$ $\cdots\cdots$ ㉡

이때 $x^{k+1}=1$의 근을 1, b_1, b_2, $\cdots$, b_{k-1}, b_k라 하면

$x^{k+1}-1$
$=\boxed{(x-1)(x-b_1)(x-b_2)\cdots(x-b_k)}$

이므로 ㉡에서

$(x-1)(x-b_1)(x-b_2)\cdots(x-b_k)$
$=(x-1)\{x(x-a_1)(x-a_2)\cdots(x-a_{k-1})+1\}$
$(x-b_1)(x-b_2)\cdots(x-b_k)$
$=x(x-a_1)(x-a_2)\cdots(x-a_{k-1})+1$

이다. 이때 $x=1$을 대입하면

$(1-b_1)(1-b_2)\cdots(1-b_k)$
$=1\cdot(1-a_1)(1-a_2)\cdots(1-a_{k-1})+1$
$=\boxed{k+1}$ ($\because$ ㉠)

따라서 $n=k+1$일 때도 주어진 등식이 성립한다.

(i), (ii)에 의해 $n\geq2$인 모든 자연수 n에 대하여 주어진 등식이 성립한다.

$\therefore$ (가) : $\boldsymbol{x(x^k-1)}$,
(나) : $\boldsymbol{(x-1)(x-b_1)(x-b_2)\cdots(x-b_k)}$,
(다) : $\boldsymbol{k+1}$ 답 ①

Chapter Ⅲ Advanced Lecture

본문 356~365쪽

[APPLICATION] 01 (1) $b_n=3^{n-1}$
(2) $a_n=\frac{1}{2}\cdot 3^{n-1}+\frac{3}{2}$ 02 $a_n=\frac{2n-1}{n}$
03 $a_n=2^{n^2-n}$ 04 $a_n=3^n-2$
05 $a_n=\frac{1}{2}\cdot 3^{n-1}+\frac{1}{2}$ 06 제231항 07 2470
08 506

01 (1) 수열 $\{a_n\}$의 계차수열 $\{b_n\}$을 구해 보면 다음과 같다.

$\{b_n\}$: 1, 3, 9, 27, 81, ⋯

따라서 수열 $\{b_n\}$은 첫째항이 1이고 공비가 3인 등비수열이다.

$\therefore \boldsymbol{b_n=3^{n-1}}$

(2) $\boldsymbol{a_n}=a_1+\sum_{k=1}^{n-1}b_k=2+\sum_{k=1}^{n-1}3^{k-1}$

$=2+\frac{1(3^{n-1}-1)}{3-1}=\boldsymbol{\frac{1}{2}\cdot 3^{n-1}+\frac{3}{2}}$

답 (1) $b_n=3^{n-1}$ (2) $a_n=\frac{1}{2}\cdot 3^{n-1}+\frac{3}{2}$

02 $a_{n+1}-a_n=\frac{1}{n(n+1)}$ 이므로

수열 $\{a_n\}$의 계차수열의 일반항은 $\frac{1}{n(n+1)}$ 이다.

$\therefore \boldsymbol{a_n}=a_1+\sum_{k=1}^{n-1}\frac{1}{k(k+1)}$

$=1+\sum_{k=1}^{n-1}\left(\frac{1}{k}-\frac{1}{k+1}\right)$

$=1+\left(1-\frac{1}{n}\right)$

$=\boldsymbol{\frac{2n-1}{n}}$

답 $a_n=\frac{2n-1}{n}$

03 $a_{n+1}=4^n a_n$의 양변에

$n=1, 2, 3, \cdots, n-1$을 차례로 대입하여 변끼리 곱하면

$\not{a_2}=a_1\cdot 4^1$

$\not{a_3}=\not{a_2}\cdot 4^2$

$\not{a_4}=\not{a_3}\cdot 4^3$

⋮

$\times)\ a_n=\not{a}_{n-1}\cdot 4^{n-1}$

$\boldsymbol{a_n}=a_1\cdot 4^{1+2+3+\cdots+(n-1)}$

$=1\cdot 4^{\frac{n(n-1)}{2}}=\boldsymbol{2^{n^2-n}}$

답 $a_n=2^{n^2-n}$

04 $a_{n+1}=3a_n+4$ ⋯⋯ ㉠

$a_{n+1}-\alpha=3(a_n-\alpha)$라 하면

$a_{n+1}=3a_n-2\alpha$ ⋯⋯ ㉡

㉠, ㉡에서 $\alpha=-2$

$\therefore a_{n+1}+2=3(a_n+2)$

따라서 수열 $\{a_n+2\}$는 첫째항이 $a_1+2=3$, 공비가 3인 등비수열이므로

$a_n+2=3\cdot 3^{n-1}=3^n$ $\therefore \boldsymbol{a_n=3^n-2}$

답 $a_n=3^n-2$

05 $a_{n+2}-a_{n+1}=3(a_{n+1}-a_n)$이므로

$a_{n+1}-a_n=b_n$으로 놓으면 수열 $\{a_n\}$의 계차수열 $\{b_n\}$은 첫째항이 $a_2-a_1=1$, 공비가 3인 등비수열이다.

$\therefore b_n=3^{n-1}$ ⋯⋯ ㉠

따라서 ㉠에 의하여 수열 $\{a_n\}$의 일반항은

$\boldsymbol{a_n}=a_1+\sum_{k=1}^{n-1}b_k=1+\sum_{k=1}^{n-1}3^{k-1}$

$=1+\frac{3^{n-1}-1}{3-1}=\boldsymbol{\frac{1}{2}\cdot 3^{n-1}+\frac{1}{2}}$

답 $a_n=\frac{1}{2}\cdot 3^{n-1}+\frac{1}{2}$

EXERCISES

06 주어진 수열을 다음과 같이 분모가 같은 항끼리 묶어 보자.

$\underbrace{\left(\frac{1}{2}\right)}_{\text{제1군}}, \underbrace{\left(\frac{1}{3}, \frac{2}{3}\right)}_{\text{제2군}}, \underbrace{\left(\frac{1}{4}, \frac{2}{4}, \frac{3}{4}\right)}_{\text{제3군}},$

$\underbrace{\left(\frac{1}{5}, \frac{2}{5}, \frac{3}{5}, \frac{4}{5}\right)}_{\text{제4군}}, \cdots$

이때 제n군에는 n개의 항이 들어있고, 제n군의 분모는 $n+1$이므로 $\frac{21}{22}$은 제21군의 21번째 항, 즉 제21군의 마지막 항이다.

제1군부터 제21군까지의 항의 개수는

$$\sum_{k=1}^{21} k = \frac{21 \cdot 22}{2} = 231$$

따라서 $\frac{21}{22}$은 수열의 **제231항**이다. 답 제231항

07 수열을 다음과 같이 묶어 보면

$\underbrace{(1)}_{\text{제1군}}, \underbrace{(1, 3)}_{\text{제2군}}, \underbrace{(1, 3, 5)}_{\text{제3군}}, \underbrace{(1, 3, 5, 7)}_{\text{제4군}},$

$\underbrace{(1, 3, 5, 7, 9)}_{\text{제5군}}, \cdots, \underbrace{(1, 3, 5, \cdots, 33, 35, 37)}_{\text{제19군}}$

제n군에는 n개의 항이 들어 있고 제n군의 m $(m \le n)$ 번째 항이 $2m-1$임을 알 수 있다.

이때 제n군에 들어 있는 모든 항의 합을 a_n이라 하면

$$a_n = \sum_{k=1}^{n} (2k-1) = 2 \cdot \frac{n(n+1)}{2} - n = n^2$$

따라서 37은 제19군의 마지막 항에서 처음 나타나므로 제1군부터 제19군까지의 모든 항의 합을 구하면

$$\sum_{k=1}^{19} a_k = \sum_{k=1}^{19} k^2 = \frac{19 \cdot 20 \cdot 39}{6} = \mathbf{2470}$$

답 2470

08 $S = \sum_{k=1}^{5} 2^k(k+4)$라 하면

$S = 2^1(1+4) + 2^2(2+4) + \cdots + 2^5(5+4)$ …… ㉠

㉠의 양변에 2를 곱하면

$2S = 2^2(1+4) + 2^3(2+4) + \cdots + 2^6(5+4)$ …… ㉡

㉠－㉡을 계산하면

$-S = 2^1(1+4) + (2^2+2^3+2^4+2^5) - 2^6(5+4)$

$\therefore S = -10 - 4 \cdot \frac{2^4-1}{2-1} + 2^6 \cdot 9 = \mathbf{506}$ 답 506

내신·모의고사 대비 TEST

자세한 해설은 www.erumenb.com ➡ 학습자료실 ➡ 교재자료실에서 다운받아 보실 수 있습니다.

01 지수 SUMMA CUM LAUDE 본문 372쪽

1. ③ **2.** 12 **3.** ② **4.** ② **5.** ③
6. ④ **7.** ① **8.** 961 **9.** ② **10.** 51
11. $\frac{321}{64}$ **12.** $\frac{11}{31}$

02 로그 SUMMA CUM LAUDE 본문 374쪽

1. ③ **2.** ③ **3.** ⑤ **4.** 343
5. $A=1630$, $B=0.163$ **6.** 소수점 아래 셋째 자리
7. 22 **8.** 2 **9.** 0 **10.** ④ **11.** $\frac{20}{9}$
12. 27

03 지수함수 SUMMA CUM LAUDE 본문 376쪽

1. ② **2.** 81 **3.** ⑤ **4.** ④ **5.** ⑤
6. ① **7.** 10 **8.** ④ **9.** 23 **10.** 4
11. $-1<x<1$ **12.** 4

04 로그함수 SUMMA CUM LAUDE 본문 378쪽

1. ④ **2.** 13 **3.** ② **4.** $1<x<2$
5. 15년 **6.** ① **7.** ④ **8.** 5 **9.** ④
10. 4 **11.** ④

05 삼각함수의 뜻 SUMMA CUM LAUDE 본문 380쪽

1. 제4사분면 **2.** ④ **3.** 14 **4.** $\frac{1+\sqrt{3}}{2}$
5. ④ **6.** ③ **7.** 1 **8.** ③
9. 제1사분면, 제3사분면, 제4사분면 **10.** ⑤
11. ④ **12.** $x^2-2\sqrt{6}x+4=0$

06 삼각함수의 그래프 SUMMA CUM LAUDE 본문 382쪽

1. ② **2.** (가) $\{y \mid -1\le y\le 1\}$, (나) 2π, (다) 원점
3. (1) $4, -4, \pi$ (2) $1, -1, 8\pi$ **4.** $4-\sqrt{2}-\sqrt{6}$
5. ③ **6.** ② **7.** $4-\frac{\pi}{6}$ **8.** 3 **9.** $\frac{5}{4}$
10. ② **11.** ② **12.** $\frac{\pi}{6}$, $\frac{5}{6}\pi$

07 삼각함수의 활용 SUMMA CUM LAUDE 본문 384쪽

1. 2 **2.** $a : b : c$ **3.** ② **4.** $\frac{6\sqrt{37}}{7}$
5. ④ **6.** π **7.** ④ **8.** $2\sqrt{10}$ **9.** $\frac{5\sqrt{3}}{4}$
10. 12 **11.** $6\sqrt{5}$ **12.** $\sqrt{2}$

08 등차수열과 등비수열 SUMMA CUM LAUDE 본문 386쪽

1. ⑤ **2.** ④ **3.** ③ **4.** 78 **5.** ④
6. 200 **7.** 46 **8.** ① **9.** 3 **10.** -8
11. 1 **12.** 8217 **13.** ④ **14.** 제9항

09 여러 가지 수열의 합 SUMMA CUM LAUDE 본문 388쪽

1. ⑤ **2.** ④ **3.** ④ **4.** ② **5.** ⑤
6. ③ **7.** 4 **8.** 778 **9.** ③ **10.** ③
11. 983 **12.** ③

10 수학적 귀납법 SUMMA CUM LAUDE 본문 390쪽

1. 34 **2.** ⑤ **3.** 413 **4.** 48 **5.** ⑤
6. $-\frac{1}{10}$ **7.** ③ **8.** ④ **9.** 30
10. 제11항 **11.** ② **12.** ③ **13.** ②
14. (가) 2 (나) $a+b$ (다) ab^k+a^kb (라) $a^{k+1}+b^{k+1}$

기출문제로 1등급 도전하기

Ⅰ. 지수함수와 로그함수 SUMMA CUM LAUDE 본문 394쪽

1. ② **2.** 31 **3.** ③ **4.** ⑤ **5.** ②
6. ③ **7.** ④ **8.** ③ **9.** ① **10.** ①
11. ⑤ **12.** 98 **13.** 48 **14.** 1 **15.** ⑤
16. ④ **17.** ① **18.** ② **19.** ①

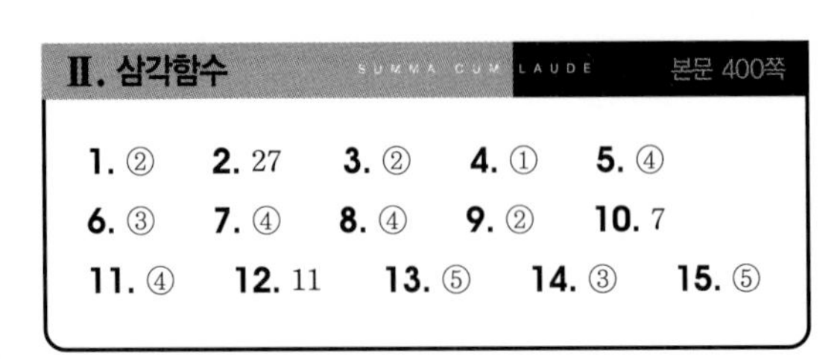
Ⅱ. 삼각함수 SUMMA CUM LAUDE 본문 400쪽

1. ② **2.** 27 **3.** ② **4.** ① **5.** ④
6. ③ **7.** ④ **8.** ④ **9.** ② **10.** 7
11. ④ **12.** 11 **13.** ⑤ **14.** ③ **15.** ⑤

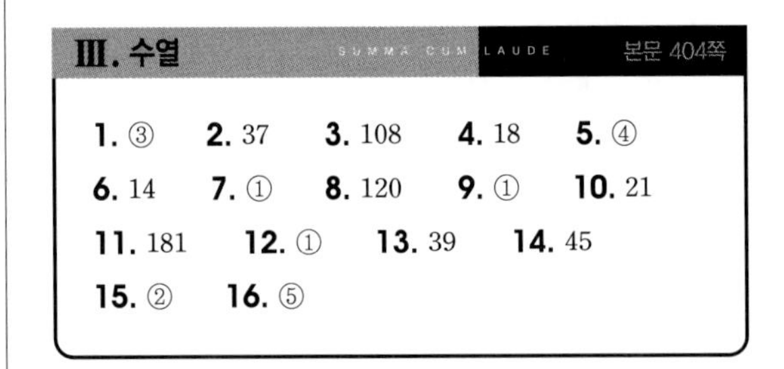
Ⅲ. 수열 SUMMA CUM LAUDE 본문 404쪽

1. ③ **2.** 37 **3.** 108 **4.** 18 **5.** ④
6. 14 **7.** ① **8.** 120 **9.** ① **10.** 21
11. 181 **12.** ① **13.** 39 **14.** 45
15. ② **16.** ⑤

M/E/M/O

T·H·I·N·K·M·O·R·E·A·B·O·U·T·Y·O·U·R·F·U·T·U·R·E

M/E/M/O

T·H·I·N·K·M·O·R·E·A·B·O·U·T·Y·O·U·R·F·U·T·U·R·E

트튼한 **개념!** 흔들리지 않는 **실력!**

숨마쿰라우데 수학 I

'제대로' 공부를 해야 공부가 더 쉬워집니다!

"공부하는 사람은 언제나 생각이 명징하고 흐트러짐이 없어야 한다. 그러자면 우선 눈앞에 펼쳐진 어지러운 자료를 하나로 묶어 종합하는 과정이 필요하다. 비슷한 것끼리 갈래로 묶고 교통정리를 하고 나면 정보간의 우열이 드러난다. 그래서 중요한 것을 가려내고 중요하지 않은 것을 추려내는데 이 과정이 바로 '종핵(綜核)'이다." 이는 다산 정약용이 주장한 공부법입니다. 제대로 공부하는 과정은 종핵처럼 복잡한 것을 단순하게 만드는 과정입니다. 공부를 쉽게 하는 방법은 복잡한 내용들 사이의 관계를 잘 이해하여 간단히 정리해 나가는 것입니다. 이를 위해서는 무엇보다도 먼저 내용을 제대로 알아야 합니다. 숨마쿰라우데는 전체를 보는 안목을 기르고, 부분을 명쾌하게 파악할 수 있도록 친절하게 설명하였습니다. 보다 쉽게 공부하는 길에 숨마쿰라우데가 여러분들과 함께 하겠습니다.

학습자 수준에 맞도록 공부하는 단계별 구성!

공부에 매진하는 학생들은 모두가 눈앞에 놓인 목표가 있습니다. 예를 들면, '과목의 개념 학습을 확실히 하여 기초를 다지고 싶다', '학교 내신 시험을 잘 보고 싶다', '대학별 논·구술 시험에 대비하고 싶다' 등등···!! 숨마쿰라우데는 이런 각각의 학생들이 원하는 학습 목표에 따른 선택적 학습이 가능합니다. 첫째, 개념 학습 단계에서는 그 어떤 교재보다도 확실하고 자세하게 개념을 설명하고 있습니다. 둘째, 문제 풀이 단계에서는 개념 확인 문제를 비롯하여 내신형과 수능형 문제, 서술형 문제를 실어 수준별 학습이 가능하도록 하였습니다. 셋째, 심화 학습 단계에서는 교과에 대한 보다 심층적인 내용과 대학별 논·구술 예상 문제를 실어 깊이 있는 사고가 가능하도록 하였습니다. 이러한 숨마쿰라우데의 단계별 구성으로 학생들은 자신의 학습 목표에 맞는 부분을 찾아 공부할 수 있습니다. 모든 학습의 기본은 개념의 확실한 이해입니다. 공부하기 쉬운 숨마쿰라우데로 흔들리지 않는 학습의 중심을 잡으세요.